2026 최신판

에듀윌 전기
전기기사
필기 한권끝장
+무료특강

2025 기출 복원 문제 수록 & 개정 법령 완벽 반영

핵심 이론 + 7개년 기출 문제

2023 대한민국 브랜드만족도
전기기사 교육 1위(한경비즈니스)
산출근거 후면표기

200개 핵심 키워드, 이론 단기 완성
20회 기출, 과목별 완전 정복

eduwill

에듀윌과 함께 시작하면,
당신도 합격할 수 있습니다!

대학 졸업 후 취업을 위해 바쁜 시간을 쪼개며
전기기사 자격시험을 준비하는 취준생

비전공자이지만 더 많은 기회를 만들기 위해
전기기사에 도전하는 수험생

전기직 업무를 수행하면서 승진을 위해
전기기사에 도전하는 주경야독 직장인

누구나 합격할 수 있습니다.
시작하겠다는 '다짐' 하나면 충분합니다.

마지막 페이지를 덮으면,

**에듀윌과 함께
전기기사 합격이 시작됩니다.**

전기기사 1위

꿈을 실현하는 에듀윌
real 합격 스토리

이○름 3주 초단기 동차합격

3주 만에 전기기사 취득, 과목별 전문 교수진 덕분

자격증을 따야겠다고 결심했던 시기가 시험 접수 기간이었습니다. 친구들에게 좋은 이야기를 많이 들었던 에듀윌이 생각나서 상담을 받고 본격적인 준비를 시작했습니다. 에듀윌은 과목별로 교수 라인업이 잘 짜여 있고, 취약한 부분은 교수님 별로 다양한 관점의 강의를 들을 수 있어서 많은 도움이 됐습니다. 또, 이 과정을 통해 학습 내용을 정리할 수 있는 점도 정말 좋았습니다.

이○학 3개월 단기 합격

나를 합격으로 이끌어 준 에듀윌 전기기사

공기업 취업을 준비하던 중에 취업에 도움이 될 거라는 생각에 전기기사 자격증 공부를 시작했습니다. 강의를 듣고 난 당일 복습했던 게 빠르게 합격할 수 있었던 이유라고 생각합니다. 아버지께서 에듀윌에서 전기산업기사 준비를 하셔서 자연스럽게 에듀윌을 선택하게 됐습니다. 전문 교수님들이 에듀윌의 가장 큰 장점이라고 생각합니다. 그리고 학습 상황을 객관적으로 파악할 수 있었던 모의고사 서비스도 만족스러웠습니다.

김○연 비전공자 3개월 합격

에듀윌이라 가능했던 3개월 단기 합격

비전공자임에도 불구하고 3개월 만에 전기기사 자격증을 취득할 수 있었습니다. 제게 맞는 강의를 선택할 수 있도록 다양한 콘텐츠를 지원해 준 에듀윌에 감사드립니다. 일반 물리학 정도의 지식만 있던 상태라 강의를 따라가기가 쉽지만은 않았습니다. 하지만 힘들어서 포기하고 싶을 때마다 용기를 주시고 격려해주신 교수님과 학습 매니저 분들에게 정말 감사 인사를 전하고 싶습니다.

다음 합격의 주인공은 당신입니다!

더 많은
합격 비법

* 2023 대한민국 브랜드만족도 전기(산업)기사 교육 1위(한경비즈니스)

에듀윌 전기기사

1위 에듀윌만의
체계적인 합격 커리큘럼

매일 선착순 **100명**

쉽고 빠른 합격의 첫걸음
기술자격증 입문서 8권 무료 신청

원하는 시간과 장소에서, 1:1 관리까지 한번에
온라인 강의

① 전 과목 최신 교재 제공
② 업계 최강 교수진의 전 강의 수강 가능
③ 맞춤형 학습플랜 및 커리큘럼으로 효율적인 학습

기술자격증 입문서
무료 신청

친구 추천 이벤트

" **친구 추천**하고 한 달 만에
920만원 받았어요 "

친구 1명 추천할 때마다 현금 10만원 제공
추천 참여 횟수 무제한 반복 가능

※ *a*o*h**** 회원의 2021년 2월 실제 리워드 금액 기준
※ 해당 이벤트는 예고 없이 변경되거나 종료될 수 있습니다.

친구 추천 이벤트
바로가기

* 2023 대한민국 브랜드만족도 전기(산업)기사 교육 1위(한경비즈니스)

eduwill

전기기사 1위

에듀윌 **직영학원**에서
합격을 수강하세요

언제나 전문 학습 매니저와 상담이 가능한 안내데스크

고품질 영상 및 음향 장비를 갖춘 최고의 강의실

재충전을 위한 카페 분위기의 아늑한 휴게실

에듀윌의 상징 노란색의 환한 학원 입구

에듀윌 직영학원 대표전화

공인중개사 학원 02)815-0600	공무원 학원 02)6328-0600	편입 학원 02)6419-0600
주택관리사 학원 02)815-3388	소방 학원 02)6337-0600	세무사·회계사 학원 02)6010-0600
전기기사 학원 02)6268-1400	부동산아카데미 02)6736-0600	

전기기사 학원 바로가기

* 2023 대한민국 브랜드만족도 전기(산업)기사 교육 1위(한경비즈니스)

에듀윌 전기기사

이제 **국비무료 교육**도
에듀윌

수강생을 반겨주는 에듀윌의 환한 복도 (구로)

언제나 전문 학습 매니저와 상담이 가능한 안내데스크 (부평)

고품질 영상 및 음향 장비를 갖춘 최고의 강의실 (구로)

재충전을 위한 카페 분위기의 아늑한 휴게실 (부평)

다용도로 활용이 가능한 휴게실 (성남)

전기/소방/건축/쇼핑몰/회계/컴활 자격증 취득
국민내일배움카드제

에듀윌 국비교육원 대표전화

서울 구로	02)6482-0600	구로디지털단지역 2번 출구	인천 부평	032)262-0600	부평역 5번 출구
경기 성남	031)604-0600	모란역 5번 출구	인천 부평2관	032)263-2900	부평역 5번 출구

국비교육원 바로가기

* 2023 대한민국 브랜드만족도 전기(산업)기사 교육 1위(한경비즈니스)

eduwill

전기기사 필기 한권끝장
5주 합격 플래너

핵심이론

DAY 1	DAY 2	DAY 3	DAY 4	DAY 5	DAY 6	DAY 7
입문자를 위한 기초 전기 수학	KEYWORD 001~020	KEYWORD 021~040	KEYWORD 041~060	KEYWORD 061~075	KEYWORD 076~096	KEYWORD 097~120
완료 ☐	완료 ☐	완료 ☐	완료 ☐	완료 ☐	완료 ☐	완료 ☐
DAY 8	**DAY 9**	**DAY 10**	**DAY 11**	**DAY 12**	**DAY 13**	**DAY 14**
KEYWORD 121~140	KEYWORD 141~160	KEYWORD 161~180	KEYWORD 181~200	KEYWORD 001~075	KEYWORD 076~160	KEYWORD 161~200
완료 ☐	완료 ☐	완료 ☐	완료 ☐	완료 ☐	완료 ☐	완료 ☐

7개년 기출 문제

DAY 15	DAY 16	DAY 17	DAY 18	DAY 19	DAY 20	DAY 21
회로이론·제어공학 기출 문제	전력공학 기출 문제	전기자기학 기출 문제	전기기기 기출 문제	전기설비기술기준 기출 문제 1회독 완료	틀린 문제 복습	회로이론·제어공학 기출 문제
완료 ☐	완료 ☐	완료 ☐	완료 ☐	완료 ☐	완료 ☐	완료 ☐
DAY 22	**DAY 23**	**DAY 24**	**DAY 25**	**DAY 26**	**DAY 27**	**DAY 28**
전력공학 기출 문제	전기자기학 기출 문제	전기기기 기출 문제	전기설비기술기준 기출 문제 2회독 완료	틀린 문제 복습	회로이론·제어공학 기출 문제	전력공학 기출 문제
완료 ☐	완료 ☐	완료 ☐	완료 ☐	완료 ☐	완료 ☐	완료 ☐
DAY 29	**DAY 30**	**DAY 31**	**DAY 32**	**DAY 33**	**DAY 34**	**DAY 35**
전기자기학 기출 문제	전기기기 기출 문제	전기설비기술기준 기출 문제 3회독 완료	틀린 문제 복습	회로이론·제어공학, 전력공학, 전기자기학 기출 문제	전기기기, 전기설비기술기준 기출 문제	기출 문제 전체복습
완료 ☐	완료 ☐	완료 ☐	완료 ☐	완료 ☐	완료 ☐	완료 ☐

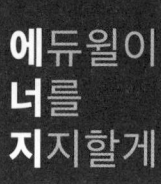

ENERGY

시작하라. 그 자체가 천재성이고,
힘이며, 마력이다.

– 요한 볼프강 폰 괴테(Johann Wolfgang von Goethe)

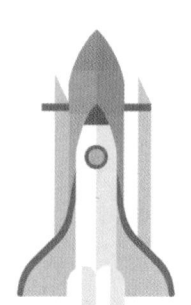

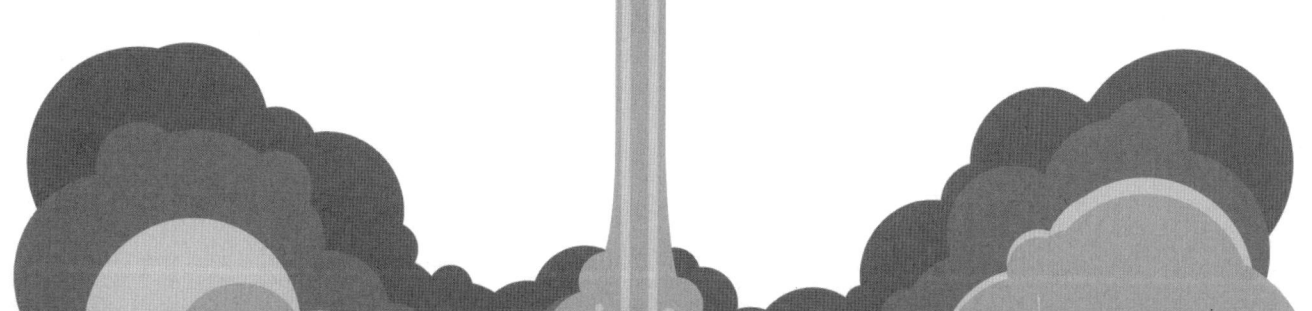

에듀윌 전기 전기기사

핵심 이론

한 권 완벽 대비서

에듀윌 한권끝장, 선택의 이유

1 시험 합격에 꼭 필요한 것만 담아 한 권으로

빈출만 모은 핵심 이론
❶ 시험에 필요한 이론만 모아서 제시했습니다.
❷ 군더더기 없는 이론, 알기 쉬운 설명으로 이해를 돕습니다.

합격에 충분한 7개년 기출
❶ 단기 합격에 최적화된 7개년 기출을 담았습니다.
❷ 친절하고 확실한 해설을 제공합니다.

전기기사 필기 합격,
에듀윌 한권끝장으로 충분합니다.

2 최신 기출 경향 완벽 반영

최신 개정 법령 반영
표준화 및 국문 순화된 용어, 새로 개정된 법령을 충실히 담았습니다.

2025 최신 기출 복원
에듀윌에서 직접 복원한 최신 기출 문제로 신유형까지 정복할 수 있습니다.

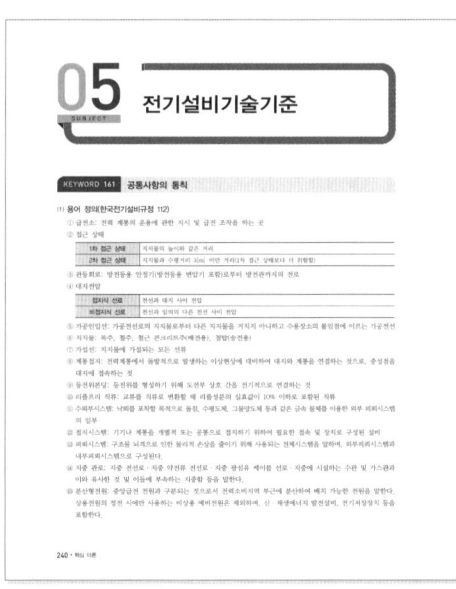

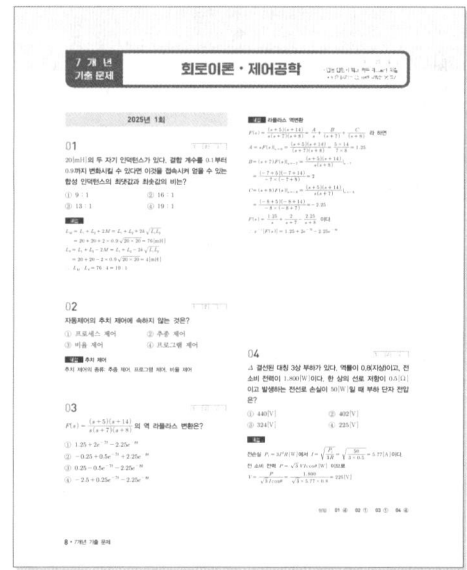

3 에듀윌만의 특별 제공

특별 제공 1 수학 감각을 깨우는 기초 전기 수학
비전공자, 수포자를 위한 기본 개념 및 수학 공식을 제공합니다.

특별 제공 2 실전 감각을 키우는 CBT 모의고사&해설강의
실제 시험과 같은 환경에서 실력을 최종 점검할 수 있습니다.
※ CBT 모의고사와 해설강의는 2025년 9월 이후 제공됩니다.

CBT 모의고사 바로가기

해설강의 바로가기

빠른 합격의 길잡이

이 책의 구성

1권 | 핵심 이론

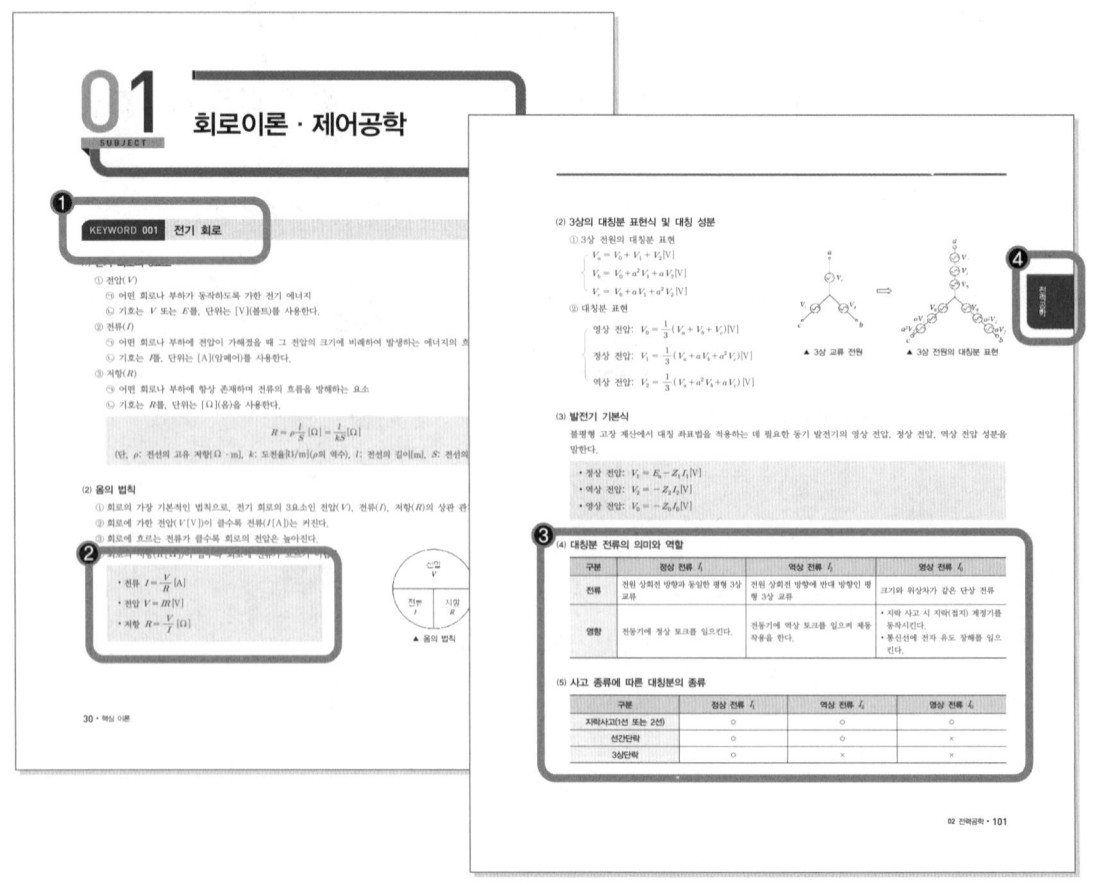

❶ 빈출 핵심 개념만 골라 묶은 KEYWORD
❷ 시험에 자주 나오는 기본·응용 공식
❸ 개념 이해와 암기를 돕는 도표와 그림 자료
❹ 단원을 쉽게 찾을 수 있는 인덱스

" 자주 나오는 개념만 빠르게 학습하는
핵심 이론 "

핵심만 쏙, 합격은 꽉
한 권으로 확실하게

2권 | 7개년 기출 문제

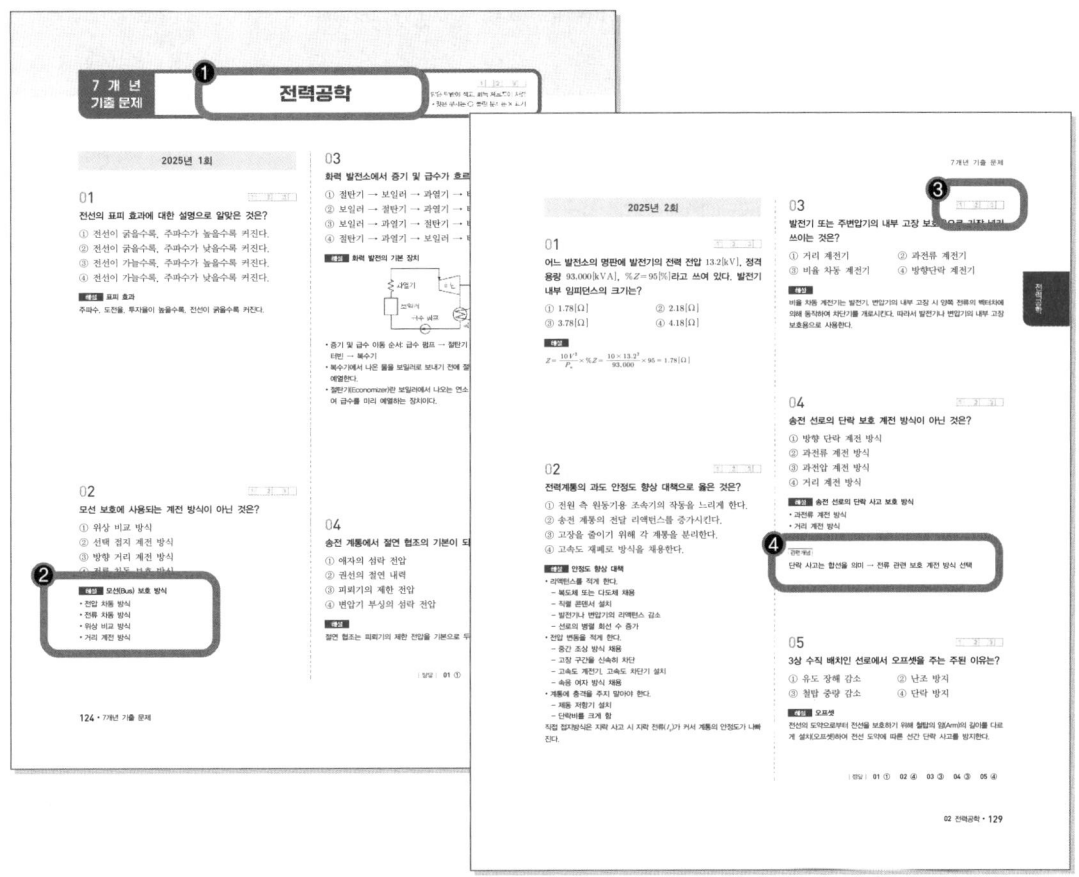

❶ 과락을 방지하는 단원별 기출 문제
❷ 바로 확인할 수 있는 문제 하단 해설
❸ 효율적인 3회독을 돕는 체크박스
❹ 연관 개념 학습을 한번에 볼 수 있는 관련개념

" 빠르고 확실한 합격을 보장하는
7개년 기출 문제 "

시험 정보와 학습 전략

확실한 합격의 완성

시험 일정 및 검정 방법

구분	필기시험	필기합격(예정자) 발표	실기시험	최종 합격 발표일
1회	2~3월	3월	4~5월	6월
2회	5월	6월	7~8월	9월
3회	8~9월	9월	11월	12월

※ 정확한 시험 일정은 한국산업인력공단(Q-net) 참고

❶ 검정방법
  필기: 객관식 4지 택일형, 과목당 20문항(과목당 30분)
  실기: 필답형(2시간 30분)

❷ 합격기준
  필기: 100점을 만점으로 하여 과목당 40점 이상, 전과목 평균 60점이상
  실기: 100점을 만점으로 하여 60점 이상

시험 동향

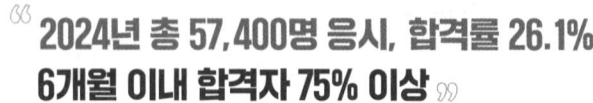

2024년 총 57,400명 응시, 합격률 26.1%
6개월 이내 합격자 75% 이상

출처: Q-net

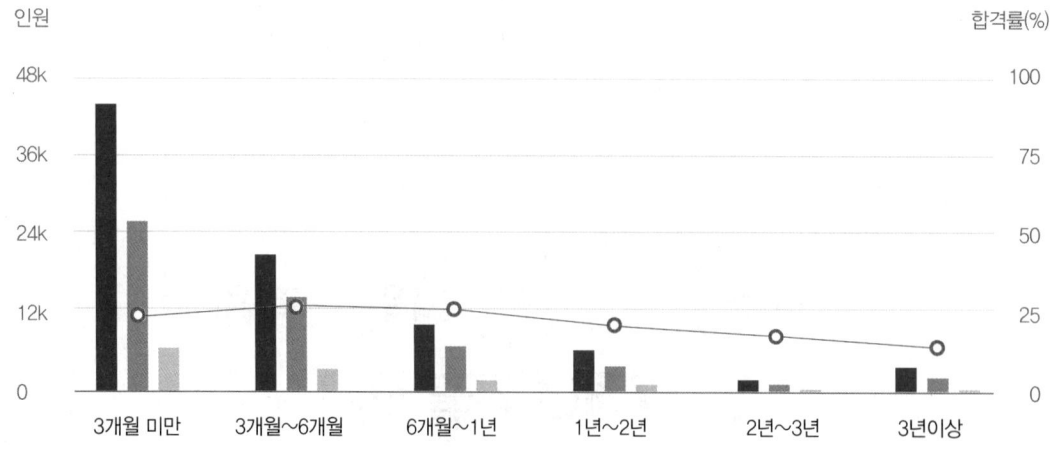

핵심만 쏙, 합격은 꽉
한 권으로 확실하게

효율 UP! 핵심 이론 학습 전략

STEP 1 — 회로이론·제어공학
목표 65점 이상
기초 공식과 원리를 철저히 다져서 이후 과목의 이해 기반 마련

STEP 2 — 전력공학
목표 70점 이상
밀접한 실기 연계성을 염두에 두고 회로 개념을 전력 시스템에 적용

STEP 3 — 전기자기학
목표 65점 이상
기초 지식을 바탕으로 어려운 개념을 시각적으로 정리하며 학습

STEP 4 — 전기기기
목표 70점 이상
각 기기의 특성과 공식을 유기적으로 연결해 실전 적용 능력 배양

STEP 5 — 전기설비 기술기준
목표 75점 이상
정리 후 암기, 빈출을 중심으로 효율적으로 마무리

합격 완성! 7개년 기출 문제 학습 전략

1회독 — 기초를 단단하게
- 시간(문제당 1분 30초)을 정해 두고 문제를 풉니다.
- 헷갈리는 문제, 모르는 문제는 해설을 꼼꼼히 확인하여 이해합니다.

2회독 — 아는 것을 확실하게
- 이전에 헷갈렸거나 틀린 문제를 바탕으로 비교·분석합니다.
- 두 번 이상 출제된 빈출 문제에 집중하여 학습합니다.

3회독 — 마지막까지 완벽하게
- 모르는 문제, 빈출 문제를 확실히 이해합니다.
- 선지까지 확인하여 모르는 부분이 없도록 준비합니다.

66 99

에듀윌과 함께하면
빠르고 확실하게 합격할 수 있습니다.

차례

1권 핵심 이론

입문자를 위한 기초 전기 수학 ... 012

SUBJECT 01 회로이론 · 제어공학 ... 030
KEYWORD 001 ~ 040

SUBJECT 02 전력공학 ... 082
KEYWORD 041 ~ 075

SUBJECT 03 전기자기학 ... 124
KEYWORD 076 ~ 120

SUBJECT 04 전기기기 ... 178
KEYWORD 121 ~ 160

SUBJECT 05 전기설비기술기준 ... 240
KEYWORD 161 ~ 200

2권 7개년 기출 문제

SUBJECT 01
회로이론 · 제어공학

연도	페이지
2025년	008
2024년	018
2023년	033
2022년	051
2021년	070
2020년	089
2019년	107

SUBJECT 02
전력공학

연도	페이지
2025년	124
2024년	133
2023년	148
2022년	163
2021년	178
2020년	194
2019년	209

SUBJECT 03
전기자기학

연도	페이지
2025년	224
2024년	235
2023년	252
2022년	269
2021년	286
2020년	302
2019년	318

SUBJECT 04
전기기기

연도	페이지
2025년	334
2024년	343
2023년	358
2022년	373
2021년	389
2020년	404
2019년	419

SUBJECT 05
전기설비기술기준

연도	페이지
2025년	435
2024년	445
2023년	462
2022년	478
2021년	494
2020년	511
2019년	527

2025년 3회차 기출 문제는 25년 9월 이후 CBT로 제공됩니다.
※ CBT 응시 경로는 교재 내 광고 '실전 감각을 키우는 CBT 모의고사&해설강의' 확인

에듀윌 전기 전기기사 필기 한권끝장

입문자를 위한
기초 전기 수학

SUBJECT 01 여러 가지 함수
SUBJECT 02 공학용 계산기 사용법

기초 전기 수학

01 여러 가지 함수

1 삼각함수

1. 삼각함수의 관계

(1) $\tan\theta = \dfrac{\sin\theta}{\cos\theta}$

(2) $\sin^2\theta + \cos^2\theta = 1$

(3) $1 + \tan^2\theta = \sec^2\theta$

(4) $\sin\theta = -\cos\left(\dfrac{\pi}{2} + \theta\right)$

(5) $\cos\theta = \sin\left(\dfrac{\pi}{2} + \theta\right)$

2. 삼각함수의 성질

(1) $\sin(-\theta) = -\sin\theta$

(2) $\cos(-\theta) = \cos\theta$

(3) $\tan(-\theta) = -\tan\theta$

(4) $\sin(\pi+\theta) = -\sin\theta$, $\sin(\pi-\theta) = \sin\theta$

(5) $\cos(\pi+\theta) = -\cos\theta$, $\cos(\pi-\theta) = -\cos\theta$

(6) $\tan(\pi+\theta) = \tan\theta$, $\tan(\pi-\theta) = -\tan\theta$

3. 삼각함수의 특수공식

(1) 삼각함수의 덧셈정리

① $\sin(\alpha+\beta) = \sin\alpha\cos\beta + \cos\alpha\sin\beta$

② $\sin(\alpha-\beta) = \sin\alpha\cos\beta - \cos\alpha\sin\beta$

③ $\cos(\alpha+\beta) = \cos\alpha\cos\beta - \sin\alpha\sin\beta$

④ $\cos(\alpha-\beta) = \cos\alpha\cos\beta + \sin\alpha\sin\beta$

(2) 삼각함수의 2배각 공식

① $\sin 2\alpha = \sin(\alpha+\alpha) = \sin\alpha\cos\alpha + \cos\alpha\sin\alpha = 2\sin\alpha\cos\alpha$

② $\cos 2\alpha = \cos(\alpha+\alpha) = \cos\alpha\cos\alpha - \sin\alpha\sin\alpha = \cos^2\alpha - \sin^2\alpha$
$= (1-\sin^2\alpha) - \sin^2\alpha = 1 - 2\sin^2\alpha$
$= \cos^2\alpha - (1-\cos^2\alpha) = 2\cos^2\alpha - 1$

2 복소수

1. 허수와 복소수

(1) 허수

제곱하여 -1이 되는 수로서 이를 문자 i로 나타내나 전기공학에서는 i를 j로 표현한다. 즉, $j=\sqrt{-1}$이고, $j^2=-1$, $j^3=-j$, $j^4=1$이다.

(2) 복소수

임의의 실수 a, b에 대하여 $a+jb$의 꼴로 나타내어지는 수를 복소수라 한다. 여기서 a를 실수부, b를 허수부라 한다. 편의상 임의의 복소수를 $Z=a+jb$로 표현한다.

2. 복소평면

복소평면이란 x축이 실수부, y축이 허수부인 좌표평면으로, 복소수 $Z=a+jb$를 점 (a, b)로 나타낼 수 있다.

(1) 복소수의 크기

$|Z|=\sqrt{a^2+b^2}$

(2) 위상(각도)

$\tan\theta=\dfrac{b}{a}$이므로 $\theta=\tan^{-1}\dfrac{b}{a}$

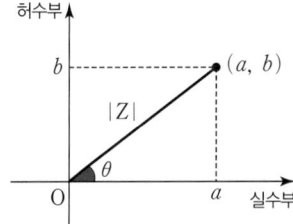

3. 켤레복소수

켤레복소수(공액복소수)는 허수부의 부호를 반대로 바꾼 복소수로, 복소수 $Z=a+jb$의 켤레복소수(공액복소수)는 $\overline{Z}=Z^{*}=a-jb$이다.

4. 복소수의 사칙연산

(1) 덧셈과 뺄셈

실수는 실수끼리, 허수는 허수끼리 더하고 뺀다.

$Z_1=a+jb$, $Z_2=c+jd$일 때,

$Z_1+Z_2=(a+jb)+(c+jd)=(a+c)+j(b+d)$

$Z_1-Z_2=(a+jb)-(c+jd)=(a-c)+j(b-d)$

(2) 곱셈

$Z_1=a+jb$, $Z_2=c+jd$일 때,

$Z_1\times Z_2=(a+jb)\times(c+jd)=ac+jad+jbc+j^2bd=(ac-bd)+j(ad+bc)$

                                                ↳ $j^2=-1$입니다.

(3) 복소수의 나눗셈과 분모의 실수화

분모의 실수화란 분수의 분모가 복소수일 때, 분모, 분자에 각각 분모의 켤레복소수를 곱하여 분모를 실수로 바꾸는 것을 말한다.

$Z_1=a+jb$, $Z_2=c+jd$일 때,

$Z_1\div Z_2=\dfrac{a+jb}{c+jd}=\dfrac{(a+jb)(c-jd)}{(c+jd)(c-jd)}=\dfrac{(ac+bd)-j(ad-bc)}{c^2+d^2}$

5. 복소수 표현법

(1) 삼각함수 표현법 $Z = |Z|(\cos\theta + j\sin\theta)$

(2) 지수함수 표현법 $Z = |Z|e^{j\theta}$

(3) 극형식 표현법 $Z = |Z| \angle \theta$

(4) 순시값 표현법 $Z = \sqrt{2}|Z|\sin(\omega t + \theta)$

3 행렬

1. 행렬

수 또는 문자를 직사각형 꼴로 배열하여 ( )로 묶은 것을 행렬이라고 한다.

$$M = \begin{pmatrix} a_{11} & a_{12} & \cdots & a_{1n} \\ a_{21} & a_{22} & \cdots & a_{2n} \\ \vdots & \vdots & \vdots & \vdots \\ a_{m1} & a_{m2} & \cdots & a_{mn} \end{pmatrix}$$

(1) 행렬에서 가로줄을 행이라고 하고, 세로줄을 열이라고 한다.

(2) ( ) 안의 수나 문자를 그 행렬의 성분이라고 한다.

(3) 행의 개수가 m, 열의 개수가 n인 행렬을 $m \times n$ 행렬이라고 한다.

2. 행렬값 계산

(1) 2×2 행렬

$$A = \begin{bmatrix} a & b \\ c & d \end{bmatrix} \Rightarrow |A| = ad - bc$$

(2) 3×3 행렬

$$A = \begin{bmatrix} a & b & c \\ d & e & f \\ g & h & i \end{bmatrix} \Rightarrow |A| = aei + bfg + cdh - (ceg + bdi + afh)$$

3. 행렬의 합과 차

(1) 행렬의 합

같은 크기의 두 행렬 A, B에 대하여 같은 행·같은 열에 있는 성분의 합을 성분으로 갖는 행렬을 행렬 A와 B의 합이라 하고, $A + B$로 나타낸다.

$$A = \begin{bmatrix} a_{11} & a_{12} \\ a_{21} & a_{22} \end{bmatrix}, B = \begin{bmatrix} b_{11} & b_{12} \\ b_{21} & b_{22} \end{bmatrix} \Rightarrow A + B = \begin{bmatrix} a_{11}+b_{11} & a_{12}+b_{12} \\ a_{21}+b_{21} & a_{22}+b_{22} \end{bmatrix}$$

(2) 행렬의 차

같은 크기의 두 행렬 A, B에 대하여 같은 행·같은 열에 있는 성분의 차를 성분으로 갖는 행렬을 행렬 A와 B의 차라 하고, $A-B$로 나타낸다.

$$A=\begin{bmatrix} a_{11} & a_{12} \\ a_{21} & a_{22} \end{bmatrix},\ B=\begin{bmatrix} b_{11} & b_{12} \\ b_{21} & b_{22} \end{bmatrix} \Rightarrow A-B=\begin{bmatrix} a_{11}-b_{11} & a_{12}-b_{12} \\ a_{21}-b_{21} & a_{22}-b_{22} \end{bmatrix}$$

4. 행렬의 실수배

실수 k에 대하여 행렬 A의 각 성분에 k를 곱한 수를 성분으로 갖는 행렬을 행렬 A의 k배라 하고, kA로 나타낸다.

$$A=\begin{bmatrix} a_{11} & a_{12} \\ a_{21} & a_{22} \end{bmatrix} \Rightarrow kA=\begin{bmatrix} ka_{11} & ka_{12} \\ ka_{21} & ka_{22} \end{bmatrix}$$

5. 행렬의 곱

(1) 정의

① 두 행렬 A, B에 대하여 행렬 A와 B의 곱은 A의 열의 개수와 B의 행의 개수가 같을 때만 정의되고, 행렬 A와 B의 곱은 AB로 나타낸다.

② 행렬 A가 $m \times n$ 행렬, 행렬 B가 $n \times l$ 행렬이면 행렬 AB는 $m \times l$ 행렬이다.

(2) 계산 방법

① $(1 \times 2$ 행렬$) \times (2 \times 1$ 행렬$) \Rightarrow (1 \times 1$ 행렬$)$

$$[a_1\ b_1]\begin{bmatrix} a_2 \\ b_2 \end{bmatrix}=[a_1a_2+b_1b_2]$$

② $(1 \times 2$ 행렬$) \times (2 \times 2$ 행렬$) \Rightarrow (1 \times 2$ 행렬$)$

$$[a_1\ b_1]\begin{bmatrix} a_2 & b_2 \\ c_2 & d_2 \end{bmatrix}=[a_1a_2+b_1c_2\ \ a_1b_2+b_1d_2]$$

③ $(2 \times 2$ 행렬$) \times (2 \times 1$ 행렬$) \Rightarrow (2 \times 1$ 행렬$)$

$$\begin{bmatrix} a_1 & b_1 \\ c_1 & d_1 \end{bmatrix}\begin{bmatrix} a_2 \\ b_2 \end{bmatrix}=\begin{bmatrix} a_1a_2+b_1b_2 \\ c_1a_2+d_1b_2 \end{bmatrix}$$

④ $(2 \times 2$ 행렬$) \times (2 \times 2$ 행렬$) \Rightarrow (2 \times 2$ 행렬$)$

$$\begin{bmatrix} a_1 & b_1 \\ c_1 & d_1 \end{bmatrix}\begin{bmatrix} a_2 & b_2 \\ c_2 & d_2 \end{bmatrix}=\begin{bmatrix} a_1a_2+b_1c_2 & a_1b_2+b_1d_2 \\ c_1a_2+d_1c_2 & c_1b_2+d_1d_2 \end{bmatrix}$$

6. 역행렬

정사각형 행렬 A에 대하여 $AX=XA=I$를 만족하는 행렬 X를 A의 역행렬이라 하고, A^{-1}로 나타낸다. A^{-1}는 역행렬 A 또는 인버스(inverse) A라고 읽는다.

$$AA^{-1}=A^{-1}A=I$$

→ A^{-1}는 $\dfrac{1}{A}$로 쓰지 않습니다.

(1) 단위행렬

$I=\begin{bmatrix} 1 & 0 \\ 0 & 1 \end{bmatrix}$과 같이 대각선 아래(↘)의 성분이 모두 1이고, 그 외의 성분은 모두 0인 행렬을 단위행렬이라고 한다.

(2) 역행렬이 존재할 조건(2×2 행렬)

행렬 $A = \begin{bmatrix} a & b \\ c & d \end{bmatrix}$에서 $|A| = ad - bc$일 때,

① $|A| \neq 0$이면 역행렬 A^{-1}가 존재한다.

$$A^{-1} = \frac{1}{ad-bc} \begin{bmatrix} d & -b \\ -c & a \end{bmatrix}$$ → a와 d는 위치를 바꾸고, b와 c는 부호를 바꿉니다.

② $|A| = 0$이면 역행렬 A^{-1}는 존재하지 않는다.

4 로그

1. 로그

양수 a, b(단, $a \neq 1$)에 대하여 $a^x = b$를 만족할 때, $\log_a b = x$라고 나타낼 수 있다. 이때 a는 밑, b는 진수라고 하고, x는 a를 밑으로 하는 b의 로그라고 읽을 수 있다.

2. 로그의 종류

(1) 상용로그

밑이 10인 로그를 상용로그라고 한다. 이때 밑 10을 생략하여 나타낼 수 있다.

$$\log_{10} x = \log x$$

(2) 자연로그

밑이 e인 로그를 자연로그라고 한다. 자연로그 $\log_e$는 $\ln$으로 나타낼 수 있다.

$$\log_e x = \ln x$$

참고로 $e = 1 + \frac{1}{1!} + \frac{1}{2!} + \frac{1}{3!} + \cdots + \frac{1}{n!} + \cdots = 2.71828\cdots$이다. ── $n!$은 $n \times (n-1) \times (n-2) \times \cdots \times 2 \times 1$을 의미합니다.

> **계산기 TIP**
> **공통** 상용로그와 자연로그는 각각 $\boxed{\log}$ 버튼과 $\boxed{\ln}$ 버튼으로 입력할 수 있다.

3. 로그의 성질 (단, $a > 0$, $a \neq 1$, $x > 0$, $y > 0$)

(1) $\log_a a = 1$

(2) $\log_a 1 = 0$

(3) $\log_a x^n = n \log_a x$ (단, n은 실수)

(4) $\log_a x + \log_a y = \log_a xy$

(5) $\log_a x - \log_a y = \log_a \frac{x}{y}$

(6) $\log_x y = \frac{\log_a y}{\log_a x}$ (단, $x \neq 1$)

5 극한

1. 수열
어떤 규칙에 따라 차례로 수가 나열된 것을 수열이라고 한다. 수열에서 나열된 각 수를 항이라고 하며, n째항 a_n을 일반항이라고 한다. 또, $\{a_n\}$은 일반항이 a_n인 수열을 의미한다.

2. 수렴과 발산

(1) 수렴

수열 $\{a_n\}$에서 n이 한없이 커질 때 일정한 값 α에 한없이 가까워지면 수열 $\{a_n\}$은 α에 수렴한다. 이때 α는 수열 $\{a_n\}$의 극한값이라고 한다.

$$\lim_{n \to \infty} a_n = \alpha$$

(2) 발산

수열이 수렴하지 않을 때 그 수열은 발산한다.

① 양의 무한대로 발산

수열 $\{a_n\}$에서 n이 한없이 커질 때, 일반항 a_n이 한없이 커지면 수열 $\{a_n\}$은 양의 무한대로 발산한다.

$$\lim_{n \to \infty} a_n = \infty$$

② 음의 무한대로 발산

수열 $\{a_n\}$에서 n이 한없이 커질 때, 일반항 a_n이 음수이면서 절댓값이 한없이 커지면 수열 $\{a_n\}$은 음의 무한대로 발산한다.

$$\lim_{n \to \infty} a_n = -\infty$$

③ 진동

수열 $\{a_n\}$에서 n이 한없이 커질 때 일반항 a_n의 값이 수렴하지도 않고, 양의 무한대 또는 음의 무한대로 발산하지도 않으면 수열 $\{a_n\}$은 진동한다.

3. 극한의 성질

(1) $\infty + a = \infty$, $\infty - a = \infty$ (단, a는 상수)

(2) $\infty + \infty = \infty$

(3) $a \times \infty = \infty$, $-a \times \infty = -\infty$ (단, a는 양의 실수)

(4) $\sqrt{\infty} = \infty$

(5) $\dfrac{a}{\infty} = 0$ (단, a는 상수)

(6) $\dfrac{\infty}{a} = \infty$, $\dfrac{\infty}{-a} = -\infty$ (단, a는 양의 실수)

6 미분

1. 평균변화율과 순간변화율(미분계수)

(1) 평균변화율

함수 $y=f(x)$에서 x의 값이 a에서 b까지 변할 때 $\dfrac{y\text{값의 변화량}}{x\text{값의 변화량}}$을 구간 $[a, b]$에서의 평균변화율이라 한다.
└─ a 이상 b 이하를 의미합니다.

$$\frac{\Delta y}{\Delta x}=\frac{f(b)-f(a)}{b-a}$$

(2) 순간변화율(미분계수)

$\displaystyle\lim_{\Delta x \to 0}\frac{\Delta y}{\Delta x}=\lim_{b \to a}\frac{f(b)-f(a)}{b-a}=\lim_{x \to a}\frac{f(x)-f(a)}{x-a}$를 $x=a$에서의 순간변화율 또는 미분계수라 하고, $f'(a)$로 나타낸다.

2. 도함수

$f'(x)=\displaystyle\lim_{\Delta x \to 0}\frac{f(x+\Delta x)-f(x)}{\Delta x}$를 함수 $f(x)$의 도함수라 하고, y', $f'(x)$, $\dfrac{dy}{dx}$, $\dfrac{d}{dx}f(x)$ 등으로 나타낼 수 있다. 또, 함수 $f(x)$의 도함수를 구하는 것을 $f(x)$를 미분한다고 한다.

3. 미분 기본 공식

두 함수 $f(x)$, $g(x)$가 미분가능할 때,
(1) $y=c$ (단, c는 상수) ➡ $y'=0$
(2) $y=x^n$ ➡ $y'=nx^{n-1}$
(3) $y=cf(x)$ (단, c는 상수) ➡ $y'=cf'(x)$
(4) $y=f(x)+g(x)$ ➡ $y'=f'(x)+g'(x)$
    $y=f(x)-g(x)$ ➡ $y'=f'(x)-g'(x)$
(5) $y=f(x)g(x)$ ➡ $y'=f'(x)g(x)+f(x)g'(x)$
(6) $y=\dfrac{g(x)}{f(x)}$ ➡ $y'=\dfrac{g'(x)f(x)-g(x)f'(x)}{\{f(x)\}^2}$
(7) $y=\{f(x)\}^n$ ➡ $y'=n\{f(x)\}^{n-1}f'(x)$

4. 합성함수의 미분

미분가능한 두 함수 $y=f(u)$, $u=g(x)$에 대하여 합성함수 $y=f(g(x))$의 도함수는 $\dfrac{dy}{dx}=\dfrac{dy}{du}\times\dfrac{du}{dx}$로 구할 수 있다.
└─ $y'=f'(g(x))g'(x)$와 같이 나타낼 수도 있습니다.

5. 삼각함수의 미분

(1) $y = \sin x \Rightarrow y' = \cos x$

(2) $y = \sin ax \Rightarrow y' = a \cos ax$ (단, a는 상수)

(3) $y = \cos x \Rightarrow y' = -\sin x$

(4) $y = \cos ax \Rightarrow y' = -a \sin ax$ (단, a는 상수)

(5) $y = \tan x \Rightarrow y' = \sec^2 x$

(6) $y = \cot x \Rightarrow y' = -\csc^2 x$

6. 지수 · 로그함수의 미분

(1) $y = a^x \Rightarrow y' = a^x \ln a$ (단, $a > 0$, $a \neq 1$)

(2) $y = e^x \Rightarrow y' = e^x$

(3) $y = e^{ax} \Rightarrow y' = ae^{ax}$

(4) $y = \ln x \Rightarrow y' = \dfrac{1}{x}$

7. 편미분

변수가 2개 이상일 때 미분하는 것으로 하나의 변수에 대해 나머지 변수의 값을 상수로 보고, 정해진 한 변수에 대해서만 미분한다.

7 적분

1. 부정적분

함수 $f(x)$에 대해 $f(x)$가 $F(x)$의 x에 대한 미분값이라면 $\dfrac{d}{dx}F(x) = f(x)$가 성립하고, 이때 $F(x)$를 $f(x)$의 원시함수라고 한다.

$F(x)$가 $f(x)$의 원시함수라면 임의의 상수 C에 대하여 $F(x) + C$도 $f(x)$의 원시함수이다. $F(x) + C$를 다음과 같이 나타낼 때, $f(x)$의 x에 대한 부정적분이라고 한다. 또한 임의의 상수 C는 적분상수라고 한다.

$$\int f(x)dx = F(x) + C \ (C\text{는 적분상수})$$

기호 $\int$은 Sum의 글자 S를 변형한 것이며 인테그랄(integral)이라고 읽습니다.

2. 부정적분 기본 공식 (C는 적분상수)

(1) $\int c\,dx = cx + C$ (단, c는 상수)

(2) $\int x^n dx = \dfrac{1}{n+1} x^{n+1} + C$ (단, $n \neq -1$)

(3) $\int \{f(x) + g(x)\} dx = \int f(x)dx + \int g(x)dx$

(4) $\int c f(x) dx = c \int f(x) dx$ (단, c는 상수)

3. 삼각함수의 부정적분 (C는 적분상수)

(1) $\int \sin x \, dx = -\cos x + C$

(2) $\int \sin ax \, dx = -\dfrac{1}{a} \cos ax + C$ (단, a는 상수)

(3) $\int \cos x \, dx = \sin x + C$

(4) $\int \cos ax \, dx = \dfrac{1}{a} \sin ax + C$ (단, a는 상수)

(5) $\int \sec^2 x \, dx = \tan x + C$

(6) $\int \operatorname{cosec}^2 x \, dx = -\cot x + C$

4. 지수 · 로그함수의 부정적분 (C는 적분상수)

(1) $\int \dfrac{1}{x} \, dx = \ln|x| + C$ (2) $\int e^x \, dx = e^x + C$ (3) $\int e^{ax} \, dx = \dfrac{1}{a} e^{ax} + C$ (단, a는 상수)

5. 정적분

면적 S를 다음과 같이 정의하며, 이와 같이 구간이 정해진 적분을 정적분이라고 한다.

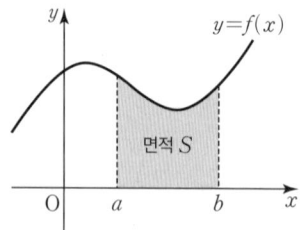

$$S = \int_a^b f(x) dx = [F(x)]_a^b = F(b) - F(a)$$

계산기 TIP	
CASIO, UNIONE	정적분값은 $\int_\square^\square \square$ 버튼을 이용하여 구할 수 있다. $\int_0^1 (x^2 + 2x) dx$ ➡ $\int_\square^\square \square$ [ALPHA] [)] [x^2] [+] [2] [ALPHA] [)] [▼] [0] [▲] [1] [=] ➡ $\dfrac{4}{3}$

기초 전기 수학

02 공학용 계산기 사용법

1 기본 연산

1. 덧셈

(1) $2+5$
입력 순서: $\boxed{2} > \boxed{+} > \boxed{5} > \boxed{=}$

답 7

(2) $131+26$
입력 순서: $\boxed{1} > \boxed{3} > \boxed{1} > \boxed{+} > \boxed{2} > \boxed{6} > \boxed{=}$

답 157

2. 뺄셈

(1) $4-2$
입력 순서: $\boxed{4} > \boxed{-} > \boxed{2} > \boxed{=}$

답 2

(2) $31-132$
입력 순서: $\boxed{3} > \boxed{1} > \boxed{-} > \boxed{1} > \boxed{3} > \boxed{2} > \boxed{=}$

답 -101

3. 곱셈

(1) 3×5
입력 순서: $\boxed{3} > \boxed{\times} > \boxed{5} > \boxed{=}$

답 15

(2) 11×32
입력 순서: $\boxed{1} > \boxed{1} > \boxed{\times} > \boxed{3} > \boxed{2} > \boxed{=}$

답 352

4. 나눗셈

(1) $8 \div 2$
입력 순서: $\boxed{8} > \boxed{\div} > \boxed{2} > \boxed{=}$

답 4

(2) $568 \div 24$
입력 순서: $\boxed{5} > \boxed{6} > \boxed{8} > \boxed{\div} > \boxed{2} > \boxed{4} > \boxed{=}$

답 $\dfrac{71}{3}$

5. 괄호 계산

(1) $3(2+5)$

입력 순서: $\boxed{3} > \boxed{(} > \boxed{2} > \boxed{+} > \boxed{5} > \boxed{)} > \boxed{=}$

답 21

(2) $3(2+5)(4-2)$

입력 순서: $\boxed{3} > \boxed{(} > \boxed{2} > \boxed{+} > \boxed{5} > \boxed{)} > \boxed{(} > \boxed{4} > \boxed{-} > \boxed{2} > \boxed{)} > \boxed{=}$

답 42

6. 분수 계산

(1) $\frac{1}{3}+\frac{1}{2}$

입력 순서: $\boxed{\frac{■}{□}} > \boxed{1} > \boxed{▼} > \boxed{3} > \boxed{▶} > \boxed{+} > \boxed{\frac{■}{□}} > \boxed{1} > \boxed{▼} > \boxed{2} > \boxed{=}$

답 $\frac{5}{6}$

(2) $\dfrac{1}{3\times\dfrac{2}{3}}+\dfrac{1}{2}$

입력 순서: $\boxed{\frac{■}{□}} > \boxed{1} > \boxed{▼} > \boxed{3} > \boxed{\times} > \boxed{\frac{■}{□}} > \boxed{2} > \boxed{▼} > \boxed{3} > \boxed{▶} > \boxed{▶} > \boxed{+} > \boxed{\frac{■}{□}} > \boxed{1} > \boxed{▼} > \boxed{2} > \boxed{=}$

답 1

7. 지수 계산

(1) 2^2+3^2

입력 순서: $\boxed{2} > \boxed{x^2} > \boxed{+} > \boxed{3} > \boxed{x^2} > \boxed{=}$

답 13

(2) $(2^2+3^4)^2$

입력 순서: $\boxed{(} > \boxed{2} > \boxed{x^2} > \boxed{+} > \boxed{3} > \boxed{x^■} > \boxed{4} > \boxed{▶} > \boxed{)} > \boxed{x^2} > \boxed{=}$

답 7,225

8. 루트 계산

(1) $\sqrt{2}+\sqrt{3}$

입력 순서: $\boxed{\sqrt{\blacksquare}}$ > $\boxed{2}$ > $\boxed{\blacktriangleright}$ > $\boxed{+}$ > $\boxed{\sqrt{\blacksquare}}$ > $\boxed{3}$ > $\boxed{=}$ > $\boxed{S \Leftrightarrow D}$

답 3.14626437

(2) $\sqrt{2^2+3^2}$

입력 순서: $\boxed{\sqrt{\blacksquare}}$ > $\boxed{2}$ > $\boxed{x^2}$ > $\boxed{+}$ > $\boxed{3}$ > $\boxed{x^2}$ > $\boxed{=}$

답 $\sqrt{13}$

2 응용편

1. 삼각함수 계산

(1) $\sin 30°+\cos 30°$

입력 순서: $\boxed{\sin}$ > $\boxed{3}$ > $\boxed{0}$ > $\boxed{)}$ > $\boxed{+}$ > $\boxed{\cos}$ > $\boxed{3}$ > $\boxed{0}$ > $\boxed{)}$ > $\boxed{=}$

답 $\dfrac{1+\sqrt{3}}{2}$

(2) $2\cos 60°\sin 60°$

입력 순서: $\boxed{2}$ > $\boxed{\cos}$ > $\boxed{6}$ > $\boxed{0}$ > $\boxed{)}$ > $\boxed{\sin}$ > $\boxed{6}$ > $\boxed{0}$ > $\boxed{)}$ > $\boxed{=}$

답 $\dfrac{\sqrt{3}}{2}$

(3) $\sin^2(30°)+\cos^3(30°)$

입력 순서: $\boxed{\sin}$ > $\boxed{3}$ > $\boxed{0}$ > $\boxed{)}$ > $\boxed{x^2}$ > $\boxed{+}$ > $\boxed{\cos}$ > $\boxed{3}$ > $\boxed{0}$ > $\boxed{)}$

> $\boxed{x^{\blacksquare}}$ > $\boxed{3}$ > $\boxed{=}$

답 $\dfrac{2+3\sqrt{3}}{8}$

2. 로그함수 계산

(1) $\log(3\times 9)+\log(10^2)$

입력 순서: $\boxed{\log}$ > $\boxed{3}$ > $\boxed{\times}$ > $\boxed{9}$ > $\boxed{)}$ > $\boxed{+}$ > $\boxed{\log}$ > $\boxed{1}$ > $\boxed{0}$ > $\boxed{x^2}$

> $\boxed{)}$ > $\boxed{=}$

답 3.431363764

(2) $\ln(e^1)+\ln(e^2)$

입력 순서: $\boxed{\ln}$ > $\boxed{\text{SHIFT}}$ > $\boxed{\ln}$ > $\boxed{1}$ > $\boxed{\blacktriangleright}$ > $\boxed{)}$ > $\boxed{+}$ > $\boxed{\ln}$ > $\boxed{\text{SHIFT}}$

> $\boxed{\ln}$ > $\boxed{2}$ > $\boxed{\blacktriangleright}$ > $\boxed{)}$ > $\boxed{=}$

답 3

(3) $\log(1+99) \times \ln^3(10)$

입력 순서: $\boxed{\log}$ > $\boxed{1}$ > $\boxed{+}$ > $\boxed{9}$ > $\boxed{9}$ > $\boxed{)}$ > $\boxed{\times}$ > $\boxed{\ln}$ > $\boxed{1}$ > $\boxed{0}$ > $\boxed{)}$ > $\boxed{x^\blacksquare}$ > $\boxed{3}$ > $\boxed{=}$

답 24.41614311

3. 복소수 계산

(1) $2 \times i$

입력 순서: $\boxed{\text{MODE SETUP}}$ > $\boxed{2}$ > $\boxed{2}$ > $\boxed{\times}$ > $\boxed{\text{ENG}}$ > $\boxed{=}$

답 $2i$

(2) $(5+3i) \times (4-2i)$

입력 순서: $\boxed{\text{MODE SETUP}}$ > $\boxed{2}$ > $\boxed{(}$ > $\boxed{5}$ > $\boxed{+}$ > $\boxed{3}$ > $\boxed{\text{ENG}}$ > $\boxed{)}$ > $\boxed{\times}$ > $\boxed{(}$ > $\boxed{4}$ > $\boxed{-}$ > $\boxed{2}$ > $\boxed{\text{ENG}}$ > $\boxed{)}$ > $\boxed{=}$

답 $26+2i$

4. 페이저 계산

(1) $3\angle 60° + 4\angle 30°$

입력 순서: $\boxed{\text{MODE SETUP}}$ > $\boxed{2}$ > $\boxed{3}$ > $\boxed{\text{SHIFT}}$ > $\boxed{(-)}$ > $\boxed{6}$ > $\boxed{0}$ > $\boxed{+}$ > $\boxed{4}$ > $\boxed{\text{SHIFT}}$ > $\boxed{(-)}$ > $\boxed{3}$ > $\boxed{0}$ > $\boxed{=}$

답 $\dfrac{3+4\sqrt{3}}{2} + \dfrac{4+3\sqrt{3}}{2}i$

(2) $\dfrac{6\angle 45°}{2\angle 15°}$

입력 순서: $\boxed{\text{MODE SETUP}}$ > $\boxed{2}$ > $\boxed{\tfrac{\blacksquare}{\square}}$ > $\boxed{6}$ > $\boxed{\text{SHIFT}}$ > $\boxed{(-)}$ > $\boxed{4}$ > $\boxed{5}$ > $\boxed{\blacktriangledown}$ > $\boxed{2}$ > $\boxed{\text{SHIFT}}$ > $\boxed{(-)}$ > $\boxed{1}$ > $\boxed{5}$ > $\boxed{=}$

답 $\dfrac{3\sqrt{3}}{2} + \dfrac{3}{2}i$

5. 역함수(삼각함수) 계산

(1) $\sin^{-1}\left(\dfrac{1}{2}\right)$

입력 순서: $\boxed{\text{SHIFT}}$ > $\boxed{\sin}$ > $\boxed{\tfrac{\blacksquare}{\square}}$ > $\boxed{1}$ > $\boxed{\blacktriangledown}$ > $\boxed{2}$ > $\boxed{\blacktriangleright}$ > $\boxed{)}$ > $\boxed{=}$

답 $30°$

(2) $\tan^{-1}\left(\dfrac{4}{3}\right)$

입력 순서: $\boxed{\text{SHIFT}}$ > $\boxed{\tan}$ > $\boxed{\tfrac{\blacksquare}{\square}}$ > $\boxed{4}$ > $\boxed{\blacktriangledown}$ > $\boxed{3}$ > $\boxed{\blacktriangleright}$ > $\boxed{)}$ > $\boxed{=}$

답 $53.13010235°$

(3) $\cos^{-1}\left(\dfrac{\sqrt{3}}{3}\right)$

입력 순서: $\boxed{\text{SHIFT}}$ > $\boxed{\cos}$ > $\boxed{\tfrac{\blacksquare}{\square}}$ > $\boxed{\sqrt{\blacksquare}}$ > $\boxed{3}$ > $\boxed{\blacktriangledown}$ > $\boxed{3}$ > $\boxed{\blacktriangleright}$ > $\boxed{)}$ > $\boxed{=}$

답 $54.73561032°$

6. 특수 기호

(1) 진공 유전율 ε_0

입력 순서: $\boxed{\text{SHIFT}}$ > $\boxed{7}$ > $\boxed{3}$ > $\boxed{2}$ > $\boxed{=}$

답 $8.854187817 \times 10^{-12}$

예) $\dfrac{1}{4\pi\varepsilon_0} \times \dfrac{3 \times 1}{2^2}$

입력 순서: $\boxed{\tfrac{\blacksquare}{\square}}$ > $\boxed{1}$ > $\boxed{\blacktriangledown}$ > $\boxed{4}$ > $\boxed{\text{SHIFT}}$ > $\boxed{\times 10^x}$ > $\boxed{\text{SHIFT}}$ > $\boxed{7}$ > $\boxed{3}$ > $\boxed{2}$ > $\boxed{\blacktriangleright}$ > $\boxed{\times}$ > $\boxed{\tfrac{\blacksquare}{\square}}$ > $\boxed{3}$ > $\boxed{\times}$ > $\boxed{1}$ > $\boxed{\blacktriangledown}$ > $\boxed{2}$ > $\boxed{x^2}$ > $\boxed{=}$

답 $6,740,663,841$

(2) 진공 투자율 μ_0

입력 순서: $\boxed{\text{SHIFT}}$ > $\boxed{7}$ > $\boxed{3}$ > $\boxed{3}$ > $\boxed{=}$

답 $1.256637061 \times 10^{-6}$

예) $\dfrac{1}{4\pi\mu_0} \times \dfrac{3 \times 1}{2^2}$

입력 순서: $\boxed{\tfrac{\blacksquare}{\square}}$ > $\boxed{1}$ > $\boxed{\blacktriangledown}$ > $\boxed{4}$ > $\boxed{\text{SHIFT}}$ > $\boxed{\times 10^x}$ > $\boxed{\text{SHIFT}}$ > $\boxed{7}$ > $\boxed{3}$ > $\boxed{3}$ > $\boxed{\blacktriangleright}$ > $\boxed{\times}$ > $\boxed{\tfrac{\blacksquare}{\square}}$ > $\boxed{3}$ > $\boxed{\times}$ > $\boxed{1}$ > $\boxed{\blacktriangledown}$ > $\boxed{2}$ > $\boxed{x^2}$ > $\boxed{=}$

답 $47,494.30483$

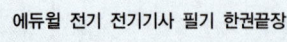

핵심 이론

SUBJECT 01 회로이론 · 제어공학

SUBJECT 02 전력공학

SUBJECT 03 전기자기학

SUBJECT 04 전기기기

SUBJECT 05 전기설비기술기준

01 회로이론 · 제어공학

KEYWORD 001 전기 회로

(1) **전기 회로의 3요소**
  ① 전압(V)
    ㉠ 어떤 회로나 부하가 동작하도록 가한 전기 에너지
    ㉡ 기호는 V 또는 E를, 단위는 [V](볼트)를 사용한다.
  ② 전류(I)
    ㉠ 어떤 회로나 부하에 전압이 가해졌을 때 그 전압의 크기에 비례하여 발생하는 에너지의 흐름
    ㉡ 기호는 I를, 단위는 [A](암페어)를 사용한다.
  ③ 저항(R)
    ㉠ 어떤 회로나 부하에 항상 존재하며 전류의 흐름을 방해하는 요소
    ㉡ 기호는 R를, 단위는 [Ω](옴)을 사용한다.

$$R = \rho \frac{l}{S}[\Omega] = \frac{l}{kS}[\Omega]$$

(단, ρ: 전선의 고유 저항[Ω·m], k: 도전율[℧/m](ρ의 역수), l: 전선의 길이[m], S: 전선의 단면적[m²])

(2) **옴의 법칙**
  ① 회로의 가장 기본적인 법칙으로, 전기 회로의 3요소인 전압(V), 전류(I), 저항(R)의 상관 관계를 나타낸다.
  ② 회로에 가한 전압(V[V])이 클수록 전류(I[A])는 커진다.
  ③ 회로에 흐르는 전류가 클수록 회로의 전압은 높아진다.
  ④ 회로의 저항(R[Ω])이 클수록 회로에 전류가 흐르기 어렵다.

- 전류 $I = \dfrac{V}{R}$ [A]
- 전압 $V = IR$ [V]
- 저항 $R = \dfrac{V}{I}$ [Ω]

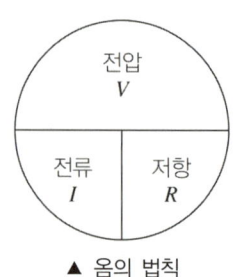

▲ 옴의 법칙

(3) 컨덕턴스(G)

① 컨덕턴스 G는 저항 R의 역수로 전류가 흐르기 쉬운 정도를 나타낸다.
② 단위는 [℧](모우) 또는 [S](지멘스)를 사용한다.

$$G = \frac{1}{R} \, [\text{℧}]$$

KEYWORD 002 저항의 직렬연결 및 병렬연결

(1) **직렬연결**

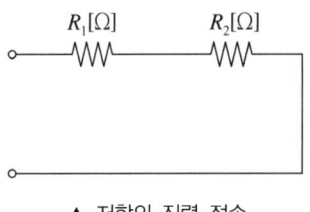

▲ 저항의 직렬 접속

$$\text{합성 저항 } R = R_1 + R_2 \, [\Omega]$$

저항을 직렬로 연결할수록 합성 저항값은 커진다.

(2) **병렬연결**

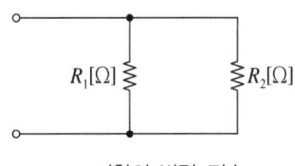

▲ 저항의 병렬 접속

$$\text{합성 저항 } R = \frac{1}{\frac{1}{R_1} + \frac{1}{R_2}} = \frac{R_1 \times R_2}{R_1 + R_2} \, [\Omega]$$

저항을 병렬로 연결할수록 합성 저항값은 작아진다.

KEYWORD 003 기초 회로 법칙

(1) 전압 분배의 법칙

① 각 저항에 걸리는 전압은 저항의 크기에 비례한다는 법칙이다.(직렬 회로에 적용된다.)

② 회로에 흐르는 전체 전류

$$I = \frac{V}{R} = \frac{V}{R_1 + R_2} \text{[A]}$$

③ 각 저항에 걸리는 전압(전압강하)

- $V_1 = IR_1 = \frac{V}{R_1 + R_2} \times R_1 = \frac{R_1}{R_1 + R_2} V \text{[V]}$
- $V_2 = IR_2 = \frac{V}{R_1 + R_2} \times R_2 = \frac{R_2}{R_1 + R_2} V \text{[V]}$

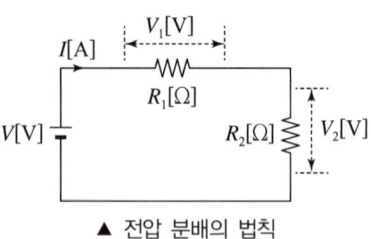

▲ 전압 분배의 법칙

(2) 전류 분배의 법칙

① 각 저항에 흐르는 전류는 저항에 반비례한다는 법칙이다.(병렬 회로에 적용된다.)

② 회로 전체에 인가한 전압

$$V = IR = I \times \frac{R_1 \times R_2}{R_1 + R_2} \text{[V]}$$

③ 각 저항에 흐르는 전류

- $I_1 = \frac{V}{R_1} = \frac{1}{R_1} \times I \times \frac{R_1 \times R_2}{R_1 + R_2} = \frac{R_2}{R_1 + R_2} I \text{[A]}$
- $I_2 = \frac{V}{R_2} = \frac{1}{R_2} \times I \times \frac{R_1 \times R_2}{R_1 + R_2} = \frac{R_1}{R_1 + R_2} I \text{[A]}$

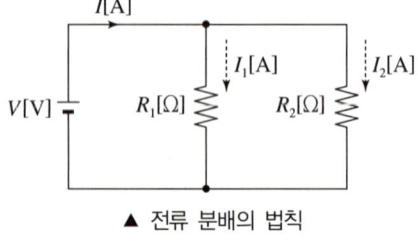

▲ 전류 분배의 법칙

(3) 키르히호프의 법칙

① 키르히호프의 전압 법칙(KVL)

폐회로망에서 회로에 인가한 전압과 각 소자에서 발생한 전압 강하의 합은 같다.(에너지 보존의 법칙)

$E = IR_1 + IR_2 [\text{V}]$

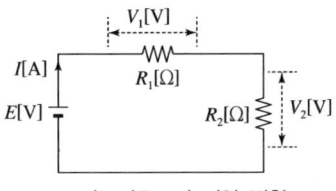

▲ 키르히호프의 전압 법칙

② 키르히호프의 전류 법칙(KCL)

회로의 어느 한 절점에 유입하는 전류와 유출하는 전류의 합은 항상 같다.(전하 보존의 법칙)

$i_1 + i_2 = i_3 + i_4$ 또는

$i_1 + i_2 - i_3 - i_4 = 0$

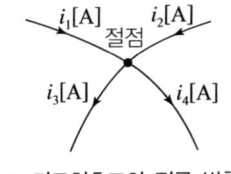

▲ 키르히호프의 전류 법칙

(4) 줄의 법칙

① 저항 $R[\Omega]$의 도체에 전류 $I[\text{A}]$가 t초간 흐를 때 줄열이 발생한다.

$$W = I^2 R t [\text{J}]$$

② 일의 열당량 $1[\text{J}] = 0.24[\text{cal}]$이므로 줄열을 칼로리 단위로 변환할 수 있다.

$H = 0.24 I^2 R t [\text{cal}]$

③ 줄열은 도체를 통과하는 자유 전자가 도체의 원자와 충돌하여 발생하는 열이며, 저항이 존재하면 반드시 발생한다.

KEYWORD 004 $R-L-C$ 회로

(1) 회로 기본 소자

	저항 회로 $R[\Omega]$	인덕터 회로 $L[H]$	커패시터 회로 $C[F]$
회로	$v = V_m \sin\omega t$, R, i	$v = V_m \sin\omega t$, L, i	$v = V_m \sin\omega t$, C, i
리액턴스	—	$Z = j\omega L[\Omega]$ $= jX_L[\Omega] = X_L \angle 90°[\Omega]$	$Z = \dfrac{1}{j\omega C}[\Omega]$ $= -jX_C[\Omega] = X_C \angle -90°[\Omega]$
전류	$i = \dfrac{v}{R} = \dfrac{V_m}{R}\sin\omega t\,[A]$	$i = \dfrac{v}{X} = \dfrac{V_m \sin\omega t}{X_L \angle 90°}$ $= \dfrac{V_m}{X_L}\sin(\omega t - 90°)[A]$	$i = \dfrac{v}{X} = \dfrac{V_m \sin\omega t}{X_C \angle -90°}$ $= \dfrac{V_m}{X_C}\sin(\omega t + 90°)[A]$
위상	동상 소자	지상 소자	진상 소자
전압과 전류의 파형	(파형: v, i 동상)	(파형: i가 90° 지상)	(파형: i가 90° 진상)

(2) 리액턴스, 임피던스, 어드미턴스

① 리액턴스(X): 인덕터(코일)와 커패시터에 의해 발생하는 반응 저항. 단위는 $[\Omega]$을 사용한다.
  ㉠ 유도성 리액턴스 X_L: 인덕터의 유도 기전력에 의한 리액턴스
  ㉡ 용량성 리액턴스 X_C: 커패시터의 충·방전에 의한 리액턴스
② 임피던스(Z): 교류 회로에서 전류의 흐름을 방해하는 정도를 나타내는 값. 저항과 리액턴스의 합과 같다. 단위는 $[\Omega]$을 사용한다.
③ 어드미턴스(Y): 임피던스의 역수로, 전류가 잘 흐르는 정도를 나타내는 값. 단위는 $[℧]$을 사용한다.

(3) 저항과 인덕터의 직렬 회로($R-L$ 직렬 회로)

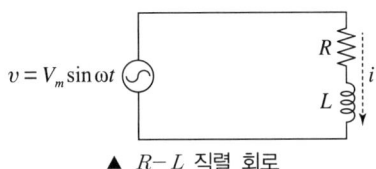

▲ $R-L$ 직렬 회로

① 임피던스

$$Z = R + j\omega L\,[\Omega] = R + jX_L = |Z| \angle \theta\,[\Omega]$$

㉠ 크기: $|Z| = \sqrt{R^2 + X_L^2}\,[\Omega]$

㉡ 위상: $\theta = \tan^{-1}\dfrac{X_L}{R}$

② 전류: $i = \dfrac{v}{Z} = \dfrac{V_m \sin\omega t}{|Z| \angle \theta} = \dfrac{V_m}{|Z|}\sin(\omega t - \theta)\,[A]$

③ 위상: 회로의 인가 전압에 비해 전류의 위상이 θ만큼 늦다(지상 회로).

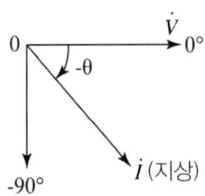

▲ 전압과 전류의 벡터도

(4) 저항과 인덕터의 병렬 회로($R-L$ 병렬 회로)

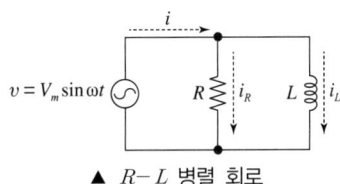

▲ $R-L$ 병렬 회로

① 어드미턴스

$$Y = \dfrac{1}{R} + \dfrac{1}{j\omega L}\,[\mho] = \dfrac{1}{R} - j\dfrac{1}{X_L} = |Y| \angle -\theta\,[\mho]$$

㉠ 크기: $|Y| = \sqrt{\left(\dfrac{1}{R}\right)^2 + \left(\dfrac{1}{X_L}\right)^2}\,[\mho]$

㉡ 위상: $\theta = \tan^{-1}\dfrac{R}{X_L}$

② 전류: $i = Yv = |Y|V_m \sin(\omega t - \theta)\,[A]$

③ 위상: 회로의 인가 전압에 비해 전류의 위상이 θ만큼 늦다(지상 회로).

④ 전류의 크기: $|\dot{I}| = \sqrt{\dot{I}_R^{\,2} + \dot{I}_L^{\,2}}\,[A]$

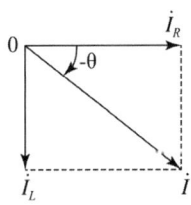

▲ 전류 벡터도

(5) 저항과 커패시터의 직렬 회로($R-C$ 직렬 회로)

▲ $R-C$ 직렬 회로

① 임피던스

$$Z = R - j\frac{1}{\omega C}\,[\Omega] = R - jX_C = |Z| \angle -\theta\,[\Omega]$$

㉠ 크기: $|Z| = \sqrt{R^2 + X_C^2}\,[\Omega]$

㉡ 위상: $\theta = \tan^{-1}\dfrac{X_C}{R}$

② 전류: $i = \dfrac{v}{Z} = \dfrac{V_m \sin\omega t}{|Z|\angle -\theta} = \dfrac{V_m}{|Z|}\sin(\omega t + \theta)\,[A]$

③ 위상: 회로의 인가 전압에 비해 전류의 위상이 θ만큼 빠르다(진상 회로).

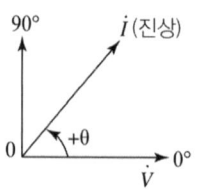

▲ 전압과 전류의 벡터도

(6) 저항과 커패시터의 병렬 회로($R-C$ 병렬 회로)

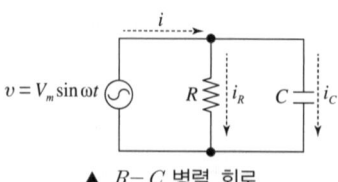

▲ $R-C$ 병렬 회로

① 어드미턴스

$$Y = \frac{1}{R} + j\omega C\,[\mho] = \frac{1}{R} + j\frac{1}{X_C} = |Y|\angle \theta\,[\mho]$$

㉠ 크기: $|Y| = \sqrt{\left(\dfrac{1}{R}\right)^2 + \left(\dfrac{1}{X_C}\right)^2}\,[\mho]$

㉡ 위상: $\theta = \tan^{-1}\dfrac{R}{X_C}$

② 전류: $i = Yv = |Y|V_m\sin(\omega t + \theta)\,[A]$

③ 위상: 회로의 인가 전압에 비해 전류의 위상이 θ만큼 빠르다(진상 회로).

④ 전류의 크기: $|\dot{I}| = \sqrt{\dot{I_R}^2 + \dot{I_C}^2}\,[A]$

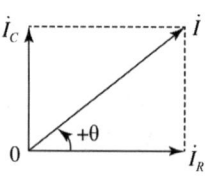

▲ 전류 벡터도

(7) 저항과 인덕터 및 커패시터의 직렬 회로($R-L-C$ 직렬 회로)

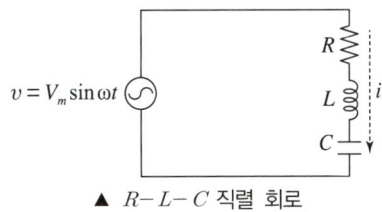

▲ $R-L-C$ 직렬 회로

① 임피던스

$$Z = R + j\omega L - j\frac{1}{\omega C}\,[\Omega] = R + j\left(\omega L - \frac{1}{\omega C}\right)[\Omega]$$
$$= R + j(X_L - X_C) = |Z| \angle \pm \theta\,[\Omega]$$

　㉠ 크기: $|Z| = \sqrt{R^2 + X^2}$, $X = X_L - X_C\,[\Omega]$

　㉡ 위상: $\theta = \tan^{-1}\dfrac{X}{R}$ ($X_L > X_C$인 경우 θ, $X_L < X_C$인 경우 $-\theta$)

② 전류: $i = \dfrac{v}{Z} = \dfrac{V_m \sin\omega t}{|Z| \angle \pm \theta} = \dfrac{V_m}{|Z|} \sin(\omega t \mp \theta)\,[A]$

③ 위상: 회로의 인가 전압에 비해 전류의 위상이 θ만큼 늦거나 빠를 수 있다.

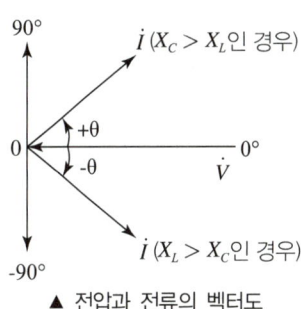

▲ 전압과 전류의 벡터도

KEYWORD 005　정현파 교류

(1) 주기

① 사이클: 주기파에서 임의 값에서 시작하여 다시 그 값이 되는 점까지의 과정
② 주기(T): 1 사이클이 진행되는 시간, 단위는 [s]
③ 주파수(f): 1초 동안에 반복되는 사이클의 수, 단위는 [Hz]
④ 주기와 주파수의 관계

$$f = \frac{1}{T}\,[Hz],\ \ T = \frac{1}{f}\,[s]$$

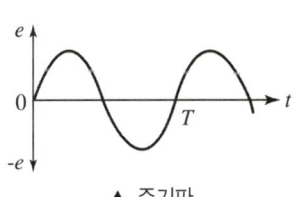

▲ 주기파

(2) 각주파수
① 문자 표현 및 단위: ω[rad/s]
② 정현파 교류에서 각주파수 $\omega = 2\pi f$[rad/s]

(3) 정현파 교류의 발생
① 원리: 자계 안에 놓인 도체가 일정한 방향으로 회전하면 도체가 자력선을 끊어 도체에 기전력이 발생한다.
② 발생 교류 기전력의 크기: $e = vBl\sin\phi$[V]
③ 발생 교류 기전력의 방향: 플레밍의 오른손 법칙

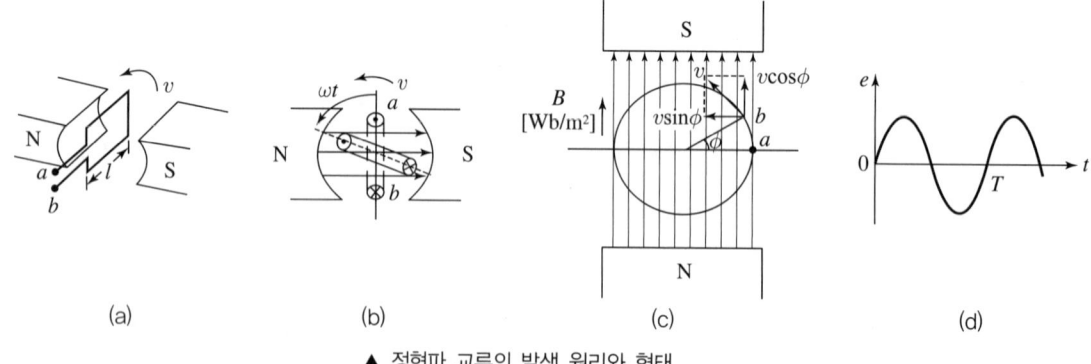

▲ 정현파 교류의 발생 원리와 형태

KEYWORD 006 교류의 표현 방법

(1) 순시값, 평균값, 실횻값
① 순시값: 시간 경과에 따라 그 크기가 변하는 교류의 특정한 순간의 값

- $v(t) = V_m \sin(\omega t \pm \theta)$[V]
- $i(t) = I_m \sin(\omega t \pm \theta)$[A]

(단, V_m, I_m: 전압, 전류의 최댓값,
ω: 각주파수($= 2\pi f$[rad/sec]), θ: 전압, 전류의 위상[°])

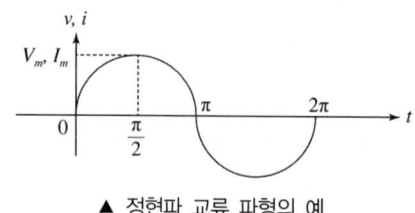

▲ 정현파 교류 파형의 예

② 평균값
  ㉠ 수시로 크기가 변하는 교류의 평균을 취한 값으로, 정현파 반주기에 대한 평균값으로 정의
  ㉡ 정현파 교류의 평균값(대칭성 이용)

$$V_a = \frac{1}{\frac{T}{2}}\int_0^{\frac{T}{2}} v(t)\,dt = \frac{1}{\frac{2\pi}{2}}\int_0^{\frac{2\pi}{2}} V_m \sin t\,dt = \frac{1}{\pi} V_m \left[-\cos t\right]_0^{\pi}$$

$$= \frac{2}{\pi} V_m = 0.637\,V_m\,[\text{V}]$$

③ 실횻값
  ㉠ 실제로 사용하는 교류를 표현한 값으로, 해당 교류가 하는 일과 동등한 일을 하는 직류의 값으로 정의
  ㉡ 정현파 교류의 실횻값

$$V = \sqrt{\frac{1}{T}\int_0^T v^2(t)\,dt} = \sqrt{\frac{1}{\frac{\pi}{2}}\int_0^{\frac{\pi}{2}} V_m^2 \sin^2 t\,dt}$$

$$= \sqrt{\frac{2}{\pi} V_m^2 \int_0^{\frac{\pi}{2}} \frac{1}{2}(1-\cos 2t)\,dt}$$

$$= \sqrt{\frac{1}{\pi} \times V_m^2 \left[t - \frac{1}{2}\sin 2t\right]_0^{\frac{\pi}{2}}}$$

$$= \sqrt{\frac{V_m^2}{2}} = \frac{V_m}{\sqrt{2}} = 0.707\,V_m\,[\text{V}]$$

(2) **대표적인 교류 파형**

종류	파형	평균값	실횻값	종류	파형	평균값	실횻값
정현파		$\frac{2}{\pi}V_m$	$\frac{1}{\sqrt{2}}V_m$	구형파		V_m	V_m
전파 정류파		$\frac{2}{\pi}V_m$	$\frac{1}{\sqrt{2}}V_m$	반 구형파		$\frac{1}{2}V_m$	$\frac{1}{\sqrt{2}}V_m$
반파 정류파		$\frac{1}{\pi}V_m$	$\frac{1}{2}V_m$	삼각파		$\frac{1}{2}V_m$	$\frac{1}{\sqrt{3}}V_m$

(단, V_m: 교류의 최댓값 전압(Maximum voltage))

(3) 파고율과 파형률

① 구형파를 기준(1.0)으로 하였을 때 교류 파형들의 찌그러진 정도를 나타낸 계수로, 파형의 특성을 나타낸다.
② 파고율(Peak factor): 교류 파형에서 최댓값을 실횻값으로 나눈 값으로, 파형의 날카로움의 정도를 나타낸다.
③ 정의: 파형률(Form factor): 교류 파형에서 실횻값을 평균값으로 나눈 값으로, 비정현파의 파형 평활도를 나타낸다.

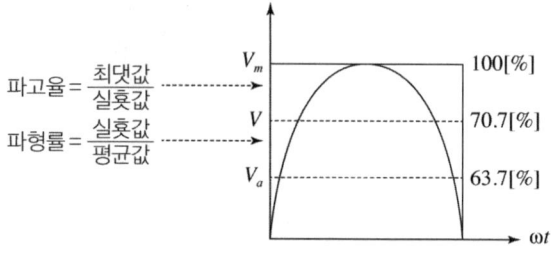

▲ 파고율과 파형률

- 파고율 = $\dfrac{\text{최댓값}(V_m)}{\text{실횻값}(V)}$
- 파형률 = $\dfrac{\text{실횻값}(V)}{\text{평균값}(V_a)}$

KEYWORD 007 전력

(1) 피상 전력 P_a

① 피상 전력은 발전소의 교류 발전기에서 공급하는 전력을 의미한다.
② 기호는 P_a 또는 W를 사용하고, 단위는 [VA]를 사용하며 [볼트-암페어]라고 읽는다.

(2) 유효 전력(소비 전력, 평균 전력, 전력) P

① 유효 전력은 부하(전기 사용 기기)에서 소비되는 전력을 의미한다.
② 기호는 P를 사용하고, 단위는 [W]를 사용하며 [와트]라고 읽는다.

(3) 무효 전력 Q

① 무효 전력은 부하에 포함되된 L과 C 성분에서 소모되는 전력으로, 일반적으로 L 부하(전동기 등)에서 에너지를 저장하거나 방출하는 데 필요한 전력을 의미한다.
② 기호는 Q 또는 P_r를 사용하고, 단위는 [Var]를 사용하며 [바]라고 읽는다.

(4) 전력 계산 공식 정리

- 피상 전력 $P_a = VI = I^2 Z = \left(\dfrac{V}{Z}\right)^2 Z = \dfrac{V^2}{Z}$ [VA]
- 유효 전력 $P = VI\cos\theta = I^2 R = \left(\dfrac{V}{Z}\right)^2 R$ [W]
- 무효 전력 $Q = VI\sin\theta = I^2 X = \left(\dfrac{V}{Z}\right)^2 X$ [Var]

(단, V, I: 실횻값 전압[V] 및 실횻값 전류[A], θ: 전압과 전류 간의 위상차)

(5) 역률과 무효율

① 역률: 피상 전력과 유효 전력의 비율로, pf(power factor) 또는 $\cos\theta$ 라고 표기한다.
② 무효율: 피상 전력과 무효 전력의 비율로, $\sin\theta$ 라고 표기한다.
③ 계산 방법

- 역률 $\cos\theta = \dfrac{P}{P_a} = \dfrac{P}{\sqrt{P^2+Q^2}}$
- 무효율 $\sin\theta = \dfrac{Q}{P_a} = \dfrac{Q}{\sqrt{P^2+Q^2}}$

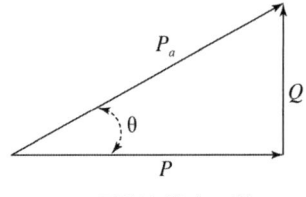

▲ 전력의 벡터 표현

(6) 복소 전력

① 복소 전력: 전압 및 전류가 복소수(벡터)로 표현된 전력이다.
② 복소수로 표현된 전압 및 전류의 피상 전력은 전압에 공액을 취하여 계산한다.
③ $\dot{V} = a + jb$ [V], $\dot{I} = c + jd$ [A]일 경우 피상 전력은 다음과 같이 구한다.

$$P_a = \overline{\dot{V}}\dot{I} = (a-jb)\times(c+jd) = P \pm jQ \text{ [VA]}$$

(단, P: 유효 전력[W], $+jQ$: 진상(용량성) 무효 전력[Var], $-jQ$: 지상(유도성) 무효 전력[Var])

KEYWORD 008   3상 교류와 3상 결선

(1) 3상 교류의 성질
① 3상 기전력은 항상 '0° → -120° → -240°'의 순서로 발생한다.
② 3상 교류의 각 상의 순시값은 다음과 같이 표현한다.
   ㉠ $v_a = V_m \sin \omega t \,[\text{V}]$
   ㉡ $v_b = V_m \sin(\omega t - 120°)\,[\text{V}]$
   ㉢ $v_c = V_m \sin(\omega t - 240°)\,[\text{V}]$
③ 대칭 3상 교류의 합은 0이다.

(2) Y 결선

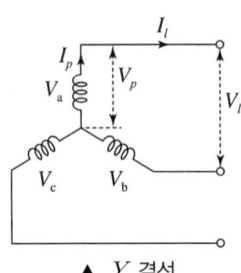
▲ Y 결선

- $I_l = I_p\,[\text{A}]$
- $V_l = \sqrt{3}\,V_p \angle 30°\,[\text{V}]$
(단, V_p, I_p: 상전압, 상전류, V_l, I_l: 선간 전압, 선전류)

(3) Δ 결선

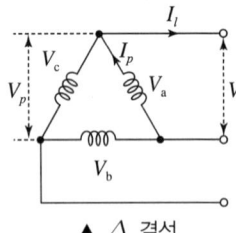
▲ Δ 결선

- $V_l = V_p\,[\text{V}]$
- $I_l = \sqrt{3}\,I_p \angle -30°\,[\text{A}]$
(단, V_p, I_p: 상전압, 상전류, V_l, I_l: 선간 전압, 선전류)

(4) $Y - \Delta$ 변환
① 회로를 해석하기 위해서는 Y 결선을 Δ 결선으로 변환해야 하는 경우가 있다.
② 이 경우에 Y 결선의 3단자에서 본 저항과 Δ 결선의 3단자에서 본 저항의 합성 저항값이 같아야 한다.

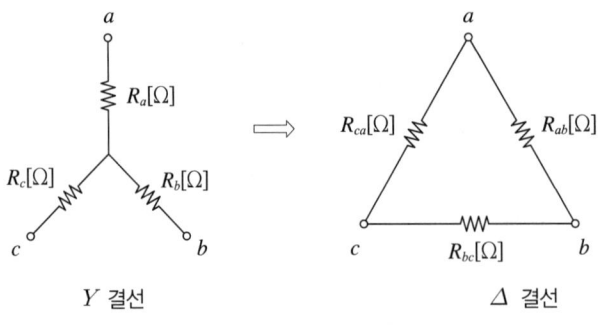
▲ $Y \to \Delta$ 등가 변환

③ $Y-\Delta$ 변환 공식

- 저항의 크기가 모두 다를 경우
$$R_{ab} = \frac{R_aR_b + R_bR_c + R_cR_a}{R_c}, \quad R_{bc} = \frac{R_aR_b + R_bR_c + R_cR_a}{R_a}, \quad R_{ca} = \frac{R_aR_b + R_bR_c + R_cR_a}{R_b}$$
- 저항의 크기가 모두 같을 경우
$$R_a = R_b = R_c = R, \quad R_{ab} = R_{bc} = R_{ca} = 3R$$

(5) $\Delta - Y$ 변환

① 회로를 해석하기 위해서는 Δ 결선을 Y 결선으로 변환해야 하는 경우가 있다.

② 이 경우에 Δ 결선의 3단자에서 본 저항과 Y 결선의 3단자에서 본 저항의 합성 저항값이 같아야 한다.

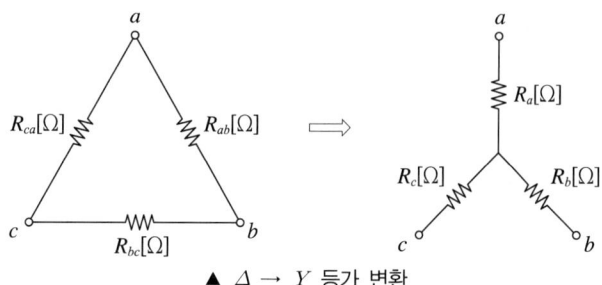

▲ $\Delta \rightarrow Y$ 등가 변환

③ $\Delta - Y$ 변환 공식

- 저항의 크기가 모두 다를 경우
$$R_a = \frac{R_{ab}R_{ca}}{R_{ab} + R_{bc} + R_{ca}}, \quad R_b = \frac{R_{ab}R_{bc}}{R_{ab} + R_{bc} + R_{ca}}, \quad R_c = \frac{R_{bc}R_{ca}}{R_{ab} + R_{bc} + R_{ca}}$$
- 저항의 크기가 모두 같을 경우
$$R_{ab} = R_{bc} = R_{ca} = R, \quad R_a = R_b = R_c = \frac{1}{3}R$$

(6) V 결선

① 3상 전원을 Δ 결선으로 운전하던 중 한 상의 전원 측에 고장이 발생하였을 때 나머지 2상의 전원으로 운전하는 특수한 결선법이다.

② 각 결선의 출력

㉠ 고장 전(3개의 전원을 Δ 결선 운전)

$P_\Delta = 3P$

㉡ 고장 후(2개의 전원을 V결선 운전)

- $P_v = 2P$(이론 출력)
- $P_v = \sqrt{3}\,P$(실제 출력)

㉢ 출력비(Δ 결선 출력과 V 결선 출력 비교)

$$\frac{P_v}{P_\Delta} = \frac{\sqrt{3}\,P}{3P} = \frac{1}{\sqrt{3}} = 0.577\,(\therefore 57.7\,[\%])$$

㉣ 이용률(V 결선 출력 비교)

$$\frac{\text{실제 출력}}{\text{이론 출력}} = \frac{\sqrt{3}\,P}{2P} = \frac{\sqrt{3}}{2} = 0.866\,(\therefore 86.6\,[\%])$$

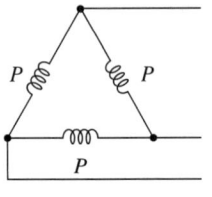 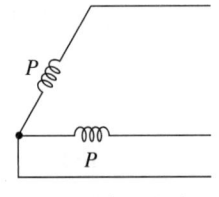

고장 전(Δ 결선)   고장 후(V 결선)

▲ 3상 Δ 결선 및 V 결선

KEYWORD 009 대칭 좌표법과 n상 전원

(1) 대칭 좌표법의 정의

사고 성분을 영상분(V_0, I_0), 정상분(V_1, I_1), 역상분(V_2, I_2)으로 나누어 계산하는 방법

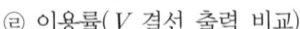

(2) 3상의 대칭분 표현식 및 대칭 성분

① 3상 전원의 대칭분 표현

- $V_a = V_0 + V_1 + V_2 [\text{V}]$
- $V_b = V_0 + a^2 V_1 + a V_2 [\text{V}]$
- $V_c = V_0 + a V_1 + a^2 V_2 [\text{V}]$

② 대칭 성분

- $V_0 = \dfrac{1}{3}(V_a + V_b + V_c)[\text{V}]$
- $V_1 = \dfrac{1}{3}(V_a + a V_b + a^2 V_c)[\text{V}]$
- $V_2 = \dfrac{1}{3}(V_a + a^2 V_b + a V_c)[\text{V}]$

(3) n상 전원

① 3상 전원을 넘는 전원을 모두 n상 전원이라 하며, 특수한 용도로만 사용한다.

- n상 전원의 전압 및 전류 관계식

  $V_l = V_p \times 2\sin\dfrac{\pi}{n}[\text{V}]$, $I_l = I_p \times 2\sin\dfrac{\pi}{n}[\text{A}]$

- n상 전원의 위상 관계식

  $\theta = \dfrac{\pi}{2}\left(1 - \dfrac{2}{n}\right) = 90°\left(1 - \dfrac{2}{n}\right)$

② n상 전력

㉠ 상전압 V_p, 상전류 I_p, 위상차 θ일 때

$P = n V_p I_p \cos\theta [\text{W}]$

㉡ 성형 결선, 환상 결선 모두 선간 전압 V_l, 선전류 I_l일 때 평형 n상 전력 P는

$P = \dfrac{n}{2\sin\dfrac{\pi}{n}} V_l I_l \cos\theta [\text{W}]$

KEYWORD 010　비정현파

(1) 비정현파
① 비정현파: 정현파가 여러 가지 원인으로 인하여 일그러진 파형을 말한다.
② 비정현파가 포함된 전원의 순시값 표현은 다음과 같다.

$$v(t) = V_0 + \sqrt{2}\,V_1\sin\omega t + \sqrt{2}\,V_2\sin2\omega t + \sqrt{2}\,V_3\sin3\omega t + \cdots \text{ [V]}$$

(단, V_0: 직류 성분(직류는 실횻값, 평균값, 최댓값이 모두 같다.), V_1: 정현파(기본파) 실횻값, V_2: 제2 고조파 실횻값, V_3: 제3 고조파 실횻값)

(2) 비정현파의 전압과 전류(실횻값)의 크기
① 전압 $V = \sqrt{V_0^2 + V_1^2 + V_2^2 + V_3^2 + \cdots}$ [V]
② 전류 $I = \sqrt{I_0^2 + I_1^2 + I_2^2 + I_3^2 + \cdots}$ [A]

(3) 역률과 왜형률
① 역률 $\cos\theta = \dfrac{P}{P_a} = \dfrac{\sum VI\cos\theta}{|V||I|}$
② 왜형률
　㉠ 비정현파에서 기본파에 대해 고조파 성분이 어느 정도 포함되었는지를 나타내는 지표로, 비정현파가 정현파를 기준으로 얼마나 일그러졌는가를 표시하는 척도가 된다.
　㉡ 왜형률 $D = \dfrac{\sqrt{V_2^2 + V_3^2 + V_4^2 + \cdots + V_n^2}}{V_1} = \dfrac{\text{고조파의 전체 실횻값}}{\text{기본파의 실횻값}}$

KEYWORD 011　고조파에서의 임피던스 변화

(1) $R-L$ 직렬 회로
① 기본파 임피던스: $Z_1 = R + j\omega L\,[\Omega]$
② 제2 고조파 임피던스: $Z_2 = R + j2\omega L\,[\Omega]$
③ 제3 고조파 임피던스: $Z_3 = R + j3\omega L\,[\Omega]$
　(주파수가 증가할수록 임피던스값이 증가한다.)

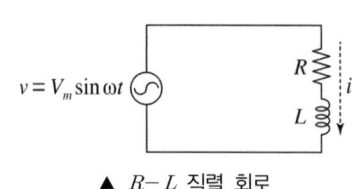

▲ $R-L$ 직렬 회로

(2) $R-C$ 직렬 회로

① 기본파 임피던스: $Z_1 = R - j\dfrac{1}{\omega C}\,[\Omega]$

② 제2 고조파 임피던스: $Z_2 = R - j\dfrac{1}{2\omega C}\,[\Omega]$

③ 제3 고조파 임피던스: $Z_3 = R - j\dfrac{1}{3\omega C}\,[\Omega]$

(주파수가 증가할수록 임피던스값이 감소한다.)

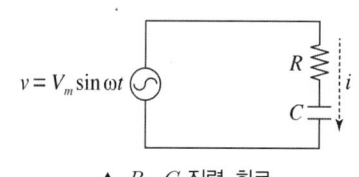

▲ $R-C$ 직렬 회로

KEYWORD 012 　인덕터의 접속

(1) 인덕턴스의 종류

① 자기 인덕턴스($L[\mathrm{H}]$)
   ㉠ 단독 회로에 흐르는 전류 $I[\mathrm{A}]$와 앙페르의 오른손 법칙에 의해 발생하는 자속 $\phi[\mathrm{Wb}]$와의 관계를 나타내는 비례 상수이다.
   ㉡ 자기 인덕턴스의 기호는 L을 사용한다.

   - $\phi = LI[\mathrm{Wb}]$ - $L = \dfrac{\phi}{I}[\mathrm{H}]$

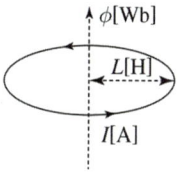

▲ 앙페르의 법칙

② 상호 인덕턴스($M[\mathrm{H}]$)
   ㉠ 둘 이상의 회로에서 한 회로의 전류 $I[\mathrm{A}]$와 다른 회로에서 쇄교하는 $\phi[\mathrm{Wb}]$와의 관계를 나타내는 비례 상수이다.
   ㉡ 상호 인덕턴스의 기호는 M을 사용한다.

   - $\phi = MI[\mathrm{Wb}]$ - $M = \dfrac{\phi}{I}[\mathrm{H}]$

(2) 인덕터의 직렬 접속

① 가동 결합
   ㉠ 두 코일을 같은 방향으로 직렬 접속한 회로이다.
   ㉡ 두 코일에서 나오는 자속이 합해지는 결합 방식이다.
   ㉢ 코일의 감는 방향은 보통 점(•)으로 표시한다.

$$L = L_1 + L_2 + M + M = L_1 + L_2 + 2M[\mathrm{H}]$$

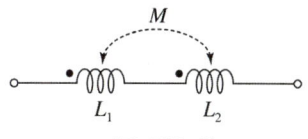

▲ 가동 결합 회로

② 차동 결합
　㉠ 두 코일을 반대 방향으로 직렬 접속한 회로이다.
　㉡ 두 코일에서 나오는 자속이 서로 상쇄되는 결합 방식이다.

$$L = L_1 + L_2 - M - M = L_1 + L_2 - 2M [\text{H}]$$

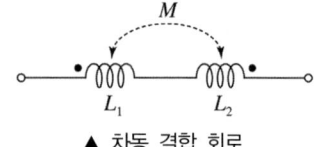

▲ 차동 결합 회로

(3) **인덕터의 병렬 접속**
　① 인덕터의 병렬 접속에도 가동 접속법과 차동 접속법이 있다.
　② 병렬 접속의 합성 인덕턴스값은 저항의 병렬 합성 계산법과 거의 동일하다.

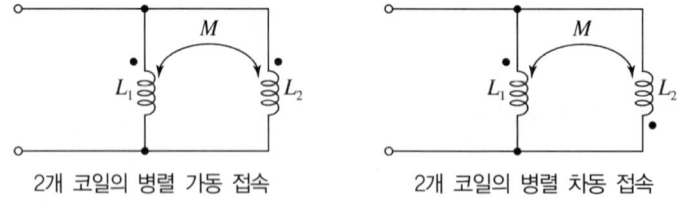

2개 코일의 병렬 가동 접속　　2개 코일의 병렬 차동 접속

▲ 인덕터의 병렬 접속

- 병렬 가동 접속: $L = \dfrac{L_1 L_2 - M^2}{L_1 + L_2 - 2M} [\text{H}]$

- 병렬 차동 접속: $L = \dfrac{L_1 L_2 - M^2}{L_1 + L_2 + 2M} [\text{H}]$

(4) **결합 계수**
　① 정의: 두 코일 회로의 자속에 의한 유도 결합 정도를 나타내는 계수이다.
　② 결합 계수 관계식

$$k = \dfrac{M}{\sqrt{L_1 L_2}}$$

　㉠ $k = 0$: 무결합(두 코일 간의 쇄교 자속이 전혀 없는 상태)
　㉡ $k = 1$: 완전 결합(누설 자속이 전혀 없이 자속이 전부 쇄교되는 상태)
　㉢ 보통 결합 계수의 값은 '$0 \leq k \leq 1$'의 범위이다.

KEYWORD 013 유도 전압

(1) 패러데이의 전자 유도 법칙
① 코일에 전류가 흐르면 앙페르의 법칙에 의하여 자속이 발생하고, 이 자속의 변화에 의하여 인덕턴스 회로에는 유도 기전력이 발생한다.
② 이 기전력은 자기 인덕턴스 및 상호 인덕턴스 회로 모두에 발생한다.

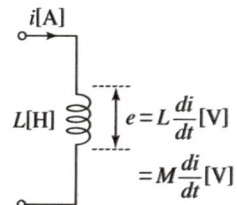

▲ 패러데이의 전자 유도 법칙

(2) 유도 작용을 이용한 전력기기
① 유도 작용을 이용한 대표적인 전력기기에는 변압기가 있다.
② 변압기의 권수비는 다음과 같다.

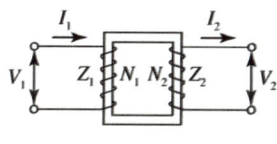

▲ 변압기의 구조

$$a = \frac{N_1}{N_2} = \frac{V_1}{V_2} = \frac{I_2}{I_1} = \sqrt{\frac{Z_1}{Z_2}}$$

(단, N_1, N_2: 변압기의 1차, 2차 권선 횟수[회],
  V_1, V_2: 변압기의 1차, 2차 전압[V],
  I_1, I_2: 변압기의 1차, 2차 전류[A],
  Z_1, Z_2: 변압기의 1차, 2차 임피던스[Ω])

KEYWORD 014 전압원과 전류원

(1) **전압원**

① 이상적인 전압원: 내부 저항 R이 0인 경우 전압원 내부에 전압 강하가 없으므로 그림과 같이 전류의 크기에 상관없이 전압의 크기가 일정한 특성을 보인다.

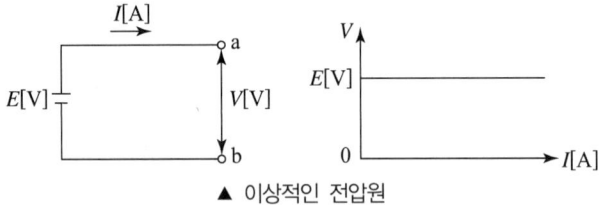

▲ 이상적인 전압원

② 실제적인 전압원: 내부 저항 R이 전압원에 직렬로 존재하는 경우 내부 저항 R에서 전압 강하가 발생하므로 그림과 같이 전류의 크기에 비례하여 전압의 크기가 점차 감소한다.

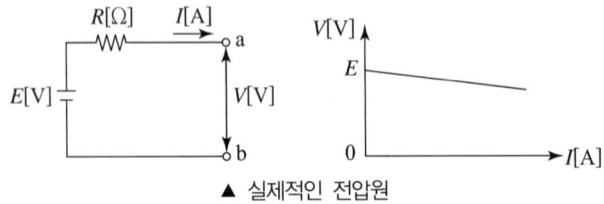

▲ 실제적인 전압원

(2) **전류원**

① 이상적인 전류원: 내부 저항 R이 ∞인 경우 전류원 내부에 전류의 분류가 없으므로 그림과 같이 전압의 크기에 상관없이 전류의 크기가 일정하다.

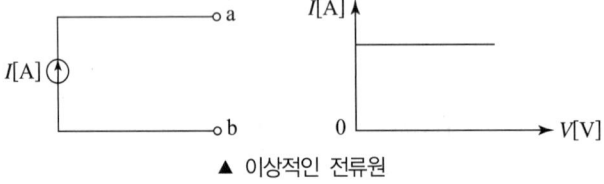

▲ 이상적인 전류원

② 실제적인 전류원: 내부 저항 R이 전류원에 병렬로 존재하는 경우 내부 저항 R에서 전류의 분류가 이루어지므로 그림과 같이 전압의 크기에 비례하여 전류의 크기가 점차 감소한다.

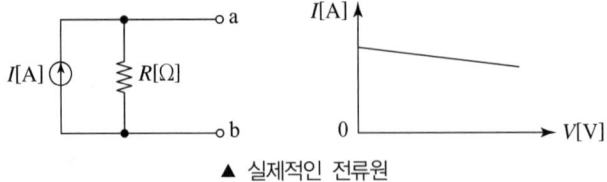

▲ 실제적인 전류원

KEYWORD 015 회로망 해석 기법

(1) 테브난 정리

① 정의: 복잡한 회로를 1개의 전압원과 1개의 직렬 저항으로 한 실제적인 전압원 회로로 바꾸어 해석하는 기법
② 테브난 정리를 이용한 회로 해석 방법

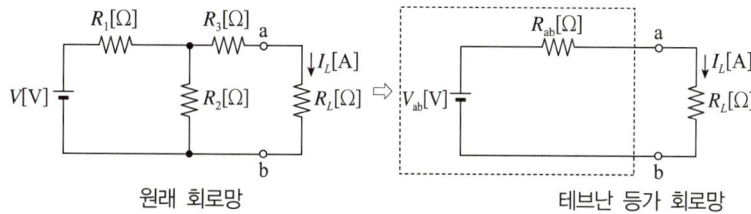

▲ 테브난 정리

㉠ 부하 저항(R_L)을 제거(개방)하여 회로의 a, b 단자를 개방 상태로 둔다.
㉡ a, b 단자에서 본 테브난 등가 저항(R_{ab})과 등가 전압(V_{ab})을 구한다.

- $R_{ab} = \dfrac{R_1 \times R_2}{R_1 + R_2} + R_3\,[\Omega]$
- $V_{ab} = \dfrac{R_2}{R_1 + R_2}V\,[V]$

㉢ a, b 단자에 부하 저항(R_L)을 연결하여 회로를 해석한다.

$$I_L = \dfrac{V_{ab}}{R_{ab} + R_L}\,[A]$$

(2) 노튼 정리

① 정의: 테브난 회로의 전압원을 전류원으로, 직렬 저항을 병렬 저항으로 등가 변환하여 해석하는 기법
② 노튼 정리를 이용한 회로 해석 방법

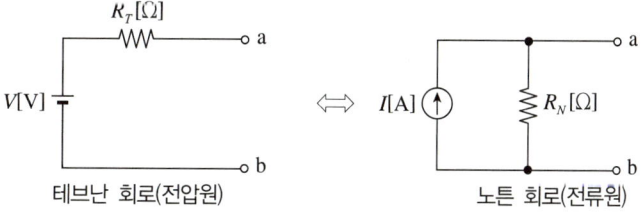

▲ 테브난 ↔ 노튼 등가 변환

㉠ 테브난 저항(R_T)과 노튼 저항(R_N)의 저항값은 같다.
㉡ 전압과 전류의 등가 변환은 옴의 법칙에 의하여 구한다.

- $V = IR_N\,[V]$
- $I = \dfrac{V}{R_T}\,[A]$

(3) 중첩의 원리

전압원과 전류원이 있는 회로의 일부에 흐르는 전류 I_2는 전원이 각각 1개인 회로로 나누어 해석할 수 있다.

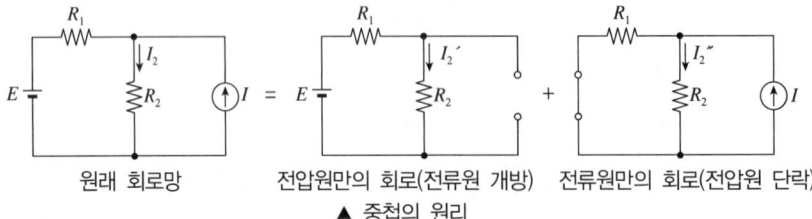

▲ 중첩의 원리

- $I_2' = \dfrac{E}{R_1 + R_2}$ [A]
- $I_2'' = \dfrac{R_1}{R_1 + R_2} I$ [A]

따라서 R_2에 실제로 흐르는 전류는 아래와 같다.

$$I_2 = I_2' + I_2'' \text{ [A]}$$

(4) 밀만의 정리

다음과 같은 회로에서 노튼 정리를 이용하여 변환한 후 각 지로에 옴의 법칙을 적용해 해석하면 아래와 같다.

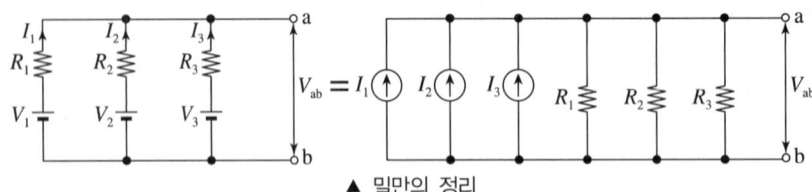

▲ 밀만의 정리

$$V_{ab} = IR = \dfrac{\sum I}{\sum \dfrac{1}{R}} = \dfrac{I_1 + I_2 + I_3}{\dfrac{1}{R_1} + \dfrac{1}{R_2} + \dfrac{1}{R_3}} = \dfrac{\dfrac{V_1}{R_1} + \dfrac{V_2}{R_2} + \dfrac{V_3}{R_3}}{\dfrac{1}{R_1} + \dfrac{1}{R_2} + \dfrac{1}{R_3}} \text{ [V]}$$

(5) 브리지 평형 회로

① 그림과 같은 회로망이 평형 상태일 때, 두 절점 간의 전위는 같다.

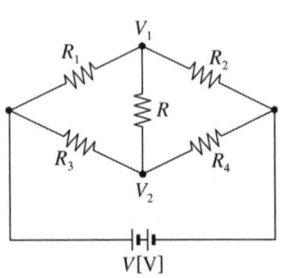

$V_1 = V_2 \rightarrow \dfrac{R_2}{R_1 + R_2} V = \dfrac{R_4}{R_3 + R_4} V$

$\rightarrow R_2 R_3 + R_2 R_4 = R_1 R_4 + R_2 R_4$

$\rightarrow R_2 R_3 = R_1 R_4$ (브리지 평형 조건)

▲ 브리지 회로

② 저항 R에는 전류가 흐르지 않으므로 개방하더라도 회로에 영향을 주지 않는다.

KEYWORD 016 2단자 회로망

(1) 2단자 회로망
① 정의: 회로망을 2개의 인출 단자로 뽑아내어 해석한 회로망이다.
② 구동점 임피던스: 어느 회로 소자에 전원을 인가한 상태에서의 임피던스
③ 회로 소자의 임피던스($Z[\Omega]$)

- 저항: $Z = R[\Omega]$
- 인덕턴스: $Z = j\omega L = sL[\Omega]$
- 정전 용량: $Z = \dfrac{1}{j\omega C} = \dfrac{1}{sC}[\Omega]$

- N: 회로망(Network)

▲ 2단자 회로망

(2) 영점과 극점
① 영점: 어떤 회로의 임피던스값이 $0[\Omega]$이 되도록 하는 값
② 극점: 어떤 회로의 임피던스값이 $\infty[\Omega]$가 되도록 하는 값
③ 임피던스 $Z(s) = \dfrac{s+1}{(s+2)(s+3)}[\Omega]$에서,
　㉠ $s = -1$이면 임피던스값이 $0[\Omega]$이 되므로 영점은 -1 지점이다.
　㉡ $s = -2$ 또는 $s = -3$이면 임피던스값이 $\infty[\Omega]$이므로 극점은 -2와 -3 지점이다.
④ 회로망에서 영점과 극점의 역할
　㉠ 영점에서 임피던스값이 $0[\Omega]$이므로 회로망을 단락한 상태가 된다.
　㉡ 극점에서 임피던스값이 $\infty[\Omega]$이므로 회로망을 개방한 상태가 된다.

(3) 정저항 회로
① 정의: $R-L-C$ 직·병렬 2단자 회로망의 동작이 주파수에 관계없이 항상 일정한 순저항으로 될 때의 회로

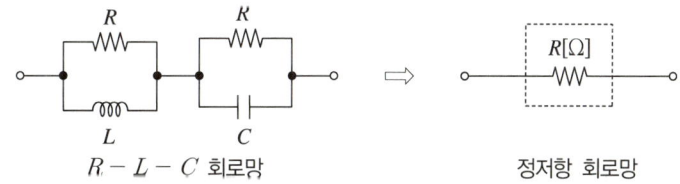

▲ 정저항 회로 변환

② 정저항 회로의 조건

$$R^2 = Z_1 Z_2 = \dfrac{L}{C}$$

(단, $Z_1 = j\omega L[\Omega]$, $Z_2 = \dfrac{1}{j\omega C}[\Omega]$)

KEYWORD 017 4단자 회로망

(1) **4단자 회로망**

회로망을 4개의 인출 단자로 뽑아내 해석한 회로망이다.

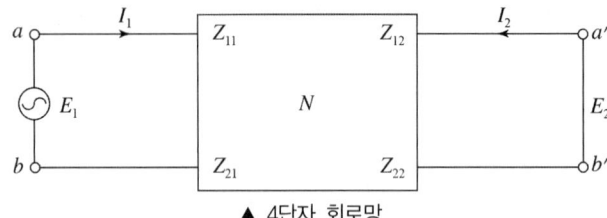

▲ 4단자 회로망

(2) **임피던스 파라미터**

① 기초 방정식

$E_1 = Z_{11}I_1 + Z_{12}I_2, \ \ E_2 = Z_{21}I_1 + Z_{22}I_2$

② 임피던스 파라미터 계산

㉠ 출력 측 $a'-b'$를 개방, 즉 $I_2 = 0$

$Z_{11} = \left(\dfrac{E_1}{I_1}\right)_{I_2=0} \quad Z_{21} = \left(\dfrac{E_2}{I_1}\right)_{I_2=0}$

㉡ 입력 측 $a-b$를 개방, 즉 $I_1 = 0$

$Z_{12} = \left(\dfrac{E_1}{I_2}\right)_{I_1=0} \quad Z_{22} = \left(\dfrac{E_2}{I_2}\right)_{I_1=0}$

③ 선형 회로이면 $Z_{12} = Z_{21}$, 대칭 회로이면 $Z_{11} = Z_{22}$

④ 4단자망의 임피던스 파라미터 해석 방법

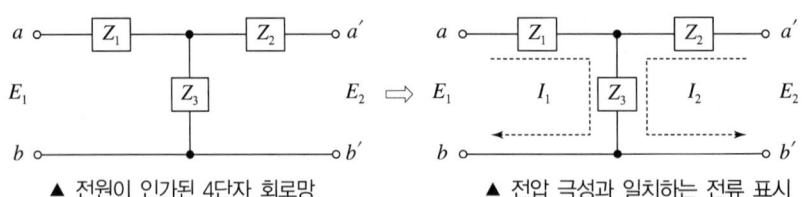

▲ 전원이 인가된 4단자 회로망   ▲ 전압 극성과 일치하는 전류 표시

㉠ 문제에 주어진 4단자 회로망의 전압 극성을 파악한다. (주어지지 않았다면 임의로 극성을 정한다.)
㉡ 전압 극성과 일치하는 전류 흐름을 입력과 출력 측 양쪽에 표시한다.
㉢ 각 전류 흐름에 경유하는 임피던스를 구한다.

- $Z_{11} = Z_1 + Z_3 \, [\Omega]$ - $Z_{12} = Z_{21} = Z_3 \, [\Omega]$ - $Z_{22} = Z_2 + Z_3 \, [\Omega]$

KEYWORD 018 A, B, C, D 파라미터

(1) A, B, C, D 파라미터

① 4단자망의 입력 전압 E_1과 전류 I_1을 출력 전압 E_2와 전류 I_2의 관계로 계산하는 것이 더 편리하다.

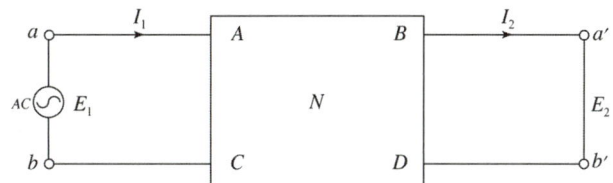

▲ 4단자망에서 A, B, C, D, 파라미터

② 기초 방정식

$E_1 = AE_2 + BI_2$

$I_1 = CE_2 + DI_2$

③ A, B, C, D 파라미터 계산

　㉠ 출력 측 $a' - b'$를 개방, 즉, $I_2 = 0$

$$A = \left(\frac{E_1}{E_2}\right)_{I_2 = 0} \qquad C = \left(\frac{I_1}{E_2}\right)_{I_2 = 0}$$

　㉡ 출력 측 $a' - b'$를 단락, 즉 $E_2 = 0$

$$B = \left(\frac{E_1}{I_2}\right)_{E_2 = 0} \qquad D = \left(\frac{I_1}{I_2}\right)_{E_2 = 0}$$

④ 선형 회로망에서는 $AD - BC = 1$이 성립한다.

(2) A, B, C, D 파라미터의 물리적 의미

① A: 출력단 개방 시 E_1과 E_2의 비 → 전압비(전압 이득)

② B: 출력단 단락 시 E_1과 I_2의 비 → 단락 전달 임피던스[Ω]

③ C: 출력단 개방 시 I_1과 E_2의 비 → 개방 전달 어드미턴스[$\mho$]

④ D: 출력단 단락 시 I_1과 I_2의 비 → 전류비(전류 이득)

(3) A, B, C, D 파라미터 산출 방법

① 임피던스 및 어드미턴스 회로의 A, B, C, D 값

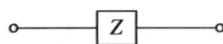

(a) 직렬 임피던스 회로

$$\begin{bmatrix} A & B \\ C & D \end{bmatrix} = \begin{bmatrix} 1 & Z \\ 0 & 1 \end{bmatrix}$$

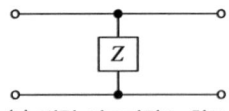

(b) 병렬 어드미턴스 회로

$$\begin{bmatrix} A & B \\ C & D \end{bmatrix} = \begin{bmatrix} 1 & 0 \\ \dfrac{1}{Z} & 1 \end{bmatrix}$$

② T형 회로의 A, B, C, D

$$\begin{bmatrix} A & B \\ C & D \end{bmatrix} = \begin{bmatrix} 1+\dfrac{Z_1}{Z_3} & Z_1+Z_2+\dfrac{Z_1 Z_2}{Z_3} \\ \dfrac{1}{Z_3} & 1+\dfrac{Z_2}{Z_3} \end{bmatrix}$$

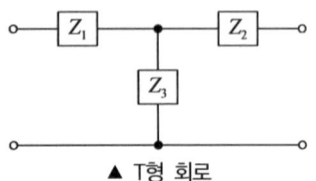

▲ T형 회로

③ π형 회로의 A, B, C, D

$$\begin{bmatrix} A & B \\ C & D \end{bmatrix} = \begin{bmatrix} 1+\dfrac{Z_3}{Z_2} & Z_3 \\ \dfrac{Z_1+Z_2+Z_3}{Z_1 Z_2} & 1+\dfrac{Z_3}{Z_1} \end{bmatrix}$$

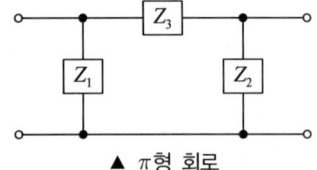

▲ π형 회로

KEYWORD 019 분포 정수 회로

(1) 특성(서지, 파동, 고유) 임피던스 Z_o

$$Z_o = \sqrt{\frac{Z}{Y}} = \sqrt{\frac{R+j\omega L}{G+j\omega C}}\,[\Omega]$$

(2) 전파 정수 γ

$$\gamma = \sqrt{ZY} = \sqrt{(R+j\omega L)(G+j\omega C)} = \alpha + j\beta$$

(단, α: 감쇠 정수(송전단에서 수전단으로 갈수록 전압이 감쇠되는 특성 정수),
β: 위상 정수(송전단에서 수전단으로 갈수록 위상이 지연되는 특성 정수))

(3) 무손실 선로

① 정의: 저항 R와 누설 컨덕턴스 G가 극히 작아($R=G=0$) 송전 시 전력 손실이 없는 선로
② 무손실 선로의 특성

  ㉠ 특성 임피던스: $Z_0 = \sqrt{\dfrac{Z}{Y}} = \sqrt{\dfrac{R+j\omega L}{G+j\omega C}} = \sqrt{\dfrac{L}{C}}\,[\Omega]$

  ㉡ 전파 정수: $\gamma = \sqrt{ZY} = \sqrt{(R+j\omega L)(G+j\omega C)} = \alpha + j\beta$
  (감쇠 정수 $\alpha = 0$, 위상 정수 $\beta = \omega\sqrt{LC}\,[\text{rad/m}]$)

  ㉢ 전파 속도: $v = \dfrac{\omega}{\beta} = \dfrac{\omega}{\omega\sqrt{LC}} = \dfrac{1}{\sqrt{LC}} = 3\times 10^8\,[\text{m/s}]$

  ㉣ 파장: $\lambda = \dfrac{2\pi}{\beta} = \dfrac{2\pi}{\omega\sqrt{LC}} = \dfrac{2\pi}{2\pi f\sqrt{LC}} = \dfrac{1}{f\sqrt{LC}} = \dfrac{v}{f} = \dfrac{3\times 10^8}{f}\,[\text{m}]$

(4) 무왜형 선로

① 정의: $LG = RC$ 조건이 성립하여 L과 C에 의한 파형의 일그러짐 없이 깨끗한 정현 파형을 송전하는 선로
② 무왜형 선로의 특성

  ㉠ 특성 임피던스: $Z_0 = \sqrt{\dfrac{Z}{Y}} = \sqrt{\dfrac{R+j\omega L}{G+j\omega C}} = \sqrt{\dfrac{L}{C}}\,[\Omega]$

  ㉡ 전파 정수: $\gamma = \sqrt{ZY} = \sqrt{(R+j\omega L)(G+j\omega C)} = \alpha + j\beta$
  (감쇠 정수 $\alpha = \sqrt{RG}\,[\text{dB/m}]$, 위상 정수 $\beta = \omega\sqrt{LC}\,[\text{rad/m}]$)

  ㉢ 전파 속도: $v = \dfrac{\omega}{\beta} = \dfrac{\omega}{\omega\sqrt{LC}} = \dfrac{1}{\sqrt{LC}} = 3\times 10^8\,[\text{m/s}]$

  ㉣ 파장: $\lambda = \dfrac{2\pi}{\beta} = \dfrac{2\pi}{\omega\sqrt{LC}} = \dfrac{2\pi}{2\pi f\sqrt{LC}} = \dfrac{1}{f\sqrt{LC}} = \dfrac{v}{f} = \dfrac{3\times 10^8}{f}\,[\text{m}]$

(5) 정재파 비 S

전송 선로상에 발생하는 정재파의 크기를 나타내는 것으로, 정재파의 최댓값과 최솟값의 비이다.

$$S = \frac{1+|\rho|}{1-|\rho|} = \frac{Z_2}{Z_1} \quad (단, \ \rho: 반사 \ 계수)$$

KEYWORD 020 라플라스 변환

(1) 라플라스 변환

① 라플라스 변환: 시간 함수 $f(t)$를 복소 주파수 함수 $F(j\omega) = F(s)$로 변환하는 기법

$$F(s) = \int_0^\infty f(t) e^{-st} dt$$

② 자주 쓰이는 라플라스 변환 공식

시간 함수 $f(t)$	주파수 함수 $F(s)$	시간 함수 $f(t)$	주파수 함수 $F(s)$
임펄스 함수 $\delta(t)$	1	지수함수 e^{at}	$\frac{1}{s-a}$
단위 계단 함수 $u(t)=1$	$\frac{1}{s}$	지수함수 e^{-at}	$\frac{1}{s+a}$
속도 함수 t	$\frac{1}{s^2}$	삼각함수 $\sin\omega t$	$\frac{\omega}{s^2+\omega^2}$
가속도 함수 t^2	$\frac{2}{s^3}$	삼각함수 $\cos\omega t$	$\frac{s}{s^2+\omega^2}$

(2) 라플라스 변환의 기본 정리

① 복소 추이 정리: $\mathcal{L}[f(t)] = F(s)$일 때, $e^{\pm at}f(t)$에 대한 라플라스 변환은 다음과 같다.

$$\mathcal{L}[e^{\pm at}f(t)] = F(s \mp a)$$

② 미적분 정리

  ㉠ 미분식: $\mathcal{L}\left[\frac{d}{dt}f(t)\right] = s\,F(s)$, $\mathcal{L}\left[\frac{d^2}{dt^2}f(t)\right] = s^2\,F(s)$

  ㉡ 적분식: $\mathcal{L}\left[\int f(t)dt\right] = \frac{1}{s}F(s)$

  ㉢ $\mathcal{L}[f(t)] = F(s)$일 때: $\mathcal{L}[tf(t)] = -\frac{dF(s)}{ds}$

③ 시간 추이(지연) 정리

$\mathcal{L}[f(t)] = F(s)$이고 $f(t)$를 시간 t의 양의 방향으로 a만큼 이동한 함수(시간이 지연된 함수) $f(t-a)$에 대한 라플라스 변환은 다음과 같다.

$$\mathcal{L}[f(t-a)u(t-a)] = F(s)e^{-as}$$

④ 초깃값 정리, 최종값 정리

㉠ 초깃값 정리: $\lim_{t \to 0} f(t) = \lim_{s \to \infty} sF(s)$에서 $t \to 0$이면 $s \to \infty$이다.

㉡ 최종값(정상값) 정리: $\lim_{t \to \infty} f(t) = \lim_{s \to 0} sF(s)$에서 $t \to \infty$이면 $s \to 0$이다.

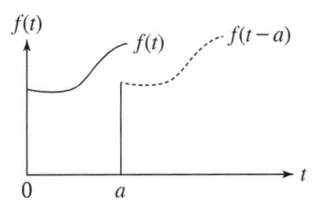

▲ 파형의 시간 지연 곡선

KEYWORD 021 라플라스 역변환

(1) **1차 함수의 부분 분수 전개**

① 분모가 1차인 부분 분수의 전개

$$F(s) = \frac{s+c}{(s+a)(s+b)} = \frac{A}{s+a} + \frac{B}{s+b}$$

② 계수 A, B

㉠ $A = \frac{s+c}{(s+a)(s+b)} \times (s+a) = \frac{s+c}{s+b}\bigg|_{s=-a} = \frac{-a+c}{-a+b}$

㉡ $B = \frac{s+c}{(s+a)(s+b)} \times (s+b) = \frac{s+c}{s+a}\bigg|_{s=-b} = \frac{-b+c}{-b+a}$

(2) **2차 함수의 부분 분수 전개**

① 분모에 2차 함수가 있는 부분 분수의 전개

$$F(s) = \frac{s+c}{(s+a)^2(s+b)} = \frac{A}{(s+a)^2} + \frac{B}{s+a} + \frac{C}{s+b}$$

② 계수 A, B, C

㉠ $A = \frac{s+c}{(s+a)^2(s+b)} \times (s+a)^2 = \frac{s+c}{s+b}\bigg|_{s=-a} = \frac{-a+c}{-a+b}$

㉡ $B = \frac{d}{ds}\left\{\frac{s+c}{(s+a)^2(s+b)} \times (s+a)^2\right\} = \frac{1 \times (s+b) - (s+c) \times 1}{(s+b)^2}\bigg|_{s=-a} = \frac{b-c}{(-a+b)^2}$

㉢ $C = \frac{s+c}{(s+a)^2(s+b)} \times (s+b) = \frac{s+c}{(s+a)^2}\bigg|_{s=-b} = \frac{-b+c}{(-b+a)^2}$

KEYWORD 022　제어 시스템에서의 전달 함수

(1) 전달 함수 $G(s)$
① 의미: s 영역에서 제어 장치의 입력 신호에 대한 출력 신호의 비이다.
② 표현: 제어 장치의 입력 신호 $R(s)$에 대하여 출력 신호 $C(s)$가 출력될 때 전달 함수는 $G(s)$이다.

$$G(s) = \frac{C(s)}{R(s)} = \frac{\text{출력을 라플라스 변환한 값}}{\text{입력을 라플라스 변환한 값}}$$

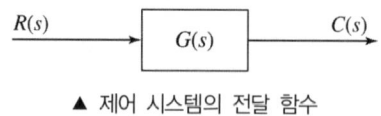

▲ 제어 시스템의 전달 함수

(2) 전달 함수의 성질
① 제어 시스템의 초기 조건은 0으로 한다.
② 제어 시스템의 전달 함수는 s만의 함수로 표시된다.
③ 전달 함수는 선형 시스템에만 적용되고 비선형 시스템에는 적용되지 않는다.
④ 전달 함수는 시스템 입력과 무관하다.

(3) 전달 함수의 종류
① 비례 요소
　입력 신호 $R(s)$에 대하여 출력 신호 $C(s)$가 어떤 이득 상수 K에 비례하여 나타나는 제어 장치의 전달 함수 요소이다.

$$C(s) = R(s) \cdot G(s) \rightarrow G(s) = \frac{C(s)}{R(s)} = K$$

▲ 비례 요소를 갖는 제어 장치

② 미분 요소
　입력 신호 $R(s)$에 대하여 출력 신호 $C(s)$가 어떤 미분 동작 Ks에 의해 나타나는 제어 장치의 전달 함수 요소이다.

$$G(s) = \frac{C(s)}{R(s)} = Ks$$

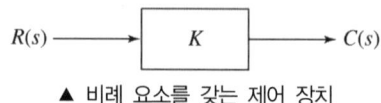

▲ 미분 요소를 갖는 제어 장치

③ 적분 요소

입력 신호 $R(s)$에 대하여 출력 신호 $C(s)$가 어떤 적분 동작 $\dfrac{K}{s}$에 의해 나타나는 제어 장치의 전달 함수 요소이다.

$$G(s) = \dfrac{C(s)}{R(s)} = \dfrac{K}{s}$$

▲ 적분 요소를 갖는 제어 장치

④ 1차 지연 요소

입력 신호 $R(s)$에 대하여 출력 신호 $C(s)$가 $\dfrac{K}{Ts+1}$만큼 1차 함수적으로 지연되어 나타나는 제어 장치의 전달 함수 요소이다.

$$G(s) = \dfrac{C(s)}{R(s)} = \dfrac{K}{Ts+1}$$

▲ 1차 지연 요소를 갖는 제어 장치

⑤ 2차 지연 요소

입력 신호 $R(s)$에 대하여 출력 신호 $C(s)$가 $\dfrac{\omega_n^2}{s^2+2\delta\omega_n s+\omega_n^2}$의 2차 함수로 지연되는 제어 장치의 전달 함수 요소이다.

$$G(s) = \dfrac{C(s)}{R(s)} = \dfrac{\omega_n^2}{s^2+2\delta\omega_n s+\omega_n^2}$$

▲ 2차 지연 요소를 갖는 제어 장치

KEYWORD 023 회로망에서의 전달 함수

(1) 회로망에서 전달 함수 산출법

그림과 같은 회로의 출력 전압 V_o에 대한 전달 함수는 전압 분배의 법칙으로 구한다.

$$V_o = \dfrac{R_2}{R_1+R_2} \times V_i$$

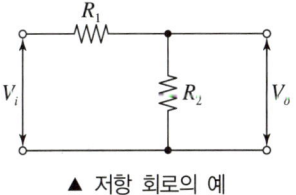

▲ 저항 회로의 예

(2) 회로 요소의 임피던스($Z[\Omega]$) 표현

- 인덕턴스: $L[\text{H}] \Rightarrow Z_L = j\omega L = sL\,[\Omega]$
- 정전 용량: $C[\text{F}] \Rightarrow Z_C = \dfrac{1}{j\omega C} = \dfrac{1}{sC}\,[\Omega]$

KEYWORD 024 블록 선도 및 신호 흐름 선도에서의 전달 함수

(1) 블록 선도에서의 전달 함수 산출법

① 그림과 같은 블록 선도에서 전달 함수 $G(s)$는 다음과 같다.

$$G(s) = \frac{C(s)}{R(s)} = \frac{\sum 경로}{1 - \sum 폐루프}$$

② 전달 함수는 입력 신호 $R(s)$에 대한 출력 신호 $C(s)$의 비율이므로 위 식을 입력과 출력비 식으로 나타낼 수 있다.

$$G(s) = \frac{C(s)}{R(s)} = \frac{G_1 G_2}{1 + G_1 G_2 G_3 - G_2}$$

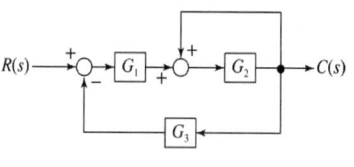

▲ 블록 선도의 예

(2) 신호 흐름 선도에서의 전달 함수 산출법

① 그림과 같은 신호 흐름 선도에서 전달 함수 $G(s)$는 다음 공식을 적용하여 산출한다.

$$G(s) = \frac{C(s)}{R(s)} = \frac{\sum 경로}{1 - \sum 폐루프}$$

② 위의 신호 흐름 선도에 공식을 적용한다.

$$G(s) = \frac{C(s)}{R(s)} = \frac{1 \times X_1 \times 1 \times 1 + 1 \times X_2 \times 1}{1 - (X_1 \times Y_1)} = \frac{X_1 + X_2}{1 - X_1 Y_1}$$

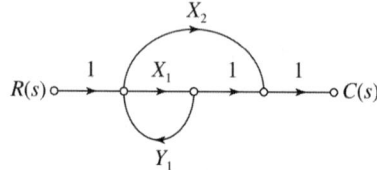

▲ 신호 흐름 선도의 예

KEYWORD 025 블록 선도 및 신호 흐름 선도의 특수 경우

(1) 입력이 2개인 블록 선도에서의 전달 함수

① 그림과 같이 2중 입력(R, U)인 블록 선도에서 전체 전달 함수는 각 입력에 대한 전달 함수를 별도로 구한 후 두 결과를 더한다.

② 위의 블록 선도에서 전달 함수를 구한다.

$$G(s) = \frac{C(s)}{R(s)} + \frac{C(s)}{U(s)} = \frac{G_1 G_2}{1 + G_1 G_2} + \frac{G_2}{1 + G_1 G_2}$$

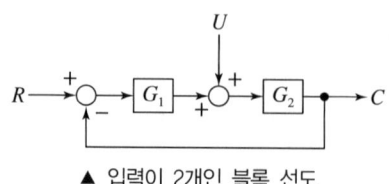

▲ 입력이 2개인 블록 선도

(2) 경로에 접하지 않는 폐루프가 있는 신호 흐름 선도에서의 전달 함수

① 그림과 같이 어떤 경로에 접하지 않는 폐루프가 있는 신호 흐름 선도의 전달 함수는 변형된 공식을 적용한다.

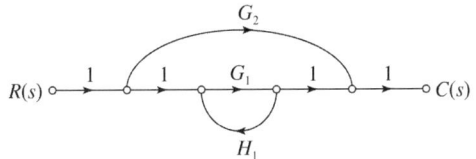

▲ 경로에 접하지 않는 폐루프가 있는 신호 흐름 선도

$$\frac{C(s)}{R(s)} = \frac{\text{폐루프에 접하는 경로} + \text{폐루프에 접하지 않는 경로}\times(1-\text{폐루프})}{1-\text{폐루프}}$$

② 위의 G_2가 폐루프(G_1H_1)에 접하지 않는 경로의 신호 흐름 선도에서 전달 함수는 다음과 같다.

$$G(s) = \frac{C(s)}{R(s)} = \frac{G_1 + G_2(1-G_1H_1)}{1-G_1H_1}$$

(3) 종속 접속인 신호 흐름 선도에서의 전달 함수

① 직렬 종속 접속

㉠ G_1, G_2, G_3가 서로 직렬이며 종속적인 관계로 각 전달 함수를 구한다.

$$G_1 = G_2 = G_3 = \frac{a}{1-ab}$$

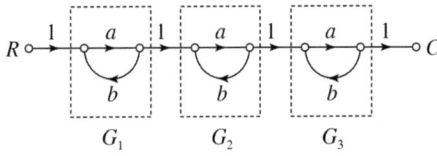

▲ 직렬 종속 접속인 신호 흐름 선도

㉡ 전체 전달 함수

$$G = G_1 \times G_2 \times G_3 = \frac{a}{1-ab} \times \frac{a}{1-ab} \times \frac{a}{1-ab} = \frac{a^3}{(1-ab)^3}$$

② 병렬 종속 접속

㉠ G_1, G_2, G_3가 서로 병렬이며 종속적인 관계로 각 전달 함수를 구한다.

$$G_1 = G_2 = G_3 = \frac{a}{1-ab}$$

㉡ 전체 전달 함수

$$G = G_1 + G_2 + G_3$$
$$= \frac{a}{1-ab} + \frac{a}{1-ab} + \frac{a}{1-ab} = \frac{3a}{1-ab}$$

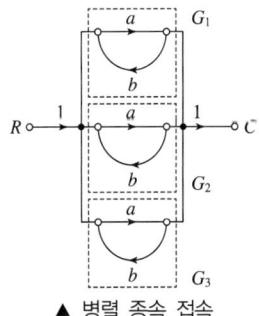

▲ 병렬 종속 접속

KEYWORD 026　제어계

(1) 폐루프 제어계의 구성 요소
① 제어 요소
- 조절부: 비교부에서 검출된 편차를 입력받아 필요한 제어량만큼 조정해 주는 장치이다.
- 조작부: 조절부에서 조정된 신호를 받아 제어 대상에 가해 기구를 조작하는 장치이다.

② 비교부: 입력과 출력값을 비교하여 오차량을 측정하는 부분이다.

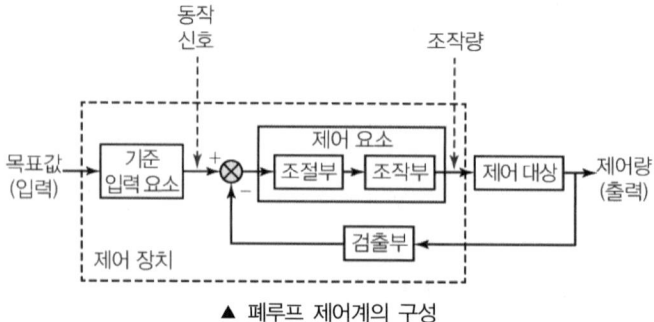

▲ 폐루프 제어계의 구성

(2) 제어량의 종류에 따른 제어 장치 분류
① 프로세스 제어
　㉠ 프로세스 공업(화학·석유·가스·종이·철강 등)의 온도·유량·압력 등을 자동 제어한다.
　㉡ 액면 레벨, 밀도 등의 공업량인 경우의 자동 제어를 말한다.

② 서보 기구
　㉠ 제어량이 기계적 위치가 되도록 되어 있는 자동 제어 기구이다.
　㉡ 피드백 제어에 의해 기구의 위치, 방위, 자세 등을 제어하는 기구이다.

③ 자동 조정: 전압, 전류, 주파수, 회전수, 힘(토크) 등 전기적 신호나 기계적 양을 제어한다.

(3) 목표값의 시간적 성질에 따른 제어 장치 분류

종류	정치 제어	추치 제어	프로그램 제어
방식	제어량을 일정 목표치로 유지	목표치가 변할 때마다 제어량이 변하도록 제어	추치 제어의 일종으로, 프로그램에 따라 제어
예	프로세스 제어, 자동 조정	추종 제어, 서보 제어, 프로그램 제어, 비율 제어	엘리베이터 위치 제어, 열차 무인 제어

(4) 조절부의 동작에 따른 제어 장치 분류

구분	방식	특징	전달 함수
비례 제어(P)	검출값 편차에 비례하여 제어	오차가 크고 느려 잔류 편차가 발생한다.	$G(s) = K$ (단, K: 비례 감도)
미분 제어(D)	오차 발생 속도에 대응하여 제어	검출 오차가 커지는 것을 방지한다.	$G(s) = T_d s$ (단, T_d: 미분 시간)
적분 제어(I)	오차에 해당하는 면적을 계산하여 제어	잔류 편차가 제거되어 정확도가 높다.	$G(s) = \dfrac{1}{T_i s}$ (단, T_i: 적분 시간)
비례 미분 제어(PD)	비례 제어에 미분 동작 추가	응답 속응성이 개선된다.	$G(s) = K(1 + T_d s)$
비례 적분 제어(PI)	비례 제어에 적분 동작 추가	정확도가 개선된다.	$G(s) = K\left(1 + \dfrac{1}{T_i s}\right)$
비례 적분 미분 제어(PID)	비례 제어에 미분, 적분 동작 추가	정확도, 속응성을 확보한 최적 제어이다.	$G(s) = K\left(1 + \dfrac{1}{T_i s} + T_d s\right)$

KEYWORD 027 자동 제어계의 과도 응답

(1) 응답의 종류

① 임펄스 응답: 단위 임펄스 함수 $R(s) = 1$을 가했을 때의 출력

② 인디셜 응답: 단위 계단 함수 $R(s) = \dfrac{1}{s}$을 가했을 때의 출력

③ 경사 응답: 단위 램프 함수 $R(s) = \dfrac{1}{s^2}$을 가했을 때의 출력

④ 포물선 응답: 포물선 함수 $R(s) = \dfrac{1}{s^3}$을 가했을 때의 출력

$R(s) = 1 \longrightarrow \boxed{G(s)} \longrightarrow C(s) = R(s) \cdot G(s) = G(s)$
▲ 임펄스 응답 신호

$R(s) = \dfrac{1}{s} \longrightarrow \boxed{G(s)} \longrightarrow C(s) = R(s) \cdot G(s) = \dfrac{1}{s} \cdot G(s)$
▲ 인디셜 응답 신호

$R(s) = \dfrac{1}{s^2} \longrightarrow \boxed{G(s)} \longrightarrow C(s) = R(s) \cdot G(s) = \dfrac{1}{s^2} \cdot G(s)$
▲ 경사 응답 신호

$R(s) = \dfrac{1}{s^3} \longrightarrow \boxed{G(s)} \longrightarrow C(s) = R(s) \cdot G(s) = \dfrac{1}{s^3} \cdot G(s)$
▲ 포물선 응답 신호

(2) 자동 제어의 과도 응답 특성

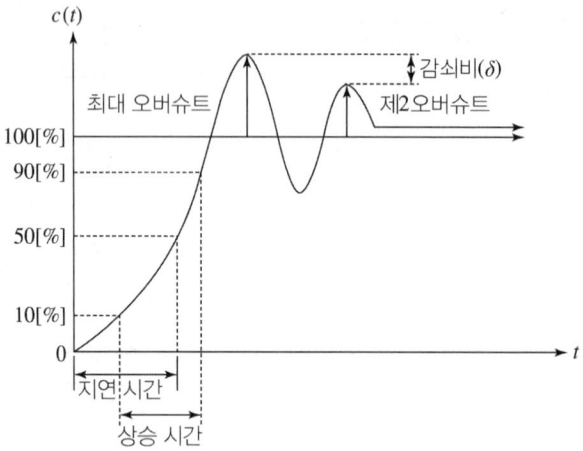

▲ 단위 계단 입력에 대한 제어 장치의 시간 응답

① 지연 시간: 제어계의 출력이 입력값의 50[%]까지 도달하는 데 걸리는 시간
② 상승 시간: 제어계의 출력이 입력값의 10[%]에서 90[%]까지인 시간
③ 최대 오버슈트(Maximum over-shoot): 제어계의 출력이 입력값을 최대로 초과하는 과도 상태 편차로, 최대 초과량이라고도 한다.
④ 제2 오버슈트(2nd over-shoot): 제어계의 출력이 입력값을 2번째로 초과하는 과도 상태 편차로, 제2초과량이라고도 한다.
⑤ 감쇠비(δ): 제어계의 최대 오버슈트가 제2오버슈트로 감소할 때의 비율로, 제동비라고도 한다.

$$\delta = \frac{제2\ 오버슈트}{최대\ 오버슈트}$$

⑥ 정정 시간(Settling time): 최종값의 특정 백분율(±5% 또는 ±2%) 이내의 오차 내에 정착하는 데 걸리는 시간을 말한다.

(3) 특성 방정식의 근의 위치에 따른 응답 특성

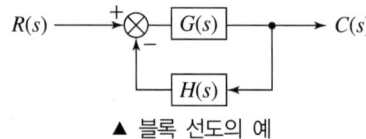

▲ 블록 선도의 예

① 블록 선도에서의 전달 함수

$$\frac{C(s)}{R(s)} = \frac{G(s)}{1+G(s)H(s)}$$

② 특성 방정식: 위 전달 함수식에서 분모가 0이 되게 하는 방정식

$$1+G(s)H(s) = 0$$

③ 특성 방정식의 근의 위치와 응답

s 평면상의 근의 위치	과도 응답	s 평면상의 근의 위치	과도 응답
(안정) A B C (불안정)	C, B, A	× (불안정) ×	(감쇠 진동)
× (안정) ×	(감쇠 진동)	× × (임계)	(지속 진동)

㉠ 자동 제어계가 안정하려면 특성 방정식의 근이 s 평면의 우반 평면에 존재해서는 안 된다.
㉡ 특성 방정식의 근이 j축에서 좌반 평면으로 멀리 떨어져 있을수록 빨리 안정된다.

(4) 제동비에 따른 제어계의 과도 응답 특성

① 2차 자동 제어계의 과도 응답: 2차 지연 요소의 전달 함수는 다음과 같이 표현된다.

$$\frac{C(s)}{R(s)} = \frac{\omega_n^2}{s^2 + 2\delta\omega_n s + \omega_n^2}$$

(단, δ: 제동비(감쇠비), ω_n: 고유 주파수[rad/sec])

② 제동비값에 따른 제어계의 과도 응답 특성

㉠ $0 < \delta < 1$: 부족 제동(감쇠 진동)

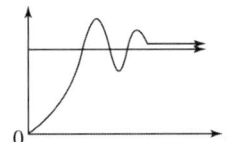

㉡ $\delta > 1$: 과제동(비진동)

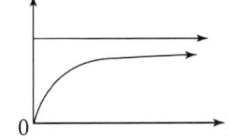

㉢ $\delta = 1$: 임계 제동(임계 상태)

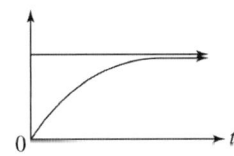

㉣ $\delta = 0$: 무제동(무한 진동)

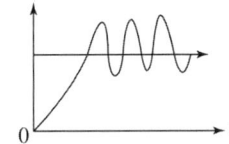

KEYWORD 028 제어계의 편차 및 감도

(1) 자동 제어계의 정상 편차

① 정의: 자동 제어계가 입력을 가한 뒤 시간이 오랫동안 경과($t \to \infty$)한 후의 입력과 출력의 편차

② 정상 편차는 오차(Error)라고도 한다.

(2) 편차의 종류

① 위치 편차: 제어계에 단위 계단 입력 $r(t) = u(t) = 1$을 가했을 때의 편차

② 속도 편차: 제어계에 속도 입력 $r(t) = t$를 가했을 때의 편차

③ 가속도 편차: 제어계에 가속도 입력 $r(t) = \dfrac{1}{2}t^2$을 가했을 때의 편차

편차의 종류	입력	편차 상수	편차
위치 편차	$r(t) = 1$	$K_p = \lim\limits_{s \to 0} G(s)$	$e_p = \dfrac{1}{1+K_p}$
속도 편차	$r(t) = t$	$K_v = \lim\limits_{s \to 0} sG(s)$	$e_v = \dfrac{1}{K_v}$
가속도 편차	$r(t) = \dfrac{1}{2}t^2$	$K_a = \lim\limits_{s \to 0} s^2 G(s)$	$e_a = \dfrac{1}{K_a}$

(3) 제어계의 형에 따른 편차

① 제어계의 형태 분류: 제어계의 형은 주어진 제어 장치의 피드백 요소 $G(s)H(s)$ 함수에서 분모인 근의 값이 0인 s^n의 n차수와 같다.

  ㉠ $G(s)H(s) = \dfrac{s+1}{(s+2)(s+3)}$: 분모의 괄호 밖의 차수가 $s^0 = 1$로 0형 제어계

  ㉡ $G(s)H(s) = \dfrac{s+1}{s(s+2)(s+3)}$: 분모의 괄호 밖의 차수가 s^1으로 1형 제어계

  ㉢ $G(s)H(s) = \dfrac{s+1}{s^2(s+2)(s+3)}$: 분모의 괄호 밖의 차수가 s^2으로 2형 제어계

② 제어계의 형에 따른 편차값

  ㉠ 0형 제어계: 위치 편차 상수 = K_p, 위치 편차 = $\dfrac{1}{1+K_p}$

  ㉡ 1형 제어계: 속도 편차 상수 = K_v, 속도 편차 = $\dfrac{1}{K_v}$

  ㉢ 2형 제어계: 가속도 편차 상수 = K_a, 가속도 편차 = $\dfrac{1}{K_a}$

(4) 제어 장치의 감도

① 미분 감도: 제어 장치가 허용 오차 범위 내에서 어느 정도의 동작 특성이 신속하고 정확한지를 판단하는 기준

② 제어 장치에서 미분 감도 계산 방법

㉠ 전달 함수 $T = \dfrac{C(s)}{R(s)} = \dfrac{G(s)}{1+G(s)H(s)}$

㉡ 감도 $S_K^T = \dfrac{K}{T} \times \dfrac{dT}{dK}$

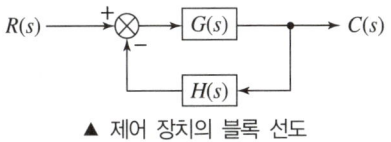

▲ 제어 장치의 블록 선도

KEYWORD 029 자동 제어계의 주파수 전달 함수

(1) 진폭비 및 위상차

① 전달 함수가 $G(s)$인 제어계에 주파수 ω인 정현파 신호를 가했을 때 출력 신호의 정상값은 입력과 같은 주파수의 정현파가 되며, 진폭은 $|G(s)|$배가 되고, 위상은 $\angle G(s)$만큼 벗어난다.

② 진폭비 $|G(j\omega)| = \sqrt{a^2+b^2}$

③ 위상차 $\angle G(j\omega) = \tan^{-1}\dfrac{b}{a}$

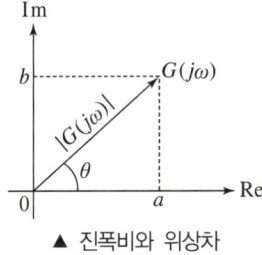

▲ 진폭비와 위상차

(2) 벡터 궤적

① 주파수 ω가 0에서 ∞까지 변화할 때 $G(j\omega)$의 크기와 위상각의 변화를 극좌표에 나타낸 것을 벡터 궤적이라고 한다.

② 비례 요소: $G(s) = K$(주파수와 무관)

비례 요소는 주파수의 변화와 관계없이 일정한 상수 K가 실수축상에 점의 형태로 그려진다.

③ 미분 요소: $G(s) = s$

㉠ 미분 요소 $G(j\omega) = j\omega$는 ω가 0에서 ∞까지 변화할 때 허수축상의 위로 올라가는 직선이다.

㉡ $G(j\omega) = j\omega|_{\omega=0} = 0$

$G(j\omega) = j\omega|_{\omega=\infty} = j\infty$

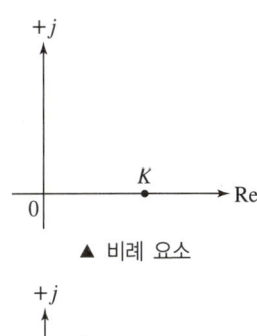

▲ 비례 요소

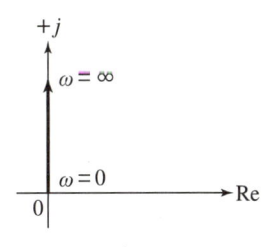

▲ 미분 요소

④ 적분 요소: $G(s) = \dfrac{1}{s}$

　㉠ 적분 요소 $G(j\omega) = \dfrac{1}{j\omega}$은 ω가 0에서 ∞까지 변화할 때 허수축상 $-\infty$에서 0으로 올라가는 직선이다.

　㉡ $G(j\omega) = \dfrac{1}{j\omega}\big|_{\omega=0} = -j\infty$

　　$G(j\omega) = \dfrac{1}{j\omega}\big|_{\omega=\infty} = 0$

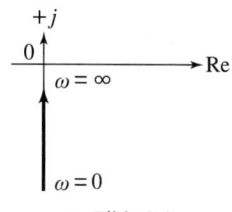

▲ 적분 요소

⑤ 비례 미분 요소: $G(s) = 1 + Ts$

　㉠ 비례 미분 요소 $G(j\omega) = 1 + j\omega T$는 ω가 0에서 ∞까지 변화할 때 $(1, j0)$인 점에서 위로 올라가는 직선이다.

　㉡ $G(j\omega) = 1 + j\omega T\big|_{\omega=0} = 1$

　　$G(j\omega) = 1 + j\omega T\big|_{\omega=\infty} = 1 + j\infty$

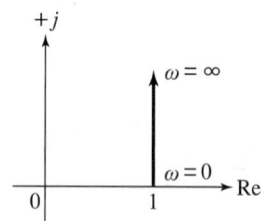

▲ 비례 미분 요소

⑥ 1차 지연 요소: $G(s) = \dfrac{1}{1+Ts}$

　㉠ 1차 지연 요소 $G(j\omega) = \dfrac{1}{1+j\omega T}$은 ω가 0에서 ∞까지 변화할 때 반원 형태이다.

　㉡ $G(j\omega) = \dfrac{1}{1+j\omega T}\big|_{\omega=0} = 1$

　　$G(j\omega) = \dfrac{1}{1+j\omega T}\big|_{\omega=\infty} = 0$

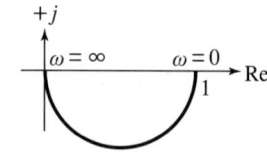

▲ 1차 지연 요소

⑦ 부동작 시간 요소: $G(s) = e^{-Ts}$

　㉠ 부동작 시간 요소 $G(j\omega) = e^{-j\omega T}$는 ω가 0에서 ∞까지 변화할 때 원점을 중심으로 (−) 방향으로 회전하는 원 형태이다.

　㉡ $|G(j\omega)| = \sqrt{(\cos\omega T)^2 + (-\sin\omega T)^2} = 1$

　　$\angle G(j\omega) = \tan^{-1}\dfrac{-\sin\omega T}{\cos\omega T} = -\omega T$

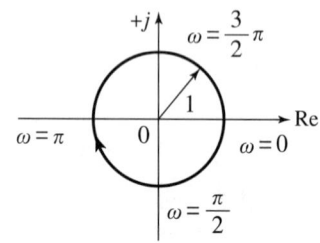

▲ 부동작 시간 요소

(3) 제어계의 형에 따른 벡터 궤적

$G(s) = \dfrac{1}{s^k(s+a)(s+b)(s+c)}$

① k형 제어계: 분모 s항의 차수 k의 값에 따라 제어계가 결정된다.
② 지나는 사분면의 개수: 분모 괄호항의 개수

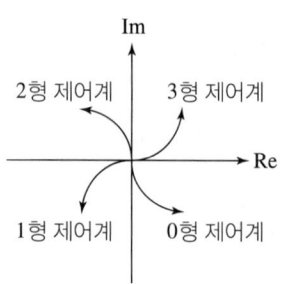

▲ 좌표 평면과 제어계 형태 관계

KEYWORD 030　보드 선도

(1) 보드 선도
① 정의: 주파수 전달 함수를 이용하여 주파수 변화에 따른 제어 장치의 크기와 위상각을 표현한 것
② 가로축에는 주파수 ω를, 세로축에는 이득 $|G(j\omega)|$를 표시하여 나타낸다.
③ 보드 선도의 이득 여유 $g_m > 0$, 위상 여유 $\phi_m > 0$ 조건에서 제어 장치의 동작이 안정하다.

(2) 보드 선도 작성 시 필요한 사항
① 이득: $g = 20\log_{10}|G(j\omega)|$ [dB]

② 이득 여유(Gain Margin): $GM = 20\log_{10}\dfrac{1}{|G(j\omega)|}$ [dB]

③ 절점 주파수: 보드 선도가 경사를 이루는 실수부와 허수부가 같아지는 주파수

④ 경사: $g = K\log_{10}\omega$ [dB]에서 K값이 보드 선도의 경사를 의미한다.

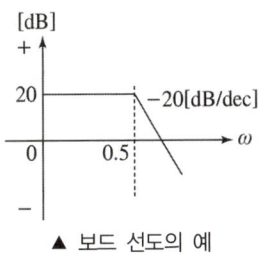

▲ 보드 선도의 예

KEYWORD 031　루드(Routh)표에 의한 안정도 해석

(1) 제어계의 안정 조건
① 특성 방정식의 모든 계수의 부호가 같을 것
② 특성 방정식의 모든 차수가 존재할 것
③ 루드표를 작성하여 제1열의 부호 변화가 없을 것
　(루드표 제1열의 부호 변화 횟수는 s 평면의 우반 평면에 존재하는 근의 개수를 의미한다.)

(2) 루드표 작성법 및 안정도 판정

① 첫 번째 열에는 s를 최고차항 s^n부터 s^0까지 순서대로 배열한다.
② 두 번째 행은 짝수 차수의 계수를 a_0부터 순서대로 배열한다.
③ 세 번째 행은 홀수 차수의 계수를 a_1부터 순서대로 배열한다.
④ 네 번째 행부터는 정해진 계산 규칙에 따라 계산하여 배열한다.
⑤ 마지막 행 마지막 열은 0이며, 0 바로 위 숫자와 0 좌측 한 칸 아래 숫자는 서로 같다.
⑥ 특성 방정식 $a_0s^3 + a_1s^2 + a_2s + a_3 = 0$의 루드표를 작성하면 다음과 같다.

차수	제1열 계수	제2열 계수	제3열 계수
s^3	a_0	a_2	0
s^2	a_1	a_3	0
s^1	$A = \dfrac{a_1 \times a_2 - a_0 \times a_3}{a_1}$	$B = \dfrac{a_1 \times 0 - a_0 \times 0}{a_1} = 0$	0
s^0	$C = \dfrac{A \times a_3 - a_1 \times B}{A}$	$D = \dfrac{A \times 0 - a_1 \times 0}{A} = 0$	0

⑦ 루드표에서 제1열 결과의 부호가 모두 (+)로 부호 변화가 없어야 안정한 제어계이다.(부호 변화가 1번이라도 발생하면 제어계는 불안정하다.)

KEYWORD 032 나이퀴스트(Nyquist) 선도에 의한 안정도 해석

(1) 나이퀴스트 선도에 의한 안정도 판정의 특징

① 제어계의 안정도에 관하여 루드-훌비쯔 판정법과 같은 정보를 제공한다.
② 제어 시스템의 안정도를 개선할 수 있는 방법을 제시한다.
③ 제어 시스템의 주파수 영역 응답에 대한 정보를 제공한다.

(2) 나이퀴스트 선도에서 안정도 판정 방법

① 나이퀴스트 선도의 경로가 시계 방향인 경우

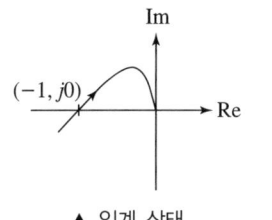

▲ 임계 상태

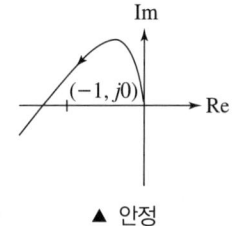

▲ 안정

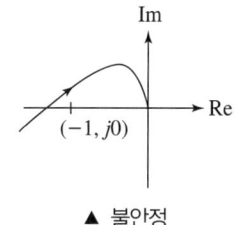

▲ 불안정

② 나이퀴스트 선도의 경로가 반시계 방향인 경우

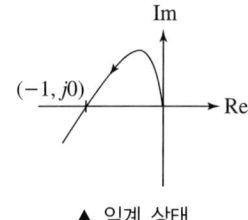

▲ 임계 상태

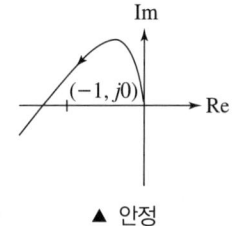

▲ 안정

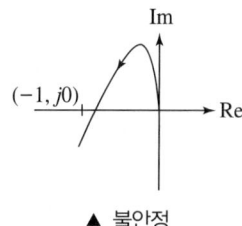

▲ 불안정

(3) 나이퀴스트 선도의 이득 여유 및 위상 여유

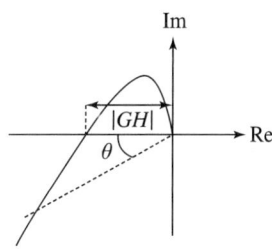

▲ 나이퀴스트 선도

① 이득 여유(GM): 임계점을 기준으로 안정한 영역의 크기 여유

$$GM = 20\log_{10}\left|\frac{1}{GH}\right|_{\omega=0} [\text{dB}]$$

② 위상 여유(PM): 임계각을 기준으로 안정한 영역의 위상 여유

③ 제어계가 안정하기 위한 일반적인 여유 범위
- $GM = 4 \sim 12[\text{dB}]$
- $PM = 30° \sim 60°$

KEYWORD 033 근궤적의 특성

(1) 근궤적의 정의

개루프 전달 함수의 이득 정수 K를 $0 \sim \infty$까지 변화시킬 때의 극점의 이동 궤적을 그린 선도이다.

(2) 근궤적의 성질

① 근궤적의 출발점($K=0$)은 $G(s)H(s)$의 극점으로부터 출발한다.
② 근궤적의 종착점($K=\infty$)은 $G(s)H(s)$의 영점에서 끝난다.
③ 근궤적은 항상 실수축에 대해 대칭이다.
④ 근궤적의 개수는 영점수(Z)와 극점수(P) 중 큰 것과 일치한다.

(3) 근궤적 관련 공식

- 점근선의 교차점 $A = \dfrac{\sum P - \sum Z}{P - Z}$
- 점근선의 각도 $\alpha = \dfrac{(2k+1)\pi}{P - Z}$ ($k = 0, 1, 2, 3, \cdots$)

(단, $\sum P$: 극점의 합계, $\sum Z$: 영점의 합계, P: 극점의 개수, Z: 영점의 개수)

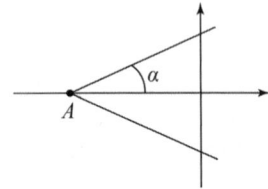

▲ 점근선의 교차점 및 각도

(4) 근궤적 이탈점

① 근궤적이 실수축에서 이탈되어 나아가기 시작하는 점이다. 극점을 기준으로 좌측의 홀수 구간에 존재한다.
② 근궤적의 이탈점 산출 방법
  ㉠ 개루프 전달 함수를 이득 상수 K에 대해 식을 정리한 후 s에 대하여 미분한 방정식의 근을 구한다.
  ㉡ 위에서 구한 근 중 실제 근궤적 범위 내에 들어가는 근이 이탈점이다.

KEYWORD 034 제어계의 상태 방정식

(1) 상태 방정식의 정의

① 제어 장치의 동작 상태를 미분 방정식을 이용하여 벡터 행렬로 표현한 것이다.
② 고차 미분 방정식을 1차 미분 방정식으로 표현한 식이다.

(2) 제어 시스템의 미분 방정식 및 상태 방정식

① 2차 제어 시스템: 상태 방정식이 2차 미분 방정식으로 표현되는 제어계를 말한다.

- 상태 방정식: $\dfrac{d^2y(t)}{dt^2} + a\dfrac{dy(t)}{dt} + by(t) = cr(t)$
- 벡터 행렬: $A = \begin{bmatrix} 0 & 1 \\ -b & -a \end{bmatrix},\ B = \begin{bmatrix} 0 \\ c \end{bmatrix}$

② 3차 제어 시스템: 상태 방정식이 3차 미분 방정식으로 표현되는 제어계를 말한다.

- 상태 방정식: $\dfrac{d^3y(t)}{dt^3} + a\dfrac{d^2y(t)}{dt^2} + b\dfrac{dy(t)}{dt} + cy(t) = dr(t)$
- 벡터 행렬: $A = \begin{bmatrix} 0 & 1 & 0 \\ 0 & 0 & 1 \\ -c & -b & -a \end{bmatrix},\ B = \begin{bmatrix} 0 \\ 0 \\ d \end{bmatrix}$

KEYWORD 035 제어 시스템의 과도 응답(천이 행렬)

(1) **천이 행렬** $\phi(t)$

제어계의 과도 상태에서 제어 장치의 시간에 따른 변화를 나타내는 행렬식을 말한다.

(2) **천이 행렬 계산 방법**

① 제어 장치의 상태 방정식 $\dot{x}(t) = Ax(t) + Bu(t)$에 대하여 $sI - A$ 행렬을 계산한다.

여기서, I: 단위 행렬 $\left(\begin{bmatrix} 1 & 0 \\ 0 & 1 \end{bmatrix} \right)$, A: 벡터 행렬

② $sI - A$의 역행렬 $(sI - A)^{-1}$을 계산한다.

③ 역라플라스 변환을 이용하여 시간 함수로 표현된 천이 행렬을 계산한다.

$\phi(t) = \mathcal{L}^{-1}\left[(sI - A)^{-1}\right]$

KEYWORD 036   제어 시스템의 제어 및 관측 가능성 판정

(1) 제어 가능성 판정 방법

제어 장치의 상태 방정식을 나타내는 시스템 행렬 $[A]$, $[B]$, $[C]$에 대해 $[B\ AB]$행렬을 계산한다.
① $[B\ AB]$행렬의 크기(행렬식)가 0이 아니면 이 제어 장치는 제어 가능한 가제어성 제어 장치이다.
② $[B\ AB]$행렬의 크기(행렬식)가 0이면 이 제어 장치는 제어 불가능하다.

(2) 관측 가능성 판정 방법

제어 장치의 상태 방정식을 나타내는 시스템 행렬 $[A]$, $[B]$, $[C]$에 대해 $\begin{bmatrix} C \\ CA \end{bmatrix}$행렬을 계산한다.
① 행렬의 크기(행렬식)가 0이 아니면 관측 가능한 가관측성 제어계이다.
② 행렬의 크기(행렬식)가 0이면 관측 불가능한 제어계이다.

KEYWORD 037 z 변환

(1) z 변환의 정의

① 라플라스 변환(s 변환)은 연속적인 선형 미분 방정식 해석에만 적용 가능한 수학 기법이다.
② z 변환은 불연속 시스템인 차분 방정식이나 이산 시스템을 해석하는 데 사용한다.

(2) 주요 z 변환 공식표

시간 함수 $f(t)$	라플라스 변환 $F(s)$	z 변환 $F(z)$
임펄스 함수 $\delta(t)$	1	1
단위 계단 함수 $u(t)=1$	$\dfrac{1}{s}$	$\dfrac{z}{z-1}$
속도 함수 t	$\dfrac{1}{s^2}$	$\dfrac{Tz}{(z-1)^2}$
지수 함수 e^{-at}	$\dfrac{1}{s+a}$	$\dfrac{z}{z-e^{-aT}}$

(3) z 변환의 초깃값 정리 및 최종값 정리

① 초깃값 정리
$$\lim_{t \to 0} f(t) = \lim_{s \to \infty} sF(s) = \lim_{z \to \infty} F(z)$$

② 최종값 정리
$$\lim_{t \to \infty} f(t) = \lim_{s \to 0} sF(s) = \lim_{z \to 1} (1-z^{-1})F(z)$$

(4) z 평면상에서 제어계의 안정도 판정 방법

① z 평면상에서의 안정도 판정: 반지름의 크기가 1인 단위원을 기준으로 하여 결정
② 안정 조건: 단위원 내부에 극점이 모두 존재할 것
③ 불안정 조건: 단위원 외부에 극점이 하나라도 존재할 것
④ 임계 상태: 단위원에 접하여 극점이 존재하고, 외부에는 극점이 없는 경우

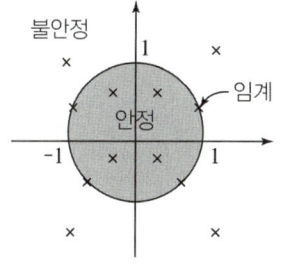

▲ z 평면에서의 안정도

KEYWORD 038 진상 보상기 및 지상 보상기의 회로망

(1) 진상 보상 회로망(미분기)

① 입력에 비하여 출력의 위상이 빠른 요소(진상 요소)를 보상 요소로 사용하는 회로이다.
② 주로 안정도와 속응성 개선을 목적으로 사용한다.

(2) 지상 보상 회로망(적분기)

① 입력에 비하여 출력의 위상이 늦은 요소(지상 요소)를 보상 요소로 사용하는 회로이다.
② 주로 정상 편차 개선을 목적으로 사용한다.

(3) 진상 회로망

① 진상 보상 회로망의 전달 함수

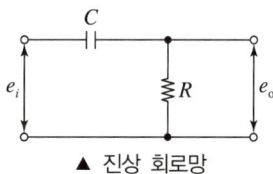

▲ 진상 회로망

$$G(s) = \frac{E_0(s)}{E_i(s)}$$
$$= \frac{R}{\frac{1}{Cs} + R} = \frac{RCs}{1+RCs} = \frac{s}{s + \frac{1}{RC}}$$

② 전달 함수에 의한 위상 특성

$$G(j\omega) = \cfrac{j\omega}{j\omega + \cfrac{1}{RC}} \text{이므로}$$

$$\angle G(j\omega) = \cfrac{\angle 90°}{\angle \tan^{-1}\omega RC} = \angle 90° - \angle \tan^{-1}\omega RC = \angle +\theta$$

($+\theta$로 작용하는 진상 보상 회로)

(4) 지상 회로망

① 지상 보상 회로망의 전달 함수

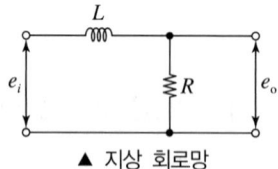

▲ 지상 회로망

$$G(s) = \frac{V_o(s)}{V_i(s)}$$

$$= \frac{R}{Ls+R} = \cfrac{\cfrac{R}{L}}{s+\cfrac{R}{L}}$$

② 전달 함수에 의한 위상 특성

$$G(j\omega) = \cfrac{\cfrac{R}{L}}{j\omega + \cfrac{R}{L}} \text{이므로}$$

$$\angle G(j\omega) = \cfrac{\angle 0°}{\angle \tan^{-1}\cfrac{\omega L}{R}} = \angle 0° - \angle \tan^{-1}\cfrac{\omega L}{R} = \angle -\theta$$

($-\theta$로 작용하는 지상 보상 회로)

KEYWORD 039   연산 증폭기

(1) 이상적인 증폭기의 특성

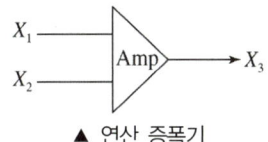

▲ 연산 증폭기

① 입력 임피던스(Z_i)가 크다.
② 출력 임피던스(Z_o)가 작다.
③ 전압 이득$\left(\dfrac{V_o}{V_i}\right)$이 크다.
④ 전력 이득$\left(\dfrac{P_o}{P_i}\right)$이 크다.
⑤ 대역폭이 매우 크다.

(2) 진상 증폭기(미분기)

① 입력에 비하여 출력의 위상이 빠른 요소, 즉 진상 요소를 보상 요소로 사용한다.
② 안정도와 속응성 개선을 목적으로 한다.
③ 관계식: $V_o = -RC\dfrac{d}{dt}V_i[\mathrm{V}]$

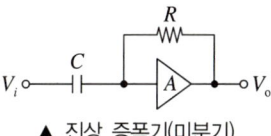

▲ 진상 증폭기(미분기)

(3) 지상 증폭기(적분기)

① 입력에 비하여 출력의 위상이 늦은 요소, 즉 지상 요소를 보상 요소로 사용한다.
② 성상 변차 개선을 목적으로 사용한다.
③ 관계식: $V_o = -\dfrac{1}{RC}\int V_i dt[\mathrm{V}]$

▲ 지상 증폭기(적분기)

KEYWORD 040   논리 회로 및 논리 대수

(1) AND 회로(직렬)

① AND 회로: 두 입력 A, B가 모두 '1'일 경우에만 출력이 '1'이 되는 회로를 말하며, 논리식은 $X = A \cdot B$이다.

② AND 유접점 회로, 무접점 회로 및 진리표

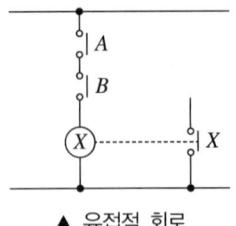
▲ 유접점 회로

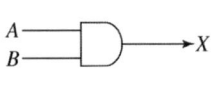
▲ 무접점 회로

A	B	X
0	0	0
0	1	0
1	0	0
1	1	1

▲ 진리표

(2) OR 회로(병렬)

① OR 회로: 두 입력 A, B 중 어느 한 입력이라도 '1'일 경우에 출력이 '1'이 되는 회로를 말하며, 논리식은 $X = A + B$이다.

② OR 유접점 회로, 무접점 회로 및 진리표

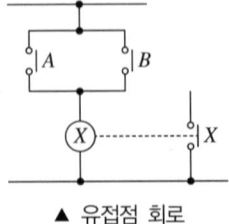
▲ 유접점 회로

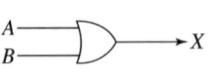
▲ 무접점 회로

A	B	X
0	0	0
0	1	1
1	0	1
1	1	1

▲ 진리표

(3) NOT 회로

① NOT 회로: 입력 신호에 대해 출력 신호가 항상 반대가 나오는 부정 회로를 말하며, 논리식은 $X = \overline{A}$이다.

② NOT 유접점 회로, 무접점 회로 및 진리표

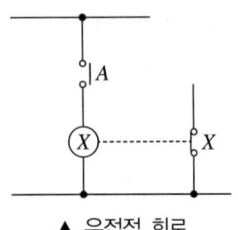
▲ 유접점 회로

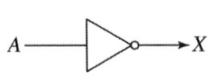
▲ 무접점 회로

A	X
0	1
1	0

▲ 진리표

⑷ NAND 회로

① NAND 회로: AND 회로와 NOT 회로를 접속한 회로를 말하며, 논리식은 $X=\overline{A \cdot B}$ 이다.
② NAND 유접점 회로, 무접점 회로 및 진리표

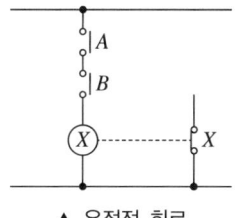
▲ 유접점 회로

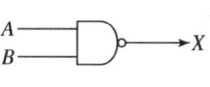
▲ 무접점 회로

A	B	X
0	0	1
0	1	1
1	0	1
1	1	0

▲ 진리표

⑸ NOR 회로

① NOR 회로: OR 회로와 NOT 회로를 접속한 회로를 말하며, 논리식은 $X=\overline{A+B}$ 이다.
② NOR 유접점 회로, 무접점 회로 및 진리표

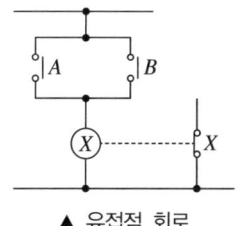
▲ 유접점 회로

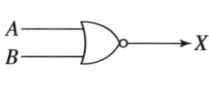
▲ 무접점 회로

A	B	X
0	0	1
0	1	0
1	0	0
1	1	0

▲ 진리표

⑹ 논리 대수와 드 모르간 정리

논리 대수(불 대수)는 결과값이 0과 1로만 이루어진 대수 구조이다.

교환 법칙	$A+B=B+A$, $A \cdot B = B \cdot A$
결합 법칙	$(A+B)+C=A+(B+C)$, $(A \cdot B) \cdot C = A \cdot (B \cdot C)$
분배 법칙	$A \cdot (B+C) = A \cdot B + A \cdot C$, $A+(B \cdot C) = (A+B) \cdot (A+C)$
동일 법칙	$A+A=A$, $A \cdot A = A$
공리 법칙	$A+0=A$, $A \cdot 1 = A$, $A+1=1$, $A \cdot 0 = 0$, $A \cdot \overline{A} = 0$
드 모르간 정리	$\overline{A+B} = \overline{A} \cdot \overline{B}$, $\overline{A \cdot B} = \overline{A} + \overline{B}$

02 SUBJECT 전력공학

KEYWORD 041 전선

(1) 전선의 구비 조건
① 전선은 본래 목적에 맞게 전류가 잘 흐르고, 인장력에 충분한 강도를 가지는 도체여야 한다.
② 구비 조건
　㉠ 전류를 잘 흘릴 것(도전율이 커서 고유 저항이 작을 것)
　㉡ 기계적 강도가 충분할 것
　㉢ 가요성이 풍부하여 접속이 용이할 것
　㉣ 비중(중량)이 가벼워 설치가 쉬울 것
　㉤ 가격이 저렴하면서 대량 생산이 가능할 것(경제적일 것)

(2) 전선의 굵기 선정
① 경제적인 전선의 굵기 선정: 켈빈의 법칙
② 전선의 굵기 선정 시 고려 사항: 허용 전류가 클 것, 전압 강하가 작을 것, 기계적 강도가 우수할 것

(3) 전선의 표피 효과
① 전선에 교류 전류가 흐를 때 전류가 도체 표면에 집중되어 흐르는 현상
② 침투 깊이 $\delta = 1/\sqrt{\pi f k \mu}$
　(단, f: 주파수[Hz], k: 도전율[℧/m], μ: 투자율[H/m])

KEYWORD 042 송전용 지지물(철탑)

(1) 철탑의 형태에 따른 종류

① 사각 철탑: 철탑 기초면의 모양이 사각 형태인 가장 일반적인 철탑
② 방형 철탑: 서로 마주 보는 두 면이 동일한 형태의 철탑
③ 문형 철탑
  ㉠ 철탑의 모양이 문 형태를 이루는 철탑
  ㉡ 전차 선로나 도로, 하천 횡단 시 주로 적용
④ 우두형 철탑
  ㉠ 철탑의 모양이 마치 소의 머리(우두)와 같은 형태를 이루는 철탑
  ㉡ 초고압 송전 선로나 산악 지대에서 1회선용으로 주로 적용
⑤ 회전형 철탑: 철탑의 중간부 이상과 이하를 45° 회전시켜 강도를 높인 철탑

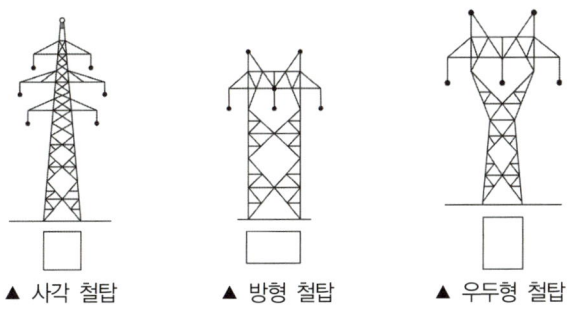

▲ 사각 철탑　　▲ 방형 철탑　　▲ 우두형 철탑

(2) 철탑의 용도에 따른 종류

① 직선 철탑(A형): 수평 각도 3° 이하인 직선 선로에 채용되는 철탑
② 각도 철탑(B형, C형)
  ㉠ 수평 각도 3°를 초과하는 부분에 사용되는 철탑
  ㉡ 수평 각도에 따라 B형(3°~20°), C형(20° 초과)으로 구분
③ 인류 철탑(D형): 전선로가 끝나는 지점에 주로 적용(억류 지지 철탑)
④ 내장 철탑(E형)
  ㉠ 장경간이나 A형 철탑 10기마다 1기씩 기계적 강도를 보강하기 위해 사용되는 철탑
  ㉡ 장경간이란 표순 경간보다 긴 경간을 말한다.

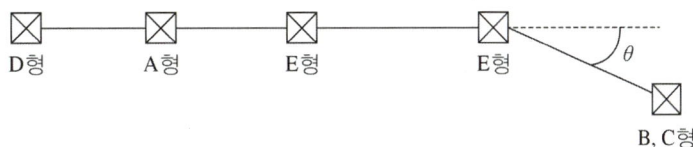

▲ 철탑의 용도에 따른 종류

KEYWORD 043 애자와 애자련

(1) 애자의 역할

애자는 철탑과 송전 선로 사이에 설치되는 송전 선로를 가설할 때 필요한 자재로, 절연체, 지지체 역할을 한다.

(2) 애자의 구비 조건

① 충분한 절연 내력과 기계적 강도를 가질 것
② 온도 변화에 잘 견디고 습기를 흡수하지 않을 것
③ 누설 전류가 적고, 저렴하며 다루기 쉬울 것

(3) 애자의 종류

① 핀 애자: 직선 전선로를 지지하는 애자
② 현수 애자
　㉠ 철탑에서 여러 개의 애자를 연결하여 내려뜨려서 사용하는 애자(송전 선로용 애자로 주로 사용)
　㉡ 사용 전압별 현수 애자 개수(250[mm] 표준)

전압[kV]	22.9	66	154	345	765
애자 개수	2~3개	4~6개	9~11개	18~23개	38~43개

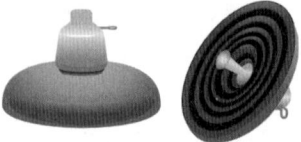
▲ 250[mm] 표준 현수 애자

③ 장간 애자: 장경간이나 해안 지대에서 염진해 대책으로 개발된 애자
④ 내오손 애자: 해안, 공장 지대의 염분이나 먼지, 매연 대책용 애자

(4) 현수 애자련의 전압 분담과 보호

① 애자 10개를 1련으로 한 경우의 전압 분담
　㉠ 전압 분담이 최대인 애자: 전선에서 첫 번째 애자
　㉡ 전압 분담이 최소인 애자: 전선으로부터 $\frac{2}{3}$ 되는 지점에 있는 애자(전선에서 8번째, 철탑에서 3번째 애자)

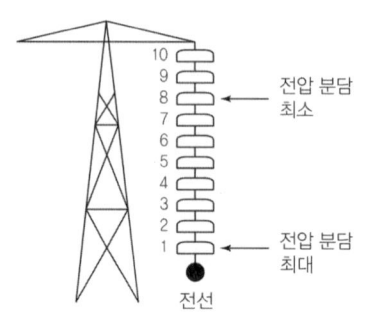
▲ 현수 애자 1련의 전압 분담 분포(154[kV])

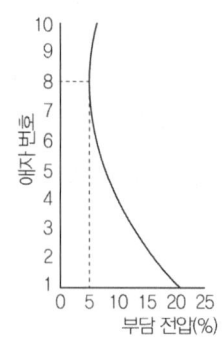
▲ 전압 분담 분포 그래프

② 애자련의 보호(소호각, 소호환)
  ㉠ 뇌격으로 인한 섬락 사고 시 애자의 열적 파괴를 방지한다.
  ㉡ 소호각의 설치로 애자련의 전압 분담을 균등하게 분배하여 애자의 연능률을 개선한다.

KEYWORD 044　송전 선로의 설치

(1) 전선의 이도(Dip)

① 이도: 전선의 최고 높은 지점에서부터 밑으로 내려온 길이[m]를 말한다.
② 이도의 대소에 따른 특징

이도가 클 때	이도가 작을 때
• 지지물 높이가 증가한다. • 전선의 진동이 커진다.	• 전선 장력이 증가한다. • 단선 사고 위험이 있다.

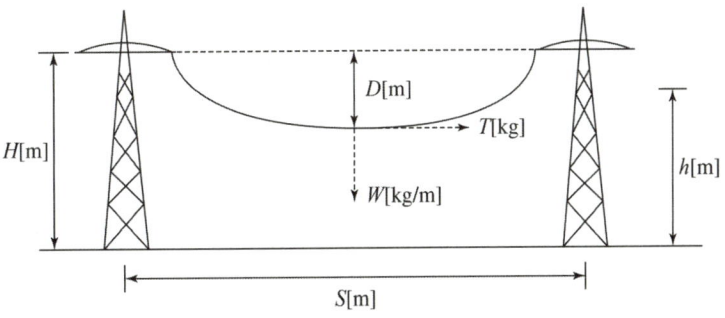

▲ 송전 선로의 이도에 의한 가설 방법

- 전선의 이도 $D = \dfrac{WS^2}{8T}$[m] (단, $T = \dfrac{\text{인장 하중}[kg]}{k}$)

- 전선의 실제 길이 $L = S + \dfrac{8D^2}{3S}$[m]

- 전선의 평균 높이 $h = H - \dfrac{2}{3}D$[m]

(단, W: 전선 1[m]당 무게[kg/m], S: 철탑과 철탑 간의 경간[m], T: 전선의 수평 장력[kg], k: 안전율, H: 지지점의 높이[m])

(2) 전선의 하중

① 빙설 하중(W_i: 수직 하중, 저온계에서만 적용): 전선 표면에 겨울철 빙설이 부착된 상태의 하중이다.
② 풍압 하중(W_w: 수평 하중): 바람에 의해 전선에 수평으로 가해지는 하중으로, 철탑 설계 시 가장 중요한 하중이다.
③ 합성 하중(W: 총 하중[kg/m])
  ㉠ 고온계($W_i = 0$)
  $$W = \sqrt{W_c^2 + W_w^2}$$
  ㉡ 저온계(W_i 고려)
  $$W = \sqrt{(W_c + W_i)^2 + W_w^2}$$

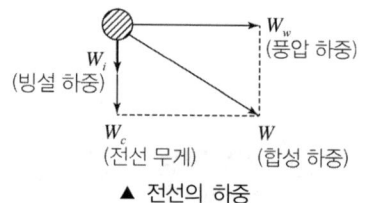

▲ 전선의 하중

(3) 전선의 도약에 의한 상간 단락 방지

① 겨울철 온도가 내려가면 눈은 전선에 부착되어 빙설이 된다. 이 빙설은 수직 하중으로 작용하므로 각 상의 전선들은 밑으로 처지게 된다.
② 전선 주변의 온도가 올라가면 부착되어 있던 빙설이 전선에서 탈락하고, 그 반동력으로 전선이 위로 튀어 올라 다른 상의 전선과 상간 단락 사고를 일으킬 우려가 있다.
③ 철탑의 오프셋(Off-set): 전선의 도약으로부터 전선을 보호하기 위해 상마다 철탑 암(Arm)의 길이를 다르게 설치하여 전선 도약 시 선간 단락 사고를 방지한다.

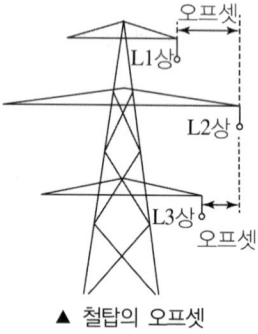

▲ 철탑의 오프셋

KEYWORD 045 지중 전선로

(1) 지중 전선로의 특징

① 외부 기후의 영향을 받지 않아 전력 공급 신뢰도가 높다.
② 전선로의 경과지 확보가 가공 전선로에 비해 용이하다.
③ 다회선 설치가 가공 전선로에 비해 용이하다.
④ 고장 발생 시 고장 위치 확인 및 고장 복구가 어렵다.
⑤ 지중 전선의 구조상 동일 굵기의 가공 전선로에 비해 발생열의 냉각이 어려워 송전 용량이 작다.
⑥ 건설비가 비싸다.

(2) 지중 전선로용 케이블

① 가교 폴리에틸렌 케이블(CV Cable): 기존 유입 케이블의 절연유가 누출되는 단점을 보완한 케이블로, 폴리에틸렌의 내열성을 높인 케이블이다.

② 케이블에서 발생하는 손실

　㉠ 도체손(저항손): $P_c = I^2R[\text{W}]$

　㉡ 유전체손: $P_d = \omega CE^2\tan\delta = 2\pi f CE^2\tan\delta[\text{W}]$(단, $\tan\delta$: 유전정접)

　㉢ 연피손(시스손)

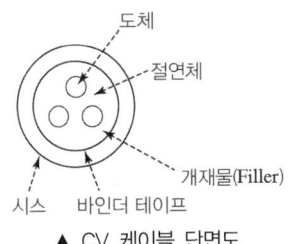

▲ CV 케이블 단면도

KEYWORD 046 지중 전선로의 매설방법 및 고장점 측정방법

(1) 직접 매설식

① 지하에 트러프를 묻고 그 안에 케이블 포설 후 모래를 채우는 방식이다.

② 케이블 매설 깊이

　㉠ 중량의 하중이 없는 장소: 0.6[m]

　㉡ 중량의 하중(차량 및 중량물의 압력)이 있는 장소: 1.0[m]

③ 특징

　㉠ 공사가 간단하여 경제적이다.

　㉡ 케이블이 손상되기 쉽다.

　㉢ 사고 시 수리가 어렵다.

　㉣ 재시공이나 증설이 곤란하다.

　㉤ 케이블 포설 가닥 수에 한계가 있다.

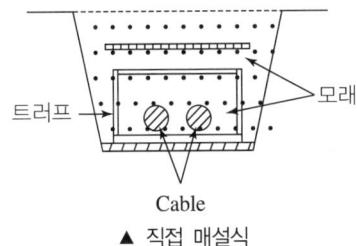

▲ 직접 매설식

(2) 관로식

① 적당한 간격(100[m]~300[m])마다 맨홀(M/H)을 만들고, 그 사이에 관로 설치 후 케이블을 끌어 넣는 방식이다.

② 특징

　㉠ 케이블 손상이 적다.

　㉡ 케이블의 재시공이나 증설이 쉽다.

　㉢ 고장점 탐지가 쉽고, 고장 시 일부 구간의 케이블 교체가 쉽다.

　㉣ 직접 매설식에 비해 건설비가 비싸다.

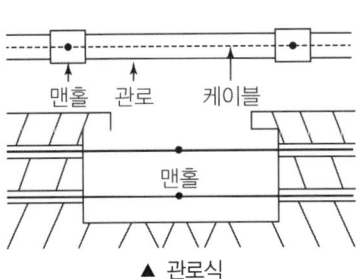

▲ 관로식

(3) 암거식

① 넓은 지하 터널(전력구)에 케이블 트레이를 설치 후 행거 위에 케이블(Cable)을 포설하는 방식이다.
② 특징
    ㉠ 케이블 손상이 적다.
    ㉡ 관로식보다 전류 용량이 크다.
    ㉢ 고장 시 케이블 교체가 용이하다.
    ㉣ 다량의 케이블 포설에 유효하다.
    ㉤ 공사비가 가장 비싸다.

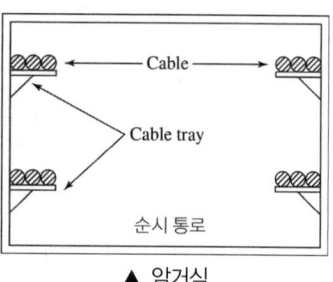
▲ 암거식

(4) 케이블 고장점 측정 방법

① 머레이 루프법
② 수색 코일법
③ 펄스 레이더법
④ 정전 용량 브리지법

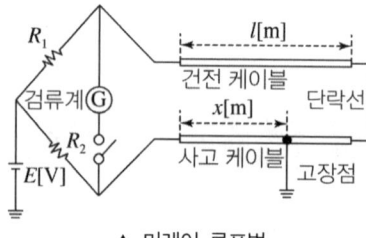
▲ 머레이 루프법

KEYWORD 047   선로 정수의 특성

(1) 송전 선로 4정수의 의미

① 송전 선로의 전기적 특성을 나타내는 정수를 말한다.
② 송전 선로 정수에는 4가지가 있다.
    ㉠ 저항 $R[\Omega]$
    ㉡ 인덕턴스 $L[H]$
    ㉢ 컨덕턴스 $G[\mho]$
    ㉣ 정전 용량 $C[F]$
③ 위 4정수 중 컨덕턴스(G)는 그 값이 매우 작으므로 보통 무시한다.

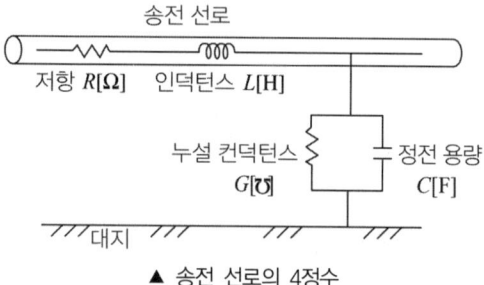
▲ 송전 선로의 4정수

(2) 선로 정수의 계산

① 저항 $R[\Omega]$

㉠ 그림과 같은 도체에서 저항 $R[\Omega]$는

$$R = \rho \frac{l}{S}[\Omega]$$

㉡ 위 식에서 ρ는 도체의 고유 저항으로 다음과 같이 구할 수 있다.

$$\rho = \frac{1}{58} \times \frac{100}{C}[\Omega \cdot mm^2/m]$$

(연동선: $C = 100[\%]$, 경동선: $C = 97[\%]$, 알루미늄선: $C = 61[\%]$)

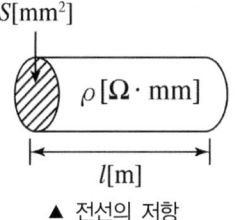

▲ 전선의 저항

② 인덕턴스 $L[H]$: 전선에 전류가 흐르면 자속이 발생하는데, 이로 인해 인덕턴스가 전선에서 하나의 선로 정수로 존재하게 된다.

③ 정전 용량 $C[F]$: 일정 간격 떨어진 전선과 전선 사이에는 이격 거리만큼의 공기가 채워져 있으므로 이에 상당하는 정전 용량이 존재한다.

- 인덕턴스 $L = 0.05 + 0.4605 \log_{10} \frac{D}{r}[mH/km]$
- 정전 용량 $C = \dfrac{0.02413}{\log_{10} \dfrac{D}{r}}[\mu F/km]$

(단, D: 전선 간의 이격 거리[m], r: 전선의 반지름[m])

(3) 등가 선간 거리(D_e)

① 3상 선로에서 전선과 전선 사이 거리가 서로 다를 때 선로를 정삼각형 배열로 등가 변환하여 선간 거리를 동일하게 환산한 거리를 말한다.

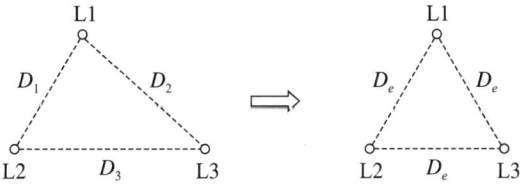

▲ 실제 송전 선로의 배열과 등가 대칭 배열

② 등가 선간 거리 공식

등가 선간 거리 $D_e = \sqrt[3]{D_1 \times D_2 \times D_3}\,[m]$

식에서 세제곱근은 전선 간 이격 거리가 3개임을 의미한다.

KEYWORD 048 복도체(다도체)

(1) 복도체(다도체)의 정의

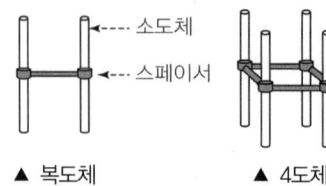

▲ 복도체　　▲ 4도체

① 단도체: 1상의 전선이 도체 1개로 이루어진 도체
② 복도체: 단도체가 적당한 간격을 두고 2가닥으로 이루어진 전선
③ 다도체: 단도체의 개수가 3가닥 이상인 전선

(2) 용도
코로나(일정 전압 이상일 때 발생하는 방전 현상) 방지용으로 많이 사용한다.

(3) 전압별 사용 도체 형식
① 154[kV]용: 복도체
② 345[kV]용: 4도체
③ 765[kV]용: 6도체

(4) 스페이서(Spacer)의 역할
복도체에서 발생하는 흡인력에 의한 소도체 간 충돌 방지용(간격 유지)

(5) 복도체(다도체)의 등가 반지름 구하는 식

$$등가\ 반경\ R_e = \sqrt[n]{r \times S^{n-1}}\,[\text{m}]$$

(단, n: 소도체의 개수, S: 소도체간 간격[m])

(6) 다도체에서의 인덕턴스 및 정전 용량 계산식
① 다도체의 인덕턴스 및 정전 용량

㉠ 인덕턴스 $L_n = \dfrac{0.05}{n} + 0.4605 \log_{10} \dfrac{D}{\sqrt[n]{rS^{n-1}}}\,[\text{mH/km}]$

㉡ 정전 용량 $C_n = \dfrac{0.02413}{\log_{10} \dfrac{D}{\sqrt[n]{rS^{n-1}}}}\,[\mu\text{F/km}]$

(단, n: 다도체를 구성하는 소도체의 개수(복도체: $n=2$, 4도체: $n=4$, 6도체: $n=6$), S: 소도체 간 간격[m])

② 복도체(다도체) 사용 시 특징
  ㉠ 인덕턴스 L은 단도체에 비해 감소한다.
  ㉡ 정전 용량 C는 단도체에 비해 증가한다.
  ㉢ 전선이 단도체에 비해 굵어지므로 코로나 발생 임계 전압이 높아져 코로나를 방지할 수 있다.
  ㉣ 인덕턴스 감소에 따른 리액턴스 감소($X = 2\pi f L [\Omega]$)로 송전 용량($P = \dfrac{V_s V_r}{X} \sin\delta [\text{MW}]$)이 증가한다.
  ㉤ 페란티 현상(무부하 또는 경부하시 수전단 전압이 송전단 전압보다 높아지는 현상)이 발생할 우려가 있다.
  ㉥ 소도체 간 흡입력으로 인해 도체 충돌의 우려가 있다.

KEYWORD 049 충전 전류 및 충전 용량

(1) 작용 정전 용량 $C[\text{F}]$

① 전선과 전선 사이에 존재하는 상호 정전 용량(C_m)과 각 상의 전선과 대지 사이에 존재하는 대지 정전 용량(C_s)을 모두 합친 전선의 전체 정전 용량을 말한다.

② 선로의 작용 정전 용량식

- 단상 2선식: $C = C_s + 2C_m [\text{F}]$
- 3상 3선식: $C = C_s + 3C_m [\text{F}]$

(단, C_s: 대지 정전 용량, C_m: 상호 정전 용량)

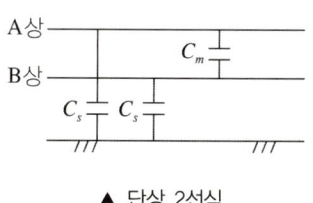

▲ 단상 2선식

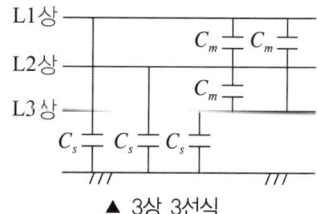

▲ 3상 3선식

(2) 전선로 1선당 충전 전류 $I_c[\text{A}]$

정전 용량에 의해 선로에 전류가 흐르면 전류는 진상 전류 형태로 선로에 충전되어 흐른다. (3상 3선식의 경우)

$$I_c = \dfrac{E}{X_c} = \dfrac{E}{\dfrac{1}{\omega C}} = \omega C E = \omega(C_s + 3C_m)E = \omega(C_s + 3C_m)\dfrac{V}{\sqrt{3}} [\text{A}]$$

(단, E: 대지 전압[V], V: 선간 전압[V])

(3) **3상 송전 선로에 충전되는 충전 용량** $Q_c[\mathrm{VA}]$

선로의 정전 용량에 충전 전류가 흐를 때 3상 송전 선로에 발생하는 충전 용량은 다음과 같다.

- $Q_c = 3\omega CE^2 = 3\omega C\left(\dfrac{V}{\sqrt{3}}\right)^2 = \omega CV^2[\mathrm{VA}]$
- $Q_c = 3\omega(C_s + 3C_m)E^2 = \omega(C_s + 3C_m)V^2[\mathrm{VA}]$

(단, E: 상전압[V], V: 선간 전압[V])

KEYWORD 050 코로나

(1) **코로나 현상의 정의**

송전 선로에 일정 이상의 계통 전압이 가해졌을 때, 전선 주변의 공기 절연이 부분적으로 파괴되어 빛과 소리를 내며 방전이 일어나는 현상이다.

(2) **파열 극한 전위 경도**($E[\mathrm{kV/cm}]$)

① 의미
  ㉠ 공기의 절연이 파괴되기 시작하는 전압이다.
  ㉡ 1[cm] 간격을 기준으로 측정한다.
② 직류: 30[kV/cm]
③ 교류: $\dfrac{30}{\sqrt{2}}[\mathrm{kV/cm}] \fallingdotseq 21[\mathrm{kV/cm}]$(실횻값)

(3) **코로나 임계 전압**($E_0[\mathrm{kV}]$)

코로나 임계 전압은 코로나가 방전을 시작하는 개시 전압을 말한다.

$$E_0 = 24.3 m_0 m_1 \delta d \log_{10}\dfrac{D}{r}[\mathrm{kV}]$$

(단, m_0: 전선의 표면 계수(매끈한 전선 = 1, 거친 전선 = 0.8),
  m_1: 날씨 계수(맑은 날 = 1, 비, 눈, 안개 등 악천후 시 = 0.8),
  δ: 상대 공기 밀도($\delta = \dfrac{0.386b}{273+t}$, 여기서 b: 기압[mmHg], t: 기온[℃]),
  d: 전선의 직경, r: 전선의 반지름, D: 선간 거리)

(4) 코로나 방전에 의한 영향

① 코로나 전력 손실 발생

$$P = \frac{241}{\delta}(f+25)\sqrt{\frac{d}{2D}}\,(E-E_0)^2 \times 10^{-5}\,[\text{kW/km/line}]$$

② 고조파 발생

③ 전파 장해 발생

④ 소호 리액터 접지의 소호 능력 저하

⑤ 전선 부식으로 전선 수명 단축

(5) 코로나 방지 대책

① 굵은 전선 사용

② 복도체 사용(코로나 방지가 주된 목적)

③ 전선 표면을 매끄럽게 유지 및 관리

④ 가선 금구의 개량

KEYWORD 051 연가

(1) 연가의 정의

3상 송전 선로에서 대지로부터 각 상까지의 전선 높이가 각각 다르고, 전선 상호 간의 선간 거리가 같지 않으면 각 상의 인덕턴스와 정전 용량 등의 불평형이 발생한다. 따라서 선로의 총 길이를 3등분하여 상의 위치를 변경한다.

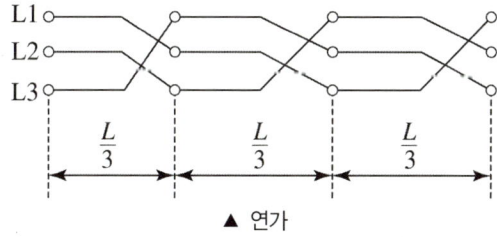

▲ 연가

(2) 연가의 목적

① 선로 정수 평형

② 수전단 전압 파형의 일그러짐 방지

③ 인접 통신선의 유도 장해 방지(정전 유도 장해 방지)

④ 소호 리액터 접지에서 직렬 공진의 방지

KEYWORD 052 송전 선로

(1) 송전 선로의 4단자 정수

① 송전단 전압(E_s) 및 송전단 전류(I_s)는 4단자 정수(A, B, C, D)를 사용하여 표현한다.
$E_s = AE_r + BI_r$, $I_s = CE_r + DI_r$

② 4단자 정수 A, B, C, D의 물리적 의미

㉠ $A = \dfrac{E_s}{E_r}$: 수전단 개방 시($I_r = 0$) 송·수전단 전압비

㉡ $B = \dfrac{E_s}{I_r}$: 수전단 단락 시($E_r = 0$) 송·수전단 전달 임피던스[Ω]

㉢ $C = \dfrac{I_s}{E_r}$: 수전단 개방 시($I_r = 0$) 송·수전단 전달 어드미턴스[℧]

㉣ $D = \dfrac{I_s}{I_r}$: 수전단 단락 시($E_r = 0$) 송·수전단 전류비

③ 행렬식에 의한 4단자 정수의 산출

㉠ 직렬 임피던스 회로의 행렬식

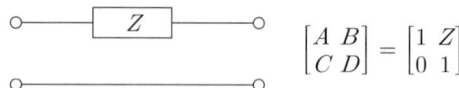

$\begin{bmatrix} A & B \\ C & D \end{bmatrix} = \begin{bmatrix} 1 & Z \\ 0 & 1 \end{bmatrix}$

㉡ 병렬 어드미턴스 회로의 행렬식

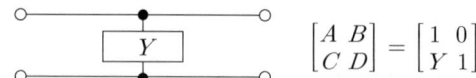

$\begin{bmatrix} A & B \\ C & D \end{bmatrix} = \begin{bmatrix} 1 & 0 \\ Y & 1 \end{bmatrix}$

(2) 단거리 송전 선로

① 단거리 송전 선로는 선로 거리가 50[km] 이하인 선로로, R과 L만의 집중 정수 회로로 해석한다.

② 단거리 송전 선로의 전압 강하

$$e = V_s - V_r = \sqrt{3}I(R\cos\theta + X\sin\theta) = \dfrac{P}{V_r \cos\theta}(R\cos\theta + X\sin\theta)[V]$$

(단, V_s: 송전단 전압[V], V_r: 수전단 전압[V], I: 선로 전류[A], $\cos\theta$: 역률, R: 선로 저항[Ω], $X = 2\pi fL$[Ω]: 선로 리액턴스[Ω])

③ 3상 3선식 송전 선로에서의 전압 강하

$$e = V_s - V_r = \sqrt{3}I(R\cos\theta + X\sin\theta)[V] = \dfrac{P}{V_r}(R + X\tan\theta)[V]\left(\therefore e \propto \dfrac{1}{V}\right)$$

(3) 중거리 송전 선로

① 중거리 선로: 선로 거리가 50~100[km]인 선로로, 정전 용량 C[F]의 영향이 증가하므로 R, L, C 직·병렬 회로의 집중 정수 회로로 해석한다.

② T형 회로에 의한 해석

- $E_s = AE_r + BI_r = \left(1 + \dfrac{ZY}{2}\right)E_r + Z\left(1 + \dfrac{ZY}{4}\right)I_r$
- $I_s = CE_r + DI_r = YE_r + \left(1 + \dfrac{ZY}{2}\right)I_r$

(단, $Z = R + j\omega L[\Omega]$: 직렬 임피던스,
$Y = G + j\omega C[\mho]$: 병렬 어드미턴스)

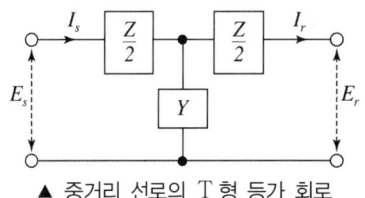

▲ 중거리 선로의 T형 등가 회로

③ π형 회로에 의한 해석

- $E_s = AE_r + BI_r = \left(1 + \dfrac{ZY}{2}\right)E_r + ZI_r$
- $I_s = CE_r + DI_r = Y\left(1 + \dfrac{ZY}{4}\right)E_r + \left(1 + \dfrac{ZY}{2}\right)I_r$

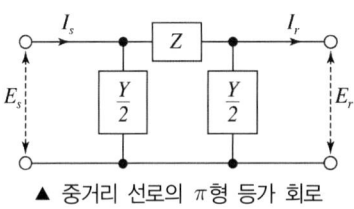

▲ 중거리 선로의 π형 등가 회로

(4) 장거리 송전 선로

① 장거리 선로는 보통 100[km]가 넘는 선로로, 이때 누설 컨덕턴스 G까지 포함하여 선로 정수(R, L, G, C)가 균등하게 분포된 분포 정수 회로로 해석한다.
② 장거리 선로에서 선로의 직렬 임피던스와 병렬 어드미턴스
  ㉠ 직렬 임피던스 $Z = R + j\omega L = R + jX[\Omega/\text{km}]$
  ㉡ 병렬 어드미턴스 $Y = G + j\omega C = G + jB[\mho/\text{km}]$
③ 장거리 선로의 송전단 전압과 전류

- 송전단 전압 $E_s = AE_r + BI_r = \cosh\gamma l\, E_r + Z_0 \sinh\gamma l\, I_r$
- 송전단 전류 $I_s = CE_r + DI_r = \dfrac{1}{Z_0}\sinh\gamma l\, E_r + \cosh\gamma l\, I_r$

④ 특성 임피던스와 선파 정수
  ㉠ 특성(서지, 파동, 고유) 임피던스: 송전선을 이동하는 진행파에 대한 전압과 전류의 비로, 선로 길이에 관계없이 송전선 고유의 특성을 나타내는 값이다.
  $Z_o = \sqrt{\dfrac{Z}{Y}} = \sqrt{\dfrac{R + j\omega L}{G + j\omega C}} \fallingdotseq \sqrt{\dfrac{L}{C}}\,[\Omega]$
  ㉡ 전파 정수
  $\gamma = \sqrt{ZY} = \sqrt{(R + j\omega L)(G + j\omega C)}$
  $= \alpha + j\beta$
  (단, α: 감쇠 정수로서 송전단에서 수전단으로 갈수록 전압이 감쇠되는 특성을 나타내는 정수([dB/km]),
  β: 위상 정수로서 송전단에서 수전단으로 갈수록 위상이 지연되는 특성을 나타내는 정수([rad/km]))

KEYWORD 053   조상설비와 페란티 현상

(1) **조상설비**
　① 정의: 전력 계통의 부하 변동에 대하여 전압을 일정하게 유지하기 위해 무효 전력을 공급하는 장치이다.
　② 조상설비의 종류
　　㉠ 전력용 콘덴서(SC: Static Capacitor)
　　㉡ 분로 리액터(Sh.R: Shunt Reactor)
　　㉢ 동기 조상기: 무부하 상태에서 운전하는 동기 전동기로, 계통의 전압과 역률을 조정하는 역할을 한다.

(2) **페란티 현상**
　① 정의: 장거리 송전 선로에서 경부하 시나 무부하 시에 송전단 전압(E_s)보다 수전단 전압(E_r)이 높아지는 현상
　② 중부하 시의 선로 해석

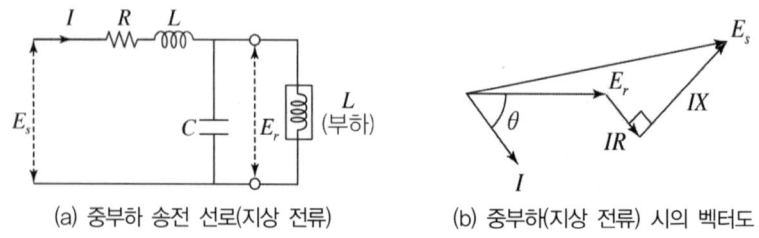

(a) 중부하 송전 선로(지상 전류)   (b) 중부하(지상 전류) 시의 벡터도
▲ 중부하 송전 선로

　위 벡터도에서 $E_s = E_r + I(R\cos\theta + X\sin\theta)$ 이므로 $E_s > E_r$ 이다.
　③ 무부하(경부하) 시의 선로 해석

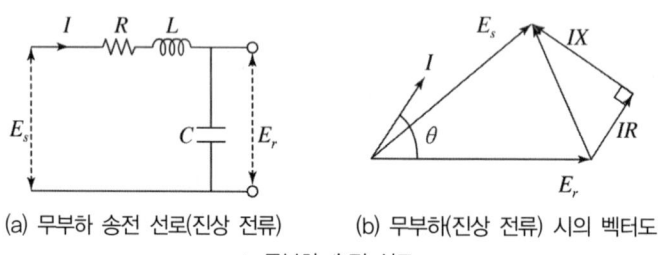

(a) 무부하 송전 선로(진상 전류)   (b) 무부하(진상 전류) 시의 벡터도
▲ 무부하 송전 선로

　위 벡터도에서 $E_s = E_r + I(R\cos\theta - X\sin\theta)$ 이므로 $E_s < E_r$ 이다.
　④ 페란티 현상의 발생 원인: 송전 선로의 대지 정전 용량에 의한 진상(충전) 전류
　⑤ 페란티 현상의 방지 대책
　　㉠ 변전소에 분로 리액터(Shunt Reactor)를 설치한다.
　　㉡ 발전소에서 동기 발전기를 부족 여자로 운전한다.
　　㉢ 동기 조상기는 지상(부족 여자) 운전한다.
　　㉣ 송전 선로는 지중 송전 방식보다 가공 송전 방식을 선택한다.

KEYWORD 054 송전 용량

(1) 송전 용량 P
송전 선로에 송전할 수 있는 최대 전력이다.

(2) 적정한 송전 용량 결정 조건
① 송·수전 전압의 상차각이 적당해야 한다.
② 조상설비 용량이 적당해야 한다.
③ 송전 효율이 적당해야 한다.

(3) 송전 용량 공식
① 고유 부하법

$$P = \frac{V_r^2}{Z} = \frac{V_r^2}{\sqrt{\frac{L}{C}}} \text{[MW]}$$

(단, Z: 특성 임피던스[Ω])

② 송전 용량 계수법

$$P = k\frac{V_r^2}{l} \text{[kW]}$$

(단, k: 송전 용량 계수, l: 송전 거리[km], V_r: 수전단 선간 전압[kV])

③ Alfred-Still 관계식(A-Still식): 경제적인 송전 전압 결정식으로도 사용한다.

$$V = 5.5\sqrt{0.6l + \frac{P}{100}} \text{[kV]}$$

(단, l: 송전 거리[km], P: 송전 용량[kW])

KEYWORD 055   전력 계통 연계

(1) 전력 계통 연계의 의미
별도로 운전되고 있는 전력 계통을 송전선으로 연결하여 하나의 대규모 계통으로 운전하는 것이다.

(2) 전력 계통 연계의 장단점

장점	단점
• 계통의 전체 설비 용량을 절감할 수 있다. • 경제적인 계통 운용이 가능하다. • 계통의 공급 신뢰도가 좋아진다. • 계통 운전이 안정적이고, 주파수를 유지하기 쉽다.	• 어느 한 계통의 사고가 다른 계통으로 확대될 가능성이 크다. • 계통의 리액턴스 감소로 단락 전류가 증가한다. • 계통의 설비 투자비가 증가한다. • 전력선 주변에 있는 통신선에 대한 유도 장해가 증가한다.

KEYWORD 056   직류 송전

(1) 직류 송전의 정의
발전소에서 발전된 교류(AC) 전력을 바로 송전하지 않고 정류기를 활용해 직류(DC) 전력으로 변환하여 송전한 후, 이를 다시 교류(AC)로 역변환하여 부하에 공급하는 송전 방식이다.

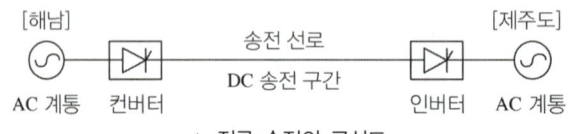

▲ 직류 송전의 구성도

(2) 직류 송전의 장단점

장점	단점
• 전력 손실이 적다. • 주파수가 서로 다른 계통 간 연계(비동기 연계)가 가능하다. • 코로나 손실이 적고, 충전 전류의 영향이 없다. • 선로의 리액턴스가 없으므로 계통 안정도가 높다. • 전선의 표피 효과나 근접 효과 영향이 없어 저항 증대가 없다. • 전력 기기의 절연을 교류 방식보다 낮게 할 수 있다.(약 $\frac{1}{\sqrt{2}}$ 배)	• 전압의 승압과 강압이 자유롭지 않다. • 변환 장치(컨버터, 인버터) 설치에 많은 비용이 든다. • 교류와는 달리 전류의 영점이 없으므로 고장 전류 차단이 어렵다. • 변환 장치에서 발생하는 다량의 고조파를 제거하는 장치가 필요하다. • 회전 자계를 얻지 못한다.

KEYWORD 057 안정도

(1) 안정도
① 정의: 전력 계통의 어떠한 운전 조건에서 부하에 전력을 계속 공급하여 계통 운전을 유지할 수 있는 정도
② 전력 계통의 안정도 산출식

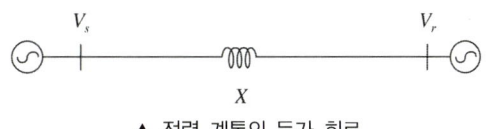

▲ 전력 계통의 등가 회로

$$P = \frac{V_s V_r}{X} \sin\delta \text{[MW]}$$

(단, P: 공급 전력[MW], V_s, V_r: 송전단·수전단 전압[kV], X: 전달 리액턴스[Ω], δ: 위상차[°])

(2) 안정도의 종류
① 정태 안정도: 정상 운전 상태에서 완만한 부하 변화 시의 안정도
② 과도 안정도: 계통에서 사고나 급격한 부하 변화가 발생했을 때의 안정도
③ 동태 안정도: 발전기에 자동 전압 조정 장치(AVR)와 전기식 고성능 조속기를 부착하여 발전기 성능을 향상시킨 안정도

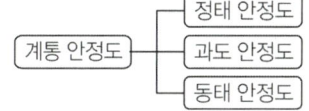

(3) 안정도 향상 대책
전압(V)을 크게 하거나, 발전단과 부하 간의 위상차 각(δ)을 증가시키거나, 계통의 전달 리액턴스(X)를 감소시킨다.
① 전력 계통의 승압
② 속응 여자 방식의 채용
③ 단락비가 큰 발전기 사용
④ 중간 조상 방식의 채용
⑤ 계통 연계
⑥ 발전기나 변압기의 리액턴스 감소
⑦ 직렬 콘덴서 설치
⑧ 선로에 복도체 방식 채용
⑨ 계통의 접지 방식을 고저항 접지 및 소호 리액터 접지 방식으로 채용
⑩ 선로의 병렬 회선수 증가
⑪ 고속 차단 및 재폐로 방식 채용
⑫ 제동 저항기 설치

KEYWORD 058 3상 단락 고장 계산(평형 고장)

(1) 옴(Ω)법

계통의 전압이나 전류 등 모든 요소를 원래 단위 그대로 적용하고 옴의 법칙을 이용하여 고장 계산하는 방법이다.

① 단락 전류 $I_s = \dfrac{E}{Z} = \dfrac{E}{\sqrt{R^2+X^2}}$[A]

② 3상 단락 용량 $P_s = \sqrt{3}\,VI_s$[kVA]

  (단, V: 단락점의 선간 전압[kV],
    Z: 단락 지점에서 전원 측을 본 계통 임피던스[Ω])

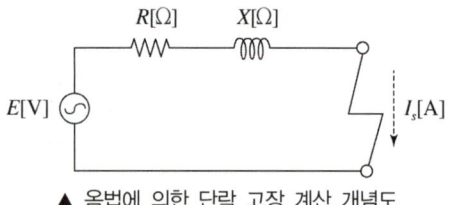
▲ 옴법에 의한 단락 고장 계산 개념도

(2) %임피던스(%Z)법

계통의 모든 요소를 %값으로 환산하여 고장 계산하는 방법이다.

- %임피던스 환산 공식: $\%Z = \dfrac{P_n Z}{10\,V^2}$[%]

- 단락 전류 $I_s = \dfrac{100}{\%Z}I_n = \dfrac{100}{\%Z} \times \dfrac{P_n}{\sqrt{3}\,V}$[A]

- 3상 단락 용량 $P_s = \dfrac{100}{\%Z}P_n$[kVA]

  (단, P_n: 기준 용량[kVA], V: 선간 전압[kV],
    I_n: 정격 전류[A])

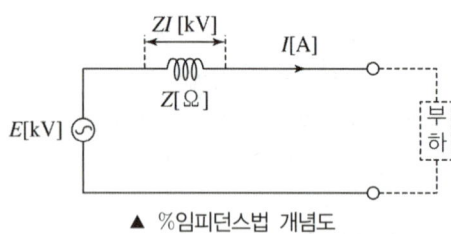
▲ %임피던스법 개념도

KEYWORD 059 대칭 좌표법

(1) 대칭 좌표법의 정의

① 의미: 불평형 고장(1선 지락, 선간 단락 사고 등)을 대칭 성분으로 분해하여 쉽게 고장 계산하는 방법이다.

② 대칭분의 종류
  ㉠ 영상분(V_0, I_0)
  ㉡ 정상분(V_1, I_1)
  ㉢ 역상분(V_2, I_2)

(2) 3상의 대칭분 표현식 및 대칭 성분

① 3상 전원의 대칭분 표현

$$\begin{cases} V_a = V_0 + V_1 + V_2 [\text{V}] \\ V_b = V_0 + a^2 V_1 + a V_2 [\text{V}] \\ V_c = V_0 + a V_1 + a^2 V_2 [\text{V}] \end{cases}$$

② 대칭분 표현

$$\begin{cases} \text{영상 전압: } V_0 = \frac{1}{3}(V_a + V_b + V_c)[\text{V}] \\ \text{정상 전압: } V_1 = \frac{1}{3}(V_a + a V_b + a^2 V_c)[\text{V}] \\ \text{역상 전압: } V_2 = \frac{1}{3}(V_a + a^2 V_b + a V_c)[\text{V}] \end{cases}$$

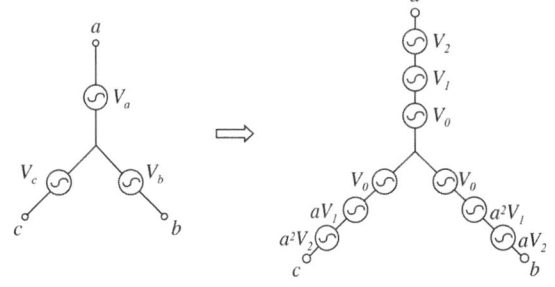

▲ 3상 교류 전원　　▲ 3상 전원의 대칭분 표현

(3) 발전기 기본식

불평형 고장 계산에서 대칭 좌표법을 적용하는 데 필요한 동기 발전기의 영상 전압, 정상 전압, 역상 전압 성분을 말한다.

- 정상 전압: $V_1 = E_a - Z_1 I_1 [\text{V}]$
- 역상 전압: $V_2 = - Z_2 I_2 [\text{V}]$
- 영상 전압: $V_0 = - Z_0 I_0 [\text{V}]$

(4) 대칭분 전류의 의미와 역할

구분	정상 전류 I_1	역상 전류 I_2	영상 전류 I_0
전류	전원 상회전 방향과 동일한 평형 3상 교류	전원 상회전 방향에 반대 방향인 평형 3상 교류	크기와 위상차가 같은 단상 전류
영향	전동기에 정상 토크를 일으킨다.	전동기에 역상 토크를 일으켜 제동 작용을 한다.	• 지락 사고 시 지락(접지) 계성기를 동작시킨다. • 통신선에 전자 유도 장해를 일으킨다.

(5) 사고 종류에 따른 대칭분의 종류

구분	정상 전류 I_1	역상 전류 I_2	영상 전류 I_0
지락사고(1선 또는 2선)	○	○	○
선간단락	○	○	×
3상단락	○	×	×

KEYWORD 060 　중성점 접지방식

(1) **임피던스 종류에 따른 중성점 접지방식**

① 직접 접지: 임피던스를 작게 접지($Z_n = 0$)

② 비접지: 임피던스를 매우 크게 접지($Z_n = \infty$)

③ 저항 접지: 저항을 통해 접지($Z_n = R$)

④ 소호 리액터 접지: 인덕턴스로 접지($Z_n = jX_L$)

(2) **접지방식의 비교**

구분	직접 접지방식(초고압 장거리)	비접지방식(저전압 단거리)	소호 리액터 접지방식 (66[kV], 중거리)
계통도			
연결 방식	변압기를 Y 결선한 후 변압기 중성점과 대지 사이를 도선으로 직접 접지하는 방식이다.	변압기를 결선한 후 변압기와 대지 사이에 접지선을 연결하지 않는 방식이다.	전선의 대지 정전 용량과 병렬 공진할 수 있는 소호 리액터를 변압기 중성점과 대지 사이를 연결하여 지락 전류를 완전히 소멸시키는 접지방식이다.
특징	지락 전류가 크다.	• 임피던스가 크다. • 지락 전류의 크기: $I_g = j3\omega CE = j\sqrt{3}\omega CV[\mathrm{A}]$	• L과 C의 병렬 공진을 이용한다. • 소호 리액터의 크기: $\omega L = \dfrac{1}{3\omega C}[\Omega]$
장점	• 지락 사고 시 건전상 전위 상승이 매우 작다. • 기기의 단절연, 저감 절연이 가능하다. • 보호 계전기 동작이 가장 확실하다.	• 지락 전류가 작아 순간적인 지락 사고 시에도 송전이 유지된다. • 전력선 주변의 통신선에 대한 유도 장해가 적다. • 변압기 1대 고장 시 나머지 2대로 V 결선하여 송전이 가능하다.	• 지락 전류가 작아 지락 사고 시에도 계속 송전이 가능하다. • 전력선 주변의 통신선에 대한 유도 장해가 매우 적다. • 과도 안정도가 우수하다.
단점	• 보호 계전기 동작이 빈번하므로 과도 안정도가 나쁘다. • 통신선 유도 장해가 가장 크다. • 지락 전류가 크므로 기기에 미치는 충격이 크다.	• 지락 사고 시 이상 전압이 크다. (약 $\sqrt{3}$ 배) • 접지(지락) 계전기 동작이 곤란하다. • 주로 저전압, 단거리 계통에 한해 적용한다.	• 지락 사고 시 이상 전압이 가장 크다. ($\sqrt{3}$ 배 이상) • 단선 사고 시 이상 전압이 가장 크다.

(3) 유효 접지방식

① 정의: 지락 사고 시 건전상의 전압 상승이 어떠한 경우라도 평상시 대지 전압의 1.3배 이하가 되도록 하는 직접 접지방식
② 전력 계통에서 발생할 수 있는 어떤 조건에서도 이상 전압이 평상시 전압의 1.3배 이하가 되도록 중성점 접지 임피던스를 삽입한다.
③ 유효 접지 조건

$$\frac{R_0}{X_1} \leq 1, \quad 0 \leq \frac{X_0}{X_1} \leq 3$$

(단, R_0: 영상 저항[Ω], X_0: 영상 리액턴스[Ω], X_1: 정상 리액턴스[Ω])

KEYWORD 061 중성점 잔류 전압

(1) 중성점 잔류 전압

① 정의: 운전 상태에서 중성점을 접지하지 않을 경우 중성점에 나타나는 중성점과 대지 사이의 전압
② 중성점 잔류 전압의 발생 원인
  ㉠ 송전선의 3상 각 상의 대지 정전 용량이 불평형한 경우 발생한다.
  ㉡ 차단기 개폐가 동시에 이루어지지 않을 경우 발생한다.
  ㉢ 지락 사고 등 계통의 각종 사고에 의해 발생한다.

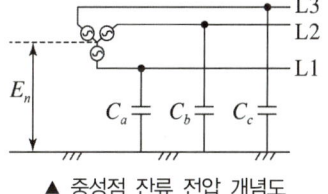

▲ 중성점 잔류 전압 개념도

③ 중성점 잔류 전압의 크기

$$E_n = \frac{\sqrt{C_a(C_a-C_b)+C_b(C_b-C_c)+C_c(C_c-C_a)}}{C_a+C_b+C_c} \times \frac{V}{\sqrt{3}} [\text{V}]$$

(단, V: 선간 전압, $V = \sqrt{3}\,E[\text{V}]$)

(2) 중성점 잔류 전압 감소 대책

송전 선로의 충분한 연가(Transposition) 실시

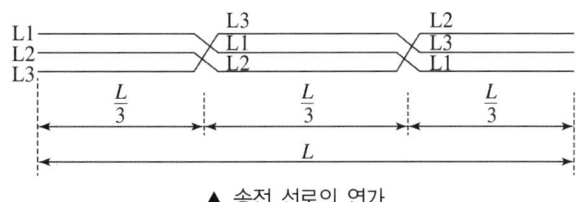

▲ 송전 선로의 연가

KEYWORD 062 유도 장해

(1) 유도 장해의 의미와 종류
① 유도 장해의 의미: 전력선에서 발생하는 전계 및 자속이 근처에 가설된 통신 선로에 영향을 미치는 현상
② 유도 장해의 종류
㉠ 정전 유도 장해: 전력선과 통신선과의 상호 정전 용량(C_m)과 영상 전압(V_0)이 주원인이다.
㉡ 전자 유도 장해: 전력선과 통신선과의 상호 인덕턴스(M)와 영상 전류(I_0), 또는 단락 전류가 주원인이다.

(2) 정전 유도 장해
① 송전선의 영상 전압과 통신선의 상호 정전 용량의 불평형에 의해 통신선에 전압이 유도되어 발생하는 장해이다.
② 정전 유도 장해가 발생하면 영상 전압(V_0)이 통신선에 유도된다.

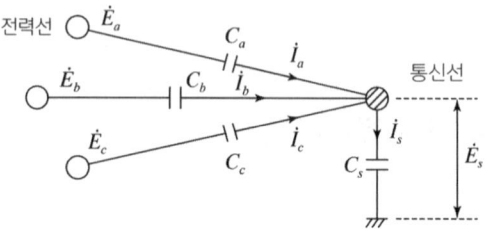

▲ 전력선과 통신선 간의 정전 유도 장해

③ 정전 유도 전압의 크기

$$E_s = \frac{\sqrt{C_a(C_a - C_b) + C_b(C_b - C_c) + C_c(C_c - C_a)}}{C_a + C_b + C_c + C_s} \times \frac{V}{\sqrt{3}}[V]$$

(단, $V = \sqrt{3}\, E[V]$: 선간전압[V])

④ 정전 유도 장해 경감 대책: 송전 선로를 연가하여 선로 정수를 평형화한다.

(3) 전자 유도 장해
① 전력선과 통신선의 상호 인덕턴스(M)에 의해 전압과 전류가 유도되어 발생하는 장해이다.
② 지락 사고 시 지락 전류($I_g = 3I_0$)에 발생한다.
(영상 전류를 유기)
③ 전자 유도 전압
$E_m = -j\omega Ml\,(I_a + I_b + I_c) = -j\omega Ml \times 3I_0[V]$
④ 전자 유도 전압의 크기
$|E_m| = \omega Ml \times 3I_0[V]$

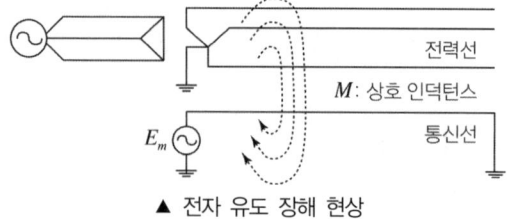

▲ 전자 유도 장해 현상

⑤ 전자 유도 장해 저감 대책

전력선 측	통신선 측
• 통신선과의 이격 거리 증대 • 충분한 연가 • 전력 케이블 사용 • 소호 리액터 접지방식 채용 • 고속도 재폐로 차단 방식 채용 • 송전 선로 결선 • 통신선과 수직 교차 • 차폐선 설치	• 통신선로 도중에 절연 변압기 설치 • 특성이 양호한 피뢰기(LA) 설치 • 연피 통신 케이블 사용 • 전력선과 수직 교차 • 통신선 측의 절연 증대 • 배류 코일 사용

KEYWORD 063 전력 계통 이상 전압

(1) 진행파

① 진행파의 해석: 계통 내 임피던스가 다른 변이점에서 서지파의 일부는 투과하고 나머지는 반사된다.

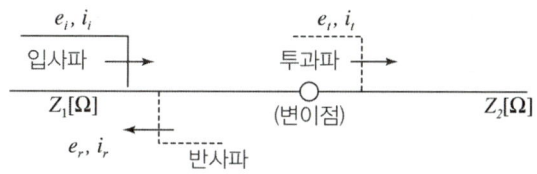

▲ 변이점에서의 반사 및 투과 현상

② 변이점에서의 반사 계수 및 투과 계수

- 반사 계수 $\beta = \dfrac{Z_2 - Z_1}{Z_2 + Z_1} = \dfrac{e_r}{e_i}$
- 투과 계수 $\alpha = \dfrac{2Z_2}{Z_2 + Z_1} = \dfrac{e_t}{e_i}$

(단, Z_1: 전원 측 임피던스[Ω], Z_2: 부하 측 임피던스[Ω])

(2) 이상 전압의 종류

① 외부 이상 전압
  ㉠ 직격뢰에 의한 이상 전압: 뇌가 직접적으로 송전선이나 가공 지선을 직격할 때 발생하는 이상 전압이다.
  ㉡ 유도뢰에 의한 이상 전압: 송전선에 유도된 전하가 뇌운과 대지 간 방전으로 자유 전하가 되어 송전 선로 위에서 진행파로 전파되면서 계통에 영향을 미치는 이상 전압이다.
② 내부 이상 전압
  ㉠ 계통 조작 시에 나타나는 개폐 서지로, 내뢰라고도 한다.
  ㉡ 내부 이상 전압 중 무부하 송전 선로를 개방할 때 발생하는 개방 서지가 가장 크다.

(3) 이상 전압 방지 대책의 종류
① 가공 지선을 철탑 상부에 설치한다.
② 매설 지선을 설치하여 철탑의 접지 저항을 저감한다.
③ 건축물 최상부에 피뢰침을 설치한다.
④ 송전용 피뢰기 및 아킹혼을 설치한다.
⑤ 변전소 내부에 피뢰기를 설치한다.
⑥ 적당한 절연 협조를 설계한다.
⑦ 서지 흡수기를 설치한다.

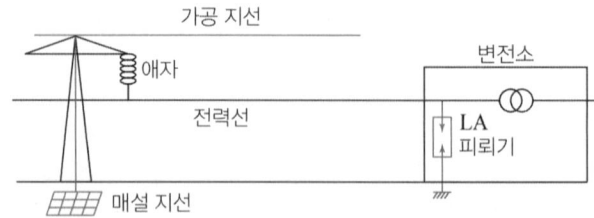

▲ 전력 계통의 이상 전압 방호 장치 설치 개념도

(4) 피뢰기(LA)
① 피뢰기의 구조 및 역할
  ㉠ 직렬갭: 이상 전압이 침입하면 즉시 방전을 개시해 전압 상승을 억제하고 속류를 차단한다.
  ㉡ 특성 요소: 이상 전압 방전 후 일정 값 이하가 되면 즉시 방전을 정지하여 원래 송전 상태로 복귀한다.

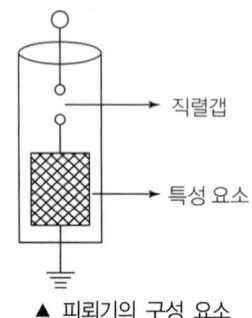

▲ 피뢰기의 구성 요소

② 피뢰기 구비 조건
  ㉠ 충격 방전 개시 전압이 낮을 것
  ㉡ 상용 주파 방전 개시 전압이 높을 것
  ㉢ 속류 차단 능력이 충분할 것
  ㉣ 방전 내량이 크면서 제한 전압이 낮을 것

③ 피뢰기의 정격 전압과 제한 전압
  ㉠ 정격 전압: 피뢰기에서 속류를 차단할 수 있는 최고 상용 주파수 교류 전압의 실횻값
    $E_R = \alpha \times \beta \times V_m$
    (단, E_R: 피뢰기 정격 전압, α: 접지 계수(유효 접지 계통: 1.1~1.3), β: 여유도(1.15), V_m: 계통의 최고 선간 전압)
  ㉡ 제한 전압: 피뢰기의 동작으로 내습한 충격파 전압이 방전으로 저하되어 피뢰기의 단자 간에 남는 충격 전압

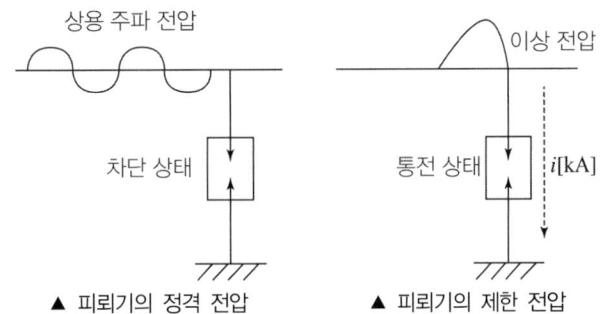

▲ 피뢰기의 정격 전압   ▲ 피뢰기의 제한 전압

  ㉢ 절연 협조는 피뢰기에서의 제한 전압에 따라 달라져서 피뢰기의 설치 목적은 변압기를 보호하기 위함이다.
  ㉣ 기준 충격 절연 강도(BIL): 기기의 절연을 표준화하고 통일된 절연 체계를 구성하기 위해 각각의 절연 계급에 대하여 기준 충격 절연강도(BIL)가 정해져 있다.
    $BIL = 5 \times E + 50 [kV]$ (단, E: 절연 계급)

(5) 섬락 및 역섬락

① 섬락(Flashover)
  ㉠ 의미: 직격뢰에 의한 전압 진행파가 선로상을 전파하여 철탑에 설치된 애자를 통해 불꽃 방전을 일으키는 현상이다.
  ㉡ 방지 대책: 가공 지선의 차폐각을 작게 한다.
② 역섬락(Back-flashover)
  ㉠ 의미: 철탑의 접지 저항이 높아 철탑 전위의 파고값(E)이 상승하여 애자를 통해 송전 선로로 방전하는 현상이다.
  ㉡ 방지 대책: 매설 지선 설치로 탑각 접지 저항을 감소시킨다.

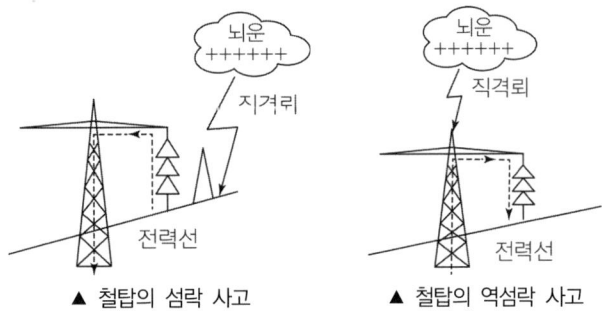

▲ 철탑의 섬락 사고   ▲ 철탑의 역섬락 사고

(6) 가공 지선의 역할
① 직격뢰에 대한 직격 차폐
② 유도뢰에 의한 정전 차폐
③ 전자 유도 장해 경감(차폐선 역할)

(7) 가공 지선의 차폐각
① 가공 지선의 차폐각은 최대한 작게 해야 섬락 사고를 방지할 수 있다.
② 가공 지선을 2조로 하면 차폐각이 더욱 작아져 차폐 효과가 향상된다.(765[kV]계통에 적용)
③ 일반적으로 가공 지선은 송전 선로와 같은 ACSR을 사용한다.

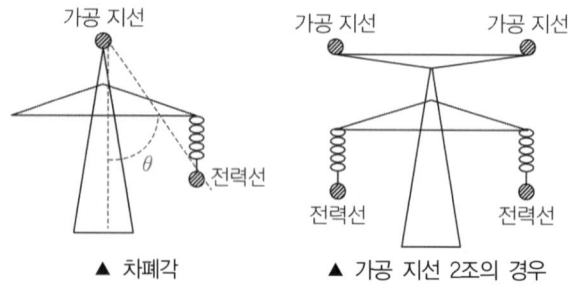

▲ 차폐각　　　　▲ 가공 지선 2조의 경우

KEYWORD 064 개폐기의 종류 및 절연 협조

(1) 차단기(CB)
① 차단기는 평상시 부하 전류를 개폐하고, 고장 시 발생하는 대전류를 빠르게 차단하여 고장 구간을 신속히 분리하는 개폐기이다.

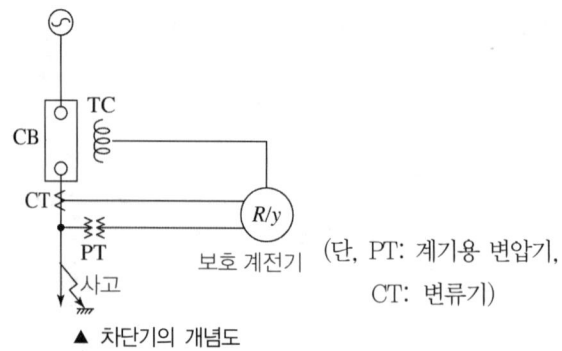

▲ 차단기의 개념도

② 소호 원리에 따른 고압용 차단기 종류

종류	소호 원리
유입 차단기(OCB)	소호실에서 아크의 열로 절연유를 분해하여 발생한 가스 소호력을 이용
공기 차단기(ABB)	압축 공기의 강한 소호력 이용(소음이 크다.)
진공 차단기(VCB)	진공 상태에서의 아크의 급속한 확산 효과를 이용하여 소호
자기 차단기(MBB)	자기 회로에서의 자기력에 의해 아크를 끌어당겨 소호
가스 차단기(GCB)	절연 특성이 매우 뛰어난 SF_6가스의 강력한 소호 작용 이용

③ 차단기의 정격 차단 용량

$$P_s = \sqrt{3}\, VI_s\, [\text{MVA}]$$

(단, V: 정격 전압[kV](= 공칭 전압$\times \dfrac{1.2}{1.1}$), I_s: 정격 차단 전류[kA])

④ 차단기의 차단 시간: 정격 차단 시간 = 개극 시간과 아크 소호 시간을 합친 시간이다.(보통 3~8[Cycle])
⑤ 정격 투입 전류: 차단기 투입 전류의 최초 주파수의 최댓값으로 표시되며, 크기는 정격 차단 전류(실횻값)의 2.5배를 표준으로 한다.
⑥ 차단기의 표준 동작 책무

차단기의 일정 시간 간격을 두고 행해지는 동작을 규정한 것이다.
㉠ 일반용(갑호): O-1분-CO-3분-CO (단, O: Open(차단), CO: Close 후 Open(투입 후 차단))
㉡ 일반용(을호): CO-15초-CO
㉢ 고속도 재투입용: O-t(임의의 시간)-CO-1분-CO

⑦ 차단기 트립 방식
㉠ DC 전압 방식(직류 전원 투입 방식)
㉡ CTD 방식(콘덴서 트립 방식)
㉢ CT 2차 전류 트립 방식
㉣ 부족 전압 트립 방식

(2) 단로기(DS)

① 단로기는 선로로부터 기기를 분리, 구분, 변경할 때 사용되는 개폐 장치이다.
② 단로기는 차단기와 달리 내부에 소호 장치가 없으므로 고장 전류나 부하 전류를 차단할 수 없으며, 무부하 상태에서만 회로를 개폐할 수 있다.
③ 차단기와 단로기 조작 순서(인터록 장치)
㉠ 투입 시: 단로기(DS) 투입 → 차단기(CB) 투입
㉡ 차단 시: 차단기(CB) 개방 → 단로기(DS) 개방

(3) 전력 퓨즈(PF)

① 전력 퓨즈는 주로 단락 전류를 차단하는 보호 장치이다.
② 전력 퓨즈의 역할
  ㉠ 부하 전류는 안전하게 통전시킨다.
  ㉡ 이상 전류는 즉시 차단한다.
③ 전력 퓨즈의 장·단점

장점	단점
• 소형으로 큰 차단 용량을 갖는다. • 고속 차단할 수 있다. • 현저한 한류 특성을 갖는다. • 한류형은 차단 시 무소음, 무방출이다. • 저렴하고 보수가 간단하다.	• 재투입이 불가능하다 (최대 단점) • 과전류에 용단되기 쉽고 결상을 일으킬 우려가 있다. • 한류형 퓨즈는 용단되어도 차단되지 않는 범위가 있다(비보호 영역이 있다).

④ 전력 퓨즈 선정 시 고려 사항
  ㉠ 과부하 전류에 동작하지 않을 것
  ㉡ 변압기 여자 돌입 전류에 동작하지 않을 것
  ㉢ 전동기 기동 전류에 동작하지 않을 것
  ㉣ 타 기기와 보호 협조가 이루어질 것
⑤ 퓨즈의 특성
  ㉠ 용단 특성
  ㉡ 단시간 허용 특성
  ㉢ 전차단 특성

(4) 절연 협조

① 계통 내의 각 기기, 기구 및 애자 등 상호 요소 간에 적정한 절연 강도를 지니게 함으로써 합리적, 경제적으로 계통 설계를 할 수 있게 구성한 것을 말한다.
② 절연 협조의 기준: 피뢰기의 제한 전압
③ 154[kV] 계통의 절연 협조

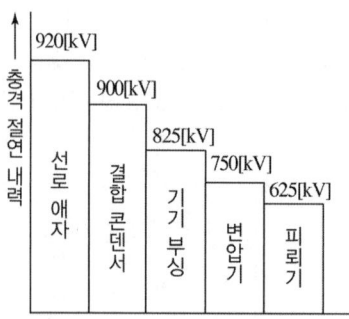

▲ 154[kV] 송전 계통 절연 협조

KEYWORD 065 계전기

(1) 동작 시간에 따른 보호 계전기의 종류

① 순시(순한시) 계전기: 동작 전류 이상에서 즉시 동작하는 계전기
② 정한시 계전기: 동작 전류 이상에서 일정 시간 경과 후 동작하는 계전기
③ 반한시 계전기: 동작 전류가 작을 때에는 늦게 동작하고, 동작 전류가 클 때에는 빨리 동작하는 계전기
④ 반한시성 정한시 계전기: 동작 전류가 작을 때에는 반한시 특성을 갖고, 그 이상에서는 정한시 특성을 갖는 계전기

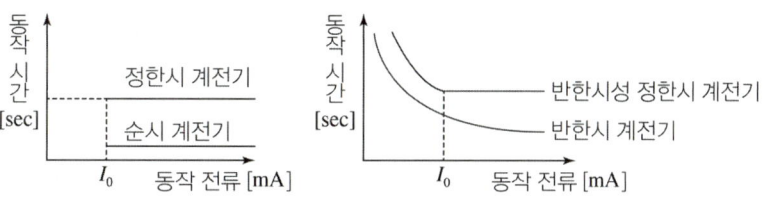

▲ 동작 시간에 따른 보호 계전기의 종류

(2) 용도에 따른 보호 계전기의 종류

① 과전류 계전기(OCR): 일정 값 이상의 전류가 흐를 때 동작하는 계전기
② 과전압 계전기(OVR): 전압이 일정 값 이상일 때 동작하는 계전기
③ 부족 전압 계전기(UVR): 전압이 일정 값 이하일 때 동작하는 계전기
④ 지락(접지) 계전기(GR): 지락 사고 시 발생하는 지락 전류에 동작하는 계전기(ZCT에 의해 검출된 영상 전류로 동작하며 지락 보호 용도로도 사용된다.)
⑤ 선택 지락 계전기(SGR): 병행 2회선 송전 선로에서 지락 사고 시 지락이 발생한 회선만 검출하여 선택, 차단하는 지락 계전기

(3) 비율 차동 계전기(87: RDR)

① 비율 차동 계전기의 용도
  ㉠ 발전기, 변압기 및 모선(BUS)을 보호하는 보호 계전기로, 차동 계전기라고도 한다.
  ㉡ 변류기를 통한 차동 회로에 억제 코일과 동작 코일의 차전류를 이용한다.
② 비율 차동 계전기의 구조
  ㉠ OC: 동작 코일
  ㉡ RC: 억제 코일
  ㉢ 동작 비율: 10 ~ 30[%]

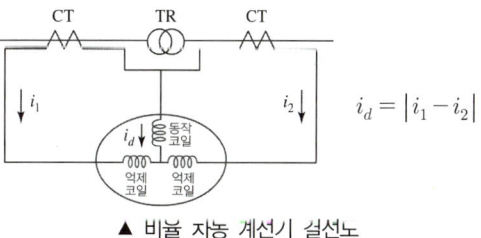

▲ 비율 차동 계전기 설선도

(4) 거리 계전기

① 거리 계전기(임피던스 계전기)의 용도
   ㉠ 주로 송전 선로 보호용으로 사용되는 보호 계전기이다.
   ㉡ 계전기 설치점에서 고장점까지의 전기적 거리를 전압, 전류의 크기 및 위상차로 판별하여 동작하는 계전기이다.
② 동작 원리
   ㉠ 계전기 설치점의 전압과 전류비로 고장점까지의 거리를 측정한다.
   ㉡ 계전기 정정 임피던스 $Z_s = Z_p \times \dfrac{CT비}{PT비}[\Omega]$ (단, Z_p: 선로 임피던스[Ω])
   - $Z_s > Z_F$이면 내부 고장으로 계전기 동작(단, Z_F: 고장 지점의 임피던스[Ω])
   - $Z_s < Z_F$이면 외부 고장으로 계전기 부동작

KEYWORD 066 계기용 변성기

(1) PT와 CT의 비교

항목	PT(계기용 변압기)	CT(변류기)
목적	고전압을 저전압으로 변압	대전류를 소전류로 변류
접속	주회로에 병렬 연결	주회로에 직렬 연결
2차 접속 부하	전압계, 계전기의 전압 코일, 역률계, 임피던스가 큰 부하	전류계, 전원 릴레이의 전류 코일, 차단기의 트립 코일, 전원 임피던스가 작은 부하
2차 정격	정격 전압: 110[V]	정격 전류: 5[A]
점검 시 유의점	2차 측 개방	2차 측 단락
심벌	⋛	⋀

(2) 정격 부담(Burden)

① PT와 CT의 2차 측 단자 간 접속되는 부하 한도로, 기호는 VA, 단위는 [VA]를 사용한다.
② 부담 임피던스: 부담을 옴(Ohm)으로 표시한 것

$$VA(I) = I^2 Z, \quad VA(V) = \dfrac{V^2}{Z}$$

(단, $Z[\Omega]$: 최대 조건하의 부담, VA(I): 전류 계전기의 VA, VA(V): 전압 계전기의 VA)

(3) MOF(Metering Out Fit, 전력 수급용 계기용 변성기, PCT)

PT와 CT를 하나의 함 내에 설치하여 고전압을 저전압으로, 대전류를 소전류로 변성하여 전력량계에 전원을 공급하는 기기이다.

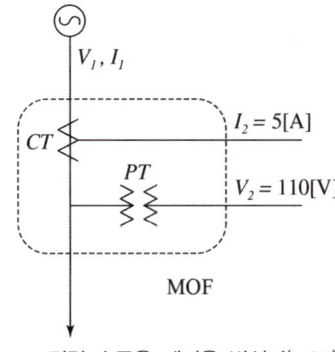

▲ 전력 수급용 계기용 변성기(MOF)

(4) 변류비 선정

$$변류비 = \frac{최대\ 부하\ 전류}{5} \times k[A]$$

① 변압기, 수전 회로: $1.25 \leq k \leq 1.5$, 변압기의 여자 돌입 전류를 감안한 여유도
② 전동기 회로: $2.0 \leq k \leq 2.5$, 전동기의 기동 전류를 감안한 여유도
③ 전력 수급용 계기용 변성기(MOF): $k = 1$, MOF에서는 이미 충분한 절연 설계가 되어 있어 여유를 두지 않는다.

KEYWORD 067 저압 배전 선로의 구성 방식

(1) 방사상 방식

① 정의: 부하 증설에 따라 배전 선로에 간선이나 분기선을 추가로 인출하여 구성하는 배전 방식이다.

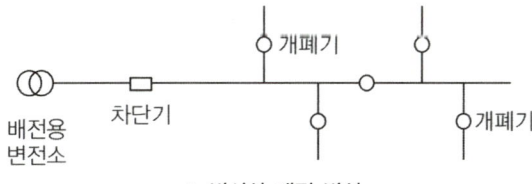

▲ 방사상 배전 방식

② 특징
　㉠ 배전 선로가 간단하고 건설비가 싸다(경제적이다).
　㉡ 부하 증설이 용이하다.
　㉢ 전압 강하 및 전력 손실이 크다.
　㉣ 사고에 의한 정전 범위가 커서 공급 신뢰도가 떨어진다.

(2) **저압 뱅킹 방식**
① 정의: 고압 배전 선로에 접속된 2대 이상의 배전용 변압기를 경유해 저압 측 간선을 공통으로 운전하는 방식이다.

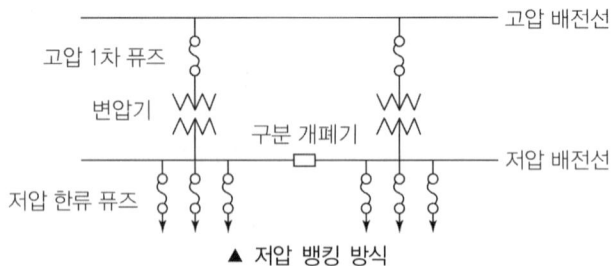

▲ 저압 뱅킹 방식

② 특징
　㉠ 전압 변동 및 전력 손실을 경감할 수 있다.
　㉡ 변압기의 공급 전력을 서로 융통시켜 변압기 용량을 저감할 수 있다.
　㉢ 부하 증가에 대응할 수 있는 탄력성이 높다.
　㉣ 고장 보호 방식이 적당할 때 공급 신뢰도가 높다.
　㉤ 보호 장치가 부적합하면 캐스케이딩 장해를 일으킨다.

(3) **저압 네트워크 방식**
① 정의: 배전 변전소의 동일 모선으로부터 2회선 이상의 급전선으로 전력을 공급하는 방식이다.

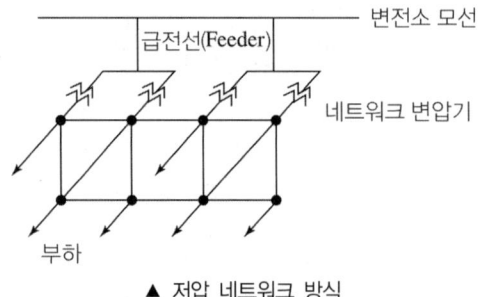

▲ 저압 네트워크 방식

② 특징
　㉠ 무정전 공급이 가능하여 공급 신뢰도가 가장 우수하다.
　㉡ 플리커, 전압 변동률, 전력 손실이 감소한다.
　㉢ 부하 증가에 대한 적응성이 우수하다.
　㉣ 공사비가 많이 들고 특별한 보호 장치(네트워크 프로텍터)가 필요하다.

KEYWORD 068   배전 선로 전기 방식의 종류

(1) 전기 방식의 종류

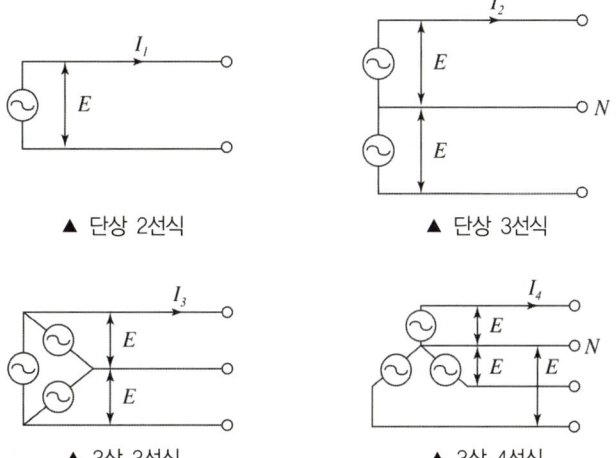

▲ 단상 2선식   ▲ 단상 3선식

▲ 3상 3선식   ▲ 3상 4선식

(2) 각 방식별 전기적 특성 비교표

종류	총 공급 전력	1선당 전력	소요 전선비
$1\phi 2W$	$P = EI$	$P_{12} = \dfrac{1}{2} EI = 100[\%] (\therefore EI = 2P_{12})$	W_1 (100[%]기준)
$1\phi 3W$	$P = 2EI$	$P_{13} = \dfrac{2}{3} EI = \dfrac{2}{3} \cdot 2P_{12} = 133[\%]$	$\dfrac{W_2}{W_1} = \dfrac{3}{8} (37.5[\%])$
$3\phi 3W$	$P = \sqrt{3} EI$	$P_{33} = \dfrac{\sqrt{3}}{3} EI = \dfrac{\sqrt{3}}{3} \cdot 2P_{12} = 115[\%]$	$\dfrac{W_3}{W_1} = \dfrac{3}{4} (75[\%])$
$3\phi 4W$	$P = 3EI$	$P_{34} = \dfrac{3}{4} EI = \dfrac{3}{4} \cdot 2P_{12} = 150[\%]$	$\dfrac{W_4}{W_1} = \dfrac{1}{3} (33.3[\%])$

KEYWORD 069 전압 강하 및 전력 손실

(1) 전압 강하율
① 배전 선로에 부하가 접속되면 선로에서 전압 강하가 발생하므로 수전단 전압은 송전단 전압보다 낮아진다.
② 전압 강하율[%] 관계식

$$\text{전압 강하율}[\%] \ \varepsilon = \frac{e}{V_r} \times 100 = \frac{V_s - V_r}{V_r} \times 100 [\%]$$

(단, e: 전압 강하[V], V_s: 송전단 전압[V], V_r: 수전단 전압[V])

(2) 전압 변동률
① 정의: 임의 기간 동안 부하 변동에 따른 전압 변동 정도를 백분율로 나타낸 것이다.(송전단 전압과는 무관)
② 전압 변동률 관계식

$$\text{전압 변동률}[\%] \ \delta = \frac{V_{ro} - V_r}{V_r} \times 100 [\%]$$

(단, V_{ro}: 무부하 시 수전단 전압[V], V_r: 전부하 시 수전단 전압[V])

(3) 부하율과 손실 계수
① 부하율(F): 일정 기간 동안 최대 전력에 대한 평균 전력의 비

$$F = \frac{\text{평균 전력}}{\text{최대 전력}}$$

② 손실 계수(H): 일정 기간 동안 평균 전력 손실에 대한 최대 손실 전력의 비

$$H = \frac{\text{평균 전력 손실}}{\text{최대 전력 손실}}$$

③ 부하율과 손실 전력의 관계: $0 \leq F^2 \leq H \leq F \leq 1$

(4) 부하 형태별 전압 강하 및 전력 손실(말단 집중 부하와 비교)

부하 형태	모양	전압 강하(e)	전력 손실(P_l)
평등 부하		$\frac{1}{2}e$	$\frac{1}{3}P_l$
송전단일수록 커지는 부하		$\frac{1}{3}e$	$\frac{1}{5}P_l$

(단, e: 말단 집중 부하 시 전압 강하, P_l: 말단 집중 부하 시 전력 손실)

KEYWORD 070 변압기 효율의 종류

(1) 실측 효율
① 변압기의 입력과 출력의 실측값을 직접 측정하여 효율을 구하는 것이다.
② 실측 효율 관계식

$$\text{실측 효율} = \frac{\text{출력 측정값[kW]}}{\text{입력 측정값[kW]}} \times 100[\%]$$

(2) 규약 효율
① 일정 규약에 따라 결정한 손실분을 기준으로 효율을 구하는 것이다.
② 규약 효율 관계식

$$\text{규약 효율} = \frac{\text{출력[kW]}}{\text{출력[kW]} + \text{손실[kW]}} \times 100[\%]$$

(3) 전일 효율
① 하루 동안의 부하 변화에 따른 효율로, 시간에 따라 부하가 변할 경우 효율을 종합적으로 판정하기 위해 사용한다.
② 전일 효율 관계식

$$\text{전일 효율} = \frac{\text{1일간 출력 전력량[kWh]}}{\text{1일간 출력 전력량[kWh]} + \text{1일간 손실 전력량[kWh]}} \times 100[\%]$$

(4) 최고 효율
① 변압기에서는 운전 도중 반드시 철손(무부하손)과 동손(부하손)이 발생한다.
② 변압기의 최고 효율은 부하의 운전 상태에 따라 정해진다.
   ㉠ 부하 변동이 심할 경우: 동손이 적게 운전한다.
   ㉡ 무부하 운전 시간이 많은 경우: 철손이 적어야 한다.
③ 변압기의 최고 효율은 보통 철손과 동손이 같은 조건에서 이루어진다.

$$P_i = a^2 P_c$$

(단, P_i: 철손[W], a: 부하율, P_c: 전부하 시 동손[W])

KEYWORD 071 변압기의 결선

(1) $\Delta-\Delta$ 결선법

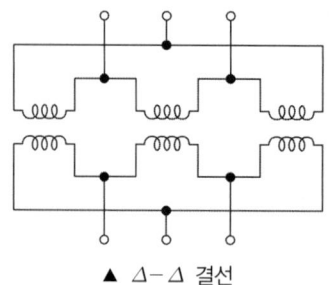

▲ $\Delta-\Delta$ 결선

① 장점
  ㉠ 제3 고조파 전류가 Δ 결선 내를 순환하여, 파형이 왜곡되지 않는다.
  ㉡ 1상분이 고장나면 나머지 2대로 V 결선 운전이 가능하다.
  ㉢ 각 변압기의 상전류가 선전류보다 $\sqrt{3}$ 배 작으므로 대전류에 적합하다.
② 단점
  ㉠ 중성점을 접지할 수 없으므로 지락 사고의 검출이 곤란하다.
  ㉡ 권수비가 다른 변압기를 결선하면 순환 전류가 흐른다.
  ㉢ 각 상의 임피던스가 다른 경우, 부하 전류는 불평형이 된다.

(2) $Y-Y$ 결선법

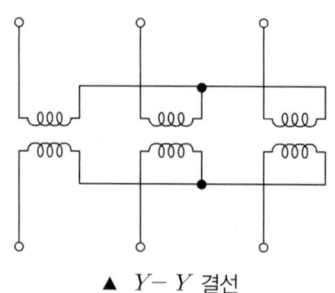

▲ $Y-Y$ 결선

① 장점
  ㉠ 1차 전압, 2차 전압 사이에 위상차가 없다.
  ㉡ 1차, 2차 모두 중성점을 접지할 수 있으며, 이상 전압을 감소시킬 수 있다.
  ㉢ 상전압이 선간 전압보다 $\sqrt{3}$ 배 작으므로 절연이 용이하여 고전압에 유리하다.
② 단점
  ㉠ 기전력의 파형이 제3 고조파를 포함한 왜형파가 된다.
  ㉡ 중성점을 접지하면 제3 고조파 전류가 흘러 통신선에 유도 장해를 일으킨다.

(3) $\Delta-Y$ 또는 $Y-\Delta$ 결선법

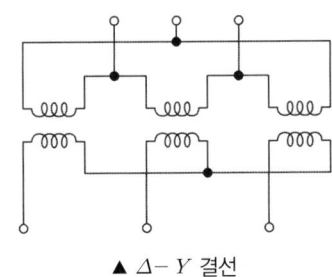
▲ $\Delta-Y$ 결선

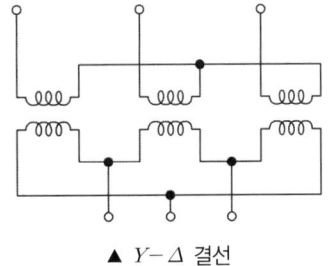
▲ $Y-\Delta$ 결선

① 장점
  ㉠ 한쪽 Y 결선의 중성점을 접지할 수 있다.
  ㉡ Y 결선의 상전압은 선간 전압의 $\dfrac{1}{\sqrt{3}}$ 이므로 절연이 용이하다.
  ㉢ 1, 2차 중에 Δ 결선이 있어 제3 고조파의 장해가 적다.
② 단점
  ㉠ 1, 2차 선간 전압 사이에 30°의 위상차가 있다.
  ㉡ 1상에 고장이 생기면 전원 공급이 불가능해진다.
  ㉢ 중성점 접지로 인한 유도 장해를 초래한다.

(4) $V-V$ 결선법

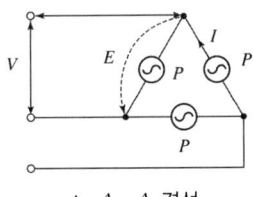
▲ $\Delta-\Delta$ 결선

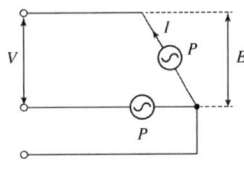
▲ $V-V$ 결선

① $\Delta-\Delta$ 결선의 출력: $P_\Delta = 3 \times EI = 3P[\text{kVA}]$
② $V-V$ 결선의 출력: $P_V = \sqrt{3}\,P[\text{kVA}]$
③ 출력비와 이용률

- 출력비 $= \dfrac{\text{고장 후 출력}(P_V)}{\text{고장 전 출력}(P_\Delta)} = \dfrac{\sqrt{3}\,P}{3P} = \dfrac{1}{\sqrt{3}} = 0.577$ ($\therefore 57.7[\%]$)

- 이용률 $= \dfrac{\text{실제 출력}(P_V)}{\text{이론 출력}(P_V')} = \dfrac{\sqrt{3}\,P}{2P} = \dfrac{\sqrt{3}}{2} = 0.866$ ($\therefore 86.6[\%]$)

(5) 3권선 변압기

① 3권선 변압기는 1, 2차 권선에 3차 권선을 설치한 변압기로, 권수비에 따라 1조의 변압기로 두 종류의 전압과 용량을 얻을 수 있다.

② 송배전에 적용되고 있는 $Y-Y-\Delta$ 결선 방식은 $Y-Y$ 결선의 장점에 $\Delta-\Delta$ 결선의 장점을 이용한 것으로 3상 결선에서 가장 많이 사용되는 결선 방식이다.

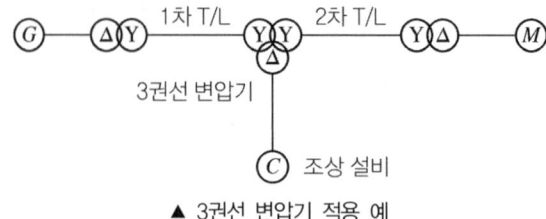

▲ 3권선 변압기 적용 예

KEYWORD 072   최대 전력 산출

(1) **수용률**(Demand factor)

① 전력 소비 기기(부하)가 동시에 사용되는 정도를 나타내는 지표이다.

② 수용률 = $\dfrac{\text{최대 수용 전력[kW]}}{\text{설비 용량[kW]}} \times 100\,[\%]$

(2) **부하율**(Load factor)

① 일정 기간 부하 변동 정도를 나타내는 지표이다.

② 부하율 = $\dfrac{\text{평균 수용 전력[kW]}}{\text{최대 수용 전력[kW]}} \times 100\,[\%]$

(3) **부등률**(Diversity factor)

① 최대 수용 전력의 발생 시각이나 발생 시기의 분산을 나타내는 지표이다.

② 부등률 = $\dfrac{\text{개별 수용가 최대 수용 전력의 합[kW]}}{\text{합성 최대 수용 전력[kW]}} \geq 1$

KEYWORD 073 전력 품질 및 손실 경감 대책

(1) **플리커(Flicker)**
  ① 플리커의 정의
   ㉠ 부하에 따라서 전압이 변동하여 조명이 깜박거리는 현상이다.
   ㉡ 플리커가 심하면 사람의 눈에 상당한 피로감을 준다.
  ② 플리커 경감 대책
   ㉠ 전용선으로 공급
   ㉡ 직렬 콘덴서 설치
   ㉢ 굵은 배전선 사용
   ㉣ 배전 전압 승압 실시
   ㉤ 루프 배전 방식 채택
   ㉥ 승압기(Booster) 사용

(2) **고조파(Harmonics)**
  ① 정의: 변압기 철심의 자기 포화나 비선형 부하(전력 변환 장치)의 영향으로 정현파 교류 파형이 왜곡되어 왜형파가 되는 것이다.
  ② 전력 계통에서의 고조파 발생원
   ㉠ 전력 변환 장치(인버터, 컨버터 등)
   ㉡ 형광등, 회전 기기, 변압기
   ㉢ 아크로, 전기로 등
  ③ 고조파 억제 방법
   ㉠ 전원의 단락 용량 증대
   ㉡ 공급 배전선의 전용 배선
   ㉢ 고조파 부하를 일반 부하와 분리
   ㉣ 고조파 제거 필터 채용
   ㉤ 변환 장치의 다펄스 변환기 사용
   ㉥ 변압기의 Δ 결선 채용하여 제3 고조파 제거
   ㉦ 무효 전력 보상 장치 채용
   ㉧ 전력용 콘덴서에 직렬 리액터를 연결하여 제5 고조파 제거

$$5\omega L = \frac{1}{5\omega C} = 0.04\frac{1}{\omega C}$$

(단, L: 직렬 리액터의 용량, C: 역률 개선용 콘덴서의 용량)

(3) 배전 선로의 손실 원인
① 배전 선로에서 발생하는 저항 손실
② 배전용 변압기에서 발생하는 철손 및 동손

(4) 배전 계통의 손실 경감 대책
① 배전 전압의 승압: 전력 손실은 공급 전압의 제곱에 반비례한다.
② 역률 개선: 전력 손실은 역률 제곱에 반비례한다.
③ 변전소 및 변압기의 적정 배치: 변압기 배치를 수시로 검토하여 적정한 배치를 고려한다.
④ 변압기 손실의 경감
　㉠ 동손 감소 대책: 변압기의 권선수 저감, 권선의 단면적 증가
　㉡ 철손 감소 대책: 고배향성 규소 강판 사용 및 저손실 철심 재료의 사용
⑤ 적정 배전 방식 채택: 방사상 방식보다 네트워크 배전 방식을 채용·운전한다.

(5) 승압
① 승압 효과
　㉠ 공급 용량이 증가한다.
　㉡ 전력 손실이 감소한다.
　㉢ 전압 강하율이 감소한다.
　㉣ 지중 배전 방식의 효율이 높아져 채용하기가 용이하다.
　㉤ 고압 배전 선로의 연장이 감소한다.
　㉥ 대용량 전기 기기를 사용하기가 쉽다.
② 승압에 따른 안전 대책
　㉠ 누전 차단기를 설치한다.(수용가 의무 사항)
　㉡ 기기 외함 접지를 설치한다.

KEYWORD 074　역률 개선 방법

(1) 역률 개선 방법
① 역률은 주로 지상 부하에 의한 지상 무효 전력 때문에 저하되므로, 부하와 병렬로 역률 개선용 콘덴서를 연결하여 진상 전류를 공급한다.

② 역률 개선용 콘덴서 용량 Q

$$Q_c = P(\tan\theta_1 - \tan\theta_2) = P\left(\frac{\sin\theta_1}{\cos\theta_1} - \frac{\sin\theta_2}{\cos\theta_2}\right)$$
$$= P\left(\frac{\sqrt{1-\cos^2\theta_1}}{\cos\theta_1} - \frac{\sqrt{1-\cos^2\theta_2}}{\cos\theta_2}\right)[\text{kVA}]$$

(단, P: 유효 전력[kW], $\cos\theta_1$: 개선 전 역률, $\cos\theta_2$: 개선 후 역률)

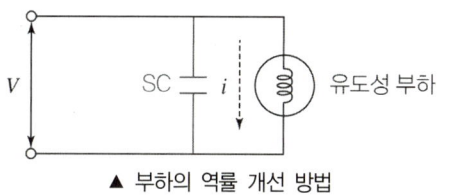

▲ 부하의 역률 개선 방법

(2) 역률 개선 효과
① 배전 계통의 전력 손실 감소(가장 큰 효과)
② 전압 강하 및 전압 변동률 감소
③ 설비 용량 여유 증대
④ 수용가의 전기 요금 절감

KEYWORD 075 배전 선로 보호 방식

(1) 보호 장치의 종류
① 22.9[kV-Y] 다중 접지 계통에서는 선로의 적절한 위치에 사고를 구분, 차단할 수 있는 선로 보호 장치를 설치하고 이들과 변전소 차단기 간에 보호 협조가 이루어지도록 한다.
② 리클로저: 차단기가 내장되어 고장 전류 차단 능력이 있는 자동 재폐로 차단기를 말한다.
③ 섹셔널라이저: 고장 전류 차단 능력이 없는 개폐 장치로, 직렬로 리클로저와 함께 사용해야 한다.
④ 라인 퓨즈: 고장 전류를 차단할 수 있으며 재투입이 불가능하다.

(2) 배전 선로 보호 장치의 배열 순서
리클로저(R/C) – 섹셔널라이저(S/E) – 라인 퓨즈(F) 순으로 설치한다.

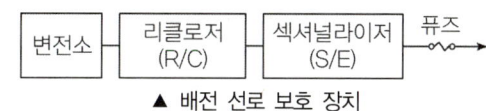

▲ 배전 선로 보호 장치

03 전기자기학

KEYWORD 076 벡터

(1) 벡터의 정의

① 스칼라와 벡터의 차이점
  ㉠ 스칼라(Scalar): 크기(양)만을 가지는 것
    무게 10[kg], 길이 100[m], 전압 220[V], 전류 10[A] 등
  ㉡ 벡터(Vector): 크기뿐만 아니라 방향도 가지고 있는 것
    전계, 속도, 가속도, 힘, 자계 등

② 벡터의 표현 방법 및 벡터의 도시 방법
  ㉠ 벡터의 표현 방법
    스칼라 A와 구분하기 위하여 특이한 표시를 한다.
    $\dot{A} = \vec{A} = \hat{A} = \boldsymbol{A}$
  ㉡ 벡터의 성분 표시
    $\dot{A} = A a_A$ 에서
    $A(=|A|)$: 크기, a_A: 방향(단위 벡터)

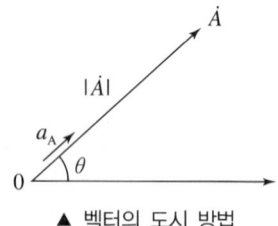

▲ 벡터의 도시 방법

③ 직각 좌표계
  ㉠ x, y, z축이 각각 서로 90°를 이루면서 공간 좌표를 표현하는 좌표계 해석 방법을 말한다.
  ㉡ 단위 벡터(Unit Vector): 크기가 1이므로 어떤 양이나 값에 곱하더라도 원래의 크기나 양에는 변화를 주지 않으면서 단지 방향만을 제시해 주는 벡터
  ㉢ 방향 벡터의 표현 방법

x축	y축	z축
a_x 또는 i	a_y 또는 j	a_z 또는 k

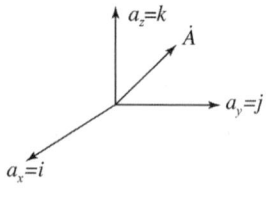

▲ 직각 좌표계

  ㉣ 벡터의 직각 좌표 표현의 예
    $\dot{A} = A_x a_x + A_y a_y + A_z a_z$ 또는 $\dot{A} = A_x i + A_y j + A_z k$
    (단, A_x, A_y, A_z는 $\dot{A}$의 x, y, z 각 방향으로의 크기)

④ 벡터의 크기 계산 방법
  ㉠ 벡터 $\dot{A} = A_x i + A_y j + A_z k$의 크기는 다음과 같이 계산한다.
  ㉡ 벡터의 크기 $|\dot{A}|$ 또는 A
  $$|\dot{A}| = A = \sqrt{A_x^2 + A_y^2 + A_z^2}$$

⑤ 단위 벡터 구하는 방법
  ㉠ 다음과 같이 벡터를 벡터의 크기로 나누면 된다.
  $$\dot{A} = |\dot{A}| a_A \Rightarrow a_A = \frac{\dot{A}}{|\dot{A}|}$$
  ㉡ $\dot{A} = A_x i + A_y j + A_z k$의 단위 벡터
  $$a_A = \frac{\dot{A}}{|\dot{A}|} = \frac{A_x i + A_y j + A_z k}{\sqrt{A_x^2 + A_y^2 + A_z^2}}$$

(2) 벡터의 덧셈 및 뺄셈

① 두 벡터($\dot{A}$, $\dot{B}$)가 주어졌을 때 두 벡터의 덧셈이나 뺄셈은 같은 성분끼리만 계산한다.

② 벡터의 덧셈
$$\dot{A} + \dot{B} = (A_x + B_x)i + (A_y + B_y)j + (A_z + B_z)k$$

③ 벡터의 뺄셈
$$\dot{A} - \dot{B} = (A_x - B_x)i + (A_y - B_y)j + (A_z - B_z)k$$

(3) 벡터의 곱셈

① 내적
  ㉠ 두 벡터의 사이 각 안으로 곱하는 계산 방법이다.
  ㉡ 특정 방향으로의 성분 크기나 두 벡터 사이의 각도를 구할 때 주로 사용한다.
  ㉢ 내적의 계산식
  $$\dot{A} \cdot \dot{B} = |\dot{A}||\dot{B}|\cos\theta$$
  $$\left(\therefore \cos\theta = \frac{\dot{A} \cdot \dot{B}}{|\dot{A}||\dot{B}|}\right)$$

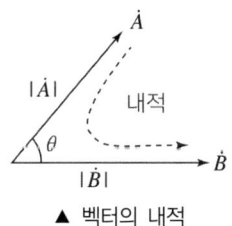

▲ 벡터의 내적

  ㉣ 내적의 성질
  위 내적 계산식에서 $\cos 0° = 1$, $\cos 90° = 0$이므로
  $$\begin{cases} i \cdot i = 1 \\ j \cdot j = 1 \\ k \cdot k = 1 \end{cases}, \begin{cases} i \cdot j = 0 \\ j \cdot k = 0 \\ k \cdot i = 0 \end{cases}$$

② 외적
  ㉠ 두 벡터의 사이 각 바깥으로 곱하는 계산 방법이다.
  ㉡ 두 벡터가 이루는 면적이나 두 벡터가 형성하는 에너지를 계산할 때 주로 사용한다.
  ㉢ 외적의 계산식(크기)
  $$\dot{A} \times \dot{B} = |\dot{A}||\dot{B}|\sin\theta$$
  ㉣ 외적의 성질
  $$\begin{cases} i \times i = 0 \\ j \times j = 0 \\ k \times k = 0 \end{cases}, \begin{cases} i \times j = k \\ j \times k = i \\ k \times i = j \end{cases}, \begin{cases} j \times i = -k \\ k \times j = -i \\ i \times k = -j \end{cases}$$

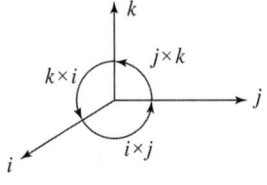
▲ 벡터의 외적

(4) 벡터의 미분

① 벡터의 미분 연산자 ∇
  ㉠ 벡터를 미분하기 위한 편미분 계산식을 미분 연산자라고 한다.
  ㉡ 미분 연산자 표현 방법
  $$\nabla = \frac{\partial}{\partial x}i + \frac{\partial}{\partial y}j + \frac{\partial}{\partial z}k$$

② 스칼라의 구배(기울기) $grad$
  ㉠ 어떤 스칼라 양의 기울기를 구하기 위하여 스칼라를 벡터로 변환하는 데 쓰인다.
  ㉡ 스칼라 A의 구배
  $$grad\,A = \nabla A = \left(\frac{\partial}{\partial x}i + \frac{\partial}{\partial y}j + \frac{\partial}{\partial z}k\right)A = \frac{\partial A}{\partial x}i + \frac{\partial A}{\partial y}j + \frac{\partial A}{\partial z}k$$

③ 벡터의 발산 div
  ㉠ 어떤 임의의 벡터가 외부로 발산되어 나가는 성질을 구할 때 사용되는 미분법이다.
  ㉡ $div\,\dot{A}$ 계산 방법
  $$div\,\dot{A} = \nabla \cdot \dot{A} = \left(\frac{\partial}{\partial x}i + \frac{\partial}{\partial y}j + \frac{\partial}{\partial z}k\right) \cdot (A_x i + A_y j + A_z k)$$
  $$= \frac{\partial A_x}{\partial x} + \frac{\partial A_y}{\partial y} + \frac{\partial A_z}{\partial z}$$

④ 벡터의 회전 rot, $curl$
  ㉠ 어떤 임의의 벡터가 임의의 경로를 회전할 때 많이 사용되는 미분법이다.
  ㉡ $rot\,\dot{A}$ 계산 방법
  $$rot\,\dot{A} = curl\,\dot{A} = \nabla \times \dot{A} = \left(\frac{\partial}{\partial x}i + \frac{\partial}{\partial y}j + \frac{\partial}{\partial z}k\right) \times (A_x i + A_y j + A_z k)$$
  $$= \begin{vmatrix} i & j & k \\ \frac{\partial}{\partial x} & \frac{\partial}{\partial y} & \frac{\partial}{\partial z} \\ A_x & A_y & A_z \end{vmatrix} = \left(\frac{\partial A_z}{\partial y} - \frac{\partial A_y}{\partial z}\right)i + \left(\frac{\partial A_x}{\partial z} - \frac{\partial A_z}{\partial x}\right)j + \left(\frac{\partial A_y}{\partial x} - \frac{\partial A_x}{\partial y}\right)k$$

(5) 벡터의 적분

① 스토크스의 정리(Stokes' Theorem)
  ㉠ 선 적분을 면적 적분으로 변환할 때 사용하는 적분법이다.
  ㉡ 선을 회전시키면 면적을 구할 수 있다는 원리를 적용한 것이다.
  ㉢ 선 적분을 면적 적분으로 변환하는 공식

  $$\oint_l A \cdot dl = \int_s rot A \cdot ds = \int_s curl \dot{A} \cdot d\dot{s}$$

  (단, $\oint_l dl$: 폐경로 선 적분, $\int_s d\dot{s}$: 면적 적분)

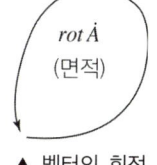

▲ 벡터의 회전

② 가우스의 발산 정리(Divergence Theorem)
  ㉠ 면적 적분을 체적 적분으로 변환할 때 사용하는 적분법이다.
  ㉡ 면적에서 에너지를 외부로 발산시키면 체적을 구할 수 있다는 원리를 적용한 것이다.
  ㉢ 면적 적분을 체적 적분으로 변환하는 공식

  $$\int_s \dot{A} \cdot d\dot{s} = \int_v div \dot{A} \cdot dv$$

  (단, $\int_s d\dot{s}$: 면적 적분, $\int_v dv$: 체적 적분)

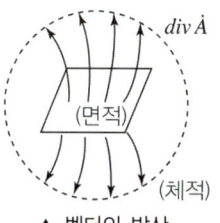

▲ 벡터의 발산

KEYWORD 077 정전계

(1) 정전계의 정의
  ① 정전계는 전계 에너지가 최소로 되는 상태로, 가장 안정된 상태이다.
  ② 전기 에너지를 가지고 있는 공간에서 정지하고 있거나 에너지 변화가 없는 물체에 대한 전기적 에너지와 전계 에너지 등을 해석할 수 있다.

(2) 전하(Q[C])
  ① 외부 에너지에 의하여 대전된 전기를 전하라고 한다.
  ② 기호는 Q로 표기하고 단위는 [C](쿨롱)을 사용한다.

(3) 진공(공기)의 유전율

① 유전율: 유전체에 전기장을 가하면 전기분극 현상이 발생하여 유전체 내에서 전기장이 작아지는데 이때 전기장이 감소하는 정도를 말한다. 유전율이 높을수록 분극이 잘 일어난다.
② 진공(공기)의 유전율은 기호는 ε_0를, 단위는 [F/m]를 사용한다.
③ 진공(공기)의 유전율 값(절대 유전율, 공기의 유전율을 측정한 결과)

$$\varepsilon_0 = 8.854 \times 10^{-12} = \frac{1}{36\pi} \times 10^{-9} [\text{F/m}]$$

(4) 정전력(F[N])

① 정전계에서 전기적 에너지를 지닌 두 물체 사이에는 전기적인 힘이 작용하는데, 이러한 힘을 정전력이라고 한다.
② 힘의 기호는 보통 F를 사용하고, 단위는 [N](뉴턴)을 사용한다.

(5) 쿨롱의 법칙

임의의 공간에 두 물체를 적당한 간격 r[m]만큼 떨어뜨려 놓고 두 물체에 전하 Q[C]를 가하면 두 물체 간에는 어떤 힘(정전력)이 작용한다는 사실을 전기학자 쿨롱(Coulomb)이 발견하였다.

(6) 정전력의 성질

같은 극성의 전기(⊕와 ⊕, ⊖와 ⊖)끼리는 반발력이, 반대 극성의 전기(⊕와 ⊖)끼리는 흡인력이 발생한다.

(a) 같은 극성의 전기   (b) 반대 극성의 전기
▲ 정전력의 성질

(7) 쿨롱의 힘

진공 중에서 서로 다른 두 전하(Q_1[C], Q_2[C])에 의해 발생하는 반발력이나 흡인력은 다음과 같이 구한다.

▲ 쿨롱의 힘

$$F = \frac{Q_1 Q_2}{4\pi\varepsilon_0 r^2} = 9 \times 10^9 \times \frac{Q_1 Q_2}{r^2} [\text{N}]$$

KEYWORD 078 전계와 전속

(1) 전계의 세기

① 정의: 임의의 공간에 전하 Q[C]에서 거리 r[m]만큼 떨어진 곳에 단위 정전하(+1[C])를 놓았을 때 작용하는 힘을 그 점에서의 전계의 세기라 한다.
② 전계의 세기는 기호로 E를 사용하고, 단위는 [N/C] 또는 [V/m]를 사용한다.
③ 전계의 세기는 쿨롱의 힘을 구하는 식을 똑같이 사용하여 구한다.

$$E = \frac{F}{Q} = \frac{Q \times 1}{4\pi\varepsilon_0 r^2} = 9 \times 10^9 \times \frac{Q}{r^2} \text{ [V/m]}$$

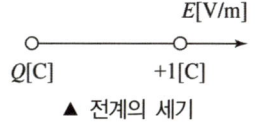

▲ 전계의 세기

(2) 전기력선

① 정의: 도체에 전하를 가할 때 물체에 작용하는 정전력을 가상으로 그린 선

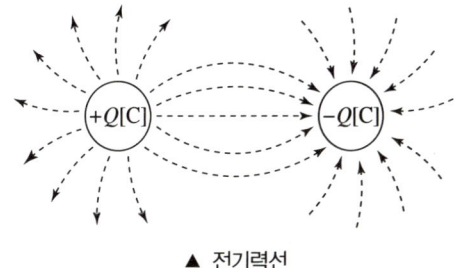

▲ 전기력선

② 전기력선의 성질
  ㉠ 전기력선은 반드시 정(+)전하에서 나와서 부(−)전하로 들어간다.
  ㉡ 전기력선은 반드시 도체 표면에 수직으로 출입한다.
  ㉢ 전기력선끼리는 서로 반발력이 작용하여 교차할 수 없다.
  ㉣ 도체에 주어진 전하는 도체 표면에만 분포한다.(도체 내부에는 전하가 없어 전기력선이 존재하지 않는다.)
  ㉤ 전기력선은 그 자신만으로는 폐곡선을 이룰 수 없다.
  ㉥ 전기력선의 방향은 그 점에서의 전계의 방향과 일치한다.
  ㉦ 전기력선의 밀도는 전계의 세기에 비례한다.
  ㉧ 전기력선은 등전위면과 수직이다.
  ㉨ 전기력선은 전위가 높은 곳에서 낮은 곳으로 향한다.
  ㉩ Q[C]의 전하에서 나오는 전기력선의 개수는 $\frac{Q}{\varepsilon_0}$개이다.

③ 전기력선의 방정식: x, y, z축으로 나오는 전기력선 표현 방정식

$$\frac{dx}{E_x} = \frac{dy}{E_y} = \frac{dz}{E_z}$$

(단, E_x, E_y, E_z: 각 방향의 전계 세기, dx, dy, dz: 각 방향의 미소 거리)

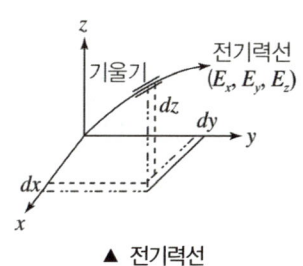

▲ 전기력선

(3) 전속(ψ[C])

① 전속의 정의: 전기력선의 묶음을 전속이라고 하며, 전속은 임의의 폐곡면 내에 존재하는 전하량 Q[C]만큼 존재한다. 전속의 기호는 ψ를 사용하며, 단위는 [C](쿨롱)을 사용한다.

② 전속의 성질: 전속은 어떤 유전체 내에서든 $\psi = Q$[C]으로, 매질 상수(유전율)와는 관계없다.

(4) 전속 밀도(D[C/m²])

① 전속 밀도의 정의

　㉠ 전속의 밀도로서 단위 면적당 전속의 수를 말한다.

　㉡ 전속 밀도의 기호는 D를 사용하며, 단위는 [C/m²]을 사용한다.

② 전속선은 반지름 r[m]를 갖는 구 표면을 통해 사방으로 퍼져 나간다.

　전속 밀도 $D = \dfrac{\psi}{S} = \dfrac{Q}{S} = \dfrac{Q}{4\pi r^2}$[C/m²]

　즉 전속 밀도는 매질 상수(유전율)와는 관계가 없다.

③ $D = \varepsilon_0 E$[C/m²]

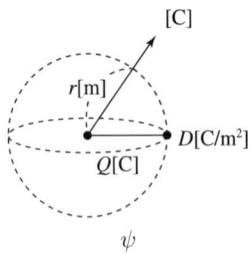

▲ 전속 밀도와 전속선

KEYWORD 079 가우스(Gauss)의 정리

(1) 가우스의 정리의 의미

① 임의의 폐곡면 S를 관통하는 전기력선의 총 수는 그 폐곡면 내에 존재하는 전하량 Q[C]의 $\dfrac{1}{\varepsilon_0}$배와 같다.

② 임의의 점에서 전기력선의 발산량은 그 점에서의 체적 전하밀도 ρ_v[C/m³]의 $\dfrac{1}{\varepsilon_0}$배와 같다.

(2) 가우스의 정리 공식

① 전기력선의 수: $N = \oint_s \dot{E} \cdot d\dot{s} = \dfrac{Q}{\varepsilon_0}$ (적분형), $div\,\dot{E} = \dfrac{\rho_v}{\varepsilon_0}$ (미분형)

② 전속선의 수: $\psi = \oint_s \dot{D} \cdot d\dot{s} = Q = \varepsilon_0 N$ (적분형), $div\,\dot{D} = \rho_v$ (미분형)

③ 전기력선의 수는 유전율에 반비례한다.

④ 전속선의 수는 유전율과 무관하다.

KEYWORD 080　도체 모양에 따른 전계의 세기

(1) **도체 모양에 따른 전하(전기량)의 종류**

① 점(구) 도체　　② 직선 도체　　③ 면 도체　　④ 미소 체적을 갖는 도체

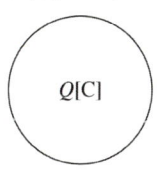
▲ 점(구)전하

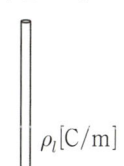
▲ 선 전하 밀도

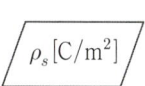
▲ 면 전하 밀도

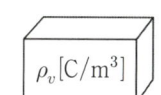
▲ 체적 전하 밀도

(2) **도체 모양에 따른 전계의 세기**

① 원형 도체 중심에서 직각으로 $r[\mathrm{m}]$만큼 떨어진 지점

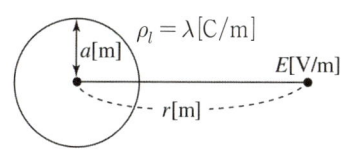

$$E = \frac{\rho_l a r}{2\varepsilon_0 (a^2 + r^2)^{\frac{3}{2}}} [\mathrm{V/m}]$$

(단, ρ_l 또는 λ: 선 전하 밀도[C/m])

② 무한장 직선 도체

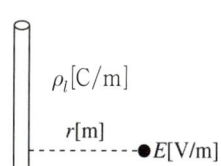

$$E = \frac{\rho_l}{2\pi\varepsilon_0 r} [\mathrm{V/m}]$$

(단, ρ_l 또는 λ: 선 전하 밀도[C/m])

③ 무한 평면 도체

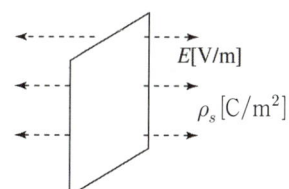

$$E = \frac{\rho_s}{2\varepsilon_0} [\mathrm{V/m}]$$

(단, ρ_s 또는 σ: 면 전하 밀도[C/m²])

④ 2개의 무한 평면 도체 내부

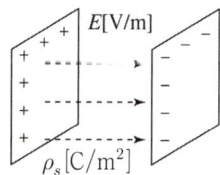

$$E = \frac{\rho_s}{\varepsilon_0} [\mathrm{V/m}]$$

(단, ρ_s 또는 σ: 면 전하 밀도[C/m²])

⑤ 임의 모양의 도체

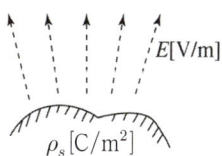

$$E = \frac{\rho_s}{\varepsilon_0} [\mathrm{V/m}]$$

(단, ρ_s 또는 σ: 면 전하 밀도[C/m²])

⑥ 구 도체
  ㉠ 도체 내부에서의 전계($r_1 < a$)

$$E_1 = 0$$
  (실제: 도체 내부에는 전하가 없다.)
$$E_1 = \frac{Qr_1}{4\pi\varepsilon_0 a^3}[\text{V/m}]$$
  (가정: 도체 내부에 전하가 고르게 분포)

  ㉡ 도체 표면에서의 전계($r_1 = a$)

$$E_2 = \frac{Q}{4\pi\varepsilon_0 a^2}[\text{V/m}]$$

  ㉢ 도체 외부에서의 전계($r_2 > a$)

$$E_3 = \frac{Q}{4\pi\varepsilon_0 r_2^2}[\text{V/m}]$$

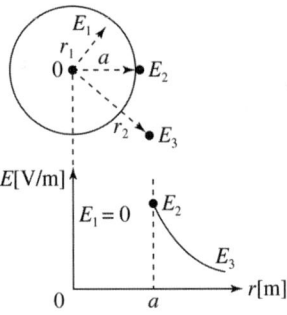

(a) 도체 내부에 전하가 없는 경우

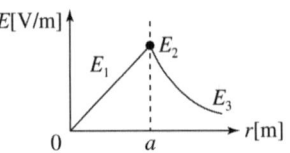

(b) 도체 내부에 전하가 있는 경우

▲ 구 도체의 전계

⑦ 원주 도체
  ㉠ 도체 내부에서의 전계($r_1 < a$)

$$E_1 = 0$$
  (실제: 도체 내부에는 전하가 없다.)
$$E_1 = \frac{\rho_l r_1}{2\pi\varepsilon_0 a^2}[\text{V/m}]$$
  (가정: 도체 내부에 전하가 고르게 분포)

  ㉡ 도체 표면에서의 전계($r_1 = a$)

$$E_2 = \frac{\rho_l}{2\pi\varepsilon_0 a}[\text{V/m}]$$

  ㉢ 도체 외부에서의 전계($r_2 > a$)

$$E_3 = \frac{\rho_l}{2\pi\varepsilon_0 r_2}[\text{V/m}]$$

  (단, ρ_l 또는 λ: 선 전하 밀도[C/m])

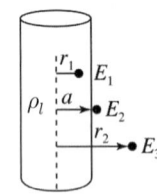

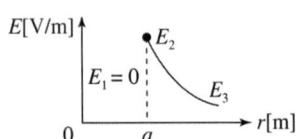

(a) 도체 내부에 전하가 없는 경우

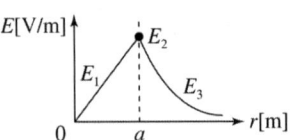

(b) 도체 내부에 전하가 있는 경우

▲ 원주(원통) 도체의 전계

KEYWORD 081   전위와 전위차

(1) **전위**($V[\mathrm{V}]$)

  ① 전위의 정의

    ㉠ 전계가 존재하는 공간에서 단위 정전하($+1[\mathrm{C}]$)를 무한하게 먼 곳($r = \infty[\mathrm{m}]$)에서부터 임의의 관측 지점까지 전계의 방향과 반대 방향으로 이동시키는 데 필요한 전기 에너지를 말한다.

    ㉡ 전위의 기호는 V를 사용하고, 단위는 $[\mathrm{V}]$(볼트)를 사용한다.

  ② 전위의 계산

    ㉠ 기본식

$$V = -\int_{\infty}^{r} E\, dr = \int_{r}^{\infty} E\, dr\, [\mathrm{V}]$$

    ㉡ 점(구) 전하로부터 $r[\mathrm{m}]$ 떨어진 위치의 전위

$$V = \int_{r}^{\infty} E\, dr = \left[-\frac{Q}{4\pi\varepsilon_0 r}\right]_{r}^{\infty} = \frac{Q}{4\pi\varepsilon_0 r} = E \cdot r\, [\mathrm{V}]$$

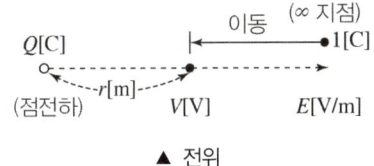

▲ 전위

(2) **전위차**

  ① 전위차의 정의

    ㉠ 어느 임의의 두 지점 A, B에서의 각각의 전위가 V_A, V_B일 때 이 두 지점 간의 전위차를 말한다.

    ㉡ 전위차의 기호는 V_{AB}를 사용하고, 단위는 $[\mathrm{V}]$(볼트)를 사용한다.

  ② 전위차의 계산

    ㉠ 기본식

$$V_{AB} = V_A - V_B = -\int_{B}^{A} E\, dr = \int_{A}^{B} E\, dr\, [\mathrm{V}]$$

    ㉡ 점(구) 전하에서 두 지점 A, B 간의 전위차

$$V = \int_{A}^{B} E\, dr = \frac{Q}{4\pi\varepsilon_0 r_1} - \frac{Q}{4\pi\varepsilon_0 r_2} = \frac{Q}{4\pi\varepsilon_0}\left(\frac{1}{r_1} - \frac{1}{r_2}\right)[\mathrm{V}]$$

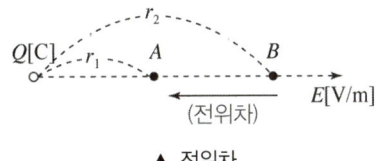

▲ 전위차

(3) 전위 경도(전위의 기울기)

① 전위 경도의 정의
　㉠ 어느 전계가 존재하는 공간에서 두 점 간의 전위차를 그 거리로 나눈 것을 말한다. 전위 경도의 크기는 전계의 세기와 같고 전위 경도의 방향은 전계와 반대 방향이다.
　㉡ 전위 경도의 기호는 $grad\,V$를 사용하고 단위는 [V/m]를 사용한다.

② 전위 경도의 계산
　㉠ 전위 경도와 전계는 크기는 같고 방향은 반대이다.
　㉡ 전위 경도 공식

$$\dot{E} = -grad\,V = -\nabla V = -\left(\frac{\partial}{\partial x}i + \frac{\partial}{\partial y}j + \frac{\partial}{\partial z}k\right)V$$

$$= -\frac{\partial V}{\partial x}i - \frac{\partial V}{\partial y}j - \frac{\partial V}{\partial z}k\;[\text{V/m}]$$

(4) 포아송 방정식

① 의미

체적 전하밀도 $\rho_v[\text{C/m}^3]$가 공간적으로 분포하고 있을 때 내부의 임의의 점에서 전위를 구하는 식이다.

② 포아송 방정식

$$div\,\dot{E} = div(-grad\,V) = -\nabla \cdot \nabla V = -\nabla^2 V = \frac{\rho_v}{\varepsilon_0}$$

$$\therefore \nabla^2 V = \frac{\partial^2 V}{\partial x^2} + \frac{\partial^2 V}{\partial y^2} + \frac{\partial^2 V}{\partial z^2} = -\frac{\rho_v}{\varepsilon_0}$$

(5) 라플라스 방정식

① 의미

전하가 존재하지 않는 곳에서의 전위는 0이다.

② 라플라스 방정식

$$\nabla^2 V = \frac{\partial^2 V}{\partial x^2} + \frac{\partial^2 V}{\partial y^2} + \frac{\partial^2 V}{\partial z^2} = 0$$

KEYWORD 082 전기 쌍극자 및 전기 이중층

(1) 전기 쌍극자

① 전기 쌍극자의 정의
    크기는 같고 부호가 반대인 두 점전하가 매우 근접하여 미소한 거리 $\delta[\text{m}]$만큼 떨어져 존재하는 상태인 물질
② 전기 쌍극자를 이루는 쌍극자 모멘트는 $M = Q\delta [\text{C} \cdot \text{m}]$로 나타낸다.

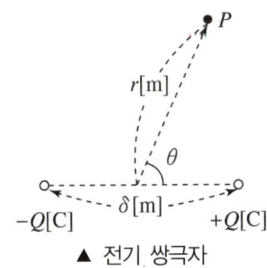

▲ 전기 쌍극자

③ 전기 쌍극자의 전계 세기 및 전위
  ㉠ 점 P에서의 전계
  $$E = \frac{M}{4\pi\varepsilon_0 r^3}\sqrt{1+3\cos^2\theta} \ [\text{V/m}]$$
  ㉡ 점 P에서의 전위
  $$V = \frac{M}{4\pi\varepsilon_0 r^2}\cos\theta \ [\text{V}]$$

  (단, δ : 두 점전하 간의 미소 거리[m],
   r : 쌍극자 중심에서 어느 임의의 지점 간의 거리[m],
   θ : 쌍극자 평행선과 임의의 지점이 이루는 각[°])

(2) 전기 이중층

① 전기 이중층
  ㉠ 정(+)전하와 부(−)전하가 매우 짧은 거리를 두고 마주 보면서 분포된 상태를 전기 이중층이라고 한다.
  ㉡ 전기 이중층의 세기는 $M = \rho_s \delta [\text{C/m}]$로 나타낸다.
② 전기 이중층의 전위
  $$V = \frac{M}{4\pi\varepsilon_0}\omega = \frac{M}{2\varepsilon_0}\left(1 - \frac{r}{\sqrt{a^2+r^2}}\right) [\text{V}]$$

  (단, ω : 입체각($\omega = 2\pi(1-\cos\theta)$)[sr], ρ_s : 면 전하 밀도[C/m²])

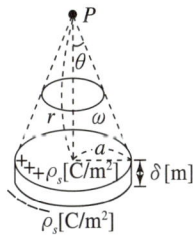

▲ 전기 이중층

KEYWORD 083 전위 계수, 용량 계수, 유도 계수

(1) **전위 계수**

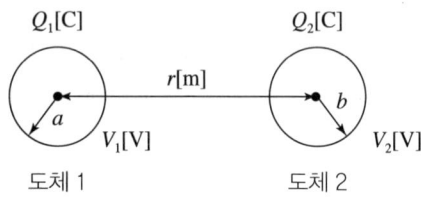

▲ 두 도체 구

① 전위 계수의 정의

두 도체구에서의 전위를 계산하면

$$V_1 = \frac{Q_1}{4\pi\varepsilon_0 a} + \frac{Q_2}{4\pi\varepsilon_0 r} = P_{11}Q_1 + P_{12}Q_2 [\text{V}]$$

$$V_2 = \frac{Q_1}{4\pi\varepsilon_0 r} + \frac{Q_2}{4\pi\varepsilon_0 b} = P_{21}Q_1 + P_{22}Q_2 [\text{V}]$$

위 식에서 $P_{11}, P_{12}, P_{21}, P_{22}$를 전위 계수라 한다.

② 전위 계수의 성질

㉠ $P_{11}, P_{22} > 0$

㉡ $P_{12}, P_{21} \geq 0$

㉢ $P_{12} = P_{21}$

㉣ $P_{11}, P_{22} \geq P_{12}, P_{21}$

(2) **용량 계수 및 유도 계수**

① 용량 계수와 유도 계수의 정의

전위 계수 식을 다시 정리하여 전하 Q에 대한 식으로 표현하면 다음과 같다.

$Q_1 = q_{11}V_1 + q_{12}V_2 [\text{C}]$

$Q_2 = q_{21}V_1 + q_{22}V_2 [\text{C}]$

위 식에서 q_{11}, q_{22}를 용량 계수, q_{12}, q_{21}을 유도 계수라 한다.

② 용량 계수와 유도 계수의 성질

㉠ $q_{11}, q_{22} > 0$

㉡ $q_{12}, q_{21} \leq 0$

㉢ $q_{12} = q_{21}$

㉣ $q_{11}, q_{22} \geq -q_{12}, -q_{21}$

KEYWORD 084 정전 용량

(1) 정전 용량의 정의
① 어느 매질(유전체)에 전위를 가하면 전기 에너지(전하)를 축적시키는 성질을 가진 소자를 콘덴서, 그 축적 능력을 정전 용량 또는 커패시턴스라고 한다.
② 기호는 C를 사용하고, 단위는 [F](패럿)을 사용한다.

(2) 정전 용량에 전하를 축적할 때의 전기량

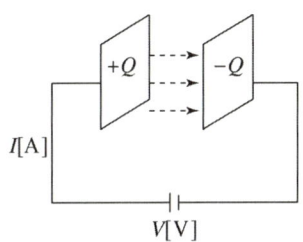

▲ 평행판 사이에 축적되는 전하량

① 전하 $Q = CV$ [C]
② 정전 용량 $C = \dfrac{Q}{V}$ [F]
③ 엘라스턴스(Elastance) $l = \dfrac{1}{C} = \dfrac{V}{Q}$ [1/F] (정전 용량의 역수)

(3) 정전 용량의 종류

구 도체	동심구 도체	평행판 도체	동심 원통 (동축 케이블)	평행 도선
표면 전위 $V = \dfrac{Q}{4\pi\varepsilon_0 a}$ [V]	전위차 $V = \dfrac{Q}{4\pi\varepsilon_0}\left(\dfrac{1}{a} - \dfrac{1}{b}\right)$ [V]	전위차 $V = \dfrac{\rho_s}{\varepsilon_0} d$ [V]	전위차 $V = \dfrac{\rho_l}{2\pi\varepsilon_0} \ln \dfrac{b}{a}$ [V]	두 도선 사이의 거리 $D \gg r$
정전 용량 $C = 4\pi\varepsilon_0 a$ [F]	정전 용량 $C = \dfrac{4\pi\varepsilon_0 ab}{b-a}$ [F]	정전 용량 $C = \dfrac{\varepsilon_0 S}{d}$ [F]	정전 용량 $C = \dfrac{2\pi\varepsilon_0 l}{\ln \dfrac{b}{a}}$ [F]	정전 용량 $C = \dfrac{\pi\varepsilon_0 l}{\ln \dfrac{D}{r}}$ [F]

(4) 정전 용량 회로의 계산 방법

구분	직렬 합성	병렬 합성
그림	$C_1[F]$ $C_2[F]$	$C_1[F]$ / $C_2[F]$
$C_1 = C_2$일 때 정전 용량	$C = \dfrac{C_1}{2} = \dfrac{C_2}{2}$ [F]	$C = 2C_1 = 2C_2$ [F]
$C_1 \neq C_2$일 때 정전 용량	$C = \dfrac{C_1 \times C_2}{C_1 + C_2}$ [F]	$C = C_1 + C_2$ [F]

① 정전 용량 전압 분배의 법칙(직렬 접속)

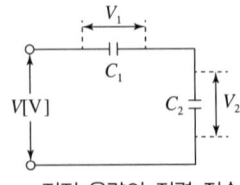

▲ 정전 용량의 직렬 접속

$$V = V_1 + V_2 = \left(\dfrac{1}{C_1} + \dfrac{1}{C_2}\right)Q$$

$$V_1 = \dfrac{C_2}{C_1 + C_2}V[V], \quad V_2 = \dfrac{C_1}{C_1 + C_2}V[V]$$

② 정전 용량 전하량 분배의 법칙(병렬 접속)

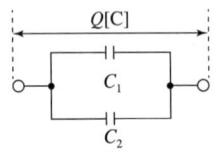

▲ 정전 용량의 병렬 접속

$$Q = Q_1 + Q_2 = (C_1 + C_2)V$$

$$Q_1 = \dfrac{C_1}{C_1 + C_2}Q[C], \quad Q_2 = \dfrac{C_2}{C_1 + C_2}Q[C]$$

정전 용량에서의 합성 방법이나 전압 분배의 법칙 및 전하량 분배의 법칙은 저항(R) 회로와는 정반대이다.

KEYWORD 085 저장 에너지

(1) 저장 에너지

① 어느 지점에서 다른 지점으로 전하가 이동하는 데 필요한 에너지
$$W = QV \, [\text{J}]$$

② 콘덴서에 저장되는 에너지
$$W = \frac{1}{2}CV^2 = \frac{1}{2}QV = \frac{Q^2}{2C} \, [\text{J}]$$

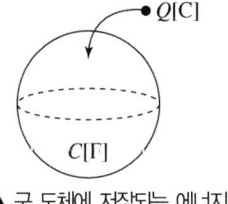

▲ 구 도체에 저장되는 에너지

(2) 콘덴서에 저장되는 에너지

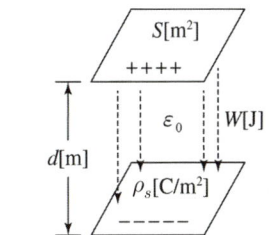

▲ 평행판 콘덴서 내에 축적되는 에너지

① 축적 에너지
$$W = \frac{1}{2}CV^2 = \frac{1}{2} \times \frac{\varepsilon_0 S}{d} \times \left(\frac{\rho_s}{\varepsilon_0}d\right)^2 = \frac{\rho_s^2}{2\varepsilon_0} v \, [\text{J}]$$

(단, v: 체적($v = Sd \, [\text{m}^3]$)

따라서 단위 체적당 축적되는 에너지 밀도는
$$w = \frac{W}{v} = \frac{\rho_s^2}{2\varepsilon_0} = \frac{D^2}{2\varepsilon_0} = \frac{1}{2}\varepsilon_0 E^2 = \frac{1}{2}ED \, [\text{J/m}^3]$$

② 정전 흡인력(단위 면적당 받는 힘)
평행판 콘덴서에 에너지가 축적될 때 (+)와 (−) 전하 밀도에 의해 평행판에 단위 면적당 발생하는 흡인력
$$f = \frac{D^2}{2\varepsilon_0} = \frac{1}{2}\varepsilon_0 E^2 = \frac{1}{2}ED \, [\text{N/m}^2]$$

KEYWORD 086 유전율

(1) **비유전율의 정의**

① 평행판 콘덴서의 정전 용량

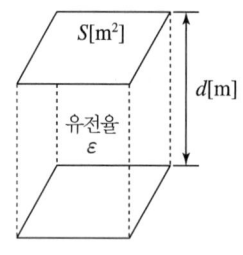
▲ 평행판 콘덴서

㉠ 공기 중에서의 정전 용량

$$C_0 = \frac{\varepsilon_0 S}{d} \, [\text{F}]$$

㉡ 유전체에서의 정전 용량

$$C = \frac{\varepsilon_0 \varepsilon_s S}{d} \, [\text{F}]$$

② 위 두 식에서 공기 중과 유전체 내의 정전 용량의 비(ε_s)를 비유전율이라고 한다.

$$\varepsilon_s = \frac{C}{C_0} = \frac{\dfrac{\varepsilon_0 \varepsilon_s S}{d}}{\dfrac{\varepsilon_0 S}{d}}$$

(2) **유전율**

① 진공 중의 유전율

$\varepsilon_0 = 8.854 \times 10^{-12} \, [\text{F/m}]$

② 진공의 유전율과 비유전율을 곱한 $\varepsilon_0 \varepsilon_s = \varepsilon \, [\text{F/m}]$를 유전체의 유전율이라고 한다.

(3) **비유전율의 성질**

① 비유전율은 물질의 종류에 따라 다르다.
   공기의 $\varepsilon_s \fallingdotseq 1$, 종이의 $\varepsilon_s = 2$, 고무의 $\varepsilon_s = 3$, 물의 $\varepsilon_s = 80$

② 비유전율은 1보다 작은 값이 없다(1보다 크거나 같다).

③ 비유전율은 단위가 없다.

$$\varepsilon_s = \frac{\varepsilon [\text{F/m}]}{\varepsilon_0 [\text{F/m}]}$$

KEYWORD 087 전기 분극

(1) 전기 분극의 정의
① 유전체에 전계가 인가될 때 원자핵은 전계 방향으로, 음전하인 전자 궤도는 전계 반대 방향으로 이동하여 원자핵의 중심과 전자운의 중심이 분리되는 현상이다.
② 핵과 전자의 위치 이동으로 극이 분리되는 것처럼 보인다.

(2) 분극의 종류
① 전자 분극: 다이아몬드와 같은 단결정체에서 외부 전계에 의해 양전하 중심인 핵의 위치와 음전하의 위치가 변화하는 분극이다.
② 이온 분극: 세라믹 화합물과 같은 이온 결합의 특성을 가진 물질에 전계를 가하면 (+), (−) 이온에 상대적 변위가 일어나 쌍극자를 유발하는 분극 현상이다.
③ 배향 분극: 물, 암모니아, 알콜 등 영구 자기 쌍극자를 가진 유극 분자들이 외부 전계와 같은 방향으로 움직이려는 성질이다.

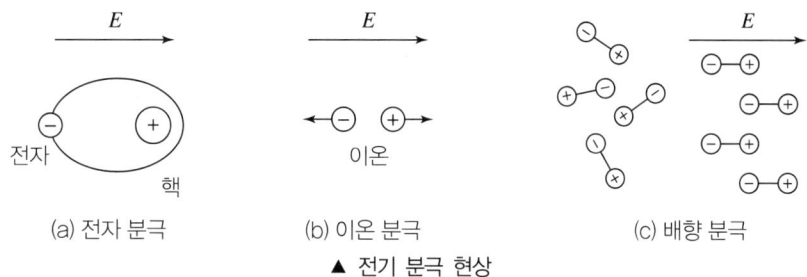

▲ 전기 분극 현상

(3) 분극의 세기
① 유전체에 전압을 가하여 분극을 일으켰을 때 유전체의 단위 체적당 모멘트를 분극의 세기라고 하며, 단위 체적 내 전하량과 전기 변위의 곱이다.
② 분극 세기의 기호는 P를 사용하고 단위는 $[C/m^2]$를 사용한다.
③ 유전체 내에서 분극의 세기를 고려할 때 변위장 D는
$$D = \varepsilon_0 E + P \ [C/m^2]$$
분극의 세기 P에 관해 정리하면
$$P = D - \varepsilon_0 E = \varepsilon_0 \varepsilon_s E - \varepsilon_0 E = \varepsilon_0 (\varepsilon_s - 1) E \ [C/m^2]$$
④ 위 식에서 분극률 $\chi = \varepsilon_0 (\varepsilon_s - 1)$, 비분극률 $\dfrac{\chi}{\varepsilon_0} = \chi_e = \varepsilon_s - 1$이라 하면
$$P = \varepsilon_0 (\varepsilon_s - 1) E = \chi E = \varepsilon_0 \chi_e E \ [C/m^2]$$

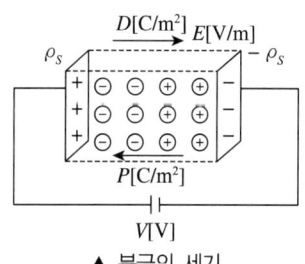

▲ 분극의 세기

KEYWORD 088 유전체에서의 콘덴서

(1) 유전체 내에서 정전 용량($C[\text{F}]$)

유전체 내에서의 정전 용량은 공기(진공) 중의 정전 용량에서 비유전율 ε_s를 곱한 값과 같다.

구분	동심구 도체	평행판 콘덴서	동심 원통	평행 도선
그림	(−Q[C], +Q[C], a, b)	(+Q[C], −Q[C], ε_s[F/m], S[m²], d[m])	(l[m], a, b)	(D, r, r, l[m])
정전 용량 C	$\dfrac{4\pi\varepsilon_0\varepsilon_s\, ab}{b-a}$ [F]	$\dfrac{\varepsilon_0\varepsilon_s S}{d}$ [F]	$\dfrac{2\pi\varepsilon_0\varepsilon_s l}{\ln\dfrac{b}{a}}$ [F]	$\dfrac{\pi\varepsilon_0\varepsilon_s l}{\ln\dfrac{D}{r}}$ [F]

(2) 정전 에너지($W[\text{J}]$)

① 유전체 내에서 콘덴서에 전하를 축적하는 데 필요한 에너지는 공기 중에서 필요한 에너지에 ε_s를 곱한 값과 같다.

② 정전 에너지 $W = \dfrac{1}{2}CV^2 = \dfrac{Q^2}{2C} = \dfrac{1}{2}QV\,[\text{J}]$

③ 유전체에 축적되는 단위 체적당 에너지 $w = \dfrac{1}{2}\varepsilon E^2 = \dfrac{1}{2}ED = \dfrac{D^2}{2\varepsilon}\,[\text{J/m}^3]$

KEYWORD 089 유전율이 다른 콘덴서의 접속

(1) 공기 콘덴서에 유전체 콘덴서를 병렬 삽입하는 경우

① 평행판 콘덴서에서 평행판 사이에 유전체를 수직으로 채우는 것이다.
② 그림처럼 평행판 콘덴서 2개가 병렬로 연결된 것과 같다.

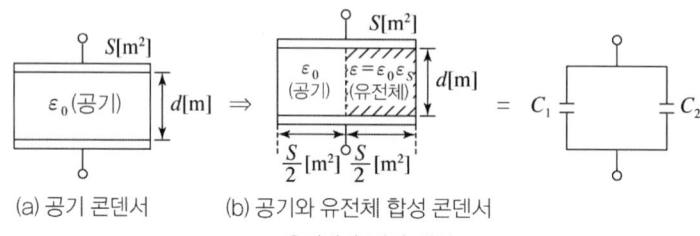

(a) 공기 콘덴서 (b) 공기와 유전체 합성 콘덴서
▲ 유전체의 병렬 삽입

③ 각각의 정전 용량을 구하면
　㉠ (a)와 같이 순수한 공기 콘덴서인 경우
　　$C_0 = \dfrac{\varepsilon_0 S}{d}$ [F]

　㉡ (b)와 같이 공기와 유전체 합성 콘덴서인 경우
　　$C = C_1 + C_2 = \dfrac{\varepsilon_0 \dfrac{S}{2}}{d} + \dfrac{\varepsilon_0 \varepsilon_s \dfrac{S}{2}}{d} = \dfrac{1}{2}C_0 + \dfrac{1}{2}\varepsilon_s C_0$
　　$= \dfrac{C_0}{2}(1+\varepsilon_s)$ [F]

(2) 공기 콘덴서에 유전체 콘덴서를 직렬 삽입하는 경우
① 평행판 콘덴서의 평행판 사이에 유전체를 수평으로 채우는 것이다.
② 그림처럼 평행판 콘덴서 2개가 직렬로 연결된 것과 같다.

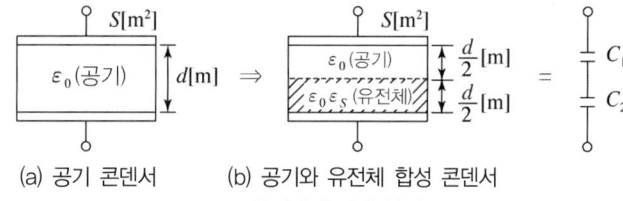

(a) 공기 콘덴서　　(b) 공기와 유전체 합성 콘덴서
▲ 유전체의 직렬 삽입

③ 각각의 정전 용량을 구하면
　㉠ (a)와 같이 순수한 공기 콘덴서인 경우
　　$C_0 = \dfrac{\varepsilon_0 S}{d}$ [F]

　㉡ (b)와 같이 공기와 유전체 합성 콘덴서인 경우
　　$C_1 = \dfrac{\varepsilon_0 S}{\dfrac{d}{2}} = 2C_0$, $C_2 = \dfrac{\varepsilon_0 \varepsilon_s S}{\dfrac{d}{2}} = 2\varepsilon_s C_0$
　　$C = \dfrac{C_1 \times C_2}{C_1 + C_2} = \dfrac{2C_0 \times 2\varepsilon_s C_0}{2C_0 + 2\varepsilon_s C_0} = \dfrac{2\varepsilon_s C_0}{1+\varepsilon_s}$ [F]

KEYWORD 090 유전체의 경계면 조건과 맥스웰 응력

(1) 유전체 경계면에서의 접선(수평) 성분
   ① 경계면에서 전계의 수평 성분이 같다(연속).
   ② 이를 식으로 표현하면 다음과 같다.
   $E_{1t} = E_{2t} \Rightarrow E_1 \sin\theta_1 = E_2 \sin\theta_2$
   ③ 전속 밀도의 접선 성분은 경계면에서 불연속적이다($D_{1t} \neq D_{2t}$).

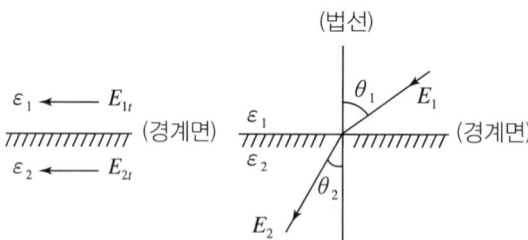

▲ 유전체 경계면에 수평인 전계의 세기

(2) 유전체 경계면에서의 법선(수직) 성분
   ① 경계면에서 전속 밀도의 수직 성분이 같다(연속).
   ② 이를 식으로 표현하면 다음과 같다.
   $D_{1n} = D_{2n} \Rightarrow D_1 \cos\theta_1 = D_2 \cos\theta_2$
   ③ 전계 세기의 법선 성분은 경계면에서 불연속적이다($E_{1n} \neq E_{2n}$).

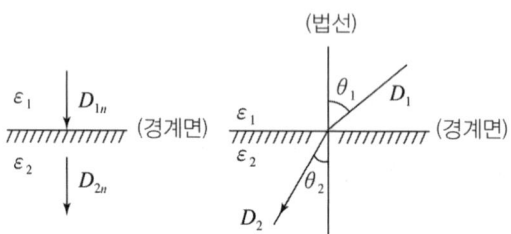

▲ 유전체 경계면에 수직인 전속 밀도

(3) 유전율과의 관계
   ① $\varepsilon_1 > \varepsilon_2$일 때 $\theta_1 > \theta_2$, $D_1 > D_2$, $E_1 < E_2$이다.
   ② $\dfrac{\varepsilon_1}{\varepsilon_2} = \dfrac{\tan\theta_1}{\tan\theta_2}$

(4) 경계면에 작용하는 힘(맥스웰 응력)

① 힘의 크기

$$f = \frac{D^2}{2\varepsilon} = \frac{1}{2}\varepsilon E^2 = \frac{1}{2}ED \, [\text{N/m}^2]$$

② 경계면에 작용하는 힘은 유전율이 큰 쪽에서 작은 쪽으로 작용한다.

(5) 전계가 경계면에 수평으로 입사하는 경우($\varepsilon_1 > \varepsilon_2$)

① 경계면에 생기는 각각의 힘 f_1과 f_2는 압축력(흡인력)으로 작용한다.
② 압축력의 크기를 구하는 방법(전계 이용)

$$f = f_1 - f_2$$
$$= \frac{1}{2}(\varepsilon_1 - \varepsilon_2)E^2 \, [\text{N/m}^2]$$

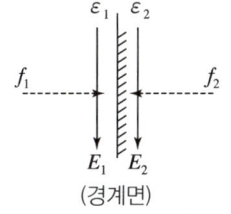

▲ 경계면에 수평 입사하는 전계

(6) 전계가 경계면에 수직으로 입사하는 경우($\varepsilon_1 > \varepsilon_2$)

① 경계면에 생기는 각각의 힘 f_1과 f_2는 인장력(반발력)으로 작용한다.
② 인장력의 크기를 구하는 방법(전속 밀도 이용)

$$f = f_2 - f_1$$
$$= \frac{1}{2}\left(\frac{1}{\varepsilon_2} - \frac{1}{\varepsilon_1}\right)D^2 \, [\text{N/m}^2]$$

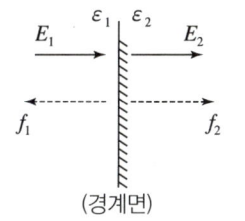

▲ 경계면에 수직 입사하는 전계

KEYWORD 091 전기 영상법

(1) 전기 영상법의 원리

① 쿨롱의 힘
  ㉠ 두 점전하 사이에 작용하는 전기적 힘
  ㉡ 쿨롱의 힘을 구하기 위해서는 반드시 2개의 전하가 존재해야 한다.

$$F = \frac{Q_1 Q_2}{4\pi\varepsilon_0 r^2} \, [\text{N}] = 9 \times 10^9 \times \frac{Q_1 Q_2}{r^2} \, [\text{N}]$$

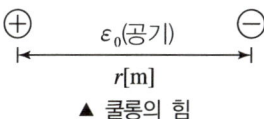

▲ 쿨롱의 힘

② 전기 영상법
전기 영상법은 전하가 1개만 존재하여 쿨롱의 힘을 직접 구하지 못하는 경우에 임의의 가상 전하(영상 전하)를 놓고 해석하는 특수한 기법이다. 이때 영상 전하는 실제 전하와 반대 극성이다.

(2) 전기 영상법의 종류
① 점전하와 평면 도체
  ㉠ 실제 전하와 평면 도체 간 거리 $a[\mathrm{m}]$만큼 떨어진 반대편에 영상 전하를 둔다.
  ㉡ 영상 전하의 크기는 실제 전하와 같고 부호는 반대이다.

▲ 점전하와 평면 도체의 전기 영상법 적용 방법

  ㉢ 전기 영상법으로 점전하와 평면 도체 간의 쿨롱의 힘을 계산하면 다음과 같다.

$$F = \frac{Q_1 Q_2}{4\pi\varepsilon_0 r^2} = \frac{Q \times (-Q)}{4\pi\varepsilon_0 (2a)^2} = -\frac{Q^2}{16\pi\varepsilon_0 a^2}\ [\mathrm{N}]$$

  ㉣ 무한 평면 도체 전하 밀도

   무한 평면 도체의 최대 전하 밀도 $|\sigma_{\max}|$는 $|\sigma_{\max}| = \dfrac{Q}{2\pi d^2}[\mathrm{C/m^2}]$이다.

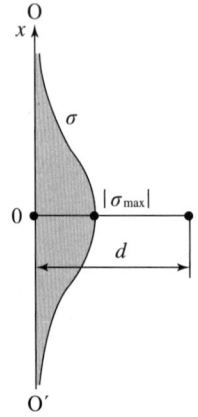

▲ 무한 평면 도체 전하 밀도

② 직선 전하와 평면 도체
  ㉠ 실제 직선 전하와 평면 도체 간 거리 $h[\text{m}]$만큼 떨어진 반대편에 영상 직선 전하를 둔다.
  ㉡ 영상 직선 전하의 크기는 실제 전하와 같고 부호는 반대이다.

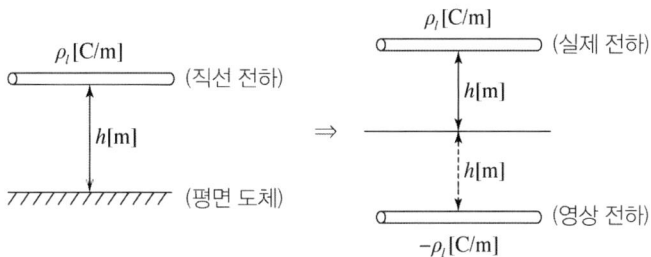

▲ 직선 전하와 평면 도체의 전기 영상법 적용 방법

  ㉢ 전기 영상법을 적용한 직선 전하와 평면 도체 간의 단위 길이당 쿨롱의 힘

$$F = QE = -\rho_l \times \frac{\rho_l}{2\pi\varepsilon_0 r} = -\rho_l \times \frac{\rho_l}{2\pi\varepsilon_0(2h)} = -\frac{\rho_l^2}{4\pi\varepsilon_0 h} \,[\text{N/m}]$$

③ 점전하와 접지구 도체
  ㉠ 접지구 도체 내에 접지구 도체 중심에서 임의의 지점 $x[\text{m}]$만큼 떨어진 곳에 영상 전하가 위치한다.
  ㉡ 영상 전하의 크기는 실제 점전하 $Q[\text{C}]$의 크기와는 다른 $Q'[\text{C}]$으로 가정한다.

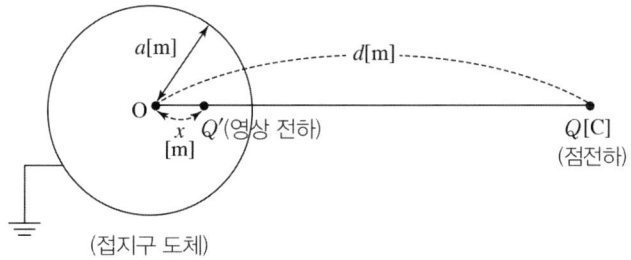

▲ 점전하와 구 도체의 전기 영상법 적용 방법

  ㉢ 영상 전하의 위치 및 크기

  • 영상 전하의 위치 $x = \dfrac{a^2}{d}[\text{m}]$

  • 영상 전하의 크기 $Q' = -\dfrac{a}{d}Q[\text{C}]$

  ㉣ 쿨롱의 힘

$$F = \frac{Q_1 Q_2}{4\pi\varepsilon_0 r^2} = \frac{Q \times \left(-\dfrac{a}{d}Q\right)}{4\pi\varepsilon_0(d-x)^2} = -\frac{a}{d} \times \frac{Q^2}{4\pi\varepsilon_0\left(d-\dfrac{a^2}{d}\right)^2}\,[\text{N}]$$

KEYWORD 092 전류

(1) 전하량($Q[C]$)

① 임의의 단면적을 지나가는 전하의 총량을 전하량이라고 한다.
② 전하량의 기호는 Q를 사용하고, 단위는 $[C]$(쿨롱)을 사용한다.
③ 1[C]은 1[A]의 전류가 1초 동안 흐를 때의 전하량이 된다.
④ 전하량 $Q = It\,[A \cdot sec] = Ne\,[C]$
 (단, N: 이동한 전자의 개수, e: 전자 1개의 전하량[C])

(2) 전류와 전류 밀도

① 전류($I[A]$)
 ㉠ 단위 시간당(1초) 임의의 단면적을 통과한 전하량의 크기를 전류라고 한다.
 ㉡ 전류의 기호는 I를 사용하고, 단위는 $[A]$(암페어)를 사용한다.
 ㉢ 전류는 $I = \dfrac{Q}{t} = \dfrac{Ne}{t}\,[A]$

② 전류 밀도($i\,[A/m^2]$): 단위 면적당 전류의 비를 의미한다.

$$i = \frac{\text{전류}}{\text{단면적}} = \frac{I}{S} = env\,[A/m^2]$$

(단, v: 전자의 이동 속도[m/s], n: 단위 체적당 전자의 개수[개/m³])

(3) 전류의 키르히호프 법칙

① 정의: 임의의 도체 단면에 들어오는 전류의 총합은 나가는 전류의 총합과 같다는 법칙이다.
② 전류의 연속성을 의미한다.
③ 전류의 키르히호프 법칙

$$\sum I = \int_s i \cdot ds = \int_v div\,i \cdot dv = 0$$

즉, $div\,i = 0$이므로 단위 체적당 전류의 발산은 없다.

KEYWORD 093　저항

(1) 고유 저항($\rho[\Omega \cdot m]$)

① 고유 저항의 정의: 전선이나 도체를 구성하면서 그 물질 자체의 고유한 특성으로 인해 전류의 흐름을 방해하는 요소를 말한다.

② 고유 저항의 기호는 ρ를 사용하고, 단위는 $[\Omega \cdot m]$를 사용한다.

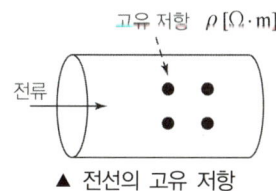

▲ 전선의 고유 저항

(2) 전기 저항($R[\Omega]$)

① 전선의 고유 저항, 전선의 단면적 $S[m^2]$, 전선의 길이 $l[m]$을 감안한 전선의 실제 저항을 말한다.

② 전기 저항의 기호는 R을 사용하고, 단위는 $[\Omega]$을 사용한다.

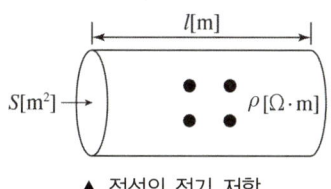

▲ 전선의 전기 저항

③ 전선의 전기 저항은 다음과 같이 구한다.

$$R = \rho \frac{l}{S} = \frac{l}{kS} [\Omega]$$

(단, k: 도전율$[\mho/m]$로, 고유 저항 ρ의 역수를 의미한다.)

(3) 컨덕턴스($G[\mho]$)

① 전기 저항 $R[\Omega]$의 역수로, 전기가 잘 통하는 정도를 말한다.

② 컨덕턴스의 기호는 G를 사용하고, 단위는 mho$[\mho]$를 사용한다.

$G = \dfrac{1}{R} [\mho]$

(4) 온도 변화에 따른 저항값

① 일반적으로 전선 주변의 온도가 올라가면 이에 비례하여 전선의 저항값도 증가한다. 이는 온도가 올라가면 도체 내부의 분자 운동이 활발해져서 전하의 흐름을 방해하기 때문이다.

② 온도 변화에 따른 저항값

$$R_t = R_0 \{1 + \alpha(t_2 - t_1)\} \, [\Omega]$$

(단, R_t: 새로운 저항값$[\Omega]$, R_0: 온도 변화 전의 원래의 저항값$[\Omega]$,
α: $t_1[°C]$에서 도체의 고유한 온도 계수,
t_1, t_2: 변화 전과 후의 전선의 온도$[°C]$)

(5) 합성 온도 계수(α)

저항값과 온도 계수값이 다른 두 도체를 직렬로 접속하였을 때의 합성 온도 계수는 다음과 같이 구할 수 있다.

▲ 합성 온도 계수

$$\alpha = \frac{\alpha_1 R_1 + \alpha_2 R_2}{R_1 + R_2}$$

KEYWORD 094 접지 저항(R)과 정전 용량(C)의 관계

(1) 접지 저항과 접지극에 작용하는 정전 용량

전류가 접지극을 통해 대지로 흘러들어가므로 그에 작용하는 저항 R과 접지극 표면의 전하로 인해 작용하는 정전 용량 C가 존재한다.

① 접지 저항 R의 크기

$$R = \rho \frac{d}{S} \, [\Omega]$$

② 접지극에 작용하는 정전 용량 C의 크기

$$C = \frac{Q}{V} = \frac{Q}{Ed} = \frac{Q}{d\frac{Q}{\varepsilon S}} = \frac{\varepsilon S}{d} \, [F]$$

($\because$ 도체 표면의 전계 $E = \frac{Q}{\varepsilon S}[V/m]$)

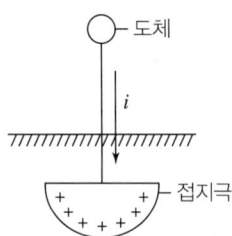

▲ 접지 저항과 정전 용량

(2) 접지 저항과 접지극에 작용하는 정전 용량의 관계

$$R \times C = \rho \frac{d}{S} \times \frac{\varepsilon S}{d} = \varepsilon \rho$$

(3) 접지극에 흐르는 누설전류

$$I = \frac{V}{R} = \frac{V}{\frac{\varepsilon \rho}{C}} = \frac{CV}{\varepsilon \rho}[\text{A}]$$

KEYWORD 095 열전 효과

(1) 열전 효과의 정의
① 어떠한 폐회로에서 열과 전기의 상관관계를 나타낸 것이다.
② 즉, 어떤 폐회로에 온도 차가 생기면 전기가 발생하고 전기를 가하면 온도 차가 발생하는 현상이다.

(2) 열전 효과의 종류

제벡(Seebeck) 효과	펠티에(Peltier) 효과	톰슨(Thomson) 효과
▲ 제벡 효과	▲ 펠티에 효과	▲ 톰슨 효과
가장 기본적인 열전 효과	제벡 효과의 역효과 현상	동일한 금속 사이에 발생하는 현상
서로 다른 금속체를 접합하여 폐회로를 만들고 두 접합점에 온도 차를 두면 폐회로에서 기전력이 발생한다.	서로 다른 금속체를 접합하여 폐회로를 만들고 전류를 흘리면 접합점에서 열이 발생하거나 흡수된다.	동일한 금속 도선의 두 점 사이에 온도 차를 두고 전류를 흘렸을 때, 열이 발생하거나 흡수된다.

KEYWORD 096   특수한 전기 현상

(1) 초전(Pyro) 효과
① 어떤 특수한 물질을 가열하거나 냉각하면 전기 분극이 발생하는 현상이다.
② 로셸염이나 수정 등에서 이러한 현상이 발생한다.

(2) 압전 효과
① 유전체 결정에 기계적 변형을 가하면 결정 표면에 양·음의 전하가 발생하여 대전되는 현상이다.
② 반대로 이 결정을 전계 내에 놓으면 결정에 기계적 변형이 생기기도 한다.

(3) 홀(Hall) 효과
전류가 흐르는 도체에 자계를 가하면 플레밍의 왼손 법칙에 의하여 도체 측면에 전위차가 발생하는 현상이다.

(4) 핀치 효과
① 액체 상태의 도체에 직류(DC) 전류를 가하면 로렌츠의 힘에 따른 압축력으로 액체 도체가 수축하는 현상이다.
② 이로 인해 표피 효과와는 반대로 도체 중심 쪽으로 전류가 집중되어 흐른다.

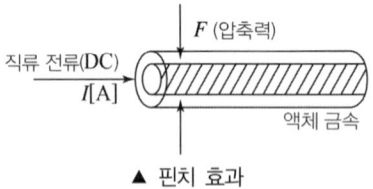

▲ 핀치 효과

(5) 스트레치 효과(Stretch Effect)
전류와 자계 사이의 효과를 이용한 것으로, 자유로이 구부릴 수 있는 도선으로 직사각형을 만들고 전류를 흘려주면 반발력이 작용하여 직사각형 도선이 원 형태를 이루는 현상이다.

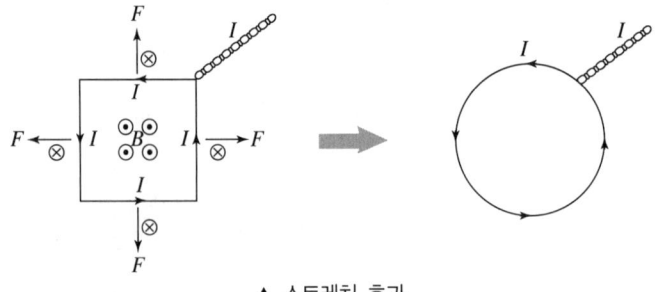

▲ 스트레치 효과

KEYWORD 097 정자계

(1) 정자계의 쿨롱의 법칙
어느 임의의 공간에 두 점자하를 간격 $r[\text{m}]$만큼 떨어뜨려 놓으면 두 자하 간에는 자기적인 힘이 발생한다.

(2) 정자계의 쿨롱의 힘
이 쿨롱의 힘은 같은 자하($+m[\text{Wb}]$와 $+m[\text{Wb}]$)끼리는 반발력이, 서로 다른 자하($+m[\text{Wb}]$와 $-m[\text{Wb}]$)끼리는 흡인력이 발생하는 성질이 있다.

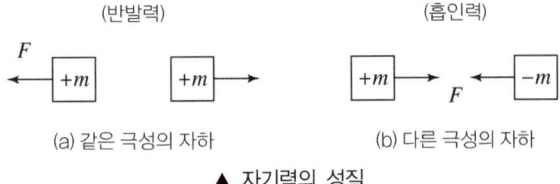

▲ 자기력의 성질

(3) 정자계에서 쿨롱의 힘을 구하는 식
두 자하가 만드는 반발력이나 흡인력은 다음과 같이 구한다.

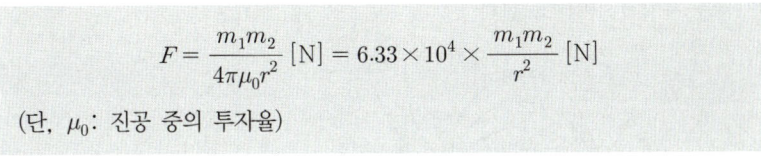

(단, μ_0: 진공 중의 투자율)

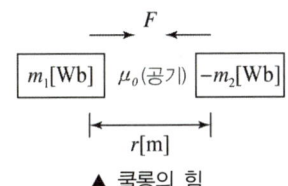

▲ 쿨롱의 힘

(4) 투자율($\mu[\text{H/m}]$)
① 투자율: 매질에 따른 자성 특성의 차이를 설명하는 값으로, 자계에 의한 자속을 유도하는 능력을 의미한다.
② 투자율의 값
  ㉠ 진공(공기)에서 투자율
  $\mu_0 = 4\pi \times 10^{-7}[\text{H/m}]$
  ㉡ 매질에 따른 투자율
  $\mu = \mu_0 \mu_s [\text{H/m}]$
  ㉢ 비투자율: 매질에서의 투자율과 진공에서의 투자율의 비로 다음과 같이 표현할 수 있다.
  $\mu_s = \dfrac{\mu}{\mu_0}$

(5) 자계의 세기

① 정의: 임의의 공간에 자하 $m[\text{Wb}]$에서 거리 $r[\text{m}]$만큼 떨어진 곳에 단위 정(+)자하(+1[Wb])를 놓았을 때 작용하는 힘을 그 점에서의 자계의 세기라고 한다.

② 자계의 세기의 기호는 H를 사용하고, 단위는 [A/m] 또는 [AT/m]를 사용한다.
([AT]: 암페어턴(Ampere turns))

$$H = \frac{F}{m} = \frac{m}{4\pi\mu_0 r^2} = 6.33 \times 10^4 \times \frac{m}{r^2} [\text{A/m}]$$

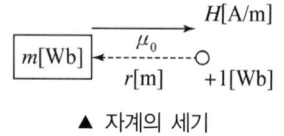

▲ 자계의 세기

KEYWORD 098 자기력선과 자속

(1) 자기력선의 정의

쿨롱의 법칙을 통해 어떤 자성체에 자하를 가할 때 그 자성체에는 자기력이 작용함을 알 수 있다. 이때 자성체에 작용하는 자기력을 가상으로 그린 선을 자기력선이라고 한다.

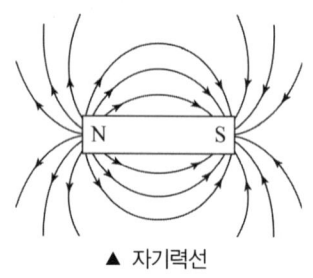

▲ 자기력선

(2) 자기력선의 성질

① 자기력선은 반드시 정(+)자하(N극)에서 나와서 부(-)자하(S극)로 들어간다.
② 자기력선은 반드시 자성체 표면에 수직으로 출입한다.
③ 자기력선끼리는 서로 반발력이 작용하여 교차할 수 없다.
④ 자기력선의 방향은 그 점에서의 자계의 방향과 일치한다.
⑤ 자기력선의 밀도는 자계의 세기와 같다.
⑥ 자기력선은 등자위면과 수직이다.
  (자위: 전위와 쌍대되는 개념으로 전류[A]와 같다.)
⑦ $m[\text{Wb}]$의 자하에서 나오는 자기력선의 개수는 $\frac{m}{\mu_0}$개다.

(3) **자속(ϕ[Wb])**
   ① 정의: 자기력선의 묶음을 자속이라고 하며, 임의의 폐곡면 내에 존재하는 자하량 m[Wb]만큼 존재한다.
   ② 자속의 기호는 ϕ를 사용하고, 단위는 [Wb](웨버)를 사용한다.
   ③ 성질: 자속은 어떤 자성체 내에서든 $\phi = m$[Wb]로서 매질 상수(투자율)와는 관계없다.

(4) **자속 밀도(B[Wb/m²])**
   ① 자속 밀도(B)의 정의
      ㉠ 자속의 밀도로, 단위 면적당 자속의 수를 말한다.
      ㉡ 자속 밀도의 기호는 B를 사용하고, 단위는 [Wb/m²] 또는 [T](테슬라)를 사용한다.
   ② 자속선은 반지름 r[m]를 갖는 구 표면을 통하여 사방으로 퍼져 나간다.
   $$B = \frac{\phi}{S} = \frac{m}{S} = \frac{m}{4\pi r^2}[\text{Wb/m}^2]$$
   즉 자속 밀도는 주위 매질 상수(투자율)와 관계가 없다.
   ③ 자속 밀도와 자계의 세기의 관계
   $$B = \mu_0 H [\text{Wb/m}^2]$$

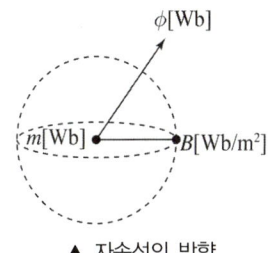

▲ 자속선의 방향

KEYWORD 099 자위

(1) **자위의 정의(U[A])**
   ① 임의의 자계가 존재하는 공간에서 단위 정자하($+1$[Wb])를 무한하게 먼 곳($r = \infty$[m])에서부터 임의의 관측 지점까지 자계의 방향과 반대 방향으로 이동시키는 데 필요한 자계 에너지를 말한다.
   ② 자위의 기호는 U를 사용하고, 단위는 [A](암페어)를 사용한다.

(2) **자위 구하는 공식**
   ① 기본식
   $$U = -\int_{\infty}^{r} H\,dr = \int_{r}^{\infty} H\,dr\,[\text{A}]$$
   ② 점(구) 자하의 자위
   $$U = \int_{r}^{\infty} H\,dr = \left[-\frac{m}{4\pi\mu_0 r}\right]_{r}^{\infty}$$
   $$= \frac{m}{4\pi\mu_0 r} = H \cdot r\,[\text{A}]$$

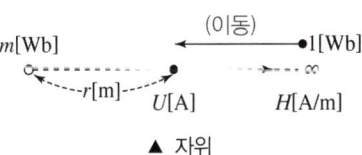

▲ 자위

KEYWORD 100   자기 쌍극자 및 자기 이중층

(1) **자기 쌍극자(소자석)**

① 자기 쌍극자: 크기는 같고 부호가 반대인 두 점자하가 매우 근접하여 미소 거리 $l[\text{m}]$만큼 떨어져 존재하는 상태인 물질

② 자기 쌍극자를 이루는 자기 쌍극자 모멘트는 $M = ml\,[\text{Wb}\cdot\text{m}]$로 나타낸다.

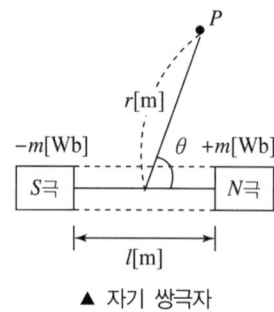

▲ 자기 쌍극자

③ 자기 쌍극자의 자계 세기 및 자위

  ㉠ 자계의 세기 $H = \dfrac{M}{4\pi\mu_0 r^3}\sqrt{1+3\cos^2\theta}\ [\text{A/m}]$

  ㉡ 자위 $U = \dfrac{M}{4\pi\mu_0 r^2}\cos\theta\ [\text{A}]$

  (단, l: 두 점자하 간의 미소 거리[m], r: 쌍극자 중심에서 어느 임의의 지점 간의 거리[m],
    θ: 쌍극자 평행선과 임의의 지점이 이루는 각[°])

(2) **자기 이중층(판자석)**

① 자기 이중층의 정의: 정(+)자하와 부(−)자하가 매우 짧은 거리를 두고 마주 보면서 분포한 상태이다.

② 자기 이중층의 세기는 $M = \sigma_s \delta\,[\text{Wb/m}]$로 나타낸다(단, σ_s: 면자하 밀도[Wb/m^2]).

③ 자기 이중층의 자위

$U = \dfrac{M}{4\pi\mu_0}\omega$

$= \dfrac{M}{2\mu_0}\left(1 - \dfrac{r}{\sqrt{a^2+r^2}}\right)[\text{A}]$

(단, ω: 입체각, $\omega = 2\pi(1-\cos\theta)[\text{sr}]$, σ_s: 면자하 밀도[Wb/m^2])

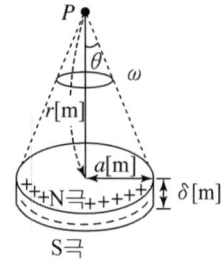

▲ 자기 이중층

KEYWORD 101 막대자석

(1) 막대자석의 회전력(토크)
① 자계의 세기 $H[\text{AT/m}]$인 공간에 자극의 세기가 $m[\text{Wb}]$이고 길이가 $l[\text{m}]$인 막대자석을 자계 방향과 θ의 각을 이루도록 놓으면 막대자석에 회전력(토크)이 작용하게 된다.

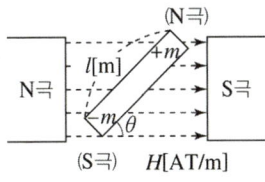

▲ 막대자석의 회전력

② 회전력의 크기

$$T = |\dot{M} \times \dot{H}| = MH\sin\theta$$
$$= mlH\sin\theta \, [\text{N} \cdot \text{m}]$$

(단, M: 자기 모멘트$[\text{Wb} \cdot \text{m}]$ $(M = ml)$)

(2) 막대자석을 회전시키는 데 필요한 에너지
① 막대자석을 회전시키는 데 필요한 회전력은 회전에 필요한 총 토크량과 같다.
② 막대자석을 회전시키는 데 필요한 에너지

$$W = \int_0^\theta T \, d\theta = \int_0^\theta MH\sin\theta \, d\theta$$
$$= MH(1-\cos\theta) \, [\text{J}]$$

KEYWORD 102 전도 전류와 변위 전류

(1) **전도 전류(Conductive Current)**
  ① 전도 전류의 정의: 도체에서 전자의 이동으로 인해 발생하는 전류를 말한다.
  ② 전도 전류 관계식
    ㉠ 전류의 방향: 통상 정전하 Q[C]의 이동 방향을 정방향으로 정한다.
      $$I = \frac{dQ}{dt} \text{ [A]}$$
    ㉡ 옴의 법칙에 의한 전도 전류 계산식
      $$I_c = \frac{V}{R} = \frac{El}{\rho \frac{l}{S}} = \frac{ES}{\rho} = kES \text{ [A]}$$

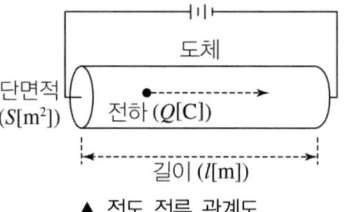
▲ 전도 전류 관계도

   ㉢ 전도 전류 밀도
   $$i_c = \frac{kES}{S} = kE [\text{A/m}^2]$$
   (단, k: 도전율[℧/m], V: 전위[V], E: 전계[V/m])

  ③ 전도 전류에 영향을 미치는 요소
    ㉠ 도체 중에 전계가 가해져 전위차가 생기면 전하의 이동이 일어나 전류가 발생한다.
    ㉡ 전도 전류는 도체의 재질(k), 단면적(S), 길이(l)에 따라 달라진다.

(2) **변위 전류(Displacement Current)**
  ① 변위 전류의 정의: 콘덴서와 같은 유전체 내에서 전기적인 변위에 의해 발생되는 전류를 말한다.
  ② 변위 전류 관계식
    ㉠ 변위 전류 $I_d = C\frac{dV}{dt}$ [A]
    ㉡ 변위 전류 밀도
   $$i_d = \frac{I_d}{S} = \frac{1}{S} \cdot C\frac{dV}{dt} = \frac{1}{S} \cdot \frac{\varepsilon S}{d} \frac{\partial}{\partial t}(Ed) = \varepsilon \frac{\partial E}{\partial t} = \frac{\partial D}{\partial t} \text{ [A/m}^2\text{]}$$
   (단, E: 전계[V/m], D: 전속 밀도[C/m²], ε: 유전체 내의 유전율[F/m])

▲ 변위 전류 관계도

  ③ 변위 전류에 영향을 미치는 요소
    ㉠ 전속 밀도(D), 전계(E), 전압(V)의 시간적 변화에 의해 발생한다.
    ㉡ 변위 전류는 정전 용량의 크기(C), 전압(V)의 변화율에 따라 달라진다.

KEYWORD 103　맥스웰 방정식

(1) 맥스웰의 제1 기본 방정식
① 앙페르의 주회 적분 법칙에서 유도된 방정식이다.
② 전도 전류 및 변위 전류는 회전하는 자계를 형성시킨다.
③ 전류와 자계의 연속성 관계를 나타내는 방정식이다.

$$rot\dot{H} = \dot{i}_c + \dot{i}_d = k\dot{E} + \frac{\partial \dot{D}}{\partial t}$$

(단, $\dot{i}_c = k\dot{E}$: 전도 전류 밀도, $\dot{i}_d = \frac{\partial \dot{D}}{\partial t} = \varepsilon \frac{\partial \dot{E}}{\partial t}$: 변위 전류 밀도)

(2) 맥스웰의 제2 기본 방정식
① 패러데이의 전자 유도 법칙에서 유도된 방정식이다.
② 자속 밀도의 시간적 변화는 전계를 회전시키고 유기 기전력을 발생시킨다.

$$rot\dot{E} = -\frac{\partial \dot{B}}{\partial t} = -\mu \frac{\partial \dot{H}}{\partial t}$$

(3) 맥스웰의 제3 방정식(정전계의 가우스 미분형)
① 정전계의 가우스의 정리(법칙)에서 유도된 방정식이다.
② 임의의 폐곡면 속 전하의 전속선은 발산한다.

$$div\dot{D} = \rho$$

(단, ρ : 체적 전하 밀도[C/m^3])

(4) 맥스웰의 제4 방정식(정자계의 가우스 미분형)
① 정자계의 가우스의 정리(법칙)에서 유도된 방정식이다.
② 외부로 발산하는 자속은 없다(자속은 연속적이다).
③ 따라서 고립된 N극 또는 S극만으로 이루어진 자석은 만들 수 없다.

$$div\dot{B} = 0$$

KEYWORD 104 전자파

(1) 전자파의 정의
① 전계파: 공간에 전계가 전파되어 나가는 파동 현상이다.
② 자계파: 공간에 자계가 전파되어 나가는 파동 현상이다.
③ 전자파란 전계파와 자계파를 합쳐서 부르는 합성어이다.

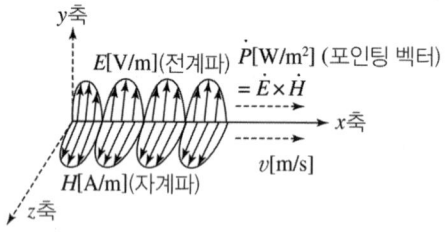

▲ 전자파

(2) 전자파의 성질
① 전자파는 앞의 그림에서 x축 방향으로 진행하여 전파된다.
② 전계 성분은 y축 방향으로 존재한다.
③ 자계 성분은 z축 방향으로 존재한다.
④ 전자파 진행 방향의 전계 및 자계 성분은 없다.
⑤ 전계파와 자계파가 이루는 각도는 직각(90°)이다.
⑥ 전계파와 자계파의 위상은 0°이다(동위상).
⑦ 전계파와 자계파는 똑같은 매질 내에서 똑같은 거리를 진행하므로, 전계파에 의한 전계 에너지(W_E)와 자계파에 의한 자계 에너지(W_H)는 서로 같다.

(3) 전자파 관계식 정리
① 전자파의 고유(파동) 임피던스

$$\eta = \frac{E}{H} = \sqrt{\frac{\mu}{\varepsilon}} = \sqrt{\frac{\mu_0 \mu_s}{\varepsilon_0 \varepsilon_s}} = 377\sqrt{\frac{\mu_s}{\varepsilon_s}}\ [\Omega]$$

(공기에서의 고유 임피던스 $\eta = \sqrt{\frac{\mu_0}{\varepsilon_0}} = 377[\Omega]$)

② 전자파의 전파 속도

$$v = \frac{\omega}{\beta} = \frac{1}{\sqrt{\varepsilon\mu}} = \frac{1}{\sqrt{\varepsilon_0\mu_0 \times \varepsilon_s\mu_s}} = 3\times 10^8 \times \frac{1}{\sqrt{\varepsilon_s\mu_s}}\ [\text{m/s}]$$

③ 파장(전자파의 길이)

$$\lambda = \frac{v}{f} = \frac{1}{f} \times \frac{1}{\sqrt{\varepsilon\mu}} = \frac{1}{f\sqrt{\varepsilon_0\mu_0 \times \varepsilon_s\mu_s}} = 3 \times 10^8 \times \frac{1}{f\sqrt{\varepsilon_s\mu_s}} \text{ [m]}$$

④ 포인팅 벡터(전자파의 단위 면적당 에너지)

$$P = |\dot{E} \times \dot{H}| = EH\sin\theta = EH \text{ [W/m}^2\text{]}$$

(∵ 전계와 자계가 이루는 각도는 직각이므로 $\sin\theta = \sin90° = 1$)

(4) 전파 정수

① 전파 정수의 의미

전송로를 통과하는 전파가 주파수에 의존하는 매질에서 손실(감쇠) 및 위상 변동을 겪는 현상을 설명하기 위한 개념이다.

② 전파 정수의 기본 관계식

투자율, 도전율, 유전율과 관계된 전파 정수의 기본 관계식은 다음과 같다.

$$\gamma^2 = j\omega\mu(\sigma + j\omega\varepsilon) \rightarrow \gamma = \sqrt{j\omega\mu(\sigma + j\omega\varepsilon)} = \alpha + j\beta$$

(단, α: 감쇠 정수, β: 위상 정수)

KEYWORD 105 앙페르의 법칙

(1) 앙페르의 오른손(오른나사) 법칙

① 전류에 의한 자계의 방향을 결정하는 법칙이다.
② 도체에 전류가 흐를 때 엄지손가락이 전류의 방향을 향하게 하고 나머지 네 손가락을 감싸 쥐면 자계는 네 손가락의 방향과 같은 방향으로 발생한다.

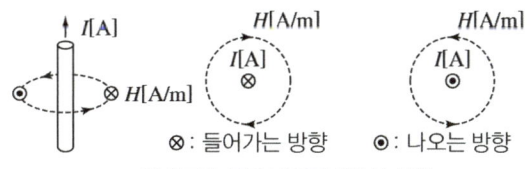

▲ 앙페르의 오른손(오른나사)의 법칙

(2) 앙페르의 주회 적분 법칙

① 전류에 의한 자계의 크기를 구하는 법칙이다.

② 자계를 자계 경로에 따라 일주 적분한 값은 폐회로에 흐르는 전류의 총합과 같다.

$$\oint_l \dot{H} \cdot dl = \sum NI$$

(단, H: 자계의 세기[A/m], dl: 자계의 미소 경로[m], N: 코일의 권선수 [Turn], I: 도체(코일)에 흐르는 전류[A])

③ 앙페르의 주회 적분 법칙을 적용하여 직선 도체에 흐르는 전류 I[A]에 의해 도체로부터 r[m] 떨어진 지점의 자계의 세기를 구하면 다음과 같다.

$$\oint_l \dot{H} \cdot dl = Hl = H \times 2\pi r = NI$$

$$\therefore H = \frac{NI}{2\pi r} \text{[AT/m]}$$

▲ 앙페르의 주회 적분 법칙

KEYWORD 106 　비오 – 사바르의 법칙

(1) 비오 – 사바르의 법칙

① 전류에 의한 자계의 세기를 구하는 모든 경우에 적용할 수 있는 일반적인 식이다.

② 앙페르의 주회 적분 법칙에 의해 자계의 세기를 구할 때는 무한장 도선의 대칭성 자계에 한정되는 경우가 많아, 비오(Biot)와 사바르(Savart)가 실험으로 유도하여 세운 식이다.

(2) 비오 – 사바르의 법칙에 의한 자계의 세기 계산

그림과 같이 도선에 I[A]의 전류를 흘릴 때 도선의 미소 부분 dl에서 r[m] 떨어진 점 P에서 dl에 의한 자계의 세기 dH는 다음과 같이 나타낼 수 있다.

$$d\dot{H} = \frac{Idl \sin\theta}{4\pi r^2} \text{[AT/m]}$$

(단, θ: 전류의 방향과 r이 이루는 각)

자계의 방향은 점 P와 dl로 이루어지는 평면에 수직이며 앙페르의 오른나사 법칙에 따른다.

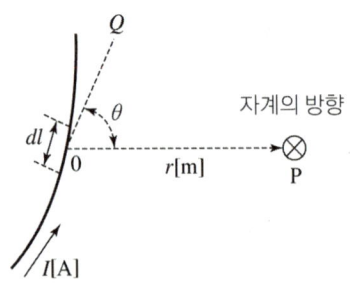

▲ 비오–사바르의 법칙

KEYWORD 107 모양에 따른 자계의 세기

(1) 원형 코일 중심에서 직각으로 $r[\text{m}]$ 떨어진 지점의 자계

$$H = \frac{a^2 NI}{2(a^2+r^2)^{\frac{3}{2}}} [\text{AT/m}]$$

(단, N: 코일의 권선수[Turn])

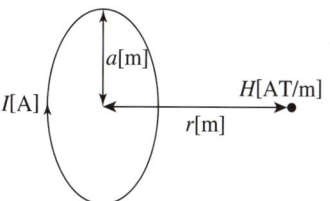

▲ 원형 코일 중심에 수직인 지점

(2) 원형 코일 중심에서의 자계

$$H = \frac{NI}{2a} [\text{AT/m}]$$

(단, N: 코일의 권선수[Turn])

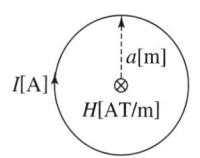

▲ 원형 코일 중심

(3) 원주 도체(원통 도체)에서의 자계

- 내부: $H_1 = \dfrac{r_1 I}{2\pi a^2} [\text{A/m}] (r_1 < a)$

- 표면: $H_2 = \dfrac{I}{2\pi a} [\text{A/m}] (r_1 = a)$

- 외부: $H_3 = \dfrac{I}{2\pi r_2} [\text{A/m}] (r_2 > a)$

(단, 전선에 표피 효과가 발생하여 전류가 도체 표면에만 흐를 경우 내부 자계는 $H=0$이다.)

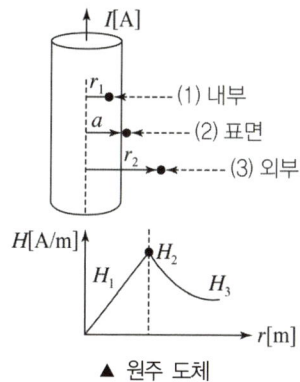

▲ 원주 도체

(4) 유한상 식선 전류에 의한 자계

$$H = \frac{I}{4\pi r}(\sin\theta_1 + \sin\theta_2)$$
$$= \frac{I}{4\pi r}(\cos\alpha_1 + \cos\alpha_2)[\text{A/m}]$$

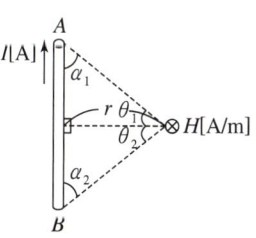

▲ 유한장 직선 도체

(5) 한 변의 길이가 $l[\mathrm{m}]$일 때 정n각형에 의한 내부 중심에서의 자계

$$H = \frac{nI}{\pi l} \sin\frac{\pi}{n} \tan\frac{\pi}{n} \,[\mathrm{AT/m}]$$

구분	정삼각형	정사각형	정육각형
그림	(정삼각형 그림, $I[\mathrm{A}]$, $l[\mathrm{m}]$, $H[\mathrm{AT/m}]$)	(정사각형 그림, $I[\mathrm{A}]$, $l[\mathrm{m}]$, $H[\mathrm{AT/m}]$)	(정육각형 그림, $I[\mathrm{A}]$, $l[\mathrm{m}]$, $H[\mathrm{AT/m}]$)
자계의 세기	$H = \dfrac{9I}{2\pi l}\,[\mathrm{AT/m}]$	$H = \dfrac{2\sqrt{2}\,I}{\pi l}\,[\mathrm{AT/m}]$	$H = \dfrac{\sqrt{3}\,I}{\pi l}\,[\mathrm{AT/m}]$

KEYWORD 108 솔레노이드에 의한 자계의 세기

(1) 환상 솔레노이드

① 철심 내부의 자계(평등 자장)

$$H = \frac{NI}{l} = \frac{NI}{2\pi a}\,[\mathrm{AT/m}]$$

(단, l: 평균 길이[m], a: 평균 반지름[m])

② 철심 외부의 자계 $H_i = 0$

(즉, 솔레노이드는 누설 자속이 없다.)

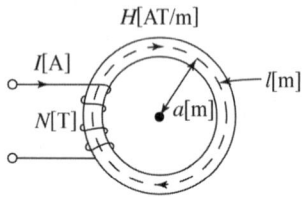

▲ 환상 솔레노이드에서의 자계

(2) 무한장 솔레노이드

① 철심 내부의 자계(평등 자장)

$$H = \frac{NI}{l} = nI\,[\mathrm{AT/m}]$$

(단, N: 코일의 감은 횟수[Turn],
n: 단위길이당 감은 횟수[Turn/m])

② 철심 외부의 자계 $H_i = 0$

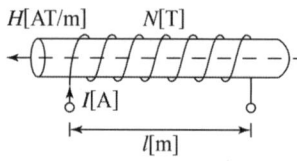

▲ 무한장 솔레노이드에서의 자계

KEYWORD 109 플레밍의 왼손 법칙

(1) 플레밍의 왼손 법칙의 정의

① 어느 자계 H[A/m] 속 길이 l[m]인 도체에 전류 I[A]를 흘려 주면 이 도체에 전자력(힘) F[N]이 발생한다. 이때 힘의 방향은 그림과 같이 구할 수 있다.

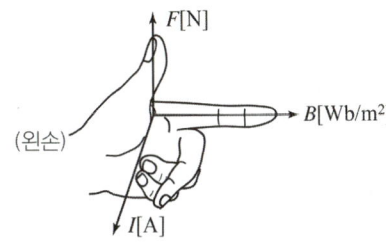

▲ 플레밍의 왼손 법칙

② 전기기기에서 전동기의 원리가 된다.
③ 플레밍의 왼손 법칙에서 각 손가락의 의미
  ㉠ 엄지: 힘(F[N])
  ㉡ 검지: 자속 밀도(B[Wb/m²])
  ㉢ 중지: 전류(I[A])

(2) 플레밍의 힘

$$F = I|\dot{l} \times \dot{B}| = BIl\sin\theta \text{[N]}$$

(단, θ: 도체와 자계(자속 밀도)가 이루는 각도[°], l: 도체의 길이[m])

(3) 평행 도선 사이에 작용하는 힘

간격이 d[m]만큼 떨어진 두 평행 도선에 각각 전류 I_1, I_2를 흘리면 두 도체에서 발생하는 자계에 의해 힘이 작용한다. 또한, 이 두 도선에는 전류의 방향에 따라 힘의 종류가 다르다.

① 두 도선에 흐르는 전류가 같은 방향이면 흡인력이 작용한다.
② 두 도선에 흐르는 전류가 반대 방향이면 반발력이 작용한다.
③ 단위 길이당 작용하는 힘

$$F = \frac{\mu_0 I_1 I_2}{2\pi d} \text{[N/m]} = \frac{2I_1 I_2}{d} \times 10^{-7} \text{[N/m]}$$

(단, μ_0: 공기 중 투자율)

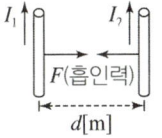

(a) 전류가 같은 방향

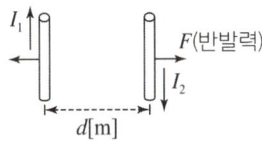

(b) 전류가 다른 방향

▲ 평행 도선에 작용하는 힘

KEYWORD 110 자성체

(1) 자성체

자성체(철, 니켈, 코발트 등) 주변에 강한 자계를 일정 시간 동안 가하면 자성체 속 전자의 스핀이 일정하게 배열된다. 이에 따라 자성체의 한쪽은 N극, 다른 쪽은 S극이 각각 형성되어 자성체가 자석이 된다. 이렇게 자성체 내의 전자 배열이 일정해지면 외부 자계를 제거하여도 전자 배열이 유지되어 영구 자석이 되는 것이다.

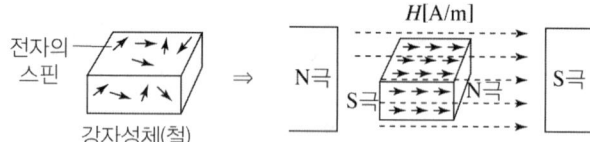

▲ 자성체의 자화 현상

(2) 자성체의 종류

① 상자성체
  ㉠ 자계를 가하는 동안에는 잠깐 극을 형성하나 오래 유지하지는 못하는 자성체이다.
  ㉡ 영구적인 N극, S극을 형성하지 못하여 영구 자석의 재료가 되지 못한다.
  ㉢ 상자성체의 예: 백금(Pt), 알루미늄(Al), 산소(O_2) 등
  ㉣ 상자성체의 비투자율: $\mu_s > 1$(1보다 약간 크다.)

② 강자성체
  ㉠ 자계를 가하면 전자가 한쪽 방향으로 정확하게 배열되는 자성체이다.
  ㉡ 자계를 제거하여도 영구적인 N극, S극을 형성하는 특성이 강하여 영구 자석의 재료로 적합하다.
  ㉢ 강자성체의 예: 철(Fe), 니켈(Ni), 코발트(Co) 등
  ㉣ 강자성체의 비투자율: $\mu_s \gg 1$(1보다 매우 크다.)

③ 반자성체(역자성체)
  ㉠ 자계를 가하면 전자들이 외부 자기장을 상쇄하는 방향으로 배열되는 자성체이다.
  ㉡ 영구적인 N극, S극을 형성하지 못하여 영구 자석의 재료가 되지 못한다.
  ㉢ 반자성체의 예: 은(Ag), 구리(Cu), 비스무트(Bi) 등
  ㉣ 반자성체의 비투자율: $\mu_s < 1$(1보다 작다.)

④ 자성체 종류별 전자 배열 상태

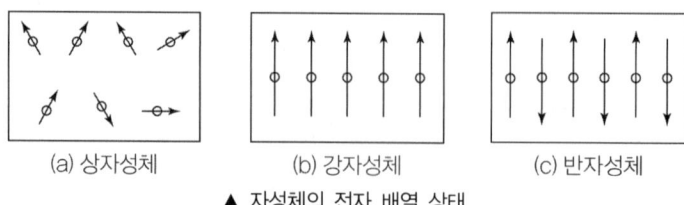

(a) 상자성체　　(b) 강자성체　　(c) 반자성체
▲ 자성체의 전자 배열 상태

⑤ 강자성체를 영구 자석으로 만들기 위한 자계 에너지
  ㉠ 영구 자석을 만드는 데 필요한 단위 체적당 에너지(자계 에너지)
  $$w = \frac{1}{2}BH = \frac{1}{2}\mu H^2 = \frac{B^2}{2\mu} \, [\text{J/m}^3]$$
  ㉡ 영구 자석의 N극과 S극에서 발생하는 흡인력
  $$f = \frac{1}{2}BH = \frac{1}{2}\mu_0 H^2 = \frac{B^2}{2\mu_0} \, [\text{N/m}^2]$$
  ㉢ 강자성체에 가한 에너지만큼의 흡인력이 생긴다.

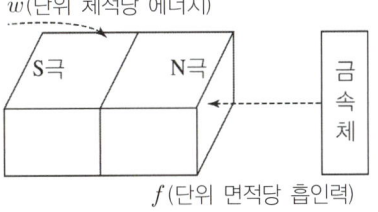

▲ 강자성체에 가하는 에너지 및 흡인력

KEYWORD 111 히스테리시스 곡선

(1) 히스테리시스 곡선(Hysteresis Loop)의 정의
① 강자성체를 자화시킬 때 자계와 자속 밀도의 관계를 나타낸 곡선이다.
② 자화곡선 또는 자기 이력 곡선이라고도 부른다.

(2) 자화곡선 및 투자율 μ 곡선
① 자화곡선($B-H$곡선): $B = \mu H$ 식에 의해 강자성체에 가하는 자계(H)가 증가하면 자속 밀도(B)도 비례하여 증가한다.
② 자기 포화 현상: 일정 값 이상으로 자계(H)가 증가하여 자성체에 자속 밀도(B)가 포화되면 자속 밀도가 더 이상 증가하지 않는 현상
③ 투자율 μ 곡선
  ㉠ 자기 포화 현상이 일어나면 자계(H)가 증가할 때 투자율(μ)의 값은 감소한다.
  ㉡ 투자율(μ) 곡선은 그림처럼 처음에는 증가했다가 자기 포화점 이후부터는 반비례하여 감소한다.

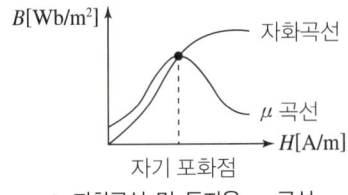

▲ 자화곡선 및 투자율 μ 곡선

(3) 히스테리시스 곡선
① 자계의 세기 H를 횡축으로, 자속 밀도 B를 종축으로 하는 평면상에 강자성체의 자속 밀도 분포를 나타낸 곡선이다.
② 히스테리시스 곡선의 면적은 영구 자석을 만들기 위해 외부에서 가한 강자성체의 체적당 자속 밀도와 같다.

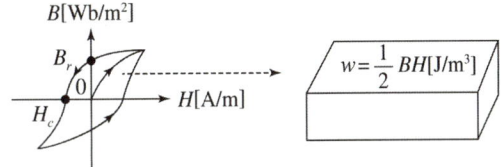

(a) 히스테리시스 곡선   (b) 강자성체의 가한 에너지 밀도

▲ 히스테리시스 곡선과 에너지 관계

③ 히스테리시스 곡선
  ㉠ 종축과 만나는 점(B_r): 잔류 자기라고 하며, 자계를 0으로 해도 강자성체의 내부에 소멸되지 않고 남아있는 자속 밀도 성분이다. 잔류 자기 때문에 영구 자석은 외부의 자계를 제거하여도 자석의 성질을 유지할 수 있다.
  ㉡ 횡축과 만나는 점(H_c): 보자력이라고 하며, 잔류 자기를 없애기 위해 필요한 자계의 세기이다.
  ㉢ 외부에서 가한 에너지 중 히스테리시스 곡선의 면적에 해당하는 에너지는 열로 소비된다. 이를 히스테리시스 손실(P_h)이라고 한다.

$$P_h = k_h f v B_m^{1.6} \, [\text{W}]$$
(k_h: 히스테리시스 상수, f: 주파수, v: 자성체 체적, B_m: 최대 자속 밀도)

  ㉣ 자성체 내 자속의 변화로 자성체 내부에 기전력이 발생하면 기전력에 의해 와전류가 흐르게 된다. 이때 와전류에 의해 발생하는 손실을 와류손(P_e)이라고 한다.

$$P_e = k_e f^2 B_m^2 t^2 \, [\text{W/m}^3]$$
(k_e: 와류손 상수, f: 주파수, B_m: 최대 자속 밀도, t: 두께)

(4) 영구 자석 및 전자석의 히스테리시스 곡선의 면적 비교
① 영구 자석: 외부에서 자계를 가해서 한번 자화되면 지속적으로 자석의 성질을 띠는 물체로, 강자성체를 이용하여 만든다.
② 전자석: 철심에 코일을 감아 만든 것으로, 코일에 전류를 흘릴 때에만 자석의 성질을 갖고 전류를 흘리지 않으면 즉시 자석의 성질을 잃어버리는 자석이다. 주로 상자성체를 이용하여 만든다.
③ 영구 자석의 B_r, H_c값이 전자석보다 크므로 히스테리시스 곡선의 면적도 더 크다.

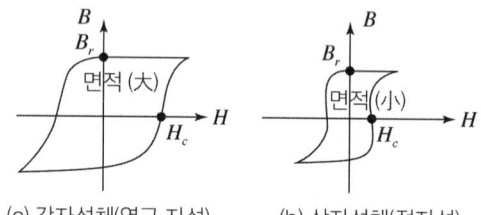

(a) 강자성체(영구 자석)   (b) 상자성체(전자석)

▲ 영구 자석과 전자석의 히스테리시스 곡선의 면적 비교

KEYWORD 112   자화의 세기

(1) 자화의 세기 정의
① 자화의 세기: 자성체를 자계가 존재하는 공간에 놓았을 때 자성체가 자석이 되는 정도를 양적으로 표현한 것
② 자화의 세기를 나타내는 기호는 J를 사용하고, 단위는 $[\text{Wb/m}^2]$으로 자속 밀도와 같은 단위를 사용한다.

$$J = \frac{m}{S}[\text{Wb/m}^2] = \frac{M}{V} \; (V: \text{체적}, \; M: \text{자기 쌍극자 모멘트})$$

(2) 자화의 세기 표현식
① 자성체가 자화될 때 $B = \mu_0 H + J\,[\text{Wb/m}^2]$이다. 따라서 자화의 세기는 다음과 같이 나타낼 수 있다.
$$J = B - \mu_0 H = \mu_0 \mu_s H - \mu_0 H = \mu_0(\mu_s - 1)H\,[\text{Wb/m}^2]$$
② 위 식은 $J = \mu_0(\mu_s - 1)H = \chi H\,[\text{Wb/m}^2]$와 같이 정리할 수 있는데, 이때 $\chi = \mu_0(\mu_s - 1)$을 자화율이라고 한다.

KEYWORD 113   자성체의 경계면 조건

(1) 경계면 양측에서 접선 성분의 자계의 세기
① 자계의 세기는 경계면 양측에서 수평 성분이 같다.
② 이를 표현한 식은 다음과 같다.
$$H_{1t} = H_{2t} \;\Rightarrow\; H_1\sin\theta_1 = H_2\sin\theta_2$$
③ 자속 밀도는 경계면의 접선 방향이 불연속적이다.
$$B_{1t} \neq B_{2t}$$

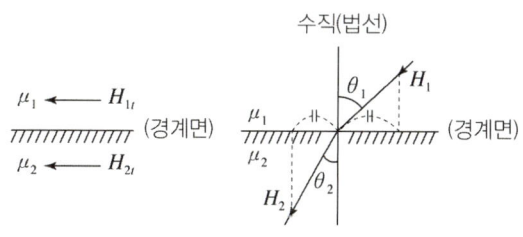

▲ 자성체 경계면에 수평인 자계의 세기

(2) 경계면 양측에서 법선 성분의 자속 밀도
① 자속 밀도는 경계면에 수직 성분이 같다.
② 이를 표현한 식은 아래와 같다.
$$B_{1n} = B_{2n} \;\Rightarrow\; B_1\cos\theta_1 = B_2\cos\theta_2$$
③ 자계의 세기는 경계면의 법선 방향이 불연속적이다.
$$H_{1n} \neq H_{2n}$$

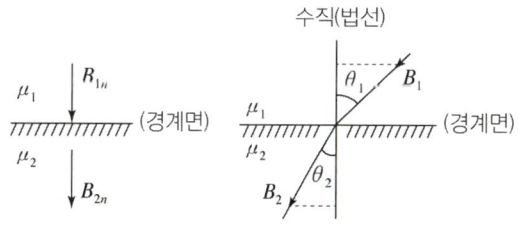

▲ 자성체 경계면에 수직인 자속 밀도

(3) 투자율과의 관계
$\mu_1 > \mu_2$일 때, $\theta_1 > \theta_2$, $B_1 > B_2$, $H_1 < H_2$이다.

KEYWORD 114 자기 회로

(1) 자기 회로의 구성

① 대표적인 자기 회로는 환상 철심에 코일이 감겨 있는 회로로 구성할 수 있다.

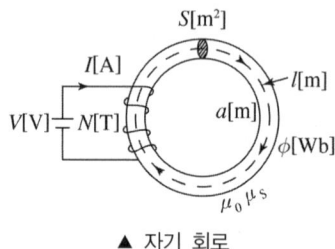

▲ 자기 회로

② 자기 회로를 구성하는 요소

　㉠ 기자력 $F = \phi R_m = NI$ [AT]

　㉡ 자속 $\phi = \dfrac{F}{R_m}$ [Wb]

　㉢ 자기 저항 $R_m = \dfrac{F}{\phi} = \dfrac{l}{\mu S}$ [AT/Wb]

　　(단, l : 철심 내 자속이 통과하는 평균 자로 길이[m], μ : 철심의 투자율($\mu_0 \mu_s$ [H/m]), S : 철심의 단면적[m²])

(2) 전기 회로와 자기 회로의 대응 관계

① 전기 회로와 자기 회로는 다음과 같이 유사하다.

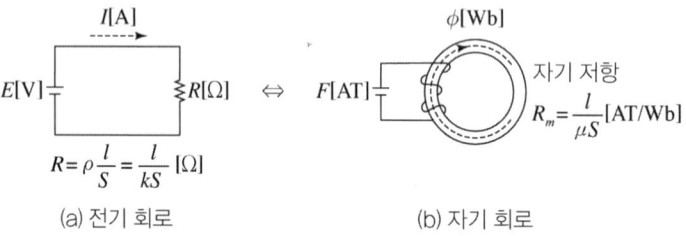

(a) 전기 회로　　　　(b) 자기 회로

▲ 전기 회로와 자기 회로의 유사성

② 전기 회로와 자기 회로의 대응 관계는 다음과 같다.

전기 회로		자기 회로	
기전력	$E = IR$ [V]	기자력	$F = \phi R_m = NI$ [AT]
전류	$I = \dfrac{E}{R}$ [A]	자속	$\phi = \dfrac{F}{R_m}$ [Wb]
전기 저항	$R = \dfrac{V}{I} = \dfrac{l}{kS}$ [Ω]	자기 저항	$R_m = \dfrac{F}{\phi} = \dfrac{l}{\mu S}$ [AT/Wb]
도전율	k [℧/m]	투자율	μ [H/m]

KEYWORD 115 인덕턴스와 결합 계수

(1) 인덕턴스의 종류

① 자기 인덕턴스 $L[\mathrm{H}]$

회로에 전류 $I[\mathrm{A}]$가 흐를 때 앙페르의 오른손 법칙에 의해 발생하는 자속 $\phi[\mathrm{Wb}]$와 전류 $I[\mathrm{A}]$의 관계를 나타내는 비례 상수이다.

㉠ $\phi = LI\,[\mathrm{Wb}]$

㉡ $L = \dfrac{\phi}{I}\,[\mathrm{H}]$

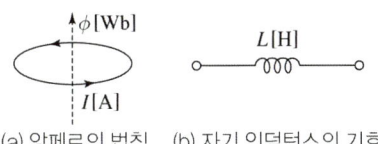

(a) 앙페르의 법칙 (b) 자기 인덕턴스의 기호

▲ 자기 인덕턴스

② 상호 인덕턴스 $M[\mathrm{H}]$

둘 이상의 회로에서 어느 한 회로에 전류 $I[\mathrm{A}]$를 흘릴 경우 다른 회로에서 쇄교하는 $\phi[\mathrm{Wb}]$와의 관계를 나타내는 비례 상수이다.

㉠ $\phi = MI\,[\mathrm{Wb}]$

㉡ $M = \dfrac{\phi}{I}\,[\mathrm{H}]$

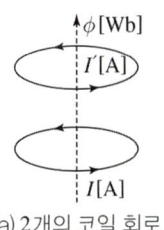 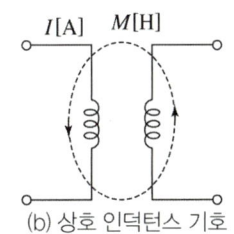

(a) 2개의 코일 회로 (b) 상호 인덕턴스 기호

▲ 상호 인덕턴스

(2) 결합 계수

① 결합 계수의 정의

㉠ 두 코일 간 자속에 의한 유도 결합 정도를 나타내는 계수를 의미한다.

㉡ 서로 직접 연결되지 않은 두 코일을 자속이 어느 정도 간접적으로 연결시키는가를 나타내는 정도를 말한다.

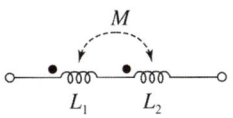

▲ 가동 결합 회로

② 결합 계수 공식 및 결합 계수의 범위

$$k = \dfrac{M}{\sqrt{L_1 L_2}}$$

㉠ $k = 0$: 무결합(두 코일 간 쇄교 자속이 전혀 없는 상태)

㉡ $k = 1$: 완전 결합(누설 자속이 전혀 없이 자속이 전부 쇄교되는 상태)

KEYWORD 116 코일

(1) 직렬 접속

① 가동 결합
  ㉠ 두 개의 코일을 같은 방향으로 직렬 접속한 회로이다.
  ㉡ 코일을 감는 방향을 보통 점(·)으로 표시한다.
  ㉢ 합성 인덕턴스
    $L = L_1 + L_2 + 2M\,[\mathrm{H}]$

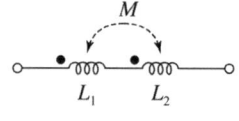
▲ 가동 결합 회로

② 차동 결합
  ㉠ 두 개의 코일을 반대 방향으로 직렬 접속한 회로이다.
  ㉡ 합성 인덕턴스
    $L = L_1 + L_2 - 2M\,[\mathrm{H}]$

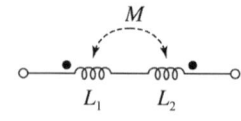
▲ 차동 결합 회로

(2) 병렬 접속

① 가동 결합
  ㉠ 두 개의 코일을 같은 방향으로 병렬 접속한 회로이다.
  ㉡ 합성 인덕턴스
    $L = \dfrac{L_1 L_2 - M^2}{L_1 + L_2 - 2M}\,[\mathrm{H}]$

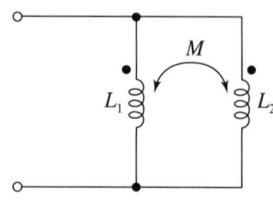
▲ 병렬 가동 결합 회로

② 차동 결합
  ㉠ 두 개의 코일을 반대 방향으로 병렬 접속한 회로이다.
  ㉡ 합성 인덕턴스
    $L = \dfrac{L_1 L_2 - M^2}{L_1 + L_2 + 2M}\,[\mathrm{H}]$

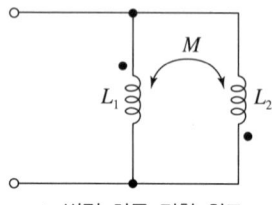
▲ 병렬 차동 결합 회로

(3) 코일에 축적되는 에너지

인덕턴스에 전류가 흐르면 이 전류에 의해 자속이 유기되고 이에 상당하는 인덕턴스값에 의한 자기 에너지가 코일에 축적된다. 이때 코일에 저장되는 자기 에너지의 값은 다음과 같다.

$$W = \dfrac{1}{2} L I^2 = \dfrac{1}{2}\phi I\,[\mathrm{J}]$$

(단, $\phi = LI$, ϕ: 자속[Wb], L: 자기 인덕턴스[H], I: 전류[A])

KEYWORD 117 도체 모양에 따른 인덕턴스의 값

(1) 원주(원통) 도체

인덕턴스 $L = \dfrac{\mu}{8\pi}$ [H]

(단, μ: 원주 도체의 투자율[H/m], l: 원주 도체의 길이[m])

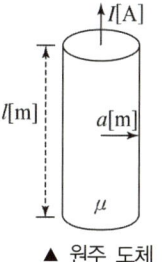

▲ 원주 도체

(2) 동심 원통 도체(동축 케이블)

① 내부 도체의 인덕턴스

$$L_i = \dfrac{\mu}{8\pi} \text{ [H]}$$

② 내부 도체와 외부 도체 사이의 인덕턴스

$$L_e = \dfrac{\mu_0 l}{2\pi} \ln \dfrac{b}{a} \text{ [H]}$$

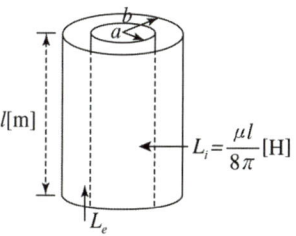

▲ 동심 원통 도체

(3) 평행 도선

① 평행 도선 내부 인덕턴스

$$L_i = \dfrac{\mu l}{8\pi} \times 2 = \dfrac{\mu l}{4\pi} \text{ [H]}$$

② 평행 도선 사이의 외부 인덕턴스

$$L_e = \dfrac{\mu_0 l}{\pi} \ln \dfrac{d}{a} \text{ [H]}$$

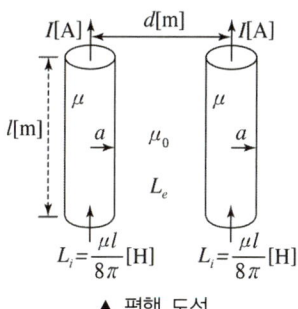

▲ 평행 도선

(4) 환상 솔레노이드

① 환상 철심에 권선수가 N회인 코일을 감고 이 코일에 전류를 흘려 주면 자속이 발생하여 인덕턴스가 발생한다.

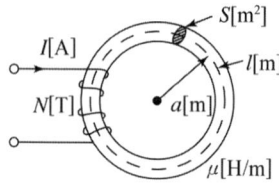

▲ 환상 솔레노이드

② 철심 내부 자계의 세기 $H = \dfrac{NI}{l} = \dfrac{NI}{2\pi a}$ [AT/m]

③ 철심 내부 자속 $\phi = BS = \mu HS = \dfrac{\mu NIS}{l}$ [Wb]

④ 환상 솔레노이드의 자기 인덕턴스

$$L = \dfrac{N\phi}{I} = \dfrac{\mu SN^2}{l} = \dfrac{\mu SN^2}{2\pi a} = \dfrac{N^2}{R_m} [\text{H}]$$

(단, R_m: 자기 저항[AT/Wb]$(= \dfrac{l}{\mu S})$, N: 솔레노이드 전체의 코일을 감은 횟수[T])

(5) 무한장 솔레노이드

① 단면적에 비해 충분히 긴 막대 모양 철심에 권선수가 N회인 코일을 감고 이 코일에 전류를 흘려 주면 자속이 발생하여 인덕턴스가 발생한다.

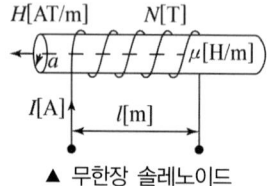

▲ 무한장 솔레노이드

② 철심 내부 자계의 세기 $H = \dfrac{NI}{l} = nI$ [AT/m]

(단, N: 전체의 코일을 감은 횟수[T], n: 단위길이당 코일을 감은 횟수[T/m])

③ 철심 내부 자속 $\phi = BS = \mu HS = \mu n IS$ [Wb]

④ 무한장 솔레노이드의 자기 인덕턴스

$$L = \dfrac{n\phi}{I} = \mu S n^2 = \mu \pi a^2 n^2 [\text{H/m}]$$

KEYWORD 118 표피 효과

(1) 표피 효과
전선에 교류 전류가 흐르면 반드시 자속이 유기되는데, 이 자속의 밀도는 도체 표면에서보다 도체 중심부에서 더 조밀하다. 따라서 도체 중심부의 인덕턴스가 커지고 전류가 흐르기 어려워지므로 도체 표면을 따라 흐르려는 성질이 발생하는데, 이를 전선의 표피 현상 또는 표피 효과라고 한다.

(2) 표피 두께($\delta[\mathrm{m}]$)
전류가 집중되어 흐르는 전선의 표피 두께는 다음 식으로 구한다.

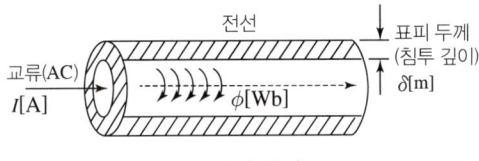

▲ 표피 효과

$$\delta = \frac{1}{\sqrt{\pi f k \mu}} [\mathrm{m}]$$

(단, f: 주파수[Hz], k: 전선의 도전율[℧/m], μ: 도체의 투자율[H/m])

(3) 전선에 교류(AC) 전류가 흐를 때
① 회로에 인가한 주파수 f가 높을수록
② 전선의 도전율 k가 클수록
③ 전선의 투자율 μ가 클수록

표피 두께 δ는 얇아지고 표피 현상은 심해진다.

KEYWORD 119 　유도 기전력

(1) 패러데이의 전자 유도 법칙
① 코일에 전류가 흐르면 반드시 앙페르의 법칙에 의해 자속이 발생하고, 이 자속에 의해 인덕턴스 회로에는 유도 기전력이 유도된다.
② 이때 유도되는 기전력은 자기 인덕턴스 회로와 상호 인덕턴스 회로 모두에서 발생한다.
③ 패러데이 법칙은 전자 유도에 의한 유도 기전력의 크기를 구하는 법칙이다.

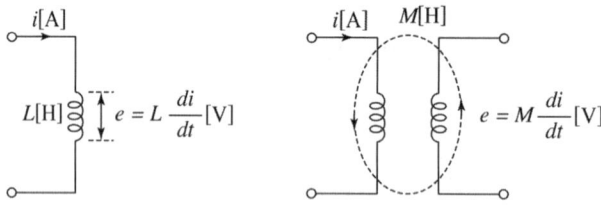

▲ 패러데이의 전자 유도 법칙

(2) 렌츠의 법칙
① 렌츠의 법칙: 전자 유도에 의해서 유도되는 기전력의 방향(극성)은 쇄교 자속의 변화를 방해하는 방향이다.
② 유도 기전력의 크기와 방향: 패러데이의 법칙과 렌츠의 법칙을 적용하여 크기와 방향(극성)을 구할 수 있다.

$$e = -N\frac{d\phi}{dt} = -L\frac{di}{dt} = -M\frac{di}{dt}[V]$$

(단, L: 자기 인덕턴스[H], M: 상호 인덕턴스[H], $\frac{d\phi}{dt}$: 시간당 자속 변화율, $\frac{di}{dt}$: 시간당 전류 변화율)

③ 인덕턴스 회로에서 반드시 시간당 자속 변화(전류 변화)가 발생하여야만 기전력이 유도되므로, 전류의 크기가 시간에 관계없이 일정한 직류(DC)에서는 유도 현상이 일어나지 않는다.

(3) 플레밍의 오른손 법칙
① 정의: 어느 자속 밀도 $B[\text{Wb/m}^2]$ 속에 길이 $l[\text{m}]$인 도체에 힘 $F[\text{N}]$를 가하여 $v[\text{m/s}]$의 속도로 이동시키면 도체 내 전하에 로렌츠 힘이 발생하여 도체에 기전력이 유도된다. 이는 전기기기에서 발전기의 원리가 된다.

$$e = |\dot{v} \times \dot{B}|l = vBl\sin\theta[V]$$

(단, θ: 도체와 자계(자속 밀도)가 이루는 각도[°], l: 도체의 길이[m])

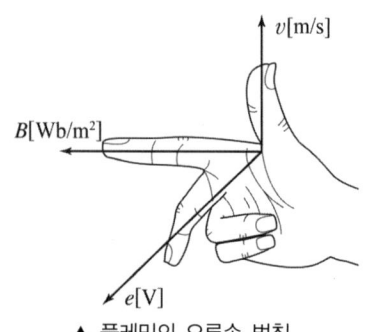

▲ 플레밍의 오른손 법칙

② 플레밍의 오른손 법칙의 의미
　㉠ 엄지: 도체의 속도($v[\text{m/s}]$)
　㉡ 검지: 자속 밀도($B[\text{Wb/m}^2]$)
　㉢ 중지: 유도 기전력($e[V]$)

KEYWORD 120 유도되는 기전력의 종류

(1) **자속 밀도 $B[\text{Wb}/\text{m}^2]$ 공간 내의 코일에 유도되는 기전력**

① 자속 밀도 $B[\text{Wb}/\text{m}^2]$인 공간 내에서 권선수가 $N[\text{T}]$인 직사각형 모양의 코일을 각속도 $\omega[\text{rad}/\text{sec}]$로 회전시킬 때 이 코일에는 다음과 같은 정현파 자속이 유도된다.

$\phi = \phi_m \sin\omega t\,[\text{Wb}]$

(단, ϕ_m: 최대 자속[Wb])

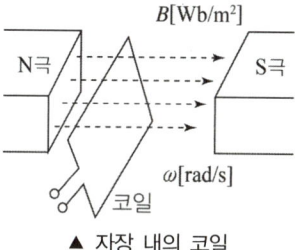

▲ 자장 내의 코일

② 정현파 자속에 의해 코일에 유도되는 기전력

$$e = -N\frac{d\phi}{dt} = -N\frac{d}{dt}(\phi_m\sin\omega t) = -N\phi_m\omega\cos\omega t\,[\text{V}]$$

③ 위 유도 기전력의 코사인 함수를 정현파 자속의 사인 함수 형태로 변환하면 다음과 같다.

$e = -N\phi_m\omega\cos\omega t$

$\quad = -N\phi_m\omega\sin\left(\omega t + \dfrac{\pi}{2}\right)$

$\quad = N\phi_m\omega\sin\left(\omega t - \dfrac{\pi}{2}\right)[\text{V}]$

(2) **코일에 유도되는 기전력의 최댓값**

유도 기전력 $e = -N\phi_m\omega\cos\omega t[\text{V}]$에서 최댓값을 $e_m[\text{V}]$이라 하면 코일에 유도되는 기전력의 최댓값은 다음과 같다.

$$e_m = \omega N\phi_m = 2\pi f N\phi_m = 2\pi f \times NB_m S\,[\text{V}]$$

(3) **금속 원판을 회전시킬 때 유도되는 기전력**

① N극에서 나오는 자속 밀도가 $B[\text{Wb}/\text{m}^2]$인 자식에 수직한 방향으로 반지름이 $a[\text{m}]$인 금속 원판을 각속도 $\omega[\text{rad}/\text{s}]$로 회전시키면 이 원판에는 기전력이 유도된다.

② 원판 회전 시 유도 기전력

$e = \dfrac{\omega Ba^2}{2}[\text{V}]$

③ 원판 회전 시 저항에 흐르는 전류

$I = \dfrac{e}{R} = \dfrac{\omega Ba^2}{2R}\,[\text{A}]$

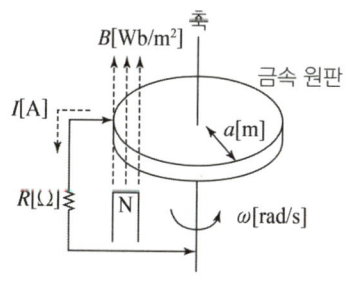

▲ 금속 원판에 의한 기전력

04 SUBJECT 전기기기

KEYWORD 121 직류 발전기

(1) 플레밍의 오른손 법칙

① 유기 기전력(유도 기전력)의 발생

자계 내 도체가 속도 $v[\text{m/s}]$로 움직이면 도체 내부에 바깥쪽에서 안쪽 방향으로 기전력이 유기된다. 이때 기전력 e는 플레밍의 오른손 법칙으로 구할 수 있다.

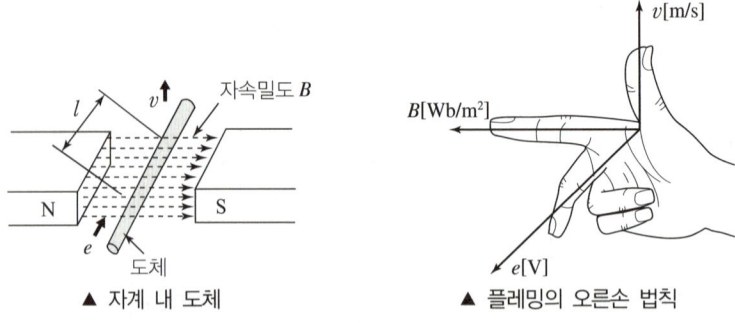

▲ 자계 내 도체   ▲ 플레밍의 오른손 법칙

② 유기 기전력의 크기

$$e = vBl\sin\theta[\text{V}]$$

(단, v: 도체의 속도[m/s], B: 자속밀도[Wb/m²], e: 유기 기전력[V], l: 도체의 길이[m], θ: 도체와 자기장이 이루는 각)

(2) 직류 발전기의 구조

① 전기자
  ㉠ 계자에서 발생된 자속을 끊어 기전력을 유도시키는 부분이다.
  ㉡ 히스테리시스손을 줄이기 위해 규소 강판을 사용하고, 와전류손을 줄이기 위해 철심을 성층한다.

② 계자
  ㉠ 직류 전류를 흘릴 때 자속이 발생하는 부분이다.
  ㉡ 강판을 성층한 계자 철심에 권선을 감은 구조이다.
  ㉢ 직류기의 계자는 고정되어 있다.

③ 정류자
- ㉠ 정류자의 의미
    - 전기자에서 유기된 교류 기전력을 직류로 변환하는 부분이다.
    - 브러시의 정류자면 접촉 압력: $0.15 \sim 0.25 [\text{kg/cm}^2]$
    - 로커: 브러시를 중성축에서 이동시키는 것

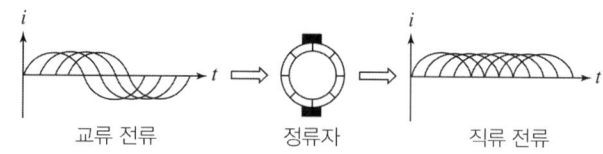

▲ 정류자의 역할

- ㉡ 정류자 편수

    정류자는 수 개의 정류자 편으로 이루어져 있으며, 정류자 편수는 다음과 같다.

    $$k = \frac{\mu}{2} \times s$$

    (단, k: 정류자 편수, μ: 슬롯 내부의 코일 변수, s: 슬롯 수)

- ㉢ 정류자 편간 평균 전압

    이웃한 두 정류자 편 사이의 전압은 그 사이에 접속된 코일만큼 유기되며, 편간 평균 전압은 다음과 같다.

    $$e_a = \frac{pE}{k} [\text{V}]$$

    (단, e_a: 정류자 편간 평균 전압[V], p: 극수, E: 유기 기전력[V])

④ 브러시
- ㉠ 정류자에 접촉하여 외부와 내부 회로를 연결한다.
- ㉡ 직류로 변환된 전력을 외부 단자로 인출한다.

종류	특징
탄소 브러시	접촉 저항이 크다.
흑연질 브러시	접촉 저항이 작다.
전기 흑연질 브러시	정류 능력이 높아 대부분의 전기기기에 사용한다.
금속 흑연질 브러시	전기 분해 등 저전압 대전류용 기기에 사용한다.

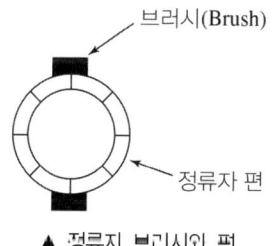

▲ 정류자 브러시와 편

KEYWORD 122 전기자 권선법과 유기 기전력

직류 발전기의 전기자 권선법의 종류는 다음과 같으며, 주로 고상권, 폐로권, 이층권, 중권, 파권을 사용한다.

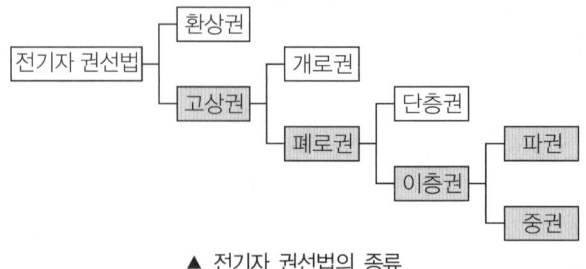

▲ 전기자 권선법의 종류

(1) 고상권, 폐로권, 이층권

① 환상권과 고상권
  ㉠ 환상권: 링 모양의 철심 내외에 도선을 휘감는 방법(안쪽 도체는 기전력이 작게 발생하고 수리가 불편하다.)
  ㉡ 고상권: 철심에 홈을 파서 철심 표면에만 권선을 배치시키는 권선법(도체가 모두 유효하게 기전력을 내며 수리가 용이하다.)

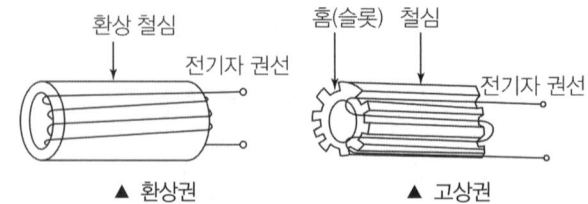

▲ 환상권 ▲ 고상권

② 개로권과 폐로권: 브러시로부터 전류가 끊이지 않고 흘러 정류가 양호한 폐로권을 많이 사용한다.
③ 단층권과 이층권: 한 슬롯에 권선이 이층으로 삽입되어 슬롯의 이용률이 좋은 이층권을 많이 사용한다.

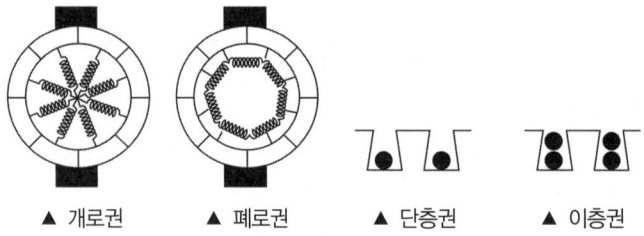

▲ 개로권 ▲ 폐로권 ▲ 단층권 ▲ 이층권

(2) 파권과 중권

① 파권(Wave Winding)
   ㉠ 극 수에 상관없이 브러시의 (+)극은 (+)극끼리, (-)극은 (-)극끼리 연결되므로 항상 2개의 병렬 회로로 구성되는 권선법이다.
   ㉡ 자극 밑 코일 변이 직렬연결되어 브러시 양단에는 고전압, 소전류가 얻어진다.

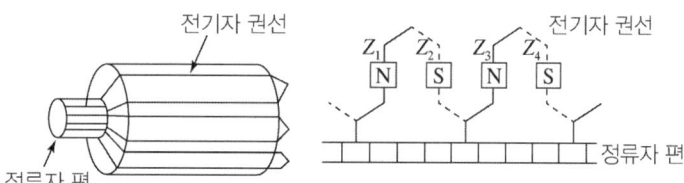

▲ 파권의 구조

② 중권(Lap winding)
   ㉠ 브러시마다 전기자 회로가 각각 별도로 독립된 권선법으로 극 수와 동일한 개수의 브러시가 필요하다.
   ㉡ 자극 밑의 코일 변이 병렬연결되어 브러시 양단에는 저전압, 대전류가 얻어진다.

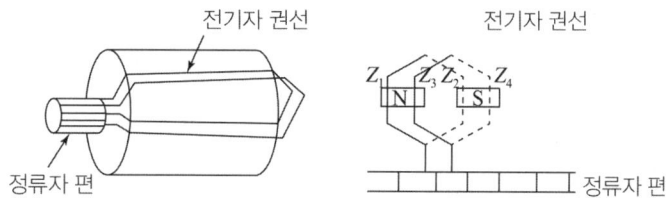

▲ 중권의 구조

③ 파권과 중권의 비교

구분	파권(직렬권)	중권(병렬권)
병렬 회로 수(a)	2	극수(p)와 같다.
브러시 수(b)	2	극수(p)와 같다.
균압환	필요 없다.	필요하다.(4극 이상인 경우)
용도	고전압, 소전류	저전압, 대전류
다중도 m인 경우 병렬 회로 수	$2m$	mp

(3) 유기 기전력

① 직류 발전기의 전기자 권선에 유기되는 유기 기전력은 전기자 권선에 쇄교되는 극당 자속 ϕ[Wb], 사용한 전기자 총 도체 수 Z, 발전기의 회전 속도 N[rpm]에 비례한다.

$$E = \frac{pZ\phi}{60a}N[\text{V}]$$

(단, E: 유기 기전력[V], a: 전기자 병렬 회로 수, p: 극수)

② 위 식에서 전기자 병렬 회로 수 a는 중권과 파권의 종류에 따라 나뉜다.
  ㉠ 중권일 경우: $a = p$(중권에서는 전기자 병렬 회로 수와 극 수가 항상 같다.)
  ㉡ 파권일 경우: $a = 2$(파권에서는 전기자 병렬 회로 수가 항상 2이다.)

KEYWORD 123 전기자 반작용

(1) 전기자 반작용의 정의

전기자 전류로 발생한 자속이 계자로 발생하는 주자속에 영향을 주어 자속이 일그러지면서 감소하는 현상이다.

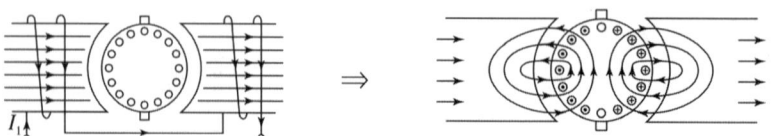

(a) 계자에 의한 자속만 있는 경우 (b) 전기자 전류가 자속에 영향을 주는 경우

▲ 전기자 반작용

(2) 전기자 반작용의 영향

① 주자속 분포가 일그러져 전기적 중성축이 이동한다.
② 주자속이 감소하여 유기 기전력이 줄어든다.
③ 정류자 편간 전압이 국부적으로 높아져 불꽃이 발생한다.
④ 브러시 사이에 불꽃이 발생하여 정류 불량을 일으킨다.

(3) 전기자 반작용의 분류

① 감자 작용
  ㉠ 전기자 기자력이 계자 기자력에 반대 방향으로 작용하여 계자 자속이 감소하는 현상을 말한다. 이때 자속을 감소시키는 기자력의 크기를 감자 기자력이라고 한다.
  ㉡ 극당 감자 기자력 AT_d

  $$AT_d = \frac{2\alpha}{180°} \times \frac{Z}{2} \times \frac{I_a}{a} \times \frac{1}{p} = \frac{2\alpha}{180°} \times \frac{ZI_a}{2pa}[\text{AT/pole}]$$

  (단, α: 브러시의 이동각, Z: 전기자 도체 수, p: 극수, I_a: 전기자 전류[A], a: 전기자 병렬 회로 수)

  ㉢ 감자 작용의 영향
  • 발전기: 자속(ϕ) 감소 → 기전력(E) 감소 → 단자 전압(V) 감소
  • 전동기: 자속(ϕ) 감소 → 회전수(N) 증가 → 토크(T) 감소

② 교차 작용(편자 작용)
　㉠ 전기자 기자력이 계자 기자력에 수직 방향으로 작용하여 자속 분포가 일그러지는 현상을 말한다. 이때 자속 분포를 일그러뜨리는 기자력의 크기를 교차 기자력이라 한다.
　㉡ 극당 교차 기자력 AT_c

$$AT_c = \frac{\beta}{180°} \times \frac{Z}{2} \times \frac{I_a}{a} \times \frac{1}{p} = \frac{180° - 2\alpha}{180°} \times \frac{ZI_a}{2pa} [\text{AT/pole}]$$

(단, $\beta = 180° - 2\alpha$, Z: 전기자 도체 수, p: 극수, I_a: 전기자 전류[A], a: 전기자 병렬 회로 수)

(4) 전기자 반작용의 대책
① 보상 권선 설치(가장 좋은 방지 대책)
　㉠ 계자극의 철심 부분에 홈을 파고 전기자 권선과 직렬연결한 권선이다.
　㉡ 대부분의 전기자 반작용을 상쇄시킬 수 있다.
　㉢ 보상 권선에는 전기자 전류와 반대 방향의 전류가 흐르도록 한다.
② 보극 설치
　㉠ 계자극과 직각을 이루는 빈 곳에 보극을 설치한 것으로, 보극의 권선은 전기자 권선과 직렬로 연결한다.
　㉡ 전기자 반작용에 의해 전기적 중성축 이동을 막는다.
③ 브러시 중성축 이동
　㉠ 보극이 없는 경우 전기자 반작용으로 이동한 중성축만큼 브러시를 이동시킨다.
　㉡ 발전기는 회전 방향으로, 전동기는 회전 반대 방향으로 이동시킨다.

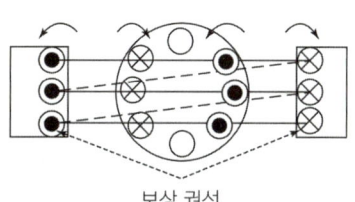
▲ 보상 권선 설치

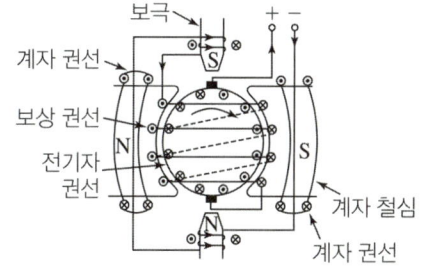
▲ 보상 권선과 보극

KEYWORD 124 정류 작용

(1) 정류 곡선
① 정류 작용
　㉠ 전기자 권선에서 유기되는 교류 전류를 직류로 변환하는 것이다.
　㉡ 정류자 편수가 많을수록 직류의 맥동이 감소하고 평활한 직류 파형을 얻을 수 있다.

② 정류 곡선
  ㉠ 직선 정류: 가장 이상적인 정류 작용
  ㉡ 부족 정류: 브러시 말단 부분에서 불꽃 발생
  ㉢ 정현 정류: 양호한 정류 작용
  ㉣ 과정류: 브러시 앞단 부분에서 불꽃 발생

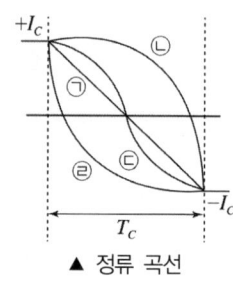

▲ 정류 곡선

(2) 정류 주기

① 정류 주기: 코일이 브러시에 단락되는 순간부터 단락이 끝나는 순간까지의 시간을 말한다.

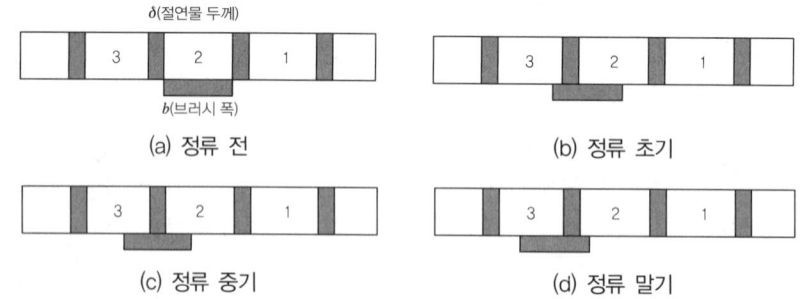

② 정류 주기 공식

$$T_c = \frac{b-\delta}{v}[\text{s}]$$

(단, b: 브러시 폭[m], δ: 절연물 두께[m], v: 정류자 주변 속도[m/s])

(3) 평균 리액턴스 전압

정류 주기 T_c 동안 전류는 $+I_c$에서 $-I_c$로 변하므로 평균 리액턴스 전압은 다음과 같다.

$$e_L = L\frac{di}{dt} = L\frac{I_c-(-I_c)}{T_c} = L\frac{2I_c}{T_c}[\text{V}]$$

(단, L: 정류 코일의 자기 인덕턴스[H], I_c: 정류 코일의 전류[A])

(4) 양호한 정류 대책

① 코일의 자기 인덕턴스를 줄여 평균 리액턴스 전압을 감소시키기 위해 단절권으로 적용한다.
② 회전 속도를 낮추어 정류 주기를 길게 한다.
③ 리액턴스 전압을 상쇄하기 위해 적당한 위치에 보극을 설치한다.(전압 정류 효과)
④ 접촉 저항이 큰 탄소 브러시를 사용한다.(저항 정류 효과)
⑤ 불꽃 없는 정류 조건: 브러시 접촉면 전압 강하(e_b) > 평균 리액턴스 전압(e_L)

KEYWORD 125 직류 발전기의 종류 및 특성 곡선

(1) 직류 발전기의 종류

직류 발전기의 종류는 여자 방식에 따라 다음과 같이 구분할 수 있다.

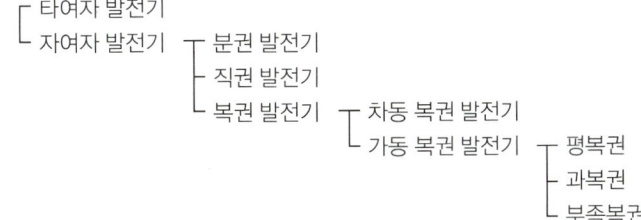

(2) 타여자 발전기

① 타여자 발전기: 계자 회로가 독립되어 있고 전기자 회로와 분리된 발전기이다.

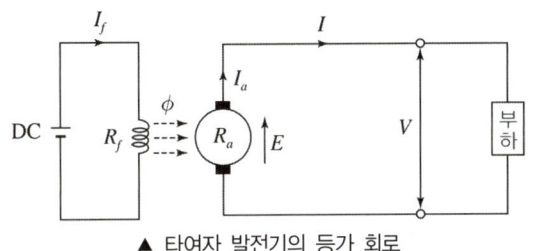

▲ 타여자 발전기의 등가 회로

- 유기 기전력: $E = V + I_a R_a$ [V]

  (단, V: 단자 전압[V], I_a: 전기자 전류[A], R_a: 전기자 저항[Ω])

- 전기자 전류: $I_a = I = \dfrac{P}{V}$ [A]

  (단, P: 발전기 출력[W], I: 부하에 흐르는 전류[A])

② 특징
 ㉠ 여자 전류를 외부에서 공급받으므로 잔류 자기가 필요 없다.
 ㉡ 계자에서 발생하는 자속은 부하와 상관없이 일정하므로 정전압 특성을 보인다.
 ㉢ 진기자의 회전 방향이 반대가 되면 극성도 반대가 된다.
③ 용도: 대형 교류 발전기의 여자 전원, 직류 전동기 속도 제어용 전원 등

(3) 자여자 발전기

① 분권 발전기: 계자와 전기자가 병렬로 접속된 발전기이다.

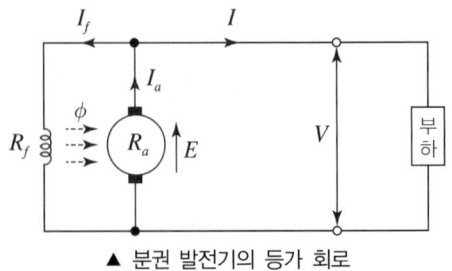

▲ 분권 발전기의 등가 회로

- 유기 기전력 $E = V + I_a R_a [\text{V}]$
- 전기자 전류 $I_a = I + I_f = \dfrac{P}{V} + \dfrac{V}{R_f} [\text{A}]$

(단, I_f: 계자 전류[A], R_f: 계자 저항[Ω])

㉠ 특징
- 잔류 자기가 없을 경우 발전이 불가능하다.
- 운전 중 서서히 단락시킬 경우 큰 단락 전류가 흐르다가 서서히 감소하여 소전류가 흐른다.
- 운전 중 전기자 회전 방향을 반대로 하면 잔류 자기가 소멸되어 발전이 불가능하다.
- 운전 중 무부하가 될 경우 $I_a = I_f$이므로 계자 권선에 큰 전류가 흘러 소손이 발생한다.
- 운전 중 계자 회로를 갑자기 개방하면 계자 권선에 고전압이 발생하여 절연이 파괴될 수 있다.

㉡ 용도: 전기 화학용 축전지의 충전용 전원, 동기기의 여자용 전원

② 직권 발전기: 계자와 전기자가 직렬로 접속되어 있는 발전기이다.

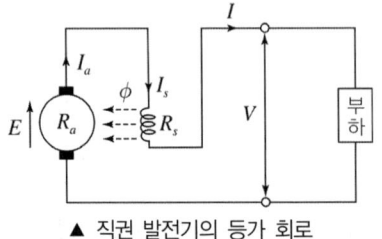

▲ 직권 발전기의 등가 회로

- 유기 기전력: $E = V + I_a R_a + I_s R_s = V + I(R_a + R_s)[\text{V}]$
- 전기자 전류: $I_a = I_s = I = \dfrac{P}{V}[\text{A}]$

(단, I_s: 직권 계자 전류[A], R_s: 직권 계자 저항[Ω])

㉠ 특징
- 직렬 회로이므로 부하에 따라 전압 변동이 심하다.
- 무부하 시 폐회로가 되지 않아 여자되지 않으므로 발전이 되지 않는다.

㉡ 용도: 선로의 전압 강하 보상 용도의 승압기

③ 복권 발전기: 전기자와 직권 계자가 직렬로, 전기자와 분권 계자가 병렬로 접속된 발전기이다.
- 분권 계자의 연결 방법에 따라 내분권과 외분권으로 구분한다.
- 직권 계자와 분권 계자에 의한 자속의 연결 방향에 따라 가동 복권과 차동 복권으로 구분한다.

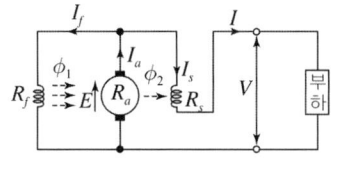

▲ 가동 복권 발전기의 등가 회로

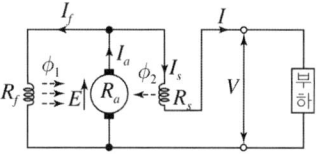

▲ 차동 복권 발전기의 등가 회로

㉠ 내분권 발전기

- 유기 기전력: $E = V + I_a R_a + I_s R_s [\text{V}]$
- 전기자 전류: $I_a = I_f + I_s = I_f + I [\text{A}] (\because I_s = I)$

㉡ 외분권 발전기

- 유기 기전력: $E = V + I_a (R_a + R_s)[\text{V}]$
- 전기자 전류: $I_a = I_s = I + I_f [\text{A}]$

㉢ 특징
- 외분권 발전기는 직권 계자 단락 시 분권 발전기로, 분권 계자 개방 시 직권 발전기로 사용할 수 있다.
- 수하 특성: 부하 증가 시 단자 전압 강하, 부하 전류 감소로 전류가 일정해지는 정전류 특성(차동 복권 발전기)

㉣ 용도: 차동 복권 발전기는 수하 특성을 이용한 용접용 발전기에 이용한다.

(4) 직류 발전기의 특성 곡선

① 무부하 특성 곡선: 직류 발전기가 정격 속도의 무부하 상태일 때 계자 전류(I_f) 변화에 따른 유도 기전력(E)의 변화 특성 곡선, 발전기의 고유한 특성을 파악할 수 있다.
② 부하 특성 곡선: 직류 발전기가 정격 속도의 전부하 상태일 때 계자 전류(I_f) 변화에 따른 발전기 단자 전압(V)의 변화 특성 곡선이다.
③ 외부 특성 곡선: 정격 속도의 직류 발전기에 부하를 걸었을 때 발전기의 종류에 따라 달라지는 부하 전류(I)와 단자 전압(V)의 관계를 나타낸 곡선이다.

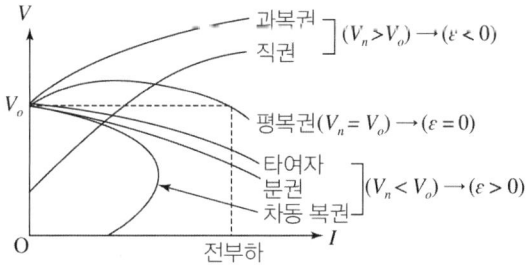

▲ 발전기 종류별 외부 특성 곡선

KEYWORD 126 직류 발전기의 병렬 운전과 전압 변동률

(1) 병렬 운전
① 병렬 운전 조건
  ㉠ 정격(단자) 전압, 극성(+, -)이 같을 것
  ㉡ 외부 특성 곡선이 수하 특성을 가질 것
② 발전기의 부하 분담: 발전기를 병렬 연결할 경우 유기 기전력이 큰 발전기가 부하 분담이 크다.
  ㉠ 부하 분담을 높일 때: 계자 저항 감소 → 계자 전류 증가 → 자속 증가 → 기전력 증가 → 분담 증가
  ㉡ 부하 분담을 낮출 때: 계자 저항 증가 → 계자 전류 감소 → 자속 감소 → 기전력 감소 → 분담 감소
③ 직권 발전기와 복권 발전기의 병렬 운전: 균압선을 설치해 부하 분담을 균일하게 조절한다.

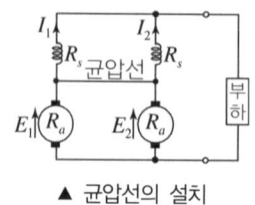

▲ 균압선의 설치

(2) 전압 변동률 ε
① 정의: 발전기에 부하를 연결할 때 전압 강하에 의해 발전기 단자 전압에 발생하는 전압 변동 비율
② 전압 변동률

$$\varepsilon = \frac{V_o - V_n}{V_n} \times 100[\%]$$

(단, V_o: 무부하 시 단자 전압[V], V_n: 정격 부하 시 단자 전압[V])

(3) 발전기 종류에 따른 전압 변동률

전압 변동률	전압의 크기	발전기의 종류
$\varepsilon(+)$	$V_o > V_n$	타여자 발전기, 분권 발전기, 차동 복권 발전기
$\varepsilon = 0$	$V_o = V_n$	평복권 발전기
$\varepsilon(-)$	$V_o < V_n$	직권 발전기, 과복권 발전기

KEYWORD 127 직류 전동기의 원리

(1) **자계 속 도체가 받는 힘**

① 플레밍의 왼손 법칙

자계 속 도체에는 계자가 만드는 자속과 전기자 권선의 전류가 만드는 자속으로 회전력(토크)이 작용한다. 이때 도체가 받는 힘의 방향은 플레밍의 왼손 법칙을 따른다.

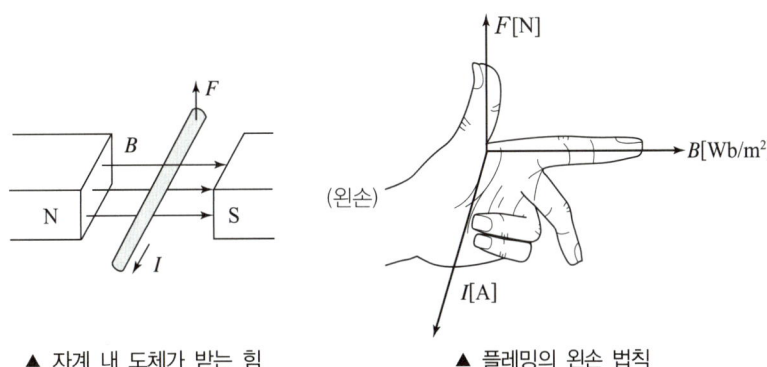

▲ 자계 내 도체가 받는 힘   ▲ 플레밍의 왼손 법칙

② 도체가 받는 힘: $F = IBl\sin\theta$[N]

(단, I: 도체에 흐르는 전류[A], B: 자속 밀도[Wb/m²], l: 도체의 길이[m], θ: 도체와 자장이 이루는 각)

(2) **직류 전동기**

① 정의: 전기 에너지를 기계적인 회전 운동으로 변환하는 기기

② 구조
  ㉠ 전기자: 플레밍의 왼손법칙에 의해 회전하는 부분(회전자)
  ㉡ 계자: 직류 전류를 흘리면 자속이 발생하는 부분(고정자)
  ㉢ 정류자: 전류의 방향을 일정하게 만드는 부분

(3) **역기전력**

① 정의: 전동기가 회전하면서 공급 전압에 반대 방향으로 유도된 역방향 전압이다.
② 발생 원리: 전동기 회전 → 회전자의 계자 자속 쇄교 작용 → 역방향 기전력 유도 (발전기처럼 작용)
③ 역기전력과 단자 전압의 관계
  ㉠ 역기전력 $E = \dfrac{pZ\phi}{60a}N$[V] (단, N: 분당 회전 속도[rpm])
  ㉡ 역기전력과 단자 전압의 관계

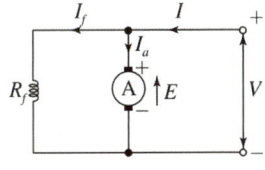

▲ 전동기의 역기전력

$$E = V - I_a R_a = K\phi N [\text{V}]$$

(단, V: 단자 전압[V], I_a: 전기자 전류[A], R_a: 전기자 저항[Ω])

(4) 회전 속도

① 직류 전동기의 역기전력을 회전 속도 N에 대해 정리하면 다음과 같다.

$$N = K\frac{E}{\phi} = K\frac{V - I_a R_a}{\phi} \text{[rpm]}$$

(단, $K = \frac{60a}{pZ}$)

② 위 식으로부터 역기전력 E[V]는 회전 속도 N에 비례함을 알 수 있다.

(5) 토크(회전력)

① 정의
  ㉠ 회전축으로부터 1[m] 떨어진 곳에서 1[kg]의 물체가 중력을 받아 회전할 때 1[kg·m]의 토크가 작용한다.
  ㉡ 토크의 기호는 T를 사용하고 단위는 [kg·m] 또는 [N·m]를 사용한다.

② 직류 전동기의 토크

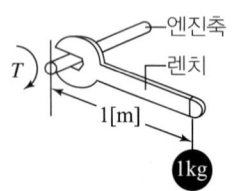

▲ 토크의 개념

$$T = \frac{P}{\omega} = \frac{EI_a}{2\pi \times \frac{N}{60}} = \frac{pZ}{2\pi a}\phi I_a \text{[N·m]}$$

(단, P: 전동기 출력[W], I_a: 전기자 전류[A], N: 분당 회전 속도[rpm])

③ 단위에 따른 토크 표현

㉠ $T = \frac{P}{\omega} = \frac{P}{2\pi\frac{N}{60}} = \frac{60P}{2\pi N} = 9.55\frac{P}{N}$[N·m]

㉡ $T = \frac{1}{9.8} \times 9.55\frac{P}{N} = 0.975\frac{P}{N}$[kg·m] ($\because$ [1kg·m] = 9.8[N·m])

KEYWORD 128   직류 전동기의 종류

(1) 타여자 전동기

① 등가 회로: 별도의 전원에 의해 계자가 여자되고, 계자와 전기자가 서로 독립된 구조로 구성된 전동기이다.

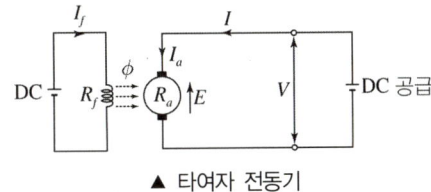

▲ 타여자 전동기

- 역기전력: $E = V - I_a R_a [\text{V}]$
- 회전 속도: $N = K\dfrac{E}{\phi} = K\dfrac{V - I_a R_a}{\phi}[\text{rpm}]$ (단, $K = \dfrac{60a}{pZ}$)
- 토크: $T = K'\phi I_a [\text{N·m}]$ (단, $K' = \dfrac{pZ}{2\pi a}$)

(단, I_a: 전기자 전류[A], R_a: 전기자 저항[Ω])

② 특징
    ㉠ 정속도 전동기: 계자 전류가 일정하므로 자속(ϕ)과 속도가 일정하다.
    ㉡ 속도를 세밀하고 광범위하게 조정할 수 있다.
    ㉢ 전원의 극성을 반대로 하면 회전 방향이 반대가 된다.

③ 용도: 압연기, 엘리베이터 등 세밀한 속도 조정이 필요한 곳

(2) 자여자 전동기

① 분권 전동기
    ㉠ 등가 회로: 계자와 전기자가 병렬로 접속되어 있는 전동기이다.

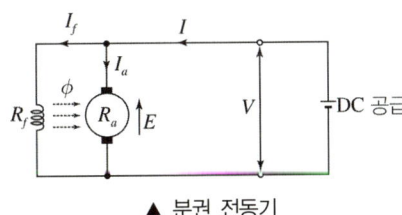

▲ 분권 전동기

- 역기전력: $E = V - I_a R_a [\text{V}]$
- 회전 속도: $N = K\dfrac{E}{\phi} = K\dfrac{V - I_a R_a}{\phi}[\text{rpm}]$
- 토크: $T = K'\phi I_a [\text{N·m}]$

ⓒ 특징
- 정속도 전동기: 부하가 증가할 때 속도는 감소하나 그 폭이 크지 않다.
- 계자 회로의 단선 시 위험 속도에 도달하므로 계자 권선에 퓨즈를 삽입하면 안 된다.
- 공급 전원의 방향을 반대로 해도 회전 방향은 변하지 않는다.

ⓒ 용도: 정속도, 정토크 특성을 갖는 기기, 송풍기, 권선기 등

② 직권 전동기

㉠ 등가 회로: 계자와 전기자가 직렬로 접속되어 있는 전동기이다.

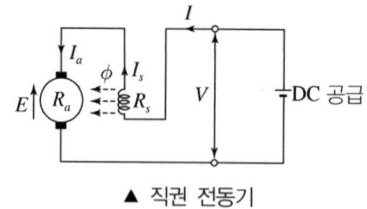

▲ 직권 전동기

- 역기전력: $E = V - I_a(R_a + R_s)[\text{V}]$
- 회전 속도: $N = K\dfrac{E}{\phi} = K\dfrac{V - I_a(R_a + R_s)}{\phi}[\text{rpm}]$

(단, R_s: 직권 계자 저항[Ω], I_s: 직권 계자 전류[A])

㉡ 토크: $I = I_a = I_s[\text{A}]$이므로, 자속 $\phi = K_a I_a[\text{Wb}]$라 하면 토크는 다음과 같다.

$$T = K'\phi I_a = K'(K_a I_a)I_a = k I_a^2 [\text{N}\cdot\text{m}]$$

ⓒ 특징
- 부하가 증가할 때 속도가 현저하게 감소하는 가변 속도 특성을 가진다.
- 정격 전압 상태에서 무부하 운전 시 위험 속도에 도달하므로 무부하 운전 또는 벨트 운전을 하지 않는다.

㉣ 용도: 전차용 전동기, 권상기 · 크레인 등 매우 큰 기동 토크가 필요한 곳

KEYWORD 129   직류 전동기의 속도 – 토크 특성

(1) 직류 전동기의 속도 특성

① 직류 전동기의 속도 특성 곡선을 이용하면 각 전동기별 속도 특성을 한눈에 알 수 있다.

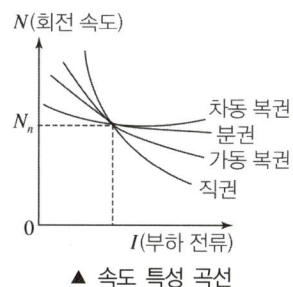

▲ 속도 특성 곡선

② 속도 변동이 큰 순서: 직권 전동기 > 가동 복권 전동기 > 분권 전동기 > 차동 복권 전동기

(2) 직류 전동기의 토크 특성

① 직류 전동기의 토크 특성을 이용하면 각 전동기별 토크 특성을 한눈에 알 수 있다.

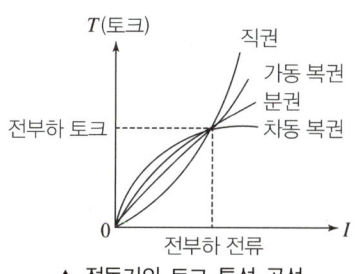

▲ 전동기의 토크 특성 곡선

② 토크 변동이 큰 순서: 직권 전동기 > 가동 복권 전동기 > 분권 전동기 > 차동 복권 전동기

KEYWORD 130 직류 전동기의 운전

(1) 직류 전동기의 기동

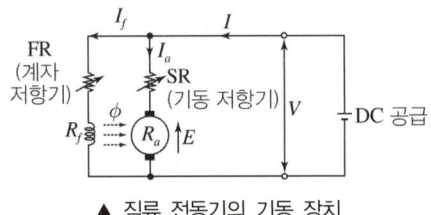

▲ 직류 전동기의 기동 장치

① 기동 저항기(SR): 최대 위치에 두어 기동 전류를 줄인다.
② 계자 저항기(FR): 최소(0) 위치에 두어 계자 전류를 크게 하여 기동 토크를 보상한다.

(2) 직류 전동기의 속도 제어

① 직류 전동기의 속도 $N = K\dfrac{V - I_a R_a}{\phi}$[rpm]으로, 계자, 저항, 전압 등의 요소로 속도를 제어할 수 있다.

② 계자 제어
  ㉠ 계자 저항기(FR)을 조절하여 계자 자속을 변화시킨다.
  ㉡ 계자 저항기에 흐르는 전류가 적어 전력 손실이 적다.
  ㉢ 제어 방법이 비교적 단순하지만, 속도 제어 범위가 좁다.(정출력 제어)

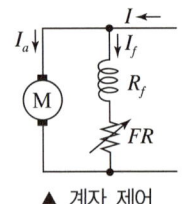

▲ 계자 제어

③ 저항 제어
  ㉠ 전기자 저항에 직렬로 저항을 연결하여 속도를 제어하는 방법이다.
  ㉡ 부하 증가에 따라 큰 전기자 전류가 저항에 흐르므로 전력 손실이 크다.

④ 전압 제어: 전동기의 공급 전압을 조절하여 속도를 제어하는 방법으로, 정토크 특성이 있다.
  ㉠ 워드 레오나드 방식
    • 전동기 단자 전압 V[V]를 타여자 발전기로 조절하는 방법이다.
    • 광범위한 속도 제어가 가능하고, 효율이 좋다.
    • 제철용 압연기, 엘리베이터 등에 쓰인다.
  ㉡ 일그너 방식
    • 플라이 휠 효과를 이용하여 관성 모멘트를 크게 하는 방법이다.
    • 부하가 급변하는 곳에 사용한다.

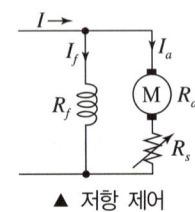

▲ 저항 제어

(3) 직류 전동기의 제동

① 발전 제동: 전기자에서 발생하는 역기전력을 전기자에 병렬 접속된 저항에서 열로 소비하여 제동하는 방법
② 회생 제동: 전기자에서 유기된 기전력을 전원 전압보다 크게 하고 전원 측에 반환하여 제동하는 방법
③ 역전 제동(플러깅): 전기자 회로의 극성이 반대일 때 발생하는 역토크로 전동기를 급제동시키는 방법

KEYWORD 131 직류기의 효율

(1) 전기기기의 손실

① 철손: 자기 회로 중 자속이 시간에 따라 변하면서 생기는 철심의 전력 손실이다.
  ㉠ 히스테리시스손: 철심 내 자계에 의해 자속 밀도가 포화되면서 철심 내에 발생하는 잔류 자기 손실

$$P_h = \eta f B_m^n \,[\text{W/m}^3]$$

  (단, η: 철심의 고유 상수, f: 주파수[Hz], B_m: 최대 자속 밀도[Wb/m²], n: 스타인메츠 상수(1.6~2.5))

  • 감소 대책: 철심에 규소를 약 4[%] 정도 함유시킨 규소 강판을 사용한다.

  ㉡ 와전류손(와류손): 철심 내 자계 변화로 맴돌이 전류(와전류)가 발생하여 생기는 손실

$$P_e = \eta f^2 t^2 B_m^2 \,[\text{W/m}^3]$$

  (단, η: 철심의 고유 상수, t: 철심의 두께[m])

  • 감소 대책: 얇은 철심(성층 철심)을 약 0.35[mm] 겹쳐서 사용한다.

② 동손: 코일에 전류가 흘러 도체 내에 발생하는 저항 손실이다.
③ 표류 부하손: 부하 전류가 흐를 때 도체 또는 금속 내부에서 발생되는 손실이다.
④ 기계손: 전기자 회전에 따라 생기는 풍손, 베어링 및 브러시의 접촉에 의한 마찰 손실이 있다.

(2) 직류기의 효율

① 실측 효율: 직류기에 부하를 걸어 입력과 출력을 측정하고 계산한 효율

$$\eta = \frac{\text{출력[W]}}{\text{입력[W]}} \times 100[\%]$$

② 규약 효율: 기계적인 동력을 입력 또는 출력과 손실의 관계로 변환하여 나타낸 효율

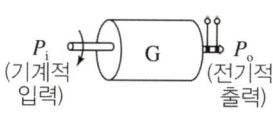

기계적 입력 측정이 어렵다.
▲ 발전기의 경우

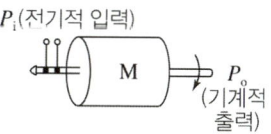

기계적 출력 측정이 어렵다.
▲ 전동기의 경우

• 발전기의 규약 효율: $\eta = \dfrac{\text{출력[W]}}{\text{출력}+\text{손실[W]}} \times 100[\%]$

• 전동기의 규약 효율: $\eta = \dfrac{\text{입력}-\text{손실[W]}}{\text{입력[W]}} \times 100[\%]$

③ 최대 효율 조건: 철손이 동손과 같아지는 운전 상태(고정손(철손) = 가변손(동손))

$$P_i = m^2 P_c [\text{W}]$$

(단, P_i: 철손[W], P_c: 전부하 시 동손[W], m: 부하율)

(3) 직류기의 시험법

① 토크 측정 시험
  ㉠ 전기 동력계를 사용하는 방법: 대형 직류기의 토크 측정에 사용
  ㉡ 프로니 브레이크법: 중·소형 직류기의 토크 측정에 사용
  ㉢ 보조 발전기 사용법

② 온도 상승 시험
  ㉠ 반환 부하법: 동일 정격의 두 기기를 각각 발전기, 전동기로 운전하여 손실만을 공급해 온도 상승 측정 (홉킨스법, 블론델법, 카프법)
  ㉡ 실부하법: 전구나 저항 등을 부하로 하는 방법으로, 전력 손실이 많이 발생하여 소형기기에만 사용한다.

③ 절연물의 최고 허용 온도: 절연물은 일반적으로 고온이 되면 열화하므로 허용 온도에 따라 7종으로 분류한다.

절연 재료	Y	A	E	B	F	H	C
허용 온도	90[℃]	105[℃]	120[℃]	130[℃]	155[℃]	180[℃]	180[℃] 초과

KEYWORD 132 동기 발전기

(1) 동기 발전기의 원리

① 동기 발전기의 원리
  ㉠ 3상 교류 기전력을 얻기 위해서 고정자의 철심 홈에 전기자 권선 a-a′, b-b′, c-c′를 각각 전기각 120°로 연결한다.
  ㉡ a′, b′, c′를 모두 단락하여 Y결선을 하고 여자 전류를 흘려 자극 N, S를 회전시키면 A, B, C 각 상의 고정자 코일의 출력단자에 120° 간격으로 3상 교류 기전력이 발생한다.
  ㉢ 극수 p의 동기 발전기로 주파수 f[Hz]의 교류를 발생시키는 회전 속도를 동기 속도 N_s라고 한다.

$$N_s = \frac{120f}{p} [\text{rpm}]$$

(단, N_s: 동기 속도[rpm], f: 주파수[Hz], p: 극수)

(2) 동기 발전기의 구조

① 고정자: 전기자 권선이나 부하 권선을 지지하는 것으로, 부하와 연결되어 3상 기전력을 공급한다.
② 회전자: 계자에 전류를 흘려 자속을 만드는 부분으로 돌극형과 비돌극형이 있다.

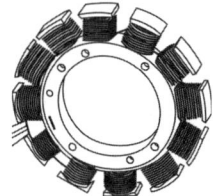
▲ 돌극형 회전자

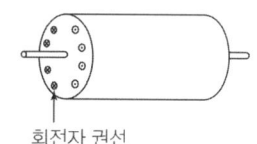
▲ 원통형 회전자

구분	돌극형(철극형)	원통형(비돌극형)
공극	넓고 불균일	좁고 균일
극수	많다.	적다.(2~4극)
용도	저속기	고속기

③ 여자기: 계자에 100~250[V]의 직류 전압을 인가하여 직류 전류를 흘려 주는 장치이다.

(3) 동기 발전기의 분류

① 회전자에 따른 분류

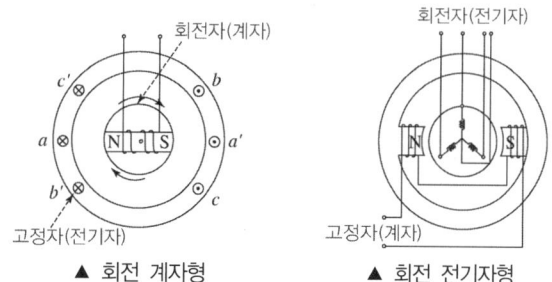

▲ 회전 계자형 ▲ 회전 전기자형

㉠ 회전 계자형: 전기자를 고정자로 하고 계자극을 회전자로 한 것
㉡ 회전 전기자형: 계자극을 고정자로 하고 전기자를 회전자로 한 것
㉢ 유도자형: 계자극과 전기자를 고정하고 가운데 유도자(회전자)를 놓은 다극형 특수 동기 발전기로, 고주파를 유기시킨다.

② 원동기에 따른 분류

구분	수차 발전기(수력발전소)	터빈 발전기(화력, 원자력발전소)
회전자형	돌극형 회전 계자형	원통형 회전 계자형
냉각 방식	공기 냉각 방식	수소 냉각 방식
용도	저속기	고속기
극수	많다.	적다.(2, 4극)
원심력	크다.	작다.
회전자	지름은 크고 길이는 작다.	지름은 작고 길이는 길다.

③ 냉각 방식에 따른 분류
  ㉠ 공기 냉각 방식: 소형, 중형, 대형 저속기에 사용
  ㉡ 수소 냉각 방식, 유냉각 방식, 가스 냉각 방식: 대형 고속기에 사용

(4) **회전 계자형을 사용하는 이유**
  ① 회전 시 기계적으로 튼튼하고 크기가 작다.
  ② 소요 전력이 작고 발전기 제작과 경제성 면에서 유리하다.
  ③ 전기자의 절연이 용이하고, 고장 시의 과도 안정도를 높이기 쉽다.

KEYWORD 133 동기기의 전기자 권선법과 유기 기전력

동기기의 전기자 권선법은 주로 이층권, 중권, 분포권, 단절권을 사용한다.

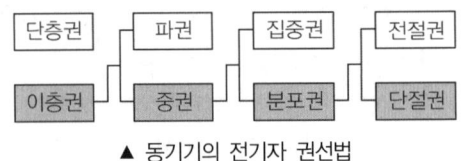
▲ 동기기의 전기자 권선법

(1) **전절권과 단절권**
  ① 전절권: 코일 간격이 극 간격과 같은 권선 방법
  ② 단절권: 코일 간격이 극 간격보다 작은 권선 방법
    ㉠ 특징
      • 고조파를 제거하여 기전력의 파형을 개선한다.
      • 권선단의 길이가 짧아져서 기계 전체의 길이가 축소된다.
      • 동량이 적게 들어 동손이 감소한다.
      • 전절권에 비해 유기 기전력이 감소한다.

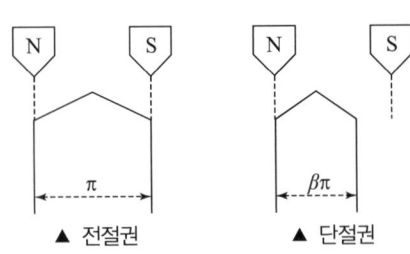
▲ 전절권　　▲ 단절권

ⓒ 단절권 계수(K_p)

$$K_p = \sin\frac{\beta\pi}{2}$$

(단, $\beta = \dfrac{\text{코일 간격}}{\text{극 간격}} = \dfrac{\beta\pi}{\pi}$)

(2) 집중권과 분포권

① 집중권: 매극 매상의 도체를 1개의 슬롯에 집중시켜 권선하는 방법
② 분포권: 매극 매상의 도체를 2개 이상의 슬롯에 분포하여 권선하는 방법
  ㉠ 특징
    • 고조파를 제거하여 기전력의 파형을 개선한다.
    • 권선의 누설 리액턴스가 감소한다.
    • 권선의 과열을 방지한다.(열발산 효과 우수)
    • 집중권에 비해 유기 기전력이 감소한다.
  ㉡ 분포권 계수(K_d)

$$K_d = \frac{\sin\dfrac{\pi}{2m}}{q\sin\dfrac{\pi}{2mq}}$$

(단, m: 상수, q: 매극 매상당 슬롯수)

  ㉢ 권선 계수(K_w)

$$K_w = K_p \times K_d < 1$$

(3) 유기 기전력

① 코일에 의한 유기 기전력

$$e = -N\frac{d\phi}{dt}[\text{V}]$$

(단, N: 권선수, ϕ: 자속[Wb])

② 기전력의 실효값

$E = 4.44 K_d K_p f \phi w [\text{V}]$

(단, K_d: 분포권 계수, K_p: 단절권 계수, ϕ: 자속[Wb], w: 1상당 권수[회])

(4) **고조파 제거 대책**

기전력을 정현파로 하기 위한 방법은 다음과 같다.
① 매극 매상의 슬롯수(q)를 크게 한다.
② 단절권 및 분포권을 사용한다.
③ 반폐 슬롯을 사용한다.
④ 전기자 철심을 사구(skewed slot)로 적용한다.
⑤ 공극의 길이를 크게 한다.

KEYWORD 134 전기자 반작용

(1) **전기자 반작용**
① 의미: 전기자 권선에서 발생한 전기자 자속이 계자 권선에서 발생한 계자 자속에 영향을 주는 현상

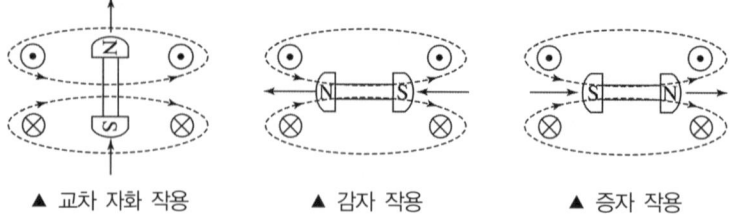

▲ 교차 자화 작용　　▲ 감자 작용　　▲ 증자 작용

② 종류
  ㉠ 교차 자화 작용: 주자속을 한쪽으로 기울게 하는 편자 작용을 한다.
  ㉡ 감자 작용: 전기자 자속이 주자속과 반대 방향으로 작용하여 계자극의 자속을 약하게 한다.
  ㉢ 증자 작용: 전기자 자속이 주자속과 같은 방향으로 작용하여 계자극의 자속을 강하게 한다.

(2) **동기 발전기와 동기 전동기의 전기자 반작용**

기기 종류	R 부하(동상)	L 부하(지상)	C 부하(진상)
동기 발전기	교차 자화 작용(횡축 반작용)	감자 작용	증자 작용
동기 전동기	교차 자화 작용(횡축 반작용)	증자 작용	감자 작용

KEYWORD 135 동기 발전기의 등가 회로

(1) 동기 임피던스

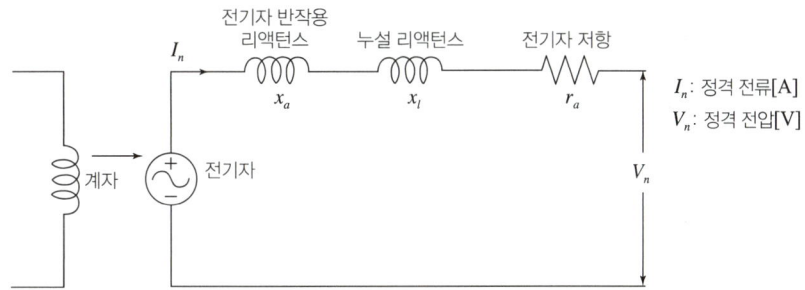

▲ 동기 발전기의 등가 회로

① 전기자 반작용 리액턴스 x_a: 부하가 있을 때 전기자 반작용에 의한 자속으로 생기는 리액턴스
② 누설 리액턴스 x_l: 전기자 전류가 만드는 자속 중 전기자 권선에만 쇄교할 때(누설 자속) 발생하는 리액턴스
③ 동기 리액턴스 x_s: 전기자 전류로 발생한 리액턴스의 합($x_s = x_a + x_l[\Omega]$)
④ 동기 임피던스 Z_s: 동기 발전기 1상분의 대한 임피던스

$$Z_s = r_a + jx_s = r_a + j(x_a + x_l)[\Omega]$$

(단, r_a: 전기자 저항[Ω])

(2) 동기 발전기의 출력

① 원통형(비돌극형)

- 단상: $P = \dfrac{EV}{x_s}\sin\delta[W]$
- 3상: $P = 3 \times \dfrac{EV}{x_s}\sin\delta[W]$

(단, P: 출력[W], E: 유기 기전력[V], V: 정격 전압[V], x_s: 동기 리액턴스[Ω], δ: 부하각)

② 돌극형(철극형)

$$P = \dfrac{EV}{x_d}\sin\delta + \dfrac{V^2(x_d - x_q)}{2x_d x_q}\sin 2\delta[W]$$

(단, x_d: 직축 반작용 리액턴스[Ω],
x_q: 횡축 반작용 리액턴스[Ω])

부하각(δ) 60°일 때 최대 출력 발생

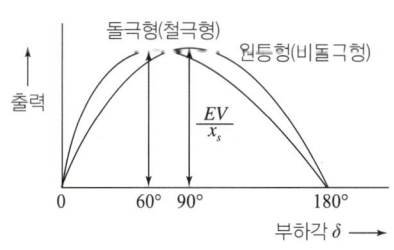

▲ 동기기의 출력

(3) %동기 임피던스

① 동기 임피던스 Z_s: 정격 유기 기전력을 단락 전류로 나눈 값

$$Z_s = \sqrt{r_a^2 + x_s^2} = \frac{E}{I_s} = \frac{V}{\sqrt{3}\,I_s}[\Omega]$$

② %동기 임피던스 $\%Z_s$: 정격 전류 I_n에 의한 임피던스 강하와 정격 유기 기전력의 비의 백분율

$$\%Z_s = \frac{I_n Z_s}{E} \times 100 = \frac{P_n Z_s}{V^2} \times 100[\%] = \frac{I_n}{I_s} \times 100[\%]$$

(4) 단락비

① 단락 전류

동기 발전기가 정격 속도, 정격 전압, 무부하로 운전 중일 때 3상 단락이 일어나는 경우 단락 전류가 발생한다.

$$I_s = \frac{E}{Z_s} = \frac{E}{\sqrt{r_a^2 + x_s^2}} \fallingdotseq \frac{E}{x_s}[\mathrm{A}]$$

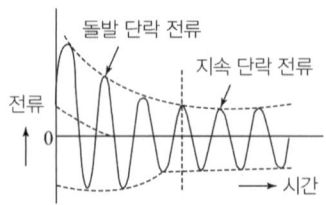

▲ 3상 단락 전류

㉠ 돌발 단락 전류: 단락 직후 누설 리액턴스(x_l)에 의한 전류

$$I_s = \frac{E}{x_l}[\mathrm{A}]$$

㉡ 지속 단락 전류: 단락 후 일정 시간이 지난 뒤 누설 리액턴스와 전기자 반작용 리액턴스(x_a)에 의한 전류

$$I_s = \frac{E}{x_l + x_a} = \frac{E}{x_s}[\mathrm{A}]$$

② 단락비: 무부하 시 정격 전압을 유기하는 데 필요한 여자 전류(I_{fs})와 3상 단락 시 정격 전류와 같은 단락 전류를 흘리는 데 필요한 여자 전류(I_{fn})의 비

$$K_s = \frac{I_{fs}}{I_{fn}} = \frac{I_s}{I_n} = \frac{100}{\%Z_s} = \frac{10^3 V^2}{P_n Z_s} = \frac{1}{Z[\mathrm{p.u}]}$$

③ 단락비가 큰 기계의 특성: 송전·충전 용량이 크며 여러 가지 장단점이 있다.

장점	단점
• 동기 임피던스가 작다. • 전압 변동률이 작다. • 전기자 반작용이 작다. • 출력이 증가한다. • 과부하 내량이 크고 안정도가 높다. • 자기 여자 현상이 적다.	• 단락 전류가 크다. • 철손이 증가하여 효율이 감소한다. • 발전기 구조가 커져 가격이 높아진다. • 계자 기자력이 높아져 공극이 커진다.

KEYWORD 136 동기 발전기의 병렬 운전

(1) **병렬 운전 조건**

기전력의 크기, 위상, 주파수, 파형, 상회전 방향이 같을 것

(2) **병렬 운전 조건 불일치 시 현상**

① 기전력의 크기가 다를 경우

　㉠ 발전기 내부에 무효 횡류(순환 전류) I_c가 흘러 단자 전압을 같게 만들지만 발전기 온도가 상승한다.

$$I_c = \frac{E_1 - E_2}{2Z_s} = \frac{E_r}{2Z_s}[A]$$

　(단, I_c: 무효 횡류[A], E_r: 기전력의 차[V])

　㉡ 대책: 여자 전류를 조정한다.(여자 전류를 높인 발전기는 역률 저하, 여자 전류를 낮춘 발전기는 역률 향상

② 기전력의 위상이 다를 경우

　㉠ 발전기 내부에 유효 순환 전류(동기화 전류)가 흘러 위상을 같게 만들지만 발전기 온도가 상승한다.

- $I_s = \dfrac{E}{x_s} \sin\dfrac{\delta}{2}$[A](단, I_s: 동기화 전류[A], δ: 위상차)
- $P_s = \dfrac{E^2}{2x_s} \sin\delta$[W](단, P_s: 수수 전력[W])
- $P_{cs} = \dfrac{dP_s}{d\delta} = \dfrac{E^2}{2x_s} \cos\delta$[W](단, P_{cs}: 동기 화력[W])

　㉡ 대책: 원동기의 출력을 조절한다.(위상이 앞선 발전기에서 위상이 뒤진 발전기 측으로 동기 화력을 발생시켜 위상을 맞춘다.)

③ 기전력의 주파수가 다를 경우

　㉠ 기전력의 위상이 일치하지 않는 시간이 생기고 동기화 전류가 발생하면서 난조가 발생한다.

　㉡ 대책: 제동 권선을 설치한다.

④ 기전력의 파형이 다를 경우

　㉠ 고조파가 유입되어 기전력의 파형이 다르면 고조파 무효 순환 전류가 발생하여 발전기 과열의 원인이 된다.

　㉡ 대책: 발전기의 고조파 유입을 방지한다.

KEYWORD 137　자기 여자 현상과 난조

(1) 자기 여자 현상
① 정의: 발전기와 연결된 장거리 송전 선로 충전 전류(진상 전류)의 영향으로 여자 상태에 상관없이 발전기에 전압이 발생하거나 발전기 단자 전압이 이상적으로 상승하는 현상
② 방지 대책
　㉠ 2대 이상의 동기 발전기를 모선에 연결
　㉡ 수전단에 병렬 리액터(분로 리액터)를 연결
　㉢ 수전단에 여러 대의 변압기를 병렬로 연결
　㉣ 동기 조상기를 연결하여 부족 여자로 운전
　㉤ 단락비를 크게 할 것(충전 용량 증가)

(2) 난조
① 정의: 부하 급변 시 동기 속도보다 낮아져 속도 재조정을 위한 진동이 발생하는데, 이때 진동 주기와 동기기 고유 진동이 공진하여 진동이 계속 증대되는 현상
② 탈조(동기이탈): 난조 현상의 정도가 심해질 경우 동기 운전을 이탈하게 되는 현상
③ 원인
　㉠ 원동기의 조속기 감도가 너무 예민한 경우
　㉡ 부하가 급변하거나 전기자 저항이 큰 경우
　㉢ 원동기 토크에 고조파가 포함된 경우
④ 방지 대책
　㉠ 제동 권선 설치(가장 확실한 난조 방지 대책)
　㉡ 원동기의 조속기 감도 억제
　㉢ 단락비를 크게 하고 속응 여자 방식을 채용
　㉣ 회전자에 플라이-휠 사용(관성 모멘트 증대)
　㉤ 분포권, 단절권 사용(고조파 제거)
⑤ 제동 권선(난조 방지 권선)
　㉠ 동기 발전기에서 난조를 방지하여 일정한 회전을 유지해 주는 권선
　㉡ 제동 권선의 역할
　　• 난조의 방지: 기계적인 플라이-휠과 비슷한 작용을 전기적으로 실행하여, 속도가 변할 때 제동 권선에 전류를 흘려 동력을 유발함으로써 속도 변화를 막는다.
　　• 동기 전동기의 제동 권선은 유도기의 농형 권선과 같은 역할을 하며, 기동 토크를 발생시킨다.
　　• 불평형 부하 시에 전류, 전압 파형을 개선한다.
　　• 송전선의 불평형 단락 시에 이상 전압을 방지한다.

KEYWORD 138 　동기 발전기의 안정도

(1) 안정도의 종류
① 정태 안정도: 일정한 여자에서 부하가 증가할 때 탈조 현상이 일어나지 않는 범위 내에서 안정하게 운전할 수 있는 정도

$$\text{정태 안정 극한 전력 } P = \frac{EV}{x_s} \sin\delta [\text{W}]$$

② 동태 안정도: 발전기를 송전선에 접속하고 자동 전압 조정기(AVR)로 여자 전류를 제어할 때 발전기 단자 전압이 정전압으로 안정하게 운전할 수 있는 정도
③ 과도 안정도: 부하 급변, 선로 개폐, 고장 등에 의해 운전 상태가 급변한 후 안정하게 운전할 수 있는 정도

(2) 안정도 증진 대책
① 단락비를 크게 한다.
② 회전자에 플라이 휠을 설치하여 관성 모멘트를 크게 한다.
③ 속응 여자 방식을 채용한다.
④ 조속기 동작을 신속히 한다.(전기식 조속기 채용)
⑤ 동기 임피던스를 작게 한다.(정상 임피던스를 작게 한다.)
⑥ 영상 임피던스와 역상 임피던스를 크게 한다.

KEYWORD 139 　동기 전동기의 특성

(1) 동기 전동기의 특징과 용도
① 동기 전동기의 특징

장점	단점
• 속도가 일정하다. • 역률을 조정할 수 있다. • 효율이 좋다. • 공극이 넓으므로 기계적으로 튼튼하다.	• 속도 조정이 곤란하다. • 기동 토크가 작기 때문에 별도의 기동 장치가 필요하다. • 직류 여자 장치가 필요하다. • 난조 발생이 빈번하다.

② 동기 전동기의 용도: 분쇄기, 압축기, 송풍기

(2) 동기 전동기의 기동

① 자기 기동
  ㉠ 자극 표면에 제동 권선을 설치하여 기동 토크를 발생시켜 기동하는 방법이다.
  ㉡ 계자 권선은 고전압이 발생할 우려가 있으므로 단락시킨다.
② 기동 전동기
  ㉠ 3상 유도 전동기를 사용하여 기동하는 방법이다.
  ㉡ 유도 전동기의 극수는 동기 전동기보다 2극 적게 한다.

(3) 동기 와트

① 동기 전동기의 토크

$$T = 0.975 \frac{P_o}{N_s} [\text{kg} \cdot \text{m}] = 9.55 \frac{P_o}{N_s} [\text{N} \cdot \text{m}]$$

(단, P_o: 출력[W], N_s: 동기 속도[rpm])

② 동기 와트
  ㉠ 전동기의 출력 P_o에서 출력은 토크와 속도의 곱으로 나타낸다.
  ㉡ 동기 전동기의 경우 속도 N_s은 항상 일정하므로 기계적 출력을 토크로 표시하고 이를 동기 와트라고 한다.
  $P_o = 1.026 N_s T [\text{W}]$

KEYWORD 140 위상 특성 곡선

(1) 위상 특성 곡선의 정의

부하와 공급 전압이 일정할 때 계자 전류 I_f와 전기자 전류 I_a의 관계를 나타낸 곡선이다.

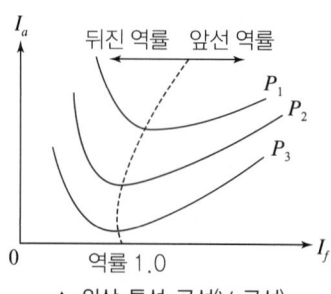

▲ 위상 특성 곡선(V 곡선)

(2) 특징

① 위상 특성 곡선(V 곡선)에서 여자 전류가 변화하면 전기자 전류, 역률, 부하각이 변한다.
　㉠ 과여자인 경우: 콘덴서 작용
　　계자 전류가 증가함에 따라 앞선 역률로 작용하므로 진상 무효 전류가 흐른다.
　㉡ 부족 여자인 경우: 리액터 작용
　　계자 전류가 감소함에 따라 뒤진 역률로 작용하므로 지상 무효 전류가 흐른다.
② 그래프가 위로 올라갈수록 출력은 증가한다. ($P_1 > P_2 > P_3$)
③ 역률이 1인 경우 전기자 전류는 최소가 된다.
④ 무부하 시 동기 전동기를 동기 조상기라고 한다.

KEYWORD 141　변압기

(1) 변압기의 구조

① 권선(1, 2차): 연동선, 알루미늄선을 사용한다.
　㉠ 분할 조립: 누설 자속 최소화
　㉡ 권선 절연: F ~ H종 사용
② 철심: 자기 회로 역할을 하는 것으로, 투자율과 저항률이 크고 히스테리시스손이 작은 규소 강판을 사용한다.
　㉠ 규소 함유량: 4 ~ 4.5[%]
　㉡ 강판 두께: 0.3 ~ 0.35[mm](최근 0.3[mm] 이하 사용)
③ 절연유: 절연 및 냉각 매체의 역할을 하는 것으로 일반적으로 광유(절연유)를 사용한다.
　㉠ 절연유의 구비 조건
　　• 절연 내력이 클 것
　　• 비열이 커서 냉각 효과가 크고 점도가 작을 것
　　• 인화점은 높고 응고점은 낮을 것
　　• 고온에서 산화되지 않고 석출물이 생기지 않을 것
④ 변압기 절연유의 열화: 절연유의 절연 내력이 저하되는 현상
　㉠ 원인: 공기 중의 수분 흡수, 산소와의 반응(산화 작용)
　㉡ 영향: 절연 내력 저하, 냉각 효과 감소, 절연유 부식 및 침식 작용으로 인한 변압기 수명 단축
　㉢ 열화 방지 대책: 개방형 콘서베이터로 공기 침입을 방지한다, 콘서베이터 내에 질소 및 흡착제를 삽입한다.

(2) 이상적인 변압기

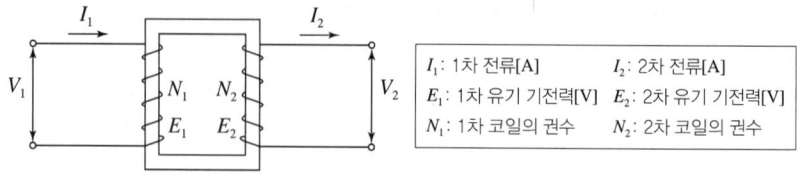

▲ 이상적인 변압기 회로

① 이상적인 변압기에서는 전력 손실이 없으므로 출력 전력 $P_2[W]$과 입력 전력 $P_1[W]$이 같다.
  ㉠ $P_1 = V_1 I_1 [W]$, $P_2 = V_2 I_2 [W]$
  ㉡ $V_1 I_1 = V_2 I_2 \rightarrow \dfrac{V_1}{V_2} = \dfrac{I_2}{I_1}$

② 권수비 $a = \dfrac{V_1}{V_2} = \dfrac{I_2}{I_1} = \dfrac{E_1}{E_2} = \dfrac{N_1}{N_2}$

(3) 변압기의 유기 기전력

① 1차 유기 기전력 E_1
  ㉠ 1차 전압 $v_1 = \sqrt{2}\, V_1 \sin \omega t [V]$ 인가 시 여자전류 $I_0[A]$ 발생
  ㉡ 누설 자속이 없는 경우 교변 자속 $\phi = \phi_m \sin(\omega t - 90°)[Wb]$ 발생

$$E_1 = \dfrac{N_1 \phi_m 2\pi f}{\sqrt{2}} = 4.44 f \phi_m N_1 [V]$$

(단, N_1: 1차 측 권선수, ϕ_m: 자속의 최댓값[Wb], f: 주파수[Hz])

② 2차 유기 기전력 E_2: 교번 자속 $\phi[Wb]$는 2차 권선을 통과하여 1차 유기 기전력과 동상으로 기전력을 유도한다.

$$E_2 = \dfrac{N_2 \phi_m 2\pi f}{\sqrt{2}} = 4.44 f \phi_m N_2 [V]$$

(단, N_2: 2차 측 권선수, ϕ_m: 자속의 최댓값[Wb], f: 주파수[Hz])

(4) 변압기의 누설 리액턴스

① 실제 변압기는 1차 권선과 2차 권선에 누설 자속이 있다.
② 누설 리액턴스

$$x_l = \omega L = 2\pi f \times \dfrac{\mu N^2 S}{l} \propto N^2$$

(단, f: 주파수[Hz], μ: 투자율[H/m], l: 자로 길이[m], S: 단면적[m²])

KEYWORD 142 변압기의 등가 회로

(1) 등가 회로

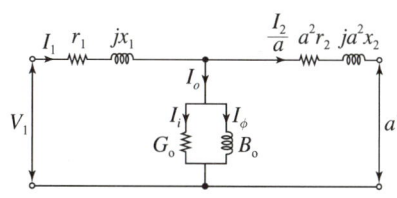

▲ 변압기의 등가 회로

I_o: 무부하 전류(여자 전류)[A]
I_i: 철손 전류[A]
I_ϕ: 자화 전류[A]

① 등가 회로에 필요한 시험과 측정 가능한 성분

구분	무부하 시험	단락 시험	권선 저항 측정 시험
측정 성분	• 철손 • 여자(무부하) 전류 • 여자 어드미턴스	• 동손(임피던스 와트) • 임피던스 전압 • 단락 전류	• 권선 저항

② 여자 전류: 변압기의 2차 측을 개방하고 1차 측에 교류 전압 인가 시 1차 측 권선에 발생하는 무부하 전류 I_o[A]
  ㉠ 철심의 자기 포화 및 히스테리시스 현상에 의해 제3 고조파가 가장 많이 포함되어 있다.
  ㉡ 여자 전류 성분
    • 여자 전류 $I_o = I_i + jI_\phi = Y_o V_1 = (G_o - jB_o) V_1$
      (단, Y_o: 여자 어드미턴스[℧], G_o: 여자 컨덕턴스[℧], B_o: 여자 서셉턴스[℧], V_1: 1차 정격 전압[V])
    • 철손 전류: 변압기 철심에서 철손을 발생시키는 전류 성분, $I_i = \dfrac{P_i}{V_1}$[A](단, P_i: 철손[W])
    • 자화 전류: 변압기 철심에서 자속만을 발생시키는 전류 성분, $I_\phi = \sqrt{I_o^2 - I_i^2}$[A]
  ㉢ 여자 어드미턴스의 성분
    • 여자 어드미턴스 $Y_o = \dfrac{I_o}{V_1} = \sqrt{G_o^2 + B_o^2}$[℧]
    • 여자 컨덕턴스 $G_o = \dfrac{P_i}{V_1^2}$[℧]
    • 여자 서셉턴스 B_o[℧]

③ 임피던스 전압(V_s): 변압기 2차 측을 단락하고 1차 측에 전압을 가했을 때 1차 측 전류가 1차 측 정격 전류와 같을 때 1차 측에 가해 준 전압으로, 변압기 내부의 전압 강하와 같다.

$$V_s = I_{1n} Z_{21} [V]$$

(단, I_{1n}: 1차 측 정격 전류[A])

④ 임피던스 와트: 임피던스 전압을 걸었을 때의 입력으로, 동손과 같다.

$$P_s = I_{1n}^2 \times r_{21} [\text{W}]$$

(단, r_{mn}: m차 측 저항을 n차 측으로 변환한 등가 저항[Ω])

(2) **전압, 전류, 임피던스의 변환**

① 2차를 1차로 변환

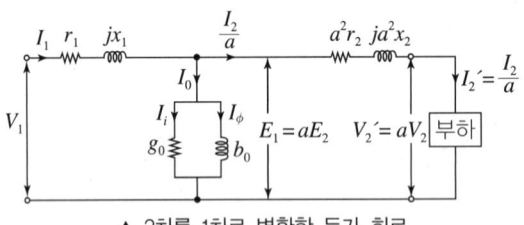

▲ 2차를 1차로 변환한 등가 회로

㉠ 전압, 전류, 임피던스의 변환

- $V_2' = aV_2[\text{V}]$
- $I_2' = \dfrac{1}{a}I_2[\text{A}]$
- $Z_2' = \dfrac{V_2'}{I_2'} = a^2 Z_2[\Omega]$

(단, V_2', I_2', Z_2': 2차를 1차로 변환한 전압[V], 전류[A], 임피던스[Ω])

㉡ 1차 측에서 본 등가 임피던스 $Z_{21} = Z_1 + Z_2' = r_{21} + jx_{21}[\Omega]$

(단, r_n: n차 측 저항[Ω], x_n: n차 측 누설 리액턴스[Ω])

② 1차를 2차로 변환

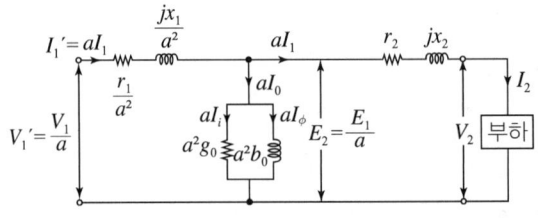

▲ 1차를 2차로 변환한 등가 회로

㉠ 전압, 전류, 임피던스의 변환

- $V_1' = \dfrac{1}{a}V_1[\text{V}]$
- $I_1' = aI_1[\text{A}]$
- $Z_1' = \dfrac{V_1'}{I_1'} = \dfrac{1}{a^2}Z_1[\Omega]$

(단, V_1', I_1', Z_1': 1차를 2차로 변환한 전압[V], 전류[A], 임피던스[Ω])

㉡ 2차 측에서 본 등가 임피던스 $Z_{12} = Z_1' + Z_2 = r_{12} + jx_{12}[\Omega]$

KEYWORD 143 전압 변동률

(1) 전압 변동률

$$\varepsilon = \frac{V_{20} - V_{2n}}{V_{2n}} \times 100\,[\%] = p\cos\theta \pm q\sin\theta\,[\%]\,(+: \text{지상 역률}, -: \text{진상 역률})$$

(단, V_{20}: 무부하 2차 단자 전압[V], V_{2n}: 2차 정격 전압[V])

(2) 백분율 강하

① %저항 강하(백분율 저항 강하)

$$\%R = p = \frac{I_{1n}r_{21}}{V_{1n}} \times 100 = \frac{I_{2n}r_{12}}{V_{2n}} \times 100 = \frac{P_s}{P_n} \times 100\,[\%]$$

(단, I_{1n}, V_{1n}: 1차 측 정격 전류, 전압, I_{2n}, V_{2n}: 2차 측 정격 전류, 전압, P_s: 임피던스 와트[W], P_n: 정격 출력[W])

② %리액턴스 강하(백분율 리액턴스 강하)

$$\%X = q = \frac{I_{1n}x_{21}}{V_{1n}} \times 100 = \frac{I_{2n}x_{12}}{V_{2n}} \times 100 = \sqrt{(\%Z)^2 - p^2}\,[\%]$$

③ %임피던스 강하(백분율 임피던스 강하)

$$\%Z = z = \frac{I_{1n}Z_{21}}{V_{1n}} \times 100 = \frac{V_s}{V_{1n}} \times 100 = \frac{I_n}{I_s} \times 100 = \frac{PZ}{V^2} \times 100 = \sqrt{p^2 + q^2}\,[\%]$$

(단, I_s: 단락 전류[A])

KEYWORD 144 변압기의 손실과 효율

(1) 변압기의 손실

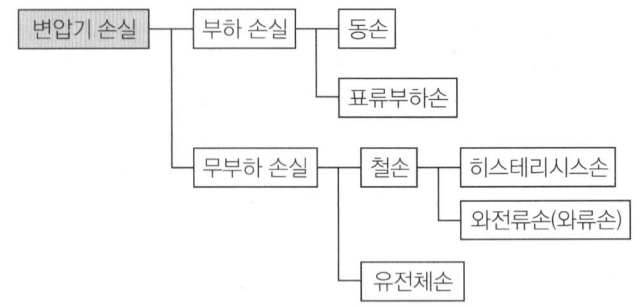

▲ 변압기 손실의 종류

① 히스테리시스손 $P_h[\text{W/m}^3] = k_h f B_m^2 = k_h f \left(\dfrac{E}{4.44fN}\right)^2 \propto \dfrac{E^2}{fN^2}$

② 와류손 $P_e[\text{W/m}^3] = k_e t^2 f^2 B_m^2 = k_e f^2 t^2 \left(\dfrac{E}{4.44fN}\right)^2 \propto \dfrac{E^2}{N^2}$

(2) 변압기의 효율

① 규약 효율 $\eta = \dfrac{2\text{차 출력}}{2\text{차 출력} + \text{손실}} \times 100[\%]$

② 전부하 시 효율: $P_i = P_c$에서 최대

$$\eta = \dfrac{P_a \cos\theta}{P_a \cos\theta + P_i + P_c} \times 100 = \dfrac{V_2 I_2 \cos\theta}{V_2 I_2 \cos\theta + P_i + P_c} \times 100[\%]$$

(단, P_a: 피상 전력[VA], P_i: 철손[W], P_c: 전부하 동손[W])

③ m부하 시 효율: $P_i = m^2 P_c$에서 최대

$$\eta_m = \dfrac{m \times P_a \cos\theta}{m \times P_a \cos\theta + P_i + m^2 P_c} \times 100[\%]$$

(단, m: 부하율)

④ 전일 사용 시 효율: $24P_i = \sum(h \times P_c)$에서 최대(단, h: 운전 시간[h])

$$\eta_d = \dfrac{\sum(h \times P_a \cos\theta)}{\sum(h \times P_a \cos\theta) + 24P_i + \sum(h \times P_c)} \times 100[\%]$$

KEYWORD 145　변압기의 극성

(1) 감극성

① 고압 측 단자 U, V와 저압 측 단자 u, v가 나란히 배치된 변압기 권선법이다.
② 감극성일 때 고압 측 전압과 저압 측 전압 실험을 하면 전압의 차로 나타난다.
③ $V = V_1 - V_2 [\text{V}]$

(2) 가극성

① 고압 측 단자 U, V와 저압 측 단자 u, v가 반대로 배치된 변압기 권선법이다.
② 가극성일 때 고압 측 전압과 저압 측 전압 실험을 하면 전압의 합으로 나타난다.
③ $V = V_1 + V_2 [\text{V}]$

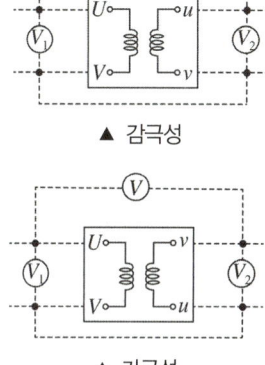

▲ 감극성

▲ 가극성

KEYWORD 146　변압기 3상 결선 및 병렬 운전 조건

(1) $Y-Y$ 결선법

① 결선도 및 전압, 전류
　㉠ 선간 전압은 상전압에 비해 크기가 $\sqrt{3}$ 배이다.
　㉡ 선전류와 상전류의 크기가 같다.
　　$V_l = \sqrt{3}\, V_p \angle 30°[\text{V}]$,　$I_l = I_p \angle 0°[\text{A}]$

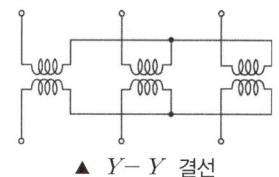

▲ $Y-Y$ 결선

② 장점
　㉠ 1차 전압, 2차 전압 사이에 위상차가 없다.
　㉡ 1차, 2차 모두 중성점을 접지할 수 있으며 고압의 경우 이상 전압을 감소시킬 수 있다.
　㉢ 상전압이 선간 전압의 $\dfrac{1}{\sqrt{3}}$ 배이므로 절연이 용이하고 고전압에 유리하다.

③ 단점
　㉠ 제3 고조파 전류의 통로가 없으므로 기전력의 파형이 제3 고조파를 포함한 왜형파가 된다.
　㉡ 중성점을 접지하면 제3 고조파 전류가 흘러 통신선에 유도 장해를 일으킨다.
　㉢ 부하의 불평형에 의해 중성점 전위가 변동하여 3상 전압이 불평형을 일으키므로 송배전 계통에 거의 사용하지 않는다.(주로 $Y-Y-\Delta$의 3권선 변압기 채용)

(2) $\Delta - \Delta$ 결선법

① 결선도 및 전압, 전류

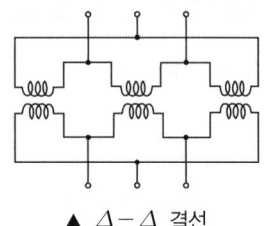

▲ $\Delta - \Delta$ 결선

㉠ 선간 전압과 상전압의 크기가 같다.

㉡ 선전류는 상전류에 비해 크기가 $\sqrt{3}$ 배이다.

$V_l = V_p \angle 0°[\text{V}]$, $I_l = \sqrt{3} I_p \angle -30°[\text{A}]$

② 장점

㉠ 제3 고조파 전류가 Δ 결선 내를 순환하므로 정현파 교류 전압을 유기하여 기전력의 파형이 왜곡되지 않는다.

㉡ 1상분이 고장 나면 나머지 2대로 V 결선 운전이 가능하다.

㉢ 각 변압기의 선전류가 상전류의 $\sqrt{3}$ 배가 되어 대전류에 적당하다.

③ 단점

㉠ 중성점을 접지할 수 없으므로 지락 사고의 검출이 곤란하다.

㉡ 권수비가 다른 변압기를 결선하면 순환 전류가 흐른다.

㉢ 각 상의 임피던스가 다른 경우 3상 부하가 평형이 되어도 변압기의 부하 전류는 불평형이 된다.

(3) $\Delta - Y$ 또는 $Y - \Delta$ 결선법

① $\Delta - Y$, $Y - \Delta$ 결선

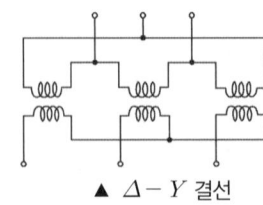 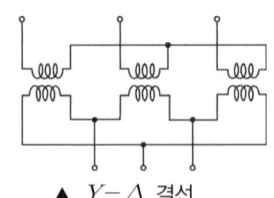

▲ $\Delta - Y$ 결선   ▲ $Y - \Delta$ 결선

② 장점

㉠ 한쪽 Y 결선의 중성점을 접지할 수 있다.

㉡ Y 결선의 상전압은 선간 전압의 $\dfrac{1}{\sqrt{3}}$ 배이므로 절연이 용이하다.

㉢ 1·2차 중에 Δ 결선이 있어 제3 고조파의 장해가 적다.

㉣ $Y - \Delta$ 결선은 강압용으로, $\Delta - Y$ 결선은 승압용으로 사용할 수 있어 송전 계통에 융통성 있게 사용된다.

③ 단점

㉠ 1·2차 선간 전압 사이에 30°의 위상차가 있다.

㉡ 1상에 고장이 생기면 전원 공급이 불가능해진다.

㉢ 중성점 접지로 인한 유도 장해를 초래한다.

(4) V 결선

① 고장 전(단상 변압기 3대 Δ 결선) 출력
$P_\Delta = 3P\,[\text{kVA}]$ (단, P: 변압기 1대의 용량[kVA])

② 변압기 1대 고장 후(단상 변압기 2대 V 결선) 출력
　㉠ $P_V = 2P\,[\text{kVA}]$ (이론 출력)
　㉡ $P_V = \sqrt{3}\,P\,[\text{kVA}]$ (실제 출력)

③ V 결선 출력비

$$\text{출력비} = \frac{V\text{결선 실제 출력}}{\Delta\text{결선 출력}} = \frac{\sqrt{3}\,P}{3P} = \frac{1}{\sqrt{3}} = 0.577\,(\therefore 57.7[\%])$$

④ V 결선 이용률

$$\text{이용률} = \frac{V\text{결선 실제 출력}}{V\text{결선 이론 출력}} = \frac{\sqrt{3}\,P}{2P} = \frac{\sqrt{3}}{2} = 0.866\,(\therefore 86.6[\%])$$

(5) 변압기의 병렬 운전 조건

병렬 운전 조건	운전 조건이 맞지 않을 경우
극성이 같을 것	매우 큰 순환 전류가 흘러 권선이 소손됨
1·2차 정격 전압이 같고 권수비가 같을 것	큰 순환 전류가 흘러 권선이 과열됨
%임피던스 강하가 같을 것 (저항과 리액턴스 비가 같을 것)	%임피던스가 작은 변압기에 과부하 발생
상회전 방향과 각 변위가 같을 것 (3상 변압기인 경우)	• 위상 차이에 의한 횡류 발생 • 장시간 운전 시 변압기 소손 발생

(6) 병렬 운전이 가능한 결선과 불가능한 결선

가능한 결선	불가능한 결선
$Y-Y$와 $Y-Y$	
$\Delta-\Delta$와 $\Delta-\Delta$	$Y-Y$와 $Y-\Delta$
$Y-\Delta$와 $Y-\Delta$	$Y-Y$와 $\Delta-Y$
$\Delta-Y$와 $\Delta-Y$	$\Delta-\Delta$와 $\Delta-Y$
$\Delta-Y$와 $Y-\Delta$	$\Delta-\Delta$와 $Y-\Delta$
$\Delta-\Delta$와 $Y-Y$ (짝수일 경우 가능)	(홀수일 경우 불가능)

(7) 부하 분담

① 분담 전류는 정격 전류에 비례하고 누설 임피던스에 반비례한다.

② 분담 용량은 정격 용량에 비례하고 누설 임피던스에 반비례한다.

$$\cdot \frac{I_a}{I_b} = \frac{I_A}{I_B} \times \frac{\%Z_B}{\%Z_A} \qquad \cdot \frac{P_a}{P_b} = \frac{P_A}{P_B} \times \frac{\%Z_B}{\%Z_A}$$

(단, I_a: 발전기 A의 분담 전류[A], I_b: 발전기 B의 분담 전류[A],

P_a: 발전기 A의 분담 용량[VA], P_b: 발전기 B의 분담 용량[VA])

③ 순환 전류

$$I_c = \frac{V_A - V_B}{Z_A + Z_B} = \frac{I_A Z_A - I_B Z_B}{Z_A + Z_B} [A]$$

(단, Z_A, Z_B: 변압기 A, B의 1차 변환 등가 누설 임피던스[Ω])

KEYWORD 147 　특수 변압기

(1) 상수 변환용 변압기

① 3상 입력에서 2상 출력을 내는 결선법: 우드 브리지 결선, 메이어 결선, 스코트 결선(T 결선, 이용률 86.6[%])

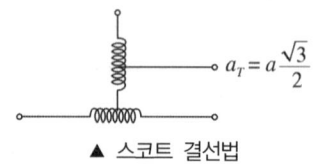

▲ 스코트 결선법

권수비 $a_T = \frac{\sqrt{3}}{2} \times a$ (즉, 일반 보통 변압기 권수비 a의 $\frac{\sqrt{3}}{2}$ 배)

② 3상 입력에서 6상 출력을 내는 결선법: 환상 결선, 대각 결선, 2중 △결선, 포크 결선, 2중 Y(성형) 결선

(2) 3상 변압기

① 단상 변압기 3대를 하나의 철심으로 합친 변압기로 내철형과 외철형이 있다.

② 특징

장점	단점
• 사용 철심량이 감소하여 철손이 감소한다.(효율 증가) • 값이 저렴하고 좁은 면적에 설치가 가능하다. • Y, △ 결선 시 단상 변압기보다 부싱이 적다.	• 단상 변압기로 사용이 불가능하다. • 1상 고장 시 사용할 수 없다.(V 결선 사용 불가)

(3) 3권선 변압기

① 한 변압기의 철심에 3개의 권선이 있는 변압기를 3권선 변압기라고 한다.

② 관계식

　㉠ 유기 기전력: 1차, 2차, 3차 기전력을 E_1, E_2, E_3라 하고 권선수를 N_1, N_2, N_3라 하면

$$\bullet\ E_2 = \frac{N_2}{N_1} E_1 [\mathrm{V}] \qquad \bullet\ E_3 = \frac{N_3}{N_1} E_1 [\mathrm{V}]$$

　㉡ 전류: 1차, 2차, 3차 권선에 흐르는 전류를 I_1, I_2, I_3 라 하면

$$I_1 = \frac{N_2}{N_1} I_2 + \frac{N_3}{N_1} I_3 [\mathrm{A}]$$

③ 3차 권선의 용도

　㉠ 3차 권선으로부터 2종의 전원을 얻을 수 있어 발전소나 변전소의 구내 전력을 공급할 수 있다.

　㉡ 3차 권선에 콘덴서를 접속하여 1차 측 역률을 개선하는 선로 조상기로 사용할 수 있다.

　㉢ $Y-Y$ 결선에서 제3 고조파를 제거하기 위해 설치한다.

　㉣ 통신 유도 장해 경감용으로 사용한다.

(4) 누설 변압기

① 공극이 있는 누설 자속 통로를 두어 부하 전류 증가 시 누설 리액턴스 증가로 전류의 변화를 억제하는 변압기이다. (2차 정전류 변압기)

② 용도: 네온관 점등용 변압기, 아크 용접용 변압기

③ 특징

　㉠ 누설 리액턴스가 크다.

　㉡ 전압 변동률이 크고 역률이 낮다.

　㉢ 수하 특성(정전류)이 있다.

(5) 단권 변압기

① 변압기의 1차, 2차 권선을 공통으로 사용하는 변압기이다.

② 용도

　㉠ 승압용, 강압용, 초고압 전력용

　㉡ 단상 3선식 계통의 저압 밸런서(balancer)

　㉢ 유도 전동기 기동의 기동보상기

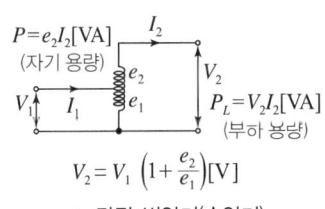

▲ 단권 변압기(승압기)

③ 용량 계산

구분	단권 변압기	Y 결선	△ 결선	V 결선
자기 용량 / 부하 용량	$\dfrac{V_h - V_l}{V_h}$	$\dfrac{V_h - V_l}{V_h}$	$\dfrac{V_h^2 - V_l^2}{\sqrt{3}\, V_h V_l}$	$\dfrac{2(V_h - V_l)}{\sqrt{3}\, V_h}$

(단, V_h: 고압 측 전압[V], V_l: 저압 측 전압[V])

④ 특징

장점	단점
• 동량이 적게 소요되어 소형, 경량화가 가능하다. • 동량이 적어 손실이 작고 효율이 좋다. • 누설 자속이 적어 여자 임피던스가 크다.(전압 변동이 작다.)	• 누설 임피던스가 작아 단락 전류가 크다. • 한쪽 회로의 단락 시 다른 쪽 회로에 영향을 준다. • 저압 측에도 절연을 해야 하며, 고압 측 전압이 높아질 경우 저압 측에서 고전압이 유기되어 파급 영향이 크다.

(6) 계기용 변성기

고압 회로의 전압이나 전류 또는 저압 회로의 대전류를 측정할 경우 안전을 위해 계기용 변성기를 이용한다.

① 계기용 변압기(PT)
  ㉠ 용도: 고전압을 저전압으로 변성하여 계측기나 계전기 전압 측정을 위해 사용한다.
  ㉡ 2차 측 전압: 110[V]
  ㉢ 점검 시 2차 측을 개방하여, 과전류가 PT에 흘러 소손이 발생하는 일을 막는다.

② 변류기(CT)
  ㉠ 용도: 대전류를 소전류로 변성하여 계측기나 계전기 전류 측정을 위해 사용한다.
  ㉡ 2차 측 전류: 5[A]
  ㉢ 점검 시 2차 측을 단락하여, 과전압이 유기되어 절연이 파괴되는 일을 막는다.

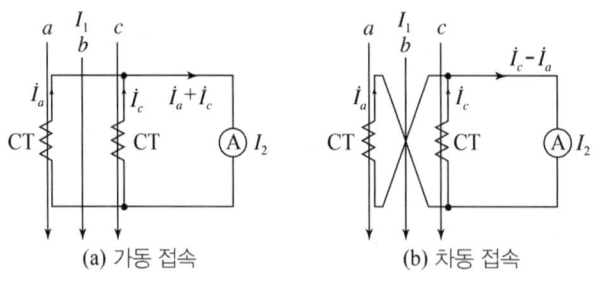

▲ CT의 접속 방법

• 가동 접속 시 CT 1차 전류: $I_1 = aI_2$[A]

• 차동 접속 시 CT 1차 전류: $I_1 = aI_2 \times \dfrac{1}{\sqrt{3}}$[A] (단, a: CT비, I_2: 전류계 지시값)

KEYWORD 148 변압기의 보호 및 시험

(1) 변압기 내부고장 검출용 보호 계전기
① 전기적 보호 장치
  ㉠ 차동 계전기
  ㉡ 비율 차동 계전기: 동작 전류의 비율이 억제 전류의 일정 값 이상일 때 동작한다.
② 기계적 보호 장치
  ㉠ 충격 압력 계전기: 내부 사고 시 발생하는 이상 압력 상승을 검출 및 차단한다.
  ㉡ 부흐홀츠 계전기: 변압기 내부 고장을 검출하며, 변압기 본체와 콘서베이터를 연결하는 관에 설치한다.

(2) 변압기의 절연 내력 시험
① 유도 시험: 권선의 단자 사이에 상호 유도 전압의 2배 전압을 유도시켜 층간 절연 강도를 측정하는 시험이다.
② 가압 시험: 상용 주파수의 전압을 1분간 인가하여 절연 강도를 측정하는 시험이다.
③ 충격 전압 시험: 낙뢰와 같은 충격 전압에 대한 절연 내력 시험이다.

(3) 변압기의 온도 상승 시험
① 반환 부하법: 중용량 이상에 사용하는 시험법이다.
② 단락 시험법(등가 부하법): 변압기 한쪽 권선을 단락시킨 후 발생하는 온도 상승 시험법이다.
③ 실부하법: 실제 부하를 연결하여 시행하는 시험법으로, 전력 손실이 많아 소형에만 사용한다.

(4) 변압기 건조법
① 열풍법: 전열기로 열풍을 변압기에 불어 넣어 건조하는 방법이다.
② 단락법: 변압기 한쪽 권선을 단락시켜 발생하는 줄열을 이용하여 건조하는 방법이다.
③ 진공법: 변압기에 증기를 집어넣고 진공 펌프로 증기와 수분을 빼내는 방법이다.

KEYWORD 149 유도 전동기

(1) 유도 전동기의 구조
① 고정자: 회전하지 않고 고정되어 있는 부분
  ㉠ 철심은 두께 0.35 ~ 0.5[mm]의 규소강판을 사용한다.
  ㉡ 고정자는 고정자 틀, 고정자 철심 및 고정자 권선으로 이루어져 있다.

② 회전자: 유도 전동기에서 회전하는 부분
  ㉠ 농형 회전자: 구조가 간단하고 보수가 용이한 저가형 회전자로 속도 조정이 곤란하며, 기동 토크가 작아 소형기기에 적합하다.
  ㉡ 권선형 회전자: 3상 권선을 할 수 있도록 만든 회전자로, 속도 조정이 용이하고 기동 토크가 크다.

(2) 회전 속도

구분	동기 속도	상대 속도	회전자 속도
의미	회전 자계의 속도	동기 속도와 회전 속도의 차	회전자가 회전하는 속도
공식	$N_s = \dfrac{120f}{p}$[rpm] (단, f: 주파수[Hz], p: 극수)	$N_s - N = sN_s$[rpm] (단, s: 슬립)	$N = (1-s)N_s$[rpm]

(3) 슬립(slip)
① 슬립: 동기 속도와 회전 속도의 차를 나타낸 비율이다.

$$s = \frac{N_s - N}{N_s}$$

슬립	운전 상태
$s = 1(N = 0)$	정지 상태
$s = 0(N = N_s)$	동기 속도로 회전
$0 < s < 1$	유도 전동기로 운전
$s < 0$	유도 발전기로 운전
$1 < s < 2$	유도 제동기로 운전

② 슬립 측정법: 직류 밀리볼트계법, 수화기법, 스트로보스코프법

(4) 회전 시 슬립의 관계
① 2차 주파수(슬립 주파수: f_{2s})
  ㉠ 주파수와 속도는 비례 관계이므로 회전자의 속도와 회전 자계는 슬립만큼의 속도차가 발생한다.
  ㉡ 정지 시: $f_2 = f_1$[Hz] (단, f_1: 1차 주파수)
  ㉢ 회전 시: $f_{2s} = sf_2 = sf_1$[Hz]
② 2차 유기 기전력(E_{2s}): 회전 시 슬립만큼 주파수가 감소하므로 2차 유기 기전력도 변한다.
  ㉠ 정지 시 1차 유기 기전력: $E_1 = 4.44f_1\phi N_1 k_{w1}$[V]
  ㉡ 정지 시 2차 유기 기전력: $E_2 = 4.44f_2\phi N_2 k_{w2}$[V]
  ㉢ 회전 시 2차 유기 기전력: $E_{2s} = 4.44f_{2s}\phi N_2 k_{w2} = sE_2$[V]
③ 2차 리액턴스(x_{2s})
  ㉠ 정지 시 2차 리액턴스: $x_2 = \omega L = 2\pi f_2 L$[Ω]
  ㉡ 회전 시 2차 리액턴스: $x_{2s} = \omega' L = 2\pi f_{2s} L = sx_2$[Ω]

④ 전압비

　㉠ 정지 시 전압비: $\dfrac{E_1}{E_2}=a$

　㉡ 회전 시 전압비: $\dfrac{E_1}{E_{2s}}=\dfrac{E_1}{sE_2}=\dfrac{1}{s}a$

⑤ 2차 전류(I_{2s})

구분	정지 상태	운전 상태
회로도	E_2, I_2, r_2, x_2	sE_2, I_{2s}, r_2, sx_2
2차 전류	$I_2=\dfrac{E_2}{Z_2}=\dfrac{E_2}{\sqrt{r_2^2+x_2^2}}$ [A]	$I_{2s}=\dfrac{E_{2s}}{Z_{2s}}=\dfrac{sE_2}{\sqrt{r_2^2+(sx_2)^2}}=\dfrac{E_2}{\sqrt{\left(\dfrac{r_2}{s}\right)^2+x_2^2}}$ [A]

⑥ 등가 부하 저항(R): 슬립 s에 따라 가변적인 특성이 있다.

$$R=\left(\dfrac{1-s}{s}\right)r_2\,[\Omega]$$

⑦ 2차 역률 $\cos\theta_2=\dfrac{r_2}{Z_{2s}}=\dfrac{r_2}{\sqrt{r_2^2+(sx_2)^2}}=\dfrac{\dfrac{r_2}{s}}{\sqrt{\left(\dfrac{r_2}{s}\right)^2+x_2^2}}$

(5) 전력 변환

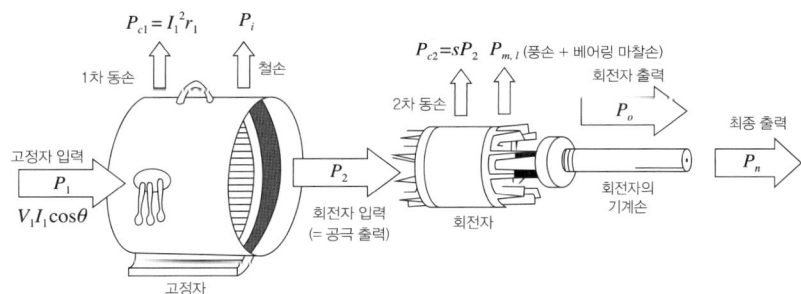

▲ 유도기의 전력 변환

① 전력 변환 과정

　㉠ 고정자에 공급된 전력 P_1은 고정자 권선의 동손 P_{c1}과 철심의 철손 P_i를 뺀 P_2만큼 회전자 입력으로 변환된다.

　㉡ 회전자에 공급된 전력 P_2는 회전자의 동손 P_{c2}를 뺀 P_o만큼 회전자(2차) 출력으로 변환된다.

　㉢ 회전자 출력 P_o는 회전자의 기계손(풍손, 마찰손) $P_{m,\,l}$을 뺀 만큼 전부하(기계적) 출력 P_n으로 변환된다.

② 입력, 손실, 출력
　㉠ 고정자 입력(1차 입력) $P_1 = V_1 I_1 \cos\theta_1 [\text{W}]$
　㉡ 회전자 입력(2차 입력) $P_2 = E_2 I_2 \cos\theta_2 = I_2^2 \dfrac{r_2}{s} [\text{W}]$
　㉢ 회전자 출력(2차 출력) $P_o = P_2 - P_{c2} = P_2 - sP_2 = (1-s)P_2 [\text{W}]$
　㉣ 비례식

$$P_2 : P_{c2} : P_o = 1 : s : (1-s)$$

③ 2차 효율 $\eta_2 = \dfrac{P_o}{P_2} \times 100[\%] = \dfrac{(1-s)P_2}{P_2} \times 100[\%] = (1-s) \times 100[\%] = \dfrac{N}{N_s} \times 100[\%]$

(6) 토크 특성

① 토크의 계산

　㉠ 2차 입·출력 기준

- 2차 입력 기준: $T = \dfrac{P_2}{\omega_s} = \dfrac{P_2}{2\pi \dfrac{N_s}{60}} [\text{N·m}] = 0.975 \dfrac{P_2}{N_s} [\text{kg·m}]$

- 2차 출력 기준: $T = \dfrac{P_o}{\omega} = \dfrac{P_o}{2\pi \dfrac{N}{60}} [\text{N·m}] = 0.975 \dfrac{P_o}{N} [\text{kg·m}]$

(단, ω: 회전자 각속도[rad/s], ω_s: 동기 각속도[rad/s], N: 회전자 속도[rpm], N_s: 동기 속도[rpm])

　㉡ 슬립과 토크

$$T = k \dfrac{sE_2^2 r_2}{r_2^2 + (sx_2)^2} [\text{N·m}]$$

- 토크는 전압의 제곱에 비례한다. ($T \propto V^2$)
- 슬립은 전압의 제곱에 반비례한다. ($s \propto \dfrac{1}{V^2}$)

② 최대 토크

- 최대 토크: $T_m = k \dfrac{E_2^2}{2x_2} [\text{N·m}]$
- 최대 토크가 발생하는 슬립: $s_{\max} = \dfrac{r_2'}{\sqrt{r_1^2 + (x_1 + x_2')^2}} \fallingdotseq \dfrac{r_2}{x_2}$

③ 속도-토크 특성

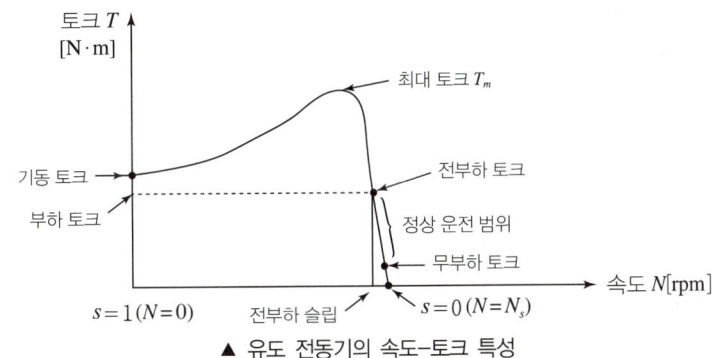

▲ 유도 전동기의 속도-토크 특성

㉠ 기동 토크: $s=1$일 때 발생하는 토크로, 부하 토크보다 커야 전동기 기동이 가능하다.
㉡ 전부하 토크: 전동기 토크와 부하 토크가 만나는 점으로, 이때 전동기는 일정한 속도로 운전한다.
㉢ 무부하 토크: 전동기 무부하 상태에서 발생하는 토크로, 마찰 손실로 인해 $s \neq 0$인 지점에서 발생한다.

KEYWORD 150 비례 추이와 원선도

(1) 비례 추이

① 토크의 비례 추이: 회전자에 외부 저항을 접속해 전동기의 최대 토크를 낮게 조정하는 것

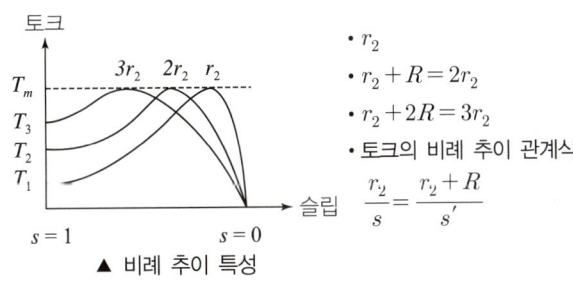

- r_2
- $r_2 + R = 2r_2$
- $r_2 + 2R = 3r_2$
- 토크의 비례 추이 관계식

$$\frac{r_2}{s} = \frac{r_2 + R}{s'}$$

▲ 비례 추이 특성

② 2차 저항 증가 시 변화
㉠ 기동 전류는 감소하고, 기동 토크는 증가한다.
㉡ 슬립이 증가한다.
㉢ 속도가 낮아진다.
㉣ 전부하 효율이 낮아진다.
㉤ 최대 토크는 2차 저항과 관계없이 변하지 않는다.
㉥ 최대 토크를 발생시키는 슬립은 저항에 따라 변한다.

(2) 비례 추이 요소

구분	비례 추이 가능한 것	비례 추이 불가능한 것
요소	• 토크 T • 1차 전류 I_1 • 2차 전류 I_2 • 역률 $\cos\theta$ • 1차 입력 P_1	• 출력 P_o • 2차 효율 η_2 • 2차 동손 P_{c2} • 최대 토크 T_m

(3) 헤일랜드 원선도(Heyland circle diagram)

① 유도 전동기의 특성을 복잡한 시험을 거치지 않고 쉽게 구할 수 있도록 간이 등가 회로의 해석에 이용한 것이다.

② 원선도 작성에 필요한 시험: 무부하 시험, 구속 시험, 권선의 저항 측정

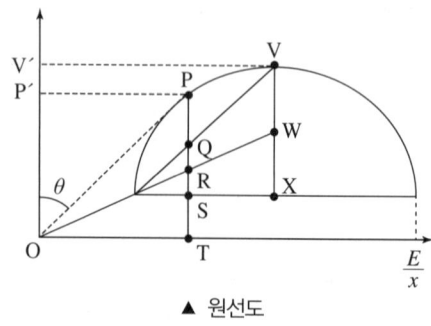

▲ 원선도

(4) 원선도의 해석

① 원선도의 지름: $\overline{VX} \propto \dfrac{E}{r}$

② 원선도 해석

2차 출력	$\overline{PQ}$	1차 입력	$\overline{PT}$
2차 동손	$\overline{QR}$	전부하 효율	$\dfrac{\overline{PQ}}{\overline{PT}}$
2차 입력	$\overline{PR}$	2차 효율	$\dfrac{\overline{PQ}}{\overline{PR}}$
1차 동손	$\overline{RS}$	슬립	$\dfrac{\overline{QR}}{\overline{PR}}$
철손	$\overline{ST}$	역률	$\dfrac{\overline{OP'}}{\overline{OP}}$

KEYWORD 151 유도 전동기 기동

(1) **농형 유도 전동기의 기동**
  ① 전전압 기동(직입 기동)
    ㉠ 정지 상태의 전동기에 정격 전압을 가해 기동하는 방식이다.
    ㉡ 5[kW] 이하 소용량 또는 기동 전류가 작고, 특히 소형으로 설계된 특수 농형 전동기에 적용한다.
  ② $Y-\triangle$ 기동
    ㉠ 1차 권선을 Y 접속으로 기동하고 정격 속도에 가까워지면 $\triangle$ 접속으로 교체 운전하는 방식이다.
    ㉡ 1차 각 상의 권선의 전압은 정격 전압의 $\frac{1}{\sqrt{3}}$ 배, 기동 전류와 기동 토크는 각각 직입 기동의 $\frac{1}{3}$ 배로 감소한다.
    ㉢ 5 ~ 15[kW]급 농형 유도 전동기에 적합하다.
  ③ 리액터 기동
    ㉠ 리액터를 고정자 권선에 직렬로 삽입하여 단자 전압을 저감하고, 일정 시간이 지난 후 리액터를 단락시킨다.
    ㉡ 리액터의 크기는 보통 정격 전압의 50 ~ 80[%] 값을 선택한다.
  ④ 기동 보상기에 의한 기동
    ㉠ 기동 보상기로 3상 단권 변압기를 이용하여 기동 전압을 낮추는 방식이다.(약 15[kW] 이상 전동기에 적용)
    ㉡ 기동 전류를 약 50 ~ 80[%] 정도로 저감시킨다.
  ⑤ 콘도로퍼 기동: 기동 보상기에 의한 기동 방법과 리액터 기동 방법을 혼합한 방식
    ㉠ 기동 시 단권 변압기를 이용하여 기동한 후 리액터를 단락시켜 과도 전류를 억제한다.
    ㉡ 원활한 기동이 가능하지만 가격이 비싸다.

(2) **권선형 유도 전동기의 기동**
  ① 2차 저항 기동
    ㉠ 최대 위치에서 2차 저항 조정기로 저항을 기동한 후 점차 저항을 줄여 정상적으로 운전하는 방식이다.
    ㉡ 2차 저항의 변화, 즉 비례 추이를 이용하여 기동 전류는 감소, 기동 토크는 증가시킨다.
  ② 2차 임피던스 기동
    ㉠ 2차 권선(회전자 권선) 회로에 고유 저항 R과 리액터 L 또는 과포화 리액터를 병렬 접속으로 삽입하는 방식이다.
    ㉡ 초기에는 슬립이 크고 회전자 회로의 주파수가 높아 리액턴스가 커지고 대부분의 전류는 저항으로 흘러 2차 저항 상태로 기동한다.
    ㉢ 속도가 상승하면서 슬립 감소로 리액턴스가 단락되어 2차 전류는 리액터 쪽으로 흐른다.

KEYWORD 152 유도 전동기 속도 제어

(1) 유도 전동기의 속도 제어
① 유도 전동기의 속도

$$N = \frac{120f}{p}(1-s)[\text{rpm}]$$

② 속도 제어 방법
  ㉠ 주파수(f) 제어
  ㉡ 극수(p) 제어: 극수 변환, 종속법
  ㉢ 슬립(s) 제어: 2차 저항 제어, 2차 여자 제어, 1차(전원) 전압 제어

(2) 농형 유도 전동기의 속도 제어
① 주파수 제어
  ㉠ 인버터 시스템을 이용하여 주파수 $f[\text{Hz}]$를 전압과 비례하게 변환시켜 속도를 제어한다.(VVVF 제어)
  ㉡ 포트모터, 선박 추진용 모터 등에 사용한다.
② 극수 변환
  ㉠ 연속적인 속도 제어가 아닌 승강기와 같은 단계적인 속도 제어에 사용한다.
  ㉡ 운전 중에 제어가 불가능하며 비교적 효율이 좋다.
③ 전압 제어
  ㉠ 유도 전동기의 토크가 전압의 제곱에 비례하는 성질을 이용한 제어 방법이다.
  ㉡ 선풍기 등에 사용한다.

(3) 권선형 유도 전동기의 속도 제어
① 2차 저항 제어: 2차 외부 저항을 이용한 비례 추이를 응용한 방법이다.
  ㉠ 장점
    • 기동용 저항기를 겸한다.
    • 구조가 간단하여 제어 조작이 용이하고 내구성이 좋다.
  ㉡ 단점
    • 속도 변화의 비율에 비례하여 운전 효율이 나쁘다.
    • 부하에 대한 속도 변동이 크다.
    • 부하가 작을 때는 광범위한 속도 조정이 어렵다.
    • 크기가 크고 가격이 비싸다.

② 2차 여자 제어: 외부에서 슬립 주파수 전압(E_c)을 권선형 회전자 슬립링에 가해 속도를 제어하는 방법이다.

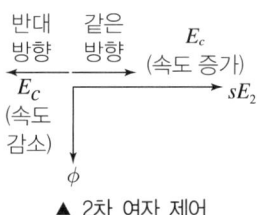

▲ 2차 여자 제어

㉠ 특성
- sE_2와 E_c가 동일한 방향인 경우: 속도 상승(증가)
- sE_2와 E_c가 반대방향인 경우: 속도 감소
- $sE_2 = E_c$(동일 방향): 동기 속도(N_s)
- $sE_2 < E_c$(동일 방향): 동기 속도 이상(발전기 동작)

㉡ 2차 여자 제어의 종류
- 세르비우스 방식: 2차 저항 손실에 해당하는 전력을 전원에 반송하는 방식
- 크레머 방식: 2차 전력을 동력으로 하여 주전동기에 가하는 방식

③ 종속법: 극수가 다른 2대의 권선형 유도 전동기를 서로 종속시켜 극수를 바꾸는 방식이다.

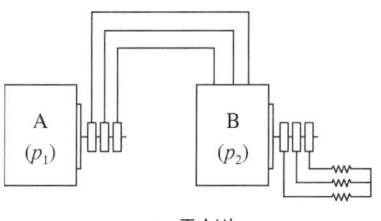

▲ 종속법

㉠ 직렬 종속: $N = \dfrac{120f}{p_1 + p_2}$[rpm]

㉡ 차동 종속: $N = \dfrac{120f}{p_1 - p_2}$[rpm]

㉢ 병렬 종속: $N = \dfrac{120f}{p_1 + p_2} \times 2$[rpm]

KEYWORD 153 유도 전동기 제동과 이상 현상

(1) 유도 전동기의 제동
① 발전 제동(직류 제동)
  전동기와 전원을 분리한 후 직류 전원을 연결할 때 회전자에 발생하는 교류 기전력으로 제동하는 방법이다.
② 회생 제동
  전동기가 전원에 연결된 상태로 회전자를 회전시키면 회전자가 유도 발전기로 작동하고, 이렇게 발생된 전력을 전원으로 반환하면서 제동하는 방법이다.
③ 역상 제동(플러깅)
  운전 중인 유도 전동기에 3선 중 2선의 접속을 바꾸어 역회전 토크를 발생시켜 전동기를 급제동하는 방법이다.

(2) 유도 전동기의 이상 현상
① 크로우링(Crawling) 현상(농형 유도 전동기)
  ㉠ 정의: 정격 속도보다 낮은 속도에서 안정되어 속도가 더 이상 상승하지 않는 현상이다.
  ㉡ 원인: 공극의 불균일, 전동기에 고조파 유입
  ㉢ 방지 대책: 공극을 균일하게 한다, 스큐 슬롯(사구)을 채용한다.
② 게르게스 현상(권선형 유도 전동기)
  ㉠ 정의: 무부하 또는 경부하 운전 시 2차 측에서 결상이 발생해도 전동기가 소손되지 않고 슬립 50[%] 근처에서(정격 속도의 $\frac{1}{2}$ 배) 운전하며 더 이상 가속되지 않는 현상이다.
  ㉡ 원인: 3상 권선형 전동기의 단상 운전
  ㉢ 방지 대책: 결상 운전을 방지한다.
③ 고조파에 의한 회전 자계 방향과 속도 변동

구분	기본파와 같은 방향	기본파와 반대 방향	회전 자계 없음
고조파 h	$h = 2mn+1$ (7, 13, …)	$h = 2mn-1$ (5, 11, …)	$h = 3n$ (3, 6, 9, …)
속도	$\frac{1}{h}$ 배 속도로 회전	$\frac{1}{h}$ 배 속도로 회전	-

(단, $m = 3$(상수), $n = 1, 2, 3, …$)

KEYWORD 154 유도 발전기와 단상 유도 전동기

(1) 유도 발전기
① 회전자의 회전 방향과 같은 방향, 동기 속도 이상($N > N_s$)으로 회전할 경우 슬립 $s < 0$이 되고 회전 자속을 반대방향으로 쇄교하므로 발전기로 동작한다.

② 유도 발전기의 특징

장점	단점
• 경제적이다. • 기동과 취급이 간단하고 고장이 적다. • 동기 발전기와 같이 동기화할 필요가 없다. • 난조 등의 이상현상이 없다. • 동기기에 비해 단락 전류가 적고 지속 시간이 짧다.	• 효율과 역률이 낮다. • 병렬로 운전되는 동기기에서 여자 전류를 취해야 한다.

(2) 단상 유도 전동기
① 단상 유도 전동기의 구조
  ㉠ 단상 유도 전동기의 구조는 3상 유도 전동기의 구조와 비슷하다.
  ㉡ 고정자는 단상 권선을 사용하고, 회전자는 농형회전자를 사용한다.

② 단상 유도 전동기의 특징
  ㉠ 기동 시($s = 1$) 기동 토크가 없으므로 기동장치가 필요하다.
  ㉡ 슬립이 0이 되기 전에 토크가 0이 된다. 즉, 슬립이 0이 되는 경우 부($-$) 토크가 발생한다.
  ㉢ 2차 저항 증가 시 최대 토크가 감소하며, 비례 추이할 수 없다.

③ 단상 유도 전동기의 종류
  ㉠ 반발 기동형: 회전자 권선을 브러시로 단락시켜 생기는 반발력으로 기동
    • 기동 토크가 가장 크다.
    • 브러시 이동만으로 기동, 역전 및 속도 제어를 할 수 있다.
  ㉡ 반발 유도형
    • 반발 기동형보다 기동 토크는 작지만 최대 토크가 크다.
    • 부하에 의한 속도 변화가 반발 기동형보다 크다.
  ㉢ 콘덴서 기동형: 기동 권선에 콘덴서를 설치하여 전기자 권선에 비해 90° 진상 전류가 흐르도록 기동
    • 기동 토크는 크고 기동 전류는 작다.
    • 역률과 효율이 좋으며 토크의 맥동은 작다.

ㄹ 분상 기동형: 별도로 설치한 기동 권선에 전류를 흘려 기동 토크를 얻는 방식
- 기동 토크는 보통이다.
- 기동이 끝난 후 원심력 스위치가 작동하여 기동 권선을 개방한다.
  - 기동 권선: R은 크게, X는 작게(동상 전류가 되도록)
  - 운전 권선: R은 작게, X는 크게(지상 전류가 되도록)
ㅁ 셰이딩 코일형: 자극 일부에 셰이딩 코일을 삽입하여 기동하는 방식
- 구조는 간단하지만, 기동 토크가 작다.
- 역률과 효율이 떨어지며 회전 방향을 바꿀 수 없다.

KEYWORD 155 유도 전압 조정기

(1) 단상 유도 전압 조정기

① 단권 변압기의 원리를 이용하며 회전자 위상각 조정으로 전압 조정이 자연스럽게 이루어진다.

- 전압 조정 범위: $V_2 = V_1 + E_2\cos\alpha\,[\text{V}]\,(\alpha = 0 \sim 180°)$
- 정격(조정) 용량: $P = E_2 I_2\,[\text{VA}]$
- 부하 출력: $P_L = V_2 I_2\,[\text{VA}]$

② 특징
  ㄱ 교번 자계의 전자 유도를 이용한다.
  ㄴ 입력 전압과 출력 전압의 위상차가 없다.
  ㄷ 단락 권선은 2차 측의 누설 리액턴스에 의한 전압 강하를 감소시킨다.

(2) 3상 유도 전압 조정기

① 3상 유도 전동기의 회전 자계를 이용한다.

- 전압 조정 범위: $V_2 = \sqrt{3}\,(V_1 \pm E_2)\,[\text{V}]$
- 정격(조정) 용량: $P = \sqrt{3}\,E_2 I_2\,[\text{VA}]$
- 부하 출력: $P_L = \sqrt{3}\,V_2 I_2\,[\text{VA}]$

② 특징
  ㄱ 입력 전압과 출력 전압의 위상차가 있다.
  ㄴ 단락 권선이 필요하지 않다.

KEYWORD 156 정류자 전동기

(1) 단상 직권 정류자 전동기

① 특징

공급 전압의 방향을 바꾸어도 계자 권선과 전기자 권선의 극성 방향이 모두 반대가 되므로 회전 방향이 유지된다. 따라서 직류, 교류 모두에서 사용할 수 있는 전동기이다.

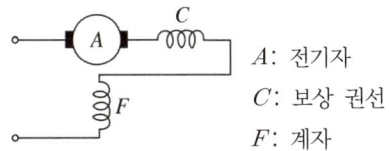

A: 전기자
C: 보상 권선
F: 계자

▲ 단상 직권 정류자 전동기의 개념도

② 구조
  ㉠ 계자극에서 발생하는 철손을 줄이기 위해 성층 철심을 사용한다.
  ㉡ 약계자, 강전기자형으로 한다.
  ㉢ 보상 권선 설치: 역률 개선, 전기자 반작용 억제, 누설 리액턴스 감소
  ㉣ 저항 도선 설치: 변압기 기전력에 의한 단락 전류 감소
  ㉤ 변압기 기전력: 직권 정류자 전동기의 브러시에 의해 단락되는 코일 내의 전압
  ㉥ 회전 속도가 고속일수록 역률이 개선된다.(주로 고속도 운전)

③ 용도

기동 토크와 고속 회전수가 필요한 재봉틀, 소형 공구, 치과 의료용 기기 등

(2) 3상 직권 정류자 전동기

① 특징
  ㉠ $T \propto I^2 \propto \dfrac{1}{N^2}$ 의 변속도 특성이 있으며 기동 토크가 매우 크다.
  ㉡ 브러시를 이동하여 속도 제어 및 회전 방향 변환이 가능하다.
  ㉢ 저속에서는 효율과 역률이 나빠진다.
  ㉣ 고속도, 동기 속도 이상에서 효율과 역률이 좋다.

② 중간 변압기 사용 이유
  ㉠ 실효 권수비를 조정하여 전동기 특성을 조정하고 정류 전압을 조정한다.
  ㉡ 직권 특성이지만 중간 변압기를 사용하여 철심을 포화하면 속도 상승을 제어할 수 있다.

(3) 단상 반발 전동기

① 회전자 권선을 브러시로 단락하고 고정자 권선을 전원에 접속하여 회전자에 유도 전류를 공급하는 직권형 교류 정류자 전동기이다.
② 특징: 기동 토크가 매우 크고, 브러시를 이동하여 연속적인 속도 제어가 가능하다.
③ 종류: 아트킨손형, 톰슨형, 데리형

(4) 교류 분권 정류자 전동기(슈라게 전동기)

① 토크 변화에 비해 속도 변화가 매우 작아 정속도 전동기이며 가변 속도 전동기이다.
② 분권식인 슈라게(시라게) 전동기를 가장 널리 사용한다.
③ 브러시를 이동하여 속도 제어가 가능하고 역률과 효율이 좋다.
④ 전압 정류 개선 방법: 보상 권선 설치, 보극 설치, 저항 브러시 사용

KEYWORD 157 모터와 전동기

(1) 서보 모터

① 자동 제어 구조나 자동 평형 계기에서 전압 입력을 회전각으로 바꾸기 위해 사용되는 전동기이다.
② 2상 교류 서보 모터나 직류 서보 모터가 사용되며 특히 소형은 마이크로 모터로 불린다.
③ 특징
  ㉠ 직류 전동기와 거의 동일한 구조이며, 직류 전동기보다 회전자가 가늘고 길다.
  ㉡ 기동 전압이 작고 토크가 크다.
  ㉢ 회전축의 관성이 작아 정지 및 반전을 신속히 할 수 있다.
  ㉣ 입력 전력 100[mW] 내지 수[kW] 범위의 모터가 주로 사용된다.
  ㉤ 0[V]에서 제어 권선 전압이 신속히 정지한다.
  ㉥ 직류 서보 모터의 기동 토크가 교류 서보 모터보다 크다.
  ㉦ 속응성이 뛰어나고 시정수가 짧으며 기계적 응답이 뛰어나다.
④ 종류: DC 서보 모터(브러시 모터), AC 서보 모터(브러시리스 모터)

(2) 스텝 모터(펄스 모터, 스테핑 모터)

① 입력 펄스 수에 대응하여 일정 각도만큼 움직이는 모터이다.
  ㉠ 입력 펄스 수와 모터 회전 각도가 완전히 비례하므로 회전 각도를 정확히 제어할 수 있다.
  ㉡ NC 공작기계, 산업용 로봇, OA기기에 사용하며, 메카트로닉스 기계에서 중요한 부품이다.
  ㉢ 선형 운동하는 것은 리니어 스테핑 모터라고 부른다.

② 특징
- ㉠ 디지털 신호로 직접 제어할 수 있으므로 컴퓨터 등과의 인터페이스가 쉽다.
- ㉡ 가속, 감속이 쉽고 정·역전 및 변속이 쉽다.
- ㉢ 속도 제어가 광범위하며 저속에서 매우 큰 토크를 얻을 수 있다.
- ㉣ 위치를 제어할 때 각도 오차가 적고 누적되지 않는다.
- ㉤ 브러시 등이 없으므로 특별한 유지, 보수가 필요 없다.
- ㉥ 피드백 루프가 필요없어 속도 및 위치 제어가 쉽다.
- ㉦ 큰 관성 부하에 적용하기에는 부적합하며, 대용량기 제작이 곤란하다.
- ㉧ 오버 슈트 및 진동 문제가 있고 공진이 발생하면 전체 시스템의 불안정 현상이 생길 수 있다.

③ 종류
- ㉠ 가변 릴럭턴스형(VR형): Unipolar 구동 방식으로, 전류의 극성과 무관하게 회전한다.
- ㉡ 영구 자석형(PM형): Bipolar 구동 방식으로, 전류의 극성이 회전 방향을 결정한다.
- ㉢ 복합형(H형): Bipolar 구동 방식으로, 전류의 극성이 회전 방향을 결정한다.

④ 스텝 모터의 여자 방식: 1상 여자 방식, 2상 여자 방식, 1~2상 여자 방식

⑤ 스텝 모터의 계산
- ㉠ 회전자가 회전한 총 회전 각도 = 스텝각 × 스텝 수
- ㉡ 분해능(resolution) = $\dfrac{360°}{\text{스텝각}}$
- ㉢ 속도(n) = $\dfrac{\text{스텝각} \times \text{스테핑 주파수}}{360°}$ [rps]

(3) 선형 전동기(리니어 모터)

① 정의
- ㉠ 전기적인 입력을 받아 직선 운동을 하는 모터이다.
- ㉡ 일반 모터는 회전 운동을 하지만 리니어 모터는 직선 운동을 한다.
- ㉢ 리니어 모터의 동작 원리는 '플레밍의 왼손 법칙'으로 이해할 수 있다.
- ㉣ 전류를 코일에 흘려 보내면 영구 자석과의 흡인·반발력에 의해 추진력이 발생한다.

② 특징
- ㉠ 회전 운동을 직선 운동으로 바꾸어 주는 부품이 필요 없다.
- ㉡ 카메라 모듈 장비, 유기 발광 다이오드(OLED) 생산 장비, 스마트폰 생산 및 검사 장비, 초정밀 공작 기계 등에 사용한다.
- ㉢ 간단한 구조로 직선 운동 에너지를 얻을 수 있다.

KEYWORD 158 전력 변환 장치

(1) 전력 변환의 종류
① AC-DC 변환
　㉠ 교류 전력을 직류 전력으로 변환한다.
　㉡ 종류: 다이오드 정류기, 위상 제어 정류기, PWM 컨버터
② DC-AC 변환
　㉠ 직류 전력을 교류 전력으로 변환한다.
　㉡ 종류: 인버터
③ DC-DC 변환
　㉠ 입력된 직류 전력을 크기나 극성이 변환된 다른 직류 출력으로 변환한다.
　㉡ 종류: DC 초퍼, SMPS(Switching Mode Power Supply)
④ AC-AC 변환
　㉠ 입력된 교류 전력의 크기, 주파수, 위상, 상수 등을 변환하여 다른 교류 전력으로 변환한다.
　㉡ 종류: 사이클로 컨버터

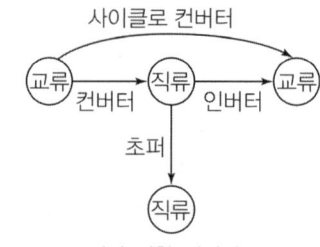
▲ 전력 변환 기기의 종류

(2) 회전 변류기
① 회전 변류기의 구조 및 특성
　㉠ 입력 측 3상 교류(AC)를 이용하여 동기 전동기를 회전시킨 후, 동기 전동기 축과 직렬 연결된 직류 발전기를 회전시켜 직류(DC) 출력을 얻는 컨버터이다.
　㉡ 교류 전압(E_a)과 직류 전압(E_d)의 관계

　　• 전압비: $\dfrac{E_a}{E_d} = \dfrac{1}{\sqrt{2}} \sin \dfrac{\pi}{m}$ (단, m: 상수)

　　• 전류비: $\dfrac{I_a}{I_d} = \dfrac{2\sqrt{2}}{m \cos\theta}$ (단, m: 상수)

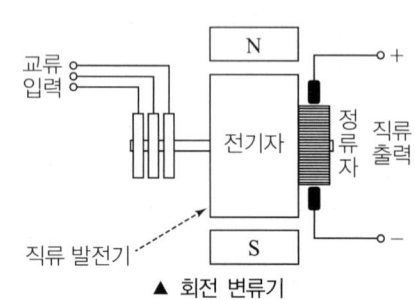
▲ 회전 변류기

　㉢ 회전 변류기의 전압 조정 방법
　　• 직렬 리액턴스에 의한 방법
　　• 유도 전압 조정기에 의한 방법
　　• 부하 시 전압 조정 변압기에 의한 방법
　　• 동기 승압기에 의한 방법

② 회전 변류기의 난조
   ㉠ 회전 변류기의 난조 원인
      - 브러시의 위치가 중성점보다 늦은 위치에 있을 경우
      - 직류 측 부하가 급변하는 경우
      - 교류 측 주파수가 주기적으로 변동하는 경우
      - 역률이 매우 나쁜 경우
      - 기자 회로의 저항이 리액턴스보다 큰 경우
   ㉡ 난조 방지 대책
      - 제동 권선을 설치한다.
      - 전기자 저항보다 리액턴스를 크게 해야 한다.
      - 자극 수를 적게 하고 기하각과 전기각 차이를 작게 한다.
      - 역률을 개선한다.

(3) **수은 정류기**
   ① 수은 정류기: 진공관 안에 수은 기체를 넣어 만든 것으로, 전류가 순방향일 때에는 수은 기체가 방전하고 역방향일 때에는 방전하지 않는 특성을 이용한다.
   ② 교류 전압(E_a)과 직류 전압(E_d)의 관계
      ㉠ 전압비: (3상) $E_d = 1.17E_a[\mathrm{V}]$
                (6상) $E_d = 1.35E_a[\mathrm{V}]$
      ㉡ 전류비: $\dfrac{I_a}{I_d} = \dfrac{1}{\sqrt{m}}$ (단, m: 상수)

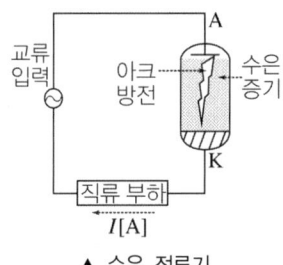

▲ 수은 정류기

   ③ 수은 정류기의 이상 현상
      ㉠ 역호: 수은 정류기가 역방향으로 방전되어 밸브 작용이 상실되는 현상
         - 원인
            - 과전압, 과전류
            - 증기 밀도 과다
            - 내부 잔존 가스 압력 상승
            - 양극 재료 불량 및 불순물 부착
         - 방지 대책
            - 냉각 장치에 주의해 과열 및 과냉을 피할 것
            - 과부하 운전을 피할 것
            - 진공도를 적당히 높일 것
            - 수은 증기가 양극에 부착되지 않도록 할 것
      ㉡ 통호: 필요 이상으로 수은 정류기가 방전되는 현상
      ㉢ 실호: 수은 정류기 양극의 점호가 실패하는 현상
      ㉣ 이상 전압: 수은 정류기가 정류되지만 직류 측 전압이 너무 높아 과열되는 현상

KEYWORD 159 반도체 소자

(1) 반도체 소자별 심벌

구분	심벌	구분	심벌
다이오드(정류 소자)	▶⊢	SCS	A ▶⊢ K, G_2, G_1
제너 다이오드	▶⌐	DIAC	A_2 ▶◀ A_1
TRIAC	$T_2(A_2)$ ▶◀ $T_1(A_1)$, G	BJT	B, C, E
SSS	─(N)─	MOSFET	D(Drain), G(Gate), S(Source)
GTO	Anode(A) ▶⊢ Cathode(K), G	IGBT	C, G, E

(2) 다이오드

① 다이오드의 원리: PN 접합 반도체로, 양극(애노드)에서 음극(캐소드) 측으로는 전류가 흐르고 역방향으로는 전류가 차단된다.

② 다이오드의 종류
  ㉠ 정류용 다이오드: AC를 DC로 정류
  ㉡ 바랙터 다이오드: 정전용량이 전압에 따라 변화하는 소자
  ㉢ 바리스터 다이오드: 과도 전압, 이상 전압 시 회로를 보호하는 소자
  ㉣ 제너 다이오드: 정전압 회로용 소자

③ 다이오드의 접속
  ㉠ 직렬 접속: 과전압 방지
  ㉡ 병렬 접속: 과전류 방지

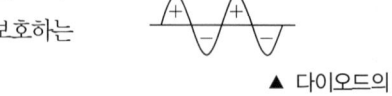

▲ 다이오드의 역할

(3) SCR(Silicon Controlled Rectifier)

① 다이오드 정류기에 제어 단자인 게이트를 부착한 3단자 실리콘 반도체 정류기로, 가장 널리 사용된다.
② 실리콘 PNPN 4층 구조(접합층 3개)로 되어 있으며, 전극은 A(Anode), K(Cathode), G(Gate)로 구성된다.
③ 교류 · 직류 모두 제어할 수 있으며, SCR에 흐르는 전류는 A → K 단방향이다.
④ SCR의 특징
  ㉠ 소형, 경량이고 소음이 작다.
  ㉡ 내부 전압 강하가 작다.
  ㉢ 아크가 생기지 않아 열의 발생이 적다.
  ㉣ 열용량이 적어 고온에 약하다.
  ㉤ 과전압에 약하다.
  ㉥ 제어각(위상각)이 역률각보다 커야 한다.
  ㉦ 대전류용이고 동작 시간이 짧다.

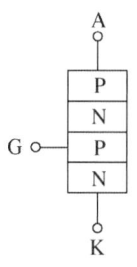
▲ SCR의 구조

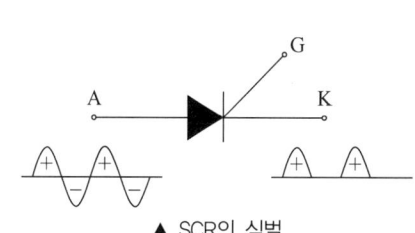
▲ SCR의 심벌

⑤ SCR의 동작
  ㉠ ON 조건: Gate에 전류가 흐르면 SCR이 turn on 되는데, 이때 래칭 전류 이상의 전류가 흘러야 on이 된다.
    • 래칭 전류: SCR을 turn on 시키기 위한 최소 전류(애노드에서 캐소드로 흐르는 전류)
    • 유지 전류: ON 상태를 유지하기 위한 최소 전류
  ㉡ OFF 조건: SCR에 역전압을 인가하거나 유지 전류 이하가 되면 OFF가 된다.(Gate 전류와 무방)
    • 애노드 전압을 0 또는 (−)로 한다.

(4) GTO

① SCR과 유사하지만 게이트 전류 신호를 통해 자가 소호가 가능하다.
② 단방향성 3단자 소자로 초퍼 직류 스위치에 사용한다.

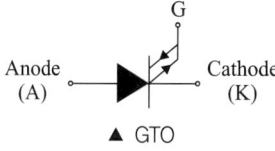
▲ GTO

(5) TRIAC

① 쌍방향성 3단자 소자로 2개의 SCR을 역병렬 접속한 구조이다.
② Gate에 전류를 흘리면 전압이 높은 쪽에서 낮은 쪽으로 도통하게 된다.
③ 조광장치, 교류 스위치 등에 쓰인다.

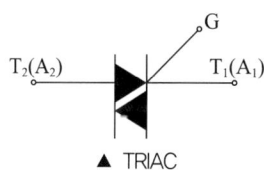
▲ TRIAC

(6) 트랜지스터

① BJT(Bipolar Junction Transistor)
  ㉠ 전력용 트랜지스터로, 컬렉터(C), 에미터(E), 베이스(B) 3개 단자로 이루어진 구조이다.
  ㉡ 도통 시 전류는 컬렉터에서 에미터 쪽으로만 흐르고, 역방향으로는 흐를 수 없다.
  ㉢ 트랜지스터에 도통 상태를 유지하려면 베이스 전류를 지속적으로 흐르게 해야 한다.

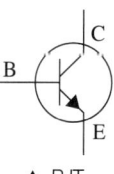
▲ BJT

② MOSFET(Metal Oxide Silicon Field Effect Transistor), 전계 효과 트랜지스터
　㉠ 전압 제어용 소자로 사용하며 드레인(D), 소스(S), 게이트(G)로 이루어진다.
　㉡ 게이트와 소스 사이에 걸리는 전압으로 구동한다.
　㉢ 높은 입력 임피던스를 가지므로 미세한 입력 전류만을 필요로 한다.
　㉣ 스위칭 속도가 매우 빠르고 [ns]단위의 스위칭 시간을 가지며, 용량이 적어서 저전력 범위에서 적용이 가능하다.
③ IGBT(Insulated Gate Bipolar Transistor)
　㉠ BJT와 MOSFET의 장점을 취한 소자이다.
　㉡ 게이트(G)와 에미터(E) 사이에 전압을 인가하여 구동한다.
　㉢ 스위칭 속도는 MOSFET과 BJT의 중간 정도로 비교적 빠른 편에 속한다.
　㉣ 용량은 BJT와 비슷한 수준이다.

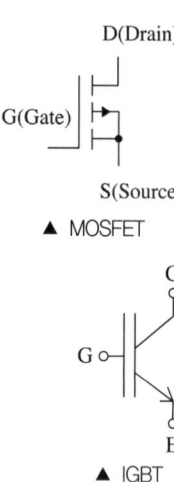
▲ MOSFET

▲ IGBT

(7) 방향성과 단자수에 따른 구분
　① 단방향 사이리스터: SCR(3단자), LASCR(3단자), GTO(3단자), SCS(4단자)
　② 쌍방향 사이리스터: SSS(2단자), TRIAC(3단자), DIAC(2단자)

KEYWORD 160　정류 회로

(1) 정류 회로의 비교

정류 회로: 교류 전원을 직류로 변환(정류)하는 회로

종류	직류 출력[V]	최대 역전압 (PIV[V])	맥동 주파수	정류 효율	맥동률
단상 반파	$E_d = \dfrac{\sqrt{2}}{\pi}E = 0.45E$	$\sqrt{2}\,E$	f[Hz]	40.5[%]	121[%]
단상 전파 (중간탭)	$E_d = \dfrac{2\sqrt{2}}{\pi}E = 0.9E$	$2\sqrt{2}\,E$	$2f$[Hz]	57.5[%]	48[%]
단상 전파 (브리지)	$E_d = \dfrac{2\sqrt{2}}{\pi}E = 0.9E$	$\sqrt{2}\,E$	$2f$[Hz]	81.1[%]	48[%]
3상 반파	$E_d = \dfrac{3\sqrt{6}}{2\pi}E = 1.17E$	$\sqrt{6}\,E$	$3f$[Hz]	96.7[%]	17[%]
3상 전파 (브리지)	$E_d = \dfrac{3\sqrt{6}}{\pi}E = 2.34E$ 또는 $E_d = 1.35E_l$	$\sqrt{6}\,E$	$6f$[Hz]	99.8[%]	4[%]

(단, 최대 역전압: PIV[V], 정류 효율 $\eta = \dfrac{\text{출력 직류 전력}}{\text{입력 직류 전력}} \times 100[\%]$, 맥동률 $\gamma = \dfrac{\text{교류 성분 실횻값}}{\text{직류 평균값}} \times 100[\%]$)

(2) 단상 반파 제어 정류 회로

① R부하인 경우

$$V_o = \frac{V_m}{2\pi}(1+\cos\alpha) = \frac{\sqrt{2}\,V}{2\pi}(1+\cos\alpha) = 0.45\,V\left(\frac{1+\cos\alpha}{2}\right)[\text{V}]$$

(단, α : 점호각)

② $R-L$부하인 경우

$$V_o = \frac{V_m}{2\pi}(\cos\alpha+\cos\beta) = \frac{\sqrt{2}\,V}{2\pi}(\cos\alpha+\cos\beta)$$

$$= 0.45\,V\left(\frac{\cos\alpha+\cos\beta}{2}\right)[\text{V}]$$

(단, β : 소호각)

(3) 단상 전파 제어 정류 회로

① R부하인 경우(정상 상태인 경우)

$$V_o = \frac{V_m}{\pi}(1+\cos\alpha) = \frac{\sqrt{2}\,V}{\pi}(1+\cos\alpha)$$

$$= 0.9\,V\left(\frac{1+\cos\alpha}{2}\right)[\text{V}]$$

② $R-L$부하인 경우(전류가 연속인 경우)

$$V_o = \frac{2V_m}{\pi}\cos\alpha = \frac{2\sqrt{2}\,V}{\pi}\cos\alpha = 0.9\,V\cos\alpha\,[\text{V}]$$

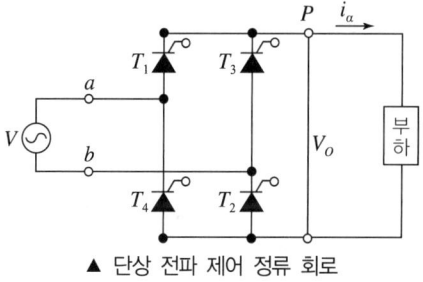

▲ 단상 전파 제어 정류 회로

(4) 3상 위상 제어 정류 회로

① 3상 반파 제어 정류 회로

$$V_o = \frac{3\sqrt{3}\,V_m}{2\pi}\cos\alpha = \frac{3\sqrt{6}\,V}{2\pi}\cos\alpha = 1.17\,V\cos\alpha\,[\text{V}]$$

② 3상 전파 제어 정류 회로

$$V_o = \frac{3\sqrt{3}\,V_m}{\pi}\cos\alpha = \frac{3\sqrt{6}\,V_p}{\pi}\cos\alpha = 2.34\,V_p\cos\alpha = 1.35\,V_l\cos\alpha\,[\text{V}]$$

(단, V_p : 상전압[V], V_l : 선간 전압[V])

05 SUBJECT 전기설비기술기준

KEYWORD 161 공통사항의 통칙

(1) 용어 정의(한국전기설비규정 112)
① 급전소: 전력 계통의 운용에 관한 지시 및 급전 조작을 하는 곳
② 접근 상태

1차 접근 상태	지지물의 높이와 같은 거리
2차 접근 상태	지지물과 수평거리 3[m] 미만 거리(1차 접근 상태보다 더 위험함)

③ 관등회로: 방전등용 안정기(방전등용 변압기 포함)로부터 방전관까지의 전로
④ 대지전압

접지식 선로	전선과 대지 사이 전압
비접지식 선로	전선과 임의의 다른 전선 사이 전압

⑤ 가공인입선: 가공전선로의 지지물로부터 다른 지지물을 거치지 아니하고 수용장소의 붙임점에 이르는 가공전선
⑥ 지지물: 목주, 철주, 철근 콘크리트주(배전용), 철탑(송전용)
⑦ 가섭선: 지지물에 가설되는 모든 선류
⑧ 계통접지: 전력계통에서 돌발적으로 발생하는 이상현상에 대비하여 대지와 계통을 연결하는 것으로, 중성점을 대지에 접속하는 것
⑨ 등전위본딩: 등전위를 형성하기 위해 도전부 상호 간을 전기적으로 연결하는 것
⑩ 리플프리 직류: 교류를 직류로 변환할 때 리플성분의 실효값이 10% 이하로 포함된 직류
⑪ 수뢰부시스템: 낙뢰를 포착할 목적으로 돌침, 수평도체, 그물망도체 등과 같은 금속 물체를 이용한 외부 피뢰시스템의 일부
⑫ 접지시스템: 기기나 계통을 개별적 또는 공통으로 접지하기 위하여 필요한 접속 및 장치로 구성된 설비
⑬ 피뢰시스템: 구조물 뇌격으로 인한 물리적 손상을 줄이기 위해 사용되는 전체시스템을 말하며, 외부피뢰시스템과 내부피뢰시스템으로 구성된다.
⑭ 지중 관로: 지중 전선로·지중 약전류 전선로·지중 광섬유 케이블 선로·지중에 시설하는 수관 및 가스관과 이와 유사한 것 및 이들에 부속하는 지중함 등을 말한다.
⑮ 분산형전원: 중앙급전 전원과 구분되는 것으로서 전력소비지역 부근에 분산하여 배치 가능한 전원을 말한다. 상용전원의 정전 시에만 사용하는 비상용 예비전원은 제외하며, 신·재생에너지 발전설비, 전기저장장치 등을 포함한다.

(2) 안전 원칙(기술기준 제22조)

① 전기설비는 감전, 화재 그 밖에 사람에게 위해(危害)를 주거나 물건에 손상을 줄 우려가 없도록 시설하여야 한다.
② 전기설비는 사용목적에 적절하고 안전하게 작동하여야 하며, 그 손상으로 인하여 전기 공급에 지장을 주지 않도록 시설하여야 한다.
③ 전기설비는 다른 전기설비, 그 밖의 물건의 기능에 전기적 또는 자기적인 장해를 주지 않도록 시설하여야 한다.

(3) 감전에 대한 보호(한국전기설비규정 113.2)

① 고장보호는 일반적으로 기본절연의 고장에 의한 간접접촉을 방지하는 것이다.
② 노출도전부에 인축이 접촉하여 일어날 수 있는 위험으로부터 보호되어야 한다.
③ 고장보호는 다음 중 어느 하나에 적합하여야 한다.
  ㉠ 인축의 몸을 통해 고장전류가 흐르는 것을 방지
  ㉡ 인축의 몸에 흐르는 고장전류를 위험하지 않는 값 이하로 제한
  ㉢ 인축의 몸에 흐르는 고장전류의 지속시간을 위험하지 않은 시간까지로 제한

KEYWORD 162　전선

(1) 전압의 종별 구분(한국전기설비규정 111.1)

① 저압: 직류는 1.5[kV] 이하, 교류는 1[kV] 이하인 것
② 고압: 직류는 1.5[kV]를, 교류는 1[kV]를 초과하고 7[kV] 이하인 것
③ 특고압: 7[kV]를 초과하는 것

(2) 절연전선(한국전기설비규정 122.1)

절연전선은 「전기용품 및 생활용품 안전관리법」의 적용을 받는 것 이외에는 KS에 적합하거나 동등 이상의 성능을 만족하는 것을 사용하여야 한다.

KEYWORD 163 전로의 절연

(1) 전로의 절연 원칙(한국전기설비규정 131)

절연 제외 장소는 다음과 같다.
① 저압 전로에 접지공사를 한 접지점
② 전로의 중성점에 접지공사를 하는 경우의 접지점
③ 계기용 변성기 2차 측 전로에 접지공사를 하는 경우의 접지점
④ 저·고압 가공전선과 특고압 가공전선이 동일 지지물에 시설할 때 접지공사의 접지점
⑤ 중성점이 접지된 특고압 가공선로의 중성선이 다중 접지를 하는 경우의 접지점
⑥ 시험용 변압기, 전기 울타리용 전원 장치, 엑스선 발생 장치 등
⑦ 전기욕기·전기로·전기보일러·전해조 등 대지로부터 절연하는 것이 기술상 곤란한 것

(2) 전로의 절연저항 및 절연내력(한국전기설비규정 132)

① 절연저항 측정이 곤란한 경우, 저항 성분의 누설전류가 1[mA] 이하이면 그 전로의 절연성능은 적합한 것으로 본다.
② 전선로의 전선 및 절연성능(기술기준 제27조)

$$누설전류 \leq 최대\ 공급전류 \times \frac{1}{2,000}$$

③ 저압 전로의 절연성능(기술기준 제52조)

전로의 사용전압[V]	DC시험전압[V]	절연저항[MΩ]
SELV 및 PELV	250	0.5 이상
FELV, 500[V] 이하	500	1.0 이상
500[V] 초과	1,000	1.0 이상

※ 특별저압(Extra Low Voltage: 2차 전압이 AC 50[V], DC 120[V] 이하)으로 SELV(비접지회로 구성) 및 PELV(접지회로 구성)는 1차와 2차가 전기적으로 절연된 회로, FELV는 1차와 2차가 전기적으로 절연되지 않은 회로

④ 절연내력 시험전압
  ㉠ 전로(권선)와 대지 사이에 연속 10분간 실시
  ㉡ 고압 및 특고압 전선로 기타 기기의 시험전압(직류 = 교류×2)

접지방식	구분	배율	최저 시험전압
비접지식	7[kV] 이하	1.5	–
	7[kV] 초과 60[kV] 이하	1.25	10.5[kV]
	60[kV] 초과	1.25	–
중성점 다중접지식	7[kV] 초과 25[kV] 이하	0.92	–
중성점 접지식	60[kV] 초과	1.1	75[kV]
중성점 직접접지식	60[kV] 초과 170[kV] 이하	0.72	–
	170[kV] 초과	0.64	–

(3) 회전기 및 정류기의 절연내력(한국전기설비규정 133)

종류		시험전압	시험방법
회전기	발전기·전동기·무효전력보상장치·기타회전기(회전변류기를 제외한다.) 최대 사용전압 7[kV] 이하	최대 사용전압의 1.5배의 전압(최저 시험전압 500[V])	권선과 대지 사이에 연속하여 10분간 가한다.
	발전기·전동기·무효전력보상장치·기타회전기(회전변류기를 제외한다.) 최대 사용전압 7[kV] 초과	최대 사용전압의 1.25배의 전압(최저 시험전압 10.5[kV])	
	회전변류기	직류 측 최대 사용전압의 1배의 교류전압(최저 시험전압 500[V])	
정류기	최대 사용전압 60[kV] 이하	직류 측 최대 사용전압의 1배의 교류전압(최저 시험전압 500[V])	충전 부분과 외함 간에 연속하여 10분간 가한다.
	최대 사용전압 60[kV] 초과	교류 측 최대 사용전압의 1.1배의 교류전압 또는 직류 측 최대 사용전압의 1.1배의 직류전압	교류 측 및 직류 고전압 측 단자와 대지 사이에 연속하여 10분간 가한다.

(4) 연료전지 및 태양전지 모듈의 절연내력(한국전기설비규정 134)

최대 사용전압의 1.5배의 직류전압 또는 1배의 교류전압(최저 시험전압 500[V])을 충전 부분과 대지 사이에 연속하여 10분간 가하여 절연내력을 시험하였을 때 이에 견디는 것이어야 한다.

(5) 변압기 전로의 절연내력(한국전기설비규정 135)

시험되는 권선의 중성점 단자, 다른 권선(다른 권선이 2개 이상 있는 경우에는 각 권선)의 임의의 1단자, 철심 및 외함을 접지하고 시험되는 권선의 중성점 단자 이외의 임의의 1단자와 대지 사이에 시험전압을 연속하여 10분간 가한다.

KEYWORD 164 접지시스템

(1) 접지시스템의 구분 및 종류(한국전기설비규정 141)
① 접지시스템의 구분: 계통접지, 보호접지, 피뢰시스템 접지
② 접지시스템의 시설 종류: 단독접지, 공통접지, 통합접지

(2) 접지시스템의 시설(한국전기설비규정 142)

① 접지시스템의 구성요소(142.1)
  ㉠ 접지극(접지도체로 주 접지단자에 연결)
  ㉡ 접지도체
  ㉢ 보호도체
  ㉣ 기타 설비

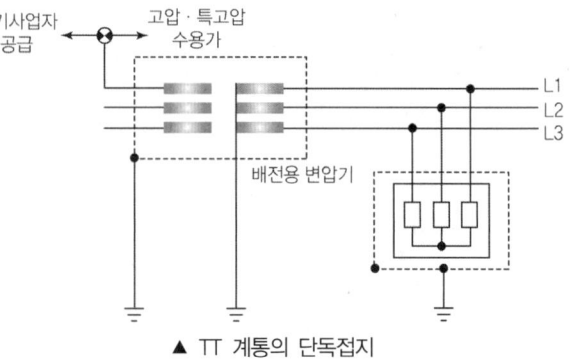
▲ TT 계통의 단독접지

② 접지극의 시설 및 접지저항(142.2)
  ㉠ 접지극의 시설
    • 콘크리트에 매입된 기초 접지극
    • 토양에 매설된 기초 접지극
    • 토양에 수직 또는 수평으로 직접 매설된 금속전극(봉, 전선, 테이프, 배관, 판 등)
    • 케이블의 금속외장 및 그 밖의 금속피복
    • 지중 금속구조물(배관 등)
    • 대지에 매설된 철근콘크리트의 용접된 금속 보강재(강화콘크리트 제외)
  ㉡ 접지극의 매설
    • 접지극은 동결 깊이를 고려하여 시설하되, 고압 이상의 전기설비와 변압기 중성점 접지에 의하여 시설하는 접지극의 매설깊이는 지표면으로부터 0.75[m] 이상으로 한다.
    • 접지도체를 철주 기타의 금속체를 따라서 시설하는 경우에는 접지극을 철주의 밑면으로부터 0.3[m] 이상의 깊이에 매설하는 경우 이외에는 접지극을 지중에서 그 금속체로부터 1[m] 이상 이격하여 매설하여야 한다.
  ㉢ 수도관 등을 접지극으로 사용하는 경우
    • 지중에 매설되어 있고 대지와의 전기저항 값이 3[Ω] 이하의 값을 가지고 있는 금속제 수도관로가 다음을 따르는 경우 접지극으로 사용이 가능하다.
      - 접지도체와 금속제 수도관로의 접속은 안지름 75[mm] 이상인 부분 또는 여기에서 분기한 안지름 75[mm] 미만인 분기점으로부터 5[m] 이내의 부분에서 하여야 한다. 다만, 금속제 수도관로와 대지 사이의 전기저항 값이 2[Ω] 이하인 경우에는 분기점으로부터의 거리는 5[m]를 넘을 수 있다.

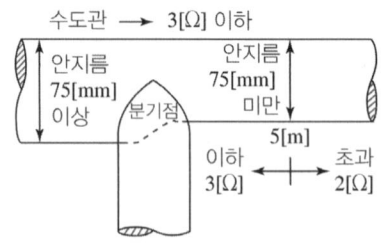
▲ 수도관 등의 접지극

    • 대지와의 사이에 전기저항 값이 2[Ω] 이하인 값을 유지하는 건축물·구조물의 철골 기타의 금속제는 이를 비접지식 고압전로에 시설하는 기계기구의 철대 또는 금속제 외함의 접지공사 또는 비접지식 고압전로와 저압전로를 결합하는 변압기의 저압전로의 접지공사의 접지극으로 사용할 수 있다.

(3) 접지도체 · 보호도체(한국전기설비규정 142.3)

① 접지도체(142.3.1)
  ㉠ 접지도체의 선정
    - 큰 고장전류가 접지도체를 통하여 흐르지 않을 경우 접지도체의 최소 단면적
      - 구리 6[mm^2] 이상
      - 철제 50[mm^2] 이상
    - 접지도체에 피뢰시스템이 접속되는 경우 접지도체의 최소 단면적: 구리 16[mm^2] 이상 또는 철 50[mm^2] 이상
  ㉡ 접지도체는 지하 0.75[m]부터 지표상 2[m]까지 부분은 합성수지관(두께 2[mm] 미만의 합성수지제 전선관 및 가연성 콤바인덕트관 제외) 또는 이와 동등 이상의 절연효과와 강도를 가지는 몰드로 덮어야 한다.
  ㉢ 접지도체의 굵기
    - 특고압 · 고압 전기설비용 접지도체는 단면적 6[mm^2] 이상의 연동선 또는 동등 이상의 단면적 및 강도
    - 중성점 접지용 접지도체는 공칭단면적 16[mm^2] 이상의 연동선 또는 동등 이상의 단면적 및 세기를 가져야 한다. 다만, 7[kV] 이하의 전로 또는 사용전압이 25[kV] 이하(중성선 다중접지 방식의 것으로서 전로에 지락이 생겼을 때 2초 이내에 자동적으로 이를 전로로부터 차단하는 장치가 되어 있는 것)인 특고압 가공전선로의 경우 공칭단면적 6[mm^2] 이상의 연동선 또는 동등 이상의 단면적 및 강도를 가져야 한다.

② 보호도체(142.3.2)

선도체의 단면적 S ([mm^2], 구리)	보호도체의 최소 단면적([mm^2], 구리)	
	보호도체의 재질이 선도체와 같은 경우	보호도체의 재질이 선도체와 다른 경우
$S \leq 16$	S	$\left(\dfrac{k_1}{k_2}\right) \times S$
$16 < S \leq 35$	16	$\left(\dfrac{k_1}{k_2}\right) \times 16$
$S > 35$	$\dfrac{S}{2}$	$\left(\dfrac{k_1}{k_2}\right) \times \left(\dfrac{S}{2}\right)$

  ㉠ 보호도체의 단면적은 차단시간이 5초 이하인 경우 다음의 계산 값 이상이어야 한다.

$$S = \frac{\sqrt{I^2 t}}{k}$$

  (단, S: 단면적[mm^2], I: 보호장치를 통해 흐를 수 있는 예상 고장전류 실횻값[A],
    t: 자동차단을 위한 보호장치의 동작시간[s], k: 재질 및 초기온도와 최종온도에 따라 정해지는 계수)

  ㉡ 보호도체가 케이블의 일부가 아니거나 선도체와 동일 외함에 설치되지 않을 경우 단면적의 굵기

구분	구리[mm^2]	알루미늄[mm^2]
기계적 손상에 보호가 되는 경우	2.5 이상	16 이상
기계적 손상에 보호가 되지 않는 경우	4 이상	

(4) 전기수용가 접지(한국전기설비규정 142.4)

① 저압수용가 인입구 접지(142.4.1)
  ㉠ 수용장소 인입구 부근에서 다음의 것을 접지극으로 사용하여 변압기 중성점 접지를 한 저압전선로의 중성선 또는 접지 측 전선에 추가로 접지공사를 할 수 있다.
    - 지중에 매설되어 있고 대지와의 전기저항 값이 3[Ω] 이하의 값을 유지하고 있는 금속제 수도관로
    - 대지 사이의 전기저항 값이 3[Ω] 이하인 값을 유지하는 건물의 철골
  ㉡ 접지도체는 공칭단면적 6[mm^2] 이상의 연동선 또는 이와 동등 이상의 세기 및 굵기의 쉽게 부식하지 않는 금속선으로서 고장 시 흐르는 전류를 안전하게 통할 수 있는 것이어야 한다.

② 주택 등 저압수용장소 접지(142.4.2)
  저압수용장소에서 계통접지가 TN-C-S 방식인 경우에 보호도체는 다음에 따라 시설하여야 한다.
  ㉠ 보호도체의 최소 단면적은 142.3.2의 표에 의한 값 이상으로 한다.
  ㉡ 중성선 겸용 보호도체(PEN)는 고정 전기설비에만 사용할 수 있고 그 도체의 단면적이 구리는 10[mm^2] 이상, 알루미늄은 16[mm^2] 이상이어야 하며, 그 계통의 최고전압에 대하여 절연되어야 한다.

(5) 변압기 중성점 접지(한국전기설비규정 142.5)

① 변압기의 중성점 접지저항 값
  ㉠ 일반적으로 변압기의 고압·특고압 전로 1선 지락전류로 150을 나눈 값과 같은 저항 값 이하
  ㉡ 변압기의 고압·특고압 측 전로 또는 사용전압 35[kV] 이하의 특고압전로가 저압측 전로와 혼촉하고 저압전로의 대지전압이 150[V]를 초과하는 경우의 저항
    - 1초 초과 2초 이내에 고압·특고압 전로를 자동으로 차단하는 장치를 설치할 때에는 300을 나눈 값 이하
    - 1초 이내에 고압·특고압 전로를 자동으로 차단하는 장치를 설치할 때에는 600을 나눈 값 이하

(6) 공통접지 및 통합접지(한국전기설비규정 142.6)

① 공통접지
  고압 및 특고압과 저압 전기설비의 접지극이 서로 근접하여 시설되어 있는 변전소 또는 이와 유사한 곳에서는 공통접지시스템으로 할 수 있다.

② 통합접지
  전기설비의 접지설비, 건축물의 피뢰설비·전자통신설비 등의 접지극을 공용하는 통합접지시스템으로 시설할 경우 낙뢰에 의한 과전압 등으로부터 전기전자기기 등을 보호하기 위해 서지보호장치를 설치하여야 한다.

③ 공통접지 및 통합접지의 공사
  ㉠ 저압 전기설비의 접지극이 고압 및 특고압 접지극의 접지저항 형성 영역에 완전히 포함되어 있다면 위험전압이 발생하지 않도록 이들 접지극을 상호 접속하여야 한다.
  ㉡ 접지시스템에서 고압 및 특고압 계통의 지락사고 시 저압계통에 가해지는 상용주파 과전압은 표에서 정한 값을 초과해서는 안 된다.

고압계통에서 지락고장시간[초]	저압설비 허용 상용주파 과전압[V]	비고
$t > 5$	$U_0 + 250$	중성선 도체가 없는 계통에서 U_0는 선간 전압을 말한다.
$t \leq 5$	$U_0 + 1,200$	

(7) **기계기구의 철대 및 외함의 접지(한국전기설비규정 142.7)**

전로에 시설하는 기계기구의 철대 및 금속제 외함(외함이 없는 변압기 또는 계기용 변성기는 철심)에는 접지공사를 하여야 한다.

KEYWORD 165 피뢰시스템

(1) **피뢰시스템의 적용범위 및 구성(한국전기설비규정 151)**
  ① 적용범위(151.1)
    ㉠ 전기전자설비가 설치된 건축물·구조물로서 낙뢰로부터 보호가 필요한 것 또는 지상으로부터 높이가 20[m] 이상인 것
    ㉡ 전기설비 및 전자설비 중 낙뢰로부터 보호가 필요한 설비
  ② 피뢰시스템의 구성(151.2)
    ㉠ 직격뢰로부터 대상물을 보호하기 위한 외부 피뢰시스템
    ㉡ 간접뢰 및 유도뢰로부터 대상물을 보호하기 위한 내부 피뢰시스템

(2) **외부 피뢰시스템(한국전기설비규정 152)**
  ① 수뢰부시스템(152.1)
    ㉠ 수뢰부시스템의 선정: 돌침, 수평도체, 그물망(메시)도체의 요소 중에 한 가지 또는 이를 조합한 형식으로 시설하여야 한다.
    ㉡ 수뢰부시스템의 배치
      • 보호각법, 회전구체법, 그물망법 중 하나 또는 조합된 방법으로 배치하여야 한다.
      • 건축물·구조물의 뾰족한 부분, 모서리 등에 우선하여 배치한다.
    ㉢ 측뢰 보호가 필요한 경우: 전체 높이 60[m]를 초과하는 건축물·구조물의 최상부로부터 20[%] 부분에 한한다.

② 인하도선 시스템(152.2)
  ㉠ 건축물·구조물과 분리된 피뢰시스템인 경우
   • 별개의 지주에 설치되어 있는 경우 각 지주마다 1가닥 이상의 인하도선을 시설한다.
   • 수평도체 또는 그물망도체인 경우 지지 구조물마다 1가닥 이상의 인하도선을 시설한다.
  ㉡ 건축물·구조물과 분리되지 않은 피뢰시스템인 경우
   • 벽이 불연성 재료로 된 경우에는 벽의 표면 또는 내부에 시설할 수 있다. 다만, 벽이 가연성 재료인 경우에는 0.1[m] 이상 이격하고, 이격이 불가능한 경우에는 도체의 단면적을 100[mm²] 이상으로 한다.
   • 인하도선의 수는 2가닥 이상으로 한다.
   • 보호대상 건축물·구조물의 투영에 따른 둘레에 가능한 균등한 간격으로 배치한다. 다만, 노출된 모서리 부분에 우선하여 설치한다.
   • 병렬 인하도선의 최대 간격은 피뢰시스템 등급에 따라 Ⅰ, Ⅱ 등급은 10[m], Ⅲ 등급은 15[m], Ⅳ 등급은 20[m]로 한다.

(3) 내부 피뢰시스템(한국전기설비규정 153)
① 전기전자설비 보호(153.1)
  ㉠ 접지와 본딩
   • 뇌서지 전류를 대지로 방류시키기 위한 접지를 시설
   • 전위차를 해소하고 자계를 감소시키기 위한 본딩을 구성할 것
  ㉡ 서지보호장치 시설
   • 전기전자설비 등에 연결된 전선로를 통하여 서지가 유입되는 경우, 해당 선로에는 서지보호장치를 설치하여야 한다.
   • 지중 저압수전의 경우, 내부에 설치하는 전기전자기기의 과전압범주별 임펄스내전압이 규정 값에 충족하는 경우는 서지보호장치를 생략할 수 있다.
② 피뢰 등전위본딩(153.2)
  ㉠ 금속제 설비의 등전위본딩
    건축물·구조물에는 지하 0.5[m]와 높이 20[m]마다 환상도체를 설치한다. 다만, 철근콘크리트, 철골구조물의 구조체에 인하도선을 등전위본딩하는 경우 환상도체는 설치하지 않아도 된다.
  ㉡ 인입설비의 등전위본딩
    가스관 또는 수도관의 연결부가 절연체인 경우, 해당설비 공급사업자의 동의를 받아 적절한 공법(절연방전갭 등 사용)으로 등전위본딩하여야 한다.

KEYWORD 166 계통접지의 방식

(1) 계통접지 구성(한국전기설비규정 203.1)
① 저압전로의 보호도체 및 중성선의 접속 방식에 따른 접지계통의 분류: TN 계통, TT 계통, IT 계통
② 계통접지에서 사용되는 문자의 정의
   ㉠ 제1문자 - 전원계통과 대지의 관계
      - T: 한 점을 대지에 직접 접속
      - I: 모든 충전부를 대지와 절연시키거나 높은 임피던스를 통하여 한 점을 대지에 직접 접속
   ㉡ 제2문자 - 전기설비의 노출도전부와 대지의 관계
      - T: 노출도전부를 대지로 직접 접속, 전원계통의 접지와는 무관
      - N: 노출도전부를 전원계통의 접지점(교류 계통에서는 통상적으로 중성점, 중성점이 없을 경우는 선도체)에 직접 접속
   ㉢ 그다음 문자(문자가 있을 경우) - 중성선과 보호도체의 배치
      - S: 중성선 또는 접지된 선도체 외에 별도의 도체에 의해 제공되는 보호 기능
      - C: 중성선과 보호 기능을 한 개의 도체로 겸용(PEN 도체)

기호	설명
	중성선(N), 중간도체(M)
	보호도체(PE)
	중성선과 보호도체겸용(PEN)

▲ 계통에서 사용하는 기호

(2) TN 계통(한국전기설비규정 203.2)
전원 측의 한 점을 직접접지하고 설비의 노출도전부를 보호도체로 접속시키는 방식
① TN-S 계통: 계통 전체에 대해 별도의 중성선 또는 PE 도체를 사용한다. 배전계통에서 PE 도체를 추가로 접지할 수 있다.
② TN-C 계통: 그 계통 전체에 대해 중성선과 보호도체의 기능을 동일도체로 겸용 PEN 도체를 사용한다. 배전계통에서 PEN 도체를 추가로 접지할 수 있다.
③ TN-C-S 계통: 계통의 일부분에서 PEN 도체를 사용하거나, 중성선과 별도의 PE 도체를 사용하는 방식이 있다. 배전계통에서 PEN 도체와 PE 도체를 추가로 접지할 수 있다.

(3) TT 계통(한국전기설비규정 203.3)

전원의 한 점을 직접 접지하고 설비의 노출도전부는 전원의 접지전극과 전기적으로 독립적인 접지극에 접속시킨다. 배전계통에서 PE 도체를 추가로 접지할 수 있다.

(4) IT 계통(한국전기설비규정 203.4)

① 충전부 전체를 대지로부터 절연시키거나, 한 점을 임피던스를 통해 대지에 접속시킨다. 전기설비의 노출도전부를 단독 또는 일괄적으로 계통의 PE 도체에 접속시킨다. 배전계통에서 추가접지가 가능하다.
② 계통은 높은 임피던스를 통하여 접지할 수 있다. 이 접속은 중성점, 인위적 중성점, 선도체 등에서 할 수 있다. 중성선은 배선할 수도 있고, 배선하지 않을 수도 있다.

KEYWORD 167 안전을 위한 보호

(1) 감전에 대한 보호(한국전기설비규정 211)

① 보호대책 일반 요구사항(211.1)

보호의 전압 규정은 다음을 따른다.

㉠ 교류전압은 실횻값으로 한다.
㉡ 직류전압은 리플프리로 한다.

② 전원의 자동차단에 의한 보호대책(211.2)

㉠ 고장 시의 자동차단
- 보호장치는 회로의 선도체와 노출도전부 또는 선도체와 기기의 보호도체 사이의 임피던스가 무시할 정도로 되는 고장의 경우 규정된 차단 시간 내에서 회로의 선도체 또는 설비의 전원을 자동으로 차단하여야 한다.

단위: [초]

계통	$50[V] < U_0 \leq 120[V]$		$120[V] < U_0 \leq 230[V]$		$230[V] < U_0 \leq 400[V]$		$U_0 > 400[V]$	
	교류	직류	교류	직류	교류	직류	교류	직류
TN	0.8	-	0.4	5	0.2	0.4	0.1	0.1
TT	0.3	-	0.2	0.4	0.07	0.2	0.04	0.1

▲ 32[A] 이하 분기회로의 최대 차단시간

- TN 계통에서 배전회로(간선)와 위의 경우를 제외하고 5초 이하의 차단시간을 허용
- TT 계통에서 배전회로(간선)와 위의 경우를 제외하고 1초 이하의 차단시간을 허용

ⓒ 누전차단기의 시설: 저압전로의 보호대책으로 누전차단기를 시설해야 할 대상은 다음과 같다.
- 금속제 외함을 가지는 사용전압이 50[V]를 초과하는 저압의 기계기구로서 사람이 쉽게 접촉할 우려가 있는 곳에 시설하는 것에 전기를 공급하는 전로. 다만, 다음의 경우에는 적용하지 않는다.
  - 기계기구를 발전소, 변전소, 개폐소 또는 이에 준하는 곳에 시설하는 경우
  - 기계기구를 건조한 곳에 시설하는 경우
  - 대지전압이 150[V] 이하인 기계기구를 물기가 있는 곳 이외의 곳에 시설하는 경우
  - 「전기용품 및 생활용품 안전관리법」의 적용을 받는 이중절연구조의 기계기구를 시설하는 경우
  - 그 전로의 전원 측에 절연변압기(2차 전압이 300[V] 이하인 경우에 한한다)를 시설하고 또한 그 절연변압기의 부하 측의 전로에 접지하지 아니하는 경우
  - 기계기구가 고무·합성수지 기타 절연물로 피복된 경우
  - 기계기구가 유도전동기의 2차 측 전로에 접속되는 것일 경우
  - 기계기구 내에 「전기용품 및 생활용품 안전관리법」의 적용을 받는 누전차단기를 설치하고 또한 기계기구의 전원 연결선이 손상을 받을 우려가 없도록 시설하는 경우
- 주택의 인입구 등 누전차단기 설치를 요구하는 전로
- 특고압전로, 고압전로 또는 저압전로와 변압기에 의하여 결합되는 사용전압 400[V] 초과의 저압전로 또는 발전기에서 공급하는 사용전압 400[V] 초과의 저압전로(발전소 및 변전소와 이에 준하는 곳에 있는 부분의 전로를 제외)

ⓒ TN 계통(한국전기설비규정 211.2.5.)
TN-C 계통에는 누전차단기를 사용해서는 아니 된다.

(2) 과전류에 대한 보호(한국전기설비규정 212)

① 보호장치의 특성(212.3)
  ㉠ 저압전로에 사용하는 범용의 퓨즈: 과전류 차단기로 저압전로에 사용하는 범용의 퓨즈는 gG, gM, gD, gN 등의 종류가 있으며, 용단 특성은 다음 표에 적합한 것이어야 한다.
  - gG, gM 퓨즈의 용단 특성

정격전류의 구분	시간	정격전류의 배수		적용
		불용단전류	용단전류	
4[A] 이하	60분	1.5배	2.1배	gG
4[A] 초과 16[A] 미만	60분	1.5배	1.9배	gG
16[A] 이상 63[A] 이하	60분	1.25배	1.6배	gG, gM
63[A] 초과 160[A] 이하	120분	1.25배	1.6배	gG, gM
160[A] 초과 400[A] 이하	180분	1.25배	1.6배	gG, gM
400[A] 초과	240분	1.25배	1.6배	gG, gM

• gD, gN 퓨즈의 용단 특성

정격전류의 구분	시간	정격전류의 배수	
		불용단전류	용단전류
60[A] 이하	60분	1.1배	1.35배
60[A] 초과 600[A] 이하	120분	1.1배	1.35배
600[A] 초과 6,000[A] 이하	240분	1.1배	1.50배

ⓒ 배선차단기: 과전류 차단기로 저압전로에 사용하는 산업용 배선차단기는 산업용, 주택용 등의 종류가 있으며 과전류트립 동작시간 및 특성은 다음과 같다. 다만, 일반인이 접촉할 우려가 있는 장소(세대 내 분전반 및 이와 유사한 장소)에는 주택용 배선차단기를 시설해야 한다.

• 과전류트립 동작시간 및 특성

정격전류	규정시간	정격전류의 배수			
		주택용		산업용	
		부동작전류	동작전류	부동작전류	동작전류
63[A] 이하	60분	1.13배	1.45배	1.05배	1.3배
63[A] 초과	120분	1.13배	1.45배	1.05배	1.3배

• 순시트립에 따른 구분(주택용 배선차단기)

형	순시트립범위
B	$3I_n$ 초과 $5I_n$ 이하
C	$5I_n$ 초과 $10I_n$ 이하
D	$10I_n$ 초과 $20I_n$ 이하

② 과부하전류에 대한 보호(212.4)

㉠ 도체와 과부하 보호장치 사이의 협조: 과부하에 대해 케이블(전선)을 보호하는 장치의 동작 특성은 다음의 조건을 충족해야 한다.

$$I_B \leq I_n \leq I_Z \cdots\cdots\cdots Ⓐ$$
$$I_2 \leq 1.45 \times I_Z \cdots\cdots Ⓑ$$

(단, I_B: 회로의 설계전류[A], I_Z: 케이블의 허용전류[A], I_n: 보호장치의 정격전류[A],

I_2: 보호장치가 규약시간 이내에 유효하게 동작하는 것을 보장하는 전류[A])

• Ⓐ에 따른 보호가 불확실한 경우에는 Ⓑ에 따른다.

ⓒ 과부하 보호장치의 설치 위치

과부하 보호장치는 분기점(O)에 설치해야 하나, 분기점(O)과 분기회로의 과부하 보호장치의 설치점 사이의 배선 부분에 다른 분기회로나 콘센트 회로가 접속되어 있지 않고, 다음 중 하나를 충족하는 경우에는 변경이 있는 배선에 설치할 수 있다.

• 다음 그림과 같이 분기회로(S_2)의 과부하 보호장치(P_2)의 전원 측에 다른 분기회로 또는 콘센트의 접속이 없고 분기회로에 대한 단락보호가 이루어지고 있는 경우 P_2는 분기회로의 분기점(O)으로부터 부하 측으로 거리에 구애 받지 않고 이동하여 설치할 수 있다.

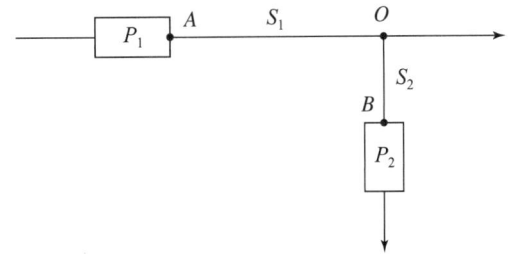

▲ 분기회로(S_2)의 분기점(O)에 설치되지 않은 분기회로 과부하 보호장치(P_2)

• 다음 그림과 같이 분기회로(S_2)의 과부하 보호장치(P_2)는 (P_2)의 전원 측에서 분기점(O) 사이에 다른 분기회로 또는 콘센트의 접속이 없고, 단락의 위험과 화재 및 인체에 대한 위험성이 최소화되도록 시설된 경우, 분기회로의 보호장치(P_2)는 분기회로의 분기점(O)으로부터 3[m]까지 이동하여 설치할 수 있다.

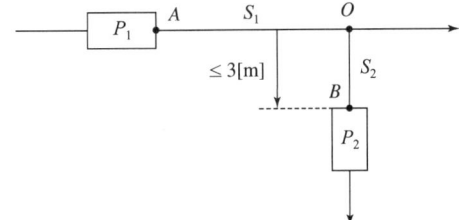

▲ 분기회로(S_2)의 분기점(O)에서 3[m] 이내에 설치된 과부하 보호장치(P_2)

③ 단락전류에 대한 보호(212.5)

㉠ 단락보호장치의 시설

단락전류 보호장치는 분기점(O)에 설치해야 한다. 다만, 다음 그림과 같이 분기회로의 단락보호장치 설치점(B)과 분기점(O) 사이에 다른 분기회로 또는 콘센트의 접속이 없고 단락, 화재 및 인체에 대한 위험이 최소화될 경우, 분기회로의 단락보호장치 P_2는 분기점(O)으로부터 3[m]까지 이동하여 설치할 수 있다.

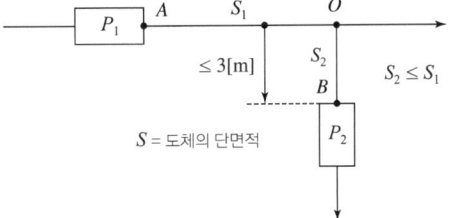

▲ 분기회로 단락보호장치(P_2)의 제한된 위치 변경

ⓒ 단락보호장치의 특성
- 차단용량 : 정격차단용량은 단락전류 보호장치 설치점에서 예상되는 최대 크기의 단락전류보다 커야 한다.
- 케이블 등의 단락전류 : 단락지속시간이 5초 이하인 경우, 통상 사용조건에서의 단락전류에 의해 절연체의 허용온도에 도달하기까지의 시간 t는 다음과 같이 계산할 수 있다.

$$t = \left(\frac{kS}{I}\right)^2$$

(단, t : 단락전류 지속시간[초], S : 도체의 단면적[mm²], I : 유효 단락전류[A], k : 도체 재료의 저항률, 온도계수, 열용량, 해당 초기온도와 최종온도를 고려한 계수)

④ 저압 옥내전로 인입구에서의 개폐기의 시설(212.6.2)

개폐기의 시설 생략 조건 : 사용전압이 400[V] 이하인 옥내전로로서 다른 옥내전로(정격전류가 16[A] 이하인 과전류 차단기 또는 정격전류가 16[A]를 초과하고 20[A] 이하인 배선차단기로 보호하고 있는 것에 한한다)에 접속하는 길이 15[m] 이하의 전로에서 전기의 공급을 받는 경우

⑤ 저압전로 중의 전동기 보호용 과전류 보호장치의 시설(212.6.3)

옥내에 시설하는 전동기(정격출력이 0.2[kW] 이하인 것을 제외한다)에는 전동기가 손상될 우려가 있는 과전류가 생겼을 때 자동적으로 이를 저지하거나 이를 경보하는 장치를 하여야 한다. 다만, 다음의 어느 하나에 해당하는 경우에는 그러하지 아니하다.

㉠ 전동기를 운전 중 상시 취급자가 감시할 수 있는 위치에 시설하는 경우
㉡ 전동기의 구조나 부하의 성질로 보아 전동기가 손상될 수 있는 과전류가 생길 우려가 없는 경우
㉢ 단상전동기로서 그 전원 측 전로에 시설하는 과전류 차단기의 정격전류가 16[A](배선차단기는 20[A]) 이하인 경우

(3) 과전압에 대한 보호(한국전기설비규정 213)

① 고압계통의 지락고장으로 인한 저압설비 보호
  ㉠ 변전소에서 고압 측 지락고장의 경우, 다음 과전압의 유형들이 저압설비에 영향을 미칠 수 있다.
    - 상용주파 고장전압(U_f)
    - 상용주파 스트레스전압(U_1 및 U_2)
  ㉡ 상용주파 스트레스전압의 크기와 지속시간 : 고압계통에서의 지락으로 인한 저압설비 내의 저압기기의 상용주파 스트레스전압의 크기와 지속시간은 다음 표의 값을 초과하지 않아야 한다.

고압계통에서 지락고장시간[초]	저압설비 허용 상용주파 과전압[V]	비고
$t > 5$	$U_0 + 250$	중성선 도체가 없는 계통에서 U_0는 선간전압을 말한다.
$t \leq 5$	$U_0 + 1,200$	

KEYWORD 168 고압·특고압 전기설비

(1) 고압·특고압 전기설비의 통칙

① 적용범위(한국전기설비규정 301)

교류 1[kV] 초과 또는 직류 1.5[kV]를 초과하는 고압 및 특고압 전기를 공급하거나 사용하는 전기설비에 적용한다.

(2) 고압·특고압 전기설비에서의 안전을 위한 보호

① 절연수준의 선정(한국전기설비규정 311.1)

절연수준은 기기최고전압 또는 충격내전압을 고려하여 결정하여야 한다.

② 직접 접촉에 대한 보호(한국전기설비규정 311.2)

㉠ 전기설비는 충전부에 무심코 접촉하거나 충전부 근처의 위험구역에 무심코 도달하는 것을 방지하도록 설치되어야 한다.

㉡ 계통의 도전성 부분(충전부, 기능상의 절연부, 위험전위가 발생할 수 있는 노출 도전성 부분 등)에 대한 접촉을 방지하기 위한 보호가 이루어져야 한다.

㉢ 보호는 그 설비의 위치가 출입제한 전기운전구역 여부에 의하여 다른 방법으로 이루어질 수 있다.

③ 간접 접촉에 대한 보호(한국전기설비규정 311.3)

전기설비의 노출도전성 부분은 고장 시 충전으로 인한 인축의 감전을 방지하여야 하며, 그 보호방법은 접지설비에 따른다.

④ 아크고장에 대한 보호(한국전기설비규정 311.4)

전기설비는 운전 중에 발생되는 아크고장으로부터 운전자가 보호될 수 있도록 시설해야 한다.

⑤ 직격뢰에 대한 보호(한국전기설비규정 311.5)

낙뢰 등에 의한 과전압으로부터 전기설비 등을 보호하기 위해 피뢰시스템을 시설하고, 그 밖의 적절한 조치를 하여야 한다.

⑥ 화재에 대한 보호(한국전기설비규정 311.6)

전기기기의 설치 시에는 공간분리, 내화벽, 불연재료의 시설 등 화재예방을 위한 대책을 고려하여야 한다.

⑦ 절연유 누설에 대한 보호(한국전기설비규정 311.7)

㉠ 환경보호를 위하여 절연유를 함유한 기기의 누설에 대한 대책이 있어야 한다.

㉡ 옥내기기의 절연유 유출 방지설비

- 옥내기기가 위치한 구역의 주위에 누설되는 절연유가 스며들지 않는 바닥에 유출방지턱을 시설하거나 건축물 안에 지정된 보존구역으로 집유한다.
- 유출방지턱의 높이나 보존구역의 용량을 선정할 때 기기의 절연유량뿐만 아니라 화재보호시스템의 용수량을 고려하여야 한다.

⑧ SF_6의 누설에 대한 보호(한국전기설비규정 311.8)

㉠ 환경보호를 위하여 SF_6가 함유된 기기의 누설에 대한 대책이 있어야 한다.

㉡ SF_6 가스 누설로 인한 위험성이 있는 구역은 환기가 되어야 한다.

KEYWORD 169 접지설비

(1) 고압 · 특고압 접지계통(한국전기설비규정 321)

① 고압 또는 특고압 기기는 접촉전압 및 보폭전압의 허용 값 이내의 요건을 만족하도록 시설하여야 한다.
② 모든 케이블의 금속시스(sheath) 부분은 접지를 하여야 한다.

(2) 혼촉에 의한 위험방지 시설(한국전기설비규정 322)

① 고압 또는 특고압과 저압의 혼촉에 의한 위험방지 시설(322.1)
  ㉠ 고압전로 또는 특고압전로와 저압전로를 결합하는 변압기(철도 또는 궤도의 신호용 변압기 제외)의 저압 측의 중성점의 접지공사
    • 사용전압이 35[kV] 이하의 특고압전로로서 전로에 지락이 생겼을 때 1초 이내에 자동적으로 이를 차단하는 장치가 되어 있는 것
    • 특고압 가공전선로의 전로 이외의 특고압전로와 저압전로를 결합하는 경우에 계산된 접지저항 값이 10[Ω]을 넘을 때에는 접지저항 값이 10[Ω] 이하인 것에 한한다.
    • 저압전로의 사용전압이 300[V] 이하인 경우에 그 접지공사를 변압기의 중성점에 하기 어려울 때에는 저압 측의 1단자에 시행할 수 있다.
  ㉡ 접지공사는 변압기의 시설장소마다 시행하여야 한다. 다만, 토지의 상황에 의하여 변압기의 시설장소에서 접지저항 값을 얻기 어려운 경우에는 변압기의 시설장소로부터 200[m]까지 떼어 놓을 수 있다.
  ㉢ 위의 규정에 의하기 어려울 때에는 가공공동지선을 설치하여 2 이상의 시설장소에 접지공사를 할 수 있다.
    • 가공공동지선: 인장강도 5.26[kN] 이상 또는 지름 4[mm] 이상의 경동선을 사용
    • 접지공사는 각 변압기를 중심으로 하는 지름 400[m] 이내의 지역으로서 그 변압기에 접속되는 전선로 바로 아래의 부분에서 각 변압기의 양쪽에 있도록 할 것
    • 가공공동지선과 대지 사이의 합성 전기저항 값은 1[km]를 지름으로 하는 지역 안마다 공통접지 및 통합접지에 의해 접지저항 값을 가지는 것
    • 각 접지도체를 가공공동지선으로부터 분리하였을 경우 각 접지도체와 대지 사이의 전기저항 값: 300[Ω] 이하
② 계기용 변성기의 2차 측 전로의 접지(322.4)
  고압 · 특고압 계기용 변성기의 2차 측 전로에는 접지공사를 하여야 한다.
③ 전로의 중성점의 접지(322.5)
  접지도체는 공칭단면적 16[mm^2] 이상의 연동선 또는 이와 동등 이상의 세기 및 굵기의 쉽게 부식하지 않는 금속선 (저압 전로의 중성점에는 공칭단면적 6[mm^2])을 시설할 것

KEYWORD 170 기계 및 기구

(1) 특고압 배전용 변압기의 시설(한국전기설비규정 341.2)
① 변압기의 1차 전압은 35[kV] 이하, 2차 전압은 저압 또는 고압일 것
② 변압기의 특고압 측에 개폐기 및 과전류 차단기를 시설할 것

(2) 특고압을 직접 저압으로 변성하는 변압기의 시설(한국전기설비규정 341.3)
특고압을 직접 저압으로 변성하는 변압기는 다음의 것 이외에는 시설하지 않는다.
① 전기로 등 전류가 큰 전기를 소비하기 위한 변압기
② 발전소·변전소·개폐소 또는 이에 준하는 곳의 소내용 변압기
③ 특고압 전선로에 접속하는 변압기
④ 사용전압이 35[kV] 이하인 변압기로서 그 특고압 측 권선과 저압 측 권선이 혼촉한 경우에 자동적으로 변압기를 전로로부터 차단하기 위한 장치를 설치한 것
⑤ 사용전압이 100[kV] 이하인 변압기로서 그 특고압 측 권선과 저압 측 권선 사이에 중성점 접지공사(접지저항 값이 10[Ω] 이하인 것에 한한다)를 한 금속제의 혼촉방지판이 있는 것
⑥ 교류식 전기철도용 신호회로에 전기를 공급하기 위한 변압기

(3) 특고압, 고압용 기계기구의 시설(한국전기설비규정 341.4, 341.8)
① 특고압용 기계기구

사용전압의 구분	울타리의 높이와 울타리로부터 충전 부분까지의 거리의 합계 또는 지표상의 높이
35[kV] 이하	5[m] 이상
35[kV] 초과 160[kV] 이하	6[m] 이상
160[kV] 초과	6[m]에 160[kV]를 초과하는 10[kV] 또는 그 단수마다 0.12[m]를 더한 값 이상

② 고압용 기계기구
기계기구(이에 부속하는 전선에 케이블 또는 고압 인하용 절연전선을 사용하는 것에 한한다)를 지표상 4.5[m](시가지 외에는 4[m]) 이상의 높이에 시설하고 또한 사람이 쉽게 접촉할 우려가 없도록 시설해야 한다.

(4) 아크를 발생하는 기구의 시설(한국전기설비규정 341.7)
고압용 또는 특고압용의 개폐기·차단기·피뢰기 기타 이와 유사한 기구로서 동작 시에 아크가 생기는 것은 목재의 벽 또는 천장 기타의 가연성 물체로부터 다음 표에서 정한 값 이상 이격하여 시설하여야 한다.

기구 등의 구분	간격
고압용	1[m] 이상
특고압용	2[m] 이상 (사용전압 35[kV] 이하, 동작할 때에 생기는 아크의 방향과 길이를 화재가 발생할 우려가 없도록 제한하는 경우에는 1[m] 이상)

(5) **고압 및 특고압 전로 중의 과전류차단기의 시설(한국전기설비규정 341.10)**
   ① 고압 또는 특고압의 과전류차단기는 그 동작에 따라 그 개폐상태를 표시하는 장치가 되어 있는 것이어야 한다. 다만, 그 개폐상태가 쉽게 확인될 수 있는 것은 적용하지 않는다.
   ② 과전류차단기로 시설하는 퓨즈

종류	정격전류	용단 전류	용단 시간
비포장 퓨즈	1.25배에 견딤	2배의 전류에 용단	2분
포장 퓨즈	1.3배에 견딤	2배의 전류에 용단	120분

(6) **과전류차단기의 시설 제한(한국전기설비규정 341.11)**
   ① 시설 제한
      ㉠ 접지공사의 접지도체
      ㉡ 다선식 전로의 중성선
      ㉢ 전로의 일부에 접지공사를 한 저압 가공전선로의 접지 측 전선
   ② 제한 예외
      ㉠ 다선식 전로의 중성선에 시설한 과전류차단기가 동작한 경우에 각 극이 동시에 차단될 때
      ㉡ 저항기·리액터 등을 사용하여 접지공사를 한 때에 과전류차단기의 동작에 의하여 그 접지도체가 비접지 상태로 되지 아니할 때

(7) **피뢰기의 시설(한국전기설비규정 341.13)**
   고압 및 특고압의 전로 중 다음에 열거하는 곳 또는 이에 근접한 곳에는 피뢰기를 시설하여야 한다.
   ① 발전소·변전소 또는 이에 준하는 장소의 가공전선 인입구 및 인출구
   ② 특고압 가공전선로에 접속하는 배전용 변압기의 고압 측 및 특고압 측
   ③ 고압 및 특고압 가공전선로로부터 공급을 받는 수용장소의 인입구
   ④ 가공전선로와 지중전선로가 접속되는 곳

(8) **피뢰기의 접지(한국전기설비규정 341.14)**
   ① 고압 및 특고압의 전로에 시설하는 피뢰기 접지저항 : 10[Ω] 이하
   ② 고압 가공전선로에 시설하는 피뢰기를 접지 공사를 한 변압기에 근접하여 시설하는 경우로서, 고압 가공전선로에 시설하는 피뢰기의 접지도체가 그 접지공사 전용의 것인 경우에 그 접지 공사의 접지저항 : 30[Ω] 이하

KEYWORD 171 옥내 설비의 시설

(1) 고압 옥내배선 등의 시설(한국전기설비규정 342.1)
① 애자사용공사(건조한 장소로서 전개된 장소에 한한다)
　㉠ 전선: 공칭단면적 6[mm²] 이상의 연동선 또는 동등 이상의 세기 및 굵기의 고압 절연전선 또는 특고압 절연전선, 인하용 고압 절연전선
　㉡ 전선의 지지점 간 거리: 6[m] 이하(조영재의 면을 따라 붙이는 경우에는 2[m] 이하)일 것
　㉢ 전선 상호 간의 간격: 0.08[m] 이상
　㉣ 전선과 조영재 사이의 간격(이격거리): 0.05[m] 이상
　㉤ 애자사용공사에 사용하는 애자는 절연성·난연성 및 내수성의 것일 것
② 케이블공사
　㉠ 전선: 케이블
　㉡ 관 기타의 케이블을 넣는 방호장치의 금속제 부분, 금속제의 전선 접속함 및 케이블 피복에 사용하는 금속체에는 접지공사를 할 것
③ 케이블트레이공사
　㉠ 전선: 난연성 케이블(연피 케이블, 알루미늄피 케이블 등), 기타 케이블
　㉡ 금속제 케이블트레이계통은 기계적 및 전기적으로 완전하게 접속할 것
④ 고압 옥내배선·저압 옥내전선·관등회로의 배선·약전류 전선 등 또는 수관·가스관이나 이와 유사한 것과 접근하거나 교차하는 경우의 간격은 0.15[m](애자사용공사에 의하여 시설하는 저압 옥내전선이 나전선인 경우에는 0.3[m], 가스계량기 및 가스관의 이음부와 전력량계 및 개폐기와는 0.6[m]) 이상일 것

(2) 옥내 고압용 이동전선의 시설(한국전기설비규정 342.2)
① 전선은 고압용의 캡타이어케이블일 것
② 이동전선과 전기사용기계기구와는 볼트 조임 기타의 방법에 의하여 견고하게 접속할 것
③ 이동전선에 전기를 공급하는 전로(유도 전동기의 2차 측 전로 제외)에는 전용 개폐기 및 과전류차단기를 각 극(과전류차단기는 다선식 전로의 중성극 제외)에 시설하고, 또한 전로에 지락이 생겼을 때에 자동적으로 전로를 차단하는 장치를 시설할 것

(3) 특고압 옥내 전기설비의 시설(한국전기설비규정 342.4)
① 사용전압은 100[kV] 이하일 것(케이블트레이공사에 의하여 시설하는 경우 35[kV] 이하)
② 전선은 케이블일 것
③ 케이블은 철재 또는 철근 콘크리트재의 관·덕트 기타의 견고한 방호장치에 넣어 시설할 것
④ 관 그 밖에 케이블을 넣는 방호장치의 금속제 부분·금속제의 전선 접속함 및 케이블의 피복에 사용하는 금속체에는 규정에 의한 접지공사를 할 것
⑤ 특고압 옥내배선과 저압 옥내전선·관등회로의 배선 또는 고압 옥내전선 사이의 간격은 0.6[m] 이상일 것
⑥ 특고압 옥내배선과 약전류 전선 등 또는 수관·가스관이나 이와 유사한 것과 접촉하지 아니하도록 시설할 것

KEYWORD 172　전선로

(1) 전파장해의 방지(한국전기설비규정 331.1)

가공전선로는 무선 설비의 기능에 계속적이고 또한 중대한 장해를 주는 전파를 발생할 우려가 있는 경우에는 이를 방지하도록 시설하여야 한다.

(2) 가공전선로 지지물의 철탑오름 및 전주오름 방지(한국전기설비규정 331.4)

가공전선로의 지지물에 취급자가 오르고 내리는 데 사용하는 발판 볼트 등을 지표상 1.8[m] 미만에 시설하여서는 아니 된다. 다만, 다음의 어느 하나에 해당되는 경우에는 그러하지 아니하다.
① 발판 볼트 등을 내부에 넣을 수 있는 구조로 되어 있는 지지물에 시설하는 경우
② 지지물에 철탑오름 및 전주오름 방지장치를 시설하는 경우
③ 지지물 주위에 취급자 이외의 자가 출입할 수 없도록 울타리·담 등의 시설을 하는 경우
④ 지지물이 산간(山間) 등에 있으며 사람이 쉽게 접근할 우려가 없는 곳에 시설하는 경우

(3) 풍압하중의 종별과 적용(한국전기설비규정 331.6)

① 갑종 풍압하중: 수직 투영면적 1[m^2]에 대한 풍압을 기초로 하여 계산

풍압을 받는 구분			구성재의 수직 투영면적 1[m^2]에 대한 풍압
목주			588[Pa]
지지물	철주	원형의 것	588[Pa]
		삼각형 또는 마름모형의 것	1,412[Pa]
		강관에 의하여 구성되는 사각형의 것	1,117[Pa]
		기타의 것	복재(腹材)가 전·후면에 겹치는 경우에는 1,627[Pa], 기타의 경우에는 1,784[Pa]
	철근 콘크리트주	원형의 것	588[Pa]
		기타의 것	882[Pa]
	철탑	단주 (완철류는 제외함) 원형의 것	588[Pa]
		단주 (완철류는 제외함) 기타의 것	1,117[Pa]
		강관으로 구성되는 것(단주는 제외함)	1,255[Pa]
		기타의 것	2,157[Pa]
전선 기타 가섭선	다도체(전선이 2가닥마다 수평으로 배열되고 상호 거리가 전선의 바깥지름의 20배 이하인 것)를 구성하는 전선		666[Pa]
	기타의 것		745[Pa]
애자장치(특고압 전선용의 것에 한한다)			1,039[Pa]
목주·철주(원형의 것에 한한다) 및 철근 콘크리트주의 완금류 (특고압 전선로용의 것에 한한다)			단일재로서 사용하는 경우에는 1,196[Pa], 기타의 경우에는 1,627[Pa]

② 을종 풍압하중: 갑종 풍압하중의 1/2
③ 병종 풍압하중: 갑종 풍압하중의 1/2

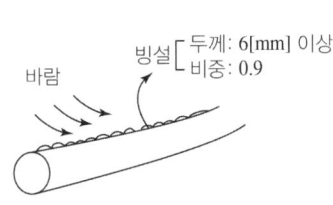

▲ 을종 풍압하중

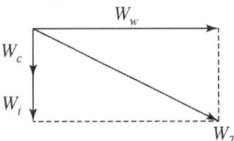

$W_T = \sqrt{(W_c+W_i)^2+W_w^2}$

W_T: 전선의 합성하중 W_c: 전선의 자체하중
W_i: 빙설하중 W_w: 풍압하중

▲ 전선의 합성하중

④ 각종 풍압하중의 적용

구분		풍압하중	
		고온계절	저온계절
빙설이 많지 않은 지방		갑종	병종
빙설이 많은 지방	최대풍압이 생기는 지방	갑종	갑종과 을종 중 큰 것
	그 외의 지방	갑종	을종

⑤ 인가가 많이 이웃 연결되어 있는 장소에 시설하는 가공전선로의 구성재 중 다음의 풍압하중에 대해서는 갑종 또는 을종 풍압하중 대신에 병종 풍압하중을 적용할 수 있다.
 ㉠ 저압 또는 고압 가공전선로의 지지물 또는 가섭선
 ㉡ 사용전압이 35[kV] 이하의 전선에 특고압 절연전선 또는 케이블을 사용하는 특고압 가공전선로의 지지물, 가섭선 및 특고압 가공전선을 지지하는 애자장치 및 완금류

(4) 가공전선로 지지물의 기초의 안전율(한국전기설비규정 331.7)

① 안전율
 ㉠ 기초의 안전율: 2.0 이상
 ㉡ 이상 시 상정하중(수직하중, 수평 가로 하중, 수평 종하중)이 가하여지는 철탑의 기초의 안전율: 1.33 이상
② 안전율을 고려하지 않고 시설하기 위한 지지물의 최소 근입깊이

구분		설계하중		
		6.8[kN] 이하	6.8[kN] 초과 9.8[kN] 이하	9.81[kN] 초과 14.72[kN] 이하
강관을 주체로 하는 철주 또는 철근 콘크리트주 → 16[m] 이하	15[m] 이하	전체 길이의 1/6 이상	+0.3[m]	+0.5[m]
	15[m] 초과 16[m] 이하	2.5[m] 이상		15[m] 초과 18[m] 이하: 3[m] 이상
논이나 그 밖에 지반이 연약한 곳 제외	16[m] 초과 20[m] 이하	2.8[m] 이상		18[m] 초과: 3.2[m] 이상

(5) 지지선의 시설(한국전기설비규정 331.11)
   ① 철탑은 지지선(지선) 사용 금지
   ② 지지선의 시설
     ㉠ 안전율 2.5 이상, 허용 인장하중의 최저는 4.31[kN]
     ㉡ 연선을 사용할 경우
       • 소선 3가닥(=조) 이상의 연선
       • 소선의 지름 2.6[mm] 이상 금속선
     ㉢ 지중부분 및 지표상 0.3[m]까지: 내식성이 있는 것 또는 아연도금 철봉 사용
     ㉣ 지지선의 설치 높이
       • 도로 횡단: 5[m] 이상
       • 교통에 지장이 없는 장소: 4.5[m] 이상
       • 보도: 2.5[m] 이상

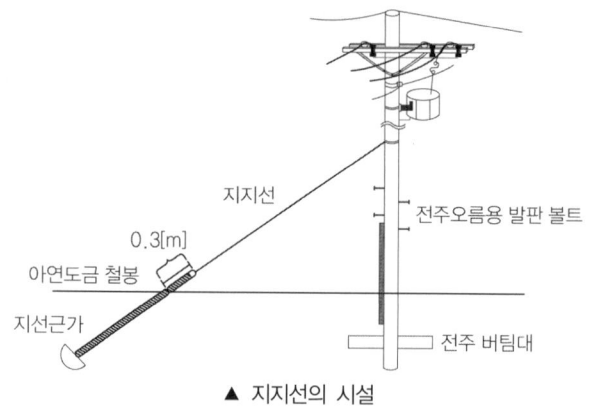

▲ 지지선의 시설

KEYWORD 173 가공전선로

(1) 가공케이블의 시설(한국전기설비규정 332.2)
   ① 조가선(조가용선)에 행거로 시설할 것, 행거 간격은 고압 이상의 전압 사용 시에 0.5[m] 이하
   ② 조가선은 인장강도 5.93[kN] 이상의 연선 또는 단면적 22[mm²] 이상인 아연도강연선(특고압일 경우 인장강도 13.93[kN] 이상의 연선)일 것
   ③ 금속 테이프(철바인드법) 간격은 0.2[m] 이하의 간격을 유지

(2) 가공전선의 굵기 및 종류(한국전기설비규정 222.5, 332.3, 333.4)

구분	나전선, 다심형 전선	절연전선	비고
400[V] 이하	인장강도 3.43[kN] 이상 또는 지름 3.2[mm] 이상	인장강도 2.3[kN] 이상 또는 지름 2.6[mm] 이상	케이블인 경우 제외
400[V] 초과(시가지 외)	인장강도 5.26[kN] 이상의 것 또는 지름 4[mm] 이상		• 케이블인 경우 제외 • DV는 사용하지 말 것
400[V] 초과(시가지)	인장강도 8.01[kN] 이상의 것 또는 지름 5[mm] 이상		
특고압	인장강도 8.71[kN] 이상의 연선 또는 단면적 22[mm²] 이상의 경동연선		케이블인 경우 제외

(3) 가공전선의 안전율(한국전기설비규정 222.6, 332.4)
   ① 경동선 및 내열 동합금선: 2.2 이상의 처짐 정도로 시설
   ② 그 밖의 전선: 2.5 이상의 처짐 정도로 시설

(4) 가공전선의 높이(한국전기설비규정 222.7, 332.5, 333.7)

① 저압, 고압 및 특고압 가공전선의 높이

전압의 범위	일반 장소	도로 횡단	철도 또는 궤도 횡단	횡단보도교의 위
저압	5[m] 이상	6[m] 이상	6.5[m] 이상	3.5[m] 이상 (절연전선 또는 케이블: 3[m])
고압	5[m] 이상	6[m] 이상	6.5[m] 이상	3.5[m] 이상
35[kV] 이하 특고압	5[m] 이상	6[m] 이상	6.5[m] 이상	5[m] 이상 (특고압 절연전선 또는 케이블: 4[m])
35[kV] 초과 160[kV] 이하 특고압	6[m] 이상	6[m] 이상	6.5[m] 이상	6[m] 이상 (케이블: 5[m])
	산지 등에서 사람이 쉽게 들어갈 수 없는 장소: 5[m] 이상			
160[kV] 초과 특고압	일반 장소	6[m]에 사용전압이 160[kV]를 초과하는 10[kV] 또는 그 단수마다 0.12[m]를 더한 값 이상		
	철도 또는 궤도 횡단	6.5[m]에 사용전압이 160[kV]를 초과하는 10[kV] 또는 그 단수마다 0.12[m]를 더한 값 이상		
	산지	5[m]에 사용전압이 160[kV]를 초과하는 10[kV] 또는 그 단수마다 0.12[m]를 더한 값 이상		

※ 저압 가공전선의 높이는 '절연전선 또는 케이블을 사용하고 교통에 지장이 없도록 하여 옥외조명용에 공급하는 경우' 일반 장소에서만 4[m] 이상으로 감할 수 있다.

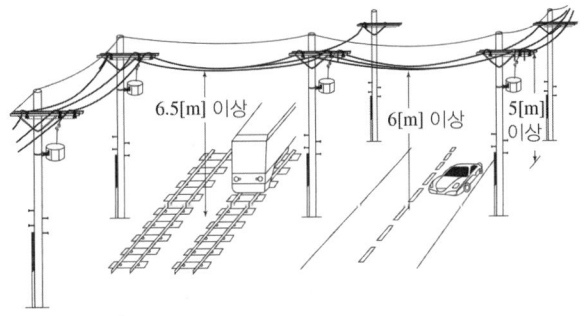

② 시가지 등에서 170[kV] 이하 특고압 가공전선로(한국전기설비규정 333.1)

사용전압의 구분	지표상의 높이
35[kV] 이하	10[m](전선이 특고압 절연전선인 경우에는 8[m])
35[kV] 초과	10[m]에 35[kV]를 초과하는 10[kV] 또는 그 단수마다 0.12[m]를 더한 값

(5) **저압 가공전선로의 지지물의 강도(한국전기설비규정 222.8)**
저압 가공전선로의 지지물은 목주인 경우에는 풍압하중의 1.2배의 하중, 기타의 경우에는 풍압하중에 견디는 강도를 가지는 것이어야 한다.

(6) **가공전선로의 가공지선(한국전기설비규정 332.6, 333.8)**
① 고압: 인장강도 5.26[kN] 이상의 것 또는 지름 4[mm] 이상의 나경동선을 사용
② 특고압: 인장강도 8.01[kN] 이상의 나선 또는 지름 5[mm] 이상의 나경동선, 22[mm^2] 이상의 나경동연선, 아연도 강연선 22[mm^2], 또는 OPGW 전선을 사용

(7) **가공전선 등의 병행설치(한국전기설비규정 332.8, 333.17)**
① 전력선과 전력선을 동일 지지물에 시설하고 별개의 완금류에 시설할 것(아래쪽: 저압 측 가공전선)
② 특고압 병행설치 규정
  ㉠ 특고압 가공전선은 연선일 것
  ㉡ 35[kV]를 초과하고 100[kV] 미만인 경우
   • 제2종 특고압 보안공사에 의할 것
   • 인장강도 21.67[kN] 이상의 연선 또는 단면적이 50[mm^2] 이상인 경동연선
   • 지지물은 목주 사용 불가(철주 · 철근 콘크리트주 또는 철탑 사용)
  ㉢ 100[kV]를 초과하는 경우: 특고압 가공전선과 저압 또는 고압 가공전선은 동일 지지물에 시설 금지
③ 간격

분류		간격
저 · 고압 병행설치		0.5[m] 이상(고압 측 케이블 사용: 0.3[m] 이상)
특고압병행설치	35[kV] 이하	1.2[m] 이상 (저압 가공전선이 절연전선이거나 케이블인 때 또는 고압 가공전선이 고압 절연전선, 특고압 절연전선 또는 케이블인 때 0.5[m] 이상)
	35[kV] 초과 100[kV] 미만	2[m] 이상 (저압 가공전선이 절연전선이거나 케이블인 때 또는 고압 가공전선이 고압 절연전선, 특고압 절연전선 또는 케이블인 때 1[m] 이상)
	100[kV] 이상	동일 지지물에 설치 금지(병행설치 불가)

④ 특고압 가공전선과 특고압 가공전선로의 지지물에 시설하는 저압의 전기기계기구에 접속하는 저압 가공전선을 동일 지지물에 시설하는 경우의 간격

구분		35[kV] 이하	35[kV] 초과 60[kV] 이하	60[kV] 초과
간격	케이블이 아닌 경우	1.2[m] 이상	2[m] 이상	2[m]에 사용전압이 60[kV]를 초과하는 10[kV] 또는 그 단수마다 0.12[m]를 더한 값 이상
	케이블인 경우	0.5[m] 이상	1[m] 이상	1[m]에 사용전압이 60[kV]를 초과하는 10[kV] 또는 그 단수마다 0.12[m]를 더한 값 이상

(8) 가공전선 등의 공용설치(한국전기설비규정 332.21, 333.19)

① 전력선과 가공약전류 전선을 동일 지지물에 시설하고 별개의 완금류에 시설할 것(아래쪽: 가공약전류 전선)

② 특고압 공용설치 규정
　㉠ 제2종 특고압 보안공사에 의할 것
　㉡ 인장강도 21.67[kN] 이상의 연선 또는 50[mm²] 이상의 경동연선(케이블 제외)

③ 목주 풍압하중에 대한 안전율: 1.5 이상

구분		가공전선		
		저압	고압	특고압
일반적인 경우 간격		0.75[m] 이상	1.5[m] 이상	2[m] 이상
예외	조건	가공약전류 전선 등이 절연전선과 동등 이상의 절연성능이 있는 것 또는 통신용 케이블이고, +저압 가공전선이 고압 절연전선, 특고압 절연전선 또는 케이블	+고압 가공전선이 케이블	특고압 가공전선이 케이블
	간격	0.3[m] 이상	0.5[m] 이상	0.5[m] 이상
	조건	가공약전류 전선로 등의 관리자의 승낙을 얻은 경우		35[kV] 초과
	간격	0.6[m] 이상	1[m] 이상	시설 금지

(9) 보안공사(한국전기설비규정 222.10, 222.22, 332.9, 332.10, 333.21, 333.22)

① 전선(222.10, 332.9, 332.10, 333.21, 333.22)

저압(400[V] 이하)		인장강도 5.26[kN] 이상의 것 또는 지름 4[mm] 이상의 경동선
400[V] 초과 ~ 고압		인장강도 8.01[kN] 이상의 것 또는 지름 5[mm] 이상의 경동선
특고압	100[kV] 미만	인장강도 21.67[kN] 이상의 연선 또는 단면적 55[mm²] 이상의 경동연선
	100[kV] 이상 300[kV] 미만	인장강도 58.84[kN] 이상의 연선 또는 단면적 150[mm²] 이상의 경동연선
	300[kV] 이상	인장강도 77.47[kN] 이상의 연선 또는 단면적 200[mm²] 이상의 경동연선

② 지지물 간 거리(경간) 제한([m] 이하)

구분		목주 · A종	B종	철탑
지지물 간 거리 제한	고압	150(300)	250(500)	600
	특고압	150(300)	250(500)	600(단주: 400)
보안 공사	저 · 고압	100	150	400
	1종 특고압	×	150	400(단주: 300)
	2 · 3종 특고압	100	200	400(단주: 300)

※ 고압 가공전선로의 전선에 인장강도 8.71[kN] 이상의 것 또는 단면적 22[mm²] 이상의 경동연선, 특고압 가공전선로의 전선에 인장강도 21.67[kN] 이상의 것 또는 단면적 50[mm2] 이상의 경동연선이라고 문제에서 언급될 시, 밑줄 친 부분이 답이 된다.

③ 저고압 보안공식 목주 풍압하중에 대한 안전율은 1.5 이상(특고압 목주 사용불가)
④ 그 밖의 지지물 간 거리 제한([m] 이하)(333.1, 333.32)

구분		목주·A종	B종	철탑
시가지 특고압 (목주 사용 불가)		75	150	400(단주: 300)
		철탑의 경우 전선이 수평으로 2 이상 있는 경우에 전선 상호 간의 간격이 4[m] 미만인 때에는 250[m]		
접근 또는 교차	그 외	100	150	400
	교류 전차선	60	120	×

⑤ 농사용 저압 가공전선로의 시설(222.22)
　㉠ 저압 가공전선은 인장강도 1.38[kN] 이상의 것 또는 지름 2[mm] 이상의 경동선일 것
　㉡ 저압 가공전선의 지표상의 높이는 3.5[m] 이상일 것. 다만, 저압 가공전선을 사람이 쉽게 출입하지 못하는 곳에 시설하는 경우에는 3[m]까지로 감할 수 있다.
　㉢ 전선로의 지지점 간 거리는 30[m] 이하일 것
　㉣ 목주의 굵기는 위쪽 끝(말구) 지름이 0.09[m] 이상일 것
⑥ 보안공사의 분류(한국전기설비규정 333.23, 333.32)
　㉠ 고압 가공전선로일 경우: 고압 보안공사
　㉡ 제1차 접근상태로 시설되는 경우: 제3종 특고압 보안공사
　㉢ 제2차 접근상태로 시설되는 경우
　　• 35[kV] 이하인 특고압 가공전선일 경우: 제2종 특고압 보안공사
　　• 35[kV] 초과 400[kV] 미만인 특고압 가공전선일 경우: 제1종 특고압 보안공사

(10) 가공전선과 건조물의 조영재 사이의 간격(한국전기설비규정 332.11, 333.23, 333.32)

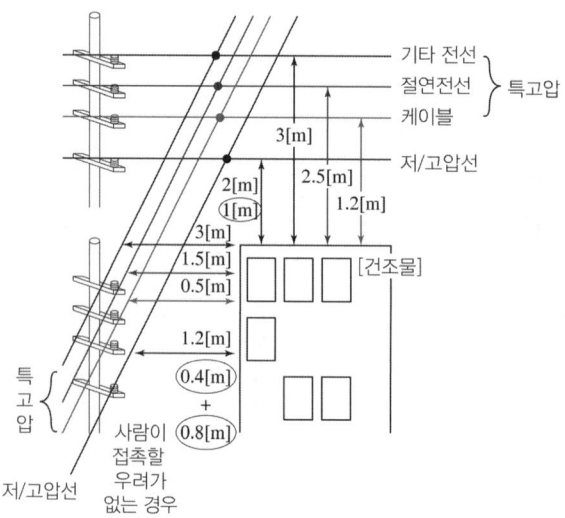

구분		위쪽	위쪽이 아닌 경우
저압	나전선	2[m] 이상	1.2[m] 이상
	나전선 이외	1[m] 이상	0.4[m] 이상
	사람이 접촉될 우려가 없을 경우	–	0.8[m] 이상
고압	케이블 이외	2[m] 이상	1.2[m] 이상
	케이블	1[m] 이상	0.4[m] 이상
	사람이 접촉될 우려가 없을 경우	–	0.8[m] 이상
35[kV] 이하 특고압	기타 전선	3[m] 이상	3[m] 이상
	특고압 절연전선	2.5[m] 이상	1.5[m] 이상
	케이블	1.2[m] 이상	0.5[m] 이상
35[kV] 초과 특고압	기타 전선	각 전선의 간격이 35[kV]를 초과하는 10[kV] 또는 그 단수마다 0.15[m]를 더한 값 이상	
	특고압 절연전선		
	케이블		
15[kV] 초과 25[kV] 이하 특고압	나전선	3[m] 이상	1.5[m] 이상
	특고압 절연전선	2.5[m] 이상	1.0[m] 이상
	케이블	1.2[m] 이상	0.5[m] 이상

(11) **가공전선과의 접근 또는 교차**

① 가공전선과 건조물 사이의 간격(332.11), 가공약전류 전선 등의 접근 또는 교차(332.13), 안테나의 접근 또는 교차(332.14)

사용전압		간격
저압	일반	0.6[m] 이상
	절연효력	0.3[m] 이상(가공약전류 전선 등이 절연효력이 있을 경우: 0.15[m] 이상)
고압		0.8[m] 이상(케이블인 경우 0.4[m] 이상)

② 삭도의 접근 또는 교차(332.12, 333.25)

사용전압		간격
저압		0.6[m] 이상(고압·특고압 절연전선, 케이블인 경우: 0.3[m] 이상)
고압		0.8[m] 이상(케이블인 경우: 0.4[m] 이상)
특고압	35[kV] 이하	2[m] 이상(특고압 절연전선: 1[m], 케이블인 경우는: 0.5[m])
	35[kV] 초과 60[kV] 이하	2[m] 이상
	60[kV] 초과	2[m]에 사용전압이 60[kV]를 초과하는 10[kV] 또는 그 단수마다 0.12[m]를 더한 값 이상

③ 가공전선 상호 간의 접근 또는 교차(222.16, 222.17, 332.17, 333.26, 333.27)
  ㉠ 동일 전압의 경우

사용전압		간격	
		전선 상호 간	전선과 다른 전선로의 지지물 사이
저압		0.6[m] 이상 (고압·특고압 절연전선, 케이블인 경우: 0.3[m] 이상)	0.3[m] 이상
고압		0.8[m] 이상 (케이블인 경우: 0.4[m] 이상)	0.6[m] 이상 (케이블인 경우: 0.3[m] 이상)
특고압	60[kV] 이하	2[m] 이상	
	60[kV] 초과	2[m]에 사용전압이 60[kV]를 초과하는 10[kV] 또는 그 단수마다 0.12[m]를 더한 값 이상	

  ㉡ 서로 다른 전압의 경우: 더 높은 전압의 기준을 따라간다.
    • 저압 + 고압 → 고압 + 고압과 동일
    • 저고압 + 특고압 → 특고압 + 특고압과 동일

④ 식물과의 간격(222.19, 332.19, 333.30)

사용전압		간격
저·고압		상시 부는 바람 등에 의하여 식물에 접촉하지 않도록 시설
특고압	15[kV] 초과 25[kV] 이하	1.5[m] 이상
		특고압 절연전선이거나 케이블인 경우: 식물에 접촉하지 않도록 시설
	35[kV] 이하	고압 절연전선을 사용: 0.5[m] 이상인 경우
		특고압 절연전선이거나 케이블인 경우: 식물에 접촉하지 않도록 시설
	60[kV] 이하	2[m] 이상
	60[kV] 초과	2[m]에 사용전압이 60[kV]를 초과하는 10[kV] 또는 그 단수마다 0.12[m]를 더한 값 이상

⑤ 도로 등의 접근 또는 교차(333.24)

사용전압	간격
저·고압, 35[kV] 이하 특고압	3[m] 이상
35[kV] 초과 특고압	3[m]에 사용전압이 35[kV]를 초과하는 10[kV] 또는 그 단수마다 0.15[m]를 더한 값 이상

⑥ 다른 시설물의 접근 또는 교차(위의 내용에 언급된 것들이 아닐 경우)(222.18, 332.18, 333.28)
  ㉠ 다른 시설물의 위에서 교차하는 경우의 간격

구분		위쪽	위쪽이 아닌 경우
저압	나전선	2[m] 이상	0.6[m] 이상
	고압·특고압 절연전선, 케이블	1[m] 이상	0.3[m] 이상
고압	케이블 이외	2[m] 이상	0.8[m] 이상
	케이블	1[m] 이상	0.4[m] 이상
	사람이 접촉될 우려가 없을 경우	0.8[m] 이상	
특고압 (35[kV] 이하)	특고압 절연전선	2[m] 이상	1[m] 이상
	케이블	1.2[m] 이상	0.5[m] 이상
	그 외	2[m] 이상	
특고압	35[kV] 초과 60[kV] 이하	2[m] 이상	
	35[kV] 초과	2[m]에 사용전압이 60[kV]를 초과하는 10[kV] 또는 그 단수마다 0.12[m]를 더한 값 이상	

  ㉡ 다른 시설물의 아래쪽에 시설될 때 상호 간의 간격

사용전압	간격
저압	0.6[m] 이상(고압·특고압 절연전선, 케이블인 경우: 0.3[m] 이상)
고압	0.8[m] 이상(케이블인 경우: 0.4[m] 이상)
특고압	3[m] 이상

⑿ **유도장해의 방지**(한국전기설비규정 332.1, 333.2, 기술기준 17조)
  ① 가공약전류 전선로의 유도장해 방지
    ㉠ 전선과 기설 약전류 전선 간의 간격: 2[m] 이상
    ㉡ 시설기준
      • 가공전선과 가공약전류 전선 간의 간격을 증가시킬 것
      • 교류식 가공전선로의 경우에는 가공전선을 장애를 줄 우려가 없는 거리에서 전선 위치 바꿈(연가)할 것
      • 가공전선과 가공약전류 전선 사이에 인장강도 5.26[kN] 이상의 것 또는 지름 4[mm] 이상인 경동선의 금속선 2가닥 이상을 시설하고 접지공사를 할 것
  ② 특고압 가공 전선로의 유도장해 방지
    ㉠ 사용전압 60[kV] 이하: 전화 선로의 길이 12[km]마다 유도 전류가 2[μA]이하
    ㉡ 사용전압 60[kV] 초과: 전화 선로의 길이 40[km]마다 유도 전류가 3[μA]이하
    ㉢ 교류 특고압 가공전선로: 전계 3.5[kV/m] 이하, 자계 83.3[μT] 이하

⑬ **특고압 가공전선과 지지물 등의 간격(한국전기설비규정 333.5)**

특고압 가공전선(케이블 및 사용전압이 15[kV] 이하인 특고압 가공전선로의 전선 제외)과 그 지지물·완금류·지지기둥 또는 지지선 사이의 간격은 다음 표에서 정한 값 이상이어야 한다. 다만, 기술상 부득이한 경우에 위험의 우려가 없도록 시설한 때에는 다음 표에서 정한 값의 0.8배까지 감할 수 있다.

사용전압	간격[m]
15[kV] 미만	0.15
15[kV] 이상 25[kV] 미만	0.2
25[kV] 이상 35[kV] 미만	0.25
35[kV] 이상 50[kV] 미만	0.3
50[kV] 이상 60[kV] 미만	0.35
60[kV] 이상 70[kV] 미만	0.4
70[kV] 이상 80[kV] 미만	0.45
80[kV] 이상 130[kV] 미만	0.65
130[kV] 이상 160[kV] 미만	0.9
160[kV] 이상 200[kV] 미만	1.1
200[kV] 이상 230[kV] 미만	1.3
230[kV] 이상	1.6

⑭ **25[kV] 이하인 특고압 가공전선로의 시설(한국전기설비규정 333.32)**

각 접지도체를 중성선으로부터 분리하였을 경우의 각 접지점의 대지 전기저항 값과 1[km]마다의 중성선과 대지 사이의 합성 전기저항 값은 다음 표에서 정한 값 이하여야 한다.

구분	각 접지점의 대지 전기저항 값	1[km]마다의 합성 전기저항 값
15[kV] 이하	300[Ω]	30[Ω]
15[kV] 초과 25[kV] 이하	300[Ω]	15[Ω]

⑮ **특고압 가공전선로의 철주·철근 콘크리트주 또는 철탑의 종류(한국전기설비규정 333.11)**

① 직선형: 전선로의 직선 부분(3° 이하인 수평 각도를 이루는 곳 포함)에 사용하는 것. 다만, 내장형 및 보강형에 속하는 것을 제외한다.
② 각도형: 전선로 중 3°를 초과하는 수평 각도를 이루는 곳에 사용하는 것
③ 잡아당김형(인류형): 전가섭선을 잡아당기는(인류하는) 곳에 사용하는 것
④ 내장형: 전선로의 지지물 양쪽의 지지물 간 거리의 차가 큰 곳에 사용하는 것
⑤ 보강형: 전선로의 직선 부분에 그 보강을 위하여 사용하는 것

⒃ **특고압 가공전선로의 내장형 등의 지지물 시설(한국전기설비규정 333.16)**

특고압 가공전선로 중 지지물로서 직선형의 철탑을 연속하여 10기 이상 사용하는 부분에는 10기 이하마다 동등 이상의 강도를 가지는 철탑 1기를 시설하여야 한다.

KEYWORD 174 옥측·옥상전선로 및 가공·이웃 연결인입선

(1) **옥측전선로(한국전기설비규정 221.2, 331.13)**

① 저압 옥측전선로는 다음의 어느 하나에 해당하는 경우에 한하여 시설할 수 있다.
　㉠ 1구내 또는 동일 기초구조물 및 여기에 구축된 복수의 건물과 구조적으로 일체화된 하나의 건물(이하 "1구내 등"이라 한다)에 시설하는 전선로의 전부 또는 일부로 시설하는 경우
　㉡ 1구내 등 전용의 전선로 중 그 구내에 시설하는 부분의 전부 또는 일부로 시설하는 경우
② 고압 옥측 전선로는 다음의 어느 하나에 해당하는 경우에 한하여 시설할 수 있다.
　㉠ 1구내 또는 동일 기초 구조물 및 여기에 구축된 복수의 건물과 구조적으로 일체화된 하나의 건물(이하 "1구내 등"이라 한다)에 시설하는 전선로의 전부 또는 일부로 시설하는 경우
　㉡ 1구내 등 전용의 전선로 중 그 구내에 시설하는 부분의 전부 또는 일부로 시설하는 경우
　㉢ 옥외에 시설한 복수의 전선로에서 수전하도록 시설하는 경우
③ 특고압 옥측전선로(특고압 인입선의 옥측부분을 제외한다.)는 시설하여서는 아니 된다. 다만, 사용전압이 100[kV] 이하이고 고압 케이블공사의 규정에 준하여 시설하는 경우는 가능하다.
④ 옥측전선로의 시설 기준

구분	공사 종류	시설 기준
저압	애자공사	• 전개된 장소에 한함 • 4[mm²] 이상의 연동 절연전선(OW 및 DV 제외)일 것 • 지지점 간의 거리: 2[m] 이하 • 전선 상호 간의 간격: 0.06[m] (단, 사용전압 400[V] 초과 전선을 비나 이슬에 젖는 장소에 설치할 경우 0.12[m])
저압	버스덕트공사	목조 이외의 조영물(점검할 수 없는 은폐된 장소 제외)에 시설
저압	합성수지관공사	—
저압	금속관공사	목조 이외의 조영물에 시설
저압	케이블공사	연피·알루미늄피 또는 MI케이블 사용 시 → 목조 이외의 조영물에 시설
고압	케이블공사	• 전선: 케이블 • 케이블은 견고한 관 또는 트로프에 넣거나 사람이 접촉할 우려가 없도록 시설 • 케이블을 조영재의 옆면 또는 아랫면에 따라 붙일 경우 케이블의 지지점 간의 거리: 2[m](수직: 6[m]) 이하
특고압		시설 불가(다만, 사용전압 100[kV] 이하, 케이블공사로 시설하면 가능)

(2) 옥상전선로(한국전기설비규정 221.3, 331.14)

구분	시설 기준
저압	• 전선은 인장강도 2.30[kN] 이상의 것 또는 지름 2.6[mm] 이상의 경동선일 것 • 전선은 절연전선(OW전선 포함) 또는 이와 동등 이상의 절연성능이 있는 것 • 지지점 간 간격: 15[m] 이하 • 조영재 사이의 간격: 2[m] 이상(전선이 고압 절연전선, 특고압 절연전선 또는 케이블인 경우 1[m]) • 식물과의 간격: 상시 부는 바람 등에 의하여 식물에 접촉하지 말 것
고압	• 전선: 케이블(케이블공사) • 조영재 사이의 간격: 1.2[m] 이상(다른 시설물과 접근하거나 교차하는 경우 0.6[m] 이상) • 견고한 관 또는 트로프에 넣거나 사람이 접촉할 우려가 없도록 시설
특고압	시설 불가

(3) 가공인입선 및 이웃 연결인입선(한국전기설비규정 221.1, 331.12)

① 가공인입선의 전선

저압	• 인장강도 2.30[kN] 이상의 것 또는 지름 2.6[mm] 이상의 인입용 비닐절연전선(지지물 간 거리가 15[m] 이하인 경우: 인장강도 1.25[kN] 이상의 것 또는 지름 2.0[mm] 이상) • 절연전선 또는 케이블일 것
고압	• 인장강도 8.01[kN] 이상의 고압 절연전선, 특고압 절연전선 • 지름 5[mm] 이상의 경동선의 고압 절연전선, 특고압 절연전선
특고압(100[kV] 이하)	인장강도 8.71[kN] 이상의 연선 또는 단면적 22[mm^2] 이상의 경동연선

② 가공인입선 설치 높이

구분		철도 또는 궤도 횡단	도로 횡단	횡단보도교의 위	일반 장소
저압		6.5[m] 이상	5[m] 이상	3[m] 이상	4[m] 이상
고압		6.5[m] 이상	6[m] 이상	3.5[m] 이상	5[m] 이상
특고압	35[kV] 이하	6.5[m] 이상	6[m] 이상	5[m] 이상 (특고압 절연전선 또는 케이블: 4[m])	5[m] 이상 (케이블: 4[m])
	35[kV] 초과 100[kV] 이하	6.5[m] 이상	6[m] 이상	6[m] 이상 (케이블: 5[m])	6[m] 이상 (산지: 5[m])

※ 저압 가공인입선의 높이는 '기술상 부득이한 경우' 도로 횡단은 3[m] 이상, 일반 장소는 2.5[m] 이상으로, 고압 가공인입선의 높이는 '전선의 아래쪽에 위험 표시를 한 경우' 일반 장소에서만 3.5[m] 이상으로 감할 수 있다.

③ 저압 이웃 연결인입선의 시설

㉠ 인입선에서 분기하는 점으로부터 100[m]를 초과하는 지역에 미치지 아니할 것

㉡ 폭 5[m]를 초과하는 도로를 횡단하지 아니할 것

㉢ 옥내를 통과하지 아니할 것

KEYWORD 175 지중전선로

(1) 지중전선로의 시설(한국전기설비규정 334.1)
① 전선에 케이블을 사용하고 또한 관로식·암거식 또는 직접 매설식에 의하여 시설할 것
② 매설 깊이
    ㉠ 차량 기타 중량물의 압력을 받을 우려가 있는 장소
       • 직접 매설식: 1[m] 이상, 관로식: 1[m] 이상
    ㉡ 기타 장소: 0.6[m] 이상
③ 지중전선을 견고한 트로프 기타 방호물에 넣어 시설
④ 지중전선을 견고한 트로프 기타 방호물에 넣지 않아도 되는 경우
    ㉠ 차량 기타 중량물의 압력을 받을 우려가 없는 경우에 그 위를 견고한 판 또는 몰드로 덮어 시설하는 경우
    ㉡ 저압 또는 고압의 지중전선에 콤바인덕트 케이블로 시설하는 경우
    ㉢ 지중전선에 파이프형 압력케이블을 사용하거나 최대 사용전압이 60[kV]를 초과하는 연피 케이블, 알루미늄피 케이블 그 밖의 금속피복을 한 특고압 케이블을 사용하고 또한 지중전선의 위를 견고한 판 또는 몰드 등으로 덮어 시설하는 경우

(2) 지중함의 시설(한국전기설비규정 334.2)
① 지중함은 견고하고 차량 기타 중량물의 압력에 견디는 구조일 것
② 지중함은 그 안의 고인 물을 제거할 수 있는 구조일 것
③ 폭발성 또는 연소성의 가스가 침입할 우려가 있는 것에 시설하는 지중함으로서 그 크기가 1[m³] 이상인 것에는 통풍장치, 기타 가스를 방산시키기 위한 장치를 시설할 것
④ 지중함의 뚜껑은 시설자 이외의 자가 쉽게 열 수 없도록 시설할 것

(3) 지중전선의 피복금속체 접지(한국전기설비규정 334.4)
관·암거·기타 지중전선을 넣은 방호장치의 금속제 부분(케이블을 지지하는 금속 부속품(금구류)은 제외)·금속제의 전선 접속함 및 지중전선의 피복으로 사용하는 금속체에는 접지공사를 하여야 한다.(단, 이에 부식방지(방식)조치를 한 부분에 대하여는 제외)

(4) 지중약전류전선의 유도장해의 방지(한국전기설비규정 334.5)
지중전선로는 기설 지중약전류전선로에 대하여 누설전류 또는 유도작용에 의하여 통신상의 장해를 주지 아니하도록 기설 약전류전선로로부터 이격시키거나 기타 보호장치를 시설하여야 한다.

(5) 접근 또는 교차(한국전기설비규정 334.6, 334.7)

① 지중전선과 지중약전류전선 등과 접근 또는 교차하는 경우

　㉠ 저압 또는 고압의 지중전선: 0.3[m] 이하

　㉡ 특고압 지중전선: 0.6[m] 이하

② 특고압 지중전선이 가연성이나 유독성의 유체를 내포하는 관과 접근 또는 교차하는 경우

　㉠ 상호 간의 간격: 1[m] 이하

　㉡ 25[kV] 이하인 다중접지방식: 0.5[m] 이하

　㉢ 이외: 0.3[m] 이하

③ 지중전선 상호 간의 접근 또는 교차하는 경우

　㉠ 저압 지중전선과 고압 지중전선 간의 간격: 0.15[m] 이상

　㉡ 저압 또는 고압 지중전선과 특고압 지중전선 간의 간격: 0.3[m] 이상

KEYWORD 176　특수장소의 전선로

(1) 터널 안 전선로의 시설(한국전기설비규정 335.1)

① 철도·궤도 또는 자동차도 전용터널 안의 전선로

저압	• 애자사용공사에 의하여 시설할 경우 　- 전선: 인장강도 2.30[kN] 이상 또는 지름 2.6[mm] 이상 경동선의 절연전선 　- 설치 높이: 레일면상 또는 노면상 2.5[m] 이상 • 합성수지관공사·금속관공사·금속제 가요전선관공사·케이블공사에 의해 시설
고압(애자사용공사에 의하여 시설)	• 전선: 인장강도 5.26[kN] 이상 또는 지름 4[mm] 이상의 경동선의 고압 절연전선 또는 특고압 절연전선 사용 • 설치 높이: 레일면상 또는 노면상 3[m] 이상

② 사람이 상시 통행하는 터널 안의 전선로

저압	• 애자사용공사에 의하여 시설할 경우 　- 전선: 인장강도 2.30[kN] 이상 또는 지름 2.6[mm] 이상의 경동선의 절연전선 　- 설치 높이: 노면상 2.5[m] 이상 • 합성수지관공사·금속관공사·금속제 가요전선관공사·케이블 공사에 의해 시설
고압(애자사용공사에 의하여 시설)	전선: 케이블 사용

(2) **터널 안 전선로의 전선과 약전류전선 등 또는 관 사이의 간격(한국전기설비규정 335.2)**

터널 안의 전선로의 저압전선이 그 터널 안의 다른 저압전선(관등회로의 배선 제외)·약전류전선 등 또는 수관·가스관이나 이와 유사한 것과 접근하거나 교차하는 경우, 저압전선을 애자공사에 의하여 시설하는 때에는 간격이 0.1[m](전선이 나전선인 경우에는 0.3[m]) 이상이어야 한다.

(3) **수상전선로의 시설(한국전기설비규정 335.3)**
① 전선
  ㉠ 저압: 클로로프렌 캡타이어케이블
  ㉡ 고압: 캡타이어케이블
② 접속점의 높이
  ㉠ 육상에 있는 경우
    • 지표상 5[m] 이상
    • 사용전압이 저압인 경우에 도로상 이외의 곳에 있을 때: 지표상 4[m]까지
  ㉡ 수면상에 있는 경우
    • 저압: 수면상 4[m] 이상
    • 고압: 수면상 5[m] 이상

(4) **다리에 시설하는 전선로(한국전기설비규정 335.6)**

다리(교량)의 윗면에 시설하는 것은 전선의 높이를 다리(교량)의 노면상 5[m] 이상으로 하여 시설할 것

KEYWORD 177 발전소 등의 울타리·담 등의 시설

발전소 등의 울타리·담 등의 시설(한국전기설비규정 351.1)

① 울타리·담 등의 높이: 2[m] 이상, 지표면과 울타리·담 등의 하단 사이 간격: 0.15[m] 이하
② 출입구에는 출입금지의 표시를 할 것
③ 출입구에는 자물쇠 장치 등의 장치를 할 것
④ 울타리·담 등과 고압 및 특고압의 충전 부분이 접근하는 경우에는 울타리·담 등의 높이와 울타리·담 등으로부터 충전 부분까지 거리의 합계는 다음 표에서 정한 값 이상으로 할 것

사용전압의 구분	울타리·담 등의 높이와 울타리·담 등으로부터 충전 부분까지의 거리의 합계
35[kV] 이하	5[m]
35[kV] 초과 160[kV] 이하	6[m]
160[kV] 초과	6[m]에 160[kV]를 초과하는 10[kV] 또는 그 단수마다 0.12[m]를 더한 값

KEYWORD 178 특고압 전로의 상 및 접속 상태의 표시

특고압 전로의 상 및 접속 상태의 표시(한국전기설비규정 351.2)

① 발전소·변전소 또는 이에 준하는 곳의 특고압 전로에는 그의 보기 쉬운 곳에 상별 표시를 하여야 한다.
② 발전소·변전소 또는 이에 준하는 곳의 특고압 전로에 대하여는 그 접속 상태를 모의모선의 사용 기타의 방법에 의하여 표시하여야 한다. 다만, 이러한 전로에 접속하는 특고압 전선로의 회선수가 2 이하이고 또한 특고압의 모선이 단일모선인 경우에는 그러하지 아니하다.

KEYWORD 179 보호장치와 계측장치

(1) 발전기 등의 보호장치(한국전기설비규정 351.3)

발전기에는 다음의 경우에 자동적으로 이를 전로로부터 차단하는 장치를 시설하여야 한다.
① 발전기에 과전류나 과전압이 생긴 경우
② 용량 500[kVA] 이상의 발전기를 구동하는 수차의 압유 장치의 유압 또는 전동식 가이드밴 제어장치, 전동식 니이들 제어장치 또는 전동식 디플렉터 제어장치의 전원전압이 현저히 저하한 경우
③ 용량 100[kVA] 이상의 발전기를 구동하는 풍차의 압유 장치의 유압, 압축 공기장치의 공기압 또는 전동식 브레이드 제어장치의 전원전압이 현저히 저하한 경우
④ 용량 2,000[kVA] 이상인 수차 발전기의 스러스트 베어링 온도가 현저히 상승한 경우
⑤ 용량이 10,000[kVA] 이상인 발전기의 내부에 고장이 생긴 경우
⑥ 정격출력이 10,000[kW]를 초과하는 증기터빈은 그 스러스트 베어링이 현저하게 마모되거나 그의 온도가 현저히 상승한 경우

(2) 특고압용 변압기의 보호장치(한국전기설비규정 351.4)

변압기 내부에 고장이 생겼을 때 발전기가 자동 정지하도록 시설한 경우에는 차단 장치를 하지 않아도 된다.

뱅크용량의 구분	동작조건	장치의 종류
5,000[kVA] 이상 10,000[kVA] 미만	변압기 내부 고장	자동차단장치 또는 경보장치
10,000[kVA] 이상	변압기 내부 고장	자동차단장치
타냉식변압기	냉각장치에 고장이 생긴 경우 또는 변압기의 온도가 현저히 상승한 경우	경보장치

(3) **조상설비의 보호장치(한국전기설비규정 351.5)**

설비종별	뱅크용량의 구분	자동적으로 전로로부터 차단하는 장치의 작동조건
전력용 커패시터 및 분로리액터	500[kVA] 초과 15,000[kVA] 미만	• 내부에 고장이 생긴 경우 • 과전류가 생긴 경우
	15,000[kVA] 이상	• 내부에 고장이 생긴 경우 • 과전류가 생긴 경우 • 과전압이 생긴 경우
무효전력 보상장치(조상기)	15,000[kVA] 이상	• 내부에 고장이 생긴 경우

(4) **계측장치(한국전기설비규정 351.6)**

각 장소에 설치하는 계측장치가 계측하여야 하는 사항

① 발전소에서 계측하는 장치
  ㉠ 발전기 · 연료전지 또는 태양전지 모듈의 전압 및 전류 또는 전력
  ㉡ 발전기의 베어링(수중 메탈 제외) 및 고정자의 온도
  ㉢ 정격출력이 10,000[kW]를 초과하는 증기터빈에 접속하는 발전기의 진동의 진폭
  ㉣ 주요 변압기의 전압 및 전류 또는 전력
  ㉤ 특고압용 변압기의 온도
② 정격출력이 10[kW] 미만의 내연력 발전소는 연계하는 전력계통에 그 발전소 이외의 전원이 없는 것에 대해서는 전류 및 전력을 측정하는 장치를 시설하지 아니할 수 있다.
③ 동기발전기를 시설하는 경우에는 동기검정장치를 시설하여야 한다.
④ 변전소 또는 이에 준하는 곳의 계측장치
  ㉠ 주요 변압기의 전압 및 전류 또는 전력
  ㉡ 특고압용 변압기의 온도
⑤ 무효전력 보상장치(조상기) 시설 시 계측장치
  ㉠ 무효전력 보상장치의 전압 및 전류 또는 전력
  ㉡ 무효전력 보상장치의 베어링 및 고정자의 온도
⑥ 공동주택과 준주택(오피스텔)의 고압 이상의 변압기와 상태감시시스템
  ㉠ 변압기 뱅크 단위의 전압, 전류, 전력, 역률
  ㉡ 변압기 온도 및 변압기가 시설되어 있는 장소의 주위 온도

KEYWORD 180 상주 감시를 하지 아니하는 변전소의 시설

상주 감시를 하지 아니하는 변전소의 시설(한국전기설비규정 351.9)
변전소의 기술원이 그 변전소에 상주하여 감시를 하지 아니하는 변전소 중 사용전압이 170[kV] 이하의 변압기를 시설하는 변전소로서 기술원이 수시로 순회하거나 변전제어소에서 상시 감시하는 경우
① 다음의 경우에는 변전제어소 또는 기술원이 상주하는 장소에 경보장치를 시설할 것
  ㉠ 운전조작에 필요한 차단기가 자동적으로 차단한 경우(차단기가 재연결(재폐로)된 경우 제외)
  ㉡ 주요 변압기의 전원 측 전로가 무전압으로 된 경우
  ㉢ 제어 회로의 전압이 현저히 저하한 경우
  ㉣ 옥내변전소에 화재가 발생한 경우
  ㉤ 출력 3,000[kVA]를 초과하는 특고압용 변압기는 그 온도가 현저히 상승한 경우
  ㉥ 특고압용 타냉식변압기는 그 냉각장치가 고장난 경우
  ㉦ 무효전력 보상장치(조상기) 내부에 고장이 생긴 경우
  ㉧ 수소냉각식 무효전력 보상장치는 그 무효전력 보상장치 안의 수소의 순도가 90[%] 이하로 저하한 경우, 수소의 압력이 현저히 변동한 경우 또는 수소의 온도가 현저히 상승한 경우
  ㉨ 가스절연기기(압력의 저하에 의하여 절연파괴 등이 생길 우려가 없는 경우 제외)의 절연가스의 압력이 현저히 저하한 경우
② 수소냉각식 무효전력 보상장치를 시설하는 변전소는 그 무효전력 보상장치 안의 수소의 순도가 85[%] 이하로 저하한 경우에 그 무효전력 보상장치를 전로로부터 자동적으로 차단하는 장치를 시설할 것

KEYWORD 181 수소냉각식 발전기와 압축공기계통

(1) 수소냉각식 발전기 등의 시설(한국전기설비규정 351.10)
① 발전기 또는 무효전력 보상장치(조상기)는 기밀구조의 것이고 또한 수소가 대기압에서 폭발하는 경우에 생기는 압력에 견디는 강도를 가지는 것일 것
② 발전기축의 밀봉부에는 질소 가스를 봉입할 수 있는 장치 또는 발전기축의 밀봉부로부터 누설된 수소 가스를 안전하게 외부에 방출할 수 있는 장치를 설치할 것
③ 발전기 안 또는 무효전력 보상장치 안의 수소의 순도가 85[%] 이하로 저하한 경우에 이를 경보하는 장치를 시설할 것
④ 발전기 안 또는 무효전력 보상장치 안의 수소의 압력을 계측하는 장치 및 그 압력이 현저히 변동한 경우에 이를 경보하는 장치를 시설할 것

⑤ 발전기 안 또는 무효전력 보상장치 안의 수소의 온도를 계측하는 장치를 시설할 것
⑥ 발전기 안 또는 무효전력 보상장치 안으로 수소를 안전하게 도입할 수 있는 장치 및 발전기안 또는 무효전력 보상장치 안의 수소를 안전하게 외부로 방출할 수 있는 장치를 시설할 것
⑦ 수소를 통하는 관은 동관 또는 이음매 없는 강판이어야 하며 또한 수소가 대기압에서 폭발하는 경우에 생기는 압력에 견디는 강도의 것일 것
⑧ 수소를 통하는 관·밸브 등은 수소가 새지 아니하는 구조로 되어 있을 것
⑨ 발전기 또는 무효전력 보상장치에 붙인 유리제의 점검 창 등은 쉽게 파손되지 아니하는 구조로 되어 있을 것

(2) 압축공기계통(한국전기설비규정 341.15)

발전소·변전소·개폐소 또는 이에 준하는 곳에서 개폐기 또는 차단기에 사용하는 압축공기장치의 공기압축기는 최고 사용압력의 1.5배의 수압(수압을 연속하여 10분간 가하여 시험을 하기 어려울 때에는 최고 사용압력의 1.25배의 기압)을 연속하여 10분간 가하여 시험을 하였을 때 이에 견디고 또한 새지 아니할 것

KEYWORD 182 전력보안통신설비 시설기준

전력보안통신설비의 시설 요구사항(한국전기설비규정 362.1)

① 원격감시제어가 되지 아니하는 발전소·원격감시제어가 되지 아니하는 변전소(이에 준하는 곳으로서 특고압의 전기를 변성하기 위한 곳을 포함)·개폐소, 전선로 및 이를 운용하는 급전소 및 급전분소 간
② 2개 이상의 급전소(분소) 상호 간과 이들을 통합 운용하는 급전소(분소) 간
③ 수력설비 중 필요한 곳, 수력설비의 안전상 필요한 양수소(量水所) 및 강수량 관측소와 수력발전소 간
④ 동일 수계에 속하고 안전상 긴급 연락의 필요가 있는 수력발전소 상호 간
⑤ 동일 전력계통에 속하고 또한 안전상 긴급 연락의 필요가 있는 발전소·변전소(이에 준하는 곳으로서 특고압의 전기를 변성하기 위한 곳을 포함) 및 개폐소 상호 간
⑥ 발전소·변전소 및 개폐소와 기술원 주재소 간. 다만, 다음 어느 항목에 적합하고 또한 휴대용이거나 이동형 전력보안통신설비에 의하여 연락이 확보된 경우에는 그러하지 아니하다.
　㉠ 발전소로서 전기의 공급에 지장을 미치지 않는 곳
　㉡ 상주감시를 하지 않는 변전소(사용전압이 35[kV] 이하의 것에 한한다)로서 그 변전소에 접속되는 전선로가 동일 기술원 주재소에 의하여 운용되는 곳
⑦ 발전소·변전소(이에 준하는 곳으로서 특고압의 전기를 변성하기 위한 곳을 포함한다)·개폐소·급전소 및 기술원 주재소와 전기설비의 안전상 긴급 연락의 필요가 있는 기상대·측후소·소방서 및 방사선 감시계측 시설물 등의 사이

KEYWORD 183 시설 높이와 간격

(1) 가공전선과 첨가통신선과의 간격(한국전기설비규정 362.2)

가공전선		통신선	
		그 외	첨가통신용 제2종 케이블 또는 광섬유 케이블
저압	일반	0.6[m] 이상	×
	절연전선 또는 케이블	0.3[m] 이상	×
	인입선	×	0.15[m] 이상
고압	일반	0.6[m] 이상	×
	케이블	0.3[m] 이상	×
특고압	다중접지 중성선	0.6[m] 이상	×
	케이블	0.3[m] 이상	×
	25[kV] 이하	0.75[m] 이상	×
	그 외	1.2[m] 이상	×

(2) 전력보안통신선의 시설 높이와 간격(한국전기설비규정 362.2)

구분		가공통신선	첨가통신선	
			고·저압	특고압
철도 횡단		6.5[m] 이상	6.5[m] 이상	
도로나 차도 위 또는 횡단	일반 경우	5[m] 이상	6[m] 이상	6[m] 이상
	교통 지장 ×	4.5[m] 이상	5[m] 이상	—
횡단보도교의 위		3[m] 이상	3.5[m] 이상	5[m] 이상
			절연효력: 3[m] 이상	광섬유 케이블: 4[m] 이상
그 외		3.5[m] 이상	4[m] 이상 (광섬유 케이블: 3.5[m])	5[m] 이상

① 가공전선로의 지지물에 시설하는 통신선과 가공전선의 간격
  ㉠ 저압 가공전선, 고압 가공전선, 다중 접지한 중성선과 통신선: 0.6[m](케이블: 0.3[m])
  ㉡ 특고압 가공전선과 통신선: 1.2[m](케이블: 0.3[m])
② 특고압 가공전선로의 지지물에 시설하는 통신선
  ㉠ 도로·횡단보도교·철도의 레일 또는 삭도와 교차하는 경우
    • 절연전선, 연선: 단면적 16[mm^2], 단선: 지름 4[mm]
  ㉡ 특고압 가공전선로와 교차하는 경우
    • 인장강도 8.01[kN] 이상의 것 또는 연선의 경우 단면적 25[mm^2](단선의 경우 지름 5[mm])의 경동선
  ㉢ 가공전선과의 간격: 0.8[m](케이블: 0.4[m])
③ 조가선(한국전기설비규정 362.3): 단면적 38[mm^2] 이상의 아연도강연선

KEYWORD 184 보안장치

(1) **특고압 가공전선로 전선 첨가설치 통신선의 시가지 인입 제한(한국전기설비규정 362.5)**

① 급전전용통신선용 보안장치

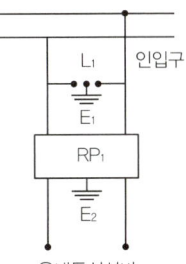

RP_1: 교류 300[V] 이하에서 동작하고, 최소 감도 전류가 3[A] 이하로서 최소 감도 전류 때의 따라 움직임(응동) 시간이 1사이클 이하이고 또한 전류 용량이 50[A], 20초 이상인 자동복구성(자복성)이 있는 릴레이 보안기

L_1: 교류 1[kV] 이하에서 동작하는 피뢰기

E_1 및 E_2: 접지

② 저압 가공전선로의 지지물에 시설하는 통신선 또는 이것에 직접 접속하는 통신선인 경우의 저압용 보안장치

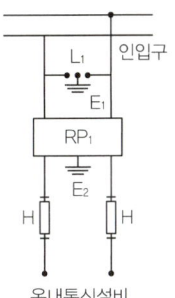

RP_1: 교류 300[V] 이하에서 동작하고, 최소 감도 전류가 3[A] 이하로서 최소 감도 전류 때의 따라 움직임(응동) 시간이 1사이클 이하이고 또한 전류 용량이 50[A], 20초 이상인 자동복구성(자복성)이 있는 릴레이 보안기

L_1: 교류 1[kV] 이하에서 동작하는 피뢰기

E_1 및 E_2: 접지

H: 250[mA] 이하에서 동작하는 열 코일

(2) **전력선 반송 통신용 결합장치의 보안장치(한국전기설비규정 362.11)**

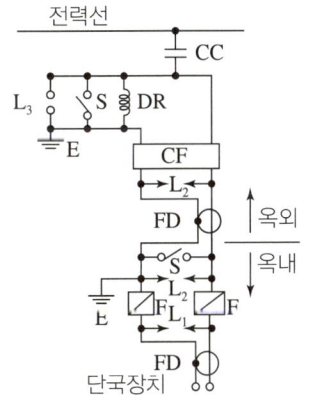

FD: 동축케이블

F: 정격전류 10[A] 이하의 포장 퓨즈

DR: 전류 용량 2[A] 이상의 배류 선륜

L_1: 교류 300[V] 이하에서 동작하는 피뢰기

L_2: 동작 전압이 교류 1.3[kV]를 초과하고 1.6[kV] 이하로 조정된 방전갭

L_3: 동작 전압이 교류 2[kV]를 초과하고 3[kV] 이하로 조정된 구상 방전갭

S: 접지용 개폐기

CF: 결합 필터

CC: 결합 커패시터(결합 안테나 포함)

E: 접지

KEYWORD 185   무선용 안테나

(1) 무선용 안테나 등을 지지하는 철탑 등의 시설(한국전기설비규정 364.1)
① 목주의 풍압하중에 대한 안전율은 1.5 이상이어야 한다.
② 철주·철근 콘크리트주 또는 철탑의 기초 안전율은 1.5 이상이어야 한다.

(2) 무선용 안테나 등의 시설 제한(한국전기설비규정 364.2)
무선용 안테나 등은 전로의 주위 상태 감시 등 지능형전력망을 목적으로 시설하는 것 이외에는 가공전선로의 지지물에 시설하여서는 아니 된다.

KEYWORD 186   배선설비

(1) 저압 옥내배선의 사용전선(한국전기설비규정 231.3.1)
① 전선: 단면적 2.5[mm²] 이상의 연동선
② 사용전압이 400[V] 이하인 경우(전광표시장치, 제어회로)
  ㉠ 단면적 1.5[mm²] 이상의 연동선
  ㉡ 단면적 0.75[mm²] 이상인 다심 케이블 또는 다심 캡타이어케이블 사용

(2) 나전선의 사용 제한(한국전기설비규정 231.4)
옥내에 시설하는 저압 전선은 다음의 경우를 제외하고 나전선을 사용하여서는 아니된다.(나전선 사용 가능 장소)
① 애자공사에 의하여 전개된 곳에 다음의 전선을 시설하는 경우
  ㉠ 전기로용 전선
  ㉡ 전선의 피복 절연물이 부식하는 장소에 시설하는 전선
  ㉢ 취급자 이외의 자가 출입할 수 없도록 설비한 장소에 시설하는 전선
② 버스덕트공사에 의하여 시설하는 경우
③ 라이팅덕트공사에 의하여 시설하는 경우
④ 접촉전선을 시설하는 경우

(3) 옥내전로의 대지전압의 제한(한국전기설비규정 231.6)
백열전등 또는 방전등에 전기를 공급하는 옥내 전로의 대지전압은 300[V] 이하여야 한다.

(4) **배선설비와 다른 공급설비와의 접근**(한국전기설비규정 232.3.7, 342.1, 342.4)
① 약전류전선 등 또는 수관·가스관이나 이와 유사한 것과 접근하거나 교차하는 경우
　㉠ 저압: 0.1[m](나전선 0.3[m]) 이상
　㉡ 고압: 0.15[m] 이상
　㉢ 특고압: 접촉하지 말 것
② 다른 저압 옥내배선 또는 관등회로의 배선과 접근하거나 교차하는 경우
　㉠ 저압: 0.1[m](나전선 0.3[m]) 이상
　㉡ 고압: 0.15[m] 이상
　㉢ 가스계량기 및 가스관의 이음부와 전력량계 및 개폐기: 0.6[m] 이상
　㉣ 가스관의 이음부와 점멸기 및 접속기의 간격: 0.15[m] 이상
　㉤ 특고압: 0.6[m] 이상

(5) **수용가 설비에서의 전압강하**(한국전기설비규정 232.3.9)
수용가 설비의 인입구로부터 기기까지의 전압강하는 다음 표의 값 이하여야 한다.

설비 유형	조명(%)	기타(%)
A-저압으로 수전하는 경우	3	5
B-고압 이상으로 수전하는 경우	6	8

(6) **애자공사**(한국전기설비규정 232.56, 342.1)
① 사용전선: 절연전선(옥외용 비닐절연전선 및 인입용 비닐절연전선 제외)
② 사용전압에 따른 분류

구분	사용전압	
	400[V] 이하	400[V] 초과
전선 상호 간의 간격	0.06[m] 이상	
전선과 조영재 사이의 간격	25[mm] 이상	45[mm] 이상 (건조한 장소: 25[mm] 이상)
지지점 간의 거리	–	6[m] 이하
	조영재의 윗면 또는 옆면에 따라 붙일 경우: 2[m] 이하	

③ 애자공사에 사용하는 애자는 절연성·난연성 및 내수성인 것

(7) **관공사**(한국전기설비규정 232.11, 232.12, 232.13)
① 공통 내용
　㉠ 절연전선(옥외용 비닐절연전선 제외)일 것
　㉡ 전선은 연선일 것
　㉢ 단선을 사용할 경우: 단면적 10[mm^2](알루미늄선은 단면적 16[mm^2]) 이하의 것
　㉣ 관 안에서 접속점이 없도록 할 것

ⓜ 습기가 많은 장소 또는 물기가 있는 장소: 방습 장치를 할 것
ⓑ 관공사는 접지공사를 할 것

② 공사별 차이점

금속제 가요전선관공사	• 2종 금속제 가요전선관일 것 • 1종 금속제 가요전선관에는 단면적 2.5[mm²] 이상의 나연동선을 전체 길이에 걸쳐 삽입 또는 첨가하여 그 나연동선과 1종 금속제가요전선관을 양쪽 끝에서 전기적으로 완전하게 접속할 것(다만, 관의 길이가 4[m] 이하인 것을 시설하는 경우에는 그러하지 아니하다.)
금속관공사	• 1본의 길이: 3.66[m] • 관의 두께 　- 콘크리트 매입: 1.2[mm] 이상 　- 콘크리트 외: 1[mm] 이상 　- 이음매가 없는 길이 4[m] 이하인 것을 건조하고 전개된 곳에 시설: 0.5[mm] 이상 • 부싱: 피복 손상 방지 • 관에는 접지공사를 할 것(다만, 400[V] 이하로 관의 길이가 4[m] 이하인 것을 건조한 장소에 시설하는 경우는 제외)
합성수지관공사	• 관 지지점 간의 거리: 1.5[m] 이하 • 1본의 길이: 4[m] • 관의 두께: 2[mm] 이상 • 관 상호 간 및 박스와의 관을 삽입하는 깊이 　- 관의 바깥지름의 1.2배(접착제를 사용하는 경우: 0.8배) 이상 • 이중천장(반자 속 포함) 내에는 시설할 수 없음 • 합성수지관 및 부속품의 시설 콤바인 덕트관은 직접 콘크리트에 매입하여 시설하거나 옥내 전개된 장소에 시설하는 경우 이외에는 KSF ISO 1182에 따른 불연성능이 있는 것의 내부, 전용의 불연성 관 또는 덕트에 넣어 시설할 것

(8) **몰드공사(한국전기설비규정 232.21, 232.22)**

① 절연전선(옥외용 비닐절연전선 제외)일 것
② 몰드 안에는 접속점이 없도록 할 것

(9) **덕트공사(한국전기설비규정 232.31, 232.32, 232.33, 232.61, 232.71)**

① 공통 내용
　㉠ 전선: 절연전선(옥외용 비닐절연전선 제외)일 것
　　• 나전선 사용 가능: 버스덕트공사, 라이팅덕트공사
　㉡ 덕트(환기형 버스덕트 제외) 내부에 먼지가 침입하지 아니하도록 하고, 끝부분은 막을 것
　㉢ 덕트 안에는 접속점이 없도록 할 것(다만, 전선을 분기하는 경우에는 접속점을 쉽게 점검할 수 있을 때는 그렇지 아니하다.)
　㉣ 덕트는 접지공사를 할 것

② 차이점

금속덕트공사	• 덕트의 지지점 간의 거리: 3[m](수직: 6[m]) 이하 • 덕트 내부 전선의 단면적: 덕트의 내부 단면적의 20[%](전광표시 장치·제어회로 등의 배선만을 넣는 경우: 50[%]) 이하 • 폭 40[mm] 이상, 두께 1.2[mm] 이상
버스덕트공사	덕트의 지지점 간의 거리: 3[m](수직: 6[m]) 이하
라이팅덕트공사	덕트의 지지점 간의 거리: 2[m] 이하
플로어덕트공사, 셀룰러덕트공사	• 전선은 연선일 것 • 단선을 사용할 경우: 단면적 10[mm^2](알루미늄선은 단면적 16[mm^2]) 이하의 것

⑽ **케이블공사(한국전기설비규정 232.51)**

① 전선: 케이블 및 캡타이어케이블

② 지지점 간의 거리

㉠ 조영재의 아랫면 또는 옆면에 따라 붙이는 경우: 2[m] 이하

㉡ 사람이 접촉할 우려가 없는 곳에서 수직으로 붙이는 경우: 6[m] 이하

㉢ 캡타이어케이블: 1[m] 이하

⑾ **케이블트레이공사(한국전기설비규정 232.41)**

① 종류: 사다리형, 바닥밀폐형, 펀칭형, 그물망형

② 시설 조건: 전선은 연피 케이블, 알루미늄피 케이블 등 난연성 케이블, 기타 케이블(적당한 간격으로 연소방지 조치를 하여야 함) 또는 금속관 혹은 합성수지관 등에 넣은 절연전선을 사용하여야 한다.

③ 케이블트레이의 선정

㉠ 케이블트레이의 안전율: 1.5 이상

㉡ 비금속제 케이블트레이는 난연성 재료의 것일 것

㉢ 전선의 피복 등을 손상시킬 수 있는 돌기 등이 없이 매끈할 것

㉣ 금속재의 것은 방식처리를 한 것이나 내식성 재료의 것일 것

㉤ 케이블트레이가 방화구획의 벽, 마루, 천장 등을 관통하는 경우에 관통부는 불연성의 물질로 충전할 것

⑿ **옥내에 시설하는 저압 접촉전선 배선(한국전기설비규정 232.81)**

① 전선의 높이: 3.5[m] 이상

② 전선은 인장강도 11.2[kN] 이상의 것 또는 지름 6[mm]의 경동선으로 단면적 28[mm^2] 이상인 것(사용전압이 400[V] 이하인 경우에는 인장강도 3.44[kN] 이상의 것 또는 지름 3.2[mm] 이상의 경동선으로 단면적이 8[mm^2] 이상인 것)

③ 전선의 지지점 간의 거리: 6[m] 이하
  ㉠ 전선을 수평으로 배열하고 전선 상호 간의 간격이 0.4[m] 이상인 경우: 12[m] 이하
  ㉡ 전선을 수평으로 배열하고 가요성이 없는 도체를 사용한 전선 상호 간의 간격이 0.28[m] 이상인 경우: 12[m] 이하
④ 전선 상호 간의 간격
  ㉠ 전선을 수평으로 배열하는 경우: 0.14[m] 이상
  ㉡ 기타의 경우: 0.2[m] 이상

⑬ 옥내에 시설하는 저압용 배분전반 등의 시설(한국전기설비규정 232.84)
옥내에 시설하는 저압용 배·분전반의 기구 및 전선은 쉽게 점검할 수 있도록 다음에 따라 시설하여야 한다.
① 노출된 충전부가 있는 배전반 및 분전반은 취급자 이외의 사람이 쉽게 출입할 수 없도록 설치할 것
② 한 개의 분전반에는 한 가지 전원만 공급할 것
③ 주택용 분전반은 노출된 장소에 시설할 것
④ 옥내에 설치하는 배전반 및 분전반은 불연성 또는 난연성이 있도록 할 것

KEYWORD 187 조명설비

(1) 콘센트의 시설(한국전기설비규정 234.5)
욕조나 샤워시설이 있는 욕실 또는 화장실 등 인체가 물에 젖어 있는 상태에서 전기를 사용하는 장소에 콘센트를 시설하는 경우
① 「전기용품 및 생활용품 안전관리법」의 적용을 받는 인체감전보호용 누전차단기(정격감도전류 15[mA] 이하, 동작시간 0.03초 이하의 전류동작형의 것) 또는 절연변압기(정격용량 3[kVA] 이하인 것에 한한다)로 보호된 전로에 접속하거나, 인체감전보호용 누전차단기가 부착된 콘센트를 시설한다.
② 접지: 접지극이 있는 방적형 콘센트를 사용한다.
③ 방습: 접지용 단자가 있는 것을 사용하여 접지하고, 방습 장치를 한다.

(2) 점멸기의 시설(한국전기설비규정 234.6)
센서등(타임스위치 포함)의 시설
① 「관광진흥법」과 「공중위생관리법」에 의한 관광숙박업 또는 숙박업(여인숙업 제외)에 이용되는 객실의 입구등은 1분 이내에 소등되는 것
② 일반주택 및 아파트 각 호실의 현관등은 3분 이내에 소등되는 것

(3) 진열장 또는 이와 유사한 것의 내부 배선(한국전기설비규정 234.8)
　① 전선: 단면적 0.75[mm²] 이상의 코드 또는 캡타이어케이블
　② 건조한 장소에 시설하고 또한 내부를 건조한 상태로 사용하는 진열장 또는 이와 유사한 것의 내부에 사용전압이 400[V] 이하의 배선을 외부에서 잘 보이는 장소에 한하여 코드 또는 캡타이어케이블로 직접 조영재에 밀착하여 배선할 수 있다.

(4) 전주외등(한국전기설비규정 234.10)
　① 배선: 단면적 2.5[mm²] 이상의 절연전선 또는 이와 동등 이상의 절연성능이 있는 것
　② 배선 공사 방법: 케이블공사, 합성수지관공사, 금속관공사
　③ 배선이 전주에 연한 부분은 1.5m 이내마다 새들(saddle) 또는 밴드로 지지할 것

(5) 1[kV] 이하 방전등(한국전기설비규정 234.11)
　① 대지전압: 300[V] 이하
　② 관등회로의 배선
　사용전압이 400[V] 초과 1[kV] 이하인 배선은 시설장소에 따라 합성수지관공사, 금속관공사, 가요전선관공사나 케이블공사 또는 다음의 표에 따라 시설한다.

시설장소의 구분		공사방법
전개된 장소	건조한 장소	애자공사·합성수지몰드공사 또는 금속몰드공사
	기타의 장소	애자공사
점검할 수 있는 은폐된 장소	건조한 장소	금속몰드공사

(6) 네온방전등(한국전기설비규정 234.12)
　① 대지전압: 300[V] 이하
　② 관등회로의 배선
　전선은 조영재의 아랫면 또는 옆면에 부착하고 다음과 같이 시설할 것
　　㉠ 전선 지지점 간의 거리는 1[m] 이하로 할 것
　　㉡ 전선 상호 간의 간격은 60[mm] 이상일 것
　　㉢ 전선과 조영재 사이의 간격

구분	6[kV] 이하	6[kV] 초과 9[kV] 이하	9[kV] 초과
간격	20[mm] 이상	30[mm] 이상	40[mm] 이상

(7) 수중조명등(한국전기설비규정 234.14)

① 조명등에 전기를 공급하기 위해서는 절연변압기를 사용할 것
  ㉠ 절연변압기 1차 측 전로의 사용전압: 400[V] 이하
  ㉡ 절연변압기 2차 측 전로의 사용전압: 150[V] 이하
② 절연변압기의 2차 측 전로의 사용전압이 30[V]를 초과하는 경우에는 그 전로에 지락이 생겼을 때에 자동적으로 전로를 차단하는 정격감도전류 30[mA] 이하의 누전차단기를 시설할 것

(8) 교통신호등(한국전기설비규정 234.15)

① 사용전압: 300[V] 이하
② 교통신호등 회로의 사용전압이 150[V]를 넘는 경우는 선로에 지락이 생겼을 경우 자동으로 차단하는 누전차단기를 시설할 것

KEYWORD 188 특수설비

(1) 전기울타리(한국전기설비규정 241.1)

① 사람이 쉽게 출입하지 아니하는 곳에 시설할 것
② 적당한 간격으로 경고 표시 그림 또는 글자로 위험표시를 할 것
③ 전선: 인장강도 1.38[kN] 이상의 것 또는 지름 2[mm] 이상의 경동선
④ 간격
  ㉠ 전선과 이를 지지하는 기둥 사이: 25[mm] 이상
  ㉡ 전선과 다른 시설물(가공 전선 제외) 또는 수목 사이의 간격: 0.3[m] 이상
⑤ 사용전압: 250[V] 이하

(2) 전기욕기(한국전기설비규정 241.2)

① 전기욕기에 전기를 공급하기 위한 전기욕기용 전원장치의 전원변압기 2차 측 전로의 사용전압: 10[V] 이하
② 전기욕기용 전원장치의 금속제 외함 및 전선을 넣는 금속관에는 접지공사를 할 것
③ 전기욕기용 전원장치로부터 욕기 안의 전극까지의 전선 상호 간 및 전선과 대지 사이의 절연저항은 다음 표의 값을 충족해야 한다.

전로의 사용전압[V]	DC 시험전압[V]	절연저항[MΩ]
SELV 및 PELV	250	0.5 이상
FELV, 500[V] 이하	500	1.0 이상
500[V] 초과	1,000	1.0 이상

(3) 전극식 온천온수기(한국전기설비규정 241.4)

① 사용전압: 400[V] 이하
② 전극식 온천온수기 또는 이에 부속하는 급수 펌프에 직결되는 전동기에 전기를 공급하기 위해서는 사용전압이 400[V] 이하인 절연변압기를 사용할 것
③ 전원장치의 절연변압기 철심 및 금속제 외함과 차폐장치의 전극에는 접지공사를 할 것

(4) 전기온상 등(한국전기설비규정 241.5)

① 전기온상 등에 전기를 공급하는 전로의 대지전압은 300[V] 이하일 것
② 발열선은 그 온도가 80[℃]를 넘지 아니하도록 시설할 것
③ 발열선이나 발열선에 직접 접속하는 전선의 피복에 사용하는 금속체 또는 방호장치의 금속제 부분: 접지공사

(5) 전격살충기(한국전기설비규정 241.7)

① 설치 높이: 지표 또는 바닥에서 3.5[m] 이상의 높은 곳에 시설(자동 차단 보호장치 설치 시: 1.8[m] 이상)
② 전격격자와 다른 시설물 또는 식물 사이의 간격: 0.3[m] 이상
③ 위험표시를 할 것

(6) 놀이용 전차(한국전기설비규정 241.8)

① 전기 공급 전원장치의 사용전압: 직류 60[V] 이하, 교류 40[V] 이하
② 놀이용(유희용) 전차에 전기를 공급하기 위해 사용하는 접촉전선은 제3레일 방식에 의할 것
③ 사람이 쉽게 출입하지 아니하는 곳에 시설
④ 변압기 1차 전압: 400[V] 이하
⑤ 놀이용 전차 안에 승압용 절연변압기의 2차 전압: 150[V] 이하
⑥ 놀이용 전차 안의 전로와 대지의 절연저항: 사용전압에 대한 누설전류가 규정전류의 5,000분의 1 이하일 것

(7) 전기 집진장치 등(한국전기설비규정 241.9)

① 전선은 케이블일 것
② 전기집진 응용장치의 금속제 외함 또한 케이블을 넣은 방호장치의 금속제 부분 및 방식케이블 이외의 케이블의 피복에 사용하는 금속체에는 접지공사를 할 것

(8) 아크 용접기(한국전기설비규정 241.10)

① 용접변압기는 절연변압기일 것
② 용접변압기의 1차 측 전로의 대지전압은 300[V] 이하일 것
③ 용접변압기의 1차 측 전로에는 용접변압기의 가까운 곳에 쉽게 개폐할 수 있는 개폐기를 시설할 것
④ 용접변압기의 2차 측 전로 중 용접변압기로부터 용접전극에 이르는 부분 및 용접변압기로부터 피용접재에 이르는 부분(전기기계기구 안의 전로 제외)의 전로는 용접 시 흐르는 전류를 안전하게 통할 수 있는 것일 것

(9) 파이프라인 등의 전열장치(한국전기설비규정 241.11)

① 발열선을 파이프라인 등 자체에 고정하여 시설하는 경우 발열선에 전기를 공급하는 전로의 사용전압은 400[V] 이하일 것
② 발열선은 그 온도가 피 가열 액체의 발화 온도의 80[%]를 넘지 아니하도록 시설할 것
③ 발열선을 파이프라인 등 자체에 고정하여 시설하는 경우의 발열선 또는 연결선(리드선)의 피복에 사용하는 금속체에는 접지공사를 할 것

(10) 도로 등의 전열장치(한국전기설비규정 241.12)

① 대지전압: 300[V] 이하
② 발열선은 그 온도가 80[℃]를 넘지 아니하도록 시설할 것

(11) 소세력 회로(한국전기설비규정 241.14)

① 소세력 회로에 전기를 공급하기 위한 변압기는 절연변압기(대지전압 300[V] 이하)일 것
② 절연변압기의 2차 단락전류는 표에서 정한 값 이하의 것일 것. 다만, 그 변압기의 2차 측 전로에 표에서 정한 값 이상의 과전류 차단기를 시설하는 경우에는 그러하지 아니하다.

최대 사용 전압	2차 단락전류	과전류 차단기의 정격전류
15[V] 이하	8[A]	5[A]
15[V] 초과 30[V] 이하	5[A]	3[A]
30[V] 초과 60[V] 이하	3[A]	1.5[A]

(12) 전기부식방지 시설(한국전기설비규정 241.16)

① 전기부식방지 회로의 사용전압은 직류 60[V] 이하일 것
② 지중에 매설하는 양극의 매설깊이는 0.75[m] 이상일 것
③ 수중에 시설하는 양극과 그 주위 1[m] 이내의 거리에 있는 임의점 간의 전위차는 10[V] 이하일 것
④ 지표 또는 수중에서 1[m] 간격의 임의의 2점 간의 전위차는 5[V] 이하일 것

(13) 전기자동차 전원설비(한국전기설비규정 241.17)

① 전력계통으로부터 교류전원을 공급받아 전기자동차(이동식 전기자동차 충전기 포함)에 전원을 공급하기 위한 전기자동차 충전설비에 적용할 것
② 충전 부분이 노출되지 아니하도록 시설할 것
③ 습기가 많은 곳 또는 물기가 있는 곳에 방습 장치를 할 것
④ 전선을 접속하는 경우 나사로 고정시키거나 접속점에 장력이 가하여지지 아니할 것
⑤ 옥내 저압용 비포장 퓨즈: 불연성으로 제작한 함 내부에 시설할 것

⑭ **방전등 공사의 시설 제한(한국전기설비규정 242.1)**
   ① 관등회로의 사용전압이 400[V] 초과인 방전등은 폭연성 먼지, 가연성 가스, 위험물, 화약류 저장소 등의 위험장소에 시설해서는 안 된다.
   ② 관등회로의 사용전압이 1[kV]를 초과하는 방전등으로서 방전관에 네온방전관 이외의 것을 사용한 것은 기계기구의 구조상 그 내부에 안전하게 시설할 수 있는 경우 또는 방전관에 사람이 접촉할 우려가 없도록 시설하는 경우 이외에는 옥내에 시설해서는 안 된다.

⑮ **위험장소에서의 시설(한국전기설비규정 242.2, 242.3, 242.4)**

O: 시설 가능, ×: 시설 불가

장소	합성수지관공사	금속관공사	케이블공사	금속제 가요전선관공사
폭연성 먼지(마그네슘 · 알루미늄 · 티탄 · 지르코늄 등의 먼지)	×	O	O	×
가연성 먼지(소맥분 · 전분 · 유황 기타 가연성의 먼지)	O	O	O	×
가연성 가스 등이 있는 곳	×	O	O	×
위험물(셀룰로이드, 성냥, 석유류 기타 타기 쉬운 위험한 물질)	O	O	O	×

⑯ **전시회, 쇼 및 공연장의 전기설비(한국전기설비규정 242.6)**
   무대 · 무대마루 밑 · 오케스트라 박스 · 영사실 기타 사람이나 무대 도구가 접촉할 우려가 있는 곳에 시설하는 저압 옥내배선, 전구선 또는 이동전선은 사용전압이 400[V] 이하일 것

⑰ **터널, 갱도 기타 이와 유사한 장소(한국전기설비규정 242.7)**
   ① 사람이 상시 통행하는 터널 안의 배선의 시설(242.7.1)
      ㉠ 전선: 공칭단면적 2.5[mm²] 이상의 연동선
      ㉡ 설치 높이: 노면상 2.5[m] 이상
      ㉢ 애자공사에 의해 시설할 것, 전로에는 터널의 입구에 가까운 곳에 전용 개폐기를 시설할 것
   ② 광산 기타 갱도 안의 시설(242.7.2)
      ㉠ 사용전압: 저압 또는 고압
      ㉡ 케이블공사에 의해 시설할 것, 전로에는 갱 입구에 가까운 곳에 전용 개폐기를 시설할 것
      ㉢ 전선: 공칭단면적 2.5[mm²] 이상의 연동선
   ③ 터널 등의 전구선 또는 이동전선 등의 시설(242.7.4)
      ㉠ 400[V] 이하의 경우: 공칭단면적 0.75[mm²] 이상의 300/300[V] 편조 고무코드 또는 0.6/1[kV] EP 고무절연 클로로프렌 캡타이어케이블일 것
      ㉡ 사람이 접촉할 우려가 없는 경우: 공칭단면적이 0.75[mm²] 이상의 연동연선을 사용하는 450/750[V] 내열성 에틸렌아세테이트 고무절연전선(출구부의 전선의 간격이 10[mm] 이상인 전구 소켓에 부속하는 전선은 단면적 0.75[mm²] 이상인 450/750[V] 내열성 에틸렌아세테이트 고무절연전선 또는 450/750[V] 일반용 단심 비닐절연전선)

⑱ 의료장소(한국전기설비규정 242.10)

의료장소마다 그 내부 또는 근처에 등전위본딩 바를 설치할 것. 다만, 인접하는 의료장소와의 바닥 면적 합계가 50[m²] 이하인 경우에는 등전위본딩 바를 공용할 수 있다.

KEYWORD 189 전기철도설비의 통칙

전기철도의 용어 정의(한국전기설비규정 402)

① 전기철도: 전기를 공급받아 열차를 운행하여 여객(승객)이나 화물을 운송하는 철도
② 전기철도설비: 전기철도설비는 전철 변전설비, 급전설비, 부하설비로 구성
③ 전기철도차량: 전기적 에너지를 기계적 에너지로 바꾸어 열차를 견인하는 차량으로 전기방식에 따라 직류, 교류, 직·교류 겸용, 성능에 따라 전동차, 전기기관차로 분류
④ 궤도: 레일·침목 및 도상과 이들의 부속품으로 구성된 시설
⑤ 차량: 전동기가 있거나 또는 없는 모든 철도의 차량(객차, 화차 등)
⑥ 열차: 동력차에 객차, 화차 등을 연결하고 본선을 운전할 목적으로 조성된 차량
⑦ 레일: 철도에 있어서 차바퀴를 직접 지지하고 안내해서 차량을 안전하게 주행시키는 설비
⑧ 전차선: 전기철도차량의 집전장치와 접촉하여 전력을 공급하기 위한 전선
⑨ 전차선로: 전기철도차량에 전력을 공급하기 위하여 선로를 따라 설치한 시설물로서 전차선, 급전선, 귀선과 그 지지물 및 설비를 총괄한 것
⑩ 급전선: 전기철도차량에 사용할 전기를 변전소로부터 전차선에 공급하는 전선
⑪ 급전선로: 급전선 및 이를 지지하거나 수용하는 설비를 총괄한 것
⑫ 급전방식: 변전소에서 전기철도차량에 전력을 공급하는 방식을 말하며, 급전방식에 따라 직류식, 교류식으로 분류
⑬ 합성전차선: 전기철도차량에 전력을 공급하기 위하여 설치하는 전차선, 조가선(강체 포함), 행어이어, 드로퍼 등으로 구성된 가공전선
⑭ 조가선: 전차선이 레일면상 일정한 높이를 유지하도록 행어이어, 드로퍼 등을 이용하여 전차선 상부에서 조가하여 주는 전선
⑮ 전선 설치방식: 전기철도차량에 전력을 공급하는 전차선의 전선 설치방식으로 가공방식, 강체방식, 제3레일방식으로 분류
⑯ 전차선 기울기: 이웃 연결하는 2개의 지지점에서, 레일면에서 측정한 전차선 높이의 차와 지지물 간의 거리와의 비율
⑰ 전차선 높이: 지지점에서 레일면과 전차선 간의 수직거리

⑱ 전차선 편위: 팬터그래프 집전판의 편마모를 방지하기 위하여 전차선을 레일면 중심수직선으로부터 한쪽으로 치우친 정도의 치수
⑲ 귀선회로: 전기철도차량에 공급된 전력을 변전소로 되돌리기 위한 귀로
⑳ 누설전류: 전기철도에 있어서 레일 등에서 대지로 흐르는 전류
㉑ 수전선로: 전기사업자에서 전철변전소 또는 수전설비 간의 전선로와 이에 부속되는 설비
㉒ 전철변전소: 외부로부터 공급된 전력을 구내에 시설한 변압기, 정류기 등 기타의 기계기구를 통해 변성하여 전기철도차량 및 전기철도설비에 공급하는 장소
㉓ 지속성 최저전압: 무한정 지속될 것으로 예상되는 전압의 최저값
㉔ 지속성 최고전압: 무한정 지속될 것으로 예상되는 전압의 최고값
㉕ 장기 과전압: 지속시간이 20[ms] 이상인 과전압

KEYWORD 190   전기철도의 전기방식

(1) 전력수급조건(한국전기설비규정 411.1)

공칭전압(수전전압)[kV]: 교류 3상 22.9, 154, 345

(2) 전차선로의 전압(한국전기설비규정 411.2)

전차선로의 전압은 전원 측 도체와 전류귀환도체 사이에서 측정된 집전장치의 전위로서 전원공급시스템이 정상 동작 상태에서의 값이며, 직류방식과 교류방식으로 구분된다.

① 직류방식: 공칭전압 750[V], 1,500[V]

구분	지속성 최저전압[V]	공칭전압[V]	지속성 최고전압[V]	비지속성 최고전압[V]	장기 과전압[V]
DC (평균값)	500	750	900	950*	1,269
	900	1,500	1,800	1,950	2,538

* 회생제동의 경우 1,000[V]의 비지속성 최고전압은 허용가능하다.

▲ 직류방식의 급전전압

② 교류방식: 공칭전압 25,000[V], 50,000[V]

KEYWORD 191　전기철도의 변전방식

(1) 변전소의 용량(한국전기설비규정 421.3)
변전소의 용량은 급전구간별 정상적인 열차부하조건에서 1시간 최대출력 또는 순시 최대출력을 기준으로 결정하고, 연장급전 등 부하의 증가를 고려하여야 한다.

(2) 변전소의 설비(한국전기설비규정 421.4)
① 변전소 등의 계통을 구성하는 각종 기기는 운용 및 유지보수성, 시공성, 내구성, 효율성, 친환경성, 안전성 및 경제성 등을 종합적으로 고려하여 선정하여야 한다.
② 급전용 변압기는 직류 전기철도의 경우 3상 정류기용 변압기, 교류 전기철도의 경우 3상 스코트전선연결(결선) 변압기의 적용을 원칙으로 하고, 급전계통에 적합하게 선정하여야 한다.
③ 제어용 교류전원은 상용과 예비의 2계통으로 구성하여야 한다.
④ 제어반의 경우 디지털계전기방식을 원칙으로 하여야 한다.

KEYWORD 192　전기철도의 전차선로

전차선로의 일반사항(한국전기설비규정 431)
① 전차선 전선 설치방식(431.1)
전차선의 전선 설치방식은 열차의 속도 및 노반의 형태, 부하전류 특성에 따라 적합한 방식을 채택하여야 하며 가공방식, 강체방식, 제3레일방식을 표준으로 한다.
② 전차선로의 충전부와 차량 간의 절연이격(431.3)
해안 인접지역, 공해지역, 안개가 자주 끼는 지역, 강풍 또는 강설 지역 등 특정한 위험도가 있는 구역에서는 최소 절연간격보다 증가시켜야 한다.

시스템 종류	공칭전압[V]	동적[mm]	정적[mm]
직류	750	25	25
	1,500	100	150
단상교류	25,000	170	270

▲ 전차선과 차량 간의 최소 절연간격

③ 급전선로(431.4)
　㉠ 급전선은 나전선을 적용하여 가공식으로 가설을 원칙으로 한다. 다만, 전기적 영향에 대한 최소 간격이 보장되지 않거나 지락, 불꽃 방전 등의 우려가 있을 경우에는 급전선을 케이블로 하여 안전하게 시공하여야 한다.
　㉡ 가공식은 전차선의 높이 이상으로 전차선로 지지물에 병행 설치하며 나전선의 접속은 직선접속을 원칙으로 한다.
　㉢ 신설 터널 내 급전선을 가공으로 설계할 경우 지지물의 취부는 C찬넬 또는 매입전을 이용하여 고정하여야 한다.
　㉣ 선상승강장, 인도교, 과선교 또는 다리 하부 등에 설치할 때에는 최소 절연간격 이상을 확보하여야 한다.

④ 귀선로(431.5)
　㉠ 귀선로는 비절연보호도체, 매설접지도체, 레일 등으로 구성하여 단권변압기 중성점과 공통접지에 접속한다.
　㉡ 비절연보호도체의 위치는 통신유도장해 및 레일전위의 상승의 경감을 고려하여 결정하여야 한다.
　㉢ 귀선로는 사고 및 지락 시에도 충분한 허용전류용량을 갖도록 하여야 한다.

⑤ 전차선 및 급전선의 최소 높이(431.6)

시스템 종류	공칭전압[V]	동적[mm]	정적[mm]
직류	750	4,800	4,400
	1,500	4,800	4,400
단상교류	25,000	4,800	4,570

⑥ 전차선로 지지물 설계 시 고려하여야 하는 하중(431.9)
　㉠ 전차선로 지지물 설계 시: 선로에 직각 및 평행방향에 대하여 전선 중량, 브래킷, 빔 기타 중량, 작업원의 중량
　㉡ 풍압하중, 전선의 횡장력, 지지물이 특수한 사용조건에 따라 일어날 수 있는 모든 하중
　㉢ 지지물 및 기초, 지지선기초: 지진 하중

⑦ 전차선로 설비의 안전율(431.10): 하중을 지탱하는 전차선로 설비의 강도는 작용이 예상되는 하중의 최악 조건 조합에 대하여 다음의 최소 안전율이 곱해진 값을 견디어야 한다.
　㉠ 합금전차선의 경우 2.0 이상
　㉡ 경동선의 경우 2.2 이상
　㉢ 조가선 및 조가선 장력을 지탱하는 부품에 대하여 2.5 이상
　㉣ 복합체 자재(고분자 애자 포함)에 대하여 2.5 이상
　㉤ 지지물 기초에 대하여 2.0 이상
　㉥ 장력조정장치 2.0 이상
　㉦ 빔 및 브래킷은 소재 허용응력에 대하여 1.0 이상
　㉧ 철주는 소재 허용응력에 대하여 1.0 이상
　㉨ 브래킷의 애자는 최대 굽힘(만곡)하중에 대하여 2.5 이상
　㉩ 지지선은 선형일 경우 2.5 이상, 강봉형은 소재 허용응력에 대하여 1.0 이상

⑧ 교류전차선 등 충전부와 식물 사이의 간격(431.11): 5[m] 이상이어야 한다. 다만, 5[m] 이상 확보하기 곤란한 경우에는 현장여건을 고려하여 방호벽 등 안전조치를 하여야 한다.

KEYWORD 193 　전기철도의 전기철도차량 설비

(1) 절연구간(한국전기설비규정 441.1)

① 교류 구간에서는 변전소 및 급전구분소 앞에서 서로 다른 위상 또는 공급점이 다른 전원이 인접하게 될 경우 전원이 혼촉되는 것을 방지하기 위한 절연구간을 설치하여야 한다.

② 전기철도차량의 교류 – 교류 절연구간을 통과하는 방식은 역행 운전방식, 타행 운전방식, 변압기 무부하 전류방식, 전력소비 없이 통과하는 방식이 있으며, 각 통과방식을 고려하여 가장 적합한 방식을 선택하여 시설한다.

③ 교류–직류(직류–교류) 절연구간은 교류 구간과 직류 구간의 경계지점에 시설한다. 이 구간에서 전기철도차량은 속도 조절 차단 상태로 주행한다.

④ 절연구간의 소요길이는 구간 진입 시의 아크 시간, 잔류전압의 감쇄시간, 팬터그래프 배치간격, 열차속도 등에 따라 결정한다.

(2) 전기철도차량의 역률(한국전기설비규정 441.4)

회생제동 중에는 전압을 제한범위 내로 유지시키기 위하여 유도성 역률을 낮출 수 있다. 다만, 전기철도차량이 전차선로와 접촉한 상태에서 견인력을 끄고 보조전력을 가동한 상태로 정지해 있는 경우, 가공 전차선로의 유효전력이 200[kW] 이상일 경우 총 역률은 0.8보다는 작아서는 안 된다.

팬터그래프에서의 전기철도차량 순간전력 P[MW]	전기철도차량의 유도성 역률 λ
$P > 6$	$\lambda \geq 0.95$
$2 \leq P \leq 6$	$\lambda \geq 0.93$

▲ 팬터그래프에서의 전기철도차량 순간전력 및 유도성 역률

(3) 회생제동(한국전기설비규정 441.5)

① 전기철도차량은 다음과 같은 경우에 회생제동의 사용을 중단해야 한다.
  ㉠ 전차선로 지락이 발생한 경우
  ㉡ 전차선로에서 전력을 받을 수 없는 경우
  ㉢ 선로전압이 장기 과전압보다 높은 경우

② 회생전력을 다른 전기장치에서 흡수할 수 없는 경우에는 전기철도차량은 다른 제동시스템으로 전환되어야 한다.

③ 전기철도 전력공급시스템은 회생제동이 상용제동으로 사용이 가능하고 다른 전기철도차량과 전력을 지속적으로 주고받을 수 있도록 설계되어야 한다.

KEYWORD 194 전기철도의 설비를 위한 보호

(1) 보호협조(한국전기설비규정 451.1)

① 사고 또는 고장의 파급을 방지하기 위하여 계통 내에서 발생한 사고전류를 검출하고 차단장치에 의해서 신속하고 순차적으로 차단할 수 있는 보호시스템을 구성하며 설비계통 전반의 보호협조가 되도록 하여야 한다.
② 보호계전방식은 신뢰성, 선택성, 협조성, 동작속도, 고장전류검출 감도, 취급 및 보수점검의 편의성을 고려하여 구성하여야 한다.
③ 급전선로는 안정도 향상, 자동복구, 정전시간 감소를 위하여 보호계전방식에 자동재연결 기능을 구비하여야 한다.
④ 전차선로용 애자를 불꽃 방전사고로부터 보호하고 접지전위 상승을 억제하기 위하여 보호설비를 구비하여야 한다.
⑤ 가공선로 측에서 발생한 지락 및 사고전류의 파급을 방지하기 위하여 피뢰기를 설치하여야 한다.

(2) 절연협조(한국전기설비규정 451.2)

변전소 등의 입·출력 측에서 유입되는 뇌해, 이상전압과 변전소 등의 계통 내에서 발생하는 개폐서지의 크기 및 지속성, 이상전압 등을 고려하고 각각의 변전설비에 대한 절연협조를 해야 한다.

(3) 피뢰기의 설치장소(한국전기설비규정 451.3)

① 피뢰기 설치장소
　㉠ 변전소 인입 측 및 급전선 인출 측
　㉡ 가공전선과 직접 접속하는 지중케이블에서 낙뢰에 의해 절연파괴의 우려가 있는 케이블 단말
② 피뢰기는 가능한 한 보호하는 기기와 가깝게 시설하되 누설전류 측정이 용이하도록 지지대와 절연하여 설치한다.

(4) 피뢰기의 선정(한국전기설비규정 451.4)

① 피뢰기는 밀봉형을 사용하고 유효 보호거리를 증가시키기 위하여 방전 개시전압 및 제한전압이 낮은 것을 사용한다.
② 유도뢰서지에 대하여 2선 또는 3선의 피뢰기 동시동작이 우려되는 변전소 근처의 단락전류가 큰 장소에는 속류차단 능력이 크고 또한 차단성능이 회로조건의 영향을 받을 우려가 적은 것을 사용한다.

KEYWORD 195 전기철도의 안전을 위한 보호

(1) 감전에 대한 보호조치(한국전기설비규정 461.1)

공칭전압이 교류 1[kV] 또는 직류 1.5[kV] 이하인 경우 사람이 접근할 수 있는 보행표면의 경우 가공 전차선의 충전부뿐만 아니라 전기철도차량 외부의 충전부(집전장치, 지붕도체 등)와의 직접 접촉을 방지하기 위한 공간거리가 있어야 한다.

(2) **레일 전위의 위험에 대한 보호**(한국전기설비규정 461.2)
① 레일 전위는 고장 조건에서의 접촉전압 또는 정상 운전조건에서의 접촉전압으로 구분하여야 한다.
② 교류 및 전기철도 급전시스템에서의 레일 전위의 최대 허용 접촉전압

시간 조건	최대 허용 접촉전압(실횻값)	
	교류(실횻값)	직류
순시 조건($t \leq 0.5$초)	670	535
일시적 조건(0.5초 $< t \leq 300$초)	65	150
영구적 조건($t > 300$초)	60	120
작업장 및 이와 유사한 장소	25	60

(3) **전기부식방지대책**(한국전기설비규정 461.4)
① 전기철도 측의 전기부식방지 또는 전기부식예방을 위해서는 다음 방법을 고려하여야 한다.
  ㉠ 변전소 간 간격 축소
  ㉡ 레일본드의 양호한 시공
  ㉢ 장대레일 채택
  ㉣ 절연도상 및 레일과 침목 사이에 절연층의 설치
  ㉤ 기타
② 매설금속체 측의 누설전류에 의한 전기부식의 피해가 예상되는 곳은 다음 방법을 고려하여야 한다.
  ㉠ 배류장치 설치
  ㉡ 절연코팅
  ㉢ 매설금속체 접속부 절연
  ㉣ 저준위 금속체를 접속
  ㉤ 궤도와의 간격 증대
  ㉥ 금속판 등의 도체로 차폐

(4) **전자파 장해의 방지**(한국전기설비규정 461.6)
전차선로는 무선설비의 기능에 계속적이고 또한 중대한 장해를 주는 전자파가 생길 우려가 있는 경우에는 이를 방지하도록 시설하여야 한다.

(5) **통신상의 유도 장해방지 시설**(한국전기설비규정 461.7)
교류식 전기철도용 전차선로는 기설 가공약전류 전선로에 대하여 유도작용에 의한 통신상의 장해가 생기지 않도록 시설하여야 한다.

KEYWORD 196　분산형 전원설비의 통칙

(1) 용어의 정의(한국전기설비규정 502)
① '풍력터빈'이란 바람의 운동에너지를 기계적 에너지로 변환하는 장치(가동부 베어링, 나셀, 날개 등의 부속물 포함)를 말한다.
② '풍력터빈을 지지하는 구조물'이란 타워와 기초로 구성된 풍력터빈의 일부분을 말한다.
③ '풍력발전소'란 단일 또는 복수의 풍력터빈(풍력터빈을 지지하는 구조물 포함)을 원동기로 하는 발전기와 그 밖의 기계기구를 시설하여 전기를 발생시키는 곳을 말한다.
④ '자동정지'란 풍력터빈의 설비보호를 위한 보호장치의 작동으로 인하여 자동적으로 풍력터빈을 정지시키는 것을 말한다.
⑤ 'MPPT'란 태양광발전이나 풍력발전 등이 현재 조건에서 가능한 최대의 전력을 생산할 수 있도록 인버터 제어를 이용하여 해당 발전원의 전압이나 회전속도를 조정하는 최대출력추종(MPPT; Maximum Power Point Tracking) 기능을 말한다.
⑥ "전지관리시스템(BMS, Battery Management System)"이란 이차전지의 전압, 전류, 온도 등의 값을 측정하여 이차전지를 효율적으로 사용할 수 있도록 상위 시스템과의 통신을 통해 현재의 상태를 전송하며, 이상 징후 발생 시 내부 안전장치를 작동시키는 등 이차전지를 관리하는 시스템을 말한다.
⑦ "재사용 이차전지"란 이차전지를 해체 및 재조립하여 안전 및 성능 평가를 통해 다시 사용하는 이차전지를 말한다.

(2) 분산형 전원계통 연계설비의 시설(한국전기설비규정 503)
① 전기 공급방식 등의 시설기준
　㉠ 분산형 전원설비의 전기 공급방식은 전력계통과 연계되는 전기 공급방식과 동일할 것
　㉡ 분산형 전원설비 사업자의 한 사업장의 설비 용량 합계가 250[kVA] 이상일 경우에는 송·배전계통과 연계지점의 연결 상태를 감시 또는 유효전력, 무효전력 및 전압을 측정할 수 있는 장치를 시설할 것
② 저압계통 연계 시 직류유출방지 변압기의 시설 : 분산형 전원설비를 인버터를 이용하여 전기판매사업자의 저압 전력계통에 연계하는 경우 인버터로부터 직류가 계통으로 유출되는 것을 방지하기 위하여 접속점(접속 설비와 분산형 전원설비 설치자 측 전기설비의 접속점을 말한다)과 인버터 사이에 상용 주파수 변압기(단권변압기 제외)를 시설하여야 한다. 다만, 다음을 모두 충족하는 경우에는 예외로 한다.
　㉠ 인버터의 직류 측 회로가 비접지인 경우 또는 고주파 변압기를 사용하는 경우
　㉡ 인버터의 교류출력 측에 직류 검출기를 구비하고, 직류 검출 시에 교류출력을 정지하는 기능을 갖춘 경우
③ 계통 연계용 보호장치의 시설기준 : 단순 병렬운전 분산형 전원설비의 경우에는 역전력 계전기를 설치한다.

KEYWORD 197 전기저장장치

(1) 전기저장장치의 일반사항(전기설비기술기준 511)

① 시설장소의 요구사항(511.1.1)
  ㉠ 기기 등을 조작 또는 보수·점검할 수 있는 공간을 확보하고 조명을 설치할 것
  ㉡ 폭발성 가스의 축적을 방지하기 위한 환기시설을 갖추고 제조사가 권장하는 온도·습도·수분·먼지 등의 운영환경을 상시 유지할 것
  ㉢ 침수 및 누수의 우려가 없도록 할 것
  ㉣ 외벽 등 확인하기 쉬운 위치에 '전기저장장치 시설장소' 표지를 하고, 일반인의 출입을 통제하기 위한 잠금장치 등을 설치할 것

② 설비의 안전 요구사항(511.1.2)
  ㉠ 충전부 등 노출부분은 설비의 안전확보 및 인체 감전보호를 위해 절연하거나 접촉방지를 위한 방호 시설물을 설치할 것
  ㉡ 전기저장장치의 고장이나 외부 환경요인으로 인하여 비상상황 발생 또는 출력에 문제가 있을 경우 안전하게 작동하기 위한 비상정지 스위치 등을 시설할 것
  ㉢ 전기저장장치의 모든 부품은 내열성을 확보할 것
  ㉣ 동일 구획 내에 직병렬로 연결된 전기저장장치는 식별이 용이하도록 그룹별로 명판을 부착하고, 이차전지, 전력변환장치 및 감시·보호장치 간의 잘못 연결되지 않도록 시설할 것
  ㉤ 금속제 및 부속품은 녹방지 처리를 하여야 하며, 절단가공 및 용접부위는 방식처리를 할 것

③ 옥내전로의 대지전압 제한(511.1.3)
주택에 시설하는 전기저장장치는 이차전지에서 전력변환장치에 이르는 옥내 직류 전로를 다음에 따라 시설하는 경우 옥내전로의 대지전압은 직류 600[V]까지 적용할 수 있다.
  ㉠ 전로에 지락이 생겼을 때 자동적으로 전로를 차단하는 장치를 시설할 것
  ㉡ 사람이 접촉할 우려가 없는 은폐된 장소에는 합성수지관공사, 금속관공사, 케이블공사에 의하여 시설할 것
  ㉢ 사람이 접촉할 우려가 있는 장소에 케이블공사에 의하여 시설하는 경우 전선에 방호장치를 시설할 것

(2) 전기저장장치의 시설(한국전기설비규정 511.2)

① 전기배선(511.2.1)
  ㉠ 전선은 공칭단면적 2.5[mm²] 이상의 연동선 또는 이와 동등 이상의 세기 및 굵기의 것
  ㉡ 옥내, 옥측 또는 옥외에 시설할 경우 배선설비 공사는 합성수지관공사, 금속관공사, 금속제 가요전선관공사, 케이블공사로 시설할 것

② 이차전지의 시설(511.2.4)
  ㉠ 이차전지 시설 시 교체이력, 제조이력을 기록하고 관리할 것
  ㉡ 이차전지의 출력 배선은 극성별로 확인할 수 있을 것

③ 전력변환장치 시설(511.2.6): 이차전지의 절연파괴가 일어나지 않도록 CMV 등을 고려하여 절연

④ 제어 및 보호장치의 시설(511.2.7)
정격 운전 범위를 초과하는 다음의 경우가 발생했을 때 자동으로 전로를 차단하는 보호장치를 시설하여야 한다.
㉠ 과전압, 저전압, 과전류가 발생한 경우
㉡ 제어장치에 이상이 발생한 경우
㉢ 이차전지 모듈의 내부 온도가 상승할 경우
⑤ 계측장치의 계측사항(511.2.10)
㉠ 이차전지 출력 단자의 전압, 전류, 전력 및 충방전 상태
㉡ 주요변압기의 전압, 전류 및 전력

(3) 이차전지 용량 및 종류에 따른 시설(한국전기설비규정 512)
① 일반인이 출입하는 건물과 분리된 별도의 장소에 시설하는 경우
㉠ 바닥, 천장(지붕), 벽면 재료는 불연재료로 할 것(단열재는 준불연재료 또는 이와 동등 이상의 것)
㉡ 지표면을 기준으로 높이 22[m] 이내, 출구가 있는 바닥면을 기준으로 깊이 9[m] 이내에 설치할 것
㉢ 이격거리: 주변 시설(도로, 건물, 가연물질 등)로부터 1.5[m] 이상, 다른 건물 출입구나 피난계단 등 이와 유사한 장소로부터는 3[m] 이상
② 전기저장장치를 일반인이 출입하는 건물의 부속공간에 시설(옥상에는 설치할 수 없다)하는 경우
㉠ 이차전지랙과 랙 사이, 랙과 벽면 사이(전면부): 1[m] 이상
㉡ 랙과 벽면 사이(측면, 후면부): 0.8m 이상
③ 이차전지별 시설 요구사항

이차전지 종류	적용범위	요구사항
리튬계, 나트륨계	20[kWh] 초과	• 주요 설비 보호를 위해 직류서지보호장치(SPD) 시설 • 비상정지장치 시설(자동 비상정지는 5초 이내)
납계, 니켈계, 바나듐계	70[kWh] 초과	• CCTV 시설 및 영상정보 최소 7일간 보관
흐름전지	20[kWh] 초과	• 전해질 유출 제어장치 시설

KEYWORD 198 태양광발전설비

(1) 태양광발전설비의 일반사항(한국전기설비규정 521)
① 옥내, 옥측 또는 옥외에 시설할 경우 배선설비 공사는 합성수지관공사, 금속관공사, 금속제 가요전선관공사, 케이블공사로 시설할 것
② 태양전지 모듈, 전선, 개폐기 및 기타 기구는 충전부분이 노출되지 않도록 시설할 것
③ 태양전지 모듈의 프레임은 지지물과 전기적으로 완전하게 접속할 것

④ 모듈을 병렬로 접속하는 전로에는 그 전로에 단락전류가 발생할 경우에 전로를 보호하는 과전류차단기 또는 기타 기구를 시설할 것(전로가 단락전류에 견딜 수 있는 경우 제외)

(2) 태양광설비의 시설(한국전기설비규정 522)

① 간선의 시설기준
  ㉠ 전기배선
   • 전선은 공칭단면적 2.5[mm²] 이상의 연동선 또는 이와 동등 이상의 세기 및 굵기의 것
   • 옥내, 옥측 또는 옥외에 시설할 경우 배선설비 공사는 합성수지관공사, 금속관공사, 금속제 가요전선관공사, 케이블공사로 시설할 것
   • 모듈 및 기타 기구에 전선을 접속하는 경우는 나사로 조이거나 기타 이와 동등 이상의 효력이 있는 방법으로 기계적·전기적으로 안전하게 접속하고, 접속점에 장력이 가해지지 않도록 할 것
   • 모듈의 출력배선은 극성별로 확인할 수 있도록 표시할 것
   • 직렬 연결된 태양전지 모듈의 배선은 과도과전압의 유도에 의한 영향을 줄이기 위하여 스트링 양극 간의 배선간격이 최소가 되도록 배치할 것
  ㉡ 단자와 접속
   • 단자의 접속은 기계적, 전기적 안전성을 확보할 것
   • 단자를 체결 또는 잠글 때 너트나 나사는 풀림방지 기능이 있는 것을 사용할 것
   • 외부터미널과 접속하기 위해 필요한 접점의 압력이 사용기간 동안 유지되어야 할 것

② 태양광설비의 시설기준
  ㉠ 태양전지 모듈의 시설
   • 모듈은 자체중량(자중), 적설, 풍압, 지진 및 기타의 진동과 충격에 대하여 탈락하지 아니하도록 지지물에 의하여 견고하게 설치할 것
   • 모듈의 각 직렬군은 동일한 단락전류를 가진 모듈로 구성하여야 하며 1대의 인버터(멀티스트링 인버터의 경우 1대의 MPPT 제어기)에 연결된 모듈 직렬군이 2병렬 이상일 경우에는 각 직렬군의 출력전압 및 출력전류가 동일하게 형성되도록 배열할 것
  ㉡ 전력변환장치의 시설
   • 인버터는 실내·실외용을 구분할 것
   • 각 직렬군의 태양전지 개방전압은 인버터 입력전압 범위 이내일 것
   • 옥외에 시설하는 경우 방수등급은 IPX4 이상일 것

③ 제어 및 보호장치 등
  ㉠ 어레이 출력 개폐기, 과전류 및 지락 보호장치, 접지설비
  ㉡ 피뢰설비: 태양광설비는 외부피뢰시스템을 시설한다.
  ㉢ 태양광설비의 계측장치: 태양광설비에는 전압과 전류 또는 전압과 전력을 계측하는 장치를 시설하여야 한다.

KEYWORD 199 풍력발전설비

(1) 풍력발전설비의 일반사항(한국전기설비규정 531)

① 나셀 등의 접근 시설
   나셀 등 풍력발전기 상부시설에 접근하기 위한 안전한 시설물을 강구할 것

② 항공장애 표시등 시설
   발전용 풍력설비의 항공장애등 및 주간장애표지를 시설할 것

③ 화재방호설비의 시설
   500[kV] 이상의 풍력터빈은 나셀 내부의 화재 발생 시, 이를 자동으로 소화할 수 있는 화재방호설비를 시설할 것

(2) 풍력설비의 시설(한국전기설비규정 532)

① 간선의 시설기준(532.1)
   ㉠ 출력배선
   - CV선, TFR-CV선, 기타 동등 이상의 성능을 가진 제품
   - 전선이 지면을 통과하는 경우에는 피복이 손상되지 않도록 별도의 조치를 취할 것

   ㉡ 단자와 접속
   - 단자의 접속은 기계적, 전기적 안전성을 확보할 것
   - 단자를 체결 또는 잠글 때 너트나 나사는 풀림방지 기능이 있는 것을 사용할 것
   - 외부터미널과 접속하기 위해 필요한 접점의 압력이 사용기간 동안 유지될 것
   - 단자는 도체에 손상을 주지 않고 금속표면과 안전하게 체결할 것

② 풍력설비의 시설기준(532.2)
   ㉠ 풍력터빈의 구조
   - 풍력터빈의 유지, 보수 및 점검 시 작업자의 안전을 위한 잠금장치
     - 풍력터빈의 로터, 요 시스템 및 피치 시스템에는 각각 1개 이상의 잠금장치를 시설하여야 한다. 잠금장치는 풍력터빈외 정지장치가 작동하지 않더라도 로터, 나셀, 날개의 회전을 막을 수 있어야 한다.
   - 풍력터빈의 강도계산을 위한 사용조건: 최대풍속, 최대회전수
   - 풍력터빈의 강도계산을 위한 강도조건: 하중조건, 강도계산의 기준, 피로하중
   - 강도 계산개소에 가해진 하중의 합계의 계산 순서
     바람 에너지를 흡수하는 날개의 강도계산
     - 날개를 지지하는 날개 축, 날개 축을 유지하는 회전축의 강도계산
     - 날개, 회전축을 지지하는 나셀과 타워를 연결하는 요 베어링의 강도계산

   ㉡ 풍력터빈을 지지하는 구조물의 구조 등
   - 자체중량, 적재하중, 적설, 풍압, 지진, 진동 및 충격을 고려할 것
   - 해상 및 해안가 설치 시에는 염분피해 및 파랑하중에 대해서도 고려할 것
   - 동결, 착설 및 먼지(분진)의 부착 등에 의한 비정상적인 부식 등이 발생하지 않도록 고려할 것
   - 풍속변동, 회전수변동 등에 의해 비정상적인 진동이 발생하지 않도록 고려할 것

③ 제어 및 보호장치 등(532.3)
  ㉠ 주전원 개폐장치: 풍력터빈은 작업자의 안전을 위하여 유지, 보수 및 점검 시 전원 차단을 위해 풍력터빈 타워의 기저부에 개폐장치를 시설할 것
  ㉡ 접지설비: 접지설비는 풍력발전설비 타워기초를 이용한 통합접지공사를 하여야 하며, 설비 사이의 전위차가 없도록 등전위본딩을 할 것
  ㉢ 피뢰설비
    • 풍력터빈의 피뢰설비 시설
      – 수뢰부를 풍력터빈 선단부분 및 가장자리에 배치하되 뇌격전류에 의한 발열에 녹아서 손상(용손)되지 않도록 재질, 크기, 두께 및 형상 등을 고려할 것
      – 인하도선: 쉽게 부식되지 않는 금속선, 뇌격전류를 안전하게 흘릴 수 있는 충분한 굵기, 직선으로 시설할 것
      – 계측 센서용 케이블: 금속관 또는 차폐 케이블 등을 사용하여 뇌유도과전압으로부터 보호할 것
      – 풍력터빈에 설치한 피뢰설비(리셉터, 인하도선 등)의 기능저하로 인해 다른 기능에 영향을 미치지 않을 것
    • 풍향·풍속계가 보호범위에 들도록 나셀 상부에 피뢰침을 시설하고 피뢰도선은 나셀프레임에 접속할 것
    • 전력기기·제어기기 등의 피뢰설비 시설
  ㉣ 계측장치의 시설
    설비 손상을 방지하기 위하여 회전속도계, 나셀(Nacelle) 내의 진동을 감시하기 위한 진동계, 풍속계, 압력계, 온도계를 시설할 것

KEYWORD 200 연료전지설비

(1) **연료전지설비의 일반사항(한국전기설비규정 541)**
  ① 설치장소의 안전 요구사항(541.1)
    ㉠ 연료전지를 설치할 주위의 벽 등은 화재에 안전하게 시설하여야 한다.
    ㉡ 가연성 물질과 안전거리를 확보하여야 한다.
    ㉢ 침수 등의 우려가 없는 곳에 시설하여야 한다.
    ㉣ 연료전지설비는 쉽게 움직이거나 쓰러지지 않도록 견고하게 고정하여야 한다.
    ㉤ 연료전지설비는 건물 출입에 방해되지 않고 유지보수 및 비상 시 접근이 용이한 장소에 시설하여야 한다.
  ② 연료전지 발전실의 가스 누설 대책(541.2)
    ㉠ 연료가스를 통하는 부분은 최고 사용압력에 대하여 기밀성을 가지는 것이어야 한다.
    ㉡ 연료전지 설비를 설치하는 장소는 연료가스가 누설되었을 때 체류하지 않는 구조의 것이어야 한다.
    ㉢ 가스 누설 감지·경보 장치: 연료전지 설비로부터 누설되는 가스가 체류할 우려가 있는 장소에 설치

(2) 연료전지설비의 시설(한국전기설비규정 542)

① 시설기준(542.1)
  ㉠ 전기배선
    • 전선은 공칭단면적 2.5[mm²] 이상의 연동선 또는 이와 동등 이상의 세기 및 굵기의 것일 것
    • 옥내, 옥측 또는 옥외에 시설할 경우: 합성수지관공사, 금속관공사, 금속제 가요전선관공사, 케이블공사
  ㉡ 연료전지설비의 구조
    • 내압시험: 연료전지설비의 내압 부분 중 최고 사용압력이 0.1[MPa] 이상의 부분은 최고 사용압력의 1.5배의 수압(수압으로 시험을 실시하는 것이 곤란한 경우는 최고 사용압력의 1.25배의 기압)까지 가압하여 압력이 안정된 후 최소 10분간 유지하는 시험 실시
    • 기밀시험: 연료전지설비의 내압 부분 중 최고 사용압력이 0.1[MPa] 이상의 부분(액체 연료 또는 연료가스 혹은 이것을 포함한 가스를 통하는 부분에 한정)의 기밀시험은 최고 사용압력의 1.1배의 기압으로 시험 실시
  ㉢ 안전밸브
    • 안전밸브가 1개인 경우는 그 배관의 최고 사용압력 이하의 압력으로 한다.(단, 자동적으로 가스의 유입을 정지하는 장치가 있는 경우에는 최고 사용압력의 1.03배 이하)
    • 안전밸브가 2개 이상인 경우에는 1개는 최고 사용압력 이하로 하고 그 이외의 것은 그 배관의 최고 사용압력의 1.03배 이하의 압력이어야 한다.

② 제어 및 보호장치 등(542.2)
  ㉠ 연료전지설비의 보호장치 동작 조건
    • 연료전지에 과전류가 생긴 경우
    • 발전요소(發電要素)의 발전전압에 이상이 생겼을 경우 또는 연료가스 출구에서의 산소 농도 또는 공기 출구에서의 연료가스 농도가 현저히 상승한 경우
    • 연료전지의 온도가 현저하게 상승한 경우
    • 개질기를 사용하는 연료전지에서 개질기 버너에 이상이 발생한 경우
    • 연료전지의 화재나 폭발 방지를 위한 환기장치에 이상이 발생한 경우
  ㉡ 접지설비: 접지도체는 공칭단면적 16[mm²] 이상의 연동선 또는 이와 동등 이상의 세기 및 굵기의 쉽게 부식하지 아니하는 금속선(저압 전로의 중성점에 시설하는 것은 공칭단면적 6[mm²] 이상의 연동선 또는 이와 동등 이상의 세기 및 굵기의 쉽게 부식하지 않는 금속선)으로서 고장 시 흐르는 전류가 안전하게 통할 수 있는 것을 사용하고 또한 손상을 받을 우려가 없도록 시설할 것

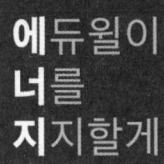

내가 꿈을 이루면
나는 누군가의 꿈이 된다.

– 이도준

2026 에듀윌 전기 전기기사 필기 한권끝장

발 행 일	2025년 6월 19일 초판	2025년 9월 30일 2쇄
편 저 자	에듀윌 전기수험연구소
펴 낸 이	양형남
개발책임	목진재
개 발	박원서, 최윤석, 서보경
펴 낸 곳	(주)에듀윌
I S B N	979-11-360-3800-5
등록번호	제25100-2002-000052호
주 소	08378 서울특별시 구로구 디지털로34길 55 코오롱싸이언스밸리 2차 3층

* 이 책의 무단 인용·전재·복제를 금합니다.

www.eduwill.net
대표전화 1600-6700

여러분의 작은 소리
에듀윌은 크게 듣겠습니다.

본 교재에 대한 여러분의 목소리를 들려주세요.
공부하시면서 어려웠던 점, 궁금한 점,
칭찬하고 싶은 점, 개선할 점, 어떤 것이라도 좋습니다.

에듀윌은 여러분께서 나누어 주신 의견을
통해 끊임없이 발전하고 있습니다.

에듀윌 도서몰 book.eduwill.net
- 부가학습자료 및 정오표: 에듀윌 도서몰 → 도서자료실
- 교재 문의: 에듀윌 도서몰 → 문의하기 → 교재(내용, 출간) / 주문 및 배송

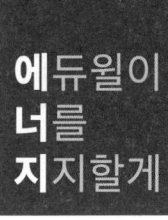

시작하라. 그 자체가 천재성이고,
힘이며, 마력이다.

– 요한 볼프강 폰 괴테(Johann Wolfgang von Goethe)

에듀윌 전기 전기기사

7개년 기출 문제

차례

1권 핵심 이론

입문자를 위한 기초 전기 수학 … 012

SUBJECT 01 회로이론·제어공학 … 030
KEYWORD 001~040

SUBJECT 02 전력공학 … 082
KEYWORD 041~075

SUBJECT 03 전기자기학 … 124
KEYWORD 076~120

SUBJECT 04 전기기기 … 178
KEYWORD 121~160

SUBJECT 05 전기설비기술기준 … 240
KEYWORD 161~200

2권 7개년 기출 문제

SUBJECT 01 회로이론·제어공학
- 2025년 … 008
- 2024년 … 018
- 2023년 … 033
- 2022년 … 051
- 2021년 … 070
- 2020년 … 089
- 2019년 … 107

SUBJECT 02
전력공학

2025년	124
2024년	133
2023년	148
2022년	163
2021년	178
2020년	194
2019년	209

SUBJECT 03
전기자기학

2025년	224
2024년	235
2023년	252
2022년	269
2021년	286
2020년	302
2019년	318

SUBJECT 04
전기기기

2025년	334
2024년	343
2023년	358
2022년	373
2021년	389
2020년	404
2019년	419

SUBJECT 05
전기설비기술기준

2025년	435
2024년	445
2023년	462
2022년	478
2021년	494
2020년	511
2019년	527

2025년 3회차 기출 문제는 25년 9월 이후 CBT로 제공됩니다.
※ CBT 응시 경로는 교재 내 광고 '실전 감각을 키우는 CBT 모의고사&해설강의' 확인

7개년 기출 문제

학습 FLOW

1회독	2회독	3회독
시간에 맞추어 풀어 보고, 모르는 문제는 해설을 확인하여 이해한다.	1회독에서 몰랐던 문제와 두 번 이상 나온 빈출 문제에 집중해서 푼다.	빈출 문제를 다시 확인하고, 모르는 부분이 없도록 완성도를 높인다.

회로이론 · 제어공학

2025년 1회

01

$20[\text{mH}]$의 두 자기 인덕턴스가 있다. 결합 계수를 0.1부터 0.9까지 변화시킬 수 있다면 이것을 접속시켜 얻을 수 있는 합성 인덕턴스의 최댓값과 최솟값의 비는?

① $9:1$
② $16:1$
③ $13:1$
④ $19:1$

해설

$L_M = L_1 + L_2 + 2M = L_1 + L_2 + 2k\sqrt{L_1 L_2}$
$\quad = 20 + 20 + 2 \times 0.9 \sqrt{20 \times 20} = 76[\text{mH}]$
$L_S = L_1 + L_2 - 2M = L_1 + L_2 - 2k\sqrt{L_1 L_2}$
$\quad = 20 + 20 - 2 \times 0.9 \sqrt{20 \times 20} = 4[\text{mH}]$
$\therefore L_M : L_S = 76 : 4 = 19 : 1$

02

자동제어의 추치 제어에 속하지 않는 것은?

① 프로세스 제어
② 추종 제어
③ 비율 제어
④ 프로그램 제어

해설 추치 제어

추치 제어의 종류: 추종 제어, 프로그램 제어, 비율 제어

03

$F(s) = \dfrac{(s+5)(s+14)}{s(s+7)(s+8)}$ 의 역 라플라스 변환은?

① $1.25 + 2e^{-7t} - 2.25e^{-8t}$
② $-0.25 + 0.5e^{-7t} + 2.25e^{-8t}$
③ $0.25 - 0.5e^{-7t} - 2.25e^{-8t}$
④ $-2.5 + 0.25e^{-7t} - 2.25e^{-8t}$

해설 라플라스 역변환

$F(s) = \dfrac{(s+5)(s+14)}{s(s+7)(s+8)} = \dfrac{A}{s} + \dfrac{B}{(s+7)} + \dfrac{C}{(s+8)}$ 라 하면

$A = sF(s)|_{s=0} = \dfrac{(s+5)(s+14)}{(s+7)(s+8)} = \dfrac{5 \times 14}{7 \times 8} = 1.25$

$B = (s+7)F(s)|_{s=-7} = \dfrac{(s+5)(s+14)}{s(s+8)}|_{s=-7}$
$\quad = \dfrac{(-7+5)(-7+14)}{-7 \times (-7+8)} = 2$

$C = (s+8)F(s)|_{s=-8} = \dfrac{(s+5)(s+14)}{s(s+7)}|_{s=-8}$
$\quad = \dfrac{(-8+5)(-8+14)}{-8 \times (-8+7)} = -2.25$

$F(s) = \dfrac{1.25}{s} + \dfrac{2}{s+7} - \dfrac{2.25}{s+8}$ 이다.

$\therefore x^{-1}[F(s)] = 1.25 + 2e^{-7t} - 2.25e^{-8t}$

04

$\triangle$ 결선된 대칭 3상 부하가 있다. 역률이 0.8(지상)이고, 전 소비 전력이 $1,800[\text{W}]$이다. 한 상의 선로 저항이 $0.5[\Omega]$이고 발생하는 전선로 손실이 $50[\text{W}]$일 때 부하 단자 전압은?

① $440[\text{V}]$
② $402[\text{V}]$
③ $324[\text{V}]$
④ $225[\text{V}]$

해설

전손실 $P_l = 3I^2 R[\text{W}]$에서 $I = \sqrt{\dfrac{P_l}{3R}} = \sqrt{\dfrac{50}{3 \times 0.5}} = 5.77[\text{A}]$이다.

전 소비 전력 $P = \sqrt{3} VI\cos\theta [\text{W}]$ 이므로

$V = \dfrac{P}{\sqrt{3} I \cos\theta} = \dfrac{1,800}{\sqrt{3} \times 5.77 \times 0.8} = 225[\text{V}]$

| 정답 | 01 ④ 02 ① 03 ① 04 ④

05

블록 선도의 제어 시스템은 단위 램프 입력에 대한 정상 상태 오차(정상 편차)가 0.01이다. 이 제어 시스템의 제어 요소인 $G_{C1}(s)$의 k는?

$$G_{C1}(s) = k,\ G_{C2}(s) = \frac{1+0.1s}{1+0.2s}$$
$$G_P(s) = \frac{200}{s(s+1)(s+2)}$$

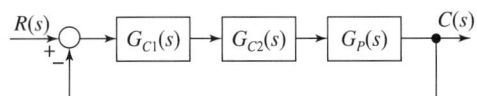

① 0.1
② 1
③ 10
④ 100

해설
- 단위 램프 입력에 대한 속도 편차 상수
$$K_v = \lim_{s \to 0} s \times (G_{C1}(s) \times G_{C2}(s) \times G_P(s))$$
$$= \lim_{s \to 0} s \times \frac{k \times (1+0.1s) \times 200}{s(s+1)(s+2)(1+0.2s)} = 100k$$
- 정상 편차
$$e_v = \frac{1}{K_v} = \frac{1}{100k} = 0.01$$
$$\therefore k = \frac{1}{100} \times \frac{1}{0.01} = 1$$

06

2전력계법을 이용한 평형 3상 회로의 전력이 각각 $500[\mathrm{W}]$ 및 $300[\mathrm{W}]$로 측정되었을 때, 부하의 역률은 약 몇 $[\%]$인가?

① 70.7
② 87.7
③ 89.2
④ 91.8

해설
$$\cos\theta = \frac{P_1 + P_2}{2\sqrt{P_1^2 + P_2^2 - P_1 P_2}}$$
$$= \frac{500 + 300}{2\sqrt{500^2 + 300^2 - 500 \times 300}} = 0.918$$
∴ 역률은 $91.8[\%]$이다.

07

다음과 같은 상태 방정식으로 표현되는 제어 시스템의 특성 방정식의 근(s_1, s_2)은?

$$\begin{bmatrix} \dot{x}_1 \\ \dot{x}_2 \end{bmatrix} = \begin{bmatrix} 0 & 1 \\ -2 & -3 \end{bmatrix} \begin{bmatrix} x_1 \\ x_2 \end{bmatrix} + \begin{bmatrix} 1 \\ 0 \end{bmatrix} u$$

① 1, -3
② -1, -2
③ -2, -3
④ -1, -3

해설
특성 방정식은 $|sI - A| = 0$이다.
$$sI - A = \begin{bmatrix} s & 0 \\ 0 & s \end{bmatrix} - \begin{bmatrix} 0 & 1 \\ -2 & -3 \end{bmatrix} = \begin{bmatrix} s & -1 \\ 2 & s+3 \end{bmatrix}$$
$$|sI - A| = s(s+3) + 2 = s^2 + 3s + 2$$
$$= (s+1)(s+2) = 0$$
따라서 특성 방정식의 근은 -1과 -2이다.

08

적분 시간 $2[\sec]$, 비례 감도가 2인 비례 적분 동작을 하는 제어 요소에 동작 신호 $x(t) = 2t$를 주었을 때 이 제어 요소의 조작량은?(단, 조작량의 초기값은 0이다.)

① $t^2 + 4t$
② $t^2 + 2t$
③ $t^2 + 8t$
④ $t^2 + 6t$

해설
비례 적분 요소의 전달 함수 $G(s) = K(1 + \frac{1}{Ts}) = 2(1 + \frac{1}{2s}) = 2 + \frac{1}{s}$
$x(t) = 2t$ 일 때 $X(s) = \frac{2}{s^2}$이므로
$$Y(s) = X(s)G(s) = \frac{2}{s^2}(2 + \frac{1}{s}) = \frac{4}{s^2} + \frac{2}{s^3}$$이다.
$$\therefore y(t) = t^2 + 4t$$

09

2단자 임피던스 함수 $Z(s) = \dfrac{(s+3)}{(s+4)(s+5)}$ 의 영점은?

① 4, 5
② -4, -5
③ 3
④ -3

해설
영점은 $Z(s)=0$을 만족해야 하므로 $s+3=0 \rightarrow s=-3$

10

선로의 직렬 임피던스 $Z = R+jwL[\Omega]$, 병렬 어드미턴스가 $Y = G+jwC[\mho]$일 때, 선로의 저항 R과 컨덕턴스 G가 동시에 0이 되었을 때의 전파 정수는 어떻게 되는가?

① $jw\sqrt{LC}$
② $jw\sqrt{\dfrac{C}{L}}$
③ $jw\sqrt{L^2C}$
④ $jw\sqrt{\dfrac{L}{C^2}}$

해설
$R=0$, $G=0$은 무손실 선로를 의미하므로
전파 정수 $\gamma = \sqrt{ZY} = \sqrt{(R+jwL)(G+jwC)} = jw\sqrt{LC}$

11

대칭 n상 환상 결선에서 선전류와 환상 전류 사이의 위상차는 어떻게 되는가?

① $2\left(1-\dfrac{2}{n}\right)$
② $\dfrac{n}{2}\left(1-\dfrac{\pi}{2}\right)$
③ $\dfrac{\pi}{2}\left(1-\dfrac{n}{2}\right)$
④ $\dfrac{\pi}{2}\left(1-\dfrac{2}{n}\right)$

해설 n상 전원의 전압과 위상차
- 전압: $V_l = 2V_p \sin\dfrac{\pi}{n}$[V]
- 위상차: $\theta = \dfrac{\pi}{2}\left(1-\dfrac{2}{n}\right)$

12

RL 직렬 회로에 직류 전압 5[V]를 $t=0$에서 인가하였더니 $i(t) = 50(1-e^{-20\times 10^{-3}t})$[mA]$(t \geq 0)$이 되었다. 이 회로의 저항값이 처음의 2배로 증가한다면 시정수는 얼마가 되는지 구하시오.

① 10[msec]
② 40[msec]
③ 5[sec]
④ 25[sec]

해설
$R-L$ 과도 현상의 전류
$i(t) = \dfrac{E}{R}(1-e^{-\frac{R}{L}t}) = 50(1-e^{-20\times 10^{-3}t})$[mA]
시정수 $\tau = \dfrac{L}{R}$[sec]에서 $\tau = \dfrac{1}{20\times 10^{-3}} = 50$[sec]이다.
시정수는 저항에 반비례하므로 저항이 2배 증가하면 시정수는 2배 감소한다.
∴ 최종 시정수 $\tau' = \dfrac{\tau}{2} = \dfrac{50}{2} = 25$[sec]

13

3상 불평형 전압에서 불평형률은?

① $\dfrac{영상\ 전압}{정상\ 전압}\times 100$[%]
② $\dfrac{역상\ 전압}{정상\ 전압}\times 100$[%]
③ $\dfrac{정상\ 전압}{역상\ 전압}\times 100$[%]
④ $\dfrac{정상\ 전압}{영상\ 전압}\times 100$[%]

해설
불평형률 $= \dfrac{역상\ 전압}{정상\ 전압}\times 100$[%] $= \dfrac{V_2}{V_1}\times 100$[%]

| 정답 | 09 ④ 10 ① 11 ④ 12 ④ 13 ② |

14

그림과 같은 회로에서 $0.2[\Omega]$의 저항에 흐르는 전류는 몇 [A]인가?

① 0.1
② 0.2
③ 0.3
④ 0.4

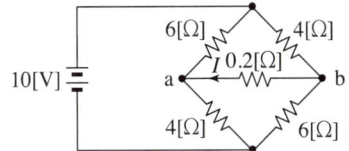

해설

a, b 단자에 연결된 부하 저항($0.2[\Omega]$)을 개방한 후 a, b 단자에서 본 테브난 등가 회로를 구한다.

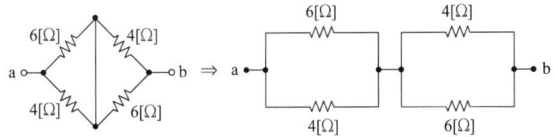

$$R_T = \frac{6 \times 4}{6+4} + \frac{4 \times 6}{4+6} = 4.8[\Omega]$$

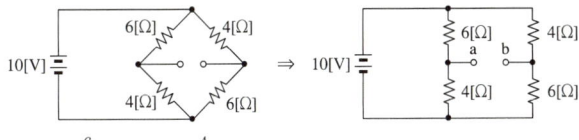

$$V_T = \frac{6}{4+6} \times 10 - \frac{4}{6+4} \times 10 = 2[V]$$

위 테브난 회로의 a, b 단자에 부하 저항($0.2[\Omega]$)을 연결한 후 부하 저항에 흐르는 전류를 구한다.

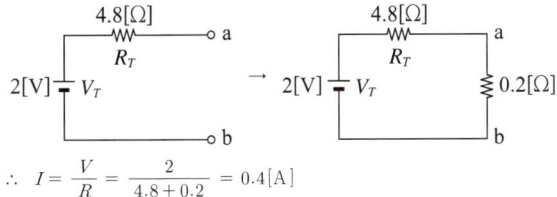

$$\therefore I = \frac{V}{R} = \frac{2}{4.8+0.2} = 0.4[A]$$

15

특성 방정식이 $s^3 + Ks^2 + 2s + K + 1 = 0$으로 주어진 제어계가 안정하기 위한 K의 범위는?

① $K > 0$
② $K > 1$
③ $-1 < K < 1$
④ $K > -1$

해설

주어진 특성 방정식을 루드표로 작성하면 다음과 같다.

차수	제1열	제2열
s^3	1	2
s^2	K	$K+1$
s^1	$\frac{K \times 2 - 1 \times (K+1)}{K} = 1 - \frac{1}{K}$	0
s^0	$K+1$	0

제어계가 안정하려면 루드표의 제1열의 부호 변화가 없어야 한다.

$K > 0$, $1 - \frac{1}{K} > 0 \rightarrow K > 1$, $K + 1 > 0 \rightarrow K > -1$

따라서 안정하기 위한 조건은 $K > 1$이다.

16

이산 시스템에서의 안정도 해석에 대한 설명 중 옳은 것은?

① 특성 방정식의 모든 근이 z 평면의 음의 반평면에 있으면 안정하다.
② 특성 방정식의 모든 근이 z 평면의 양의 반평면에 있으면 안정하다.
③ 특성 방정식의 모든 근이 z 평면의 단위원 내부에 있으면 안정하다.
④ 특성 방정식의 모든 근이 z 평면의 단위원 외부에 있으면 안정하다.

해설

이산 시스템은 z 평면상에서의 제어 시스템이다.

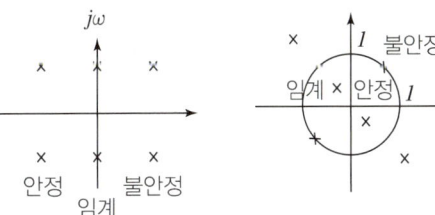

▲ s 평면에서의 안정도   ▲ z 평면에서의 안정도

| 정답 | 14 ④ 15 ② 16 ③

17

2차계의 감쇠비 δ가 $\delta > 1$이면 어떤 경우인가?

① 비제동
② 과제동
③ 부족 제동
④ 발산 상태

해설 제동비값에 따른 제어계의 과도 응답 특성

- $0 < \delta < 1$: 부족 제동(감쇠 진동)
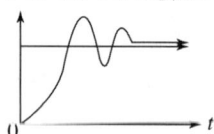
- $\delta = 1$: 임계 제동(임계 상태)
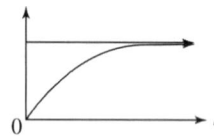
- $\delta > 1$: 과제동(비진동)
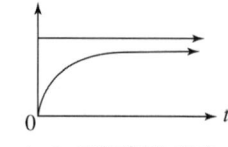
- $\delta = 0$: 무제동(무한 진동)
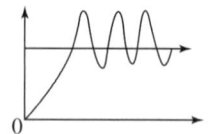

18

RLC 회로망에서 입력을 $e_i(t)$, 출력을 $i(t)$로 할 때 이 회로의 전달 함수는?

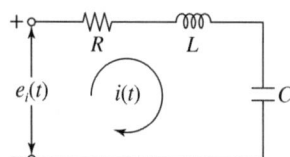

① $\dfrac{Rs}{LCs^2 + RCs + 1}$
② $\dfrac{RLs}{LCs^2 + RCs + 1}$
③ $\dfrac{Ls}{LCs^2 + RCs + 1}$
④ $\dfrac{Cs}{LCs^2 + RCs + 1}$

해설

$$\dfrac{I(s)}{E_i(s)} = Y(s) = \dfrac{1}{Z(s)} = \dfrac{1}{R + Ls + \dfrac{1}{Cs}}$$

$$= \dfrac{Cs}{LCs^2 + RCs + 1}$$

19

다음 회로는 무엇을 나타낸 것인가?

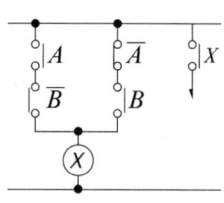

① EX-AND
② NOR
③ NAND
④ EX-OR

해설 Exclusive-OR 회로(배타적 논리합 회로)

두 입력 신호가 서로 다를 때에만 출력이 '1'인 회로로, 무접점 회로와 진리표는 다음과 같다.

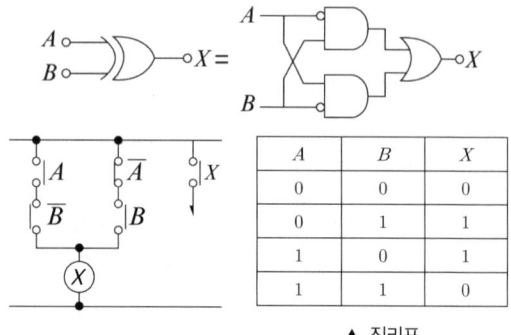

A	B	X
0	0	0
0	1	1
1	0	1
1	1	0

▲ 진리표

20

제어기에서 미분 제어의 특성으로 가장 적합한 것은?

① 대역폭이 감소하게 된다.
② 제동을 감소시키게 된다.
③ 작동 오차의 변화율에 반응하여 동작하게 된다.
④ 정상 상태의 오차를 줄이는 효과를 갖게 된다.

해설

미분 제어(D 제어)는 비례 제어의 오차가 큰 단점을 보완하기 위해 제어 장치에 미분 기능을 부가한 제어계이다. 제어계의 동작 특성을 미분 기울기로 구해 오차가 발생할 양을 방지하는 제어법이다.

| 정답 | 17 ② 18 ④ 19 ④ 20 ③

2025년 2회

01

그림과 같은 3상 Y 결선 불평형 회로가 있다. 전원은 3상 평형 전압 E_1, E_2, E_3이고 부하는 Y_1, Y_2, Y_3일 때 전원의 중성점과 부하의 중성점 간 전위차를 나타낸 식은?

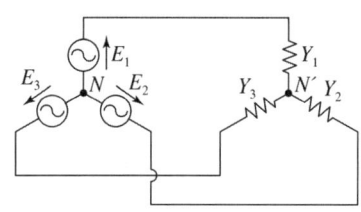

① $\dfrac{E_1 Y_1 + E_2 Y_2 + E_3 Y_3}{Y_1 + Y_2 + Y_3}$

② $\dfrac{E_1 Y_1 + E_2 Y_2 + E_3 Y_3}{Y_1 Y_2 Y_3}$

③ $\dfrac{E_1 Y_1 - E_2 Y_2 - E_3 Y_3}{Y_1 + Y_2 + Y_3}$

④ $\dfrac{E_1 Y_1 - E_2 Y_2 - E_3 Y_3}{Y_1 Y_2 Y_3}$

해설

밀만의 정리를 적용한다. 이때 $Y[\Omega]$는 어드미턴스임에 유의한다.

$E_n = \dfrac{\dfrac{E_1}{Z_1} + \dfrac{E_2}{Z_2} + \dfrac{E_3}{Z_3}}{\dfrac{1}{Z_1} + \dfrac{1}{Z_2} + \dfrac{1}{Z_3}} = \dfrac{E_1 Y_1 + E_2 Y_2 + E_3 Y_3}{Y_1 + Y_2 + Y_3}$

02

$R-L-C$ 직렬 회로에서 공진 시의 전류는 공급 전압에 대하여 어떤 위상차를 갖는가?

① $0°$
② $90°$
③ $180°$
④ $270°$

해설

$R-L-C$ 직렬 회로에서 공진 조건은 $\omega L = \dfrac{1}{\omega C}$이므로 저항 R만의 회로가 된다. 따라서 전압과 전류의 위상차는 $0°$이다.

03

RL 직렬 회로에 순시치 전압 $v(t) = 20 + 100\sin\omega t + 40\sin(3\omega t + 60°) + 40\sin 5\omega t [V]$를 가할 때 제5 고조파 전류의 실횻값 크기는 약 몇 [A]인가?(단, $R = 4[\Omega]$, $\omega L = 1[\Omega]$이다.)

① 4.4
② 5.66
③ 6.25
④ 8.0

해설

$|Z_5| = \sqrt{R^2 + (5\omega L)^2} = \sqrt{4^2 + 5^2} \fallingdotseq 6.4[\Omega]$

$I_5 = \dfrac{V_5}{|Z_5|} = \dfrac{\dfrac{40}{\sqrt{2}}}{6.4} \fallingdotseq 4.4[A]$

관련개념 제n 고조파의 리액턴스

L 부하: $jn\omega L[\Omega]$, C 부하: $\dfrac{1}{jn\omega C}[\Omega]$

04

그림과 같은 RC 회로에서 스위치를 넣은 순간 전류는? (단, 초기 조건은 0이다.)

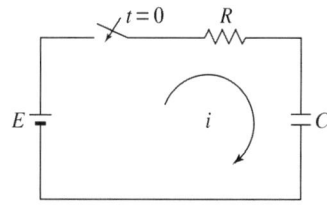

① 불변 전류이다.
② 진동 전류이다.
③ 증가 함수로 나타난다.
④ 감쇠 함수로 나타난다.

해설

$R-C$ 직렬 회로의 과도 전류식은 $i(t) = \dfrac{E}{R} e^{-\dfrac{1}{RC}t}[A]$이다.

스위치를 넣은 순간($t = 0$)에서 전류는 다음과 같다.

$i(0) = \dfrac{E}{R} e^{-\dfrac{1}{RC} \times 0} = \dfrac{E}{R}[A]$

정상 전류 상태에서 전류는 시간에 따라 지수적으로 감소한다(감쇠 함수).

| 정답 | 01 ① 02 ① 03 ① 04 ④

05

특성 방정식이 $s^3+2s^2+3s+K=0$으로 주어지는 제어 시스템이 안정하기 위한 K의 범위는?

① $K<-6$ ② $K<0$
③ $0<K<6$ ④ $K>6$

해설

특성 방정식을 루드표로 작성하면 다음과 같다.

차수	제1열	제2열
s^3	1	3
s^2	2	K
s^1	$\frac{2\times 3-1\times K}{2}=3-\frac{K}{2}$	0
s^0	K	0

제어계가 안정하려면 위 루드표의 제 1열의 부호 변화가 없어야 한다.

$K>0,\ 3-\frac{K}{2}>0$

$\therefore\ 0<K<6$

06

단위 피드백 제어계에서 개루프 전달 함수 $G(s)$가 다음과 같이 주어졌을 때 단위 계단 입력에 대한 정상 상태 편차는?

$$G(s)=\frac{5}{s(s+1)(s+2)}$$

① 0   ② 1
③ 2   ④ 3

해설

$K_p=\lim_{s\to 0}G(s)=\lim_{s\to 0}\frac{5}{s(s+1)(s+2)}=\infty$

따라서 단위 계단 입력의 정상 편차는 다음과 같다.

$e_p=\frac{1}{1+K_p}=\frac{1}{1+\infty}=0$

07

처음 10초간은 100[A]의 전류를 흘리고, 다음 20초간은 20[A]의 전류를 흘리는 전류의 실횻값은 몇 [A]인가?

① 50   ② 55
③ 60   ④ 65

해설

$I=\sqrt{\frac{1}{T}\int_0^T i^2(t)\,dt}$

$=\sqrt{\frac{1}{30}\left\{\int_0^{10}100^2\,dt+\int_{10}^{30}20^2\,dt\right\}}$

$=\sqrt{\frac{1}{30}\left\{[100^2 t]_0^{10}+[20^2 t]_{10}^{30}\right\}}$

$=\sqrt{\frac{1}{30}\{(100^2\times 10-0)+(20^2\times 30-20^2\times 10)\}}$

$=\sqrt{\frac{1}{30}\times 108,000}=60[A]$

08

$F(s)=\dfrac{1}{s(s+a)}$의 라플라스 역변환은?

① e^{-at} ② $1-e^{-at}$
③ $a(1-e^{-at})$ ④ $\dfrac{1}{a}(1-e^{-at})$

해설

문제에 주어진 $F(s)$ 함수를 부분분수 전개한다.

$F(s)=\dfrac{1}{s(s+a)}=\dfrac{A}{s}+\dfrac{B}{s+a}$

$A=\dfrac{1}{s(s+a)}\times s\Big|_{s=0}=\dfrac{1}{a}$

$B=\dfrac{1}{s(s+a)}\times(s+a)\Big|_{s=-a}=-\dfrac{1}{a}$

$\therefore\ F(s)=\dfrac{1}{a}\times\dfrac{1}{s}-\dfrac{1}{a}\times\dfrac{1}{s+a}=\dfrac{1}{a}\left(\dfrac{1}{s}-\dfrac{1}{s+a}\right)$

따라서 위 식을 라플라스 역변환하면 아래와 같다.

$f(t)=\dfrac{1}{a}(1-e^{-at})$

| 정답 | 05 ③   06 ①   07 ③   08 ④

09

대칭 3상 교류에서 선간 전압이 $100[\text{V}]$, 한 상의 임피던스가 $5\angle 45°[\Omega]$인 부하를 △ 결선하였을 때 선전류는 약 몇 [A]인가?

① 42.3
② 34.6
③ 28.2
④ 19.2

해설

$Z_p = |5\angle 45°| = 5|1\angle 45°| = 5[\Omega]$

△ 결선에서 $V_l = V_p[\text{V}]$, $I_l = \sqrt{3}\, I_p[\text{A}]$이므로

$\therefore I_l = \sqrt{3}\, I_p = \sqrt{3}\,\dfrac{V_p}{Z_p} = \sqrt{3}\,\dfrac{V_l}{Z_p} = \sqrt{3}\times\dfrac{100}{5}$
$= 34.6[\text{A}]$

별해

△ 결선에서 $V_l = V_p[\text{V}]$, $I_l = \sqrt{3}\, I_p[\text{A}]$이므로

$I_p = \dfrac{100}{5\angle 45°} = 14.14 - j14.14[\text{A}]$

$I_l = \sqrt{3}\, I_p = \sqrt{3}\,(14.14 - j14.14)$
$= 24.49 - j24.49[\text{A}]$

$\therefore I_l = \sqrt{24.49^2 + 24.49^2} = 34.6[\text{A}]$

10

다음 블록선도의 전달 함수는?

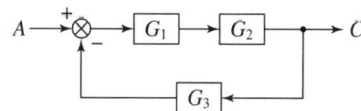

① $\dfrac{G_1 + G_2}{1 - G_1 G_2 G_3}$
② $\dfrac{G_1 G_2}{1 + G_1 G_2 G_3}$
③ $\dfrac{G_1}{1 + G_1 G_2 G_3}$
④ $\dfrac{G_1 + G_2}{1 + G_1 G_2 G_3}$

해설

$\dfrac{C}{A} = \dfrac{G_1 \times G_2}{1 - (-G_1 \times G_2 \times G_3)} = \dfrac{G_1 G_2}{1 + G_1 G_2 G_3}$

11

그림과 같은 회로에서 공진 각주파수 $\omega_r[\text{rad/s}]$는?

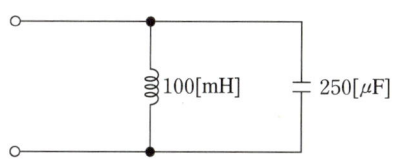

① 100
② 200
③ 400
④ 800

해설

공진 각주파수

$\omega_r = \dfrac{1}{\sqrt{LC}} = \dfrac{1}{\sqrt{100\times 10^{-3}\times 250\times 10^{-6}}} = 200[\text{rad/s}]$

12

대칭 좌표법에 관한 설명이 아닌 것은?

① 대칭 좌표법은 일반적인 비대칭 3상 교류 회로의 계산에도 이용된다.
② 대칭 3상 전압의 영상분과 역상분은 0이고, 정상분만 남는다.
③ 비대칭 3상 교류회로는 영상분, 역상분 및 정상분의 3성분으로 해석한다.
④ 비대칭 3상 회로의 접지식 회로에는 영상분이 존재하지 않는다.

해설 대칭 좌표법

- 영상분은 접지선이나 중성선에 존재하며, 비접지식 회로에는 존재하지 않는다.
- 평형 3상 전압은 정상분만 존재하며, 영상분 및 역상분은 0이다.

| 정답 | 09 ②   10 ②   11 ②   12 ④

13

$\overline{A} + \overline{B} \cdot \overline{C}$와 등가인 논리식은?

① $\overline{A \cdot (B+C)}$
② $\overline{A + B \cdot C}$
③ $\overline{A \cdot B + C}$
④ $\overline{A \cdot B + C}$

해설
문제에 주어진 논리식에 드 모르간 정리를 적용한다.
$\overline{A} + \overline{B} \cdot \overline{C} = \overline{A} + \overline{B+C} = \overline{A \cdot (B+C)}$

관련개념 드 모르간 정리
- $\overline{A \cdot B} = \overline{A} + \overline{B}$
- $\overline{A + B} = \overline{A} \cdot \overline{B}$

14

$9[\Omega]$과 $3[\Omega]$인 저항 6개를 그림과 같이 연결하였을 때, a와 b 사이의 합성 저항$[\Omega]$은?

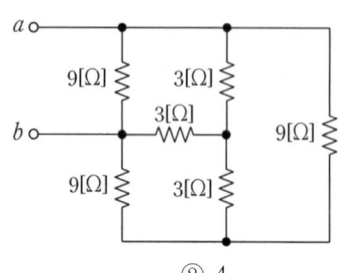

① 9
② 4
③ 3
④ 2

해설
최초 내부 Y 결선되어 있는 $3[\Omega]$의 저항을 Δ 결선으로 변환한다.

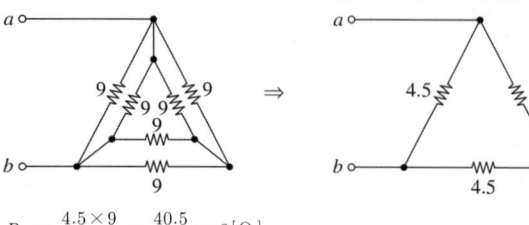

$R_{ab} = \dfrac{4.5 \times 9}{4.5 + 9} = \dfrac{40.5}{13.5} = 3[\Omega]$

15

제어 시스템에서 출력이 얼마나 목표값을 잘 추종하는지를 알아볼 때, 시험용으로 많이 사용하는 신호로 다음 식의 조건을 만족하는 것은?

$$u(t-a) = \begin{cases} 0 (t<a) \\ 1 (t \geq a) \end{cases}$$

① 사인 함수
② 임펄스 함수
③ 램프 함수
④ 단위 계단 함수

해설
문제에 주어진 $u(t-a)$는 시간이 a만큼 지연이 된 단위 계단 함수를 말한다.

16

제어 시스템의 특성 방정식이 $s^5 + s^4 + 4s^3 + 6s^2 + 10s + 2 = 0$과 같을 때, 이 특성 방정식에서 s 평면의 우반 평면에 위치하는 근은 몇 개인가?

① 1
② 2
③ 3
④ 0

해설
특성 방정식을 루드표로 작성하면 다음과 같다.

차수	제1열	제2열	제3열
s^5	1	4	10
s^4	1	6	2
s^3	$\dfrac{1 \times 4 - 1 \times 6}{1} = -2$	$\dfrac{1 \times 10 - 1 \times 2}{1} = 8$	
s^2	$\dfrac{(-2) \times 6 - 1 \times 8}{(-2)} = 10$	0	
s^1	$\dfrac{10 \times 8 - (-2) \times 0}{10} = 8$	0	
s^0	2		

첫 열의 부호가 2번 변하므로 우반 평면에 위치하는 불안정한 극점의 개수는 2개이다.

| 정답 | 13 ① 14 ③ 15 ④ 16 ②

17

그림의 회로와 동일한 논리 소자는?

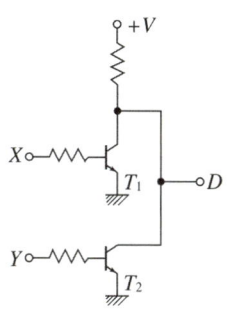

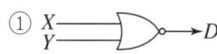 ① X, Y → D (NOR)
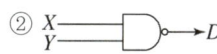 ② X, Y → D (NAND)
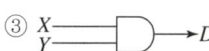 ③ X, Y → D (AND)
 ④ X, Y → D (OR)

해설

문제에 주어진 트랜지스터 회로는 트랜지스터 2개가 병렬 구조로 이루어진 것이다. 이 회로의 동작은 베이스 입력인 X, Y 가 0인 경우에만 출력되는 NOR 회로가 된다.

18

그림과 같은 요소는 제어계의 어떤 요소인가?

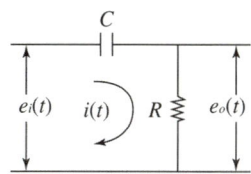

① 미분 요소
② 적분 요소
③ 2차 지연 요소
④ 1차 지연 미분 요소

해설

주어진 회로망의 전달 함수를 구한다.
$$\frac{E_o(s)}{E_i(s)} = \frac{R}{\frac{1}{Cs}+R} = \frac{RCs}{1+RCs}$$
분자 요소는 미분 요소이고, 분모 요소는 1차 지연 요소가 된다.

19

특성 임피던스가 $400[\Omega]$인 회로 말단에 $1{,}200[\Omega]$의 부하가 연결되어 있다. 전원 측에 $20[\text{kV}]$의 전압을 인가할 때 반사파의 크기$[\text{kV}]$는?(단, 선로에서의 전압 감쇠는 없는 것으로 간주한다.)

① 3.3
② 5
③ 10
④ 33

해설

$Z_1 = 400[\Omega]$, $Z_2 = 1{,}200[\Omega]$이고 전원 전압을 V_1, 반사파 전압을 V_2라 하면

반사 계수 $\rho = \dfrac{V_2}{V_1} = \dfrac{Z_2 - Z_1}{Z_1 + Z_2} = \dfrac{1{,}200 - 400}{400 + 1{,}200} = 0.5$

$\therefore V_2 = \rho V_1 = 0.5 \times 20 = 10[\text{kV}]$

20

전달 함수 $G(s)H(s) = \dfrac{K(s+1)}{s(s+1)(s+2)}$ 일 때 근궤적의 수는?

① 1
② 2
③ 3
④ 4

해설

영점의 수는 1개($Z = -1$), 극점의 수는 3개($P = 0, -1, -2$)이다. 근궤적의 개수는 영점과 극점의 개수 중 큰 것과 일치하므로 3개이다.

관련개념

근궤적 개수는 영점과 극점의 개수 중에서 큰 것과 일치한다.

2024년 1회

01

안정된 제어계의 특성근이 2개의 공액복소근을 가질 때, 이 근들이 허수축 가까이에 있는 경우 허수축에서 멀리 떨어져 있는 안정된 근에 비해 과도응답 영향은 어떻게 되는가?

① 천천히 사라진다.　② 영향이 같다.
③ 빨리 사라진다.　④ 영향이 없다.

해설
제어계가 안정하려면 가능한 한 허수축에서 좌반 평면(−평면)상으로 멀리 떨어져서 근이 존재해야 한다. 따라서 허수축에 가까이 있는 근은 허수축에서 멀리 있는 근에 비해 안정하기 위한 과도 응답은 천천히 사라진다.

02

그림과 같은 블록 선도에서 C의 값은?

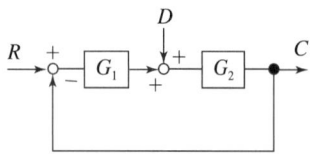

① $C = \dfrac{G_1 G_2}{1 + G_1 G_2} R + \dfrac{G_1}{1 + G_1 G_2} D$

② $C = \dfrac{G_1 G_2}{1 + G_1 G_2} R + \dfrac{G_2}{1 + G_1 G_2} D$

③ $C = \dfrac{G_1 G_2}{1 + G_1 G_2} R + \dfrac{G_1 G_2}{1 + G_1 G_2} D$

④ $C = \dfrac{G_1 G_2}{1 + G_1 G_2} R + \dfrac{G_1 G_2}{1 - G_1 G_2} D$

해설
입력이 R과 D 2개이므로 입력 R의 출력 $C_R = \dfrac{G_1 G_2}{1 + G_1 G_2} R$이며

입력 D의 출력 $C_D = \dfrac{G_2}{1 + G_1 G_2} D$가 된다.

$\therefore C = C_R + C_D = \dfrac{G_1 G_2}{1 + G_1 G_2} R + \dfrac{G_2}{1 + G_1 G_2} D$

03

다음의 미분방정식으로 표시되는 시스템의 계수 행렬 A는 어떻게 표시되는가?

$$\frac{d^2 c(t)}{dt^2} + 5 \frac{dc(t)}{dt} + 3 c(t) = r(t)$$

① $\begin{bmatrix} -5 & -3 \\ 0 & 1 \end{bmatrix}$　② $\begin{bmatrix} -3 & -5 \\ 0 & 1 \end{bmatrix}$

③ $\begin{bmatrix} 0 & 1 \\ -3 & -5 \end{bmatrix}$　④ $\begin{bmatrix} 0 & 1 \\ -5 & -3 \end{bmatrix}$

해설
$\dot{x}_1(t) = x_2(t)$
$\dot{x}_2(t) = -3 x_1(t) - 5 x_2(t) + r(t)$

$\begin{bmatrix} \dot{x}_1(t) \\ \dot{x}_2(t) \end{bmatrix} = \begin{bmatrix} 0 & 1 \\ -3 & -5 \end{bmatrix} \begin{bmatrix} x_1(t) \\ x_2(t) \end{bmatrix} + \begin{bmatrix} 0 \\ 1 \end{bmatrix} r(t)$ 이므로

계수행렬 $A = \begin{bmatrix} 0 & 1 \\ -3 & -5 \end{bmatrix}$ 이다.

04

주파수는 $1[\text{MHz}]$이고 위상 정수(β)가 $\dfrac{\pi}{8}$일 때 전파 속도는 약 몇 $[\text{m/s}]$ 인가?

① 8×10^6　② 16×10^6
③ 20×10^6　④ 32×10^6

해설
전파 속도 $v = \dfrac{\omega}{\beta}$ 이므로

$v = \dfrac{\omega}{\beta} = \dfrac{2 \pi f}{\beta} = \dfrac{2 \pi \times 1 \times 10^6}{\dfrac{\pi}{8}} = 16 \times 10^6 [\text{m/s}]$ 이다.

| 정답 | 01 ① 　02 ② 　03 ③ 　04 ②

05

전송 선로의 특성 임피던스가 $100[\Omega]$이고, 부하 저항이 $400[\Omega]$일 때, 전압 정재파비 s의 값은 얼마인가?

① 0.25
② 0.8
③ 1.67
④ 4.0

해설

반사계수 $\rho = \dfrac{Z_2 - Z_1}{Z_2 + Z_1} = \dfrac{400 - 100}{400 + 100} = 0.6$이므로

정재파비 $s = \dfrac{1+\rho}{1-\rho} = \dfrac{1+0.6}{1-0.6} = 4$ 이다.

06

제어시스템의 전달 함수가 $T(s) = \dfrac{25}{s^2 + 6s + 25}$과 같이 표현될 때 이 시스템의 고유주파수 $\omega_d[\text{rad/s}]$는?

① 5
② 4
③ 3
④ 2

해설

2차 지연 요소의 전달 함수 $T(s) = \dfrac{\omega_d^2}{s^2 + 2\zeta\omega_d s + \omega_d^2}$이므로

$\omega_d^2 = 5^2$이다. 즉, 고유주파수 $\omega_d = 5$이다.

07

자동제어의 추치 제어에 속하지 않는 것은?

① 프로세스 제어
② 추종 제어
③ 비율 제어
④ 프로그램 제어

해설 추치 제어

- 의미: 목표값이 시간 경과할 때마다 변화하는 대상을 제어
- 종류: 추종 제어, 프로그램 제어, 비율 제어

08

자동제어계에서 중량 함수라고 불리어지는 것은?

① 인디셜 함수
② 임펄스 함수
③ 전달 함수
④ 램프 함수

해설

임펄스 함수는 여러 가지의 다른 이름으로 나타낼 수 있다.
임펄스 함수=단위충격 함수=델타 함수=하중 함수=중량 함수

09

그림과 같은 신호흐름 선도에서 전달 함수 $\dfrac{C(s)}{R(s)}$는?

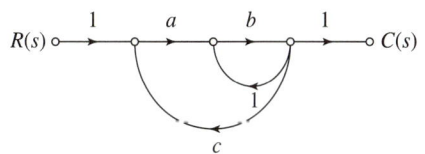

① $\dfrac{ab}{1+b-abc}$
② $\dfrac{ab}{1-b-abc}$
③ $\dfrac{ab}{1-b+abc}$
④ $\dfrac{ab}{1-ab+abc}$

해설

$G(s) = \dfrac{C(s)}{R(s)} = \dfrac{\sum 경로}{1 - \sum 루프}$

$= \dfrac{1 \times a \times b \times 1}{1 - (b \times 1) - (a \times b \times c)} = \dfrac{ab}{1-b-abc}$

| 정답 | 05 ④ 06 ① 07 ① 08 ② 09 ②

10

다음의 신호 흐름 선도에서 $\dfrac{C}{R}$ 는?

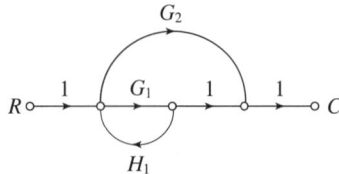

① $\dfrac{G_1+G_2}{1-G_1H_1}$
② $\dfrac{G_1G_2}{1-G_1H_1}$
③ $\dfrac{G_1+G_2}{1+G_1H_1}$
④ $\dfrac{G_1G_2}{1+G_1H_1}$

해설

주어진 신호 흐름 선도의 전달 함수를 구하면 다음과 같다.

$\dfrac{C}{R} = \dfrac{\sum 경로}{1-\sum 폐루프} = \dfrac{G_1+G_2}{1-(G_1 \times H_1)} = \dfrac{G_1+G_2}{1-G_1H_1}$

11

한 상의 임피던스가 $6+j8[\Omega]$ 인 Δ부하에 대칭 선간전압 $200[V]$를 인가할 때 3상 전력은 몇 $[W]$인가?

① 2,400
② 3,600
③ 7,200
④ 10,800

해설

$Z = \sqrt{6^2+8^2} = 10[\Omega]$, Δ결선은 상전압과 선간전압이 동일하므로

피상 전력 $P_s = 3VI = 3 \times V \times \left(\dfrac{V}{Z}\right) = 3 \times 200 \times \left(\dfrac{200}{10}\right) = 12,000[VA]$

유효 전력 $P = P_s \cos\theta = 12,000 \times \dfrac{6}{10} = 7,200[W]$ 이다.

12

다음 그림의 회로가 나타내는 것은 무엇인지 고르시오.

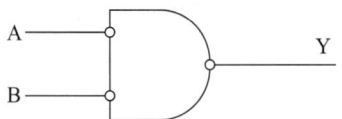

① NOR
② NAND
③ NOT
④ OR

해설

$\rhd\!\!\circ$ = $\sqsupset\!\!\circ$ ⇒ OR

$\rhd$ = $\sqsupset\!\!\circ\!\!\circ$ ⇒ AND

13

$f(t) = \dfrac{1}{a}(\sin t \cdot \cos t)$ 를 라플라스 변환하면?

① $\dfrac{1}{a}\left(\dfrac{1}{s^2+2^2}\right)$
② $a\left(\dfrac{1}{s^2+2^2}\right)$
③ $\dfrac{1}{a}\left(\dfrac{2}{s^2+2^2}\right)$
④ $a\left(\dfrac{2}{s^2+2^2}\right)$

해설

$\sin 2t = \sin(t+t) = \sin t \cos t + \cos t \sin t = 2\sin t \cos t$ 이므로

$\sin t \cos t = \dfrac{1}{2}\sin 2t$ 이다.

따라서, $f(t) = \dfrac{1}{a}(\sin t \cos t) = \dfrac{1}{a} \times \dfrac{1}{2} \times \sin 2t$ 이고

주어진 식을 라플라스 변환하면

$F(s) = \dfrac{1}{a} \times \dfrac{1}{2} \times \dfrac{2}{s^2+2^2} = \dfrac{1}{a}\left(\dfrac{1}{s^2+2^2}\right)$ 이다.

|정답| 10 ① 11 ③ 12 ④ 13 ①

14

불평형 3상 전류 $I_a = 15 + j2[A]$, $I_b = -20 - j14[A]$, $I_c = -3 + j10[A]$일 때 영상 전류 $I_0[A]$는?

① $1.57 - j3.25$
② $2.85 + j0.36$
③ $-2.67 - j0.67$
④ $12.67 + j2$

해설

영상 전류 $I_0 = \dfrac{1}{3}(I_a + I_b + I_c)[A]$

$= \dfrac{1}{3}(15 + j2 - 20 - j14 - 3 + j10)[A]$

$= -2.67 - j0.67[A]$

15

아래 회로에서 Z 파라미터의 값으로 옳지 않은 것은?

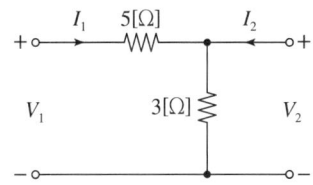

① $Z_{11} = 8[\Omega]$
② $Z_{12} = 3[\Omega]$
③ $Z_{21} = 3[\Omega]$
④ $Z_{22} = 5[\Omega]$

해설

- $Z_{11} = 5 + 3 = 8[\Omega]$
- $Z_{12} = Z_{21} = 3[\Omega]$
- $Z_{22} = 0 + 3 = 3[\Omega]$

16

그림과 같은 성형 평형 부하가 선간 전압 $220[V]$의 대칭 3상 전원에 접속되어 있다. 이 접속선 중에 한 선이 단선되었다고 하면 이 단선된 곳의 양단에 나타나는 전압은 몇 $[V]$인가?(단, 전원 전압은 변화하지 않는 것으로 한다.)

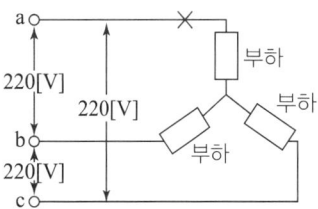

① 110
② $110\sqrt{3}$
③ 220
④ $220\sqrt{3}$

해설

- 단선 전 전압 벡터도

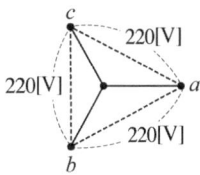

- 단선된 후 중성점 O는 $b-c$ 선상의 중앙에 있다고 볼 수 있다.

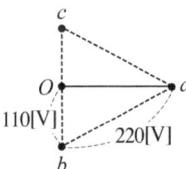

$\therefore V_{ao} = 220 \times \sin 60° = 220 \times \dfrac{\sqrt{3}}{2} = 110\sqrt{3}[V]$

17

대칭 5상 교류 성형 결선에서 선간전압과 상전압 간의 위상차는 몇 도인가?

① $27°$
② $36°$
③ $54°$
④ $72°$

해설

위상차 $\theta = \dfrac{\pi}{2}\left(1 - \dfrac{2}{n}\right) = 90° \times \left(1 - \dfrac{2}{5}\right) = 54°$

| 정답 | 14 ③ 15 ④ 16 ② 17 ③

18

1상의 직렬 임피던스가 $R=6[\Omega]$, $X_L=8[\Omega]$인 Δ 결선의 평형 부하가 있다. 여기에 선간 전압 $100[V]$인 대칭 3상 교류 전압을 인가하면 선전류는 몇 $[A]$인가?

① $3\sqrt{3}$
② $\dfrac{10\sqrt{3}}{3}$
③ 10
④ $10\sqrt{3}$

해설

$I_l = \sqrt{3}\,I_p = \sqrt{3} \times \dfrac{V_p}{Z_p} = \sqrt{3} \times \dfrac{100}{\sqrt{6^2+8^2}} = 10\sqrt{3}[A]$

19

회로에서 전압 $V_{ab}[V]$는?

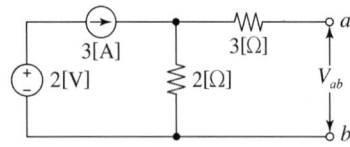

① 2
② 3
③ 6
④ 9

해설

- 전압원 $2[V]$만 인가 시(전류원 개방)
  전류원이 개방된 상태이므로 $V_{ab}' = 0[V]$
- 전류원 $3[A]$만 인가 시(전압원 단락)
  $V_{ab}'' = 3 \times 2 = 6[V]$
  $\therefore V_{ab} = V_{ab}' + V_{ab}'' = 6[V]$

20

그림과 같은 $R-C$ 병렬 회로에서 전원 전압이 $e(t) = 3e^{-5t}[V]$인 경우 이 회로의 임피던스는?

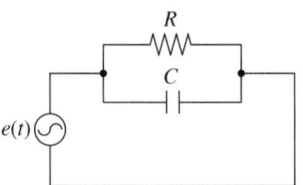

① $\dfrac{j\omega RC}{1+j\omega RC}$
② $\dfrac{R}{1-5RC}$
③ $\dfrac{R}{1+RC}$
④ $\dfrac{1+j\omega RC}{R}$

해설

$R-C$ 병렬 회로이므로 합성 임피던스는

$Z = \dfrac{R \times \dfrac{1}{j\omega C}}{R + \dfrac{1}{j\omega C}} = \dfrac{R}{1+j\omega RC}[\Omega]$

이때, 문제에 주어진 전원 전압 $e(t) = 3e^{j\omega t} = 3e^{-5t}[V]$에서 $j\omega = -5$가 되므로 $Z = \dfrac{R}{1+j\omega RC} = \dfrac{R}{1-5RC}[\Omega]$이다.

정답 | 18 ④ 19 ③ 20 ②

2024년 2회

01

2개의 교류 전압 $v_1 = 141\sin(120\pi t - 30°)[\text{V}]$와 $v_2 = 150\cos(120\pi t - 30°)[\text{V}]$의 위상차를 시간으로 표시하면 몇 [sec]인가?

① $\dfrac{1}{60}$[sec]   ② $\dfrac{1}{120}$[sec]

③ $\dfrac{1}{240}$[sec]   ④ $\dfrac{1}{360}$[sec]

해설

2개의 교류 전압에 대한 위상차를 구해 보면
- $v_1 = 141\sin(120\pi t - 30°)$
- $v_2 = 150\cos(120\pi t - 30°) = 150\sin(120\pi t - 30° + 90°)$
  $= 150\sin(120\pi t + 60°)$
∴ $\theta = 60° - (-30°) = 90°$

주파수 $f = \dfrac{120\pi}{2\pi} = 60[\text{Hz}]$이고 0°~360° 구간을 90°를 움직인 경우의 시간은

$t = \dfrac{1}{60} \times \dfrac{1}{4} = \dfrac{1}{240}$[sec]

02

그림의 2단자 회로에서 $L = 100[\text{mH}]$, $C = 10[\mu\text{F}]$일 때 주파수와 무관한 정저항 회로가 되기 위한 저항 R의 크기 [Ω]는?

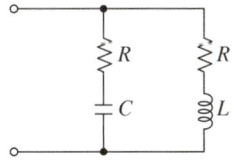

① 100   ② 147
③ 236   ④ 10,000

해설

정저항 조건 $R^2 = \dfrac{L}{C}$ 에서

$R = \sqrt{\dfrac{L}{C}} = \sqrt{\dfrac{100 \times 10^{-3}}{10 \times 10^{-6}}} = 100[\Omega]$

03

그림과 같은 3상 Y 결선 불평형 회로가 있다. 전원은 3상 평형 전압 E_1, E_2, E_3이고 부하는 Y_1, Y_2, Y_3일 때 전원의 중성점과 부하의 중성점 간 전위차를 나타낸 식은?

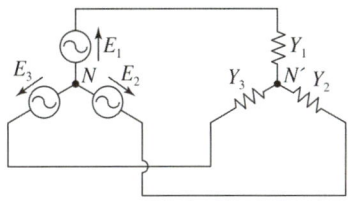

① $\dfrac{E_1 Y_1 + E_2 Y_2 + E_3 Y_3}{Y_1 + Y_2 + Y_3}$

② $\dfrac{E_1 Y_1 + E_2 Y_2 + E_3 Y_3}{Y_1 Y_2 Y_3}$

③ $\dfrac{E_1 Y_1 - E_2 Y_2 - E_3 Y_3}{Y_1 + Y_2 + Y_3}$

④ $\dfrac{E_1 Y_1 - E_2 Y_2 - E_3 Y_3}{Y_1 Y_2 Y_3}$

해설

밀만의 정리를 적용한다. 이 때 $Y[\Omega]$는 어드미턴스임에 유의한다.

$E_n = \dfrac{\dfrac{E_1}{Z_1} + \dfrac{E_2}{Z_2} + \dfrac{E_3}{Z_3}}{\dfrac{1}{Z_1} + \dfrac{1}{Z_2} + \dfrac{1}{Z_3}} = \dfrac{E_1 Y_1 + E_2 Y_2 + E_3 Y_3}{Y_1 + Y_2 + Y_3}$

관련개념

$Y = \dfrac{1}{Z}$

04

어떤 소자에 걸리는 전압이 $100\sqrt{2}\cos\left(314t - \dfrac{\pi}{6}\right)[\text{V}]$이고, 흐르는 전류가 $3\sqrt{2}\cos\left(314t + \dfrac{\pi}{6}\right)[\text{A}]$일 때 소비되는 전력[W]은?

① 100   ② 150
③ 250   ④ 300

해설

소비전력 $P = VI\cos\theta = 100 \times 3 \times \cos\{30° - (-30°)\}$
$= 300 \times \cos 60° = 150[\text{W}]$

| 정답 | 01 ③   02 ①   03 ①   04 ②

05

다음 함수의 라플라스 역변환은?

$$I(s) = \frac{2s+3}{(s+1)(s+2)}$$

① $e^{-t} - e^{-2t}$
② $e^{t} - e^{-2t}$
③ $e^{-t} + e^{-2t}$
④ $e^{t} + e^{-2t}$

해설

우선 문제에 주어진 함수를 부분분수 전개하면
$$I(s) = \frac{2s+3}{(s+1)(s+2)} = \frac{A}{s+1} + \frac{B}{s+2} = \frac{1}{s+1} + \frac{1}{s+2}$$
단, $A = \frac{2s+3}{s+2}\Big|_{s=-1} = 1$, $B = \frac{2s+3}{s+1}\Big|_{s=-2} = 1$

따라서 위 식의 라플라스 역변환은
$I(s) = \frac{1}{s+1} + \frac{1}{s+2} \rightarrow \therefore i(t) = e^{-t} + e^{-2t}$

06

선간 전압이 V_{ab}[V]인 3상 평형 전원에 대칭 부하 R[Ω]이 그림과 같이 접속되어 있을 때, a, b 두 상 간에 접속된 전력계의 지시값이 W[W]라면 c상 전류의 크기[A]는?

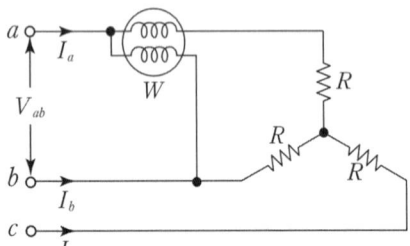

① $\frac{W}{3V_{ab}}$
② $\frac{2W}{3V_{ab}}$
③ $\frac{2W}{\sqrt{3}\,V_{ab}}$
④ $\frac{\sqrt{3}\,W}{V_{ab}}$

해설

전원은 평형 3상, 부하는 대칭이다.
$V_{ab} = V_{bc} = V_{ca},\ I_a = I_b = I_c$
2 전력계법에 의해 전체 전력 $P = 2W = \sqrt{3}\,V_{ab}I_c$이다.
$\therefore I_c = \frac{2W}{\sqrt{3}\,V_{ab}}$ [A]

07

내부 임피던스가 $0.3 + j2$[Ω]인 발전기에 임피던스가 $1.7 + j3$[Ω]인 선로를 연결하여 전력을 공급한다면 부하 임피던스가 몇 [Ω]일 때 부하에 최대 전력이 전달되는가?

① $1.4 - j$[Ω]
② $1.4 + j$[Ω]
③ $2 - j5$[Ω]
④ $2 + j5$[Ω]

해설

발전기와 선로의 직렬 합성 내부 임피던스를 구하면
$Z_0 = Z_g + Z_l = 0.3 + j2 + 1.7 + j3 = 2 + j5$[Ω]
(부하 임피던스) = (내부 임피던스의 공액)이 최대 전력 전달 조건이므로
$Z_L = \overline{Z_0} = 2 - j5$[Ω]

08

$v = 3 + 5\sqrt{2}\sin\omega t + 10\sqrt{2}\sin(3\omega t - \frac{\pi}{3})$[V]의 실횻값 [V]은?

① 9.6[V]
② 10.6[V]
③ 11.6[V]
④ 12.6[V]

해설

$V = \sqrt{V_0^2 + V_1^2 + \cdots V_n^2}$[V](단, V_n: n차 고조파 전압의 실횻값[V])
$V = \sqrt{3^2 + \left(\frac{5\sqrt{2}}{\sqrt{2}}\right)^2 + \left(\frac{10\sqrt{2}}{\sqrt{2}}\right)^2} = 11.6$[V]

| 정답 | 05 ③ | 06 ③ | 07 ③ | 08 ③ |

09

$G(s)H(s) = \dfrac{2}{(s+1)(s+2)}$ 의 이득 여유[dB]는?

① 20　　　② -20
③ 0　　　④ ∞

해설

$G(j\omega)H(j\omega) = \dfrac{2}{(j\omega+1)(j\omega+2)}\bigg|_{j\omega=0} = 1$

∴ 이득 여유 $GM = 20\log_{10}\left|\dfrac{1}{G(j\omega)H(j\omega)}\right| = 20\log_{10}1 = 0[\text{dB}]$

10

그림과 같이 $R[\Omega]$의 저항을 Y 결선하여 단자의 a, b 및 c에 비대칭 3상 전압을 가할 때, a 단자의 중성점 N에 대한 전압은 약 몇 [V]인가?(단, $V_{ab} = 210[\text{V}]$, $V_{bc} = -90 - j180[\text{V}]$, $V_{ca} = -120 + j180[\text{V}]$)

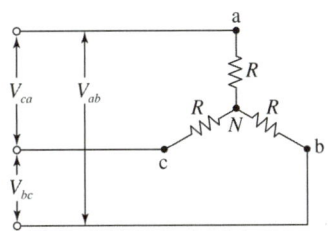

① 100　　　② 116
③ 121　　　④ 125

해설

구하는 상전압 $V_a = I_a R[\text{V}]$이다.
R을 $Y \to \triangle$ 변환하면 평형 부하이므로 $3R$이다.
△ 결선에서 상전류 $I_a = I_{ab} - I_{ac}[\text{A}]$

$I_{ab} = \dfrac{V_{ab}}{3R},\ I_{ac} = \dfrac{V_{ac}}{3R}$

$I_a = \dfrac{210}{3R} - \dfrac{-120+j180}{3R} = \dfrac{110-j60}{R}$

상전압 V_a는 아래와 같다.

$V_a = I_a R = \dfrac{110-j60}{R} \times R = 110 - j60[\text{V}]$

∴ $|V_a| = \sqrt{110^2 + 60^2} = 125.3[\text{V}]$

11

개루프 전달 함수 $G(s)H(s) = \dfrac{K(s-5)}{s(s-1)^2(s+2)^2}$ 일 때 주어지는 계에서 점근선의 교차점은 얼마인가?

① $-\dfrac{3}{2}$　　　② $-\dfrac{7}{4}$
③ $\dfrac{5}{3}$　　　④ $-\dfrac{1}{5}$

해설

주어진 전달 함수에서 극점과 영점을 구한다.
Z(영점) = 5 → 1개
P(극점) = 0, 1, 1, -2, -2 → 5개

점근선의 교차점 = $\dfrac{\text{극점의 합}(\Sigma P) - \text{영점의 합}(\Sigma Z)}{\text{극점 수}(P) - \text{영점 수}(Z)}$

$= \dfrac{(0+1+1-2-2)-(5)}{5-1} = -\dfrac{7}{4}$

12

자동 제어계 구성 중 제어 요소에 해당되는 것은?

① 검출부　　　② 조절부
③ 기준 입력　　　④ 제어 대상

해설 폐루프 제어계의 구성 요소

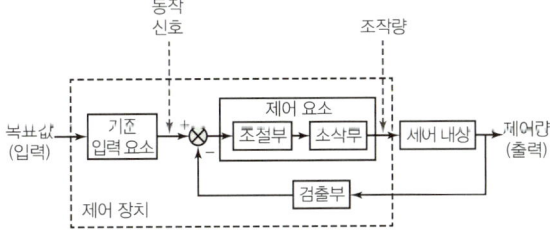

- 제어 요소: 조절부와 조작부
- 비교부: 입력과 출력값을 비교하여 오차량을 측정하는 부분
- 조작량: 제어 요소가 제어 대상에 주는 신호

| 정답 | 09 ③　10 ④　11 ②　12 ②

13

다음과 같은 미분 방정식으로 표현되는 제어 시스템의 시스템 행렬 A는?

$$\frac{d^2c(t)}{dt^2} + 5\frac{dc(t)}{dt} + 3c(t) = r(t)$$

① $\begin{bmatrix} -5 & -3 \\ 0 & 1 \end{bmatrix}$
② $\begin{bmatrix} -3 & -5 \\ 0 & 1 \end{bmatrix}$
③ $\begin{bmatrix} 0 & 1 \\ -3 & -5 \end{bmatrix}$
④ $\begin{bmatrix} 0 & 1 \\ 5 & 3 \end{bmatrix}$

해설

상태 방정식 $\frac{d^2c(t)}{dt^2} + a\frac{dc(t)}{dt} + bc(t) = cr(t)$ 일 때

벡터 행렬 $A = \begin{bmatrix} 0 & 1 \\ -b & -a \end{bmatrix}$, $B = \begin{bmatrix} 0 \\ c \end{bmatrix}$ 이다.

따라서 문제에 주어진 상태 방정식에서

A 행렬은 $\begin{bmatrix} 0 & 1 \\ -3 & -5 \end{bmatrix}$, B 행렬은 $\begin{bmatrix} 0 \\ 1 \end{bmatrix}$ 이다.

14

그림의 블록 선도에서 K에 대한 폐루프 전달 함수 $T = \dfrac{C(s)}{R(s)}$ 의 감도 S_K^T는?

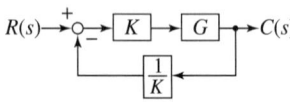

① -1
② -0.5
③ 0.5
④ 1

해설

- 전달 함수

$T = \dfrac{C}{R} = \dfrac{K \times G}{1 - (-K \times G \times \frac{1}{K})} = \dfrac{KG}{1+G}$

- 감도

$S_K^T = \dfrac{K}{T} \cdot \dfrac{dT}{dK} = \dfrac{K}{\frac{KG}{1+G}} \times \dfrac{d}{dK}\left(\dfrac{KG}{1+G}\right)$

$= \dfrac{1+G}{G} \times \dfrac{G}{1+G} = 1$

15

함수 $f(t) = e^{-at}$의 z변환 함수 $F(z)$는?

① $\dfrac{2z}{z - e^{aT}}$
② $\dfrac{1}{z + e^{aT}}$
③ $\dfrac{z}{z + e^{-aT}}$
④ $\dfrac{z}{z - e^{-aT}}$

해설 시간 함수의 변환

시간 함수 $f(t)$	라플라스 변환 $F(s)$	z 변환 $F(z)$
임펄스 함수 $\delta(t)$	1	1
단위 계단 함수 $u(t) = 1$	$\dfrac{1}{s}$	$\dfrac{z}{z-1}$
속도 함수 t	$\dfrac{1}{s^2}$	$\dfrac{Tz}{(z-1)^2}$
지수 함수 e^{-at}	$\dfrac{1}{s+a}$	$\dfrac{z}{z-e^{-aT}}$

16

그림과 같은 회로에서 스위치 S를 $t=0$에서 닫았을 때 $(V_L)_{t=0} = 100[\text{V}]$, $\left(\dfrac{di}{dt}\right)_{t=0} = 400[\text{A/s}]$이다. $L[\text{H}]$의 값은?

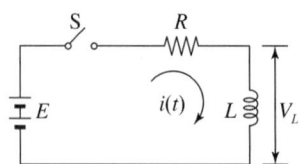

① 0.75
② 0.5
③ 0.25
④ 0.1

해설

$V_L = L\dfrac{di}{dt}$ [V] 식에 문제 조건을 대입하면

$100 = L \times 400$이므로 $L = \dfrac{100}{400} = 0.25[\text{H}]$이다.

| 정답 | 13 ③ 14 ④ 15 ④ 16 ③

17

특성 방정식이 $s^4+s^3+2s^2+3s+2=0$인 경우 불안정한 근의 개수는?

① 0개　　　　② 1개
③ 2개　　　　④ 3개

해설

주어진 특성 방정식을 루드표로 작성하면 다음과 같다.

차수	제1열	제2열	제3열
s^4	1	2	2
s^3	1	3	0
s^2	$\frac{1\times 2-1\times 3}{1}=-1$	$\frac{1\times 2-1\times 0}{1}=2$	0
s^1	$\frac{-1\times 3-1\times 2}{-1}=5$	$\frac{-1\times 0-1\times 0}{-1}=0$	0
s^0	2	0	0

루드표의 제1열의 부호 변화가 2번 발생하였으므로 근이 2개 존재하여 불안정이다.

18

그림과 같은 제어계에서 단위 계단 입력 D가 인가 될 때 외란 D에 의한 정상편차는 얼마인가?

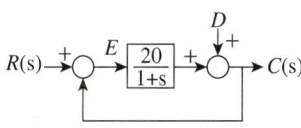

① 20　　　　② 21
③ $\frac{1}{10}$　　　④ $\frac{1}{21}$

해설

$K=\lim_{s\to 0}G(s)=\lim_{s\to 0}\frac{20}{1+s}=20$

$e_p=\frac{1}{1+K_p}=\frac{1}{1+20}=\frac{1}{21}$

19

다음 보기 중 근궤적은 무엇에 대하여 대칭인가?

① 극점　　　　② 원점
③ 허수축　　　④ 실수축

해설 근궤적의 성질

- 근궤적의 출발점($K=0$): $G(s)H(s)$의 극점으로부터 출발한다.
- 근궤적의 종착점($K=\infty$): $G(s)H(s)$의 영점에서 끝난다.
- 근궤적은 항상 실수축에 대해 대칭이다.
- 근궤적의 가짓수는 영점(Z) 수와 극점(P) 수 중 큰 것과 일치한다.
- 근궤적의 가짓수는 특성 방정식의 차수와 같다.
- 실수축에서 이득 K가 최대가 되게 하는 점이 이탈점이 될 수 있다.
- 근궤적의 이탈점은 극점을 기준으로 좌측의 홀수구간에 존재한다.
- 점근선은 실수축 상에서 교차한다.

20

샘플러의 주기를 T라 할 때 s 평면상의 모든 점은 식 $z=e^{sT}$에 의하여 z 평면상에 사상된다. s 평면의 우반 평면상의 모든 점은 z 평면상 단위원의 어느 부분으로 사상되는가?

① 내점　　　　② 외점
③ z 평면 전체 영역　　④ 원주상의 점

해설

자동 제어계에서 s 평면의 우반 평면에 근이 위치하면 불안정한 제어계가 되고, 이에 대응되는 z 평면상에서의 불안정근의 위치는 단위원의 외부에 존재하게 된다.

| 정답 | 17 ③　18 ④　19 ④　20 ②

2024년 3회

01

회로의 단자 a와 b 사이에 나타나는 전압 V_{ab}는 몇 [V]인가?

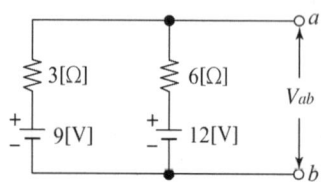

① 3
② 9
③ 10
④ 12

해설

밀만의 정리를 적용한다.

$$V_{ab} = \frac{\frac{E_1}{R_1}+\frac{E_2}{R_2}}{\frac{1}{R_1}+\frac{1}{R_2}} = \frac{\frac{9}{3}+\frac{12}{6}}{\frac{1}{3}+\frac{1}{6}} = \frac{3+2}{\frac{3}{6}} = 10[V]$$

02

최댓값이 $10[V]$인 정현파 전압이 있다. $t=0$에서의 순시값이 $5[V]$이고 이 순간에 전압이 증가하고 있다. 주파수가 $60[Hz]$일 때, $t=2\,[\text{ms}]$에서의 전압의 순시값[V]은?

① $10\sin 30°$
② $10\sin 43.2°$
③ $10\sin 73.2°$
④ $10\sin 103.2°$

해설

최댓값이 $10[V]$일 때 순시값이 $5[V]$인 경우
$v = V_m\sin(\omega t \pm \theta) = 10\sin(0\pm\theta) = 5$이므로 위상 θ는 $+30°$이다.
따라서 $t = 2\times 10^{-3}[\text{sec}]$일 때 순시값은 아래와 같다.
$v = 10\sin\left(2\pi\times 60\times 2\times 10^{-3}\times\frac{180°}{\pi}+30°\right)$
$= 10\sin(0.24\pi+30°) = 10(43.2°+30°) = 10\sin 73.2°[V]$

03

그림과 같은 파형의 파고율은?

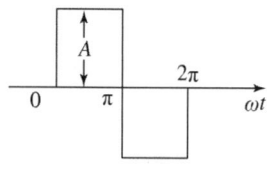

① 1
② 2
③ $\sqrt{2}$
④ $\sqrt{3}$

해설

문제의 파형은 구형파이므로 실횻값은 최댓값과 같다.

파고율 = $\dfrac{\text{최댓값}(V_m)}{\text{실횻값}(V)} = \dfrac{A}{A} = 1$

관련개념 구형파

최댓값 = 실횻값 = 평균값

04

선간 전압이 $200[V]$, 선전류가 $10\sqrt{3}\,[A]$, 부하 역률이 $80[\%]$인 평형 3상 회로의 무효 전력[Var]은?

① $3,600[\text{Var}]$
② $3,000[\text{Var}]$
③ $2,400[\text{Var}]$
④ $1,800[\text{Var}]$

해설

$Q = \sqrt{3}\,VI\sin\theta = \sqrt{3}\times 200\times 10\sqrt{3}\times\sqrt{1-0.8^2} = 3,600[\text{Var}]$
(단, $\sin\theta$: 무효율, $\sqrt{1-(\text{역률})^2}$)

| 정답 | 01 ③　02 ③　03 ①　04 ①

05

그림과 같은 회로에서 i_x는 몇 [A]인가?

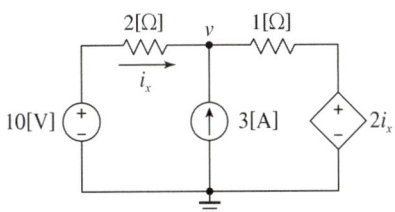

① 3.2[A] ② 2.6[A]
③ 2.0[A] ④ 1.4[A]

해설

절점 v에 대하여 키르히호프의 전류 법칙을 적용한다.

- $\dfrac{v-10}{2} - 3 + \dfrac{v-2i_x}{1} = 0$ …… ①

- $i_x = \dfrac{10-v}{2}$ …… ②

위 ②식을 ①식에 대입하여 보면,

$\dfrac{v-10}{2} - 3 + \dfrac{v-2\times\left(\dfrac{10-v}{2}\right)}{1} = 0$, ∴ $v = \dfrac{36}{5} = 7.2$[V]

따라서 전류 i_x값은 아래와 같다.

$i_x = \dfrac{10-v}{2} = \dfrac{10-7.2}{2} = 1.4$[A]

06

$v = 100\sqrt{2}\sin\left(\omega t + \dfrac{\pi}{3}\right)$[V]를 복소수로 나타내면?

① $25 + j25\sqrt{3}$ ② $50 + j25\sqrt{3}$
③ $25 + j50\sqrt{3}$ ④ $50 + j50\sqrt{3}$

해설

$v = 100\sqrt{2}\sin\left(\omega t + \dfrac{\pi}{3}\right) = 100\sqrt{2}\sin(\omega t + 60°)$

∴ $V = 100\angle 60° = 100(\cos 60° + j\sin 60°) = 50 + j50\sqrt{3}$ [V]

07

4단자 정수 A, B, C, D 중에서 어드미턴스 차원을 가진 정수는?

① A ② B
③ C ④ D

해설

$A = \dfrac{V_1}{V_2}$ (전압비), $B = \dfrac{V_1}{I_2}$ (임피던스)

$C = \dfrac{I_1}{V_2}$ (어드미턴스), $D = \dfrac{I_1}{I_2}$ (전류비)

08

그림과 같은 회로의 공진 시 어드미턴스는?

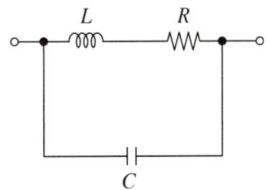

① $\dfrac{RL}{C}$ ② $\dfrac{RC}{L}$
③ $\dfrac{L}{RC}$ ④ $\dfrac{R}{LC}$

해설

- $Y = \dfrac{1}{R+j\omega L} + j\omega C = \dfrac{R-j\omega L}{R^2+(\omega L)^2} + j\omega C$

  $= \dfrac{R}{R^2+(\omega L)^2} - \dfrac{j\omega L}{R^2+(\omega L)^2} + j\omega C$

  $= \dfrac{R}{R^2+(\omega L)^2} + j\omega\left(C - \dfrac{L}{R^2+(\omega L)^2}\right)$

- 공진 시 어드미턴스: $Y_0 = \dfrac{R}{R^2+(\omega L)^2}$ 이고, 허수부가 0이 되어야 한다.

  $C - \dfrac{L}{R^2+(\omega L)^2} = 0 \rightarrow R^2+(\omega L)^2 = \dfrac{L}{C}$

  ∴ $Y_0 = \dfrac{R}{R^2+(\omega L)^2} = \dfrac{R}{\dfrac{L}{C}} = \dfrac{RC}{L}$ [℧]

| 정답 | 05 ④ 06 ④ 07 ③ 08 ②

09

인덕턴스 0.5[H], 저항 2[Ω]의 직렬 회로에 30[V]의 직류 전압을 급히 가했을 때 스위치를 닫은 후 0.1초 후의 전류의 순시값 i[A]와 회로의 시정수 τ[s]는?

① $i=4.95$, $\tau=0.25$ ② $i=12.75$, $\tau=0.35$
③ $i=5.95$, $\tau=0.45$ ④ $i=13.95$, $\tau=0.25$

해설

- $R-L$ 직렬 회로의 과도 전류

$$i(t) = \frac{E}{R}\left(1-e^{-\frac{R}{L}t}\right) = \frac{30}{2}\left(1-e^{-\frac{2}{0.5}\times 0.1}\right) = 4.95[A]$$

- $R-L$ 직렬 회로의 시정수

$$\tau = \frac{L}{R} = \frac{0.5}{2} = 0.25[\sec]$$

10

$F(s) = \dfrac{s+1}{s^2+2s}$ 로 주어졌을 때 $F(s)$의 역변환은?

① $\dfrac{1}{2}(1+e^{t})$ ② $\dfrac{1}{2}(1+e^{-2t})$
③ $\dfrac{1}{2}(1-e^{-t})$ ④ $\dfrac{1}{2}(1-e^{-2t})$

해설

$$F(s) = \frac{s+1}{s^2+2s} = \frac{s+1}{s(s+2)} = \frac{A}{s} + \frac{B}{s+2}$$

$$A = \left.\frac{s+1}{s+2}\right|_{s=0} = \frac{1}{2}$$

$$B = \left.\frac{s+1}{s}\right|_{s=-2} = \frac{1}{2}$$

각각의 값을 대입하여 정리하면 다음과 같다.

$$F(s) = \frac{1}{2}\left(\frac{1}{s} + \frac{1}{s+2}\right)$$

$$\therefore f(t) = \frac{1}{2}(1+e^{-2t})$$

11

$R(z) = \dfrac{(1-e^{-aT})z}{(z-1)(z-e^{-aT})}$ 를 역변환하면?

① $1-e^{-at}$ ② $1+e^{-at}$
③ te^{-at} ④ te^{at}

해설

주어진 식을 부분분수로 전개한다.

$$\frac{R(z)}{z} = \frac{1-e^{-aT}}{(z-1)(z-e^{-aT})} = \frac{A}{z-1} + \frac{B}{z-e^{-aT}}$$

$$= \frac{1}{z-1} - \frac{1}{z-e^{-aT}}$$

단, $A = \left.\dfrac{1-e^{-aT}}{z-e^{-aT}}\right|_{z=1} = 1$

$B = \left.\dfrac{1-e^{-aT}}{z-1}\right|_{z=e^{-aT}} = -1$

위의 식에서 좌변 분모의 z를 원래의 우변 분자에 이항하여 식을 정리한다.

$$R(z) = \frac{z}{z-1} - \frac{z}{z-e^{-aT}}$$

따라서 위의 식을 z 역변환하여 시간 함수로 바꾸면 다음과 같다.

$$R(z) = \frac{z}{z-1} - \frac{z}{z-e^{-aT}} \rightarrow r(t) = 1-e^{-at}$$

12

$G(s) = \dfrac{1}{0.005s(0.1s+1)^2}$ 에서 $\omega=10$[rad/s]일 때 이득 및 위상각은?

① 20[dB], $-90°$ ② 20[dB], $-180°$
③ 40[dB], $-90°$ ④ 40[dB], $-180°$

해설

- $G(j\omega) = \left.\dfrac{1}{0.005j\omega(0.1j\omega+1)^2}\right|_{\omega=10} = \dfrac{1}{j0.05(j+1)^2}$

$$= \frac{1}{j0.05(-1+2j+1)} = -10$$

$|G(j\omega)| = 10$

- 이득 $g = 20\log_{10}10 = 20$[dB]

- $G(j\omega) = \dfrac{1}{j0.05(-1+2j+1)} = \dfrac{1}{0.1j^2}$ 이므로

위상각은 $\angle G(j\omega) = \angle(0° - 180°) = \angle -180°$ 이다.

정답 09 ① 10 ② 11 ① 12 ②

13

다음 블록선도의 전체 전달 함수가 1이 되기 위한 조건은?

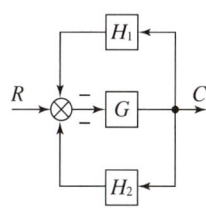

① $G = \dfrac{1}{1 - H_1 - H_2}$ ② $G = \dfrac{-1}{1 + H_1 + H_2}$

③ $G = \dfrac{-1}{1 - H_1 - H_2}$ ④ $G = \dfrac{1}{1 + H_1 + H_2}$

해설

전달 함수 $\dfrac{C}{R} = \dfrac{\sum 경로}{1 - \sum 폐루프} = \dfrac{G}{1 + GH_1 + GH_2} = 1$

$G = 1 + GH_1 + GH_2,\ G - GH_1 - GH_2 = 1,\ G(1 - H_1 - H_2) = 1$

∴ $G = \dfrac{1}{1 - H_1 - H_2}$

14

그림에서 ㉠에 알맞은 신호 이름은?

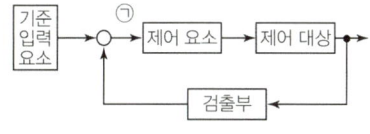

① 조작량 ② 제어량
③ 기준 입력량 ④ 동작 신호

해설
- 동작 신호: 기준 입력 요소가 제어 요소에 주는 신호
- 조작량: 제어 요소가 제어 대상에 주는 신호

15

벡터 궤적이 다음과 같이 표시되는 요소는 어떤 요소가 되는가?

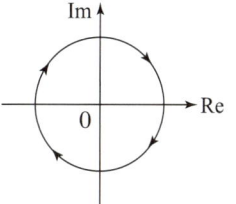

① 비례 미분 요소 ② 1차 지연 미분 요소
③ 2차 지연 미분 요소 ④ 부동작 시간 요소

해설

$G(j\omega) = e^{-j\omega T} = \cos\omega T - j\sin\omega T$ 이므로
- 크기 $|G(j\omega)| = \sqrt{(\cos\omega T)^2 + (\sin\omega T)^2} = 1$
- 위상각 $\angle G(j\omega) = \tan^{-1}\left(\dfrac{-\sin\omega T}{\cos\omega T}\right)$
  $= \tan^{-1}(-\tan\omega T) = -\omega T$

크기는 1로 같고 위상만 변하는 벡터궤적(원 궤적)을 부동작 요소 또는 부동작 시간 요소라 한다.

16

Nyquist 판정법의 설명으로 틀린 설명은?

① 제어계의 안정성을 판정하는 동시에 안정도를 제시해 준다.
② 제어계의 안정도를 개선하는 방법에 대한 정보를 제시해 준다.
③ 나이퀴스트(Nyquist) 선도는 제어계의 오차 응답에 관한 정보를 준다.
④ 루드-훌비쯔(Routh-Hurwitz) 판정법과 같이 계의 안정 여부를 직접 판정해 준다.

해설 나이퀴스트 선도 안정도 판정법의 특징
- 제어 장치의 안정성을 판정하는 동시에 안정도를 제시해 준다.
- 제어계의 안정도를 개선하는 방법에 대한 정보를 제시해 준다.
- 제어계의 주파수 응답에 관한 정보를 준다.
- 루드-훌비쯔 안정도 판정법과 마찬가지로 제어계의 안정도를 직접 판정해 준다.

| 정답 | 13 ① 14 ④ 15 ④ 16 ③

17

다음과 같은 상태 방정식의 고유값 s_1과 s_2는?

$$\begin{bmatrix} \dot{x}_1 \\ \dot{x}_2 \end{bmatrix} = \begin{bmatrix} 1 & -2 \\ -3 & 2 \end{bmatrix} \begin{bmatrix} x_1 \\ x_2 \end{bmatrix} + \begin{bmatrix} 2 & -3 \\ -4 & 3 \end{bmatrix} \begin{bmatrix} r_1 \\ r_2 \end{bmatrix}$$

① 4, −1
② −4, 1
③ 6, −1
④ −6, 1

해설

- $sI - A = s\begin{bmatrix} 1 & 0 \\ 0 & 1 \end{bmatrix} - \begin{bmatrix} 1 & -2 \\ -3 & 2 \end{bmatrix} = \begin{bmatrix} s-1 & 2 \\ 3 & s-2 \end{bmatrix}$

  $\therefore |sI - A| = (s-1)(s-2) - 6 = s^2 - 3s - 4 = 0$

- $s^2 - 3s - 4 = (s-4)(s+1) = 0$

따라서 특성 방정식의 근(고유값)은 4와 −1이다.

18

전달 함수 $G(s)H(s) = \dfrac{K(s+1)}{s(s+1)(s+2)}$ 일 때 근궤적의 수는?

① 1
② 2
③ 3
④ 4

해설

영점의 수는 1개($Z = -1$), 극점의 수는 3개($P = 0, -1, -2$)이다. 근궤적의 개수는 영점과 극점의 개수 중 큰 것과 일치하므로 3개이다.

관련개념

근궤적 개수는 영점과 극점의 개수 중에서 큰 것과 일치한다.

19

드 모르간의 정리를 나타낸 식은?

① $\overline{A+B} = A \cdot B$
② $\overline{A+B} = \overline{A} + \overline{B}$
③ $\overline{A \cdot B} = \overline{A} \cdot \overline{B}$
④ $\overline{A+B} = \overline{A} \cdot \overline{B}$

해설 드 모르간 정리

- $\overline{A+B} = \overline{A} \cdot \overline{B}$
- $\overline{A \cdot B} = \overline{A} + \overline{B}$

20

단위 계단 입력에 대한 응답 특성이 $c(t) = 1 - e^{-\frac{1}{T}t}$ 로 나타나는 제어계는?

① 비례 제어계
② 적분 제어계
③ 1차 지연 제어계
④ 2차 지연 제어계

해설

출력을 라플라스 변환하면 다음과 같다.

$$C(s) = \frac{1}{s} - \frac{1}{s + \frac{1}{T}} = \frac{1}{s} - \frac{T}{Ts+1}$$

$$= \frac{Ts + 1 - Ts}{s(Ts+1)} = \frac{1}{s(Ts+1)}$$

단위 계단 입력에 대한 전달 함수

$$\frac{C(s)}{R(s)} = \frac{\frac{1}{s(Ts+1)}}{\frac{1}{s}} = \frac{1}{Ts+1}$$

따라서, 제어계는 1차 지연 요소로 동작한다.

관련개념

- 비례 요소 $G(s) = K$
- 미분 요소 $G(s) = Ks$
- 적분 요소 $G(s) = \dfrac{K}{s}$
- 1차 지연 요소 $G(s) = \dfrac{K}{1+Ts}$

| 정답 | 17 ① | 18 ③ | 19 ④ | 20 ③ |

2023년 1회

01

불평형 회로에서 영상분이 존재하는 3상 회로 구성은?

① $\Delta-\Delta$ 결선의 3상 3선식
② $\Delta-Y$ 결선의 3상 3선식
③ $Y-Y$ 결선의 3상 3선식
④ $Y-Y$ 결선의 3상 4선식

해설

영상 전류는 접지도체에 흐르므로 접지 계통인 $Y-Y$ 결선의 3상 4선식에서만 영상분이 존재한다.

02

테브난의 정리를 이용하여 그림 (a)의 회로를 그림(b)와 같은 등가 회로로 만들려고 한다. $E[V]$와 $R[\Omega]$의 값은 각각 얼마인가?

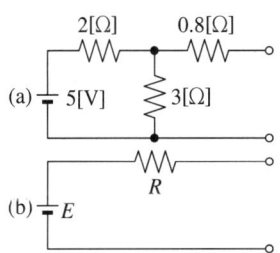

① $E=3$, $R=2$
② $E=5$, $R=2$
③ $E=5$, $R=5$
④ $E=3$, $R=1.2$

해설

전압 분배의 법칙에 의하여

테브난 전압 $E = \dfrac{3}{2+3} \times 5 = 3[V]$

$5[V]$ 전압원을 단락시켜 소거시킨 상태에서의

테브난 저항 $R = 0.8 + \dfrac{2 \times 3}{2+3} = 2[\Omega]$

03

상순이 $a-b-c$인 3상 회로의 각 상전압이 보기와 같을 때 역상분 전압은 약 몇 $[V]$인가?(단, 보기 전압의 단위는 $[V]$이다.)

[보기]
- $V_a = 220 \angle 0°$
- $V_b = 220 \angle -130°$
- $V_c = 185.95 \angle 115°$

① 22
② 28
③ 30
④ 35

해설

$V_2 = \dfrac{1}{3}(V_a + a^2 V_b + a V_c)$

$= \dfrac{1}{3}(220 \angle 0° + 1 \angle 240° \times 220 \angle -130°$
$\quad + 1 \angle 120° \times 185.95 \angle 115°)$

$= \dfrac{1}{3}(220 \angle 0° + 220 \angle 110° + 185.95 \angle 235°)$

$= \dfrac{1}{3}\{220 + 220(\cos 110° + j\sin 110°)$
$\quad + 185.95(\cos 235° + j\sin 235°)\}$

$= \dfrac{1}{3}(38 + j54) = 12.67 + j18[V]$

$\therefore |V_2| = \sqrt{12.67^2 + 18^2} = 22[V]$

| 정답 | 01 ④ 02 ① 03 ①

04

그림과 같은 주기 파형의 전류 $i(t) = 10e^{-100t}$ [A]의 평균값은 약 몇 [A]인가?

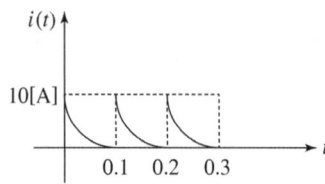

① 0.5
② 1
③ 2.5
④ 5

해설

그림의 파형 주기 $T = 0.1$이다.

평균값 $I_a = \dfrac{1}{T}\int_0^T i(t)\,dt = \dfrac{1}{0.1}\int_0^{0.1} 10\,e^{-100t}\,dt$

$= \dfrac{10}{0.1}\left[\dfrac{1}{-100}e^{-100t}\right]_0^{0.1}$

$= 100 \times \dfrac{1}{-100}(e^{-10} - 1) = 1\,[\text{A}]$

05

그림과 같은 $R-C$ 직렬 회로에 비정현파 전압 $v(t) = 20 + 220\sqrt{2}\sin\omega t + 40\sqrt{2}\sin3\omega t$[V]를 가할 때 제3 고조파 전류 $i_3(t)$는 몇 [A]인가?(단, $\omega = 120\pi$[rad/s] 이다.)

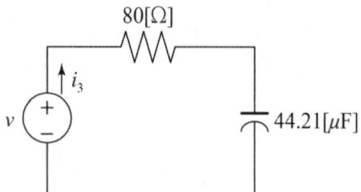

① $0.49\sin(360\pi t - 14.04°)$
② $0.49\sin(360\pi t + 14.04°)$
③ $0.49\sqrt{2}\sin(360\pi t - 14.04°)$
④ $0.49\sqrt{2}\sin(360\pi t + 14.04°)$

해설

$R-C$ 직렬 회로에 대한 제3 고조파 임피던스값

$Z_3 = R - j\dfrac{1}{3\omega C} = 80 - j\dfrac{1}{3 \times 120\pi \times 44.21 \times 10^{-6}}$

$= 80 - j20\,[\Omega]$ 이므로

$|Z_3| = \sqrt{80^2 + 20^2} = 82.46\,[\Omega]$

제3 고조파의 위상 $\theta = \tan^{-1}\dfrac{\frac{1}{3\omega C}}{R} = \tan^{-1}\dfrac{\frac{1}{3 \times 120\pi \times 44.21 \times 10^{-6}}}{80}$

$= 14.04°$

$v_3(t) = 40\sqrt{2}\sin(3\omega t + 14.04°)\,[\text{V}]$

∴ 제3 고조파 전류의 순시값

$i_3(t) = \dfrac{v_3(t)}{|Z_3|} = \dfrac{40\sqrt{2}\sin(3\omega t + 14.04°)}{82.46}$

$= 0.49\sqrt{2}\sin(360\pi t + 14.04°)\,[\text{A}]$

| 정답 | 04 ② 05 ④

06

$i(t) = 10\sin\left(\omega t - \dfrac{\pi}{3}\right)[\mathrm{A}]$로 표시되는 전류 파형보다 위상이 $30°$ 앞서고, 최대치가 $100[\mathrm{V}]$인 전압 파형을 식으로 나타내면?

① $100\sin\left(\omega t - \dfrac{\pi}{2}\right)$
② $100\sin\left(\omega t - \dfrac{\pi}{6}\right)$
③ $100\sqrt{2}\sin\left(\omega t - \dfrac{\pi}{6}\right)$
④ $100\sqrt{2}\cos\left(\omega t - \dfrac{\pi}{6}\right)$

해설

문제에 주어진 전류식 $i(t) = 10\sin\left(\omega t - \dfrac{\pi}{3}\right)[\mathrm{A}]$에 대해서 위상이 $30°\left(= \dfrac{\pi}{6}\right)$ 앞서고, 최댓값이 $100[\mathrm{V}]$인 전압의 순시값 표현은

$v(t) = 100\sin\left(\omega t - \dfrac{\pi}{3} + \dfrac{\pi}{6}\right) = 100\sin\left(\omega t - \dfrac{\pi}{6}\right)[\mathrm{V}]$

07

그림에서 저항 양단의 전압 $V[\mathrm{V}]$는 얼마인가?

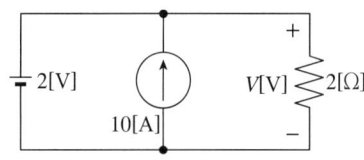

① 2
② 4
③ 18
④ 22

해설

주어진 회로에서 전압원과 전류원 및 저항이 모두 병렬 회로이고, 전압원 $2[\mathrm{V}]$가 저항 $2[\Omega]$에 바로 걸리게 되므로 전류원과는 상관없이 저항에는 $2[\mathrm{V}]$가 걸리게 된다.

별해

중첩의 원리에 의해 전압원과 전류원이 단독으로 있을 때의 값을 각각 계산하여 더한다
- 전압원 단독(전류원 개방)
  $V_{R1} = 2[\mathrm{V}]$
- 전류원 단독(전압원 단락)
  전압원이 단락되어 단락된 쪽(저항이 0)으로 전류가 흐른다.
  $V_{R2} = 0[\mathrm{V}]$
  $\therefore V = V_{R1} + V_{R2} = 2[\mathrm{V}]$

08

$R - L - C$ 직렬 회로에서 진동 조건은 어느 것인가?

① $R < 2\sqrt{\dfrac{L}{C}}$
② $R < 2\sqrt{\dfrac{C}{L}}$
③ $R < 2\sqrt{LC}$
④ $R < \dfrac{1}{2\sqrt{LC}}$

해설

$R - L - C$ 직렬 회로에서 진동(부족제동) 조건은 $R^2 < 4\dfrac{L}{C}$이다. 제곱 형태를 소거하면 $R < 2\sqrt{\dfrac{L}{C}}$이다.

09

구형파의 파고율은?

① 1
② 2
③ 1.414
④ 1.732

해설

구형파(사각파)의 실횻값과 평균값은 모두 V_m이므로

파고율 $= \dfrac{\text{최댓값}(V_m)}{\text{실횻값}(V)} = \dfrac{V_m}{V_m} = 1$이 된다.

| 정답 | 06 ②   07 ①   08 ①   09 ①

10

다음 중 $\mathcal{L}^{-1}\left[\dfrac{1}{s^2+a^2}\right]$는?

① $a\cos at$
② $\dfrac{1}{a}\cos at$
③ $a\sin at$
④ $\dfrac{1}{a}\sin at$

해설

삼각함수 라플라스 변환 공식에서 $\mathcal{L}[\sin at] = \dfrac{a}{s^2+a^2} = a \times \dfrac{1}{s^2+a^2}$ 이므로 구하고자 하는 $\mathcal{L}^{-1}\left[\dfrac{1}{s^2+a^2}\right] = \dfrac{1}{a}\sin at$ 이다.

11

다음 중 Routh 안정도 판별법에서 그림과 같은 제어가 안정되기 위한 K의 값으로 적합한 것은?

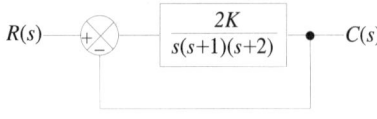

① 1
② 3
③ 5
④ 7

해설

전체 전달 함수 $M(s) = \dfrac{G(s)}{1+G(s)}$ 이므로

$$M(s) = \dfrac{G(s)}{1+G(s)} = \dfrac{\dfrac{2K}{s(s+1)(s+2)}}{1+\dfrac{2K}{s(s+1)(s+2)}}$$ 이다.

특성방정식 $F(s) = 1 + \dfrac{2K}{s(s+1)(s+2)}$
$= s(s+1)(s+2) + 2K$
$= s^3 + 3s^2 + 2s + 2K = 0$

이므로

차수	제1열 계수	제2열 계수	제3열 계수
s^3	1	2	0
s^2	3	$2K$	
s^1	$\dfrac{6-2K}{3}$	0	
s^0	$\dfrac{2K \times \dfrac{6-2K}{3} - 0}{\dfrac{6-2K}{3}} = 2K$	0	

$\dfrac{6-2K}{3} > 0, 2K > 0$ 이어야 안정하다.

$\therefore 0 < K < 3$

12

다음과 같은 회로는 어떤 회로인가?

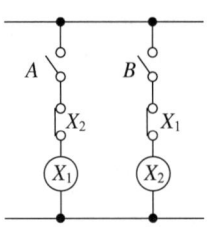

① 인터록 회로
② 자기 유지 회로
③ 일치 회로
④ 우선 선택 회로

해설

인터록 회로: 동시동작을 방지하는 회로

| 정답 | 10 ④ 11 ① 12 ①

13

일정 입력에 대해 잔류 편차가 있는 제어계는?

① 비례 제어계
② 적분 제어계
③ 비례 적분 제어계
④ 비례 적분 미분 제어계

해설

비례 제어(P 제어)는 장치는 간단하나, 동작 시간이 느리고 정상 상태에서 잔류 편차가 존재한다.

14

과도 응답이 소멸되는 정도를 나타내는 감쇠비(Damping ratio)는?

① 최대 오버슈트 / 제2 오버슈트
② 제3 오버슈트 / 제2 오버슈트
③ 제2 오버슈트 / 최대 오버슈트
④ 제2 오버슈트 / 제3 오버슈트

해설

감쇠비 $\delta = \dfrac{\text{제2 오버슈트}}{\text{최대 오버슈트}}$

15

$G(j\omega) = j0.1\omega$에서 $\omega = 0.01 [\text{rad/sec}]$일 때, 계의 이득 [dB]은 얼마인가?

① -100
② -80
③ -60
④ -40

해설

$g = 20\log|G(j\omega)| = 20\log|0.001j|$
$= 20\log|0.001| = -60[\text{dB}]$

16

상태 방정식으로 표시되는 제어계의 천이 행렬 $\phi(t)$는?

$$\dot{X} = \begin{bmatrix} 0 & 1 \\ 0 & 0 \end{bmatrix} X + \begin{bmatrix} 0 \\ 1 \end{bmatrix} U$$

① $\begin{bmatrix} 0 & t \\ 1 & 1 \end{bmatrix}$
② $\begin{bmatrix} 0 & 1 \\ 0 & t \end{bmatrix}$
③ $\begin{bmatrix} 1 & t \\ 0 & 1 \end{bmatrix}$
④ $\begin{bmatrix} 0 & t \\ 1 & 0 \end{bmatrix}$

해설

천이 행렬 $\phi(t) = \mathcal{L}^{-1}[(sI-A)^{-1}]$이므로 순서대로 풀이하면 다음과 같다.

- $sI - A = \begin{bmatrix} s & 0 \\ 0 & s \end{bmatrix} - \begin{bmatrix} 0 & 1 \\ 0 & 0 \end{bmatrix} = \begin{bmatrix} s & -1 \\ 0 & s \end{bmatrix}$

  $|sI - A| = s \times s - (-1) \times 0 = s^2$

- $(sI-A)^{-1} = \dfrac{1}{s^2} \begin{bmatrix} s & 1 \\ 0 & s \end{bmatrix} = \begin{bmatrix} \dfrac{1}{s} & \dfrac{1}{s^2} \\ 0 & \dfrac{1}{s} \end{bmatrix}$

$\therefore \phi(t) = \mathcal{L}^{-1}[(sI-A)^{-1}] = \begin{bmatrix} 1 & t \\ 0 & 1 \end{bmatrix}$

| 정답 | 13 ① 14 ③ 15 ③ 16 ③

17

제어 장치가 제어 대상에 가하는 제어 신호로 제어 장치의 출력인 동시에 제어 대상의 입력인 신호는?

① 목표값
② 조작량
③ 제어량
④ 동작 신호

해설

조작량은 제어 장치가 제어 대상에 가하는 제어 신호로서 제어 장치의 출력인 동시에 제어 대상의 입력인 신호이다.

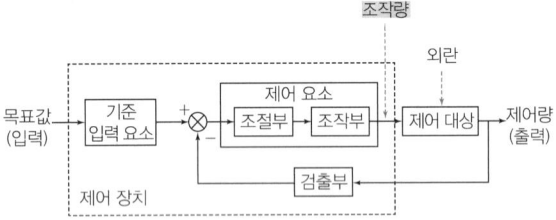

18

단위 피드백(Feedback) 제어계의 개루프 전달 함수의 벡터 궤적이다. 이 중 안정한 궤적은?

①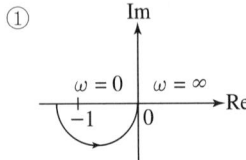
②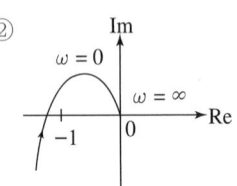
③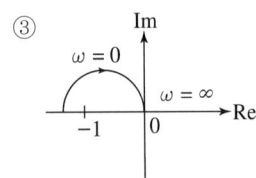
④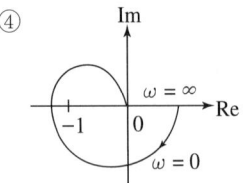

해설 벡터 궤적상 제어계가 안정할 궤적 조건
- 시계 방향으로 가는 벡터 궤적은 임계점(-1, $j0$)을 포위하지 않아야 한다.
- 반시계 방향으로 가는 벡터 궤적은 임계점(-1, $j0$)을 포위하여 감싸야 한다.

19

근궤적은 무엇에 대하여 대칭인가?

① 극점
② 원점
③ 허수축
④ 실수축

해설

근궤적은 항상 실수축에 대해 대칭인 성질이 있다.

20

근궤적이 s 평면의 $j\omega$축과 교차할 때 폐루프의 제어계는?

① 안정
② 알 수 없음
③ 불안정
④ 임계 상태

해설

근궤적법에서 허수축과의 교점은 임계 상태를 의미한다.

| 정답 | 17 ② 18 ① 19 ④ 20 ④

2023년 2회

01

20[mH]의 두 자기 인덕턴스가 있다. 결합 계수를 0.1부터 0.9까지 변화시킬 수 있다면 이것을 접속시켜 얻을 수 있는 합성 인덕턴스의 최댓값과 최솟값의 비는?

① 9 : 1
② 19 : 1
③ 13 : 1
④ 16 : 1

해설

$L_M = L_1 + L_2 + 2M = L_1 + L_2 + 2k\sqrt{L_1 L_2}$
$\quad = 20 + 20 + 2 \times 0.9 \sqrt{20 \times 20} = 76[mH]$
$L_S = L_1 + L_2 - 2M = L_1 + L_2 - 2k\sqrt{L_1 L_2}$
$\quad = 20 + 20 - 2 \times 0.9 \sqrt{20 \times 20} = 4[mH]$
$\therefore L_M : L_S = 76 : 4 = 19 : 1$

02

다음 회로에서 $t=0^+$일 때 스위치 K를 닫았다. $i_1(0^+)$, $i_2(0^+)$의 값은?(단, $t<0$에서 C 전압과 L 전압은 각각 0[V]이다.)

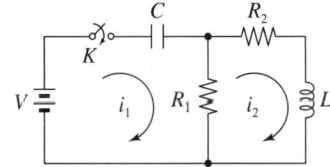

① $\dfrac{V}{R_1}$, 0
② 0, $\dfrac{V}{R_2}$
③ 0, 0
④ $-\dfrac{V}{R_1}$, 0

해설

$t \to 0$일 때, C는 단락, L은 개방 조건이 된다.
$\therefore i_1(0^+) = \dfrac{V}{R_1}$, $i_2(0^+) = 0$

03

그림과 같은 회로에서 $i_1 = I_m \sin \omega t$ [A]일 때, 개방된 2차 단자에 나타나는 유기기전력 e_2는 몇 [V]인가?

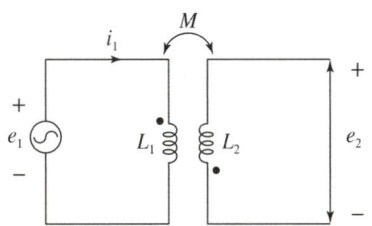

① $\omega M I_m \sin(\omega t - 90°)$
② $\omega M I_m \cos(\omega t - 90°)$
③ $-\omega M \sin \omega t$
④ $\omega M \cos \omega t$

해설

$e_2 = -M\dfrac{di_1}{dt} = -M\dfrac{d}{dt}(I_m \sin \omega t)$
$\quad = -MI_m \omega \cos \omega t$
$\quad = -MI_m \omega \sin(\omega t + 90°)$
$\quad = MI_m \omega \sin(\omega t - 90°)$
$\quad = \omega M I_m \sin(\omega t - 90°)[V]$

04

전압의 순시값이 $v = 3 + 10\sqrt{2} \sin \omega t$ [V]일 때 실횻값은 약 몇 [V]인가?

① 10.4
② 11.6
③ 12.5
④ 16.2

해설

실횻값 $V = \sqrt{3^2 + 10^2} = 10.4[V]$

| 정답 | 01 ② 02 ① 03 ① 04 ①

05

그림과 같은 회로에서 단자 a, b 사이의 합성 저항[Ω]은?

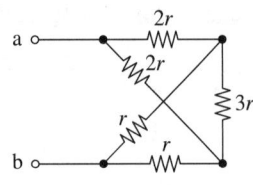

① r
② $\dfrac{1}{2}r$
③ $\dfrac{3}{2}r$
④ $3r$

해설

주어진 회로는 브리지 평형 상태이므로 $3r$ 저항은 개방하여 소거할 수 있다.

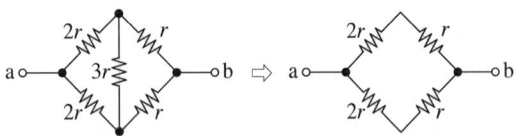

따라서 단자 a, b 사이의 합성 저항은 아래와 같다.

$R_{ab} = \dfrac{(2r+r) \times (2r+r)}{(2r+r)+(2r+r)} = \dfrac{3r \times 3r}{6r} = \dfrac{9r^2}{6r} = \dfrac{3}{2}r\,[\Omega]$

06

그림과 같은 회로에서 공진 각주파수 $\omega_r[\text{rad/s}]$는?

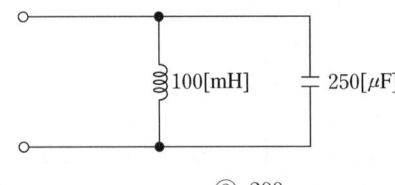

① 100
② 200
③ 400
④ 800

해설

공진 각주파수

$\omega_r = \dfrac{1}{\sqrt{LC}} = \dfrac{1}{\sqrt{100 \times 10^{-3} \times 250 \times 10^{-6}}} = 200\,[\text{rad/s}]$

07

최댓값 V_a, 내부 임피던스 $Z_0 = R_0 + jX_0$ 인 전원에서 공급할 수 있는 최대 전력은?

① $\dfrac{V_a^2}{8R_0}$
② $\dfrac{V_a^2}{4R_0}$
③ $\dfrac{V_a^2}{2R_0}$
④ $\dfrac{V_a^2}{2\sqrt{2}\,R_0}$

해설

최대 공급 가능 전력은 부하(R_L)가 내부 저항(R_0)과 같을 때이다.

즉, $P = I^2 R_L = \left(\dfrac{V}{R_0 + R_L}\right)^2 R_L = \left(\dfrac{V}{R_0 + R_0}\right)^2 R_0$

$= \dfrac{V^2}{4R_0} = \dfrac{\left(\dfrac{V_a}{\sqrt{2}}\right)^2}{4R_0} = \dfrac{V_a^2}{8R_0}$

08

분포 정수 회로가 무왜형 선로로 되는 조건은?(단, 선로의 단위 길이당 저항은 R, 인덕턴스는 L, 정전 용량은 C, 누설 컨덕턴스는 G이다.)

① $RL = CG$
② $RC = LG$
③ $R = \sqrt{\dfrac{L}{C}}$
④ $R = \sqrt{LC}$

해설

분포 정수 회로에서
무손실 선로의 조건은 $R = G = 0$,
무왜형 선로의 조건은 $LG = RC$이다.

| 정답 | 05 ③ 06 ② 07 ① 08 ②

09

회로에서 전압 $V_{ab}[V]$는?

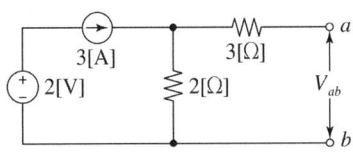

① 2
② 3
③ 6
④ 9

해설

- 전압원 2[V]만 인가 시(전류원 개방)
  전류원이 개방된 상태이므로 $V_{ab}' = 0[V]$
- 전류원 3[A]만 인가 시(전압원 단락) $V_{ab}'' = 3 \times 2 = 6[V]$
  $V_{ab}'' = 3 \times 2 = 6$
  ∴ $V_{ab} = V_{ab}' + V_{ab}'' = 6[V]$

10

그림과 같은 $R-C$ 병렬 회로에서 전원 전압이 $e(t) = 3e^{-5t}[V]$인 경우 이 회로의 임피던스는?

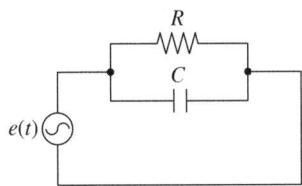

① $\dfrac{j\omega RC}{1+j\omega RC}$
② $\dfrac{R}{1-5RC}$
③ $\dfrac{R}{1+RCs}$
④ $\dfrac{1+j\omega RC}{R}$

해설 $R-C$ 병렬 회로

합성 임피던스 $Z = \dfrac{R \times \dfrac{1}{j\omega C}}{R+\dfrac{1}{j\omega C}} = \dfrac{R}{1+j\omega RC}[\Omega]$

또한 문제에 주어진 전원 전압이
$e(t) = 3e^{j\omega t} = 3e^{-5t}[V]$에서 $j\omega = -5$가 되므로
$Z = \dfrac{R}{1+j\omega RC} = \dfrac{R}{1-5RC}[\Omega]$이다.

11

다음 블록 선도의 전달 함수 $\dfrac{C}{A}$는?

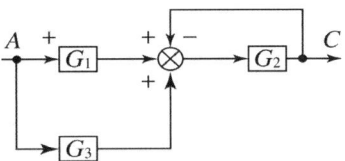

① $\dfrac{G_2(G_1+G_3)}{1+G_2}$
② $\dfrac{G_2(G_1+G_3)}{1-G_2}$
③ $\dfrac{G_2(G_1-G_3)}{1+G_2}$
④ $\dfrac{G_2(G_1+G_3)}{1+G_3}$

해설

$\dfrac{C}{A} = \dfrac{\sum 경로}{1-\sum 폐루프} = \dfrac{G_1G_2+G_3G_2}{1-(-G_2)} = \dfrac{G_2(G_1+G_3)}{1+G_2}$

12

그림과 같은 계전기 접점 회로의 논리식은?

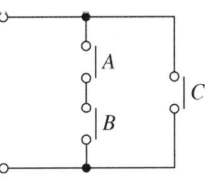

① $A \cdot B \cdot C$
② $A \cdot B + C$
③ $A + B + C$
④ $(A+B) \cdot C$

해설

A 및 B 접점은 AND 회로이고, C 접점은 $A \cdot B$에 대한 OR 회로가 되므로 이에 대한 논리식은 $A \cdot B + C$가 된다.

| 정답 | 09 ③　10 ②　11 ①　12 ②

13

$G(j\omega) = \dfrac{K}{j\omega(j\omega+1)}$ 의 나이퀴스트 선도를 도시한 것은? (단, $K > 0$ 이다.)

① 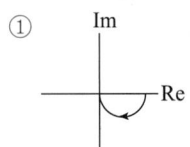   ②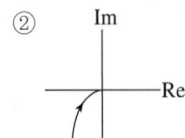

③ 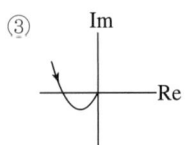   ④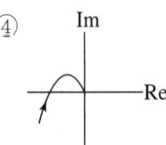

해설

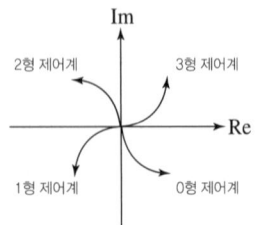

▲ 제어계의 형에 따른 벡터 궤적

$G(s) = \dfrac{1}{s^k(s+a)(s+b)(s+c)}$

- $k = 0$: 0형 제어계로 4사분면에 그려진다.(분모 괄호 항의 개수만큼 위치)
- $k = 1$: 1형 제어계로 3사분면에 그려진다.(분모 괄호 항의 개수만큼 위치)
- $k = 2$: 2형 제어계로 2사분면에 그려진다.(분모 괄호 항의 개수만큼 위치)

주어진 전달 함수는 1형 제어계이므로 3사분면에 도시되어야 한다.

14

다음 블록 선도의 전체 전달 함수가 1이 되기 위한 조건은?

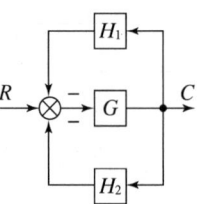

① $G = \dfrac{1}{1 - H_1 - H_2}$ ② $G = \dfrac{-1}{1 + H_1 + H_2}$

③ $G = \dfrac{-1}{1 - H_1 - H_2}$ ④ $G = \dfrac{1}{1 + H_1 + H_2}$

해설

주어진 블록 선도의 전달 함수를 구하면 다음과 같다.

$\dfrac{C}{R} = \dfrac{G}{1 + GH_1 + GH_2}$

$\dfrac{G}{1 + GH_1 + GH_2} = 1$

$G = 1 + GH_1 + GH_2$

$G - GH_1 - GH_2 = 1$

$G(1 - H_1 - H_2) = 1$

$\therefore G = \dfrac{1}{1 - H_1 - H_2}$

| 정답 | 13 ② 14 ①

15

다음의 특성 방정식을 Routh-Hurwitz 방법으로 안정도를 판별하고자 한다. 이때 안정도를 판별하기 위하여 가장 잘 해석한 것은 어느 것인가?

$$q(s) = s^5 + 2s^4 + 2s^3 + 4s^2 + 11s + 10$$

① s 평면의 우반면에 근은 없으나 불안정이다.
② s 평면의 우반면에 근이 1개 존재하여 불안정이다.
③ s 평면의 우반면에 근이 2개 존재하여 불안정이다.
④ s 평면의 우반면에 근이 3개 존재하여 불안정이다.

해설

주어진 특성 방정식을 이용하여 루드표를 작성하면 다음과 같다.

차수	제1열	제2열	제3열
s^5	1	2	11
s^4	2	4	10
s^3	$\dfrac{2\times 2 - 1\times 4}{2} = 0$		

루드표 작성 중 제1열에 0이 발생하였으므로 특성 방정식을 s에 대하여 한 번 미분한 후, 다시 루드표를 작성한다.

$$\frac{dq(s)}{ds} = 5s^4 + 8s^3 + 6s^2 + 8s + 11 = 0$$

차수	제1열	제2열	제3열
s^4	5	6	11
s^3	8	8	0
s^2	$\dfrac{8\times 6 - 5\times 8}{8} = 1$	$\dfrac{8\times 11 - 5\times 0}{8} = 11$	0
s^1	$\dfrac{1\times 8 - 8\times 11}{1} = -80$	$\dfrac{1\times 0 - 8\times 0}{1} = 0$	0
s^0	$\dfrac{-80\times 11 - 1\times 0}{-80} = 11$	0	0

루드표의 제1열의 부호 변화가 2번 발생하였으므로 s 평면의 우반면에 근이 2개 존재하여 불안정이다.

16

근궤적에 관한 설명으로 틀린 것은?

① 근궤적은 허수축에 대칭이다.
② 근궤적은 $K=0$일 때 극에서 출발하고 $K=\infty$일 때 영점에 도착한다.
③ 실수축 위의 극과 영점을 더한 수가 홀수 개가 되는 극 또는 영점에서 왼쪽의 실수축에 근궤적이 존재한다.
④ 극의 수가 영점보다 많을 경우, K가 무한에 접근하면 근궤적은 점근선을 따라 무한원점으로 간다.

해설 근궤적

- 개루프 전달 함수의 이득 정수 K를 $0 \sim \infty$까지 변화시킬 때의 극점의 이동 궤적을 그린 선도이다.
- 근궤적의 출발점($K=0$)은 $G(s)H(s)$의 극점으로부터 출발한다.
- 근궤적의 종착점($K=\infty$)은 $G(s)H(s)$의 영점에서 끝난다.
- 근궤적은 항상 실수축에 대해 대칭이다.
- 근궤적의 개수는 영점 수(Z)와 극점 수(P) 중 큰 것과 일치한다.

17

특성 방정식 $s^4 + 7s^3 + 17s^2 + 17s + 6 = 0$의 특성근 중에는 양의 실수부를 갖는 근이 몇 개인가?

① 1　　② 2
③ 3　　④ 무근

해설

주어진 특성 방정식을 이용하여 루드표를 작성하면 다음과 같다.

차수	제1열	제2열	제3열
s^4	1	17	6
s^3	7	17	0
s^2	$\dfrac{7\times 17 - 1\times 17}{7} = \dfrac{102}{7}$	$\dfrac{7\times 6 - 1\times 0}{7} = 6$	0
s^1	$\dfrac{\dfrac{102}{7}\times 17 - 7\times 6}{\dfrac{102}{7}} = 14.12$	$\dfrac{\dfrac{102}{7}\times 0 - 7\times 0}{\dfrac{102}{7}} = 0$	0
s^0	$\dfrac{14.12\times 6 - \dfrac{102}{7}\times 0}{14.12} = 6$	$\dfrac{14.12\times 0 - \dfrac{102}{7}\times 0}{14.12} = 0$	0

루드표의 제1열의 부호 변화가 없으므로 제어계는 안정하고, 양의 실수부에는 근이 존재하지 않는다.

18

s 평면의 우반면에 3개의 극점이 있고, 2개의 영점이 있다. 이때 다음과 같은 설명 중 어느 나이퀴스트 선도일 때 시스템이 안정한가?

① $(-1, j0)$ 점을 반 시계방향으로 1번 감쌌다.
② $(-1, j0)$ 점을 시계방향으로 1번 감쌌다.
③ $(-1, j0)$ 점을 반 시계방향으로 5번 감쌌다.
④ $(-1, j0)$ 점을 시계방향으로 5번 감쌌다.

해설

제어계가 안정하기 위한 나이퀴스트 선도 조건은 아래와 같다.
• 나이퀴스트 선도가 시계 방향으로 진행할 경우
 : 임계점$(-1, j0)$을 포위하지 않을 것
• 나이퀴스트 선도가 반시계 방향으로 진행할 경우
 : 임계점$(-1, j0)$을 포위할 것
이 조건을 통해 ①번과 ③번으로 정답이 좁혀진다.
이때,
Z : s 평면의 우반 평면상에 존재하는 영점의 수
P : s 평면의 우반 평면상에 존재하는 극의 개수
N : GH평면상의$(-1, j0)$점을 $G(s)H(s)$ 선도가 원점 둘레를 오른쪽으로 일주하는 회전수 $N = Z - P$ 따라서, $N = 2 - 3 = -1$이므로 -1회, 왼쪽으로 1회 일주하여야 안정하다.

19

그림과 같은 스프링 시스템을 전기적 시스템으로 변환했을 때 이에 대응하는 회로는?

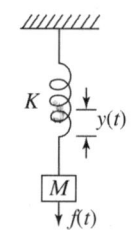

① 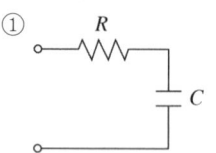   ②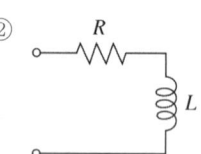

③ 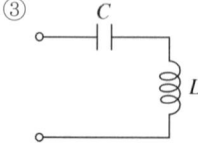   ④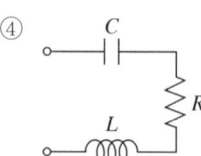

해설

주어진 물리계를 방정식으로 표현한다.
$$f(t) = M\frac{d^2y(t)}{dt^2} + Ky(t)$$
$$\rightarrow f(t) = M\frac{d}{dt}v(t) + K\int v(t)\,dt$$
위 방정식과 등가인 전기 회로 방정식을 비교한다.
$$e(t) = L\frac{di(t)}{dt} + \frac{1}{C}\int i(t)\,dt$$
따라서 인덕턴스 L과 정전 용량 C의 직렬 회로와 같다.

20

정상 상태 응답 특성과 응답의 속응성을 동시에 개선시키는 제어는?

① P 제어
② PI 제어
③ PD 제어
④ PID 제어

해설

PID 제어는 적분 기능과 미분 기능을 동시에 갖춘 제어 장치로, 정상 상태 응답 특성과 응답 속응성에 최적이다.

| 정답 | 18 ① | 19 ③ | 20 ④ |

2023년 3회

01

정현파 교류 전압의 평균값은 최댓값의 약 몇 [%]인가?

① 50.1 ② 63.7
③ 70.7 ④ 90.1

해설

정현파 교류 평균값 $V_a = \dfrac{2}{\pi} V_m = 0.637 V_m [\text{V}]$

∴ 평균값은 최댓값의 63.7[%]

02

그림과 같은 성형 평형부하가 선간 전압 220[V]의 대칭 3상 전원에 접속되어 있다. 이 접속선 중에 한 선이 X점에서 단선 되었다고 하면 이 단선점 X의 양단에 나타나는 전압은 몇 [V]인가?(단, 전원전압은 변하지 않는 것으로 한다.)

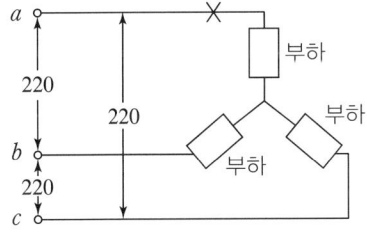

① 110 ② $110\sqrt{3}$
③ 220 ④ $220\sqrt{3}$

해설

$V' = \dfrac{\sqrt{3}}{2} V = \dfrac{\sqrt{3}}{2} \times 220 = 110\sqrt{3} [\text{V}]$

03

시간 지연 요인을 포함한 어떤 특정계가 다음 미분방정식 $\dfrac{dy(t)}{dt} + y(t) = x(t-T)$로 표현된다. $x(t)$를 입력, $y(t)$를 출력이라 할 때 이 계의 전달 함수는?

① $\dfrac{e^{-sT}}{s+1}$ ② $\dfrac{s+1}{e^{-sT}}$
③ $\dfrac{e^{sT}}{s-1}$ ④ $\dfrac{e^{-2sT}}{s+2}$

해설

문제에 주어진 미분 방정식
$\dfrac{dy(t)}{dt} + y(t) = x(t-T)$를 라플라스 변환하면
$sY(s) + Y(s) = X(s) e^{-Ts}$이다.
따라서 이 계의 전달 함수를 구하면
$Y(s)(s+1) = X(s) e^{-Ts}$
∴ $\dfrac{Y(s)}{X(s)} = \dfrac{e^{-sT}}{s+1}$이다.

04

RL 직렬 회로에서 $R = 20[\Omega]$, $L = 40[\text{mH}]$일 때, 이 회로의 시정수[sec]는?

① 2×10^3 ② 2×10^{-3}
③ $\dfrac{1}{2} \times 10^3$ ④ $\dfrac{1}{2} \times 10^{-3}$

해설

$\tau = \dfrac{L}{R} = \dfrac{40 \times 10^{-3}}{20} = 2 \times 10^{-3} [\text{sec}]$

| 정답 | 01 ② 02 ② 03 ① 04 ②

05

그림과 같은 파형의 전압 순시값은?

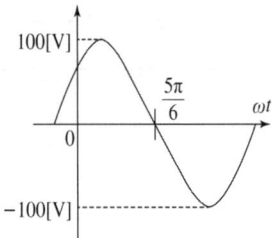

① $100\sin\left(\omega t + \dfrac{\pi}{6}\right)$
② $100\sqrt{2}\sin\left(\omega t + \dfrac{\pi}{6}\right)$
③ $100\sin\left(\omega t - \dfrac{\pi}{6}\right)$
④ $100\sqrt{2}\sin\left(\omega t - \dfrac{\pi}{6}\right)$

해설

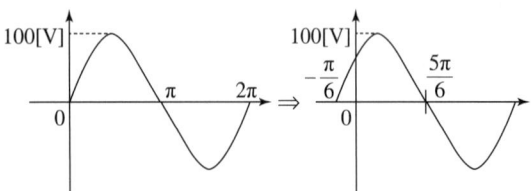

위와 같이 위상이 $\dfrac{\pi}{6}$ 만큼 진상으로 이동된 파형이다.

$v(t) = V_m \sin(\omega t \pm \theta) = 100\sin\left(\omega t + \dfrac{\pi}{6}\right)$

06

회로에서 4단자 정수 A, B, C, D의 값은?

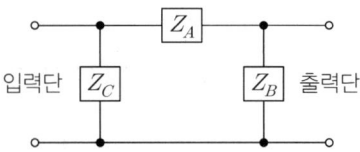

① $A = 1 + \dfrac{Z_A}{Z_B},\ B = Z_A,\ C = \dfrac{1}{Z_A},\ D = 1 + \dfrac{Z_B}{Z_A}$

② $A = 1 + \dfrac{Z_A}{Z_B},\ B = Z_A,\ C = \dfrac{1}{Z_B},\ D = 1 + \dfrac{Z_A}{Z_B}$

③ $A = 1 + \dfrac{Z_A}{Z_B},\ B = Z_A,\ C = \dfrac{Z_A + Z_B + Z_C}{Z_B Z_C},\ D = \dfrac{1}{Z_B Z_C}$

④ $A = 1 + \dfrac{Z_A}{Z_B},\ B = Z_A,\ C = \dfrac{Z_A + Z_B + Z_C}{Z_B Z_C},$
$D = 1 + \dfrac{Z_A}{Z_C}$

해설

$\begin{bmatrix} A & B \\ C & D \end{bmatrix} = \begin{bmatrix} 1 & 0 \\ \dfrac{1}{Z_C} & 1 \end{bmatrix} \begin{bmatrix} 1 & Z_A \\ 0 & 1 \end{bmatrix} \begin{bmatrix} 1 & 0 \\ \dfrac{1}{Z_B} & 1 \end{bmatrix}$

$= \begin{bmatrix} 1 & Z_A \\ \dfrac{1}{Z_C} & 1 + \dfrac{Z_A}{Z_C} \end{bmatrix} \begin{bmatrix} 1 & 0 \\ \dfrac{1}{Z_B} & 1 \end{bmatrix}$

$= \begin{bmatrix} 1 + \dfrac{Z_A}{Z_B} & Z_A \\ \dfrac{Z_A + Z_B + Z_C}{Z_B Z_C} & 1 + \dfrac{Z_A}{Z_C} \end{bmatrix}$

| 정답 | 05 ① | 06 ④ |

07

임피던스 함수가 $Z(s) = \dfrac{s+50}{s^2+3s+2}[\Omega]$으로 주어지는 2단자 회로망에 $100[V]$의 직류 전압을 가했다면 회로의 전류는 몇 $[A]$인가?

① 4　　　② 6
③ 8　　　④ 10

해설

직류 전압을 가했으므로 $s = j\omega = j2\pi f$에서 $f=0$을 대입하면 $s=0$
$Z = \dfrac{s+50}{s^2+3s+2}\bigg|_{s=0} = 25\,[\Omega]$
$I = \dfrac{V}{Z} = \dfrac{100}{25} = 4[A]$

09

위상 정수가 $\dfrac{\pi}{8}[\text{rad/m}]$인 선로의 주파수가 $1[\text{MHz}]$일 때, 전파 속도는 몇 $[\text{m/s}]$인가?

① 1.6×10^7　　　② 3.2×10^7
③ 8×10^7　　　　④ 5×10^7

해설

전파 속도 $v = \dfrac{\omega}{\beta} = \dfrac{2\pi f}{\beta} = \dfrac{2\pi \times 1 \times 10^6}{\dfrac{\pi}{8}} = 16 \times 10^6 = 1.6 \times 10^7 [\text{m/s}]$

08

$R = 10[\Omega]$, $C = 50\,[\mu F]$의 직렬 회로에 $200[V]$의 직류를 기할 때 완충된 전기량 $Q[C]$는?

① 10　　　② 0.1
③ 0.01　　④ 0.001

해설

전기량 $Q = CV = 50 \times 10^{-6} \times 200 = 0.01[C]$

10

다음과 같은 회로에서 a, b 양단의 전압은 몇 $[V]$인가?

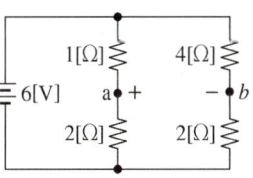

① 1　　　② 2
③ 2.5　　④ 3.5

해설 전압 분배의 법칙

$V_a = \dfrac{2}{1+2} \times 6 = 4[V]$, $V_b = \dfrac{2}{4+2} \times 6 = 2[V]$
$\therefore V_{ab} = V_a - V_b = 4 - 2 = 2[V]$

| 정답 | 07 ① | 08 ③ | 09 ① | 10 ② |

11

미분 방정식 $\ddot{x}+2\dot{x}+x=3u$로 표시되는 계의 시스템 행렬과 입력 행렬은?

① $\begin{bmatrix} 0 & 1 \\ -1 & -2 \end{bmatrix}, \begin{bmatrix} 0 \\ 3 \end{bmatrix}$ ② $\begin{bmatrix} 0 & 1 \\ -1 & 2 \end{bmatrix}, \begin{bmatrix} 0 \\ 3 \end{bmatrix}$

③ $\begin{bmatrix} 0 & 1 \\ -1 & 0 \end{bmatrix}, \begin{bmatrix} 3 \\ 0 \end{bmatrix}$ ④ $\begin{bmatrix} 0 & 1 \\ -1 & 2 \end{bmatrix}, \begin{bmatrix} 3 \\ 0 \end{bmatrix}$

해설

$\ddot{x}+2\dot{x}+x=3u$에 대한 시스템 행렬(A 행렬)과 입력 행렬(B 행렬)은 다음과 같다.

• 계수 행렬 A
- 1행 요소(불변): $[0 \quad 1]$
- 2행 요소(부호 반대): $[-1 \quad -2]$

$A = \begin{bmatrix} 0 & 1 \\ -1 & -2 \end{bmatrix}$

• 계수 행렬 B
- 1행 요소(불변): $[0]$
- 2행 요소(u의 계수): $[3]$

$B = \begin{bmatrix} 0 \\ 3 \end{bmatrix}$

$A = \begin{bmatrix} 0 & 1 \\ -1 & -2 \end{bmatrix}, B = \begin{bmatrix} 0 \\ 3 \end{bmatrix}$

12

$G(j\omega) = \dfrac{1}{j\omega T+1}$의 크기와 위상각은?

① $G(j\omega) = \sqrt{\omega^2 T^2 + 1}, \angle \tan^{-1}\omega T$

② $G(j\omega) = \sqrt{\omega^2 T^2 + 1}, \angle -\tan^{-1}\omega T$

③ $G(j\omega) = \dfrac{1}{\sqrt{\omega^2 T^2 + 1}}, \angle \tan^{-1}\omega T$

④ $G(j\omega) = \dfrac{1}{\sqrt{\omega^2 T^2 + 1}}, \angle -\tan^{-1}\omega T$

해설

크기 $|G(j\omega)| = \dfrac{\sqrt{1^2}}{\sqrt{(\omega T)^2 + 1^2}} = \dfrac{1}{\sqrt{\omega^2 T^2 + 1}}$

위상각 $\angle G(j\omega) = \dfrac{\angle \tan^{-1}\frac{0}{1}}{\angle \tan^{-1}\frac{\omega T}{1}} = \angle (0° - \tan^{-1}\omega T)$

$= \angle -\tan^{-1}\omega T$

13

폐루프 전달 함수 $\dfrac{C(s)}{R(s)}$가 다음과 같을 때 2차 제어계에 대한 설명 중 틀린 것은?

$$\dfrac{C(s)}{R(s)} = \dfrac{\omega_n^2}{s^2 + 2\delta\omega_n s + \omega_n^2}$$

① 최대 오버슈트는 $e^{-\pi\delta/\sqrt{1-\delta^2}}$이다.
② 특성 방정식은 $s^2 + 2\delta\omega_n s + \omega_n^2 = 0$이다.
③ 이 계는 $\delta = 0.1$일 때 부족 제동된 상태에 있다.
④ δ값을 작게 할수록 제동은 많이 걸리게 되어 비교 안정도는 향상된다.

해설

제동 계수 δ가 작아질수록 제동이 적게 걸리므로 안정도는 저하되는 특성이 있다.

14

노내 온도를 제어하는 프로세스 제어계에서 검출부에 해당하는 것은?

① 노   ② 밸브
③ 증폭기   ④ 열전대

해설

열전대는 제벡효과를 이용하여 서로 다른 금속체 접합점에 온도차가 생기면 열기전력이 발생하는 소자로, 프로세스 제어계에서 검출부에 해당한다.

| 정답 | 11 ① | 12 ④ | 13 ④ | 14 ④ |

15

블록 선도 변환이 틀린 것은?

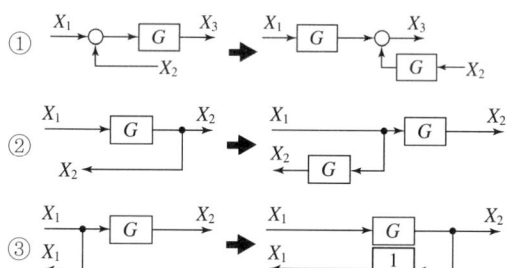

해설

보기의 블록 선도의 출력을 나타내면 다음과 같다.
① 왼쪽 그림: $X_3 = GX_1 + GX_2$
오른쪽 그림: $X_3 = GX_1 + GX_2$
(∴ 등가 회로 성립)
② 왼쪽 그림: $X_2 = GX_1$
오른쪽 그림: $X_2 = GX_1$
(∴ 등가 회로 성립)
③ 왼쪽 그림: $X_2 = GX_1$, $X_1 = X_1$
오른쪽 그림: $X_2 = GX_1$, $X_1 = G \times \dfrac{1}{G} \times X_1 = X_1$
(∴ 등가 회로 성립)
④ 왼쪽 그림: $X_3 = GX_1 + X_2$
오른쪽 그림: $X_3 = GX_1 + G \times G \times X_2$
$= GX_1 + G^2 X_2$
(∴ 등가 회로 성립하지 않음)

16

n차 선형 시불변 시스템의 상태 방정식을 $\dfrac{d}{dt}X(t) = AX(t) + Br(t)$로 표시할 때 상태 천이 행렬 $\phi(t)$ ($n \times n$ 행렬)에 관하여 틀린 것은?

① $\phi(t) = e^{At}$
② $\dfrac{d\phi(t)}{dt} = A \cdot \phi(t)$
③ $\phi(t) = \mathcal{L}^{-1}[(sI-A)^{-1}]$
④ $\phi(t)$는 시스템의 정상 상태 응답을 나타낸다.

해설

n차 선형 시불변 시스템의 상태 방정식을
$\dfrac{d}{dt}X(t) = AX(t) + Br(t)$로 표시할 때
상태 천이 행렬 $\phi(t)$ ($n \times n$ 행렬)에 관한 성질
- $\phi(t) = e^{At}$
- $\dfrac{d\phi(t)}{dt} = A\phi(t)$
- $\phi(t) = \mathcal{L}^{-1}[(sI-A)^{-1}]$
- $\phi(t)$ 함수: 시스템의 과도 상태 응답을 표현

| 정답 | 15 ④ 16 ④

17

블록 선도에서 ⓐ에 해당하는 신호는?

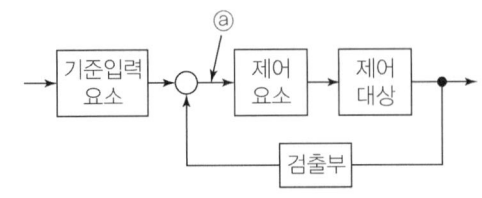

① 조작량
② 제어량
③ 기준 입력
④ 동작 신호

해설

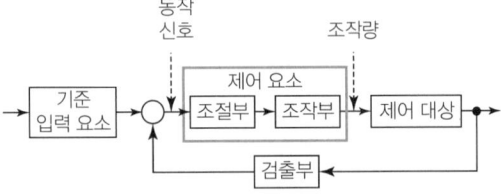

18

다음의 신호 흐름 선도를 메이슨의 공식을 이용하여 전달 함수를 구하고자 한다. 이 신호 흐름 선도에서 루프(Loop)는 몇 개인가?

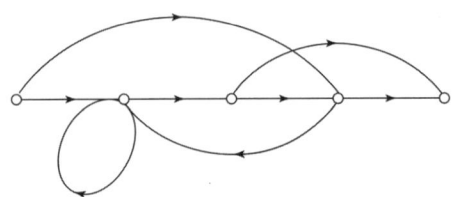

① 0
② 1
③ 2
④ 3

해설

다음 그림과 같이 폐루프는 2개이다.

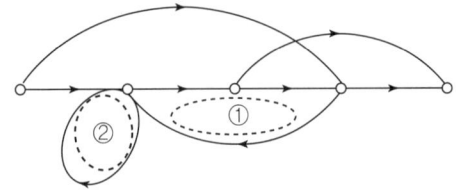

19

다음의 상태전도에서 가관측정(observability)에 대해 설명한 것 중 옳은 것은?

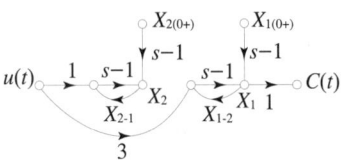

① X_1은 관측할 수 없다.
② X_2는 관측할 수 없다.
③ X_1, X_2 모두 관측할 수 없다.
④ 이 계통은 완전히 가관측에 있다.

해설

$C(t)$의 정보를 통해 X_1은 알 수 있지만, X_2는 확인할 수 없다.
$C(t)$가 X_1과는 연결되어 있지만 X_2와는 연결되어 있지 않기 때문이다.

20

논리식 $L = \overline{X}\,\overline{Y}Z + \overline{X}\,YZ + X\overline{Y}Z + XYZ$를 간소화한 식은?

① Z
② XZ
③ YZ
④ $X\overline{Z}$

해설

$L = \overline{X}\,\overline{Y}Z + \overline{X}\,YZ + X\overline{Y}Z + XYZ$
$= \overline{X}Z(\overline{Y} + Y) + XZ(\overline{Y} + Y)$
$= \overline{X}Z + XZ = Z(\overline{X} + X) = Z$

2022년 1회

01

그림의 신호 흐름 선도에서 전달 함수 $\dfrac{C(s)}{R(s)}$는?

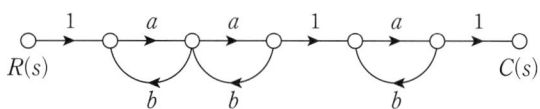

① $\dfrac{a^3}{(1-ab)^3}$ ② $\dfrac{a^3}{1-3ab+a^2b^2}$

③ $\dfrac{a^3}{1-3ab}$ ④ $\dfrac{a^3}{1-3ab+2a^2b^2}$

해설

메이슨 공식에 의해 전달 함수 $G = \dfrac{경로}{\Delta}$이다.

(단, $\Delta = 1 -$ (서로 다른 루프의 이득의 합) + (서로 접촉하지 않은 두 개의 루프의 이득의 곱) − (서로 접촉하지 않은 세 개의 루프의 이득의 곱) + ⋯)

- 전향 경로
  $1 \times a \times a \times 1 \times a \times 1 = a^3$
- 서로 다른 루프의 이득의 합
  $a \times b + a \times b + a \times b = 3ab$
- 서로 접촉하지 않은 두 개의 루프의 이득의 곱의 합
  - 좌측 루프와 우측 루프의 이득: $ab \times ab = a^2b^2$
  - 중간 루프와 우측 루프의 이득: $ab \times ab = a^2b^2$
- $\therefore a^2b^2 + a^2b^2 = 2a^2b^2$

따라서 전달 함수는 다음과 같다.

$\dfrac{C(s)}{R(s)} = \dfrac{a^3}{1-3ab+2a^2b^2}$

02

다음의 특성 방정식 중 안정한 제어시스템은?

① $s^3 + 3s^2 + 4s + 5 = 0$
② $s^4 + 3s^3 - s^2 + s + 10 = 0$
③ $s^5 + s^3 + 2s^2 + 4s + 3 = 0$
④ $s^4 - 2s^3 - 3s^2 + 4s + 5 = 0$

해설 제어계가 안정하기 위한 필수 조건

- 특성 방정식의 모든 계수의 부호가 같아야 한다.
- 특성 방정식의 모든 차수가 존재하여야 한다.
- 루드표를 작성하여 제열의 부호 변화가 없어야 한다.(부호 변화 개수는 s 평면의 우반 평면에 존재하는 근의 수를 의미한다.)

따라서 보기의 특성 방정식 중 안정한 시스템은 ①이다.

03

블록 선도에서 ⓐ에 해당하는 신호는?

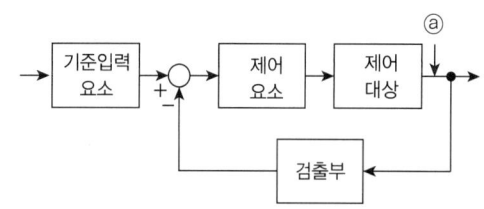

① 조작량   ② 제어량
③ 기준입력   ④ 동작신호

해설 제어량(출력)

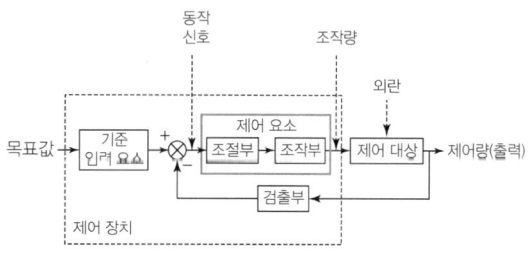

▲ 폐루프 제어계의 구성

관련개념

제어 요소에는 조절부와 조작부가 있다.

| 정답 | 01 ④   02 ①   03 ②

04

그림과 같은 보드 선도의 이득선도를 갖는 제어시스템의 전달함수는?

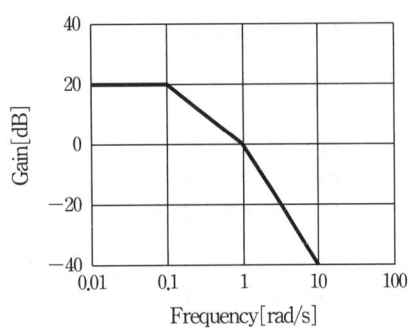

① $G(s) = \dfrac{10}{(s+1)(s+10)}$

② $G(s) = \dfrac{10}{(s+1)(10s+1)}$

③ $G(s) = \dfrac{20}{(s+1)(s+10)}$

④ $G(s) = \dfrac{20}{(s+1)(10s+1)}$

해설

주어진 보드 선도의 절점 주파수는 0.1과 1에 위치해 있으므로 전달 함수의 형태는 다음과 같다.

$G(s) = \dfrac{K}{(s+1)(s+0.1)}$

주어진 보드 선도에서 $\omega = 0$인 경우의 이득 여유값에서 미정 계수 K를 구해보면 다음과 같다.

$G(j\omega) = \dfrac{K}{(j\omega+1)(j\omega+0.1)}\bigg|_{\omega=0} = \dfrac{K}{0.1} = 10K$

→ $g = 20\log_{10}10K = 20[\text{dB}]$

∴ $K = 1$

따라서 주어진 보드 선도의 전달 함수는 다음과 같다.

$G(s) = \dfrac{1}{(s+1)(s+0.1)} = \dfrac{10}{(s+1)(10s+1)}$

※ 실제 시험에서 그림의 세로축이 0, -40, -20[dB]순으로 표기되어 풀 수 없는 문제로 전항정답 처리가 되었습니다.

관련개념

절점 주파수는 그래프가 꺾인 부분!

05

다음의 개루프 전달 함수에 대한 근궤적의 점근선이 실수축과 만나는 교차점은?

$$G(s)H(s) = \dfrac{K(s+3)}{s^2(s+1)(s+3)(s+4)}$$

① $\dfrac{5}{3}$ ② $-\dfrac{5}{3}$

③ $\dfrac{5}{4}$ ④ $-\dfrac{5}{4}$

해설

주어진 전달 함수에서 극점과 영점을 구한다.
Z(영점) $= -3$ → 1개
P(극점) $= 0, 0, -1, -3, -4$ → 5개
이를 점근선의 교차점 공식에 대입한다.

점근선의 교차점 $= \dfrac{\text{극점의 합}(\Sigma P) - \text{영점의 합}(\Sigma Z)}{\text{극점 수}(P) - \text{영점 수}(Z)}$

$= \dfrac{(0+0-1-3-4)-(-3)}{5-1} = -\dfrac{5}{4}$

06

그림과 같은 블록 선도의 제어시스템에 단위 계단 함수가 입력되었을 때 정상 상태 오차가 0.01이 되는 a의 값은?

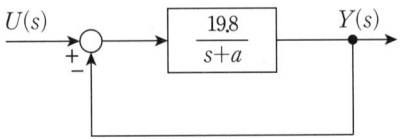

① 0.2   ② 0.6
③ 0.8   ④ 1.0

해설

제어계에 단위 계산 함수가 입력되었을 때

오차 상수 $K_p = \lim\limits_{s \to 0} G(s) = \lim\limits_{s \to 0} \dfrac{19.8}{s+a} = \dfrac{19.8}{a}$

정상 상태 오차 $e_p = \dfrac{1}{1+K_p} = \dfrac{1}{1+\dfrac{19.8}{a}} = 0.01$

위 식을 정리하면 $\dfrac{19.8}{a} = 99$에서 $a = 0.2$이다.

| 정답 | 04 ② 05 ④ 06 ①

07

그림과 같은 블록 선도의 전달 함수 $\dfrac{C(s)}{R(s)}$ 는?

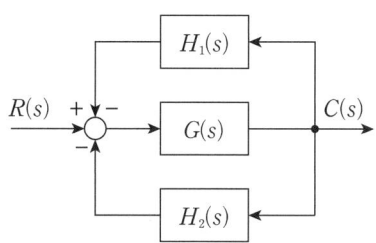

① $\dfrac{G(s)H_1(s)H_2(s)}{1+G(s)H_1(s)H_2(s)}$

② $\dfrac{G(s)}{1+G(s)H_1(s)H_2(s)}$

③ $\dfrac{G(s)}{1-G(s)(H_1(s)+H_2(s))}$

④ $\dfrac{G(s)}{1+G(s)(H_1(s)+H_2(s))}$

해설

전달 함수는 다음과 같다.

$\dfrac{C(s)}{R(s)} = \dfrac{\sum 경로}{1-\sum 폐루프}$

$= \dfrac{G(s)}{1-(-H_1(s)G(s)-H_2(s)G(s))}$

$= \dfrac{G(s)}{1+H_1(s)G(s)+H_2(s)G(s)}$

$= \dfrac{G(s)}{1+G(s)(H_1(s)+H_2(s))}$

08

그림과 같은 논리회로와 등가인 것은?

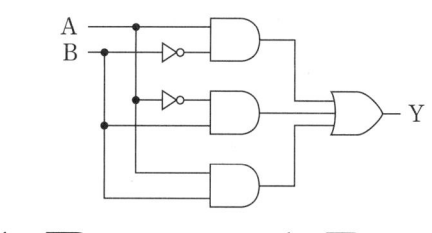

① A, B → AND → Y
② A, B → OR → Y
③ A, B → NAND → Y
④ A, B → NOR → Y

해설

그림의 회로를 불 대수로 표현하면 다음과 같다.

$Y = A\overline{B} + \overline{A}B + AB = A\overline{B} + \overline{A}B + AB + AB$
$= A(\overline{B}+B) + (\overline{A}+A)B = A+B$

⟩ : 논리합(OR), ⟂ : 논리곱(AND), ▷∘ : NOT 게이트

관련개념

$\overline{A} + A = 1$, $AB + AB = AB$

| 정답 | 07 ④ 08 ②

09

다음의 미분방정식과 같이 표현되는 제어 시스템이 있다. 이 제어시스템을 상태 방정식 $\dot{x} = Ax + Bu$로 나타내었을 때 시스템 행렬 A는?

$$\frac{d^3 C(t)}{dt^3} + 5\frac{d^2 C(t)}{dt^2} + \frac{dC(t)}{dt} + 2C(t) = r(t)$$

① $\begin{bmatrix} 0 & 1 & 0 \\ 0 & 0 & 1 \\ -2 & -1 & -5 \end{bmatrix}$ ② $\begin{bmatrix} 1 & 0 & 0 \\ 0 & 1 & 0 \\ -2 & -1 & -5 \end{bmatrix}$

③ $\begin{bmatrix} 0 & 1 & 0 \\ 0 & 0 & 1 \\ 2 & 1 & 5 \end{bmatrix}$ ④ $\begin{bmatrix} 1 & 0 & 0 \\ 0 & 1 & 0 \\ 2 & 1 & 5 \end{bmatrix}$

해설

상태 방정식 계수 행렬의 특성(3차 방정식인 경우)
- 계수 행렬 A
 - 1행 및 2행 요소(불변): $\begin{bmatrix} 0 & 1 & 0 \\ 0 & 0 & 1 \end{bmatrix}$
 - 3행 요소(부호 반대): $\begin{bmatrix} -2 & -1 & -5 \end{bmatrix}$

$\therefore A = \begin{bmatrix} 0 & 1 & 0 \\ 0 & 0 & 1 \\ -2 & -1 & -5 \end{bmatrix}$

10

$F(z) = \dfrac{(1-e^{-aT})z}{(z-1)(z-e^{-aT})}$ 의 역 z변환은?

① $1 - e^{-at}$ ② $1 + e^{-at}$
③ te^{-at} ④ te^{at}

해설

주어진 식을 부분분수로 전개한다.

$\dfrac{F(z)}{z} = \dfrac{(1-e^{-aT})}{(z-1)(z-e^{-aT})} = \dfrac{A}{z-1} + \dfrac{B}{z-e^{-aT}}$

$= \dfrac{1}{z-1} - \dfrac{1}{z-e^{-aT}}$

(단, $A = \dfrac{1-e^{-aT}}{z-e^{-aT}}\bigg|_{z=1} = 1$, $B = \dfrac{1-e^{-aT}}{z-1}\bigg|_{z=e^{-aT}} = -1$)

위의 식에서 좌변 분모의 z를 원래의 우변 분자에 이항하여 식을 정리한다.

$F(z) = \dfrac{z}{z-1} - \dfrac{z}{z-e^{-aT}}$

따라서 위의 식을 z 역변환하여 시간 함수로 바꾸면 다음과 같다.

$F(z) = \dfrac{z}{z-1} - \dfrac{z}{z-e^{-aT}} \rightarrow f(t) = 1 - e^{-at}$

11

3상 평형회로에 Y 결선의 부하가 연결되어 있고, 부하에서의 선간 전압이 $V_{ab} = 100\sqrt{3} \angle 0°[V]$일 때 선전류가 $I_a = 20 \angle -60°[A]$이었다. 이 부하의 한 상의 임피던스 $[\Omega]$는?

① $5 \angle 30°$ ② $5\sqrt{3} \angle 30°$
③ $5 \angle 60°$ ④ $5\sqrt{3} \angle 60°$

해설

a상의 상전압

$V_a = \dfrac{V_{ab}}{\sqrt{3} \angle 30°} = \dfrac{100\sqrt{3} \angle 0°}{\sqrt{3} \angle 30°} = 100 \angle -30°[V]$

Y 결선 시 상전류는 선전류와 위상과 크기가 같으므로
a상의 임피던스

$Z_a = \dfrac{V_a}{I_a} = \dfrac{100 \angle -30°}{20 \angle -60°} = 5 \angle 30°[\Omega]$

| 정답 | 09 ① 10 ① 11 ①

12

그림의 회로에서 $120[\text{V}]$와 $30[\text{V}]$의 전압원(능동소자)에서의 전력은 각각 몇 $[\text{W}]$인가?(단, 전압원(능동소자)에서 공급 또는 발생하는 전력은 양수(+)이고, 소비 또는 흡수하는 전력은 음수(-)이다.)

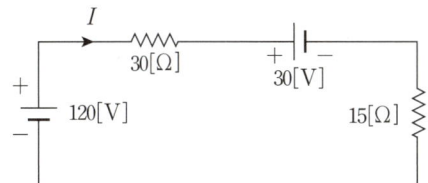

① $240[\text{W}], 60[\text{W}]$ ② $240[\text{W}], -60[\text{W}]$
③ $-240[\text{W}], 60[\text{W}]$ ④ $-240[\text{W}], -60[\text{W}]$

해설

- 회로 전체에 흐르는 전류
$I = \dfrac{V}{R} = \dfrac{120-30}{30+15} = \dfrac{90}{45} = 2[\text{A}]$
- $120[\text{V}]$ 전압원에서 공급하는 전력
$P_{120} = V_{120} \times I = 120 \times 2 = 240[\text{W}]$
- $30[\text{V}]$ 전압원에서 공급하는 전력
$P_{30} = V_{30} \times I = 30 \times 2 = 60[\text{W}]$
전류의 방향을 기준으로 $30[\text{V}]$ 전압원은 반대 방향에 있으므로 $-60[\text{W}]$를 공급 또는 $60[\text{W}]$를 흡수한다.

13

순시치 전류 $i(t) = I_m \sin(\omega t + \theta_I)[\text{A}]$의 파고율은 약 얼마인가?

① 0.577 ② 0.707
③ 1.414 ④ 1.732

해설

파고율 $= \dfrac{\text{최댓값}}{\text{실횻값}} = \dfrac{I_m}{\dfrac{I_m}{\sqrt{2}}} = \sqrt{2} \fallingdotseq 1.414$

관련개념

- 정현파의 최댓값 $I_{\max} = I_m$
- 정현파의 실횻값 $I_{\text{rms}} = \dfrac{I_m}{\sqrt{2}}$

14

정전 용량이 $C[\text{F}]$인 커패시터에 단위 임펄스의 전류원이 연결되어 있다. 이 커패시터의 전압 $v_C(t)$는?(단, $u(t)$는 단위 계단함수이다.)

① $v_C(t) = C$ ② $v_C(t) = Cu(t)$
③ $v_C(t) = \dfrac{1}{C}$ ④ $v_C(t) = \dfrac{1}{C}u(t)$

해설

주어진 조건을 시간 함수로 나타내면 다음과 같다.
$i(t) = C\dfrac{dv_C(t)}{dt} = \delta(t)$
위 식을 주파수 영역으로 라플라스 변환하면 다음과 같다.
$I(s) = Cs\,V_C(s) = 1$
$V_C(s)$에 대해 정리를 하면 $V_C(s) = \dfrac{1}{Cs}$이 된다.
위 식을 다시 시간 함수로 나타내면 다음과 같다.
$v_C(t) = \dfrac{1}{C}u(t)$

15

그림의 회로에서 $t=0[\text{s}]$에 스위치(S)를 닫은 후 $t=1[\text{s}]$일 때 이 회로에 흐르는 전류는 약 몇 [A]인가?

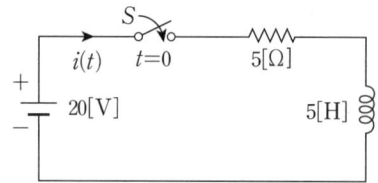

① 2.53
② 3.16
③ 4.21
④ 6.33

해설

$R-L$회로의 계단 응답

$i(t) = \dfrac{E}{R}\left(1-e^{-\frac{R}{L}t}\right)$

$E=20[\text{V}]$, $R=5[\Omega]$, $L=5[\text{H}]$이므로

$i(t) = \dfrac{20}{5}\left(1-e^{-\frac{5}{5}t}\right) = 4(1-e^{-t})[\text{A}]$

스위치를 닫은 후 1초 뒤에 흐르는 전류는 다음과 같다.

$i(1) = 4(1-e^{-1}) ≒ 2.53[\text{A}]$

관련개념

$i(t) = \dfrac{E}{R}\left(1-e^{-\frac{R}{L}t}\right)[\text{A}]$

16

분포정수 회로에 있어서 선로의 단위 길이당 저항이 $100[\Omega/\text{m}]$, 인덕턴스가 $200[\text{mH}/\text{m}]$, 누설컨덕턴스가 $0.5[℧/\text{m}]$일 때 일그러짐이 없는 조건(무왜형 조건)을 만족하기 위한 단위 길이당 커패시턴스는 몇 $[\mu\text{F}/\text{m}]$인가?

① 0.001
② 0.1
③ 10
④ 1,000

해설

무왜형 조건 $RC=LG$에서

$C = \dfrac{LG}{R} = \dfrac{(200\times 10^{-3})\times 0.5}{100} = 10^{-3}[\text{F}/\text{m}] = 1,000[\mu\text{F}/\text{m}]$

관련개념

무왜형 조건 $RC=LG$

17

그림의 회로가 정저항 회로로 되기 위한 $L[\text{mH}]$은?(단, $R=10[\Omega]$, $C=1,000[\mu\text{F}]$이다.)

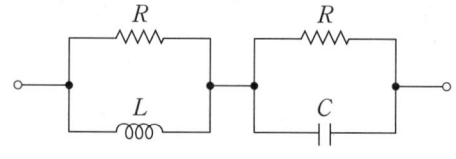

① 1
② 10
③ 100
④ 1,000

해설

그림의 회로가 정저항 회로가 되기 위한 조건

$R=\sqrt{\dfrac{L}{C}} \rightarrow R^2 = \dfrac{L}{C}$

∴ $L = R^2C = 10^2 \times 1,000 \times 10^{-6} = 0.1[\text{H}] = 100[\text{mH}]$

18

그림과 같이 3상 평형의 순저항 부하에 단상 전력계를 연결하였을 때 전력계가 $W[\text{W}]$를 지시하였다. 이 3상 부하에서 소모하는 전체 전력[W]은?

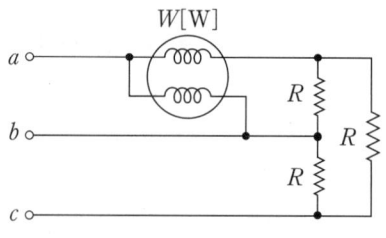

① $2W$
② $3W$
③ $\sqrt{2}\,W$
④ $\sqrt{3}\,W$

해설

3상 평형 순저항 부하이므로 단상 전력계를 어디에 연결하여도 전력계는 $W[\text{W}]$를 지시한다.
따라서 2전력계법에 의해 $P = W_1 + W_2 = W+W = 2W[\text{W}]$이다.

19

$f_e(t)$가 우함수이고 $f_o(t)$가 기함수일 때 주기함수 $f(t) = f_e(t) + f_o(t)$에 대한 다음 식 중 틀린 것은?

① $f_e(t) = f_e(-t)$
② $f_o(t) = -f_o(-t)$
③ $f_o(t) = \dfrac{1}{2}[f(t) - f(-t)]$
④ $f_e(t) = \dfrac{1}{2}[f(t) - f(-t)]$

해설
보기 ④의 함수는 주어진 조건의 함수로 표현할 수 없다.
① 우함수의 특성을 나타낸 것으로 Y축 대칭을 뜻한다.
② 기함수의 특성을 나타낸 것으로 원점 기준으로 점대칭을 뜻한다.
③ 주어진 식을 전개하면 다음과 같다.

$$\dfrac{1}{2}[f(t) - f(-t)] = \dfrac{1}{2}[f_e(t) + f_o(t) - f_e(-t) - f_o(-t)]$$
$$= \dfrac{1}{2}[f_e(t) - f_e(-t) + f_o(t) - f_o(-t)]$$
$$= \dfrac{1}{2}[f_e(t) - f_e(t) + f_o(t) - (-f_o(t))]$$
$$= \dfrac{1}{2} \times 2f_o(t) = f_o(t)$$

20

각 상의 전압이 다음과 같을 때 영상분 전압[V]의 순시치는?(단, 3상 전압의 상순은 $a-b-c$이다.)

$$v_a(t) = 40\sin\omega t \,[\text{V}]$$
$$v_b(t) = 40\sin\left(\omega t - \dfrac{\pi}{2}\right)[\text{V}]$$
$$v_c(t) = 40\sin\left(\omega t + \dfrac{\pi}{2}\right)[\text{V}]$$

① $40\sin\omega t$
② $\dfrac{40}{3}\sin\omega t$
③ $\dfrac{40}{3}\sin\left(\omega t - \dfrac{\pi}{2}\right)$
④ $\dfrac{40}{3}\sin\left(\omega t + \dfrac{\pi}{2}\right)$

해설 영상 전압

$$v_0 = \dfrac{v_a + v_b + v_c}{3} = \dfrac{40\sin\omega t + 40\sin\left(\omega t - \dfrac{\pi}{2}\right) + 40\sin\left(\omega t + \dfrac{\pi}{2}\right)}{3}$$

sin함수는 다음과 같이 변환이 가능하다.
$\sin(\omega t + \theta) = -\sin(\omega t + \theta + \pi)$
따라서 영상분 전압은 다음과 같이 표현할 수 있다.

$$v_0 = \dfrac{40\sin\omega t + 40\sin\left(\omega t - \dfrac{\pi}{2}\right) + 40\sin\left(\omega t + \dfrac{\pi}{2}\right)}{3}$$
$$= \dfrac{40\sin\omega t - 40\sin\left(\omega t + \dfrac{\pi}{2}\right) + 40\sin\left(\omega t + \dfrac{\pi}{2}\right)}{3}$$
$$= \dfrac{40}{3}\sin\omega t \,[\text{V}]$$

관련개념
$\sin(t + \theta) = -\sin(t + \theta + \pi)$

| 정답 | 19 ④ 20 ②

2022년 2회

01

다음의 논리식과 등가인 것은?

$$Y = (A+B)(\overline{A}+B)$$

① $Y = A$
② $Y = B$
③ $Y = \overline{A}$
④ $Y = \overline{B}$

해설 논리 대수

$Y = (A+B) \cdot (\overline{A}+B) = A\overline{A} + AB + \overline{A}B + BB$
$= AB + \overline{A}B + B$
$= B(A + \overline{A} + 1) = B$

02

기본 제어요소인 비례요소의 전달 함수는?(단, K는 상수이다.)

① $G(s) = K$
② $G(s) = Ks$
③ $G(s) = \dfrac{K}{s}$
④ $G(s) = \dfrac{K}{s+K}$

해설
- 비례 요소: $G(s) = K$
- 미분 요소: $G(s) = Ks$
- 적분 요소: $G(s) = \dfrac{K}{s}$
- 1차 지연 요소: $G(s) = \dfrac{K}{1+Ts}$

03

$F(z) = \dfrac{(1-e^{-aT})z}{(z-1)(z-e^{-aT})}$ 의 역 z 변환은?

① te^{-at}
② $a^t e^{-at}$
③ $1 + e^{-at}$
④ $1 - e^{-at}$

해설
주어진 식을 부분분수로 전개한다.

$\dfrac{F(z)}{z} = \dfrac{(1-e^{-aT})}{(z-1)(z-e^{-aT})} = \dfrac{A}{z-1} + \dfrac{B}{z-e^{-aT}} = \dfrac{1}{z-1} - \dfrac{1}{z-e^{-aT}}$

(단, $A = \dfrac{1-e^{-aT}}{z-e^{-aT}}\bigg|_{z=1} = 1$, $B = \dfrac{1-e^{-aT}}{z-1}\bigg|_{z=e^{-aT}} = -1$)

위의 식을 정리하고 z 역변환하여 시간 함수로 바꾸면 다음과 같다.

$F(z) = \dfrac{z}{z-1} - \dfrac{z}{z-e^{-aT}} \rightarrow f(t) = 1 - e^{-at}$

04

다음의 상태 방정식으로 표현되는 시스템의 상태 천이 행렬은?

$$\begin{bmatrix} \dfrac{d}{dt}x_1 \\ \dfrac{d}{dt}x_2 \end{bmatrix} = \begin{bmatrix} 0 & 1 \\ -3 & -4 \end{bmatrix} \begin{bmatrix} x_1 \\ x_2 \end{bmatrix}$$

① $\begin{bmatrix} 1.5e^{-t} - 0.5e^{-3t} & -1.5e^{-t} + 1.5e^{-3t} \\ 0.5e^{-t} - 0.5e^{-3t} & -0.5e^{-t} + 1.5e^{-3t} \end{bmatrix}$

② $\begin{bmatrix} 1.5e^{-t} - 0.5e^{-3t} & 0.5e^{-t} - 0.5e^{-3t} \\ -1.5e^{-t} + 1.5e^{-3t} & -0.5e^{-t} + 1.5e^{-3t} \end{bmatrix}$

③ $\begin{bmatrix} 1.5e^{-t} - 0.5e^{-4t} & 0.5e^{-t} - 0.5e^{-4t} \\ -1.5e^{-t} + 1.5e^{-4t} & -0.5e^{-t} + 1.5e^{-4t} \end{bmatrix}$

④ $\begin{bmatrix} 1.5e^{-t} - 0.5e^{-4t} & -1.5e^{-t} + 1.5e^{-4t} \\ 0.5e^{-t} - 0.5e^{-4t} & -0.5e^{-t} + 1.5e^{-4t} \end{bmatrix}$

해설
천이 행렬 $\phi(t) = \mathcal{L}^{-1}[(sI-A)^{-1}]$ 이므로 풀이하면 다음과 같다.

- $sI - A = \begin{bmatrix} s & 0 \\ 0 & s \end{bmatrix} - \begin{bmatrix} 0 & 1 \\ -3 & -4 \end{bmatrix} = \begin{bmatrix} s & -1 \\ 3 & s+4 \end{bmatrix}$

$|sI-A| = s(s+4) - (-1) \times 3 = s^2 + 4s + 3 = (s+1)(s+3)$

- $(sI-A)^{-1} = \dfrac{1}{(s+1)(s+3)} \begin{bmatrix} s+4 & 1 \\ -3 & s \end{bmatrix}$

$= \begin{bmatrix} \dfrac{s+4}{(s+1)(s+3)} & \dfrac{1}{(s+1)(s+3)} \\ \dfrac{-3}{(s+1)(s+3)} & \dfrac{s}{(s+1)(s+3)} \end{bmatrix}$

$= \begin{bmatrix} \dfrac{1.5}{s+1} - \dfrac{0.5}{s+3} & \dfrac{0.5}{s+1} - \dfrac{0.5}{s+3} \\ \dfrac{-1.5}{s+1} + \dfrac{1.5}{s+3} & \dfrac{-0.5}{s+1} + \dfrac{1.5}{s+3} \end{bmatrix}$

행렬 각각의 s 함수를 시간 함수로 역변환하면 다음과 같다.

$\phi(t) = \mathcal{L}^{-1}[(sI-A)^{-1}] = \begin{bmatrix} 1.5e^{-t} - 0.5e^{-3t} & 0.5e^{-t} - 0.5e^{-3t} \\ -1.5e^{-t} + 1.5e^{-3t} & -0.5e^{-t} + 1.5e^{-3t} \end{bmatrix}$

| 정답 | 01 ② 02 ① 03 ④ 04 ②

05

다음 블록 선도의 전달 함수 $\left(\dfrac{C(s)}{R(s)}\right)$는?

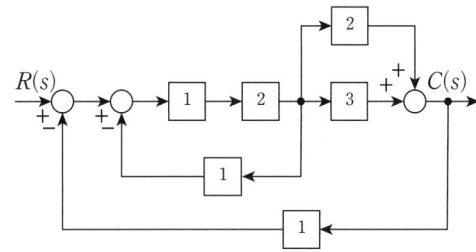

① $\dfrac{10}{9}$
② $\dfrac{10}{13}$
③ $\dfrac{12}{9}$
④ $\dfrac{12}{13}$

해설

메이슨 공식으로 주어진 블록 선도의 전달 함수를 구하면 다음과 같다.

$\dfrac{C(s)}{R(s)} = \dfrac{\sum 전향 이득}{1 - \sum 폐루프 이득}$

• 전향 이득
① $1 \times 2 \times 2 = 4$
② $1 \times 2 \times 3 = 6$

• 폐루프 이득
① $1 \times 2 \times (-1) = -2$
② $1 \times 2 \times 3 \times (-1) = -6$
③ $1 \times 2 \times 2 \times (-1) = -4$

따라서 전달 함수는 다음과 같다.

$\dfrac{C(s)}{R(s)} = \dfrac{4+6}{1-(-2-6-4)} = \dfrac{10}{13}$

06

제어시스템의 전달 함수가 $T(s) = \dfrac{1}{4s^2 + s + 1}$과 같이 표현될 때 이 시스템의 고유 주파수(ω_n[rad/s])와 감쇠율(ζ)은?

① $\omega_n = 0.25$, $\zeta = 1.0$
② $\omega_n = 0.5$, $\zeta = 0.25$
③ $\omega_n = 0.5$, $\zeta = 0.5$
④ $\omega_n = 1.0$, $\zeta = 0.5$

해설

2차 지연 요소의 전달 함수

$T(s) = \dfrac{\omega_n^2}{s^2 + 2\zeta\omega_n s + \omega_n^2}$

$= \dfrac{1}{4s^2 + s + 1}$

$= \dfrac{\dfrac{1}{4}}{s^2 + \dfrac{1}{4}s + \dfrac{1}{4}}$

$\omega_n^2 = \dfrac{1}{4}$이므로 고유 주파수 $\omega_n = \dfrac{1}{2} = 0.5$[rad/s]이다.

$2\zeta\omega_n = \dfrac{1}{4}$이므로 감쇠율은 다음과 같다.

$\zeta = \dfrac{1}{8\omega_n} = \dfrac{1}{4} = 0.25$

| 정답 | 05 ② 06 ②

07

다음의 개루프 전달 함수에 대한 근궤적이 실수축에서 이탈하게 되는 분지점은 약 얼마인가?

$$G(s)H(s) = \frac{K}{s(s+3)(s+8)}, \ K \geq 0$$

① -0.93
② -5.74
③ -6.0
④ -1.33

해설

주어진 식을 이득 상수 K에 대하여 정리한 후 s에 대해 미분한다.
$s(s+3)(s+8) + K = 0 \rightarrow K = -s^3 - 11s^2 - 24s$
$\frac{dK}{ds} = -3s^2 - 22s - 24 = 0 \rightarrow 3s^2 + 22s + 24 = (s+6)(3s+4) = 0$
∴ $s = -\frac{4}{3}, -6$

극점은 $0, -3, -8$이므로
근궤적의 범위는 $(-3 \sim 0), (-\infty \sim -8)$이다.
따라서 분지점은 $-\frac{4}{3} \fallingdotseq -1.33$만 가능하다.

08

전달 함수가 $G(s) = \dfrac{1}{0.1s(0.01s+1)}$과 같은 제어시스템에서 $\omega = 0.1[\text{rad/s}]$일 때의 이득[dB]과 위상각[°]은 약 얼마인가?

① $40[\text{dB}], -90°$
② $-40[\text{dB}], 90°$
③ $40[\text{dB}], -180°$
④ $-40[\text{dB}], -180°$

해설

• 전달 함수
$G(j\omega) = \dfrac{1}{0.1j\omega(0.01j\omega+1)}\bigg|_{\omega=0.1} = \dfrac{1}{j0.01(j0.001+1)}$
$\fallingdotseq \dfrac{1}{j0.01 \times 1} = -j100 \ (\because j0.001 \ll 1)$

• 전달 함수의 크기 $|G(j\omega)| = |-j100| = 100$
• 이득 $g = 20\log_{10}100 = 20 \times 2 = 40[\text{dB}]$
• 위상각 $G(j\omega) \fallingdotseq \dfrac{1}{j0.01}$이므로 $\theta = \dfrac{\angle 0°}{\angle 90°} = \angle -90°$

09

그림의 신호흐름선도를 미분방정식으로 표현한 것으로 옳은 것은?(단, 모든 초깃값은 0이다.)

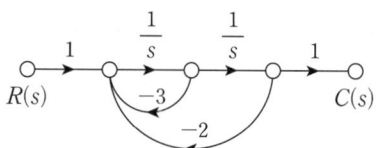

① $\dfrac{d^2c(t)}{dt^2} + 3\dfrac{dc(t)}{dt} + 2c(t) = r(t)$
② $\dfrac{d^2c(t)}{dt^2} + 2\dfrac{dc(t)}{dt} + 3c(t) = r(t)$
③ $\dfrac{d^2c(t)}{dt^2} - 3\dfrac{dc(t)}{dt} - 2c(t) = r(t)$
④ $\dfrac{d^2c(t)}{dt^2} - 2\dfrac{dc(t)}{dt} - 3c(t) = r(t)$

해설

• 전달 함수
$\dfrac{C(s)}{R(s)} = \dfrac{\dfrac{1}{s} \times \dfrac{1}{s}}{1-\left(-\dfrac{3}{s}-\dfrac{2}{s^2}\right)} = \dfrac{\dfrac{1}{s^2}}{1+\dfrac{3}{s}+\dfrac{2}{s^2}} = \dfrac{1}{s^2+3s+2}$

• 미분방정식
$C(s)(s^2+3s+2) = R(s)$
$s^2C(s) + 3sC(s) + 2C(s) = R(s)$
∴ $\dfrac{d^2c(t)}{dt^2} + 3\dfrac{dc(t)}{dt} + 2c(t) = r(t)$

| 정답 | 07 ④ 08 ① 09 ①

10

제어시스템의 특성 방정식이 $s^4+s^3-3s^2-s+2=0$와 같을 때, 이 특성 방정식에서 s 평면의 오른쪽에 위치하는 근은 몇 개인가?

① 0
② 1
③ 2
④ 3

해설

주어진 특성 방정식을 루드표로 작성하면 다음과 같다.

차수	제1열	제2열	제3열
s^4	1	-3	2
s^3	1	-1	0
s^2	$\dfrac{1\times(-3)-1\times(-1)}{1}=-2$	$\dfrac{1\times2-1\times0}{1}=2$	0
s^1	$\dfrac{(-2)\times(-1)-1\times2}{-2}=0$	$\dfrac{(-2)\times0-1\times0}{-2}=0$	0

s^1 행의 모든 열에서 0이 발생하였으므로 바로 위 s^2 행의 값을 s에 대하여 미분하여 s^1 차수의 제1열값을 다시 계산한다.

$\dfrac{d}{ds}(-2s^2+2)=-4s$

s^1의 계수는 -4이며 이 값을 적용하여 루드표를 작성한다.

차수	제1열	제2열	제3열
s^4	1	-3	2
s^3	1	-1	0
s^2	-2	2	0
s^1	-4	0	0
s^0	2	0	0

루드표의 제1열의 부호 변화가 2번 발생하였으므로 s 평면의 우반면에 근이 2개 존재한다.

관련개념

루드표의 제1열의 부호 변화는 우반면의 근의 존재를 의미한다.

11

상의 순서가 $a-b-c$인 불평형 3상 교류회로에서 각 상의 전류가 $I_a=7.28\angle15.95°[A]$, $I_b=12.81\angle-128.66°[A]$, $I_c=7.21\angle123.69°[A]$일 때 역상분 전류는 약 몇 [A]인가?

① $8.95\angle-1.14°$
② $8.95\angle1.14°$
③ $2.51\angle-96.55°$
④ $2.51\angle96.55°$

해설 3상 불평형에서 역상분

$I_2=\dfrac{1}{3}(I_a+a^2I_b+aI_c)[A]$

$I_2=\dfrac{1}{3}(7.28\angle15.95°+1\angle240°\times12.81\angle-128.66°$
$\qquad+1\angle120°\times7.21\angle123.69°)$

$=\dfrac{1}{3}(7.28\angle15.95°+12.81\angle111.34°+7.21\angle243.69°)$

$=\dfrac{1}{3}(7.28(\cos15.95°+j\sin15.95°)$
$\qquad+12.81(\cos111.34°+j\sin111.34°)$
$\qquad+7.21(\cos243.69°+j\sin243.69°))$

$≒2.51\angle96.55°[A]$

12

그림과 같은 T형 4단자 회로의 임피던스 파라미터 Z_{22}는?

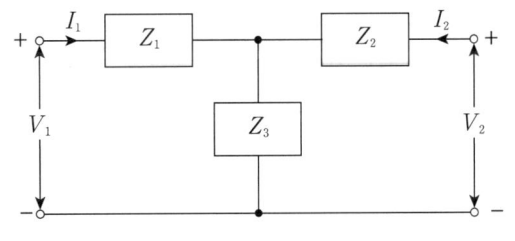

① Z_3
② Z_1+Z_2
③ Z_1+Z_3
④ Z_2+Z_3

해설 T형 4단자 회로 임피던스 파라미터

$\begin{bmatrix}Z_{11}&Z_{12}\\Z_{21}&Z_{22}\end{bmatrix}=\begin{bmatrix}Z_1+Z_3&Z_3\\Z_3&Z_2+Z_3\end{bmatrix}$

| 정답 | 10 ③ 11 ④ 12 ④

13

$f(t) = \mathcal{L}^{-1}\left[\dfrac{s^2+3s+2}{s^2+2s+5}\right]$는?

① $\delta(t)+e^{-t}(\cos 2t-\sin 2t)$
② $\delta(t)+e^{-t}(\cos 2t+2\sin 2t)$
③ $\delta(t)+e^{-t}(\cos 2t-2\sin 2t)$
④ $\delta(t)+e^{-t}(\cos 2t+\sin 2t)$

해설

$\dfrac{s^2+3s+2}{s^2+2s+5} = 1 + \dfrac{s+3}{s^2+2s+5} = 1 + \dfrac{s+3}{(s+1)^2+2^2}$
$= 1 + \dfrac{(s+1)}{(s+1)^2+2^2} - 2\dfrac{2}{(s+1)^2+2^2}$

복소 추이의 정리를 이용하여 위 식을 역라플라스 변환하면 다음과 같다.

$f(t) = \delta(t) + e^{-t}\cos 2t - 2e^{-t}\sin 2t$
$= \delta(t) + e^{-t}(\cos 2t - 2\sin 2t)$

관련개념 라플라스 변환

$\cos t \to \dfrac{s}{s^2+1^2}$, $\sin t \to \dfrac{1}{s^2+1^2}$

14

RL 직렬회로에서 시정수가 $0.03[\mathrm{s}]$, 저항이 $14.7[\Omega]$일 때 이 회로의 인덕턴스$[\mathrm{mH}]$는?

① 441
② 362
③ 17.6
④ 2.53

해설

시정수 $\tau = \dfrac{L}{R}$

$\therefore L = \tau R = 0.03 \times 14.7 = 0.441[\mathrm{H}] = 441[\mathrm{mH}]$

관련개념
시정수란 정상상태의 $63[\%]$까지 도달하는 시간을 의미한다.

15

그림과 같은 부하에 선간 전압이 $V_{ab}=100\angle 30°[\mathrm{V}]$인 평형 3상 전압을 가했을 때 선전류 $I_a[\mathrm{A}]$는?

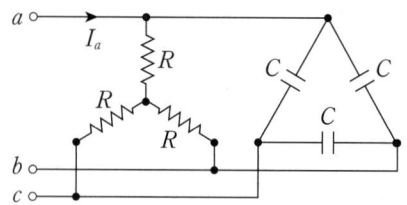

① $\dfrac{100}{\sqrt{3}}\left(\dfrac{1}{R}+j3\omega C\right)$
② $100\left(\dfrac{1}{R}+j\sqrt{3}\omega C\right)$
③ $\dfrac{100}{\sqrt{3}}\left(\dfrac{1}{R}+j\omega C\right)$
④ $100\left(\dfrac{1}{R}+j\omega C\right)$

해설

Y 결선으로 변환한 콘덴서 부하를 C'이라고 하면 리액턴스는 $X_{C'}=\dfrac{1}{3}X_C$를 만족한다.

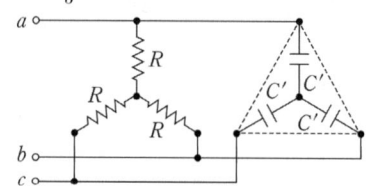

위 회로는 다음과 같이 등가 회로로 나타낼 수 있다.

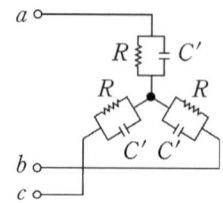

한 상의 어드미턴스 $Y = \dfrac{1}{R}+j\omega C' = \dfrac{1}{R}+j3\omega C$ 이므로 Y 결선의 선전류는 다음과 같다.

$I_a = \dfrac{\frac{V_l}{\sqrt{3}}}{Z} = \dfrac{V_l}{\sqrt{3}} \times Y = \dfrac{100}{\sqrt{3}}\left(\dfrac{1}{R}+j3\omega C\right)[\mathrm{A}]$

| 정답 | 13 ③ 14 ① 15 ① |

16

회로에서 $6[\Omega]$에 흐르는 전류[A]는?

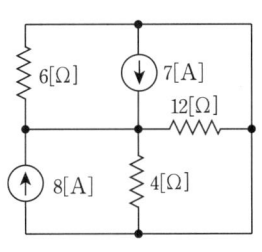

① 2.5
② 5
③ 7.5
④ 10

해설

• $8[A]$ 전류원만을 고려하였을 때
$7[A]$ 전류원은 개방되므로 다음과 같이 등가 회로를 만들 수 있다.

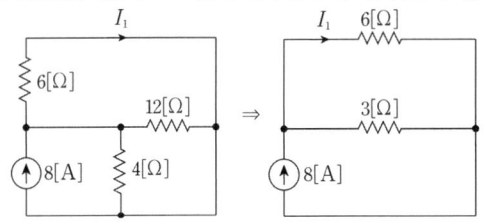

이때 $6[\Omega]$으로 흐르는 전류를 $I_1[A]$라 하면

$I_1 = 8 \times \dfrac{3}{6+3} = \dfrac{8}{3}[A]$

• $7[A]$ 전류원만을 고려하였을 때
$8[A]$ 전류원은 개방되므로 다음과 같이 등가 회로를 만들 수 있다.

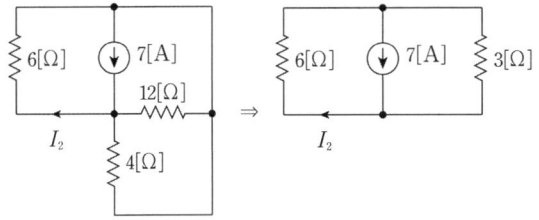

이때 $6[\Omega]$으로 흐르는 전류를 $I_2[A]$라 하면

$I_2 = 7 \times \dfrac{3}{6+3} = \dfrac{7}{3}[A]$

• 중첩의 원리를 이용하여 $6[\Omega]$에 흐르는 전류를 구한다.

$I = I_1 + I_2 = \dfrac{8}{3} + \dfrac{7}{3} = 5[A]$

관련개념

중첩의 원리 사용 시
전압원: 단락, 전류원: 개방

17

그림 (a)의 Y 결선 회로를 그림 (b)의 Δ 결선 회로로 등가 변환했을 때 R_{ab}, R_{bc}, R_{ca}는 각각 몇 $[\Omega]$인가?(단, $R_a = 2[\Omega]$, $R_b = 3[\Omega]$, $R_c = 4[\Omega]$)

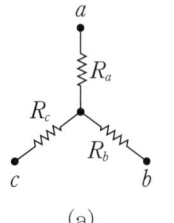
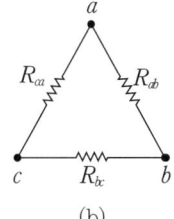

(a)   (b)

① $R_{ab} = \dfrac{6}{9}$, $R_{bc} = \dfrac{12}{9}$, $R_{ca} = \dfrac{8}{9}$

② $R_{ab} = \dfrac{1}{3}$, $R_{bc} = 1$, $R_{ca} = \dfrac{1}{2}$

③ $R_{ab} = \dfrac{13}{2}$, $R_{bc} = 13$, $R_{ca} = \dfrac{26}{3}$

④ $R_{ab} = \dfrac{11}{3}$, $R_{bc} = 11$, $R_{ca} = \dfrac{11}{2}$

해설

$Y - \Delta$ 변환 공식을 이용한다.

• $R_{ab} = \dfrac{R_a R_b + R_b R_c + R_c R_a}{R_c} = \dfrac{2 \times 3 + 3 \times 4 + 4 \times 2}{4} = \dfrac{13}{2}[\Omega]$

• $R_{bc} = \dfrac{R_a R_b + R_b R_c + R_c R_a}{R_a} = \dfrac{2 \times 3 + 3 \times 4 + 4 \times 2}{2} = 13[\Omega]$

• $R_{ca} = \dfrac{R_a R_b + R_b R_c + R_c R_a}{R_b} = \dfrac{2 \times 3 + 3 \times 4 + 4 \times 2}{3} = \dfrac{26}{3}[\Omega]$

| 정답 | 16 ②   17 ③

18

분포정수로 표현된 선로의 단위 길이당 저항이 $0.5[\Omega/\text{km}]$, 인덕턴스가 $1[\mu\text{H}/\text{km}]$, 커패시턴스가 $6[\mu\text{F}/\text{km}]$일 때 일그러짐이 없는 조건(무왜형 조건)을 만족하기 위한 단위 길이당 컨덕턴스 $[\mho/\text{km}]$는?

① 1 ② 2
③ 3 ④ 4

해설

무왜형 선로 조건은 $RC = LG$ 이므로
$G = \dfrac{RC}{L} = \dfrac{0.5[\Omega/\text{km}] \times 6[\mu\text{F}/\text{km}]}{1[\mu\text{H}/\text{km}]}$
$= 3[\mho/\text{km}]$

※ 실제 시험에서 컨덕턴스의 단위를 $[\mho/\text{km}]$가 아닌 $[\mho/\text{m}]$로 주어져 정답이 없는 문제로 전항정답 처리가 되었습니다.

19

회로에서 $I_1 = 2e^{-j\frac{\pi}{6}}[\text{A}]$, $I_2 = 5e^{j\frac{\pi}{6}}[\text{A}]$, $I_3 = 5.0[\text{A}]$, $Z_3 = 1.0[\Omega]$일 때 부하(Z_1, Z_2, Z_3) 전체에 대한 복소전력은 약 몇 $[\text{VA}]$인가?

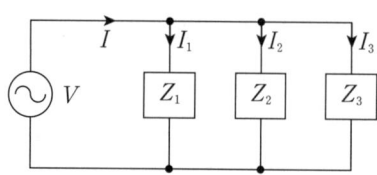

① $55.3 - j7.5$ ② $55.3 + j7.5$
③ $45 - j26$ ④ $45 + j26$

해설

그림의 회로는 병렬 임피던스 회로이므로 전압이 걸리는 크기는 같다.
$V = I_3 Z_3 = 5.0 \times 1.0 = 5[\text{V}]$
오일러 식으로 표현된 I_1, I_2 전류를 각각 페이저로 표현한다.
$I_1 = 2e^{-j\frac{\pi}{6}} = 2\angle-30° = 2(\cos(-30°) + j\sin(-30°))$
$\fallingdotseq 1.73 - j[\text{A}]$
$I_2 = 5e^{j\frac{\pi}{6}} = 5\angle 30° = 5(\cos 30° + j\sin 30°) \fallingdotseq 4.33 + j2.5[\text{A}]$
회로 전체에 흐르는 전류는 다음과 같다.
$I = I_1 + I_2 + I_3 = 1.73 + 4.33 + 5 + j(-1 + 2.5)$
$= 11.06 + j1.5[\text{A}]$
전압에 허수부가 없으므로 전체 복소 전력은 다음과 같다.
$P_a = V\bar{I} = 5 \times (11.06 - j1.5) = 55.3 - j7.5[\text{VA}]$

20

다음과 같은 비정현파 교류 전압 $v(t)$와 전류 $i(t)$에 의한 평균 전력은 약 몇 $[\text{W}]$인가?

$$v(t) = 200\sin 100\pi t + 80\sin\left(300\pi t - \dfrac{\pi}{2}\right)[\text{V}]$$
$$i(t) = \dfrac{1}{5}\sin\left(100\pi t - \dfrac{\pi}{3}\right) + \dfrac{1}{10}\sin\left(300\pi t - \dfrac{\pi}{4}\right)[\text{A}]$$

① 6.414   ② 8.586
③ 12.828 ④ 24.212

해설

고조파 성분이 동일한 전압과 전류를 곱하여 전력을 구한다.
• 기본파 전력
$P_1 = \dfrac{200}{\sqrt{2}} \times \dfrac{\frac{1}{5}}{\sqrt{2}} \times \cos\left(0 - \left(-\dfrac{\pi}{3}\right)\right) = 20 \times \cos\dfrac{\pi}{3} = 10[\text{W}]$
• 제3 고조파 전력
$P_3 = \dfrac{80}{\sqrt{2}} \times \dfrac{\frac{1}{10}}{\sqrt{2}} \times \cos\left(-\dfrac{\pi}{2} - \left(-\dfrac{\pi}{4}\right)\right)$
$= 4 \times \cos\left(-\dfrac{\pi}{4}\right) = 2\sqrt{2} \fallingdotseq 2.828[\text{W}]$
따라서 평균전력은 다음과 같다.
$P = P_1 + P_3 = 10 + 2.828 = 12.828[\text{W}]$

| 정답 | 18 ③   19 ①   20 ③

2022년 3회

01

아래와 같은 시스템에서 이 시스템이 안정하기 위한 K의 범위를 구하면?

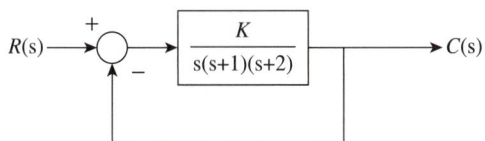

① $0 < K < 6$
② $1 < K < 5$
③ $-1 < K < 6$
④ $-1 < K < 5$

해설

• 전달 함수

$$\frac{C(s)}{R(s)} = \frac{\frac{K}{s(s+1)(s+2)}}{1-\left(-\frac{K}{s(s+1)(s+2)}\right)} = \frac{K}{s(s+1)(s+2)+K}$$

$$= \frac{K}{s^3+3s^2+2s+K}$$

• 특성 방정식
$s^3 + 3s^2 + 2s + K = 0$

특성 방정식을 루드표로 작성하면 다음과 같다.

차수	제1열	제2열
s^3	1	2
s^2	3	K
s^1	$\frac{3 \times 2 - 1 \times K}{3} = \frac{6-K}{3}$	0
s^0	K	0

제어계가 안정하려면 위 루드표의 제1열의 부호 변화가 없어야 한다.
$K > 0$, $\frac{6-K}{3} > 0 \rightarrow K < 6$

따라서 안정하기 위한 위의 2가지 조건을 모두 충족하는 조건은
$0 < K < 6$ 이다.

02

다음의 신호 선도에서 $\dfrac{Y(s)}{D(s)}$를 구하면?

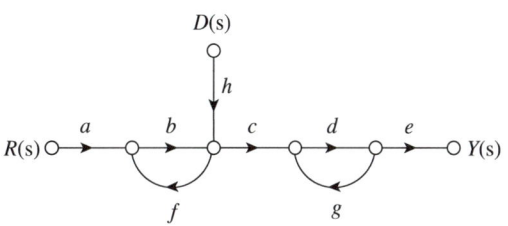

① $\dfrac{cdeh}{1-bf-dg+bdfg}$
② $\dfrac{abcde+hcde}{1-bf-dg+bfdg}$
③ $\dfrac{cdeh}{1-dg}$
④ $\dfrac{abcde+hcde}{1-dg}$

해설

$$\frac{Y(s)}{D(s)} = \frac{hcde}{1-(bf+dg)+bfdg} = \frac{cdeh}{1-bf-dg+bdfg}$$

03

ω가 O에서 ∞까지 변화하였을때 $G(j\omega)$의 크기와 위상각을 극좌표에 그린 것으로 이 궤적을 표시하는 선도는?

① 근궤적도
② 나이퀴스트 선도
③ 니콜스 선도
④ 보드 선도

해설 나이퀴스트 선도

ω가 O에서 ∞까지 변화할 때 $G(j\omega)$의 크기와 위상각을 극좌표에 나타낸 것

| 정답 | 01 ① 02 ① 03 ②

04

단위 부궤환 제어시스템의 개루프 전달 함수 $G(s)$가 다음과 같이 주어져 있다. 이때 다음 설명 중 틀린 것은?

$$G(s) = \frac{\omega_n^2}{s(s+2\zeta\omega_n)}$$

① 이 시스템은 $\zeta = 1.2$일 때 과제동 된 상태에 있게 된다.
② 이 폐루프 시스템의 특성방정식은 $s^2 + 2\zeta\omega_n s + \omega_n^2 = 0$이다.
③ ζ값이 작게 될수록 제동이 많이 걸리게 된다.
④ ζ값이 음의 값이면 불안정하게 된다.

해설
제동비 ζ가 작아질수록 제동이 적게 걸리게 되므로 안정도는 저하되는 특성이 있다.

관련개념
제동비 $\zeta = 1.2 > 1$로 과제동(비진동) 상태에 있게 된다.

05

논리식 $\overline{x}y + \overline{x}\,\overline{y}$를 간단히 하면?

① xy
② $\overline{x}$
③ $\overline{y}$
④ $x+y$

해설
주어진 논리식을 간소화하면 다음과 같다.
$\overline{x}y + \overline{x}\,\overline{y} = \overline{x}(y + \overline{y}) = \overline{x}$

관련개념
$y + \overline{y} = 1$

06

보상기에서 원래 시스템에 극점을 첨가하면 일어나는 현상은?

① 시스템의 안정도가 감소된다.
② 시스템의 과도응답시간이 짧아진다.
③ 근궤적을 s 평면의 왼쪽으로 옮겨준다.
④ 안정도와는 무관하다.

해설
시스템에 극점을 첨가하면 과도 응답 시간이 길어지고, 시스템의 안정도가 감소한다.(분모의 s 차수 증가)

07

특성 방정식이 $s^5 + s^4 + 4s^3 + 3s^2 + Ks + 1 = 0$인 제어계가 안정하기 위한 K의 범위는?

① $0 < K < 4$
② $\dfrac{5-\sqrt{5}}{2} < K < \dfrac{5+\sqrt{5}}{2}$
③ $0 < K < \dfrac{5+\sqrt{5}}{2}$
④ $\dfrac{5-\sqrt{5}}{2} < K < 4$

해설
주어진 특성 방정식을 루드표로 작성하면 다음과 같다.

차수	제1열	제2열	제3열
s^5	1	4	K
s^4	1	3	1
s^3	$\dfrac{4-3}{1} = 1$	$\dfrac{K-1}{1} = K-1$	0
s^2	$\dfrac{3-(K-1)}{1} = 4-K$	1	0
s^1	$\dfrac{(4-K)(K-1)-1}{4-K}$		
s^0			

제어계가 안정하기 위해서 제1열의 부호 변화가 없어야 한다.
• $4 - K > 0 \rightarrow K < 4$
• $(4-K)(K-1) - 1 > 0 \rightarrow K^2 - 5K + 5 < 0$
두 조건을 모두 만족하는 K의 값은
$\dfrac{5-\sqrt{5}}{2} < K < \dfrac{5+\sqrt{5}}{2}$

| 정답 | 04 ③ 05 ② 06 ① 07 ②

08

$R(z) = \dfrac{(1-e^{-aT})z}{(z-1)(z-e^{-aT})}$ 의 역 z변환은?

① $1-e^{-at}$ ② $1+e^{-at}$
③ te^{-at} ④ te^{at}

해설

주어진 식을 부분분수로 전개한다.

$\dfrac{R(z)}{z} = \dfrac{(1-e^{-aT})}{(z-1)(z-e^{-aT})} = \dfrac{A}{z-1} + \dfrac{B}{z-e^{-aT}}$

$= \dfrac{1}{z-1} - \dfrac{1}{z-e^{-aT}}$

단, $A = \left.\dfrac{1-e^{-aT}}{z-e^{-aT}}\right|_{z=1} = 1$

$B = \left.\dfrac{1-e^{-aT}}{z-1}\right|_{z=e^{-aT}} = -1$

위의 식에서 좌변 분모의 z를 원래의 우변 분자에 이항하여 식을 정리한다.

$R(z) = \dfrac{z}{z-1} - \dfrac{z}{z-e^{-aT}}$

따라서 위의 식을 z 역변환하여 시간 함수로 바꾸면 다음과 같다.

$R(z) = \dfrac{z}{z-1} - \dfrac{z}{z-e^{-aT}} \rightarrow r(t) = 1-e^{-at}$

09

그림과 같은 논리회로의 출력 Y는?

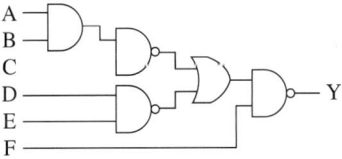

① $ABCDE + \overline{F}$
② $\overline{ABCDE} + F$
③ $\overline{A} + \overline{B} + \overline{C} + \overline{D} + \overline{E} + F$
④ $A + B + C + D + E + \overline{F}$

해설

$Y = \overline{(\overline{ABC} + \overline{DE}) \cdot F} = ABCDE + \overline{F}$

10

자동 제어계의 과도 응답의 설명으로 틀린 것은?

① 지연시간은 최종값의 $50[\%]$에 도달하는 시간이다.
② 정정시간은 응답의 최종값의 허용범위가 $\pm 5[\%]$ 내에 안정되기 까지 요하는 시간이다.
③ 백분율 오버슈트=(최대오버슈트/최종목표값)×100
④ 상승시간은 최종값의 $10[\%]$에서 $100[\%]$까지 도달하는데 요하는 시간이다.

해설

- 상승 시간: 제어계 출력이 입력의 $10 \sim 90[\%]$에 진행하는 데 걸리는 시간
- 지연 시간: 제어계 출력이 입력의 $50[\%]$에 진행하는 데 걸리는 시간
- 백분율 오버슈트 = $\dfrac{\text{최대 오버슈트}}{\text{최종 목표값}} \times 100$

11

$R=2[\Omega]$, $L=10[\text{mH}]$, $C=4[\mu\text{F}]$의 직렬 공진회로의 선택도 Q값은 얼마인가?

① 25 ② 45
③ 65 ④ 85

해설 직렬 공진회로의 선택도(전압 확대비)

$Q = \dfrac{1}{R}\sqrt{\dfrac{L}{C}} = \dfrac{1}{2} \times \sqrt{\dfrac{10 \times 10^{-3}}{4 \times 10^{-6}}} = 25$

12

4단자망의 파라미터 정수에 관한 서술 중 잘못된 것은?

① $ABCD$ 파라미터 중 A, D는 차원(dimension)이 없다.
② h 파라미터 중 h_{12} 및 h_{21}은 차원이 없다.
③ $ABCD$ 파라미터 중 B는 어드미턴스, C는 임피던스의 차원을 갖는다.
④ h 파라미터 중 h_{11}은 임피던스, h_{22}는 어드미턴스의 차원을 갖는다.

해설 A, B, C, D 파라미터의 정의

A: 입력과 출력의 전압 이득 B: 입력과 출력의 임피던스$[\Omega]$
C: 입력과 출력의 어드미턴스$[\mho]$ D: 입력과 출력의 전류 이득

13

다음 회로에서 저항 R에 흐르는 전류 I는 몇 [A]인가?

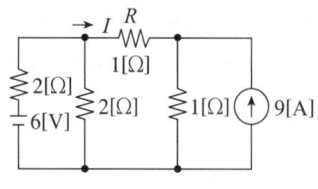

① 2
② 1
③ −2
④ −1

해설

중첩의 원리를 적용하여 각 전원이 단독으로 있을 때 저항 R에 흐르는 전류를 각각 구한다.

$$I_{6[V]} = \frac{6}{2 + \frac{2 \times (1+1)}{2+(1+1)}} = 2[A]$$

$$\therefore I_R' = \frac{2}{2+1+1} \times 2 = 1[A]$$

(저항 R의 왼쪽에서 오른쪽으로 흐름)

$$I_{9[A]} = \frac{1}{1+1+\frac{2 \times 2}{2+2}} \times 9 = 3[A]$$

(저항 R의 오른쪽에서 왼쪽으로 흐름)

$$\therefore I_R'' = -3[A]$$

따라서 두 전류를 합성하면 아래와 같다.

$$I_R = I_R' + I_R'' = 1 - 3 = -2[A]$$

14

$e = 100\sqrt{2}\sin\omega t + 75\sqrt{2}\sin3\omega t + 20\sqrt{2}\sin5\omega t$ [V]인 전압을 RL 직렬회로에 가할 때 제3 고조파 전류의 실효치는?(단, $R = 4[\Omega]$, $\omega L = 1[\Omega]$이다.)

① 15
② $15\sqrt{2}$
③ 20
④ $20\sqrt{2}$

해설

제3 고조파에 대한 임피던스값

$$Z_3 = R + j3\omega L = 4 + j3[\Omega]$$

따라서 제3 고조파 전류의 실효값은 아래와 같다.

$$I_3 = \frac{V_3}{|Z_3|} = \frac{\frac{75\sqrt{2}}{\sqrt{2}}}{\sqrt{4^2+3^2}} = 15[A]$$

15

다음과 같은 Z파라미터로 표시되는 4단자망의 $1-1'$ 단자 간에 4[A], $2-2'$ 단자 간에 1[A]의 정전류원을 연결하였을 때의 $1-1'$ 단자간의 전압 V_1과 $2-2'$간의 전압 V_2가 바르게 구하여진 것은?(단, Z파라미터의 단위는 [Ω]이다.)

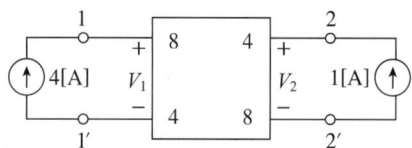

① $V_1 = 18[V]$, $V_2 = 12[V]$
② $V_1 = 18[V]$, $V_2 = 24[V]$
③ $V_1 = 36[V]$, $V_2 = 24[V]$
④ $V_1 = 24[V]$, $V_2 = 36[V]$

해설

$$\begin{bmatrix} V_1 \\ V_2 \end{bmatrix} = \begin{bmatrix} Z_{11} & Z_{12} \\ Z_{21} & Z_{22} \end{bmatrix}\begin{bmatrix} I_1 \\ I_2 \end{bmatrix} = \begin{bmatrix} 8 & 4 \\ 4 & 8 \end{bmatrix}\begin{bmatrix} 4 \\ 1 \end{bmatrix} = \begin{bmatrix} 36 \\ 24 \end{bmatrix}$$

$\therefore V_1 = 36[V]$, $V_2 = 24[V]$

16

3상 불평형 전압을 V_a, V_b, V_c라고 할 때, 역상 전압 V_2는 얼마인가?

① $V_2 = \frac{1}{3}(V_a + V_b + V_c)$
② $V_2 = \frac{1}{3}(V_a + a^2 V_b + a V_c)$
③ $V_2 = \frac{1}{3}(V_a + a V_b + a^2 V_c)$
④ $V_2 = \frac{1}{3}(V_a + a^2 V_b + V_c)$

해설

- 영상 전압 $V_0 = \frac{1}{3}(V_a + V_b + V_c)$[V]
- 정상 전압 $V_1 = \frac{1}{3}(V_a + a V_b + a^2 V_c)$[V]
- 역상 전압 $V_2 = \frac{1}{3}(V_a + a^2 V_b + a V_c)$[V]

| 정답 | 13 ③ 14 ① 15 ③ 16 ②

17

최댓값 V_0, 내부 임피던스 $Z_0 = R_0 + jX_0 (R_0 > 0)$인 전원에서 공급할 수 있는 최대 전력은?

① $\dfrac{V_0^2}{8R_0}$ ② $\dfrac{V_0^2}{4R_0}$

③ $\dfrac{V_0^2}{2R_0}$ ④ $\dfrac{V_0^2}{2\sqrt{2}\,R_0}$

해설 최대 공급 전력

$$P_{max} = \dfrac{V^2}{4R_0} = \dfrac{\left(\dfrac{V_0}{\sqrt{2}}\right)^2}{4R_0} = \dfrac{\dfrac{V_0^2}{2}}{4R_0} = \dfrac{V_0^2}{8R_0}[W]$$

18

세 변의 저항 $R_a = R_b = R_c = 15[\Omega]$인 Y 결선 회로가 있다. 이것과 등가인 Δ 결선 회로의 각 변의 저항$[\Omega]$은?

① 135   ② 45
③ 15   ④ 5

해설
$R_\Delta = 3R_Y = 3 \times 15 = 45[\Omega]$
(∵ Δ 결선은 Y 결선의 3배)

19

2전력계법으로 평형 3상 전력을 측정하였더니 한쪽의 지시가 $500[W]$, 다른 한쪽의 지시가 $1,500[W]$이었다. 피상 전력은 약 몇 $[VA]$인가?

① 2,000   ② 2,310
③ 2,646   ④ 2,771

해설
2전력계법에서의 피상 전력
$P_a = 2\sqrt{P_1^2 + P_2^2 - P_1 P_2}$
$= 2\sqrt{500^2 + 1,500^2 - 500 \times 1,500} = 2,646[VA]$

20

회로에서 $V = 10[V]$, $R = 10[\Omega]$, $L = 1[H]$, $C = 10[\mu F]$ 그리고 $V_c(0) = 0$일 때 스위치 K를 닫은 직후 전류의 변화율 $\dfrac{di(0^+)}{dt}$의 값$[A/sec]$은?

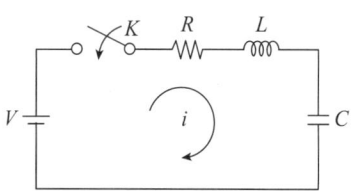

① 0   ② 1
③ 5   ④ 10

해설
$R^2 = 10^2 = 100$, $4\dfrac{L}{C} = 4 \times \dfrac{1}{10 \times 10^{-6}} = 400,000$으로

$R^2 < 4\dfrac{L}{C}$ 이므로 진동 조건이다

RLC 직렬회로의 진동 조건에서의 전류 변화율 식에 대입한다.

$i(t) = \dfrac{E}{\beta L} e^{-\alpha t} \sin\beta t$

$\dfrac{di(t)}{dt} = \dfrac{E}{\beta L}[-\alpha e^{-\alpha t}\sin\beta t + \beta e^{-\alpha t}\cos\beta t]_{t=0} = \dfrac{E}{\beta L} \times \beta = \dfrac{E}{L}$

$= \dfrac{10}{1} = 10[A/sec]$

2021년 1회

01

개루프 전달 함수 $G(s)H(s)$로부터 근궤적을 작성할 때 실수축에서의 점근선의 교차점은?

$$G(s)H(s) = \frac{K(s-2)(s-3)}{s(s+1)(s+2)(s+4)}$$

① 2 ② 5
③ -4 ④ -6

해설

Z(영점) = 2, 3
P(극점) = 0, -1, -2, -4

∴ 점근선의 교차점 = $\dfrac{\text{극점의 합}(\Sigma P) - \text{영점의 합}(\Sigma Z)}{\text{극점 수}(P) - \text{영점 수}(Z)}$

$= \dfrac{(0-1-2-4)-(2+3)}{4-2} = \dfrac{-12}{2} = -6$

02

특성 방정식이 $2s^4 + 10s^3 + 11s^2 + 5s + K = 0$으로 주어진 제어 시스템이 안정하기 위한 조건은?

① $0 < K < 2$ ② $0 < K < 5$
③ $0 < K < 6$ ④ $0 < K < 10$

해설

주어진 특성 방정식을 루드표로 작성하면 다음과 같다.

차수	제1열	제2열	제3열
s^4	2	11	K
s^3	10	5	0
s^2	$\dfrac{10 \times 11 - 2 \times 5}{10} = 10$	$\dfrac{10 \times K - 2 \times 0}{10} = K$	0
s^1	$\dfrac{10 \times 5 - 10 \times K}{10} = 5 - K$	0	0
s^0	K	0	0

제어계가 안정하려면 루드표의 제1열의 부호 변화가 없어야 한다.
$K > 0$, $5 - K > 0 \rightarrow K < 5$
따라서 안정하기 위한 위의 2가지 조건을 모두 충족하는 조건은 $0 < K < 5$이다.

03

신호 흐름 선도에서 전달 함수 $\dfrac{C(s)}{R(s)}$는?

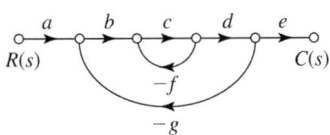

① $\dfrac{abcde}{1-cg-bcdg}$ ② $\dfrac{abcde}{1-cf+bcdg}$
③ $\dfrac{abcde}{1+cf-bcdg}$ ④ $\dfrac{abcde}{1+cf+bcdg}$

해설

주어진 신호 흐름 선도의 전달 함수를 메이슨 공식에 적용하여 구하면 다음과 같다.

$\dfrac{C(s)}{R(s)} = \dfrac{\Sigma \text{경로}}{1 - \Sigma \text{폐루프}} = \dfrac{a \times b \times c \times d \times e}{1 - \{c \times (-f) + b \times c \times d \times (-g)\}}$

$= \dfrac{abcde}{1 + cf + bcdg}$

04

적분 시간 3[sec], 비례 감도가 3인 비례 적분 동작을 하는 제어 요소가 있다. 이 제어 요소에 동작신호 $x(t) = 2t$를 주었을 때 조작량은 얼마인가?(단, 초기 조작량 $y(t)$는 0으로 한다.)

① $t^2 + 2t$ ② $t^2 + 4t$
③ $t^2 + 6t$ ④ $t^2 + 8t$

해설

비례 적분 제어 함수식 $y(t) = K_p\left(x(t) + \dfrac{1}{T_i}\int x(t)\,dt\right)$

∴ $Y(s) = K_p\left(X(s) + \dfrac{1}{T_i s}X(s)\right) = K_p\left(1 + \dfrac{1}{T_i s}\right)X(s)$ … (1)

$K_p = 3$, $T_i = 3$, $X(s) = \mathcal{L}[x(t)] = \mathcal{L}[2t] = \dfrac{2}{s^2}$

값을 식 (1)에 대입하면

$Y(s) = 3\left(1 + \dfrac{1}{3s}\right) \times \dfrac{2}{s^2} = \left(3 + \dfrac{1}{s}\right) \times \dfrac{2}{s^2} = \dfrac{2}{s^3} + \dfrac{6}{s^2}$

이 값을 시간 함수로 역변환하면 다음과 같다.

$\mathcal{L}^{-1}\left[\dfrac{2}{s^3}\right] = t^2$, $\mathcal{L}^{-1}\left[\dfrac{6}{s^2}\right] = 6t$

∴ $y(t) = t^2 + 6t$

| 정답 | 01 ④ 02 ② 03 ④ 04 ③

05

$\overline{A} + \overline{B} \cdot \overline{C}$와 등가인 논리식은?

① $\overline{A \cdot (B+C)}$
② $\overline{A + B \cdot C}$
③ $\overline{A \cdot B + C}$
④ $\overline{A \cdot B} + C$

해설

문제에 주어진 논리식에 드 모르간 정리를 적용한다.
$\overline{A} + \overline{B} \cdot \overline{C} = \overline{A} + \overline{B+C} = \overline{A \cdot (B+C)}$

관련개념 드 모르간 정리

- $\overline{A \cdot B} = \overline{A} + \overline{B}$
- $\overline{A + B} = \overline{A} \cdot \overline{B}$

06

블록 선도와 같은 단위 피드백 제어 시스템의 상태 방정식은?(단, 상태 변수는 $x_1(t) = c(t)$, $x_2(t) = \dfrac{d}{dt}c(t)$로 한다.)

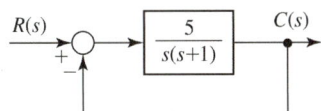

① $\dot{x}_1(t) = x_2(t)$
   $\dot{x}_2(t) = -5x_1(t) - x_2(t) + 5r(t)$
② $\dot{x}_1(t) = x_2(t)$
   $\dot{x}_2(t) = -5x_1(t) - x_2(t) - 5r(t)$
③ $\dot{x}_1(t) = -x_2(t)$
   $\dot{x}_2(t) = 5x_1(t) + x_2(t) - 5r(t)$
④ $\dot{x}_1(t) = -x_2(t)$
   $\dot{x}_2(t) = -5x_1(t) - x_2(t) + 5r(t)$

해설

메이슨 공식으로 주어진 블록 선도의 전달 함수를 구하면 다음과 같다.

$$\frac{C(s)}{R(s)} = \frac{\sum 경로}{1 - \sum 폐루프} = \frac{\dfrac{5}{s(s+1)}}{1 - \left(-\dfrac{5}{s(s+1)}\right)} = \frac{5}{s^2 + s + 5}$$

→ $s^2 C(s) + s C(s) + 5 C(s) = 5 R(s)$

위 식을 시간 함수로 표현하면 다음과 같다.

$\dfrac{d^2}{dt^2} c(t) + \dfrac{d}{dt} c(t) + 5 c(t) = 5 r(t)$

→ $\dfrac{d^2}{dt^2} c(t) = -\dfrac{d}{dt} c(t) - 5 c(t) + 5 r(t)$

문제에 주어진 조건으로 상태 방정식을 구한다.

$\dot{x}_1(t) = \dfrac{d}{dt} c(t) = x_2(t)$

$\dot{x}_2(t) = \dfrac{d^2}{dt^2} c(t) = -\dfrac{d}{dt} c(t) - 5 c(t) + 5 r(t)$
$= -5 x_1(t) - x_2(t) + 5 r(t)$

07

2차 제어 시스템의 감쇠율(Damping Ratio, δ)이 $\delta < 0$인 경우 제어 시스템의 과도 응답 특성은?

① 발산
② 무제동
③ 임계 제동
④ 과제동

해설 과도 응답 특성

- $1 < \delta$: 과제동
- $\delta = 1$: 임계 제동
- $0 < \delta < 1$: 부족 제동
- $\delta = 0$: 무제동
- $\delta < 0$: 발산

| 정답 | 05 ① | 06 ① | 07 ① |

08

$e(t)$의 z변환을 $E(z)$라고 했을 때 $e(t)$의 최종값 $e(\infty)$은?

① $\lim_{z \to 1} E(z)$
② $\lim_{z \to \infty} E(z)$
③ $\lim_{z \to 1} (1-z^{-1}) E(z)$
④ $\lim_{z \to \infty} (1-z^{-1}) E(z)$

해설

z변환의 최종값 정리
$$\lim_{t \to \infty} e(t) = \lim_{z \to 1} (1-z^{-1}) E(z)$$

09

블록 선도의 제어 시스템은 단위 램프 입력에 대한 정상 상태 오차(정상 편차)가 0.01이다. 이 제어 시스템의 제어 요소인 $G_{C1}(s)$의 k는?

$$G_{C1}(s) = k, \quad G_{C2}(s) = \frac{1+0.1s}{1+0.2s}$$
$$G_P(s) = \frac{200}{s(s+1)(s+2)}$$

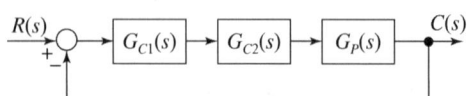

① 0.1
② 1
③ 10
④ 100

해설

- 단위 램프 입력에 대한 속도 편차 상수
$$K_v = \lim_{s \to 0} s \times (G_{C1}(s) \times G_{C2}(s) \times G_P(s))$$
$$= \lim_{s \to 0} s \times \frac{k \times (1+0.1s) \times 200}{s(s+1)(s+2)(1+0.2s)} = 100k$$

- 정상 편차
$$e_v = \frac{1}{K_v} = \frac{1}{100k} = 0.01$$
$$\therefore k = \frac{1}{100} \times \frac{1}{0.01} = 1$$

10

블록 선도의 전달 함수 $\dfrac{C(s)}{R(s)}$는?

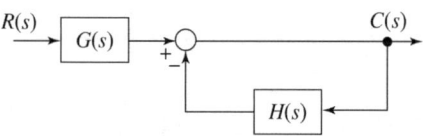

① $\dfrac{G(s)}{1+H(s)}$
② $\dfrac{G(s)}{1+G(s)H(s)}$
③ $\dfrac{1}{1+H(s)}$
④ $\dfrac{1}{1+G(s)H(s)}$

해설

메이슨 공식으로 주어진 블록 선도의 전달 함수를 구하면 다음과 같다.

$$\frac{C(s)}{R(s)} = \frac{\sum 경로}{1-\sum 폐루프} = \frac{G(s)}{1-(-H(s))} = \frac{G(s)}{1+H(s)}$$

11

$F(s) = \dfrac{2s^2+s-3}{s(s^2+4s+3)}$의 라플라스 역변환은?

① $1-e^{-t}+2e^{-3t}$
② $1-e^{-t}-2e^{-3t}$
③ $-1-e^{-t}-2e^{-3t}$
④ $-1+e^{-t}+2e^{-3t}$

해설

$$F(s) = \frac{2s^2+s-3}{s(s^2+4s+3)} = \frac{2s^2+s-3}{s(s+1)(s+3)}$$
$$= \frac{A}{s} + \frac{B}{s+1} + \frac{C}{s+3}$$
$$A = \frac{2s^2+s-3}{s(s+1)(s+3)} \times s \bigg|_{s=0} = -1$$
$$B = \frac{2s^2+s-3}{s(s+1)(s+3)} \times (s+1) \bigg|_{s=-1} = 1$$
$$C = \frac{2s^2+s-3}{s(s+1)(s+3)} \times (s+3) \bigg|_{s=-3} = 2$$
$$F(s) = -\frac{1}{s} + \frac{1}{s+1} + \frac{2}{s+3}$$
$$\therefore f(t) = -1 + e^{-t} + 2e^{-3t}$$

관련개념

역라플라스 변환 $\dfrac{1}{s+a} \Rightarrow e^{-at}$

| 정답 | 08 ③ 09 ② 10 ① 11 ④

12

전압 및 전류가 다음과 같을 때 유효 전력[W] 및 역률[%]은 각각 약 얼마인가?

$$v(t) = 100\sin\omega t - 50\sin(3\omega t + 30°)$$
$$\quad + 20\sin(5\omega t + 45°)[V]$$
$$i(t) = 20\sin(\omega t + 30°) + 10\sin(3\omega t - 30°)$$
$$\quad + 5\cos 5\omega t [A]$$

① 825[W], 48.6[%]   ② 776.4[W], 59.7[%]
③ 1,120[W], 77.4[%]   ④ 1,850[W], 89.6[%]

해설

$P = VI\cos\theta = \frac{100}{\sqrt{2}} \times \frac{20}{\sqrt{2}} \times \cos(0° - 30°)$
$\quad - \frac{50}{\sqrt{2}} \times \frac{10}{\sqrt{2}} \times \cos\{30° - (-30°)\}$
$\quad + \frac{20}{\sqrt{2}} \times \frac{5}{\sqrt{2}} \times \cos(45° - 90°) \fallingdotseq 776.4[W]$

$P_a = VI = \sqrt{\left(\frac{100}{\sqrt{2}}\right)^2 + \left(\frac{-50}{\sqrt{2}}\right)^2 + \left(\frac{20}{\sqrt{2}}\right)^2}$
$\quad \times \sqrt{\left(\frac{20}{\sqrt{2}}\right)^2 + \left(\frac{10}{\sqrt{2}}\right)^2 + \left(\frac{5}{\sqrt{2}}\right)^2}$
$\quad \fallingdotseq 1,301.2[VA]$

$\therefore \cos\theta = \frac{P}{P_a} = \frac{776.4}{1,301.2} \fallingdotseq 0.597 (\therefore 59.7[\%])$

13

회로에서 $t=0$초일 때 닫혀 있는 스위치 S를 열었다. 이 때 $\frac{dv(0^+)}{dt}$의 값은?(단, C의 초기 전압은 $0[V]$이다.)

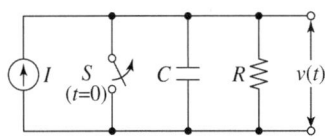

① $\frac{1}{RI}$ ② $\frac{C}{I}$
③ RI ④ $\frac{I}{C}$

해설

커패시터 C에 흐르는 전류를 $i_C(t)$라 하면
$i_C(t) = \frac{E}{R}e^{-\frac{1}{RC}t} = \frac{IR}{R}e^{-\frac{1}{RC}t} = Ie^{-\frac{1}{RC}t}[A]$

따라서 저항 R에 흐르는 전류 $i_R(t)$은
$i_R(t) = I - i_C(t) = I - Ie^{-\frac{1}{Rc}t} = I\left(1 - e^{-\frac{1}{RC}t}\right)[A]$

$\therefore v(t) = i_R(t)R = IR\left(1 - e^{-\frac{1}{RC}t}\right)[V]$

$\frac{dv(t)}{dt} = IR\left\{-\left(-\frac{1}{RC}\right)e^{-\frac{1}{RC}t}\right\} = \frac{I}{C}e^{-\frac{1}{RC}t}$

$\therefore \frac{dv(0^+)}{dt} = \frac{I}{C}$

14

△ 결선된 대칭 3상 부하가 $0.5[\Omega]$인 저항만의 선로를 통해 평형 3상 전압원에 연결되어 있다. 이 부하의 소비전력이 $1,800[\text{W}]$이고 역률이 0.8(지상)일 때, 선로에서 발생하는 손실이 $50[\text{W}]$이면 부하의 단자전압$[\text{V}]$의 크기는?

① 627
② 525
③ 326
④ 225

해설

선로 저항에 의한 손실을 P_l, 선전류를 I_l이라 하면

$P_l = 3I_l^2 R \rightarrow I_l = \sqrt{\dfrac{P_l}{3R}} = \sqrt{\dfrac{50}{3 \times 0.5}} \fallingdotseq 5.77[\text{A}]$

$P = \sqrt{3}\, V_l I_l \cos\theta$이므로

$V_l = \dfrac{P}{\sqrt{3}\, I_l \cos\theta} = \dfrac{1,800}{\sqrt{3} \times 5.77 \times 0.8} \fallingdotseq 225[\text{V}]$

15

그림과 같이 △ 회로를 Y 회로로 등가 변환하였을 때 임피던스 $Z_a[\Omega]$는?

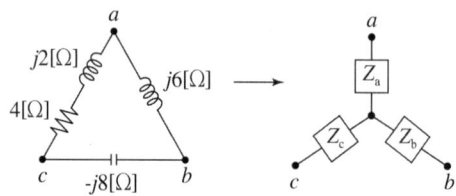

① 12
② $-3+j6$
③ $4-j8$
④ $6+j8$

해설

$Z_a = \dfrac{Z_{ab} Z_{ca}}{Z_{ab} + Z_{bc} + Z_{ca}} = \dfrac{j6 \times (4+j2)}{j6 - j8 + 4 + j2} = -3 + j6[\Omega]$

16

그림과 같은 H형의 4단자 회로망에서 4단자 정수(전송 파라미터) A는?(단, V_1은 입력 전압, V_2는 출력 전압, A는 출력 개방 시 회로망의 전압 이득$\left(\dfrac{V_1}{V_2}\right)$이다.)

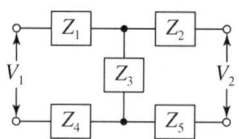

① $\dfrac{Z_1+Z_2+Z_3}{Z_3}$
② $\dfrac{Z_1+Z_3+Z_4}{Z_3}$
③ $\dfrac{Z_2+Z_3+Z_5}{Z_3}$
④ $\dfrac{Z_3+Z_4+Z_5}{Z_3}$

해설

입력부와 출력부의 임피던스를 각각 합하여 회로를 재구성하면 다음과 같다.

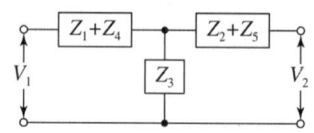

$\therefore A = 1 + \dfrac{Z_1+Z_4}{Z_3} = \dfrac{Z_1+Z_3+Z_4}{Z_3}$

17

특성 임피던스가 $400[\Omega]$인 회로 말단에 $1,200[\Omega]$의 부하가 연결되어 있다. 전원 측에 $20[\text{kV}]$의 전압을 인가할 때 반사파의 크기$[\text{kV}]$는?(단, 선로에서의 전압 감쇠는 없는 것으로 간주한다.)

① 3.3
② 5
③ 10
④ 33

해설

$Z_1 = 400[\Omega]$, $Z_2 = 1,200[\Omega]$이고 전원 전압을 V_1, 반사파 전압을 V_2라 하면

반사 계수 $\rho = \dfrac{V_2}{V_1} = \dfrac{Z_2 - Z_1}{Z_1 + Z_2} = \dfrac{1,200 - 400}{400 + 1,200} = 0.5$

$\therefore V_2 = \rho V_1 = 0.5 \times 20 = 10[\text{kV}]$

| 정답 | 14 ④ | 15 ② | 16 ② | 17 ③ |

18

회로에서 전압 $V_{ab}[\text{V}]$는?

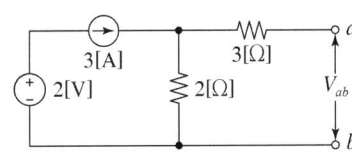

① 2
② 3
③ 6
④ 9

해설

중첩의 원리
- 전압원 2[V]만 인가 시(전류원 개방)
  전류원이 개방된 상태이므로 $V_{ab}' = 0[\text{V}]$
- 전류원 3[A]만 인가 시(전압원 단락)
  $V_{ab}'' = 3 \times 2 = 6[\text{V}]$

∴ $V_{ab} = V_{ab}' + V_{ab}'' = 6[\text{V}]$

관련개념

중첩의 원리 사용 시
전압원: 단락, 전류원: 개방

19

△ 결선된 평형 3상 부하로 흐르는 선전류가 I_a, I_b, I_c일 때, 이 부하로 흐르는 영상분 전류 $I_0[\text{A}]$는?

① $3I_a$
② I_a
③ $\dfrac{1}{3}I_a$
④ 0

해설

평형 상태이므로 영상분 $I_0 = \dfrac{1}{3}(I_a + I_b + I_c)$에서

$I_a + I_b + I_c = 0$

∴ $I_0 = 0[\text{A}]$

20

저항 $R = 15[\Omega]$과 인덕턴스 $L = 3[\text{mH}]$를 병렬로 접속한 회로의 서셉턴스의 크기는 약 몇 $[\mho]$인가?(단, $\omega = 2\pi \times 10^5$)

① 3.2×10^{-2}
② 8.6×10^{-3}
③ 5.3×10^{-4}
④ 4.9×10^{-5}

해설

RL 병렬회로의 컨덕턴스 $G[\mho]$, 서셉턴스 $B[\mho]$, 어드미턴스 $Y[\mho]$의 관계식은

$$Y = \frac{1}{R} + \frac{1}{j\omega L} = \frac{1}{R} - j\frac{1}{\omega L} = G - jB[\mho]$$

∴ $B = \dfrac{1}{\omega L} = \dfrac{1}{2\pi \times 10^5 \times 3 \times 10^{-3}} \fallingdotseq 5.3 \times 10^{-4}[\mho]$

| 정답 | 18 ③ 19 ④ 20 ③

2021년 2회

01

그림의 블록 선도와 같이 표현되는 제어 시스템에서 $A=1$, $B=1$일 때, 블록 선도의 출력 C는 약 얼마인가?

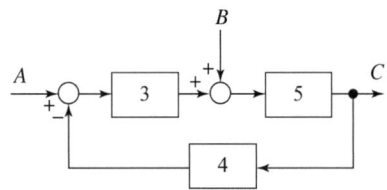

① 0.22
② 0.33
③ 1.22
④ 3.1

해설
주어진 블록 선도를 메이슨 공식에 적용하여 전달 함수를 구한다.
$$\frac{C}{A} = \frac{3 \times 5}{1-(3 \times 5 \times (-4))} = \frac{15}{61}$$
$$\frac{C}{B} = \frac{5}{1-(5 \times (-4) \times 3)} = \frac{5}{61}$$
$$\therefore C = \frac{15}{61} \times A + \frac{5}{61} \times B = \frac{15}{61} \times 1 + \frac{5}{61} \times 1 = \frac{20}{61} \fallingdotseq 0.33$$

02

제어 요소가 제어 대상에 주는 양은?

① 동작 신호
② 조작량
③ 제어량
④ 궤환량

해설
조작량은 제어 요소가 제어 대상에 주는 양으로, 제어 장치의 출력인 동시에 제어 대상의 입력인 신호이다.

03

다음과 같은 상태 방정식으로 표현되는 제어 시스템의 특성 방정식의 근(s_1, s_2)은?

$$\begin{bmatrix} \dot{x_1} \\ \dot{x_2} \end{bmatrix} = \begin{bmatrix} 0 & 1 \\ -2 & -3 \end{bmatrix} \begin{bmatrix} x_1 \\ x_2 \end{bmatrix} + \begin{bmatrix} 1 \\ 0 \end{bmatrix} u$$

① 1, −3
② −1, −2
③ −2, −3
④ −1, −3

해설
특성 방정식은 $|sI-A|=0$이다.
$sI-A = \begin{bmatrix} s & 0 \\ 0 & s \end{bmatrix} - \begin{bmatrix} 0 & 1 \\ -2 & -3 \end{bmatrix} = \begin{bmatrix} s & -1 \\ 2 & s+3 \end{bmatrix}$
$|sI-A| = s(s+3)+2 = s^2+3s+2$
$= (s+1)(s+2) = 0$
따라서 특성 방정식의 근은 −1과 −2이다.

04

전달 함수가 $G_C(s) = \dfrac{s^2+3s+5}{2s}$인 제어기가 있다. 이 제어기는 어떤 제어기인가?

① 비례 미분 제어기
② 적분 제어기
③ 비례 적분 제어기
④ 비례 미분 적분 제어기

해설
- $G_C(s) = \dfrac{s^2+3s+5}{2s} = \dfrac{s^2}{2s} + \dfrac{3s}{2s} + \dfrac{5}{2s}$
$= \dfrac{3}{2} + \dfrac{s}{2} + \dfrac{5}{2s} = \dfrac{3}{2}\left(1 + \dfrac{s}{3} + \dfrac{5}{3s}\right)$
- 비례 미분 적분 전달 함수
$G(s) = K_p\left(1 + T_d s + \dfrac{1}{T_i s}\right)$
$\therefore$ 비례 감도(K_p) = $\dfrac{3}{2}$, 미분 시간(T_d) = $\dfrac{1}{3}$, 적분 시간(T_i) = $\dfrac{3}{5}$인 비례 미분 적분 제어기이다.

정답 01 ② 02 ② 03 ② 04 ④

05

제어 시스템의 주파수 전달 함수가 $G(j\omega) = j5\omega$ 이고, 주파수가 $\omega = 0.02[\text{rad/sec}]$ 일 때 이 제어 시스템의 이득 [dB]은?

① 20
② 10
③ -10
④ -20

해설

- 전달 함수
  $G(j\omega)|_{\omega=0.02} = j5(0.02) = j0.1$
- 전달 함수의 크기
  $|G(j\omega)| = |j0.1| = 0.1 = 10^{-1}$
- 이득
  $g = 20\log 10^{-1} = -20[\text{dB}]$

06

전달 함수가 $\dfrac{C(s)}{R(s)} = \dfrac{1}{3s^2 + 4s + 1}$ 인 제어 시스템의 과도 응답 특성은?

① 무제동
② 부족 제동
③ 임계 제동
④ 과제동

해설

전달 함수

$\dfrac{C(s)}{R(s)} = \dfrac{1}{3s^2 + 4s + 1} = \dfrac{\frac{1}{3}}{s^2 + \frac{4}{3}s + \frac{1}{3}}$

$= \dfrac{\omega_n^2}{s^2 + 2\delta\omega_n s + \omega_n^2}$

$\omega_n^2 = \dfrac{1}{3} \rightarrow \omega_n = \dfrac{1}{\sqrt{3}}[\text{rad/sec}]$

$2\delta\omega_n = \dfrac{4}{3} \rightarrow \delta = \dfrac{4}{3} \times \dfrac{1}{2\omega_n} = \dfrac{2}{\sqrt{3}} \fallingdotseq 1.15$

$\therefore \delta > 1$ 이므로 과제동

07

그림과 같은 제어 시스템이 안정하기 위한 k의 범위는?

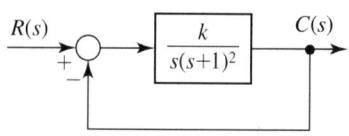

① $k > 0$
② $k > 1$
③ $0 < k < 1$
④ $0 < k < 2$

해설

- 전달 함수

$\dfrac{C(s)}{R(s)} = \dfrac{\frac{k}{s(s+1)^2}}{1 - \left(-\frac{k}{s(s+1)^2}\right)} = \dfrac{k}{s(s+1)^2 + k}$

$= \dfrac{k}{s(s^2 + 2s + 1) + k} = \dfrac{k}{s^3 + 2s^2 + s + k}$

- 특성 방정식

$s^3 + 2s^2 + s + k = 0$

특성 방정식을 루드표로 작성하면 다음과 같다.

차수	제1열	제2열
s^3	1	1
s^2	2	k
s^1	$\dfrac{2 \times 1 - 1 \times k}{2} = \dfrac{2-k}{2}$	0
s^0	$\dfrac{\frac{2-k}{2} \times k - 2 \times 0}{\frac{2-k}{2}} = k$	0

제어계가 안정하려면 루드표의 제1열의 부호 변화가 없어야 한다.

$k > 0$, $\dfrac{2-k}{2} > 0 \rightarrow k < 2$

따라서 안정하기 위한 위의 2가지 조건을 모두 충족하는 조건은 $0 < k < 2$ 이다.

관련개념

제어계가 안정하기 위해서 루드표의 제1열 부호 변화가 없을 것

08

그림과 같은 제어 시스템의 폐루프 전달 함수 $T(s) = \dfrac{C(s)}{R(s)}$에 대한 감도 S_K^T는?

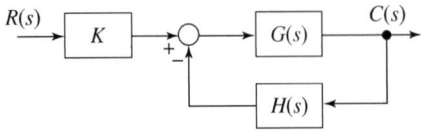

① 0.5
② 1
③ $\dfrac{G}{1+GH}$
④ $\dfrac{-GH}{1+GH}$

해설
- 전달 함수
$T(s) = \dfrac{C(s)}{R(s)} = \dfrac{KG(s)}{1+G(s)H(s)}$
- 감도
$S_K^T = \dfrac{K}{T} \times \dfrac{dT}{dK}$
$= \dfrac{K}{\frac{KG(s)}{1+G(s)H(s)}} \times \dfrac{d}{dK}\left(\dfrac{KG(s)}{1+G(s)H(s)}\right)$
$= \dfrac{1+G(s)H(s)}{G(s)} \times \dfrac{G(s)}{1+G(s)H(s)} = 1$

09

함수 $f(t) = e^{-at}$의 z변환 함수 $F(z)$는?

① $\dfrac{2z}{z-e^{aT}}$
② $\dfrac{1}{z+e^{aT}}$
③ $\dfrac{z}{z+e^{-aT}}$
④ $\dfrac{z}{z-e^{-aT}}$

해설 시간 함수의 변환

시간 함수 $f(t)$	라플라스 변환 $F(s)$	z 변환 $F(z)$
임펄스 함수 $\delta(t)$	1	1
단위 계단 함수 $u(t)=1$	$\dfrac{1}{s}$	$\dfrac{z}{z-1}$
속도 함수 t	$\dfrac{1}{s^2}$	$\dfrac{Tz}{(z-1)^2}$
지수 함수 e^{-at}	$\dfrac{1}{s+a}$	$\dfrac{z}{z-e^{-aT}}$

관련개념
$f(t) = e^{-at}$의 z변환 함수 $F(z) = \dfrac{z}{z-e^{-aT}}$는 반드시 암기!

10

다음 논리 회로의 출력 Y는?

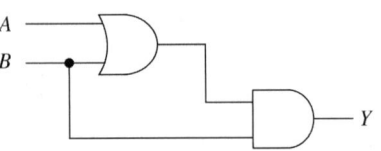

① A
② B
③ $A+B$
④ $A \cdot B$

해설
$Y = (A+B) \cdot B = A \cdot B + B \cdot B$
$= A \cdot B + B = (A+1) \cdot B = B$

| 정답 | 08 ② 09 ④ 10 ②

11

그림 (a)와 같은 회로에 대한 구동점 임피던스의 극점과 영점이 각각 그림 (b)에 나타낸 것과 같고 $Z(0)=1$일 때, 이 회로에서 $R[\Omega]$, $L[H]$, $C[F]$의 값은?

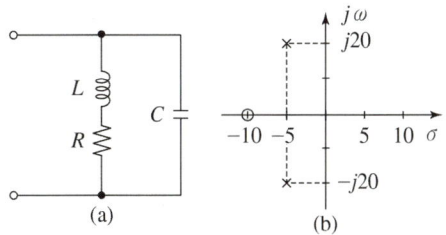

① $R=1.0[\Omega]$, $L=0.1[H]$, $C=0.0235[F]$
② $R=1.0[\Omega]$, $L=0.2[H]$, $C=1.0[F]$
③ $R=2.0[\Omega]$, $L=0.1[H]$, $C=0.0235[F]$
④ $R=2.0[\Omega]$, $L=0.2[H]$, $C=1.0[F]$

해설

$$Z(s) = \frac{(R+sL)\times\frac{1}{sC}}{(R+sL)+\frac{1}{sC}} = \frac{R+sL}{sCR+s^2LC+1}$$

$$= \frac{s+\frac{R}{L}}{C\left(s^2+\frac{R}{L}s+\frac{1}{LC}\right)}$$

또한 극점은 $-5+j20$, $-5-j20$이고, 영점은 -10이므로

$$Z(s) = \frac{s+10}{A(s^2+10s+425)}\text{이다.}$$

$Z(0)=1 \to \frac{10}{A\times 425}=1$, ∴ $A=0.0235$

$$Z(s) = \frac{s+\frac{R}{L}}{C\left(s^2+\frac{R}{L}s+\frac{1}{LC}\right)} = \frac{s+10}{0.0235(s^2+10s+425)}\text{이므로}$$

$C=0.0235[F]$

$\frac{1}{LC}=425 \to L=\frac{1}{425\times 0.0235} \fallingdotseq 0.1[H]$

∴ $R=10\times L=10\times 0.1=1[\Omega]$

12

회로에서 저항 $1[\Omega]$에 흐르는 전류 $I[A]$는?

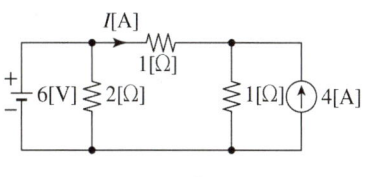

① 3
② 2
③ 1
④ -1

해설 중첩의 원리

- 전압원 $6[V]$만 인가 시(전류원 개방)

$$I' = \frac{6}{1+1} = 3[A]$$

- 전류원 $4[A]$만 인가 시(전압원 단락)
  전압원이 단락되어 있어 저항 $2[\Omega]$으로 전류가 흐르지 않으므로 양단에 걸리는 전압은 0이다.

$$I'' = -\frac{1}{1+1}\times 4 = -2[A]$$

∴ $I = I'+I'' = 3-2 = 1[A]$

관련개념

중첩의 원리 사용 시
전압원: 단락, 전류원: 개방

13

파형이 톱니파인 경우 파형률은 약 얼마인가?

① 1.155
② 1.732
③ 1.414
④ 0.577

해설

- 톱니파(삼각파)의 실횻값, 평균값

$$V=\frac{1}{\sqrt{3}}V_m, \quad V_a=\frac{1}{2}V_m$$

- 파형률 $= \dfrac{\text{실횻값}}{\text{평균값}} = \dfrac{\frac{1}{\sqrt{3}}V_m}{\frac{1}{2}V_m} = \dfrac{2}{\sqrt{3}} \fallingdotseq 1.155$

| 정답 | 11 ① 12 ③ 13 ①

14

무한장 무손실 전송선로의 임의의 위치에서 전압이 $100[V]$이었다. 이 선로의 인덕턴스가 $7.5[\mu H/m]$이고, 커패시턴스가 $0.012[\mu F/m]$일 때 이 위치에서 전류[A]는?

① 2
② 4
③ 6
④ 8

해설

무손실 선로이므로 $R = G = 0$

$Z_0 = \sqrt{\dfrac{R+j\omega L}{G+j\omega C}} = \sqrt{\dfrac{L}{C}} = 25[\Omega]$

$\therefore I = \dfrac{V}{Z_0} = \dfrac{100}{25} = 4[A]$

16

그림과 같은 평형 3상 회로에서 전원 전압이 $V_{ab} = 200[V]$이고 부하 한상의 임피던스가 $Z = 4+j3[\Omega]$인 경우 전원과 부하 사이 선전류 I_a는 약 몇 [A]인가?

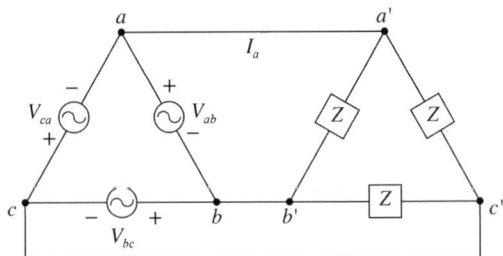

① $40\sqrt{3} \angle 36.87°[A]$
② $40\sqrt{3} \angle -36.87°[A]$
③ $40\sqrt{3} \angle 66.87°[A]$
④ $40\sqrt{3} \angle -66.87°[A]$

해설

$I_p = \dfrac{V_p}{Z} = \dfrac{200}{4+j3} = \dfrac{200}{5\angle 36.87°} = 40\angle -36.87°[A]$

Δ 결선에서 $V_l = V_p$, $I_l = \sqrt{3}\,I_p \angle -30°$이므로

$\therefore I_a = I_l = \sqrt{3} \times (40\angle -36.87°) \times (1\angle -30°)$
$= 40\sqrt{3} \angle -66.87°[A]$

15

전압 $v(t) = 14.14\sin\omega t + 7.07\sin\left(3\omega t + \dfrac{\pi}{6}\right)[V]$의 실횻값은 약 몇 [V]인가?

① 3.87
② 11.2
③ 15.8
④ 21.2

해설

$V = \sqrt{\left(\dfrac{14.14}{\sqrt{2}}\right)^2 + \left(\dfrac{7.07}{\sqrt{2}}\right)^2} = 11.18 \fallingdotseq 11.2[V]$

관련개념

정현파의 실횻값 $V = \dfrac{V_m}{\sqrt{2}}$

17

정상상태에서 $t=0$초인 순간에 스위치 S를 열었다. 이때 흐르는 전류 $i(t)$는?

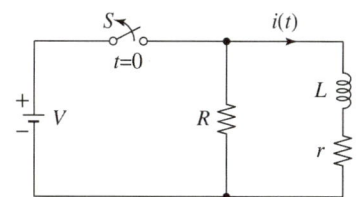

① $\dfrac{V}{R}e^{-\frac{R+r}{L}t}$ ② $\dfrac{V}{r}e^{-\frac{R+r}{L}t}$

③ $\dfrac{V}{R}e^{-\frac{L}{R+r}t}$ ④ $\dfrac{V}{r}e^{-\frac{L}{R+r}t}$

해설

정상상태의 전류는 $I_0 = \dfrac{V}{r}$, 과도상태의 저항은 $R+r$이므로

$i(t) = I_0 e^{-\frac{R+r}{L}t} = \dfrac{V}{r} e^{-\frac{R+r}{L}t}$ [A]

관련개념

- 초기 전류 $I_0 = 0$, 정상상태 전류 $I_{ss} = I$인 경우

  $i(t) = I\left(1 - e^{-\frac{R}{L}t}\right)$ [A]

- 초기 전류 $I_0 = I$, 정상상태 전류 $I_{ss} = 0$인 경우

  $i(t) = I e^{-\frac{R}{L}t}$ [A]

18

선간전압이 150 [V], 선전류가 $10\sqrt{3}$ [A], 역률이 80 [%]인 평형 3상 유도성 부하로 공급되는 무효전력 [Var]은?

① 3,600 ② 3,000
③ 2,700 ④ 1,800

해설

$V_l = 150$ [V], $I_l = 10\sqrt{3}$ [A]
$\sin\theta = \sqrt{1 - \cos^2\theta} = \sqrt{1 - 0.8^2} = 0.6$
$P_r = \sqrt{3}\, V_l I_l \sin\theta = \sqrt{3} \times 150 \times 10\sqrt{3} \times 0.6$
$\quad = 2,700$ [Var]

19

그림과 같은 함수의 라플라스 변환은?

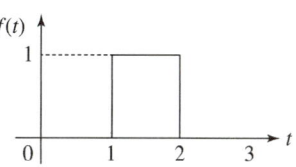

① $\dfrac{1}{s}(e^s - e^{2s})$ ② $\dfrac{1}{s}(e^{-s} - e^{-2s})$

③ $\dfrac{1}{s}(e^{-2s} - e^{-s})$ ④ $\dfrac{1}{s}(e^{-s} + e^{-2s})$

해설

$f(t) = u(t-1) - u(t-2)$
시간 추이 정리를 이용하여 라플라스 변환을 하면
$F(s) = \dfrac{1}{s}e^{-s} - \dfrac{1}{s}e^{-2s} = \dfrac{1}{s}(e^{-s} - e^{-2s})$

관련개념 시간 추이 정리

$f(t-T)u(t-T) \rightarrow F(s)e^{-Ts}$ (단, $F(s) = \mathcal{L}[f(t)]$)

20

상의 순서가 $a-b-c$인 불평형 3상 전류가 $I_a = 15+j2$ [A], $I_b = -20-j14$ [A], $I_c = -3+j10$ [A]일 때 영상분 전류 I_0는 약 몇 [A]인가?

① $2.67+j0.38$ ② $2.02+j6.98$
③ $15.5-j3.56$ ④ $-2.67-j0.67$

해설

$I_0 = \dfrac{1}{3}(I_a + I_b + I_c) = \dfrac{1}{3} \times (15+j2 - 20 - j14 - 3 + j10)$
$\quad \fallingdotseq -2.67 - j0.67$ [A]

| 정답 | 17 ② | 18 ③ | 19 ② | 20 ④ |

2021년 3회

01

그림의 제어 시스템이 안정하기 위한 K의 범위는?

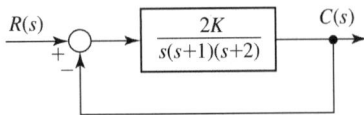

① $0 < K < 3$
② $0 < K < 4$
③ $0 < K < 5$
④ $0 < K < 6$

해설

• 전달 함수

$$\frac{C(s)}{R(s)} = \frac{\frac{2K}{s(s+1)(s+2)}}{1-\left(-\frac{2K}{s(s+1)(s+2)}\right)} = \frac{2K}{s(s+1)(s+2)+2K}$$

$$= \frac{2K}{s^3+3s^2+2s+2K}$$

• 특성 방정식
$s^3 + 3s^2 + 2s + 2K = 0$

특성 방정식을 루드표로 작성하면 다음과 같다.

차수	제1열	제2열
s^3	1	2
s^2	3	$2K$
s^1	$\frac{3 \times 2 - 1 \times 2K}{3} = \frac{6-2K}{3}$	0
s^0	$2K$	0

제어계가 안정하려면 위 루드표의 제1열의 부호 변화가 없어야 한다.
$K > 0$, $\frac{6-2K}{3} > 0 \rightarrow K < 3$
따라서 안정하기 위한 위의 2가지 조건을 모두 충족하는 조건은 $0 < K < 3$이다.

02

블록 선도의 전달 함수가 $\frac{C(s)}{R(s)} = 10$과 같이 되기 위한 조건은?

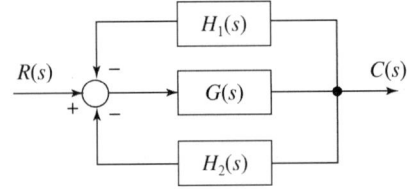

① $G(s) = \dfrac{1}{1 - H_1(s) - H_2(s)}$

② $G(s) = \dfrac{10}{1 - H_1(s) - H_2(s)}$

③ $G(s) = \dfrac{1}{1 - 10H_1(s) - 10H_2(s)}$

④ $G(s) = \dfrac{10}{1 - 10H_1(s) - 10H_2(s)}$

해설

메이슨 공식으로 주어진 블록 선도의 전달 함수를 구하면 다음과 같다.

$$\frac{C(s)}{R(s)} = \frac{\Sigma \text{경로}}{1 - \Sigma \text{폐루프}}$$

$$= \frac{G(s)}{1 - \{-(G(s)H_1(s)) - (G(s)H_2(s))\}}$$

$$= \frac{G(s)}{1 + G(s)H_1(s) + G(s)H_2(s)} = 10$$

위 식을 $G(s)$에 관하여 정리한다.
$G(s) = 10 + 10G(s)H_1(s) + 10G(s)H_2(s)$
$G(s) - 10G(s)H_1(s) - 10G(s)H_2(s) = 10$
$G(s)(1 - 10H_1(s) - 10H_2(s)) = 10$
$\therefore G(s) = \dfrac{10}{1 - 10H_1(s) - 10H_2(s)}$

| 정답 | 01 ① 02 ④

03

주파수 전달 함수가 $G(j\omega) = \dfrac{1}{j100\omega}$인 제어 시스템에서 $\omega = 1.0[\text{rad/s}]$일 때의 이득[dB]과 위상각은 각각 얼마인가?

① $20[\text{dB}]$, $90°$
② $40[\text{dB}]$, $90°$
③ $-20[\text{dB}]$, $-90°$
④ $-40[\text{dB}]$, $-90°$

해설

- 전달 함수의 크기
$$|G(j\omega)| = \left|\dfrac{1}{j100 \times 1.0}\right| = 10^{-2}$$
- 이득
$$g = 20\log_{10}|G(j\omega)| = 20\log_{10}10^{-2} = -40[\text{dB}]$$
- 위상각
$$\theta = \dfrac{\angle 0°}{\angle 90°} = -90°$$

04

개루프 전달 함수가 다음과 같은 제어 시스템의 근궤적이 $j\omega$(허수)축과 교차할 때 K는 얼마인가?

$$G(s)H(s) = \dfrac{K}{s(s+3)(s+4)}$$

① 30
② 48
③ 84
④ 180

해설

근궤적이 허수축과 교차하는 것은 임계 상태를 의미한다.
개루프 전달 함수의 특성 방정식은 아래와 같다.
$s(s+3)(s+4) + K = s^3 + 7s^2 + 12s + K = 0$
위의 특성 방정식을 루드표로 작성하면 다음과 같다.

차수	제1열	제2열
s^3	1	12
s^2	7	K
s^1	$\dfrac{7 \times 12 - 1 \times K}{7} = \dfrac{84 - K}{7}$	0
s^0	0	0

제어계가 임계 상태이기 위해서는 s^1의 모든 열이 0이어야 한다.
$\therefore \dfrac{84-K}{7} = 0 \rightarrow K = 84$

05

그림과 같은 신호 흐름 선도에서 $\dfrac{C(s)}{R(s)}$는?

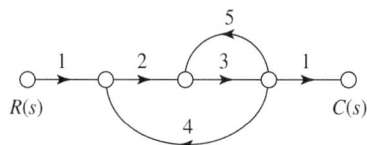

① $-\dfrac{6}{38}$
② $\dfrac{6}{38}$
③ $-\dfrac{6}{41}$
④ $\dfrac{6}{41}$

해설

주어진 신호 흐름 선도의 전달 함수를 메이슨 공식으로 구하면 다음과 같다.
$$\dfrac{C(s)}{R(s)} = \dfrac{\sum 경로}{1 - \sum 폐루프} = \dfrac{1 \times 2 \times 3 \times 1}{1 - (2 \times 3 \times 4) - (3 \times 5)} = -\dfrac{6}{38}$$

06

단위 계단 함수 $u(t)$를 z 변환하면?

① $\dfrac{1}{z-1}$
② $\dfrac{z}{z-1}$
③ $\dfrac{1}{Tz-1}$
④ $\dfrac{Tz}{Tz-1}$

해설 z 변환

시간 함수: $f(t)$	라플라스 변환: $F(s)$	z 변환: $F(z)$
임펄스 함수: $\delta(t)$	1	1
단위 계단 함수: $u(t) = 1$	$\dfrac{1}{s}$	$\dfrac{z}{z-1}$
속도 함수: t	$\dfrac{1}{s^2}$	$\dfrac{Tz}{(z-1)^2}$
지수 함수: e^{-at}	$\dfrac{1}{s+a}$	$\dfrac{z}{z-e^{-aT}}$

| 정답 | 03 ④ 04 ③ 05 ① 06 ②

07

제어 요소의 표준 형식인 적분 요소에 대한 전달 함수는? (단, K는 상수이다.)

① Ks
② $\dfrac{K}{s}$
③ K
④ $\dfrac{K}{1+Ts}$

해설
- 비례 요소: $G(s) = K$
- 미분 요소: $G(s) = Ks$
- 적분 요소: $G(s) = \dfrac{K}{s}$
- 1차 지연 요소: $G(s) = \dfrac{K}{1+Ts}$

08

그림의 논리 회로와 등가인 논리식은?

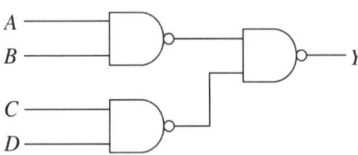

① $Y = A \cdot B \cdot C \cdot D$
② $Y = A \cdot B + C \cdot D$
③ $Y = \overline{A \cdot B} + \overline{C \cdot D}$
④ $Y = (\overline{A} + \overline{B}) \cdot (\overline{C} + \overline{D})$

해설
$Y = \overline{\overline{A \cdot B} \cdot \overline{C \cdot D}} = \overline{\overline{A \cdot B}} + \overline{\overline{C \cdot D}} = A \cdot B + C \cdot D$

관련개념 드 모르간 법칙
$\overline{A+B} = \overline{A} \cdot \overline{B}, \quad \overline{A \cdot B} = \overline{A} + \overline{B}$

09

다음과 같은 상태 방정식으로 표현되는 제어 시스템에 대한 특성 방정식의 근(s_1, s_2)은?

$$\begin{bmatrix} \dot{x_1} \\ \dot{x_2} \end{bmatrix} = \begin{bmatrix} 0 & -3 \\ 2 & -5 \end{bmatrix} \begin{bmatrix} x_1 \\ x_2 \end{bmatrix} + \begin{bmatrix} 1 \\ 0 \end{bmatrix} u$$

① $1, -3$
② $-1, -2$
③ $-2, -3$
④ $-1, -3$

해설
특성 방정식은 $|sI - A| = 0$이다.
$sI - A = \begin{bmatrix} s & 0 \\ 0 & s \end{bmatrix} - \begin{bmatrix} 0 & -3 \\ 2 & -5 \end{bmatrix} = \begin{bmatrix} s & 3 \\ -2 & s+5 \end{bmatrix}$
$|sI - A| = s(s+5) - 3(-2) = s^2 + 5s + 6$
$= (s+2)(s+3) = 0$
따라서 특성 방정식의 근은 -2와 -3이다.

| 정답 | 07 ② 08 ② 09 ③

10

블록 선도의 제어 시스템은 단위 램프 입력에 대한 정상 상태 오차(정상 편차)가 0.01이다. 이 제어 시스템의 제어 요소인 $G_{C1}(s)$의 k는?

$$G_{C1}(s) = k, \quad G_{C2}(s) = \frac{1+0.1s}{1+0.2s}$$
$$G_P(s) = \frac{20}{s(s+1)(s+2)}$$

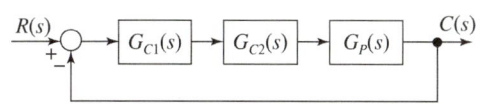

① 0.1
② 1
③ 10
④ 100

해설

- 단위 램프 입력에 대한 속도 편차 상수
$$K_v = \lim_{s \to 0} s \times (G_{C1}(s) \times G_{C2}(s) \times G_P(s))$$
$$= \lim_{s \to 0} s \times \frac{k \times (1+0.1s) \times 20}{s(s+1)(s+2)(1+0.2s)} = 10k$$

- 정상 편차
$$e_v = \frac{1}{K_v} = \frac{1}{10k} = 0.01$$
$$\therefore k = \frac{1}{10} \times \frac{1}{0.01} = 10$$

11

평형 3상 부하에 선간전압의 크기가 $200[\text{V}]$인 평형 3상 전압을 인가했을 때 흐르는 선전류의 크기가 $8.6[\text{A}]$이고 무효전력이 $1,298[\text{Var}]$이었다. 이때 이 부하의 역률은 약 얼마인가?

① 0.6
② 0.7
③ 0.8
④ 0.9

해설

$P_r = \sqrt{3}\, V_l I_l \sin\theta [\text{Var}]$에서
$$\sin\theta = \frac{P_r}{\sqrt{3}\, V_l I_l} = \frac{1,298}{\sqrt{3} \times 200 \times 8.6} = 0.4357$$
역률 $\cos\theta = \sqrt{1 - \sin^2\theta} = \sqrt{1 - 0.4357^2} = 0.9$

관련개념

$\sin^2\theta + \cos^2\theta = 1$

12

단위 길이당 인덕턴스 및 커패시턴스가 각각 L 및 C일 때 전송선로의 특성 임피던스는?(단, 전송선로는 무손실 선로이다.)

① $\sqrt{\dfrac{L}{C}}$
② $\sqrt{\dfrac{C}{L}}$
③ $\dfrac{L}{C}$
④ $\dfrac{C}{L}$

해설

무손실 선로이므로 $R = G = 0$
$\therefore$ 특성 임피던스 $Z_0 = \sqrt{\dfrac{R+j\omega L}{G+j\omega C}} = \sqrt{\dfrac{L}{C}}\,[\Omega]$

| 정답 | 10 ③　11 ④　12 ①

13

각 상의 전류가 $i_a(t) = 90\sin\omega t[A]$, $i_b(t) = 90\sin(\omega t - 90°)[A]$, $i_c(t) = 90\sin(\omega t + 90°)[A]$일 때 영상분 전류[A]의 순시치는?

① $30\cos\omega t$
② $30\sin\omega t$
③ $90\sin\omega t$
④ $90\cos\omega t$

해설
$$i_0(t) = \frac{1}{3}(i_a(t) + i_b(t) + i_c(t))$$
$$= \frac{1}{3} \times 90(\sin\omega t + \sin(\omega t - 90°) + \sin(\omega t + 90°))$$
$$= 30(\sin\omega t + \sin(\omega t - 90°) - \sin(\omega t - 90°))$$
$$= 30\sin\omega t[A]$$

14

내부 임피던스가 $0.3 + j2[\Omega]$인 발전기에 임피던스가 $1.1 + j3[\Omega]$인 선로를 연결하여 어떤 부하에 전력을 공급하고 있다. 이 부하의 임피던스가 몇 $[\Omega]$일 때 발전기로부터 부하로 전달되는 전력이 최대가 되는가?

① $1.4 - j5$
② $1.4 + j5$
③ 1.4
④ $j5$

해설 최대 전력 공급
전원으로부터 최대의 전력이 공급되기 위한 조건은 부하 임피던스(Z_L)가 전원의 내부 임피던스(Z_g), 선로 임피던스(Z_l)의 합과 서로 공액관계에 있을 때이다.
$Z_g + Z_l = 0.3 + j2 + 1.1 + j3 = 1.4 + j5[\Omega]$
∴ $Z_L = \overline{Z_g + Z_l} = 1.4 - j5[\Omega]$

15

그림과 같은 파형의 라플라스 변환은?

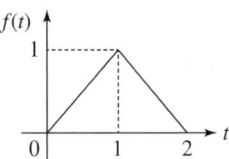

① $\frac{1}{s^2}(1 - 2e^s)$
② $\frac{1}{s^2}(1 - 2e^{-s})$
③ $\frac{1}{s^2}(1 - 2e^s + e^{2s})$
④ $\frac{1}{s^2}(1 - 2e^{-s} + e^{-2s})$

해설 라플라스 변환
$f(t) = t[u(t) - u(t-1)] + (2-t)[u(t-1) - u(t-2)]$
$= tu(t) + (2-2t)u(t-1) + (t-2)u(t-2)$
$= tu(t) - 2(t-1)u(t-1) + (t-2)u(t-2)$

시간추이 정리 $\mathcal{L}[f(t-T)u(t-T)] = F(s)e^{-Ts}$를 이용하여 라플라스 변환을 하면
$$F(s) = \frac{1}{s^2} - 2 \times \frac{1}{s^2}e^{-s} + \frac{1}{s^2}e^{-2s}$$
$$= \frac{1}{s^2}(1 - 2e^{-s} + e^{-2s})$$

16

어떤 회로에서 $t = 0$초에 스위치를 닫은 후 $i(t) = 2t + 3t^2[A]$의 전류가 흘렀다. 30초까지 스위치를 통과한 총 전기량[Ah]은?

① 4.25
② 6.75
③ 7.75
④ 8.25

해설
$$Q = \int_0^{30} i(t)dt = \int_0^{30} (2t + 3t^2)dt = [t^2 + t^3]_0^{30}$$
$$= (30^2 - 0^2) + (30^3 - 0^3)$$
$$= 27,900[A \cdot sec] = 7.75[Ah]$$

관련개념
$1[h] = 3,600[sec]$

| 정답 | 13 ② 14 ① 15 ④ 16 ③

17

전압 $v(t)$를 RL 직렬회로에 인가했을 때 제3 고조파 전류의 실횻값[A]의 크기는?(단, $R=8[\Omega]$, $\omega L=2[\Omega]$, $v(t)=100\sqrt{2}\sin\omega t+200\sqrt{2}\sin 3\omega t+50\sqrt{2}\sin 5\omega t$[V] 이다.)

① 10
② 14
③ 20
④ 28

해설

제n 고조파 임피던스 $Z_n = R + jn\omega L[\Omega]$

$|Z_3| = |R+j3\omega L| = |8+j3\times 2| = \sqrt{8^2+6^2} = 10[\Omega]$

$\therefore I_3 = \dfrac{V_3}{|Z_3|} = \dfrac{200}{10} = 20[A]$

18

회로에서 $t=0$초에 전압 $v_1(t)=e^{-4t}$[V]를 인가하였을 때 $v_2(t)$는 몇 [V]인가?(단, $R=2[\Omega]$, $L=1[H]$이다.)

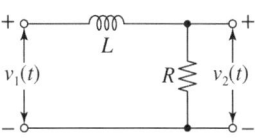

① $e^{-2t}-e^{-4t}$
② $2e^{-2t}-2e^{-4t}$
③ $-2e^{-2t}+2e^{-4t}$
④ $-2e^{-2t}-2e^{-4t}$

해설

회로에 흐르는 전류를 $i(t)$라 하면

$v_1(t) = Ri(t) + L\dfrac{di(t)}{dt}$[V]

$\therefore e^{-4t} = 2i(t) + \dfrac{di(t)}{dt}$[V]

위의 미분 방정식을 풀기 위하여 양변을 라플라스 변환하면

$\dfrac{1}{s+4} = 2I(s) + sI(s) = (s+2)I(s)$

$I(s) = \dfrac{1}{(s+2)(s+4)} = \dfrac{A}{s+2} + \dfrac{B}{s+4}$

$A = \dfrac{1}{(s+2)(s+4)}\times(s+2)\Big|_{s=-2} = \dfrac{1}{2}$

$B = \dfrac{1}{(s+2)(s+4)}\times(s+4)\Big|_{s=-4} = -\dfrac{1}{2}$

각 값을 대입하여 정리하면 아래와 같다.

$\therefore I(s) = \dfrac{1}{2}\left(\dfrac{1}{s+2} - \dfrac{1}{s+4}\right)$

$i(t) = \mathcal{L}^{-1}[I(s)] = \dfrac{1}{2}(e^{-2t}-e^{-4t})$[A]

$\therefore v_2(t) = Ri(t) = 2\times\dfrac{1}{2}(e^{-2t}-e^{-4t})$
$= e^{-2t}-e^{-4t}$[V]

별해 전달 함수

$G(s) = \dfrac{V_2(s)}{V_1(s)} = \dfrac{R}{Ls+R} = \dfrac{2}{s+2}$

$V_1(s) = \mathcal{L}[e^{-4t}] = \dfrac{1}{s+4}$

$\therefore V_2(s) = \dfrac{2}{s+2}\times\dfrac{1}{s+4} = \dfrac{1}{s+2} - \dfrac{1}{s+4}$

$\therefore v_2(t) = e^{-2t} - e^{-4t}$[V]

관련개념

$\dfrac{1}{AB} = \dfrac{1}{B-A}\left(\dfrac{1}{A} - \dfrac{1}{B}\right)$

19

동일한 저항 $R[\Omega]$ 6개를 그림과 같이 결선하고 대칭 3상 전압 $V[V]$를 가하였을 때 전류 $I[A]$의 크기는?

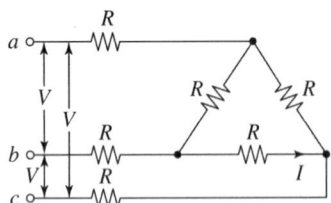

① $\dfrac{V}{R}$ ② $\dfrac{V}{2R}$

③ $\dfrac{V}{4R}$ ④ $\dfrac{V}{5R}$

해설

△ - Y 등가 변환 시 $R_Y = \dfrac{1}{3}R_\triangle$ 이므로

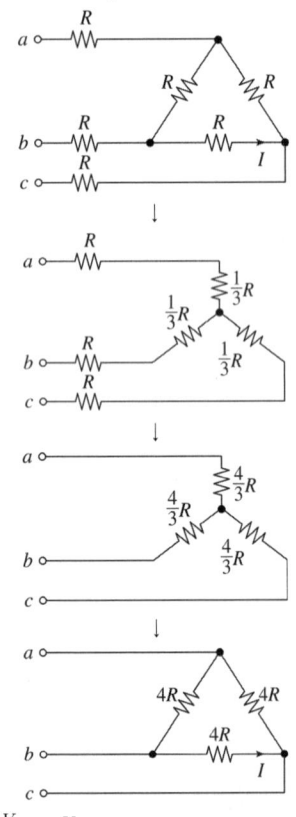

$\therefore I = \dfrac{V_p}{Z_p} = \dfrac{V_l}{Z_p} = \dfrac{V}{4R}[A]$

20

어떤 선형 회로망의 4단자 정수가 $A=8$, $B=j2$, $D=1.625+j$일 때, 이 회로망의 4단자 정수 C는?

① $24-j14$ ② $8-j11.5$

③ $4-j6$ ④ $3-j4$

해설

$AD-BC=1$에서 $C=\dfrac{AD-1}{B}$ 이므로

$\therefore C = \dfrac{8\times(1.625+j)-1}{j2} = 4-j6$

| 정답 | 19 ③   20 ③

2020년 1, 2회

01

특성 방정식이 $s^3 + 2s^2 + Ks + 10 = 0$로 주어지는 제어 시스템이 안정하기 위한 K의 범위는?

① $K > 0$
② $K > 5$
③ $K < 0$
④ $0 < K < 5$

해설

주어진 특성 방정식을 루드표에 적용하면 다음과 같다.

	제1열	제2열
s^3	1	K
s^2	2	10
s^1	$\dfrac{2 \times K - 1 \times 10}{2} = K - 5$	0
s^0	$\dfrac{(K-5) \times 10 - 2 \times 0}{K-5} = 10$	

제어계가 안정하려면 루드표의 제1열의 부호 변화가 없어야 한다.
$K - 5 > 0 \rightarrow K > 5$
따라서 안정하기 위한 조건은 $K > 5$이다.

02

제어 시스템의 개루프 전달 함수가 $G(s)H(s) = \dfrac{K(s+30)}{s^4 + s^3 + 2s^2 + s + 7}$ 로 주어질 때, 다음 중 $K > 0$인 경우 근궤적의 점근선이 실수축과 이루는 각은?

① $20°$
② $60°$
③ $90°$
④ $120°$

해설

점근선의 각도 $\alpha = \dfrac{2k+1}{\text{극점 수}(P) - \text{영점 수}(Z)} \times 180°$
($k = 0, 1, 2, 3, \cdots$)
주어진 함수에서 $P = 4$, $Z = 1$이므로 다음과 같다.
$k = 0$일 때, $\alpha = \dfrac{2 \times 0 + 1}{4 - 1} \times 180° = \dfrac{180°}{3} = 60°$
$k = 1$일 때, $\alpha = \dfrac{2 \times 1 + 1}{4 - 1} \times 180° = 180°$
$k = 2$일 때, $\alpha = \dfrac{2 \times 2 + 1}{4 - 1} \times 180° = 300° = -60°$

03

z변환된 함수 $F(z) = \dfrac{3z}{z - e^{-3T}}$ 에 대응되는 라플라스 변환 함수는?

① $\dfrac{1}{s+3}$
② $\dfrac{3}{s-3}$
③ $\dfrac{1}{s-3}$
④ $\dfrac{3}{s+3}$

해설

$F(z) = \dfrac{3z}{z - e^{-3T}} = 3 \times \dfrac{z}{z - e^{-3T}}$ 이므로 이에 대응하는 시간 함수
$f(t) = 3e^{-3t}$가 된다.
$\therefore F(s) = 3 \times \dfrac{1}{s+3} = \dfrac{3}{s+3}$

| 정답 | 01 ② 02 ② 03 ④

04

그림과 같은 제어 시스템의 전달 함수 $\dfrac{C(s)}{R(s)}$는?

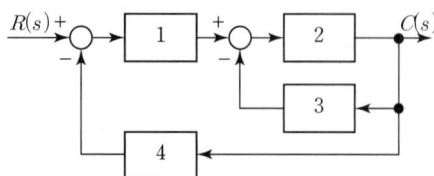

① $\dfrac{1}{15}$ ② $\dfrac{2}{15}$

③ $\dfrac{3}{15}$ ④ $\dfrac{4}{15}$

해설

주어진 블록 선도를 메이슨 공식에 적용하여 전달 함수를 구한다.

$$\dfrac{C(s)}{R(s)} = \dfrac{\sum 경로}{1 - \sum 폐루프} = \dfrac{1 \times 2}{1 - \{(2 \times (-3)) + (1 \times 2 \times (-4))\}}$$
$$= \dfrac{2}{1+14} = \dfrac{2}{15}$$

05

전달 함수가 $G(s) = \dfrac{2s+5}{7s}$ 인 제어기가 있다. 이 제어기는 어떤 제어기인가?

① 비례 미분 제어기
② 적분 제어기
③ 비례 적분 제어기
④ 비례 적분 미분 제어기

해설

전달 함수 $G(s) = \dfrac{2s+5}{7s} = \dfrac{2s}{7s} + \dfrac{5}{7s} = \dfrac{2}{7} + \dfrac{5}{7s}$ 이다.

$\dfrac{2}{7}$는 상수이므로 비례, $\dfrac{5}{7s}\left(= \dfrac{5}{7} \times \dfrac{1}{s}\right)$는 적분 요소이므로 비례 적분 제어이다.

06

단위 피드백 제어계에서 개루프 전달 함수 $G(s)$가 다음과 같이 주어졌을 때 단위 계단 입력에 대한 정상 상태 편차는?

$$G(s) = \dfrac{5}{s(s+1)(s+2)}$$

① 0   ② 1
③ 2   ④ 3

해설

$K_p = \lim\limits_{s \to 0} G(s) = \lim\limits_{s \to 0} \dfrac{5}{s(s+1)(s+2)} = \infty$

따라서 단위 계단 입력의 정상 편차는 다음과 같다.

$e_p = \dfrac{1}{1+K_p} = \dfrac{1}{1+\infty} = 0$

07

그림과 같은 논리 회로의 출력 Y는?

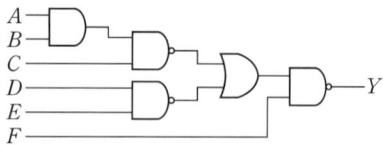

① $ABCDE + \overline{F}$
② $\overline{A}\,\overline{B}\,\overline{C}\,\overline{D}\,\overline{E} + F$
③ $\overline{A} + \overline{B} + \overline{C} + \overline{D} + \overline{E} + F$
④ $A + B + C + D + E + \overline{F}$

해설

출력 $Y = \overline{(\overline{ABC} + \overline{DE}) \cdot F}$ 이다.

이 식을 드 모르간 정리를 이용하여 정리하면

$Y = \overline{(\overline{ABC} + \overline{DE}) \cdot F} = \overline{\overline{ABC} + \overline{DE}} + \overline{F}$
$= \overline{\overline{ABC}} \cdot \overline{\overline{DE}} + \overline{F}$
$= ABCDE + \overline{F}$

관련개념 드 모르간 정리

$\overline{A+B} = \overline{A} \cdot \overline{B}$
$\overline{A \cdot B} = \overline{A} + \overline{B}$

| 정답 | 04 ② 05 ③ 06 ① 07 ①

08

그림의 신호 흐름 선도에서 전달 함수 $\dfrac{C(s)}{R(s)}$는?

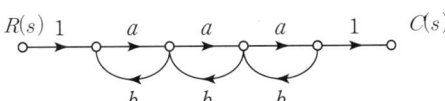

① $\dfrac{a^3}{(1-ab)^3}$
② $\dfrac{a^3}{1-3ab+a^2b^2}$
③ $\dfrac{a^3}{1-3ab}$
④ $\dfrac{a^3}{1-3ab+2a^2b^2}$

해설

폐루프가 하나 더 연결된 값이므로 메이슨 공식에 의해 $G = \dfrac{경로}{\Delta}$이다.

(단, $\Delta = 1 -$ (서로 다른 루프 이득의 합)+(서로 접촉하지 않은 두 개의 루프 이득의 곱)−(서로 접촉하지 않은 세 개의 루프 이득의 곱)+⋯)

- 전향 경로 $= a \times a \times a = a^3$
- 서로 다른 루프 이득의 합 $= ab + ab + ab = 3ab$
- 서로 접촉하지 않은 두 개의 루프 이득의 곱은 좌우 폐루프의 곱을 의미하므로 $ab \times ab = a^2b^2$이다.

$\therefore \dfrac{C(s)}{R(s)} = \dfrac{a^3}{1-3ab+a^2b^2}$

09

다음과 같은 미분 방정식으로 표현되는 제어 시스템의 시스템 행렬 A는?

$$\dfrac{d^2c(t)}{dt^2} + 5\dfrac{dc(t)}{dt} + 3c(t) = r(t)$$

① $\begin{bmatrix} -5 & -3 \\ 0 & 1 \end{bmatrix}$
② $\begin{bmatrix} -3 & -5 \\ 0 & 1 \end{bmatrix}$
③ $\begin{bmatrix} 0 & 1 \\ -3 & -5 \end{bmatrix}$
④ $\begin{bmatrix} 0 & 1 \\ -5 & -3 \end{bmatrix}$

해설

상태 방정식 $\dfrac{d^2c(t)}{dt^2} + a\dfrac{dc(t)}{dt} + bc(t) = cr(t)$일 때

벡터 행렬 $A = \begin{bmatrix} 0 & 1 \\ -b & -a \end{bmatrix}$, $B = \begin{bmatrix} 0 \\ c \end{bmatrix}$이다.

그러므로 문제에 주어진 상태 방정식에서

A 행렬은 $\begin{bmatrix} 0 & 1 \\ -3 & -5 \end{bmatrix}$, B 행렬은 $\begin{bmatrix} 0 \\ 1 \end{bmatrix}$이다.

10

안정한 제어 시스템의 보드 선도에서 이득 여유는?

① $-20 \sim 20[\text{dB}]$ 사이에 있는 크기[dB] 값이다.
② $0 \sim 20[\text{dB}]$ 사이에 있는 크기 선도의 길이이다.
③ 위상이 $0°$가 되는 주파수에서 이득의 크기[dB]이다.
④ 위상이 $-180°$가 되는 주파수에서 이득의 크기[dB]이다.

해설 보드 선도

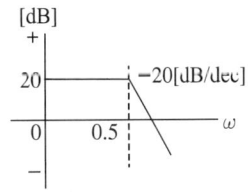

▲ 보드 선도의 예

- 주파수 전달 함수를 이용하여 주파수 변화에 따른 제어 장치의 크기와 위상각을 가로축에는 주파수 ω를, 세로축에는 이득 $|G(j\omega)|$로 하여 표시한 것이다.
- 보드 선도의 이득 여유 $g_m > 0$, 위상 여유 $\phi_m > 0$의 조건에서 제어 장치의 동작이 안정하다.
- 보드 선도에서 이득 여유에 대한 정보는 위상 곡선 $-180°$에서의 이득과 $0[\text{dB}]$과의 차이에서 알 수 있다.

| 정답 | 08 ② 09 ③ 10 ④

11

3상 전류가 $I_a = 10+j3[\text{A}]$, $I_b = -5-j2[\text{A}]$, $I_c = -3+j4[\text{A}]$일 때 정상분 전류의 크기는 약 몇 [A]인가?

① 5
② 6.4
③ 10.5
④ 13.34

해설

$$I_1 = \frac{1}{3}(I_a + aI_b + a^2I_c)$$
$$= \frac{1}{3}\left\{(10+j3) + \left(-\frac{1}{2} + j\frac{\sqrt{3}}{2}\right)(-5-j2) + \left(-\frac{1}{2} - j\frac{\sqrt{3}}{2}\right)(-3+j4)\right\}$$
$$≒ 6.4 + j0.09[\text{A}]$$
$$\therefore |I_1| = \sqrt{6.4^2 + 0.09^2} = 6.4[\text{A}]$$

12

그림의 회로에서 영상 임피던스 Z_{01}이 $6[\Omega]$일 때, 저항 R의 값은 몇 $[\Omega]$인가?

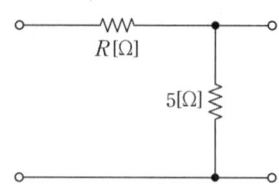

① 2
② 4
③ 6
④ 9

해설

$A = 1 + \dfrac{Z_1}{Z_2}$
$B = Z_1$
$C = \dfrac{1}{Z_2}$
$D = 1$

영상 임피던스

$Z_{01} = \sqrt{\dfrac{AB}{CD}} = 6[\Omega]$, $Z_2 = 5[\Omega]$, $Z_1 = R = B$에서

$$B = \frac{36CD}{A} = \frac{36 \cdot \frac{1}{Z_2} \times 1}{1 + \frac{Z_1}{Z_2}} = \frac{\frac{36}{5}}{1 + \frac{B}{5}} = \frac{36}{5+B}$$ 이다.

$\therefore R^2 + 5R = 36$

R은 $4[\Omega]$ 또는 $-9[\Omega]$이다. 저항은 음수가 될 수 없으므로 양수를 취한다.

$\therefore R = 4[\Omega]$

13

Y 결선의 평형 3상 회로에서 선간 전압 V_{ab}와 상전압 V_{an}의 관계로 옳은 것은?(단, $V_{bn} = V_{an}e^{-j(2\pi/3)}$, $V_{cn} = V_{bn}e^{-j(2\pi/3)}$)

① $V_{ab} = \dfrac{1}{\sqrt{3}}e^{j(\pi/6)}V_{an}$
② $V_{ab} = \sqrt{3}e^{j(\pi/6)}V_{an}$
③ $V_{ab} = \dfrac{1}{\sqrt{3}}e^{-j(\pi/6)}V_{an}$
④ $V_{ab} = \sqrt{3}e^{-j(\pi/6)}V_{an}$

해설

$V_{ab} = \sqrt{3}\,V_{an}\angle 30° = \sqrt{3}\,e^{j\left(\frac{\pi}{6}\right)}V_{an}[\text{V}]$

| 정답 | 11 ② 12 ② 13 ②

14

$f(t) = t^2 e^{-\alpha t}$를 라플라스 변환하면?

① $\dfrac{2}{(s+\alpha)^2}$ ② $\dfrac{3}{(s+\alpha)^2}$

③ $\dfrac{2}{(s+\alpha)^3}$ ④ $\dfrac{3}{(s+\alpha)^3}$

해설

$\mathcal{L}[t^n] = \dfrac{n!}{s^{n+1}}$

복소 추이 정리 $\mathcal{L}[e^{\pm\alpha t}f(t)] = F(s \mp \alpha)$

$\mathcal{L}[t^2] = \dfrac{2!}{s^{2+1}} = \dfrac{2}{s^3}$

$\mathcal{L}[t^2 e^{-\alpha t}] = \dfrac{2}{(s+\alpha)^3}$

15

선로의 단위 길이당 인덕턴스, 저항, 정전 용량, 누설 컨덕턴스를 각각 L, R, C, G라 하면 전파 정수는?

① $\dfrac{\sqrt{R+j\omega L}}{G+j\omega C}$ ② $\sqrt{(R+j\omega L)(G+j\omega C)}$

③ $\sqrt{\dfrac{R+j\omega C}{G+j\omega L}}$ ④ $\sqrt{\dfrac{G+j\omega C}{R+j\omega L}}$

해설

선로의 특성 임피던스($Z \neq \dfrac{1}{Y}$)

$Z_0 = \sqrt{\dfrac{Z}{Y}} = \sqrt{\dfrac{R+j\omega L}{G+j\omega C}}[\Omega]$

전파 정수 $\gamma = \sqrt{YZ} = \alpha + j\beta = \sqrt{(G+j\omega C)(R+j\omega L)}$

16

회로에서 $0.5[\Omega]$ 양단 전압[V]은 약 몇 [V]인가?

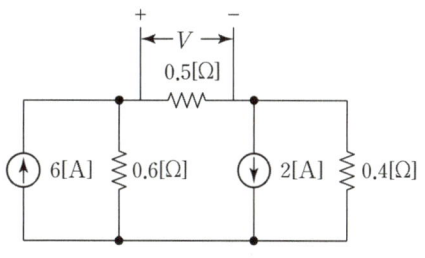

① 0.6   ② 0.93
③ 1.47   ④ 1.5

해설

중첩의 원리

- $6[A]$ 기준($2[A]$ 전류원 개방)

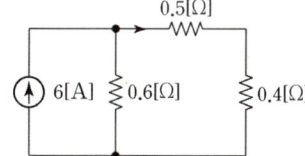

$I_{0.5'} = \dfrac{R_{0.6}}{R_{0.6}+(R_{0.5}+R_{0.4})} I_6$

$= \dfrac{0.6}{0.6+(0.5+0.4)} \times 6$

$= 2.4[A]$

- $2[A]$ 기준($6[A]$ 전류원 개방)

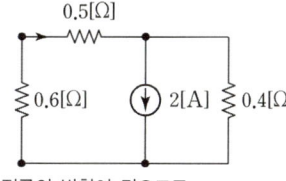

$I_{0.5''} = \dfrac{R_{0.4}}{(R_{0.5}+R_{0.6})+R_{0.4}} I_2$

$= \dfrac{0.4}{(0.5+0.6)+0.4} \times 2$

$\fallingdotseq 0.53[A]$

전류의 방향이 같으므로

$V = IR = (I_{0.5'} + I_{0.5''}) \times 0.5$

$= (2.4+0.53) \times 0.5 = 1.465 \fallingdotseq 1.47[V]$

| 정답 | 14 ③ 15 ② 16 ③

17

RLC 직렬 회로의 파라미터가 $R^2 = \dfrac{4L}{C}$ 의 관계를 가진다면, 이 회로에 직류 전압을 인가하는 경우 과도 응답 특성은?

① 무제동 ② 과제동
③ 부족제동 ④ 임계제동

해설

$R-L-C$ 직렬 회로의 과도 해 $V=0$에서 아래와 같다.

$s_1, s_2 = -\dfrac{R}{2L} \pm \dfrac{1}{2L}\sqrt{R^2 - \dfrac{4L}{C}}$

과제동(비진동) $R^2 > \dfrac{4L}{C}$

임계제동 $R^2 = \dfrac{4L}{C}$

부족제동(진동) $R^2 < \dfrac{4L}{C}$

18

$v(t) = 3 + 5\sqrt{2}\sin\omega t + 10\sqrt{2}\sin(3\omega t - \dfrac{\pi}{3})[\mathrm{V}]$의 실횻값 크기는 약 몇 $[\mathrm{V}]$인가?

① 9.6 ② 10.6
③ 11.6 ④ 12.6

해설 비정현파 교류의 실횻값

$V = \sqrt{3^2 + 5^2 + 10^2} = \sqrt{9+25+100} = \sqrt{134}$
$\fallingdotseq 11.57 \fallingdotseq 11.6[\mathrm{V}]$

19

그림과 같이 결선된 회로의 단자(a, b, c)에 선간 전압이 $V[\mathrm{V}]$인 평형 3상 전압을 인가할 때 상전류 $I[\mathrm{A}]$의 크기는?

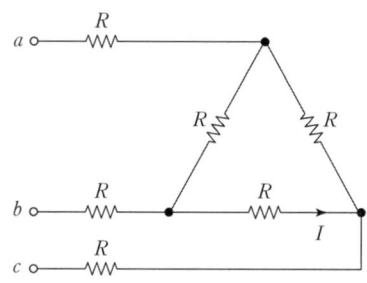

① $\dfrac{V}{4R}$ ② $\dfrac{3V}{4R}$

③ $\dfrac{\sqrt{3}\,V}{4R}$ ④ $\dfrac{V}{4\sqrt{3}\,R}$

해설

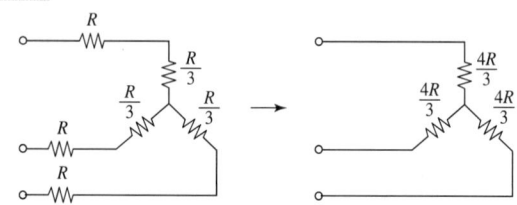

Δ 결선을 Y 결선으로 변환한 후 합성저항을 구하면 $R_Y = \dfrac{4R}{3}$ 이고, 다시 Δ 결선으로 변환하면 한 상의 저항은 $R_\Delta = 4R$이다.

$I = \dfrac{V}{R_\Delta} = \dfrac{V}{4R}[\mathrm{A}]$

20

$8+j6[\Omega]$인 임피던스에 $13+j20[\mathrm{V}]$의 전압을 인가할 때 복소전력은 약 몇 $[\mathrm{VA}]$인가?

① $12.7 + j34.1$ ② $12.7 + j55.5$
③ $45.5 + j34.1$ ④ $45.5 + j55.5$

해설

$I = \dfrac{V}{Z} = \dfrac{13+j20}{8+j6} = 2.24 + j0.82[\mathrm{A}]$

$P_a = V\overline{I} = (13+j20)(2.24 - j0.82) \fallingdotseq 45.5 + j34.1[\mathrm{VA}]$

| 정답 | 17 ④ 18 ③ 19 ① 20 ③

2020년 3회

01

그림과 같은 피드백 제어 시스템에서 입력이 단위 계단 함수일 때 정상 상태 오차 상수인 위치 상수(K_p)는?

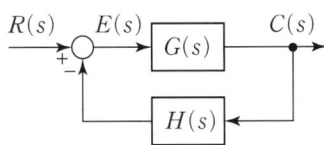

① $K_p = \lim_{s \to 0} G(s)H(s)$ ② $K_p = \lim_{s \to 0} \dfrac{G(s)}{H(s)}$

③ $K_p = \lim_{s \to \infty} G(s)H(s)$ ④ $K_p = \lim_{s \to \infty} \dfrac{G(s)}{H(s)}$

해설 단위 계단 함수의 위치 편차 상수

$K_p = \lim_{s \to 0} G(s)H(s)$

02

적분 시간 $4[\text{sec}]$, 비례 감도가 4인 비례 적분 동작을 하는 제어 요소에 동작 신호 $z(t) = 2t$를 주었을 때 이 제어 요소의 조작량은?(단, 조작량의 초깃값은 0이다.)

① $t^2 + 8t$ ② $t^2 + 2t$
③ $t^2 - 8t$ ④ $t^2 - 2t$

해설
비례 적분 제어 함수식

$y(t) = K_p \left[z(t) + \dfrac{1}{T_i} \int z(t)dt \right]$

$\therefore Y(s) = K_p \left[Z(s) + \dfrac{1}{T_i s} Z(s) \right] = K_p \left(1 + \dfrac{1}{T_i s} \right) Z(s)$

$K_p = 4$, $T_i = 4$, $Z(s) = \mathcal{L}[z(t)] = \dfrac{2}{s^2}$를 대입한다.

$Y(s) = 4\left(1 + \dfrac{1}{4s}\right) \times \dfrac{2}{s^2}$

$= \left(4 + \dfrac{1}{s}\right) \times \dfrac{2}{s^2} = \dfrac{8}{s^2} + \dfrac{2}{s^3}$

이 값을 시간 함수로 역변환하면

$\mathcal{L}^{-1}\left[\dfrac{8}{s^2}\right] = 8t$, $\mathcal{L}^{-1}\left[\dfrac{2}{s^3}\right] = t^2$이므로

$y(t) = t^2 + 8t$이다.

03

시간 함수 $f(t) = \sin\omega t$의 z변환은?(단, T는 샘플링 주기이다.)

① $\dfrac{z\sin\omega T}{z^2 + 2z\cos\omega T + 1}$ ② $\dfrac{z\sin\omega T}{z^2 - 2z\cos\omega T + 1}$

③ $\dfrac{z\cos\omega T}{z^2 - 2z\sin\omega T + 1}$ ④ $\dfrac{z\cos\omega T}{z^2 + 2z\sin\omega T + 1}$

해설
시간 함수 $f(t) = \sin\omega t$의 z변환

$F(z) = \dfrac{z\sin\omega T}{z^2 - 2z\cos\omega T + 1}$

04

다음과 같은 신호 흐름 선도에서 $\dfrac{C(s)}{R(s)}$의 값은?

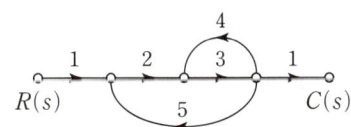

① $-\dfrac{1}{41}$ ② $-\dfrac{3}{41}$
③ $-\dfrac{6}{41}$ ④ $-\dfrac{8}{41}$

해설
메이슨 공식으로 주어진 신호 흐름 선도의 전달 함수를 구하면 다음과 같다.

$\dfrac{C(s)}{R(s)} = \dfrac{\sum 경로}{1 - \sum 폐루프} = \dfrac{1 \times 2 \times 3 \times 1}{1 - (2 \times 3 \times 5 + 3 \times 4)} = -\dfrac{6}{41}$

| 정답 | 01 ① 02 ① 03 ② 04 ③

05

Routh-Hurwitz 방법으로 특성 방정식이 $s^4+2s^3+s^2+4s+2=0$인 시스템의 안정도를 판별하면?

① 안정
② 불안정
③ 임계안정
④ 조건부 안정

해설

주어진 특성 방정식을 루드표로 작성하면 다음과 같다.

차수	제1열	제2열	제3열
s^4	1	1	2
s^3	2	4	0
s^2	$\frac{2\times1-1\times4}{2}=-1$	$\frac{2\times2-1\times0}{2}=2$	0
s^1	$\frac{-1\times4-2\times2}{-1}=8$	$\frac{-1\times0-2\times0}{-1}=0$	0
s^0	$\frac{8\times2-(-1)\times0}{8}=2$	0	0

루드표의 제1열의 부호 변화가 있으므로 불안정이다.

06

제어 시스템의 상태 방정식이 $\frac{dx(t)}{dt}=Ax(t)+Bu(t)$, $A=\begin{bmatrix}0&1\\-3&4\end{bmatrix}$, $B=\begin{bmatrix}1\\1\end{bmatrix}$일 때 특성 방정식을 구하면?

① $s^2-4s-3=0$
② $s^2-4s+3=0$
③ $s^2+4s+3=0$
④ $s^2+4s-3=0$

해설

특성 방정식은 $|sI-A|=0$이다.
$sI-A=\begin{bmatrix}s&0\\0&s\end{bmatrix}-\begin{bmatrix}0&1\\-3&4\end{bmatrix}=\begin{bmatrix}s&-1\\3&s-4\end{bmatrix}$
$|sI-A|=s(s-4)-\{(-1)\times3\}=s^2-4s+3=0$

07

어떤 제어 시스템의 개루프 이득이 $G(s)H(s)=\frac{K(s+2)}{s(s+1)(s+3)(s+4)}$ 일 때 이 시스템이 가지는 근궤적의 가지(Branch) 수는?

① 1
② 3
③ 4
④ 5

해설

영점 수는 1개($Z=-2$)이고, 극점 수는 4개($P=0,-1,-3,-4$)이므로 근궤적의 가지 수는 영점 수와 극점 수 중 더 큰 4개이다.

관련개념

근궤적의 가지 수는 분자, 분모 중 더 많은 근을 가진 곳의 개수이다.

08

다음 회로에서 입력 전압 $v_1(t)$에 대한 출력 전압 $v_2(t)$의 전달 함수 $G(s)$는?

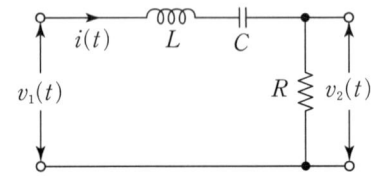

① $\frac{RCs}{LCs^2+RCs+1}$
② $\frac{RCs}{LCs^2-RCs-1}$
③ $\frac{Cs}{LCs^2+RCs+1}$
④ $\frac{Cs}{LCs^2-RCs-1}$

해설

전압 분배 법칙에 의해
$V_2(s)=\frac{R}{Ls+\frac{1}{Cs}+R}V_1(s)$이므로
$G(s)=\frac{V_2(s)}{V_1(s)}=\frac{R}{Ls+\frac{1}{Cs}+R}\times\frac{Cs}{Cs}=\frac{RCs}{LCs^2+RCs+1}$

| 정답 | 05 ② 06 ② 07 ③ 08 ① |

09

특성 방정식의 모든 근이 s 평면(복소 평면)의 $j\omega$축(허수축)에 있을 때 이 제어 시스템의 안정도는?

① 알 수 없다. ② 안정하다.
③ 불안정하다. ④ 임계 안정이다.

해설
복소 s 평면의 좌반면에 특성 방정식 근이 존재하면 안정, 우반면에 근이 존재하면 불안정, 허수축($j\omega$축)에 있으면 임계 안정(임계 상태)이다.

11

선간 전압이 V_{ab}[V]인 3상 평형 전원에 대칭 부하 $R[\Omega]$이 그림과 같이 접속되어 있을 때, a, b 두 상 간에 접속된 전력계의 지시값이 W[W]라면 c상 전류의 크기[A]는?

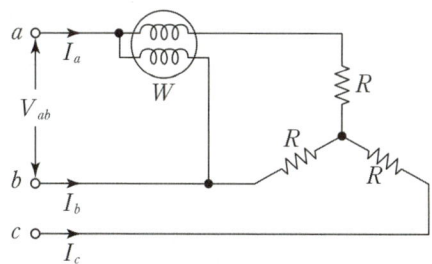

① $\dfrac{W}{3V_{ab}}$ ② $\dfrac{2W}{3V_{ab}}$

③ $\dfrac{2W}{\sqrt{3}V_{ab}}$ ④ $\dfrac{\sqrt{3}W}{V_{ab}}$

해설
전원은 평형 3상, 부하는 대칭이다.
$V_{ab} = V_{bc} = V_{ca}$, $I_a = I_b = I_c$
2전력계법에 의해 전체 전력
$P = 2W = \sqrt{3}\,V_{ab}I_c$[W]
$\therefore I_c = \dfrac{2W}{\sqrt{3}\,V_{ab}}$[A]

10

논리식 $[(AB+A\overline{B})+AB]+\overline{A}B$를 간단히 하면?

① $A+B$ ② $\overline{A}+B$
③ $A+\overline{B}$ ④ $A+A\cdot B$

해설
$[(AB+A\overline{B})+AB]+\overline{A}B$
$= AB+A\overline{B}+AB+\overline{A}B = A(B+\overline{B})+B(A+\overline{A}) = A+B$

12

불평형 3상 전류가 $I_a=15+j2$[A], $I_b=-20-j14$[A], $I_c=-3+j10$[A]일 때, 역상분 전류 I_2[A]는?

① $1.91+j6.24$ ② $15.74-j3.57$
③ $-2.67-j0.67$ ④ $-8-j2$

해설
3상 불평형에서 역상분
$I_2 = \dfrac{1}{3}(I_a + a^2 I_b + aI_c)$
$= \dfrac{1}{3}\left\{(15+j2) + \left(-\dfrac{1}{2}-j\dfrac{\sqrt{3}}{2}\right)(-20-j14)\right.$
$\left.+ \left(-\dfrac{1}{2}+j\dfrac{\sqrt{3}}{2}\right)(-3+j10)\right\} = 1.91+j6.24$[A]

| 정답 | 09 ④ 10 ① 11 ③ 12 ① |

13

회로에서 $20[\Omega]$의 저항이 소비하는 전력은 몇 $[W]$인가?

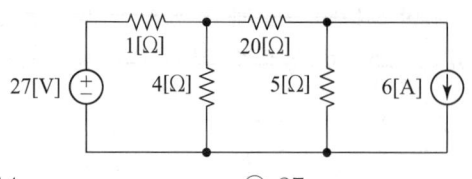

① 14　　　　　　② 27
③ 40　　　　　　④ 80

해설

테브난 ↔ 노튼 등가 변환을 이용하여 $20[\Omega]$에 흐르는 전류를 구한다.

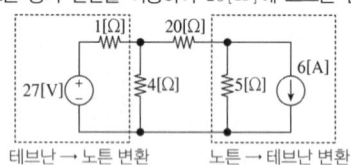

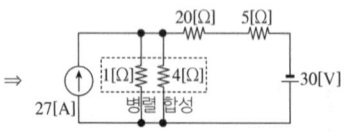

$1[\Omega]$ 저항과 $4[\Omega]$ 저항을 병렬 합성한 후 왼쪽 회로를 다시 테브난 회로로 변환한다.

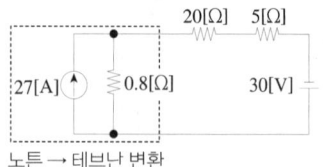

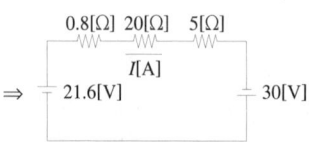

$$I = \frac{V}{R} = \frac{21.6 + 30}{0.8 + 20 + 5} = 2[A]$$

따라서 $20[\Omega]$ 저항에 소비되는 전력은 아래와 같다.
$$P = I^2 R = 2^2 \times 20 = 80[W]$$

14

RC 직렬 회로에 직류 전압 $V[V]$가 인가되었을 때, 전류 $i(t)$에 대한 전압 방정식(KVL)이 $V = Ri(t) + \frac{1}{C}\int i(t)dt[V]$이다. 전류 $i(t)$의 라플라스 변환인 $I(s)$는?(단, C에는 초기 전하가 없다.)

① $I(s) = \frac{V}{R}\dfrac{1}{s - \dfrac{1}{RC}}$　　② $I(s) = \frac{C}{R}\dfrac{1}{s + \dfrac{1}{RC}}$

③ $I(s) = \frac{V}{R}\dfrac{1}{s + \dfrac{1}{RC}}$　　④ $I(s) = \frac{R}{C}\dfrac{1}{s - \dfrac{1}{RC}}$

해설

방정식을 라플라스 변환한다.
$$\frac{V}{s} = RI(s) + \frac{1}{Cs}I(s)$$

$$I(s) = \frac{\dfrac{V}{s}}{R + \dfrac{1}{Cs}} = \frac{V}{Rs + \dfrac{1}{C}} = \frac{V}{R}\frac{1}{s + \dfrac{1}{RC}}$$

관련개념

교류를 라플라스 변환하면 $V(s)$
직류를 라플라스 변환하면 $\dfrac{V(s)}{s}$

15

선간 전압이 $100[V]$이고, 역률이 0.6인 평형 3상 부하에서 무효전력이 $Q = 10[kVar]$일 때, 선전류의 크기는 약 몇 $[A]$인가?

① 57.7　　　　② 72.2
③ 96.2　　　　④ 125

해설

역률이 0.6이므로 무효율은 아래와 같다.
$\sin\theta = \sqrt{1 - 0.6^2} = 0.8$
$Q = \sqrt{3}\,VI\sin\theta[Var]$
$I = \dfrac{Q}{\sqrt{3}\,V\sin\theta} = \dfrac{10 \times 10^3}{\sqrt{3} \times 100 \times 0.8} \fallingdotseq 72.2[A]$

| 정답 | 13 ④　14 ③　15 ②

16

그림과 같은 T형 4단자 회로망에서 4단자 정수 A와 C는?(단, $Z_1 = \dfrac{1}{Y_1}$, $Z_2 = \dfrac{1}{Y_2}$, $Z_3 = \dfrac{1}{Y_3}$)

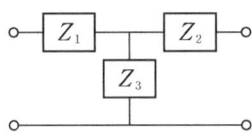

① $A = 1 + \dfrac{Y_3}{Y_1}$, $C = Y_2$

② $A = 1 + \dfrac{Y_3}{Y_1}$, $C = \dfrac{1}{Y_3}$

③ $A = 1 + \dfrac{Y_3}{Y_1}$, $C = Y_3$

④ $A = 1 + \dfrac{Y_1}{Y_3}$, $C = \left(1 + \dfrac{Y_1}{Y_3}\right)\dfrac{1}{Y_3} + \dfrac{1}{Y_2}$

해설

$$\begin{bmatrix} 1 & Z_1 \\ 0 & 1 \end{bmatrix} \begin{bmatrix} 1 & 0 \\ \dfrac{1}{Z_3} & 1 \end{bmatrix} \begin{bmatrix} 1 & Z_2 \\ 0 & 1 \end{bmatrix} = \begin{bmatrix} 1 + \dfrac{Z_1}{Z_3} & Z_1 + Z_2 + \dfrac{Z_1 Z_2}{Z_3} \\ \dfrac{1}{Z_3} & 1 + \dfrac{Z_2}{Z_3} \end{bmatrix}$$

$A = 1 + \dfrac{Z_1}{Z_3} = 1 + \dfrac{\frac{1}{Y_1}}{\frac{1}{Y_3}} = 1 + \dfrac{Y_3}{Y_1}$

$C = \dfrac{1}{Z_3} = \dfrac{1}{\frac{1}{Y_3}} = Y_3$

17

어떤 회로의 유효 전력이 $300[\text{W}]$, 무효 전력이 $400[\text{Var}]$이다. 이 회로의 복소 전력의 크기$[\text{VA}]$는?

① 350 ② 500
③ 600 ④ 700

해설

$P_a = P + jP_r$

$|P_a| = \sqrt{P^2 + P_r^2} = \sqrt{300^2 + 400^2} = 500[\text{VA}]$

18

$R = 4[\Omega]$, $\omega L = 3[\Omega]$의 직렬 회로에 $e = 100\sqrt{2}\sin\omega t + 50\sqrt{2}\sin 3\omega t$를 인가할 때 이 회로의 소비 전력은 약 몇 $[\text{W}]$인가?

① 1,000 ② 1,414
③ 1,560 ④ 1,703

해설

• 제1 고조파 전류

$I_1 = \dfrac{V_1}{Z_1} = \dfrac{V_1}{\sqrt{R^2 + (\omega L)^2}} = \dfrac{100}{\sqrt{4^2 + 3^2}} = \dfrac{100}{5} = 20[\text{A}]$

• 제3 고조파 전류

$I_3 = \dfrac{V_3}{Z_3} = \dfrac{V_3}{\sqrt{R^2 + (3\omega L)^2}} = \dfrac{50}{\sqrt{4^2 + (3 \times 3)^2}}$

$= \dfrac{50}{\sqrt{97}} ≒ 5.08[\text{A}]$

$\therefore P = I_1^2 R + I_3^2 R = 20^2 \times 4 + 5.08^2 \times 4 ≒ 1,703[\text{W}]$

19

단위 길이당 인덕턴스가 $L[\text{H/m}]$이고, 단위 길이당 정전용량이 $C[\text{F/m}]$인 무손실 선로에서의 진행파 속도[m/s]는?

① $\sqrt{LC}$
② $\dfrac{1}{\sqrt{LC}}$
③ $\sqrt{\dfrac{C}{L}}$
④ $\sqrt{\dfrac{L}{C}}$

해설

파장 $\lambda = \dfrac{1}{f\sqrt{LC}} = \dfrac{v}{f}$에서 전파속도 $v = \dfrac{1}{\sqrt{LC}}[\text{m/s}]$이다.

관련개념

무손실 진행파 속도 $v = \dfrac{1}{\sqrt{LC}}[\text{m/s}]$

20

$t=0$에서 스위치(S)를 닫았을 때 $t=0^+$에서의 $i(t)$는 몇 [A]인가?(단, 커패시터에 초기 전하는 없다.)

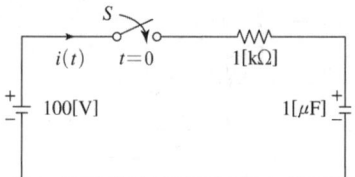

① 0.1
② 0.2
③ 0.4
④ 1.0

해설

과도 전류 $i(t) = \dfrac{E}{R} e^{-\frac{1}{RC}t}[\text{A}]$에서 $t=0^+$일 때

$i(0) = \dfrac{E}{R} e^0 = \dfrac{100}{1,000} = 0.1[\text{A}]$이다.

정답 | 19 ② 20 ①

2020년 4회

01

대칭 3상 전압이 공급되는 3상 유도 전동기에서 각 계기의 지시는 다음과 같다. 유도 전동기의 역률은 약 얼마인가?

- 전력계(W_1): 2.84[kW], 전력계(W_2): 6.00[kW]
- 전압계(V): 200[V], 전류계(A): 30[A]

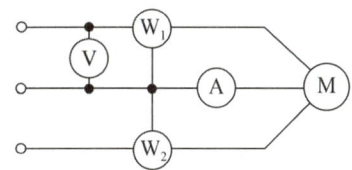

① 0.70　② 0.75
③ 0.80　④ 0.85

해설

- 3상 유효 전력
  $P = W_1 + W_2 = 2,840 + 6,000 = 8,840 [\text{W}]$
- 3상 피상 전력
  $P_a = \sqrt{3}\,VI = \sqrt{3} \times 200 \times 30 \fallingdotseq 10,392 [\text{VA}]$

$\therefore \cos\theta = \dfrac{P}{P_a} = \dfrac{8,840}{10,392} \fallingdotseq 0.85$

02

불평형 3상 전류 $I_a = 25 + j4[\text{A}]$, $I_b = -18 - j16[\text{A}]$, $I_c = 7 + j15[\text{A}]$일 때 영상전류 $I_0[\text{A}]$는?

① $2.67 + j$　② $2.67 + j2$
③ $4.67 + j$　④ $4.67 + j2$

해설

$I_0 = \dfrac{1}{3}(I_a + I_b + I_c)$
$= \dfrac{1}{3}(25 + j4 - 18 - j16 + 7 + j15)$
$\fallingdotseq 4.67 + j[\text{A}]$

관련개념

영상전류 $I_0 = \dfrac{1}{3}(I_a + I_b + I_c)[\text{A}]$

03

Δ 결선으로 운전 중인 3상 변압기에서 하나의 변압기 고장에 의해 V 결선으로 운전하는 경우, V 결선으로 공급할 수 있는 전력은 고장 전 Δ 결선으로 공급할 수 있는 전력에 비해 약 몇 [%]인가?

① 86.6　② 75.0
③ 66.7　④ 57.7

출력비 $= \dfrac{V\ \text{결선 출력}}{\Delta\ \text{결선 3상 출력}} = \dfrac{\sqrt{3}\,VI}{3\,VI} = \dfrac{1}{\sqrt{3}}$
$\fallingdotseq 0.577 = 57.7[\%]$

| 정답 | 01 ④　02 ③　03 ④

04

분포 정수 회로에서 직렬 임피던스를 Z, 병렬 어드미턴스를 Y라 할 때, 선로의 특성 임피던스 Z_0는?

① ZY
② $\sqrt{ZY}$
③ $\sqrt{\dfrac{Y}{Z}}$
④ $\sqrt{\dfrac{Z}{Y}}$

해설

분포 정수 회로에서 $Z \neq \dfrac{1}{Y}$의 조건에서 특성 임피던스

$Z_0 = \sqrt{\dfrac{Z}{Y}}\,[\Omega]$

05

4단자 정수 A, B, C, D 중에서 전압 이득의 차원을 가진 정수는?

① A
② B
③ C
④ D

해설

A, B, C, D 파라미터의 정의
- A : 입력과 출력의 전압 이득
- B : 입력과 출력의 임피던스 $[\Omega]$
- C : 입력과 출력의 어드미턴스 $[\mho]$
- D : 입력과 출력의 전류 이득

06

그림과 같은 회로의 구동점 임피던스 $[\Omega]$는?

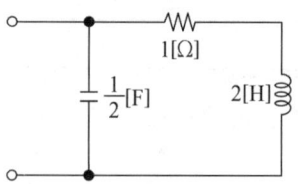

① $\dfrac{2(2s+1)}{2s^2+s+2}$
② $\dfrac{2s^2+s-2}{-2(2s+1)}$
③ $\dfrac{-2(2s+1)}{2s^2+s-2}$
④ $\dfrac{2s^2+s+2}{2(2s+1)}$

해설

L 회로는 sL, C 회로는 $\dfrac{1}{sC}$ 적용

$Z(s) = \dfrac{(1+2s)\cdot\dfrac{1}{\frac{1}{2}s}}{(1+2s)+\dfrac{1}{\frac{1}{2}s}} = \dfrac{(1+2s)\cdot\dfrac{2}{s}}{(1+2s)+\dfrac{2}{s}} = \dfrac{\dfrac{2}{s}+4}{1+2s+\dfrac{2}{s}}$

$= \dfrac{4s+2}{2s^2+s+2} = \dfrac{2(2s+1)}{2s^2+s+2}\,[\Omega]$

07

회로의 단자 a와 b 사이에 나타나는 전압 V_{ab}는 몇 $[V]$인가?

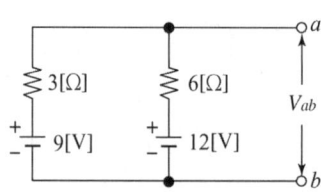

① 3
② 9
③ 10
④ 12

해설

밀만의 정리를 적용한다.

$V_{ab} = \dfrac{\dfrac{E_1}{R_1}+\dfrac{E_2}{R_2}}{\dfrac{1}{R_1}+\dfrac{1}{R_2}} = \dfrac{\dfrac{9}{3}+\dfrac{12}{6}}{\dfrac{1}{3}+\dfrac{1}{6}} = \dfrac{3+2}{\dfrac{3}{6}} = 10\,[V]$

| 정답 | 04 ④ 05 ① 06 ① 07 ③

08

RL 직렬 회로에 순시치 전압 $v(t) = 20 + 100\sin\omega t + 40\sin(3\omega t + 60°) + 40\sin 5\omega t[\text{V}]$를 가할 때 제5 고조파 전류의 실횻값 크기는 약 몇 [A]인가?(단, $R = 4[\Omega]$, $\omega L = 1[\Omega]$이다.)

① 4.4
② 5.66
③ 6.25
④ 8.0

해설

$|Z_5| = \sqrt{R^2 + (5\omega L)^2} = \sqrt{4^2 + 5^2} \fallingdotseq 6.4[\Omega]$

$I_5 = \dfrac{V_5}{|Z_5|} = \dfrac{\frac{40}{\sqrt{2}}}{6.4} \fallingdotseq 4.4[\text{A}]$

관련개념 제n 고조파의 리액턴스

L 부하: $jn\omega L[\Omega]$, C 부하: $\dfrac{1}{jn\omega C}[\Omega]$

09

그림의 교류 브리지 회로가 평형이 되는 조건은?

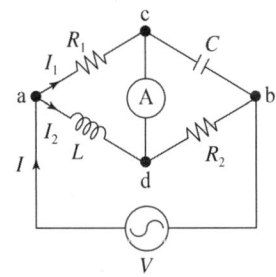

① $L = \dfrac{R_1 R_2}{C}$
② $L = \dfrac{C}{R_1 R_2}$
③ $L = R_1 R_2 C$
④ $L = \dfrac{R_2}{R_1} C$

해설

브리지의 평형 조건으로부터 아래와 같다.

$R_1 \times R_2 = j\omega L \times \dfrac{1}{j\omega C} = \dfrac{L}{C}$

$\therefore L = R_1 R_2 C$

10

$f(t) = t^n$의 라플라스 변환 식은?

① $\dfrac{n}{s^n}$
② $\dfrac{n+1}{s^{n+1}}$
③ $\dfrac{n!}{s^{n+1}}$
④ $\dfrac{n+1}{s^{n!}}$

해설

$\mathcal{L}[f(t)] = \dfrac{n!}{s^{n+1}}$

11

그림과 같은 블록 선도의 제어 시스템에서 속도 편차 상수 K_v는 얼마인가?

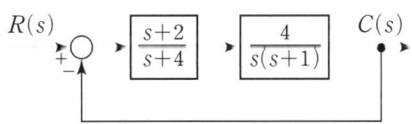

① 0
② 0.5
③ 2
④ ∞

해설

속도 편차 상수 $K_v = \lim_{s \to 0} sG(s)$이다.

개루프 전향 이득 $G(s) = \dfrac{s+2}{s+4} \times \dfrac{4}{s(s+1)}$이므로

$K_v = \lim_{s \to 0} s \times \dfrac{s+2}{s+4} \times \dfrac{4}{s(s+1)} = \dfrac{2}{4} \times \dfrac{4}{1} = 2$

12

근궤적의 성질 중 틀린 것은?

① 근궤적은 실수축을 기준으로 대칭이다.
② 점근선은 허수축 상에서 교차한다.
③ 근궤적의 가지 수는 특성 방정식의 차수와 같다.
④ 근궤적은 개루프 전달 함수의 극점으로부터 출발한다.

해설 근궤적의 성질
- 근궤적은 실수축에 대해 대칭이다.
- 근궤적은 개루프 전달 함수의 극점으로부터 출발하여 영점에서 끝난다.
- 근궤적의 개수는 극점 수와 영점 수 중 큰 수와 일치하며 개루프 전달 함수를 단위 폐루프 함수로 나타냈을 때 근궤적의 가지 수는 특성 방정식의 차수와 같다.
- 점근선은 실수축 상에서 교차한다.

13

Routh–Hurwitz 안정도 판별법을 이용하여 특성 방정식이 $s^3+3s^2+3s+1+K=0$으로 주어진 제어 시스템이 안정하기 위한 K의 범위를 구하면?

① $-1 \leq K < 8$
② $-1 < K \leq 8$
③ $-1 < K < 8$
④ $K < 1$ 또는 $k > 8$

해설

주어진 특성 방정식을 루드표로 작성하면 다음과 같다.

차수	제1열	제2열
s^3	1	3
s^2	3	$1+K$
s^1	$\dfrac{3 \times 3 - \{1 \times (1+K)\}}{3} = \dfrac{8-K}{3}$	0
s^0	$\dfrac{\dfrac{8-K}{3} \times (1+K) - 3 \times 0}{\dfrac{8-K}{3}} = 1+K$	0

제어계가 안정하려면 루드표의 제1열의 부호 변화가 없어야 한다.
$\dfrac{8-K}{3} > 0 \rightarrow K < 8$, $1+K > 0 \rightarrow K > -1$

따라서 안정하기 위한 위의 2가지 조건을 모두 충족하는 조건은 $-1 < K < 8$이다.

| 정답 | 12 ② 13 ③

14

$e(t)$의 z변환을 $E(z)$라고 했을 때 $e(t)$의 초기값 $e(0)$는?

① $\lim_{z \to 1} E(z)$
② $\lim_{z \to \infty} E(z)$
③ $\lim_{z \to 1} (1-z^{-1})E(z)$
④ $\lim_{z \to \infty} (1-z^{-1})E(z)$

해설
z변환의 초기값 정리 및 최종값 정리
- 초기값 정리: $\lim_{t \to 0} f(t) = \lim_{z \to \infty} F(z)$
- 최종값 정리: $\lim_{t \to \infty} f(t) = \lim_{z \to 1} (1-z^{-1})F(z)$

15

그림의 신호 흐름 선도에서 $\dfrac{C(s)}{R(s)}$는?

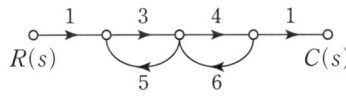

① $-\dfrac{2}{5}$
② $-\dfrac{6}{19}$
③ $-\dfrac{12}{29}$
④ $-\dfrac{12}{37}$

해설
$\dfrac{C(s)}{R(s)} = \dfrac{1 \times 3 \times 4 \times 1}{1 - (3 \times 5 + 4 \times 6)} = -\dfrac{12}{38} = -\dfrac{6}{19}$

16

전달 함수가 $G(s) = \dfrac{10}{s^2+3s+2}$으로 표현되는 제어 시스템에서 직류 이득은 얼마인가?

① 1
② 2
③ 3
④ 5

해설
직류에서 주파수 $f=0$이므로 $\omega=2\pi f=0$이다.
$\therefore G(j\omega) = \dfrac{10}{(j\omega+1)(j\omega+2)}\Big|_{\omega=0} = 5$

17

전달 함수가 $\dfrac{C(s)}{R(s)} = \dfrac{25}{s^2+6s+25}$인 2차 제어 시스템의 감쇠 진동 주파수 ω_d는 몇 [rad/sec]인가?

① 3
② 4
③ 5
④ 6

해설
$\dfrac{C(s)}{R(s)} = \dfrac{25}{s^2+6s+25} = \dfrac{\omega_n^2}{s^2+2\delta\omega_n s + \omega_n^2}$
$\omega_n^2 = 25 \to \omega_n = 5$
$6 = 2\delta\omega_n \to \delta = 6 \times \dfrac{1}{2\omega_n} = 0.6$
$\therefore \omega_d = \omega_n\sqrt{1-\delta^2} = 5 \times \sqrt{1-0.6^2} = 4[\text{rad/sec}]$

| 정답 | 14 ② 15 ② 16 ④ 17 ②

18

다음 논리식을 간단히 한 것은?

$$Y = \overline{A}BC\overline{D} + \overline{A}BCD + \overline{A}\,\overline{B}C\overline{D} + \overline{A}\,\overline{B}CD$$

① $Y = \overline{A}C$
② $Y = A\overline{C}$
③ $Y = AB$
④ $Y = BC$

해설

$Y = \overline{A}BC\overline{D} + \overline{A}BCD + \overline{A}\,\overline{B}C\overline{D} + \overline{A}\,\overline{B}CD$
$= \overline{A}BC(\overline{D} + D) + \overline{A}\,\overline{B}C(\overline{D} + D)$
$= \overline{A}BC + \overline{A}\,\overline{B}C = \overline{A}C(B + \overline{B}) = \overline{A}C$

19

폐루프 시스템에서 응답의 잔류 편차 또는 정상 상태 오차를 제거하기 위한 제어 기법은?

① 비례 제어
② 적분 제어
③ 미분 제어
④ On-off 제어

해설

적분 제어는 잔류 편차 또는 정상 상태 오차를 제거하는 제어 기법으로, 오프셋을 소멸시킨다.

20

시스템 행렬 A가 다음과 같을 때 상태 천이 행렬을 구하면?

$$A = \begin{bmatrix} 0 & 1 \\ -2 & -3 \end{bmatrix}$$

① $\begin{bmatrix} 2e^{t} - e^{2t} & -e^{t} + e^{2t} \\ 2e^{t} - 2e^{2t} & -e^{t} - 2e^{2t} \end{bmatrix}$

② $\begin{bmatrix} 2e^{-t} - e^{-2t} & e^{-t} - e^{-2t} \\ -2e^{-t} + 2e^{-2t} & -e^{-t} - 2e^{-2t} \end{bmatrix}$

③ $\begin{bmatrix} 2e^{-t} - e^{-2t} & -e^{-t} + e^{-2t} \\ 2e^{-t} - 2e^{-2t} & -e^{-t} - 2e^{-2t} \end{bmatrix}$

④ $\begin{bmatrix} 2e^{-t} - e^{-2t} & e^{-t} - e^{-2t} \\ -2e^{-t} + 2e^{-2t} & -e^{-t} + 2e^{-2t} \end{bmatrix}$

해설

천이 행렬 $\phi(t) = \mathcal{L}^{-1}[(sI - A)^{-1}]$ 이므로 순서대로 풀이하면 다음과 같다.

- $sI - A = \begin{bmatrix} s & 0 \\ 0 & s \end{bmatrix} - \begin{bmatrix} 0 & 1 \\ -2 & -3 \end{bmatrix} = \begin{bmatrix} s & -1 \\ 2 & s+3 \end{bmatrix}$

$|sI - A| = s(s+3) - (-1) \times 2$
$= s^2 + 3s + 2 = (s+1)(s+2)$

- $(sI - A)^{-1} = \dfrac{1}{(s+1)(s+2)} \begin{bmatrix} s+3 & 1 \\ -2 & s \end{bmatrix}$

$= \begin{bmatrix} \dfrac{s+3}{(s+1)(s+2)} & \dfrac{1}{(s+1)(s+2)} \\ \dfrac{-2}{(s+1)(s+2)} & \dfrac{s}{(s+1)(s+2)} \end{bmatrix}$

행렬 각각의 s함수를 시간 함수로 역변환하면 다음과 같다.

$\phi(t) = \mathcal{L}^{-1}[(sI - A)^{-1}]$
$= \begin{bmatrix} 2e^{-t} - e^{-2t} & e^{-t} - e^{-2t} \\ -2e^{-t} + 2e^{-2t} & -e^{-t} + 2e^{-2t} \end{bmatrix}$

| 정답 | 18 ① | 19 ② | 20 ④ |

2019년 1회

01

다음의 신호 흐름 선도를 메이슨의 공식을 이용하여 전달 함수를 구하고자 한다. 이 신호 흐름 선도에서 루프(Loop)는 몇 개인가?

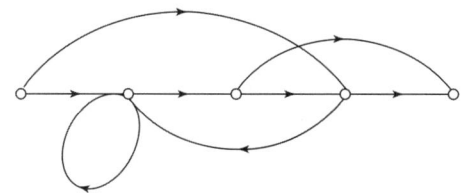

① 0
② 1
③ 2
④ 3

해설
다음 그림과 같이 폐루프는 2개이다.

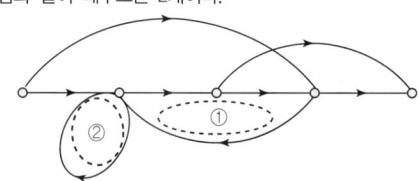

02

특성 방정식 중에서 안정된 시스템인 것은?

① $2s^3+3s^2+4s+5=0$
② $s^4+3s^3-s^2+s+10=0$
③ $s^5+s^3+2s^2+4s+3=0$
④ $s^4-2s^3-3s^2+4s+5=0$

해설 제어계의 안정 조건
- 특성 방정식의 모든 계수의 부호가 같아야 한다.
- 특성 방정식의 모든 차수가 존재해야 한다.
- 루드표를 작성하여 제1열의 부호 변화가 없어야 한다.(부호 변화 횟수는 s 평면의 우반 평면에 존재하는 근의 개수를 의미한다.)

03

타이머에서 입력 신호가 주어지면 바로 동작하고, 입력 신호가 차단된 후에는 일정 시간이 지난 후에 출력이 소멸되는 동작 형태는?

① 한시 동작 순시 복귀
② 순시 동작 순시 복귀
③ 한시 동작 한시 복귀
④ 순시 동작 한시 복귀

해설 순시 동작 한시 복귀
타이머에서 입력 신호가 주어지면 바로 동작하고(순시 동작), 입력 신호가 차단된 후에는 일정 시간이 지난 후에 출력이 소멸(한시 복귀)되는 동작

04

단위 궤환 제어 시스템의 전향 경로 전달 함수가 $G(s)=\dfrac{K}{s(s^2+5s+4)}$ 일 때, 이 시스템이 안정하기 위한 K의 범위는?

① $K<-20$
② $-20<K<0$
③ $0<K<20$
④ $20<K$

해설
문제에 주어진 전달 함수의 특성 방정식은 다음과 같다.
$s(s^2+5s+4)+K=s^3+5s^2+4s+K=0$
위 특성 방정식에 대한 루드표를 작성하면 다음과 같다.

차수	제1열	제2열
s^3	1	4
s^2	5	K
s^1	$\dfrac{5\times 4-1\times K}{5}=4-\dfrac{K}{5}$	0
s^0	$\dfrac{(4-\dfrac{K}{5})\times K-5\times 0}{4-\dfrac{K}{5}}-K$	0

제어계가 안정하려면 루드표의 제1열의 부호 변화가 없어야 한다.
$K>0$, $4-\dfrac{K}{5}>0 \rightarrow K<20$
$\therefore 0<K<20$이다.

| 정답 | 01 ③ 02 ① 03 ④ 04 ③

05

$R(z) = \dfrac{(1-e^{-aT})z}{(z-1)(z-e^{-aT})}$ 의 역변환은?

① te^{aT}
② te^{-aT}
③ $1-e^{-aT}$
④ $1+e^{-aT}$

해설

문제에 주어진 함수를 변형한다.

$R(z) = \dfrac{(1-e^{-aT})z}{(z-1)(z-e^{-aT})} \rightarrow \dfrac{R(z)}{z} = \dfrac{1-e^{-aT}}{(z-1)(z-e^{-aT})}$

위 식을 부분분수로 전개한다.

$\dfrac{R(z)}{z} = \dfrac{1-e^{-aT}}{(z-1)(z-e^{-aT})} = \dfrac{A}{z-1} + \dfrac{B}{z-e^{-aT}}$

$A = \left.\dfrac{1-e^{-aT}}{z-e^{-aT}}\right|_{z=1} = 1 \qquad B = \left.\dfrac{1-e^{-aT}}{z-1}\right|_{z=e^{-aT}} = -1$

$\dfrac{R(z)}{z} = \dfrac{1}{z-1} - \dfrac{1}{z-e^{-aT}}$

$\rightarrow R(z) = \dfrac{z}{z-1} - \dfrac{z}{z-e^{-aT}}$

따라서 위 식을 역변환하면

$r(t) = 1-e^{-aT}$

06

시간 영역에서 자동 제어계를 해석할 때 기본 시험 입력에 보통 사용되지 않는 입력은?

① 정속도 입력
② 정현파 입력
③ 단위 계단 입력
④ 정가속도 입력

해설 시간 영역 해석 시의 기본 시험 입력
- 단위 계단 입력
- 정가속도 입력
- 정속도 입력

07

$G(s)H(s) = \dfrac{K(s-1)}{s(s+1)(s-4)}$ 에서 점근선의 교차점을 구하면?

① -1
② 0
③ 1
④ 2

해설

주어진 전달 함수에서 영점과 극점을 구한다.
Z(영점) = 1, P(극점) = 0, -1, 4
이를 점근선의 교차점 공식에 대입한다.

점근선의 교차점 $= \dfrac{극점의 합(\Sigma P) - 영점의 합(\Sigma Z)}{극점 수(P) - 영점 수(Z)}$

$= \dfrac{(0-1+4)-(1)}{3-1} = \dfrac{2}{2} = 1$

08

n차 선형 시불변 시스템의 상태 방정식을 $\dfrac{d}{dt}X(t) = AX(t) + Br(t)$로 표시할 때 상태 천이 행렬 $\phi(t)$ ($n \times n$ 행렬)에 관하여 틀린 것은?

① $\phi(t) = e^{At}$
② $\dfrac{d\phi(t)}{dt} = A \cdot \phi(t)$
③ $\phi(t) = \mathcal{L}^{-1}[(sI-A)^{-1}]$
④ $\phi(t)$는 시스템의 정상 상태 응답을 나타낸다.

해설

n차 선형 시불변 시스템의 상태 방정식을 $\dfrac{d}{dt}X(t) = AX(t) + Br(t)$로 표시할 때 상태 천이 행렬 $\phi(t)$ ($n \times n$ 행렬)에 관한 성질

- $\phi(t) = e^{At}$
- $\dfrac{d\phi(t)}{dt} = A\phi(t)$
- $\phi(t) = \mathcal{L}^{-1}[(sI-A)^{-1}]$
- $\phi(t)$함수: 시스템의 과도(천이) 상태 응답을 표현

| 정답 | 05 ③ 06 ② 07 ③ 08 ④

09

다음의 신호 흐름 선도에서 $\dfrac{C}{R}$는?

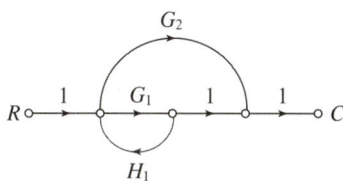

① $\dfrac{G_1+G_2}{1-G_1H_1}$ ② $\dfrac{G_1G_2}{1-G_1H_1}$

③ $\dfrac{G_1+G_2}{1+G_1H_1}$ ④ $\dfrac{G_1G_2}{1+G_1H_1}$

해설

메이슨 공식으로 주어진 신호 흐름 선도의 전달 함수를 구하면 다음과 같다.

$\dfrac{C}{R} = \dfrac{G_1+G_2}{1-(G_1 \times H_1)} = \dfrac{G_1+G_2}{1-G_1H_1}$

10

PD 조절기와 전달 함수 $G(s) = 1.2 + 0.02s$의 영점은?

① -60 ② -50
③ 50 ④ 60

해설

영점은 $G(s) = 1.2 + 0.02s = 0$인 경우로 s의 값은 다음과 같다.

$s = -\dfrac{1.2}{0.02} = -60$

관련개념

$G(s) = \dfrac{\text{분자}}{\text{분모}}$

분자가 0이 되는 s의 값: 영점
분모가 0이 되는 s의 값: 극점

11

$e = 100\sqrt{2}\sin\omega t + 75\sqrt{2}\sin 3\omega t + 20\sqrt{2}\sin 5\omega t [\text{V}]$인 전압을 RL 직렬 회로에 가할 때 제3 고조파 전류의 실횻값은 몇 [A]인가?(단, $R=4[\Omega]$, $\omega L = 1[\Omega]$이다.)

① 15   ② $15\sqrt{2}$
③ 20   ④ $20\sqrt{2}$

해설

제3 고조파에 대한 임피던스의 크기를 구한다.
$Z_3 = R + j3\omega L = 4 + j3 \times 1 = 4 + j3[\Omega]$
→ $|Z_3| = \sqrt{4^2 + 3^2} = 5[\Omega]$
따라서 제3 고조파 전류값은 아래와 같다.
$I_3 = \dfrac{V_3}{|Z_3|} = \dfrac{75}{5} = 15[\text{A}]$

12

선원과 부하가 Δ 결선된 3상 평형 회로가 있다. 전원 전압이 $200[\text{V}]$, 부하 1상의 임피던스가 $6+j8[\Omega]$일 때 선전류[A]는?

① 20   ② $20\sqrt{3}$
③ $\dfrac{20}{\sqrt{3}}$ ④ $\dfrac{\sqrt{3}}{20}$

해설 Δ결선에서의 선전류

$I_l = \sqrt{3} I_p = \sqrt{3} \times \dfrac{V_p}{Z_p} = \sqrt{3} \times \dfrac{200}{\sqrt{6^2+8^2}}$
$= 20\sqrt{3}[\text{A}]$

13

분포 정수 선로에서 무왜형 조건이 성립하면 어떻게 되는가?

① 감쇠량이 최소로 된다.
② 전파 속도가 최대로 된다.
③ 감쇠량은 주파수에 비례한다.
④ 위상 정수가 주파수에 관계없이 일정하다.

해설
무왜형 조건에서는 파형의 왜곡이 없으므로 파형의 감쇠가 전혀 없어 감쇠량이 최소가 된다.

관련개념
분포 정수 선로의 무왜형 조건 $RC=LG$, 무손실 조건 $R=G=0$

14

회로에서 $V=10[\text{V}]$, $R=10[\Omega]$, $L=1[\text{H}]$, $C=10[\mu\text{F}]$ 그리고 $V_c(0)=0$일 때 스위치 K를 닫은 직후 전류의 변화율 $\dfrac{di}{dt}(0^+)$의 값$[\text{A/sec}]$은?

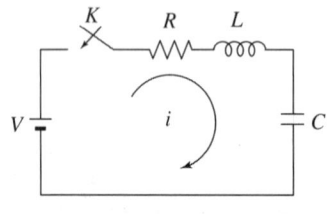

① 0
② 1
③ 5
④ 10

해설
$R^2=10^2=100$, $4\dfrac{L}{C}=4\times\dfrac{1}{10\times 10^{-6}}=400,000$에서
$R^2<4\dfrac{L}{C}$이므로 진동 조건이다.
진동 조건에서의 전류 변화율 식에 대입한다.
$$\dfrac{di(t)}{dt}=\dfrac{E}{\beta L}[-\alpha e^{-\alpha t}\sin\beta t+\beta\cos\beta t]_{t=0}=\dfrac{E}{L}$$
$$=\dfrac{10}{1}=10[\text{A/s}]$$

15

$F(s)=\dfrac{2s+15}{s^3+s^2+3s}$일 때 $f(t)$의 최종값은?

① 2
② 3
③ 5
④ 15

해설 최종값 정리
$$\lim_{t\to\infty}f(t)=\lim_{s\to 0}sF(s)=\lim_{s\to 0}s\times\dfrac{2s+15}{s^3+s^2+3s}$$
$$=\lim_{s\to 0}\dfrac{2s+15}{s^2+s+3}=5$$

16

대칭 5상 교류 성형 결선에서 선간 전압과 상전압 간의 위상차는 몇 도인가?

① 27°
② 36°
③ 54°
④ 72°

해설 대칭 n상 교류 성형 결선의 위상차
$$\theta=\dfrac{\pi}{2}\left(1-\dfrac{2}{n}\right)=90°\times\left(1-\dfrac{2}{5}\right)=54°$$

17

정현파 교류 $V=V_m\sin\omega t$의 전압을 반파 정류하였을 때의 실횻값은 몇 $[\text{V}]$인가?

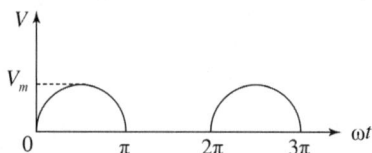

① $\dfrac{V_m}{\sqrt{2}}$
② $\dfrac{V_m}{2}$
③ $\dfrac{V_m}{2\sqrt{2}}$
④ $\sqrt{2}\,V_m$

해설 반파 정류파
평균값 : $V_a=\dfrac{V_m}{\pi}[\text{V}]$, 실횻값 : $V=\dfrac{V_m}{2}[\text{V}]$

| 정답 | 13 ① 14 ④ 15 ③ 16 ③ 17 ②

18

대칭 3상 전압이 a상 V_a, b상 $V_b = a^2 V_a$, c상 $V_c = a V_a$일 때 a상을 기준으로 한 대칭분 전압 중 정상분 $V_1[\text{V}]$은 어떻게 표시되는가?

① $\dfrac{1}{3} V_a$ ② V_a

③ $a V_a$ ④ $a^2 V_a$

해설

$V_1 = \dfrac{1}{3}(V_a + a V_b + a^2 V_c) = \dfrac{1}{3}(V_a + a \times a^2 V_a + a^2 \times a V_a)$

$= \dfrac{V_a}{3}(1 + a^3 + a^3) = V_a[\text{V}]$

($\because a = -\dfrac{1}{2} + j\dfrac{\sqrt{3}}{2}, \; a^3 = 1$)

19

회로망 출력 단자 a−b에서 바라본 등가 임피던스[Ω]는?
(단, $V_1 = 6[\text{V}], V_2 = 3[\text{V}], I_1 = 10[\text{A}], R_1 = 15[\Omega], R_2 = 10[\Omega], L = 2[\text{H}], j\omega = s$ 이다.)

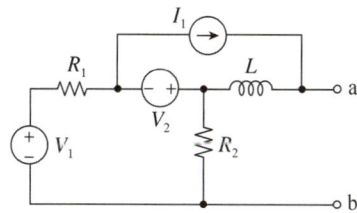

① $s + 15$ ② $2s + 6$

③ $\dfrac{3}{s+2}$ ④ $\dfrac{1}{s+3}$

해설

주어진 회로의 전류원을 개방시키고 전압원을 단락시키면 아래와 같다.

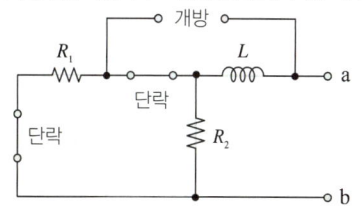

따라서 a−b 단자에서 본 합성 임피던스는 아래와 같다.

$Z = Ls + \dfrac{R_1 \times R_2}{R_1 + R_2} = 2s + \dfrac{15 \times 10}{15 + 10} = 2s + 6[\Omega]$

관련개념

전압원 = 단락, 전류원 = 개방

20

다음과 같은 비정현파 기전력 및 전류에 의한 평균 전력을 구하면 몇 [W]인가?

$e = 100\sin\omega t - 50\sin(3\omega t + 30°)$
$\quad + 20\sin(5\omega t + 45°)[\text{V}]$
$i = 20\sin\omega t + 10\sin(3\omega t - 30°)$
$\quad + 5\sin(5\omega t - 45°)[\text{A}]$

① 825 ② 875

③ 925 ④ 1,175

해설

$P = VI\cos\theta$
$= \dfrac{100}{\sqrt{2}} \times \dfrac{20}{\sqrt{2}} \times \cos 0° + \dfrac{-50}{\sqrt{2}} \times \dfrac{10}{\sqrt{2}} \times \cos\{30° - (-30°)\}$
$+ \dfrac{20}{\sqrt{2}} \times \dfrac{5}{\sqrt{2}} \times \cos\{45° - (-45°)\} = 875[\text{W}]$

| 정답 | 18 ② 19 ② 20 ② |

2019년 2회

01

폐루프 전달 함수 $\dfrac{G(s)}{1+G(s)H(s)}$ 의 극의 위치를 개루프 전달 함수 $G(s)H(s)$의 이득 상수 K의 함수로 나타내는 기법은?

① 근궤적법
② 보드 선도법
③ 이득 선도법
④ Nyquist 판정법

해설 근궤적
개루프 전달 함수의 이득 정수 K를 $0\sim\infty$까지 변화시킬 때의 극점의 이동 궤적을 그린 선도이다.

02

블록선도 변환이 틀린 것은?

①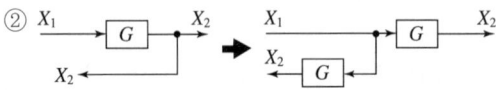

②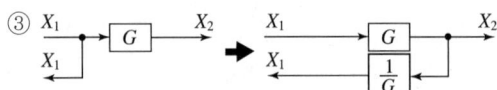

③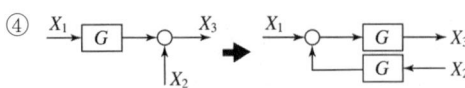

④

해설
보기 ④의 블록선도 출력을 나타내면 다음과 같다.
왼쪽 그림: $X_3 = GX_1 + X_2$
오른쪽 그림: $X_3 = GX_1 + G\times G\times X_2 = GX_1 + G^2 X_2$
따라서 등가 회로가 성립하지 않는다.

03

다음 회로망에서 입력 전압을 $V_1(t)$, 출력 전압을 $V_2(t)$이라 할 때, $\dfrac{V_2(s)}{V_1(s)}$에 대한 고유 주파수 ω_n과 제동비 δ의 값은?(단, $R=100[\Omega]$, $L=2[H]$, $C=200[\mu F]$이고, 모든 초기 전하는 0이다.)

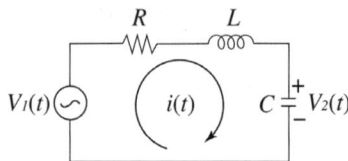

① $\omega_n=50$, $\delta=0.5$
② $\omega_n=50$, $\delta=0.7$
③ $\omega_n=250$, $\delta=0.5$
④ $\omega_n=250$, $\delta=0.7$

해설
문제에 주어진 회로망의 전달 함수를 구한다.

$$\frac{V_2(s)}{V_1(s)} = \frac{\frac{1}{Cs}}{R+Ls+\frac{1}{Cs}} = \frac{1}{LCs^2+RCs+1} = \frac{\frac{1}{LC}}{s^2+\frac{R}{L}s+\frac{1}{LC}}$$

$$= \frac{\frac{1}{2\times 200\times 10^{-6}}}{s^2+\frac{100}{2}s+\frac{1}{2\times 200\times 10^{-6}}} = \frac{2,500}{s^2+50s+2,500}$$

위 식을 2차 지연 요소의 전달 함수 식과 비교하여 고유 주파수와 제동비를 구하면 다음과 같다.

$$\frac{V_2(s)}{V_1(s)} = \frac{2,500}{s^2+50s+2,500} = \frac{\omega_n^2}{s^2+2\delta\omega_n s+\omega_n^2}$$

$\therefore \omega_n = \sqrt{2,500} = 50[\text{rad/sec}]$

$2\delta\omega_n = 50 \rightarrow \delta = 50\times\dfrac{1}{2\omega_n} = 50\times\dfrac{1}{2\times 50} = 0.5$

$\therefore \delta = 0.5$

관련개념

2차 지연 요소 전달 함수 $= \dfrac{\omega_n^2}{s^2+2\delta\omega_n s+\omega_n^2}$

정답 01 ① 02 ④ 03 ①

04

다음 신호 흐름 선도의 일반식은?

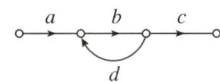

① $G = \dfrac{1-bd}{abc}$ ② $G = \dfrac{1+bd}{abc}$

③ $G = \dfrac{abc}{1+bd}$ ④ $G = \dfrac{abc}{1-bd}$

해설

$G = \dfrac{a \times b \times c}{1 - b \times d} = \dfrac{abc}{1-bd}$

05

다음 중 이진값 신호가 아닌 것은?

① 디지털 신호
② 아날로그 신호
③ 스위치의 On-Off 신호
④ 반도체 소자의 동작, 부동작 상태

해설

이진값이란 동작 상태가 On일 때에는 1, Off일 때에는 0으로만 표현되는 것으로 아날로그 신호는 0과 1뿐만 아니라 다른 여러 가지 크기가 존재하므로 이진값이 아니다.

06

보드 선도에서 이득 여유에 대한 정보를 얻을 수 있는 것은?

① 위상 곡선 0°에서의 이득과 0[dB]과의 차이
② 위상 곡선 180°에서의 이득과 0[dB]과의 차이
③ 위상 곡선 -90°에서의 이득과 0[dB]과의 차이
④ 위상 곡선 -180°에서의 이득과 0[dB]과의 차이

해설 보드 선도의 정의

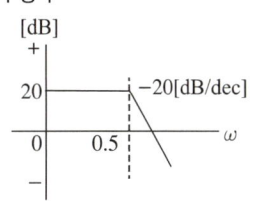

▲ 보드 선도의 예

- 주파수 전달 함수를 이용하여 주파수 변화에 따른 제어 장치의 크기와 위상각을 가로축에는 주파수 ω를, 세로축에는 이득 $|G(j\omega)|$로 하여 표시한 것이다.
- 보드 선도의 이득 여유 $g_m > 0$, 위상 여유 $\phi_m > 0$의 조건에서 제어 장치의 동작이 안정하다.
- 보드 선도에서 이득 여유에 대한 정보 위상 곡선 $-180°$에서의 이득과 $0[dB]$과의 차이에서 알 수 있다.

| 정답 | 04 ④   05 ②   06 ④

07

단위 궤환 제어계의 개루프 전달 함수가 $G(s) = \dfrac{K}{s(s+2)}$ 일 때, K가 $-\infty$로부터 $+\infty$까지 변하는 경우 특성 방정식의 근에 대한 설명으로 틀린 것은?

① $-\infty < K < 0$에 대하여 근은 모두 실근이다.
② $0 < K < 1$에 대하여 2개의 근은 모두 음의 실근이다.
③ $K = 0$에 대하여 $s_1 = 0$, $s_2 = -2$의 근은 $G(s)$의 극점과 일치한다.
④ $1 < K < \infty$에 대하여 2개의 근은 음의 실수부 중근이다.

해설
문제에 주어진 개루프 전달 함수의 특성 방정식을 구하여 근을 구한다.
$s^2 + 2s + K = 0$
$\therefore s = \dfrac{-2 \pm \sqrt{2^2 - 4 \times 1 \times K}}{2 \times 1} = -1 \pm \sqrt{1-K}$
따라서 $1 < K < \infty$에 대하여 2개의 근은 음의 실수부 중근이 나올 수 없다.

08

2차계 과도 응답에 대한 특성 방정식의 근은 s_1, $s_2 = -\delta\omega_n \pm j\omega_n\sqrt{1-\delta^2}$이다. 감쇠비 δ가 $0 < \delta < 1$ 사이에 존재할 때 나타나는 현상은?

① 과제동
② 무제동
③ 부족 제동
④ 임계 제동

해설 제동비값에 따른 제어계의 과도 응답 특성
• $0 < \delta < 1$: 부족 제동(감쇠 진동) • $\delta > 1$: 과제동(비진동)

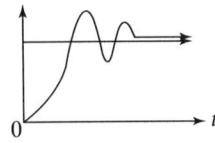
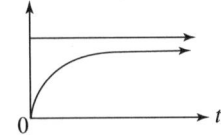

• $\delta = 1$: 임계 제동
• $\delta = 0$: 무제동(무한 진동)

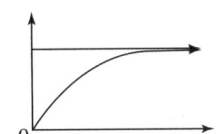
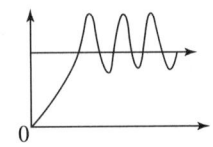

09

그림의 시퀀스 회로에서 전자접촉기 X에 의한 A접점(Normal Open Contact)의 사용 목적은?

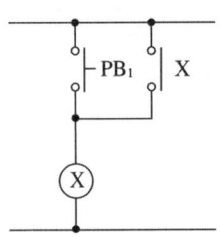

① 자기 유지 회로
② 지연 회로
③ 우선 선택 회로
④ 인터록(Interlock) 회로

해설
푸시버튼 스위치(PB_1)는 스위치를 누르고 있을 때에만 X 여자 코일을 여자시킬 수 있다. 따라서 PB_1과 병렬로 조합되는 X의 a 접점을 동작시켜 PB_1에서 손을 떼더라도 X 여자 코일에 계속해서 전류를 흘릴 수 있도록 $X - a$ 접점의 자기 유지 회로를 넣어 주어야 한다.

10

다음의 블록선도에서 특성 방정식의 근은?

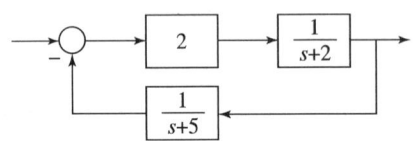

① -2, -5
② 2, 5
③ -3, -4
④ 3, 4

해설
문제에 주어진 블록선도에서 전달 함수를 구한다.
$G(s) = \dfrac{\sum 경로}{\sum 폐루프} = \dfrac{2 \times \dfrac{1}{s+2}}{1 - \left(-2 \times \dfrac{1}{s+2} \times \dfrac{1}{s+5}\right)}$
$= \dfrac{2(s+5)}{(s+2)(s+5)+2} = \dfrac{2s+10}{s^2+7s+12}$

특성 방정식은 전달 함수의 분모가 0이 되는 방정식이다.
$s^2 + 7s + 12 = (s+3)(s+4) = 0$
따라서 특성 방정식의 근은 -3과 -4이다.

| 정답 | 07 ④ | 08 ③ | 09 ① | 10 ③ |

11

평형 3상 3선식 회로에서 부하는 Y 결선이고, 선간 전압이 $173.2\angle 0°[\text{V}]$일 때 선전류는 $20\angle -120°[\text{A}]$이었다면, Y 결선된 부하 한 상의 임피던스는 약 몇 $[\Omega]$인가?

① $5\angle 60°$
② $5\angle 90°$
③ $5\sqrt{3}\angle 60°$
④ $5\sqrt{3}\angle 90°$

해설

Y 결선에서의 전압과 전류의 관계는 아래와 같다.
$V_l = \sqrt{3}\,V_p \angle 30°,\ I_l = I_p$

따라서 위 관계식을 이용하여 부하 한 상의 임피던스를 구할 수 있다.

$$Z_p = \frac{V_p}{I_p} = \frac{\frac{173.2\angle 0°}{\sqrt{3}}\angle 30°}{20\angle -120°} = 5\angle 90°[\Omega]$$

12

그림과 같은 RC 저역통과 필터 회로에 단위 임펄스를 입력으로 가했을 때 응답 $h(t)$는?

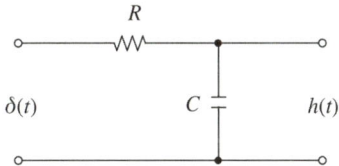

① $h(t) = RCe^{-\frac{t}{RC}}$
② $h(t) = \frac{1}{RC}e^{-\frac{t}{RC}}$
③ $h(t) = \frac{R}{1+j\omega RC}$
④ $h(t) = \frac{1}{RC}e^{-\frac{C}{R}t}$

해설

전압비 전달 함수를 전압 분배의 법칙으로 구한다.

$$H(s) = \frac{\frac{1}{sC}}{R+\frac{1}{sC}}\delta(s) = \frac{1}{sRC+1}\delta(s) = \frac{\frac{1}{RC}}{s+\frac{1}{RC}}\delta(s)$$

단위 임펄스 입력 $\delta(s)=1$을 가했을 때의 응답 $H(s)$는 아래와 같다.

$$H(s) = \frac{\frac{1}{RC}}{s+\frac{1}{RC}}\delta(s) = \frac{\frac{1}{RC}}{s+\frac{1}{RC}}$$

따라서 위 식을 라플라스 역변환하면 아래와 같다.

$$H(s) = \frac{\frac{1}{RC}}{s+\frac{1}{RC}} \rightarrow h(t) = \frac{1}{RC}e^{-\frac{t}{RC}}$$

13

2전력계법으로 평형 3상 전력을 측정하였더니 한 쪽의 지시가 $500[\text{W}]$, 다른 한 쪽의 지시가 $1,500[\text{W}]$이었다. 피상 전력은 약 몇 $[\text{VA}]$인가?

① $2,000$
② $2,310$
③ $2,646$
④ $2,771$

해설

$$P_a = 2\sqrt{P_1^2 + P_2^2 - P_1 P_2}$$
$$= 2\sqrt{500^2 + 1,500^2 - 500\times 1,500} \fallingdotseq 2,646[\text{VA}]$$

관련개념

- 2전력계법 유효 전력 $= P_1 + P_2[\text{W}]$
- 무효 전력 $= \sqrt{3}(P_1 - P_2)[\text{Var}]$
- 피상 전력 $= 2\sqrt{P_1^2 + P_2^2 - P_1 P_2}[\text{VA}]$

| 정답 | 11 ②   12 ②   13 ③

14

회로에서 4단자 정수 A, B, C, D의 값은?

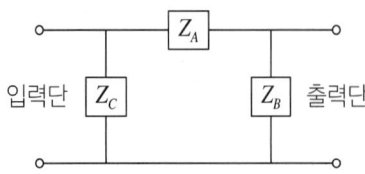

① $A=1+\dfrac{Z_A}{Z_B}$, $B=Z_A$, $C=\dfrac{1}{Z_A}$, $D=1+\dfrac{Z_B}{Z_A}$

② $A=1+\dfrac{Z_A}{Z_B}$, $B=Z_A$, $C=\dfrac{1}{Z_B}$, $D=1+\dfrac{Z_A}{Z_B}$

③ $A=1+\dfrac{Z_A}{Z_B}$, $B=Z_A$, $C=\dfrac{Z_A+Z_B+Z_C}{Z_BZ_C}$, $D=\dfrac{1}{Z_BZ_C}$

④ $A=1+\dfrac{Z_A}{Z_B}$, $B=Z_A$, $C=\dfrac{Z_A+Z_B+Z_C}{Z_BZ_C}$, $D=1+\dfrac{Z_A}{Z_C}$

해설

$$\begin{bmatrix} A & B \\ C & D \end{bmatrix} = \begin{bmatrix} 1 & 0 \\ \frac{1}{Z_C} & 1 \end{bmatrix}\begin{bmatrix} 1 & Z_A \\ 0 & 1 \end{bmatrix}\begin{bmatrix} 1 & 0 \\ \frac{1}{Z_B} & 1 \end{bmatrix} = \begin{bmatrix} 1 & Z_A \\ \frac{1}{Z_C} & 1+\frac{Z_A}{Z_C} \end{bmatrix}\begin{bmatrix} 1 & 0 \\ \frac{1}{Z_B} & 1 \end{bmatrix}$$

$$= \begin{bmatrix} 1+\dfrac{Z_A}{Z_B} & Z_A \\ \dfrac{Z_A+Z_B+Z_C}{Z_BZ_C} & 1+\dfrac{Z_A}{Z_C} \end{bmatrix}$$

15

길이에 따라 비례하는 저항값을 가진 어떤 전열선에 $E_0[\text{V}]$의 전압을 인가하면 $P_0[\text{W}]$의 전력이 소비된다. 이 전열선을 잘라 원래 길이의 $\dfrac{2}{3}$로 만들고 $E[\text{V}]$의 전압을 가한다면 소비 전력 $P[\text{W}]$는?

① $P=\dfrac{P_0}{2}\left(\dfrac{E}{E_0}\right)^2$

② $P=\dfrac{3P_0}{2}\left(\dfrac{E}{E_0}\right)^2$

③ $P=\dfrac{2P_0}{3}\left(\dfrac{E}{E_0}\right)^2$

④ $P=\dfrac{\sqrt{3}P_0}{2}\left(\dfrac{E}{E_0}\right)^2$

해설

전열선의 소비 전력 $P_0 = \dfrac{E_0^2}{R}[\text{W}]$

전열선을 잘라 원래 길이의 $\dfrac{2}{3}$ 길이로 만들면 저항값은 $R=\rho\dfrac{l}{S}\propto l$ 의 관계에 의해 $\dfrac{2}{3}$로 줄어들게 되므로, 이때 소비 전력은 다음과 같다.

$$P = \dfrac{E^2}{\frac{2}{3}R} = \dfrac{3}{2}\times\dfrac{E^2}{R}[\text{W}]$$

따라서 위 두 전력을 비교해 보면 다음과 같다.

$$\dfrac{P}{P_0} = \dfrac{\frac{3}{2}\times\frac{E^2}{R}}{\frac{E_0^2}{R}} = \dfrac{3}{2}\times\dfrac{E^2}{E_0^2} \rightarrow P = \dfrac{3P_0}{2}\left(\dfrac{E}{E_0}\right)^2[\text{W}]$$

16

$f(t)=e^{j\omega t}$의 라플라스 변환은?

① $\dfrac{1}{s-j\omega}$

② $\dfrac{1}{s+j\omega}$

③ $\dfrac{1}{s^2+\omega^2}$

④ $\dfrac{\omega}{s^2+\omega^2}$

해설 라플라스 변환

$f(t)=e^{j\omega t} \rightarrow F(s)=\dfrac{1}{s-j\omega}$

| 정답 | 14 ④ 15 ② 16 ① |

17

1[km]당 인덕턴스 25[mH], 정전 용량 0.005[μF]의 선로가 있다. 무손실 선로라고 가정한 경우 진행파의 위상(전파) 속도는 약 몇 [km/s]인가?

① 8.94×10^4
② 9.94×10^4
③ 89.4×10^4
④ 99.4×10^4

해설

$v = \dfrac{1}{\sqrt{LC}} = \dfrac{1}{\sqrt{25 \times 10^{-3} \times 0.005 \times 10^{-6}}} \fallingdotseq 8.94 \times 10^4 [\text{km/s}]$

관련개념

$v = f\lambda = \dfrac{1}{\sqrt{LC}} = \dfrac{w}{\beta}[\text{m/s}]$

18

그림과 같은 순 저항 회로에서 대칭 3상 전압을 가할 때 각 선에 흐르는 전류가 같으려면 R의 값은 몇 [Ω]인가?

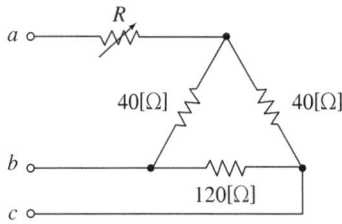

① 8
② 12
③ 16
④ 20

해설

주어진 △ 결선을 Y 결선으로 등가 변환한다.

- $R_A = \dfrac{40 \times 40}{40 + 40 + 120} = 8[\Omega]$
- $R_B = \dfrac{40 \times 120}{40 + 40 + 120} = 24[\Omega]$
- $R_C = \dfrac{120 \times 40}{40 + 40 + 120} = 24[\Omega]$

따라서 각 선전류가 같기 위한 저항 R의 값은 다음과 같다.
$R = 24 - 8 = 16[\Omega]$

19

전류 $I = 30\sin\omega t + 40\sin(3\omega t + 45°)$ [A]의 **실횻값**[A]은?

① 25
② $25\sqrt{2}$
③ 50
④ $50\sqrt{2}$

해설

실횻값 전류 $I = \sqrt{\left(\dfrac{30}{\sqrt{2}}\right)^2 + \left(\dfrac{40}{\sqrt{2}}\right)^2} = 25\sqrt{2}[\text{A}]$

20

어떤 콘덴서를 300[V]로 충전하는 데 9[J]의 에너지가 필요하였다. 이 콘덴서의 정전 용량은 몇 [μF]인가?

① 100
② 200
③ 300
④ 400

해설

$W = \dfrac{1}{2}CV^2[\text{J}]$

$\therefore C = \dfrac{2W}{V^2} = \dfrac{2 \times 9}{300^2} = 2 \times 10^{-4}[\text{F}] = 200[\mu\text{F}]$

| 정답 | 17 ①   18 ③   19 ②   20 ②

2019년 3회

01

그림의 벡터 궤적을 갖는 계의 주파수 전달 함수는?

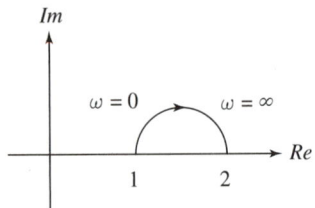

① $\dfrac{1}{j\omega+1}$ ② $\dfrac{1}{j2\omega+1}$
③ $\dfrac{j\omega+1}{j2\omega+1}$ ④ $\dfrac{j2\omega+1}{j\omega+1}$

해설
위상각이 (+)이므로 분자가 분모보다 커야 한다.
$\dfrac{j2\omega+1}{j\omega+1}$ 에서
$\omega=0: G(j\omega)=1$
$\omega=\infty: G(j\omega)=\dfrac{j2+\dfrac{1}{\omega}}{j+\dfrac{1}{\omega}}=2$

관련개념
이와 같은 문제는 보기에 값을 대입하여 구하는 것이 좋다.

02

근궤적에 관한 설명으로 틀린 것은?

① 근궤적은 실수축에 대하여 상하 대칭으로 나타난다.
② 근궤적의 출발점은 극점이고 근궤적의 도착점은 영점이다.
③ 근궤적의 가지 수는 극점의 수와 영점의 수 중에서 큰 수와 같다.
④ 근궤적이 s 평면의 우반면에 위치하는 K의 범위는 시스템이 안정하기 위한 조건이다.

해설 근궤적의 성질
• 근궤적의 출발점($K=0$): $G(s)H(s)$의 극점으로부터 출발한다.
• 근궤적의 종착점($K=\infty$): $G(s)H(s)$의 영점에서 끝난다.
• 근궤적은 항상 실수축에 대해 대칭이다.
• 근궤적의 개수는 영점 수(Z)와 극점 수(P) 중 큰 것과 일치한다.

03

제어 시스템에서 출력이 얼마나 목표값을 잘 추종하는지를 알아볼 때, 시험용으로 많이 사용하는 신호로 다음 식의 조건을 만족하는 것은?

$$u(t-a)=\begin{cases}0(t<a)\\1(t\geq a)\end{cases}$$

① 사인 함수 ② 임펄스 함수
③ 램프 함수 ④ 단위 계단 함수

해설
문제에 주어진 $u(t-a)$는 시간이 a만큼 지연이 된 단위 계단 함수를 말한다.

| 정답 | 01 ④ 02 ④ 03 ④

04

특성 방정식 $s^2 + Ks + 2K - 1 = 0$인 계가 안정하기 위한 K의 범위는?

① $K > 0$
② $K > \dfrac{1}{2}$
③ $K < \dfrac{1}{2}$
④ $0 < K < \dfrac{1}{2}$

해설

주어진 특성 방정식을 루드표로 작성하면 다음과 같다.

차수	제1열	제2열
s^2	1	$2K-1$
s^1	K	0
s^0	$\dfrac{K \times (2K-1) - 1 \times 0}{K} = 2K-1$	0

제어계가 안정하려면 루드표의 제1열의 부호 변화가 없어야 한다.

$K > 0$, $2K - 1 > 0 \rightarrow K > \dfrac{1}{2}$

$\therefore K > \dfrac{1}{2}$

05

상태 공간 표현식 $\begin{cases} \dot{x} = Ax + Bu \\ \dot{y} = Cx \end{cases}$로 표현되는 선형 시스템에서

$A = \begin{bmatrix} 0 & 1 & 0 \\ 0 & 0 & 1 \\ -2 & -9 & -8 \end{bmatrix}$, $B = \begin{bmatrix} 0 \\ 0 \\ 5 \end{bmatrix}$, $C = [1\ 0\ 0]$, $D = 0$,

$x = \begin{bmatrix} x_1 \\ x_2 \\ x_3 \end{bmatrix}$이면 시스템 전달 함수 $\dfrac{Y(s)}{U(s)}$는?

① $\dfrac{1}{s^3 + 8s^2 + 9s + 2}$

② $\dfrac{1}{s^3 + 2s^2 + 9s + 8}$

③ $\dfrac{5}{s^3 + 8s^2 + 9s + 2}$

④ $\dfrac{5}{s^3 + 2s^2 + 9s + 8}$

해설

보기 ③의 전달 함수로부터 미분 방정식을 구한다.

$\dfrac{Y(s)}{U(s)} = \dfrac{5}{s^3 + 8s^2 + 9s + 2}$

$\Rightarrow s^3 Y(s) + 8s^2 Y(s) + 9s Y(s) + 2Y(s) = 5U(s)$

$\therefore \dfrac{d^3}{dt^3} y(t) + 8 \dfrac{d^2}{dt^2} y(t) + 9 \dfrac{d}{dt} y(t) + 2y(t) = 5u(t)$

위 미분 방정식으로부터 보조 행렬식 A 및 B를 구한다.

상태 방정식의 계수 행렬 특성은 3차 방정식인 경우 1행 및 2행 요소는 $\begin{bmatrix} 0 & 1 & 0 \\ 0 & 0 & 1 \end{bmatrix}$로 불변이다.

단지, 3행 요소가 $2 \rightarrow -2$로, $9 \rightarrow -9$로, $8 \rightarrow -8$로 변경된다.

즉, 계수 행렬 A는 다음과 같다.

$A = \begin{bmatrix} 0 & 1 & 0 \\ 0 & 0 & 1 \\ -2 & -9 & -8 \end{bmatrix}$

또한 보조 행렬 B는 3차 방정식인 경우 1행 및 2행 요소는 $\begin{bmatrix} 0 \\ 0 \end{bmatrix}$으로 불변이다. 단지, 3행 요소가 u 앞의 계수 5가 된다.

즉, 보조 행렬 B는 다음과 같다.

$B = \begin{bmatrix} 0 \\ 0 \\ 5 \end{bmatrix}$

∴ 보기 ③의 전달 함수와 분제에 주어신 행렬식 A, B가 일치하는 것을 알 수 있다.

06

Routh-Hurwitz 표에서 제1열의 부호가 변하는 횟수로부터 알 수 있는 것은?

① s 평면의 좌반면에 존재하는 근의 수
② s 평면의 우반면에 존재하는 근의 수
③ s 평면의 허수축에 존재하는 근의 수
④ s 평면의 원점에 존재하는 근의 수

해설 특성 방정식 $a_0 s^4 + a_1 s^3 + a_2 s^2 + a_3 s + a_4 = 0$에서 제어계가 안정하기 위한 필수 조건
- 특성 방정식의 모든 계수의 부호가 같아야 한다.
- 특성 방정식의 모든 차수가 존재해야 한다.
- 루드표를 작성하여 제1열의 부호 변화가 없어야 한다.(부호 변화 개수는 s 평면의 우반 평면에 존재하는 근의 수를 의미한다.)

07

그림의 블록 선도에 대한 전달 함수 $\dfrac{C}{R}$는?

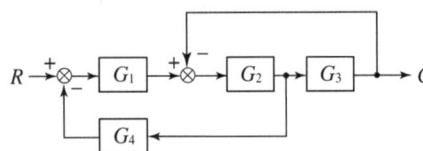

① $\dfrac{G_1 G_2 G_3}{1 + G_1 G_2 + G_1 G_2 G_4}$
② $\dfrac{G_1 G_2 G_4}{1 + G_1 G_2 + G_1 G_2 G_3}$
③ $\dfrac{G_1 G_2 G_3}{1 + G_2 G_3 + G_1 G_2 G_4}$
④ $\dfrac{G_1 G_2 G_4}{1 + G_2 G_3 + G_1 G_2 G_3}$

해설 메이슨 공식으로 주어진 블록 선도의 전달 함수를 구하면 다음과 같다.

$$\dfrac{C}{R} = \dfrac{\Sigma \text{경로}}{1 - \Sigma \text{폐루프}}$$
$$= \dfrac{G_1 \times G_2 \times G_3}{1 - (-G_2 \times G_3) - (-G_1 \times G_2 \times G_4)}$$
$$= \dfrac{G_1 G_2 G_3}{1 + G_2 G_3 + G_1 G_2 G_4}$$

08

신호 흐름 선도의 전달 함수 $T(s) = \dfrac{C(s)}{R(s)}$로 옳은 것은?

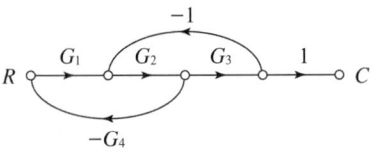

① $\dfrac{G_1 G_2 G_3}{1 - G_2 G_3 + G_1 G_2 G_4}$
② $\dfrac{G_1 G_2 G_3}{1 + G_1 G_2 G_4 + G_2 G_3}$
③ $\dfrac{G_1 G_2 G_3}{1 + G_1 G_3 - G_1 G_2 G_4}$
④ $\dfrac{G_1 G_2 G_3}{1 - G_1 G_3 - G_1 G_2 G_4}$

해설

$$T(s) = \dfrac{C(s)}{R(s)} = \dfrac{\Sigma \text{경로}}{1 - \Sigma \text{폐루프}}$$
$$= \dfrac{G_1 \times G_2 \times G_3 \times 1}{1 - (G_1 \times G_2 \times (-G_4)) - (G_2 \times G_3 \times (-1))}$$
$$= \dfrac{G_1 G_2 G_3}{1 + G_1 G_2 G_4 + G_2 G_3}$$

| 정답 | 06 ② 07 ③ 08 ②

09

함수 e^{-at}의 z 변환으로 옳은 것은?

① $\dfrac{z}{z-e^{-aT}}$ ② $\dfrac{z}{z-a}$

③ $\dfrac{1}{z-e^{-aT}}$ ④ $\dfrac{1}{z-a}$

해설

시간 함수: $f(t)$	라플라스 변환: $F(s)$	z 변환: $F(z)$
임펄스 함수 $\delta(t)$	1	1
단위 계단 함수 $u(t)=1$	$\dfrac{1}{s}$	$\dfrac{z}{z-1}$
속도 함수 t	$\dfrac{1}{s^2}$	$\dfrac{Tz}{(z-1)^2}$
지수 함수 e^{-at}	$\dfrac{1}{s+a}$	$\dfrac{z}{z-e^{-aT}}$

10

불 대수식 중 틀린 것은?

① $A \cdot \overline{A} = 1$ ② $A + 1 = 1$

③ $A + A = A$ ④ $A \cdot A = A$

해설 불 대수식의 성질
- $A \cdot \overline{A} = 0$
- $A + 1 = 1$
- $A + A = A$
- $A \cdot A = A$

11

커패시터와 인덕터에서 물리적으로 급격히 변화할 수 없는 것은?

① 커패시터와 인덕터에서 모두 전압
② 커패시터와 인덕터에서 모두 전류
③ 커패시터에서 전류, 인덕터에서 전압
④ 커패시터에서 전압, 인덕터에서 전류

해설

- 커패시터(C)에 흐르는 전류 $i_c = C\dfrac{dv(t)}{dt}$에서 전압 $v(t)$가 아주 짧은 시간(dt) 동안에 급격히 증가하면 커패시터에 흐르는 전류는 순간적으로 무한대가 되어 커패시터 소자가 파괴되므로 커패시터에서는 전압이 급격히 변화할 수 없다.

- 인덕터(L) 양단에 걸리는 전압 $e_L = L\dfrac{di(t)}{dt}$에서 전류 $i(t)$가 아주 짧은 시간(dt) 동안에 급격히 증가하면 인덕터에 걸리는 전압은 순간적으로 무한대가 되어 인덕터 소자가 파괴되므로 인덕터에서는 전류가 급격히 변화할 수 없다.

12

4단자 회로망에서 4단자 정수가 A, B, C, D일 때, 영상 임피던스 $\dfrac{Z_{01}}{Z_{02}}$은?

① $\dfrac{D}{A}$ ② $\dfrac{B}{C}$

③ $\dfrac{C}{B}$ ④ $\dfrac{A}{D}$

해설

영상 임피던스 $Z_{01} = \sqrt{\dfrac{AB}{CD}}$, $Z_{02} = \sqrt{\dfrac{BD}{AC}}$ 이다.

$\dfrac{Z_{01}}{Z_{02}} = \dfrac{\sqrt{\dfrac{AB}{CD}}}{\sqrt{\dfrac{BD}{AC}}} = \dfrac{A}{D}$

| 정답 | 09 ① 10 ① 11 ④ 12 ④

13

RL 직렬 회로에서 $R = 20[\Omega]$, $L = 40[\text{mH}]$일 때, 이 회로의 시정수[sec]는?

① 2×10^3
② 2×10^{-3}
③ $\frac{1}{2} \times 10^3$
④ $\frac{1}{2} \times 10^{-3}$

해설 시정수

$\tau = \frac{L}{R} = \frac{40 \times 10^{-3}}{20} = 2 \times 10^{-3}[\text{sec}]$

14

2전력계법을 이용한 평형 3상 회로의 전력이 각각 $500[\text{W}]$ 및 $300[\text{W}]$로 측정되었을 때, 부하의 역률은 약 몇 [%]인가?

① 70.7
② 87.7
③ 89.2
④ 91.8

해설

$\cos\theta = \frac{P_1 + P_2}{2\sqrt{P_1^2 + P_2^2 - P_1 P_2}}$

$= \frac{500 + 300}{2\sqrt{500^2 + 300^2 - 500 \times 300}} = 0.918$

∴ 역률은 $91.8[\%]$이다.

15

비정현파 전류가 $i(t) = 56\sin\omega t + 20\sin 2\omega t + 30\sin(3\omega t + 30°) + 40\sin(4\omega t + 60°)$로 표현될 때, 왜형률은 약 얼마인가?

① 1.0
② 0.96
③ 0.55
④ 0.11

해설

왜형률 $= \frac{\text{고조파의 벡터 합}}{\text{기본파}} = \frac{\sqrt{20^2 + 30^2 + 40^2}}{56} = 0.96$

16

대칭 6상 성형(Star) 결선에서 선간 전압 크기와 상전압 크기의 관계로 옳은 것은?(단, V_l: 선간 전압 크기, V_p: 상전압 크기)

① $V_l = V_p$
② $V_l = \sqrt{3}\, V_p$
③ $V_l = \frac{1}{\sqrt{3}}\, V_p$
④ $V_l = \frac{2}{\sqrt{3}}\, V_p$

해설 대칭 n 상 결선의 선간 전압과 상전압의 관계

$V_l = 2V_p \sin\frac{\pi}{n}[\text{V}]$에서 $n = 6$ 상이므로

$V_l = 2V_p \sin\frac{\pi}{n} = 2V_p \sin\frac{\pi}{6} = 2V_p \sin 30° = V_p[\text{V}]$

| 정답 | 13 ② | 14 ④ | 15 ② | 16 ① |

17

인덕턴스가 $0.1[\text{H}]$인 코일에 실횻값 $100[\text{V}]$, $60[\text{Hz}]$, 위상 30도인 전압을 가했을 때 흐르는 전류의 실횻값 크기는 약 몇 $[\text{A}]$인가?

① 43.7　　② 37.7
③ 5.46　　④ 2.65

해설
유도성 리액턴스를 구한다.
$X_L = \omega L = 2\pi f L = 2\pi \times 60 \times 0.1 = 37.7[\Omega]$
따라서 전류의 실횻값은 아래와 같다.
$I = \dfrac{V}{X_L} = \dfrac{100}{37.7} = 2.65[\text{A}]$

18

3상 불평형 전압 V_a, V_b, V_c가 주어진다면, 정상분 전압은?(단, $a = e^{j2\pi/3} = 1\angle 120°$이다.)

① $V_a + a^2 V_b + a V_c$
② $V_a + a V_b + a^2 V_c$
③ $\dfrac{1}{3}(V_a + a^2 V_b + a V_c)$
④ $\dfrac{1}{3}(V_a + a V_b + a^2 V_c)$

해설 3상 대칭분 전압
- 영상 전압: $V_0 = \dfrac{1}{3}(V_a + V_b + V_c)$
- 정상 전압: $V_1 = \dfrac{1}{3}(V_a + a V_b + a^2 V_c)$
- 역상 전압: $V_2 = \dfrac{1}{3}(V_a + a^2 V_b + a V_c)$

19

송전 선로가 무손실 선로일 때 $L = 96[\text{mH}]$이고 $C = 0.6[\mu\text{F}]$이면 특성 임피던스 $[\Omega]$는?

① 100　　② 200
③ 400　　④ 600

해설
$Z_0 = \sqrt{\dfrac{Z}{Y}} = \sqrt{\dfrac{R + j\omega L}{G + j\omega C}} = \sqrt{\dfrac{L}{C}} = \sqrt{\dfrac{96 \times 10^{-3}}{0.6 \times 10^{-6}}}$
$= 400[\Omega]$

20

$f(t) = \delta(t - T)$의 라플라스 변환 $F(s)$는?

① e^{Ts}　　② e^{-Ts}
③ $\dfrac{1}{s} e^{Ts}$　　④ $\dfrac{1}{s} e^{-Ts}$

해설
시간 추이 정리를 이용한다.
$f(t) = \delta(t - T) \rightarrow F(s) = 1 \times e^{-Ts} = e^{-Ts}$

| 정답 | 17 ④　18 ④　19 ③　20 ②

전력공학

7개년 기출문제

2025년 1회

01
전선의 표피 효과에 대한 설명으로 알맞은 것은?

① 전선이 굵을수록, 주파수가 높을수록 커진다.
② 전선이 굵을수록, 주파수가 낮을수록 커진다.
③ 전선이 가늘수록, 주파수가 높을수록 커진다.
④ 전선이 가늘수록, 주파수가 낮을수록 커진다.

해설 표피 효과
주파수, 도전율, 투자율이 높을수록, 전선이 굵을수록 커진다.

02
모선 보호에 사용되는 계전 방식이 아닌 것은?

① 위상 비교 방식
② 선택 접지 계전 방식
③ 방향 거리 계전 방식
④ 전류 차동 보호 방식

해설 모선(Bus) 보호 방식
- 전압 차동 방식
- 전류 차동 방식
- 위상 비교 방식
- 거리 계전 방식

03
화력 발전소에서 증기 및 급수가 흐르는 순서는?

① 절탄기 → 보일러 → 과열기 → 터빈 → 복수기
② 보일러 → 절탄기 → 과열기 → 터빈 → 복수기
③ 보일러 → 과열기 → 절탄기 → 터빈 → 복수기
④ 절탄기 → 과열기 → 보일러 → 터빈 → 복수기

해설 화력 발전의 기본 장치

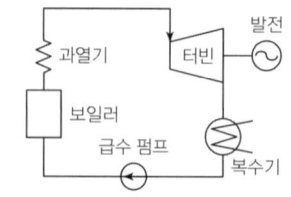

- 증기 및 급수 이동 순서: 급수 펌프 → 절탄기 → 보일러 → 과열기 → 터빈 → 복수기
- 복수기에서 나온 물을 보일러로 보내기 전에 절탄기를 통해 급수를 미리 예열한다.
- 절탄기(Economizer)란 보일러에서 나오는 연소 배기가스의 열을 이용하여 급수를 미리 예열하는 장치이다.

04
송전 계통에서 절연 협조의 기본이 되는 것은?

① 애자의 섬락 전압
② 권선의 절연 내력
③ 피뢰기의 제한 전압
④ 변압기 부싱의 섬락 전압

해설
절연 협조는 피뢰기의 제한 전압을 기본으로 두고 있다.

| 정답 | 01 ①   02 ②   03 ①   04 ③

05

중거리 송전 선로의 T형 회로에서 일반 회로 정수 C는 무엇을 나타내는가?

① 저항
② 리액턴스
③ 임피던스
④ 어드미턴스

해설
T형 선로의 4단자 정수(A, B, C, D)
$$\begin{bmatrix} A & B \\ C & D \end{bmatrix} = \begin{bmatrix} 1+\dfrac{ZY}{2} & Z(1+\dfrac{ZY}{4}) \\ Y & 1+\dfrac{ZY}{2} \end{bmatrix}$$

$C = Y$이므로 어드미턴스를 의미한다.

06

한류 리액터를 사용하는 가장 큰 목적은?

① 충전 전류의 제한
② 접지 전류의 제한
③ 누실 전류의 제한
④ 단락 전류의 제한

해설 한류 리액터
한류 리액터는 계통에 직렬로 설치되는 리액터로서 $I_s = \dfrac{100}{\%Z} I_n [\text{A}]$에서 분모의 %임피던스값을 증가시켜 단락 전류를 제한하는 역할을 한다.

07

단로기에 대한 다음 설명 중 옳지 않은 것은?

① 소호 장치가 있어서 아크를 소멸시킨다.
② 회로를 분리하거나, 계통의 접속을 바꿀 때 사용한다.
③ 고장 전류는 물론 부하 전류의 개폐에도 사용할 수 없다.
④ 배전용의 단로기는 보통 디스커넥팅바로 개폐한다.

해설 단로기(DS)
- 단로기는 선로로부터 기기를 분리, 구분, 변경할 때 사용되는 개폐 장치이다.
- 단로기(DS)는 아크 소호 능력이 없어 부하 전류 및 고장 전류의 차단은 불가능하다.
- 차단기와 단로기 조작 순서(인터록 장치)
  – 투입 시: 단로기 (DS) 투입 → 차단기 (CB) 투입
  – 차단 시: 차단기 (CB) 개방 → 단로기 (DS) 개방

08

선간 전압이 $154[\text{kV}]$이고, 1상당의 임피던스가 $j8[\Omega]$인 기기가 있을 때, 기준 용량을 $100[\text{MVA}]$로 하면 % 임피던스는 약 몇 [%]인가?

① 2.75 ② 3.15
③ 3.37 ④ 4.25

해설 %임피던스
$$\%Z = \dfrac{PZ}{10V^2} = \dfrac{100 \times 10^3 \times 8}{10 \times 154^2} = 3.37[\%]$$

| 정답 | 05 ④ 06 ④ 07 ① 08 ③

09

비접지 계통의 지락 사고 시 계전기에 영상 전류를 공급하기 위하여 설치하는 기기는?

① PT ② CT
③ ZCT ④ GPT

해설 영상 변류기(ZCT)
비접지 계통에서 지락 사고 시 고장 전류를 검출하여 보호 계전기에 영상 전류를 공급하는 기기

10

3상 배전 선로의 말단에 역률 $60[\%]$(늦음), $60[kW]$의 평형 3상 부하가 있다. 부하점에 부하와 병렬로 전력용 콘덴서를 접속하여 선로 손실을 최소로 하고자 할 때 콘덴서 용량$[kVA]$은?(단, 부하단의 전압은 일정하다.)

① 40 ② 60
③ 80 ④ 100

해설 역률 개선용 콘덴서 용량
$Q_c = P(\tan\theta_1 - \tan\theta_2) = P\left(\dfrac{\sin\theta_1}{\cos\theta_1} - \dfrac{\sin\theta_2}{\cos\theta_2}\right)[kVA]$에서
선로 손실을 최소로 하고자 하면 개선 후 역률이 $100[\%]$가 되어야 한다.
따라서 $Q_c = 60 \times \left(\dfrac{0.8}{0.6} - \dfrac{0}{1}\right) = 80[kVA]$

11

한 대의 주상 변압기에 역률(뒤짐) $\cos\theta_1$, 유효 전력 $P_1[kW]$의 부하와 역률(뒤짐) $\cos\theta_2$, 유효 전력 $P_2[kW]$의 부하가 병렬로 접속되어 있을 때 주상 변압기 2차 측에서 본 부하의 종합 역률은 어떻게 되는가?

① $\dfrac{P_1 + P_2}{\dfrac{P_1}{\cos\theta_1} + \dfrac{P_2}{\cos\theta_2}}$

② $\dfrac{P_1 + P_2}{\dfrac{P_1}{\sin\theta_1} + \dfrac{P_2}{\sin\theta_2}}$

③ $\dfrac{P_1 + P_2}{\sqrt{(P_1+P_2)^2 + (P_1\tan\theta_1 + P_2\tan\theta_2)^2}}$

④ $\dfrac{P_1 + P_2}{\sqrt{(P_1+P_2)^2 + (P_1\sin\theta_1 + P_2\sin\theta_2)^2}}$

해설
종합 역률 $\cos\theta = \dfrac{P}{P_a} = \dfrac{\text{유효 전력}}{\text{피상 전력(벡터 합)}}$
$= \dfrac{P}{\sqrt{P^2 + Q^2}}$
$= \dfrac{P_1 + P_2}{\sqrt{(P_1+P_2)^2 + (Q_1+Q_2)^2}}$
$= \dfrac{P_1 + P_2}{\sqrt{(P_1+P_2)^2 + (P_1\tan\theta_1 + P_2\tan\theta_2)^2}}$

| 정답 | 09 ③ 10 ③ 11 ③

12

개폐 장치 중에서 고장 전류의 차단 능력이 없는 것은?

① 진공 차단기
② 유입 개폐기
③ 전력 퓨즈
④ 리클로저

해설
유입 개폐기는 통상의 부하 전류를 개폐할 수 있는 개폐기로 배전 선로의 고장 또는 보수 점검 시 정전 구간을 축소하기 위해 사용하는 구분 개폐기이다. 고장 전류는 유입 개폐기로 차단할 수 없다.

13

파동 임피던스 $Z_1 = 600[\Omega]$인 선로 종단에 파동 임피던스 $Z_2 = 1,300[\Omega]$의 변압기가 접속되어 있다. 지금 선로에서 파고 $e_1 = 900[kV]$의 전압이 진입하였다면 접속점에서의 전압의 반사파는 약 몇 $[kV]$인가?

① 530
② 430
③ 330
④ 230

해설
반사 계수 $\beta = \dfrac{Z_2 - Z_1}{Z_2 + Z_1} = \dfrac{e_r}{e_1}$에서

전압의 반사파 $e_r = \dfrac{Z_2 - Z_1}{Z_2 + Z_1} e_1$

$= \dfrac{1,300 - 600}{1,300 + 600} \times 900 = 331.6[kV]$

14

중성점 직접 접지방식에 대한 설명으로 틀린 것을 고르시오.

① 계통의 과도 안정도가 나쁘다.
② 변압기의 단절연이 가능하다.
③ 1선 지락 시 건전상의 전압은 거의 상승하지 않는다.
④ 1선 지락 전류가 작아 차단기의 차단 능력이 감소된다.

해설 직접 접지방식

- 장점
  - 지락 사고 시 건전상 전위 상승이 매우 작다.
  - 기기의 단절연, 저감 절연이 가능하다.
  - 보호 계전기 동작이 가장 확실하다.
- 단점
  - 보호 계전기 동작이 빈번하므로 과도 안정도가 나쁘다.
  - 통신선에 대한 유도 장해가 가장 크다.
  - 지락 전류가 크므로 기기에 미치는 충격이 크다.

15

유황곡선으로 알 수 없는 것이 무엇인지 고르시오.

① 월별 하천 유량
② 풍수량
③ 갈수량
④ 평수량

해설
유황곡선이란 유량도를 이용하여 횡축에 일수를 잡고 종축에 유량을 취하여 매일의 유량 중 큰 것부터 작은 순으로 1년분을 배열하여 그린 곡선이다. 이 곡선으로부터 하천의 유량 변동상태와 연간 총 유출량 및 풍수량, 평수량, 갈수량 등을 알 수 있다.

| 정답 | 12 ② 13 ③ 14 ④ 15 ①

16

송전 선로에서 가공 지선을 설치하는 목적이 아닌 것은?

① 뇌(雷)의 직격을 받을 경우 송전선 보호
② 유도뢰에 의한 송전선의 고전위 방지
③ 통신선에 대한 전자 유도 장해 경감
④ 철탑의 접지 저항 경감

해설 가공 지선 설치 목적
- 직격뢰 차폐
- 유도뢰 차폐
- 통신선의 전자 유도 장해 경감

탑각 접지 저항값을 줄이는 것은 매설 지선의 역할이다.

17

각 수용가의 수용 설비 용량이 $50[kW]$, $100[kW]$, $80[kW]$, $60[kW]$, $150[kW]$이며, 각각의 수용률이 0.6, 0.6, 0.5, 0.5, 0.4이다. 이때 부하의 부등률이 1.3이라면 변압기 용량은 약 몇 $[kVA]$가 필요한가?(단, 평균 부하 역률은 $80[\%]$라고 한다.)

① 142
② 165
③ 183
④ 212

해설

변압기 용량을 C라고 하면

$$C[kVA] = \frac{\text{개별 수용 최대 전력의 합}[kW]}{\text{부등률} \times \cos\theta \times \text{효율}}$$

$$= \frac{50 \times 0.6 + 100 \times 0.6 + 80 \times 0.5 + 60 \times 0.5 + 150 \times 0.4}{1.3 \times 0.8 \times 1}$$

$$= 212[kVA]$$

18

수력 발전 설비에서 흡출관을 사용하는 목적으로 옳은 것은?

① 압력을 줄이기 위하여
② 유효 낙차를 늘리기 위하여
③ 속도 변동률을 적게 하기 위하여
④ 물의 유선을 일정하게 하기 위하여

해설 흡출관

비교적 유효 낙차가 낮은 수력 발전소(반동수차)에서 수차 하단에 설치한 관으로서 가능한 한 유효 낙차를 높이기 위한 목적으로 설치한다.

19

부하 전류가 흐르는 전로는 개폐할 수 없으나 기기의 점검이나 수리를 위하여 회로를 분리하거나 계통의 접속을 바꾸는 데 사용하는 것은?

① 차단기
② 단로기
③ 전력용 퓨즈
④ 부하 개폐기

해설 단로기(DS)의 특징
- 소호 장치가 없다.
- 무부하 상태에서 개폐 가능하므로 계통의 점검이나 분리 및 변경에 적용된다.

20

다음 중 송전선의 코로나손과 가장 관계가 깊은 것은?

① 송전선 전압 변동률
② 송전선의 정전 용량
③ 상대 공기 밀도
④ 송전거리

해설

코로나 손실 $P = \frac{241}{\delta}(f+25)\sqrt{\frac{d}{2D}}(E-E_0)^2 \times 10^{-5}[kW/km/1\text{선}]$

(단, δ: 상대 공기 밀도, f: 주파수, d: 전선의 지름, D: 선간거리, E: 대지전압, E_0: 코로나 임계 전압)

코로나손은 상대 공기 밀도 δ에 반비례한다.

| 정답 | 16 ④ 17 ④ 18 ② 19 ② 20 ③

2025년 2회

01

어느 발전소의 명판에 발전기의 전력 전압 13.2[kV], 정격 용량 93,000[kVA], %Z=95[%]라고 쓰여 있다. 발전기 내부 임피던스의 크기는?

① 1.78[Ω]
② 2.18[Ω]
③ 3.78[Ω]
④ 4.18[Ω]

해설

$Z = \dfrac{10V^2}{P_n} \times \%Z = \dfrac{10 \times 13.2^2}{93,000} \times 95 = 1.78[\Omega]$

02

전력계통의 과도 안정도 향상 대책으로 옳은 것은?

① 전원 측 원동기용 조속기의 작동을 느리게 한다.
② 송전 계통의 전달 리액턴스를 증가시킨다.
③ 고장을 줄이기 위해 각 계통을 분리한다.
④ 고속도 재폐로 방식을 채용한다.

해설 안정도 향상 대책
- 리액턴스를 적게 한다.
  - 복도체 또는 다도체 채용
  - 직렬 콘덴서 설치
  - 발전기나 변압기의 리액턴스 감소
  - 선로의 병렬 회선 수 증가
- 전압 변동을 적게 한다.
  - 중간 조상 방식 채용
  - 고장 구간을 신속히 차단
  - 고속도 계전기, 고속도 차단기 설치
  - 속응 여자 방식 채용
- 계통에 충격을 주지 말아야 한다.
  - 제동 저항기 설치
  - 단락비를 크게 함

직접 접지방식은 지락 사고 시 지락 전류(I_g)가 커서 계통의 안정도가 나빠진다.

03

발전기 또는 주변압기의 내부 고장 보호용으로 가장 널리 쓰이는 것은?

① 거리 계전기
② 과전류 계전기
③ 비율 차동 계전기
④ 방향단락 계전기

해설

비율 차동 계전기는 발전기, 변압기의 내부 고장 시 양쪽 전류의 벡터차에 의해 동작하여 차단기를 개로시킨다. 따라서 발전기나 변압기의 내부 고장 보호용으로 사용한다.

04

송전 선로의 단락 보호 계전 방식이 아닌 것은?

① 방향 단락 계전 방식
② 과전류 계전 방식
③ 과전압 계전 방식
④ 거리 계전 방식

해설 송전 선로의 단락 사고 보호 방식
- 과전류 계전 방식
- 거리 계전 방식
- 방향 단락 계전 방식

관련개념

단락 사고는 합선을 의미 → 전류 관련 보호 계전 방식 선택

05

3상 수직 배치인 선로에서 오프셋을 주는 주된 이유는?

① 유도 장해 감소
② 난조 방지
③ 철탑 중량 감소
④ 단락 방지

해설 오프셋

전선의 도약으로부터 전선을 보호하기 위해 철탑의 암(Arm)의 길이를 다르게 설치(오프셋)하여 전선 도약에 따른 선간 단락 사고를 방지한다.

| 정답 | 01 ① 02 ④ 03 ③ 04 ③ 05 ④

06

코로나가 발생하면 전선이 부식되는 원인은?

① 질소 ② 산소
③ 초산 ④ 이산화탄소

해설 코로나

코로나 방전은 고전압 송전선이나 변압기 등에서 발생하는 방전 현상으로, 전선 주위의 공기가 이온화되면서 발생한다. 코로나 방전이 일어나면 공기 중에 오존이 발생하고, 이 오존이 습기와 반응해 초산을 형성하여 전선의 표면이 부식된다.

07

1[BTU]는 몇 [cal]인가?

① 225[cal] ② 252[cal]
③ 325[cal] ④ 525[cal]

해설

1[cal]는 물 1[g]을 1[℃] 올리는 데 필요한 열량이며 1[BTU]는 물 1파운드를 1[°F] 올리는데 필요한 열량이다. 1[℃]의 온도차는 1.8[°F]와 같으므로

$1[BTU] = \dfrac{453.59}{1.8} = 251.99 ≒ 252[cal]$

08

송전 전력, 송전 거리, 전선의 비중 및 전력 손실률이 일정하다고 할 때, 전선의 단면적 $A[\text{mm}^2]$과 송전 전압 $V[\text{kV}]$와의 관계로 옳은 것은?

① $A \propto \dfrac{1}{V^2}$ ② $A \propto V$

③ $A \propto \dfrac{1}{\sqrt{V}}$ ④ $A \propto V^2$

해설

전력 손실 $P_l = \dfrac{P^2 R}{V^2 \cos^2\theta} = \dfrac{P^2 \rho l}{V^2 \cos^2\theta A}$ 에서

전선의 단면적 $A = \dfrac{P^2 \rho l}{V^2 \cos^2\theta P_l}$ 이다.

∴ $A \propto \dfrac{1}{V^2}$

09

배전 선로의 고장 또는 보수 점검 시 정전 구간을 축소하기 위하여 사용되는 것은?

① 단로기 ② 컷아웃 스위치
③ 계자 저항기 ④ 구분 개폐기

해설 구분 개폐기

배전 선로의 고장 또는 보수 점검 시 정전 구간을 축소하기 위해 사용하는 개폐기

10

154[kV] 송전 선로에 10개의 현수 애자가 연결되어 있다. 다음 중 전압 분담이 가장 적은 것은?(단, 애자는 같은 간격으로 설치되어 있다.)

① 철탑에서 가장 가까운 것
② 철탑에서 3번째에 있는 것
③ 전선에서 가장 가까운 것
④ 전선에서 3번째에 있는 것

해설

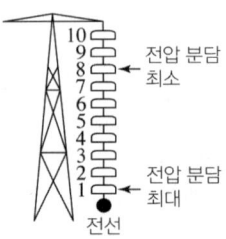

- 전압 분담이 가장 큰 애자: 전선에서 가장 가까운 애자
- 전압 분담이 가장 적은 애자: 전선에서 8번째 애자 또는 철탑에서 3번째 애자

| 정답 | 06 ③ | 07 ② | 08 ① | 09 ④ | 10 ②

11

사고, 정전 등의 중대한 영향을 받는 지역에서 정전과 동시에 자동적으로 예비 전원용 배전 선로로 전환하는 장치는?

① 차단기(Circuit Breaker)
② 리클로저(Recloser)
③ 섹셔널라이저(Sectionalizer)
④ 자동 부하 전환개폐기(Auto Load Transfer Switch)

해설 자동 부하 전환개폐기(ALTS)
사고나 정전 시에 즉시 자동적으로 예비 전원으로 전환하는 개폐기

12

비접지 계통의 지락 사고 시 계전기에 영상 전류를 공급하기 위하여 설치하는 기기는?

① PT
② CT
③ ZCT
④ GPT

해설 영상 변류기(ZCT)
비접지 계통에서 지락 사고 시 고장 전류를 검출하여 보호 계전기에 영상 전류를 공급하는 기기

13

다음 중 코로나 방지 대책으로 적당하지 않은 것은?

① 복도체를 사용한다.
② 가선 금구를 개량한다.
③ 선간 거리를 감소시킨다.
④ 가선 시 전선 표면이 금구를 손상하지 않게 한다.

해설
코로나 임계 전압 $E_0 = 24.3 m_0 m_1 \delta d \log_{10} \frac{D}{r}$ [kV]에서 선간 거리(D)가 감소하면 임계 전압은 감소한다.

관련개념 코로나 방지 대책
- 코로나 임계 전압을 크게 한다.
- 복도체를 사용한다.
- 가선 금구를 개량한다.

14

단상 2선식 배전 선로에서 대지 정전 용량을 C_s, 선간 정전 용량을 C_m이라 할 때 작용 정전 용량은?

① $C_s + C_m$
② $C_s + 2C_m$
③ $2C_s + C_m$
④ $C_s + 3C_m$

해설
- 단상 2선식 작용 정전 용량 $C = C_s + 2C_m [\mu F]$
- 3상 3선식 작용 정전 용량 $C = C_s + 3C_m [\mu F]$

15

송배전 선로에서 내부 이상 전압에 속하지 않는 것은?

① 개폐 이상 전압
② 유도뢰에 의한 이상 전압
③ 사고 시의 과도 이상 전압
④ 계통 조작과 고장 시의 지속 이상 전압

해설
- 외부 이상 전압: 직격뢰, 유도뢰
- 내부 이상 전압: 차단기의 개폐 서지, 계통 사고 시 이상 전압

16

화력 발전소에서 매일 최대 출력 $100,000 [kW]$, 부하율 $90[\%]$로 60일간 연속 운전할 때 필요한 석탄량은 약 몇 $[t]$인가?(단, 사이클 효율은 $40[\%]$, 보일러 효율은 $85[\%]$, 발전기 효율은 $98[\%]$로 하고 석탄의 발열량은 $5,500 [kcal/kg]$이라 한다.)

① 60,820
② 61,820
③ 62,820
④ 63,820

해설

$$\eta = \frac{860 W}{BH} \Rightarrow \therefore B = \frac{860 W}{\eta H}$$

$$= \frac{860 \times 100,000 \times 0.9 \times (24 \times 60)}{0.4 \times 0.85 \times 0.98 \times 5,500}$$

$$= 60,818,509 [kg] \fallingdotseq 60,820 [t]$$

| 정답 | 11 ④ 12 ③ 13 ③ 14 ② 15 ② 16 ①

17

선간 전압이 $154[\text{kV}]$이고, 1상 당의 임피던스가 $j8[\Omega]$인 기기가 있을 때, 기준 용량을 $100[\text{MVA}]$로 하면 % 임피던스는 약 몇 $[\%]$인가?

① 2.75
② 3.15
③ 3.37
④ 4.25

해설 %임피던스

$$\%Z = \frac{PZ}{10\,V^2} = \frac{100 \times 10^3 \times 8}{10 \times 154^2} = 3.37[\%]$$

여기서, $P[\text{kVA}]$, $V[\text{kV}]$ 단위를 조심해야 한다.

18

한류 리액터를 사용하는 가장 큰 목적은?

① 충전 전류의 제한
② 접지 전류의 제한
③ 누설 전류의 제한
④ 단락 전류의 제한

해설
한류 리액터는 계통에 직렬로 설치되는 리액터로서,
단락 전류 $I_s = \frac{100}{\%Z} I_n [\text{A}]$에서 분모의 %임피던스값을 증가시켜 단락 전류를 제한하는 역할을 한다.

관련개념
한류 리액터 – 단락 전류 제한

19

송전 철탑에서 역섬락을 방지하기 위한 대책은?

① 가공 지선의 설치
② 탑각 접지저항의 감소
③ 전력선의 연가
④ 아크혼의 설치

해설
역섬락 사고를 방지하기 위해 탑각 접지저항을 감소시킨다.

20

파동 임피던스 $Z_1 = 600[\Omega]$인 선로 종단에 파동 임피던스 $Z_2 = 1,300[\Omega]$의 변압기가 접속되어 있다. 지금 선로에서 파고 $e_i = 900[\text{kV}]$의 전압이 진입되었다면 접촉점에서의 전압 반사파는 약 몇 $[\text{kV}]$인가?

① $192[\text{kV}]$
② $332[\text{kV}]$
③ $524[\text{kV}]$
④ $988[\text{kV}]$

해설
반사 계수 $\beta = \dfrac{Z_2 - Z_1}{Z_2 + Z_1} = \dfrac{e_r}{e_i}$ 에서

전압의 반사파

$$e_r = \frac{Z_2 - Z_1}{Z_2 + Z_1} e_i = \frac{1,300 - 600}{1,300 + 600} \times 900 = 331.6[\text{kV}]$$

(단, e_r: 전압의 반사파$[\text{kV}]$, e_i: 전압의 입사파$[\text{kV}]$)

| 정답 | 17 ③ 18 ④ 19 ② 20 ②

2024년 1회

01

62,000[kW]의 전력을 60[km] 떨어진 지점에서 송전하려면 전압[kV]는?(단, Still의 식에 의하여 산정한다.)

① 66
② 110
③ 140
④ 154

해설

경제적 송전전압을 구하는 still식은 송전전력과 거리를 이용하여 경제적인 송전전압 V_s를 구할 수 있다.

경제적인 송전전압 $V_s = 5.5\sqrt{0.6L + \frac{P}{100}}$ [kV]

$= 5.5\sqrt{0.6 \times 60 + \frac{62,000}{100}} = 140.86 ≒ 140$[kV]

(단, L: 송전거리[km], P: 송전전력[kW])

02

송전 선로에서 사용하는 변압기 결선에 △ 결선이 포함되어 있는 이유는?

① 직류분의 제거
② 제3 고조파의 제거
③ 제5 고조파의 제거
④ 제7 고조파의 제거

해설

△ 결선은 변압기 내부에 발생하는 제3 고조파를 제거할 수 있다.

03

차단기의 정격 차단 시간은?

① 고장 발생부터 소호까지의 시간
② 가동 접촉자 시동부터 소호까지의 시간
③ 트립 코일 여자부터 소호까지의 시간
④ 가동 접촉자 개구부터 소호까지의 시간

해설

정격차단시간: 트립코일 여자부터 아크소호까지의 시간(개극시간 + 아크시간)으로 3~8[Hz]이다.

04

그림과 같은 계통에서 송전선의 S점에 3상 단락고장이 발생하였다면 고장전력은 약 몇 [MVA]인가?(단, 발전기 G_1, G_2의 %과도 리액턴스 및 변압기의 %리액턴스는 각각 자기용량기준으로 25[%], 25[%], 10[%]이고 변압기에서 S점까지의 %리액턴스는 100[MVA]기준으로 5[%]라고 한다.)

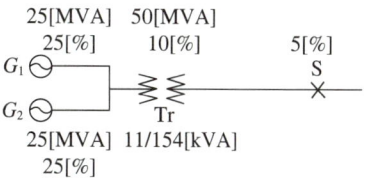

① 82
② 133
③ 154
④ 250

해설

계통의 모든 %임피던스를 100[MVA] 기준으로 환산하면 다음과 같다.

- $G_1 = \frac{100}{25} \times 25 = 100$[%]
- $G_2 = \frac{100}{25} \times 25 = 100$[%]
- $Tr = \frac{100}{50} \times 10 = 20$[%]
- 선로 $= \frac{100}{100} \times 5 = 5$[%]

이때 G_1과 G_2는 병렬 연결되어 있으므로

합성 임피던스 $G = \frac{100 \times 100}{100 + 100} = 50$[%]이다.

그러므로 전체 %임피던스 $\%Z = 50 + 20 + 5 = 75$[%] 이다.

∴ 고장 전력 $P_s = \frac{100}{\%Z} \cdot P_n = \frac{100}{75} \times 100 = 133.33$[MVA]

| 정답 | 01 ③ 02 ② 03 ③ 04 ②

05

송·배전 계통에서의 안정도 향상 대책이 아닌 것은?

① 병렬 회선수 증가
② 병렬 콘덴서 설치
③ 직렬 콘덴서 설치
④ 기기의 리액턴스 감소

해설
- 병렬 콘덴서는 부하의 역률 개선을 통한 전력손실 감소가 주 목적이다.
- 병렬 회선수 증가, 직렬 콘덴서 설치 등을 통해 계통의 직렬 리액턴스 감소가 가능하며, 기기의 리액턴스가 감소하면 계통에서 안정도가 증대된다.

06

교류 단상 3선식 배전방식을 교류 단상 2선식과 비교한다면 어떤 차이가 있는가?

① 전압강하가 작고, 효율이 높다.
② 전압강하가 크고, 효율이 높다.
③ 전압강하가 작고, 효율이 낮다.
④ 전압강하가 크고, 효율이 낮다.

해설
교류 단상 3선식은 교류 단상 2선식에 비해 승압된 전압을 얻을 수 있다..
전압강하 $e = \dfrac{P}{V_r}(R + X\tan\theta) \to e \propto \dfrac{1}{V_r}$
교류 단상 3선식은 전압이 높으므로 전압강하는 작다.
전력손실 $P_l = \dfrac{P^2 R}{V_r^2 \cos^2\theta} \to P_l \propto \dfrac{1}{V_r^2}$
교류 단상 3선식은 전압이 높으므로 전력손실이 낮아진다.
∴ 전압강하가 작고, 효율이 높다.

07

경간 $200[\text{m}]$의 지지점이 수평인 가공전선로가 있다. 전선 $1[\text{m}]$의 하중은 $2[\text{kg}]$, 풍압하중은 없는 것으로 하고 전선의 인장하중은 $4,000[\text{kg}]$, 안전율 2.2로 하면 이도는 몇 $[\text{m}]$인가?

① 4.7　　② 5.0
③ 5.5　　④ 6.2

해설
$$D = \dfrac{WS^2}{8T} = \dfrac{2 \times 200^2}{8 \times \dfrac{4,000}{2.2}} = 5.5[\text{m}]$$

08

3상 전원에 접속된 Δ 결선의 콘덴서를 Y 결선으로 바꾸면 진상용량은 Δ 결선 시의 몇 배인가?

① $\sqrt{3}$　　② $\dfrac{1}{3}$
③ $\dfrac{1}{\sqrt{3}}$　　④ 3

해설
Δ 결선 시 $Q_\Delta = 3\omega CV^2$
Y 결선 시 $Q_Y = 3\omega C \times (\dfrac{V}{\sqrt{3}})^2 = \omega CV^2$ 이므로
∴ $Q_Y = \dfrac{1}{3} Q_\Delta$

| 정답 | 05 ②　06 ①　07 ③　08 ②

09

한류 리액터를 사용하는 가장 큰 목적은?

① 충전 전류의 제한
② 접지 전류의 제한
③ 누설 전류의 제한
④ 단락 전류의 제한

해설

한류 리액터는 계통에 직렬로 설치되는 리액터로서, 단락 전류 $I_s = \frac{100}{\%Z}I_n[\text{A}]$에서 분모의 %임피던스값을 증가시켜 단락 전류를 제한하는 역할을 한다.

관련개념

한류 리액터 – 단락 전류 제한

10

화력 발전소에서 재열기의 목적은?

① 공기를 가열한다.
② 급수를 가열한다.
③ 증기를 가열한다.
④ 석탄을 건조한다.

해설

재열기는 증기를 재가열하는 기기이다. 즉, 고압터빈 내 증기를 추가로 가열하여 발전에 필요한 증기의 온도와 압력을 유지하는 장치이다.

관련개념

- 과열기: 포화 증기를 가열
- 절탄기: 보일러 급수를 예열
- 공기 예열기: 연소용 공기를 예열

11

4단자 정수가 A, B, C, D인 선로에 임피던스가 Z_T인 변압기를 수전단 측에 접속한 계통의 일반 회로 정수를 A_0, B_0, C_0, D_0라 할 때 D_0는?

① $CZ_T + D$
② $AZ_T + D$
③ $BZ_T + D$
④ D

해설

$$\begin{bmatrix} A_0 & B_0 \\ C_0 & D_0 \end{bmatrix} = \begin{bmatrix} A & B \\ C & D \end{bmatrix}\begin{bmatrix} 1 & Z_T \\ 0 & 1 \end{bmatrix} = \begin{bmatrix} A & AZ_T + B \\ C & CZ_T + D \end{bmatrix}$$

12

유량의 크기를 구분할 때 갈수량이란?

① 하천의 수위 중에서 1년을 통하여 355일간 이보다 내려가지 않는 수위 때의 물의 양
② 하천의 수위 중에서 1년을 통하여 275일간 이보다 내려가지 않는 수위 때의 물의 양
③ 하천의 수위 중에서 1년을 통하여 185일간 이보다 내려가지 않는 수위 때의 물의 양
④ 하천의 수위 중에서 1년을 통하여 95일간 이보다 내려가지 않는 수위 때의 물의 양

해설

- 갈수량: 1년 365일 중 355일은 이것보다 내려가지 않는 유량
- 저수량: 1년 365일 중 275일은 이것보다 내려가지 않는 유량
- 평수량: 1년 365일 중 185일은 이것보다 내려가지 않는 유량
- 풍수량: 1년 365일 중 95일은 이것보다 내려가지 않는 유량

| 정답 | 09 ④ 10 ③ 11 ① 12 ①

13

차단기가 전류를 차단할 때, 재점호가 일어나기 쉬운 차단 전류는?

① 동상 전류
② 지상 전류
③ 진상 전류
④ 단락 전류

해설
재점호가 일어나기 쉬운 경우는 전류가 전압보다 위상이 $90°$ 앞선 진상 전류의 조건일 때이며, 이때 이상 전압이 발생하기 쉽다.

14

어느 발전소에서 $40,000[\text{kWh}]$를 발전하는데 발열량 $5,000[\text{kcal/kg}]$의 석탄을 $20[\text{ton}]$ 사용하였다. 이 화력 발전소의 열효율[%]은?

① 27.5
② 30.4
③ 34.4
④ 38.5

해설
$$\eta = \frac{860W}{mH} \times 100 = \frac{860 \times 40,000}{20 \times 10^3 \times 5,000} \times 100 = 34.4[\%]$$
(단, W: 발전 용량[kWh], m: 물체의 질량[kg], H: 발열량[kcal/kg])

15

$3,000[\text{kW}]$, 역률 $80[\%]$(뒤짐)부하에 전력을 공급하고 있는 변전소에 전력용 콘덴서를 설치하고자 한다. 변전소에서의 역률을 $90[\%]$로 향상시키는 데 필요한 전력용 콘덴서의 용량은 약 몇 $[\text{kVA}]$인가?

① 600
② 700
③ 800
④ 900

해설
역률 개선 시 콘덴서 용량
$$Q_c = P(\tan\theta_1 - \tan\theta_2)[\text{kVA}]$$
$$= P\left(\frac{\sqrt{1-\cos^2\theta_1}}{\cos\theta_1} - \frac{\sqrt{1-\cos^2\theta_2}}{\cos\theta_2}\right)[\text{kVA}]$$
$$= 3,000 \times \left(\frac{\sqrt{1-0.8^2}}{0.8} - \frac{\sqrt{1-0.9^2}}{0.9}\right) = 797[\text{kVA}]$$

16

승압기에 의하여 전압 V_e에서 V_h로 승압할 때, 2차 정격전압 e, 자기 용량 W인 단상 승압기가 공급할 수 있는 부하 용량은?

① $\dfrac{V_h}{e} \times W$
② $\dfrac{V_e}{e} \times W$
③ $\dfrac{V_e}{V_h - V_e} \times W$
④ $\dfrac{V_h - V_e}{V_e} \times W$

해설
부하 용량 $= \dfrac{V_h}{e} \times W$ (단, W: 자기용량)

| 정답 | 13 ③ | 14 ③ | 15 ③ | 16 ① |

17

선간전압, 부하역률, 선로손실, 전선중량 및 배전거리가 같다고 할 경우 단상 2선식과 3상 3선식의 1선압 공급전력의 비(단상/3상)는?

① $\dfrac{3}{2}$
② $\dfrac{1}{\sqrt{3}}$
③ $\sqrt{3}$
④ $\dfrac{\sqrt{3}}{2}$

해설

단상 2선식의 한 선의 단면적을 A_2,
3상 3선식의 한 선의 단면적을 A_3라 하면

- 전선의 중량이 같으므로
  $2A_2 l = 3A_3 l$ (단, l: 전선의 길이[m])

  저항 $R = \rho \dfrac{l}{A}$ 이므로 $\dfrac{A_2}{A_3} = \dfrac{R_3}{R_2} = \dfrac{3}{2}$ 이다.

- 전력 손실이 같으므로
  $2I_2^2 R_2 = 3I_3^2 R_3$
  (단, I_2: 단상 2선식에서 한 선에 흐르는 전류,
  I_3: 3상 3선식에서 한 선에 흐르는 전류)

  $\dfrac{I_2^2}{I_3^2} = \dfrac{3R_3}{2R_2} = \left(\dfrac{3}{2}\right)^2 \rightarrow \dfrac{I_2}{I_3} = \dfrac{3}{2}$

∴ 공급 전력의 비
$\dfrac{P_2}{P_3} = \dfrac{VI_2 \cos\theta}{\sqrt{3}\,VI_3\cos\theta} = \dfrac{1}{\sqrt{3}} \times \dfrac{I_2}{I_3} = \dfrac{1}{\sqrt{3}} \times \dfrac{3}{2} = \dfrac{\sqrt{3}}{2}$

18

전력 원선도에서 알 수 없는 것은?

① 조상 용량
② 선로 손실
③ 송전단의 역률
④ 정태 안정 극한 전력

해설 전력 원선도에서 알 수 있는 사항
- 전력 계통 전압을 유지하기 위한 조상설비(조상 용량)
- 전력 손실과 송전 효율
- 송·수전할 수 있는 최대 전력(정태 안정 극한 전력)
- 송·수전단 전압 간의 상차각
- 수전단 측의 역률

19

전력 계통의 주파수 변동은 주로 무엇의 변화에 기인하는가?

① 유효 전력
② 무효 전력
③ 계통 전압
④ 계통 임피던스

해설
- 주파수 변동: 유효 전력 조정
- 전압 조정: 무효 전력 조정

20

피뢰기가 구비하여야 힐 조건으로 옳지 않은 것은?

① 속류의 차단 능력이 충분할 것
② 충격 방전 개시 전압이 높을 것
③ 상용 주파 방전 개시 전압이 높을 것
④ 빙진 내량이 크면서 제한 전압이 낮을 것

해설 피뢰기 구비 조건
- 속류 차단 능력이 클 것
- 충격 방전 개시 전압이 낮을 것
- 상용 주파 방전 개시 전압이 높을 것
- 제한 전압이 낮을 것

| 정답 | 17 ④ 18 ③ 19 ① 20 ②

2024년 2회

01

비접지 계통의 지락 사고 시 계전기에 영상 전류를 공급하기 위하여 설치하는 기기는?

① PT
② CT
③ ZCT
④ GPT

해설 영상 변류기(ZCT)
비접지 계통에서 지락 사고 시 고장 전류를 검출하여 보호 계전기에 영상 전류를 공급하는 기기

02

중성점 직접 접지방식의 장점이 아닌 것은?

① 다른 접지방식에 비하여 개폐 이상 전압이 낮다.
② 1선 지락 시 건전상의 대지 전압이 거의 상승하지 않는다.
③ 1선 지락 전류가 작으므로 차단기가 처리해야 할 전류가 작다.
④ 중성점 전압이 항상 0이므로 변압기의 가격과 중량을 줄일 수 있다.

해설 중성점 직접 접지방식
- 지락 사고 시 지락 전류가 커서 지락 계전기의 동작이 확실하다.
- 이상 전압이 낮아 변압기의 단절연 및 저감 절연이 가능하다.
- 차단기 동작이 빈번하여 차단기 수명이 단축되고 안정도가 나빠진다.
- 1선 지락 사고 시 건전상 대지 전위 상승이 최소이다.

03

계전기의 반한시 특성이란?

① 동작 전류가 커질수록 동작 시간은 길어진다.
② 동작 전류가 작을수록 동작 시간은 짧다.
③ 동작 전류에 관계없이 동작 시간은 일정하다.
④ 동작 전류가 커질수록 동작 시간은 짧아진다.

해설
반한시 특성이란 고장 전류의 크기에 반비례하여 동작 시한이 결정되는 것으로, 고장 전류의 크기가 크면 동작 시간이 짧아진다.

04

1대의 주상 변압기에 부하 1과 부하 2가 병렬로 접속되어 있을 경우 주상 변압기에 걸리는 피상 전력[kVA]은?

| 부하 1 | 유효 전력 P_1[kW], 역률(늦음) $\cos\theta_1$ |
| 부하 2 | 유효 전력 P_2[kW], 역률(늦음) $\cos\theta_2$ |

① $\dfrac{P_1}{\cos\theta_1} + \dfrac{P_2}{\cos\theta_2}$

② $\sqrt{\left(\dfrac{P_1}{\cos\theta_1}\right)^2 + \left(\dfrac{P_2}{\cos\theta_2}\right)^2}$

③ $\sqrt{(P_1+P_2)^2 + (P_1\tan\theta_1 + P_2\tan\theta_2)^2}$

④ $\sqrt{\left(\dfrac{P_1}{\sin\theta_1}\right) + \left(\dfrac{P_2}{\sin\theta_2}\right)}$

해설
$P_a = \sqrt{P^2+Q^2} = \sqrt{(P_1+P_2)^2 + (Q_1+Q_2)^2}$
$= \sqrt{(P_1+P_2)^2 + (P_1\tan\theta_1 + P_2\tan\theta_2)^2}$ [kVA]

관련개념
$P_a = P + jQ = P_a\cos\theta + jP_a\sin\theta \rightarrow Q = P_a\sin\theta = P\tan\theta$
(단, P_a: 피상전력[VA], P: 유효전력[W], Q: 무효전력[Var], θ: 역률)

| 정답 | 01 ③ | 02 ③ | 03 ④ | 04 ③ |

05

송전 선로에서 코로나 임계 전압이 높아지는 경우는?

① 기압이 낮은 경우
② 온도가 높아지는 경우
③ 전선의 지름이 큰 경우
④ 상대 공기 밀도가 작을 경우

해설 코로나 임계 전압

- 코로나가 방전을 시작하는 개시 전압을 말한다.
- 코로나 임계 전압 $E_0 = 24.3 m_0 m_1 \delta d \log_{10} \dfrac{D}{r}$ [kV]
  - m_0: 전선의 표면 계수(매끈한 전선= 1, 거친 전선= 0.8)
  - m_1: 날씨 계수
    (맑은 날= 1, 비·눈·안개 등 악천후 시= 0.8)
  - δ: 상대 공기 밀도($\delta = \dfrac{0.386b}{273+t}$, b: 기압[mmHg], t: 기온[℃])
  - d: 전선의 직경, r: 전선의 반지름, D: 선간 거리
- 전선 표면이 매끈할수록, 날씨가 맑을수록, 상대 공기 밀도가 높을수록(기압이 높고 온도가 낮을수록), 전선의 직경이 클수록 임계 전압은 높아진다.

06

3상 4선식 배전방식에서 1선당의 최대 전력은?(단, 상전압: V[V], 선전류: I[A]라 한다.)

① $0.5\,VI$
② $0.57\,VI$
③ $0.75\,VI$
④ $1.0\,VI$

해설

3상 공급 가능 전력 $P = 3 \times VI = 3VI$

4선식이므로 1선당 최대 전력 $P_1 = \dfrac{3VI}{4} = 0.75\,VI$

관련개념

1선당 공급(최대) 전력 $P_1 = \dfrac{\text{공급 가능 전력}}{\text{선수}}$

07

송전단전압 161[kV], 수전단전압 154[kV], 상차각 $40°$, 리액턴스 45[Ω]일 때 선로 손실을 무시하면 전송전력은 약 몇 [MW]인가?

① 323[MW]
② 443[MW]
③ 354[MW]
④ 623[MW]

해설

$P = \dfrac{V_s V_r}{X}\sin\delta = \dfrac{161 \times 154}{45} \times \sin 40° = 354.16$[MW]

(단, P: 전송전력[MW], V_s: 송전단 전압[kV], V_r: 수전단 전압[kV], δ: 상차각, X: 리액턴스[Ω])

08

복도체에 있어서 소도체의 반지름을 r[m], 소도체 사이의 간격을 S[m]라고 할 때 2개의 소도체를 사용한 복도체의 등가 반지름은?

① $\sqrt{rS}$[m]
② $\sqrt{r^2 S}$[m]
③ $\sqrt{rS^2}$[m]
④ $\sqrt[3]{rS^2}$[m]

해설

복도체(다도체)의 등가 반지름

$R_e = \sqrt[n]{r \times S^{(n-1)}}$[m]

(단, R_e: 등가 반지름[m], n: 소도체의 수, r: 소도체의 반지름[m], S: 소도체 간격[m])

2개의 소도체를 사용하므로

$R_e = \sqrt{r \times S}$[m]

09

다음 중 보상 변류기에 대한 설명으로 알맞은 것은?

① 변압기의 고·저압간의 전류, 위상을 보상한다.
② 계전기의 오차와 위상을 보상한다.
③ 전압강하를 보상한다.
④ 역률을 보상한다.

해설

보상 변류기는 변압기의 고·저압간의 전류, 위상을 보상한다.

10

파동 임피던스 $Z_1 = 600[\Omega]$인 선로 종단에 파동 임피던스 $Z_2 = 1,300[\Omega]$의 변압기가 접속되어 있다. 지금 선로에서 파고 $e_i = 900[\text{kV}]$의 전압이 진입되었다면 접촉점에서의 전압 반사파는 약 몇 $[\text{kV}]$인가?

① 192[kV] ② 332[kV]
③ 524[kV] ④ 988[kV]

해설

반사 계수 $\beta = \dfrac{Z_2 - Z_1}{Z_2 + Z_1} = \dfrac{e_r}{e_i}$ 에서

전압의 반사파

$e_r = \dfrac{Z_2 - Z_1}{Z_2 + Z_1} e_i = \dfrac{1,300 - 600}{1,300 + 600} \times 900 = 331.6[\text{kV}]$

(단, e_r: 전압의 반사파[kV], e_i: 전압의 입사파[kV])

11

전선 4개의 도체가 정사각형으로 그림과 같이 배치되어 있을 때 소도체 간 기하 평균거리는 약 몇 [m]인가?

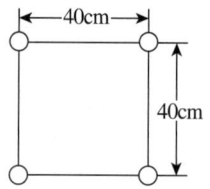

① 0.4[m] ② 0.45[m]
③ 0.5[m] ④ 0.57[m]

해설 등가 선간 거리

$D_e = \sqrt[6]{D_1 \times D_2 \times D_3 \times D_4 \times D_5 \times D_6}$
$= \sqrt[6]{0.4 \times 0.4 \times 0.4 \times 0.4 \times 0.4\sqrt{2} \times 0.4\sqrt{2}}$
$= \sqrt[6]{(0.4)^6 \times \sqrt{2} \times \sqrt{2}} = 0.4 \times \sqrt[6]{2} ≒ 0.45[\text{m}]$

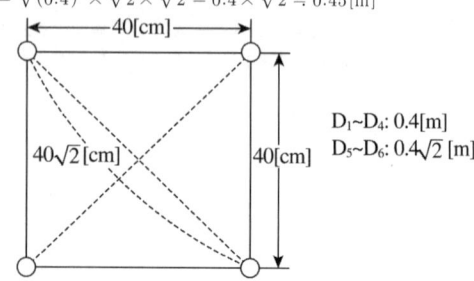

$D_1 \sim D_4$: 0.4[m]
$D_5 \sim D_6$: $0.4\sqrt{2}$ [m]

| 정답 | 09 ① 10 ② 11 ②

12

전력용 콘덴서를 변전소에 설치할 때 직렬 리액터를 설치하고자 한다. 직렬 리액터의 용량을 결정하는 계산식은? (단, f_0는 전원의 기본 주파수, C는 역률 개선용 콘덴서의 용량, L은 직렬 리액터의 용량이다.)

① $L = \dfrac{1}{(2\pi f_0)^2 C}$ ② $L = \dfrac{1}{(5\pi f_0)^2 C}$

③ $L = \dfrac{1}{(6\pi f_0)^2 C}$ ④ $L = \dfrac{1}{(10\pi f_0)^2 C}$

해설

제5 고조파 제거용 직렬 리액터 용량 결정 조건식

$5\omega L = \dfrac{1}{5\omega C}$ 에서

$5 \times 2\pi f_0 L = \dfrac{1}{5 \times 2\pi f_0 C} \rightarrow L = \dfrac{1}{(10\pi f_0)^2 C}$

13

저항 접지방식 중 고저항 접지방식에 사용하는 저항은 몇 $[\Omega]$인가?

① $30 \sim 50[\Omega]$ ② $50 \sim 100[\Omega]$
③ $100 \sim 1{,}000[\Omega]$ ④ $1{,}000[\Omega]$ 이상

해설 저항 접지방식

접지방식	저항값
중저항 방식	$50 \sim 100[\Omega]$
고저항 방식	$100 \sim 1{,}000[\Omega]$

14

전력 조류계산을 하는 목적으로 거리가 먼 것은?

① 계통의 신뢰도 평가
② 계통의 사고예방제어
③ 계통의 확충계획 입안
④ 계통의 운용 계획 수립

해설

- 전력 조류계산의 목적
  - 계통의 확충계획 입안
  - 계통의 운용 계획 수립
  - 계통의 사고예방제어
- 전력 조류계산을 통해 알 수 있는 것
  - 각 모선의 전압분포
  - 각 모선의 전력
  - 각 모선 간 상차각
  - 각 선로의 전력조류
  - 각 선로의 송전손실

15

유역면적 $4{,}000[\text{km}^2]$의 발전 지점에서 연 강우량이 $1{,}400[\text{mm}]$이고 유출계수가 $75[\%]$라고 하면 그 지점을 통과하는 연평균 유량$[\text{m}^3/\text{s}]$은?

① 121 ② 133
③ 251 ④ 150

해설 연평균 유량

$Q = 3.17 \times a \times b \times k \times 10^{-5}$
$= 3.17 \times 1{,}400 \times 4{,}000 \times 0.75 \times 10^{-5} = 133.14[\text{m}^3/\text{s}]$

(단, a: 연 강우량$[\text{mm}]$, b: 유역면적$[\text{km}^2]$, k: 유출계수)

| 정답 | 12 ④ 13 ③ 14 ① 15 ②

16

초호각(Arcing horn)의 역할은?

① 풍압을 조절한다.
② 송전 효율을 높인다.
③ 애자의 파손을 방지한다.
④ 고주파수의 섬락 전압을 높인다.

해설 소호각(환), 초호각(환)의 역할
- 섬락으로부터 애자련의 보호
- 애자련의 연능률 개선

17

비등수형 원자로의 특색이 아닌 것은?

① 열 교환기가 필요하다.
② 기포에 의한 자기 제어성이 있다.
③ 방사능 때문에 증기는 완전히 기수 분리를 해야 한다.
④ 순환 펌프로서는 급수 펌프뿐이므로 펌프 동력이 작다.

해설
비등수형 원자로(BWR)는 직접 열 사이클 방식으로서 열 교환기가 필요 없다.

18

수용 설비 각각의 최대 수용 전력의 합[kW]을 합성 최대 수용 전력[kW]으로 나눈 값은?

① 부하율
② 수용률
③ 부등률
④ 역률

해설
- 부등률 = $\dfrac{\text{각 개별 수용가 최대 전력의 합}}{\text{합성 최대 수용 전력}} \geq 1$
- 부등률의 의미: 부하의 최대 수용 전력의 발생 시간이 서로 다른 정도

19

3상 송전 계통에서 수전단 전압이 60,000[V], 전류가 200[A], 선로의 저항이 9[Ω], 리액턴스가 13[Ω]일 때, 송전단 전압과 전압 강하율은 약 얼마인가?(단, 수전단 역률은 0.6이라고 한다.)

① 송전단 전압: 65,473[V], 전압 강하율: 9.1[%]
② 송전단 전압: 65,473[V], 전압 강하율: 8.1[%]
③ 송전단 전압: 82,453[V], 전압 강하율: 9.1[%]
④ 송전단 전압: 82,453[V], 전압 강하율: 8.1[%]

해설
3상 전압 강하 $e = V_s - V_r = \sqrt{3}I(R\cos\theta + X\sin\theta)[V]$에서
송전단 전압을 구하면
$$V_s = V_r + \sqrt{3}I(R\cos\theta + X\sin\theta)$$
$$= 60,000 + \sqrt{3} \times 200 \times (9 \times 0.6 + 13 \times 0.8)$$
$$= 65,473[V]$$
전압 강하율을 구하면
$$\varepsilon = \dfrac{V_s - V_r}{V_r} \times 100$$
$$= \dfrac{65,473 - 60,000}{60,000} \times 100 = 9.1[\%]$$

20

1년 365일 중 185일은 이 양 이하로 내려가지 않는 유량은?

① 평수량
② 풍수량
③ 고수량
④ 저수량

해설
평수량: 1년(365일) 중 185일은 이 유량 이하로 내려가지 않는 유량

| 정답 | 16 ③ 17 ① 18 ③ 19 ① 20 ①

2024년 3회

01

공기차단기(ABB)의 공기 압력은 일반적으로 몇 $[\text{kg/cm}^2]$ 정도 되는가?

① $5 \sim 10$
② $15 \sim 30$
③ $30 \sim 45$
④ $45 \sim 55$

해설
공기차단기의 공기 압력은 일반적으로 $15 \sim 30 [\text{kg/cm}^2]$ 정도이다.

02

송전 선로의 일반 회로 정수가 $A=1$, $B=j91$, $D=1$라 하면 C의 값은?

① $j91$
② $\dfrac{1}{j91}$
③ 0
④ $-\dfrac{1}{j91}$

해설
$AD - BC = 1$의 관계식에서 C에 대해 정리하면
$C = \dfrac{AD-1}{B} = \dfrac{1 \times 1 - 1}{j91} = 0$

03

화력 발전소의 기본 랭킨 사이클을 바르게 나타낸 것은?

① 보일러 → 급수펌프 → 터빈 → 복수기 → 과열기 → 다시 보일러로
② 보일러 → 터빈 → 급수펌프 → 과열기 → 복수기 → 다시 보일러로
③ 급수펌프 → 보일러 → 과열기 → 터빈 → 복수기 → 다시 급수펌프로
④ 급수펌프 → 보일러 → 터빈 → 과열기 → 복수기 → 다시 급수펌프로

해설
화력발전소의 기본 랭킨 사이클은 다음과 같다.
급수펌프 → 보일러 → 과열기 → 터빈 → 복수기 → 다시 급수펌프

관련개념 기력 발전소의 열 사이클
(1) 급수펌프를 거쳐 보일러로 물을 보냄
(2) 보일러에서 물 → 습증기로 변환
(3) 과열기에서 습증기 → 과열 증기로 변환
(4) 터빈에서 과열 증기 → 습증기로 변환
(5) 복수기에서 습증기 → 급수로 변환
(6) 복수기에서 나온 물을 급수펌프를 거쳐 보일러로 다시 보내어짐

04

전선의 표피 효과에 대한 설명으로 알맞은 것은?

① 전선이 굵을수록, 주파수가 높을수록 커진다.
② 전선이 굵을수록, 주파수가 낮을수록 커진다.
③ 전선이 가늘수록, 주파수가 높을수록 커진다.
④ 전선이 가늘수록, 주파수가 낮을수록 커진다.

해설
표피 효과는 주파수가 높을수록, 도전율과 투자율이 클수록, 전선이 굵을수록 커진다.

관련개념
표피 효과 $= \sqrt{\pi \mu f k}$

| 정답 | 01 ② | 02 ③ | 03 ③ | 04 ① |

05

인터록(Interlock)의 기능에 대한 설명으로 옳은 것은?

① 조작자의 의중에 따라 개폐되어야 한다.
② 차단기가 열려 있어야 단로기를 닫을 수 있다.
③ 차단기가 닫혀 있어야 단로기를 닫을 수 있다.
④ 차단기와 단로기를 별도로 닫고, 열 수 있어야 한다.

해설 차단기-단로기의 상호 연동 인터록 장치
차단기를 먼저 조작하여 차단기가 열려 있는 상태에서만 단로기를 열거나 닫을 수 있도록 한 안전 장치

06

3상 3선식 1회선 배전 선로의 말단에 역률 0.8(늦음)의 평형 3상 부하가 있다. 변전소 인출구(송전단)전압이 $6,600[\text{V}]$, 부하의 단자 전압이 $6,000[\text{V}]$일 때 부하 전력은 몇 [kW]인가?(단, 전선 1가닥의 저항은 $4[\Omega]$, 리액턴스는 $3[\Omega]$이라 하고 기타 선로 정수는 고려하지 않는다.)

① $333[\text{kW}]$ ② $576[\text{kW}]$
③ $998[\text{kW}]$ ④ $1728[\text{kW}]$

해설
전압 강하 $e = \frac{P}{V_r}(R + X\tan\theta)$ 이므로

부하 전력 $P = \frac{eV_r}{R + X\tan\theta}$

$= \frac{(6,600-6,000) \times 6,000}{4 + 3 \times \frac{\sqrt{1-0.8^2}}{0.8}} \times 10^{-3} = 576[\text{kW}]$

07

송전 철탑에서 역섬락을 방지하기 위한 대책은?

① 가공 지선의 설치   ② 탑각 접지저항의 감소
③ 전력선의 연가   ④ 아크혼의 설치

해설
역섬락 사고를 방지하기 위해 탑각 접지저항을 감소시킨다.

08

선간 전압이 $154[\text{kV}]$이고, 1상 당의 임피던스가 $j8[\Omega]$인 기기가 있을 때, 기준 용량을 $100[\text{MVA}]$로 하면 % 임피던스는 약 몇 [%]인가?

① 2.75   ② 3.15
③ 3.37   ④ 4.25

해설 %임피던스
$\%Z = \frac{PZ}{10V^2} = \frac{100 \times 10^3 \times 8}{10 \times 154^2} = 3.37[\%]$
여기서, $P[\text{kVA}]$, $V[\text{kV}]$ 단위를 조심해야 한다.

| 정답 | 05 ② 06 ② 07 ② 08 ③

09

모선 보호에 사용되는 계전 방식이 아닌 것은?

① 위상 비교 방식
② 선택 접지 계전 방식
③ 방향 거리 계전 방식
④ 전류 차동 보호 방식

해설 모선(Bus) 보호 방식
- 전압 차동 방식
- 위상 비교 방식
- 전류 차동 방식
- 거리 계전 방식

10

전등만으로 구성된 수용가를 2개 군으로 나누어 각 군에 변압기 1개씩을 설치할 경우 각 군의 수용가의 총 설비용량은 각각 $30[kW]$, $50[kW]$라 한다. 각 수용가의 수용률을 0.6, 수용가간 부등률을 1.2, 변압기군의 부등률을 1.3이라고 하면 고압간선에 대한 최대 부하는 약 몇 $[kW]$인가?(단, 간선의 역률은 $100[\%]$이다.)

① 15
② 22
③ 31
④ 35

해설

최대 부하 $P = \dfrac{\dfrac{A\text{ 설비용량} \times \text{수용률}}{\text{수용가 부등률}} + \dfrac{B\text{ 설비용량} \times \text{수용률}}{\text{수용가 부등률}}}{\text{변압기 군 부등률}}$

$= \dfrac{\dfrac{30 \times 0.6}{1.2} + \dfrac{50 \times 0.6}{1.2}}{1.3} = 30.77[kW]$

11

부하 전류의 차단에 사용되지 않는 것은?

① ABB
② OCB
③ VCB
④ DS

해설
DS(단로기)는 아크소호능력이 없으므로 부하 전류 차단이 불가능하다.
- ABB(공기 차단기)
- OCB(유입 차단기)
- VCB(진공 차단기)

12

GIS(가스절연개폐기)의 구성으로 옳지 않은 것은?

① 단로기
② 차단기
③ 변류기
④ 주변압기

해설
GIS 설비는 모선, 개폐장치, 변성기, 피뢰기 등을 내장시키고 단로기, 차단기, 변류기, 계기용변압기 등으로 구성되어 있다.

| 정답 | 09 ② 10 ③ 11 ④ 12 ④

13

가공 송전선의 코로나를 고려할 때 표준 상태에서 공기의 절연 내력이 파괴되는 최소 전위 경도는 정현파 교류의 실횻값으로 약 몇 [kV/cm] 정도인가?

① 6
② 11
③ 21
④ 31

해설 공기의 파열 극한 전위 경도
- 직류: $30\,[\text{kV/cm}]$
- 교류: $21\,[\text{kV/cm}]$(실횻값)

14

개폐 서지의 이상 전압을 감쇄할 목적으로 설치하는 것은?

① 단로기
② 차단기
③ 리액터
④ 개폐 저항기

해설 개폐 저항기는 차단기와 병렬로 설치되는 것으로서, 차단기의 차단 시 발생하는 개폐 서지(이상 전압)를 억제한다.

15

케이블의 전력 손실과 관계가 없는 것은?

① 도체의 저항손
② 유전체손
③ 연피손
④ 철손

해설 케이블의 손실에는 저항손, 유전체손, 연피손이 있다.

16

송전전력, 선간전압, 부하역률, 전력손실 및 송전거리가 같다고 할 때 3상 3선식에 필요한 전선량은 단상 2선식의 몇 배인가?

① 0.25
② 0.5
③ 0.75
④ 1.33

해설 전선의 중량비
송전전력, 선간전압, 부하역률, 전력손실 및 송전거리 등의 조건이 동일한 경우 전선량 비교표(단상 2선식 기준)

단상 2선식	1
단상 3선식	$\frac{3}{8} = 0.375$
3상 3선식	$\frac{3}{4} = 0.75$
3상 4선식	$\frac{1}{3} = 0.33$

| 정답 | 13 ③ 14 ④ 15 ④ 16 ③

17

한류 리액터를 사용하는 가장 큰 목적은?

① 충전 전류의 제한
② 접지 전류의 제한
③ 누설 전류의 제한
④ 단락 전류의 제한

해설

한류 리액터는 계통에 직렬로 설치되는 리액터로서
$I_s = \dfrac{100}{\%Z} I_n [\text{A}]$ 에서
분모의 %임피던스값을 증가시켜 단락전류를 제한하는 역할을 한다.

18

수력 발전에서 흡출관이 필요하지 않는 수차는?

① 펠톤수차
② 카플란수차
③ 프로펠러수차
④ 프란시스수차

해설

펠톤수차는 충동수차로 흡출관이 반드시 필요하지는 않다.
카플란수차, 프란시스수차는 반동수차로 흡출관이 반드시 필요하다.

19

보호 계전기와 그 사용 목적이 잘못된 것은?

① 비율 차동 계전기: 발전기 내부 단락 검출용
② 전압 평형 계전기: 발전기 출력 측 PT 퓨즈 단선에 의한 오작동 방지
③ 역상 과전류 계전기: 발전기 부하 불평형 회전자 과열 소손
④ 과전압 계전기: 과부하 단락 사고

해설

- 과전압 계전기(OVR)는 모선전압의 과전압으로부터 기기를 보호하기 위한 계전기이다.
- 과전류 계전기(OCR)는 부하측에서 단락사고 또는 과부하가 발생할 경우 기기를 보호하기 위한 계전기이다.

20

화력 발전소에서 석탄 1[kg]으로 발생할 수 있는 전력량은 약 몇 [kWh]인가?(단, 석탄의 발열량은 5,000[kcal/kg], 발전소의 효율은 40[%]이다.)

① 2.0
② 2.3
③ 4.7
④ 5.8

해설

발전소의 효율 $\eta = \dfrac{860 W}{BH}$ 에서

$W = \dfrac{\eta \times BH}{860} = \dfrac{0.4 \times 1 \times 5,000}{860} = 2.33 [\text{kWh}]$

(단, W: 전력량[kWh], B: 석탄의 양[kg], H: 발열량[kcal/kg], η: 효율)

정답 | 17 ④ 18 ① 19 ④ 20 ②

2023년 1회

01

각 수용가의 수용설비용량이 $50[kW]$, $100[kW]$, $80[kW]$, $60[kW]$, $150[kW]$이며, 각각의 수용률이 0.6, 0.6, 0.5, 0.5, 0.4일 때 부하의 부등률이 1.3이라면 변압기 용량은 약 몇 $[kVA]$가 필요한가?(단, 수용설비의 역률은 80%이다.)

① 142 ② 165
③ 183 ④ 212

해설 변압기 용량
$$P = \frac{(50 \times 0.6 + 100 \times 0.6 + 80 \times 0.5 + 60 \times 0.5 + 150 \times 0.4)}{1.3 \times 0.8}[kVA]$$
$= 211.5[kVA]$

02

옥내 배선 공사에서 간선(도체)의 굵기를 결정하기 위해서 고려할 사항이 아닌 것은?

① 허용 전류 ② 기계적 강도
③ 전선의 길이 ④ 전압 강하

해설 전선 굵기 결정 시 고려 사항
- 허용 전류
- 전압 강하
- 기계적 강도

03

다음 중 송·배전 선로의 진동 방지 대책에 사용되지 않는 기구에 해당되는 것은?

① 댐퍼 ② 죔임쇠
③ 클램프 ④ 아머로드

해설
송·배전 선로의 진동 방지 장치에는 댐퍼, 아머로드, 프리센터형 현수 클램프 등이 있다.

04

유효 낙차 $30[m]$, 출력 $2,000[kW]$의 수차 발전기를 전부하로 운전하는 경우 1시간당 사용 수량은 약 몇 $[m^3]$인가? (단, 수차 및 발전기의 효율은 각각 $95[\%]$, $82[\%]$로 한다.)

① 15,500 ② 22,500
③ 25,500 ④ 31,500

해설
$P = 9.8QH\eta[kW]$에서
$Q = \frac{P}{9.8H\eta} = \frac{2,000}{9.8 \times 30 \times 0.95 \times 0.82} = 8.73[m^3/\sec]$
$\therefore Q[m^3/h] = 8.73 \times 60 \times 60 = 31,428[m^3/h]$

05

전력선과 통신선과의 상호 인덕턴스에 의하여 발생되는 유도 장해는?

① 전력 유도 장해 ② 전자 유도 장해
③ 정전 유도 장해 ④ 고조파 유도 장해

해설
- 전자 유도 장해: 전력선과 통신선 간의 상호 인덕턴스에 의한 영상 전류가 원인
  전자 유도 전압 $E_m = -j\omega Ml(3I_0)[V]$ (여기서, M: 상호 인덕턴스)
- 정전 유도 장해: 전력선과 통신선 간의 상호 정전 용량에 의한 영상 전압이 원인

| 정답 | 01 ④ 02 ③ 03 ② 04 ④ 05 ② |

06

서울과 같이 부하밀도가 큰 지역에서는 일반적으로 변전소의 수와 배전거리를 어떻게 결정하는 것이 좋은가?

① 변전소의 수는 적게, 배전거리는 길게 결정한다.
② 변전소의 수는 많게, 배전거리는 짧게 결정한다.
③ 변전소의 수는 적게, 배전거리는 짧게 결정한다.
④ 변전소의 수는 많게, 배전거리는 길게 결정한다.

해설

배전거리가 늘어날수록 전력 손실이 증가한다. 또한, 곳곳에 알맞은 전력을 보내기 위해서는 변전소의 수는 증가하는 것이 좋다. 따라서 변전소의 수를 증가시키고, 배전거리를 짧게 결정한다.

07

어떤 발전소에서 발열량 $5,000[\text{kcal/kg}]$의 석탄 $15[\text{ton}]$을 사용하여 $40,000[\text{kWh}]$의 전력을 발생하였을 경우 이 발전소의 열효율은 약 몇 [%]인가?

① 23.5
② 34.4
③ 45.9
④ 53.4

해설

열효율 $\eta = \dfrac{860W}{mH} \times 100[\%] = \dfrac{860 \times 40,000}{15 \times 10^3 \times 5,000} \times 100 = 45.9[\%]$

(여기서, W: 발전 전력량[kWh], m: 연료량[kg], H: 발열량[kcal/kg])

08

송전 선로에서 코로나 임계 전압이 높아지는 경우는?

① 기압이 낮은 경우
② 온도가 높아지는 경우
③ 전선의 지름이 큰 경우
④ 상대 공기 밀도가 작은 경우

해설

코로나가 발생하는 임계 전압 $E_0 = 24.3 m_0 m_1 \delta d \log_{10} \dfrac{D}{r} [\text{kV}]$에서 코로나 임계 전압을 높이는 가장 유효한 방법은 전선의 지름(d)을 크게 하는 방법이다. 이 방법에는 굵은 전선 사용, 다도체(복도체)의 사용이 있다. 상대 공기 밀도($\delta = \dfrac{0.386b}{273+t}$, 여기서 b: 기압[mmHg], t: 온도[℃])가 커져야 임계 전압이 높아진다.

09

임피던스 Z_1, Z_2 및 Z_3을 그림과 같이 접속한 선로의 A쪽에서 전압파 E가 진행해 왔을 때 접속점 B에서 무반사로 되기 위한 조건은?

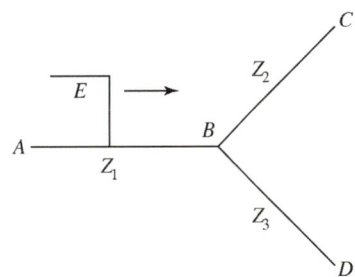

① $Z_1 = Z_2 + Z_3$
② $\dfrac{1}{Z_1} = \dfrac{1}{Z_3} - \dfrac{1}{Z_2}$
③ $\dfrac{1}{Z_1} = \dfrac{1}{Z_2} + \dfrac{1}{Z_3}$
④ $\dfrac{1}{Z_1} = -\dfrac{1}{Z_2} - \dfrac{1}{Z_3}$

해설

무반사로 되기 위해서는 AB 구간의 임피던스값과 BC, BD구간의 병렬 합성 임피던스값이 같아야 한다.

$Z_1 = \dfrac{Z_2 Z_3}{Z_2 + Z_3}$

이 식을 좌변과 우변 모두 역수를 취해 정리하면

$\dfrac{1}{Z_1} = \dfrac{Z_2 + Z_3}{Z_2 Z_3} \Rightarrow \dfrac{1}{Z_1} = \dfrac{1}{Z_2} + \dfrac{1}{Z_3}$

| 정답 | 06 ② 07 ③ 08 ③ 09 ③

10

그림과 같은 선로에서 점 F에서의 1선 지락이 발생한 경우 영상 임피던스는?

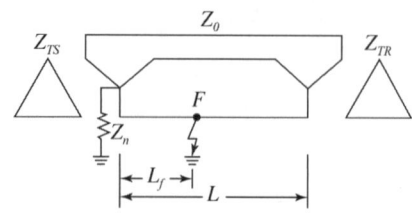

① $Z_{TS} + Z_n + 3Z_0$
② $Z_{TS} + 3Z_n + Z_0$
③ $Z_{TS} + Z_n + Z_0 \dfrac{L_f}{L}$
④ $Z_{TS} + 3Z_n + Z_0 \dfrac{L_f}{L}$

해설 영상 전류의 성질
- 영상분은 변압기 Δ 결선 내부에서 순환하여 소멸하고 비접지 회로에는 흐를 수 없다.
- 접지 임피던스에는 영상 전류가 3배 흐르므로 접지 임피던스값을 3배로 한다.
- 선로 전체 길이 L 중에서 지락 고장점이 L_f지점에서 발생하였으므로 이를 감안한다.

위 내용을 주어진 회로에 적용하여 영상 임피던스를 구하면

$Z = Z_{TS} + 3Z_n + Z_0 \times \dfrac{L_f}{L} \, [\Omega]$

12

그림과 같은 수전단의 전력원선도가 있다. 부하 직선을 참고하여 전압 조정을 위한 조상설비가 없어도 정전압 운전이 가능한 부하전력은 대략 어느정도일 때인가?

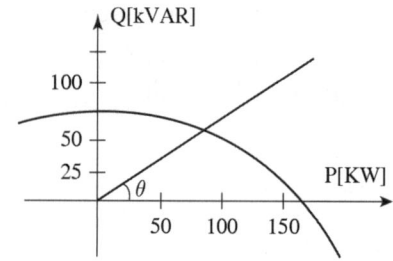

① 무부하 일 때
② 50[kW] 일 때
③ 100[kW] 일 때
④ 150[kW] 일 때

해설
조상설비가 없어도 정전압 운전이 가능한 부하전력은 전력원선도와 부하곡선이 만나는 점에서의 유효전력값이다. 따라서 그림상에서 전력원선도와 부하곡선이 만나는 점에서의 유효전력은 약 100[kW], 무효전력은 약 50[kVar]이다.

11

과전류 계전기의 탭값은 무엇으로 표시되는가?

① 변류기의 권수비
② 계전기의 동작 시한
③ 계전기의 최대 부하 전류
④ 계전기의 최소 동작 전류

해설
과전류 계전기는 고장 발생 시 신속하게 동작해야 하므로 최소 동작 전류에 탭값을 조정한다.

| 정답 | 10 ④ 11 ④ 12 ③

13

차단기와 비교하여 전력 퓨즈에 대한 설명으로 적합하지 않은 것은?

① 가격이 저렴하다.
② 보수가 간단하다.
③ 고속 차단을 할 수 있다.
④ 재투입을 할 수 있다.

해설 전력 퓨즈(PF)의 특징
- 소형, 경량이다.
- 차단 용량이 크다.
- 유지 보수가 용이하다.
- 재투입이 불가하다.
- 과도 전류에 용단되기 쉽다.
- 가격이 저렴하다.
- 고속차단이 가능하다.

14

$154[\text{kV}]$ 송전 선로에 10개의 현수 애자가 연결되어 있다. 다음 중 전압 분담이 가장 적은 것은?(단, 애자는 같은 간격으로 설치되어 있다.)

① 철탑에서 가장 가까운 것
② 철탑에서 3번째에 있는 것
③ 전선에서 가장 가까운 것
④ 전선에서 3번째에 있는 것

해설

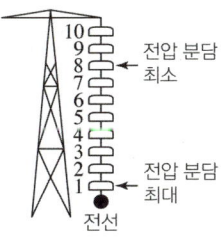

- 전압 분담이 가장 큰 애자: 전선에서 가장 가까운 애자
- 전압 분담이 가장 적은 애자: 전선에서 8번째 애자 또는 철탑에서 3번째 애자

15

전선의 자체 중량과 빙설의 종합 하중을 W_1, 풍압 하중을 W_2라 할 때 합성 하중은?

① $W_1 + W_2$
② $W_1 - W_2$
③ $\sqrt{W_1 - W_2}$
④ $\sqrt{W_1^2 + W_2^2}$

해설

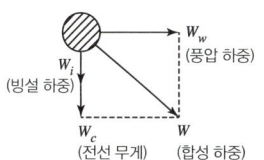

합성 하중 $W = \sqrt{W_1^2 + W_2^2}$
(여기서, $W_1 = W_c + W_i$, $W_2 = W_w$)

16

교류 송전에서는 송전 거리가 멀어질수록 동일 전압에서의 송전 가능 전력이 적어진다. 그 이유는 무엇인가?

① 표피 효과가 커지기 때문이다.
② 코로나 손실이 증가하기 때문이다.
③ 선로의 어드미턴스가 커지기 때문이다.
④ 선로의 유도성 리액턴스가 커지기 때문이다.

해설

인덕턴스 $L = 0.05 + 0.4605\log_{10}\dfrac{D}{r}[\text{mH}/\text{km}]$에서 송전 거리가 멀어질수록 인덕턴스가 증가하여 선로의 유도성 리액턴스가 커진다. 송전 전력식 $P = \dfrac{V_s V_r}{X}\sin\delta[\text{MW}]$에서 선로의 유도성 리액턴스($X$)가 커지게 되면 송전 가능 전력($P$)은 적어진다.

| 정답 | 13 ④ 14 ② 15 ④ 16 ④

17

어느 일정한 방향으로 일정한 크기 이상의 단락 전류가 흘렀을 때 동작하는 보호 계전기의 약어는?

① ZR
② UFR
③ OVR
④ DOCR

해설

DOCR(방향 과전류 계전기)은 어느 일정한 방향으로 일정한 크기 이상의 단락 전류가 흘렀을 때 동작하는 계전기이다.

18

보호 계전기 동작 속도에 관한 사항으로 한시 특성 중 반한시형을 바르게 설명한 것은?

① 입력 크기에 관계없이 정해진 한시에 동작하는 것
② 입력이 커질수록 짧은 한시에 동작하는 것
③ 일정 입력(200[%])에서 0.2[초] 이내로 동작하는 것
④ 일정 입력(200[%])에서 0.04[초] 이내로 동작하는 것

해설 보호 계전기의 동작 시간에 따른 종류

- 순한시(순시) 계전기: 최소 동작 전류 이상이 흐르면 전류의 크기에 관계없이 즉시 동작하는 것
- 정한시 계전기: 최소 동작 전류 이상이 흐르면 전류의 크기에 관계없이 일정한 시간이 지난 후 동작하는 것
- 반한시 계전기: 동작 시간이 전류값의 크기에 따라 변하는 것으로 전류값이 클수록 빠르게 동작하고 반대로 전류값이 작아질수록 느리게 동작하는 것
- 반한시성 정한시 계전기: 반한시 계전기와 정한시 계전기를 조합한 것으로 어느 전류값까지는 반한시성이지만 그 이상이 되면 정한시로 동작하는 것

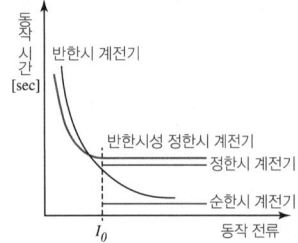

19

다음 중 배전 선로의 부하율이 F일 때 손실 계수 H와의 관계로 옳은 것은?

① $H = F$
② $H = \dfrac{1}{F}$
③ $H = F^3$
④ $0 \leq F^2 \leq H \leq F \leq 1$

해설

배전 선로에서 부하율(F)과 손실 계수(H)의 관계는 다음과 같다.
$0 \leq F^2 \leq H \leq F \leq 1$

관련개념

손실 계수 $H = \alpha F + (1-\alpha)F^2$ (손실 정수 $\alpha = 0.1 \sim 0.4$)

$\left(\because \text{손실 계수 } H = \dfrac{\text{평균 손실 전력}}{\text{최대 손실 전력}} \right)$

20

우리나라의 화력 발전소에서 가장 많이 사용되고 있는 복수기는?

① 분사 복수기
② 방사 복수기
③ 표면 복수기
④ 증발 복수기

해설

우리나라에서 가장 널리 쓰이는 복수기는 표면 복수기이다. 증기관을 설치하고 이 증기관에 냉각수를 접촉시켜 복수시키는 방식으로 해안가 근처에 발전소를 건설하여 바닷물을 냉각수로 사용한다.

2023년 2회

01

그림과 같이 일직선 배치로 완전 연가한 경우의 등가 선간 거리는?

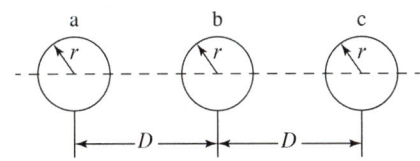

① $\sqrt{D}$
② $\sqrt{2}\,D$
③ $\sqrt[3]{2}\,D$
④ $\sqrt[3]{3}\,D$

해설

등가 선간 거리 $D_e = \sqrt[3]{D_1 \times D_2 \times D_3} = \sqrt[3]{D \times D \times 2D} = \sqrt[3]{2}\,D$

02

경간 $200[\mathrm{m}]$, 장력 $1,000[\mathrm{kg}]$, 하중 $2[\mathrm{kg/m}]$인 가공 전선의 이도(Dip)는 몇 $[\mathrm{m}]$인가?

① 10
② 11
③ 12
④ 13

해설

이도 $D = \dfrac{WS^2}{8T} = \dfrac{2 \times 200^2}{8 \times 1,000} = 10[\mathrm{m}]$

03

어떤 화력 발전소의 증기 조건이 고온원 $540[℃]$, 저온원 $30[℃]$일 때 이 온도 간에서 움직이는 카르노 사이클의 이론 열효율[%]은?

① 85.2
② 80.5
③ 75.3
④ 62.7

해설

카르노 사이클의 열효율

: $\eta = 1 - \dfrac{T_C}{T_H}$ (T_C: 저온 켈빈 온도[K], T_H: 고온 켈빈 온도[K])

$\eta = 1 - \dfrac{273+30}{273+540} = 0.627 (\therefore 62.7[\%])$

04

그림과 같은 회로의 일반 회로 정수가 아닌 것은?

① $B = Z+1$
② $A = 1$
③ $C = 0$
④ $D = 1$

해설 직렬 임피던스 회로

$\begin{bmatrix} A & B \\ C & D \end{bmatrix} = \begin{bmatrix} 1 & Z \\ 0 & 1 \end{bmatrix}$

| 정답 | 01 ③ 02 ① 03 ④ 04 ①

05

그림과 같은 전력 계통에서 A점에 설치된 차단기의 단락 용량은 몇 [MVA]인가?(단, 각 기기의 리액턴스는 발전기 $G_1 = G_2 = 15[\%]$(정격 용량 15[MVA] 기준), 변압기 8[%](정격 용량 20[MVA] 기준), 송전선 11[%](정격 용량 10[MVA] 기준)이며, 기타 다른 정수는 무시한다.)

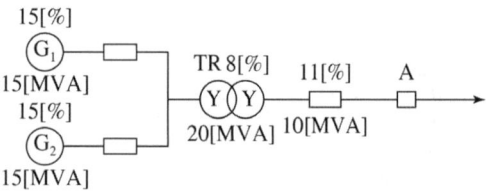

① 20 ② 30
③ 40 ④ 50

해설

15[MVA](발전기 용량) 기준의 각각의 %리액턴스

$\%X_{G_1} = X_{G_2} = 15[\%]$

$\%X_T = 8 \times \dfrac{15}{20} = 6[\%]$

$\%X_L = 11 \times \dfrac{15}{10} = 16.5[\%]$

고장점 A에서의 합성 %리액턴스

$\%X = \dfrac{15 \times 15}{15+15} + 6 + 16.5 = 30[\%]$

∴ 단락 용량 $P_s = \dfrac{100}{\%X}P_n = \dfrac{100}{30} \times 15 = 50[\text{MVA}]$

06

다음 (㉮), (㉯), (㉰)에 들어갈 내용으로 옳은 것은?

> 원자력이란 일반적으로 무거운 원자핵이 핵분열하여 가벼운 핵으로 바뀌면서 발생하는 핵분열 에너지를 이용하는 것이고, (㉮) 발전은 가벼운 원자핵을(과) (㉯)하여 무거운 핵으로 바꾸면서 (㉰) 전후의 질량 결손에 해당하는 방출 에너지를 이용하는 방식이다.

① ㉮ 원자핵 융합 ㉯ 융합 ㉰ 결합
② ㉮ 핵결합   ㉯ 반응 ㉰ 융합
③ ㉮ 핵융합   ㉯ 융합 ㉰ 핵반응
④ ㉮ 핵반응   ㉯ 반응 ㉰ 결합

해설 핵융합 발전

- 중수소를 결합하여 헬륨으로 바꾸면서 열에너지를 방출한다.
- 핵융합 발전은 가벼운 원자핵을 융합하여 무거운 핵으로 바꾸면서 핵반응 전후의 질량 결손에 해당하는 방출에너지를 이용한다.

07

보호 계전기와 그 사용 목적이 잘못된 것은?

① 비율 차동 계전기: 발전기 내부 단락 검출용
② 전압 평형 계전기: 발전기 출력 측 PT 퓨즈 단선에 의한 오작동 방지
③ 역상 과전류 계전기: 발전기 부하 불평형 회전자 과열 소손
④ 과전압 계전기: 과부하 단락 사고

해설

- 단락 시 과전압은 발생하지 않는다.
- 과전류 계전기(OCR): 과부하 및 단락 사고 보호

| 정답 | 05 ④ 06 ③ 07 ④

08

부하 전류가 흐르는 전로는 개폐할 수 없으나 기기의 점검이나 수리를 위하여 회로를 분리하거나 계통의 접속을 바꾸는 데 사용하는 것은?

① 차단기
② 단로기
③ 전력용 퓨즈
④ 부하 개폐기

해설 단로기(DS)의 특징
- 소호 장치가 없다.
- 무부하 상태에서 개폐 가능하므로 계통의 점검이나 분리 및 변경에 적용된다.

09

송전 용량이 증가함에 따라 송전선의 단락 및 지락 전류도 증가하여 계통에 여러 가지 장해 요인이 되고 있다. 이들의 경감 대책으로 적합하지 않은 것은?

① 계통의 전압을 높인다.
② 고장 시 모선 분리 방식을 채용한다.
③ 발전기와 변압기의 임피던스를 작게 한다.
④ 송전선 또는 모선 간에 한류 리액터를 삽입한다.

해설
단락 용량($P_s = \dfrac{100}{\%Z} P_n$)을 감소시키려면
- 계통을 분리한다.
- 한류 리액터를 설치하여 임피던스를 크게 한다.

10

유수(流水)가 갖는 에너지가 아닌 것은?

① 위치 에너지
② 수력 에너지
③ 속도 에너지
④ 압력 에너지

해설 유수 에너지의 종류
- 위치 에너지: $h\,[\mathrm{m}]$
- 압력 에너지: $\dfrac{p}{\omega}\,[\mathrm{m}]$
- 속도 에너지: $\dfrac{v^2}{2g}\,[\mathrm{m}]$

11

조상설비가 아닌 것은?

① 정지형 무효 전력 보상 장치
② 자동 고장 구분 개폐기
③ 전력용 콘덴서
④ 분로 리액터

해설
조상설비는 무효 전력을 공급하거나 흡수하는 설비로 동기 조상기, 분로 리액터, 전력용 콘덴서, 정지형 무효 전력 보상 장치(SVC) 등이 있다.
② 자동 고장 구분 개폐기는 배전 계통 보호 장치에 속한다.

| 정답 | 08 ② 09 ③ 10 ② 11 ②

12

코로나 현상에 대한 설명이 아닌 것은?

① 전선을 부식시킨다.
② 코로나 현상은 전력의 손실을 일으킨다.
③ 코로나 방전에 의하여 전파 장해가 일어난다.
④ 코로나 손실은 전원 주파수의 $\frac{2}{3}$ 제곱에 비례한다.

해설
코로나 손실(P)은 주파수에 비례한다.
$P = \frac{241}{\delta}(f+25)\sqrt{\frac{d}{2D}}(E-E_0)^2 \times 10^{-5} [\text{kW/km/line}]$

13

피뢰기의 구비 조건이 아닌 것은?

① 상용 주파 방전 개시 전압이 낮을 것
② 충격 방전 개시 전압이 낮을 것
③ 속류 차단 능력이 클 것
④ 제한 전압이 낮을 것

해설 피뢰기의 구비 조건
• 충격 방전 개시 전압이 낮을 것
• 상용 주파 방전 개시 전압이 높을 것
• 제한 전압이 낮을 것
• 속류 차단 능력이 우수하고 방전 내량이 클 것

14

전원이 양단에 있는 환상 선로의 단락 보호에 사용되는 계전기는?

① 방향 거리 계전기
② 부족 전압 계전기
③ 선택 접지 계전기
④ 부족 전류 계전기

해설
방향 거리 계전기는 주로 전원이 2개소 이상인 환상 선로의 단락 보호용으로 사용된다.

15

그림과 같은 회로의 영상, 정상, 역상 임피던스 Z_0, Z_1, Z_2는?

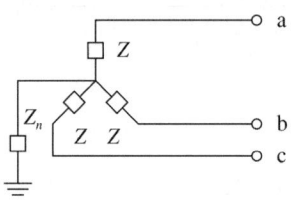

① $Z_0 = Z + 3Z_n$, $Z_1 = Z_2 = Z$
② $Z_0 = 3Z_n$, $Z_1 = Z$, $Z_2 = 3Z$
③ $Z_0 = 3Z + Z_n$, $Z_1 = 3Z$, $Z_2 = Z$
④ $Z_0 = Z + Z_n$, $Z_1 = Z_2 = Z + 3Z_n$

해설
• 영상 임피던스(접지 회로 포함): $Z_0 = Z + 3Z_n$ (접지 임피던스×3)
• 정상, 역상 임피던스(접지 회로 제외): $Z_1 = Z_2 = Z$

16

전원 전압 $6,600[\text{V}]$, 1선의 저항 $3[\Omega]$, 리액턴스 $4[\Omega]$의 단상 2선식 전선로의 중간 지점에서 단락한 경우, 단락 용량은 약 몇 $[\text{MVA}]$인가?(단, 전원 임피던스는 무시한다.)

① 6.4 ② 6.7
③ 7.4 ④ 8.7

해설
단락 용량 $P_s = EI_s$에서 I_s를 구하면
$I_s = \frac{E}{Z} = \frac{6,600}{3+j4} = \frac{6,600}{\sqrt{3^2+4^2}} = 1,320[\text{A}]$
$\therefore P_s = 6,600 \times 1,320 \times 10^{-6} [\text{MVA}] = 8.7[\text{MVA}]$

| 정답 | 12 ④ 13 ① 14 ① 15 ① 16 ④

17

전력 계통의 안정도 향상 방법이 아닌 것은?

① 선로 및 기기의 리액턴스를 낮게 한다.
② 고속도 재폐로 차단기를 채용한다.
③ 중성점 직접 접지방식을 채용한다.
④ 고속도 AVR을 채용한다.

해설 안정도 향상 대책
- 리액턴스를 적게 한다.
  - 복도체 또는 다도체 채용
  - 직렬 콘덴서 설치
  - 발전기나 변압기의 리액턴스 감소
  - 선로의 병렬 회선 수 증가
- 전압 변동을 적게 한다.
  - 중간 조상 방식 채용
  - 고장 구간을 신속히 차단
  - 고속도 계전기, 고속도 차단기 설치
  - 속응 여자 방식 채용
- 계통에 충격을 주지 말아야 한다.
  - 제동 저항기 설치
  - 단락비를 크게 함

직접 접지방식은 지락 사고 시 지락 전류(I_g)가 커서 계통의 안정도가 나빠진다.

18

송전 선로의 중성점을 접지하는 목적이 아닌 것은?

① 송전 용량의 증가
② 과도 안정도의 증진
③ 이상 전압 발생의 억제
④ 보호 계전기의 신속, 확실한 동작

해설 중성점 접지 목적
- 1선 지락 사고 시 건전상 대지 전위 상승 억제
- 보호 계전기의 신속, 확실한 동작
- 과도 안정도의 증진
- 이상 전압 발생 방지

19

송전 선로의 정상 임피던스를 Z_1, 역상 임피던스를 Z_2, 영상 임피던스를 Z_0라 할 때 옳은 것은?

① $Z_1 = Z_2 = Z_0$
② $Z_1 = Z_2 < Z_0$
③ $Z_1 > Z_2 = Z_0$
④ $Z_1 < Z_2 = Z_0$

해설
- 송전 선로: $Z_0 > Z_1 = Z_2$
- 변압기: $Z_0 = Z_1 = Z_2$

20

영상 변류기를 사용하는 계전기는?

① 과전류 계전기
② 과전압 계전기
③ 부족 전압 계전기
④ 선택 지락 계전기

해설
영상 변류기(ZCT)는 영상 전류를 검출하여 지락 계전기(GR) 또는 선택 지락 계전기(SGR)를 동작시킨다.

| 정답 | 17 ③ | 18 ① | 19 ② | 20 ④ |

2023년 3회

01

차단기의 정격 투입 전류란 투입되는 전류의 최초 주파수의 어느 값을 말하는가?

① 평균값
② 최댓값
③ 실횻값
④ 직류값

해설 | 정격 투입 전류

차단기의 투입 전류의 최초 주파수의 최댓값으로 표시되며 크기는 정격 차단 전류(실횻값)의 2.5배를 표준으로 한다.

02

동작 시간에 따른 보호 계전기의 분류와 설명이 옳지 않은 것은?

① 순한시 계전기는 설정된 최소 작동 전류 이상의 전류가 흐르면 즉시 작동하는 것으로 한도를 넘은 양과는 관계가 없다.
② 반한시 계전기는 작동 시간이 전류값의 크기에 따라 변하는 것으로 전류값이 클수록 느리게 동작하고 반대로 전류값이 작아질수록 빠르게 작동하는 계전기이다.
③ 정한시 계전기는 설정된 값 이상의 전류가 흘렀을 때 작동 전류의 크기와는 관계없이 항상 일정한 시간 후에 작동하는 계전기이다.
④ 반한시성 정한시 계전기는 어느 전류값까지는 반한시성이지만 그 이상이 되면 정한시로 작동하는 계전기이다.

해설

반한시 계전기는 동작 전류가 작을 때에는 늦게 동작했다가 동작 전류가 클 때는 빨리 동작하는 특성을 가지는 계전기이다.

03

단로기의 사용 목적으로 옳은 것은?

① 부하의 차단
② 과전류의 차단
③ 단락 사고의 차단
④ 무부하 선로의 개폐

해설

단로기는 소호 장치가 없으므로 전류가 흐르지 않는 상태(무부하 선로)에서의 회로 개폐만이 가능하다.

04

가공 송전 선로에서 총 단면적이 같은 경우 단도체와 비교하여 복도체의 장점이 아닌 것은?

① 안정도를 증대시킬 수 있다.
② 공사비가 저렴하고 시공이 간편하다.
③ 전선 표면 전위 경도를 감소시켜 코로나 임계 전압이 높아진다.
④ 선로의 인덕턴스가 감소되고 정전 용량이 증가해서 송전 용량이 증대된다.

해설 | 복도체의 장점

• 코로나 방지(주된 목적)
  – 전선 표면의 전위 경도 감소
  – 코로나 임계 전압 상승
• 안정도 증대
• 송전 용량 증대

복도체는 소도체를 2개 이상으로 만든 전선으로서 공사비가 증가하고 부속 장치인 스페이서를 부착하므로 시공이 어렵다.

| 정답 | 01 ② 02 ② 03 ④ 04 ②

05

수용 설비 각각의 최대 수용 전력의 합[kW]을 합성 최대 수용 전력[kW]으로 나눈 값은?

① 부하율
② 수용률
③ 부등률
④ 역률

해설

- 부등률 = $\dfrac{\text{각 개별 수용가 최대 전력의 합}}{\text{합성 최대 수용 전력}} \geq 1$
- 부등률의 의미: 부하의 최대 수용 전력의 발생 시간이 서로 다른 정도

06

진공 차단기의 특징이 아닌 것은?

① 전류 재단 현상이 있어 개폐 서지가 작다.
② 접점 소모가 적어 수명이 길다.
③ 화재 및 폭발의 위험이 없다.
④ 고속도 차단 성능이 우수하다.

해설

진공 차단기(VCB)는 차단 성능이 우수하여 전류가 0점이 되기 전에 전류를 차단시키는 전류 재단 현상으로 인한 개폐 서지를 크게 발생시킨다. 따라서 진공 차단기 2차 측에 반드시 서지 흡수기(SA)를 설치한다.

07

일반적으로 부하의 역률을 저하시키는 원인은?

① 전등의 과부하
② 선로의 충전 전류
③ 유도 전동기의 경부하 운전
④ 동기 전동기의 중부하 운전

해설

역률이 저하되는 원인은 유도성 부하에 의한 지상 전류 때문이다. 특히 유도 전동기를 경부하 운전할 경우에 가장 역률 저하가 심하다.

08

화력 발전소에서 열 사이클의 효율 향상을 위한 방법이 아닌 것은?

① 조속기의 설치
② 재생, 재열 사이클의 채용
③ 절탄기, 공기 예열기의 설치
④ 고압, 고온 증기의 채용과 과열기의 설치

해설

조속기는 발전기 및 수차(터빈)의 회전수를 자동으로 조정해 주는 속도(주파수) 조정 장치이다.

09

저압 뱅킹 배전 방식에서 캐스케이딩이란?

① 변압기의 전압 배분을 자동으로 하는 것
② 수전단 전압이 송전단 전압보다 높아지는 현상
③ 저압선에 고장이 생기면 건전한 변압기의 일부 또는 전부가 연쇄적으로 차단되는 현상
④ 전압 동요가 일어나면 연쇄적으로 파도치는 현상

해설 캐스케이딩

저압선의 고장 사고가 다른 건전한 변압기의 일부나 전체 선로에 파급되는 현상

| 정답 | 05 ③　06 ①　07 ③　08 ①　09 ③

10

출력 $185,000[\text{kW}]$의 화력 발전소에 매시간 $140[\text{t}]$의 석탄을 사용한다고 한다. 이 발전소의 열효율은 약 몇 [%]인가?(단, 사용하는 석탄의 발열량은 $4,000[\text{kcal/kg}]$이다.)

① 28.4 ② 30.7
③ 32.6 ④ 34.5

해설

$$\eta = \frac{860\,W}{m\,H} \times 100 = \frac{860 \times 185,000 \times 1}{140 \times 10^3 \times 4,000} \times 100 = 28.4[\%]$$

(여기서, m: 연료량[kg], H: 발열량[kcal/kg], W: 출력량[kWh])

11

통신선과 병행인 $60[\text{Hz}]$의 3상 1회선 송전선에서 1선 지락으로 $110[\text{A}]$의 영상 전류가 흐르고 있을 때 통신선에 유기되는 전자 유도 전압은 약 몇 [V]인가?(단, 영상 전류는 송전선 전체에 걸쳐 같은 크기이고, 통신선과 송전선의 상호 인덕턴스는 $0.05[\text{mH/km}]$, 양 선로의 평행 길이는 $55[\text{km}]$이다.)

① 252 ② 293
③ 342 ④ 365

해설 전자 유도 전압

$$E_m = -j\omega Ml(3I_0)$$
$$= -j2\pi \times 60 \times 0.05 \times 10^{-3} \times 55 \times 3 \times 110$$
$$= -j342.12[\text{V}]$$
$$\therefore |E_m| = 342.12[\text{V}]$$

12

전력선과 통신선 간의 상호 정전 용량 및 상호 인덕턴스에 의해 발생되는 유도 장해로 옳은 것은?

① 정전 유도 장해 및 전자 유도 장해
② 전력 유도 장해 및 정전 유도 장해
③ 정전 유도 장해 및 고조파 유도 장해
④ 전자 유도 장해 및 고조파 유도 장해

해설

- 정전 유도 장해: 전력선과 통신선 간의 상호 정전 용량에 의해 발생
- 전자 유도 장해: 전력선과 통신선 간의 상호 인덕턴스에 의해 발생

13

다음의 보기 중에서 특유 속도가 가장 낮은 수차는?

① 펠턴 수차
② 사류 수차
③ 프로펠라 수차
④ 프란시스 수차

해설

특유 속도 $N_s = N\dfrac{P^{\frac{1}{2}}}{H^{\frac{5}{4}}}[\text{rpm}]$(단, H: 낙차[m], P: 출력[kW])

에서 특유 속도는 유효 낙차와 반비례의 관계에 있으므로 고낙차에 적용하는 펠턴 수차($300 \sim 1,800[\text{m}]$)가 가장 특유 속도가 낮다.

| 정답 | 10 ① | 11 ③ | 12 ① | 13 ① |

14

그림과 같은 단상 2선식 배선에서 급전점의 전압이 220[V]일 때 A점과 B점의 전압[V]은 얼마인가?(단, 저항값은 1선당 저항값이다.)

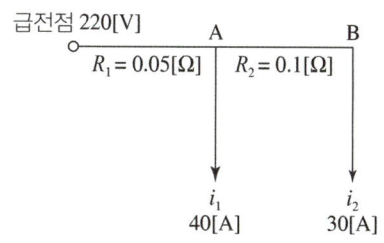

① 211, 205
② 215, 209
③ 213, 207
④ 209, 203

해설

A점의 전압 $V_A = V - 2IR = V - 2(i_1 + i_2)R_1$
$= 220 - 2 \times (40+30) \times 0.05 = 213[V]$

B점의 전압 $V_B = V_A - 2IR = V_A - 2i_2R_2$
$= 213 - 2 \times 30 \times 0.1 = 207[V]$

15

가공선 계통을 지중선 계통과 비교할 때 인덕턴스 및 정전 용량은 어떠한가?

① 인덕턴스, 정전 용량이 모두 작다.
② 인덕턴스, 정전 용량이 모두 크다.
③ 인덕턴스는 크고, 정전 용량은 작다.
④ 인덕턴스는 작고, 정전 용량은 크다.

해설 선로의 인덕턴스 및 정전 용량 관계식

- $L = 0.05 + 0.4605 \log_{10} \dfrac{D}{r}$ [mH/km]
- $C = \dfrac{0.02413}{\log_{10} \dfrac{D}{r}}$ [μF/km]

가공 선로는 지중 선로에 비하여 선간 거리 D[m]가 크므로 인덕턴스는 증가하고 정전 용량은 감소한다.

16

배전 선로에서 전압 강하를 보상하기 위하여 일반적으로 정격 1차 전압의 10[%] 범위 내에서 전압 조정을 하고 있다. 전압 조정 방법으로 틀린 것은?

① 배전 선로에서 모선을 일괄 조정
② 배전용 변압기를 V 결선하여 조정
③ 배전용 변압기에서 주상 변압기의 탭 조정
④ 배전용 변전소의 주변압기 부하 시 탭 조정

해설 배전 선로의 전압 조정 방법

- 배전 선로의 모선 일괄 조정 방식
- 배전용 주상 변압기의 탭 조정 방식
- 배전 변전소의 주변압기 부하 시 탭 조정 방식

단상 변압기 3대로 Δ 결선 운전 중 1대 고장 시 나머지 2대로 V 결선하여 3상 전원을 지속 공급하는 것이다.

17

차단기의 동작 책무에 의한 차단기를 재투입할 경우 전자 또는 기계력에 의한 반발력을 견뎌야 한다. 차단기의 정격 투입 전류는 정격 차단 전류의 몇 배 이상을 선정하여야 하는가?

① 1.2
② 1.5
③ 2.2
④ 2.5

해설

차단기의 정격 투입 전류란 차단기를 투입할 때의 최초 주파수의 최댓값이다. 보통 정격 차단 전류(실횻값)의 2.5배 이상으로 한다.

18

송전 계통의 중성점을 직접 접지하는 방식의 특징이 아닌 것은?

① 계통의 과도 안정도가 좋아짐
② 대지 전위 상승을 억제하여 전선로 및 기기 절연 레벨의 경감
③ 지락 고장 시 보호 계전기의 동작을 신속 정확하게 함
④ 소호 리액터 방식에서는 1선 지락 시 아크를 신속히 소멸

해설 중성점 직접 접지방식
- 차단기 동작이 빈번하여 차단기 수명이 단축되고 안정도가 저하된다.
- 지락 사고 시 지락 전류가 커서 지락 계전기의 동작이 확실하다.
- 이상 전압이 낮아 변압기의 단절연 및 저감 절연이 가능하다.
- 1선 지락 사고 시 건전상 대지 전위 상승이 최소이다.

19

지락 고장 시 이상 전압의 발생 우려가 거의 없는 접지방식은?

① 비접지방식
② 직접 접지방식
③ 저항 접지방식
④ 소호 리액터 접지방식

해설
직접 접지방식은 지락 사고 발생 시 건전상 대지 전위 상승이 최소이다.

20

장거리 송전 선로의 수전단을 개방할 경우, 송전단 전류 I_s를 나타내는 식은?(단, 송전단 전압을 V_s, 선로의 임피던스를 Z, 선로의 어드미턴스를 Y라 한다.)

① $I_s = \sqrt{\dfrac{Y}{Z}} \tanh \sqrt{ZY}\, V_s$

② $I_s = \sqrt{\dfrac{Z}{Y}} \tanh \sqrt{ZY}\, V_s$

③ $I_s = \sqrt{\dfrac{Y}{Z}} \coth \sqrt{ZY}\, V_s$

④ $I_s = \sqrt{\dfrac{Z}{Y}} \coth \sqrt{ZY}\, V_s$

해설
- $V_s = \cosh \gamma l\, V_r + Z_0 \sinh \gamma l\, I_r$
- $I_s = \dfrac{1}{Z_0} \sinh \gamma l\, V_r + \cosh \gamma l\, I_r$

무부하 시(개방) $I_r = 0$ 이므로

$V_s = \cosh \gamma l\, V_r,\ I_s = \dfrac{1}{Z_0} \sinh \gamma l\, V_r$

위의 두 식을 I_s에 대해 정리하면

$I_s = \dfrac{1}{Z_0} \sinh \gamma l\, V_r [\text{A}]$

$= \dfrac{1}{Z_0} \sinh \gamma l \times \dfrac{V_s}{\cosh \gamma l} = \dfrac{1}{Z_0} \tanh \gamma l\, V_s [\text{A}]$

따라서 위 식에 특성 임피던스 $Z_0 = \sqrt{\dfrac{Z}{Y}}$ 와 전파 정수 $\gamma l = \sqrt{ZY}$ 를 대입하여 정리하면

$\therefore I_s = \dfrac{1}{\sqrt{\dfrac{Z}{Y}}} \tanh \sqrt{ZY}\, V_s = \sqrt{\dfrac{Y}{Z}} \tanh \sqrt{ZY}\, V_s$

정답 | 18 ① 19 ② 20 ①

2022년 1회

01

3상 1회선 송전선을 정삼각형으로 배치한 3상 선로의 자기 인덕턴스를 구하는 식은?(단, D는 전선의 선간거리[m], r은 전선의 반지름[m]이다.)

① $L = 0.5 + 0.4605 \log_{10} \dfrac{D}{r}$

② $L = 0.5 + 0.4605 \log_{10} \dfrac{D}{r^2}$

③ $L = 0.05 + 0.4605 \log_{10} \dfrac{D}{r}$

④ $L = 0.05 + 0.4605 \log_{10} \dfrac{D}{r^2}$

해설
- 정삼각형 배열 등가선간거리
  $D = \sqrt[3]{D \times D \times D} = D$
- 선로의 인덕턴스
  $L = 0.05 + 0.4605 \log_{10} \dfrac{D}{r} [\text{mH/km}]$

02

3상 송전 선로가 선간 단락(2선 단락)이 되었을 때 나타나는 현상으로 옳은 것은?

① 역상전류만 흐른다.
② 정상전류와 역상전류가 흐른다.
③ 역상전류와 영상전류가 흐른다.
④ 정상전류와 영상전류가 흐른다.

해설 사고 종류에 따른 대칭분의 종류
- 1선 지락 사고: 정상분, 역상분, 영상분
- 선간 단락 사고: 정상분, 역상분
- 3상 단락 사고: 정상분

03

송전단 전압이 $100[\text{V}]$, 수전단 전압이 $90[\text{V}]$인 단거리 배전선로의 전압 강하율[%]은 약 얼마인가?

① 5　　② 11
③ 15　　④ 20

해설 전압 강하율
$\varepsilon = \dfrac{V_s - V_r}{V_r} \times 100 = \dfrac{100 - 90}{90} \times 100 = 11.11 ≒ 11[\%]$

04

중거리 송전 선로의 4단자 정수가 $A = 1.0$, $B = j190$, $D = 1.0$일 때 C의 값은 얼마인가?

① 0　　② $-j120$
③ j　　④ $j190$

해설
4단자 정수가 주어졌을 경우 다음의 관계가 성립한다.
$AD - BC = 1$
$\therefore C = \dfrac{AD - 1}{B} = \dfrac{1.0 \times 1.0 - 1}{j190} = 0$

| 정답 | 01 ③　02 ②　03 ②　04 ①

05

다음 중 재점호가 가장 일어나기 쉬운 차단 전류는?

① 동상 전류
② 지상 전류
③ 진상 전류
④ 단락 전류

해설
계통이 무부하 시 진상 전류(충전 전류)가 흐르게 되므로 이때 차단기의 재점호가 많이 발생한다.

06

송전전력, 선간전압, 부하역률, 전력손실 및 송전거리를 동일하게 하였을 경우 단상 2선식에 대한 3상 3선식의 총 전선량(중량)비는 얼마인가?(단, 전선은 동일한 전선이다.)

① 0.75
② 0.94
③ 1.15
④ 1.33

해설 전기적 특성 비교표

구분	소요 전선비
1φ2W	$W_1(100[\%])$
1φ3W	$\dfrac{W_2}{W_1} = \dfrac{3}{8}\ (37.5[\%])$
3φ3W	$\dfrac{W_3}{W_1} = \dfrac{3}{4}\ (75[\%])$
3φ4W	$\dfrac{W_4}{W_1} = \dfrac{1}{3}\ (33.3[\%])$

07

배전전압을 $\sqrt{2}$ 배로 하였을 때 같은 손실률로 보낼 수 있는 전력은 몇 배가 되는가?

① $\sqrt{2}$
② $\sqrt{3}$
③ 2
④ 3

해설
전력 손실률이 일정할 경우 전력은 전압의 제곱에 비례하므로
$$\frac{P'}{P} = \left(\frac{V'}{V}\right)^2 = \left(\frac{\sqrt{2}\,V}{V}\right)^2 = 2$$
$\therefore P' = 2P$

08

교류발전기의 전압조정 장치로 속응 여자 방식을 채택하는 이유 중 틀린 것은?

① 전력계통에 고장이 발생할 때 발전기의 동기 화력을 증가시킨다.
② 송전계통의 안정도를 높인다.
③ 여자기의 전압 상승률을 크게 한다.
④ 전압조정용 탭의 수동변환을 원활히 하기 위함이다.

해설
속응 여자 방식은 발전기의 일반 여자기보다 동작 속도를 높인 여자 방식으로 발전기의 전압조정 속도를 크게 향상시키며, 발전기의 동기 화력을 증가시켜 계통의 안정도를 향상시킨다.

| 정답 | 05 ③ 06 ① 07 ③ 08 ④

09

다음 중 환상(루프)방식과 비교할 때 방사상 배전 선로 구성 방식에 해당되는 사항은?

① 전력 수요 증가 시 간선이나 분기선을 연장하여 쉽게 공급이 가능하다.
② 전압 변동 및 전력 손실이 작다.
③ 사고 발생 시 다른 간선으로의 전환이 쉽다.
④ 환상방식보다 신뢰도가 높은 방식이다.

해설 방사상 방식

배전 선로를 부하 증설에 따라 간선이나 분기선을 추가로 인출하여 구성하는 배전 방식으로 다음과 같은 특성이 있다.
- 배전 선로가 간단하고 건설비가 싸다.
- 사고에 의한 정전 범위가 커서 공급 신뢰도가 떨어진다.
- 전압 강하 및 전력 손실이 크다.

10

다음 중 동작속도가 가장 느린 계전 방식은?

① 전류 차동 보호 계전 방식
② 거리 보호 계전 방식
③ 전류 위상 비교 보호 계전 방식
④ 방향 비교 보호 계전 방식

해설

거리 보호 계전 방식은 계전기의 기억작용으로 인해 동작속도가 느리다.

11

어느 발전소에서 $40,000[\text{kWh}]$를 발전하는 데 발열량 $5,000[\text{kcal/kg}]$의 석탄을 20톤 사용하였다. 이 화력 발전소의 열효율[%]은 약 얼마인가?

① 27.5
② 30.4
③ 34.4
④ 38.5

해설 화력 발전소의 열효율

$$\eta = \frac{860P}{BH} \times 100 = \frac{860 \times 40,000}{20 \times 10^3 \times 5,000} \times 100 = 34.4[\%]$$

(P: 발전 전력량[kWh], B: 연료량[kg], H: 연료 발열량[kcal/kg])

12

소호 리액터를 송전계통에 사용하면 리액터의 인덕턴스와 선로의 정전 용량이 어떤 상태로 되어 지락 전류를 소멸시키는가?

① 병렬 공진
② 직렬 공진
③ 고임피던스
④ 저임피던스

해설 소호 리액터 접지

- 병렬 공진을 이용하여 지락 전류를 소멸시킨다.
- 대지 정전 용량과 공진을 일으키는 유도성 리액터로 접지하는 방식이다.
- 지락 전류가 최소가 되어 통신선에 대한 유도 장해가 줄어든다.

| 정답 | 09 ① | 10 ② | 11 ③ | 12 ① |

13

현수애자에 대한 설명이 아닌 것은?

① 애자를 연결하는 방법에 따라 클레비스(Clevis)형과 볼 소켓형이 있다.
② 애자를 표시하는 기호는 P이며 구조는 2~5층의 갓 모양의 자기편을 시멘트로 접착하고 그 자기를 주철제 base로 지지한다.
③ 애자의 연결개수를 가감함으로써 임의의 송전전압에 사용할 수 있다.
④ 큰 하중에 대하여는 2련 또는 3련으로 하여 사용할 수 있다.

해설
핀 애자는 2층 이상의 갓 모양의 자기편을 시멘트로 접착하고 그 자기를 주철제 베이스로 지지한 애자로 주로 저압용으로 사용한다.

14

초호각(Arcing horn)의 역할은?

① 풍압을 조절한다.
② 송전 효율을 높인다.
③ 선로의 섬락 시 애자의 파손을 방지한다.
④ 고주파수의 섬락전압을 높인다.

해설 소호각(환), 초호각(환)의 역할
- 섬락으로부터 애자련의 보호
- 애자련의 연능률 개선

15

불평형 부하에서 역률[%]은?

① $\dfrac{\text{유효전력}}{\text{각 상의 피상전력의 산술합}} \times 100$
② $\dfrac{\text{무효전력}}{\text{각 상의 피상전력의 산술합}} \times 100$
③ $\dfrac{\text{무효전력}}{\text{각 상의 피상전력의 벡터합}} \times 100$
④ $\dfrac{\text{유효전력}}{\text{각 상의 피상전력의 벡터합}} \times 100$

해설
불평형 부하에서의 역률 = $\dfrac{\text{유효전력}}{\text{각 상의 피상전력의 벡터 합}} \times 100\,[\%]$

16

부하 회로에서 공진 현상으로 발생하는 고조파 장해가 있을 경우 공진 현상을 회피하기 위하여 설치하는 것은?

① 진상용 콘덴서
② 직렬 리액터
③ 방전코일
④ 진공 차단기

해설 직렬 리액터
일반적으로 부하 회로에서 공진 현상으로 발생하는 고조파 중 발생량이 많은 제5 고조파를 제거(공진 현상 회피)하기 위해 사용한다.

| 정답 | 13 ② 14 ③ 15 ④ 16 ② |

17

발전기 또는 주변압기의 내부 고장 보호용으로 가장 널리 쓰이는 것은?

① 거리 계전기
② 과전류 계전기
③ 비율 차동 계전기
④ 방향단락 계전기

해설
비율 차동 계전기는 발전기, 변압기의 내부 고장 시 양쪽 전류의 벡터차에 의해 동작하여 차단기를 개로시킨다. 따라서 발전기나 변압기의 내부 고장 보호용으로 사용한다.

18

경간이 $200[\text{m}]$인 가공 전선로가 있다. 사용전선의 길이는 경간보다 몇 $[\text{m}]$ 더 길게 하면 되는가?(단, 사용전선의 $1[\text{m}]$당 무게는 $2[\text{kg}]$, 인장하중은 $4,000[\text{kg}]$, 전선의 안전율은 2로 하고 풍압하중은 무시한다.)

① $\dfrac{1}{2}$
② $\sqrt{2}$
③ $\dfrac{1}{3}$
④ $\sqrt{3}$

해설
이도 $D = \dfrac{WS^2}{8T} = \dfrac{2 \times 200^2}{8 \times \dfrac{4,000}{2}} = 5[\text{m}]$

전선의 길이 $L = S + \dfrac{8D^2}{3S}[\text{m}]$이므로

$\therefore L - S = \dfrac{8D^2}{3S} = \dfrac{8 \times 5^2}{3 \times 200} = \dfrac{1}{3}[\text{m}]$

(단, W: 사용전선 무게[kg/m], S: 경간[m], k: 안전율, T: 수평 장력)

관련개념
수평 장력 $= \dfrac{\text{인장 하중}}{\text{안전율}}$

19

유효낙차 $90[\text{m}]$, 출력 $104,500[\text{kW}]$, 비속도(특유속도) $210[\text{m}\cdot\text{kW}]$인 수차의 회전속도는 약 몇 $[\text{rpm}]$인가?

① 150
② 180
③ 210
④ 240

해설 수차의 특유속도(비속도)

$N_s = N \dfrac{P^{\frac{1}{2}}}{H^{\frac{5}{4}}}$

(단, N_s: 수차의 특유속도[rpm], N: 수차의 정격 회전수[rpm], P: 수차의 출력[kW], H: 유효낙차[m])

$\therefore N = N_s \dfrac{H^{\frac{5}{4}}}{P^{\frac{1}{2}}} = 210 \times \dfrac{90^{\frac{5}{4}}}{104,500^{\frac{1}{2}}}$

$\fallingdotseq 210 \times \dfrac{277.21}{323.26} \fallingdotseq 180[\text{rpm}]$

관련개념
특유속도$[\text{m}\cdot\text{kW}]$: 단위 낙차에서 단위 출력을 발생시키기 위해 필요한 회전수[rpm]

20

차단기의 정격 차단 시간에 대한 설명으로 옳은 것은?

① 고장 발생부터 소호까지의 시간
② 트립 코일 여자로부터 소호까지의 시간
③ 가동 접촉자의 개극부터 소호까지의 시간
④ 가동 접촉자의 동작 시간부터 소호까지의 시간

해설 차단기의 정격 차단 시간
차단기의 정격 차단 시간은 차단기의 트립 코일 여자 순간부터 아크가 완전히 소호될 때까지의 시간(보통 3~8 사이클)이다.

| 정답 | 17 ③ 18 ③ 19 ② 20 ②

2022년 2회

01

직접 접지방식에 대한 설명으로 틀린 것은?

① 1선 지락 사고 시 건전상의 대지 전압이 거의 상승하지 않는다.
② 계통의 절연수준이 낮아지므로 경제적이다.
③ 변압기의 단절연이 가능하다.
④ 보호계전기가 신속히 동작하므로 과도 안정도가 좋다.

해설 중성점 직접 접지방식
- 1선 지락 사고 시 건전상 대지 전위 상승이 최소이다.
- 이상 전압이 낮아 변압기의 단절연 및 저감 절연이 가능하다.
- 지락 사고 시 지락 전류가 커서 지락 계전기의 동작이 확실하다.
- 차단기 동작이 빈번하여 차단기 수명이 단축되고 안정도가 저하된다.

02

전력계통의 안정도에서 안정도의 종류에 해당하지 않는 것은?

① 정태 안정도
② 상태 안정도
③ 과도 안정도
④ 동태 안정도

해설 안정도의 종류
- 정태 안정도: 부하 불변 혹은 완만한 부하 변화 시
- 과도 안정도: 부하 급변 혹은 사고 발생 시
- 동태 안정도: AVR, 조속기 고려 시

03

수차의 캐비테이션 방지책으로 틀린 것은?

① 흡출수두를 증대시킨다.
② 과부하 운전을 가능한 한 피한다.
③ 수차의 비속도를 너무 크게 잡지 않는다.
④ 침식에 강한 금속재료로 러너를 제작한다.

해설 캐비테이션 방지 대책
- 수차의 특유 속도(N_s)를 너무 크게 하지 않을 것
- 흡출관의 높이(흡출수두)를 너무 높게 취하지 않을 것
- 수차 러너를 침식에 강한 스테인레스강, 특수강으로 제작한다.
- 러너의 표면을 매끄럽게 가공한다.
- 수차의 과도한 부분 부하, 과부하 운전을 피한다.

04

보호계전기의 반한시·정한시 특성은?

① 동작 전류가 커질수록 동작시간이 짧게 되는 특성
② 최소 동작 전류 이상의 전류가 흐르면 즉시 동작하는 특성
③ 동작 전류의 크기에 관계없이 일정한 시간에 동작하는 특성
④ 동작 전류가 커질수록 동작 시간이 짧아지며, 어떤 전류 이상이 되면 동작 전류의 크기에 관계없이 일정한 시간에서 동작하는 특성

해설 반한시성 정한시 계전기
동작 전류가 커질수록 동작 시간이 짧아지며(반한시성) 어떤 전류 이상이 되면 동작 전류의 크기에 관계없이 일정한 시간이 지난 후 동작하는 특성(정한시)

| 정답 | 01 ④ | 02 ② | 03 ① | 04 ④ |

05

부하전류가 흐르는 전로는 개폐할 수 없으나 기기의 점검이나 수리를 위하여 회로를 분리하거나, 계통의 접속을 바꾸는 데 사용하는 것은?

① 차단기
② 단로기
③ 전력용 퓨즈
④ 부하 개폐기

해설 단로기(DS)
- 소호 장치가 없다.
- 무부하 상태에서 개폐 가능하므로 계통의 점검이나 분리 및 변경에 적용된다.

06

밸런서의 설치가 가장 필요한 배전방식은?

① 단상 2선식
② 단상 3선식
③ 3상 3선식
④ 3상 4선식

해설
밸런서는 단상 3선식 배전 선로에서 부하 불평형에 의한 배전 말단의 전압 불평형을 줄이기 위해 설치한다.

07

직렬 콘덴서를 선로에 삽입할 때의 이점이 아닌 것은?

① 선로의 인덕턴스를 보상한다.
② 수전단의 전압 강하를 줄인다.
③ 정태 안정도를 증가한다.
④ 송전단의 역률을 개선한다.

해설 직렬 콘덴서 설치 효과
- 유도성 리액턴스를 보상하여 전압 강하가 감소한다.
- 송전 용량이 증가한다.
- 계통의 안정도가 좋아진다.
부하의 역률을 개선하는 것은 병렬 콘덴서이다.

08

배기가스의 여열을 이용해서 보일러에 공급되는 급수를 예열함으로써 연료 소비량을 줄이거나 증발량을 증가시키기 위해서 설치하는 여열회수장치는?

① 과열기
② 공기 예열기
③ 절탄기
④ 재열기

해설 절탄기(Economizer)
보일러 본체와 과열기를 통과한 배기가스의 여열을 이용해서 보일러에 공급되는 급수를 예열함으로써 연료 소비량을 줄이거나 증발량을 증가시키기 위해서 설치하는 장치

09

저압 뱅킹 배전방식에서 캐스케이딩 현상을 방지하기 위하여 인접 변압기를 연락하는 저압선의 중간에 설치하는 것으로 알맞은 것은?

① 구분 퓨즈
② 리클로저
③ 섹셔널라이저
④ 구분개폐기

해설 캐스케이딩 방지 대책
캐스케이딩 방지를 위해 인접 변압기와 연결되어 있는 저압선의 중간에 구분 퓨즈를 삽입하여 고장구간으로부터 분리한다.

| 정답 | 05 ② 06 ② 07 ④ 08 ③ 09 ①

10

전력용 콘덴서에 비해 동기 조상기의 이점으로 옳은 것은?

① 소음이 적다.
② 진상전류 이외에 지상전류를 취할 수 있다.
③ 전력손실이 적다.
④ 유지보수가 쉽다.

해설 전력용 콘덴서와 동기 조상기의 비교

구분	전력용 콘덴서	동기 조상기
시충전	불가능	가능
전력 손실	작다	크다
무효 전력 조정	계단적	연속적
무효 전력	진상	진상, 지상

11

전선의 굵기가 균일하고 부하가 균등하게 분산되어 있는 배전 선로의 전력 손실은 전체 부하가 선로 말단에 집중되어 있는 경우에 비하여 어느 정도가 되는가?

① $\dfrac{1}{2}$
② $\dfrac{1}{3}$
③ $\dfrac{2}{3}$
④ $\dfrac{3}{4}$

해설 말단 부하와 균등 부하에 따른 전압 강하 및 전력 손실비

구분	전압 강하(e)	전력 손실(P_l)
말단 부하	IR	I^2R
균등 부하	$\dfrac{1}{2}IR$	$\dfrac{1}{3}I^2R$

따라서 균등 부하의 전력 손실은 말단 부하의 전력 손실의 $\dfrac{1}{3}$이다.

12

피뢰기의 충격 방전 개시 전압은 무엇으로 표시하는가?

① 직류전압의 크기
② 충격파의 평균치
③ 충격파의 최대치
④ 충격파의 실효치

해설
피뢰기의 충격 방전 개시 전압은 충격파의 최대값에서 기기의 절연이 위험이 되므로 반드시 최대치로 표시한다.

13

그림과 같이 지지점 A, B, C에는 고저차가 없으며, 경간 AB와 BC 사이에 전선이 가설되어 그 이도가 각각 $12[\text{cm}]$이다. 지지점 B에서 전선이 떨어져 전선의 이도가 D로 되었다면 D의 길이[cm]는?(단, 지지점 B는 A와 C의 중점이며 지지점 B에서 전선이 떨어지기 전, 후의 길이는 같다.)

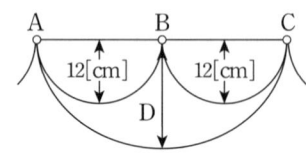

① 17
② 24
③ 30
④ 36

해설
- 떨어지기 전 전선 길이(L)

$$L = \left(S + \dfrac{8(D')^2}{3S}\right) \times 2 = 2S + 2 \times \dfrac{8(D')^2}{3S}[\text{m}]$$

(단, S: 경간[m], D': 떨어지기 전 이도[m])

- 떨어진 후 전선 길이(L')

$$L' = 2S + \dfrac{8D^2}{3 \times 2S}[\text{m}]$$

전선 길이는 변함이 없으므로 $L = L'$이다.

$$2S + 2 \times \dfrac{8(D')^2}{3S} = 2S + \dfrac{8D^2}{3 \times 2S}$$

$$\therefore D = 2D' = 2 \times 12 = 24[\text{cm}]$$

14

정전 용량 $0.01[\mu\text{F/km}]$, 길이 $173.2[\text{km}]$, 선간전압 $60[\text{kV}]$, 주파수 $60[\text{Hz}]$인 3상 송전 선로의 충전 전류는 약 몇 [A]인가?

① 6.3 ② 12.5
③ 22.6 ④ 37.2

해설 충전 전류

$$I_c = \frac{E}{X_c} = \omega CE = 2\pi fCE = 2\pi fC\left(\frac{V}{\sqrt{3}}\right)$$
$$= 2\pi \times 60 \times (0.01 \times 10^{-6} \times 173.2) \times \frac{60,000}{\sqrt{3}}$$
$$\fallingdotseq 22.6[\text{A}]$$

관련개념
$I_c = \omega CE[\text{A}]$

15

승압기에 의하여 전압 V_e에서 V_h로 승압할 때, 2차 정격전압 e, 자기 용량 W인 단상 승압기가 공급할 수 있는 부하 용량은?

① $\dfrac{V_h}{e} \times W$ ② $\dfrac{V_e}{e} \times W$

③ $\dfrac{V_e}{V_h - V_e} \times W$ ④ $\dfrac{V_h - V_e}{V_e} \times W$

해설

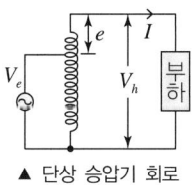

▲ 단상 승압기 회로

$\dfrac{\text{자기 용량}}{\text{부하 용량}} = \dfrac{eI}{V_h I} = \dfrac{e}{V_h}$

∴ 부하 용량 $= \dfrac{V_h}{e} \times$ 자기 용량 $= \dfrac{V_h}{e} \times W$

16

배전 선로의 역률 개선에 따른 효과로 적합하지 않은 것은?

① 선로의 전력 손실 경감
② 선로의 전압 강하의 감소
③ 전원 측 설비의 이용률 향상
④ 선로 절연의 비용 절감

해설 역률 개선 효과
- 전력 손실 감소
- 전압 강하 감소
- 설비용량 여유 증대(이용률 향상)
- 전기 요금 절감

17

송전단 전압 $161[\text{kV}]$, 수전단 전압 $154[\text{kV}]$, 상차각 $35°$, 리액턴스 $60[\Omega]$일 때 선로 손실을 무시하면 전송전력 [MW]은 약 얼마인가?

① 356 ② 307
③ 237 ④ 161

해설 전송전력

$$P = \frac{V_s V_r}{X}\sin\delta = \frac{161 \times 154}{60} \times \sin 35° = 237.02 \fallingdotseq 237[\text{MW}]$$

| 정답 | 14 ③ 15 ① 16 ④ 17 ③

18

송전 선로에 매설 지선을 설치하는 목적은?

① 철탑 기초의 강도를 보강하기 위하여
② 직격뢰로부터 송전선을 차폐보호하기 위하여
③ 현수애자 1련의 전압 분담을 균일화하기 위하여
④ 철탑으로부터 송전 선로로의 역섬락을 방지하기 위하여

해설
매설 지선은 철탑 상부에 설치된 가공 지선을 접지할 때 사용한다. 탑각 접지 저항값을 줄여 송전 선로의 역섬락 사고를 방지한다.

19

1회선 송전선과 변압기의 조합에서 변압기의 여자 어드미턴스를 무시하였을 경우 송수전단의 관계를 나타내는 4단자 정수 C_0는?(단, $A_0 = A + CZ_{ts}$, $B_0 = B + AZ_{tr} + DZ_{ts} + CZ_{tr}Z_{ts}$, $D_0 = D + CZ_{tr}$, 여기서 Z_{ts}는 송전단 변압기의 임피던스이며, Z_{tr}은 수전단 변압기의 임피던스이다.)

① C
② $C + DZ_{ts}$
③ $C + AZ_{ts}$
④ $CD + CA$

해설
송수전단의 임피던스를 고려하는 경우 4단자 정수는 다음과 같다.

$$\begin{bmatrix} A_0 & B_0 \\ C_0 & D_0 \end{bmatrix} = \begin{bmatrix} 1 & Z_{ts} \\ 0 & 1 \end{bmatrix} \begin{bmatrix} A & B \\ C & D \end{bmatrix} \begin{bmatrix} 1 & Z_{tr} \\ 0 & 1 \end{bmatrix}$$

$$= \begin{bmatrix} A + CZ_{ts} & B + DZ_{ts} \\ C & D \end{bmatrix} \begin{bmatrix} 1 & Z_{tr} \\ 0 & 1 \end{bmatrix}$$

$$= \begin{bmatrix} A + CZ_{ts} & B + AZ_{tr} + DZ_{ts} + CZ_{tr}Z_{ts} \\ C & D + CZ_{tr} \end{bmatrix}$$

따라서 $C_0 = C$이다.

20

단락보호방식에 관한 설명으로 틀린 것은?

① 방사상 선로의 단락보호방식에서 전원이 양단에 있을 경우 방향 단락 계전기와 과전류 계전기를 조합시켜서 사용한다.
② 전원이 1단에만 있는 방사상 송전 선로에서의 고장 전류는 모두 발전소로부터 방사상으로 흘러 나간다.
③ 환상 선로의 단락보호방식에서 전원이 두 군데 이상 있는 경우에는 방향 거리 계전기를 사용한다.
④ 환상 선로의 단락보호방식에서 전원이 1단에만 있을 경우 선택 단락 계전기를 사용한다.

해설 단락보호방식

구분	방사상 선로	환상 선로
전원 1단	• 과전류 계전기	• 방향 단락 계전기
전원 양단	• 방향 단락 계전기 • 과전류 계전기	• 방향 거리 계전기

정답 18 ④ 19 ① 20 ④

2022년 3회

01

화력 발전소에서 가장 큰 손실은 무엇인가?

① 소내용 동력
② 송풍기 손실
③ 복수기에서의 손실
④ 연도 배출 가스 손실

해설
복수기는 증기 터빈에서 방출된 습증기를 냉각수로 응축시켜 급수로 환원시키는 설비이다. 습증기가 가지고 있는 열량을 냉각수가 대부분 빼앗으므로 열손실이 화력 발전 전체 열량 손실의 $50[\%]$를 차지하여 가장 많이 발생한다.

02

그림과 같은 3상 송전 계통에 송전단 전압은 $3,300[V]$이다. 점 P에서 3상 단락 사고가 발생하였다면 발전기에 흐르는 단락 전류는 약 몇 $[A]$인가?

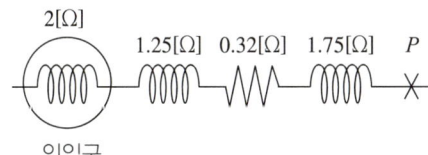

① 320
② 330
③ 380
④ 410

해설
P점까지의 총 임피던스는
$Z = R + jX = j2 + j1.25 + 0.32 + j1.75 = 0.32 + j5[\Omega]$
따라서 P점에서의 3상 단락 전류는
$I_s = \dfrac{E}{|Z|} = \dfrac{\frac{V}{\sqrt{3}}}{|Z|} = \dfrac{\frac{3,300}{\sqrt{3}}}{\sqrt{0.32^2 + 5^2}} = 380[A]$

03

장거리 송전 선로의 수전단을 개방할 경우, 송전단 전류 I_s를 나타내는 식은?(단, 송전단 전압을 V_s, 선로의 임피던스를 Z, 선로의 어드미턴스를 Y라 한다.)

① $I_s = \sqrt{\dfrac{Y}{Z}} \tanh \sqrt{ZY} V_s$

② $I_s = \sqrt{\dfrac{Z}{Y}} \tanh \sqrt{ZY} V_s$

③ $I_s = \sqrt{\dfrac{Y}{Z}} \coth \sqrt{ZY} V_s$

④ $I_s = \sqrt{\dfrac{Z}{Y}} \coth \sqrt{ZY} V_s$

해설
- $V_s = \cosh \gamma l V_r + Z_0 \sinh \gamma l I_r$
- $I_s = \dfrac{1}{Z_0} \sinh \gamma l V_r + \cosh \gamma l I_r$

장거리 선로의 송전단 전압, 전류식에서 무부하(개방) 시에는 $I_r = 0$ 이므로
- $V_s = \cosh \gamma l V_r$
- $I_s = \dfrac{1}{Z_0} \sinh \gamma l V_r$

위의 두 식을 I_s에 대해 정리하면
$I_s = \dfrac{1}{Z_0} \sinh \gamma l V_r$
$= \dfrac{1}{Z_0} \sinh \gamma l \times \dfrac{V_s}{\cosh \gamma l} = \dfrac{1}{Z_0} \tanh \gamma l V_s$

따라서 위 식에 특성 임피던스 $Z_0 = \sqrt{\dfrac{Z}{Y}}$ 와 전파 정수 $\gamma l = \sqrt{ZY}$ 를 대입하여 정리하면

$\therefore I_s = \dfrac{1}{\sqrt{\dfrac{Z}{Y}}} \tanh \sqrt{ZY} V_s = \sqrt{\dfrac{Y}{Z}} \tanh \sqrt{ZY} V_s$

| 정답 | 01 ③ 02 ③ 03 ①

04

3상 송전 선로의 선간 전압을 $100[\text{kV}]$, 3상 기준 용량을 $10,000[\text{kVA}]$로 할 때 선로 리액턴스(1선당) $100[\Omega]$을 % 임피던스로 환산하면 약 몇 $[\%]$인가?

① 0.33
② 3.33
③ 10
④ 1

해설

$$\%Z = \frac{P_n Z}{10 V^2} = \frac{10,000 \times 100}{10 \times 100^2} = 10[\%]$$

(단, 기준 용량 $P_n[\text{kVA}]$, 선간 전압 $V[\text{kV}]$)

05

다음 중 첨두 부하용 발전으로 적합한 것은?

① 양수 발전
② 수로식 발전
③ 조류 발전
④ 유역 변경식 발전

해설

양수 발전소는 심야 경부하 시 잉여 전력을 이용하여 상부 저수지에 양수하였다가 한낮의 최대 전력이 필요한 시간에 발전하는 첨두(Peak) 부하용 발전소이다.

06

단로기에 대한 설명으로 옳지 않은 것은?

① 무부하 및 여자 전류의 개폐에 사용된다.
② 회로의 분리 또는 계통의 접속 변경 시 사용된다.
③ 점검 시에는 단로기를 열고 난 후 차단기를 열어야 하며, 점검 후에는 차단기로 부하 회로를 연결한 후 단로기를 닫아야 한다.
④ 내부에 소호 장치가 없다.

해설

점검 시에는 차단기로 부하 회로를 끊고 난 다음에 단로기를 열어야 하며, 점검 후에는 단로기를 넣은 후 차단기를 넣어야 한다.

07

연가를 하는 주된 목적은?

① 혼촉 방지
② 유도뢰 방지
③ 단락 사고 방지
④ 선로 정수 평형

해설 연가 효과

- 선로 정수의 평형(가장 주된 목적)
- 통신선에 대한 정전 유도 장해 감소
- 직렬 공진 방지

08

3상 1회선 전선로의 작용 정전 용량을 C, 선간 정전 용량을 C_1, 대지 정전 용량을 C_2라 할 때 C, C_1, C_2의 관계는?

① $C = C_1 + 3C_2$
② $C = 3C_1 + C_2$
③ $C = C_1 + C_2$
④ $C = 3(C_1 + C_2)$

해설

- 단상 2선식: $C = C_s + 2C_m = C_2 + 2C_1$
- 3상 3선식: $C = C_s + 3C_m = C_2 + 3C_1$

| 정답 | 04 ③ 05 ① 06 ③ 07 ④ 08 ②

09

$154[\text{kV}]$ 2회선 송전선이 있다. 1회선만이 운전 중일 때 휴전 회선에 대한 정전 유도 전압[V]은 약 얼마인가?(단, 송전 중의 회선과 휴전 중 회선의 정전 용량 $C_a = 0.0001[\mu\text{F}]$, $C_b = 0.0006[\mu\text{F}]$, $C_c = 0.0004[\mu\text{F}]$이고, 휴전선의 1선 대지 정전 용량 $C_s = 0.0052[\mu\text{F}]$이다.)

① $615.72[\text{V}]$
② $10,655[\text{V}]$
③ $1,065[\text{V}]$
④ $6,151.72[\text{V}]$

해설 정전 유도 전압

$$E_s = \frac{\sqrt{C_a(C_a - C_b) + C_b(C_b - C_c) + C_c(C_c - C_a)}}{C_a + C_b + C_c + C_s} \times \frac{V}{\sqrt{3}}[\text{V}]$$

$C_a = 0.0001$, $C_b = 0.0006$, $C_c = 0.0004$, $C_s = 0.0052$, $V = 154 \times 10^3$을 대입하면
$E_s = 6,151.72[\text{V}]$

10

공기 차단기에 비해 SF_6가스 차단기의 특징으로 볼 수 없는 것은?

① 밀폐된 구조이므로 소음이 없다.
② 소전류 차단 시 이상 전압이 높다.
③ 아크에 SF_6가스는 분해되지 않고 무독성이다.
④ 같은 압력에서 공기의 2~3배 정도의 절연 내력이 있다.

해설 가스 차단기는 다른 차단기에 비해 차단 성능이 우수하여 비교적 값이 작은 소전류를 차단할 때에도 이상 전압이 거의 없는 편이다.

11

제5 고조파 전류의 억제를 위해 전력용 커패시터에 직렬로 삽입하는 유도 리액턴스의 값으로 적당한 것은?

① 전력용 콘덴서 용량의 약 $6[\%]$ 정도
② 전력용 콘덴서 용량의 약 $12[\%]$ 정도
③ 전력용 콘덴서 용량의 약 $18[\%]$ 정도
④ 전력용 콘덴서 용량의 약 $24[\%]$ 정도

해설 직렬 리액터
- 제5 고조파 제거 목적으로 설치
- 이론: 콘덴서 용량의 $4[\%]$ 리액터 설치
- 실제: 콘덴서 용량의 $5\sim6[\%]$ 리액터 설치

12

같은 선로와 같은 부하에서 교류 단상 3선식은 단상 2선식에 비하여 전압 강하와 배전 효율이 어떻게 되는가?

① 전압 강하는 적고, 배전 효율은 높다.
② 전압 강하는 크고, 배전 효율은 낮다.
③ 전압 강하는 적고, 배전 효율은 낮다.
④ 전압 강하는 크고, 배전 효율은 높다.

해설 단상 3선식은 단상 2선식에 비해 배전 선로에 흐르는 전류가 적으므로 선로의 전압 강하가 적어지고 이에 따라서 배전 선로의 효율이 좋아진다.

| 정답 | 09 ④　10 ②　11 ①　12 ①

13

화력 발전소의 기본 랭킨 사이클을 바르게 나타낸 것은?

① 보일러 → 급수펌프 → 터빈 → 복수기 → 과열기 → 다시 보일러로
② 보일러 → 터빈 → 급수펌프 → 과열기 → 복수기 → 다시 보일러로
③ 급수펌프 → 보일러 → 과열기 → 터빈 → 복수기 → 다시 급수펌프로
④ 급수펌프 → 보일러 → 터빈 → 과열기 → 복수기 → 다시 급수펌프로

해설 기력 발전소의 열 사이클 블록선도
(1) 보일러에서 물 → 습증기로 변환
(2) 과열기에서 습증기 → 과열증기로 변환
(3) 터빈에서 과열 증기 → 습증기로 변환
(4) 복수기에서 습증기 → 급수로 변환
(5) 복수기에서 나온 물을 급수펌프를 거쳐 보일러로 다시 보내어짐
∴ 랭킨 사이클: 급수펌프 → 보일러 → 과열기 → 터빈 → 복수기 → 다시 급수펌프로

14

1년 365일 중 185일은 이 양 이하로 내려가지 않는 유량은?

① 평수량 ② 풍수량
③ 고수량 ④ 저수량

해설
• 갈수량: 1년(365일) 중 355일은 이 유량 이하로 내려가지 않는 유량
• 저수량: 1년(365일) 중 275일은 이 유량 이하로 내려가지 않는 유량
• 평수량: 1년(365일) 중 185일은 이 유량 이하로 내려가지 않는 유량
• 풍수량: 1년(365일) 중 95일은 이 유량 이하로 내려가지 않는 유량

15

초고압 장거리 송전 선로에 접속되는 1차 변전소에 분로 리액터를 설치하는 주된 목적은?

① 페란티 현상의 방지
② 과도 안정도의 증대
③ 송전 용량의 증가
④ 전력 손실의 경감

해설
장거리 송전 선로에서 심야의 경부하나 무부하 시 대지 정전 용량에 흐르는 충전 전류(진상 전류)의 영향으로 수전단 전압이 송전단 전압보다 높아지는 페란티 현상이 발생한다. 이를 방지하기 위해 변전소에서 분로 리액터를 설치하여 지상 무효 전력을 공급한다.

16

원자로의 제어재가 구비하여야 할 조건으로 옳지 않은 것은?

① 중성자의 흡수 단면적이 적어야 한다.
② 높은 중성자 속에서 장시간 그 효과를 간직하여야 한다.
③ 내식성이 크고, 기계적 가공이 쉬워야 한다.
④ 열과 방사선에 안정적이어야 한다.

해설
원자로의 제어재는 중성자 흡수 단면적이 커야 한다. 제어재는 원자로 내에서 핵연료와의 위치를 변화시켜 원자로 내의 중성자를 흡수하여 열중성자가 연료에 흡수되는 비율을 제어한다.

| 정답 | 13 ③ 14 ① 15 ① 16 ①

17

각 수용가의 수용설비 용량이 $50[kW]$, $100[kW]$, $80[kW]$, $60[kW]$, $150[kW]$이며, 각각의 수용률이 0.6, 0.6, 0.5, 0.5, 0.4일 때 부하의 부등률이 1.3이라면 변압기 용량은 약 몇 $[kVA]$가 필요한가?(단, 평균 부하 역률은 $80[\%]$라 한다.)

① 142　　　　② 165
③ 183　　　　④ 212

해설

변압기 용량$[kVA]$
$= \dfrac{\text{개별 수용 최대 전력의 합}[kW]}{\text{부등률} \times \cos\theta \times \text{효율}}$
$= \dfrac{50 \times 0.6 + 100 \times 0.6 + 80 \times 0.5 + 60 \times 0.5 + 150 \times 0.4}{1.3 \times 0.8 \times 1}$
$\fallingdotseq 212[kVA]$

18

동기 조상기에 대한 설명으로 틀린 것은?

① 시충전이 불가능하다.
② 전압 조정이 연속적이다.
③ 중부하 시에는 과여자로 운전하여 앞선 전류를 취한다.
④ 경부하 시에는 부족여자로 운전하여 뒤진 전류를 취한다.

해설 동기 조상기
- 동기 전동기를 무부하로 과여자 및 부족 여자로 운전하는 것
- 과여자 운전: 진상 무효 전력을 계통에 공급
- 부족 여자 운전: 지상 무효 전력을 계통에 공급
- 계통의 시충전(신설 송전 선로를 무부하 상태에서 예비로 운전해 보는 것) 운전이 가능
- 전압 조정이 연속적

19

그림과 같이 정수가 서로 같은 평행 2회선 송전선로의 4단자 정수 중 B에 해당되는 것은?

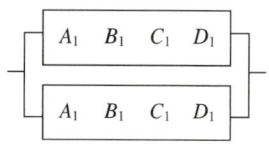

① $2B_1$　　　　② $4B_1$
③ $\dfrac{1}{2}B_1$　　　④ $\dfrac{1}{4}B_1$

해설

송전선로의 4단자 정수 중 B(임피던스) 정수는 선로가 병렬 2회선이 되면 그 값이 $\dfrac{1}{2}$로 줄어든다.

별해

4단자 정수가 동일한 병렬 회로이므로 전압은 서로 같고, 전류는 $\dfrac{1}{2}$이다.

$\begin{pmatrix} E_s \\ \dfrac{1}{2}I_s \end{pmatrix} = \begin{bmatrix} A_1 & B_1 \\ C_1 & D_1 \end{bmatrix} \begin{pmatrix} E_r \\ \dfrac{1}{2}I_r \end{pmatrix}$

$\therefore \begin{pmatrix} E_s \\ I_s \end{pmatrix} = \begin{bmatrix} A_1 & \dfrac{1}{2}B_1 \\ 2C_1 & D_1 \end{bmatrix} \begin{pmatrix} E_r \\ I_r \end{pmatrix}$

20

$250[mm]$ 현수애자 10개를 직렬로 접속한 애자련의 건조섬락전압이 $590[kV]$이고 연효율(string efficiency)이 0.74이다. 현수애자 한 개의 건조섬락전압은 약 몇 $[kV]$인가?

① 80　　　　② 90
③ 100　　　　④ 120

해설

연효율 $\eta = \dfrac{V_n}{nV_1} \times 100$에서

$V_1 = \dfrac{V_n}{n\eta} = \dfrac{590}{10 \times 0.74} = 79.73 \fallingdotseq 80[kV]$

| 정답 | 17 ④　18 ①　19 ③　20 ①

2021년 1회

01

그림과 같은 유황 곡선을 가진 수력 지점에서 최대 사용 수량 0C로 1년간 계속 발전하는 데 필요한 저수지의 용량은?

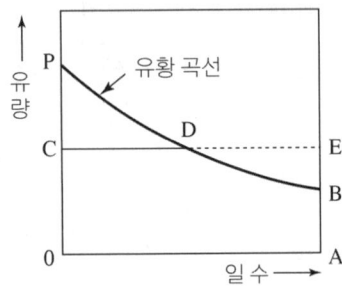

① 면적 0CPBA
② 면적 0CDBA
③ 면적 DEB
④ 면적 PCD

해설

최대 사용 수량 0C로 1년간 계속해서 발전하기 위해서는 유량이 면적 DEB 만큼 부족하므로 필요한 저수지의 용량은 면적 DEB가 된다.

02

고장 전류의 크기가 커질수록 동작 시간이 짧게 되는 특성을 가진 계전기는?

① 순한시 계전기
② 정한시 계전기
③ 반한시 계전기
④ 반한시 정한시 계전기

해설

반한시 계전기는 고장 전류의 크기에 반비례하여 동작 시간이 결정되는 것으로, 고장 전류의 크기가 크면 동작 시간이 짧아진다.

관련개념

- 순한시 계전기: 최소 동작 전류 이상이 흐르면 전류의 크기에 관계없이 즉시 동작하는 계전기
- 정한시 계전기: 최소 동작 전류 이상이 흐르면 전류의 크기에 관계없이 정해진 일정 시간이 지난 후 동작하는 계전기
- 반한시 정한시 계전기: 동작 전류가 작은 동안은 동작 전류가 클수록 동작 시간이 짧게 되고(반한시성), 그 이상의 전류에 대해서는 동작 전류 크기와 관계없이 일정 시간이 지난 후 동작(정한시성)하는 계전기

03

접지봉으로 탑각의 접지 저항값을 희망하는 접지 저항값까지 줄일 수 없을 때 사용하는 것은?

① 가공 지선
② 매설 지선
③ 크로스본드선
④ 차폐선

해설

매설 지선은 탑각의 접지 저항을 낮추어 역섬락을 방지하기 위하여 설치한다.

04

3상 3선식 송전선에서 한 선의 저항이 $10[\Omega]$, 리액턴스가 $20[\Omega]$이며, 수전단의 선간 전압이 $60[kV]$, 부하 역률이 0.8인 경우에 전압 강하율이 $10[\%]$라 하면 이 송전선로로는 약 몇 $[kW]$까지 수전할 수 있는가?

① 10,000
② 12,000
③ 14,400
④ 18,000

해설

- 전압 강하 $e = V_s - V_r = \dfrac{P}{V_r}(R + X\tan\theta)[V]$
- 전압 강하율 $\varepsilon = \dfrac{e}{V_r} \times 100 = \dfrac{P}{V_r^2}(R + X\tan\theta) \times 100 [\%]$

$$\therefore P = \dfrac{V_r^2}{R + X\tan\theta} \times \dfrac{\varepsilon}{100} = \dfrac{(60 \times 10^3)^2}{10 + 20 \times \dfrac{0.6}{0.8}} \times \dfrac{10}{100} \times 10^{-3}$$

$$= 14,400[kW]$$

| 정답 | 01 ③ | 02 ③ | 03 ② | 04 ③ |

05

배전 선로의 주상 변압기에서 고압 측-저압 측에 주로 사용되는 보호 장치의 조합으로 적합한 것은?

① 고압 측: 컷아웃 스위치, 저압 측: 캐치 홀더
② 고압 측: 캐치 홀더, 저압 측: 컷아웃 스위치
③ 고압 측: 리클로저, 저압 측: 라인 퓨즈
④ 고압 측: 라인 퓨즈, 저압 측: 리클로저

해설 주상 변압기 보호 장치
- 고압 측(1차 측): 컷아웃 스위치(COS), 피뢰기
- 저압 측(2차 측): 캐치 홀더(Catch holder)

06

%임피던스에 대한 설명으로 틀린 것은?

① 단위를 갖지 않는다.
② 절대량이 아닌 기준량에 대한 비를 나타낸 것이다.
③ 기기 용량의 크기와 관계없이 일정한 범위의 값을 갖는다.
④ 변압기나 동기기의 내부 임피던스에만 사용할 수 있다.

해설
%임피던스는 변압기나 동기기 등 전기기기 내부 뿐만 아니라 송전 선로, 배전 선로, 조상설비 등 모든 전력 기기에 적용이 가능하다.

07

연료의 발열량이 $430[\text{kcal/kg}]$일 때, 화력 발전소의 열효율$[\%]$은?(단, 발전기 출력은 $P_G[\text{kW}]$, 시간당 연료의 소비량은 $B[\text{kg/h}]$이다.)

① $\dfrac{P_G}{B} \times 100$

② $\sqrt{2} \times \dfrac{P_G}{B} \times 100$

③ $\sqrt{3} \times \dfrac{P_G}{B} \times 100$

④ $2 \times \dfrac{P_G}{B} \times 100$

해설

열효율 $\eta = \dfrac{860 \times P_G[\text{kW}] \times t[\text{h}]}{430[\text{kcal/kg}] \times B[\text{kg/h}] \times t[\text{h}]} \times 100[\%]$

$\therefore \eta = 2 \times \dfrac{P_G}{B} \times 100[\%]$

08

수용가의 수용률을 나타낸 식은?

① $\dfrac{\text{합성 최대 수용 전력}[\text{kW}]}{\text{평균 전력}[\text{kW}]} \times 100[\%]$

② $\dfrac{\text{평균 전력}[\text{kW}]}{\text{합성 최대 수용 전력}[\text{kW}]} \times 100[\%]$

③ $\dfrac{\text{부하 설비 합계}[\text{kW}]}{\text{최대 수용 전력}[\text{kW}]} \times 100[\%]$

④ $\dfrac{\text{최대 수용 전력}[\text{kW}]}{\text{부하 설비 합계}[\text{kW}]} \times 100[\%]$

해설

수용률 $= \dfrac{\text{최대 수용 전력}[\text{kW}]}{\text{부하 설비 합계}[\text{kW}]} \times 100[\%]$

| 정답 | 05 ① 06 ④ 07 ④ 08 ④

09

화력 발전소에서 증기 및 급수가 흐르는 순서는?

① 절탄기 → 보일러 → 과열기 → 터빈 → 복수기
② 보일러 → 절탄기 → 과열기 → 터빈 → 복수기
③ 보일러 → 과열기 → 절탄기 → 터빈 → 복수기
④ 절탄기 → 과열기 → 보일러 → 터빈 → 복수기

해설 화력 발전의 기본 장치

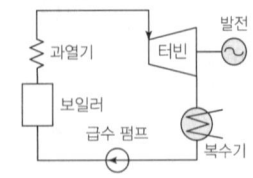

- 증기 및 급수 이동 순서
  급수 펌프 → 절탄기 → 보일러 → 과열기 → 터빈 → 복수기
- 복수기에서 나온 물을 보일러로 보내기 전에 절탄기로 급수를 미리 예열한다.
- 절탄기(Economizer)란 보일러에서 나오는 연소 배기가스의 여열을 이용하여 급수를 미리 예열하는 장치이다.

10

역률 0.8, 출력 $320[\text{kW}]$인 부하에 전력을 공급하는 변전소에 역률 개선을 위해 전력용 콘덴서 $140[\text{kVA}]$를 설치했을 때 합성 역률은?

① 0.93 ② 0.95
③ 0.97 ④ 0.99

해설
- 부하의 무효 전력
  $P_r = P\tan\theta = P \times \dfrac{\sin\theta}{\cos\theta} = 320 \times \dfrac{0.6}{0.8} = 240[\text{kVar}]$
- 콘덴서 설치 후 무효 전력
  $P_r - Q_c = 240 - 140 = 100[\text{kVar}]$
- 합성 역률
  $\cos\theta = \dfrac{P}{\sqrt{P^2 + (P_r - Q_c)^2}} = \dfrac{320}{\sqrt{320^2 + 100^2}} = 0.95$

11

용량 $20[\text{kVA}]$인 단상 주상 변압기에 걸리는 하루 동안의 부하가 처음 14시간 동안은 $20[\text{kW}]$, 다음 10시간 동안은 $10[\text{kW}]$일 때, 이 변압기에 의한 하루 동안의 손실량$[\text{Wh}]$은?(단, 부하의 역률은 1로 가정하고, 변압기의 전 부하 동손은 $300[\text{W}]$, 철손은 $100[\text{W}]$이다.)

① 6,850 ② 7,200
③ 7,350 ④ 7,800

해설
- 동손(부하손)
  $W_c = \sum m^2 P_c \times t = \left(\dfrac{20}{20}\right)^2 \times 300 \times 14 + \left(\dfrac{10}{20}\right)^2 \times 300 \times 10$
  $= 4,950[\text{Wh}]$
- 철손(무부하손) $W_i = P_i \times t = 100 \times 24 = 2,400[\text{Wh}]$

변압기 하루 손실량은 동손 + 철손이므로
$\therefore W_l = W_c + W_i = 4,950 + 2,400 = 7,350[\text{Wh}]$

12

통신선과 평행인 주파수 $60[\text{Hz}]$의 3상 1회선 송전선이 있다. 1선 지락 때문에 영상 전류가 $100[\text{A}]$ 흐르고 있다면 통신선에 유도되는 전자 유도 전압$[\text{V}]$은 약 얼마인가?(단, 영상 전류는 전 전선에 걸쳐서 같으며, 송전선과 통신선과의 상호 인덕턴스는 $0.06[\text{mH/km}]$, 그 평행 길이는 $40[\text{km}]$이다.)

① 156.6 ② 162.8
③ 230.2 ④ 271.4

해설 전자 유도 전압
$E_m = -j\omega Ml(3I_0) = -j(2\pi f)Ml(3I_0)$
$= -j \times 2\pi \times 60 \times (0.06 \times 10^{-3} \times 40) \times 3 \times 100 ≒ -j271.4[\text{V}]$
$\therefore |E_m| = 271.4[\text{V}]$

| 정답 | 09 ① | 10 ② | 11 ③ | 12 ④ |

13

케이블 단선 사고에 의한 고장점까지의 거리를 정전 용량 측정법으로 구하는 경우, 건전상의 정전 용량이 C, 고장점까지의 정전 용량이 C_x, 케이블의 길이가 l일 때 고장점까지의 거리를 나타내는 식으로 알맞은 것은?

① $\dfrac{C}{C_x}l$ ② $\dfrac{2C_x}{C}l$

③ $\dfrac{C_x}{C}l$ ④ $\dfrac{C_x}{2C}l$

해설 정전 용량 측정법

정전 용량 측정법은 케이블 단선 발생 전과 단선 발생 후의 정전 용량 차이를 이용하여 고장점의 위치를 측정하는 방법이다.

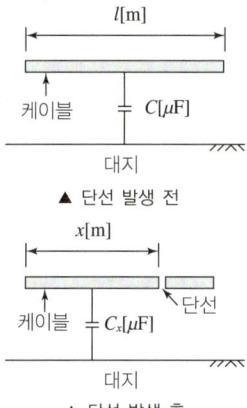

케이블에서 발생하는 대지 간 정전 용량은 케이블 길이에 비례하므로
$\dfrac{C_x}{C} = \dfrac{x}{l} \rightarrow x = \dfrac{C_x}{C}l\,[\text{m}]$

14

전력 퓨즈(Power Fuse)는 고압, 특고압기기의 주로 어떤 전류의 차단을 목적으로 설치하는가?

① 충전 전류 ② 부하 전류
③ 단락 전류 ④ 영상 전류

해설 전력 퓨즈

전력 퓨즈(PF)는 계통의 단락 사고 시 퓨즈가 녹아 끊어지면서(용단) 단락 전류를 차단하는 보호 장치로, 주로 고압 및 특고압 기기의 단락 사고 보호용으로 사용된다.

15

송전 선로에서 1선 지락 시에 건전상의 전압 상승이 가장 적은 접지방식은?

① 비접지방식 ② 직접 접지방식
③ 저항 접지방식 ④ 소호 리액터 접지방식

해설 직접 접지방식

- 1선 지락 시 건전상의 전압 상승이 가장 낮다.
- 선로 및 기기의 절연 레벨을 경감시킨다.
- 변압기 단절연이 가능하다.
- 보호 계전기의 동작이 신속, 확실하다.
- 1선 지락 시 지락 전류가 최대이므로, 영상분 전류로 인한 통신선의 유도장해가 가장 크다.
- 과도 안정도가 저하된다.

16

기준 선간 전압 $23[\text{kV}]$, 기준 3상 용량 $5,000[\text{kVA}]$, 1선의 유도 리액턴스가 $15[\Omega]$일 때 %리액턴스는?

① $28.36[\%]$ ② $14.18[\%]$
③ $7.09[\%]$ ④ $3.55[\%]$

해설 %리액턴스

$\%X = \dfrac{I_n X}{E} \times 100 = \dfrac{P_n X}{10V^2} = \dfrac{5,000 \times 15}{10 \times 23^2} = 14.18\,[\%]$

(단, 3상 기준 용량 $P_n[\text{kVA}]$, 선간 전압 $V[\text{kV}]$)

| 정답 | 13 ③ 14 ③ 15 ② 16 ②

17

전력 원선도의 가로축과 세로축이 각각 나타내는 것은?

① 전압과 전류
② 전압과 전력
③ 전류와 전력
④ 유효 전력과 무효 전력

해설 전력 원선도

전력 원선도의 가로축은 유효 전력(P), 세로축은 무효 전력(Q)을 나타낸다.

관련개념

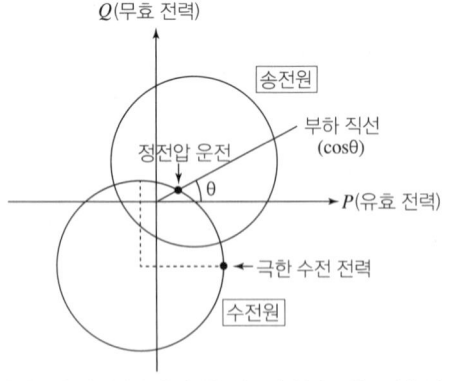

- 정전압 송수전 방식에서 운전점은 반드시 원선도 원주상에 있어야 함
- 원의 반지름 $\rho = \dfrac{V_s V_r}{B}$
- 전력 원선도를 이용하여 구할 수 있는 것
  유효 전력, 무효 전력, 피상 전력, 상차각, 수전단 역률, 극한 수전 전력(정태 안정 극한 전력), 전력 손실, 조상설비 용량
- 전력 원선도로 알 수 없는 것
  과도 안정 극한 전력, 코로나 손실

18

송전 선로에서의 고장 또는 발전기 탈락과 같은 큰 외란에 대하여 계통에 연결된 각 동기기가 동기를 유지하면서 계속 안정적으로 운전할 수 있는지를 판별하는 안정도는?

① 동태 안정도(Dynamic stability)
② 정태 안정도(Steady-state stability)
③ 전압 안정도(Voltage stability)
④ 과도 안정도(Transient stability)

해설 안정도의 종류
- 정태 안정도: 부하 불변 혹은 완만한 부하 변화 시
- 과도 안정도: 부하 급변 혹은 사고(큰 외란) 발생 시
- 동태 안정도: AVR, 조속기 고려 시

19

정전 용량이 C_1이고, V_1의 전압에서 Q_r의 무효 전력을 발생하는 콘덴서가 있다. 정전 용량을 변화시켜 2배로 승압된 전압($2V_1$)에서도 동일한 무효 전력 Q_r을 발생시키고자 할 때, 필요한 콘덴서의 정전 용량 C_2는?

① $C_2 = 4C_1$
② $C_2 = 2C_1$
③ $C_2 = \dfrac{1}{2} C_1$
④ $C_2 = \dfrac{1}{4} C_1$

해설

무효 전력 $Q_r = \dfrac{V^2}{X_C} = \dfrac{V^2}{\dfrac{1}{\omega C}} = \omega C V^2 [F]$

$\therefore Q_r = \omega C_1 V_1^2 = \omega C_2 (2V_1)^2 \rightarrow C_2 = \dfrac{1}{4} C_1 [F]$

20

송전 선로의 고장 전류 계산에 영상 임피던스가 필요한 경우는?

① 1선 지락
② 3상 단락
③ 3선 단선
④ 선간 단락

해설 고장별 대칭분 및 전류의 크기

고장의 종류	대칭분	전류의 크기
1선 지락	정상분, 역상분, 영상분	$I_0 = I_1 = I_2 \neq 0$, $I_g = 3I_0$
선간 단락	정상분, 역상분	$I_0 = 0$, $I_1 = -I_2$
3상 단락	정상분	$I_0 = I_2 = 0$, $I_1 \neq 0$

2021년 2회

01

가공 송전 선로에서 총 단면적이 같은 경우 단도체와 비교하여 복도체의 장점이 아닌 것은?

① 안정도를 증대시킬 수 있다.
② 공사비가 저렴하고 시공이 간편하다.
③ 전선표면의 전위 경도를 감소시켜 코로나 임계 전압이 높아진다.
④ 선로의 인덕턴스가 감소되고 정전 용량이 증가해서 송전 용량이 증대된다.

해설 복도체의 특징
- 전선 표면 전위 경도를 감소시켜 임계 전압이 상승하여 코로나 현상을 방지한다.(복도체 사용의 주목적)
- 인덕턴스는 감소하고 정전 용량은 증가하여 송전 용량이 증대한다.
- 정전 용량이 커지기 때문에 페란티 현상이 발생할 수 있다.(페란티 현상 방지를 위해 분로 리액터 설치)
- 소도체 간의 흡인력이 작용하여 도체 충돌의 우려가 있다.(도체 충돌을 방지하기 위해 스페이서 설치)
- 복도체는 소도체 2개로 만든 전선으로 공사비가 증가하고, 부속 장치인 스페이서를 부착하므로 시공이 어려워진다.

관련개념 복도체 사용
증가 – 송전 용량, 정전 용량
감소 – 코로나 손실, 인덕턴스

02

역률 0.8(지상)의 2,800[kW] 부하에 전력용 콘덴서를 병렬로 접속하여 합성 역률을 0.9로 개선하고자 할 경우, 필요한 전력용 콘덴서의 용량[kVA]은 약 얼마인가?

① 372
② 558
③ 744
④ 1,116

해설 전력용 콘덴서 용량

$Q_c = P(\tan\theta_1 - \tan\theta_2) = 2{,}800 \times \left(\dfrac{0.6}{0.8} - \dfrac{\sqrt{1-0.9^2}}{0.9} \right)$

$\fallingdotseq 744[\text{kVA}]$

03

컴퓨터에 의한 전력 조류 계산에서 슬랙(Slack) 모선의 초기치로 지정하는 값은?(단, 슬랙 모선을 기준 모선으로 한다.)

① 유효 전력과 무효 전력
② 전압 크기와 유효 전력
③ 전압 크기와 위상각
④ 전압 크기와 무효 전력

해설
슬랙 모선의 기지값과 미지값
- 기지값: 모선 전압 크기, 위상각
- 미지값: 유효 전력, 무효 전력, 계통 전손실

04

3상용 차단기의 정격 차단 용량은?

① $\sqrt{3}$ ×정격 전압 × 정격 차단 전류
② $3\sqrt{3}$ ×정격 전압 × 정격 전류
③ 3 ×정격 전압 × 정격 차단 전류
④ $\sqrt{3}$ ×정격 전압 × 정격 전류

해설 3상 차단기의 정격 차단 용량

$P_s = \sqrt{3}\,VI_s[\text{MVA}]$ (단, V: 정격 전압[kV], I_s: 정격 차단 전류[kA])

| 정답 | 01 ② 02 ③ 03 ③ 04 ① |

05

증기 터빈 내에서 팽창 도중에 있는 증기를 일부 추기하여 그것이 갖는 열을 급수가열에 이용하는 열사이클은?

① 랭킨 사이클
② 카르노 사이클
③ 재생 사이클
④ 재열 사이클

해설 화력 발전소의 열 사이클 종류
- 랭킨 사이클: 가장 기본적인 사이클
- 카르노 사이클: 가장 이상적인 사이클
- 재생 사이클: 터빈에서 증기의 일부를 추기하여 급수가열기에 공급함으로써 복수기의 열 손실을 회수하는 사이클
- 재열 사이클: 터빈에서 팽창된 증기를 과열기로 공급하여 과열 증기로 만든 후 다시 터빈에 공급하는 사이클
- 재열재생 사이클: 재열 사이클과 재생 사이클을 모두 채용하여 사이클의 효율을 크게 한 것으로 화력 발전소에서 실현할 수 있는 가장 효율이 좋은 사이클이며, 대용량 화력 발전소에서 가장 많이 사용하는 사이클

06

부하 전류 차단이 불가능한 전력 개폐 장치는?

① 진공 차단기
② 유입 차단기
③ 단로기
④ 가스 차단기

해설 단로기(DS)
- 단로기는 선로로부터 기기를 분리, 구분, 변경할 때 사용하는 개폐 장치이다.
- 단로기(DS)는 아크 소호 능력이 없어 부하 전류 및 고장 전류의 차단은 불가능하다.
- 차단기와 단로기 조작 순서(인터록 장치)
  - 투입 시: 단로기(DS) 투입 → 차단기(CB) 투입
  - 차단 시: 차단기(CB) 개방 → 단로기(DS) 개방

07

전력 계통에서 내부 이상 전압의 크기가 가장 큰 경우는?

① 유도성 소전류 차단 시
② 수차 발전기의 부하 차단 시
③ 무부하 선로 충전 전류 차단 시
④ 송전 선로의 부하 차단기 투입 시

해설 내부 이상 전압
- 내부 이상 전압은 계통을 조작하거나 고장이 발생하였을 때 발생하며, 계통 조작 시 과도 현상으로 발생하는 이상 전압은 투입 서지와 개방 서지로 구분된다.
- 일반적으로 투입 서지보다 개방 서지가 더 크며, 부하가 있는 회로를 차단(개방)하는 것보다 무부하 회로를 차단하는 경우가 더 큰 이상 전압을 발생시킨다.
- 이상 전압이 가장 큰 경우는 무부하 송전 선로의 충전 전류를 차단하는 경우이며, 이상 전압의 크기는 보통 상규 대지 전압의 3.5배 이하이다.

| 정답 | 05 ③ | 06 ③ | 07 ③ |

08

그림과 같은 송전 계통에서 S점에 3상 단락 사고가 발생했을 때 단락 전류[A]는 약 얼마인가?(단, 선로의 길이와 리액턴스는 각각 $50[km]$, $0.6[\Omega/km]$이다.)

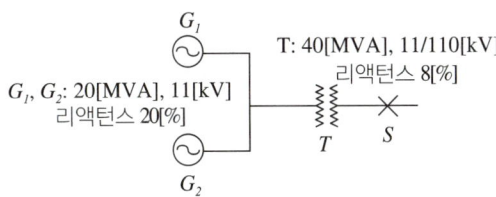

① 224
② 324
③ 454
④ 554

해설

기준 용량을 $40[MVA]$(변압기 용량)로 하고 $\%Z_g$, $\%Z_t$, $\%Z_l$를 각각 발전기, 변압기, 선로의 %임피던스라 하면

$$\%Z_{g1} = \%Z_{g2} = \frac{40}{20} \times 20 = 40[\%]$$

$$\therefore \%Z_g = \frac{\%Z_{g1} \times \%Z_{g2}}{\%Z_{g1} + \%Z_{g2}} = \frac{40 \times 40}{40 + 40} = 20[\%] (\because \text{병렬 연결})$$

$$\%Z_t = 8[\%], \quad \%Z_l = \frac{P_n Z}{10V^2} = \frac{40 \times 10^3 \times 0.6 \times 50}{10 \times 110^2} = 9.92[\%]$$

전체 %임피던스
$$\%Z = \%Z_g + \%Z_t + \%Z_l = 20 + 8 + 9.92 = 37.92[\%]$$

단락 전류
$$I_s = \frac{100}{\%Z} I_n = \frac{100}{\%Z} \times \frac{P_n}{\sqrt{3}\,V} = \frac{100}{37.92} \times \frac{40 \times 10^3}{\sqrt{3} \times 110}$$
$$= 553.65[A]$$

09

저압 배전 선로에 대한 설명으로 틀린 것은?

① 저압 뱅킹 방식은 전압 변동을 경감할 수 있다.
② 밸런서(Balancer)는 단상 2선식에 필요하다.
③ 부하율(F)과 손실 계수(H) 사이에는 $1 \geq F \geq H \geq F^2 \geq 0$의 관계가 있다.
④ 수용률이란 최대 수용 전력을 설비 용량으로 나눈 값을 퍼센트로 나타낸 것이다.

해설 밸런서(Balancer)

밸런서는 단상 3선식 배전 선로에서 부하의 불평형에 의한 배전 말단의 전압 불균형을 감소시키기 위해 설치하는 단권 변압기(권수비 1 : 1)이다.

10

망상(Network) 배전 방식의 장점이 아닌 것은?

① 전압 변동이 적다.
② 인축의 접지 사고가 적어진다.
③ 부하의 증가에 대한 융통성이 크다.
④ 무정전 공급이 가능하다.

해설 망상(Network) 배전 방식의 특징

- 전력의 무정전 공급이 가능하고 공급 신뢰도가 가장 우수
- 전압 변동 및 전력 손실 감소
- 부하의 증설 용이
- 선로가 많아 인축의 접촉 사고 증대

| 정답 | 08 ④ 09 ② 10 ② |

11

$500[\text{kVA}]$의 단상 변압기 상용 3대(결선 $\Delta-\Delta$), 예비 1대를 갖는 변전소가 있다. 부하의 증가로 인하여 예비 변압기까지 동원해서 사용한다면 응할 수 있는 최대 부하$[\text{kVA}]$는 약 얼마인가?

① 2,000
② 1,730
③ 1,500
④ 830

해설
단상 변압기가 총 4대이므로 V 결선으로 2뱅크 설치 시 3상 전력을 최대로 공급할 수 있다.
$\therefore P_{\max} = 2P_V = 2 \times (\sqrt{3} P_1) = 2 \times \sqrt{3} \times 500$
$\qquad = 1,732.05[\text{kVA}]$

12

직격뢰에 대한 방호 설비로 가장 적당한 것은?

① 복도체
② 가공 지선
③ 서지 흡수기
④ 정전 방전기

해설 가공 지선의 역할
가공 지선은 직격뢰에 대한 차폐, 유도뢰에 대한 차폐, 통신선에 대한 전자 유도 장해 경감 등을 목적으로 시설한다.

13

최대 수용 전력이 $3[\text{kW}]$인 수용가가 3세대, $5[\text{kW}]$인 수용가가 6세대라고 할 때, 이 수용가군에 전력을 공급할 수 있는 주상 변압기의 최소 용량$[\text{kVA}]$은?(단, 역률은 1, 수용가 간의 부등률은 1.3이다.)

① 25
② 30
③ 35
④ 40

해설
변압기 용량$[\text{kVA}] = \dfrac{\text{개별 수용 최대 전력의 합}[\text{kW}]}{\text{부등률} \times \cos\theta}$

$\therefore$ 변압기 용량 $= \dfrac{3 \times 3 + 5 \times 6}{1.3 \times 1} = 30[\text{kVA}]$

14

배전용 변전소의 주변압기로 주로 사용되는 것은?

① 강압 변압기
② 체승 변압기
③ 단권 변압기
④ 3권선 변압기

해설
배전용 변전소는 송전 전압을 배전 전압으로 강압하여 수용가에 전력을 공급하는 곳이므로 강압 변압기를 사용한다.

| 정답 | 11 ② 12 ② 13 ② 14 ①

15

비등수형 원자로의 특징에 대한 설명으로 틀린 것은?

① 증기 발생기가 필요하다.
② 저농축 우라늄을 연료로 사용한다.
③ 노심에서 비등을 일으킨 증기가 직접 터빈에 공급되는 방식이다.
④ 가압수형 원자로에 비해 출력밀도가 낮다.

해설 비등수형 원자로(BWR) 특징
- 원자로에서 발생된 증기가 직접 터빈에 공급되어 발전하는 방식이다.
- 직접 열전달 방식이므로 증기 발생기가 불필요하다.
- 가압수형 원자로에 비해 출력밀도가 낮아 같은 출력을 발생시킬 경우 노심 및 압력 용기가 커진다.
- 원자로에서 직접 증기가 발생하기 때문에 방사능 누출에 대한 문제가 있는 원자로이다.

16

송전단 전압을 V_s, 수전단 전압을 V_r, 선로의 리액턴스를 X라 할 때, 정상 시의 최대 송전 전력의 개략적인 값은?

① $\dfrac{V_s - V_r}{X}$
② $\dfrac{V_s^2 - V_r^2}{X}$
③ $\dfrac{V_s(V_s - V_r)}{X}$
④ $\dfrac{V_s V_r}{X}$

해설

송전 전력 $P = \dfrac{V_s V_r}{X} \sin\delta$ 에서 최대값은 $\sin\delta = 1$인 경우이다.

$\therefore P_{max} = \dfrac{V_s V_r}{X}$

17

3상 3선식 송전 선로에서 각 선의 대지 정전 용량이 $0.5096[\mu F]$이고, 선간 정전 용량이 $0.1295[\mu F]$일 때, 1선의 작용 정전 용량은 약 몇 $[\mu F]$인가?

① 0.6
② 0.9
③ 1.2
④ 1.8

해설

대지 정전 용량을 C_s, 선간 정전 용량을 C_m이라 할 때
3상 3선식 작용 정전 용량 $C = C_s + 3C_m [\mu F]$
$\therefore C = 0.5096 + 3 \times 0.1295 = 0.8981 [\mu F]$

관련개념 작용 정전 용량
- 단상 2선식 작용 정전 용량 $C = C_s + 2C_m$
- 3상 3선식 작용 정전 용량 $C = C_s + 3C_m$

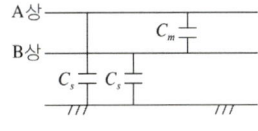
▲ 단상 2선식

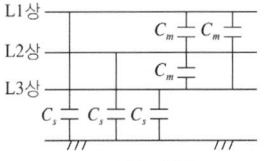
▲ 3상 3선식

| 정답 | 15 ① | 16 ④ | 17 ② |

18

전력 계통의 전압을 조정하는 가장 보편적인 방법은?

① 발전기의 유효 전력 조정
② 부하의 유효 전력 조정
③ 계통의 주파수 조정
④ 계통의 무효 전력 조정

해설

전력 계통의 전압 강하를 보상하여 규정 전압을 공급하는 방법으로 수전단 근처에서 무효 전력을 보상하는 방법이 일반적으로 사용된다.
- 전력 계통 전압 조정: 무효 전력 조정($Q-V$ 컨트롤)
- 전력 계통 주파수 조정: 유효 전력 조정($P-F$ 컨트롤)

19

선로, 기기 등의 절연 수준 저감 및 전력용 변압기의 단절연을 모두 행할 수 있는 중성점 접지방식은?

① 직접 접지방식
② 소호 리액터 접지방식
③ 고저항 접지방식
④ 비접지방식

해설 직접 접지방식
- 1선 지락 시 건전상의 전압 상승이 가장 낮다.
- 선로 및 기기의 절연 레벨을 경감시킨다.
- 변압기 단절연이 가능하다.
- 보호 계전기의 동작이 신속, 확실하다.
- 1선 지락 시 지락 전류가 최대이므로, 영상분 전류로 인한 통신선의 유도 장해가 가장 크다.
- 과도 안정도가 저하된다.

20

단상 2선식 배전 선로의 말단에 지상 역률 $\cos\theta$인 부하 $P[\text{kW}]$가 접속되어 있고 선로 말단의 전압은 $V[\text{V}]$이다. 선로 한 가닥의 저항을 $R[\Omega]$이라 할 때 송전단의 공급 전력 $[\text{kW}]$은?

① $P + \dfrac{P^2 R}{V\cos\theta} \times 10^3$

② $P + \dfrac{2P^2 R}{V\cos\theta} \times 10^3$

③ $P + \dfrac{P^2 R}{V^2 \cos^2\theta} \times 10^3$

④ $P + \dfrac{2P^2 R}{V^2 \cos^2\theta} \times 10^3$

해설

송전단 전력(P_s)과 수전단 전력(P)의 차이가 전력 손실이므로
$P_l = P_s - P\,[\text{W}] \rightarrow P_s = P + P_l\,[\text{W}]$
단상 2선식 전력 손실
$P_l = 2I^2 R = 2 \times \left(\dfrac{P}{V\cos\theta}\right)^2 R = \dfrac{2P^2 R}{V^2 \cos^2\theta}\,[\text{W}]$
$\therefore P_s = P[\text{kW}] + \dfrac{2(P[\text{kW}] \times 10^3)^2 R}{V^2 \cos^2\theta} \times 10^{-3}$
$= P + \dfrac{2P^2 R}{V^2 \cos^2\theta} \times 10^3\,[\text{kW}]$

| 정답 | 18 ④ | 19 ① | 20 ④ |

2021년 3회

01

동작 시간에 따른 보호 계전기의 분류와 이에 대한 설명으로 틀린 것은?

① 순한시 계전기는 설정된 최소 동작 전류 이상의 전류가 흐르면 즉시 동작한다.
② 반한시 계전기는 동작 시간이 전류값의 크기에 따라 변하는 것으로 전류값이 클수록 느리게 동작하고 반대로 전류값이 작아질수록 빠르게 동작하는 계전기이다.
③ 정한시 계전기는 설정된 값 이상의 전류가 흘렀을 때 동작 전류의 크기와는 관계없이 항상 일정한 시간 후에 동작하는 계전기이다.
④ 반한시 · 정한시 계전기는 어느 전류값까지는 반한시성이지만 그 이상이 되면 정한시로 동작하는 계전기이다.

해설
반한시 계전기는 고장 전류의 크기에 반비례하여 동작 시한이 결정되는 것으로, 고장 전류의 크기가 크면 동작 시간이 짧아진다.

02

환상 선로의 단락 보호에 주로 사용하는 계전 방식은?

① 비율 차동 계전 방식
② 방향 거리 계전 방식
③ 과전류 계전 방식
④ 선택 접지 계전 방식

해설 환상 선로 단락 보호
- 전원이 1단에만 있는 경우: 방향 단락 계전기
- 전원이 2군데 이상 있는 경우: 방향 거리 계전기

03

옥내 배선을 단상 2선식에서 단상 3선식으로 변경하였을 때 전선 1선당 공급 전력은 약 몇 배 증가하는가?(단, 선간 전압(단상 3선식의 경우는 중성선과 타선 간의 전압), 선로 전류(중성선의 전류 제외) 및 역률은 같다.)

① 0.71
② 1.33
③ 1.41
④ 1.73

해설
- 단상 2선식
  총 공급 전력 $P_{2w} = EI$ [W]
  1선당 공급 전력 $(P_{2w})_1 = \frac{1}{2}EI$ [W]
- 단상 3선식
  총 공급 전력 $P_{3w} = 2EI$ [W]
  1선당 공급 전력 $(P_{3w})_1 = \frac{2}{3}EI$ [W]

$$\therefore \frac{(P_{3w})_1}{(P_{2w})_1} = \frac{\frac{2}{3}EI}{\frac{1}{2}EI} = \frac{4}{3} = 1.33$$

04

3상용 차단기의 정격 차단 용량은 그 차단기의 정격전압과 정격 차단 전류와의 곱을 몇 배 한 것인가?

① $\frac{1}{\sqrt{2}}$
② $\frac{1}{\sqrt{3}}$
③ $\sqrt{2}$
④ $\sqrt{3}$

해설 3상용 차단기 정격 용량
$P_s = \sqrt{3}\,VI_s$ [MVA]
(단, V: 정격 전압[kV], I_s: 정격 차단 전류[kA])

| 정답 | 01 ② 02 ② 03 ② 04 ④

05

유효 낙차 $100[m]$, 최대 유량 $20[m^3/s]$의 수차가 있다. 낙차가 $81[m]$로 감소하면 유량$[m^3/s]$은?(단, 수차에서 발생하는 손실 등은 무시하며 수차 효율은 일정하다.)

① 15   ② 18
③ 24   ④ 30

해설

낙차(H)와 유량(Q)의 관계 $\dfrac{Q_1}{Q_2} = \left(\dfrac{H_1}{H_2}\right)^{\frac{1}{2}}$ 에서

$\therefore Q = 20 \times \left(\dfrac{81}{100}\right)^{\frac{1}{2}} = 18[m^3/s]$

관련개념 낙차에 따른 특성 변화

- 회전수: $\dfrac{N_1}{N_2} = \left(\dfrac{H_1}{H_2}\right)^{\frac{1}{2}}$
- 출력: $\dfrac{P_1}{P_2} = \left(\dfrac{H_1}{H_2}\right)^{\frac{3}{2}}$

06

단락 용량 $3,000[MVA]$인 모선의 전압이 $154[kV]$라면 등가 모선 임피던스$[\Omega]$는 약 얼마인가?

① 5.81   ② 6.21
③ 7.91   ④ 8.71

해설

단락 용량 $P_s = \sqrt{3}\,VI_s[MVA]$

모선 임피던스 $Z = \dfrac{E}{I_s} = \dfrac{\frac{V}{\sqrt{3}}}{\frac{P_s}{\sqrt{3}\,V}} = \dfrac{V^2}{P_s}[\Omega]$

$\therefore Z = \dfrac{(154 \times 10^3)^2}{3,000 \times 10^6} = 7.91[\Omega]$

07

중성점 접지 방식 중 직접 접지 송전 방식에 대한 설명으로 틀린 것은?

① 1선 지락 사고 시 지락 전류는 타 접지방식에 비하여 최대로 된다.
② 1선 지락 사고 시 지락 계전기의 동작이 확실하고 선택 차단이 가능하다.
③ 통신선에서의 유도 장해는 비접지방식에 비하여 크다.
④ 기기의 절연 레벨을 상승시킬 수 있다.

해설 직접 접지방식

- 1선 지락 시 건전상의 전압 상승이 가장 낮다.
- 1선 지락 시 지락 전류가 최대이므로, 지락 고장 시 계전기 동작이 가장 확실하다.
- 지락 시 영상분 전류로 인한 통신선의 유도 장해가 크다.
- 선로 및 기기의 절연 레벨을 경감시킨다.

08

송전선에 직렬 콘덴서를 설치하였을 때의 특징으로 틀린 것은?

① 선로 중에서 일어나는 전압 강하를 감소시킨다.
② 송전 전력의 증가를 꾀할 수 있다.
③ 부하 역률이 좋을수록 설치 효과가 크다.
④ 단락 사고가 발생하는 경우 사고 전류에 의하여 과전압이 발생한다.

해설 직렬 콘덴서

- 전압 강하를 보상한다.
- 송전 용량이 증대한다.
- 부하 역률이 나쁠수록 효과가 좋다.
- 단락 고장 시 과전압, 동기기 난조 및 자기 여자 등을 발생시킬 수 있다.

| 정답 | 05 ②   06 ③   07 ④   08 ③

09

수압철관의 안지름이 $4[\text{m}]$인 곳에서의 유속이 $4[\text{m/s}]$이다. 안지름이 $3.5[\text{m}]$인 곳에서의 유속$[\text{m/s}]$은 약 얼마인가?

① 4.2
② 5.2
③ 6.2
④ 7.2

해설 연속의 원리

두 지점을 통과하는 물의 양은 항상 보존되어야 하므로
유량 $Q = v_1 A_1 = v_2 A_2 [\text{m}^3/\text{s}]$

$$v_2 = \frac{A_1}{A_2} v_1 = \frac{\frac{\pi}{4} D_1^2}{\frac{\pi}{4} D_2^2} v_1 = \frac{D_1^2}{D_2^2} v_1 [\text{m/s}]$$

$$\therefore v_2 = \frac{4^2}{3.5^2} \times 4 = 5.22 [\text{m/s}]$$

10

경간이 $200[\text{m}]$인 가공 전선로가 있다. 사용 전선의 길이는 경간보다 약 몇 $[\text{m}]$ 더 길어야 하는가?(단, 전선의 $1[\text{m}]$당 하중은 $2[\text{kg}]$, 인장 하중은 $4,000[\text{kg}]$이고, 풍압 하중은 무시하며, 전선의 안전율은 2이다.)

① 0.33
② 0.61
③ 1.41
④ 1.73

해설

이도 $D = \dfrac{WS^2}{8T} = \dfrac{2 \times 200^2}{8 \times \frac{4,000}{2}} = 5[\text{m}]$

전선의 길이 $L = S + \dfrac{8D^2}{3S}[\text{m}]$이므로

$\therefore L - S = \dfrac{8D^2}{3S} = \dfrac{8 \times 5^2}{3 \times 200} = 0.33[\text{m}]$

11

송전 선로에서 현수 애자련의 연면 섬락과 가장 관계가 먼 것은?

① 댐퍼
② 철탑 접지 저항
③ 현수 애자련의 개수
④ 현수 애자련의 소손

해설 애자련 연면 섬락
- 철탑의 탑각 접지 저항값이 크면 역섬락이 발생하므로 이를 감소키기 위해 매설 지선을 설치한다.
- 애자련의 개수를 증가시켜 충분한 저항값을 확보하여 섬락을 방지한다.
- 애자가 오손되어 비나 안개에 의해 습윤을 받으면 애자 연면의 절연 내력이 감소하여 섬락이 발생할 수 있으므로 주기적 청소를 통해 애자 오손을 방지한다.

댐퍼는 전선의 진동을 방지한다.

12

전력 계통의 중성점 다중 접지방식의 특징으로 옳은 것은?

① 통신선의 유도 장해가 적다.
② 합성 접지 저항이 매우 높다.
③ 건전상의 전위 상승이 매우 높다.
④ 지락 보호 계전기의 동작이 확실하다.

해설 중성점 다중 접지방식
- 1선 지락 시 건전상의 전압 상승이 가장 낮다.
- 1선 지락 시 지락 전류가 최대이므로, 지락 고장 시 계전기 동작이 가장 확실하다.
- 선로 및 기기의 절연레벨을 경감시킨다.
- 영상분 전류로 인한 통신선 유도 장해가 가장 크다.

13

전력 계통의 전압 조정설비에 대한 특징으로 틀린 것은?

① 병렬 콘덴서는 진상 능력만을 가지며 병렬 리액터는 진상능력이 없다.
② 동기 조상기는 조정의 단계가 불연속적이나 직렬 콘덴서 및 병렬 리액터는 연속적이다.
③ 동기 조상기는 무효 전력의 공급과 흡수가 모두 가능하여 진상 및 지상 용량을 갖는다.
④ 병렬 리액터는 경부하 시에 계통 전압이 상승하는 것을 억제하기 위하여 초고압 송전선 등에 설치된다.

해설
동기 조상기는 조정의 단계가 연속적이나, 직렬 콘덴서 및 병렬 리액터는 조정이 불연속적이다.

관련개념 조상설비의 비교

구분	동기 조상기	전력용 콘덴서	분로 리액터
무효 전력	지상, 진상	진상	지상
조정 형태	연속적	불연속적 (계단적)	불연속적 (계단적)
전압 유지 능력	크다	작다	작다
전력 손실	크다	작다	작다
시충전	가능	불가능	불가능

14

변압기 보호용 비율 차동 계전기를 사용하여 $\Delta-Y$ 결선의 변압기를 보호하려고 한다. 이때 변압기 1, 2차 측에 설치하는 변류기의 결선 방식은?(단, 위상 보정 기능이 없는 경우이다.)

① $\Delta-\Delta$
② $\Delta-Y$
③ $Y-\Delta$
④ $Y-Y$

해설 변류기 결선
$\Delta-Y$ 결선 변압기 1차 측과 2차 측의 위상차를 보정하기 위해 변류기는 변압기와 반대로 결선한다. 즉, 변압기 결선이 $\Delta-Y$ 결선인 경우 변류기 결선은 $Y-\Delta$ 결선을 적용한다.

15

송전 선로에 단도체 대신 복도체를 사용하는 경우에 나타나는 현상으로 틀린 것은?

① 전선의 작용 인덕턴스를 감소시킨다.
② 선로의 작용 정전 용량을 증가시킨다.
③ 전선 표면의 전위 경도를 저감시킨다.
④ 전선의 코로나 임계 전압을 저감시킨다.

해설 복도체의 특징
- 전선 표면 전위 경도를 감소시켜 임계 전압이 상승, 코로나 현상을 방지한다.(복도체 사용의 주목적)
- 인덕턴스는 감소하고 정전 용량은 증가하여 송전 용량이 증대한다.
- 송전 계통의 안정도가 증가한다.

16

어느 화력 발전소에서 $40,000[\text{kWh}]$를 발전하는 데 발열량 $860[\text{kcal/kg}]$의 석탄이 60톤 사용된다. 이 발전소의 열효율$[\%]$은 약 얼마인가?

① 56.7
② 66.7
③ 76.7
④ 86.7

해설
열효율 $\eta = \dfrac{860\,W}{BH} \times 100[\%]$

$\therefore \eta = \dfrac{860 \times 40,000}{60 \times 10^3 \times 860} \times 100 = 66.7[\%]$

| 정답 | 13 ② 14 ③ 15 ④ 16 ② |

17

가공 송전선의 코로나 임계 전압에 영향을 미치는 여러 가지 인자에 대한 설명 중 틀린 것은?

① 전선 표면이 매끈할수록 임계 전압이 낮아진다.
② 날씨가 흐릴수록 임계 전압은 낮아진다.
③ 기압이 낮을수록, 온도가 높을수록 임계 전압은 낮아진다.
④ 전선의 반지름이 클수록 임계 전압은 높아진다.

해설 코로나 임계 전압
- 코로나 임계 전압이란 코로나가 방전을 시작하는 개시 전압을 말한다.
- 코로나 임계 전압 $E_0 = 24.3 m_0 m_1 \delta d \log_{10} \frac{D}{r}$ [kV]
  - m_0 : 전선의 표면 계수(매끈한 전선= 1, 거친 전선= 0.8)
  - m_1 : 날씨 계수(맑은 날= 1, 비, 눈, 안개 등 악천후 시= 0.8)
  - δ : 상대 공기 밀도
    ($\delta = \frac{0.386 b}{273 + t}$, b : 기압[mmHg], t : 기온[℃])
  - d : 전선의 직경, r : 전선의 반지름, D : 선간 거리

  전선 표면이 거칠수록, 날씨가 흐릴수록, 기압이 낮고 온도가 높을수록 임계 전압은 낮아진다.

18

송전선의 특성 임피던스의 특징으로 옳은 것은?

① 선로의 길이가 길어질수록 값이 커진다.
② 선로의 길이가 길어질수록 값이 작아진다.
③ 선로의 길이에 따라 값이 변하지 않는다.
④ 부하 용량에 따라 값이 변한다.

해설 특성 임피던스
$Z_0 = \sqrt{\frac{R + j\omega L}{G + j\omega C}} = \sqrt{\frac{L}{C}}$ [Ω]

송전 선로의 특성 임피던스는 구성 물질 및 기하학적 크기에 따라 달라지며, L 과 C 는 단위 길이에 대한 값이므로 특성 임피던스는 송전 선로 길이와 무관한 값이 된다.

19

송전 선로의 보호 계전 방식이 아닌 것은?

① 전류 위상 비교 방식
② 전류 차동 보호 계전 방식
③ 방향 비교 방식
④ 전압 균형 방식

해설 송전 선로의 보호 계전 방식
- 전류 차동 방식
- 전류 위상 비교 방식
- 방향 비교 방식
- 거리 계전 방식

20

선로 고장 발생 시 고장 전류를 차단할 수 없어 리클로저와 같이 차단 기능이 있는 후비 보호 장치와 함께 설치되어야 하는 장치는?

① 배선용 차단기
② 유입 개폐기
③ 컷아웃 스위치
④ 섹셔널라이저

해설 배전 선로 보호 협조
- 리클로저는 선로에 고장이 발생하였을 때 고장 전류를 검출하여 지정된 시간 내에 고속으로 차단하고 자동 재폐로 동작을 수행하여 고장 구간을 분리하거나 재송전하는 장치이다.
- 섹셔널라이저는 리클로저 차단 횟수를 기억하였다가 미리 정해진 횟수에 이르면 선로 무전압 상태에서 고장 구간을 분리하는 장치이다.
- 섹셔널라이저는 고장 전류 차단 능력이 없으므로 리클로저와 직렬로 조합하여 사용한다.
- 보호 협조 배열: 리클로저(R) – 섹셔널라이저(S) – 구분 퓨즈(F)

| 정답 | 17 ① 18 ③ 19 ④ 20 ④

2020년 1, 2회

01

중성점 직접 접지방식의 발전기가 있다. 1선 지락 사고 시 지락 전류는?(단, Z_1, Z_2, Z_0는 각각 정상, 역상, 영상 임피던스이며, E_a는 지락된 상의 무부하 기전력이다.)

① $\dfrac{E_a}{Z_0+Z_1+Z_2}$
② $\dfrac{Z_1 E_a}{Z_0+Z_1+Z_2}$
③ $\dfrac{3E_a}{Z_0+Z_1+Z_2}$
④ $\dfrac{Z_0 E_a}{Z_0+Z_1+Z_2}$

해설

1선 지락 사고 시 대칭분 전류 $I_0 = I_1 = I_2 = \dfrac{E_a}{Z_0+Z_1+Z_2}$ [A]

따라서 1선 지락 사고 시 지락 전류

$I_g = I_a = 3I_0 = \dfrac{3E_a}{Z_0+Z_1+Z_2}$ [A]

02

다음 중 송전 계통의 절연 협조에 있어서 절연 레벨이 가장 낮은 기기는?

① 피뢰기 ② 단로기
③ 변압기 ④ 차단기

해설 절연 협조

계통의 절연 레벨이 큰 순서대로 열거하면 '선로 애자 > 차단기, 단로기 > 변압기 > 피뢰기(제한 전압)'이다.

03

화력 발전소에서 절탄기의 용도는?

① 보일러에 공급되는 급수를 예열한다.
② 포화 증기를 과열한다.
③ 연소용 공기를 예열한다.
④ 석탄을 건조한다.

해설 절탄기

배기가스의 여열을 이용하여 보일러의 급수를 예열한다.

04

3상 배전 선로의 말단에 역률 60[%](늦음), 60[kW]의 평형 3상 부하가 있다. 부하점에 부하와 병렬로 전력용 콘덴서를 접속하여 선로 손실을 최소로 하고자 할 때 콘덴서 용량[kVA]은?(단, 부하단의 전압은 일정하다.)

① 40 ② 60
③ 80 ④ 100

해설 역률 개선용 콘덴서 용량

$Q_c = P(\tan\theta_1 - \tan\theta_2) = P\left(\dfrac{\sin\theta_1}{\cos\theta_1} - \dfrac{\sin\theta_2}{\cos\theta_2}\right)$ [kVA]에서

선로 손실을 최소로 하고자 하면 개선 후 역률이 100[%]가 되어야 한다.

따라서 $Q_c = 60 \times \left(\dfrac{0.8}{0.6} - \dfrac{0}{1}\right) = 80$ [kVA]

| 정답 | 01 ③ 02 ① 03 ① 04 ③

05

송배전 선로에서 선택 지락 계전기(SGR)의 용도는?

① 다회선에서 접지 고장 회선의 선택
② 단일 회선에서 접지 전류의 대소 선택
③ 단일 회선에서 접지 전류의 방향 선택
④ 단일 회선에서 접지 사고의 지속 시간 선택

해설 선택 지락 계전기(SGR)
다회선의 지락(접지) 사고를 선택하는 계전기

06

정격 전압 $7.2[\text{kV}]$, 정격 차단 용량 $100[\text{MVA}]$인 3상 차단기의 정격 차단 전류는 약 몇 $[\text{kA}]$인가?

① 4　　② 6
③ 7　　④ 8

해설
3상 차단기의 정격 차단 용량 $P_s = \sqrt{3}\,V_n I_s [\text{MVA}]$
(여기서, V_n: 정격 전압[kV], I_s: 정격 차단 전류[kA])
따라서 정격 차단 전류는
$I_s = \dfrac{P_s}{\sqrt{3}\,V_n} = \dfrac{100 \times 10^6}{\sqrt{3} \times 7.2 \times 10^3} \times 10^{-3} = 8.02[\text{kA}]$

07

고장 즉시 동작하는 특성을 갖는 계전기는?

① 순시 계전기
② 정한시 계전기
③ 반한시 계전기
④ 반한시성 정한시 계전기

해설
- 순시(순한시) 계전기: 최소 동작 전류 이상이 흐르면 즉시 동작하는 계전기
- 정한시 계전기: 동작 전류 이상에서 일정 시간 경과 후 동작하는 계전기
- 반한시 계전기: 동작 전류가 작을 때에는 늦게 동작하고, 동작 전류가 클 때에는 빨리 동작하는 계전기
- 반한시성 정한시 계전기: 동작 전류가 작을 때에는 반한시 특성을 갖고, 그 이상에서는 정한시 특성을 갖는 계전기

08

$30,000[\text{kW}]$의 전력을 $51[\text{km}]$ 떨어진 지점에 송전하는 데 필요한 전압은 약 몇 $[\text{kV}]$인가?(단, Still의 식에 의하여 산정한다.)

① 22　　② 33
③ 66　　④ 100

해설
Still식 $E_0 = 5.5\sqrt{0.6L + \dfrac{P}{100}}\,[\text{kV}]$
(단, L: 송전 거리[km], P: 송전 전력[kW])
$\therefore E_0 = 5.5 \times \sqrt{0.6 \times 51 + \dfrac{30,000}{100}} = 100[\text{kV}]$

| 정답 | 05 ① 06 ④ 07 ① 08 ④ |

09

댐의 부속 설비가 아닌 것은?

① 수로
② 수조
③ 취수구
④ 흡출관

해설 댐의 부속 설비
- 취수구
- 수조
- 수로

흡출관은 수차 밑에 설치한 수압관으로 유효 낙차를 늘리는 역할을 한다.

10

3상 3선식에서 전선 한 가닥에 흐르는 전류는 단상 2선식의 경우의 몇 배가 되는가?(단, 송전 전력, 부하 역률, 송전 거리, 전력 손실 및 선간 전압이 같다.)

① $\dfrac{1}{\sqrt{3}}$
② $\dfrac{2}{3}$
③ $\dfrac{3}{4}$
④ $\dfrac{4}{9}$

해설
- 단상 2선식 $P = VI_1\cos\theta[\text{W}]$
  (여기서, P: 송전 전력, V: 선간 전압, I: 전류, $\cos\theta$: 역률)
- 3상 3선식 $P = \sqrt{3}\,VI_2\cos\theta[\text{W}]$
  조건에서 송전 전력과 선간 전압 및 역률이 같으므로
  $I_1 = \sqrt{3}\,I_2[\text{A}]$
  $\therefore \dfrac{I_2}{I_1} = \dfrac{1}{\sqrt{3}}$

11

사고, 정전 등의 중대한 영향을 받는 지역에서 정전과 동시에 자동적으로 예비 전원용 배전 선로로 전환하는 장치는?

① 차단기(Circuit Breaker)
② 리클로저(Recloser)
③ 섹셔널라이저(Sectionalizer)
④ 자동 부하 전환개폐기(Auto Load Transfer Switch)

해설 자동 부하 전환개폐기(ALTS)

사고나 정전 시에 즉시 자동적으로 예비 전원으로 전환하는 개폐기

12

전선의 표피 효과에 대한 설명으로 알맞은 것은?

① 전선이 굵을수록, 주파수가 높을수록 커진다.
② 전선이 굵을수록, 주파수가 낮을수록 커진다.
③ 전선이 가늘수록, 주파수가 높을수록 커진다.
④ 전선이 가늘수록, 주파수가 낮을수록 커진다.

해설

표피 효과: 주파수, 도전율, 투자율이 높을수록, 전선이 굵을수록 커진다.

| 정답 | 09 ④ 10 ① 11 ④ 12 ①

13

일반 회로 정수가 같은 평행 2회선에서 A, B, C, D는 각각 1회선의 경우의 몇 배로 되는가?

① A: 2배, B: 2배, C: $\frac{1}{2}$배, D: 1배
② A: 1배, B: 2배, C: $\frac{1}{2}$배, D: 1배
③ A: 1배, B: $\frac{1}{2}$배, C: 2배, D: 1배
④ A: 1배, B: $\frac{1}{2}$배, C: 2배, D: 2배

해설 회로 정수가 같은 평행 2회선의 4단자 정수

$A \to A$, $B \to \frac{B}{2}$, $C \to 2C$, $D \to D$

즉, 직렬 임피던스는 $\frac{1}{2}$배가 되고, 병렬 어드미턴스는 2배가 된다.

14

변전소에서 비접지 선로의 접지 보호용으로 사용되는 계전기에 영상 전류를 공급하는 것은?

① CT
② GPT
③ ZCT
④ PT

해설 ZCT(영상 변류기)

지락 사고 시 지락(영상) 전류를 검출하며 지락 계전기와 조합하여 차단기를 동작시킨다.

15

단로기에 대한 설명으로 틀린 것은?

① 소호 장치가 있어 아크를 소멸시킨다.
② 무부하 및 여자 전류의 개폐에 사용된다.
③ 사용 회로수에 의해 분류하면 단투형과 쌍투형이 있다.
④ 회로의 분리 또는 계통의 접속 변경 시 사용한다.

해설 DS(단로기)

단로기(DS)는 소호 장치가 없어서 아크 소호 능력이 없다. 회로 분리용 또는 접속 변경에 사용하며 무부하 전로를 개폐한다.

16

4단자 정수 $A = 0.9918 + j0.0042$, $B = 34.17 + j50.38$, $C = (-0.006 + j3,247) \times 10^{-4}$인 송전 선로의 송전단에 66[kV]를 인가하고 수전단을 개방하였을 때 수전단 선간 전압은 약 몇 [kV]인가?

① $\frac{66.55}{\sqrt{3}}$
② 62.5
③ $\frac{62.5}{\sqrt{3}}$
④ 66.55

해설

4단자 정수
$V_s = AV_r + BI_r$
$I_s = CV_r + DI_r$

수전단 개방 시($I_r = 0$) $V_s = AV_r$이다.

$\therefore V_r = \frac{V_s}{A} = \frac{66}{0.9918 + j0.0042} = \frac{66}{\sqrt{0.9918^2 + 0.0042^2}} = 66.55[\text{kV}]$

| 정답 | 13 ③ 14 ③ 15 ① 16 ④

17

증기 터빈 출력을 $P[\text{kW}]$, 증기량을 $W[\text{t/h}]$, 초압 및 배기의 증기 엔탈피를 각각 i_0, $i_1[\text{kcal/kg}]$이라 하면 터빈의 효율 $\eta_T[\%]$는?

① $\dfrac{860P \times 10^3}{W(i_0 - i_1)} \times 100$

② $\dfrac{860P \times 10^3}{W(i_1 - i_0)} \times 100$

③ $\dfrac{860P}{W(i_0 - i_1) \times 10^3} \times 100$

④ $\dfrac{860P}{W(i_1 - i_0) \times 10^3} \times 100$

해설 증기 터빈 효율

$\eta_T = \dfrac{\text{출력}}{\text{입력}} \times 100[\%] = \dfrac{860P}{W(i_0 - i_1) \times 10^3} \times 100[\%]$

18

송전 선로에서 가공 지선을 설치하는 목적이 아닌 것은?

① 뇌(雷)의 직격을 받을 경우 송전선 보호
② 유도뢰에 의한 송전선의 고전위 방지
③ 통신선에 대한 전자 유도 장해 경감
④ 철탑의 접지 저항 경감

해설 가공 지선 설치 목적
- 직격뢰 차폐
- 유도뢰 차폐
- 통신선의 전자 유도 장해 경감

탑각 접지 저항값을 줄이는 것은 매설 지선의 역할이다.

19

수전단의 전력원 방정식이 $P_r^2 + (Q_r + 400)^2 = 250,000$으로 표현되는 전력 계통에서 조상설비 없이 전압을 일정하게 유지하면서 공급할 수 있는 부하 전력은?(단, 부하는 무유도성이다.)

① 200
② 250
③ 300
④ 350

해설
전력원 방정식 $P_r^2 + (Q_r + 400)^2 = 250,000$에서 조상설비 없이 전압을 일정하게 유지하면서 공급하려면 $Q_r = 0$이다. 한편 부하는 무유도성이므로 부하에서 소비하는 전력은 유효 전력이다.

따라서 $P_r^2 + (0 + 400)^2 = 250,000$이므로

부하 전력 $P_r = \sqrt{250,000 - 400^2} = 300[\text{kW}]$

20

전력 설비의 수용률을 나타낸 것은?

① 수용률 = $\dfrac{\text{평균 전력}[\text{kW}]}{\text{부하 설비 용량}[\text{kW}]} \times 100[\%]$

② 수용률 = $\dfrac{\text{부하 설비 용량}[\text{kW}]}{\text{평균 전력}[\text{kW}]} \times 100[\%]$

③ 수용률 = $\dfrac{\text{최대 수용 전력}[\text{kW}]}{\text{부하 설비 용량}[\text{kW}]} \times 100[\%]$

④ 수용률 = $\dfrac{\text{부하 설비 용량}[\text{kW}]}{\text{최대 수용 전력}[\text{kW}]} \times 100[\%]$

해설

수용률 = $\dfrac{\text{최대 수용 전력}[\text{kW}]}{\text{부하 설비 용량}[\text{kW}]} \times 100[\%]$

수용률은 전력 소비 기기(부하)가 동시에 사용되는 정도를 나타내는 지표이다.

정답 17 ③ 18 ④ 19 ③ 20 ③

2020년 3회

01

3상 전원에 접속된 Δ 결선의 커패시터를 Y 결선으로 바꾸면 진상 용량 Q_Y[kVA]는?(단, Q_Δ는 Δ 결선된 커패시터의 진상 용량이고, Q_Y는 Y 결선된 커패시터의 진상 용량이다.)

① $Q_Y = \sqrt{3} Q_\Delta$
② $Q_Y = \dfrac{1}{3} Q_\Delta$
③ $Q_Y = 3 Q_\Delta$
④ $Q_Y = \dfrac{1}{\sqrt{3}} Q_\Delta$

해설

Δ 결선 시 충전 용량 $Q_\Delta = 3\omega CV^2 \times 10^{-3}$[kVA]

Y 결선 시 충전 용량 $Q_Y = 3 \times \omega C \left(\dfrac{V}{\sqrt{3}}\right)^2 = \omega CV^2 \times 10^{-3}$[kVA]

$\therefore Q_Y = \dfrac{1}{3} Q_\Delta$

02

교류 배전 선로에서 전압 강하 계산식은 $V_d = k(R\cos\theta + X\sin\theta)I$로 표현된다. 3상 3선식 배전 선로인 경우에 k는?

① $\sqrt{3}$
② $\sqrt{2}$
③ 3
④ 2

해설

3상 3선식 배전 선로에서의 전압 강하
$e = \sqrt{3} I(R\cos\theta + X\sin\theta)$[V]
주어진 식으로 표현하면
$V_d = \sqrt{3}(R\cos\theta + X\sin\theta)I$로 $k = \sqrt{3}$

03

송전선에서 뇌격에 대한 차폐 등을 위해 가선하는 가공지선에 대한 설명으로 옳은 것은?

① 차폐각은 보통 15~30° 정도로 하고 있다.
② 차폐각이 클수록 벼락에 대한 차폐효과가 크다.
③ 가공지선을 2선으로 하면 차폐각이 적어진다.
④ 가공지선으로는 연동선을 주로 사용한다.

해설 가공지선

• 차폐각: 30°~45°
• 차폐각을 작게 하면 차폐효과가 커짐
• 가공지선을 2선으로 함(차폐각을 작게 하기 위해)
• 가공지선은 ACSR을 사용

04

배전선의 전력 손실 경감 대책이 아닌 것은?

① 다중 접지 방식을 채용한다.
② 역률을 개선한다.
③ 배전 전압을 높인다.
④ 부하의 불평형을 방지한다.

해설 배전 선로의 손실 경감 대책

• 승압을 한다.
• 역률을 개선한다.
• 동량을 증가한다.
• 부하 설비의 불평형을 개선한다.
• 네트워크 배전 방식을 채택한다.

| 정답 | 01 ② 02 ① 03 ③ 04 ①

05

그림과 같은 이상 변압기에서 2차 측에 $5[\Omega]$의 저항 부하를 연결하였을 때 1차 측에 흐르는 전류 I는 약 몇 $[A]$인가?

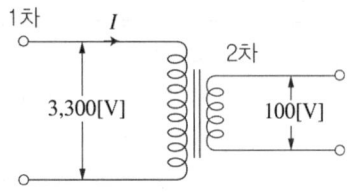

① 0.6
② 1.8
③ 20
④ 660

해설

2차 측 전류 $I_2 = \dfrac{V_2}{R_2} = \dfrac{100}{5} = 20[A]$

권수비 $a = \dfrac{V_1}{V_2} = \dfrac{I_2}{I_1}$ 이므로

$I_1 = \dfrac{V_2}{V_1} \times I_2 = \dfrac{100}{3,300} \times 20 ≒ 0.6[A]$

06

전압과 유효 전력이 일정할 경우 부하 역률이 $70[\%]$인 선로에서의 저항 손실($P_{70\%}$)은 역률이 $90[\%]$인 선로에서의 저항 손실($P_{90\%}$)과 비교하면 약 얼마인가?

① $P_{70\%} = 0.6 P_{90\%}$
② $P_{70\%} = 1.7 P_{90\%}$
③ $P_{70\%} = 0.3 P_{90\%}$
④ $P_{70\%} = 2.7 P_{90\%}$

해설

전압과 유효 전력이 일정할 경우 전력 손실과 역률의 관계는

$P_l \propto \dfrac{1}{\cos^2\theta}$ 이므로

$\dfrac{P_{70\%}}{P_{90\%}} = \dfrac{\frac{1}{0.7^2}}{\frac{1}{0.9^2}} = 1.65 \quad \therefore P_{70\%} ≒ 1.7 P_{90\%}$

07

3상 3선식 송전선에서 L을 작용 인덕턴스라 하고, L_e 및 L_m은 대지를 귀로로 하는 1선의 자기 인덕턴스 및 상호 인덕턴스라고 할 때 이들 사이의 관계식은?

① $L = L_m - L_e$
② $L = L_e - L_m$
③ $L = L_m + L_e$
④ $L = \dfrac{L_m}{L_e}$

해설

작용 인덕턴스(L) = 자기 인덕턴스(L_e) − 상호 인덕턴스(L_m)

08

표피 효과에 대한 설명으로 옳은 것은?

① 표피 효과는 주파수에 비례한다.
② 표피 효과는 전선의 단면적에 반비례한다.
③ 표피 효과는 전선의 비투자율에 반비례한다.
④ 표피 효과는 전선의 도전율에 반비례한다.

해설 표피 효과

전선에 교류 전류를 흘렸을 때 도체 표면 쪽으로 전류가 많이 흘러 도체 중심 부분에는 전류 밀도가 작아지는 현상이다. 표피 효과는 주파수, 도전율, 투자율이 높을수록, 전선이 굵을수록 커진다.

관련개념

표피 효과 $= \sqrt{\pi \mu f k}$

| 정답 | 05 ① | 06 ② | 07 ② | 08 ①

09

배전 선로의 전압을 $3[kV]$에서 $6[kV]$로 승압하면 전압 강하율(δ)은 어떻게 되는가?(단, δ_{3kV}는 전압이 $3[kV]$일 때 전압 강하율이고, δ_{6kV}는 전압이 $6[kV]$일 때 전압 강하율이고, 부하는 일정하다고 한다.)

① $\delta_{6kV} = \frac{1}{2}\delta_{3kV}$ ② $\delta_{6kV} = \frac{1}{4}\delta_{3kV}$
③ $\delta_{6kV} = 2\delta_{3kV}$ ④ $\delta_{6kV} = 4\delta_{3kV}$

해설

전압 강하율 $\delta = \frac{V_s - V_r}{V_r} \times 100[\%] = \frac{e}{V_r} \times 100[\%]$
$= \frac{P}{V_r^2}(R + X\tan\theta) \times 100[\%]$ 에서

전압 강하율(δ)은 전압의 제곱(V^2)에 반비례한다.

$\frac{\delta_{6kV}}{\delta_{3kV}} = \frac{\left(\frac{1}{6}\right)^2}{\left(\frac{1}{3}\right)^2} = \left(\frac{3}{6}\right)^2 = \frac{1}{4}$ ∴ $\delta_{6kV} = \frac{1}{4}\delta_{3kV}$

10

계통의 안정도 증진 대책이 아닌 것은?

① 발전기나 변압기의 리액턴스를 작게 한다.
② 선로의 회선 수를 감소시킨다.
③ 중간 조상 방식을 채용한다.
④ 고속도 재폐로 방식을 채용한다.

해설 안정도 향상 대책
- 리액턴스를 적게 한다.
  - 복도체 또는 다도체 채용
  - 직렬 콘덴서 설치
  - 발전기나 변압기의 리액턴스 감소
  - 선로의 병렬 회선 수 증가
- 전압 변동을 적게 한다.
  - 중간 조상 방식 채용
  - 고장 구간을 신속히 차단
  - 고속도 계전기, 고속도 차단기 설치
  - 속응 여자 방식 채용
- 계통에 충격을 주지 말아야 한다.
  - 제동 저항기 설치
  - 단락비를 크게 함

11

1상의 대지 정전 용량이 $0.5[\mu F]$, 주파수가 $60[Hz]$인 3상 송전선이 있다. 이 선로에 소호 리액터를 설치한다면, 소호 리액터의 공진 리액턴스는 약 몇 $[\Omega]$이면 되는가?

① 970 ② 1,370
③ 1,770 ④ 3,570

해설 소호 리액터의 공진 리액턴스
$\omega L = \frac{1}{3\omega C} = \frac{1}{3 \times 2\pi f \times C}[\Omega]$ 이므로
$\omega L = \frac{1}{3 \times 2\pi \times 60 \times 0.5 \times 10^{-6}} ≒ 1,770[\Omega]$

12

배전 선로의 고장 또는 보수 점검 시 정전 구간을 축소하기 위하여 사용되는 것은?

① 단로기 ② 컷아웃 스위치
③ 계자 저항기 ④ 구분 개폐기

해설 구분 개폐기
배전 선로의 고장 또는 보수 점검 시 정전 구간을 축소하기 위해 사용하는 개폐기

| 정답 | 09 ② 10 ② 11 ③ 12 ④

13

수전단 전력 원선도의 전력 방정식이 $P_r^2 + (Q_r + 400)^2 = 250,000$으로 표현되는 전력 계통에서 가능한 최대로 공급할 수 있는 부하 전력(P_r)과 이때 전압을 일정하게 유지하는 데 필요한 무효 전력(Q_r)은 각각 얼마인가?

① $P_r = 500$, $Q_r = -400$
② $P_r = 400$, $Q_r = 500$
③ $P_r = 300$, $Q_r = 100$
④ $P_r = 200$, $Q_r = -300$

해설

$P_r^2 + (Q_r + 400)^2 = 250,000$에서 최대로 공급할 수 있는 부하 전력과 이때 전압을 일정하게 유지하려면 무효 전력이 없어야 한다. 따라서 $Q_r = -400$인 경우 최대 공급 부하 전력 $P_r = \sqrt{250,000} = 500$이다.

14

수전용 변전 설비의 1차 측 차단기의 차단 용량은 주로 어느 것에 의하여 정해지는가?

① 수전 계약 용량
② 부하 설비의 단락 용량
③ 공급 측 전원의 단락 용량
④ 수전 전력의 역률과 부하율

해설

수전용 변전 설비의 1차 측 차단기의 차단 용량은 공급 측 전원의 단락 용량 이상의 값으로 정해진다.

15

프란시스 수차의 특유 속도[m·kW]의 한계를 나타내는 식은?(단, H[m]는 유효 낙차이다.)

① $\dfrac{13,000}{H+50} + 10$
② $\dfrac{13,000}{H+50} + 30$
③ $\dfrac{20,000}{H+20} + 10$
④ $\dfrac{20,000}{H+20} + 30$

해설

프란시스 수차의 특유 속도의 한계
$N_s \leq \dfrac{20,000}{H+20} + 30 [\text{m} \cdot \text{kW}]$

16

정격 전압 6,600[V], Y 결선, 3상 발전기의 중성점을 1선 지락 시 지락 전류를 100[A]로 제한하는 저항기로 접지하려고 한다. 저항기의 저항값은 약 몇 [Ω]인가?

① 44
② 41
③ 38
④ 35

해설

지락 전류를 100[A]로 제한하려면
지락 전류 $I_g = \dfrac{E}{R} = 100$[A]에서
저항기의 저항값 $R = \dfrac{E}{I_g} = \dfrac{\frac{6,600}{\sqrt{3}}}{100} ≒ 38[\Omega]$

| 정답 | 13 ① 14 ③ 15 ④ 16 ③

17

송전 철탑에서 역섬락을 방지하기 위한 대책은?

① 가공 지선의 설치
② 탑각 접지저항의 감소
③ 전력선의 연가
④ 아크혼의 설치

해설
매설 지선은 탑각 접지저항값을 작게 하여 역섬락 사고를 방지한다.

18

조속기의 폐쇄 시간이 짧을수록 나타나는 현상으로 옳은 것은?

① 수격 작용은 작아진다.
② 발전기의 전압 상승률은 커진다.
③ 수차의 속도 변동률은 작아진다.
④ 수압관 내의 수압 상승률은 작아진다.

해설
조속기의 폐쇄 시간이 짧게 되면 그만큼 조속기의 동작이 예민하게 되므로, 수차의 속도 상승이 적게 되어 속도 변동률이 작아진다.

19

주변압기 등에서 발생하는 제5 고조파를 줄이는 방법으로 옳은 것은?

① 전력용 콘덴서에 직렬 리액터를 연결한다.
② 변압기 2차 측에 분로 리액터를 연결한다.
③ 모선에 방전 코일을 연결한다.
④ 모선에 공심 리액터를 연결한다.

해설
직렬 리액터: 제5 고조파 제거 목적
- 이론: 콘덴서 용량의 $4[\%]$ 리액터 설치
- 실제: 콘덴서 용량의 $5 \sim 6[\%]$ 리액터 설치

20

복도체에서 2본의 전선이 서로 충돌하는 것을 방지하기 위하여 2본의 전선 사이에 적당한 간격을 두어 설치하는 것은?

① 아머로드 ② 댐퍼
③ 아킹혼   ④ 스페이서

해설 스페이서
복도체에서 2본의 전선이 충돌하는 것을 방지하기 위해 전선 상호 간에 설치한다.

2020년 4회

01

전력 원선도에서 구할 수 없는 것은?

① 송·수전할 수 있는 최대 전력
② 필요한 전력을 보내기 위한 송·수전단 전압 간의 상차각
③ 선로 손실과 송전 효율
④ 과도 극한 전력

해설

전력 원선도에서 알 수 있는 사항
- 송전단과 수전단의 유효 전력 및 무효 전력
- 전력 손실
- 수전단 역률

전력 원선도에서 알 수 없는 사항
- 과도 안정 극한 전력
- 코로나 손실

02

다음 중 그 값이 항상 1 이상인 것은?

① 부등률 ② 부하율
③ 수용률 ④ 전압 강하율

해설

부등률 = $\dfrac{\text{각 개별 수용가 최대 전력의 합[kW]}}{\text{합성 최대 수용 전력[kW]}} \geq 1$

03

송전 전력, 송전 거리, 전선로의 전력 손실이 일정하고, 같은 재료의 전선을 사용한 경우 단상 2선식에 대한 3상 4선식의 1선당 전력비는 약 얼마인가?(단, 중성선은 외선과 같은 굵기이다.)

① 0.7 ② 0.87
③ 0.94 ④ 1.15

해설

전력비 = $\dfrac{P_{34}}{P_{12}} = \dfrac{\frac{\sqrt{3}}{4}EI}{\frac{1}{2}EI} = \dfrac{\sqrt{3}}{2} = 0.87$

04

3상용 차단기의 정격 차단 용량은?

① $\sqrt{3}$ × 정격 전압 × 정격 차단 전류
② $\sqrt{3}$ × 정격 전압 × 정격 전류
③ 3 × 정격 전압 × 정격 차단 전류
④ 3 × 정격 전압 × 정격 전류

해설

3상용 차단기의 정격 차단 용량
$P_s = \sqrt{3}\,VI_s\,[\text{MVA}]$
(여기서, V: 정격 전압[kV], I_s: 정격 차단 전류[kA])

| 정답 | 01 ④ 02 ① 03 ② 04 ①

05

개폐 서지의 이상 전압을 감쇄할 목적으로 설치하는 것은?

① 단로기　② 차단기
③ 리액터　④ 개폐 저항기

해설
개폐 저항기는 차단기와 병렬로 설치되는 것으로서, 차단기의 차단 시 발생하는 개폐 서지(이상 전압)를 억제한다.

06

부하의 역률을 개선할 경우 배전 선로에 대한 설명으로 틀린 것은?(단, 다른 조건은 동일하다.)

① 설비 용량의 여유 증가
② 전압 강하의 감소
③ 선로 전류의 증가
④ 전력 손실의 감소

해설 역률 개선에 따른 효과
- 설비 용량의 여유 증가
- 전압 강하 감소
- 전력 손실 감소
- 전기 요금 절감

07

수력 발전소의 형식을 취수 방법, 운용 방법에 따라 분류할 수 있다. 다음 중 취수 방법에 따른 분류가 아닌 것은?

① 댐식　② 수로식
③ 조정지식　④ 유역 변경식

해설 취수 방법에 따른 분류
- 수로식 발전
- 댐식 발전
- 댐 수로식 발전
- 유역 변경식 발전

08

한류 리액터를 사용하는 가장 큰 목적은?

① 충전 전류의 제한
② 접지 전류의 제한
③ 누설 전류의 제한
④ 단락 전류의 제한

해설
한류 리액터는 계통에 직렬로 설치되는 리액터로, $I_s = \frac{100}{\%Z} I_n \text{[A]}$에서 분모의 %임피던스값을 증가시켜 단락 전류를 제한하는 역할을 한다.

| 정답 | 05 ④　06 ③　07 ③　08 ④

09

$66/22[\text{kV}]$, $2,000[\text{kVA}]$ 단상 변압기 3대를 1뱅크로 운전하는 변전소로부터 전력을 공급받는 어떤 수전점에서의 3상 단락 전류는 약 몇 [A]인가?(단, 변압기의 %리액턴스는 $7[\%]$이고 선로의 임피던스는 0이다.)

① 750
② 1,570
③ 1,900
④ 2,250

해설 3상 단락 전류

$$I_s = \frac{100}{\%X}I_n = \frac{100}{\%X} \times \frac{P}{\sqrt{3}\,V} = \frac{100}{7} \times \frac{2,000 \times 3}{\sqrt{3} \times 22} \fallingdotseq 2,250[\text{A}]$$

10

반지름 $0.6[\text{cm}]$인 경동선을 사용하는 3상 1회선 송전선에서 선간 거리를 $2[\text{m}]$로 정삼각형 배치할 경우, 각 선의 인덕턴스$[\text{mH/km}]$는 약 얼마인가?

① 0.81
② 1.21
③ 1.51
④ 1.81

해설
정삼각형 배치에서 등가 선간 거리 $D = \sqrt[3]{2 \times 2 \times 2} = 2[\text{m}]$이다. 따라서 구하고자 하는 각 선의 인덕턴스는

$$L = 0.05 + 0.4605\log\frac{D}{r}$$
$$= 0.05 + 0.4605\log\frac{2}{0.6 \times 10^{-2}} \fallingdotseq 1.21[\text{mH/km}]$$

관련개념 인덕턴스

$$L = 0.05 + 0.4605\log\frac{D}{r}$$

11

파동 임피던스 $Z_1 = 500[\Omega]$인 선로에 파동 임피던스 $Z_2 = 1,500[\Omega]$인 변압기가 접속되어 있다. 선로로부터 $600[\text{kV}]$의 전압파가 들어왔을 때, 접속점에서의 투과파 전압$[\text{kV}]$은?

① 300
② 600
③ 900
④ 1,200

해설

투과 계수 $\alpha = \dfrac{2Z_2}{Z_1 + Z_2}$

투과파 전압 $V = \alpha V_1 = \dfrac{2 \times 1,500}{500 + 1,500} \times 600 = 900[\text{kV}]$

12

원자력 발전소에서 비등수형 원자로에 대한 설명으로 틀린 것은?

① 연료로 농축 우라늄을 사용한다.
② 냉각재로 경수를 사용한다.
③ 물을 원자로 내에서 직접 비등시킨다.
④ 가압수형 원자로에 비해 노심의 출력 밀도가 높다.

해설 비등수형 원자로(BWR)의 특징
- 연료는 농축 우라늄을 사용한다.
- 냉각재는 경수(D_2O)를 사용한다.
- 물을 원자로 내에서 직접 비등시킨다.
- 소내용 동력은 적어도 된다.
- 가압수형(PWR)에 비해 노심의 출력밀도가 낮아 같은 출력의 경우 노심 및 압력용기가 커진다.

13

송배전 선로의 고장 전류 계산에서 영상 임피던스가 필요한 경우는?

① 3상 단락 계산
② 선간 단락 계산
③ 1선 지락 계산
④ 3선 단선 계산

해설
- 1선 지락 사고: 영상, 정상, 역상 임피던스가 모두 필요
- 선간 단락 사고: 정상, 역상 임피던스가 필요
- 3상 단락 사고: 정상 임피던스가 필요

14

증기 사이클에 대한 설명 중 틀린 것은?

① 랭킨 사이클의 열효율은 초기 온도 및 초기 압력이 높을수록 효율이 크다.
② 재열 사이클은 저압 터빈에서 증기가 포화 상태에 가까워졌을 때 증기를 다시 가열하여 고압 터빈으로 보낸다.
③ 재생 사이클은 증기 원동기 내에서 증기의 팽창 도중에 증기를 추출하여 급수를 예열한다.
④ 재열 재생 사이클은 재생 사이클과 재열 사이클을 조합하여 병용하는 방식이다.

해설
재열 사이클은 고압 터빈에서 증기가 포화 상태에 가까워졌을 때 재열기로 증기를 다시 가열하여 저압 터빈으로 보낸다.

15

다음 중 송전 선로의 역섬락을 방지하기 위한 대책으로 가장 알맞은 방법은?

① 가공 지선 설치
② 피뢰기 설치
③ 매설 지선 설치
④ 소호각 설치

해설
매설 지선은 탑각 접지 저항값을 작게하여 역섬락 사고를 방지한다.

16

전원이 양단에 있는 환상 선로의 단락 보호에 사용되는 계전기는?

① 방향 거리 계전기
② 부족 전압 계전기
③ 선택 접지 계전기
④ 부족 전류 계전기

해설
방향 거리 계전기는 주로 전원이 2개소 이상인 환상 선로의 단락 보호용으로 사용된다.

| 정답 | 13 ③ 14 ② 15 ③ 16 ①

17

전력 계통을 연계시켜서 얻는 이득이 아닌 것은?

① 배후 전력이 커져서 단락 용량이 작아진다.
② 부하 증가 시 종합 첨두 부하가 저감된다.
③ 공급 예비력이 절감된다.
④ 공급 신뢰도가 향상된다.

해설
전력 계통을 연계하였을 경우의 특징
- 전체적인 전력 계통의 규모가 커져서 공급 신뢰도가 향상
- 공급 예비력이 절감되어 부하 증가 시 종합 첨두 부하가 감소
- 계통이 병렬식으로 연결되어 합성 임피던스가 작아지고, 이에 따라 단락 용량은 증가해 고장 시 파급 효과가 큼

18

배전 선로에 3상 3선식 비접지방식을 채용할 경우 나타나는 현상은?

① 1선 지락 고장 시 고장 전류가 크다.
② 1선 지락 고장 시 인접 통신선의 유도 장해가 크다.
③ 고저압 혼촉 고장 시 저압선의 전위 상승이 크다.
④ 1선 지락 고장 시 건전상의 대지 전위 상승이 크다.

해설
비접지방식에서 1선 지락 사고 발생
- 고장상의 전압은 0[V]로 떨어진다.
- 건전상의 전위 상승이 크다.

19

선간 전압이 $V[\text{kV}]$이고 3상 정격 용량이 $P[\text{kVA}]$인 전력 계통에서 리액턴스가 $X[\Omega]$라고 할 때, 이 리액턴스를 % 리액턴스로 나타내면?

① $\dfrac{XP}{10V}$ ② $\dfrac{XP}{10V^2}$

③ $\dfrac{XP}{V^2}$ ② $\dfrac{10V^2}{XP}$

해설 %리액턴스

$\%X = \dfrac{PX}{10V^2}[\%]$

(단, P: 3상 정격 용량[kVA], X: 리액턴스[Ω], V: 선간 전압[kV])

20

전력용 콘덴서를 변전소에 설치할 때 직렬 리액터를 설치하고자 한다. 직렬 리액터의 용량을 결정하는 계산식은?(단, f_0는 전원의 기본 주파수, C는 역률 개선용 콘덴서의 용량, L은 직렬 리액터의 용량이다.)

① $L = \dfrac{1}{(2\pi f_0)^2 C}$ ② $L = \dfrac{1}{(5\pi f_0)^2 C}$

③ $L = \dfrac{1}{(6\pi f_0)^2 C}$ ④ $L = \dfrac{1}{(10\pi f_0)^2 C}$

해설
직렬 리액터는 제5 고조파를 제거하기 위해 설치한다.

직렬 리액터의 용량 $L = \dfrac{1}{\omega^2 C}$에서 제5 고조파에 해당하는 주파수이므로

$L = \dfrac{1}{(2\pi \times 5f_0)^2 \times C} = \dfrac{1}{(10\pi f_0)^2 C}$

| 정답 | 17 ① 18 ④ 19 ② 20 ④

2019년 1회

01

송배전 선로에서 도체의 굵기는 같게 하고 도체 간의 간격을 크게 하면 도체의 인덕턴스는?

① 커진다.
② 작아진다.
③ 변함이 없다.
④ 도체의 굵기 및 도체 간의 간격과는 무관하다.

해설

인덕턴스 계산식 $L = 0.05 + 0.4605 \log_{10} \dfrac{D}{r}$ [mH/km]에서 도체의 반지름(r[m])이 일정한 상태(즉, 도체의 굵기가 같은 상태)에서 도체 간의 간격(D[m])을 크게 하면 인덕턴스 L은 증가한다.

02

동일 전력을 동일 선간 전압, 동일 역률로 동일 거리에 보낼 때 사용하는 전선의 총 중량이 같으면 3상 3선식인 때와 단상 2선식일 때의 전력 손실비는?

① 1
② $\dfrac{3}{4}$
③ $\dfrac{2}{3}$
④ $\dfrac{1}{\sqrt{3}}$

해설

3상 3선식일 때의 전력 손실 $P_{l3} = 3I_3^2 R_3$
단상 2선식일 때의 전력 손실 $P_{l1} = 2I_1^2 R_1$
따라서 구하고자 하는 전력 손실비는

$$\dfrac{P_{l3}}{P_{l1}} = \dfrac{3I_3^2 R_3}{2I_1^2 R_1} = \dfrac{3}{2} \times \left(\dfrac{I_3}{I_1}\right)^2 \times \dfrac{R_3}{R_1}$$

- 동일 전력, 선간 전압, 역률의 조건에서
  3상 3선식일 때의 전력 $P_3 = \sqrt{3} VI_3 \cos\theta$
  단상 2선식일 때의 전력 $P_1 = VI_1 \cos\theta$

  $\therefore \sqrt{3} VI_3 \cos\theta = VI_1 \cos\theta$, $\dfrac{I_3}{I_1} = \dfrac{1}{\sqrt{3}}$

- 동일 거리, 전선의 총 중량 조건에서
  3상 3선식일 때의 전선 중량 $W_3 = 3A_3 l$
  단상 2선식일 때의 전선 중량 $W_1 = 2A_1 l$

  $\therefore 3A_3 l = 2A_1 l$

  $\dfrac{A_1}{A_3} = \dfrac{3}{2}$ 이고, $R = \rho \dfrac{l}{A}$ 에서 $R \propto \dfrac{1}{A}$ 관계에 있으므로 $\dfrac{R_3}{R_1} = \dfrac{3}{2}$ 이다.

따라서 $\dfrac{P_{l3}}{P_{l1}} = \dfrac{3}{2} \times \left(\dfrac{I_3}{I_1}\right)^2 \times \dfrac{R_3}{R_1} = \dfrac{3}{2} \times \left(\dfrac{1}{\sqrt{3}}\right)^2 \times \dfrac{3}{2} = \dfrac{3}{4}$

03

배전반에 접속되어 운전 중인 계기용 변압기(PT) 및 변류기(CT)의 2차 측 회로를 점검할 때 조치 사항으로 옳은 것은?

① CT만 단락시킨다.
② PT만 단락시킨다.
③ CT와 PT 모두를 단락시킨다.
④ CT와 PT 모두를 개방시킨다.

해설 PT 및 CT 점검 시 조치 사항
- PT: 2차 측을 반드시 개방시킨 후 PT를 점검할 것
- CT: 2차 측을 반드시 단락시킨 후 CT를 점검할 것

| 정답 | 01 ① 02 ② 03 ①

04

배전 선로의 역률 개선에 따른 효과로 적합하지 않은 것은?

① 선로의 전력 손실 경감
② 선로의 전압 강하의 감소
③ 전원 측 설비의 이용률 향상
④ 선로 절연의 비용 절감

해설 역률 개선 효과
- 전력 손실 감소
- 전압 강하 감소
- 설비 여유 증대(이용률 향상)
- 전기 요금 절감

05

총 낙차 $300[\text{m}]$, 사용 수량 $20[\text{m}^3/\text{s}]$인 수력 발전소의 발전기 출력은 약 몇 $[\text{kW}]$인가?(단, 수차 및 발전기 효율은 각각 $90[\%]$, $98[\%]$라 하고, 손실 낙차는 총 낙차의 $6[\%]$라고 한다.)

① 48,750
② 51,860
③ 54,170
④ 54,970

해설
유효 낙차를 구하면
$H = H_0 - H_l = 300 - (300 \times 0.06) = 282[\text{m}]$
따라서 수력 발전소에서 발전기의 출력을 구하면
$P = 9.8 QH\eta_t\eta_g = 9.8 \times 20 \times 282 \times 0.9 \times 0.98$
$\fallingdotseq 48,750[\text{kW}]$

06

수전단을 단락한 경우 송전단에서 본 임피던스가 $330[\Omega]$이고, 수전단을 개방한 경우 송전단에서 본 어드미턴스가 $1.875 \times 10^{-3}[\mho]$일 때 송전단의 특성 임피던스는 약 몇 $[\Omega]$인가?

① 120
② 220
③ 320
④ 420

해설 특성 임피던스
$Z_0 = \sqrt{\dfrac{Z_s}{Y_f}} = \sqrt{\dfrac{330}{1.875 \times 10^{-3}}} \fallingdotseq 420[\Omega]$

07

다중접지 계통에 사용되는 재폐로 기능을 갖는 일종의 차단기로서 과부하 또는 고장 전류가 흐르면 순시동작하고, 일정 시간 후에는 자동적으로 재폐로하는 보호 기기는?

① 라인퓨즈
② 리클로저
③ 섹셔널라이저
④ 고장 구간 자동 개폐기

해설 리클로저(Recloser)
배전 선로에서 사고 발생 시 즉시 동작하여 고장 구간을 차단하고, 그 후에 다시 투입시키는 동작을 반복적으로 하는 자동 재폐로 차단기

| 정답 | 04 ④ 05 ① 06 ④ 07 ②

08

송전선 중간에 전원이 없을 경우에 송전단의 전압 $E_s = AE_R + BI_R$이 된다. 수전단의 전압 E_R의 식으로 옳은 것은?(단, I_s, I_R는 송전단 및 수전단의 전류이다.)

① $E_R = AE_s + CI_s$
② $E_R = BE_s + AI_s$
③ $E_R = DE_s - BI_s$
④ $E_R = CE_s - DI_s$

해설

4단자 정수로 표현한 송전단 전압 및 전류식은
$E_s = AE_R + BI_R$ ……㉠
$I_s = CE_R + DI_R$ ……㉡
㉠식에 D를, ㉡식에 B를 각각 곱하여 서로 빼면
$DE_s = ADE_R + BDI_R$ ……㉢
$BI_s = BCE_R + BDI_R$ ……㉣
㉢ - ㉣ : $DE_s - BI_s = (AD - BC)E_R = E_R$ ($\because AD - BC = 1$)
$\therefore E_R = DE_s - BI_s$

09

비접지식 3상 송배전 계통에서 1선 지락 고장 시 고장 전류를 계산하는 데 사용되는 정전 용량은?

① 작용 정전 용량
② 대지 정전 용량
③ 합성 정전 용량
④ 선간 정전 용량

해설

비접지 계통에서 지락 고장 시 지락 전류는 대지 정전 용량을 통해 흐른다. 지락 고장 전류를 계산하는 데 사용되는 정전 용량은 대지 정전 용량이다.
비접지식에서의 지락 전류 $I_g = 3\omega C_s E$ [A]
(여기서, C_s : 대지 정전 용량)

10

비접지 계통의 지락 사고 시 계전기에 영상 전류를 공급하기 위하여 설치하는 기기는?

① PT
② CT
③ ZCT
④ GPT

해설 영상 변류기(ZCT)

비접지 계통에서 지락 사고 시 고장 전류(영상 전류)를 검출하여 지락 계전기 또는 선택 접지 계전기를 동작시킨다.

11

이상 전압의 파고값을 저감시켜 전력 사용 설비를 보호하기 위하여 설치하는 것은?

① 초호환
② 피뢰기
③ 계전기
④ 접지봉

해설 피뢰기(LA)

이상 전압 내습 시 뇌전류를 대지로 방전하고 속류를 차단하여 기기를 보호한다.

| 정답 | 08 ③   09 ②   10 ③   11 ②

12

임피던스 Z_1, Z_2 및 Z_3을 그림과 같이 접속한 선로의 A쪽에서 전압파 E가 진행해 왔을 때 접속점 B에서 무반사로 되기 위한 조건은?

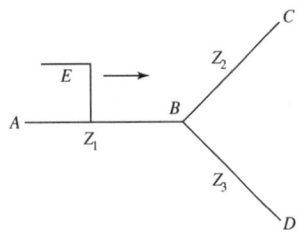

① $Z_1 = Z_2 + Z_3$
② $\dfrac{1}{Z_3} = \dfrac{1}{Z_1} + \dfrac{1}{Z_2}$
③ $\dfrac{1}{Z_1} = \dfrac{1}{Z_2} + \dfrac{1}{Z_3}$
④ $\dfrac{1}{Z_2} = \dfrac{1}{Z_1} + \dfrac{1}{Z_3}$

해설

무반사 조건: 전선 접속점의 좌측과 우측 전선의 임피던스가 같아야 한다.

$Z_1 = \dfrac{Z_2 Z_3}{Z_2 + Z_3}$

위 식에서 역수를 취하면

$\dfrac{1}{Z_1} = \dfrac{Z_2 + Z_3}{Z_2 Z_3} = \dfrac{1}{Z_2} + \dfrac{1}{Z_3}$

13

저압 뱅킹 방식에서 저전압의 고장에 의하여 건전한 변압기의 일부 또는 전부가 차단되는 현상은?

① 아킹(Arcing)
② 플리커(Flicker)
③ 밸런스(Balance)
④ 캐스케이딩(Cascading)

해설 캐스케이딩(Cascading)

저압 뱅킹 방식에서 어느 한 곳의 사고로 인해 다른 건전한 변압기나 선로에 사고가 확대되는 현상

14

변전소의 가스 차단기에 대한 설명으로 틀린 것은?

① 근거리 차단에 유리하지 못하다.
② 불연성이므로 화재의 위험성이 적다.
③ 특고압 계통의 차단기로 많이 사용된다.
④ 이상 전압의 발생이 적고 절연 회복이 우수하다.

해설 가스 차단기(GCB)

- 근거리 차단에도 우수한 차단 성능을 가진다.
- 불연성의 기체(SF_6)를 사용하므로 화재의 위험성이 적다.
- 이상 전압의 발생이 적고 절연 회복이 우수하다.
- 특고압 계통(22.9[kV])의 차단기로 사용된다.

15

켈빈(Kelvin)의 법칙이 적용되는 경우는?

① 전압 강하를 감소시키고자 하는 경우
② 부하 배분의 균형을 얻고자 하는 경우
③ 전력 손실량을 축소시키고자 하는 경우
④ 경제적인 전선의 굵기를 선정하고자 하는 경우

해설 켈빈의 법칙

가장 경제적인 전선의 굵기 선정 시 적용

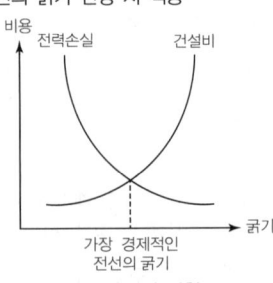

▲ 켈빈의 법칙

16

보호 계전기의 반한시 · 정한시 특성은?

① 동작 전류가 커질수록 동작 시간이 짧게 되는 특성
② 최소 동작 전류 이상의 전류가 흐르면 즉시 동작하는 특성
③ 동작 전류의 크기에 관계없이 일정한 시간에 동작하는 특성
④ 동작 전류가 커질수록 동작 시간이 짧아지며 어떤 전류 이상이 되면 동작 전류의 크기에 관계없이 일정한 시간에서 동작하는 특성

해설 반한시성 정한시 계전기

동작 전류가 커질수록 동작 시간이 짧아지며(반한시성) 어떤 전류 이상이 되면 동작 전류의 크기에 관계없이 일정한 시간에서 동작하는 특성(정한시)

17

단도체 방식과 비교할 때 복도체 방식의 특징이 아닌 것은?

① 안정도가 증가된다.
② 인덕턴스가 감소된다.
③ 송전 용량이 증가된다.
④ 코로나 임계 전압이 감소된다.

해설 복도체 방식의 특징

- 계통 안정도가 좋아진다.
- 인덕턴스가 감소하고 정전 용량이 증가한다.
- 송전 용량이 증가한다.
- 코로나 임계 전압이 높아져 코로나 발생을 억제한다.(복도체 사용의 주목적)

관련개념

인덕턴스가 감소하면 계통 안정도가 증가된다.

18

1선 지락 시에 지락 전류가 가장 작은 송전 계통은?

① 비접지식
② 직접 접지식
③ 저항 접지식
④ 소호 리액터 접지식

해설 소호 리액터 접지 방식

대지 정전 용량과 병렬 공진하는 소호 리액터를 중성점에 삽입한 접지 방식이다. 1선 지락 시에 지락 전류가 가장 적어 유도 장해 감소 효과가 크다.

19

수차의 캐비테이션 방지책으로 틀린 것은?

① 흡출 수두를 증대시킨다.
② 과부하 운전을 가능한 한 피한다.
③ 수차의 비속도를 너무 크게 잡지 않는다.
④ 침식에 강한 금속 재료로 러너를 제작한다.

해설 캐비테이션 방지 대책

- 흡출관의 높이(흡출 수두)를 너무 높게 취하지 않을 것
- 수차의 과도한 부분 부하, 과부하 운전을 피한다.
- 수차의 특유 속도(N_s)를 너무 크게 하지 않는다.
- 러너의 표면을 매끄럽게 가공한다.
- 수차 러너를 침식에 강한 스테인리스강, 특수강으로 제작한다.

20

선간 전압이 $154[kV]$이고, 1상당의 임피던스가 $j8[\Omega]$인 기기가 있을 때, 기준 용량을 $100[MVA]$로 하면 %임피던스는 약 몇 [%]인가?

① 2.75
② 3.15
③ 3.37
④ 4.25

해설 %임피던스

$$\%Z = \frac{PZ}{10V^2} = \frac{100 \times 10^3 \times 8}{10 \times 154^2} = 3.37[\%]$$

2019년 2회

01

단도체 방식과 비교하여 복도체 방식의 송전 선로를 설명한 것으로 틀린 것은?

① 선로의 송전 용량이 증가된다.
② 계통의 안정도를 증진시킨다.
③ 전선의 인덕턴스가 감소하고 정전 용량이 증가된다.
④ 전선 표면의 전위 경도가 저감되어 코로나 임계전압을 낮출 수 있다.

해설 복도체 방식 특징
- 선로의 인덕턴스 감소
- 선로의 작용 정전 용량 증가
- 리액턴스 감소로 송전 용량 증대 및 계통 안정도 향상
- 코로나 임계 전압을 높여 코로나 발생 방지
- 전선 표면의 전위 경도 저감
- 코로나 임계 전압이 증가하여 코로나 발생이 억제된다.

02

유효 낙차 $100[\text{m}]$, 최대 사용 수량 $20[\text{m}^3/\text{s}]$, 수차 효율 $70[\%]$인 수력 발전소의 연간 발전 전력량은 약 몇 $[\text{kWh}]$인가?(단, 발전기의 효율은 $85[\%]$라고 한다.)

① 2.5×10^7
② 5×10^7
③ 10×10^7
④ 20×10^7

해설 수력 발전소의 연간 발전 전력량
$W = Pt = 9.8 QH\eta_t\eta_g t$
$= 9.8 \times 20 \times 100 \times 0.7 \times 0.85 \times (365 \times 24) ≒ 10 \times 10^7 [\text{kWh}]$

03

부하 역률이 $\cos\theta$인 경우 배전 선로의 전력 손실은 같은 크기의 부하 전력으로 역률이 1인 경우의 전력 손실에 비하여 어떻게 되는가?

① $\dfrac{1}{\cos\theta}$
② $\dfrac{1}{\cos^2\theta}$
③ $\cos\theta$
④ $\cos^2\theta$

해설

전력 손실 $P_l = I^2R = \left(\dfrac{P}{V\cos\theta}\right)^2 R = \dfrac{P^2R}{V^2\cos^2\theta}[\text{W}]$

전력 손실(P_l)과 역률 $\cos\theta$의 관계

$P_l \propto \dfrac{1}{\cos^2\theta}$

04

선택 지락 계전기의 용도를 옳게 설명한 것은?

① 단일 회선에서 지락 고장 회선의 선택 차단
② 단일 회선에서 지락 전류의 방향 선택 차단
③ 병행 2회선에서 지락 고장 회선의 선택 차단
④ 병행 2회선에서 지락 고장의 지속 시간 선택 차단

해설
- 지락 계전기(GR): 1회선 선로에서 지락 사고 시 보호
- 선택 지락 계전기(SGR): 병행 2회선 선로 이상에서 지락 사고 회선의 선택 차단

| 정답 | 01 ④ 02 ③ 03 ② 04 ③

05

직류 송전 방식에 관한 설명으로 틀린 것은?

① 교류 송전 방식보다 안정도가 낮다.
② 직류 계통과 연계 운전 시 교류 계통의 차단 용량은 작아진다.
③ 교류 송전 방식에 비해 절연 계급을 낮출 수 있다.
④ 비동기 연계가 가능하다.

해설 직류 송전 방식의 장점
- 기기의 절연을 낮게 할 수 있다.
- 표피 효과와 유전체 손실이 없어 전력 손실이 적어 송전 효율이 좋다.
- 주파수가 0이므로 리액턴스 영향이 없어 안정도가 우수하다.
- 직류로 계통 연계 시 교류 계통의 차단 용량이 적어진다.
- 주파수가 다른 교류 계통 간을 연계할 수 있다.(비동기 연계가 가능하다.)

07

변전소, 발전소 등에 설치하는 피뢰기에 대한 설명 중 틀린 것은?

① 방전 전류는 뇌충격 전류의 파고값으로 표시한다.
② 피뢰기의 직렬갭은 속류를 차단 및 소호하는 역할을 한다.
③ 정격 전압은 상용 주파수 정현파 전압의 최고 한도를 규정한 순시값이다.
④ 속류란 방전 현상이 실질적으로 끝난 후에도 전력 계통에서 피뢰기에 공급되어 흐르는 전류를 말한다.

해설 피뢰기의 정격 전압
속류를 차단할 수 있는 최대 교류 전압의 실효치

06

터빈(Turbine)의 임계 속도란?

① 비상 조속기를 동작시키는 회전수
② 회전자의 고유 진동수와 일치하는 위험 회전수
③ 부하를 급히 차단하였을 때의 순간 최대 회전수
④ 부하 차단 후 자동적으로 정정된 회전수

해설 터빈의 임계 속도
회전자의 고유 진동수와 일치하여 터빈이 위험한 상태에 이르는 속도

08

아킹혼(Arcing Horn)의 설치 목적은?

① 이상 전압 소멸
② 전선이 진동 방지
③ 코로나 손실 방지
④ 섬락 사고에 대한 애자 보호

해설 소호각(아킹혼)의 역할
- 섬락으로부터 애자련의 보호
- 애자련의 연능률 개선

| 정답 | 05 ① 06 ② 07 ③ 08 ④

09

일반 회로 정수가 A, B, C, D이고 송전단 전압이 E_s인 경우 무부하 시 수전단 전압은?

① $\dfrac{E_s}{A}$
② $\dfrac{E_s}{B}$
③ $\dfrac{A}{C}E_s$
④ $\dfrac{C}{A}E_s$

해설

송전단 전압 및 전류 기본 식은
$E_s = AE_r + BI_r$
$I_s = CE_r + DI_r$
무부하 시($I_r = 0$) 수전단 전압은
$E_s = AE_r + BI_r = AE_r \Rightarrow E_r = \dfrac{E_s}{A}$

10

10,000 [kVA] 기준으로 등가 임피던스가 0.4 [%]인 발전소에 설치될 차단기의 차단 용량은 몇 [MVA]인가?

① 1,000
② 1,500
③ 2,000
④ 2,500

해설 차단기의 차단 용량(3상 단락 용량)

$P_s = \dfrac{100}{\%Z}P_n = \dfrac{100}{0.4} \times 10,000 \times 10^{-3} = 2,500 \,[\text{MVA}]$

11

변전소에서 접지를 하는 목적으로 적절하지 않은 것은?

① 기기의 보호
② 근무자의 안전
③ 차단 시 아크의 소호
④ 송전 시스템의 중성점 접지

해설 변전소 접지 목적
- 전체 전력 계통의 변압기 중성점을 대지와 접지
- 이상 전압으로부터 전력 기기의 보호
- 변전소 근무자들의 안전 확보

아크의 소호는 차단기가 수행한다.

12

중거리 송전 선로의 T형 회로에서 송전단 전류 I_s는?(단, Z, Y는 선로의 직렬 임피던스와 병렬 어드미턴스이고 E_r은 수전단 전압, I_r은 수전단 전류이다.)

① $E_r\left(1 + \dfrac{ZY}{2}\right) + ZI_r$

② $I_r\left(1 + \dfrac{ZY}{2}\right) + E_rY$

③ $E_r\left(1 + \dfrac{ZY}{2}\right) + ZI_r\left(1 + \dfrac{ZY}{4}\right)$

④ $I_r\left(1 + \dfrac{ZY}{2}\right) + E_rY\left(1 + \dfrac{ZY}{4}\right)$

해설 중거리 T형 회로의 송전단 전압 및 전류식
- $E_s = \left(1 + \dfrac{ZY}{2}\right)E_r + Z\left(1 + \dfrac{ZY}{4}\right)I_r$
- $I_s = YE_r + \left(1 + \dfrac{ZY}{2}\right)I_r$

관련개념 π형 회로의 전압 및 전류식

$E_s = \left(1 + \dfrac{ZY}{2}\right)E_r + ZI_r$

$I_s = Y\left(1 + \dfrac{ZY}{4}\right)E_r + \left(1 + \dfrac{ZY}{2}\right)I_r$

| 정답 | 09 ① | 10 ④ | 11 ③ | 12 ②

13

한 대의 주상 변압기에 역률(뒤짐) $\cos\theta_1$, 유효전력 $P_1[kW]$의 부하와 역률(뒤짐) $\cos\theta_2$, 유효전력 $P_2[kW]$의 부하가 병렬로 접속되어 있을 때 주상 변압기 2차 측에서 본 부하의 종합 역률은 어떻게 되는가?

① $\dfrac{P_1+P_2}{\dfrac{P_1}{\cos\theta_1}+\dfrac{P_2}{\cos\theta_2}}$

② $\dfrac{P_1+P_2}{\dfrac{P_1}{\sin\theta_1}+\dfrac{P_2}{\sin\theta_2}}$

③ $\dfrac{P_1+P_2}{\sqrt{(P_1+P_2)^2+(P_1\tan\theta_1+P_2\tan\theta_2)^2}}$

④ $\dfrac{P_1+P_2}{\sqrt{(P_1+P_2)^2+(P_1\sin\theta_1+P_2\sin\theta_2)^2}}$

해설

종합 역률 $\cos\theta = \dfrac{P}{P_a} = \dfrac{\text{유효전력}}{\text{피상전력(벡터 합)}}$

$= \dfrac{P}{\sqrt{P^2+Q^2}}$

$= \dfrac{P_1+P_2}{\sqrt{(P_1+P_2)^2+(Q_1+Q_2)^2}}$

$= \dfrac{P_1+P_2}{\sqrt{(P_1+P_2)^2+(P_1\tan\theta_1+P_2\tan\theta_2)^2}}$

14

$33[kV]$ 이하의 단거리 송배전 선로에 적용되는 비접지방식에서 지락 전류는 다음 중 어느 것을 말하는가?

① 누설 전류
② 충전 전류
③ 뒤진 전류
④ 단락 전류

해설

비접지방식에서의 1선 지락 전류: 대지 정전 용량을 통해 흐르는 진상 전류 (즉, 충전 전류를 뜻한다.)

15

옥내 배선의 전선 굵기를 결정할 때 고려해야 할 사항으로 틀린 것은?

① 허용 전류
② 전압 강하
③ 배선 방식
④ 기계적 강도

해설 전선 굵기 선정 시 고려 사항

- 허용 전류
- 전압 강하
- 기계적 강도

16

고압 배전 선로 구성 방식 중 고장 시 자동적으로 고장 개소의 분리 및 건전 선로에 폐로하여 전력을 공급하는 개폐기를 가지며 수요 분포에 따라 임의의 분기선으로부터 전력을 공급하는 방식은?

① 환상식
② 망상식
③ 뱅킹식
④ 가지식(수지식)

해설 환상식 배전 방식

- 배전 선로를 루프식으로 구성한 배전 방식
- 고장 시 자동적으로 고장 개소의 분리 및 건전 선로에 폐로하여 전력을 공급하는 개폐기가 설치된다.
- 수요 분포에 따라 임의의 분기선으로부터 전력을 공급하는 방식

| 정답 | 13 ③ 14 ② 15 ③ 16 ①

17

그림과 같은 2기 계통에 있어서 발전기에서 전동기로 전달되는 전력 P는?(단, $X = X_G + X_L + X_M$이고 E_G, E_M은 각각 발전기 및 전동기의 유기기전력, δ는 E_G와 E_M 간의 상차각이다.)

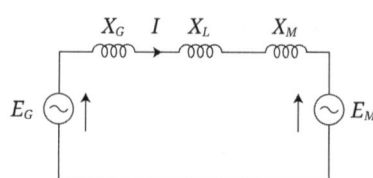

① $P = \dfrac{E_G}{XE_M} \sin\delta$ ② $P = \dfrac{E_G E_M}{X} \sin\delta$

③ $P = \dfrac{E_G E_M}{X} \cos\delta$ ④ $P = XE_G E_M \cos\delta$

해설 송전 용량 계산식

$P = \dfrac{E_G E_M}{X} \sin\delta [\text{MW}]$ (단, $E_G[\text{kV}]$, $E_M[\text{kV}]$)

18

전력 계통 연계 시의 특징으로 틀린 것은?

① 단락 전류가 감소한다.
② 경제 급전이 용이하다.
③ 공급 신뢰도가 향상된다.
④ 사고 시 다른 계통으로의 영향이 파급될 수 있다.

해설 전력 계통 연계 시의 특징
- 계통의 전체 리액턴스 감소로 단락 전류가 증가
- 전력을 계통 간에 연락할 수 있어 경제 급전이 용이
- 전력 계통이 튼튼해져 공급 신뢰도 향상
- 사고 시 다른 계통으로의 영향이 파급 우려

19

공통 중성선 다중 접지 방식의 배전 선로에서 Recloser(R), Sectionalizer(S), Line fuse(F)의 보호 협조가 가장 적합한 배열은?(단, 보호 협조는 변전소를 기준으로 한다.)

① S-F-R ② S-R-F
③ F-S-R ④ R-S-F

해설 배전 선로 보호장치의 배열 순서
배전 변전소 내 차단기(CB) - 리클로저(R) - 섹셔널라이저(S) - 라인 퓨즈(F)

20

송전선의 특성 임피던스와 전파 정수는 어떤 시험으로 구할 수 있는가?

① 뇌파 시험
② 정격 부하 시험
③ 절연 강도 측정 시험
④ 무부하 시험과 단락 시험

해설

특성 임피던스 $Z_0 = \sqrt{\dfrac{Z}{Y}}$ 및 전파 정수 $\gamma = \sqrt{ZY}$ 에서

직렬 임피던스 Z : 단락 시험에 의해 산출
병렬 어드미턴스 Y : 무부하(개방) 시험에 의해 산출

| 정답 | 17 ② | 18 ① | 19 ④ | 20 ④ |

2019년 3회

01

역률 80[%], 500[kVA]의 부하 설비에 100[kVA]의 진상용 콘덴서를 설치하여 역률을 개선하면 수전점에서의 부하는 약 몇 [kVA]가 되는가?

① 400
② 425
③ 450
④ 475

해설
500[kVA], 역률 80[%] 부하 설비에 대한 유효 전력과 무효 전력을 구하면
$P = P_a\cos\theta = 500 \times 0.8 = 400[kW]$
$Q = P_a\sin\theta = 500 \times 0.6 = 300[kVar]$
따라서 진상용 콘덴서 설치 후의 부하(피상 전력)
$P_a = \sqrt{400^2 + (300-100)^2} = 447.2[kVA]$

02

가공 지선에 대한 설명 중 틀린 것은?

① 유도뢰 서지에 대하여도 그 가설 구간 전체에 사고 방지의 효과가 있다.
② 직격뢰에 대하여 특히 유효하며 탑 상부에 시설하므로 뇌는 주로 가공 지선에 내습한다.
③ 송진신의 1선 지락 시 지락 전류의 일부가 가공 지선에 흘러 차폐 작용을 하므로 전자 유도 장해를 적게 할 수 있다.
④ 가공 지선 때문에 송전 선로의 대지 정전 용량이 감소하므로 대지 사이에 방전할 때 유도 전압이 특히 커서 차폐 효과가 좋다.

해설 가공 지선
- 직격뢰 차폐
- 유도뢰 차폐
- 통신선의 전자 유도 장해 경감

03

부하 전류의 차단에 사용되지 않는 것은?

① DS
② ACB
③ OCB
④ VCB

해설 단로기(DS)
내부에 소호 장치가 없으므로 무부하 시에 계통을 분리하는 역할을 한다.(부하 전류 및 고장 전류는 차단 불가)
ACB(기중 차단기), OCB(유입 차단기), VCB(진공 차단기)는 모두 부하 전류 개폐 및 고장 전류 차단이 가능하다.

04

플리커 경감을 위한 전력 공급 측의 방안이 아닌 것은?

① 공급 전압을 낮춘다.
② 전용 변압기로 공급한다.
③ 단독 공급 계통을 구성한다.
④ 단락 용량이 큰 계통에서 공급한다.

해설
- 플리커 경감을 위한 공급자 측의 대책
  - 계통의 전압을 승압한다.
  - 플리커 발생 부하에 대해 전용 변압기로 공급한다.
  - 계통을 각각 개별적으로 단독 공급한다.
  - 단락 용량이 큰 계통에서 전력을 공급한다.
- 플리커 경감을 위한 수용가 측의 대책
  - 전원 계통의 리액터분을 보상
  - 전압 강하 보상
  - 부하의 무효 전력 변동분을 흡수
  - 플리커 부하 전류의 변동분 억제

| 정답 | 01 ③ 02 ④ 03 ① 04 ①

05

3상 무부하 발전기의 1선 지락 고장 시에 흐르는 지락 전류는?(단, E는 접지된 상의 무부하 기전력이고 Z_0, Z_1, Z_2는 각각 발전기의 영상, 정상, 역상 임피던스이다.)

① $\dfrac{E}{Z_0+Z_1+Z_2}$
② $\dfrac{\sqrt{3}\,E}{Z_0+Z_1+Z_2}$
③ $\dfrac{3E}{Z_0+Z_1+Z_2}$
④ $\dfrac{E^2}{Z_0+Z_1+Z_2}$

해설
1선 지락 시 영상 전류는
$$I_0 = \dfrac{E}{Z_0+Z_1+Z_2}\,[\text{A}]$$
따라서 지락 전류는
$$I_g = 3I_0 = \dfrac{3E}{Z_0+Z_1+Z_2}\,[\text{A}]$$

06

수력 발전소의 분류 중 낙차를 얻는 방법에 의한 분류 방법이 아닌 것은?

① 댐식 발전소
② 수로식 발전소
③ 양수식 발전소
④ 유역 변경식 발전소

해설 낙차를 얻는 방법에 의한 수력 발전소의 종류
- 댐식 발전소
- 수로식 발전소
- 댐수로식 발전소
- 유역 변경식 발전소

관련개념 유량의 확보 방법에 의한 수력 발전소의 종류
- 저수지식
- 조정지식
- 양수식
- 조력식

07

변성기의 정격 부담을 표시하는 단위는?

① [W]
② [S]
③ [dyne]
④ [VA]

해설
변성기의 정격 부담이란 변류기(CT)나 계기용 변압기(PT)의 2차 회로에 걸 수 있는 부하 용량의 한도로, [VA]의 단위를 사용한다.

08

원자로에서 중성자가 원자로 외부로 유출되어 인체에 위험을 주는 것을 방지하고 방열의 효과를 주기 위한 것은?

① 제어재
② 차폐재
③ 반사체
④ 구조재

해설 차폐재
원자로에서 중성자가 원자로 외부로 유출되어 인체에 위험을 주는 것을 방지하고 방열의 효과를 주기 위한 원자력 발전소의 최외곽 보호벽으로, 두꺼운 철근 콘크리트로 되어 있다.

| 정답 | 05 ③ 06 ③ 07 ④ 08 ②

09

연가에 의한 효과가 아닌 것은?

① 직렬 공진의 방지
② 대지 정전 용량의 감소
③ 통신선의 유도 장해 감소
④ 선로 정수의 평형

해설 연가 효과
- 선로 정수의 평형
- 직렬 공진에 의한 이상 전압 억제
- 통신선의 유도 장해 감소

10

각 전력 계통을 연계선으로 상호 연결하였을 때 장점으로 틀린 것은?

① 건설비 및 운전 경비를 절감하므로 경제급전이 용이하다.
② 주파수의 변화가 작아진다.
③ 각 전력 계통의 신뢰도가 증가된다.
④ 선로 임피던스가 증가되어 단락 전류가 감소된다.

해설 전력 계통을 연계할 경우의 장·단점
- 건설비 및 운전 경비를 절감하므로 경제급전이 용이하다.
- 계통 간에 전력의 융통이 가능하여 주파수의 변화가 작아진다.
- 각 전력 계통의 공급 신뢰도가 증가된다.
- 전체적인 계통의 임피던스가 감소되어 단락 전류가 증대된다.

11

전압 요소가 필요한 계전기가 아닌 것은?

① 주파수 계전기
② 동기탈조 계전기
③ 지락 과전류 계전기
④ 방향성 지락 과전류 계전기

해설 지락 과전류 계전기(OCGR)
지락 사고 시 지락 전류에 의해서만 동작하므로 전류 요소인 영상 전류(지락 전류)가 필요하다.

12

수력 발전 설비에서 흡출관을 사용하는 목적으로 옳은 것은?

① 압력을 줄이기 위하여
② 유효 낙차를 늘리기 위하여
③ 속도 변동률을 적게 하기 위하여
④ 물의 유선을 일정하게 하기 위하여

해설 흡출관
비교적 유효 낙차가 낮은 수력 발전소(반동수차)에서 수차 하단에 설치한 관으로서 가능한 한 유효 낙차를 높이기 위한 목적으로 설치한다.

13

인터록(Interlock)의 기능에 대한 설명으로 옳은 것은?

① 조작자의 의중에 따라 개폐되어야 한다.
② 차단기가 열려 있어야 단로기를 닫을 수 있다.
③ 차단기가 닫혀 있어야 단로기를 닫을 수 있다.
④ 차단기와 단로기를 별도로 닫고, 열 수 있어야 한다.

해설 차단기-단로기의 상호 연동 인터록 기능
차단기를 먼저 조작하여 차단기가 열려 있는 상태에서만 단로기를 열거나 닫을 수 있도록 한 안전 기능

14

같은 선로와 같은 부하에서 교류 단상 3선식은 단상 2선식에 비하여 전압 강하와 배전 효율이 어떻게 되는가?

① 전압 강하는 적고, 배전 효율은 높다.
② 전압 강하는 크고, 배전 효율은 낮다.
③ 전압 강하는 적고, 배전 효율은 낮다.
④ 전압 강하는 크고, 배전 효율은 높다.

해설
단상 3선식은 단상 2선식에 비해 배전 선로에 흐르는 전류가 적으므로 선로의 전압 강하가 적어지고 이에 따라 배전 선로의 효율이 좋아진다.

15

전력 원선도에서는 알 수 없는 것은?

① 송수전할 수 있는 최대 전력
② 선로 손실
③ 수전단 역률
④ 코로나손

해설
전력 원선도에서 알 수 있는 사항
- 송전과 수전할 수 있는 최대 전력
- 전력 손실
- 수전단 역률
- 필요한 조상설비 용량

전력 원선도에서 알 수 없는 사항
- 코로나 손실
- 과도 안정 극한 전력
- 송전단 역률

16

가공선 계통은 지중선 계통보다 인덕턴스 및 정전 용량이 어떠한가?

① 인덕턴스, 정전 용량이 모두 작다.
② 인덕턴스, 정전 용량이 모두 크다.
③ 인덕턴스는 크고, 정전 용량은 작다.
④ 인덕턴스는 작고, 정전 용량은 크다.

해설
가공선 계통은 지중선 계통보다 전선 간의 이격 거리(D)가 크다. 따라서
인덕턴스 $L = 0.05 + 0.4605\log_{10}\dfrac{D}{r}$ [mH/km]는 크고

정전 용량 $C = \dfrac{0.02413}{\log_{10}\dfrac{D}{r}}$ [μF/km]는 작다.

| 정답 | 13 ② | 14 ① | 15 ④ | 16 ③ |

17

송전선의 특성 임피던스는 저항과 누설 컨덕턴스를 무시하면 어떻게 표현되는가?(단, L은 선로의 인덕턴스, C는 선로의 정전 용량이다.)

① $\sqrt{\dfrac{L}{C}}$ ② $\sqrt{\dfrac{C}{L}}$

③ $\dfrac{L}{C}$ ④ $\dfrac{C}{L}$

해설 특성 임피던스

$$Z_0 = \sqrt{\dfrac{Z}{Y}} = \sqrt{\dfrac{R+j\omega L}{G+j\omega C}} \fallingdotseq \sqrt{\dfrac{L}{C}}\,[\Omega]$$

18

다음 중 송전 선로의 코로나 임계 전압이 높아지는 경우가 아닌 것은?

① 날씨가 맑다.
② 기압이 높다.
③ 상대 공기 밀도가 낮다.
④ 전선의 반지름과 선간 거리가 크다.

해설 코로나 임계 전압

$$E_0 = 24.3 m_0 m_1 \delta d \log_{10} \dfrac{D}{r}\,[\text{kV}]$$

(여기서, m_0: 전선 표면 계수, m_1: 날씨 계수,
δ: 상대 공기 밀도 $\propto \dfrac{\text{기압}}{\text{기온}}$, d: 전선의 직경, D: 선간 거리)

상대 공기 밀도와 임계 전압은 비례하므로 공기 밀도가 높아야 임계 전압이 높아진다. 공기 밀도가 낮으면 그만큼 공기의 절연성이 떨어지므로 공기의 코로나 방전은 쉽게 발생한다.

19

어느 수용가의 부하 설비는 전등 설비가 $500[\text{W}]$, 전열 설비가 $600[\text{W}]$, 전동기 설비가 $400[\text{W}]$, 기타설비가 $100[\text{W}]$이다. 이 수용가의 최대 수용 전력이 $1,200[\text{W}]$이면 수용률은 몇 $[\%]$인가?

① 55 ② 65
③ 75 ④ 85

해설

$$수용률 = \dfrac{최대\ 수용\ 전력}{설비\ 용량} \times 100[\%]$$

$$= \dfrac{1,200}{500+600+400+100} \times 100 = 75[\%]$$

20

케이블의 전력 손실과 관계가 없는 것은?

① 철손 ② 유전체손
③ 시스손 ④ 도체의 저항손

해설

케이블은 그 주요 구성 요소가 도체 및 절연체(유전체), 시스층으로 이루어져 있어 다음과 같은 전력 손실이 발생한다.
- 도체의 저항손
- 유전체손
- 시스손

7개년 기출문제

전기자기학

2025년 1회

01

반지름 2[mm], 무한히 긴 원통 도체 두 개가 중심 간격 2[m]로 진공 중에 평행하게 놓여 있을 때 1[km]당 정전 용량은 약 몇 [μF]인가?

① $1 \times 10^{-3}[\mu F]$
② $2 \times 10^{-3}[\mu F]$
③ $4 \times 10^{-3}[\mu F]$
④ $6 \times 10^{-3}[\mu F]$

해설 평행한 두 원통 도체의 정전 용량

$$C = \frac{\pi \varepsilon_0 l}{\ln \frac{d}{a}}$$

$$= \frac{\pi \times 8.854 \times 10^{-12} \times 10^3}{\ln\left(\frac{2}{2 \times 10^{-3}}\right)}$$

$$= 4 \times 10^{-3}[\mu F]$$

02

속도 v의 전자가 평등 자계 내에 수직으로 들어갈 때, 이 전자에 대한 설명으로 옳은 것은?

① 구면 위에서 회전하고 구의 반지름은 자계의 세기에 비례한다.
② 원운동을 하고 원의 반지름은 자계의 세기에 비례한다.
③ 원운동을 하고 원의 반지름은 자계의 세기에 반비례한다.
④ 원운동을 하고 원의 반지름은 전자의 처음 속도의 제곱에 비례한다.

해설
평등 자계 내에 들어가는 전자의 입사 방향이 자계와 평행하면 전자는 직선 운동을 하며, 전자의 입사 방향이 자계와 수직하면 전자는 원운동을 한다. 자계에 수직하게 입사하는 전자의 반지름, 각속도, 주기는 다음과 같다.

- 반지름 $r = \frac{mv}{Bq} = \frac{mv}{\mu_0 Hq}[m]$
- 각속도 $\omega = \frac{Bq}{m} = \frac{\mu_0 Hq}{m}[rad/sec]$
- 주기 $T = \frac{2\pi m}{Bq} = \frac{2\pi m}{\mu_0 Hq}[sec]$

원의 반지름은 자계의 세기에 반비례한다.

03

자화율 χ는 상자성체에서 일반적으로 어떤 값을 갖는가?

① $\chi = 0$
② $\chi = 1$
③ $\chi < 0$
④ $\chi > 0$

해설 자성체의 성질
- 역자성체(반자성체)
  $\mu_s < 1$, $\chi < 0$ (단, μ_s: 비투자율, χ: 자화율)
- 상자성체
  $\mu_s > 1$, $\chi > 0$
- 강자성체
  $\mu_s \gg 1$, $\chi \gg 0$

| 정답 | 01 ③ 02 ③ 03 ④

04

평등 전계 중에 유전체 구에 의한 전속 분포가 그림과 같을 때 ε_1과 ε_2의 크기 관계는?

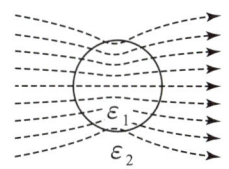

① $\varepsilon_1 > \varepsilon_2$
② $\varepsilon_1 < \varepsilon_2$
③ $\varepsilon_1 = \varepsilon_2$
④ $\varepsilon_1 \leq \varepsilon_2$

해설
유전속(전속선)은 유전율이 큰 쪽으로 모이려는 성질이 있다. 문제에서는 구 내부의 유전속 밀도가 높으므로 $\varepsilon_1 > \varepsilon_2$의 상태임을 알 수 있다.

05

진공 내에서 전위 함수가 $V = x^2 + y^2 \text{[V]}$와 같이 주어질 때 점 $(2, 2, 0)$에서 체적 전하 밀도 ρ는 몇 $\text{[C/m}^3\text{]}$인가?(단, ε_0는 자유 공간의 유전율이다.)

① $-4\varepsilon_0$
② $4e^{-2y}\cos 2x$
③ 0
④ $2e^{-2y}\cos 2x$

해설 포아송 방정식

$\nabla^2 V = -\dfrac{\rho_v}{\varepsilon_0}$에서

$\nabla^2 V = \dfrac{\partial^2 V}{\partial x^2} + \dfrac{\partial^2 V}{\partial y^2} = \dfrac{\partial^2}{\partial x^2}(x^2 + y^2) + \dfrac{\partial^2}{\partial y^2}(x^2 + y^2)$

$= \dfrac{\partial}{\partial x}(2x) + \dfrac{\partial}{\partial y}(2y) = 2 + 2 = 4$

$\therefore \rho_v = -\varepsilon_0 \nabla^2 V = -4\varepsilon_0 [\text{C/m}^3]$

06

공극(air gap)이 $\delta\text{[m]}$인 강자성체로 된 영구 자석에서 항상 성립하는 식은?(단, $l\text{[m]}$는 영구 자석의 길이이며 $l \gg \delta$이고, 자속 밀도는 $B\text{[Wb/m}^2\text{]}$, 자계의 세기는 $H\text{[AT/m]}$라 한다.)

① $\dfrac{B}{H} = -\dfrac{l\mu_0}{\delta}$
② $\dfrac{B}{H} = -\dfrac{\delta\mu_0}{l}$
③ $\dfrac{B}{H} = \dfrac{\delta\mu_0}{l}$
④ $\dfrac{B}{H} = \dfrac{l\mu_0}{\delta}$

해설 자기 회로에서 기자력

코일 권선수 N, 전류 I, 자속 밀도 B, 자계의 세기 H, 자석의 길이 l, 공극의 길이 δ일 때 외부 기자력 F_{out}과 내부 기자력 F_{in}은 다음과 같다.

$F_{out} = NI$, $F_{in} = Hl + \dfrac{B}{\mu_0}\delta$

영구 자석은 외부 기자력이 0이므로
$F_{in} = F_{out} = 0$이므로
$Hl + \dfrac{B}{\mu_0}\delta = 0 \rightarrow Hl = -\dfrac{B\delta}{\mu_0}$

$\therefore \dfrac{B}{H} = -\dfrac{l\mu_0}{\delta}$

07

전위 함수가 $V = 3xy + 2z^2 + 4$일 때 전계의 세기는?

① $-3yi - 3xj - 4zk$
② $-3yi + 3xj - 4zk$
③ $3yi + 3xj + 4zk$
④ $3yi - 3xj + 4zk$

해설
전계의 세기 $E = -\text{grad } V = -\nabla V = -\dfrac{\partial V}{\partial x}i - \dfrac{\partial V}{\partial y}j - \dfrac{\partial V}{\partial z}k$ 이므로

$E = -\dfrac{\partial}{\partial x}(3xy + 2z^2 + 4)i - \dfrac{\partial}{\partial y}(3xy + 2z^2 + 4)j$
$\quad - \dfrac{\partial}{\partial z}(3xy + 2z^2 + 4)k$
$= -3yi - 3xj - 4zk$

| 정답 | 04 ① | 05 ① | 06 ① | 07 ① |

08

$0.2[\mu F]$인 평행판 공기 콘덴서가 있다. 전극 간에 그 간격의 절반 두께의 유리판을 넣었다면 콘덴서의 용량은 약 몇 $[\mu F]$인가?(단, 유리의 비유전율은 10이다.)

① 0.26
② 0.36
③ 0.46
④ 0.56

해설

유전체 내 평행판 전극의 직렬연결인 경우 공기 콘덴서의 정전 용량은 다음과 같다.

$C = \dfrac{\varepsilon_0 S}{d} = 0.2[\mu F]$

평행판 전극과 단자가 수직이므로 콘덴서는 직렬로 접속된다. 각 콘덴서의 정전 용량을 C_1, C_2라 하면

$C_1 = \dfrac{\varepsilon_0 S}{\dfrac{d}{2}} = \dfrac{2\varepsilon_0 S}{d} = 2C = 2 \times 0.2 = 0.4[\mu F]$,

$C_2 = \dfrac{\varepsilon_0 \varepsilon_s S}{\dfrac{d}{2}} = \dfrac{2\varepsilon_0 \varepsilon_s S}{d} = 2\varepsilon_s C = 2 \times 10 \times 0.2 = 4[\mu F]$ 이다.

∴ 합성 정전 용량 $C' = \dfrac{1}{\dfrac{1}{C_1} + \dfrac{1}{C_2}} = \dfrac{C_1 C_2}{C_1 + C_2} = \dfrac{0.4 \times 4}{0.4 + 4} = 0.36[\mu F]$

09

전속 밀도에 대한 설명으로 가장 옳은 것은?

① 전속은 스칼라량이므로 전속 밀도도 스칼라량이다.
② 전속 밀도는 전계의 세기의 방향과 반대 방향이다.
③ 전속 밀도는 유전체 내 분극의 세기와 같다.
④ 전속 밀도는 유전체와 관계없이 크기는 일정하다.

해설 전속 밀도의 성질

- 전속은 스칼라량이지만 전속 밀도는 벡터량이다.
- 전속 밀도는 유전율과 관계없이 크기가 일정하다.

10

자계의 시간적 변화에 의해 유도 기전력이 발생하여 코일에 유도 전류가 흐르는 현상을 발견한 사람은 누구인가?

① 패러데이
② 가우스
③ 노이만
④ 렌츠

해설

- 패러데이 법칙: 자계의 시간적 변화로 유도 기전력이 발생하여 코일에 유도 전류가 흐른다.
- 가우스 법칙: 어떤 폐곡면을 통과하는 전속은 그 곡면 내에 있는 총 전하량과 같다.
- 노이만 공식: 서로 근접한 두 폐쇄 코일 중 어느 한쪽 코일에 전류가 흐르면 다른 코일에 전압이 유기되는 현상을 상호 유도라고 한다. 이때, 기전력에 비례하는 상호 유도 계수 또는 상호 인덕턴스의 공식을 노이만 공식이라고 한다.
- 렌츠의 법칙: 코일에 유기되는 기전력의 방향은 자속의 증가를 방해하는 방향과 같다.

11

유전체 A, B의 접합면에 전하가 없을 때 각 유전체 중 전계의 방향이 그림과 같다면 전계 $E_2[V/m]$는 어떻게 되는가?

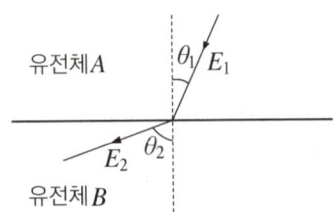

① $\dfrac{\cos\theta_2}{\cos\theta_1} E_1$
② $\dfrac{\sin\theta_1}{\sin\theta_2} E_1$
③ $\dfrac{\tan\theta_1}{\tan\theta_2} E_1$
④ $\dfrac{\cos\theta_1}{\cos\theta_2} E_1$

해설

전계의 세기는 경계면의 접선 성분이 서로 같다.
$E_1 \sin\theta_1 = E_2 \sin\theta_2$에서
$E_2 = \dfrac{\sin\theta_1}{\sin\theta_2} E_1 [V/m]$

12

유전율이 9인 유전체 내 전계의 세기 $100[\text{V/m}]$일 때, 유전체 내에 저장되는 에너지 밀도는 몇 $[\text{J/m}^3]$인가?

① 5.5×10^2
② 4.5×10^4
③ 9×10^2
④ 4.5×10^5

해설

유전체 내의 정전 에너지 밀도 $w_e = \dfrac{1}{2}\varepsilon E^2 [\text{J/m}^3]$
$\varepsilon = 9$, $E = 100[\text{V/m}]$이므로
$w_e = \dfrac{1}{2}\varepsilon E^2 = \dfrac{1}{2} \times 9 \times 100^2 = 4.5 \times 10^4 [\text{J/m}^3]$

13

유전체에서의 변위 전류에 대한 설명으로 옳은 것은?

① 유전체의 굴절률이 2배가 되면 변위 전류의 크기도 2배가 된다.
② 전속 밀도의 공간적 변화가 변위 전류를 발생시킨다.
③ 변위 전류의 크기는 투자율의 값에 비례한다.
④ 변위 전류는 자계를 발생시킨다.

해설 맥스웰 방정식

앙페르 주회 적분 법칙으로부터
$rot H = \nabla \times H = i + i_d = i + \dfrac{\partial D}{\partial t} = i + \varepsilon \dfrac{\partial E}{\partial t}$ 이다. 이때 변위 전류 밀도 i_d는 전속 밀도의 시간에 따른 변화량으로 정의하며, 유전체 내를 흐르는 변위 전류가 주위에 자계를 생성한다.

14

반사 계수 $\rho = 0.8$일 때, 정재파비 s를 데시벨[dB]로 표현하면?

① $10\log_{10}\dfrac{1}{9}$
② $10\log_{10}9$
③ $20\log_{10}\dfrac{1}{9}$
④ $20\log_{10}9$

해설

정재파비 $s = \dfrac{1+|\rho|}{1-|\rho|} = \dfrac{1+0.8}{1-0.8} = 9$
∴ 이득 $g = 20\log_{10}s = 20\log_{10}9$ [dB]

15

진공 중에 반지름이 $\dfrac{1}{50}[\text{m}]$인 도체 구 A와 내외 반지름이 $\dfrac{1}{25}[\text{m}]$ 및 $\dfrac{1}{20}[\text{m}]$인 도체 구 B를 동심으로 놓은 후 도체 구 A에 $Q_A = 4 \times 10^{-10}[\text{C}]$의 전하를 대전시키고 도체 구 B의 전하를 0으로 했을 때, 도체 구 A의 전위는 약 몇 [V]인가?

① 112
② 132
③ 162
④ 182

해설

도체 A만 전하량 $+Q[\text{C}]$로 대전된 경우 도체 A의 전위
$V = \dfrac{Q}{4\pi\varepsilon_0}\left(\dfrac{1}{a} - \dfrac{1}{b} + \dfrac{1}{c}\right)[\text{V}]$이다.
이때, $a = \dfrac{1}{50}[\text{m}]$, $b = \dfrac{1}{25}[\text{m}]$, $c = \dfrac{1}{20}[\text{m}]$이고 $Q_A = 4 \times 10^{-10}[\text{C}]$이므로
$V_A = \dfrac{Q}{4\pi\varepsilon_0}\left(\dfrac{1}{a} - \dfrac{1}{b} + \dfrac{1}{c}\right) = 9 \times 10^9 \times 4 \times 10^{-10} \times (50 - 25 + 20)$
$= 162[\text{V}]$

| 정답 | 12 ② 13 ④ 14 ④ 15 ③ |

16

플레밍의 왼손 법칙을 나타낸 식 $F = B \times I \times l$ [N]중 F에 대한 설명으로 옳은 것은?

① 발전기 정류자에 가해지는 힘이다.
② 발전기 브러시에 가해지는 힘이다.
③ 전동기 계자극에 가해지는 힘이다.
④ 전동기 전기자에 가해지는 힘이다.

해설 플레밍의 왼손 법칙

$$F = \int (I \times B) \cdot dI = IBl\sin\theta \text{[N]}$$

자계 속에서 전류가 흐르는 도체가 운동할 때 도체에는 자계와 전류의 방향에 동시에 수직한 방향으로 힘이 작용한다. 이는 전동기의 전기자 도체에 힘이 작용하는 원리와 같다.

17

자심 재료의 히스테리시스 곡선의 특징으로 잘못된 것은?

① 세로축은 자속 밀도이다.
② 자화의 경력과 관계없이 자속 밀도는 일정하다.
③ 자화력이 0일 때 세로축과 만나는 점을 잔류 자기라고 한다.
④ 잔류 자기를 0으로 하기 위해서는 반대 방향의 자화력을 가해야 한다.

해설 히스테리시스 곡선(B-H 곡선)
- 횡축(가로축)에 자계, 종축(세로축)에 자속 밀도를 취하여 그리는 자화 곡선이다.
- 자계축과 만나는 점을 보자력, 자속 밀도축과 만나는 점을 잔류 자기라 한다.
- 자화의 경력이 있으면 잔류 자기와 보자력이 생기므로 곡선은 변형된다.
- 잔류 자기를 상쇄할 때에만 역방향으로 자화력을 가한다.

18

한 변의 길이가 l[m]인 정사각형 도체 회로에 전류 I[A]를 흘릴 때 회로의 중심점에서 자계의 세기는 몇 [AT/m]인가?

① $\dfrac{2I}{\pi l}$
② $\dfrac{I}{\sqrt{2}\pi l}$
③ $\dfrac{\sqrt{2}I}{\pi l}$
④ $\dfrac{2\sqrt{2}I}{\pi l}$

해설

구분	정삼각형	정사각형	정육각형
그림	I[A], l[m], H[AT/m] (삼각형)	I[A], l[m], H[AT/m] (사각형)	I[A], l[m], H[AT/m] (육각형)
자계의 세기	$\dfrac{9I}{2\pi l}$ [AT/m]	$\dfrac{2\sqrt{2}I}{\pi l}$ [AT/m]	$\dfrac{\sqrt{3}I}{\pi l}$ [AT/m]

∴ 정사각형 도체의 중심의 자계의 세기 $H = \dfrac{2\sqrt{2}I}{\pi l}$ [AT/m]

정답 16 ④ 17 ② 18 ④

19

그림과 같이 회로 C에 전류 $I[A]$가 흐를 때, C의 미소 부분 dl에 의하여 거리 r만큼 떨어진 P점에서의 자계의 세기 $dH[AT/m]$는?(단, θ는 dl과 거리 r이 이루는 각이다.)

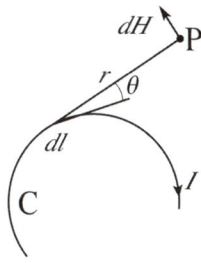

① $\dfrac{Idl\sin\theta}{4\pi r}$

② $\dfrac{Idl\sin\theta}{r^2}$

③ $\dfrac{Idl\sin\theta}{4\pi r^2}$

④ $\dfrac{4\pi Idl\sin\theta}{r^2}$

해설 비오 – 사바르의 법칙

임의의 점 P에서 미소 전류소에 의한 자계 크기는 전류와 전소의 크기에 비례하고, 점 P와 전소를 잇는 선분과 선소 사이의 각 $\sin\theta$에 비례하며, 점 P와 선소 사이의 직선거리의 제곱에 반비례한다.

$\therefore dH = \dfrac{I \times a_r}{4\pi r^2}dl = \dfrac{Idl\sin\theta}{4\pi r^2}[AT/m]$

20

원형 단면을 균일하게 흐르는 전류 $I[A]$에 의한, 반지름 $a[m]$, 길이 $l[m]$, 비투자율 μ_s인 원형 도체의 내부 인덕턴스는 몇 $[H]$인가?

① $10^{-7}\mu_s l$

② $3 \times 10^{-7}\mu_s l$

③ $\dfrac{1}{4a} \times 10^{-7}\mu_s l$

④ $\dfrac{1}{2} \times 10^{-7}\mu_s l$

해설 원통 도체에 의한 자기 인덕턴스

$L = \dfrac{\mu l}{8\pi}[H] = \dfrac{\mu}{8\pi}[H/m]$ 에서 $\mu_0 = 4\pi \times 10^{-7}[H/m]$이다.

$\therefore L = \dfrac{\mu l}{8\pi} = \dfrac{\mu_0 \mu_s l}{8\pi}$

$= \dfrac{4\pi \times 10^{-7}\mu_s l}{8\pi}$

$= \dfrac{1}{2} \times 10^{-7}\mu_s l [H]$

| 정답 | 19 ③ 20 ④

2025년 2회

01

자기 회로와 전기 회로에 대한 설명으로 틀린 것은?

① 자기 저항의 역수를 컨덕턴스라 한다.
② 자기 회로의 투자율은 전기 회로의 도전율에 대응된다.
③ 전기 회로의 전류는 자기 회로의 자속에 대응된다.
④ 자기 저항의 단위는 [AT/Wb]이다.

해설
- 기전력 $V = IR[V]$
- 기자력 $F = R_m \phi [AT]$
- 전기 저항 $R = \dfrac{l}{kS}[\Omega]$
- 컨덕턴스 $G = \dfrac{1}{R} = \dfrac{kS}{l}[\mho]$ (전기 저항의 역수)
- 자기 저항 $R_m = \dfrac{l}{\mu S}[AT/Wb]$
- 퍼미언스 $P = \dfrac{1}{R_m} = \dfrac{\mu S}{l}[Wb/AT]$ (자기 저항의 역수)

02

강자성체의 자화의 세기 J와 자화력 H의 관계에 대한 그래프로 옳은 것은?

①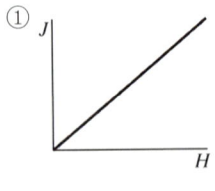
②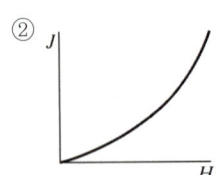
③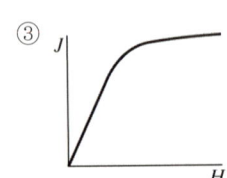
④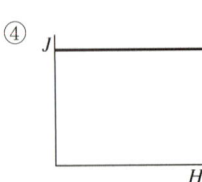

해설 히스테리시스 곡선
강자성체에 가하는 자계(H)가 증가하면 자화의 세기(J)도 증가하며, 자계가 일정 값 이상으로 증가하여 자기 포화 현상이 일어나면 자화의 세기는 더이상 증가하지 않는다.

03

물질의 자화 현상은?

① 전자의 자전
② 전자의 공전
③ 전자의 이동
④ 분자의 운동

해설 자성체
자성체 주변에 자계를 가하면 자성체 속 전자의 스핀 배열이 변화하여 자화 현상이 일어난다.

04

진공 중에 전하량이 각각 $2 \times 10^{-6}[C]$, $1 \times 10^{-4}[C]$인 두 점전하가 $50[cm]$ 떨어져 있을 때 두 전하 사이에 작용하는 힘 [N]은?

① 0.9
② 1.8
③ 3.6
④ 7.2

해설 쿨롱의 힘
$F = \dfrac{Q_1 Q_2}{4\pi\varepsilon_0 r^2} = 9 \times 10^9 \times \dfrac{2 \times 10^{-6} \times 1 \times 10^{-4}}{0.5^2} = 7.2[N]$

05

평행판 축전기에서 $d = 80[\mu m]$, $S = 0.12[m^2]$, $V = 12[V]$이고 축전기에 충전된 정전 에너지가 $1[\mu J]$일 때, 사용된 유전체의 비유전율은?

① 1.054
② 1.154
③ 2.054
④ 2.154

해설 축전기에 충전된 정전 에너지
$W = \dfrac{1}{2}CV^2$이므로 $C = \dfrac{2W}{V^2} = \dfrac{2 \times 10^{-6}}{12^2} = 0.014[\mu F]$이다.
평행판 축전기의 정전 용량 $C = \dfrac{\varepsilon_0 \varepsilon_s S}{d}$이므로
$\varepsilon_s = \dfrac{Cd}{\varepsilon_0 S} = \dfrac{0.014 \times 10^{-6} \times 80 \times 10^{-6}}{8.854 \times 10^{-12} \times 0.12} = 1.054$

| 정답 | 01 ① | 02 ③ | 03 ① | 04 ④ | 05 ① |

06

간격 d만큼 떨어진 무한히 긴 두 평행 도선에 전류 I가 서로 반대 방향으로 흐를 때 힘의 방향 P에서의 자계 세기 [AT/m]는?

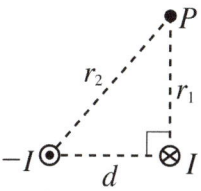

① $\dfrac{Id}{2\pi r_1 r_2}$ ② $\dfrac{Ir_2}{2\pi dr_1}$

③ $\dfrac{Ir_1}{2\pi dr_2}$ ④ $\dfrac{Id}{4\pi r_1 r_2}$

해설

- 전류 I인 도선이 거리 r_1만큼 떨어진 지점에 만드는 자계의 세기
  $H_1 = \dfrac{I}{2\pi r_1}$
- 전류 $-I$인 도선이 거리 r_2만큼 떨어진 지점에 만드는 자계의 세기
  $H_2 = \dfrac{I}{2\pi r_2}$

H_1, H_2의 방향이 다르므로, 점 P에서의 자계 H는 벡터의 합을 고려하여 계산한다.

$H = |\vec{H_1} - \vec{H_2}| = \sqrt{H_1^2 + H_2^2 - 2H_1 H_2 \cos\theta}$ 이므로

$H^2 = H_1^2 + H_2^2 - 2H_1 H_2 \cos\theta$

$= \left(\dfrac{I}{2\pi}\right)^2 \left(\dfrac{1}{r_1^2} + \dfrac{1}{r_2^2} - 2 \times \dfrac{1}{r_1} \times \dfrac{1}{r_2} \times \dfrac{r_1}{r_2}\right)$

$= \left(\dfrac{I}{2\pi}\right)^2 \left(\dfrac{r_2^2 + r_1^2 - 2r_1^2}{r_1^2 r_2^2}\right) = \left(\dfrac{I}{2\pi}\right)^2 \left(\dfrac{d^2}{r_1^2 r_2^2}\right)$

(단, $r_2^2 = r_1^2 + d^2$)

$\therefore H = \dfrac{I}{2\pi} \times \dfrac{d}{r_1 r_2} = \dfrac{Id}{2\pi r_1 r_2}$ [AT/m]

07

맥스웰의 법칙을 설명한 것으로 틀린 것은?

① 변위 전류는 실제 전류와 같은 성질을 가진다.
② 전자기파는 전기장과 자기장의 변화에 의해 발생한다.
③ 전계가 경계면에 수직으로 진행하는 경우 인장 응력이 작용한다.
④ 전계가 경계면에 수평으로 진행하는 경우 압축 응력이 작용한다.

해설

변위 전류는 전기적인 변위로 인해 발생하는 전류로, 실제로 전하가 이동하는 것이 아니기 때문에 실제 전류와 성질이 다르다. 따라서 변위 전류를 실제 전류와 같은 것으로 간주하는 것은 틀린 표현이다.

08

내부 도체의 반지름이 a[m]이고, 외부 도체의 내 반지름이 b[m], 외 반지름이 c[m]인 동축 케이블의 단위 길이당 자기 인덕턴스는 몇 [H/m]인가?

① $\dfrac{\mu_0}{2\pi} \ln \dfrac{b}{a}$ ② $\dfrac{\mu_0}{\pi} \ln \dfrac{b}{a}$

③ $\dfrac{2\pi}{\mu_0} \ln \dfrac{b}{a}$ ④ $\dfrac{\pi}{\mu_0} \ln \dfrac{b}{a}$

해설

- 동심 원통 도체의 내부와 외부 도체 사이의 인덕턴스(동축 케이블)
  $L_e = \dfrac{\mu_0 l}{2\pi} \ln \dfrac{b}{a}$ [H]
- 단위 길이당 동심 원통 도체의 내부와 외부 도체 사이의 인덕턴스
  $\dfrac{L_e}{l} = \dfrac{\mu_0}{2\pi} \ln \dfrac{b}{a}$ [H/m]

| 정답 | 06 ① 07 ① 08 ①

09

유전율이 각각 다른 두 종류의 유전체 경계면에 전속이 입사될 때 이 전속은 어떻게 되는가?(단, 경계면에 수직으로 입사하지 않는 경우이다.)

① 굴절 ② 반사
③ 회절 ④ 직진

해설
유전체 경계면에 전속이 입사각 $\theta_i (0° \leq \theta_i \leq 90°)$로 입사될 경우
- $\theta_i = 90°$: 투과(Transmission)
- $\theta_c < \theta_i < 90°$: 굴절(Refraction)

$$\left(\text{단, 임계각 } \theta_c = \sin^{-1}\sqrt{\frac{\varepsilon_2}{\varepsilon_1}}\right)$$

- $0° \leq \theta_i \leq \theta_c$: 반사(Reflection)

즉, 전속이 유전체 경계면에 입사하는 경우(수직 입사는 제외) 전속은 굴절한다.

10

쌍극자 모멘트가 $M[\text{C}\cdot\text{m}]$인 전기 쌍극자에서 점 P의 전계는 $\theta = \frac{\pi}{2}$에서 어떻게 되는가?(단, θ는 전기 쌍극자의 중심에서 축 방향과 점 P를 잇는 선분의 사잇각이다.)

① 0 ② 최소
③ 최대 ④ $-\infty$

해설 전기 쌍극자의 전계 세기 및 전위

$$E = \frac{M}{4\pi\varepsilon_0 r^3}\sqrt{1+3\cos^2\theta}\ [\text{V/m}], \quad V = \frac{M}{4\pi\varepsilon_0 r^2}\cos\theta[\text{V}]$$

- $\theta = 0°$일 때 E와 V는 최댓값을 가진다.
- $\theta = 90°$일 때 E와 V는 최솟값을 가진다.

11

$40[\text{V/m}]$인 전계 내의 $50[\text{V}]$ 되는 점에서 $1[\text{C}]$의 전하가 전계 방향으로 $80[\text{cm}]$ 이동하였을 때 그 점의 전위는 몇 $[\text{V}]$인가?

① 18 ② 22
③ 35 ④ 65

해설
$1[\text{C}]$의 전하가 전계 방향으로 $80[\text{cm}]$ 이동하면서 발생하는 전압 강하는
$V = Ed = 40 \times 0.8 = 32[\text{V}]$이다.
따라서 $80[\text{cm}]$ 떨어진 지점에서의 전위는 다음과 같다.
$V' = 50 - 32 = 18[\text{V}]$

12

면전하 밀도 $\rho_s[\text{C/m}^2]$인 2개의 무한 평면판 내부의 전계의 세기$[\text{V/m}]$는?

① $\dfrac{\rho_s}{\varepsilon_0}$ ② $\dfrac{\rho_s}{2\varepsilon_0}$

③ $\dfrac{\rho_s}{2\pi\varepsilon_0}$ ④ $\dfrac{\rho_s}{4\pi\varepsilon_0}$

해설
무한 평면 임의의 도체 표면에서 전계의 세기는 거리(r)와 무관하다.
즉, 2개의 무한 평면 도체 내부의 전계의 세기는 $\dfrac{\rho_s}{\varepsilon_0}$이다.

13

대지면에 높이 h로 평행하게 가설된 매우 긴 선 전하가 지면으로부터 받는 힘은?

① h^2에 비례한다.
② h^2에 반비례한다.
③ h에 비례한다.
④ h에 반비례한다.

해설

선전하 밀도가 $\lambda[C/m^2]$인 경우 대지면에 의한 영상 전하에 의해 전계가 발생한다.

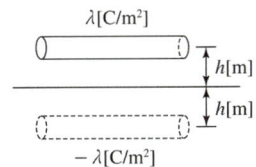

전계 $E = -\dfrac{\lambda}{2\pi\varepsilon_0(2h)}[V/m]$ 이므로

도선에 작용하는 힘 $F = QE = \lambda l\left(-\dfrac{\lambda}{2\pi\varepsilon_0(2h)}\right) = \dfrac{-\lambda^2 l}{4\pi\varepsilon_0 h}[N]$

따라서 대지면으로부터 받는 힘은 높이 h에 반비례한다.

14

다이아몬드와 같은 단결정 물체에 전장을 가할 때 유도되는 분극은?

① 전자 분극
② 이온 분극과 배향 분극
③ 전자 분극과 이온 분극
④ 전자 분극, 이온 분극, 배향 분극

해설

- 전자 분극: 다이아몬드와 같은 단결정체에서 외부 전계에 의해 양전하 중심인 핵의 위치와 음전하의 위치가 변화하는 분극 현상
- 이온 분극: 세라믹 화합물과 같은 이온 결합의 특성을 가진 물질에 전계를 가하면 (+), (−) 이온에 상대적 변위가 일어나 쌍극자를 유발하는 분극 현상
- 배향 분극: 물, 암모니아, 알코올 등 영구 자기 쌍극자를 가진 유극 분자들이 외부 전계와 같은 방향으로 움직이는 분극 현상

15

반지름 $a[m]$인 접지 도체 구의 중심에서 $d[m]$ 되는 거리에 점전하 $Q[C]$을 놓았을 때 도체 구에 유도된 총 전하는 몇 $[C]$인가?

① 0
② $-Q$
③ $-\dfrac{a}{d}Q$
④ $-\dfrac{d}{a}Q$

해설

접지 도체 구와 점전하 간의 전기 영상법

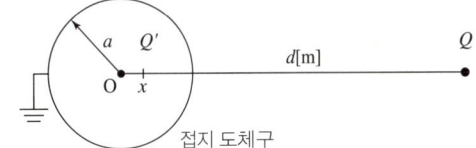

- 영상 전하의 크기
  $Q' = -\dfrac{a}{d}Q[C]$
- 영상 전하의 위치
  $x = \dfrac{a^2}{d}[m]$

16

자성체의 종류에 대한 설명으로 옳은 것은?(단, χ_m는 자화율, μ_r는 비투자율이다.)

① $\chi_m > 0$이면 역자성체이다.
② $\chi_m < 0$이면 상자성체이다.
③ $\mu_r > 1$이면 비자성체이다.
④ $\mu_r < 1$이면 역자성체이다.

해설 자성체의 종류

- $\mu_r \gg 1$: 강자성체, $\chi_m = \mu_r - 1 \gg 0$: 강자성체
- $\mu_r > 1$: 상자성체, $\chi_m = \mu_r - 1 > 0$: 상자성체
- $\mu_r < 1$: 반(역)자성체, $\chi_m = \mu_r - 1 < 0$: 반(역)자성체

| 정답 | 13 ④ 14 ① 15 ③ 16 ④

17

두 개의 인덕턴스 $L_1[\text{H}]$, $L_2[\text{H}]$를 병렬로 접속하였을 때의 합성 인덕턴스 L은 몇 $[\text{H}]$인가?

① $L_1 L_2 \pm 2M [\text{H}]$
② $L_1 + L_2 \pm 2M [\text{H}]$
③ $\dfrac{L_1 L_2 - M^2}{L_1 + L_2 \pm 2M} [\text{H}]$
④ $\dfrac{L_1 L_2 + M^2}{L_1 + L_2 \pm 2M} [\text{H}]$

해설

병렬 접속 합성 인덕턴스

• 가동 접속인 경우: $\dfrac{L_1 L_2 - M^2}{L_1 + L_2 - 2M} [\text{H}]$

• 차동 접속인 경우: $\dfrac{L_1 L_2 - M^2}{L_1 + L_2 + 2M} [\text{H}]$

18

맥스웰의 전자 방정식으로 틀린 것은?

① $\text{div}\dot{B} = \phi$
② $\text{div}\dot{D} = \rho$
③ $\text{rot}\dot{E} = -\dfrac{\partial \dot{B}}{\partial t}$
④ $\text{rot}\dot{H} = i + \dfrac{\partial \dot{D}}{\partial t}$

해설

• 맥스웰의 제1 방정식

$\text{rot}\dot{H} = i_c + \dfrac{\partial \dot{D}}{\partial t}$

– 전도 전류 및 변위 전류는 회전하는 자계를 형성
– 전류와 자계의 연속성 관계를 나타내는 방정식

• 맥스웰의 제2 방정식

$\text{rot}\dot{E} = -\dfrac{\partial \dot{B}}{\partial t} = -\mu \dfrac{\partial \dot{H}}{\partial t}$

– 패러데이의 전자 유도 법칙에서 유도된 방정식
– 자속 밀도의 시간적 변화는 전계를 회전시키고 유기 기전력을 발생

• 맥스웰의 제3 방정식

$\text{div}\dot{D} = \rho$

– 정전계의 가우스 법칙에서 유도된 방정식
– 임의의 폐곡면 내의 전하에서 전속선이 발산

• 맥스웰의 제4 방정식

$\text{div}\dot{B} = 0$

– 정자계의 가우스 법칙에서 유도된 방정식
– 외부로 발산하는 자속은 없다(자속은 연속적이다).
– 고립된 N극 또는 S극만으로 이루어진 자석은 만들 수 없다.

19

전기력선의 설명 중 틀린 것은?

① 단위 전하에서는 $\dfrac{1}{\varepsilon_0}$ 개의 전기력선이 출입한다.
② 전기력선은 부전하에서 시작하여 정전하에서 끝난다.
③ 전기력선은 전위가 높은 점에서 낮은 점으로 향한다.
④ 전기력선의 방향은 그 점의 전계의 방향과 일치하며 밀도는 그 점에서의 전계의 크기와 같다.

해설 전기력선의 성질

• 전기력선은 반드시 정(+)전하에서 나와서 부(-)전하로 들어간다.
• 전기력선의 방향은 그 점의 전계의 방향과 일치한다.
• 전기력선의 밀도는 전계의 세기와 같다.
• 전기력선은 전위가 높은 곳에서 낮은 곳으로 향한다.
• $Q[\text{C}]$의 전하에서 나오는 전기력선의 개수는 $\dfrac{Q}{\varepsilon_0}$ 개다. 단위 전하에서는 $\dfrac{1}{\varepsilon_0}$ 개의 전기력선이 출입한다.

20

자극의 세기가 $8 \times 10^{-6} [\text{Wb}]$, 길이가 $3[\text{cm}]$인 막대자석을 $120[\text{AT/m}]$의 평등 자계 내에 자력선과 $30°$의 각도로 놓으면 이 막대자석이 받는 회전력은 몇 $[\text{N} \cdot \text{m}]$인가?

① 1.44×10^{-4}
② 1.44×10^{-5}
③ 3.02×10^{-4}
④ 3.02×10^{-5}

해설

• 자기 모멘트
$M = ml = 8 \times 10^{-6} \times 3 \times 10^{-2} = 2.4 \times 10^{-7} [\text{Wb} \cdot \text{m}]$

• 회전력
$T = MH\sin\theta$
$= 2.4 \times 10^{-7} \times 120 \times \sin 30°$
$= 1.44 \times 10^{-5} [\text{N} \cdot \text{m}]$

| 정답 | 17 ③ | 18 ① | 19 ② | 20 ② |

2024년 1회

01

유전율 ε, 투자율 μ인 매질 중을 주파수 $f[\text{Hz}]$의 전자파가 전파되어 나갈 때의 파장은 몇 $[\text{m}]$인가?

① $f\sqrt{\varepsilon\mu}$
② $\dfrac{1}{f\sqrt{\varepsilon\mu}}$
③ $\dfrac{f}{\sqrt{\varepsilon\mu}}$
④ $\dfrac{\sqrt{\varepsilon\mu}}{f}$

해설

전파 속도 $v = \lambda f = \dfrac{1}{\sqrt{\mu\varepsilon}}[\text{m/s}]$

$\therefore \lambda = \dfrac{1}{f\sqrt{\mu\varepsilon}}[\text{m}]$

02

한 변의 길이가 $l[\text{m}]$인 정사각형 도체 회로에 전류 $I[\text{A}]$를 흘릴 때 회로의 중심점에서 자계의 세기는 몇 $[\text{AT/m}]$인가?

① $\dfrac{2I}{\pi l}$
② $\dfrac{I}{\sqrt{2}\pi l}$
③ $\dfrac{\sqrt{2}I}{\pi l}$
④ $\dfrac{2\sqrt{2}I}{\pi l}$

해설

구분	정삼각형	정사각형	정육각형
그림	(정삼각형, $H[\text{AT/m}]$)	(정사각형, $H[\text{AT/m}]$)	(정육각형, $H[\text{AT/m}]$)
자계의 세기	$\dfrac{9I}{2\pi l}[\text{AT/m}]$	$\dfrac{2\sqrt{2}I}{\pi l}[\text{AT/m}]$	$\dfrac{\sqrt{3}I}{\pi l}[\text{AT/m}]$

$\therefore$ 정사각형 도체의 중심의 자계의 세기 $H = \dfrac{2\sqrt{2}I}{\pi l}[\text{AT/m}]$

03

자기 인덕턴스 L_1, L_2와 상호 인덕턴스 M 사이의 결합 계수는?(단, 단위는 $[\text{H}]$이다.)

① $\dfrac{M}{L_1 L_2}$
② $\dfrac{L_1 L_2}{M}$
③ $\dfrac{M}{\sqrt{L_1 L_2}}$
④ $\dfrac{\sqrt{L_1 L_2}}{M}$

해설

상호 인덕턴스 $M = k\sqrt{L_1 L_2}[\text{H}]$이므로

결합 계수 $k = \dfrac{M}{\sqrt{L_1 L_2}}$ 이다.

04

면적이 $S[\text{m}^2]$이고 극간의 거리가 $d[\text{m}]$인 평행판 콘덴서에 비유전율 ε_s의 유전체를 채울 때 정전 용량은 몇 $[\text{F}]$인가?

① $\dfrac{2\varepsilon_0 \varepsilon_s S}{d}$
② $\dfrac{\varepsilon_0 \varepsilon_s S}{\pi d}$
③ $\dfrac{\varepsilon_0 \varepsilon_s S}{d}$
④ $\dfrac{2\pi \varepsilon_0 \varepsilon_s S}{d}$

해설

평행판 사이의 전위차 $V = Ed = \dfrac{\rho_s}{\varepsilon}d$

평행판 도체의 정전 용량 $C = \dfrac{Q}{V} = \dfrac{\rho_s S}{\dfrac{\rho_s}{\varepsilon}d} = \dfrac{\varepsilon S}{d} = \dfrac{\varepsilon_0 \varepsilon_s S}{d}[\text{F}]$

| 정답 | 01 ② 02 ④ 03 ③ 04 ③

05

그림과 같은 동축 원통의 왕복 전류회로가 있다. 도체 단면에 고르게 퍼진 일정 크기의 전류가 내부 도체로 흘러 들어가고 외부 도체로 흘러나올 때 전류에 의하여 생기는 자계에 대한 설명으로 옳지 않은 것은?

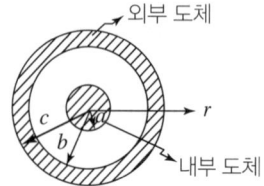

① 내부 도체 내($r<a$)에 생기는 자계의 크기는 중심으로부터 거리에 비례한다.
② 두 도체 사이(내부 공간)($a<r<b$)에 생기는 자계의 크기는 중심으로부터 거리에 반비례한다.
③ 외부 도체 내($b<r<c$)에 생기는 자계의 크기는 중심으로부터 거리에 관계없이 일정하다.
④ 외부 공간($r>c$)의 자계는 영(0)이다.

해설

외부 도체 내($b<r<c$)에 생기는 자계의 크기는 중심으로부터의 거리에 따라 변한다.

선지분석

① 내부 도체 내($r<a$)에 생기는 자계의 크기를 H_1이라 하면 H_1은 다음과 같이 중심거리 r에 비례한다.
$H_1 = \dfrac{rI}{2\pi a^2}$ [A/m]

② 내부 공간($a<r<b$)에 생기는 자계의 크기를 H_2라고 하면 H_2는 다음과 같이 중심으로부터의 거리 r에 반비례한다.
$H_2 \cdot 2\pi r = I \rightarrow H_2 = \dfrac{I}{2\pi r}$ [A/m]

③ 외부 도체 내($b<r<c$)에 생기는 자계의 크기를 H_3이라 하면 H_3는 다음과 같이 중심으로부터의 거리 r에 따라 변한다.
$H_3 = \dfrac{I}{2\pi r}\left(1 - \dfrac{r^2 - b^2}{c^2 - b^2}\right)$ [A/m]

④ 외부 공간($r>c$)에 생기는 자계의 크기를 H_4라고 하면 H_4는 다음과 같이 0이다.
$H_4 \cdot 2\pi r = I - I = 0 \rightarrow H_4 = 0$

관련개념

동축 원통의 왕복 전류회로에서 자계의 세기를 구하는 각 공식은 주회적분 법칙에 의해 증명이 가능하지만 증명과정이 복잡하고 기사 합격을 위한 학습에 필요하지 않아 서술하지 않았습니다. 다만, 각 조건별 내용을 파악하는데 공식을 참고하여 학습하시기 바랍니다.

06

그림과 같이 비투자율이 μ_{s1}, μ_{s2}인 각각 다른 자성체를 접하여 놓고 θ_1을 입사각이라고 하고, θ_2를 굴절각이라고 한다. 경계면에 자하가 없는 경우 미소 폐곡면을 취하여 이곳에 출입하는 자속 수를 구하면?

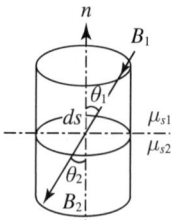

① $\int_l B \cdot n\, dl = 0$
② $\int_S B \cdot n\, dS = 0$
③ $\int_V B \cdot dV = 0$
④ $\int_S B \cdot n \sin\theta\, dS = 0$

해설

자속 밀도 $B = \dfrac{\phi}{S} \rightarrow \phi = BS \rightarrow \phi = B\int dS \rightarrow \phi = \int B dS$

이때 경계면에서 자속 밀도는 수직성분이 일정하므로 면적에 수직인 n 벡터를 내적하여 구할 수 있다.
그리고 자속 밀도 B_1의 수직성분과 자속 밀도 B_2의 수직성분은 같으므로 이를 모두 합하면 0이 된다. 즉, 자속 ϕ는 다음과 같이 나타낼 수 있다.
$\int_s B \cdot n\, dS = 0$

| 정답 | 05 ③ 06 ②

07

플레밍(Flaming)의 왼손 법칙을 나타내는 $F-B-I$에서 F는 무엇인가?

① 전동기 회전자 도체의 운동 방향을 나타낸다.
② 발전기 정류자 도체의 운동 방향을 나타낸다.
③ 전동기 자극의 운동 방향을 나타낸다.
④ 발전기 전기자의 도체 운동 방향을 나타낸다.

해설

플레밍의 왼손 법칙 : 전동기의 원리로 일정한 자기장 내 도체에 전류를 흘려 주면 운동 에너지가 발생한다.

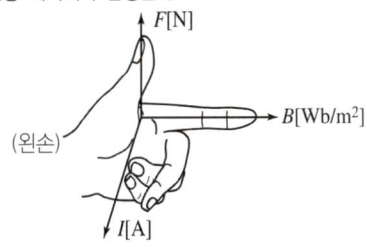

F : 힘(전동기 회전자 도체의 운동 방향)
B : 자속 밀도
I : 전류

관련개념

플레밍의 오른손 법칙: 발전기의 원리로 일정한 자기장 내에서 도선을 움직이면 유도 기전력이 발생한다.

08

극판 간격 $d[\text{m}]$, 면적 $S[\text{m}^2]$, 유전율 $\varepsilon[\text{F/m}]$이고 정전 용량이 $C[\text{F}]$인 평행판 콘덴서에 $v = V_m \sin\omega t[\text{V}]$의 전압을 가할 때의 변위 전류$[\text{A}]$는?

① $\omega C V_m \cos\omega t$
② $C V_m \sin\omega t$
③ $-C V_m \sin\omega t$
④ $-\omega C V_m \cos\omega t$

해설

변위 전류 밀도 $i_d = \dfrac{\partial D}{\partial t} = \varepsilon \dfrac{\partial E}{\partial t} = \varepsilon \dfrac{\partial \left(\dfrac{v}{d}\right)}{\partial t} = \dfrac{\varepsilon}{d} V_m \omega \cos\omega t\,[\text{A/m}^2]$

변위 전류 $I_d = i_d \times S = \dfrac{\varepsilon}{d} V_m \omega \cos\omega t \times S$

평행판 콘덴서의 정전 용량 $C = \dfrac{\varepsilon S}{d}[\text{F}]$이므로 $S = \dfrac{C}{\varepsilon} d$이다.

∴ $I_d = \omega C V_m \cos\omega t\,[\text{A}]$

09

유도 기전력의 크기는 폐회로에 쇄교하는 자속의 시간적 변화율에 비례하는 정량적인 법칙은?

① 패러데이 법칙
② 가우스 법칙
③ 앙페르의 주회 적분 법칙
④ 플레밍의 오른손 법칙

해설

• 유도 기전력의 크기: 패러데이 법칙
• 유도 기전력의 방향: 렌츠의 법칙

10

반지름 $1[\text{mm}]$, 간격 $4[\text{cm}]$인 평행 원통 도체가 공기 중에 있다. 두 원통 도체 사이의 단위 길이당 정전 용량$[\text{F/m}]$은?

① 7.54×10^{-12}
② 75.4×10^{-12}
③ 9.29×10^{-12}
④ 92.9×10^{-12}

해설 평행 도선 사이의 정전 용량

$C = \dfrac{\pi \varepsilon_0}{\ln \dfrac{d}{a}} = \dfrac{\pi \times 8.854 \times 10^{-12}}{\ln \dfrac{4 \times 10^{-2}}{1 \times 10^{-3}}} = 7.54 \times 10^{-12}[\text{F/m}]$

(단, a: 반지름$[\text{m}]$, d: 도체 사이 간격$[\text{m}]$, ε_0: 공기 중 유전율 $(= 8.854 \times 10^{-12}[\text{F/m}])$)

| 정답 | 07 ① | 08 ① | 09 ① | 10 ① |

11

전위가 1[MV]이고 정전 에너지가 1[J]일 때 정전 용량 $C[\text{pF}]$는?

① 1　　② 2
③ 3　　④ 4

해설

정전 에너지 $W = \frac{1}{2}CV^2$이므로

$C = \frac{2W}{V^2} = \frac{2 \times 1}{(1 \times 10^6)^2} = 2 \times 10^{-12} = 2[\text{pF}]$

12

단면적 $15[\text{cm}^2]$의 자석 근처에 같은 단면적을 가진 철편을 놓을 때 그 곳을 통하는 자속이 $3 \times 10^{-4}[\text{Wb}]$이면 철편에 작용하는 흡인력은 약 몇 [N]인가?

① 12.2　　② 23.9
③ 36.6　　④ 48.8

해설

자속 $\phi = BS$이므로 자속 밀도 $B = \frac{\phi}{S} = \frac{3 \times 10^{-4}}{15 \times 10^{-4}} = 0.2[\text{Wb/m}^2]$

단위 면적당 흡인력 $f = \frac{B^2}{2\mu_0} = \frac{1}{2}\mu_0 H^2 = \frac{1}{2}BH[\text{N/m}^2]$ $(B = \mu_0 H)$

따라서 철편에 작용하는 흡인력 $F = fS = \frac{B^2}{2\mu_0}S[\text{N}]$

$\therefore F = \frac{(0.2)^2}{2 \times 4\pi \times 10^{-7}} \times 15 \times 10^{-4} \fallingdotseq 23.9[\text{N}]$

13

면전하 밀도 $\rho_s[\text{C/m}^2]$인 2개의 무한 평면판 내부의 전계의 세기$[\text{V/m}]$는?

① $\frac{\rho_s}{\varepsilon_0}$　　② $\frac{\rho_s}{2\varepsilon_0}$

③ $\frac{\rho_s}{2\pi\varepsilon_0}$　　④ $\frac{\rho_s}{4\pi\varepsilon_0}$

해설

무한 평면 임의의 도체 표면에서 전계의 세기는 거리(r)와 무관하다.

즉, 2개의 무한 평면 도체 내부의 전계의 세기는 $\frac{\rho_s}{\varepsilon_0}$이다.

14

그림과 같은 유전체 경계면에서 전계 E_1, E_2에 대한 관계식으로 옳은 것은?

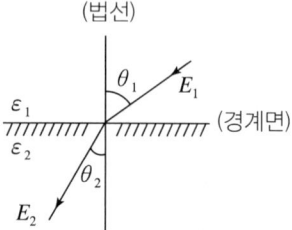

① $E_2 = \frac{\cos\theta_1}{\cos\theta_2}E_1$　　② $E_2 = \frac{\cos\theta_2}{\cos\theta_1}E_1$

③ $E_2 = \frac{\sin\theta_2}{\sin\theta_1}E_1$　　④ $E_2 = \frac{\sin\theta_1}{\sin\theta_2}E_1$

해설

경계면에서 전계의 수평 성분이 같으므로

$E_1 \sin\theta_1 = E_2 \sin\theta_2$이다.

$\therefore E_2 = \frac{\sin\theta_1}{\sin\theta_2}E_1$

| 정답 | 11 ② 　 12 ② 　 13 ① 　 14 ④

15

대지면에 높이 h로 평행하게 가설된 매우 긴 선 전하가 지면으로부터 받는 힘은?

① h^2에 비례한다. ② h^2에 반비례한다.
③ h에 비례한다. ④ h에 반비례한다.

해설

선전하 밀도가 $\lambda[\text{C/m}^2]$인 경우 대지면에 의한 영상 전하에 의해 전계가 발생한다.

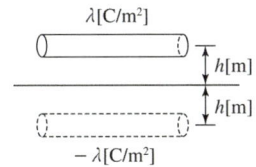

전계 $E = -\dfrac{\lambda}{2\pi\varepsilon_0(2h)}[\text{V/m}]$이므로

도선에 작용하는 힘 $F = QE = \lambda l\left(-\dfrac{\lambda}{2\pi\varepsilon_0(2h)}\right) = \dfrac{-\lambda^2 l}{4\pi\varepsilon_0 h}[\text{N}]$

따라서 대지면으로부터 받는 힘은 높이 h에 반비례한다.

16

단면적 $4[\text{cm}^2]$의 철심에 $6\times 10^{-4}[\text{Wb}]$의 자속을 통하게 하려면 $2,800[\text{AT/m}]$의 자계가 필요하다. 이 철심의 비투자율은?

① 43 ② 75
③ 324 ④ 426

해설

자속 밀도 $B = \mu_0\mu_s H = \dfrac{\phi}{S}[\text{Wb/m}^2]$이므로

비투자율 $\mu_s = \dfrac{B}{\mu_0 H} = \dfrac{\frac{\phi}{S}}{\mu_0 H} = \dfrac{\frac{6\times 10^{-4}}{4\times 10^{-4}}}{4\pi\times 10^{-7}\times 2,800} = 426$이다.

17

자화곡선에 대한 설명으로 틀린 것은?

① 곡선이 횡축과 만나는 점을 보자력이라 한다.
② 자화시키는 방향을 역방향으로 바꿀 때마다 잔류 자기에 비례하는 손실이 발생한다.
③ 종축은 자속 밀도의 변화를 의미한다.
④ 자계가 0일 때 남아 있는 자기를 잔류 자기라고 한다.

해설

자화시키는 방향을 역방향으로 바꿀 때마다 히스테리시스 곡선의 면적에 비례하는 손실이 발생한다.

선지분석

① 횡축과 만나는 점을 보자력이라고 하며, 잔류 자기를 없애기 위해 필요한 자계의 세기를 가리킨다.
③ 히스테리시스(자화) 곡선은 횡축에는 자계의 세기를, 종축에는 자속 밀도를 나타내어 그린 곡선이다.
④ 종축과 만나는 점을 잔류 자기라고 하며, 자계를 0으로 해도 강자성체의 내부에 소멸되지 않고 남아있는 자속 밀도 성분을 가리킨다.

18

다음 설명 중 잘못된 것은?

① 초전도체는 임계온도 이하에서 완전 반자성을 나타낸다.
② 자화의 세기는 단위 면적당의 자기 모멘트이다.
③ 상자성체에서 자극 N극을 접근시키면 S극이 유도된다.
④ 니켈, 코발트 등은 강자성체에 속한다.

해설

- 자화의 세기는 단위 면적당 자극의 세기이다.
- 초전도체는 반자성 특성을 갖는 자성체 중 하나이다.
- 강자성체에는 철, 니켈, 코발트 등이 있다.

| 정답 | 15 ④ 16 ④ 17 ② 18 ②

19

최대 정전 용량 $C_0[\text{F}]$인 그림과 같은 콘덴서의 정전 용량이 각도에 비례하여 변화한다고 한다. 이 콘덴서를 전압 $V[\text{V}]$로 충전하였을 때 회전자에 작용하는 토크는?

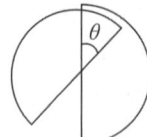

① $\dfrac{C_0 V^2}{2}[\text{N}\cdot\text{m}]$ ② $\dfrac{C_0^2 V}{2\pi}[\text{N}\cdot\text{m}]$

③ $\dfrac{C_0 V^2}{2\pi}[\text{N}\cdot\text{m}]$ ④ $\dfrac{C_0 V^2}{\pi}[\text{N}\cdot\text{m}]$

해설

정전 용량 $C = \dfrac{\theta}{180} \times C_0 = \dfrac{\theta}{\pi} C_0 [\text{F}]$

콘덴서에 저장되는 에너지 $W = \dfrac{1}{2}CV^2 = \dfrac{1}{2}\dfrac{\theta}{\pi}C_0 V^2 [\text{J}]$

토크 $T = \dfrac{\partial W}{\partial \theta} = \dfrac{C_0 V^2}{2\pi}[\text{N}\cdot\text{m}]$

20

유전율이 각각 다른 두 유전체가 서로 경계를 이루며 접해 있다. 다음 중 옳지 않은 것은?(단, 이 경계면에는 진전하분포가 없다고 한다.)

① 경계면에서 전계의 접선 성분은 연속이다.
② 경계면에서 전속 밀도의 법선 성분은 연속이다.
③ 경계면에서 전계와 전속 밀도는 굴절한다.
④ 경계면에서 전계와 전속 밀도는 불변이다.

해설

• 경계면에서 전계와 전속 밀도는 굴절한다.
• 경계면에서 전계의 수평(접선) 성분이 같다(연속).

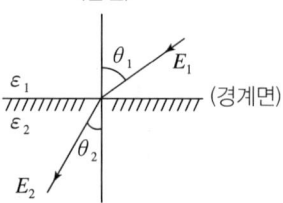

• 경계면에서 전속 밀도의 수직 성분이 같다(연속).

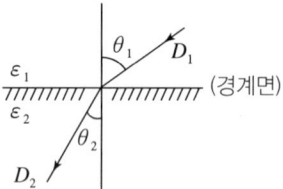

| 정답 | 19 ③   20 ④

2024년 2회

01

공기 중에 반지름이 1[m]인 도체구의 중심으로부터 5[m] 떨어진 곳의 전위가 2[V]일 때 도체구 표면에 작용하는 정전응력[J/m³]은?

① 9.9×10^{-10}
② 7.7×10^{-10}
③ 4.4×10^{-10}
④ 2.2×10^{-10}

해설

5[m] 거리의 전위 $V = \dfrac{Q}{4\pi\varepsilon r} = \dfrac{Q}{20\pi\varepsilon} = 2[V]$ 이고,

전계 $E = \dfrac{V}{r} = \dfrac{Q}{4\pi\varepsilon r^2}$ 이므로 $E \propto \dfrac{1}{r^2}$ 이다.

5[m] 거리의 전계 $E = \dfrac{V}{r} = \dfrac{2}{5}$ 이고, 반지름이 1[m]이므로

표면 전계 $E = \dfrac{2}{5} \times 25 = 10[V/m]$ 이다.

따라서 도체구 표면에 작용하는 정전 응력은 다음과 같다.

$f = \dfrac{1}{2}DE = \dfrac{1}{2}\varepsilon E^2 = \dfrac{1}{2} \times 8.85 \times 10^{-12} \times 10^2 = 4.43 \times 10^{-10}[J/m^3]$

02

공간 내의 한 점에 있어서 자속이 시간적으로 변화하는 경우에 성립하는 식은?

① $\nabla \times \dot{E} = \dfrac{\partial \dot{H}}{\partial t}$
② $\nabla \times \dot{E} = -\dfrac{\partial \dot{H}}{\partial t}$
③ $\nabla \times \dot{E} = \dfrac{\partial \dot{B}}{\partial t}$
④ $\nabla \times \dot{E} = -\dfrac{\partial \dot{B}}{\partial t}$

해설 맥스웰의 제2 기본 방정식

$rot\, \dot{E} = \nabla \times \dot{E} = -\dfrac{\partial \dot{B}}{\partial t} = -\mu \dfrac{\partial \dot{H}}{\partial t}$

- 패러데이의 전자 유도 법칙에서 유도된 방정식이다.
- 자속 밀도의 시간적 변화는 전계를 회전시키고 유기 기전력을 발생시킨다.

03

한 변의 길이가 l[m]인 정삼각형 회로에 전류 I[A]가 흐르고 있을 때 삼각형 중심에서의 자계의 세기[AT/m]는?

① $\dfrac{\sqrt{2}\,I}{3\pi l}$
② $\dfrac{9I}{\pi l}$
③ $\dfrac{2\sqrt{2}\,I}{3\pi l}$
④ $\dfrac{9I}{2\pi l}$

해설

정삼각형의 한 변의 길이를 l[m]라 하면 각 변이 만드는 자계는 비오-사바르의 공식을 이용하여 구한다.

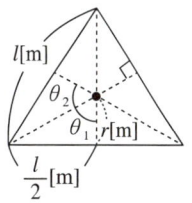

그림에서 한 변으로부터 중심까지 거리 $r = \dfrac{l}{2}\tan 30° = \dfrac{l}{2\sqrt{3}}$[m],

$\theta_1 = \theta_2 = \dfrac{\pi}{3}$ 이다.

변 하나가 만드는 자계의 크기

$H = \dfrac{I}{4\pi r}(\sin\theta_1 + \sin\theta_2) = \dfrac{I}{4\pi \dfrac{l}{2\sqrt{3}}}(\sin\dfrac{\pi}{3} + \sin\dfrac{\pi}{3})$

$= \dfrac{3I}{2\pi l}[AT/m]$

따라서 세 변이 만드는 정삼각형 중심 자계의 크기는 다음과 같다.

$H' = H \times 3 = \dfrac{9I}{2\pi l}[AT/m]$

| 정답 | 01 ③ 02 ④ 03 ④

04

자유 공간 중에서 점 $P(5, -2, 4)$가 도체면상에 있으며 이 점에서 전계 $\dot{E} = 6a_x - 2a_y + 3a_z [\text{V/m}]$이다. 점 P에서의 면 전하 밀도 $\rho_s [\text{C/m}^2]$는?

① $-2\varepsilon_0 [\text{C/m}^2]$
② $3\varepsilon_0 [\text{C/m}^2]$
③ $6\varepsilon_0 [\text{C/m}^2]$
④ $7\varepsilon_0 [\text{C/m}^2]$

해설

임의 모양의 도체의 표면 전계 세기 $\dot{E} = \dfrac{\rho_s}{\varepsilon_0} [\text{V/m}]$

점 $P(5, -2, 4)$는 도체 표면상에 있으므로 점 P에서의 면 전하 밀도는
$\rho_s = \varepsilon_0 |\dot{E}| = \varepsilon_0 \sqrt{6^2 + 2^2 + 3^2} = \varepsilon_0 \sqrt{49} = 7\varepsilon_0 [\text{C/m}^2]$

05

두 종류의 금속으로 된 폐회로에 전류를 흘리면 양 점속점에서 한쪽은 온도가 올라가고 다른 쪽은 온도가 내려가는 현상은?

① 펠티에(peltier) 효과
② 볼타(volta) 효과
③ 제벡(seebeck) 효과
④ 톰슨(Thomson) 효과

해설

펠티에 효과는 두 금속으로 이루어진 열전대에 전류를 흐르게 했을 때 열전대의 각 접점에서 발열 혹은 흡열 작용이 일어나는 현상이다.

선지분석

② 볼타 효과: 서로 다른 두 종류의 금속이 접촉한 후 떼어질 때 각각 양전하와 음전하로 대전되는 현상
③ 제벡 효과: 서로 다른 금속체를 접합하여 폐회로를 만들고 두 접합점에 온도 차를 두면 폐회로에서 기전력이 발생하는 현상
④ 톰슨 효과: 동일한 금속 도선의 두 점 사이에 온도 차를 두고 전류를 흘리면 열이 발생하거나 흡수되는 현상

06

맥스웰(Maxwell) 전자 방정식의 물리적 의미 중 틀린 것은?

① 자계의 시간적 변화에 따라 전계의 회전이 발생한다.
② 전도 전류와 변위 전류는 자계를 발생시킨다.
③ 고립된 자극이 존재한다.
④ 전하에서 전속선이 발산한다.

해설

- 맥스웰의 제1 방정식

$rot \dot{H} = i_c + \dfrac{\partial \dot{D}}{\partial t}$

 - 전도 전류 및 변위 전류는 회전하는 자계를 형성
 - 전류와 자계의 연속성 관계를 나타내는 방정식

- 맥스웰의 제2 방정식

$rot \dot{E} = -\dfrac{\partial \dot{B}}{\partial t} = -\mu \dfrac{\partial \dot{H}}{\partial t}$

 - 패러데이의 전자 유도 법칙에서 유도된 방정식
 - 자속 밀도의 시간적 변화는 전계를 회전시키고 유기 기전력을 발생

- 맥스웰의 제3 방정식

$div \dot{D} = \rho$

 - 정전계의 가우스 법칙에서 유도된 방정식
 - 임의의 폐곡면 속 전하에서 전속선이 발산

- 맥스웰의 제4 방정식

$div \dot{B} = 0$

 - 정자계의 가우스 법칙에서 유도된 방정식
 - 외부로 발산하는 자속은 없다(자속은 연속이다).
 - 고립된 N극 또는 S극만으로 이루어진 자석은 만들 수 없다.

| 정답 | 04 ④ 05 ① 06 ③

07

초전도 현상에 대한 설명으로 틀린 것은?

① 초전도체는 직류 전류에 대해 완전도체의 성질을 갖는다.
② 초전도체는 완전 반자성체의 성질을 갖는다.
③ 초전도 상태에 있는 물질 내에서는 전계가 0이다.
④ 초전도체를 관통하는 자속의 시간적 변화는 완전히 주기적이다.

해설 초전도체
- 초전도체의 저항은 0이고, 직류 전류에 대해 완전도체의 성질을 갖는다.
- 초전도체는 자력을 반대하는 완전 반자성체의 성질을 갖는다.
- 내부 전계가 0이므로 내부에 자기장이 형성되지 않는다.

08

액체 유전체를 넣은 콘덴서의 용량이 $20[\mu F]$이다. 여기에 $500[kV]$의 전압을 가하면 누설 전류는 몇 $[A]$인가?(단, 비유전율 $\varepsilon_s = 2.2$, 고유 저항 $\rho = 10^{11}[\Omega \cdot m]$이다.)

① 4.2
② 5.13
③ 54.5
④ 61

해설

저항 $R = \dfrac{\rho \varepsilon}{C}[\Omega]$이므로

누설 전류 $I = \dfrac{V}{R} = \dfrac{CV}{\rho \varepsilon} = \dfrac{20 \times 10^{-6} \times 500 \times 10^3}{10^{11} \times 8.854 \times 10^{-12} \times 2.2} \fallingdotseq 5.13[A]$

09

자기 이력 곡선(히스테리시스 루프)에 대한 설명으로 옳지 않은 것은?

① 자화의 경력이 있을 때나 없을 때나 곡선은 항상 같다.
② Y축은 자속 밀도이다.
③ 자화력이 0일 때 남아있는 자기가 잔류 자기이다.
④ 잔류 자기를 상쇄하기 위해선 역방향의 자화력을 가해야 한다.

해설

자화의 경력이 있을 때와 없을 때의 곡선은 다르다.

선지분석
② 자기 이력 곡선의 종축은 자속 밀도, 횡축은 자기장의 세기이고 기울기는 투자율이다.
③ 자기장의 세기(자화력) H가 0인 경우에도 남아 있는 자속의 크기를 잔류 자기라 한다.
④ 잔류 자기를 상쇄시키려면 역방향의 자화력을 가해야 한다.

10

자계의 벡터 포텐셜을 $\dot{A}$라 할 때 자계의 시간적 변화에 의하여 생기는 전계의 세기 $\dot{E}$는?

① $\dot{E} = rot\dot{A}$
② $rot\dot{E} = \dot{A}$
③ $\dot{E} = -\dfrac{\partial \dot{A}}{\partial t}$
④ $rot\dot{E} = -\dfrac{\partial \dot{A}}{\partial l}$

해설

- 전계와 벡터 포텐셜의 관계
$\dot{B} = \nabla \times \dot{A}$

$\nabla \times \dot{E} = rot\dot{E} = -\dfrac{\partial \dot{B}}{\partial t} = -\dfrac{\partial}{\partial t}(\nabla \times \dot{A}) = -(\nabla \times \dfrac{\partial \dot{A}}{\partial t})$

- 양변에 $\nabla \times$을 소거하면

$\dot{E} = -\dfrac{\partial \dot{A}}{\partial t}$

관련개념

자속 밀도와 벡터 퍼텐셜의 관계
$\dot{B} = \nabla \times \dot{A}$

| 정답 | 07 ④ 08 ② 09 ① 10 ③

11

반지름 1[cm]인 원형 코일에 전류 10[A]가 흐를 때 코일의 중심에서 코일 면에 수직으로 $\sqrt{3}$[cm] 떨어진 점의 자계의 세기는 몇 [AT/m]인가?

① $\dfrac{1}{16} \times 10^3$ ② $\dfrac{3}{16} \times 10^3$

③ $\dfrac{5}{16} \times 10^3$ ④ $\dfrac{7}{16} \times 10^3$

해설

원형 코일 중심에서 직각으로 x[m] 떨어진 지점의 자계

$H = \dfrac{a^2 I}{2(a^2 + x^2)^{\frac{3}{2}}}$ [AT/m]이다.

반지름 $a = 1$[cm]이고 수직으로 떨어진 지점 $x = \sqrt{3}$[cm]이므로

$H = \dfrac{a^2 I}{2(a^2 + x^2)^{\frac{3}{2}}} = \dfrac{(1 \times 10^{-2})^2 \times 10}{2 \times [(1 \times 10^{-2})^2 + (\sqrt{3} \times 10^{-2})^2]^{\frac{3}{2}}}$

$= \dfrac{1}{16} \times 10^3$ [AT/m]

12

모든 전기 장치를 접지시키는 근본적인 이유는?

① 지구의 용량이 커서 전위가 거의 일정하기 때문이다.
② 편의상 지면을 무한대로 보기 때문이다.
③ 영상 전하를 이용하기 때문이다.
④ 지구는 전류를 잘 통하기 때문이다.

해설

모든 전기 장치를 접지시키는 근본적인 이유는 지구의 용량이 커서 전위가 거의 일정하기 때문이다.(지면의 전위는 0[V]로 취급한다.)

13

정전 용량이 0.03[μF]인 평행판 공기 콘덴서의 두 극판 사이에 절반 두께의 비유전율 10인 유리판을 극판과 평행하게 넣었다면 이 콘덴서의 정전 용량은 약 몇 [μF]이 되는가?

① 1.83   ② 18.3
③ 0.055 ④ 0.55

해설

공기 콘덴서의 정전 용량

$C_0 = \dfrac{\varepsilon_0 S}{d} = 0.03 [\mu F]$

절반 두께에 유전체를 채울 경우 공기 부분의 정전 용량을 C_1 유전체 부분의 정전 용량을 C_2라 하면

$C_1 = \dfrac{\varepsilon_0 S}{\dfrac{d}{2}} = 2C_0 = 0.06 [\mu F]$

$C_2 = \dfrac{\varepsilon_0 \varepsilon_s S}{\dfrac{d}{2}} = 20C_0 = 0.6 [\mu F]$

두 콘덴서는 직렬연결되어 있으므로 합성 정전 용량

$C = \dfrac{C_1 C_2}{C_1 + C_2} = \dfrac{0.06 \times 0.6}{0.06 + 0.6} = 0.0545 [\mu F]$

별해

$C = \dfrac{2C_0}{1 + \dfrac{1}{\varepsilon_s}} = \dfrac{2 \times 0.03}{1 + \dfrac{1}{10}} = \dfrac{0.6}{11} \fallingdotseq 0.055 [\mu F]$

| 정답 | 11 ①   12 ①   13 ③

14

송전선의 전류가 0.01초 사이에 $10[\text{kA}]$ 변화될 때 이 송전선에 나란한 통신선에 유도되는 유도 전압은 몇 $[\text{V}]$인가? (단, 송전선과 통신선 간의 상호 유도 계수는 $0.3[\text{mH}]$이다.)

① 30　　　② 300
③ 3,000　　④ 30,000

해설

유도 전압의 크기 $e = \left| -M\dfrac{di}{dt} \right| = 0.3 \times 10^{-3} \times \dfrac{10 \times 10^3}{0.01} = 300[\text{V}]$

15

그림과 같이 도체 1을 도체 2로 포위하여 도체 2를 일정 전위로 유지하고 도체 1과 도체 2의 외측에 도체 3이 있을 때 용량 계수 및 유도 계수의 성질로 옳은 것은?

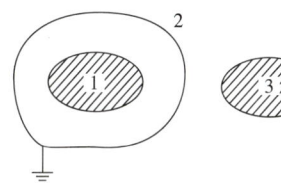

① $q_{23} = q_{11}$　　② $q_{13} = -q_{11}$
③ $q_{31} = q_{11}$　　④ $q_{21} = -q_{11}$

해설

- 용량 계수 $q_{ii}(q_{11}, q_{22}, q_{33} \cdots) > 0$
  (자신의 전위를 $+1[\text{V}]$로 하여야 하므로 항상 양의 값을 가진다.)
- 유도 계수 $q_{ij}(q_{12}, q_{21}, q_{13} \cdots) \leq 0$
  (유도전하는 항상 음의 전하만 나타나고 무한 거리에 떨어져 있을 경우 유도 계수는 0이다.)

문제에서는 도체 2가 도체 1을 포위하고 있기 때문에 $q_{11} = -q_{12} = -q_{21}$을 만족한다.

16

평등 자계 내에 전자가 수직으로 입사하였을 때 전자의 운동에 대한 설명으로 옳은 것은?

① 원심력은 전자 속도에 반비례한다.
② 구심력은 자계의 세기에 반비례한다.
③ 원 운동을 하고, 반지름은 자계의 세기에 비례한다.
④ 원 운동을 하고, 반지름은 전자의 회전 속도에 비례한다.

해설

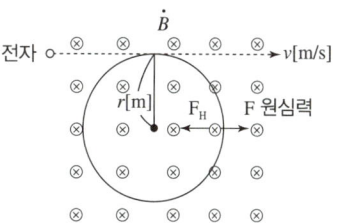

움직이는 전하에 작용하는 자기력(구심력)
$F_H = q|\dot{v} \times \dot{B}| = qvB[\text{N}]$ (원 운동)

원 운동에 따른 원심력 $F_{원심력} = \dfrac{mv^2}{r}[\text{N}]$

두 힘은 같은 크기이므로 $qvB = \dfrac{mv^2}{r}$

$\therefore$ 회전 반경 $r = \dfrac{mv}{qB}[\text{m}]$

(q: 전자 전하량, v: 전자 속도, B: 자속 밀도, m: 전자의 질량)

- 전자는 구심력과 원심력이 크기가 같아 원운동을 한다.
- 원심력은 전자 속도의 제곱에 비례한다.
- 구심력은 자계의 세기에 비례한다.
- 반지름은 자계의 세기에 반비례한다.
- 반지름은 전자의 회전 속도에 비례한다.

| 정답 | 14 ② 　15 ④ 　16 ④

17

다이아몬드와 같은 단결정 물체에 전장을 가할 때 유도되는 분극은?

① 전자 분극
② 이온 분극과 배향 분극
③ 전자 분극과 이온 분극
④ 전자 분극, 이온 분극, 배향 분극

해설
- 전자 분극: 다이아몬드와 같은 단결정체에서 외부 전계에 의해 양전하 중심인 핵의 위치와 음전하의 위치가 변화하는 분극 현상
- 이온 분극: 세라믹 화합물과 같은 이온 결합의 특성을 가진 물질에 전계를 가하면 (+), (−) 이온에 상대적 변위가 일어나 쌍극자를 유발하는 분극 현상
- 배향 분극: 물, 암모니아, 알코올 등 영구 자기 쌍극자를 가진 유극 분자들이 외부 전계와 같은 방향으로 움직이는 분극 현상

18

사이클로트론에서 양자가 매초 3×10^{15}개의 비율로 가속되어 나오고 있다. 양자가 $15[\text{MeV}]$의 에너지를 가지고 있다고 할 때, 이 사이클로트론은 가속용 고주파 전계를 만들기 위해서 $150[\text{kW}]$의 전력을 필요로 한다면 에너지 효율[%]은?

① 2.8
② 3.8
③ 4.8
④ 5.8

해설
에너지 $W = QV = Pt\eta$ (P: 전력, t: 시간, η: 에너지 효율)이므로

$$\eta = \frac{QV}{Pt} = \frac{neV}{Pt} = \frac{3 \times 10^{15} \times 1.602 \times 10^{-19} \times 15 \times 10^6}{150 \times 10^3 \times 1} \times 100$$

$\fallingdotseq 4.8[\%]$

19

높은 주파수의 전자파가 전파될 때 일기가 좋은 날보다 비 오는 날 전자파의 감쇠가 심한 원인은?

① 도전율 관계임
② 유전율 관계임
③ 투자율 관계임
④ 분극률 관계임

해설
- 날씨는 주파수에 영향을 끼치며, 특히 비 같은 경우는 물의 양과 빗방울의 크기에 따라 주파수 감쇠를 일으키는 요인이 된다.
- 주파수가 높을수록 비에 의한 감쇠가 심한데 이는 주파수가 높을수록 도전율이 높아지기 때문이다.

20

정전계에서 도체에 정(+)의 전하를 주었을 때의 설명으로 틀린 것은?

① 도체 표면의 곡률 반지름이 작은 곳에 전하가 많이 분포한다.
② 도체 외측의 표면에만 전하가 분포한다.
③ 도체 표면에서 수직으로 전기력선이 출입한다.
④ 도체 내에 있는 공동면에도 전하가 골고루 분포한다.

해설
- 대전된 도체의 전하는 도체 표면에만 존재한다.
- 도체 내부에 전하는 존재하지 않는다.
- 도체의 표면과 내부의 전위는 동일하다.
- 도체면에서 전계의 세기는 도체 표면에 항상 수직이다.
- 도체 표면에서의 전하 밀도는 곡률이 클수록, 즉 곡률 반경이 작을수록 높다.

| 정답 | 17 ① | 18 ③ | 19 ① | 20 ④ |

2024년 3회

01

반지름 1[cm]인 원형 코일에 전류 10[A]가 흐를 때 코일의 중심에서 코일 면에 수직으로 $\sqrt{3}$[cm] 떨어진 점의 자계의 세기는 몇 [AT/m]인가?

① $\dfrac{1}{16} \times 10^3$
② $\dfrac{3}{16} \times 10^3$
③ $\dfrac{5}{16} \times 10^3$
④ $\dfrac{7}{16} \times 10^3$

해설 자계의 세기

$$H = \dfrac{a^2 I}{2(a^2+x^2)^{\frac{3}{2}}} = \dfrac{(1 \times 10^{-2})^2 \times 10}{2 \times [(1 \times 10^{-2})^2 + (\sqrt{3} \times 10^{-2})^2]^{\frac{3}{2}}}$$
$$= \dfrac{1}{16} \times 10^3 [\text{AT/m}]$$

02

다이아몬드와 같은 단결정 물체에 전장을 가할 때 유도되는 분극은?

① 전자 분극
② 이온 분극과 배향 분극
③ 전자 분극과 이온 분극
④ 전자 분극, 이온 분극, 배향 분극

해설 분극의 종류
- 전자 분극: 다이아몬드와 같은 단결정체에서 외부 전계에 의해 양전하 중심인 핵의 위치와 음전하의 위치가 변화하는 분극
- 이온 분극: 세라믹 화합물과 같은 이온 결합의 특성을 가진 물질에 전계를 가하면 (+), (−) 이온에 상대적 변위가 일어나 쌍극자를 유발하는 분극
- 배향 분극: 물, 암모니아, 알코올 등 영구 자기 쌍극자를 가진 유극 분자들은 외부 전계와 같은 방향으로 움직이는 분극 현상

03

인덕턴스의 단위[H]와 같지 않은 것은?

① [J/A·s]
② [Ω·s]
③ [Wb/A]
④ [J/A²]

해설
패러데이의 유도법칙에 의하여,
$$e = L\dfrac{di(t)}{dt} \Rightarrow L = e \dfrac{dt}{di(t)} = [\text{V}] \times \dfrac{[\text{s}]}{[\text{A}]} = [\Omega \cdot \text{s}]$$

인덕턴스 관계식에서 단위를 도출하여 보면
$$\phi = LI \Rightarrow L = \dfrac{\phi}{I} \Rightarrow [\text{Wb/A}]$$

또한 인덕턴스에 저장되는 에너지 식으로부터
$$W = \dfrac{1}{2}LI^2 \Rightarrow L = \dfrac{2W}{I^2} \Rightarrow [\text{J/A}^2]$$

04

중심은 원점에 있고 반지름 a[m]인 원형 선도체가 $z=0$인 평면에 있다. 도체에 선 전하 밀도 ρ_L[C/m]가 분포되어 있을 때 $z=b$[m]인 점에서 전계 $\dot{E}$[V/m]는?(단, a_r, a_z는 원통 좌표계에서 r 및 z 방향의 단위벡터이다.)

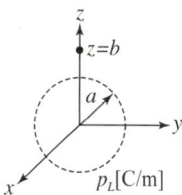

① $\dfrac{ab\rho_L}{2\pi\varepsilon_0(a^2+b^2)} a_z$
② $\dfrac{ab\rho_L}{4\pi\varepsilon_0(a^2+b^2)} a_z$
③ $\dfrac{ab\rho_L}{2\varepsilon_0(a^2+b^2)^{\frac{3}{2}}} a_z$
④ $\dfrac{ab\rho_L}{4\varepsilon_0(a^2+b^2)^{\frac{3}{2}}} a_z$

해설
원형 도체 중심에서 직각으로 r[m] 떨어진 지점의 전계는
$$\dot{E} = \dfrac{ar\rho_L}{2\varepsilon_0(a^2+r^2)^{\frac{3}{2}}} = \dfrac{ab\rho_L}{2\varepsilon_0(a^2+b^2)^{\frac{3}{2}}} [\text{V/m}]$$
(ρ_L 또는 λ: 선 전하 밀도[C/m])

관련개념
유도하기 어려운 문제로, 결과를 암기하는 것이 좋다.

| 정답 | 01 ① 02 ① 03 ① 04 ③

05

변위 전류와 가장 관계가 깊은 것은?

① 반도체　　② 유전체
③ 자성체　　④ 도체

해설 변위 전류
콘덴서와 같은 유전체 내에서 전기적인 변위에 의해 발생하는 전류를 말한다.

06

비투자율이 50인 환상 철심을 이용하여 100[cm] 길이의 자기 회로를 구성할 때 자기 저항을 2.0×10^7[AT/Wb] 이하로 하기 위해서는 철심의 단면적을 약 몇 [m²] 이상으로 하여야 하는가?

① 3.6×10^{-4}　　② 6.4×10^{-4}
③ 8.0×10^{-4}　　④ 9.2×10^{-4}

해설
자기 저항 $R_m = \dfrac{l}{\mu S}$[AT/Wb]이므로

단면적 $S = \dfrac{1}{\mu_0 \mu_s R_m} = \dfrac{100 \times 10^{-2}}{4\pi \times 10^{-7} \times 50 \times 2.0 \times 10^7}$
$= 7.96 \times 10^{-4}$[m²]

07

전기력선의 성질에 대한 설명으로 옳은 것은?

① 전기력선은 등전위면과 평행하다.
② 전기력선은 도체 표면과 직교한다.
③ 전기력선은 도체 내부에 존재할 수 있다.
④ 전기력선은 전위가 낮은 점에서 높은 점으로 향한다.

해설 전기력선의 성질
- 전기력선은 반드시 정(+)전하에서 나와 부(−)전하로 들어간다.
- 전기력선은 반드시 도체 표면에 수직으로 출입한다.
- 전기력선끼리는 서로 반발력이 작용하여 교차할 수 없다.
- 전기력선의 도체에 주어진 전하는 도체 표면에만 분포한다.(도체 내부에는 전하가 존재할 수 없다.)
- 전기력선은 그 자신만으로는 폐곡선을 이룰 수 없다.
- 전기력선의 방향은 그 점의 전계의 방향과 일치한다.
- 전기력선의 밀도는 전계의 세기와 같다.
- 전기력선은 등전위면과 수직이다.
- 전기력선은 전위가 높은 곳에서 낮은 곳으로 향한다.

08

전계 E[V/m]가 두 유전체의 경계면에 평행으로 작용하는 경우 경계면에 단위 면적당 작용하는 힘의 크기는 몇 [N/m²]인가?(단, ε_1, ε_2는 각 유전체의 유전율이다.)

① $f = E^2(\varepsilon_1 - \varepsilon_2)$　　② $f = \dfrac{1}{E^2}(\varepsilon_1 - \varepsilon_2)$
③ $f = \dfrac{1}{2}E^2(\varepsilon_1 - \varepsilon_2)$　　④ $f = \dfrac{1}{2E^2}(\varepsilon_1 - \varepsilon_2)$

해설 유전체 경계면에 작용하는 힘(맥스웰 응력)
- 전계가 경계면에 수평으로 입사되는 경우($\varepsilon_1 > \varepsilon_2$)
  - 경계면에 생기는 각각의 힘 f_1과 f_2가 압축력으로 작용한다.
  - 압축력의 크기는 다음과 같이 구한다.
  $$f = f_1 - f_2 = \dfrac{1}{2}E^2(\varepsilon_1 - \varepsilon_2)[\text{N/m}^2]$$
- 전계가 경계면에 수직으로 입사되는 경우($\varepsilon_1 > \varepsilon_2$)
  - 경계면에 생기는 각각의 힘 f_1과 f_2가 인장력으로 작용한다.
  - 인장력의 크기는 다음과 같이 구한다.
  $$f = f_2 - f_1 = \dfrac{1}{2}D^2\left(\dfrac{1}{\varepsilon_2} - \dfrac{1}{\varepsilon_1}\right)[\text{N/m}^2]$$

| 정답 | 05 ② 　06 ③ 　07 ② 　08 ③

09

와전류가 이용되고 있는 것은?

① 수중 음파 탐지기 ② 레이더
③ 자기 브레이크   ④ 사이클로트론

해설

와전류 또는 맴돌이 전류는 도체에 걸린 자기장이 시간적으로 변화할 때 전자기 유도에 의해 도체에 생기는 소용돌이 형태의 전류이다. 적산 전력계, 자기 브레이크, 고주파 유도가열, 전류비파괴검사 등 다양하게 활용된다.

10

Biot-Savart의 법칙에 의하면 전류소에 의해서 임의의 한 점 P에 생기는 자계의 세기를 구할 수 있다. 다음 중 설명으로 틀린 것은?

① 자계의 세기는 전류의 크기에 비례한다.
② MKS 단위계를 사용할 경우 비례 상수는 $\frac{1}{4\pi}$이다.
③ 자계의 세기는 전류소와 점 P와의 거리에 반비례한다.
④ 자계의 방향은 전류소 및 이 전류소와 점 P를 연결하는 직선을 포함하는 면에 법선 방향이다.

해설 비오-사바르의 법칙(Biot-Savart's law)

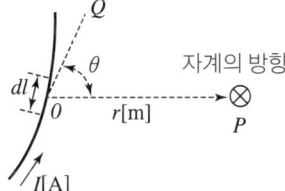

$dH = \frac{Idl\sin\theta}{4\pi r^2}$ [AT/m](r: P점까지의 거리[m])

- 자계의 세기는 전류의 크기에 비례하고, 점 P와의 거리의 제곱에 반비례한다.
- 자계의 세기는 전류소와 점 P와의 거리의 제곱에 반비례한다.
- 자계의 방향은 전류소 및 이 전류소와 점 P를 연결하는 직선을 포함하는 면에 법선 방향이다.

11

공기 중에서 전자기파의 파장이 $3[m]$라면 그 주파수는 몇 [MHz]인가?

① 100   ② 300
③ 1,000   ④ 3,000

해설

공기 중에서 $f\lambda = c = 3 \times 10^8 [m/s]$이므로
$f = \frac{c}{\lambda} = \frac{3 \times 10^8}{3} = 100 \times 10^6 [Hz] = 100 [MHz]$

12

공기 중에서 $1[m]$ 간격을 가진 두 개의 평행 도체 전류의 단위 길이에 작용하는 힘은 몇 [N]인가?(단, 전류는 $1[A]$라고 한다.)

① 2×10^{-7} ② 4×10^{-7}
③ $2\pi \times 10^{-7}$ ④ $4\pi \times 10^{-7}$

해설 평행 도선 사이에 작용하는 힘

- 간격이 $d[m]$만큼 떨어진 두 평행 도선에 각각 전류 I_1, I_2를 흘리면 두 도체에서 발생하는 자계에 의하여 힘이 작용한다.
- 이 두 도선에는 전류의 방향에 따라서 힘의 종류가 다르다.
  - 두 도선에 흐르는 전류가 같은 방향일 경우에는 흡인력이 작용한다.
  - 전류가 반대 방향일 경우에는 반발력이 작용한다.
- 작용하는 힘 $F = \frac{\mu_0 I_1 I_2}{2\pi d} = \frac{4\pi \times 10^{-7} \times 1 \times 1}{2\pi \times 1} = 2 \times 10^{-7} [N/m]$

| 정답 | 09 ③ 10 ③ 11 ① 12 ①

13

자기 회로에서 키르히호프의 법칙으로 알맞은 것은?(단, R: 자기 저항, ϕ: 자속, N: 코일 권수, I: 전류이다.)

① $\sum_{i=1}^{n} \phi_i = \infty$
② $\sum_{i=1}^{n} N_i \phi_i = 0$
③ $\sum_{i=1}^{n} R_i \phi_i = \sum_{i=1}^{n} N_i I_i$
④ $\sum_{i=1}^{n} R_i \phi_i = \sum_{i=1}^{n} N_i L_i$

해설

임의의 폐자기 회로에서 각 부의 자기저항과 자속의 총합은 폐자기 회로 기자력의 총합과 같다.

$\sum_{i=1}^{n} R_i \phi_i = \sum_{i=1}^{n} N_i I_i$

14

서로 같은 2개의 구 도체를 동일 양의 전하로 대전시킨 후 20[cm] 떨어뜨린 결과 구 도체에 서로 8.6×10^{-4}[N]의 반발력이 작용하였다. 구 도체에 주어진 전하는 약 몇 [C] 인가?

① 5.2×10^{-8}
② 6.2×10^{-8}
③ 7.2×10^{-8}
④ 8.2×10^{-8}

해설

쿨롱의 힘 $F = \dfrac{Q_1 Q_2}{4\pi\varepsilon_0 r^2} = 9 \times 10^9 \times \dfrac{Q_1 Q_2}{r^2}$[N]이고

$Q_1 = Q_2 = Q$[C]이므로

$F = 9 \times 10^9 \times \dfrac{Q^2}{(20 \times 10^{-2})^2} = 8.6 \times 10^{-4}$[N]

∴ $Q = 6.18 \times 10^{-8}$[C]

관련개념

$\dfrac{1}{4\pi\varepsilon_0} = \dfrac{1}{4\pi \times \frac{1}{36\pi} \times 10^{-9}} = 9 \times 10^9$

15

다음 중 정전계의 설명으로 옳은 것은?

① 전계 에너지가 최소로 되는 전하 분포의 계이다.
② 전계 에너지가 최대로 되는 전하 분포의 계이다.
③ 전계 에너지가 항상 0인 전기장을 말한다.
④ 전계 에너지가 항상 ∞인 전기장을 말한다.

해설

정전계는 전계 에너지가 최소로 되는 전하 분포의 계이다.

16

표의 ㉠, ㉡과 같은 단위로 옳게 나열한 것은?

㉠	[Ω · s]
㉡	[s/Ω]

① ㉠ [H]   ㉡ [F]
② ㉠ [H/m]   ㉡ [F/m]
③ ㉠ [F]   ㉡ [H]
④ ㉠ [F/m]   ㉡ [H/m]

해설

• 인덕턴스의 단위 변환

$v = L \dfrac{di}{dt}$[V]

$L = v \dfrac{dt}{di} \left[\dfrac{\text{V} \cdot \text{sec}}{\text{A}} = \Omega \cdot \text{sec} = \text{H} \right]$

• 정전 용량의 단위 변환

$i = C \dfrac{dv}{dt}$[A]

$C = i \dfrac{dt}{dv} \left[\dfrac{\text{A} \cdot \text{sec}}{\text{V}} = \dfrac{\text{sec}}{\Omega} = \text{F} \right]$

| 정답 | 13 ③   14 ②   15 ①   16 ①

17

자기 인덕턴스와 상호 인덕턴스와의 관계에서 결합 계수 k의 범위는?

① $0 \leq k \leq \dfrac{1}{2}$ ② $0 \leq k \leq 1$

③ $1 \leq k \leq 2$ ④ $1 \leq k \leq 10$

해설
결합 계수 k: 두 인덕턴스 사이의 쇄교 자속에 의한 유도 결합 정도
$k = \dfrac{M}{\sqrt{L_1 L_2}} (0 \leq k \leq 1)$
- $k=0$: 무결합(두 코일 간 쇄교 자속이 없는 경우)
- $k=1$: 완전결합(누설 자속 발생 없이 전부 쇄교 자속으로 되는 경우)

18

그림과 같이 직렬로 접속된 두 개의 코일이 있을 때 $L_1 = 20[\text{mH}]$, $L_2 = 80[\text{mH}]$, 결합 계수 $k = 0.8$이다. 여기에 $0.5[\text{A}]$의 전류를 흘릴 때 이 합성 코일에 저축되는 에너지는 약 몇 $[\text{J}]$인가?

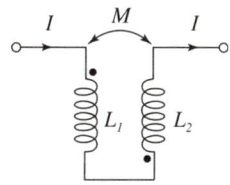

① 1.13×10^{-3} ② 2.05×10^{-2}
③ 6.63×10^{-2} ④ 8.25×10^{-2}

해설
문제에 주어진 코일외 접속은 직렬 가동 접속이므로
- 합성 인덕턴스 $L = L_1 + L_2 + 2M = L_1 + L_2 + 2k\sqrt{L_1 L_2}$
  $= 20 + 80 + 2 \times 0.8 \times \sqrt{20 \times 80} = 164[\text{mH}]$
- 코일에 축적되는 에너지 $W = \dfrac{1}{2}LI^2$
  $= \dfrac{1}{2}LI^2 = \dfrac{1}{2} \times 164 \times 10^{-3} \times 0.5^2 = 2.05 \times 10^{-2}[\text{J}]$

19

다음 중 ( )에 들어갈 내용으로 옳은 것은?

> 맥스웰은 전극 간의 유전체를 통하여 흐르는 전류를 해석하기 위해 (㉠)의 개념을 도입하였고, 이것도 (㉡)를 발생한다고 가정하였다.

① ㉠ 와전류, ㉡ 자계
② ㉠ 변위 전류, ㉡ 자계
③ ㉠ 전자 전류, ㉡ 전계
④ ㉠ 파동 전류, ㉡ 전계

해설 맥스웰 제1 방정식
$rot\ \dot{H} = i_c + \dfrac{\partial \dot{D}}{\partial t}$

맥스웰은 전극 간의 유전체를 통하여 흐르는 전류를 해석하기 위해 변위전류의 개념을 도입하였고, 이것도 자계를 발생한다고 가정하였다.

20

전자파 파동 임피던스 관계식으로 옳은 것은?

① $\sqrt{\varepsilon}H = \sqrt{\mu}E$ ② $\sqrt{\varepsilon\mu} = EH$
③ $\sqrt{\varepsilon}E = \sqrt{\mu}H$ ④ $\varepsilon\mu = EH$

해설
전자파의 고유(파동) 임피던스
$\eta = \dfrac{E}{H} = \sqrt{\dfrac{\mu}{\varepsilon}} = \sqrt{\dfrac{\mu_0 \mu_s}{\varepsilon_0 \varepsilon_s}} = 377\sqrt{\dfrac{\mu_s}{\varepsilon_s}}\ [\Omega]$
위 식을 정리하면
$\sqrt{\varepsilon}E = \sqrt{\mu}H$

| 정답 | 17 ② 18 ② 19 ② 20 ③

2023년 1회

01

서로 멀리 떨어져 있는 두 도체를 각각 $V_1[\text{V}]$, $V_2[\text{V}]$ ($V_1 > V_2$)의 전위로 충전한 후 가느다란 도선으로 연결하였을 때 그 도선에 흐르는 전하 $Q[\text{C}]$는?(단, C_1, C_2는 두 도체의 정전 용량이다.)

① $\dfrac{C_1 C_2 (V_1 - V_2)}{C_1 + C_2}$

② $\dfrac{2 C_1 C_2 (V_1 - V_2)}{C_1 + C_2}$

③ $\dfrac{C_1 C_2 (V_1 - V_2)}{2(C_1 + C_2)}$

④ $\dfrac{2(C_1 V_1 - C_2 V_2)}{C_1 C_2}$

해설

- 도체를 연결하기 전의 전하량
  $Q = Q_1 + Q_2 = C_1 V_1 + C_2 V_2 [\text{C}]$
- 도체를 연결한 후의 전하량
  $Q' = Q_1' + Q_2' = C_1 V + C_2 V [\text{C}]$ (V: 연결한 후의 전위)

도체를 연결하기 전의 전하량과 연결한 후의 전하량은 불변($Q = Q'$)이므로 공통 전위

$Q = Q_1 + Q_2 = Q_1' + Q_2' = C_1 V_1 + C_2 V_2 = C_1 V + C_2 V [\text{C}]$

$\therefore V = \dfrac{C_1 V_1 + C_2 V_2}{C_1 + C_2} [\text{V}]$

따라서 전위차에 의해 도선에 흐르는 전하량은

$\triangle Q = Q_1 - Q_1' = C_1 V_1 - C_1 V = \dfrac{C_1 C_2 (V_1 - V_2)}{C_1 + C_2} [\text{C}]$

02

전기 쌍극자에 관한 설명으로 틀린 것은?

① 전계의 세기는 거리의 세제곱에 반비례한다.
② 전계의 세기는 주위 매질에 따라 달라진다.
③ 전계의 세기는 쌍극자 모멘트에 비례한다.
④ 쌍극자의 전위는 거리에 반비례한다.

해설

전기 쌍극자: 크기는 같고 부호가 반대인 두 점전하가 매우 근접하여 미소한 거리 $\delta[\text{m}]$ 만큼 떨어져 존재하는 상태인 물질

- 전기 쌍극자의 전계 세기 및 전위

$E = \dfrac{M}{4\pi\varepsilon_0 r^3} \sqrt{1 + 3\cos^2\theta} \ [\text{V/m}], \ V = \dfrac{M}{4\pi\varepsilon_0 r^2} \cos\theta \ [\text{V}]$

즉, 쌍극자의 전위는 거리의 제곱에 반비례한다. $\left(V \propto \dfrac{1}{r^2}\right)$

03

환상철심의 평균 자계의 세기가 $3,000[\text{AT/m}]$이고, 비투자율이 600인 철심 중의 자화의 세기는 약 몇 $[\text{Wb/m}^2]$인가?

① 0.75
② 2.26
③ 4.52
④ 9.04

해설 자화의 세기

$B = \mu_0 H + J$
$J = B - \mu_0 H = \mu_0 \mu_s H - \mu_0 H = \mu_0 (\mu_s - 1) H$
$= 4\pi \times 10^{-7} \times (600 - 1) \times 3,000 = 2.26 [\text{Wb/m}^2]$

| 정답 | 01 ① 02 ④ 03 ②

04

압전 효과를 이용하지 않은 것은?

① 수정 발진기　　② 마이크로폰
③ 초음파 발생기　④ 자속계

해설 압전 효과를 응용한 기기
- 수정 발진기
- 마이크로폰
- 초음파 발생기

05

진공 중에서 $+q[\text{C}]$과 $-q[\text{C}]$의 점전하가 미소 거리 $a[\text{m}]$ 만큼 떨어져 있을 때 이 쌍극자가 P점에 만드는 전계 $[\text{V/m}]$와 전위$[\text{V}]$의 크기는?

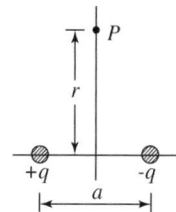

① $E = \dfrac{qa}{4\pi\varepsilon_0 r^2},\ V = 0$

② $E = \dfrac{qa}{4\pi\varepsilon_0 r^3},\ V = 0$

③ $E = \dfrac{qa}{4\pi\varepsilon_0 r^2},\ V = \dfrac{qa}{4\pi\varepsilon_0 r}$

④ $E = \dfrac{qa}{4\pi\varepsilon_0 r^3},\ V = \dfrac{qa}{4\pi\varepsilon_0 r^2}$

해설 전기 쌍극자
- 전기 쌍극자의 전계 세기

$E = \dfrac{M}{4\pi\varepsilon_0 r^3}\sqrt{1+3\cos^2\theta} = \dfrac{qa}{4\pi\varepsilon_0 r^3}\sqrt{1+3\cos^2 90°}$

$= \dfrac{qa}{4\pi\varepsilon_0 r^3}[\text{V/m}]$

- 전기 쌍극자의 전위

$V = \dfrac{M}{4\pi\varepsilon_0 r^2}\cos\theta = \dfrac{M}{4\pi\varepsilon_0 r^2}\cos 90° = 0[\text{V}]$

06

그림과 같이 도선에 전류 $I[\text{A}]$를 흘릴 때 도선의 바로 밑에 자침이 이 도선과 나란히 놓여 있다고 하면 자침의 N극의 회전력의 방향은?

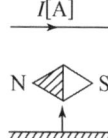

① 지면을 뚫고 나오는 방향이다.
② 지면을 뚫고 들어가는 방향이다.
③ 좌측에서 우측으로 향하는 방향이다.
④ 우측에서 좌측으로 향하는 방향이다.

해설 앙페르의 법칙
- 앙페르의 오른손 법칙에 의하여 직선 도선 아래쪽의 자계는 들어가는 방향($\otimes$ 방향)으로 작용한다.
- 자석 자침의 N극의 회전 방향은 자기장의 방향과 일치하므로 지면 위에서 아래로 향하는 방향으로 회전한다.

| 정답 | 04 ④　05 ②　06 ②

07

그림과 같은 영역 $y \leq 0$은 완전 도체로 위치해 있고 영역 $y \geq 0$은 완전 유전체로 위치해 있을 때 만약 경계 무한 평면의 도체면상에 면 전하 밀도 $\rho = 2[\text{nC/m}^2]$가 분포되어 있다면 P점 $(-4, 1, -5)[\text{m}]$의 전계의 세기$[\text{V/m}]$는?

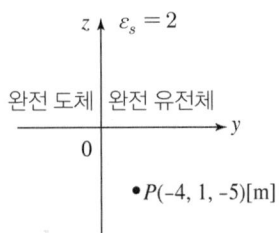

① $18\pi a_y$
② $36\pi a_y$
③ $-54\pi a_y$
④ $72\pi a_y$

해설

전계는 도체의 표면에 수직한 방향($+y$축)으로 진행하므로 무한 평면 도체에서 생성하는 전계 $E = \dfrac{\rho}{\varepsilon} a_y [\text{V/m}]$

여기서 완전 유전체의 비유전율 $\varepsilon_s = 2$이므로

전계 $E = \dfrac{\rho}{\varepsilon_0 \varepsilon_s} a_y = 36\pi \times 10^9 \times \dfrac{2 \times 10^{-9}}{2} a_y = 36\pi a_y [\text{V/m}]$

08

철심이 들어 있는 환상 코일이 있다. 1차 코일의 권수 $N_1 = 100$회일 때 자기 인덕턴스는 $0.01[\text{H}]$였다. 이 철심에 2차 코일 $N_2 = 200$회를 감았을 때 1, 2차 코일의 상호 인덕턴스는 몇 $[\text{H}]$인가?(단, 이 경우 결합 계수 $k=1$로 한다.)

① 0.01
② 0.02
③ 0.03
④ 0.04

해설

환상 코일의 인덕턴스 $L = \dfrac{\mu S N^2}{l}$, $L \propto N^2$

따라서 N이 2배면 $L[\text{H}]$는 4배이다.

∴ $L_2 = L_1 \times 4 = 0.04[\text{H}]$

결합 계수 $k=1$이므로 상호 인덕턴스

$M = k\sqrt{L_1 L_2} = \sqrt{0.01 \times 0.04} = 0.02[\text{H}]$

09

변위 전류와 가장 관계가 깊은 것은?

① 도체
② 반도체
③ 유전체
④ 자성체

해설

변위 전류는 유전체에 흐르는 전류이다.

10

어느 점전하에 의하여 생기는 전위를 처음 전위의 $\dfrac{1}{2}$이 되게 하려면 전하로부터의 거리를 어떻게 해야 하는가?

① $\dfrac{1}{2}$로 감소시킨다.
② $\dfrac{1}{\sqrt{2}}$로 감소시킨다.
③ 2배 증가시킨다.
④ $\sqrt{2}$배 증가시킨다.

해설

점전하에 의한 전위 $V = \dfrac{Q}{4\pi\varepsilon r}[\text{V}]$

처음 전위의 $\dfrac{1}{2}$이 되게 하려면 거리(r)를 2배 증가시킨다.

$\left(\because V \propto \dfrac{1}{r}\right)$

| 정답 | 07 ② | 08 ② | 09 ③ | 10 ③ |

11

판 간격이 d인 평행판 공기 콘덴서 중에 두께가 t이고 비유전율이 ε_s인 유전체를 삽입하였을 경우에 공기의 절연 파괴를 발생하지 않고 가할 수 있는 판 간의 전위차[V]는?(단, 유전체가 없을 때 가할 수 있는 전압을 V라 하고, 공기의 절연 내력은 ε_0라 한다.)

① $V\left(1-\dfrac{t}{\varepsilon_s d}\right)$
② $\dfrac{Vt}{d}\left(1-\dfrac{1}{\varepsilon_s}\right)$
③ $V\left(1+\dfrac{t}{\varepsilon_s d}\right)$
④ $V\left\{1-\dfrac{t}{d}\left(1-\dfrac{1}{\varepsilon_s}\right)\right\}$

해설

- 유전체를 삽입하기 전 공기 콘덴서의 정전 용량
$C_0 = \dfrac{\varepsilon_0 S}{d}$ [F]

- 유전체를 삽입한 후 유전체 콘덴서의 정전 용량
 - 공기 부분 $C_1 = \dfrac{\varepsilon_0 S}{d-t}$ [F]
 - 유전체 부분 $C_2 = \dfrac{\varepsilon_0 \varepsilon_s S}{t}$ [F]
 - 합성 정전 용량 $\dfrac{1}{C} = \dfrac{1}{C_1} + \dfrac{1}{C_2} = \dfrac{d-t}{\varepsilon_0 S} + \dfrac{t}{\varepsilon_0 \varepsilon_s S} = \dfrac{\varepsilon_s(d-t)+t}{\varepsilon_0 \varepsilon_s S}$
$\therefore C = \dfrac{\varepsilon_0 \varepsilon_s S}{\varepsilon_s(d-t)+t}$ [F]

유전체를 삽입한 콘덴서에 가할 수 있는 전위차를 V'이라 할 때 전하량은 일정하므로 $C_0 V = CV'$를 만족한다.

$V' = \dfrac{C_0}{C} V = \dfrac{\varepsilon_s(d-t)+t}{\varepsilon_s d} V = \left(1 - \dfrac{t}{d} + \dfrac{t}{\varepsilon_s d}\right) V$
$= V\left\{1 - \dfrac{t}{d}\left(1-\dfrac{1}{\varepsilon_s}\right)\right\}$

12

그림과 같은 길이가 1[m]인 동축 원통 사이의 정전 용량 [F/m]은?

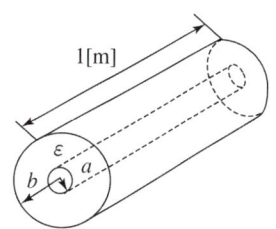

① $C = \dfrac{2\pi}{\varepsilon \ln \dfrac{b}{a}}$
② $C = \dfrac{\varepsilon}{2\pi \ln \dfrac{b}{a}}$
③ $C = \dfrac{2\pi\varepsilon}{\ln \dfrac{b}{a}}$
④ $C = \dfrac{2\pi\varepsilon}{\ln \dfrac{a}{b}}$

해설

- 동심 원통 도체의 정전 용량
$C = \dfrac{2\pi\varepsilon l}{\ln \dfrac{b}{a}}$ [F]

- 단위 길이당 동심 원통 도체의 정전 용량
$C' = \dfrac{2\pi\varepsilon}{\ln \dfrac{b}{a}}$ [F/m]

13

전류에 의한 자계의 방향을 결정하는 법칙은?

① 렌츠의 법칙
② 플레밍의 왼손 법칙
③ 플레밍의 오른손 법칙
④ 앙페르의 오른나사 법칙

해설 **앙페르의 오른나사 법칙**

전류에 의한 자계의 방향을 결정하는 법칙이다. 즉, 도체에 전류를 흘리면 전류와 수직인 오른손을 감아쥐는 방향으로 자계가 발생한다는 것이다.

14

투자율 μ[H/m], 자계의 세기 H[AT/m], 자속 밀도 B[Wb/m²]인 곳의 자계 에너지 밀도 [J/m³]는?

① $\dfrac{B^2}{2\mu}$　　　　② $\dfrac{H^2}{2\mu}$

③ $\dfrac{1}{2}\mu H$　　　　④ BH

해설 자계 에너지 밀도

$w = \dfrac{1}{2}BH = \dfrac{1}{2}\mu H^2 = \dfrac{B^2}{2\mu}$ [J/m³]

15

강자성체가 아닌 것은?

① 코발트　　　　② 니켈
③ 철　　　　　　④ 구리

해설 자성체의 종류
- 강자성체: 철, 니켈, 코발트 등
- 역자성체: 구리, 은, 비스무트 등
- 상자성체: 백금, 알루미늄, 산소 등

16

정전계에 대한 설명 중 틀린 것은?

① 도체에 주어진 전하는 도체 표면에만 분포한다.
② 중공 도체에 준 전하는 외부 표면에만 분포하고 내면에는 존재하지 않는다.
③ 단위 전하에서 나오는 전기력선의 수는 $\dfrac{1}{\varepsilon_0}$개다.
④ 전기력선은 전하가 없는 곳에서는 서로 교차한다.

해설 전기력선의 성질
- 전기력선은 반드시 정(+) 전하에서 나와서 부(-) 전하로 들어간다.
- 전기력선은 반드시 도체 표면에 수직으로 출입한다.
- 전기력선끼리는 서로 반발력이 작용하여 교차할 수 없다.
- 도체에 주어진 전하는 도체 표면에만 분포한다.(도체 내부에는 전하가 존재할 수 없다.)
- 전기력선은 그 자신만으로는 폐곡선을 이룰 수 없다.
- 전기력선의 방향은 그 점의 전계의 방향과 일치한다.
- 전기력선의 밀도는 전계의 세기와 같다.
- 전기력선은 등전위면과 수직이다.
- 전기력선은 전위가 높은 곳에서 낮은 곳으로 향한다.
- Q[C]의 전하에서 나오는 전기력선의 개수는 $\dfrac{Q}{\varepsilon_0}$개다.

17

단면적이 균일한 환상철심에 권수 100회인 A코일과 권수 400회인 B코일이 있을 때 A코일의 자기 인덕턴스가 4[H]라면 두 코일의 상호 인덕턴스는 몇 [H]인가?(단, 누설 자속은 0이다.)

① 4　　　　　　② 8
③ 12　　　　　④ 16

해설 환상 철심에서 상호 인덕턴스

$M = \dfrac{L_A N_B}{N_A} = \dfrac{4 \times 400}{100} = 16$[H]

| 정답 | 14 ① 15 ④ 16 ④ 17 ④

18

반지름이 $r[\mathrm{m}]$인 반원형 전류 $I[\mathrm{A}]$에 의한 반원의 중심 (O)에서 자계의 세기$[\mathrm{AT/m}]$는?

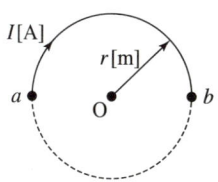

① $\dfrac{2I}{r}$ ② $\dfrac{I}{r}$

③ $\dfrac{I}{2r}$ ④ $\dfrac{I}{4r}$

해설

반원형 코일에 의해 생성되는 중심점 자계는 원형 코일에 의해 생성되는 중심점 자계의 $\dfrac{1}{2}$배이다.

$\therefore H = \dfrac{I}{2r} \times \dfrac{1}{2} = \dfrac{I}{4r}\,[\mathrm{AT/m}]$

19

서로 다른 두 종류의 금속 접합면에 전류를 흘리면 접속점에서 열의 흡수 또는 발생이 일어나는 현상은?

① 펠티에 효과   ② 제벡 효과
③ 톰슨 효과   ④ 코일의 상대 위치

해설

- 펠티에 효과(Peltier Effect)
 서로 다른 금속체를 접합하여 폐회로를 만들고 전류를 흘리면 접합점에서 열이 발생하거나 흡수되는 현상
- 제벡 효과(Seebeck Effect)
 서로 다른 금속체를 접합하여 폐회로를 만들고 두 접합점에 온도 차를 두면 폐회로에서 기전력이 발생하는 현상
- 톰슨 효과(Thomson Effect)
 동일한 금속 도선의 두 점 사이에 온도 차를 두고 전류를 흘리면 열이 발생하거나 흡수되는 현상

20

공기 중에 있는 무한 직선 도체에 전류 $I[\mathrm{A}]$가 흐르고 있을 때, 도체에서 $r[\mathrm{m}]$ 떨어진 점에서의 자속 밀도는 몇 $[\mathrm{Wb/m^2}]$인가?

① $\dfrac{I}{2\pi r}$ ② $\dfrac{2\mu_0 I}{\pi r}$

③ $\dfrac{\mu_0 I}{r}$ ④ $\dfrac{\mu_0 I}{2\pi r}$

해설 무한 직선 도체로부터의 자계

$H = \dfrac{I}{2\pi r}\,[\mathrm{AT/m}]$

자속 밀도 $B = \mu_0 H = \dfrac{\mu_0 I}{2\pi r}\,[\mathrm{Wb/m^2}]$

| 정답 | 18 ④   19 ①   20 ④

2023년 2회

01

평등 전계 중에 유전체 구에 의한 전속 분포가 그림과 같이 되었을 때 ε_1과 ε_2의 크기 관계는?

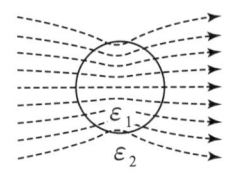

① $\varepsilon_1 > \varepsilon_2$
② $\varepsilon_1 < \varepsilon_2$
③ $\varepsilon_1 = \varepsilon_2$
④ $\varepsilon_1 \leq \varepsilon_2$

해설

유전속(전속선)은 유전율이 큰 쪽으로 모이려는 성질이 있다. 문제에 주어진 유전속 분포 그림에서 보면 구의 내부 쪽이 유전속 밀도가 높으므로 $\varepsilon_1 > \varepsilon_2$의 상태임을 알 수 있다.

02

자성체 경계면에서 정자계가 만족하는 것은?

① 자계의 법선 성분이 같다.
② 자속 밀도의 접선 성분이 같다.
③ 자속은 투자율이 작은 자성체에 모인다.
④ 양측 경계면상의 두 점 간의 자위차가 같다.

해설 정자계

- 자속 밀도의 법선 성분은 서로 같다.
- 자계의 접선 성분은 서로 같다.
- 자속은 투자율이 큰 자성체에 모인다.
- 양측 경계면상의 두 점 간의 자위차가 같다.

03

극판 간격 $d[\mathrm{m}]$, 면적 $S[\mathrm{m}^2]$, 유전율 $\varepsilon[\mathrm{F/m}]$이고 정전 용량이 $C[\mathrm{F}]$인 평행판 콘덴서에 $v = V_m \sin\omega t [\mathrm{V}]$의 전압을 가할 때의 변위 전류[A]는?

① $\omega C V_m \cos\omega t$
② $C V_m \sin\omega t$
③ $-C V_m \sin\omega t$
④ $-\omega C V_m \cos\omega t$

해설

- 변위 전류 밀도

$$i_d = \frac{\partial D}{\partial t} = \varepsilon \frac{\partial E}{\partial t} = \varepsilon \frac{\partial \left(\frac{v}{d}\right)}{\partial t} = \frac{\varepsilon}{d} V_m \omega \cos\omega t \, [\mathrm{A/m^2}]$$

- 변위 전류

$$I_d = i_d \times S = \frac{\varepsilon}{d} V_m \omega \cos\omega t \times S \, [\mathrm{A}]$$

$C = \frac{\varepsilon S}{d} [\mathrm{F}]$에서 $S = \frac{C}{\varepsilon} d$이므로

$$I_d = \omega C V_m \cos\omega t \, [\mathrm{A}]$$

04

다음 식과 관계 없는 것은?

$$\oint_c \dot{H} d\dot{l} = \int_s \dot{J} d\dot{s} = \int_s (\nabla \times \dot{H}) d\dot{s} = I$$

① 맥스웰의 방정식
② 암페어의 주회 적분 법칙
③ 스토크스의 정리
④ 패러데이의 법칙

해설

맥스웰의 방정식
$$\int_s (\nabla \times \dot{H}) d\dot{s} = I$$

앙페르(암페어)의 주회 적분 법칙
$$\oint_c \dot{H} d\dot{l} = \int_s \dot{J} d\dot{s} = I$$

스토크스의 정리
$$\oint_c \dot{H} d\dot{l} = \int_s (\nabla \times \dot{H}) d\dot{s}$$

| 정답 | 01 ① | 02 ④ | 03 ① | 04 ④ |

05

두께 d[m]인 판상 유전체의 양면 사이에 150[V]의 전압을 가하였을 때 내부에서의 전계가 3×10^4[V/m]이었다. 이 판상 유전체의 두께는 몇 [mm]인가?

① 2
② 5
③ 10
④ 20

해설

전계 $E = \dfrac{V}{d}$[V/m]이므로

$d = \dfrac{V}{E} = \dfrac{150}{3 \times 10^4} = 5 \times 10^{-3}$[m] $= 5$[mm]

06

접지구 도체와 점전하 사이에 작용하는 힘은?

① 항상 반발력이다.
② 항상 흡인력이다.
③ 조건적 반발력이다.
④ 조건적 흡인력이다.

해설 접지 도체 구와 점전하 간의 전기 영상법

영상 전하의 크기 $Q' = -\dfrac{a}{r} Q$[C]

전기 영상법에서 영상 전하는 항상 실제 전하와는 극성이 반대인 전하가 생기므로 이에 의해 발생하는 작용력은 항상 흡인력이 작용한다.

07

한 변의 길이가 l[m]인 정삼각형 회로에 전류 I[A]가 흐르고 있을 때 삼각형 중심에서의 자계의 세기[AT/m]는?

① $\dfrac{\sqrt{2}\,I}{3\pi l}$
② $\dfrac{9I}{\pi l}$
③ $\dfrac{2\sqrt{2}\,I}{3\pi l}$
④ $\dfrac{9I}{2\pi l}$

해설 비오-사바르의 법칙

정삼각형의 한 변의 길이를 l[m]라 하면 각 변이 만드는 자계는 비오-사바르의 공식을 이용하여 구한다.

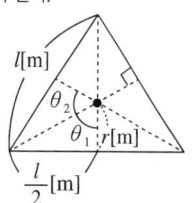

그림에서 한 변으로부터 중심까지 거리는

$r = \dfrac{l}{2} \tan 30° = \dfrac{l}{2\sqrt{3}}$[m], $\theta_1 = \theta_2 = \dfrac{\pi}{3}$

변 하나가 만드는 자계의 크기는

$H = \dfrac{I}{4\pi r}(\sin\theta_1 + \sin\theta_2) = \dfrac{I}{4\pi \dfrac{l}{2\sqrt{3}}}(\sin\dfrac{\pi}{3} + \sin\dfrac{\pi}{3})$

$= \dfrac{3I}{2\pi l}$[AT/m]

따라서 세 변이 만드는 정삼각형 중심 자계의 크기는

$H' = H \times 3 = \dfrac{9I}{2\pi l}$[AT/m]

| 정답 | 05 ② 06 ② 07 ④

08

비투자율 $\mu_s = 1$, 비유전율 $\varepsilon_s = 90$인 매질 내의 고유 임피던스는 약 몇 $[\Omega]$인가?

① 32.5
② 39.7
③ 42.3
④ 45.6

해설

$$Z_0 = \frac{E}{H} = \sqrt{\frac{\mu}{\varepsilon}} = \sqrt{\frac{\mu_0 \mu_s}{\varepsilon_0 \varepsilon_s}} = \sqrt{\frac{\mu_0}{\varepsilon_0}} \times \sqrt{\frac{\mu_s}{\varepsilon_s}} = 377 \times \sqrt{\frac{\mu_s}{\varepsilon_s}}$$
$$= 377 \times \sqrt{\frac{1}{90}} = 39.7 [\Omega]$$

09

변위 전류 밀도와 관계 없는 것은?

① 전계의 세기
② 유전율
③ 자계의 세기
④ 전속 밀도

해설 변위 전류 밀도

$$i_d = \frac{\partial D}{\partial t} = \varepsilon \frac{\partial E}{\partial t} = \varepsilon \frac{\partial}{\partial t}\left(\frac{V}{d}\right) [\text{A/m}^2]$$

변위 전류 밀도는 전속 밀도, 유전율, 전계의 세기, 전위와 관계가 있다.

10

다음 중 기자력(magnetomotive force)에 대한 설명으로 틀린 것은?

① SI 단위는 암페어[A]이다.
② 전기 회로의 기전력에 대응한다.
③ 자기 회로의 자기 저항과 자속의 곱과 동일하다.
④ 코일에 전류를 흘렸을 때 전류 밀도와 코일의 권수의 곱의 크기와 같다.

해설 기자력

$F_m = R_m \phi = NI \, [\text{A}], [\text{AT}]$

기자력은 전기 회로의 기전력과 대응되며, 자기 저항과 자속의 곱 또는 코일의 권수와 전류의 곱으로 표현한다.

11

원형 선전류 $I[\text{A}]$의 중심축상 점 P의 자위[A]를 나타내는 식은?(단, θ는 점 P에서 원형 전류를 바라보는 평면각이다.)

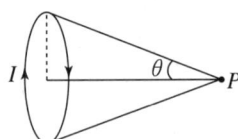

① $\dfrac{I}{2}(1 - \cos\theta)$
② $\dfrac{I}{4}(1 - \cos\theta)$
③ $\dfrac{I}{2}(1 - \sin\theta)$
④ $\dfrac{I}{4}(1 - \sin\theta)$

해설

P점에서 자위 U

$$U = \frac{I}{4\pi}\omega = \frac{I}{4\pi} \times 2\pi(1-\cos\theta) = \frac{I}{2}(1-\cos\theta)[\text{A}]$$

여기서, 입체각 $\omega = 2\pi(1-\cos\theta)[\text{sr}]$

12

쌍극자 모멘트가 $M[\text{C} \cdot \text{m}]$인 전기 쌍극자에서 점 P의 전계는 $\theta = \dfrac{\pi}{2}$에서 어떻게 되는가?(단, θ는 전기 쌍극자의 중심에서 축 방향과 점 P를 잇는 선분의 사잇각이다.)

① 0
② 최소
③ 최대
④ $-\infty$

해설 전기 쌍극자의 전계 세기 및 전위

$$E = \frac{M}{4\pi\varepsilon_0 r^3}\sqrt{1+3\cos^2\theta}\,[\text{V/m}], \quad V = \frac{M}{4\pi\varepsilon_0 r^2}\cos\theta[\text{V}]$$

• $\theta = 0°$일 때, E와 V는 최댓값을 가진다.
• $\theta = 90°$일 때, E와 V는 최솟값을 가진다.

| 정답 | 08 ② 09 ③ 10 ④ 11 ① 12 ②

13

비투자율 μ_s는 역자성체에서 어떤 값을 갖는가?

① $\mu_s = 0$ ② $\mu_s < 1$
③ $\mu_s > 1$ ④ $\mu_s = 1$

해설 역자성체
- 역자성체의 예: 은(Ag), 구리(Cu), 비스무트(Bi) 등
- 역자성체의 비투자율: $\mu_s < 1$

14

진공 중에서 점 $(0, 1)[\text{m}]$의 위치에 $-2 \times 10^{-9}[\text{C}]$의 점전하가 있을 때 점 $(2, 0)[\text{m}]$에 있는 $1[\text{C}]$의 점전하에 작용하는 힘은 몇 $[\text{N}]$인가?(단 $\hat{x}$, $\hat{y}$는 단위벡터이다.)

① $-\dfrac{18}{3\sqrt{5}}\hat{x} + \dfrac{36}{3\sqrt{5}}\hat{y}$

② $-\dfrac{36}{5\sqrt{5}}\hat{x} + \dfrac{18}{5\sqrt{5}}\hat{y}$

③ $-\dfrac{36}{3\sqrt{5}}\hat{x} + \dfrac{18}{3\sqrt{5}}\hat{y}$

④ $\dfrac{36}{5\sqrt{5}}\hat{x} + \dfrac{18}{5\sqrt{5}}\hat{y}$

해설
두 점전하 사이의 거리 벡터는
$\dot{r} = (2-0)\hat{x} + (0-1)\hat{y} = 2\hat{x} - 1\hat{y}\,[\text{m}]$
따라서 $1[\text{C}]$의 점전하가 받는 힘은 다음과 같다.

$$\dot{F} = 9 \times 10^9 \times \dfrac{Q_1 Q_2}{r^2} \times \dfrac{\dot{r}}{|\dot{r}|}$$
$$= 9 \times 10^9 \times \dfrac{Q_1 Q_2}{r^3}\dot{r}$$
$$= 9 \times 10^9 \times \dfrac{-2 \times 10^{-9}}{(\sqrt{5})^3} \times (2\hat{x} - \hat{y}) = \dfrac{-36\hat{x} + 18\hat{y}}{5\sqrt{5}}\,[\text{N}]$$

15

평균 자로의 길이가 $10[\text{cm}]$, 평균 단면적이 $2[\text{cm}^2]$인 환상 솔레노이드의 자기 인덕턴스를 $5.4[\text{mH}]$ 정도로 하고자 한다. 이때 필요한 코일의 권선수는 약 몇 회인가?(단, 철심의 비투자율은 15,000이다.)

① 6   ② 12
③ 24   ④ 29

해설
- 환상 솔레노이드의 자기 인덕턴스
$L = \dfrac{N\phi}{I} = \dfrac{\mu_0 \mu_s N^2 S}{l}\,[\text{H}]$
- 코일의 권선수
$N = \sqrt{\dfrac{Ll}{\mu_0 \mu_s S}} = \sqrt{\dfrac{5.4 \times 10^{-3} \times 10 \times 10^{-2}}{4\pi \times 10^{-7} \times 15{,}000 \times 2 \times 10^{-4}}}$
$\fallingdotseq 12$회

16

모든 전기 장치를 접지시키는 근본적 이유는?

① 영상 전하를 이용하기 때문에
② 지구는 전류가 잘 통하기 때문에
③ 편의상 지면의 전위를 무한대로 보기 때문에
④ 지구의 용량이 커서 전위가 거의 일정하기 때문에

해설
모든 전기 장치를 접지시키는 근본적 이유는 지구의 용량이 커서 전위가 거의 일정하기 때문이다.(편의상 지면의 전위를 $0[\text{V}]$로 취급한다.)

17

권선수가 N회인 코일에 전류 $I[A]$를 흘릴 경우, 코일에 $\phi[Wb]$의 자속이 지나간다면 이 코일에 저장된 자계 에너지$[J]$는?

① $\dfrac{1}{2}N\phi^2 I$
② $\dfrac{1}{2}N\phi I$
③ $\dfrac{1}{2}N^2\phi I$
④ $\dfrac{1}{2}N\phi I^2$

해설

$LI = N\phi$이고 자계 에너지 $W = \dfrac{1}{2}LI^2$이므로
코일에 축적되는 에너지
$W = \dfrac{1}{2}LI^2 = \dfrac{1}{2}N\phi I [J]$

18

벡터 $\dot{A} = 5e^{-r}\cos\phi\, a_r - 5\cos\phi\, a_z$가 원통 좌표계로 주어졌을 때, 점 $(2, \dfrac{3\pi}{2}, 0)$에서의 $\nabla \times \dot{A}$를 구하였다. a_z 방향의 계수는?

① 2.5
② -2.5
③ 0.34
④ -0.34

해설 원통 좌표계의 외적

$$\nabla \times \dot{A} = \dfrac{1}{r}\begin{vmatrix} a_r & ra_\phi & a_z \\ \dfrac{\partial}{\partial r} & \dfrac{\partial}{\partial \phi} & \dfrac{\partial}{\partial z} \\ 5e^{-r}\cos\phi & 0 & -5\cos\phi \end{vmatrix}$$

$= \dfrac{1}{r}(5\sin\phi\, a_r + 5e^{-r}\sin\phi\, a_z)$

따라서 점 $(2, \dfrac{3\pi}{2}, 0)$에서 a_z의 계수는
$\dfrac{1}{r}5e^{-r}\sin\phi = \dfrac{1}{2}\times 5e^{-2}\sin\dfrac{3\pi}{2} = -0.34$

19

동심 구형 콘덴서의 내외 반지름을 각각 5배로 증가시키면 정전 용량은 몇 배로 증가하는가?

① 5
② 10
③ 15
④ 20

해설 동심 구형 콘덴서의 정전 용량

$C = \dfrac{4\pi\varepsilon_0 ab}{b-a}[F]$

따라서 내외 반지름을 각각 5배로 증가시키면
$C' = \dfrac{4\pi\varepsilon_0 \times (5a) \times (5b)}{5b - 5a} = 5 \times \dfrac{4\pi\varepsilon_0 ab}{b-a} = 5C$

20

점전하 $+Q$의 무한 평면 도체에 대한 영상 전하는?

① $+Q$
② $-Q$
③ $+2Q$
④ $-2Q$

해설

점전하 $+Q[C]$에 의해서 생기는 영상 전하는 크기가 같고 부호는 반대인 $-Q[C]$이며, 무한 평면 도체를 기준으로 대칭되는 위치에 발생한다.

| 정답 | 17 ② 18 ④ 19 ① 20 ②

2023년 3회

01

균일한 자장 내에 놓여 있는 직선 도선에 전류 및 길이를 각각 2배로 하면 이 도선에 작용하는 힘은 몇 배가 되는가?

① 1　　　　　　② 2
③ 4　　　　　　④ 8

해설

$F = I|\dot{l} \times \dot{B}| = IBl\sin\theta [N]$
전류 및 길이를 각각 2배로 하면
$F' = 2I \cdot B \cdot 2l\sin\theta = 4IBl\sin\theta = 4F[N]$

02

전자석에 사용하는 연철(soft iron)은 다음 중 어느 성질을 갖는가?

① 잔류 자기, 보자력이 모두 크다.
② 보자력이 크고, 잔류 자기가 작다.
③ 보자력과 히스테리시스 곡선의 면적이 모두 작다.
④ 보자력이 크고, 히스테리시스 곡선의 면적이 작다.

해설

전자석의 재료(연철 등)의 특징은 다음과 같다.
• 잔류 자기: 크다.
• 보자력: 작다.
• 히스테리시스 곡선의 면적: 작다.

03

비투자율이 μ_r인 철제 무한 솔레노이드가 있다. 평균 자로의 길이를 $l[m]$라 할 때 솔레노이드에 공극(Air Gap) $l_0[m]$를 만들어 자기 저항을 원래의 2배로 하려면 얼마만한 공극을 만들면 되는가?(단, $\mu_r \gg 1$이고, 자기력은 일정하다고 한다.)

① $l_0 = \dfrac{l}{2}$　　　　② $l_0 = \dfrac{l}{\mu_r}$

③ $l_0 = \dfrac{l}{2\mu_r}$　　　④ $l_0 = 1 + \dfrac{l}{\mu_r}$

해설

• 공극이 없을 경우의 자기 저항
$R = \dfrac{l}{\mu_0 \mu_r S}$

• 공극이 있을 경우의 자기 저항
$R_m = \dfrac{l}{\mu_0 \mu_r S} + \dfrac{l_0}{\mu_0 S} = \dfrac{l}{\mu_0 \mu_r S}\left(1 + \dfrac{l_0}{l}\mu_r\right) = R\left(1 + \dfrac{l_0}{l}\mu_r\right)$

$R_m = 2R$이므로
$1 + \dfrac{l_0}{l}\mu_r = 2 \Rightarrow l_0 = (2-1) \times \dfrac{l}{\mu_r} = \dfrac{l}{\mu_r}$

04

반지름이 $3[m]$인 구에 공간 전하 밀도가 $1[C/m^3]$로 분포되어 있을 경우 구의 중심으로부터 $1[m]$인 곳의 전계는 몇 $[V/m]$인가?

① $\dfrac{1}{2\varepsilon_0}$　　　　② $\dfrac{1}{3\varepsilon_0}$

③ $\dfrac{1}{4\varepsilon_0}$　　　　④ $\dfrac{1}{5\varepsilon_0}$

해설

구도체 전계 $E = \dfrac{r \times Q}{4\pi\varepsilon_0 a^3}[V/m]$

(떨어진 거리가 반지름보다 작은 경우, 즉 $r < a$)
체적(공간) 전하 밀도 $\rho_v = \dfrac{Q}{v}$에서 $Q = \rho_v \times v$이다.

즉, 전계 $E = \dfrac{r \times \rho_v \times v}{4\pi\varepsilon_0 a^3} = \dfrac{r\rho_v \times \frac{4}{3}\pi a^3}{4\pi\varepsilon_0 a^3} = \dfrac{r\rho_v}{3\varepsilon_0} = \dfrac{1 \times 1}{3\varepsilon_0} = \dfrac{1}{3\varepsilon_0}[V/m]$

| 정답 | 01 ③　02 ③　03 ②　04 ②

05

자속 밀도 $0.5[\text{Wb/m}^2]$인 균일한 자장 내에 반지름 $10[\text{cm}]$, 권수 $1,000$회인 원형 코일이 매분 $1,800$회 회전할 때 이 코일의 저항이 $100[\Omega]$일 경우 이 코일에 흐르는 전류의 최댓값은 약 몇 $[\text{A}]$인가?

① 14.4
② 23.5
③ 29.6
④ 43.2

해설

원형 코일을 통과하는 자속은 다음과 같다.
$\phi = \phi_m \sin\omega t [\text{Wb}]$, $\phi_m = BS[\text{Wb}]$
코일에 생성되는 유도 기전력의 크기
$e = \left| -N\dfrac{d\phi}{dt} \right| = |-\omega N\phi_m \cos\omega t|[\text{V}] = \omega NBS\cos\omega t [\text{V}]$
최대 유도 기전력 $e_m = \omega NBS[\text{V}]$이다. ($\because \cos\omega t$의 최댓값은 1)
따라서 전류의 최댓값은 다음과 같이 나타낼 수 있다.
$I_m = \dfrac{e_m}{R} = \dfrac{2\pi \times \dfrac{1,800}{60} \times 1,000 \times 0.5 \times \pi \times (10\times 10^{-2})^2}{100} = 29.6[\text{A}]$

※ 주파수 = 사이클 = 초당 회전수

06

서로 다른 두 유전체 사이의 경계면에 전하 분포가 없다면 경계면 양쪽에서의 전계 및 전속 밀도는?

① 전계 및 전속 밀도의 접선 성분은 서로 같다.
② 전계 및 전속 밀도의 법선 성분은 서로 같다.
③ 전계의 법선 성분이 서로 같고, 전속 밀도의 접선 성분이 서로 같다.
④ 전계의 접선 성분이 서로 같고, 전속 밀도의 법선 성분이 서로 같다.

해설

- 경계면에서 전계의 수평(접선) 성분은 같다.
  $E_1 \sin\theta_1 = E_2 \sin\theta_2$
- 경계면에서 전속 밀도의 수직(법선) 성분은 같다.
  $D_1 \cos\theta_1 = D_2 \cos\theta_2$

07

그림과 같이 전류 $I[\text{A}]$가 흐르는 반지름 $a[\text{m}]$인 원형 코일의 중심으로부터 $x[\text{m}]$인 점 P의 자계의 세기는 몇 $[\text{AT/m}]$인가?(단, θ는 각 APO라 한다.)

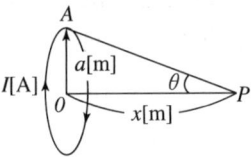

① $\dfrac{I}{2a}\cos^2\theta$
② $\dfrac{I}{2a}\sin^3\theta$
③ $\dfrac{I}{2a}\cos^3\theta$
④ $\dfrac{I}{2a}\sin^2\theta$

해설

원형 코일 중심에서 직각으로 $x[\text{m}]$ 떨어진 지점의 자계
$H = \dfrac{a^2 I}{2(a^2+x^2)^{\frac{3}{2}}} = \dfrac{I}{2a}\sin^3\theta\,[\text{AT/m}] \left(\because \sin\theta = \dfrac{a}{\sqrt{a^2+x^2}}\right)$

08

다음 회로도의 $2[\mu\text{F}]$ 콘덴서에 $100[\mu\text{C}]$의 전하가 축적되었을 때, $3[\mu\text{F}]$ 콘덴서 양단에 걸리는 전위차$[\text{V}]$는?

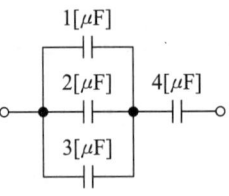

① 50
② 70
③ 100
④ 150

해설

$2[\mu\text{F}]$ 콘덴서에 걸리는 전압 $V_2 = \dfrac{Q}{C} = \dfrac{100\times 10^{-6}}{2\times 10^{-6}} = 50[\text{V}]$

그런데 $2[\mu\text{F}]$ 콘덴서와 $3[\mu\text{F}]$ 콘덴서는 병렬로 연결되어 있으므로 같은 전압이 걸린다. 즉, $3[\mu\text{F}]$ 콘덴서 양단에 걸리는 전위차는 $50[\text{V}]$이다.

| 정답 | 05 ③　06 ④　07 ②　08 ①

09

어떤 TV 방송 전자파의 주파수를 190[MHz]의 평면파로 보고 $\mu_s = 1, \varepsilon_s = 64$인 물 속에서의 전자파 속도[m/s]와 파장[m]을 구하면?

① $v = 0.375 \times 10^8$, $\lambda = 0.2$
② $v = 2.33 \times 10^8$, $\lambda = 0.21$
③ $v = 0.87 \times 10^8$, $\lambda = 0.17$
④ $v = 0.425 \times 10^8$, $\lambda = 1.2$

해설

- 진공 중의 전자파 속도
$$v = \frac{1}{\sqrt{\varepsilon_0 \mu_0}} = 3 \times 10^8 [\text{m/s}]$$

- 유전체 중의 전자파 속도
$$v = \frac{1}{\sqrt{\varepsilon \mu}} = \frac{1}{\sqrt{\varepsilon_0 \varepsilon_s \mu_0 \mu_s}} = \frac{3 \times 10^8}{\sqrt{\varepsilon_s \mu_s}} = \frac{3 \times 10^8}{\sqrt{64 \times 1}}$$
$$= 0.375 \times 10^8 [\text{m/s}]$$

- 유전체 중의 전자파 파장
$$\lambda = \frac{v}{f} = \frac{0.375 \times 10^8}{190 \times 10^6} \fallingdotseq 0.2 [\text{m}]$$

10

자극의 세기가 7.4×10^{-5}[Wb], 길이가 10[cm]인 막대자석이 100[AT/m]의 평등자계 내에 자계의 방향과 30°로 놓여 있을 때 이 자석에 작용하는 회전력[N·m]은?

① 2.5×10^{-3}
② 3.7×10^{-4}
③ 5.3×10^{-5}
④ 6.2×10^{-6}

해설 막대자석에 작용하는 회전력
$$T = MH\sin\theta = mlH\sin\theta$$
$$= 7.4 \times 10^{-5} \times 10 \times 10^{-2} \times 100 \times \sin 30°$$
$$= 3.7 \times 10^{-4} [\text{N} \cdot \text{m}]$$

11

인덕턴스[H]의 단위를 나타낸 것으로 틀린 것은?

① $[\Omega \cdot \text{s}]$
② $[\text{Wb/A}]$
③ $[\text{J/A}^2]$
④ $[\text{N/A} \cdot \text{m}]$

해설 인덕턴스의 단위

- $e = L\frac{di}{dt}$에서 $L = e\frac{dt}{di} = \frac{e}{di}dt \left[\frac{\text{V}}{\text{A}} \cdot \text{s} = \Omega \cdot \text{s}\right]$
- $N\phi = LI$에서 $L = \frac{N\phi}{I}$[Wb/A]
- $W = \frac{1}{2}LI^2$에서 $L = \frac{2W}{I^2}$[J/A²]

12

반지름 a[m]인 구대칭 전하에 의한 구 내외의 전계의 세기에 해당되는 것은?(단, 전하는 도체 표면에만 분포한다.)

①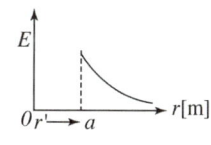
②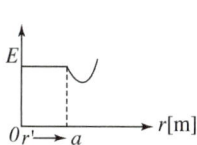
③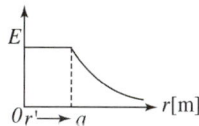
④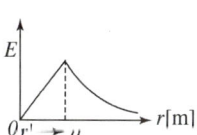

해설

- 도체 내부에서의 전계($r < a$)
$E = 0$(실제: 도체 내부에 전하가 없는 경우)
$E = \frac{Q \times r}{4\pi\varepsilon_0 a^3}$ [V/m] (가정: 도체 내부에 전하가 고르게 분포된 경우)

- 도체 표면에서의 전계($r = a$)
$E = \frac{Q}{4\pi\varepsilon_0 a^2}$ [V/m]

- 도체 외부에서의 전계($r > a$)
$E = \frac{Q}{4\pi\varepsilon_0 r^2}$ [V/m]

| 정답 | 09 ① 10 ② 11 ④ 12 ①

13

등전위면을 따라 전하 $Q[C]$를 운반하는 데 필요한 일은?

① 항상 0이다.
② 전하의 크기에 따라 변한다.
③ 전위의 크기에 따라 변한다.
④ 전하의 극성에 따라 변한다.

해설

전하 $Q[C]$를 운반하는 데 필요한 일 $W = VQ$
등전위면에서는 전위의 변화가 없으므로 $W = 0$

15

자속 밀도 $B[\text{Wb/m}^2]$의 평등 자계 내에서 길이 $l[\text{m}]$인 도체 ab가 속도 $v[\text{m/s}]$로 그림과 같이 도선을 따라서 자계와 수직으로 이동할 때, 도체 ab에 의해 유기된 기전력의 크기 $e[\text{V}]$와 폐회로 abcd 내 저항 R에 흐르는 전류의 방향은?(단, 폐회로 abcd 내 도선 및 도체의 저항은 무시한다.)

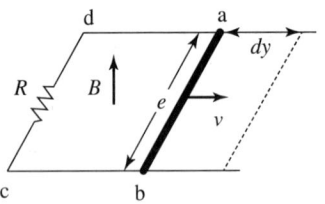

① $e = Blv$, 전류 방향: c → d
② $e = Blv$, 전류 방향: d → c
③ $e = Blv^2$, 전류 방향: c → d
④ $e = Blv^2$, 전류 방향: d → c

해설

유도 기전력 $e = vBl\sin\theta[\text{V}]$에서 $\theta = 90°$이므로
$e = vBl\sin 90° = Blv[\text{V}]$이고
전류 방향은 플레밍의 오른손 법칙에 의해 c → d 방향으로 흐른다.

14

자화율(magnetic susceptibility) χ는 상자성체에서 일반적으로 어떤 값을 갖는가?

① $\chi = 0$
② $\chi > 0$
③ $\chi < 0$
④ $\chi = 1$

해설

자화율 $\chi = \mu_0(\mu_s - 1)$이고, 자성체의 종류 중 상자성체의 비투자율은 $\mu_s > 1$이므로 상자성체에서의 자화율 $\chi > 0$

| 정답 | 13 ① 14 ② 15 ①

16

대전된 구 도체를 반지름이 2배가 되는 대전이 되지 않은 구 도체에 가는 도선으로 연결했을 때, 기존 에너지 대비 손실된 에너지의 비율은 얼마인가?(단, 구 도체는 충분히 떨어져 있다.)

① $\dfrac{1}{2}$ 　　② $\dfrac{1}{3}$

③ $\dfrac{2}{3}$ 　　④ $\dfrac{2}{5}$

해설

대전된 정전 용량 $C = 4\pi\varepsilon_0 a$[F], 충전된 에너지 $W = \dfrac{Q^2}{2C}$[J]

반지름이 2배인 구 도체의 정전 용량 $C' = 2C$[F]
가는 도선으로 연결하면 병렬연결이므로
- 합성 정전 용량 $C_0 = C + C' = C + 2C = 3C$
- 합성 전하량 $Q_0 = Q + 0 = Q$
- 연결 후 충전된 에너지 $W' = \dfrac{Q_0^2}{2C_0} = \dfrac{Q^2}{6C}$[J]

∴ 손실된 에너지 $W_1 = W - W' = \dfrac{Q^2}{2C} - \dfrac{Q^2}{6C} = \dfrac{Q^2}{3C}$[J]

기존 에너지 대비 손실된 에너지의 비율은 다음과 같다.

$\dfrac{W_1}{W} = \dfrac{\frac{Q^2}{3C}}{\frac{Q^2}{2C}} = \dfrac{2}{3}$

17

전계 6[V/m], 주파수 10[MHz]인 전자파에서 포인팅 벡터는 몇 [W/m²]인가?

① 9.5×10^{-3} 　　② 9.5×10^{-2}

③ 1.5×10^{-3} 　　④ 1.5×10^{-2}

해설

포인팅 벡터의 크기 $P = EH = E \times \dfrac{E}{377} = \dfrac{E^2}{377}$이므로 주어진 조건을 대입하면 $P = \dfrac{6^2}{377} = 9.5 \times 10^{-2}$[W/m²]

18

그림과 같은 손실 유전체에서 전원의 양극 사이에 채워진 동축 케이블의 전력 손실은 몇 [W]인가?(단, 모든 단위는 MKS 유리화 단위이며, σ는 매질의 도전율[S/m]이라 한다.)

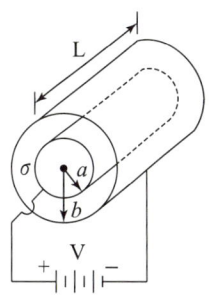

① $\dfrac{\pi\sigma V^2 L}{2\ln\frac{b}{a}}$ 　　② $\dfrac{\pi\sigma V^2 L}{\ln\frac{b}{a}}$

③ $\dfrac{2\pi\sigma V^2 L}{\ln\frac{b}{a}}$ 　　④ $\dfrac{4\pi\sigma V^2 L}{\ln\frac{b}{a}}$

해설

동축 케이블의 정전 용량 $C = \dfrac{2\pi\varepsilon L}{\ln\frac{b}{a}}$[F]

전력 손실 $P_l = I^2 R = \dfrac{V^2}{R}$[W]

저항과 정전 용량의 관계 $RC = \rho\varepsilon = \dfrac{\varepsilon}{\sigma}$ (단, ρ: 고유 저항, σ: 도전율)이므로

$R = \dfrac{\rho\varepsilon}{C} = \dfrac{\varepsilon}{C\sigma} = \dfrac{\varepsilon}{\frac{2\pi\varepsilon L}{\ln\frac{b}{a}} \times \sigma} = \dfrac{\ln\frac{b}{a}}{2\pi L\sigma}$[Ω]

따라서 전력 손실 $P_l = \dfrac{V^2}{R} = \dfrac{V^2}{\frac{\ln\frac{b}{a}}{2\pi L\sigma}} = \dfrac{2\pi\sigma V^2 L}{\ln\frac{b}{a}}$[W]

| 정답 | 16 ③　17 ②　18 ③

19

우주선 중에 $10^{20}[\text{eV}]$의 정전 에너지를 가진 하전 입자가 있다고 할 때, 이 에너지는 약 몇 [J]인가?

① 2
② 9
③ 16
④ 91

해설

에너지 $W = QV = eV$이고, $e = 1.602 \times 10^{-19}[\text{C}]$이므로
$W = 1.602 \times 10^{-19} \times 10^{20} ≒ 16[\text{J}]$

20

진공 중 1[C]의 전하에 대한 정의로 옳은 것은?(단, Q_1, Q_2는 전하이며 F는 작용력이다.)

① $Q_1 = Q_2$, 거리 1[m], 작용력 $F = 9 \times 10^9[\text{N}]$일 때이다.
② $Q_1 < Q_2$, 거리 1[m], 작용력 $F = 6 \times 10^9[\text{N}]$일 때이다.
③ $Q_1 = Q_2$, 거리 1[m], 작용력 $F = 1[\text{N}]$일 때이다.
④ $Q_1 > Q_2$, 거리 1[m], 작용력 $F = 1[\text{N}]$일 때이다.

해설

$F = \dfrac{Q_1 Q_2}{4\pi\varepsilon_0 r^2} = 9 \times 10^9 \times \dfrac{1 \times 1}{1^2} = 9 \times 10^9[\text{N}]$

즉, 진공 중 1[C]의 전하는 $Q_1 = Q_2$, 거리 1[m], 작용력 $F = 9 \times 10^9[\text{N}]$일 때이다.

| 정답 | 19 ③ 20 ① |

2022년 1회

01

면적이 $0.02[\text{m}^2]$, 간격이 $0.03[\text{m}]$이고, 공기로 채워진 평행평판의 커패시터에 $1.0 \times 10^{-6}[\text{C}]$의 전하를 충전시킬 때, 두 판 사이에 작용하는 힘의 크기는 약 몇 $[\text{N}]$인가?

① 1.13 ② 1.41
③ 1.89 ④ 2.83

해설

- 단위 면적당 정전 응력
$$f = \frac{D^2}{2\varepsilon_0} = \frac{1}{2\varepsilon_0}\left(\frac{Q}{S}\right)^2 [\text{N/m}^2]$$

- 극판 간 작용하는 힘
$$F = \frac{1}{2\varepsilon_0}\left(\frac{Q}{S}\right)^2 \times S = \frac{Q^2}{2\varepsilon_0 S}$$
$$= \frac{(1.0 \times 10^{-6})^2}{2 \times 8.854 \times 10^{-12} \times 0.02} \fallingdotseq 2.83[\text{N}]$$

02

자극의 세기가 $7.4 \times 10^{-5}[\text{Wb}]$, 길이가 $10[\text{cm}]$인 막대자석이 $100[\text{AT/m}]$의 평등자계 내에 자계의 방향과 $30°$로 놓여 있을 때 이 자석에 작용하는 회전력$[\text{N} \cdot \text{m}]$은?

① 2.5×10^{-3} ② 3.7×10^{-4}
③ 5.3×10^{-5} ④ 6.2×10^{-6}

해설 막대자석에 작용하는 회전력

$T = MH\sin\theta = mlH\sin\theta$
$= 7.4 \times 10^{-5} \times 10 \times 10^{-2} \times 100 \times \sin 30°$
$= 3.7 \times 10^{-4} [\text{N} \cdot \text{m}]$

03

유전율이 $\varepsilon = 2\varepsilon_0$이고 투자율이 $\mu = \mu_0$인 비도전성 유전체에서 전자파의 전계의 세기가 $E(z,t) = 120\pi\cos(10^9 t - \beta z)\hat{y}[\text{V/m}]$일 때, 자계의 세기 $H[\text{A/m}]$는?(단, $\hat{x}$, $\hat{y}$는 단위벡터이다.)

① $-\sqrt{2}\cos(10^9 t - \beta z)\hat{x}$
② $\sqrt{2}\cos(10^9 t - \beta z)\hat{x}$
③ $-2\cos(10^9 t - \beta z)\hat{x}$
④ $2\cos(10^9 t - \beta z)\hat{x}$

해설

- 고유 임피던스
$$\eta = \frac{E}{H} = \sqrt{\frac{\mu}{\varepsilon}} = 377\sqrt{\frac{\mu_s}{\varepsilon_s}}$$

- 자계의 세기
$$H = \frac{E}{377} \times \sqrt{\frac{2}{1}} = \frac{1}{377} \times \sqrt{2} \times 120\pi\cos(10^9 t - \beta z)$$
$$= \sqrt{2}\cos(10^9 t - \beta z)$$

전자파의 진행방향이 z방향이고 $\dot{E} \times \dot{H}$에서, $\dot{E}$의 방향이 y방향이므로 $\dot{H}$의 방향은 $-x$이다.

$\therefore \dot{H} = -\sqrt{2}\cos(10^9 t - \beta z)\hat{x}$

04

자기 회로에서 전기 회로의 도전율 $\sigma[\mho/\text{m}]$에 대응되는 것은?

① 자속 ② 기자력
③ 투자율 ④ 자기 저항

해설 자기 회로와 전기 회로의 대응 관계

자기 회로	전기 회로
자속 $\psi[\text{Wb}]$	전류 $I[\text{A}]$
기자력 $F[\text{AT}]$	기전력 $E[\text{V}]$
자기 저항 $R_m[\text{AT/Wb}]$	전기 저항 $R[\Omega]$
자속 밀도 $B[\text{Wb/m}^2]$	전류 밀도 $i[\text{A/m}^2]$
투자율 $\mu[\text{H/m}]$	도전율 $\sigma[\mho/\text{m}]$
퍼미언스 $P[\text{Wb/AT}]$	컨덕턴스 $G[\mho]$

| 정답 | 01 ④ 02 ② 03 ① 04 ③

05

단면적이 균일한 환상 철심에 권수 1,000회인 A 코일과 권수 N_B회인 B코일이 감겨져 있다. A 코일의 자기 인덕턴스가 100[mH]이고, 두 코일 사이의 상호 인덕턴스가 20[mH]이고, 결합 계수가 1일 때, B 코일의 권수(N_B)는 몇 회인가?

① 100
② 200
③ 300
④ 400

해설

- 환상 철심에서 상호 인덕턴스

$$M = \frac{L_A N_B}{N_A} = \frac{L_B N_A}{N_B} [\text{H}]$$

- B 코일의 권수

$$N_B = \frac{M \times N_A}{L_A} = \frac{20 \times 10^{-3} \times 1,000}{100 \times 10^{-3}} = 200$$

06

공기 중에서 1[V/m]의 전계의 세기에 의한 변위 전류 밀도의 크기를 2[A/m²]으로 흐르게 하려면 전계의 주파수는 몇 [MHz]가 되어야 하는가?

① 9,000
② 18,000
③ 36,000
④ 72,000

해설

- 변위 전류 밀도의 크기

$i_d = \omega \varepsilon E = 2\pi f \varepsilon E = 2[\text{A/m}^2]$

- 전계의 주파수

$$f = \frac{2}{2\pi \varepsilon E} = \frac{i_d}{2\pi \times \frac{1}{36\pi} \times 10^{-9} \times 1} = 18 \times 10^9 \times \frac{2}{1}$$

$$= 36 \times 10^9 = 36,000 [\text{MHz}]$$

07

내부 원통 도체의 반지름이 a[m], 외부 원통 도체의 반지름이 b[m]인 동축 원통 도체에서 내외 도체 간 물질의 도전율이 σ[℧/m]일 때 내외 도체 간의 단위 길이당 컨덕턴스 [℧/m]는?

① $\dfrac{2\pi\sigma}{\ln\dfrac{b}{a}}$
② $\dfrac{2\pi\sigma}{\ln\dfrac{a}{b}}$
③ $\dfrac{4\pi\sigma}{\ln\dfrac{b}{a}}$
④ $\dfrac{4\pi\sigma}{\ln\dfrac{a}{b}}$

해설

- 동심 원통 도체의 단위 길이당 정전 용량

$$C = \frac{2\pi\varepsilon}{\ln\dfrac{b}{a}} [\text{F/m}]$$

- 저항과 정전 용량의 관계

$R = \dfrac{\rho\varepsilon}{C}$ 이고, 컨덕턴스 $G = \dfrac{1}{R}$ 이므로

$$G = \frac{1}{R} = \frac{C}{\rho\varepsilon} = \frac{2\pi\varepsilon}{\ln\dfrac{b}{a}} \times \frac{1}{\rho\varepsilon} = \frac{2\pi}{\rho\ln\dfrac{b}{a}} [\text{℧/m}]$$

- 도전율 $\sigma = \dfrac{1}{\rho}$[℧/m]이므로

$$G = \frac{2\pi\sigma}{\ln\dfrac{b}{a}} [\text{℧/m}]$$

| 정답 | 05 ② | 06 ③ | 07 ① |

08

z축 상에 놓인 길이가 긴 직선 도체에 $10[\mathrm{A}]$의 전류가 $+z$ 방향으로 흐르고 있다. 이 도체의 주위의 자속 밀도가 $3\hat{x} - 4\hat{y}[\mathrm{Wb/m^2}]$일 때 도체가 받는 단위 길이당 힘$[\mathrm{N/m}]$ 은?(단, $\hat{x}$, $\hat{y}$는 단위벡터이다.)

① $-40\hat{x}+30\hat{y}$ ② $-30\hat{x}+40\hat{y}$
③ $30\hat{x}+40\hat{y}$ ④ $40\hat{x}+30\hat{y}$

해설
- 플레밍의 왼손 법칙에 의해 도체가 받는 힘
$\dot{F} = (\dot{I} \times \dot{B})l[\mathrm{N}]$
도체가 받는 단위 길이당 힘을 구하기 위해서 도선의 길이를 단위벡터로 구한 뒤 계산한다.

$$\dot{F} = (\dot{I} \times \dot{B})l = 10 \times \begin{bmatrix} a_x & a_y & a_z \\ 0 & 0 & 1 \\ 3 & -4 & 0 \end{bmatrix}$$
$= 10 \times \{(0+4)a_x - (0-3)a_y + (0-0)a_z\}$
$= 40a_x + 30a_y[\mathrm{N/m}]$
$= 40\hat{x} + 30\hat{y}[\mathrm{N/m}]$

09

진공 중 한 변의 길이가 $0.1[\mathrm{m}]$인 정삼각형의 3정점 A, B, C에 각각 $2.0 \times 10^{-6}[\mathrm{C}]$의 점전하가 있을 때, 점 A의 전하에 작용하는 힘은 몇 $[\mathrm{N}]$인가?

① $1.8\sqrt{2}$ ② $1.8\sqrt{3}$
③ $3.6\sqrt{2}$ ④ $3.6\sqrt{3}$

해설

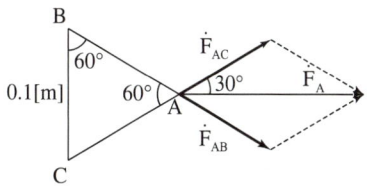

정삼각형 꼭짓점 A에 발생되는 힘은 꼭짓점 B 및 C의 전하량에 의한 힘의 벡터 합이다.
$\dot{F}_A = \dot{F}_{AB} + \dot{F}_{AC}[\mathrm{N}]$
그림에서처럼 두 전하로부터의 힘의 크기는 같고 수직 성분은 상쇄되므로
$|\dot{F}_A| = |\dot{F}_{AB}|\cos 30° \times 2$
$= 9 \times 10^9 \times \dfrac{2.0 \times 10^{-6} \times 2.0 \times 10^{-6}}{(0.1)^2} \times \dfrac{\sqrt{3}}{2} \times 2$
$= 3.6\sqrt{3}[\mathrm{N}]$

10

투자율이 $\mu[\mathrm{H/m}]$, 자계의 세기가 $H[\mathrm{AT/m}]$, 자속 밀도가 $B[\mathrm{Wb/m^2}]$인 곳에서의 자계 에너지 밀도$[\mathrm{J/m^3}]$는?

① $\dfrac{B^2}{2\mu}$ ② $\dfrac{H^2}{2\mu}$
③ $\dfrac{1}{2}\mu H$ ④ BH

해설 단위 체적당 자계 에너지
$w = \dfrac{1}{2}BH = \dfrac{1}{2}\mu H^2 = \dfrac{B^2}{2\mu}[\mathrm{J/m^3}]$

| 정답 | 08 ④   09 ④   10 ① |

11

진공 내 전위 함수가 $V = x^2 + y^2$[V]로 주어졌을 때, $0 \leq x \leq 1$, $0 \leq y \leq 1$, $0 \leq z \leq 1$인 공간에 저장되는 정전 에너지[J]는?

① $\dfrac{4}{3}\varepsilon_0$ ② $\dfrac{2}{3}\varepsilon_0$

③ $4\varepsilon_0$ ④ $2\varepsilon_0$

해설

- 전위함수로부터의 전계 식

$$\dot{E} = -\operatorname{grad} V$$
$$= -\left\{\dfrac{\partial(x^2+y^2)}{\partial x}a_x + \dfrac{\partial(x^2+y^2)}{\partial y}a_y + \dfrac{\partial(x^2+y^2)}{\partial z}a_z\right\}$$
$$= -2xa_x - 2ya_y[\text{V/m}]$$

- E^2은 전계 벡터의 내적으로부터 구할 수 있다.

$$E^2 = \dot{E}\cdot\dot{E} = (-2xa_x - 2ya_y)\cdot(-2xa_x - 2ya_y)$$
$$= 4x^2 + 4y^2$$

- 전계에 저장되는 에너지

$$W = \iiint \dfrac{1}{2}\varepsilon_0 E^2 dv[\text{J}]$$
$$= \dfrac{1}{2}\varepsilon_0\int_0^1\int_0^1\int_0^1(4x^2+4y^2)dxdydz$$
$$= \dfrac{1}{2}\varepsilon_0\int_0^1\int_0^1\left(\dfrac{4}{3}+4y^2\right)dydz$$
$$= \dfrac{1}{2}\varepsilon_0\int_0^1\left(\dfrac{4}{3}+\dfrac{4}{3}\right)dz = \dfrac{1}{2}\varepsilon_0 \times \dfrac{8}{3} = \dfrac{4}{3}\varepsilon_0[\text{J}]$$

12

전계가 유리에서 공기로 입사할 때 입사각 θ_1과 굴절각 θ_2의 관계와 유리에서의 전계 E_1과 공기에서의 전계 E_2의 관계는?

① $\theta_1 > \theta_2$, $E_1 > E_2$ ② $\theta_1 < \theta_2$, $E_1 > E_2$
③ $\theta_1 > \theta_2$, $E_1 < E_2$ ④ $\theta_1 < \theta_2$, $E_1 < E_2$

해설 유전체에서 경계면 조건

- $\varepsilon_1 > \varepsilon_2$일 때, $\theta_1 > \theta_2$의 관계가 있다.
- $\varepsilon_1 > \varepsilon_2$일 때, $D_1 > D_2$의 관계가 있다.
- $\varepsilon_1 > \varepsilon_2$일 때, $E_1 < E_2$의 관계가 있다.

13

진공 중에 4[m] 간격으로 평행한 두 개의 무한 평판 도체에 각각 $+4$[C/m^2], -4[C/m^2]의 전하를 주었을 때, 두 도체 간의 전위차는 약 몇 [V]인가?

① 1.36×10^{11} ② 1.36×10^{12}
③ 1.8×10^{11} ④ 1.8×10^{12}

해설

- 무한 평판 도체의 내부 전계

$$E = \dfrac{\sigma}{\varepsilon_0}[\text{V/m}]$$

- 두 도체 간의 전위차

$$V = Ed = \dfrac{\sigma}{\varepsilon_0}d = \dfrac{4}{8.854 \times 10^{-12}} \times 4 \fallingdotseq 1.8 \times 10^{12}[\text{V}]$$

14

인덕턴스[H]의 단위를 나타낸 것으로 틀린 것은?

① [$\Omega \cdot$s] ② [Wb/A]
③ [J/A^2] ④ [N/A $\cdot$ m]

해설 인덕턴스의 단위

- $e = L\dfrac{di}{dt}$에서 $L = e\dfrac{dt}{di} = \dfrac{e}{di}dt\left[\dfrac{\text{V}}{\text{A}}\cdot\text{s} = \Omega\cdot\text{s}\right]$
- $N\phi = LI$에서 $L = \dfrac{N\phi}{I}[\text{Wb/A}]$
- $W = \dfrac{1}{2}LI^2$에서 $L = \dfrac{2W}{I^2}[\text{J/A}^2]$

| 정답 | 11 ① 12 ③ 13 ④ 14 ④

15

진공 중 반지름이 a[m]인 무한 길이의 원통 도체 2개가 간격 d[m]로 평행하게 배치되어 있다. 두 도체 사이의 정전 용량 C를 나타낸 것으로 옳은 것은?

① $\pi\varepsilon_0 \ln\dfrac{d-a}{a}$
② $\dfrac{\pi\varepsilon_0}{\ln\dfrac{d-a}{a}}$
③ $\pi\varepsilon_0 \ln\dfrac{a}{d-a}$
④ $\dfrac{\pi\varepsilon_0}{\ln\dfrac{a}{d-a}}$

해설
- 평행 도선의 단위 길이당 정전 용량
$$C = \dfrac{\pi\varepsilon_0}{\ln\dfrac{d-a}{a}}[\text{F/m}]$$
- $d \gg a$인 경우
$$C = \dfrac{\pi\varepsilon_0}{\ln\dfrac{d}{a}}[\text{F/m}]$$

16

진공 중에 4[m]의 간격으로 놓여진 평행 도선에 같은 크기의 왕복 전류가 흐를 때 단위 길이당 2.0×10^{-7}[N]의 힘이 작용하였다. 이때 평행 도선에 흐르는 전류는 몇 [A]인가?

① 1
② 2
③ 4
④ 8

해설
크기가 같은 왕복 전류가 흐르므로 $I_1 = I_2 = I$[A]
- 평행 도선 사이에 작용하는 힘
$$F = \dfrac{\mu_0 I_1 I_2}{2\pi d} = \dfrac{4\pi\times 10^{-7}\times I^2}{2\pi\times 4} = 2\times 10^{-7}\times\dfrac{I^2}{4} = 2.0\times 10^{-7}[\text{N}]$$
- 왕복 전류의 크기
$$I = \sqrt{\dfrac{2.0\times 10^{-7}\times 4}{2\times 10^{-7}}} = 2[\text{A}]$$

17

평행 극판 사이의 간격이 d[m]이고 정전 용량이 $0.3[\mu\text{F}]$인 공기 커패시터가 있다. 그림과 같이 두 극판 사이에 비유전율이 5인 유전체를 절반 두께만큼 넣었을 때 이 커패시터의 정전 용량은 몇 $[\mu\text{F}]$이 되는가?

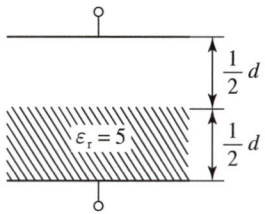

① 0.01
② 0.05
③ 0.1
④ 0.5

해설
- 공기 콘덴서의 정전 용량
$$C_0 = \dfrac{\varepsilon_0 S}{d} = 0.3[\mu\text{F}]$$
- 절반을 유전체로 채운 콘덴서 중 공기 부분의 정전 용량을 $C_1[\mu\text{F}]$, 유전체 부분의 정전 용량을 $C_2[\mu\text{F}]$라 하면
  - $C_1 = \dfrac{\varepsilon_0 S}{\dfrac{d}{2}} = 2C_0 = 0.6[\mu\text{F}]$
  - $C_2 = \dfrac{\varepsilon_0\varepsilon_r S}{\dfrac{d}{2}} = 2\varepsilon_r C_0 = 10C_0 = 3[\mu\text{F}]$
- 두 콘덴서는 직렬연결되어 있으므로 합성 정전 용량 $C[\mu\text{F}]$은
$$C = \dfrac{C_1\times C_2}{C_1 + C_2} = \dfrac{0.6\times 3}{0.6+3} = 0.5[\mu\text{F}]$$

| 정답 | 15 ② 16 ② 17 ④

18

반지름이 a[m]인 접지된 구 도체와 구 도체의 중심에서 거리 d[m] 떨어진 곳에 점전하가 존재할 때, 점전하에 의한 접지된 구 도체에서의 영상 전하에 대한 설명으로 틀린 것은?

① 영상 전하는 구 도체 내부에 존재한다.
② 영상 전하는 점전하와 구 도체 중심을 이은 직선 상에 존재한다.
③ 영상 전하의 전하량과 점전하의 전하량은 크기는 같고 부호는 반대이다.
④ 영상 전하의 위치는 구 도체의 중심과 점전하 사이 거리(d[m])와 구 도체의 반지름(a[m])에 의해 결정된다.

해설 접지 도체 구와 점전하 간의 전기 영상법

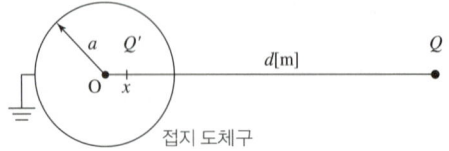

- 영상 전하의 크기
$$Q' = -\frac{a}{d}Q[C]$$
- 영상 전하의 위치
$$x = \frac{a^2}{d}[m]$$

영상 전하의 크기는 점전하량의 $\frac{a}{d}$ 배이며, 부호는 반대이다.

19

평등 전계 중에 유전체 구에 의한 전속 분포가 그림과 같이 되었을 때 ε_1과 ε_2의 크기 관계는?

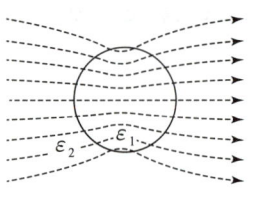

① $\varepsilon_1 > \varepsilon_2$
② $\varepsilon_1 < \varepsilon_2$
③ $\varepsilon_1 = \varepsilon_2$
④ 무관하다.

해설
유전속(전속선)은 유전율이 큰 쪽으로 모이려는 성질이 있다. 유전속 분포 그림에서 구의 내부 쪽이 유전속 밀도가 높으므로 $\varepsilon_1 > \varepsilon_2$이다.

20

어떤 도체에 교류 전류가 흐를 때 도체에서 나타나는 표피 효과에 대한 설명으로 틀린 것은?

① 도체 중심부보다 도체 표면부에 더 많은 전류가 흐르는 것을 표피 효과라 한다.
② 전류의 주파수가 높을수록 표피 효과는 작아진다.
③ 도체의 도전율이 클수록 표피 효과는 커진다.
④ 도체의 투자율이 클수록 표피 효과는 커진다.

해설 표피 효과
- 도체 중심부보다 도체 표면부에 더 많은 전류가 흐르는 것을 표피 효과라 한다.
- 표피 두께(침투 깊이)가 감소할수록 표피 효과는 커진다.
- 전류의 주파수가 높을수록 표피 효과는 커진다.
- 도체의 도전율이 클수록 표피 효과는 커진다.
- 도체의 투자율이 클수록 표피 효과는 커진다.

| 정답 | 18 ③ 19 ① 20 ②

2022년 2회

01

$\varepsilon_r = 81$, $\mu_r = 1$인 매질의 고유 임피던스는 약 몇 [Ω]인가?(단, ε_r은 비유전율이고, μ_r은 비투자율이다.)

① 13.9 ② 21.9
③ 33.9 ④ 41.9

해설 고유 임피던스

$$\eta = \frac{E}{H} = \sqrt{\frac{\mu}{\varepsilon}} = \frac{\sqrt{\mu_0 \mu_r}}{\sqrt{\varepsilon_0 \varepsilon_r}} = 377\sqrt{\frac{\mu_r}{\varepsilon_r}}$$
$$= 377 \times \sqrt{\frac{1}{81}} = 377 \times \frac{1}{9} \fallingdotseq 41.9$$

02

강자성체의 $B-H$ 곡선을 자세히 관찰하면 매끈한 곡선이 아니라 자속 밀도가 어느 순간 급격히 계단적으로 증가 또는 감소하는 것을 알 수 있다. 이러한 현상을 무엇이라 하는가?

① 퀴리점(Curie point)
② 자왜현상(Magneto-striction)
③ 바크하우젠 효과(Barkhausen effect)
④ 자기여자 효과(Magnetic after effect)

해설
- 퀴리점: 강자성체가 강자성 상태에서 상자성 상태로 변하거나 그 반대로 변하는 진이 온도
- 자(기)왜현상: 니켈 등의 강자성체를 자기장 안에 두면 왜곡 등의 일그러짐이 발생하는 현상
- 바크하우젠 효과: 강자성체에 자계를 인가할 경우, 내부 자속이 불연속적으로 변화하는 현상
- 자기여자 효과: 강자성체에 자계 인가 시 자화가 시간적으로 늦게 일어나는 현상

03

진공 중에 무한 평면 도체와 d[m]만큼 떨어진 곳에 선전하 밀도 λ[C/m]의 무한 직선 도체가 평행하게 놓여 있는 경우 직선 도체의 단위 길이당 받는 힘은 몇 [N/m]인가?

① $\dfrac{\lambda^2}{\pi \varepsilon_0 d}$ ② $\dfrac{\lambda^2}{2\pi \varepsilon_0 d}$

③ $\dfrac{\lambda^2}{4\pi \varepsilon_0 d}$ ④ $\dfrac{\lambda^2}{16\pi \varepsilon_0 d}$

해설
선전하 밀도가 λ[C/m²]인 경우 대지면에 의한 영상 전하에 의해 전계가 발생한다. 전계 $E = \dfrac{\lambda}{2\pi\varepsilon_0(2d)}$ [V/m]이므로 단위 길이당 도선에 작용하는 힘은 다음과 같다.

$$F = QE = -\lambda \times \left(\dfrac{\lambda}{2\pi\varepsilon_0(2d)}\right) = -\dfrac{\lambda^2}{4\pi\varepsilon_0 d} \text{[N/m]}$$

04

평행 극판 사이에 유전율이 각각 ε_1, ε_2 인 유전체를 그림과 같이 채우고, 극판 사이에 일정한 전압을 걸었을 때 두 유전체 사이에 작용하는 힘은?(단, $\varepsilon_1 > \varepsilon_2$이다.)

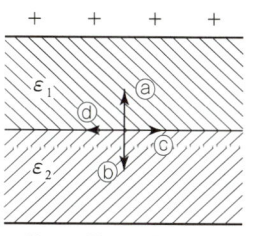

① ⓐ의 방향 ② ⓑ의 방향
③ ⓒ의 방향 ④ ⓓ의 방향

해설
전계가 경계면에 수직 입사할 경우: 인장력 발생

$$f = f_1 - f_2 = \frac{1}{2}\left(\frac{1}{\varepsilon_2} - \frac{1}{\varepsilon_1}\right)D^2 \text{[N/m}^2\text{]}$$

전계가 경계면에 수직 입사하고 있고 $\varepsilon_1 > \varepsilon_2$이므로 유전율이 큰 유전체가 작은 유전체 쪽으로 끌려 들어가는(ⓑ) 힘이 발생한다.

| 정답 | 01 ④ 02 ③ 03 ③ 04 ②

05

정전 용량이 $20[\mu F]$인 공기의 평행판 커패시터에 $0.1[C]$의 전하량을 충전하였다. 두 평행판 사이에 비유전율이 10인 유전체를 채웠을 때 유전체 표면에 나타나는 분극 전하량 $[C]$은?

① 0.009
② 0.01
③ 0.09
④ 0.1

해설

- 분극의 세기

$$P = D\left(1 - \frac{1}{\varepsilon_s}\right) = \frac{Q_{분극}[C]}{S[m^2]}, \quad D = \frac{Q[C]}{S[m^2]}$$ 이므로

$$\frac{Q_{분극}[C]}{S[m^2]} = \frac{Q[C]}{S[m^2]} \times \left(1 - \frac{1}{\varepsilon_s}\right)$$

- 분극 전하량

$$Q_{분극}[C] = Q\left(1 - \frac{1}{\varepsilon_s}\right) = Q\left(1 - \frac{1}{10}\right) = \frac{9}{10}Q$$

$Q = 0.1[C]$이므로

$Q_{분극}[C] = 0.1 \times 0.9 = 0.09[C]$

06

유전율이 ε_1과 ε_2인 두 유전체가 경계를 이루어 평행하게 접하고 있는 경우 유전율이 ε_1인 영역에 전하 $Q[C]$가 존재할 때 이 전하와 ε_2인 유전체 사이에 작용하는 힘에 대한 설명으로 옳은 것은?

① $\varepsilon_1 > \varepsilon_2$인 경우 반발력이 작용한다.
② $\varepsilon_1 > \varepsilon_2$인 경우 흡인력이 작용한다.
③ ε_1과 ε_2에 상관없이 반발력이 작용한다.
④ ε_1과 ε_2에 상관없이 흡인력이 작용한다.

해설 전기 영상법

- 비유전율 ε_2 영역의 영상 전하 $Q' = \frac{\varepsilon_1 - \varepsilon_2}{\varepsilon_1 + \varepsilon_2}Q[C]$
  - $\varepsilon_1 > \varepsilon_2$인 경우 $Q'[C] > 0$
  - $\varepsilon_1 < \varepsilon_2$인 경우 $Q'[C] < 0$
- 작용하는 힘
  - $\varepsilon_1 > \varepsilon_2$인 경우 영상 전하와 부호가 같으므로 반발력
  - $\varepsilon_1 < \varepsilon_2$인 경우 영상 전하와 부호가 다르므로 흡인력

07

단면적이 균일한 환상 철심에 권수 100회인 A코일과 권수 400회인 B코일이 있을 때 A코일의 자기 인덕턴스가 $4[H]$라면 두 코일의 상호 인덕턴스는 몇 $[H]$인가?(단, 누설 자속은 0이다.)

① 4
② 8
③ 12
④ 16

해설 환상 철심에서 상호 인덕턴스

$$M = \frac{L_A N_B}{N_A} = \frac{4 \times 400}{100} = 16[H]$$

08

평균 자로의 길이가 $10[cm]$, 평균 단면적이 $2[cm^2]$인 환상 솔레노이드의 자기 인덕턴스를 $5.4[mH]$ 정도로 하고자 한다. 이때 필요한 코일의 권선수는 약 몇 회인가?(단, 철심의 비투자율은 $15,000$이다.)

① 6
② 12
③ 24
④ 29

해설

- 환상 솔레노이드의 자기 인덕턴스

$$L = \frac{N\phi}{I} = \frac{\mu_0 \mu_s N^2 S}{l}[H]$$

- 코일의 권선수

$$N = \sqrt{\frac{Ll}{\mu_0 \mu_s S}} = \sqrt{\frac{5.4 \times 10^{-3} \times 10 \times 10^{-2}}{4\pi \times 10^{-7} \times 15,000 \times 2 \times 10^{-4}}}$$

$\fallingdotseq 12$회

| 정답 | 05 ③ | 06 ① | 07 ④ | 08 ② |

09

투자율이 μ[H/m], 단면적이 S[m²], 길이가 l[m]인 자성체에 권선을 N회 감아서 I[A]의 전류를 흘렸을 때 이 자성체의 단면적 S[m²]를 통과하는 자속[Wb]은?

① $\mu \dfrac{I}{Nl} S$
② $\mu \dfrac{NI}{Sl}$
③ $\dfrac{NI}{\mu S} l$
④ $\mu \dfrac{NI}{l} S$

해설
- 기자력
  $F = NI = R_m \phi$ [AT]
- 자성체의 단면적을 통과하는 자속
  $\phi = \dfrac{NI}{R_m} = \dfrac{NI}{\dfrac{l}{\mu S}} = \dfrac{\mu S NI}{l} = \mu \dfrac{NI}{l} S$ [Wb]

10

그림은 커패시터의 유전체 내에 흐르는 변위 전류를 보여준다. 커패시터의 전극 면적을 S[m²], 전극에 축적된 전하를 Q[C], 전극의 표면 전하 밀도를 σ[C/m²], 전극 사이의 전속 밀도를 D[C/m²]라 하면 변위 전류 밀도 i_d[A/m²]는?

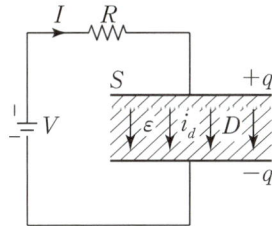

① $\dfrac{\partial D}{\partial l}$
② $\dfrac{\partial q}{\partial t}$
③ $S \dfrac{\partial D}{\partial t}$
④ $\dfrac{1}{S} \dfrac{\partial D}{\partial t}$

해설 변위 전류 밀도
$i_d = \dfrac{\partial D}{\partial t} = \varepsilon \dfrac{\partial E}{\partial t}$ [A/m²]

11

진공 중에서 점(1, 3)[m]의 위치에 -2×10^{-9}[C]의 점 전하가 있을 때 점(2, 1)[m]에 있는 1[C]의 점전하에 작용하는 힘은 몇 [N]인가?(단, $\hat{x}$, $\hat{y}$ 는 단위벡터이다.)

① $-\dfrac{18}{5\sqrt{5}} \hat{x} + \dfrac{36}{5\sqrt{5}} \hat{y}$
② $-\dfrac{36}{5\sqrt{5}} \hat{x} + \dfrac{18}{5\sqrt{5}} \hat{y}$
③ $-\dfrac{36}{5\sqrt{5}} \hat{x} - \dfrac{18}{5\sqrt{5}} \hat{y}$
④ $\dfrac{18}{5\sqrt{5}} \hat{x} + \dfrac{36}{5\sqrt{5}} \hat{y}$

해설
- 두 점전하 사이의 거리 벡터
  $\dot{r} = (2-1)\hat{x} + (1-3)\hat{y} = \hat{x} - 2\hat{y}$
- 벡터의 크기
  $|\dot{r}| = \sqrt{1^2 + (-2)^2} = \sqrt{5}$
- 1[C]의 점전하가 받는 힘
  $\dot{F} = 9 \times 10^9 \times \dfrac{Q_1 Q_2}{r^2} \times \dfrac{\dot{r}}{|\dot{r}|}$
  $= 9 \times 10^9 \times \dfrac{-2 \times 10^{-9} \times 1}{(\sqrt{5})^2} \times \dfrac{\hat{x} - 2\hat{y}}{\sqrt{5}}$
  $= -\dfrac{18}{5\sqrt{5}} \hat{x} + \dfrac{36}{5\sqrt{5}} \hat{y}$ [N]

12

정전 용량이 $C_0[\mu F]$인 평행판의 공기 커패시터가 있다. 두 극판 사이에 극판과 평행하게 절반을 비유전율이 ε_r인 유전체로 채우면 커패시터의 정전 용량$[\mu F]$은?

① $\dfrac{C_0}{2\left(1+\dfrac{1}{\varepsilon_r}\right)}$ ② $\dfrac{C_0}{1+\dfrac{1}{\varepsilon_r}}$

③ $\dfrac{2C_0}{1+\dfrac{1}{\varepsilon_r}}$ ④ $\dfrac{4C_0}{1+\dfrac{1}{\varepsilon_r}}$

해설

- 공기 콘덴서의 정전 용량

  $C_0 = \dfrac{\varepsilon_0 S}{d}[\mu F]$

- 절반을 유전체로 채운 콘덴서 중 공기 부분의 정전 용량을 $C_1[\mu F]$, 유전체 부분의 정전 용량을 $C_2[\mu F]$라 하면

  $- C_1 = \dfrac{\varepsilon_0 S}{\dfrac{d}{2}} = 2C_0[\mu F]$

  $- C_2 = \dfrac{\varepsilon_0 \varepsilon_r S}{\dfrac{d}{2}} = 2\varepsilon_r C_0[\mu F]$

- 두 콘덴서는 직렬연결되어 있으므로 합성 정전 용량 $C[\mu F]$은

  $C = \dfrac{C_1 \times C_2}{C_1 + C_2} = \dfrac{2C_0 \times 2\varepsilon_r C_0}{2C_0 + 2\varepsilon_r C_0}$

  $= \dfrac{2\varepsilon_r C_0}{1+\varepsilon_r} = \dfrac{2C_0}{1+\dfrac{1}{\varepsilon_r}}[\mu F]$

13

그림과 같이 점 O를 중심으로 반지름이 $a[m]$인 구 도체 1과 안쪽 반지름이 $b[m]$이고 바깥쪽 반지름이 $c[m]$인 구 도체 2가 있다. 이 도체계에서 전위계수 $P_{11}[1/F]$에 해당하는 것은?

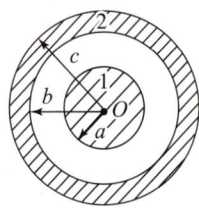

① $\dfrac{1}{4\pi\varepsilon} \cdot \dfrac{1}{a}$ ② $\dfrac{1}{4\pi\varepsilon}\left(\dfrac{1}{a}-\dfrac{1}{b}\right)$

③ $\dfrac{1}{4\pi\varepsilon}\left(\dfrac{1}{b}-\dfrac{1}{c}\right)$ ④ $\dfrac{1}{4\pi\varepsilon}\left(\dfrac{1}{a}-\dfrac{1}{b}+\dfrac{1}{c}\right)$

해설

그림과 같은 동심 구 도체의 전위

$V = \dfrac{Q}{4\pi\varepsilon}\left(\dfrac{1}{a}-\dfrac{1}{b}+\dfrac{1}{c}\right)[V]$

여기서, $P_{11} = \dfrac{V_1}{Q_1}[1/F]$이고 $V = V_1$, $Q = Q_1$을 만족하므로 전위계수 P_{11}은 다음과 같다.

$P_{11} = \dfrac{V_1}{Q_1} = \dfrac{V}{Q} = \dfrac{1}{4\pi\varepsilon}\left(\dfrac{1}{a}-\dfrac{1}{b}+\dfrac{1}{c}\right)[1/F]$

14

자계의 세기를 나타내는 단위가 아닌 것은?

① $[A/m]$ ② $[N/Wb]$

③ $[H \cdot A/m^2]$ ④ $[Wb/H \cdot m]$

해설 자계의 세기

- $H[A/m]$(또는 $[AT/m]$)
- $H = \dfrac{F}{m}[N/Wb]$
- $H = \dfrac{NI}{l} = \dfrac{N^2\phi}{Ll}$ ($\because LI = N\phi$)

  N이 1인 경우 $H = \dfrac{\phi}{Ll}[Wb/H \cdot m]$

| 정답 | 12 ③ 13 ④ 14 ③

15

그림과 같이 평행한 무한장 직선의 두 도선에 $I[A]$, $4I[A]$인 전류가 각각 흐른다. 두 도선 사이 점 P에서의 자계의 세기가 0이라면 $\frac{a}{b}$는?

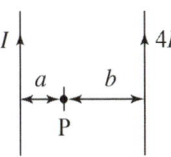

① 2
② 4
③ $\frac{1}{2}$
④ $\frac{1}{4}$

해설

- 왼쪽 전류가 P점에서 만드는 자계의 세기

$$H_a = \frac{I}{2\pi a}[\text{A T}/\text{m}]$$

- 오른쪽 전류가 P점에서 만드는 자계의 세기

$$H_b = \frac{4I}{2\pi b}[\text{A T}/\text{m}]$$

$H_a = H_b$이므로

$$\frac{I}{2\pi a} = \frac{4I}{2\pi b} \rightarrow \frac{1}{a} = \frac{4}{b}$$

$$\therefore \frac{a}{b} = \frac{1}{4}$$

16

내압 및 정전 용량이 각각 $1,000[V]-2[\mu F]$, $700[V]-3[\mu F]$, $600[V]-4[\mu F]$, $300[V]-8[\mu F]$인 4개의 커패시터가 있다. 이 커패시터들을 직렬로 연결하여 양단에 전압을 인가한 후, 전압을 상승시키면 가장 먼저 절연이 파괴되는 커패시터는?(단, 커패시터의 재질이나 형태는 동일하다.)

① $1,000[V]-2[\mu F]$
② $700[V]-3[\mu F]$
③ $600[V]-4[\mu F]$
④ $300[V]-8[\mu F]$

해설

각 콘덴서에 저장되는 최대 전하량을 구하면

$Q_1 = C_1 V_1 = 2 \times 10^{-6} \times 1,000 = 2 \times 10^{-3}[C]$
$Q_2 = C_2 V_2 = 3 \times 10^{-6} \times 700 = 2.1 \times 10^{-3}[C]$
$Q_3 = C_3 V_3 = 4 \times 10^{-6} \times 600 = 2.4 \times 10^{-3}[C]$
$Q_4 = C_4 V_4 = 8 \times 10^{-6} \times 300 = 2.4 \times 10^{-3}[C]$

콘덴서를 직렬연결할 경우 충전되는 전하량 $Q[C]$은 동일하므로 최대 충전 전하량이 가장 작은 $C_1 = 2[\mu F]$ 콘덴서가 가장 먼저 파괴된다.

17

반지름이 $2[\text{m}]$이고, 권수가 120회인 원형 코일 중심에서의 자계의 세기를 $30[\text{AT/m}]$로 하려면 원형 코일에 몇 $[\text{A}]$의 전류를 흘려야 하는가?

① 1
② 2
③ 3
④ 4

해설

- 원형 코일 중심 자계의 세기

$$H = \frac{NI}{2a}[\text{AT/m}]$$

- 원형 코일의 전류

$$I = \frac{2aH}{N} = \frac{2 \times 2 \times 30}{120} = 1[\text{A}]$$

18

내구의 반지름이 $a = 5[\text{cm}]$, 외구의 반지름이 $b = 10[\text{cm}]$이고, 공기로 채워진 동심구형 커패시터의 정전 용량은 약 몇 $[\text{pF}]$인가?

① 11.1
② 22.2
③ 33.3
④ 44.4

해설 동심구 도체 정전 용량

$$C = \frac{4\pi\varepsilon_0 ab}{b-a} = \frac{\frac{1}{9 \times 10^9} \times (5 \times 10^{-2} \times 10 \times 10^{-2})}{10 \times 10^{-2} - 5 \times 10^{-2}}$$

$$= \frac{1}{9 \times 10^9} \times \frac{50 \times 10^{-4}}{5 \times 10^{-2}} ≒ 11.1 \times 10^{-12}[\text{F}] = 11.1[\text{pF}]$$

19

자성체의 종류에 대한 설명으로 옳은 것은?(단, χ_m는 자화율, μ_r는 비투자율이다.)

① $\chi_m > 0$이면, 역자성체이다.
② $\chi_m < 0$이면, 상자성체이다.
③ $\mu_r > 1$이면, 비자성체이다.
④ $\mu_r < 1$이면, 역자성체이다.

해설 자성체의 종류

- $\mu_r \gg 1$: 강자성체, $\chi_m = \mu_r - 1 \gg 0$: 강자성체
- $\mu_r > 1$: 상자성체, $\chi_m = \mu_r - 1 > 0$: 상자성체
- $\mu_r < 1$: 반(역)자성체, $\chi_m = \mu_r - 1 < 0$: 반(역)자성체

20

구 좌표계에서 $\nabla^2 r$의 값은 얼마인가?
(단, $r = \sqrt{x^2 + y^2 + z^2}$이다.)

① $\frac{1}{r}$
② $\frac{2}{r}$
③ r
④ $2r$

해설 구 좌표계

- 구 좌표계는 r, θ, ϕ의 성분으로 이루어져 있다.
- 구 좌표계 라플라시안

$$\nabla^2 = \frac{1}{r^2}\frac{\partial}{\partial r}\left(r^2\frac{\partial}{\partial r}\right) + \frac{1}{r^2 \sin\theta}\frac{\partial}{\partial \theta}\left(\sin\theta\frac{\partial}{\partial \theta}\right) + \frac{1}{r^2 \sin^2\theta}\frac{\partial^2}{\partial \phi^2}$$

문제에서는 r 성분만 고려하므로 θ, ϕ 성분은 무시한다.

$$\nabla^2 r = \frac{1}{r^2}\frac{\partial}{\partial r}\left(r^2\frac{\partial r}{\partial r}\right)$$

$$= \frac{1}{r^2}\frac{\partial r^2}{\partial r} = \frac{1}{r^2} \times 2r = \frac{2}{r}$$

| 정답 | 17 ① | 18 ① | 19 ④ | 20 ② |

2022년 3회

01

진공 내 전위 함수가 $V = x^2 + y^2$ [V]로 주어질 때 $0 \leq x \leq 1$, $0 \leq y \leq 1$, $0 \leq z \leq 1$인 공간에 저장되는 정전에너지는?

① $\dfrac{4}{3}\varepsilon_0$
② $4\varepsilon_0$
③ $\dfrac{2}{3}\varepsilon_0$
④ $2\varepsilon_0$

해설

- 전위함수로부터의 전계식

$$\dot{E} = -\operatorname{grad} V$$
$$= -\left\{\dfrac{\partial(x^2+y^2)}{\partial x}a_x + \dfrac{\partial(x^2+y^2)}{\partial y}a_y + \dfrac{\partial(x^2+y^2)}{\partial z}a_z\right\}$$
$$= -2xa_x - 2ya_y \,[\text{V/m}]$$

- E^2은 전계 벡터의 내적으로부터 구할 수 있다.

$$E^2 = \dot{E} \cdot \dot{E} = (-2xa_x - 2ya_y) \cdot (-2xa_x - 2ya_y)$$
$$= 4x^2 + 4y^2$$

- 전계에 저장되는 에너지

$$W = \iiint \dfrac{1}{2}\varepsilon_0 E^2 dv \,[\text{J}]$$
$$= \dfrac{1}{2}\varepsilon_0 \int_0^1\int_0^1\int_0^1 (4x^2+4y^2)dxdydz$$
$$= \dfrac{1}{2}\varepsilon_0 \int_0^1\int_0^1 \left(\dfrac{4}{3}+4y^2\right)dydz$$
$$= \dfrac{1}{2}\varepsilon_0 \int_0^1 \left(\dfrac{4}{3}+\dfrac{4}{3}\right)dz = \dfrac{1}{2}\varepsilon_0 \times \dfrac{8}{3} = \dfrac{4}{3}\varepsilon_0\,[\text{J}]$$

02

진공 중의 도체계에서 유도 계수와 용량 계수의 성질 중 옳지 않은 것은?

① 용량 계수는 항상 0보다 크다.
② $q_{11} > 0$
③ $q_{rs} = q_{sr}$이다.
④ 유도 계수와 용량 계수는 항상 0보다 크다.

해설

- 용량 계수 $q_{ii}(q_{11}, q_{22}, q_{33} \cdots) > 0$
  (자신의 전위를 $+1$[V]로 하여야 하므로 항상 양의 값을 가진다.)
- 유도 계수 $q_{ij}(q_{12}, q_{21}, q_{13} \cdots) \leq 0$
  (유도 전하는 항상 음의 전하만 나타나고 무한 거리에 떨어져 있을 경우 유도 계수는 0이다.)

03

그림과 같은 직각 코일이 $\dot{B} = 0.05\dfrac{a_x + a_y}{\sqrt{2}}$[T]인 자계에 위치하고 있다. 코일에 5[A] 전류가 흐를 때 Z축에서의 토크[N·m]는?

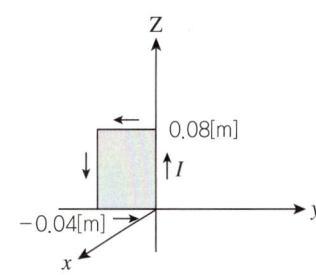

① $2.66 \times 10^{-4} a_x$ [N·m]
② $5.66 \times 10^{-4} a_x$ [N·m]
③ $2.66 \times 10^{-4} a_z$ [N·m]
④ $5.66 \times 10^{-4} a_z$ [N·m]

해설

전류가 흐를 때 발생하는 토크는 $\dot{T} = I(\dot{S} \times \dot{B})$이다.
전류 $I = 5$[A]이고, $\dot{S} = (0.04 \times 0.08)a_x$이므로

$$\dot{T} = 5\left\{(0.04 \times 0.08)a_x \times \dfrac{0.05}{\sqrt{2}}(a_x + a_y)\right\}$$
$$= 5 \times 32 \times 10^{-4} \times \dfrac{0.05}{\sqrt{2}}a_z = 5.66 \times 10^{-4} a_z\,[\text{N·m}]$$

| 정답 | 01 ① | 02 ④ | 03 ④ |

04

유전율 ε, 투자율 μ인 매질 내에서 전자파의 전파 속도는?

① $\sqrt{\dfrac{\mu}{\varepsilon}}$ ② $\sqrt{\mu\varepsilon}$

③ $\sqrt{\dfrac{\varepsilon}{\mu}}$ ④ $\dfrac{1}{\sqrt{\mu\varepsilon}}$

해설 전자파의 전파 속도

$v = \dfrac{1}{\sqrt{\mu\varepsilon}} = \dfrac{1}{\sqrt{\mu_0\mu_s\varepsilon_0\varepsilon_s}} = \dfrac{c}{\sqrt{\mu_s\varepsilon_s}}$ [m/s]

05

접지된 구 도체와 점전하 간에 작용하는 힘은?

① 항상 흡인력이다.
② 항상 반발력이다.
③ 조건적 흡인력이다.
④ 조건적 반발력이다.

해설 접지 도체 구와 점전하 간의 전기 영상법

전기 영상법에서 영상 전하는 항상 실제 전하와는 극성이 반대인 전하가 생기므로 이에 의해 발생하는 작용력은 항상 흡인력이 작용한다.

06

전계 E[V/m], 자계 H[AT/m]의 전자계가 평면파를 이루고 자유 공간으로 전파될 때 진행 방향에 수직되는 단위 면적을 단위 시간에 통과하는 에너지는 몇 [W/m²]인가?

① EH^2 ② EH

③ $\dfrac{1}{2}EH^2$ ④ $\dfrac{1}{2}EH$

해설
- 전기 회로의 전력
  $P = VI$ [W]
- 전자파의 전력 밀도(포인팅 벡터)
  $\dot{P} = \dot{E} \times \dot{H}$ [W/m²]
  $P = |\dot{E} \times \dot{H}| = EH\sin\theta = EH\sin 90° = EH$ [W/m²]

07

반지름 a[m], 단위 길이당 권수 N, 전류 I[A]인 무한 솔레노이드 내부 자계의 세기[A/m]는?

① NI ② $\dfrac{NI}{2\pi a}$

③ $\dfrac{2\pi NI}{a}$ ④ $\dfrac{aNI}{2\pi}$

해설 무한장 솔레노이드
- 철심 내부의 자계 세기
  $H = NI$ [AT/m](단, N: 단위 길이당 권수[회/m])
- 철심 외부의 자계 세기
  $H = 0$ [AT/m](즉, 솔레노이드는 누설 자속이 없다.)

08

내압이 1[kV]이고 용량이 각각 0.01[μF], 0.02[μF], 0.04[μF]인 콘덴서를 직렬로 연결했을 때 전체 콘덴서의 내압은 몇 [V]인가?

① 1,750   ② 2,000
③ 3,500   ④ 4,000

해설

콘덴서를 직렬연결할 경우 충전되는 전하량 Q[C]는 동일하고 각 콘덴서에 걸리는 전압은 $V = \dfrac{Q}{C}$ [V]이므로 정전 용량 C[F]에 반비례한다.

콘덴서에 걸리는 전압을 V_1[V], V_2[V], V_3[V]라 하면

$V_1 : V_2 : V_3 = \dfrac{1}{0.01} : \dfrac{1}{0.02} : \dfrac{1}{0.04} = 4 : 2 : 1$

콘덴서의 최대 내압이 1[kV]이므로

전체 내압 $V_1 + V_2 + V_3 = V_1 + \dfrac{1}{2}V_1 + \dfrac{1}{4}V_1 = \dfrac{7}{4}V_1 = 1,750$[V]

| 정답 | 04 ④　05 ①　06 ②　07 ①　08 ①

09

분극 중 온도의 영향을 받는 분극은?

① 전자 분극(electronic polarization)
② 이온 분극(ionic polarization)
③ 배향 분극(orientational polarization)
④ 전자 분극과 이온 분극

해설
배향 분극은 전계와 열에너지의 상호작용으로 발생한다.

10

무손실 전송 회로의 특성 임피던스를 나타낸 것은?

① $Z_0 = \sqrt{\dfrac{C}{L}}$
② $Z_0 = \sqrt{\dfrac{L}{C}}$
③ $Z_0 = \dfrac{1}{\sqrt{LC}}$
④ $Z_0 = \sqrt{LC}$

해설 선로의 특성 임피던스
$Z_0 = \sqrt{\dfrac{Z}{Y}} = \sqrt{\dfrac{R+j\omega L}{G+j\omega C}}\,[\Omega]$ 에서
무손실 선로(전선의 저항과 누설 컨덕턴스가 작은 선로)이므로
$Z_0 = \sqrt{\dfrac{L}{C}}\,[\Omega]$

11

평행한 두 도선 간의 전자력은?(단, 두 도선 간의 거리는 $r[m]$라 한다.)

① r^2에 반비례
② r^2에 비례
③ r에 반비례
④ r에 비례

해설 평행한 두 도선 간의 전자력
$F = \dfrac{\mu I_1 I_2}{2\pi r}\,[\text{N/m}]$
따라서 전자력은 r에 반비례한다.

12

단면적 S, 길이 l, 투자율 μ인 자성체의 자기 회로에 권선을 N회 감아서 I의 전류를 흐르게 할 때 자속은?

① $\dfrac{\mu SI}{Nl}$
② $\dfrac{\mu NI}{Sl}$
③ $\dfrac{NIl}{\mu S}$
④ $\dfrac{\mu NIS}{l}$

해설
자기 저항 $R_m = \dfrac{l}{\mu S}\,[\text{AT/Wb}]$이고, $NI = R_m \phi$이므로
자속 $\phi = \dfrac{NI}{R_m} = \dfrac{NI}{\dfrac{l}{\mu S}} = \dfrac{\mu NIS}{l}\,[\text{Wb}]$

13

임의의 단면을 가진 2개의 원주상의 무한히 긴 평행 도체가 있다. 지금 도체의 도전률을 무한대라고 하면 C, L, ε 및 μ 사이의 관계는?(단, C는 두 도체 간의 단위 길이당 정전 용량, L은 두 도체를 한 개의 왕복 회로로 한 경우의 단위 길이당 자기 인덕턴스, ε은 두 도체 사이에 있는 매질의 유전율, μ는 두 도체 사이에 있는 매질의 투자율이다.)

① $\dfrac{C}{\varepsilon} = \dfrac{L}{\mu}$
② $\dfrac{1}{LC} = \varepsilon \mu$
③ $C\varepsilon = L\mu$
④ $LC = \varepsilon \mu$

해설
- 무한히 긴 평행 도체 간 정전 용량
$C = \dfrac{\pi \varepsilon}{\ln \dfrac{d}{a}}\,[\text{F/m}]$
- 무한히 긴 평행 도체 간 인덕턴스
$L = \dfrac{\mu}{\pi} \ln \dfrac{d}{a}\,[\text{H/m}]$
$L \cdot C = \dfrac{\mu}{\pi} \ln \dfrac{d}{a} \times \dfrac{\pi \varepsilon}{\ln \dfrac{d}{a}} = \varepsilon \mu$

| 정답 | 09 ③ 10 ② 11 ③ 12 ④ 13 ④

14

투자율이 다른 두 자성체가 평면으로 접하고 있는 경계면에서 전류 밀도가 0일 때 성립하는 경계 조건은?

① $\mu_2 \tan\theta_1 = \mu_1 \tan\theta_2$
② $H_1 \cos\theta_1 = H_2 \cos\theta_2$
③ $B_1 \sin\theta_1 = B_2 \cos\theta_2$
④ $\mu_1 \tan\theta_1 = \mu_2 \tan\theta_2$

해설 경계 조건(굴절의 법칙)

$\dfrac{\tan\theta_1}{\tan\theta_2} = \dfrac{\mu_1}{\mu_2}$

$\mu_2 \tan\theta_1 = \mu_1 \tan\theta_2$

15

유전율이 $\varepsilon = 4\varepsilon_0$이고 투자율이 μ_0인 비도전성 유전체에서 전자파 전계의 세기가 $E(z, t) = a_y 377 \cos(10^9 t - \beta z)$ [V/m]일 때의 자계의 세기 H는 몇 [A/m]인가?

① $-a_z 2\cos(10^9 - \beta z)$
② $-a_x 2\cos(10^9 - \beta z)$
③ $-a_z 7.1 \times 10^4 \cos(10^9 t - \beta z)$
④ $-a_x 7.1 \times 10^4 \cos(10^9 t - \beta z)$

해설
- 전자파의 전계와 자계는 방향이 90°만큼 차이나므로 전파가 y축 방향이면 자파는 $\pm x$축 방향이다.

$\eta = \dfrac{E}{H} = \sqrt{\dfrac{\mu}{\varepsilon}} = \sqrt{\dfrac{\mu_0 \mu_s}{\varepsilon_0 \varepsilon_s}} = \sqrt{\dfrac{\mu_0}{4\varepsilon_0}} = \dfrac{377}{2} [\Omega]$

- 자계의 세기

$H = \dfrac{2}{377} E = \dfrac{2}{377} \times 377 = 2 [\text{AT/m}]$

- 자계의 방향
전자파의 진행 방향이 z축이고, $\dot{E} \times \dot{H}$에서 $\dot{E}$의 방향이 y 방향이므로 $\dot{H}$의 방향은 $-x$이다.

∴ $H = -a_x 2\cos(10^9 - \beta z) [\text{A/m}]$

16

간격 3[cm], 면적 30[cm²]의 평판 콘덴서에 220[V]의 전압을 가하면 양 판 간에 작용하는 힘은 약 몇 [N]인가?

① 6.3×10^{-6} [N]
② 7.14×10^{-7} [N]
③ 8×10^{-5} [N]
④ 5.75×10^{-4} [N]

해설

$f_0 = \dfrac{1}{2}\varepsilon E^2 = \dfrac{1}{2} ED = \dfrac{D^2}{2\varepsilon} [\text{N/m}^2]$

$E = \dfrac{V}{d} [\text{V/m}]$

$F = f_0 \times S = \dfrac{1}{2}\varepsilon_0 \left(\dfrac{V}{d}\right)^2 \times S$

$= \dfrac{1}{2} \times 8.854 \times 10^{-12} \times \left(\dfrac{220}{3 \times 10^{-2}}\right)^2 \times 30 \times 10^{-4}$

$= 7.14 \times 10^{-7} [\text{N}]$

17

간격에 비해서 충분히 넓은 평행판 콘덴서의 판 사이에 비유전율 ε_s인 유전체를 채우고 외부에서 판에 수직 방향으로 전계 E_0를 가할 때 분극 전하에 의한 전계의 세기는 몇 [V/m]인가?

① $\dfrac{\varepsilon_s + 1}{\varepsilon_s} \times E_0$
② $\dfrac{\varepsilon_s - 1}{\varepsilon_s} \times E_0$
③ $\dfrac{\varepsilon_s}{\varepsilon_s + 1} \times E_0$
④ $\dfrac{\varepsilon_s}{\varepsilon_s - 1} \times E_0$

해설
유전체 내에 비유전율 ε_s를 채웠을 때의 분극 전하에 의한 전속 밀도

$D_p = \varepsilon_0 \varepsilon_s E_p = D - D_0 = \varepsilon_0 \varepsilon_s E_0 - \varepsilon_0 E_0$
$= \varepsilon_0 (\varepsilon_s - 1) E_0$

따라서 분극 전하에 의한 전계의 세기 E_p는

$E_p = \dfrac{\varepsilon_0 (\varepsilon_s - 1) E_0}{\varepsilon_0 \varepsilon_s} = \dfrac{\varepsilon_s - 1}{\varepsilon_s} \times E_0 [\text{V/m}]$

| 정답 | 14 ① 15 ② 16 ② 17 ②

18

점전하 $Q[C]$에 의한 무한 평면 도체의 영상 전하는?

① $-Q[C]$보다 작다. ② $Q[C]$보다 크다.
③ $-Q[C]$와 같다. ④ $Q[C]$와 같다.

해설

점전하와 무한 평면 도체 간에 생기는 영상 전하는 실제 전하와 크기는 같고 부호가 항상 반대인 전하로 존재한다.

19

매질이 완전 유전체인 경우의 전자 파동 방정식을 표시하는 것은?

① $\nabla^2 E = \varepsilon\mu \dfrac{\partial E}{\partial t},\ \nabla^2 H = k\mu \dfrac{\partial H}{\partial t}$

② $\nabla^2 E = \varepsilon\mu \dfrac{\partial^2 E}{\partial t^2},\ \nabla^2 H = \varepsilon\mu \dfrac{\partial^2 H}{\partial t^2}$

③ $\nabla^2 E = \varepsilon\mu \dfrac{\partial^2 E}{\partial t^2},\ \nabla^2 H = k\mu \dfrac{\partial^2 H}{\partial t^2}$

④ $\nabla^2 E = \varepsilon\mu \dfrac{\partial E}{\partial t},\ \nabla^2 H = \varepsilon\mu \dfrac{\partial H}{\partial t}$

해설

- 맥스웰 방정식 $\nabla \times H = kE + \dfrac{\partial D}{\partial t}$
- 패러데이 법칙 $\nabla \times E = -\dfrac{\partial B}{\partial t}$

완전 유전체는 비도전성 균일 매질로 $k=0,\ i=0,\ \rho=0$이다. 따라서

$\nabla \times H = kE + \dfrac{\partial D}{\partial t} = \dfrac{\partial D}{\partial t} = \varepsilon_0 \dfrac{\partial E}{\partial t}$

$\nabla \times E = -\dfrac{\partial B}{\partial t} = -\mu_0 \dfrac{\partial H}{\partial t}$

맥스웰 방정식에 $curl$을 취하면

$\nabla \times \nabla \times H = \nabla \times \left(\varepsilon_0 \dfrac{\partial E}{\partial t}\right)$

$= \varepsilon_0 \dfrac{\partial}{\partial t}(\nabla \times E) = \varepsilon_0 \dfrac{\partial}{\partial t}\left(\mu_0 \dfrac{\partial H}{\partial t}\right) = \varepsilon_0 \mu_0 \dfrac{\partial^2 H}{\partial t^2}$

여기서 $\nabla \times \nabla \times H = -\nabla^2 H$이므로

$\nabla^2 H = \varepsilon\mu \dfrac{\partial^2 H}{\partial t^2}$ (∵ 진공 상태가 아닌 매질이 있는 공간)

전계에서 보면

$\nabla^2 E = \varepsilon\mu \dfrac{\partial^2 E}{\partial t^2}$ 이다.

20

자속 밀도 $B[\text{Wb/m}^2]$의 평등 자계 내에서 길이 $l[\text{m}]$인 도체 ab가 속도 $v[\text{m/s}]$로 그림과 같이 도선을 따라서 자계와 수직으로 이동할 때, 도체 ab에 의해 유기된 기전력의 크기 $e[\text{V}]$와 폐회로 abcd 내 저항 R에 흐르는 전류의 방향은?(단, 폐회로 abcd 내 도선 및 도체의 저항은 무시한다.)

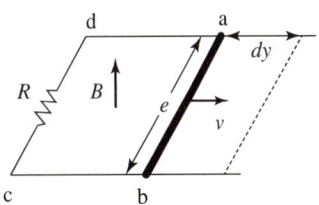

① $e = Blv$, 전류 방향: c → d
② $e = Blv$, 전류 방향: d → c
③ $e = Blv^2$, 전류 방향: c → d
④ $e = Blv^2$, 전류 방향: d → c

해설

유도 기전력 $e = vBl\sin\theta[\text{V}]$에서
$\theta = 90°$이므로
$e = vBl\sin 90° = Blv[\text{V}]$
전류 방향은 플레밍의 오른손 법칙에 의해 c → d 방향으로 흐른다.

| 정답 | 18 ③ 19 ② 20 ① |

2021년 1회

01

비투자율이 $\mu_r = 800$, 원형 단면적이 $S = 10[\text{cm}^2]$, 평균 자로 길이 $l = 16\pi \times 10^{-2}[\text{m}]$의 환상 철심에 600회의 코일을 감고 이 코일에 1[A]의 전류를 흘리면 환상 철심 내부의 자속은 몇 [Wb]인가?

① 1.2×10^{-3}
② 1.2×10^{-5}
③ 2.4×10^{-3}
④ 2.4×10^{-5}

해설

$$H = \frac{NI}{l} [\text{AT/m}]$$
$$B = \mu H = \frac{\mu NI}{l} = \frac{\mu_0 \mu_r NI}{l}$$
$$\phi = BS = \frac{\mu_0 \mu_r NIS}{l}$$
$$= \frac{4\pi \times 10^{-7} \times 800 \times 600 \times 1 \times 10 \times 10^{-4}}{16\pi \times 10^{-2}}$$
$$= 1.2 \times 10^{-3} [\text{Wb}]$$

02

정상 전류계에서 $\nabla \cdot i = 0$에 대한 설명으로 틀린 것은?

① 도체 내에 흐르는 전류는 연속이다.
② 도체 내에 흐르는 전류는 일정하다.
③ 단위 시간당 전하의 변화가 없다.
④ 도체 내에 전류가 흐르지 않는다.

해설

정상 전류에 관한 전류의 연속방정식은 $\nabla \cdot i = 0$ 으로 정상 전류계일 경우 도체 내에 흐르는 전류 및 시간당 전하의 변화가 없으며, 도체 내를 흐르는 전류는 연속임을 나타낸다.

03

동일한 금속 도선의 두 점 사이에 온도차를 주고 전류를 흘렸을 때 열의 발생 또는 흡수가 일어나는 현상은?

① 펠티에(Peltier) 효과
② 볼타(Volta) 효과
③ 제벡(Seebeck) 효과
④ 톰슨(Thomson) 효과

해설

동일한 금속에서 발생하는 열전 현상은 톰슨 효과이다.
- 펠티에(Peltier) 효과: 서로 다른 금속체를 접합하여 폐회로를 만들고 전류를 흘리면 접합점에서 열이 발생하거나 흡수되는 현상
- 볼타(Volta) 효과: 서로 다른 두 종류의 금속이 접촉한 후 떼어질 때 각각 양전하와 음전하로 대전되는 현상
- 제벡(Seebeck) 효과: 서로 다른 금속체를 접합하여 폐회로를 만들고 두 접합점에 온도 차를 두면 폐회로에서 기전력이 발생하는 현상
- 톰슨(Thomson) 효과: 동일한 금속 도선의 두 점 사이에 온도 차를 두고 전류를 흘리면 열이 발생하거나 흡수되는 현상

04

비유전율이 2이고, 비투자율이 2인 매질 내에서의 전자파의 전파 속도 $v[\text{m/s}]$와 진공 중의 빛의 속도 $v_0[\text{m/s}]$ 사이 관계는?

① $v = \frac{1}{2}v_0$
② $v = \frac{1}{4}v_0$
③ $v = \frac{1}{6}v_0$
④ $v = \frac{1}{8}v_0$

해설 전자파의 전파 속도

$$v = \frac{1}{\sqrt{\mu\varepsilon}} = \frac{1}{\sqrt{\mu_0 \mu_r \varepsilon_0 \varepsilon_r}} = \frac{v_0}{\sqrt{\mu_r \varepsilon_r}} = \frac{v_0}{\sqrt{2 \times 2}} = \frac{v_0}{2}[\text{m/s}]$$

| 정답 | 01 ① | 02 ④ | 03 ④ | 04 ① |

05

진공 내의 점 $(2,2,2)$에 $10^{-9}[C]$의 전하가 놓여 있다. 점 $(2,5,6)$에서의 전계 E는 약 몇 $[V/m]$인가?(단, a_y, a_z는 단위벡터이다.)

① $0.278a_y + 2.999a_z$ ② $0.216a_y + 0.288a_z$
③ $0.288a_y + 0.216a_z$ ④ $0.291a_y + 0.288a_z$

해설

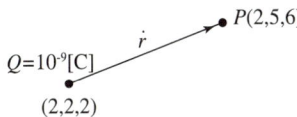

$\dot{r} = (2-2)a_x + (5-2)a_y + (6-2)a_z = 3a_y + 4a_z$
$|\dot{r}| = \sqrt{3^2 + 4^2} = 5$
$\therefore \dot{E} = \dfrac{Q}{4\pi\varepsilon_0 r^2} \times \dfrac{\dot{r}}{|\dot{r}|}$
$= 9 \times 10^9 \times \dfrac{10^{-9}}{5^2} \times \dfrac{1}{5}(3a_y + 4a_z)$
$= 0.216a_y + 0.288a_z [V/m]$

06

한 변의 길이가 $l[m]$인 정사각형 도체에 전류 $I[A]$가 흐르고 있을 때 중심점 P에서의 자계의 세기는 몇 $[A/m]$인가?

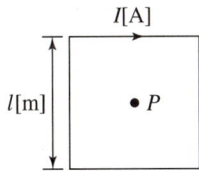

① $16\pi l I$ ② $4\pi l I$
③ $\dfrac{\sqrt{3}\pi}{2l}I$ ④ $\dfrac{2\sqrt{2}}{\pi l}I$

해설

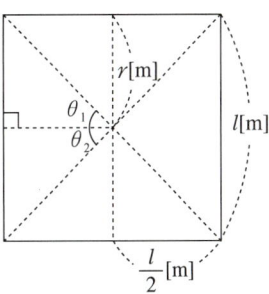

각 변이 만드는 자계는 유한장 직선 전류에 의한 자계 공식으로 구한다.
$r = \dfrac{1}{2}l[m]$, $\theta_1 = \theta_2 = \dfrac{\pi}{4}$이므로 변 하나가 만드는 자계의 크기는
$H = \dfrac{I}{4\pi r}(\sin\theta_1 + \sin\theta_2) = \dfrac{I}{4\pi \times \frac{1}{2}l}(\sin\dfrac{\pi}{4} + \sin\dfrac{\pi}{4})$
$= \dfrac{\sqrt{2}I}{2\pi l}[A/m]$

따라서 네 변이 만드는 정사각형의 중심 자계의 크기는
$H_4 = H \times 4 = \dfrac{2\sqrt{2}I}{\pi l}[A/m]$

07

간격이 $3[cm]$이고 면적이 $30[cm^2]$인 평판의 공기 콘덴서에 $220[V]$의 전압을 가하면 두 판 사이에 작용하는 힘은 약 몇 $[N]$인가?

① 6.3×10^{-5} ② 7.14×10^{-7}
③ 8×10^{-5} ④ 5.75×10^{-4}

해설

간극 d인 평판의 전계는
$E = \dfrac{V}{d} = \dfrac{220}{3 \times 10^{-2}}[V/m]$

단위 면적당 정전 응력 $f = \dfrac{1}{2}\varepsilon_0 E^2 [N/m^2]$이므로 전체 면적에 작용하는 힘은 다음과 같다.
$F = f \times S = \dfrac{1}{2}\varepsilon_0 E^2 \times S$
$= \dfrac{1}{2} \times 8.854 \times 10^{-12} \times \left(\dfrac{220}{3 \times 10^{-2}}\right)^2 \times 30 \times 10^{-4}$
$\fallingdotseq 7.14 \times 10^{-7}[N]$

| 정답 | 05 ② 06 ④ 07 ②

08

전계 E[V/m], 전속 밀도 D[C/m²], 유전율 $\varepsilon = \varepsilon_0\varepsilon_r$ [F/m], 분극의 세기 P[C/m²] 사이의 관계를 나타낸 것으로 옳은 것은?

① $P = D + \varepsilon_0 E$
② $P = D - \varepsilon_0 E$
③ $P = \dfrac{D+E}{\varepsilon_0}$
④ $P = \dfrac{D-E}{\varepsilon_0}$

해설 분극의 세기
$$P = D - \varepsilon_0 E = \varepsilon_0\varepsilon_r E - \varepsilon_0 E$$
$$= \varepsilon_0(\varepsilon_r - 1)E \ [\text{C/m}^2] (\text{단}, \chi = \varepsilon_0(\varepsilon_r - 1): \text{분극률})$$

09

커패시터를 제조하는데 4가지(A, B, C, D)의 유전 재료가 있다. 커패시터 내의 전계를 일정하게 하였을 때, 단위 체적당 가장 큰 에너지 밀도를 나타내는 재료부터 순서대로 나열한 것은?(단, 유전재료(A, B, C, D)의 비유전율은 각각 $\varepsilon_{rA} = 8, \varepsilon_{rB} = 10, \varepsilon_{rC} = 2, \varepsilon_{rD} = 4$ 이다.)

① $C > D > A > B$
② $B > A > D > C$
③ $D > A > C > B$
④ $A > B > D > C$

해설 유전체 내에 저장되는 에너지 밀도
$w = \dfrac{1}{2}\varepsilon E^2 [\text{J/m}^3]$이므로 에너지 밀도와 유전율은 비례한다. 따라서
$\varepsilon_{rB} > \varepsilon_{rA} > \varepsilon_{rD} > \varepsilon_{rC}, B > A > D > C$

10

내구의 반지름이 2[cm], 외구의 반지름이 3[cm]인 동심 구 도체 간에 고유 저항이 $1.884 \times 10^2 [\Omega \cdot \text{m}]$인 저항 물질로 채워져 있다고 할 때, 내외구 간의 합성 저항은 약 몇 [Ω]인가?

① 2.5
② 5.0
③ 250
④ 500

해설
내경 a와 외경 b, 유전율 ε인 동심 도체 구의 정전 용량은
$C = \dfrac{4\pi\varepsilon}{\dfrac{1}{a} - \dfrac{1}{b}}[\text{F}]$이므로 $RC = \rho\varepsilon$ 관계로부터 저항은 다음과 같다.
$R = \dfrac{\rho\varepsilon}{C} = \dfrac{\rho}{4\pi}\left(\dfrac{1}{a} - \dfrac{1}{b}\right) = \dfrac{1.884 \times 10^2}{4\pi}\left(\dfrac{1}{2 \times 10^{-2}} - \dfrac{1}{3 \times 10^{-2}}\right)$
$= 250[\Omega]$

11

영구 자석의 재료로 적합한 것은?

① 잔류 자속 밀도(B_r)는 크고, 보자력(H_c)은 작아야 한다.
② 잔류 자속 밀도(B_r)는 작고, 보자력(H_c)은 커야 한다.
③ 잔류 자속 밀도(B_r)와 보자력(H_c)은 모두 작아야 한다.
④ 잔류 자속 밀도(B_r)와 보자력(H_c)은 모두 커야 한다.

해설 영구 자석의 재료
잔류 자기 및 보자력이 모두 커서 히스테리시스 면적이 큰 물질(강자성체)

12

평등 전계 중에 유전체 구에 의한 전속 분포가 그림과 같이 되었을 때 ε_1과 ε_2의 크기 관계는?

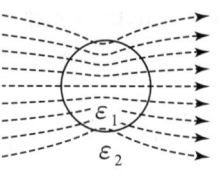

① $\varepsilon_1 > \varepsilon_2$
② $\varepsilon_1 < \varepsilon_2$
③ $\varepsilon_1 = \varepsilon_2$
④ $\varepsilon_1 \leq \varepsilon_2$

해설
유전속(전속선)은 유전율이 큰 쪽으로 모이려는 성질이 있다. 문제에서는 구 내부의 유전속 밀도가 높으므로 $\varepsilon_1 > \varepsilon_2$의 상태임을 알 수 있다.

13

환상 솔레노이드의 단면적이 S, 평균 반지름이 r, 권선수가 N이고 누설 자속이 없는 경우 자기 인덕턴스의 크기는?

① 권선수 및 단면적에 비례한다.
② 권선수의 제곱 및 단면적에 비례한다.
③ 권선수의 제곱 및 평균 반지름에 비례한다.
④ 권선수의 제곱에 비례하고 단면적에 반비례한다.

해설 환상 솔레노이드의 인덕턴스

$$L = \frac{N\phi}{I} = \frac{\mu N^2 S}{l} = \frac{\mu_0 \mu_r N^2 S}{2\pi r} [\text{H}]$$

따라서 투자율, 권선수(N)의 제곱 및 단면적(S)에 비례하며, 자로 길이(l)(또는 평균 반경)에 반비례한다.

14

전하 e[C], 질량 m[kg]인 전자가 전계 E[V/m] 내에 놓여 있을 때 최초에 정지하고 있었다면 t초 후에 전자의 속도[m/s]는?

① $\dfrac{meE}{t}$ ② $\dfrac{me}{E}t$
③ $\dfrac{mE}{e}t$ ④ $\dfrac{Ee}{m}t$

해설
전계 내의 전자는 전하량 크기와 전계 크기에 비례하는 힘을 받아 등가속도 운동을 한다.($v = v_0 + at$ [m/s])
최초에 정지한 상태이므로 $v_0 = 0$이다.

$$\therefore F = QE = eE = ma = m\frac{v}{t} [\text{N}]$$

$$v = \frac{Ee}{m}t [\text{m/s}]$$

15

다음 중 비투자율(μ_r)이 가장 큰 것은?

① 금   ② 은
③ 구리   ④ 니켈

해설 자성체의 종류
- 상자성체
  - 상자성체의 예: 백금(Pt), 알루미늄(Al), 산소(O_2) 등
  - 상자성체의 비투자율: $\mu_s > 1$(1보다 약간 크다.)
- 역자성체
  - 역자성체의 예: 은(Ag), 구리(Cu), 비스무트(Bi) 등
  - 역자성체의 비투자율: $\mu_s < 1$(1보다 작다.)
- 강자성체
  - 강자성체의 예: 철(Fe), 니켈(Ni), 코발트(Co) 등
  - 강자성체의 비투자율: $\mu_s \gg 1$(1보다 매우 크다.)

16

그림과 같은 환상 솔레노이드 내의 철심 중심에서의 자계의 세기 H[AT/m]는?(단, 환상 철심의 평균 반지름은 r[m], 코일의 권수는 N회, 코일에 흐르는 전류는 I[A]이다.)

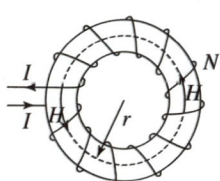

① $\dfrac{NI}{\pi r}$ ② $\dfrac{NI}{2\pi r}$
③ $\dfrac{NI}{4\pi r}$ ④ $\dfrac{NI}{2r}$

해설 환상 솔레노이드 내 자계

$$H = \frac{\text{내부 전류}}{\text{가상 폐곡로의 길이}} = \frac{NI}{2\pi r} [\text{AT/m}]$$

| 정답 | 13 ②　14 ④　15 ④　16 ②

17

강자성체가 아닌 것은?

① 코발트
② 니켈
③ 철
④ 구리

해설 자성체의 종류
- 강자성체: 철, 니켈, 코발트 등
- 역자성체: 은, 구리, 비스무트 등
- 상자성체: 백금, 알루미늄, 산소 등

18

반지름이 a[m]인 원형 도선 2개의 루프가 z축 상에 그림과 같이 놓인 경우 I[A]의 전류가 흐를 때 원형 전류 중심축 상의 자계 H[AT/m]는?(단, a_z, a_ϕ는 단위벡터이다.)

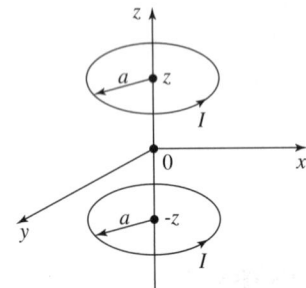

① $\dot{H} = \dfrac{a^2 I}{(a^2+z^2)^{\frac{3}{2}}} a_\phi$
② $\dot{H} = \dfrac{a^2 I}{(a^2+z^2)^{\frac{3}{2}}} a_z$
③ $\dot{H} = \dfrac{a^2 I}{2(a^2+z^2)^{\frac{3}{2}}} a_\phi$
④ $\dot{H} = \dfrac{a^2 I}{2(a^2+z^2)^{\frac{3}{2}}} a_z$

해설

반지름 a[m]인 원주형 도선으로부터의 자계

$\dot{H} = \dfrac{I\,a^2}{2(a^2+z^2)^{\frac{3}{2}}} a_z \qquad (z>0)$

$\dot{H} = \dfrac{I}{2a} a_z \qquad (z=0)$

앙페르의 오른손 법칙에 의해 두 원주형 전류로부터의 자계는 모두 $+a_z$ 방향이므로 전류 중심축 상에서는 두 자계가 서로 더해진다. 따라서

$\dot{H} = \dfrac{I\,a^2}{2(a^2+z^2)^{\frac{3}{2}}} a_z \times 2 = \dfrac{I\,a^2}{(a^2+z^2)^{\frac{3}{2}}} a_z$ [AT/m]

19

방송국 안테나 출력이 W[W]이고 이로부터 진공 중에 r[m] 떨어진 점에서 자계의 세기의 실효치는 약 몇 [AT/m]인가?

① $\dfrac{1}{r}\sqrt{\dfrac{W}{377\pi}}$
② $\dfrac{1}{2r}\sqrt{\dfrac{W}{377\pi}}$
③ $\dfrac{1}{2r}\sqrt{\dfrac{W}{188\pi}}$
④ $\dfrac{1}{r}\sqrt{\dfrac{2W}{377\pi}}$

해설

포인팅 전력 벡터 $\dot{P} = \dot{E} \times \dot{H}$ [W/m²]로부터

$P = EH = \dfrac{E^2}{\eta_0} = \eta_0 H^2$ [W/m²] 이다.

전자파는 모든 방향으로 방사되므로 거리 r[m]인 지점에서 전력 밀도

$P = \dfrac{W}{4\pi r^2}$ [W/m²] 이다.

$\therefore H = \sqrt{\dfrac{P}{\eta_0}} = \sqrt{\dfrac{W}{4\pi r^2 \eta_0}} = \dfrac{1}{2r}\sqrt{\dfrac{W}{377\pi}}$ [AT/m]

20

직교하는 무한 평판 도체와 점전하에 의한 영상 전하는 몇 개 존재하는가?

① 2
② 3
③ 4
④ 5

해설

점전하에 의해 무한 평판 도체에 발생하는 영상 전하 수는

$n = \dfrac{360°}{평판각도} - 1$ 이다.

무한 평판 도체가 직교하므로 각도는 90°이다.

$n = \dfrac{360°}{평판각도} - 1 = \dfrac{360°}{90°} - 1 = 3$

∴ 영상 전하는 3개이다.

| 정답 | 17 ④　18 ②　19 ②　20 ②

2021년 2회

01

두 종류의 유전율(ε_1, ε_2)을 가진 유전체가 서로 접하고 있는 경계면에 진전하가 존재하지 않을 때 성립하는 경계조건으로 옳은 것은?(단, E_1, E_2는 각 유전체에서의 전계이고 D_1, D_2는 각 유전체의 전속 밀도, θ_1, θ_2는 각각 경계면의 법선 벡터와 E_1, E_2가 이루는 각이다.)

① $E_1\cos\theta_1 = E_2\cos\theta_2$, $D_1\sin\theta_1 = D_2\sin\theta_2$,
$\dfrac{\tan\theta_1}{\tan\theta_2} = \dfrac{\varepsilon_2}{\varepsilon_1}$

② $E_1\cos\theta_1 = E_2\cos\theta_2$, $D_1\sin\theta_1 = D_2\sin\theta_2$,
$\dfrac{\tan\theta_1}{\tan\theta_2} = \dfrac{\varepsilon_1}{\varepsilon_2}$

③ $E_1\sin\theta_1 = E_2\sin\theta_2$, $D_1\cos\theta_1 = D_2\cos\theta_2$,
$\dfrac{\tan\theta_1}{\tan\theta_2} = \dfrac{\varepsilon_2}{\varepsilon_1}$

④ $E_1\sin\theta_1 = E_2\sin\theta_2$, $D_1\cos\theta_1 = D_2\cos\theta_2$,
$\dfrac{\tan\theta_1}{\tan\theta_2} = \dfrac{\varepsilon_1}{\varepsilon_2}$

해설 두 매질 사이의 경계조건
- 접선(수평) 성분: 전계 및 자계의 크기가 연속이다.
$E_{1t} = E_{2t}$, $H_{1t} = H_{2t}$
$\Rightarrow E_1\sin\theta_1 = E_2\sin\theta_2$, $H_1\sin\theta_1 = H_2\sin\theta_2$
- 법선(수직) 성분: 전속 밀도 및 자속 밀도가 연속이다.
$D_{1t} = D_{2t}$, $B_{1t} = B_{2t}$
$\Rightarrow D_1\cos\theta_1 = D_2\cos\theta_2$, $B_1\cos\theta_1 = B_2\cos\theta_2$
- 매질 사이의 굴절각 관계
$\dfrac{E_1\sin\theta_1}{\varepsilon_1 E_1\cos\theta_1} = \dfrac{E_2\sin\theta_2}{\varepsilon_2 E_2\cos\theta_2}$
$\dfrac{H_1\sin\theta_1}{\mu_1 H_1\cos\theta_1} = \dfrac{H_2\sin\theta_2}{\mu_2 H_2\cos\theta_2}$
$\Rightarrow \dfrac{\varepsilon_1}{\varepsilon_2} = \dfrac{\tan\theta_1}{\tan\theta_2}$, $\dfrac{\mu_1}{\mu_2} = \dfrac{\tan\theta_1}{\tan\theta_2}$

02

공기 중에서 반지름 $0.03[\text{m}]$의 구 도체에 줄 수 있는 최대 전하는 약 몇 [C]인가?(단, 이 구 도체의 주위 공기에 대한 절연 내력은 $5 \times 10^6[\text{V/m}]$이다.)

① 5×10^{-7}
② 2×10^{-6}
③ 5×10^{-5}
④ 2×10^{-4}

해설
도체 구의 전계는 $E = \dfrac{Q}{4\pi\varepsilon_0 r^2}[\text{V/m}]$이므로 절연 내력을 견딜 수 있는 최대 전하는
$Q = 4\pi\varepsilon_0 r^2 \times E$
$= 4\pi \times \dfrac{1}{36\pi} \times 10^{-9} \times (0.03)^2 \times 5 \times 10^6$
$= 5 \times 10^{-7}[\text{C}]$

관련개념
절연 내력 또는 절연 강도는 유전체가 절연 파괴 없이 견딜 수 있는 최대 전기장(전계)의 세기를 나타내며, 최대 인가 전압을 유전체의 두께로 나눈 값이다. 단위는 전계의 단위인 [V/m], [kV/m] 등을 사용한다.

03

진공 중의 평등 자계 H_0 중에 반지름이 $a[\text{m}]$이고, 투자율이 μ인 구 자성체가 있다. 이 구 자성체의 감자율은?(단, 구 자성체 내부의 자계는 $H = \dfrac{3\mu_0}{2\mu_0 + \mu}H_0$이다.)

① 1
② $\dfrac{1}{2}$
③ $\dfrac{1}{3}$
④ $\dfrac{1}{4}$

해설 감자율
감자율의 범위는 $0 \leq N \leq 1$
- 환상 솔레노이드의 감자율 $N = 0$
- 구 자성체의 감자율 $N = \dfrac{1}{3}$

| 정답 | 01 ④ 02 ① 03 ③

04

유전율 ε, 전계의 세기 E인 유전체의 단위 체적당 축적되는 정전 에너지는?

① $\dfrac{E}{2\varepsilon}$
② $\dfrac{\varepsilon E}{2}$
③ $\dfrac{\varepsilon E^2}{2}$
④ $\dfrac{\varepsilon^2 E^2}{2}$

해설 단위 체적당 정전 에너지

$\omega = \dfrac{1}{2}\varepsilon E^2 = \dfrac{1}{2}\varepsilon_0\varepsilon_s E^2$

05

단면적이 균일한 환상 철심에 권수 N_A인 A 코일과 권수 N_B인 B 코일이 있을 때, B 코일의 자기 인덕턴스가 L_A[H]라면 두 코일의 상호 인덕턴스[H]는?

① $\dfrac{L_A N_A}{N_B}$
② $\dfrac{L_A N_B}{N_A}$
③ $\dfrac{N_A}{L_A N_B}$
④ $\dfrac{N_B}{L_A N_A}$

해설
자로 길이 l[m]인 환상 솔레노이드의 인덕턴스 $L = \dfrac{\mu N^2 S}{l}$ [H]

B 코일의 인덕턴스는 $L_A = \dfrac{\mu N_B^2 S}{l}$ 이므로

A 코일의 인덕턴스 L은

$L = \dfrac{\mu N_A^2 S}{l} = \dfrac{\mu S}{l} N_A^2 = \dfrac{L_A}{N_B^2} N_A^2$ [H]

누설 자속이 없다고 가정하면 상호 인덕턴스는 다음과 같다.

$M = \sqrt{L \times L_A} = \sqrt{\dfrac{N_A^2 L_A}{N_B^2} \times L_A} = \dfrac{N_A L_A}{N_B}$ [H]

06

비투자율이 350인 환상 철심 내부의 평균 자계의 세기가 342[AT/m]일 때 자화의 세기는 약 몇 [Wb/m²]인가?

① 0.12
② 0.15
③ 0.18
④ 0.21

해설 자화의 세기

$J = \mu_0(\mu_r - 1)H = 4\pi \times 10^{-7} \times (350-1) \times 342$
$= 0.15$[Wb/m²]

07

진공 중에 놓인 Q[C]의 전하에서 발생되는 전기력선의 수는?

① Q
② ε_0
③ $\dfrac{Q}{\varepsilon_0}$
④ $\dfrac{\varepsilon_0}{Q}$

해설
점전하로부터 반지름 r[m]인 구의 표면을 통과하는 전기력선 수 N은

$N = \oint_s \dot{E} \cdot \dot{ds} = E \times S = \dfrac{Q}{4\pi\varepsilon_0 r^2} \times 4\pi r^2 = \dfrac{Q}{\varepsilon_0}$

08

비투자율이 50인 환상 철심을 이용하여 100[cm] 길이의 자기회로를 구성할 때 자기 저항을 2.0×10^7[AT/Wb] 이하로 하기 위해서는 철심의 단면적을 약 몇 [m²] 이상으로 하여야 하는가?

① 3.6×10^{-4}
② 6.4×10^{-4}
③ 8.0×10^{-4}
④ 9.2×10^{-4}

해설
자기 저항은 $R_m = \dfrac{l}{\mu S}$ [AT/Wb]이므로

$S = \dfrac{l}{\mu_0 \mu_s R_m} = \dfrac{100 \times 10^{-2}}{4\pi \times 10^{-7} \times 50 \times 2.0 \times 10^7}$

$= 7.96 \times 10^{-4} ≒ 8.0 \times 10^{-4}$[m²]

| 정답 | 04 ③ 05 ① 06 ② 07 ③ 08 ③

09

자속 밀도가 $10[\text{Wb/m}^2]$ 인 자계 중에 $10[\text{cm}]$ 도체를 자계와 $60°$의 각도로 $30[\text{m/s}]$로 움직일 때, 이 도체에 유도되는 기전력은 몇 $[\text{V}]$인가?

① 15
② $15\sqrt{3}$
③ 1,500
④ $1,500\sqrt{3}$

해설
플레밍의 오른손 법칙에 의해 유도되는 기전력은
$e = vBl\sin\theta = 30 \times 10 \times 10 \times 10^{-2} \times \sin 60° = 15\sqrt{3}\,[\text{V}]$

10

전기력선의 성질에 대한 설명으로 옳은 것은?

① 전기력선은 등전위면과 평행하다.
② 전기력선은 도체 표면과 직교한다.
③ 전기력선은 도체 내부에 존재할 수 있다.
④ 전기력선은 전위가 낮은 점에서 높은 점으로 향한다.

해설 전기력선의 성질
- 전기력선은 반드시 정(+)전하에서 나와서 부(-)전하로 들어간다.
- 전기력선은 반드시 도체 표면에 수직으로 출입한다.
- 전기력선끼리는 서로 반발력이 작용하여 교차할 수 없다.
- 전기력선의 도체에 주어진 전하는 도체 표면에만 분포한다.(도체 내부에는 전하가 존재할 수 없다.)
- 전기력선은 그 자신만으로는 폐곡선을 이룰 수 없다.
- 전기력선의 방향은 그 점의 전계의 방향과 일치한다.
- 전기력선의 밀도는 전계의 세기와 같다.
- 전기력선은 등전위면과 수직이다.
- 전기력선은 전위가 높은 곳에서 낮은 곳으로 향한다.
- $Q[\text{C}]$의 전하에서 나오는 전기력선의 개수는 $\dfrac{Q}{\varepsilon_0}$개다.

11

평등 자계와 직각 방향으로 일정한 속도로 발사된 전자의 원운동에 관한 설명으로 옳은 것은?

① 플레밍의 오른손 법칙에 의한 로렌츠의 힘과 원심력의 평행 원운동이다.
② 원의 반지름은 전자의 발사 속도와 전계의 세기의 곱에 반비례한다.
③ 전자의 원운동 주기는 전자의 발사 속도와 무관하다.
④ 전자의 원운동 주파수는 전자의 질량에 비례한다.

해설 로렌츠의 힘
전하 $Q[\text{C}]$, 질량 $m[\text{kg}]$인 물체가 자속 밀도 방향에 수직으로 입사하면 물체는 원운동에 의한 원심력과 로렌츠의 힘에 의한 구심력이 평형을 이루며 원운동을 한다.
즉, $F_{원심력} = \dfrac{mv^2}{r}[\text{N}]$, $F_{구심력} = Q|\dot{v} \times \dot{B}| = QvB[\text{N}]$이다.
이때 구심력과 원심력의 크기는 같으므로 $QvB = \dfrac{mv^2}{r}$을 만족한다.
따라서 원운동 속도 $v = \dfrac{QBr}{m}[\text{m/s}]$, 반경 $r = \dfrac{mv}{QB}[\text{m}]$이므로 선속도 $v[\text{m/s}]$와 각속도 $\omega[\text{rad/s}]$의 관계로부터
$v = r\omega = r2\pi f = \dfrac{QBr}{m}[\text{m/s}]$이다.
$\therefore T = \dfrac{1}{f} = \dfrac{2\pi m}{QB}[\text{sec}]$이므로 속도 $v[\text{m/s}]$와는 무관하다.

| 정답 | 09 ② 10 ② 11 ③

12

전계 $E[\text{V/m}]$가 두 유전체의 경계면에 평행으로 작용하는 경우 경계면에 단위 면적당 작용하는 힘의 크기는 몇 $[\text{N/m}^2]$인가?(단, ε_1, ε_2는 각 유전체의 유전율이다.)

① $f = E^2(\varepsilon_1 - \varepsilon_2)$
② $f = \dfrac{1}{E^2}(\varepsilon_1 - \varepsilon_2)$
③ $f = \dfrac{1}{2}E^2(\varepsilon_1 - \varepsilon_2)$
④ $f = \dfrac{1}{2E^2}(\varepsilon_1 - \varepsilon_2)$

해설 유전체 경계면에 작용하는 힘(맥스웰 응력)
- 경계면에 작용하는 힘
  - 힘의 크기
  $$f = \dfrac{D^2}{2\varepsilon_0} = \dfrac{1}{2}\varepsilon_0 E^2 = \dfrac{1}{2}ED \; [\text{N/m}^2]$$
  - 경계면에 작용하는 힘은 유전율이 큰 쪽에서 작은 쪽으로 작용한다.
- 전계가 경계면에 수평으로 입사되는 경우($\varepsilon_1 > \varepsilon_2$)
  - 경계면에 생기는 각각의 힘 f_1과 f_2가 압축력으로 작용한다.
  - 압축력의 크기는 다음과 같이 구한다.
  $$f = f_1 - f_2 = \dfrac{1}{2}(\varepsilon_1 - \varepsilon_2)E^2 \; [\text{N/m}^2]$$
- 전계가 경계면에 수직으로 입사되는 경우($\varepsilon_1 > \varepsilon_2$)
  - 경계면에 생기는 각각의 힘 f_1과 f_2가 인장력으로 작용한다.
  - 인장력의 크기는 다음과 같이 구한다.
  $$f = f_2 - f_1 = \dfrac{1}{2}\left(\dfrac{1}{\varepsilon_2} - \dfrac{1}{\varepsilon_1}\right)D^2 \; [\text{N/m}^2]$$

13

공기 중에 있는 반지름 $a[\text{m}]$의 독립 금속 구의 정전 용량은 몇 $[\text{F}]$인가?

① $2\pi\varepsilon_0 a$
② $4\pi\varepsilon_0 a$
③ $\dfrac{1}{2\pi\varepsilon_0 a}$
④ $\dfrac{1}{4\pi\varepsilon_0 a}$

해설
전하량 Q인 독립 도체 구로부터 발생하는 전위 $V = \dfrac{Q}{4\pi\varepsilon_0 a}[\text{V}]$
$\therefore \; C = \dfrac{Q}{V} = 4\pi\varepsilon_0 a \; [\text{F}]$

14

와전류가 이용되고 있는 것은?

① 수중 음파 탐지기
② 레이더
③ 자기 브레이크(magnetic brake)
④ 사이클로트론(cyclotron)

해설
와전류 또는 맴돌이 전류는 도체에 걸린 자기장이 시간적으로 변화할 때 전자기 유도에 의해 도체에 생기는 소용돌이 형태의 전류이다. 적산전력계, 자기 브레이크, 고주파 유도가열, 전류비파괴검사 등 다양하게 활용된다.

15

전계 $\dot{E} = \dfrac{2}{x}\hat{x} + \dfrac{2}{y}\hat{y}[\text{V/m}]$에서 점 $(3, 5)[\text{m}]$를 통과하는 전기력선의 방정식은?(단, $\hat{x}$, $\hat{y}$는 단위벡터이다.)

① $x^2 + y^2 = 12$
② $y^2 - x^2 = 12$
③ $x^2 + y^2 = 16$
④ $y^2 - x^2 = 16$

해설
전기력선의 방정식은 다음과 같다.
$$\dfrac{E_y}{E_x} = \dfrac{dy}{dx} = \dfrac{\dfrac{2}{y}}{\dfrac{2}{x}} = \dfrac{x}{y}$$
$y\,dy = x\,dx$
$\therefore \; \dfrac{y^2}{2} = \dfrac{x^2}{2} + C$
$(3, 5)[\text{m}]$를 통과하므로 위의 식에 대입하여 C를 구하면
$C = \dfrac{16}{2} = 8$이다.
따라서 전기력선의 방정식은
$y^2 - x^2 = 16$

| 정답 | 12 ③ | 13 ② | 14 ③ | 15 ④ |

16

전계 $E = \sqrt{2}\, E_c \sin\omega(t - \dfrac{x}{c})$ [V/m]의 평면 전자파가 있다. 진공 중에서 자계의 실횻값은 몇 [A/m]인가?

① $\dfrac{1}{4\pi} E_c$
② $\dfrac{1}{36\pi} E_c$
③ $\dfrac{1}{120\pi} E_c$
④ $\dfrac{1}{360\pi} E_c$

해설

- 전자파의 고유(파동) 임피던스

$$\eta = \dfrac{E}{H} = \sqrt{\dfrac{\mu}{\varepsilon}} = \sqrt{\dfrac{\mu_0 \mu_s}{\varepsilon_0 \varepsilon_s}} = 377 \sqrt{\dfrac{\mu_s}{\varepsilon_s}}\ [\Omega]$$

∴ 공기에서의 고유 임피던스는 $\eta = \sqrt{\dfrac{\mu_0}{\varepsilon_0}} = 377\,[\Omega]$

- 자계의 실횻값

$$H = \dfrac{|E|}{\sqrt{2} \cdot 377} = \dfrac{E_c}{377} = \dfrac{1}{120\pi} E_c\ [\text{A/m}]\ (\because 377 = 120\pi)$$

17

진공 중에 서로 떨어져 있는 두 도체 A, B가 있다. 도체 A에만 1[C]의 전하를 줄 때, 도체 A, B의 전위가 각각 3[V], 2[V]이었다. 지금 도체 A, B에 각각 1[C]과 2[C]의 전하를 주면 도체 A의 전위는 몇 [V]인가?

① 6
② 7
③ 8
④ 9

해설

도체 A, B 도체계에 대한 전위계수 방정식은 다음과 같다.

$V_1 = P_{11} Q_1 + P_{12} Q_2$
$V_2 = P_{21} Q_1 + P_{22} Q_2$

만약 도체 A에만 1[C] 전하를 주면 $Q_1 = 1$[C], $Q_2 = 0$ 이므로

$V_1 = P_{11} \times 1 + P_{12} \times 0 = 3$ [V]
$V_2 = P_{21} \times 1 + P_{22} \times 0 = 2$ [V]

∴ $P_{11} = 3$, $P_{21} = P_{12} = 2$

도체 A, B에 $Q_1 = 1$[C], $Q_2 = 2$[C] 전하를 주면 도체 A의 전위는

$V_1 = P_{11} Q_1 + P_{12} Q_2 = 3 \times 1 + 2 \times 2 = 7$ [V]

18

한 변의 길이가 4[m]인 정사각형 루프에 1[A]의 전류가 흐를 때, 중심점에서의 자속 밀도 B는 약 몇 [Wb/m^2]인가?

① 2.83×10^{-7}
② 5.65×10^{-7}
③ 11.31×10^{-7}
④ 14.14×10^{-7}

해설

길이 l인 정사각형 루프의 자계는 $H = \dfrac{2\sqrt{2}\, I}{\pi l}$ [A/m]이다.

∴ $B = \mu_0 H = \dfrac{2\sqrt{2}\, \mu_0 I}{\pi l} = \dfrac{2\sqrt{2} \times 4\pi \times 10^{-7} \times 1}{\pi \times 4}$

$= 2.83 \times 10^{-7}$ [Wb/m^2]

19

원점에 1[μC]의 점전하가 있을 때 점 $P(2, -2, 4)$[m]에서의 전계의 세기에 대한 단위벡터는 약 얼마인가?

① $0.41 a_x - 0.41 a_y + 0.82 a_z$
② $-0.33 a_x + 0.33 a_y - 0.66 a_z$
③ $-0.341 a_x + 0.41 a_y - 0.82 a_z$
④ $0.33 a_x - 0.33 a_y + 0.66 a_z$

해설

$\vec{r} = 2 a_x - 2 a_y + 4 a_z$, $|\vec{r}| = \sqrt{24}$

∴ $a_r = \dfrac{\vec{r}}{|\vec{r}|} = \dfrac{1}{\sqrt{24}}(2 a_x - 2 a_y + 4 a_z)$

$= 0.41 a_x - 0.41 a_y + 0.82 a_z$

20

공기 중에서 전자기파의 파장이 3[m]라면 그 주파수는 몇 [MHz]인가?

① 100
② 300
③ 1,000
④ 3,000

해설 전자기파의 파장과 주파수

공기 중에서 $f\lambda = c = 3 \times 10^8$ [m/s]이므로

$f = \dfrac{c}{\lambda} = \dfrac{3 \times 10^8}{3} = 100 \times 10^6$ [Hz] = 100[MHz]

| 정답 | 16 ③ | 17 ② | 18 ① | 19 ① | 20 ① |

2021년 3회

01

자기 인덕턴스가 각각 L_1, L_2인 두 코일의 상호 인덕턴스가 M일 때 결합 계수는?

① $\dfrac{M}{L_1 L_2}$ ② $\dfrac{L_1 L_2}{M}$

③ $\dfrac{M}{\sqrt{L_1 L_2}}$ ④ $\dfrac{\sqrt{L_1 L_2}}{M}$

해설 결합 계수

$M = k\sqrt{L_1 L_2}\,(0 \le k \le 1)$

$\therefore k = \dfrac{M}{\sqrt{L_1 L_2}}$

(무결합 상태 $k = 0$, 완전 결합 상태 $k = 1$)

02

정상 전류계에서 J는 전류 밀도, σ는 도전율, ρ는 고유저항, E는 전계의 세기일 때, 옴의 법칙의 미분형은?

① $J = \sigma E$ ② $J = \dfrac{E}{\sigma}$

③ $J = \rho E$ ④ $J = \rho \sigma E$

해설

옴의 법칙은 $I = \dfrac{V}{R}$ [A]이며, 이를 미분형으로 나타내면

$J = \sigma E = \dfrac{1}{\rho}E$ [A/m²]이다.

03

길이가 10[cm]이고 단면의 반지름이 1[cm]인 원통형 자성체가 길이 방향으로 균일하게 자화되어 있을 때 자화의 세기가 0.5[Wb/m²]이라면 이 자성체의 자기모멘트 [Wb·m]는?

① 1.57×10^{-5} ② 1.57×10^{-4}

③ 1.57×10^{-3} ④ 1.57×10^{-2}

해설

- 자화의 세기

$J = \dfrac{\text{자기 모멘트}(M)}{\text{자성체의 체적}(V)}$ [Wb/m²]

- 자기 모멘트

$M = J \times V = J \times (\pi r^2 \times l)$
$= 0.5 \times \pi (10^{-2})^2 \times 10 \times 10^{-2}$
$= 1.57 \times 10^{-5}$ [Wb·m]

04

그림과 같이 공기 중 2개의 동심 구도체에서 내구 A에만 전하 Q를 주고 외구 B를 접지하였을 때 내구 A의 전위는?

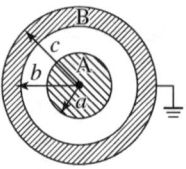

① $\dfrac{Q}{4\pi\varepsilon_0}\left(\dfrac{1}{a} - \dfrac{1}{b} + \dfrac{1}{c}\right)$ ② $\dfrac{Q}{4\pi\varepsilon_0}\left(\dfrac{1}{a} - \dfrac{1}{b}\right)$

③ $\dfrac{Q}{4\pi\varepsilon_0} \cdot \dfrac{1}{c}$ ④ 0

해설

외구 B를 접지하면 외구 B의 내부 및 외부에는 전계가 존재할 수 없으므로 내구 A에 형성되는 전위는 다음과 같다.

$V = -\int_b^a \dfrac{Q}{4\pi\varepsilon_0 r^2}dr = \dfrac{Q}{4\pi\varepsilon_0}\left(\dfrac{1}{a} - \dfrac{1}{b}\right)$ [V]

| 정답 | 01 ③ 02 ① 03 ① 04 ②

05

평행판 커패시터에 어떤 유전체를 넣었을 때 전속 밀도가 $4.8 \times 10^{-7} [\text{C/m}^2]$이고 단위 체적당 정전 에너지가 $5.3 \times 10^{-3} [\text{J/m}^3]$이었다. 이 유전체의 유전율은 약 몇 $[\text{F/m}]$인가?

① 1.15×10^{-11}
② 2.17×10^{-11}
③ 3.19×10^{-11}
④ 4.21×10^{-11}

해설 단위 체적당 정전 에너지

$w = \dfrac{1}{2}\varepsilon E^2 = \dfrac{D^2}{2\varepsilon} [\text{J/m}^3]$

$\therefore \varepsilon = \dfrac{D^2}{2w} = \dfrac{(4.8 \times 10^{-7})^2}{2 \times 5.3 \times 10^{-3}}$

$= 2.17 \times 10^{-11} [\text{F/m}]$

06

히스테리시스 곡선에서 히스테리시스 손실에 해당하는 것은?

① 보자력의 크기
② 잔류자기의 크기
③ 보자력과 잔류자기의 곱
④ 히스테리시스 곡선의 면적

해설
강자성체에서 발생하는 히스테리시스 현상을 그린 곡선을 히스테리시스 곡선이라고 하며, 이 곡선의 면적은 히스테리시스 손실의 크기를 나타낸다.

07

그림과 같이 극판의 면적이 $S[\text{m}^2]$인 평행판 커패시터에 유전율이 각각 $\varepsilon_1 = 4$, $\varepsilon_2 = 2$인 유전체를 채우고 a, b 양단에 $V[\text{V}]$의 전압을 인가했을 때 ε_1, ε_2인 유전체 내부의 전계의 세기 E_1과 E_2의 관계식은?(단, $\sigma[\text{C/m}^2]$는 면 전하 밀도이다.)

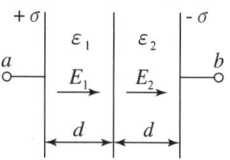

① $E_1 = 2E_2$
② $E_1 = 4E_2$
③ $2E_1 = E_2$
④ $E_1 = E_2$

해설
문제에 주어진 그림은 경계면에 수직이므로 양쪽의 전속 밀도는 서로 같다.
$D_1 = D_2 \Rightarrow \varepsilon_1 E_1 = \varepsilon_2 E_2$
$4E_1 = 2E_2$
$\therefore 2E_1 = E_2$

08

간격이 $d[\text{m}]$이고 면적이 $S[\text{m}^2]$인 평행판 커패시터의 전극 사이에 유전율이 ε인 유전체를 넣고 전극 간에 $V[\text{V}]$의 전압을 가했을 때, 이 커패시터의 전극판을 떼어내는 데 필요한 힘의 크기$[\text{N}]$는?

① $\dfrac{1}{2\varepsilon} \dfrac{V^2}{d^2 S}$
② $\dfrac{1}{2\varepsilon} \dfrac{dV^2}{S}$
③ $\dfrac{1}{2}\varepsilon \dfrac{V}{d} S$
④ $\dfrac{1}{2}\varepsilon \dfrac{V^2}{d^2} S$

해설 맥스웰 응력

$f = \dfrac{1}{2}\varepsilon E^2 [\text{N/m}^2]$

$F = \dfrac{1}{2}\varepsilon E^2 \times S$

$= \dfrac{1}{2}\varepsilon \left(\dfrac{V}{d}\right)^2 S [\text{N}] \quad \left(\because E = \dfrac{V}{d} [\text{V/m}]\right)$

| 정답 | 05 ② 06 ④ 07 ③ 08 ④

09

다음 중 기자력(magnetomotive force)에 대한 설명으로 틀린 것은?

① SI 단위는 암페어[A]이다.
② 전기 회로의 기전력에 대응한다.
③ 자기 회로의 자기 저항과 자속의 곱과 동일하다.
④ 코일에 전류를 흘렸을 때 전류 밀도와 코일의 권수의 곱의 크기와 같다.

해설 기자력

$F_m = R_m \phi = NI$ [A], [AT]

기자력은 전기 회로의 기전력과 대응되며 자기 저항과 자속의 곱 또는 코일의 권수와 전류의 곱으로 표현한다.

10

유전율 ε, 투자율 μ인 매질 내에서 전자파의 전파 속도는?

① $\sqrt{\dfrac{\mu}{\varepsilon}}$
② $\sqrt{\mu\varepsilon}$
③ $\sqrt{\dfrac{\varepsilon}{\mu}}$
④ $\dfrac{1}{\sqrt{\mu\varepsilon}}$

해설 전자파의 전파 속도

$v = \dfrac{1}{\sqrt{\mu\varepsilon}} = \dfrac{1}{\sqrt{\mu_0 \mu_r \varepsilon_0 \varepsilon_r}} = \dfrac{c}{\sqrt{\mu_r \varepsilon_r}}$ [m/s]

11

평균 반지름 r이 20[cm], 단면적 S가 6[cm²]인 환상 철심에서 권선수 N이 500회인 코일에 흐르는 전류 I가 4[A]일 때 철심 내부에서의 자계의 세기 H는 약 몇 [AT/m]인가?

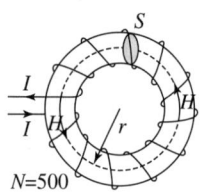

① 1,590
② 1,700
③ 1,870
④ 2,120

해설 환상 코일의 내부 자계

$H = \dfrac{NI}{2\pi r} = \dfrac{500 \times 4}{2\pi \times 20 \times 10^{-2}} \fallingdotseq 1,590 [\text{AT/m}]$

| 정답 | 09 ④ 10 ④ 11 ①

12

패러데이관(Faraday tube)의 성질에 대한 설명으로 틀린 것은?

① 패러데이관 중에 있는 전속수는 그 관속에 진전하가 없으면 일정하며 연속적이다.
② 패러데이관의 양단에는 양 또는 음의 단위 진전하가 존재하고 있다.
③ 패러데이관 한 개의 단위 전위차당 보유에너지는 $\frac{1}{2}$[J]이다.
④ 패러데이관의 밀도는 전속 밀도와 같지 않다.

해설 패러데이의 관

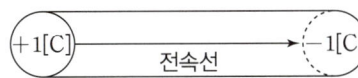

한쪽 끝은 +1[C], 다른 쪽 끝은 -1[C]으로 이루어져 있고 1개의 전속이 +1[C]에서 -1[C]으로 이동하는 가상적인 관으로 다음과 같은 특징이 있다.
- 패러데이관 양단에는 (+), (-)인 단위 전하가 존재한다.
- 패러데이관 내의 전속 수는 일정하며, 물질 내의 패러데이관 수와 전속선의 수는 같다.
- 패러데이관의 밀도는 전속 밀도와 같다.
- 전하가 없는 지점에서 패러데이관은 연속이다.
- 패러데이관의 단위 전위차당 보유 에너지는 $\frac{1}{2}$[J]이다.

13

공기 중 무한 평면 도체의 표면으로부터 2[m] 떨어진 곳에 4[C]의 점전하가 있다. 이 점전하가 받는 힘은 몇 [N]인가?

① $\dfrac{1}{\pi\varepsilon_0}$
② $\dfrac{1}{4\pi\varepsilon_0}$
③ $\dfrac{1}{8\pi\varepsilon_0}$
④ $\dfrac{1}{16\pi\varepsilon_0}$

해설 점전하와 평면 도체

실제의 진전하와 평면 도체 간의 거리 a[m]와 똑같은 반대편에 영상 전하를 둔다. 이때 영상 전하의 크기는 진전하와 같고, 부호는 반대로 둔다. 따라서 전기 영상법을 적용한 점전하와 평면 도체 간의 쿨롱의 힘은 아래와 같다.

$$F = \frac{Q_1 Q_2}{4\pi\varepsilon_0 r^2} = \frac{Q \times (-Q)}{4\pi\varepsilon_0 (2a)^2} = -\frac{Q^2}{16\pi\varepsilon_0 a^2}[\mathrm{N}]$$

$a = 2$[m], $Q = 4$[C]이므로

$$F = -\frac{4^2}{16\pi\varepsilon_0 (2)^2} = -\frac{1}{4\pi\varepsilon_0}[\mathrm{N}] \ ((-) : \text{흡인력})$$

14

반지름이 r[m]인 반원형 전류 I[A]에 의한 반원의 중심(O)에서 자계의 세기[AT/m]는?

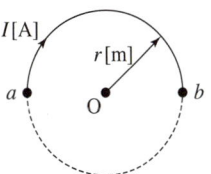

① $\dfrac{2I}{r}$
② $\dfrac{I}{r}$
③ $\dfrac{I}{2r}$
④ $\dfrac{I}{4r}$

해설 반원형 코일에 의해 생성되는 중심점 자계

원형 코일에 의해 생성되는 중심점 자계의 $\dfrac{1}{2}$배이다.

$$\therefore H = \frac{I}{2r} \times \frac{1}{2} = \frac{I}{4r} \ [\mathrm{AT/m}]$$

| 정답 | 12 ④ 13 ② 14 ④

15

진공 중에서 점 $(0, 1)$[m]의 위치에 -2×10^{-9}[C]의 점전하가 있을 때 점 $(2, 0)$[m]에 있는 1[C]의 점전하에 작용하는 힘은 몇 [N]인가?(단, $\hat{x}$, $\hat{y}$는 단위벡터이다.)

① $-\dfrac{18}{3\sqrt{5}}\hat{x}+\dfrac{36}{3\sqrt{5}}\hat{y}$

② $-\dfrac{36}{5\sqrt{5}}\hat{x}+\dfrac{18}{5\sqrt{5}}\hat{y}$

③ $-\dfrac{36}{3\sqrt{5}}\hat{x}+\dfrac{18}{3\sqrt{5}}\hat{y}$

④ $\dfrac{36}{5\sqrt{5}}\hat{x}+\dfrac{18}{5\sqrt{5}}\hat{y}$

해설

두 점전하 사이의 거리 벡터는
$\dot{r}=(2-0)\hat{x}+(0-1)\hat{y}=2\hat{x}-1\hat{y}$ [m]
따라서 1[C]의 점전하가 받는 힘은 다음과 같다.

$$\dot{F}=9\times 10^9 \times \dfrac{Q_1 Q_2}{r^2} \times \dfrac{\dot{r}}{|\dot{r}|}$$

$$=9\times 10^9 \times \dfrac{Q_1 Q_2}{r^3}\dot{r}$$

$$=9\times 10^9 \times \dfrac{-2\times 10^9}{(\sqrt{5})^3}\times (2\hat{x}-\hat{y})=\dfrac{-36\hat{x}+18\hat{y}}{5\sqrt{5}}\text{[N]}$$

16

내압이 2.0[kV]이고 정전 용량이 각각 $0.01[\mu F]$, $0.02[\mu F]$, $0.04[\mu F]$인 3개의 커패시터를 직렬로 연결했을 때 전체 내압은 몇 [V]인가?

① 1,750　　② 2,000
③ 3,500　　④ 4,000

해설

콘덴서를 직렬로 연결할 경우 각 콘덴서에는 동일한 전하량이 인가되며, 콘덴서 전압은 $V=\dfrac{Q}{C}$[V]이므로 정전 용량이 작을수록 내압이 커진다.

C_1의 내압 $V_1=2,000$[V]

C_2의 내압 $V_2=\dfrac{2}{4}\times 2,000=1,000$[V]

C_3의 내압 $V_3=\dfrac{1}{4}\times 2,000=500$[V]

이므로 전체 내압은 $V=V_1+V_2+V_3=3,500$[V]

17

그림과 같이 단면적 $S[\text{m}^2]$가 균일한 환상 철심에 권수 N_1인 A코일과 권수 N_2인 B코일이 있을 때, A코일의 자기 인덕턴스가 L_1[H]이라면 두 코일의 상호 인덕턴스 M[H]는?(단, 누설 자속은 0이다.)

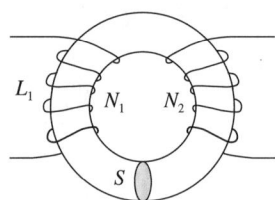

① $\dfrac{L_1 N_2}{N_1}$　　② $\dfrac{N_2}{L_1 N_1}$

③ $\dfrac{L_1 N_1}{N_2}$　　④ $\dfrac{N_1}{L_1 N_2}$

해설

• 환상 솔레노이드의 인덕턴스

$$L=\dfrac{N\phi}{I}=\dfrac{\mu N^2 S}{l}=\dfrac{\mu_0 \mu_r N^2 S}{2\pi r}\text{ [H]}$$

• L_1, L_2의 인덕턴스

$$L_1=\dfrac{N\phi}{I}=\dfrac{\mu N_1^2 S}{2\pi r},\ L_2=\dfrac{\mu N_2^2 S}{2\pi r}=N_2^2 \times \dfrac{L_1}{N_1^2}$$

따라서 누설 자속이 0일 경우 $k=1$이므로 상호 인덕턴스는 다음과 같다.

$$M=k\sqrt{L_1 L_2}=\sqrt{L_1 L_2}$$

$$=\sqrt{L_1 \times \dfrac{N_2^2}{N_1^2}\times L_1}=\dfrac{L_1 N_2}{N_1}\text{ [H]}$$

| 정답 | 15 ② 　 16 ③ 　 17 ① |

18

간격 $d[\text{m}]$, 면적 $S[\text{mm}^2]$의 평행판 전극 사이에 유전율이 ε인 유전체가 있다. 전극 간에 $v(t) = V_m \sin\omega t\,[\text{V}]$의 전압을 가했을 때, 유전체 속의 변위 전류 밀도$[\text{A/m}^2]$는?

① $\dfrac{\varepsilon\omega V_m}{d}\cos\omega t$
② $\dfrac{\varepsilon\omega V_m}{d}\sin\omega t$
③ $\dfrac{\varepsilon V_m}{\omega d}\cos\omega t$
④ $\dfrac{\varepsilon V_m}{\omega d}\sin\omega t$

해설 변위 전류 밀도

$i_d = \dfrac{\partial D}{\partial t} = \varepsilon\dfrac{\partial E}{\partial t} = \dfrac{\varepsilon}{d}\times\dfrac{\partial V}{\partial t} = \dfrac{\varepsilon}{d}\times\dfrac{\partial(V_m\sin\omega t)}{\partial t}$

$= \dfrac{\varepsilon}{d}\omega V_m\cos\omega t = \dfrac{\varepsilon\omega V_m\cos\omega t}{d}\,[\text{A/m}^2]$

19

속도 v의 전자가 평등 자계 내에 수직으로 들어갈 때, 이 전자에 대한 설명으로 옳은 것은?

① 구면 위에서 회전하고 구의 반지름은 자계의 세기에 비례한다.
② 원운동을 하고 원의 반지름은 자계의 세기에 비례한다.
③ 원운동을 하고 원의 반지름은 자계의 세기에 반비례한다.
④ 원운동을 하고 원의 반지름은 전자의 처음 속도의 제곱에 비례한다.

해설 움직이는 전하에 작용하는 자기력

$F_H = Q\,|\dot{v}\times\dot{B}| = evB\,[\text{N}]$ (원운동)

원운동에 따른 원심력 $F_{원심력} = \dfrac{mv^2}{r}\,[\text{N}]$

두 힘은 같은 크기이므로 $evB = \dfrac{mv^2}{r}$

∴ 회전 반경 $r = \dfrac{mv}{eB}\,[\text{m}]$

(e : 전자의 전하량, v : 전자 속도, B : 자속 밀도, m : 전자의 질량)

20

쌍극자 모멘트가 $M[\text{C}\cdot\text{m}]$인 전기 쌍극자에 의한 임의의 점 P에서의 전계의 크기는 전기 쌍극자의 중심에서 축방향과 점 P를 잇는 선분 사이의 각이 얼마일 때 최대가 되는가?

① 0
② $\dfrac{\pi}{2}$
③ $\dfrac{\pi}{3}$
④ $\dfrac{\pi}{4}$

해설 전기 쌍극자의 전계 세기 및 전위

$E = \dfrac{M}{4\pi\varepsilon_0 r^3}\sqrt{1+3\cos^2\theta}\,[\text{V/m}]$

$V = \dfrac{M}{4\pi\varepsilon_0 r^2}\cos\theta\,[\text{V}]$

- $\theta = 0°$일 때, E와 V는 최댓값을 가진다.
- $\theta = 90°$일 때, E와 V는 최솟값을 가진다.

| 정답 | 18 ①   19 ③   20 ①

2020년 1, 2회

01

면적이 매우 넓은 두 개의 도체 판을 $d[\text{m}]$ 간격으로 수평하게 평행 배치하고, 이 평행 도체 판 사이에 놓은 전자가 정지하고 있기 위해서 그 도체 판 사이에 가하여야 할 전위차[V]는?(단, g는 중력 가속도이고, m은 전자의 질량이고, e는 전자의 전하량이다.)

① $mged$
② $\dfrac{ed}{mg}$
③ $\dfrac{mgd}{e}$
④ $\dfrac{mge}{d}$

해설

전자에 작용하는 중력과 크기는 같고 반대 방향인 전기력(전계)이 인가될 경우 전자는 정지 상태를 유지한다.

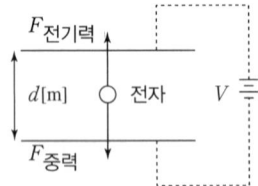

즉, $F_{중력} = F_{전기력}$이고 $F_{중력} = mg[\text{N}]$이다.
간격이 d인 무한 평판 사이의 전계 $E = \dfrac{V}{d}[\text{V/m}]$이므로
$F_{전기력} = QE = eE = \dfrac{eV}{d}[\text{N}]$
힘의 균형 조건으로부터 $mg = \dfrac{eV}{d}$이므로
$\therefore V = \dfrac{mgd}{e}[\text{V}]$

02

반자성체의 비투자율(μ_r) 값의 범위는?

① $\mu_r = 1$
② $\mu_r < 1$
③ $\mu_r > 1$
④ $\mu_r = 0$

해설 자성체의 종류
- 상자성체: $\mu_r > 1$
- 역(반)자성체: $\mu_r < 1$
- 강자성체: $\mu_r \gg 1$

03

전위함수 $V = x^2 + y^2[\text{V}]$일 때 점 $(3, 4)[\text{m}]$에서의 등전위선의 반지름은 몇 $[\text{m}]$이며, 전기력선 방정식은 어떻게 되는가?

① 등전위선의 반지름: 3, 전기력선 방정식: $y = \dfrac{4}{3}x$
② 등전위선의 반지름: 4, 전기력선 방정식: $y = \dfrac{4}{3}x$
③ 등전위선의 반지름: 5, 전기력선 방정식: $x = \dfrac{4}{3}y$
④ 등전위선의 반지름: 5, 전기력선 방정식: $x = \dfrac{3}{4}y$

해설

- 등전위선의 반지름
  전위가 원의 방정식이므로 등전위선 방정식은 다음과 같다.
  $x^2 + y^2 = r^2$ (r: 등전위선 반지름)
  점 $(3, 4)$를 지나므로 $3^2 + 4^2 = 25 = r^2$ $\therefore r = 5$
- 전기력선 방정식
  $\dot{E} = -\nabla V = -(2xi + 2yj)$
  전기력선 방정식은
  $\dfrac{dx}{E_x} = \dfrac{dy}{E_y}$ 이므로 $\dfrac{dx}{2x} = \dfrac{dy}{2y}$
  양변을 적분하면
  $\ln y = \ln x + C' = \ln Cx$ ($C' = \ln C$: 적분상수)
  $\therefore y = Cx$
  점 $(3, 4)$를 지나므로 $C = \dfrac{4}{3}$ $\therefore y = \dfrac{4}{3}x (\Leftrightarrow x = \dfrac{3}{4}y)$

| 정답 | 01 ③ 02 ② 03 ④

04

$10[\text{mm}]$의 지름을 가진 동선에 $50[\text{A}]$의 전류가 흐르고 있을 때 단위 시간 동안 동선의 단면을 통과하는 전자의 수는 약 몇 개인가?

① 7.85×10^{16}
② 20.45×10^{15}
③ 31.21×10^{19}
④ 50×10^{19}

해설

전류는 단위 시간당 임의의 면적을 지나는 전하량의 비율로 정의한다. 즉, $I = \dfrac{dQ}{dt} = 50[\text{C/sec}]$이므로 단위 시간 동안에 통과하는 전하량은 $50[\text{C}]$이다.

$q = ne[\text{C}]$이고 전자의 전하량 $e = 1.602 \times 10^{-19}[\text{C}]$이므로 동선의 단면을 통과하는 총 전자수 n은 다음과 같다.

$n = \dfrac{q}{e} = \dfrac{50}{1.602 \times 10^{-19}} ≒ 31.21 \times 10^{19}$개

05

자기 인덕턴스와 상호 인덕턴스와의 관계에서 결합 계수 k의 범위는?

① $0 \leq k \leq \dfrac{1}{2}$
② $0 \leq k \leq 1$
③ $1 \leq k \leq 2$
④ $1 \leq k \leq 10$

해설

결합 계수는 두 인덕턴스 사이의 쇄교 자속에 의한 유도 결합 정도를 나타내는 것으로 다음과 같다.

$k = \dfrac{M}{\sqrt{L_1 L_2}} \, (0 \leq k \leq 1)$

$k = 0$: 무결합(두 인덕터 간 쇄교 자속이 없는 경우)
$k = 1$: 완전 결합(누설 자속 발생 없이 전부 쇄교 자속으로 되는 경우)

06

면적이 $S[\text{m}^2]$이고 극 간의 거리가 $d[\text{m}]$인 평행판 콘덴서에 비유전율이 ε_r인 유전체를 채울 때 정전 용량[F]은?(단, ε_0는 진공의 유전율이다.)

① $\dfrac{2\varepsilon_0 \varepsilon_r S}{d}$
② $\dfrac{\varepsilon_0 \varepsilon_r S}{\pi d}$
③ $\dfrac{\varepsilon_0 \varepsilon_r S}{d}$
④ $\dfrac{2\pi \varepsilon_0 \varepsilon_r S}{d}$

해설

유전체로 채워진 평행판 콘덴서의 정전 용량은

$C = \dfrac{\varepsilon S}{d} = \dfrac{\varepsilon_0 \varepsilon_r S}{d}[\text{F}]$

(S: 전극 면적, d: 극판 간격, ε: 유전율, ε_0: 진공 중 유전율, ε_r: 비유전율)

07

자기 회로에서 자기 저항의 크기에 대한 설명으로 옳은 것은?

① 자기 회로의 길이에 비례
② 자기 회로의 단면적에 비례
③ 자성체의 비투자율에 비례
④ 자성체의 비투자율의 제곱에 비례

해설

자기 저항 $R_m = \dfrac{l}{\mu S} = \dfrac{l}{\mu_0 \mu_s S}[\text{AT/Wb}]$

$\therefore R_m \propto l, \, \dfrac{1}{\mu}, \, \dfrac{1}{S}$

즉, 자기 회로에서 자기 저항의 크기는 자기 회로의 길이에 비례한다.

| 정답 | 04 ③　05 ②　06 ③　07 ① |

08

반지름 a[m]인 무한장 원통형 도체에 전류가 균일하게 흐를 때 도체 내부에서 자계의 세기[AT/m]는?

① 원통 중심축으로부터 거리에 비례한다.
② 원통 중심축으로부터 거리에 반비례한다.
③ 원통 중심축으로부터 거리의 제곱에 비례한다.
④ 원통 중심축으로부터 거리의 제곱에 반비례한다.

해설

앙페르의 주회 법칙으로부터 $\oint H \cdot dl = I_{en}$

• $r < a$일 때, $I_{en} = \dfrac{r^2}{a^2}I$

$H = \dfrac{I_{en}}{\text{폐회로 길이}} = \dfrac{1}{2\pi r} \times \dfrac{r^2}{a^2}I = \dfrac{I}{2\pi a^2}r$ [AT/m]

(거리에 비례)

• $r > a$일 때, $I_{en} = I$

$H = \dfrac{I_{en}}{\text{폐회로 길이}} = \dfrac{I}{2\pi r}$ [AT/m] (거리에 반비례)

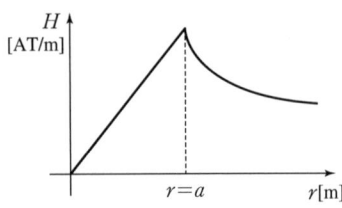

즉, 도체 내부에서 자계의 세기는 원통 중심축으로부터 거리에 비례한다.

09

정전계 해석에 관한 설명으로 틀린 것은?

① 포아송 방정식은 가우스 정리의 미분형으로 구할 수 있다.
② 도체 표면에서의 전계의 세기는 표면에 대해 법선 방향을 갖는다.
③ 라플라스 방정식은 전극이나 도체의 형태에 관계없이 체적 전하 밀도가 0인 모든 점에서 $\nabla^2 V = 0$을 만족한다.
④ 라플라스 방정식은 비선형 방정식이다.

해설

• 가우스 법칙으로부터

$\nabla \cdot E = \dfrac{\rho_v}{\varepsilon} = \nabla \cdot (-\nabla V) = -\nabla^2 V$

— 전하 밀도 ρ_v인 선형 유전체의 전위 V

$\nabla^2 V = -\dfrac{\rho_v}{\varepsilon}$ (포아송 방정식)

— $\rho_v = 0$인 모든 공간에서의 전위 V

$\nabla^2 V = 0$ (라플라스 방정식)

라플라시안 ∇^2은 선형 스칼라 연산자이다.

• 도체 표면에서의 전계(도체-공기 경계 조건)

— 수직(법선) 성분 $E_n = \dfrac{\rho_s}{\varepsilon_0}$ [V/m]

— 접선(평행) 성분 $E_t = 0$

10

비유전율 ε_r이 4인 유전체의 분극률은 진공의 유전율 ε_0의 몇 배인가?

① 1　　　　　　② 3
③ 9　　　　　　④ 12

해설

• 진공(자유 공간)에서의 전속 밀도와 분극
  $D = \varepsilon_0 E$, $P = 0$
• 유전체에서의 전속 밀도와 분극
  $D = \varepsilon_0 E + P = \varepsilon_0 \varepsilon_r E$
  $P = D - \varepsilon_0 E = \varepsilon_0 (\varepsilon_r - 1) E = \chi E$ (χ : 분극률)
  ∴ 분극률 $\chi = \varepsilon_0 (\varepsilon_r - 1) = \varepsilon_0 (4-1) = 3\varepsilon_0$

| 정답 | 08 ① 　 09 ④ 　 10 ②

11

공기 중에 있는 무한히 긴 직선 도선에 10[A]의 전류가 흐르고 있을 때 도선으로부터 2[m] 떨어진 점에서의 자속 밀도는 몇 $[\text{Wb/m}^2]$인가?

① 10^{-5}
② 0.5×10^{-6}
③ 10^{-6}
④ 2×10^{-6}

해설

앙페르의 주회 법칙 $\oint \dot{H} \cdot dl = I_{en}$ 으로부터

$H = \dfrac{I}{2\pi r} [\text{AT/m}]$이고 $B = \mu_0 H [\text{Wb/m}^2]$이므로

$B = \dfrac{\mu_0 I}{2\pi r} = \dfrac{4\pi \times 10^{-7} \times 10}{2\pi \times 2} = 10^{-6} [\text{Wb/m}^2]$

12

그림에서 $N = 1,000$회, $l = 100[\text{cm}]$, $S = 10[\text{cm}^2]$인 환상 철심의 자기 회로에 전류 $I = 10[\text{A}]$를 흘렸을 때 축적되는 자계 에너지는 몇 [J]인가?(단, 비투자율 $\mu_r = 100$이다.)

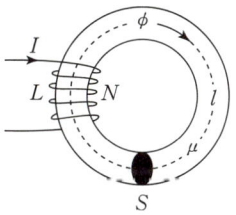

① $2\pi \times 10^{-3}$
② $2\pi \times 10^{-2}$
③ $2\pi \times 10^{-1}$
④ 2π

해설 환상 솔레노이드의 인덕턴스 및 저장 에너지

$L = \dfrac{N\phi}{I} = \dfrac{\mu_0 \mu_r N^2 S}{l} [\text{H}]$

$W = \dfrac{1}{2} L I^2$

$= \dfrac{1}{2} \times \dfrac{4\pi \times 10^{-7} \times 100 \times 1{,}000^2 \times 10 \times 10^{-4}}{100 \times 10^{-2}} \times 10^2$

$= 2\pi [\text{J}]$

13

자기 유도 계수 L의 계산 방법이 아닌 것은?(단, N: 권수, ϕ: 자속[Wb], I: 전류[A], $\dot{A}$: 벡터 퍼텐셜[Wb/m], $\dot{i}$: 전류 밀도$[\text{A/m}^2]$, B: 자속 밀도$[\text{Wb/m}^2]$, H: 자계의 세기 [AT/m]이다.)

① $L = \dfrac{N\phi}{I}$

② $L = \dfrac{\displaystyle\int_v \dot{A} \cdot \dot{i}\, dv}{I^2}$

③ $L = \dfrac{\displaystyle\int_v \dot{B} \cdot H\, dv}{I^2}$

④ $L = \dfrac{\displaystyle\int_v \dot{A} \cdot \dot{i}\, dv}{I}$

해설 자기 유도 계수(인덕턴스)의 계산 방법

• 자속과 전류의 관계를 이용

$L = \dfrac{N\phi}{I} [\text{H}]$

• 자기 에너지를 이용

$W_m = \dfrac{1}{2} L I^2 = \dfrac{1}{2} \int_v \dot{B} \cdot \dot{H}\, dv = \dfrac{1}{2} \int \mu H^2 dv$

$= \dfrac{1}{2} \int \dot{A} \cdot \dot{i}\, dv [\text{J}]$

$L = \dfrac{2 W_m}{I^2} = \dfrac{\displaystyle\int_v \dot{B} \cdot \dot{H}\, dv}{I^2} = \dfrac{\displaystyle\int \dot{A} \cdot \dot{i}\, dv}{I^2} [\text{H}]$

14

20[℃]에서 저항의 온도 계수가 0.002인 니크롬선의 저항이 100[Ω]이다. 온도가 60[℃]로 상승되면 저항은 몇 [Ω]이 되겠는가?

① 108
② 112
③ 115
④ 120

해설 온도에 따른 저항의 크기

$R_t = R_0 [1 + \alpha (t_2 - t_1)]$

$R_{t=60} = R_{t=20} [1 + 0.002 \times (60 - 20)]$

$= 100 \times (1 + 0.08) = 108 [\Omega]$

| 정답 | 11 ③ 12 ④ 13 ④ 14 ①

15

전계 및 자계의 세기가 각각 $\dot{E}[\mathrm{V/m}]$, $\dot{H}[\mathrm{AT/m}]$일 때, 포인팅 벡터 $\dot{P}[\mathrm{W/m^2}]$의 표현으로 옳은 것은?

① $\dot{P} = \dfrac{1}{2}\dot{E} \times \dot{H}$
② $\dot{P} = \dot{E}\,\mathrm{rot}\,\dot{H}$
③ $\dot{P} = \dot{E} \times \dot{H}$
④ $\dot{P} = \dot{H}\,\mathrm{rot}\,\dot{E}$

해설 전자파의 전력 밀도(포인팅 벡터)
$\dot{P} = \dot{E} \times \dot{H}\,[\mathrm{W/m^2}]$
$P = |\dot{E} \times \dot{H}| = EH\sin\theta$

17

진공 중 3[m] 간격으로 두 개의 평행한 무한 평판 도체에 각각 $+4[\mathrm{C/m^2}]$, $-4[\mathrm{C/m^2}]$의 전하를 주었을 때, 두 도체 간의 전위차는 약 몇 [V]인가?

① 1.5×10^{11}
② 1.5×10^{12}
③ 1.36×10^{11}
④ 1.36×10^{12}

해설
• 두 평판 도체 사이의 전계
$E = \dfrac{4}{2\varepsilon_0} + \dfrac{4}{2\varepsilon_0} = \dfrac{4}{\varepsilon_0}\,[\mathrm{V/m}]$
• 전위차 V
$V = E \cdot d = \dfrac{4}{\varepsilon_0} \times 3 = \dfrac{12}{8.854 \times 10^{-12}} = 1.36 \times 10^{12}\,[\mathrm{V}]$

16

평등 자계 내에 전자가 수직으로 입사하였을 때 전자의 운동에 대한 설명으로 옳은 것은?

① 원심력은 전자 속도에 반비례한다.
② 구심력은 자계의 세기에 반비례한다.
③ 원운동을 하고, 반지름은 자계의 세기에 비례한다.
④ 원운동을 하고, 반지름은 전자의 회전 속도에 비례한다.

해설

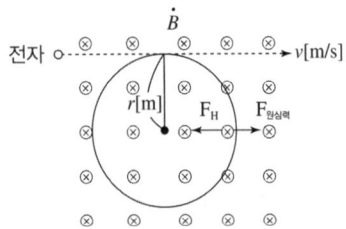

• 움직이는 전하에 작용하는 자기력
$F_H = Q\,|\dot{v} \times \dot{B}| = evB\,[\mathrm{N}]$ (원운동)
• 원운동에 따른 원심력 $F_{원심력} = \dfrac{mv^2}{r}\,[\mathrm{N}]$
두 힘은 같은 크기이므로 $evB = \dfrac{mv^2}{r}$
∴ 회전 반경 $r = \dfrac{mv}{eB}\,[\mathrm{m}]\,(r \propto v)$
(e: 전자 전하량, v: 전자 속도, B: 자속 밀도, m: 전자의 질량)

18

자속 밀도 $B[\mathrm{Wb/m^2}]$의 평등 자계 내에서 길이 $l[\mathrm{m}]$인 도체 ab가 속도 $v[\mathrm{m/s}]$로 그림과 같이 도선을 따라서 자계와 수직으로 이동할 때, 도체 ab에 의해 유도된 기전력의 크기 $e[\mathrm{V}]$와 폐회로 $abcd$ 내 저항 R에 흐르는 전류의 방향은? (단, 폐회로 $abcd$ 내 도선 및 도체의 저항은 무시한다.)

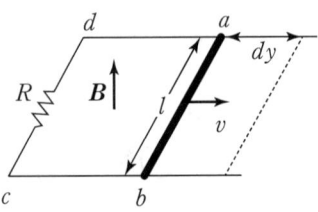

① $e = Blv$, 전류 방향: $c \to d$
② $e = Blv$, 전류 방향: $d \to c$
③ $e = Blv^2$, 전류 방향: $c \to d$
④ $e = Blv^2$, 전류 방향: $d \to c$

해설 유도 기전력
$e = V_{ab} = \displaystyle\int_b^a (\dot{v} \times \dot{B}) \cdot d\vec{l} = Blv\,[\mathrm{V}]$
플레밍의 오른손 법칙에 의해 이동 도체의 $a \to b$ 방향으로 기전력이 유도된다. 즉 기전력은 $a \to b \to c \to d \to a$ 방향(시계 방향)으로 유기된다.

| 정답 | 15 ③ 16 ④ 17 ④ 18 ①

19

그림과 같이 내부 도체 구 A에 $+Q[\text{C}]$, 외부 도체 구 B에 $-Q[\text{C}]$를 부여한 동심 도체 구 사이의 정전 용량 $C[\text{F}]$는?

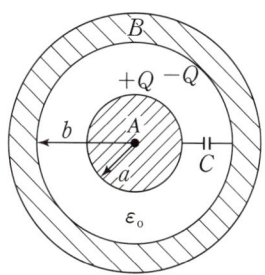

① $4\pi\varepsilon_o(b-a)$
② $\dfrac{4\pi\varepsilon_o ab}{b-a}$
③ $\dfrac{ab}{4\pi\varepsilon_o(b-a)}$
④ $4\pi\varepsilon_o\left(\dfrac{1}{a}-\dfrac{1}{b}\right)$

해설

• 도체 구 사이($a<r<b$)의 전계
$E=\dfrac{Q}{4\pi\varepsilon_0 r^2}[\text{V/m}]$

• 도체 구 사이의 전위
$V_{ab}=-\displaystyle\int_b^a E\cdot dl=\dfrac{Q}{4\pi\varepsilon_0}\left(\dfrac{1}{a}-\dfrac{1}{b}\right)=\dfrac{Q}{4\pi\varepsilon_0}\dfrac{b-a}{ab}[\text{V}]$

• 도체 구 사이의 정전 용량
$C=\dfrac{Q}{V_{ab}}=\dfrac{4\pi\varepsilon_0 ab}{b-a}[\text{F}]$

20

유전율이 ε_1, $\varepsilon_2[\text{F/m}]$인 유전체 경계면에 단위 면적당 작용하는 힘의 크기는 몇 $[\text{N/m}^2]$인가?(단, 전계가 경계면에 수직인 경우이며, 두 유전체에서의 전속 밀도는 $D_1=D_2=D[\text{C/m}^2]$이다.)

① $2\left(\dfrac{1}{\varepsilon_1}-\dfrac{1}{\varepsilon_2}\right)D^2$
② $2\left(\dfrac{1}{\varepsilon_1}+\dfrac{1}{\varepsilon_2}\right)D^2$
③ $\dfrac{1}{2}\left(\dfrac{1}{\varepsilon_1}+\dfrac{1}{\varepsilon_2}\right)D^2$
④ $\dfrac{1}{2}\left(\dfrac{1}{\varepsilon_2}-\dfrac{1}{\varepsilon_1}\right)D^2$

해설

• 유전체의 경계면에 작용하는 힘(맥스웰 응력)
$f=\dfrac{D^2}{2\varepsilon}=\dfrac{1}{2}\varepsilon E^2[\text{N/m}^2]$ (유전율이 큰쪽에서 작은 쪽으로 작용)

• 전계가 경계면에 수평 입사할 경우($\varepsilon_1>\varepsilon_2$): 압축력 발생
$f=f_1-f_2=\dfrac{1}{2}(\varepsilon_1-\varepsilon_2)E^2[\text{N/m}^2]$ (전계 E는 같다.)

• 전계가 경계면에 수직 입사할 경우($\varepsilon_1>\varepsilon_2$): 인장력 발생
$f=f_2-f_1=\dfrac{1}{2}\left(\dfrac{1}{\varepsilon_2}-\dfrac{1}{\varepsilon_1}\right)D^2[\text{N/m}^2]$ (전속 밀도 D는 같다.)

2020년 3회

01

분극의 세기 P, 전계 E, 전속 밀도 D의 관계를 나타낸 것으로 옳은 것은?(단, ε_0는 진공의 유전율, ε_r은 유전체의 비유전율, ε은 유전체의 유전율이다.)

① $P = \varepsilon_0(\varepsilon+1)E$
② $E = \dfrac{D+P}{\varepsilon_0}$
③ $P = D - \varepsilon_0 E$
④ $\varepsilon_0 = D - E$

해설

유전체 내에서 발생하는 분극 현상은 다음과 같다.
$D = \varepsilon_0 E + P = \varepsilon_0 \varepsilon_r E = \varepsilon E$
$P = D - \varepsilon_0 E = \varepsilon_0(\varepsilon_r - 1)E$
(D: 전속 밀도, χ: 분극률)

02

구리의 고유 저항은 $20[\text{℃}]$에서 $1.69 \times 10^{-8}[\Omega \cdot \text{m}]$이고 온도 계수는 0.00393이다. 단면적이 $2[\text{mm}^2]$이고 $100[\text{m}]$인 구리선의 저항값은 $40[\text{℃}]$에서 약 몇 $[\Omega]$인가?

① 0.91×10^{-3}
② 1.89×10^{-3}
③ 0.91
④ 1.89

해설

- $20[\text{℃}]$에서의 저항
$R_0 = \rho \dfrac{l}{S} = 1.69 \times 10^{-8} \times \dfrac{100}{2 \times 10^{-6}} = 0.845[\Omega]$
- $40[\text{℃}]$에서의 저항
$R_t = R_0\{1 + \alpha(t_2 - t_1)\}$
$= 0.845 \times [1 + 0.00393 \times (40 - 20)]$
$= 0.91[\Omega]$

03

내부 장치 또는 공간을 물질로 포위하여 외부 자계의 영향을 차폐하는 방식을 자기 차폐라 한다. 다음 중 자기 차폐에 가장 적합한 것은?

① 비투자율이 1보다 작은 역자성체
② 강자성체 중에서 비투자율이 큰 물질
③ 강자성체 중에서 비투자율이 작은 물질
④ 비투자율에 관계없이 물질의 두께에만 관계되므로 되도록 두꺼운 물질

해설

- 자기 차폐(Magnetic Shielding): 완전 차폐 불가능
 외부 자계의 영향을 받지 않도록 높은 투자율을 갖는 물질로 차폐
- 정전 차폐(Electric Shielding): 완전 차폐 가능
 외부 전계의 영향을 받지 않도록 높은 도전율을 갖는 물질로 차폐

04

주파수가 $100[\text{MHz}]$일 때 구리의 표피 두께(Skin Depth)는 약 몇 $[\text{mm}]$인가?(단, 구리의 도전율은 $5.9 \times 10^7 [\mho/\text{m}]$이고, 비투자율은 0.99이다.)

① 3.3×10^{-2}
② 6.6×10^{-2}
③ 3.3×10^{-3}
④ 6.6×10^{-3}

해설

교류 전류에 의해 도체 표면에 발생되는 표피 두께는
$\delta = \dfrac{1}{\sqrt{\pi f \mu k}}$
$= \dfrac{1}{\sqrt{\pi \times 100 \times 10^6 \times 4\pi \times 10^{-7} \times 0.99 \times 5.9 \times 10^7}}$
$= 6.6 \times 10^{-6}[\text{m}]$
$= 6.6 \times 10^{-3}[\text{mm}]$

| 정답 | 01 ③ 02 ③ 03 ② 04 ④

05

압전기 현상에서 전기 분극이 기계적 응력에 수직한 방향으로 발생하는 현상은?

① 종효과
② 횡효과
③ 역효과
④ 직접 효과

해설 압전 효과

특정 물질에 기계적인 압력을 가할 때 전위차가 발생되거나, 전위차로 인해 기계적 변형이 일어나는 현상
- 종효과: 힘을 가하는 방향과 전위차 발생 방향이 같은 경우
- 횡효과: 힘을 가하는 방향과 전위차 발생 방향이 수직인 경우

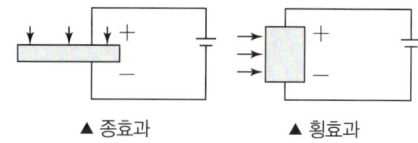

▲ 종효과   ▲ 횡효과

06

그림과 같은 직사각형의 평면 코일이 $\dot{B} = \dfrac{0.05}{\sqrt{2}}(a_x + a_y)$ [Wb/m²]인 자계에 위치하고 있다. 이 코일에 흐르는 전류가 5[A]일 때 z축에 있는 코일에서의 토크는 약 몇 [N·m]인가?

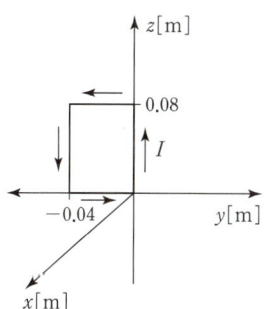

① $2.66 \times 10^{-4} a_x$
② $5.66 \times 10^{-4} a_x$
③ $2.66 \times 10^{-4} a_z$
④ $5.66 \times 10^{-4} a_z$

해설

전류가 흐르는 루프 내에 발생하는 토크는 모든 전류선소에서 동일하다.
$\dot{T} = I(\dot{S} \times \dot{B})$ (I: 전류, S: 단면적, B: 자속 밀도)

$\therefore \dot{T} = 5 \times \left((0.04 \times 0.08\, a_z) \times \dfrac{0.05}{\sqrt{2}}(a_x + a_y)\right)$

$= 5 \times 32 \times 10^{-4} \times \dfrac{0.05}{\sqrt{2}} a_z = 5.66 \times 10^{-4} a_z$

07

전위경도 V와 전계 $\dot{E}$의 관계식은?

① $\dot{E} = grad\ V$
② $\dot{E} = div\ V$
③ $\dot{E} = -grad\ V$
④ $\dot{E} = -div\ V$

해설

전계는 전위로부터 구할 수 있다.
$\dot{E} = -\nabla V = -grad\ V$ [V/m]

08

정전계에서 도체에 정(+)의 전하를 주었을 때의 설명으로 틀린 것은?

① 도체 표면의 곡률 반지름이 작은 곳에 전하가 많이 분포한다.
② 도체 외측의 표면에만 전하가 분포한다.
③ 도체 표면에서 수직으로 전기력선이 출입한다.
④ 도체 내에 있는 공동면에도 전하가 골고루 분포한다.

해설

도체에서의 전하 분포는 다음 특징을 갖는다.
- 도체 외측에서만 전하가 존재한다.
- 도체 표면과 수직으로 전계 및 전기력선이 발생한다.
- 곡률 반지름이 작을수록(곡률이 클수록) 전하가 많이 분포한다.
- 도체 모서리나 꺾인 지점에 전하가 집중되어 많이 분포한다.

| 정답 | 05 ② 06 ④ 07 ③ 08 ④

09

평행 도선에 같은 크기의 왕복 전류가 흐를 때 두 도선 사이에 작용하는 힘에 대한 설명으로 옳은 것은?

① 흡인력이다.
② 전류의 제곱에 비례한다.
③ 주위 매질의 투자율에 반비례한다.
④ 두 도선 사이 간격의 제곱에 반비례한다.

해설 평행 도선 사이에 발생하는 힘

- 첫 번째 도선의 자속 밀도 $B = \dfrac{\mu_0 I_1}{2\pi r}[\text{Wb/m}^2]$
- 길이 $l[\text{m}]$인 두 번째 도선에 미치는 힘

$$F = IBl = I_2 \dfrac{\mu_0 I_1}{2\pi r} l = \dfrac{\mu_0 I_1 I_2}{2\pi r} l [\text{N}]$$

단위 길이당 작용하는 힘

$$\dfrac{F}{l} = \dfrac{\mu_0 I_1 I_2}{2\pi r} = \dfrac{\mu_0 I^2}{2\pi r}[\text{N/m}](\therefore F \propto I^2)$$

전류 방향이 반대일 경우(왕복 도선): 반발력 발생
전류 방향이 같을 경우: 흡인력 발생

10

비유전율 3, 비투자율 3인 매질에서 전자기파의 진행 속도 $v[\text{m/s}]$와 진공에서의 속도 $v_0[\text{m/s}]$의 관계는?

① $v = \dfrac{1}{9} v_0$ ② $v = \dfrac{1}{3} v_0$
③ $v = 3 v_0$ ④ $v = 9 v_0$

해설 전자파의 속도

$$v = \dfrac{1}{\sqrt{\mu\varepsilon}} = \dfrac{1}{\sqrt{\mu_0\varepsilon_0}} \times \dfrac{1}{\sqrt{\mu_s\varepsilon_s}}$$
$$= v_0 \times \dfrac{1}{\sqrt{3 \times 3}} = \dfrac{1}{3} v_0 [\text{m/s}]$$

11

대지의 고유 저항이 $\rho[\Omega \cdot \text{m}]$일 때 반지름이 $a[\text{m}]$인 그림과 같은 반구 접지극의 접지 저항$[\Omega]$은?

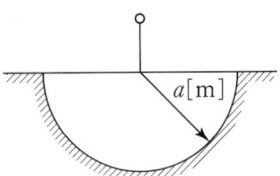

① $\dfrac{\rho}{4\pi a}$ ② $\dfrac{\rho}{2\pi a}$
③ $\dfrac{2\pi\rho}{a}$ ④ $2\pi\rho a$

해설

반지름이 $a[\text{m}]$인 구 도체의 정전 용량은 다음과 같다.
$C = 4\pi\varepsilon a [\text{F}]$
반구의 정전 용량은 구 도체 정전 용량의 절반이므로
$C = 2\pi\varepsilon a [\text{F}]$
$RC = \rho\varepsilon$ 이므로 반구상 접지극의 접지 저항은
$R = \dfrac{\rho\varepsilon}{C} = \dfrac{\rho\varepsilon}{2\pi\varepsilon a} = \dfrac{\rho}{2\pi a}[\Omega]$

12

공기 중에서 $2[\text{V/m}]$의 전계의 세기에 의한 변위 전류 밀도의 크기를 $2[\text{A/m}^2]$으로 흐르게 하려면 전계의 주파수는 약 몇 $[\text{MHz}]$가 되어야 하는가?

① 9,000   ② 18,000
③ 36,000   ④ 72,000

해설 자유 공간에서 전자파의 변위 전류 밀도

$i_d = \dfrac{\partial D}{\partial t} = \varepsilon_0 \dfrac{\partial E(t)}{\partial t}[\text{A/m}^2]$

전계 $E(t) = E_0 \sin\omega t$라 하면 $|i_d| = |\varepsilon_0 E_0 \omega \cos\omega t|$
변위 전류 밀도의 최대값은 $i_m = \varepsilon_0 E_0 \omega = \varepsilon_0 E_0 2\pi f$

$\therefore f = \dfrac{i_m}{\varepsilon_0 E_0 2\pi} = \dfrac{2}{8.854 \times 10^{-12} \times 2 \times 2\pi}$
$= 18,000[\text{MHz}]$

| 정답 | 09 ②   10 ②   11 ②   12 ②

13

2장의 무한 평판 도체를 $4[\text{cm}]$ 간격으로 놓은 후 평판 도체 간에 일정한 전계를 인가하였더니 평판 도체 표면에 $2[\mu\text{C}/\text{m}^2]$의 전하 밀도가 생겼다. 이때 평행 도체 표면에 작용하는 정전 응력은 약 몇 $[\text{N}/\text{m}^2]$인가?

① 0.057
② 0.226
③ 0.57
④ 2.26

해설

- 면 전하 밀도 $\rho_s[\text{C}/\text{m}^2]$인 두 평행판 도체의 전계

$$E = \frac{\rho_s}{\varepsilon_0}[\text{V/m}]$$

- 단위 면적당 정전 응력(맥스웰 응력)

$$f = \frac{1}{2}ED = \frac{D^2}{2\varepsilon_0} = \frac{1}{2}\varepsilon_0 E^2 = \frac{\rho_s^2}{2\varepsilon_0}$$
$$= \frac{(2 \times 10^{-6})^2}{2 \times 8.854 \times 10^{-12}} = 0.226[\text{N/m}^2]$$

14

자성체 내의 자계의 세기가 $H[\text{AT}/\text{m}]$이고 자속 밀도가 $B[\text{Wb}/\text{m}^2]$일 때, 자계 에너지 밀도$[\text{J}/\text{m}^3]$는?

① HB
② $\frac{1}{2\mu}H^2$
③ $\frac{\mu}{2}B^2$
④ $\frac{1}{2\mu}B^2$

해설 자계 에너지 밀도

$w = \frac{1}{2}BH = \frac{1}{2}\mu H^2 = \frac{1}{2\mu}B^2[\text{J/m}^3]$ ($\because B = \mu H$)

15

임의의 방향으로 배열되었던 강자성체의 자구가 외부 자기장의 힘이 일정치 이상이 되는 순간에 급격히 회전하여 자기장의 방향으로 배열되고 자속 밀도가 증가하는 현상을 무엇이라 하는가?

① 자기여효(Magnetic Aftereffect)
② 바크하우젠 효과(Barkhausen Effect)
③ 자기왜현상(Magneto-striction Effect)
④ 핀치 효과(Pinch Effect)

해설

- 바크하우젠 효과: 강자성체에 자계를 인가할 경우, 내부 자속이 불연속적으로 변화하는 현상
- 자기왜현상: 니켈 등의 강자성체를 자기장 안에 두면 왜곡 등의 일그러짐이 발생하는 현상
- 자기여효(자기여자 효과): 강자성체에 자계 인가 시 자화가 시간적으로 늦게 일어나는 현상
- 핀치 효과: 액체 상태의 도체에 전류를 인가하는 경우 액체 도체가 수축·이완하는 현상

16

반지름이 $5[\text{mm}]$, 길이가 $15[\text{mm}]$, 비투자율이 50인 자성체 막대에 코일을 감고 전류를 흘려서 자성체 내의 자속 밀도를 $50[\text{Wb}/\text{m}^2]$으로 하였을 때 자성체 내에서의 자계의 세기는 몇 $[\text{AT}/\text{m}]$인가?

① $\frac{10^7}{\pi}$
② $\frac{10^7}{2\pi}$
③ $\frac{10^7}{4\pi}$
④ $\frac{10^7}{8\pi}$

해설 자계의 세기

자속 밀도가 주어졌으므로 자계와 자속 밀도 관계를 이용한다.
$B = \mu H = \mu_0 \mu_s H [\text{Wb}/\text{m}^2]$

$H = \frac{B}{\mu_0 \mu_s} = \frac{50}{4\pi \times 10^{-7} \times 50} = \frac{10^7}{4\pi}[\text{AT/m}]$

| 정답 | 13 ② 14 ④ 15 ② 16 ③

17

반지름이 $30[cm]$인 원판 전극의 평행판 콘덴서가 있다. 전극의 간격이 $0.1[cm]$이며 전극 사이 유전체의 비유전율이 4.0이라 한다. 이 콘덴서의 정전 용량은 약 몇 $[\mu F]$인가?

① 0.01
② 0.02
③ 0.03
④ 0.04

해설 평행판 콘덴서의 정전 용량

$$C = \frac{\varepsilon S}{d} = \frac{\varepsilon_0 \varepsilon_s S}{d}[F]$$

$$= \frac{\frac{1}{36\pi} \times 10^{-9} \times 4 \times \pi \times (30 \times 10^{-2})^2}{0.1 \times 10^{-2}} = 10^{-8}[F] = 0.01[\mu F]$$

18

한 변의 길이가 $l[m]$인 정사각형 도체 회로에 전류 $I[A]$를 흘릴 때 회로의 중심점에서의 자계의 세기는 몇 $[AT/m]$인가?

① $\dfrac{2I}{\pi l}$
② $\dfrac{I}{\sqrt{2}\pi l}$
③ $\dfrac{\sqrt{2}I}{\pi l}$
④ $\dfrac{2\sqrt{2}I}{\pi l}$

해설

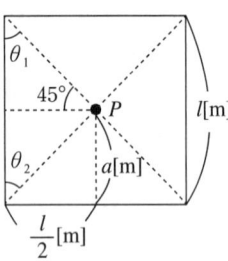

- 정사각형 한 변에 의해 생기는 자계

$$H_1 = \frac{I}{4\pi a}(\cos\theta_1 + \cos\theta_2) = \frac{\sqrt{2}I}{2\pi l}[AT/m]$$

$\left(a = \dfrac{l}{2}[m], \theta_1 = \theta_2 = 45°\right)$

- 정사각형 중심 자계

$$H_4 = 4 \times H_1 = \frac{2\sqrt{2}I}{\pi l}[AT/m]$$

19

정전 용량이 각각 $C_1 = 1[\mu F]$, $C_2 = 2[\mu F]$인 두 도체에 전하 $Q_1 = -5[\mu C]$, $Q_2 = 2[\mu C]$를 각각 주고 각 도체를 가는 철사로 연결하였을 때 C_1에서 C_2로 이동하는 전하 $Q[\mu C]$는?

① -4
② -3.5
③ -3
④ -1.5

해설

콘덴서를 병렬로 연결할 경우, 콘덴서값에 따라 전하량이 분배된다.

- 병렬연결 시 회로 내 총 전하량
$Q = -5 + 2 = -3[\mu C]$

- 각 콘덴서에 분배되어 저장되는 전하량

$$Q_1 = \frac{C_1}{C_1 + C_2}Q = \frac{1}{1+2} \times (-3) = -1[\mu C]$$

$$Q_2 = \frac{C_2}{C_1 + C_2}Q = \frac{2}{1+2} \times (-3) = -2[\mu C]$$

C_2 콘덴서의 처음 전하량이 $2[\mu C]$이었으므로 $-2[\mu C]$가 되기 위해서는 $-4[\mu C]$ 크기의 전하량이 이동하여야 한다.

20

정전 용량이 $0.03[\mu F]$인 평행판 공기 콘덴서의 두 극판 사이에 절반 두께의 비유전율 10인 유리판을 극판과 평행하게 넣었다면 이 콘덴서의 정전 용량은 약 몇 $[\mu F]$이 되는가?

① 1.83
② 18.3
③ 0.055
④ 0.55

해설

- 공기 중 콘덴서의 정전 용량

$$C_0 = \frac{\varepsilon_0 S}{d} = 0.03[\mu F]$$

- 절반 두께에 유전체를 채울 경우

$$C_1 = \frac{\varepsilon_0 S}{\frac{d}{2}} = 2C_0 = 0.06[\mu F]$$

$$C_2 = \frac{\varepsilon_0 \varepsilon_s S}{\frac{d}{2}} = 20C_0 = 0.6[\mu F]$$

- 두 콘덴서는 직렬연결되어 있으므로

$$C_{eq} = \frac{C_1 C_2}{C_1 + C_2} = \frac{0.06 \times 0.6}{0.06 + 0.6} = 0.0545[\mu F]$$

| 정답 | 17 ① 18 ④ 19 ① 20 ③

2020년 4회

01

환상 솔레노이드 철심 내부에서 자계의 세기[AT/m]는?
(단, N은 코일 권선수, r은 환상 철심의 평균 반지름, I는 코일에 흐르는 전류이다.)

① NI
② $\dfrac{NI}{2\pi r}$
③ $\dfrac{NI}{2r}$
④ $\dfrac{NI}{4\pi r}$

해설 환상 솔레노이드 철심 내부에서의 자계

$H = \dfrac{NI}{2\pi r}[\text{AT/m}]$

02

전류 I가 흐르는 무한 직선 도체가 있다. 이 도체로부터 수직으로 0.1[m] 떨어진 점에서 자계의 세기가 180[AT/m]이다. 도체로부터 수직으로 0.3[m] 떨어진 점에서 자계의 세기[AT/m]는?

① 20
② 60
③ 180
④ 540

해설 무한 직선 도체로부터의 자계

$H = \dfrac{I}{2\pi r}[\text{AT/m}]$

$H|_{r=0.1} = \dfrac{I}{2\pi \times 0.1} = 180[\text{AT/m}]$

$H|_{r=0.3} = \dfrac{I}{2\pi \times 0.3} = \dfrac{I}{2\pi \times 0.1} \times \dfrac{1}{3} = 60[\text{AT/m}]$

03

길이가 $l[\text{m}]$, 단면적의 반지름이 $a[\text{m}]$인 원통이 길이 방향으로 균일하게 자화되어 자화의 세기가 $J[\text{Wb/m}^2]$인 경우, 원통 양단에서의 자극의 세기 $m[\text{Wb}]$은?

① alJ
② $2\pi alJ$
③ $\pi a^2 J$
④ $\dfrac{J}{\pi a^2}$

해설 자화 및 자기 모멘트 관계식

$J = \dfrac{M}{V} = \dfrac{ml}{\pi a^2 l} = \dfrac{m}{\pi a^2}[\text{Wb/m}^2]$

자성체의 체적 $V = \pi a^2 l [\text{m}^3]$

자기 모멘트 $M = JV = J\pi a^2 l [\text{Wb} \cdot \text{m}]$

자극 세기 $m = \pi a^2 J [\text{Wb}]$

04

임의의 형상의 도선에 전류 $I[\text{A}]$가 흐를 때, 거리 $r[\text{m}]$만큼 떨어진 점에서의 자계의 세기 $H[\text{AT/m}]$를 구하는 비오-사바르의 법칙에서 자계의 세기 $H[\text{AT/m}]$와 거리 $r[\text{m}]$의 관계로 옳은 것은?

① r에 반비례
② r에 비례
③ r^2에 반비례
④ r^2에 비례

해설 비오-사바르의 법칙

자계의 세기 $dH = \dfrac{Idl\sin\theta}{4\pi r^2}[\text{AT/m}]$

| 정답 | 01 ② 02 ② 03 ③ 04 ③

05

진공 중에서 전자파의 전파 속도[m/s]는?

① $c_0 = \dfrac{1}{\sqrt{\varepsilon_0 \mu_0}}$ ② $c_0 = \sqrt{\varepsilon_0 \mu_0}$

③ $c_0 = \dfrac{1}{\sqrt{\varepsilon_0}}$ ④ $c_0 = \dfrac{1}{\sqrt{\mu_0}}$

해설 진공 중의 전자파의 속도
$$v_0 = c_0 = \dfrac{1}{\sqrt{\varepsilon_0 \mu_0}} = 3 \times 10^8 [\text{m/s}]$$

관련개념 매질 내 전자파의 속도
$$v = c = \dfrac{1}{\sqrt{\varepsilon \mu}} = \dfrac{1}{\sqrt{\varepsilon_0 \varepsilon_s \mu_0 \mu_s}} = \dfrac{3 \times 10^8}{\sqrt{\varepsilon_s \mu_s}} [\text{m/s}]$$

06

영구 자석의 재료로 사용하기에 적합한 특성은?

① 잔류 자기와 보자력이 모두 큰 것이 적합하다.
② 잔류 자기는 크고 보자력은 작은 것이 적합하다.
③ 잔류 자기는 작고 보자력은 큰 것이 적합하다.
④ 잔류 자기와 보자력이 모두 작은 것이 적합하다.

해설
영구 자석용 자성체의 특성: 잔류 자기와 보자력이 모두 크다.(히스테리시스 곡선 면적이 큼)

관련개념
전자석용 자성체의 특성: 잔류 자기는 크고 보자력이 작다.(히스테리시스 곡선 면적이 작음)

07

변위 전류와 관계가 가장 깊은 것은?

① 도체 ② 반도체
③ 자성체 ④ 유전체

해설 변위 전류
$$i_d = \dfrac{\partial D}{\partial t} = \varepsilon \dfrac{\partial E}{\partial t}$$
변위 전류는 절연체인 유전체 내에서의 에너지 흐름을 나타내는 전류 밀도이다.

08

자속 밀도가 $10[\text{Wb/m}^2]$인 자계 내에 길이 $4[\text{cm}]$의 도체를 자계와 직각으로 놓고 이 도체를 $0.4[\text{sec}]$ 동안 $1[\text{m}]$씩 균일하게 이동하였을 때 발생하는 기전력은 몇 $[\text{V}]$인가?

① 1 ② 2
③ 3 ④ 4

해설
운동하는 전하에 발생하는 운동 기전력
$$e = |\vec{v} \times \vec{B}| l = vBl\sin\theta [\text{V}]$$
$v = \dfrac{1}{0.4}[\text{m/s}]$, $\theta = 90°$이므로
$$e = \dfrac{1}{0.4} \times 10 \times 4 \times 10^{-2} \times \sin 90° = 1[\text{V}]$$

| 정답 | 05 ① | 06 ① | 07 ④ | 08 ① |

09

내부 원통의 반지름이 a, 외부 원통의 반지름이 b인 동축 원통 콘덴서의 내외 원통 사이에 공기를 넣었을 때 정전 용량이 C_1이었다. 내외 반지름을 모두 3배로 증가시키고 공기 대신 비유전율이 3인 유전체를 넣었을 경우의 정전 용량 C_2는?

① $C_2 = \dfrac{C_1}{9}$　　　② $C_2 = \dfrac{C_1}{3}$

③ $C_2 = 3C_1$　　　④ $C_2 = 9C_1$

해설

길이 $l[\text{m}]$인 공기 중 동축 원통의 정전 용량

$C_1 = \dfrac{2\pi\varepsilon_0 l}{\ln\dfrac{b}{a}}[\text{F}]$

내외 반지름을 3배로 증가시키고 비유전율이 3인 유전체를 넣었을 경우 정전 용량

$C_2 = \dfrac{2\pi\varepsilon_0 \times 3 \times l}{\ln\dfrac{3b}{3a}} = 3 \times \dfrac{2\pi\varepsilon_0 l}{\ln\dfrac{b}{a}} = 3C_1[\text{F}]$

10

다음 정전계에 관한 식 중에서 틀린 것은?(단, D는 전속 밀도, V는 전위, ρ는 공간(체적) 전하 밀도, ε은 유전율이다.)

① 가우스의 정리: $div D = \rho$

② 포아송의 방정식: $\nabla^2 V = \dfrac{\rho}{\varepsilon}$

③ 라플라스의 방정식: $\nabla^2 V = 0$

④ 발산의 정리: $\oint_s A \cdot ds = \int_v div A\, dv$

해설 포아송의 방정식

매질 내 전하 밀도 및 유전율 분포와 전위 V와의 관계식

$\nabla^2 V = -\dfrac{\rho}{\varepsilon}$

전하량이 없는 매질($\rho = 0$)의 경우에는 라플라스 방정식이라고 한다.

$\nabla^2 V = 0$

11

질량 m이 $10^{-10}[\text{kg}]$이고, 전하량 Q가 $10^{-8}[\text{C}]$인 전하가 전기장에 의해 가속되어 운동하고 있다. 가속도가 $\dot{a} = 10^2 i + 10^2 j[\text{m/s}^2]$일 때 전기장의 세기 $\dot{E}[\text{V/m}]$는?

① $\dot{E} = 10^4 i + 10^5 j$　　　② $\dot{E} = i + 10 j$

③ $\dot{E} = i + j$　　　④ $\dot{E} = 10^{-6} i + 10^{-4} j$

해설

전기장에 의해 전하량 $Q[\text{C}]$에 작용하는 힘

$\dot{F}_E = Q\dot{E} = m\dot{a}$

$\therefore \dot{E} = \dfrac{m\dot{a}}{Q} = \dfrac{10^{-10} \times (10^2 i + 10^2 j)}{10^{-8}} = i + j[\text{V/m}]$

12

유전율이 ε_1, ε_2인 유전체 경계면에 수직으로 전계가 작용할 때 단위 면적당 수직으로 작용하는 힘$[\text{N/m}^2]$은?(단, E는 전계$[\text{V/m}]$이고, D는 전속 밀도$[\text{C/m}^2]$이다.)

① $2\left(\dfrac{1}{\varepsilon_2} - \dfrac{1}{\varepsilon_1}\right)E^2$　　　② $2\left(\dfrac{1}{\varepsilon_2} - \dfrac{1}{\varepsilon_1}\right)D^2$

③ $\dfrac{1}{2}\left(\dfrac{1}{\varepsilon_2} - \dfrac{1}{\varepsilon_1}\right)E^2$　　　④ $\dfrac{1}{2}\left(\dfrac{1}{\varepsilon_2} - \dfrac{1}{\varepsilon_1}\right)D^2$

해설

매질 경계면에 전계가 입사할 경우($\varepsilon_1 > \varepsilon_2$)

- 전계의 수평 성분(접선 성분)에 의해 발생되는 단위 면적당 압축력

  $f = \dfrac{1}{2}(\varepsilon_1 - \varepsilon_2)E^2[\text{N/m}^2]$

- 전계의 수직 성분(법선 성분)에 의해 발생되는 단위 면적당 인장력

  $f = \dfrac{1}{2}\left(\dfrac{1}{\varepsilon_2} - \dfrac{1}{\varepsilon_1}\right)D^2[\text{N/m}^2]$

| 정답 | 09 ③　10 ②　11 ③　12 ④

13

진공 중에서 $2[\text{m}]$ 떨어진 두 개의 무한 평행 도선에 단위 길이당 $10^{-7}[\text{N}]$의 반발력이 작용할 때 각 도선에 흐르는 전류의 크기와 방향은?(단, 각 도선에 흐르는 전류의 크기는 같다.)

① 각 도선에 $2[\text{A}]$가 반대 방향으로 흐른다.
② 각 도선에 $2[\text{A}]$가 같은 방향으로 흐른다.
③ 각 도선에 $1[\text{A}]$가 반대 방향으로 흐른다.
④ 각 도선에 $1[\text{A}]$가 같은 방향으로 흐른다.

해설 평행 도선 사이에 작용하는 힘

$$F = \frac{\mu_0 I_1 I_2}{2\pi d}[\text{N/m}]$$

- 같은 방향의 전류일 경우 흡인력이 작용
- 반대 방향의 전류일 경우 반발력이 작용

각 도선에 흐르는 전류의 크기는 같으므로

$$F = \frac{\mu_0 I^2}{2\pi \times d} = \frac{4\pi \times 10^{-7} \times I^2}{2\pi \times 2} = 10^{-7}[\text{N/m}]$$

∴ $I^2 = 1$이므로 $I = 1[\text{A}]$
반발력이 작용하므로 전류는 반대 방향으로 흐른다.

14

자기 인덕턴스(self inductance) $L[\text{H}]$을 나타낸 식은?(단, N은 권선수, I는 전류$[\text{A}]$, ϕ는 자속$[\text{Wb}]$, $\dot{B}$는 자속 밀도 $[\text{Wb/m}^2]$, $\dot{H}$는 자계의 세기$[\text{AT/m}]$, $\dot{A}$는 벡터 퍼텐셜 $[\text{Wb/m}]$, $\dot{J}$는 전류 밀도$[\text{A/m}^2]$이다.)

① $L = \dfrac{N\phi}{I^2}$

② $L = \dfrac{1}{2I^2}\int \dot{B}\cdot\dot{H}\,dv$

③ $L = \dfrac{1}{I^2}\int \dot{A}\cdot\dot{J}\,dv$

④ $L = \dfrac{1}{I}\int \dot{B}\cdot\dot{H}\,dv$

해설 인덕턴스

$$L = \frac{N\phi}{I} = \frac{1}{I^2}\int \dot{B}\cdot\dot{H}\,dv = \frac{1}{I^2}\int \dot{A}\cdot\dot{J}\,dv\,[\text{H}]$$

15

반지름이 $a[\text{m}]$, $b[\text{m}]$인 두 개의 구 형상 도체 전극이 도전율 k인 매질 속에 거리 $r[\text{m}]$만큼 떨어져 있다. 양 전극 간의 저항$[\Omega]$은?(단, $r \gg a$, $r \gg b$이다.)

① $4\pi k\left(\dfrac{1}{a}+\dfrac{1}{b}\right)$
② $4\pi k\left(\dfrac{1}{a}-\dfrac{1}{b}\right)$
③ $\dfrac{1}{4\pi k}\left(\dfrac{1}{a}+\dfrac{1}{b}\right)$
④ $\dfrac{1}{4\pi k}\left(\dfrac{1}{a}-\dfrac{1}{b}\right)$

해설 반지름 $r[\text{m}]$인 구 도체의 정전 용량
$C = 4\pi\varepsilon_0 r[\text{F}]$

저항과 정전 용량의 관계식 $RC = \varepsilon\rho = \dfrac{\varepsilon}{k}$를 이용하면

반지름 $a[\text{m}]$와 $b[\text{m}]$인 동심 구의 저항은

$$R_1 = \frac{\varepsilon}{kC} = \frac{\varepsilon}{k \times 4\pi\varepsilon a} = \frac{1}{4\pi ka}[\Omega]$$

$$R_2 = \frac{\varepsilon}{kC} = \frac{\varepsilon}{k \times 4\pi\varepsilon b} = \frac{1}{4\pi kb}[\Omega]$$

∴ $R = R_1 + R_2 = \dfrac{1}{4\pi ka}+\dfrac{1}{4\pi kb} = \dfrac{1}{4\pi k}\left(\dfrac{1}{a}+\dfrac{1}{b}\right)[\Omega]$

16

정전계 내 도체 표면에서 전계의 세기가
$\dot{E} = \dfrac{a_x - 2a_y + 2a_z}{\varepsilon_0}[\text{V/m}]$일때 도체 표면상의 전하 밀도 $\rho_s[\text{C/m}^2]$를 구하면?(단, 자유 공간이다.)

① 1
② 2
③ 3
④ 5

해설
도체 표면에서의 전계는 법선 성분만 존재한다.
접선 성분 $E_t = 0[\text{V/m}]$

법선 성분 $E_n = \dfrac{\rho_s}{\varepsilon_0}[\text{V/m}]$

∴ $\rho_s = \varepsilon_0 E_n = \varepsilon_0 \times \dfrac{\sqrt{1^2+(-2)^2+2^2}}{\varepsilon_0} = 3[\text{C/m}^2]$

| 정답 | 13 ③ | 14 ③ | 15 ③ | 16 ③ |

17

저항의 크기가 $1[\Omega]$인 전선이 있다. 전선의 체적을 동일하게 유지하면서 길이를 2배로 늘였을 때 전선의 저항$[\Omega]$은?

① 0.5
② 1
③ 2
④ 4

해설

저항 $R_0 = \dfrac{l}{\sigma S} = 1[\Omega]$

길이가 2배가 될 경우 동일한 체적이 되기 위해서는 면적이 $\dfrac{1}{2}$배여야 한다.

$\therefore R = \dfrac{l'}{\sigma S'} = \dfrac{2l}{\sigma \dfrac{S}{2}} = 4 \times \dfrac{l}{\sigma S} = 4[\Omega]$

18

반지름이 $3[cm]$인 원형 단면을 가지고 있는 환상 연철심에 코일을 감고 여기에 전류를 흘려서 철심 중의 자계 세기가 $400[AT/m]$가 되도록 여자할 때, 철심 중의 자속 밀도는 약 몇 $[Wb/m^2]$인가?(단, 철심의 비투자율은 400이라고 한다.)

① 0.2
② 0.8
③ 1.6
④ 2.0

해설 철심 중 자속 밀도

$B = \mu H = \mu_0 \mu_s H = 4\pi \times 10^{-7} \times 400 \times 400 = 0.2[Wb/m^2]$

19

자기 회로와 전기 회로에 대한 설명으로 틀린 것은?

① 자기 저항의 역수를 컨덕턴스라 한다.
② 자기 회로의 투자율은 전기 회로의 도전율에 대응된다.
③ 전기 회로의 전류는 자기 회로의 자속에 대응된다.
④ 자기 저항의 단위는 $[AT/Wb]$이다.

해설

- 기전력 $V = IR[V]$
- 기자력 $F = R_m \phi [AT]$
- 전기 저항 $R = \dfrac{l}{kS}[\Omega]$
- 컨덕턴스 $G = \dfrac{1}{R} = \dfrac{kS}{l}[℧]$(전기 저항의 역수)
- 자기 저항 $R_m = \dfrac{l}{\mu S}[AT/Wb]$
- 퍼미언스 $P = \dfrac{1}{R_m} = \dfrac{\mu S}{l}[Wb/AT]$(자기 저항의 역수)

20

서로 같은 2개의 구 도체를 동일 양의 전하로 대전시킨 후 $20[cm]$ 떨어뜨린 결과 구 도체에 서로 $8.6 \times 10^{-4}[N]$의 반발력이 작용하였다. 구 도체에 주어진 전하는 약 몇 $[C]$인가?

① 5.2×10^{-8}
② 6.2×10^{-8}
③ 7.2×10^{-8}
④ 8.2×10^{-8}

해설 두 전하량 사이에 작용하는 힘

$F = \dfrac{Q_1 Q_2}{4\pi \varepsilon_0 r^2} = 9 \times 10^9 \times \dfrac{Q_1 Q_2}{r^2}[N]$

$Q_1 = Q_2 = Q$이므로

$F = 9 \times 10^9 \times \dfrac{Q^2}{(20 \times 10^{-2})^2} = 8.6 \times 10^{-4}[N]$

$\therefore Q = \sqrt{\dfrac{8.6 \times 10^{-4} \times (20 \times 10^{-2})^2}{9 \times 10^9}}$

$= 6.18 \times 10^{-8} \fallingdotseq 6.2 \times 10^{-8}[C]$

| 정답 | 17 ④ 18 ① 19 ① 20 ②

2019년 1회

01

평행판 콘덴서에 어떤 유전체를 넣었을 때 전속 밀도가 $2.4 \times 10^{-7}[\text{C/m}^2]$이고, 단위 체적 중의 에너지가 $5.3 \times 10^{-3}[\text{J/m}^3]$이었다. 이 유전체의 유전율은 약 몇 $[\text{F/m}]$인가?

① 2.17×10^{-11}
② 5.43×10^{-11}
③ 5.17×10^{-12}
④ 5.43×10^{-12}

해설 단위 체적당 에너지(w)

$w = \frac{1}{2}DE = \frac{1}{2}\varepsilon E^2 = \frac{D^2}{2\varepsilon}[\text{J/m}^3]$

$\varepsilon = \frac{D^2}{2w} = \frac{(2.4 \times 10^{-7})^2}{2 \times 5.3 \times 10^{-3}} = 5.43 \times 10^{-12}[\text{F/m}]$

02

균일한 자장 내에 놓여 있는 직선 도선에 전류 및 길이를 각각 2배로 하면 이 도선에 작용하는 힘은 몇 배가 되는가?

① 1
② 2
③ 4
④ 8

해설
$F = I|\vec{l} \times \vec{B}| = IBl\sin\theta$
전류 $2I$, 길이 $2l$이므로
$F' = 2I \cdot B \cdot 2l\sin\theta = 4IBl\sin\theta = 4F[\text{N}]$

03

와류손에 대한 설명으로 틀린 것은?(단, f: 주파수, B_m: 최대 자속 밀도, t: 두께, ρ: 저항률이다.)

① t^2에 비례한다.
② f^2에 비례한다.
③ ρ^2에 비례한다.
④ B_m^2에 비례한다.

해설 와류손

$P_e = k_e f^2 t^2 B_m^2 = \frac{1}{\rho} f^2 t^2 B_m^2 [\text{W/m}^3]$

• 두께 t^2, 주파수 f^2, 자속 밀도 B_m^2에 비례
• 저항률 ρ에 반비례

04

$x > 0$인 영역에 비유전율 $\varepsilon_{r1} = 3$인 유전체, $x < 0$인 영역에 비유전율 $\varepsilon_{r2} = 5$인 유전체가 있다. $x < 0$인 영역에서 전계 $E_2 = 20a_x + 30a_y - 40a_z[\text{V/m}]$일 때 $x > 0$인 영역에서의 전속 밀도는 몇 $[\text{C/m}^2]$인가?

① $10(10a_x + 9a_y - 12a_z)\varepsilon_0$
② $20(5a_x - 10a_y + 6a_z)\varepsilon_0$
③ $50(2a_x + 3a_y - 4a_z)\varepsilon_0$
④ $50(2a_x - 3a_y + 4a_z)\varepsilon_0$

해설 경계면에서 전계와 전속의 굴절

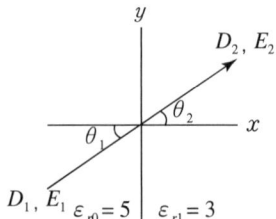

x 방향으로 전계가 진행하므로 경계면에서 다음 조건이 성립한다.
$D_{1n} = D_{2n}$(전속 밀도의 법선 성분 연속)
$E_{1t} = E_{2t}$(전계의 접선 성분 연속)
$E_2 = E_{2n} + E_{2t} = 20a_x + 30a_y - 40a_z$
$\therefore E_{2n} = 20a_x, \ E_{2t} = 30a_y - 40a_z$

• 법선 성분
 $D_{1n} = D_{2n}, \ \varepsilon_1 E_{1n} = \varepsilon_2 E_{2n}$
 $\therefore E_{1n} = \frac{\varepsilon_2}{\varepsilon_1} E_{2n} = \frac{5}{3}(20a_x)$

• 접선 성분
 $E_{1t} = E_{2t} = 30a_y - 40a_z$

• 경계면에서 전속 밀도
 $E_1 = E_{1n} + E_{1t} = \frac{100}{3}a_x + 30a_y - 40a_z$
$\therefore D_1 = \varepsilon_1 E_1 = \varepsilon_0 \varepsilon_{r1} E_1 = 3\varepsilon_0 E_1$
 $= 10(10a_x + 9a_y - 12a_z)\varepsilon_0[\text{C/m}^2]$

정답 01 ④ 02 ③ 03 ③ 04 ①

05

q[C]의 전하가 진공 중에서 v[m/s]의 속도로 운동하고 있을 때, 이 운동 방향과 θ의 각으로 r[m] 떨어진 점의 자계의 세기[AT/m]는?

① $\dfrac{q\sin\theta}{4\pi r^2 v}$ ② $\dfrac{v\sin\theta}{4\pi r^2 q}$

③ $\dfrac{qv\sin\theta}{4\pi r^2}$ ④ $\dfrac{v\sin\theta}{4\pi r^2 q^2}$

해설 비오-사바르의 법칙

전하로부터 길이 r[m]인 곳의 자계는

$H = \int_0^l dH = \int_0^l \dfrac{Idl\sin\theta}{4\pi r^2} = \dfrac{Il\sin\theta}{4\pi r^2}$ [AT/m]

$I = \dfrac{q}{t}$[A], $l = vt$[m]이므로 $Il = qv$

$\therefore H = \dfrac{qv\sin\theta}{4\pi r^2}$ [AT/m]

06

원형 선전류 I[A]의 중심축상 점 P의 자위[A]를 나타내는 식은?(단, θ는 점 P에서 원형 전류를 바라보는 평면각이다.)

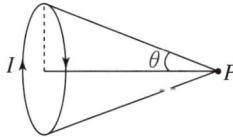

① $\dfrac{I}{2}(1-\cos\theta)$ ② $\dfrac{I}{4}(1-\cos\theta)$

③ $\dfrac{I}{2}(1-\sin\theta)$ ④ $\dfrac{I}{4}(1-\sin\theta)$

해설

P점에서 자위 U

$U = \dfrac{I}{4\pi}\omega = \dfrac{I}{4\pi} \times 2\pi(1-\cos\theta) = \dfrac{I}{2}(1-\cos\theta)$[A]

여기서, 입체각 $\omega = 2\pi(1-\cos\theta)$[sr]

07

진공 중에서 무한장 직선 도체에 선전하 밀도 $\rho_l = 2\pi \times 10^{-3}$[C/m]가 균일하게 분포된 경우 직선 도체에서 2[m]와 4[m] 떨어진 두 점 사이의 전위차는 몇 [V]인가?

① $\dfrac{10^{-3}}{\pi\varepsilon_0}\ln 2$ ② $\dfrac{10^{-3}}{\varepsilon_0}\ln 2$

③ $\dfrac{1}{\pi\varepsilon_0}\ln 2$ ④ $\dfrac{1}{\varepsilon_0}\ln 2$

해설

무한장 직선 도체에서 r[m]인 점의 전계 $E = \dfrac{\rho_l}{2\pi\varepsilon_0 r}$

두 점 r_1, r_2 사이의 전위차

$V = -\int_{r_2}^{r_1} E \cdot dr = -\int_4^2 \dfrac{\rho_l}{2\pi\varepsilon_0 r} \cdot dr$

$= -\dfrac{\rho_l}{2\pi\varepsilon_0}\int_4^2 \dfrac{1}{r}dr = -\dfrac{\rho_l}{2\pi\varepsilon_0}[\ln r]_4^2$

$= -\dfrac{\rho_l}{2\pi\varepsilon_0}(\ln 2 - \ln 4) = \dfrac{\rho_l}{2\pi\varepsilon_0}(\ln 4 - \ln 2)$

$= \dfrac{\rho_l}{2\pi\varepsilon_0}\ln\dfrac{4}{2} = \dfrac{2\pi \times 10^{-3}}{2\pi\varepsilon_0}\ln 2$

$= \dfrac{10^{-3}}{\varepsilon_0}\ln 2$[V]

08

서로 다른 두 유전체 사이의 경계면에 전하 분포가 없다면 경계면 양쪽에서의 전계 및 전속 밀도는?

① 전계 및 전속 밀도의 접선 성분은 서로 같다.
② 전계 및 전속 밀도의 법선 성분은 서로 같다.
③ 전계의 법선 성분이 서로 같고, 전속 밀도의 접선 성분이 서로 같다.
④ 전계의 접선 성분이 서로 같고, 전속 밀도의 법선 성분이 서로 같다.

해설

- 경계면에서 전계의 수평(접선) 성분은 같다.
  $E_1\sin\theta_1 = E_2\sin\theta_2$
- 경계면에서 전속 밀도의 수직(법선) 성분은 같다.
  $D_1\cos\theta_1 = D_2\cos\theta_2$

| 정답 | 05 ③ 06 ① 07 ② 08 ④

09

환상 철심에 권수 3,000회 A코일과 권수 200회 B코일이 감겨져 있다. A코일의 자기 인덕턴스가 360[mH]일 때 A, B 두 코일의 상호 인덕턴스는 몇 [mH]인가?(단, 결합 계수는 1이다.)

① 16
② 24
③ 36
④ 72

해설

- 권수 $N_1 = 3{,}000$인 코일의 인덕턴스

$$L_1 = \frac{\mu N_1^2 S}{l} = 360[\mathrm{mH}]$$

- 권수 $N_2 = 200$인 코일의 인덕턴스

$$L_2 = \frac{\mu N_2^2 S}{l} = \frac{\mu \left(\frac{N_1}{15}\right)^2 S}{l} = \frac{1}{15^2} L_1 [\mathrm{mH}]$$

결합 계수 $k=1$이므로 상호 인덕턴스는 다음과 같다.

$$M = k\sqrt{L_1 L_2} = \sqrt{\frac{L_1^2}{15^2}} = \frac{360}{15} = 24[\mathrm{mH}]$$

10

맥스웰 방정식 중 틀린 것은?

① $\oint_s B \cdot dS = \rho_s$

② $\oint_s D \cdot dS = \int_v \rho \cdot dv$

③ $\oint_c E \cdot dl = -\int_s \frac{\partial B}{\partial t} \cdot dS$

④ $\oint_c H \cdot dl = I + \int_s \frac{\partial D}{\partial t} \cdot dS$

해설 맥스웰 방정식의 미분형과 적분형

- 패러데이의 법칙

$$rot\, E = -\frac{\partial B}{\partial t} \Rightarrow \int_c E \cdot dl = -\int_s \frac{\partial B}{\partial t} \cdot dS$$

- 앙페르의 주회 법칙

$$rot\, H = J + \frac{\partial D}{\partial t} \Rightarrow \int_c H \cdot dl = I + \int_s \frac{\partial D}{\partial t} \cdot dS$$

- 자계 가우스 법칙

$$div\, B = 0 \Rightarrow \int_s B \cdot dS = 0$$

- 전계 가우스 법칙

$$div\, D = \rho \Rightarrow \int_s D \cdot dS = Q = \int_v \rho \cdot dv$$

11

자기 회로의 자기 저항에 대한 설명으로 옳은 것은?

① 투자율에 반비례한다.
② 자기 회로의 단면적에 비례한다.
③ 자기 회로의 길이에 반비례한다.
④ 단면적에 반비례하고, 길이의 제곱에 비례한다.

해설 자기 저항

$$R_m = \frac{l}{\mu S} = \frac{NI}{\phi} = \frac{F}{\phi}$$

$$\therefore R_m \propto \frac{1}{\mu} \propto \frac{1}{S} \propto l$$

12

접지된 구 도체와 점전하 간에 작용하는 힘은?

① 항상 흡인력이다.
② 항상 반발력이다.
③ 조건적 흡인력이다.
④ 조건적 반발력이다.

해설 접지된 구 도체와 점전하 사이의 정전 흡인력

$$F = \frac{a}{d} \frac{-Q^2}{4\pi\varepsilon_0 \left(\frac{d^2 - a^2}{d}\right)^2}[\mathrm{N}]$$

항상 흡인력이다.

| 정답 | 09 ② 10 ① 11 ① 12 ①

13

그림과 같이 전류가 흐르는 반원형 도선이 평면 $z=0$ 상에 놓여 있다. 이 도선이 자속 밀도 $\dot{B}=0.6a_x-0.5a_y+a_z[\text{Wb}/\text{m}^2]$ 인 균일 자계 내에 놓여 있을 때 직선 도선에 작용하는 힘 [N]은?

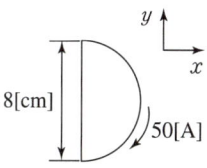

① $4a_x+2.4a_z$ ② $4a_x-2.4a_z$
③ $5a_x-3.5a_z$ ④ $-5a_x+3.5a_z$

해설
플레밍의 왼손 법칙으로부터
$\dot{F}=\dot{I}(l\times\dot{B})$
$=50[0.08a_y\times(0.6a_x-0.5a_y+a_z)]$
$=4a_x-2.4a_z[\text{N}]$

14

평행한 두 도선 간의 전자력은?(단, 두 도선 간의 거리는 $r[\text{m}]$라 한다.)

① r에 비례 ② r^2에 비례
③ r에 반비례 ④ r^2에 반비례

해설
평행한 두 도선 간의 전자력 $F=\dfrac{\mu I_1 I_2}{2\pi r}[\text{N}/\text{m}]$
따라서 전자력은 r에 반비례한다.

15

다음의 관계식 중 성립할 수 없는 것은?(단, μ는 투자율, χ는 자화율, μ_0는 진공의 투자율, J는 자화의 세기이다.)

① $J=\chi B$ ② $B=\mu H$
③ $\mu=\mu_0+\chi$ ④ $\mu_s=1+\dfrac{\chi}{\mu_0}$

해설 자화의 세기
$J=\chi H=\mu_0(\mu_s-1)H=\left(1-\dfrac{1}{\mu_s}\right)B\ (\because B=\mu H)$
$\chi=\mu_0\mu_s-\mu_0=\mu-\mu_0,\ \mu=\chi+\mu_0$
$\mu_0\mu_s=\chi+\mu_0,\ \mu_s=1+\dfrac{\chi}{\mu_0}$

16

평행판 콘덴서의 극판 사이에 유전율 ε, 저항률 ρ인 유전체를 삽입하였을 때, 두 전극 간의 저항 R과 정전 용량 C의 관계는?

① $R=\rho\varepsilon C$ ② $RC=\dfrac{\varepsilon}{\rho}$
③ $RC=\rho\varepsilon$ ④ $RC\rho\varepsilon=1$

해설 저항과 정전 용량의 관계
$R=\dfrac{\rho l}{S},\ C=\dfrac{\varepsilon S}{l}$
$RC=\dfrac{\rho l}{S}\times\dfrac{\varepsilon S}{l}=\rho\varepsilon$

관련개념
$RC=\rho\varepsilon$

| 정답 | 13 ② 14 ③ 15 ① 16 ③

17

비투자율 $\mu_s = 1$, 비유전율 $\varepsilon_s = 90$인 매질 내의 고유 임피던스는 약 몇 $[\Omega]$인가?

① 32.5
② 39.7
③ 42.3
④ 45.6

해설 고유 임피던스

$Z_0 = \dfrac{E}{H} = \sqrt{\dfrac{\mu}{\varepsilon}} = \sqrt{\dfrac{\mu_0 \mu_s}{\varepsilon_0 \varepsilon_s}} = \sqrt{\dfrac{\mu_0}{\varepsilon_0}} \times \sqrt{\dfrac{\mu_s}{\varepsilon_s}} = 377 \sqrt{\dfrac{\mu_s}{\varepsilon_s}}$

$= 377 \times \sqrt{\dfrac{1}{90}} = 39.7[\Omega]$

18

사이클로트론에서 양자가 매초 3×10^{15}개의 비율로 가속되어 나오고 있다. 양자가 $15[\text{MeV}]$의 에너지를 가지고 있다고 할 때, 이 사이클로트론은 가속용 고주파 전계를 만들기 위해서 $150[\text{kW}]$의 전력을 필요로 한다면 에너지 효율[%]은?

① 2.8
② 3.8
③ 4.8
④ 5.8

해설
$W = VQ = Pt\eta$ (단, P: 전력, t: 시간, η: 에너지 효율)

$\eta = \dfrac{QV}{Pt} = \dfrac{neV}{Pt} = \dfrac{3 \times 10^{15} \times 1.602 \times 10^{-19} \times 15 \times 10^6}{150 \times 10^3 \times 1} \times 100$

$= 4.8[\%]$

19

단면적 $4[\text{cm}^2]$의 철심에 $6 \times 10^{-4}[\text{Wb}]$의 자속을 통하게 하려면 $2,800[\text{AT/m}]$의 자계가 필요하다. 이 철심의 비투자율은 약 얼마인가?

① 346
② 375
③ 407
④ 426

해설
$\phi = BS$, $B = \dfrac{\phi}{S} = \dfrac{6 \times 10^{-4}}{4 \times 10^{-4}} = 1.5[\text{Wb/m}^2]$

$B = \mu H = \mu_0 \mu_s H$

비투자율 $\mu_s = \dfrac{B}{\mu_0 H} = \dfrac{1.5}{4\pi \times 10^{-7} \times 2,800} \fallingdotseq 426$

20

대전된 도체의 특징으로 틀린 것은?

① 가우스 정리에 의해 내부에는 전하가 존재한다.
② 전계는 도체 표면에 수직인 방향으로 진행된다.
③ 도체에 인가된 전하는 도체 표면에만 분포한다.
④ 도체 표면에서의 전하 밀도는 곡률이 클수록 높다.

해설
- 대전된 도체의 전하는 도체 표면에만 존재한다.
- 도체 내부에 전하는 존재하지 않는다.
- 도체의 표면과 내부의 전위는 동일하다.
- 도체면에서 전계의 세기는 도체 표면에 항상 수직이다.
- 도체 표면에서의 전하 밀도는 곡률이 클수록, 즉 곡률 반경이 작을수록 높다(피뢰침 원리).

2019년 2회

01

진공 중에서 한 변이 a[m]인 정사각형 단일 코일이 있다. 코일에 I[A]의 전류를 흘릴 때 정사각형 중심에서 자계의 세기는 몇 [AT/m]인가?

① $\dfrac{2\sqrt{2}\,I}{\pi a}$ ② $\dfrac{I}{\sqrt{2}\,a}$

③ $\dfrac{I}{2a}$ ④ $\dfrac{4I}{a}$

해설

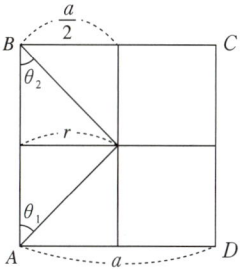

한 변의 길이가 a인 정사각형에서 변 AB에 작용하는 자계의 세기는
$H_{AB} = \dfrac{I}{4\pi r}(\cos\theta_1 + \cos\theta_2)$[AT/m]

이때 $\theta_1 = \theta_2 = 45°$, $r = \dfrac{a}{2}$[m]이므로

$H_{AB} = \dfrac{I}{4\pi \times \dfrac{a}{2}}(\cos 45° + \cos 45°)$

$= \dfrac{I}{2\pi a} \times \sqrt{2} = \dfrac{I}{\sqrt{2}\,\pi a}$

정사각형 중심에서 작용하는 자계의 세기는 네 변에서 각각 작용하는 자계의 세기의 합과 같으므로,

$H = 4H_{AB} = \dfrac{4I}{\sqrt{2}\,\pi a} = \dfrac{2\sqrt{2}\,I}{\pi a}$[AT/m]

02

30[V/m]의 전계 내의 80[V]되는 점에서 1[C]의 전하를 전계 방향으로 80[cm] 이동한 경우, 그 점의 전위[V]는?

① 9 ② 24
③ 30 ④ 56

해설

80[V]점을 기준으로 0.8[m] 이동한 점을 A 점이라고 할 때, A 점까지의 전압 강하는 다음과 같다.
$V = Ed = 30 \times 0.8 = 24$[V]

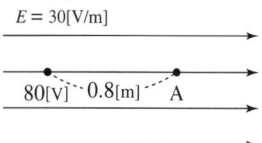

∴ A 점에서의 전위 $V_A = 80 - 24 = 56$[V]

03

자속 밀도가 0.3[Wb/m²]인 평등 자계 내에 5[A]의 전류가 흐르는 길이 2[m]인 직선 도체가 있다. 이 도체를 자계 방향에 대하여 60°의 각도로 놓았을 때 이 도체가 받는 힘은 약 몇 [N]인가?

① 1.3 ② 2.6
③ 4.7 ④ 5.2

해설 도체가 받는 힘

$F = BIl\sin\theta$
$= 5 \times 0.3 \times 2 \times \sin 60° = 2.6$[N]

| 정답 | 01 ①　02 ④　03 ②

04

어떤 대전체가 진공 중에서 전속이 $Q[C]$이었다. 이 대전체를 비유전율 10인 유전체 속으로 가져갈 경우에 전속[C]은?

① Q
② $10Q$
③ $\dfrac{Q}{10}$
④ $10\varepsilon_0 Q$

해설
전속은 유전체에 관계없이 일정하다.

05

단면적 S, 길이 l, 투자율 μ인 자성체의 자기 회로에 권선을 N회 감아서 I의 전류를 흐르게 할 때 자속은?

① $\dfrac{\mu SI}{Nl}$
② $\dfrac{\mu NI}{Sl}$
③ $\dfrac{Nl}{\mu S}$
④ $\dfrac{\mu SNI}{l}$

해설
자기 저항 $R_m = \dfrac{l}{\mu S}$ 이고 $NI = R_m \phi$ 이므로

자속 $\phi = \dfrac{NI}{R_m} = \dfrac{NI}{\frac{l}{\mu S}} = \dfrac{\mu SNI}{l}$ [Wb]

06

다음 중 스토크스(Stokes)의 정리는?

① $\oint_c \dot{H} \cdot d\dot{s} = \iint_s (\nabla \cdot \dot{H}) \cdot d\dot{s}$
② $\int \dot{B} \cdot d\dot{s} = \int_s (\nabla \cdot \dot{H}) \cdot d\dot{s}$
③ $\oint_c \dot{H} \cdot d\dot{s} = \int (\nabla \cdot \dot{H}) \cdot d\dot{l}$
④ $\oint_c \dot{H} \cdot d\dot{l} = \int_s (\nabla \times \dot{H}) \cdot d\dot{s}$

해설
스토크스 정리는 선적분을 면적분으로 변환하는 정리이다.
$\oint_c \dot{H} \cdot d\dot{l} = \int_s (\nabla \times \dot{H}) \cdot d\dot{s}$

07

그림과 같이 평행한 무한장 직선 도선에 $I[A]$, $4I[A]$인 전류가 흐른다. 두 선 사이의 점 P에서 자계의 세기가 0이라고 하면 $\dfrac{a}{b}$는?

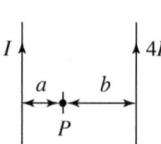

① 2
② 4
③ $\dfrac{1}{2}$
④ $\dfrac{1}{4}$

해설
- 왼쪽 전류가 P점에서 만드는 자계의 세기
  $H_a = \dfrac{I}{2\pi a}$ [AT/m]
- 오른쪽 전류가 P점에서 만드는 자계의 세기
  $H_b = \dfrac{4I}{2\pi b}$ [AT/m]

$H_a = H_b$ 이므로 $\dfrac{I}{2\pi a} = \dfrac{4I}{2\pi b}$

$\dfrac{1}{a} = \dfrac{4}{b}$

$\therefore \dfrac{a}{b} = \dfrac{1}{4}$

| 정답 | 04 ①   05 ④   06 ④   07 ④

08

정상 전류계에서 옴의 법칙에 대한 미분형은?(단, i는 전류 밀도, k는 도전율, ρ는 고유 저항, E는 전계의 세기이다.)

① $i = kE$
② $i = \dfrac{E}{k}$
③ $i = \rho E$
④ $i = -kE$

해설

정상 전류계에서
$dQ = nqS \cdot dl$
$I = nqS \cdot v = \rho Sv [\text{A}]$
전류 밀도 $i = \dfrac{I}{S} = nqv = \rho v [\text{A/m}^2]$ 이고
이동 속도 $v = \mu E[\text{m/s}]$ 이므로
$i = nq\mu E = \rho \mu E = kE[\text{A/m}^2]$
(v: 속도, ρ: 체적전하 밀도, n: 단위 체적당 전하수, q: 전하량
dl: 미소 길이)

09

진공 내의 점 $(3, 0, 0)[\text{m}]$에 $4 \times 10^{-9}[\text{C}]$의 전하가 있다. 이때 점 $(6, 4, 0)[\text{m}]$의 전계의 크기는 약 몇 $[\text{V/m}]$이며, 전계의 방향을 표시하는 단위벡터는 어떻게 표시되는가?

① 전계의 크기: $\dfrac{36}{25}$, 단위벡터: $\dfrac{1}{5}(3a_x + 4a_y)$
② 전계의 크기: $\dfrac{36}{125}$, 단위벡터: $3a_x + 4a_y$
③ 전계의 크기: $\dfrac{36}{25}$, 단위벡터: $a_x + a_y$
④ 전계의 크기: $\dfrac{36}{125}$, 단위벡터: $\dfrac{1}{5}(a_x + a_y)$

해설

$\dot{r} = (6-3)a_x + (4-0)a_y + (0-0)a_z = 3a_x + 4a_y$
$|\dot{r}| = \sqrt{3^2 + 4^2} = 5$
$\dot{a}_r = \dfrac{1}{5}(3a_x + 4a_y)$
$\therefore E = \dfrac{Q}{4\pi\varepsilon_0 r^2} = 9 \times 10^9 \times \dfrac{4 \times 10^{-9}}{5^2} = \dfrac{36}{25}[\text{V/m}]$
단위벡터 $\dot{a}_r = \dfrac{1}{5}(3a_x + 4a_y)$

10

전속 밀도 $\dot{D} = X^2 i + Y^2 j + Z^2 k [\text{C/m}^2]$를 발생시키는 점 $(1, 2, 3)$에서의 체적 전하 밀도는 몇 $[\text{C/m}^3]$인가?

① 12
② 13
③ 14
④ 15

해설

$div \dot{D} = \nabla \cdot \dot{D} = \rho$
$\left(\dfrac{\partial}{\partial x}i + \dfrac{\partial}{\partial y}j + \dfrac{\partial}{\partial z}k\right) \cdot (X^2 i + Y^2 j + Z^2 k)$
$= 2X + 2Y + 2Z$
$= 2 \times 1 + 2 \times 2 + 2 \times 3 = 12$

11

다음 식 중에서 틀린 것은?

① $\dot{E} = -grad\, V$
② $\displaystyle\int_s \dot{E} \cdot nds = \dfrac{Q}{\varepsilon_0}$
③ $grad\, V = i\dfrac{\partial^2 V}{\partial x^2} + j\dfrac{\partial^2 V}{\partial y^2} + k\dfrac{\partial^2 V}{\partial z^2}$
④ $V = \displaystyle\int_p^\infty \dot{E} \cdot dl$

해설

① 전위경도의 음의 값은 전계이다. $\dot{E} = -grad\, V$
② $\displaystyle\int \dot{D} \cdot nds = Q$, $\displaystyle\int \varepsilon_0 \dot{E} \cdot nds = Q$
$\displaystyle\int \dot{E} \cdot nds = \dfrac{Q}{\varepsilon_0}$ (진공)
③ 전위경도 $grad\, V = \dfrac{\partial V}{\partial x}i + \dfrac{\partial V}{\partial y}j + \dfrac{\partial V}{\partial z}k$
④ $V = -\displaystyle\int_\infty^p \dot{E} \cdot dl = \displaystyle\int_p^\infty \dot{E} \cdot dl$ 이다.

| 정답 | 08 ① 09 ① 10 ① 11 ③

12

도전율 σ인 도체에서 전장 E에 의해 전류 밀도 J가 흘렀을 때 이 도체에서 소비되는 전력을 표시한 식은?

① $\int_v \dot{E} \cdot \dot{J} dv$ ② $\int_v \dot{E} \times \dot{J} dv$

③ $\dfrac{1}{\sigma} \int \dot{E} \cdot \dot{J} dv$ ④ $\dfrac{1}{\sigma} \int_v \dot{E} \times \dot{J} dv$

해설

전력 $P = VI \cos\theta$ (V = Ed, I = JS)
$= EdJS \cos\theta = EJ \cos\theta\, dS = EJ \cos\theta\, v$
$= \int EJ \cos\theta\, dv = \int_v (\dot{E} \cdot \dot{J}) dv$

(d: 거리[m], S: 면적[m²], $dS = v$(체적)[m³])

13

자극의 세기가 8×10^{-6}[Wb], 길이가 3[cm]인 막대자석을 120[AT/m]의 평등자계 내에 자력선과 30°의 각도로 놓으면 이 막대자석이 받는 회전력은 몇 [N·m]인가?

① 1.44×10^{-4} ② 1.44×10^{-5}
③ 3.02×10^{-4} ④ 3.02×10^{-5}

해설

자기모멘트 $\dot{M} = ml$ [Wb·m]
회전력 $\dot{T} = |\dot{M} \times \dot{H}| = MH \sin\theta = mlH \sin\theta$
$= 8 \times 10^{-6} \times 3 \times 10^{-2} \times 120 \times \sin 30°$
$= 1.44 \times 10^{-5}$ [N·m]

14

자기 회로와 전기 회로의 대응으로 틀린 것은?

① 자속 ↔ 전류
② 기자력 ↔ 기전력
③ 투자율 ↔ 유전율
④ 자계의 세기 ↔ 전계의 세기

해설

자기 회로	전기 회로
자속 ϕ	전류 I
기자력 F	기전력 V
자속 밀도 B	전류 밀도 i
투자율 μ	도전율 σ
자계 H	전계 E
$F = R_m \phi$	$V = IR$

15

자기 인덕턴스의 성질을 옳게 표현한 것은?

① 항상 0이다.
② 항상 정(正)이다.
③ 항상 부(負)이다.
④ 유도되는 기전력에 따라 정(正)도 되고 부(負)도 된다.

해설

자기 인덕턴스값은 코일의 권수, 철심의 형상, 재질에 따라 결정되며 항상 양의 값이다.

16

진공 중에서 빛의 속도와 일치하는 전자파의 전파 속도를 얻기 위한 조건으로 옳은 것은?

① $\varepsilon_r = 0,\ \mu_r = 0$ ② $\varepsilon_r = 1,\ \mu_r = 1$
③ $\varepsilon_r = 0,\ \mu_r = 1$ ④ $\varepsilon_r = 1,\ \mu_r = 0$

해설 전자파의 전파 속도

$v = \dfrac{1}{\sqrt{\varepsilon \mu}} = \dfrac{1}{\sqrt{\varepsilon_0 \varepsilon_r}} \times \dfrac{1}{\sqrt{\mu_0 \mu_r}} = \dfrac{3 \times 10^8}{\sqrt{\varepsilon_r \mu_r}}$ [m/s]

진공 매질에서 $\mu_r = \varepsilon_r = 1$이며 진공 중의 전자파는 빛의 속도로 진행한다.

| 정답 | 12 ① 13 ② 14 ③ 15 ② 16 ②

17

4[A] 전류가 흐르는 코일과 쇄교하는 자속수가 4[Wb]이다. 이 전류 회로에 축적되어 있는 자기 에너지[J]는?

① 4
② 2
③ 8
④ 16

해설 코일에 축적되는 에너지
$LI = N\phi$ 이고 $N = 1$ 이므로 $LI = \phi$
$W = \frac{1}{2}LI^2 = \frac{1}{2}\phi I = \frac{1}{2} \times 4 \times 4 = 8[J]$

18

유전율이 ε, 도전율이 σ, 반경이 $r_1, r_2 (r_1 < r_2)$, 길이가 l인 동축 케이블에서 저항 R은 얼마인가?

① $\dfrac{2\pi rl}{\ln\dfrac{r_2}{r_1}}$
② $\dfrac{2\pi \varepsilon l}{\dfrac{1}{r_1} - \dfrac{1}{r_2}}$
③ $\dfrac{1}{2\pi\sigma l} \ln\dfrac{r_2}{r_1}$
④ $\dfrac{1}{2\pi rl} \ln\dfrac{r_2}{r_1}$

해설
원통 도체의 정전 용량은 $C = \dfrac{2\pi\varepsilon \cdot l}{\ln\dfrac{r_2}{r_1}}[F]$ 이고

저항과 정전 용량의 관계식 $RC = \rho\varepsilon$ 이므로 저항은 다음과 같다.

$R = \dfrac{\rho\varepsilon}{C} = \rho\varepsilon \dfrac{\ln\dfrac{r_2}{r_1}}{2\pi\varepsilon l} = \dfrac{1}{2\pi\sigma l} \ln\dfrac{r_2}{r_1} (\because \rho = \dfrac{1}{\sigma})[\Omega]$

19

어떤 환상 솔레노이드의 단면적이 S이고, 자로의 길이가 l, 투자율이 μ라고 한다. 이 철심에 균등하게 코일을 N회 감고 전류를 흘렸을 때 자기 인덕턴스에 대한 설명으로 옳은 것은?

① 투자율 μ에 반비례한다.
② 권선수 N^2에 비례한다.
③ 자로의 길이 l에 비례한다.
④ 단면적 S에 반비례한다.

해설 환상 솔레노이드의 인덕턴스
$L = \dfrac{N\phi}{I} = \dfrac{\mu S N^2}{l}[H]$

20

상이한 매질의 경계면에서 전자파가 만족해야 할 조건이 아닌 것은?(단, 경계면은 두 개의 무손실 매질 사이이다.)

① 경계면의 양측에서 전계의 접선 성분은 서로 같다.
② 경계면의 양측에서 자계의 접선 성분은 서로 같다.
③ 경계면의 양측에서 자속 밀도의 접선 성분은 서로 같다.
④ 경계면의 양측에서 전속 밀도의 법선 성분은 서로 같다.

해설 경계면 조건
- 유전체에서와 마찬가지로 전계의 접선 성분은 같다.
- 자계의 접선 성분도 같다.
- 전속 밀도의 법선 성분은 경계면 양측에서 서로 같다.

| 정답 | 17 ③ 18 ③ 19 ② 20 ③

2019년 3회

01

도전도 $k = 6 \times 10^{17} [\mho/m]$, 투자율 $\mu = \dfrac{6}{\pi} \times 10^{-7} [H/m]$ 인 평면 도체 표면에 $10[kHz]$의 전류가 흐를 때, 침투 깊이 $\delta[m]$는?

① $\dfrac{1}{6} \times 10^{-7}$
② $\dfrac{1}{8.5} \times 10^{-7}$
③ $\dfrac{36}{\pi} \times 10^{-6}$
④ $\dfrac{36}{\pi} \times 10^{-10}$

해설 침투 깊이(표피 두께)

도전도(전선의 도전율) k인 전선의 표피 두께는

$\delta = \dfrac{1}{\sqrt{\pi f k \mu}}$

$= \dfrac{1}{\sqrt{\pi \times 10 \times 10^3 \times 6 \times 10^{17} \times \dfrac{6}{\pi} \times 10^{-7}}} = \dfrac{1}{6} \times 10^{-7} [m]$

02

강자성체의 세 가지 특성에 포함되지 않는 것은?

① 자기포화 특성
② 와전류 특성
③ 고투자율 특성
④ 히스테리시스 특성

해설 강자성체의 특성

- 비투자율 $\mu_s \gg 1$이므로 고투자율의 특성이 있다.
- 강자성체는 어떤 한계점에 도달하면 자성이 일정해지는 자기포화 특성이 있다.
- 히스테리시스 특성은 도체에 자계 H를 인가할 때 각 도체에 나타나는 현상으로, 자성체마다(즉 도체마다) 다른 특징이 있다.

03

송전선의 전류가 0.01초 사이에 $10[kA]$ 변화될 때 이 송전선에 나란한 통신선에 유도되는 유도 전압은 몇 $[V]$인가? (단, 송전선과 통신선 간의 상호 유도 계수는 $0.3[mH]$이다.)

① 30
② 300
③ 3,000
④ 30,000

해설 유도 전압의 크기

$e = \left| M \dfrac{di}{dt} \right| = 0.3 \times 10^{-3} \times \dfrac{10 \times 10^3}{0.01} = 300[V]$

04

단면적 $15[cm^2]$의 자석 근처에 같은 단면적을 가진 철편을 놓을 때 그 곳을 통하는 자속이 $3 \times 10^{-4}[Wb]$이면 철편에 작용하는 흡인력은 약 몇 $[N]$인가?

① 12.2
② 23.9
③ 36.6
④ 48.8

해설

$\phi = BS$, $B = \dfrac{\phi}{S} = \dfrac{3 \times 10^{-4}}{15 \times 10^{-4}} = 0.2[Wb/m^2]$

단위 면적당 흡인력 $f = \dfrac{B^2}{2\mu_0} = \dfrac{1}{2} \mu_0 H^2 = \dfrac{1}{2} BH[N/m^2]$

따라서 철편에 작용하는 흡인력은 다음과 같다.

$F = fS = \dfrac{B^2}{2\mu_0} S = \dfrac{(0.2)^2}{2 \times 4\pi \times 10^{-7}} \times 15 \times 10^{-4} \fallingdotseq 23.9[N]$

| 정답 | 01 ① | 02 ② | 03 ② | 04 ② |

05

단면적이 $S[\text{m}^2]$, 단위 길이에 대한 권수가 $n[\text{회}/\text{m}]$인 무한히 긴 솔레노이드의 단위 길이당 자기 인덕턴스 $[\text{H/m}]$는?

① $\mu \cdot S \cdot n$
② $\mu \cdot S \cdot n^2$
③ $\mu \cdot S^2 \cdot n$
④ $\mu \cdot S^2 \cdot n^2$

해설

- 무한장 솔레노이드의 내부 자계

$H = \dfrac{NI}{l}[\text{AT/m}]$, $B = \mu H[\text{Wb/m}^2]$

$\phi = BS = \dfrac{\mu NIS}{l}[\text{Wb}]$

$\therefore L = \dfrac{N\phi}{I} = \dfrac{\mu N^2 S}{l}[\text{H}]$

- 단위 길이당 인덕턴스

$\dfrac{L}{l} = \dfrac{\mu N^2 S}{l^2} = \mu \left(\dfrac{N}{l}\right)^2 S = \mu n^2 S [\text{H/m}]$

06

다음 금속 중 저항률이 가장 작은 것은?

① 은
② 철
③ 백금
④ 알루미늄

해설 주요 금속의 저항률

금속	저항률(ρ)
은	1.62
구리	1.69
금	2.40
알루미늄	2.62
철	10
백금	10.5

07

무한장 직선형 도선에 $I[\text{A}]$의 전류가 흐를 경우 도선으로부터 $R[\text{m}]$ 떨어진 점의 자속 밀도 $B[\text{Wb/m}^2]$는?

① $B = \dfrac{\mu I}{2\pi R}$
② $B = \dfrac{I}{2\pi \mu R}$
③ $B = \dfrac{\mu I}{4\pi R}$
④ $B = \dfrac{I}{4\pi \mu R}$

해설 무한장 직선 도체의 자계

$H = \dfrac{I}{2\pi R}[\text{AT/m}]$

$B = \mu H = \dfrac{\mu I}{2\pi R}[\text{Wb/m}^2]$

08

전하 $q[\text{C}]$가 진공 중의 자계 $H[\text{AT/m}]$에 수직 방향으로 $v[\text{m/s}]$의 속도로 움직일 때 받는 힘은 몇 $[\text{N}]$인가?(단, 진공 중의 투자율은 μ_0이다.)

① qvH
② $\mu_0 qH$
③ πqvH
④ $\mu_0 qvH$

해설 플레밍의 왼손 법칙

$F = I|\dot{i} \times \dot{B}| = IBl\sin\theta$
$= IBl \; (\because \theta = 90°)$
$= qvB = qv\mu_0 H[\text{N}]$

| 정답 | 05 ② 06 ① 07 ① 08 ④

09

원통 좌표계에서 일반적으로 벡터가 $\dot{A} = 5r\sin\phi a_z$로 표현될 때 점 $(2, \frac{\pi}{2}, 0)$에서 $curl\dot{A}$를 구하면?

① $5a_r$
② $5\pi a_\phi$
③ $-5a_\phi$
④ $-5\pi a_\phi$

해설 원통 좌표계의 회전

$$curl\dot{A} = \nabla \times \dot{A}$$
$$= \frac{1}{r}\begin{vmatrix} a_r & ra_\phi & a_z \\ \frac{\partial}{\partial r} & \frac{\partial}{\partial \phi} & \frac{\partial}{\partial z} \\ A_r & rA_\phi & A_z \end{vmatrix}$$
$$= \left(\frac{1}{r}\frac{\partial A_z}{\partial \phi} - \frac{\partial A_\phi}{\partial z}\right)a_r + \left(\frac{\partial A_r}{\partial z} - \frac{\partial A_z}{\partial r}\right)a_\phi$$
$$+ \frac{1}{r}\left(\frac{\partial(rA_\phi)}{\partial r} - \frac{\partial A_r}{\partial \phi}\right)a_z$$
$$= \frac{1}{r}\frac{\partial}{\partial \phi}5r\sin\phi a_r - \frac{\partial}{\partial r}5r\sin\phi a_\phi$$
$$= 5\cos\phi a_r - 5\sin\phi a_\phi$$
$$= 5\cos 90° a_r - 5\sin 90° a_\phi$$
$$= -5a_\phi$$

10

전기 저항에 대한 설명으로 틀린 것은?

① 저항의 단위는 옴[Ω]을 사용한다.
② 저항률(ρ)의 역수를 도전율이라고 한다.
③ 금속선의 저항 R은 길이 l에 반비례한다.
④ 전류가 흐르고 있는 금속선에 있어서 임의 두 점 간의 전위차는 전류에 비례한다.

해설 전기 저항

$R = \frac{l}{\sigma S} = \rho\frac{l}{S}$ (σ: 도전율, ρ: 고유 저항률)

$R \propto l$

11

자계의 벡터 포텐셜을 $\dot{A}$라 할 때 자계의 시간적 변화에 의하여 생기는 전계의 세기 $\dot{E}$는?

① $\dot{E} = rot\dot{A}$
② $rot\dot{E} = \dot{A}$
③ $\dot{E} = -\frac{\partial \dot{A}}{\partial t}$
④ $rot\dot{E} = -\frac{\partial \dot{A}}{\partial t}$

해설 전계와 벡터 포텐셜의 관계

$\dot{B} = \nabla \times \dot{A}$

$\nabla \times \dot{E} = rot\dot{E} = -\frac{\partial \dot{B}}{\partial t} = -\frac{\partial}{\partial t}(\nabla \times \dot{A}) = -(\nabla \times \frac{\partial \dot{A}}{\partial t})$

$\dot{E} = -\frac{\partial \dot{A}}{\partial t}$

12

환상 철심의 평균 자계의 세기가 $3,000[\text{AT}/\text{m}]$이고 비투자율이 600인 철심 중의 자화의 세기는 약 몇 $[\text{Wb}/\text{m}^2]$인가?

① 0.75
② 2.26
③ 4.52
④ 9.04

해설 자화의 세기

$B = \mu_0 H + J$

$J = B - \mu_0 H = \mu_0\mu_s H - \mu_0 H = \mu_0(\mu_s - 1)H$
$= 4\pi \times 10^{-7} \times (600-1) \times 3,000 = 2.26[\text{Wb}/\text{m}^2]$

| 정답 | 09 ③ 10 ③ 11 ③ 12 ②

13

평행판 콘덴서의 극간 전압이 일정한 상태에서 극간에 공기가 있을 때의 흡인력을 F_1, 극판 사이에 극판 간격의 $\frac{2}{3}$ 두께의 유리판($\varepsilon_r = 10$)을 삽입할 때의 흡인력을 F_2라 하면 $\frac{F_2}{F_1}$는?

① 0.6
② 0.8
③ 1.5
④ 2.5

해설

공기 중 콘덴서 정전 용량 $C_1 = \frac{\varepsilon_0 S}{d} = C_0$

유전체 삽입 후 정전 용량 C_2

$\varepsilon_1 = 10\varepsilon_0$, $d_1 = \frac{2}{3}d$이므로

$C'_1 = \frac{10\varepsilon_0 S}{\frac{2d}{3}} = 15\frac{\varepsilon_0 S}{d} = 15C_0$ (유전체 부분)

$\varepsilon_2 = \varepsilon_0$, $d_2 = \frac{1}{3}d$

$C'_2 = \frac{\varepsilon_0 S}{\frac{d}{3}} = 3\frac{\varepsilon_0 S}{d} = 3C_0$ (공기 부분)

$\therefore C_2 = \frac{C'_1 C'_2}{C'_1 + C'_2} = \frac{15C_0 \times 3C_0}{15C_0 + 3C_0} = 2.5C_0$

전압이 일정할 때 에너지 $W = \frac{1}{2}CV^2$이므로, 두 흡인력의 비는 다음과 같이 구할 수 있다.

$\frac{W_2}{W_1} = \frac{F_2}{F_1} = \frac{C_2}{C_1} = \frac{2.5C_0}{C_0} = 2.5$

14

전자파의 특성에 대한 설명으로 틀린 것은?

① 전자파의 속도는 주파수와 무관하다.
② 전파 E_x를 고유 임피던스로 나누면 자파 H_y가 된다.
③ 전파 E_x와 자파 H_y의 진동 방향은 진행 방향에 수평인 종파이다.
④ 매질이 도전성을 갖지 않으면 전파 E_x와 자파 H_y는 동위상이 된다.

해설 자유 공간 전자파의 특성

- 전파 속도 $v = \frac{1}{\sqrt{\varepsilon\mu}}$ 이므로 주파수와 무관하며 ε, μ에 의해 결정된다.
- 고유 임피던스 $Z = \frac{E}{H} = \sqrt{\frac{\mu}{\varepsilon}}$ 이므로 $H = \frac{E}{Z}$
- 자유 공간에서 전계 E와 자계 H는 동위상으로 진행하며 전파와 자파는 항상 공존한다.
- 전파와 자파의 진동 방향은 진행 방향에 수직인 방향만 가진다.
- 전파와 자파는 서로 수직인 관계이다.

15

진공 중에서 점 $P(1, 2, 3)$ 및 점 $Q(2, 0, 5)$에 각각 $300[\mu C]$, $-100[\mu C]$인 점전하가 놓여 있을 때 점전하 $-100[\mu C]$에 작용하는 힘은 몇 [N]인가?

① $10i - 20j + 20k$
② $10i + 20j - 20k$
③ $-10i + 20j + 20k$
④ $-10i + 20j - 20k$

해설

두 점 사이의 거리 $\dot{r} = i - 2j + 2k$

$|\dot{r}| = \sqrt{1^2 + (-2)^2 + 2^2} = 3$

$\dot{F} = 9 \times 10^9 \times \frac{Q_1 Q_2}{r^2} \times \frac{\dot{r}}{|\dot{r}|}$

$= 9 \times 10^9 \times \frac{300 \times 10^{-6} \times (-100) \times 10^{-6}}{3^2} \times \frac{i - 2j + 2k}{3}$

$= -10i + 20j - 20k [\text{N}]$

| 정답 | 13 ④ 14 ③ 15 ④

16

반지름 a[m]의 구 도체에 전하 Q[C]가 주어질 때 구 도체 표면에 작용하는 정전 응력은 몇 [N/m²]인가?

① $\dfrac{9Q^2}{16\pi^2\varepsilon_0 a^6}$ ② $\dfrac{9Q^2}{32\pi^2\varepsilon_0 a^6}$

③ $\dfrac{Q^2}{16\pi^2\varepsilon_0 a^4}$ ④ $\dfrac{Q^2}{32\pi^2\varepsilon_0 a^4}$

해설 단위 면적당 정전 응력(맥스웰 응력)

$$f = \frac{1}{2}\varepsilon_0 E^2 = \frac{1}{2}\varepsilon_0\left(\frac{Q}{4\pi\varepsilon_0 a^2}\right)^2$$

$$= \frac{Q^2}{32\pi^2\varepsilon_0 a^4}[\text{N/m}^2]$$

17

정전 용량이 각각 C_1, C_2이고 그 사이의 상호 유도 계수가 M인 절연된 두 도체가 있다. 두 도체를 가는 선으로 연결할 경우, 정전 용량은 어떻게 표현되는가?

① $C_1 + C_2 - M$ ② $C_1 + C_2 + M$
③ $C_1 + C_2 + 2M$ ④ $2C_1 + 2C_2 + M$

해설 정전 용량

두 도체의 전하량을 각각 Q_1, Q_2라 하고, 도체 n이 도체 m에 작용하는 정전 용량을 C_{nm}이라 하면

$Q_1 = C_{11}V_1 + C_{12}V_2$
$Q_2 = C_{21}V_1 + C_{22}V_2$

이때 $C_{11} = C_1$, $C_{22} = C_2$이고, 상호 유도 계수가 M이므로 $C_{12} = C_{21} = M$이다.

$V_1 = V_2 = V$(∵ 가는 선 연결(병렬))이므로

$Q_1 = C_1 V + MV = (C_1 + M)V$
$Q_2 = MV + C_2 V = (C_2 + M)V$

$\therefore C = \dfrac{Q_1 + Q_2}{V} = \dfrac{(C_1 + M)V + (C_2 + M)V}{V} = C_1 + C_2 + 2M$

18

길이 l[m]인 동축 원통 도체의 내외 원통에 각각 $+\lambda$, $-\lambda$[C/m]의 전하가 분포되어 있다. 내외 원통 사이에 유전율 ε인 유전체가 채워져 있을 때, 전계의 세기[V/m]는?(단, V는 내외 원통 간의 전위차, D는 전속 밀도이고, a, b는 내외 원통의 반지름이며, 원통 중심에서의 거리 r은 $a<r<b$인 경우이다.)

① $\dfrac{V}{r\cdot\ln\dfrac{b}{a}}$ ② $\dfrac{V}{\varepsilon\cdot\ln\dfrac{b}{a}}$

③ $\dfrac{D}{r\cdot\ln\dfrac{b}{a}}$ ④ $\dfrac{D}{\varepsilon\cdot\ln\dfrac{b}{a}}$

해설

동축 원통 도체의 전계 $E = \dfrac{\lambda}{2\pi\varepsilon r}$ [V/m]에서 $\dfrac{\lambda}{2\pi\varepsilon} = rE$

전위 $V = \dfrac{\lambda}{2\pi\varepsilon}\ln\dfrac{b}{a} (a<r<b)$

$V = rE\ln\dfrac{b}{a}$

$\therefore E = \dfrac{V}{r\ln\dfrac{b}{a}}$ [V/m]

|정답| 16 ④ 17 ③ 18 ①

19

정전 용량이 $1[\mu F]$이고 판의 간격이 d인 공기 콘덴서가 있다. 두께 $\frac{1}{2}d$, 비유전율 $\varepsilon_r = 2$인 유전체를 그 콘덴서의 한 전극면에 접촉하여 넣었을 때 전체의 정전 용량$[\mu F]$은?

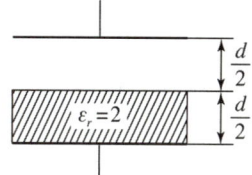

① 2
② $\frac{1}{2}$
③ $\frac{4}{3}$
④ $\frac{5}{3}$

해설

- 공기 콘덴서일 때
$C_0 = \frac{\varepsilon_0 S}{d} = 1[\mu F]$

- 유전체를 콘덴서에 넣었을 때
$C_1 = \frac{\varepsilon_0 S}{\frac{d}{2}} = 2 \times \frac{\varepsilon_0 S}{d} = 2C_0 \left(\frac{d}{2} \text{만큼 공기}\right)$

$C_2 = \frac{2\varepsilon_0 S}{\frac{d}{2}} = 4 \times \frac{\varepsilon_0 S}{d} = 4C_0 \left(\frac{d}{2} \text{만큼 유전체}\right)$

$\therefore C = \frac{C_1 C_2}{C_1 + C_2} = \frac{2C_0 \times 4C_0}{2C_0 + 4C_0} = \frac{8}{6} C_0$

$= \frac{4}{3} C_0 [\mu F]$

20

변위 전류와 가장 관계가 깊은 것은?

① 도체
② 반도체
③ 유전체
④ 자성체

해설 변위 전류

변위 전류는 유전체에 흐르는 전류이다.

정답 19 ③ 20 ③

전기기기

2025년 1회

01

일반적인 농형 유도 전동기에 비하여 2중 농형 유도 전동기의 특징으로 옳은 것은?

① 손실이 적다.
② 슬립이 크다.
③ 최대 토크가 크다.
④ 기동 토크가 크다.

해설 2중 농형 유도 전동기의 특징
- 기동 전류가 작고, 기동 토크가 크다.
- 기동용 권선: 저항이 크고 리액턴스가 작다.
- 운전용 권선: 저항이 작고 리액턴스가 크다.

02

$100[\text{HP}]$, $600[\text{V}]$, $1,200[\text{rpm}]$의 직류 분권 전동기가 있다. 분권 계자 저항이 $400[\Omega]$, 전기자 저항이 $0.22[\Omega]$이고 정격 부하에서의 효율이 $90[\%]$일 때, 전부하 시의 역기전력은 약 몇 $[\text{V}]$인가?

① 550
② 570
③ 590
④ 610

해설 직류 분권 전동기의 역기전력
$E = V - R_a I_a [\text{V}]$, $I_a = I - I_{fp} [\text{A}]$, $P = VI\eta [\text{W}]$이다.
$P = 100[\text{HP}] = 74,600[\text{W}]$, $V = 600[\text{V}]$, $N = 1,200[\text{rpm}]$,
$R_{fp} = 400[\Omega]$, $R_a = 0.22[\Omega]$, $\eta = 90[\%]$이므로
$I = \dfrac{P}{V\eta} = \dfrac{100 \times 746}{600 \times 0.9} = 138.15[\text{A}]$,
$I_a = I - \dfrac{V}{R_{fp}} = 138.15 - \dfrac{600}{400} = 136.65[\text{A}]$
$\therefore E = V - R_a I_a = 600 - 0.22 \times 136.65 = 570[\text{V}]$

03

전부하에서 2차 전압이 $120[\text{V}]$이고 전압 변동률이 $2[\%]$인 단상 변압기가 있다. 이 변압기의 1차 전압은 몇 $[\text{V}]$인가? (단, 1차 권선과 2차 권선의 권수비는 $20:1$이다.)

① 1,224
② 2,448
③ 2,888
④ 3,142

해설
권수비 $a = \dfrac{V_{1n}}{V_{2n}} = \dfrac{V_{10}}{V_{20}} = 20$,
$V_{2n} = \left(1 + \dfrac{\epsilon}{100}\right)V_{20} = \left(1 + \dfrac{2}{100}\right) \times 120 = 122.4[\text{V}]$이므로
$V_{1n} = aV_{2n} = 20 \times 122.4 = 2,448[\text{V}]$

04

단상 다이오드 반파 정류 회로인 경우 정류 효율은 약 몇 $[\%]$인가?(단, 저항 부하인 경우이다.)

① 12.6
② 40.6
③ 60.6
④ 81.2

해설 단상 반파 정류 효율
$\eta = \dfrac{\text{직류 출력}}{\text{교류 입력}} \times 100 = \dfrac{\left(\dfrac{I_m}{\pi}\right)^2 R}{\left(\dfrac{I_m}{2}\right)^2 R} \times 100$
$= \dfrac{4}{\pi^2} \times 100 = 40.6[\%]$

| 정답 | 01 ④ 02 ② 03 ② 04 ② |

05

직류기에서 전기자 반작용의 영향을 설명한 것으로 틀린 것은?

① 주자극의 자속이 감소한다.
② 정류자 편 사이의 전압이 불균일하게 된다.
③ 국부적으로 전압이 높아져 섬락을 일으킨다.
④ 전기적 중성점이 전동기인 경우 회전 방향으로 이동한다.

해설 전기자 반작용의 영향

주자속 분포를 일그러뜨려 전기적인 중성축을 이동시킨다.
- 발전기의 경우: 회전 방향으로 중성축 이동
- 전동기의 경우: 회전 반대 방향으로 중성축 이동

06

3,000[V], 60[Hz], 8극, 100[kW]의 3상 유도 전동기가 있다. 전부하에서 2차 구리손이 3[kW], 기계손이 2[kW]라면 전부하 회전수는 약 몇 [rpm]인가?

① 498
② 593
③ 874
④ 984

해설

$P_{c2} = \dfrac{s}{1-s}(P_0 + P_l)$

$3 = \dfrac{s}{1-s}(100+2)$ 이므로 $s = 0.028$ 이다.

$\therefore N = (1-s)N_s = (1-s)\dfrac{120f}{p} = (1-0.028) \times \dfrac{120 \times 60}{8}$
$= 874[\text{rpm}]$

07

50[Hz]로 설계된 3상 유도 전동기를 60[Hz]로 사용하는 경우, 단자 전압을 110[%]로 높일 때 최대 토크는 어떠한가?

① 1.2배 증가한다.
② 0.8배 감소한다.
③ 2배 증가한다.
④ 거의 변하지 않는다.

해설 유도 전동기의 최대 토크

$\tau_m = k\dfrac{V_1^2}{2x_2} = k\dfrac{V_1^2}{2(2\pi f L_2)}[\text{N} \cdot \text{m}]$

최대 토크는 전압의 제곱에 비례하고 주파수에 반비례한다.

$\tau_m' = \dfrac{1.1^2}{\left(\dfrac{60}{50}\right)}\tau_m = \tau_m[\text{N} \cdot \text{m}]$

즉 최대 토크는 거의 변하지 않는다.

08

농기 발전기의 단락비가 1.2이면 이 발전기의 %동기 임피던스[p.u.]는?

① 0.12
② 0.25
③ 0.52
④ 0.83

해설
- 단락비

$K_s = \dfrac{100}{\%Z_s} = \dfrac{1}{Z_s[\text{p.u.}]}$

- %동기 임피던스[p.u.]

$Z_s[\text{p.u.}] = \dfrac{1}{K_s} = \dfrac{1}{1.2} = 0.83[\text{p.u.}]$

09

그림은 단상 직권 정류자 전동기의 개념도이다. C를 무엇이라고 하는가?

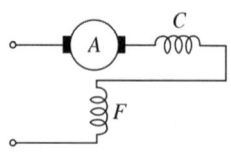

① 제어 권선　　② 보상 권선
③ 보극 권선　　④ 단층 권선

해설 단상 직권 정류자 전동기의 구성
- A: 전기자(Armature)
- C: 보상 권선(Compensator)
- F: 계자(Field)

10

어떤 단상 변압기의 2차 무부하 전압이 $240[\mathrm{V}]$이고 정격 부하 시의 2차 단자 전압이 $230[\mathrm{V}]$이다. 전압 변동률은 약 몇 [%]인가?

① 4.35　　② 5.15
③ 6.65　　④ 7.35

해설 전압 변동률
$\varepsilon = \dfrac{V_{2o} - V_{2n}}{V_{2n}} \times 100[\%] = \dfrac{240 - 230}{230} \times 100[\%]$
$= 4.35[\%]$

11

아래 그림은 일반적인 반파 정류 회로이다. 변압기 2차 전압의 실횻값을 $E[\mathrm{V}]$라 할 때, 직류 전류의 평균값[A]은? (단, 정류기의 전압 강하는 무시한다.)

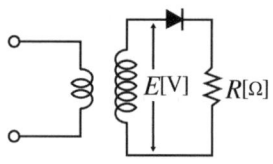

① $\dfrac{E}{R}$　　② $\dfrac{E}{2R}$
③ $\dfrac{2\sqrt{2}\,E}{\pi R}$　　④ $\dfrac{\sqrt{2}\,E}{\pi R}$

해설
위상 제어가 되지 않는 경우의 직류 전압 $E_d = \dfrac{\sqrt{2}\,E}{\pi}[\mathrm{V}]$이므로
직류 전류 $I_d = \dfrac{E_d}{R} = \dfrac{\sqrt{2}\,E}{\pi R}[\mathrm{A}]$

12

동기 리액턴스 $x_s = 10[\Omega]$, 전기자 저항 $r_a = 0.1[\Omega]$인 Y결선 3상 동기 발전기가 있다. 1상의 단자 전압은 $V = 4{,}000[\mathrm{V}]$이고 유기 기전력 $E = 6{,}400[\mathrm{V}]$이다. 부하각 $\delta = 30°$라고 하면 발전기의 3상 출력[kW]은 약 얼마인가?

① 1,250　　② 2,830
③ 3,840　　④ 4,650

해설
동기 발전기의 3상 출력은 1상 출력의 3배이다.
$P = 3\dfrac{VE}{x_s}\sin\delta = 3 \times \dfrac{4{,}000 \times 6{,}400}{10} \times \sin 30° = 3{,}840[\mathrm{kW}]$

| 정답 | 09 ② | 10 ① | 11 ④ | 12 ③ |

13

1차 측 권수가 1,500인 변압기의 2차 측에 접속한 저항 $16[\Omega]$을 1차 측으로 환산했을 때 $8[\mathrm{k}\Omega]$으로 되어 있다면 2차 측 권수는 약 얼마인가?

① 75　　　② 70
③ 67　　　④ 64

해설

- 권수비

$$a = \sqrt{\frac{R_1}{R_2}} = \sqrt{\frac{8,000}{16}} = 22.36$$

- 2차 측 권수

$$N_2 = \frac{N_1}{a} = \frac{1,500}{22.36} = 67$$

14

아래 그림과 같은 단상 브리지 정류 회로(혼합 브리지)에서 직류 평균 전압[V]은?

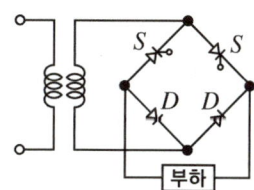

① $\dfrac{2\sqrt{2}E}{\pi}\left(\dfrac{1+\cos\alpha}{2}\right)$

② $\dfrac{\sqrt{2}E}{\pi}\left(\dfrac{1+\cos\alpha}{2}\right)$

③ $\dfrac{2\sqrt{2}E}{\pi}\left(\dfrac{1-\cos\alpha}{2}\right)$

④ $\dfrac{\sqrt{2}E}{\pi}\left(\dfrac{1-\cos\alpha}{2}\right)$

해설

- 위상 제어가 되는 경우의 직류 전압

$$E_d = \frac{2\sqrt{2}E}{\pi}\left(\frac{1+\cos\alpha}{2}\right)[\mathrm{V}]$$

- 위상 제어가 되지 않는 경우의 직류 전압

$$E_d = \frac{2\sqrt{2}E}{\pi}[\mathrm{V}]$$

- 최대 역전압(PIV)

$$PIV = 2\sqrt{2}E = \pi E_d[\mathrm{V}]$$

15

직류 발전기의 단자 전압을 조정하려면 어느 것을 조정하여야 하는가?

① 기동 저항　　　② 계자 저항
③ 방전 저항　　　④ 전기자 저항

해설

직류 발전기는 계자 저항을 조정하여 계자 전류를 조절한다. 이 계자 전류는 발전기의 단자 전압을 제어한다.

16

단상 유도 전동기의 기동 시 브러시를 필요로 하는 것은?

① 분상 기동형
② 반발 기동형
③ 콘덴서 분상 기동형
④ 셰이딩 코일 기동형

해설 반발 기동형 전동기의 회전자

- 기동 시 반발 전동기로 동작시키고 일정 속도에 이르면 유도 전동기로 동작하는 전동기이다.
- 브러시 이동만으로 기동, 정지, 속도 제어, 회전 방향 변경 등이 가능한 장점이 있다.

| 정답 | 13 ③　14 ①　15 ②　16 ②

17

직류 복권 발전기를 병렬 운전할 때 반드시 필요한 것은?

① 과부하 계전기
② 균압선
③ 용량이 같을 것
④ 외부 특성 곡선이 일치할 것

해설 직권 발전기와 복권 발전기의 병렬 운전
두 발전기의 기전력과 전압 강하 등이 동일하지 않을 때 기전력이 큰 발전기가 모든 부하 분담을 가지게 된다. 이를 방지하기 위해 균압선을 반드시 설치하여야 병렬 운전을 안전하게 할 수 있다.

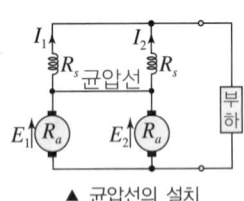

▲ 균압선의 설치

18

전원 전압 220[V]인 3상 반파 정류 회로에 SCR을 사용하여 위상 제어를 할 때 제어각이 10°이면 직류 출력 전압은 몇 [V]인가?

① 117   ② 146
③ 216   ④ 234

해설 3상 반파 정류 회로의 직류 전압

$E_d = 1.17 E_a \cos\alpha [V]$, $E_a = \dfrac{V_a}{\sqrt{3}} [V]$

$\therefore E_d = 1.17 \times \dfrac{V_a}{\sqrt{3}} \cos\alpha = 1.17 \times \dfrac{220}{\sqrt{3}} \cos\alpha = 146 [V]$

(단, E: 상전압[V], α: 위상각[°])

19

동기 전동기에 대한 설명으로 옳은 것은?

① 기동 토크가 크다.
② 역률 조정을 할 수 있다.
③ 가변속 전동기로서 다양하게 응용된다.
④ 공극이 매우 작아 설치 및 보수가 어렵다.

해설 동기 전동기의 특징

장점	단점
• 속도가 일정하다. • 역률을 조정할 수 있다. • 효율이 좋다. • 공극이 넓어 기계적으로 튼튼하다.	• 속도 조정이 곤란하다. • 기동 토크가 작으므로 별도의 기동 장치가 필요하다. • 직류 여자 장치가 필요하다. • 난조 발생이 빈번하다.

20

포화되지 않은 직류 발전기의 회전수가 4배로 증가했을 때 기전력을 전과 같은 값으로 하려면 자속을 속도 변화 전에 비해 얼마로 하여야 하는가?

① $\dfrac{1}{2}$ ② $\dfrac{1}{3}$
③ $\dfrac{1}{4}$ ④ $\dfrac{1}{8}$

해설
직류 발전기의 유기 기전력은 $E = K\phi N[V]$이다. 위의 식에 따라 회전수(N)가 4배로 증가하면 자속(ϕ)이 $\dfrac{1}{4}$배가 되어야 유기 기전력이 변하지 않고 일정해진다.

| 정답 | 17 ② 18 ② 19 ② 20 ③

2025년 2회

01

유도 기전력 210[V], 단자 전압이 200[V]인 5[kW] 분권 발전기가 있다. 계자 저항이 50[Ω]이면 전기자 저항[Ω]은?

① 0.18 ② 0.26
③ 0.34 ④ 0.48

해설

- 계자 전류 $I_f = \dfrac{V}{R_f} = \dfrac{200}{50} = 4[A]$
- 전류 $I = \dfrac{P}{V} = \dfrac{5 \times 10^3}{200} = 25[A]$
- 전기자 전류 $I_a = I + I_f = 25 + 4 = 29[A]$

$R_a = \dfrac{E - V}{I_a} = \dfrac{210 - 200}{29} = 0.34[\Omega]$

02

극수가 24일 때, 전기각 180°에 해당되는 기계각은?

① 7.5° ② 15°
③ 22.5° ④ 30°

해설

기계각 = $\dfrac{\text{전기각} \times 2}{\text{극수}} = \dfrac{180 \times 2}{24} = 15°$

03

단상 유도 전동기의 기동 시 브러시를 필요로 하는 것은?

① 분상 기동형
② 반발 기동형
③ 콘덴서 분상 기동형
④ 셰이딩 코일 기동형

해설 반발 기동형 전동기의 회전자

- 기동 시 반발 전동기로 동작시키고 일정 속도에 이르면 유도 전동기로 동작하는 전동기이다.
- 브러시 이동만으로 기동, 정지, 속도 제어, 회전 방향 변경 등이 가능하다.

04

그림과 같은 회로에서 V(전원 전압의 실효치) = 100[V], 점호각 $\alpha = 30°$인 때의 부하 시의 직류 전압 E_{da}[V]는 약 얼마인가?(단, 전류가 연속하는 경우이다.)

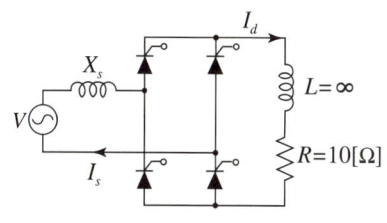

① 90 ② 86
③ 77.9 ④ 100

해설 단상 전파정류 직류 출력(전류 연속 조건)

그림의 회로에서 L부하는 매우 크고, 전류는 연속하는 조건이므로

$E_{da} = \dfrac{2\sqrt{2}}{\pi} V \cos\alpha = \dfrac{2\sqrt{2}}{\pi} \times 100 \times \dfrac{\sqrt{3}}{2} \fallingdotseq 77.9[V]$

(단, V[V]: 전원 전압의 실효치)

05

동기 발전기를 병렬 운전하는 데 필요하지 않은 조건은?

① 기전력의 용량이 같을 것
② 기전력의 파형이 같을 것
③ 기전력의 크기가 같을 것
④ 기전력의 주파수가 같을 것

해설 동기 발전기의 병렬 운전 조건

- 기전력의 파형이 같을 것
- 기전력의 크기가 같을 것
- 기전력의 위상이 같을 것
- 기전력의 주파수가 같을 것

| 정답 | 01 ③ 02 ② 03 ② 04 ③ 05 ①

06

변압기의 임피던스 전압이란?

① 정격 전류 시 2차 측 단자 전압이다.
② 정격 전류가 흐를 때의 변압기 내의 전압 강하이다.
③ 변압기의 1차를 단락, 1차에 1차 정격 전류와 같은 전류를 흐르게 하는데 필요한 1차 전압이다.
④ 변압기의 2차를 단락, 2차에 2차 정격 전류와 같은 전류를 흐르게 하는데 필요한 2차 전압이다.

해설 변압기의 임피던스 전압

변압기 2차 측을 단락하고 1차 측에 저전압을 인가하여 1차 전류가 정격 전류와 같도록 조정했을 때의 1차 전압, 즉 정격 전류가 흐를 때의 변압기 내 전압 강하이다.

07

3상 유도 전동기의 2차 저항이 2배가 되었을 때 2배가 되는 것은?

① 슬립   ② 토크
③ 전류   ④ 역률

해설 비례 추이

$\frac{r_2}{s} = \frac{r_2 + R}{s'}$ 즉, 2차 저항이 2배가 되면 슬립도 2배가 된다.

08

분권 전동기의 회전수가 $1,500[\text{rpm}]$, 속도 변동률이 $5[\%]$, 공급 전압과 계자 저항의 값을 변화시키지 않고 무부하로 하였을 때, 회전수는 몇 $[\text{rpm}]$인가?

① 1,515   ② 1,535
③ 1,555   ④ 1,575

해설

속도 변동률 $\varepsilon = \frac{N_0 - N_n}{N_n} \times 100$ 이므로

$N_0 = \frac{\varepsilon \times N_n}{100} + N_n = \frac{5 \times 1,500}{100} + 1,500 = 1,575[\text{rpm}]$ 이다.

09

3상 전원을 이용하여 2상 전압을 얻고자 할 때 사용하는 결선 방법은?

① 환상 결선   ② Fork 결선
③ Scott 결선   ④ 2중 3각 결선

해설 특수 변압기

- 3상 입력에서 2상 출력을 내는 결선법
  - 우드 브리지 결선
  - 메이어 결선
  - 스코트 결선(T 결선)
- 3상 입력에서 6상 출력을 내는 결선법
  - 포크 결선: 주로 수은 정류기에 사용
  - 환상 결선
  - 대각 결선
  - 2중 Δ 결선
  - 2중 성형 결선

10

동기 발전기에서 전기자 전류와 유기 기전력이 동상인 경우 전기자 반작용은?

① 증자 작용   ② 감자 작용
③ 편자 작용   ④ 교차 자화 작용

해설 동기 발전기의 전기자 반작용

- 교차 자화 작용(횡축 반작용): I_a와 E가 동상인 경우(R 부하) 교차 자화 작용이 생기며 편자 작용으로 인해 전동기의 기전력이 감소한다.
- 감자 작용: I_a가 E보다 $\frac{\pi}{2}[\text{rad}]$ 만큼 뒤진 지상 전류(L 부하)일 때 발생하며 기전력이 감소한다.
- 증자 작용: I_a가 E보다 $\frac{\pi}{2}[\text{rad}]$ 만큼 앞선 진상 전류(C 부하)일 때 발생하며 기전력이 증가한다.

기기 종류	R 부하(동상)	L 부하(지상)	C 부하(진상)
동기 발전기	교차 자화 작용	감자 작용	증자 작용
동기 전동기	교차 자화 작용	증자 작용	감자 작용

| 정답 | 06 ② 07 ① 08 ④ 09 ③ 10 ④

11

크로우링 현상은 어느 것에서 일어나는가?

① 직류 직권 전동기
② 농형 유도 전동기
③ 회전 변류기
④ 3상 변압기

해설 크로우링 현상

농형 유도 전동기의 회전자에 인가되는 1상 교류 전원의 자기장과 회전자 자기장이 상호 작용하여 발생하는 현상으로, 이로 인해 회전자의 속도가 동기화되지 않고 약간 느리게 회전한다.

12

동기 발전기의 %임피던스가 $83[\%]$일 때 단락비는?

① 1.0
② 1.1
③ 1.2
④ 1.3

해설 단락비

$$K = \frac{100}{\%Z} = \frac{100}{83} = 1.2$$

13

직류기에 보극을 설치하는 목적은?

① 정류 개선
② 도크의 증가
③ 회전수 일정
④ 기동 토크의 증가

해설 직류기에서 보극의 역할

- 전기자 전류에 의해 정류 전압을 얻는다.
- 리액턴스 전압을 상쇄시킬 수 있으므로 정류 작용이 잘 되게 해 준다.
- 전기적 중성축의 이동을 막는다.

14

4극, 중권, 총 도체 수 500, 극당 자속이 $0.01[\text{Wb}]$인 직류 발전기가 $100[\text{V}]$의 기전력을 발생시키는 데 필요한 회전수는 몇 $[\text{rpm}]$인가?

① 800
② 1,000
③ 1,200
④ 1,600

해설 기전력

$$E = \frac{pZ\phi N}{60a}[\text{V}]$$

$$\therefore N = \frac{60aE}{pZ\phi} = \frac{60 \times 4 \times 100}{4 \times 500 \times 0.01} = 1,200[\text{rpm}]$$

(∵ 중권이므로 $a = p = 4$)

관련개념

중권 $a = p$
파권 $a = 2$

15

직류기의 전기자에 일반적으로 사용되는 전기자 권선법은?

① 이층권
② 개로권
③ 환상권
④ 단층권

해설 전기자 권선법의 종류

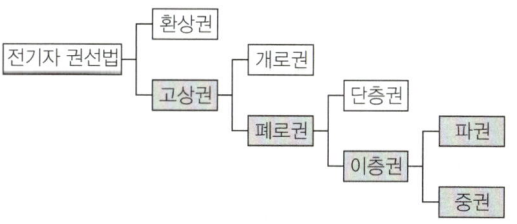

이층권은 한 슬롯에 권선이 이층으로 삽입되어 슬롯의 이용률이 좋으므로 많이 사용한다.

| 정답 | 11 ② 12 ③ 13 ① 14 ③ 15 ①

16

동기 발전기의 자기 여자 현상을 방지하는 방법이 아닌 것은?

① 발전기 여러 대를 모선에 병렬로 접속한다.
② 수전단에 동기 조상기를 접속한다.
③ 수전단에 리액턴스를 병렬로 접속한다.
④ 단락비가 작은 발전기를 사용한다.

해설 자기 여자 현상 방지 대책
- 2대 이상의 동기 발전기를 모선에 연결
- 수전단에 병렬 리액터(분로 리액터)를 연결
- 수전단에 여러대의 변압기를 병렬로 연결
- 동기 조상기를 연결하여 부족 여자로 운전
- 단락비를 크게 할 것(충전 용량 증가)

17

무부하에서 자기 여자로 전압을 확립하지 못하는 직류 발전기는?

① 분권 발전기
② 직권 발전기
③ 타여자 발전기
④ 차동 복권 발전기

해설 직권 발전기
- 구조: 계자와 전기자가 직렬로 접속된 발전기
- 특징
  - 직렬 회로이므로 부하에 따라 전압 변동이 심하다.
  - 무부하 시 폐회로가 되지 않아 여자되지 않으므로 발전이 되지 않는다.

18

3상 유도 전동기의 슬립이 s일 때 2차 효율[%]은?

① $(1-s) \times 100$
② $(2-s) \times 100$
③ $(3-s) \times 100$
④ $(4-s) \times 100$

해설
3상 유도 전동기의 슬립이 s일 때 2차 효율[%]

$\eta_2 = \dfrac{\text{2차 출력}}{\text{2차 입력}} \times 100 = \dfrac{P_o}{P_2} \times 100 = \dfrac{(1-s)P_2}{P_2} \times 100$

$= (1-s) \times 100 [\%]$

19

2방향성 3단자 사이리스터는 어느 것인가?

① SCR
② SSS
③ SCS
④ TRIAC

해설 사이리스터의 종류

구분	2단자	3단자	4단자
단방향	–	SCR, LASCR, GTO	SCS
쌍방향	DIAC, SSS	TRIAC	–

관련개념
2방향성 3단자: TRIAC

20

3상 동기 발전기의 전기자 권선을 2중 성형 결선으로 했을 때 발전기 용량[VA]은?

① $\sqrt{3}\,EI$
② $2\sqrt{3}\,EI$
③ $3EI$
④ $6EI$

해설
발전기는 그림에 나타난 것처럼 한 상에 병렬로 연결된 것으로 볼 수 있다.

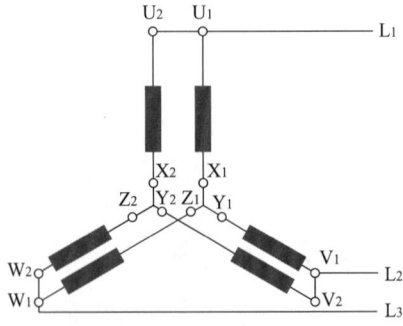

2중 성형 결선에서 한 상의 전류는 단일 성형 결선의 2배다.
Y 결선에서 상전압과 선간 전압의 관계
$V_l = \sqrt{3}\,V_p [\text{V}]$
따라서 발전기 용량은 다음과 같다.
$P = \sqrt{3}\,V_l I_l = \sqrt{3} \times \sqrt{3}\,V_p \times 2I_p$
$= 6V_p I_p = 6EI [\text{VA}] (\because E = V_p)$

| 정답 | 16 ④ 17 ② 18 ① 19 ④ 20 ④

2024년 1회

01

분권 전동기의 설명 중 가장 옳은 것은?(단, 무부하의 경우이다.)

① 공급 전압의 극성을 반대로 하면 회전 방향이 바뀐다.
② 공급 전압을 증가시키면 회전 속도는 별로 변하지 않는다.
③ 분권 계자 권선의 계자 조정기의 저항을 감소시키면 회전 속도는 증가한다.
④ 발전 제동을 하는 경우에 분권 계자 권선의 접속을 반대로 접속한다.

해설

회전 속도 $N = K\dfrac{E}{\phi} = K\dfrac{V - I_a(R_a + R_s)}{\phi}$ 에서 공급 전압 V가 증가할 경우 ϕ도 비례하여 증가하기 때문에 회전 속도는 별로 변하지 않는다.

선지분석
① 공급 전압의 극성과 무관하게 회전 방향은 변하지 않는다.
③ 계자 조정기의 저항이 감소하면 계자 전류가 증가하여 자속 ϕ가 증가한다. 이 경우 회전 속도는 자속에 반비례하므로 회전 속도는 감소한다.
④ 분권 전동기에서의 발전제동은 전동기를 전원에서 분리하고 단자 사이에 저항을 접속하여 발전기에서 발생한 전력을 저항에서 줄열로 소비한다. 발전 제동 시 분권 계자 권선의 접속을 반대로 접속하는 것은 직권 전동기의 경우이다.

02

동기 발전기의 돌발 단락 전류를 제한하는 것은?

① 권선 저항
② 누설 리액턴스
③ 역상 리액턴스
④ 동기 리액턴스

해설 동기 발전기의 3상 단락 전류
- 돌발 단락 전류: 단락 직후 누설 리액턴스에 의해 제한
- 지속 단락 전류: 단락 후 일정 시간이 지난 뒤 누설 리액턴스와 전기자 반작용에 의해 제한

03

어떤 정류 회로의 부하 전압이 $50[\text{V}]$이고 맥동률 $3[\%]$이면 직류 출력 전압에 포함된 교류분은 몇 $[\text{V}]$인가?

① 1.2
② 1.5
③ 1.8
④ 2.1

해설

맥동률 $= \dfrac{\text{교류분}}{\text{직류분}}$ 이므로

∴ 교류분 $=$ 맥동률 $\times$ 직류분 $= 0.03 \times 50 = 1.5[\text{V}]$

04

동기 발전기의 권선을 분포권으로 하면?

① 집중권에 비하여 합성 유도 기전력이 높아진다.
② 권선의 리액턴스가 커진다.
③ 파형이 좋아진다.
④ 난조를 방지한다.

해설 분포권의 특징
- 집중권에 비해 유기 기전력이 감소한다.
- 권선의 누설 리액턴스가 감소한다.
- 고조파를 감소시켜 기전력의 파형을 개선한다.
- 권선의 과열을 방지한다.

| 정답 | 01 ② 02 ② 03 ② 04 ③

05

동기 발전기의 단자 부근에서 단락 사고가 발생했다. 이 때 단락 전류에 대한 설명으로 가장 옳은 것은?

① 서서히 증가해서 일정한 전류가 된다.
② 급격히 증가한 후 일정한 전류로 감소한다.
③ 서서히 감소해서 일정 전류가 된다.
④ 서서히 감소하다가 다시 일정 전류 이상으로 증가한다.

해설 동기 발전기의 3상 단락 전류

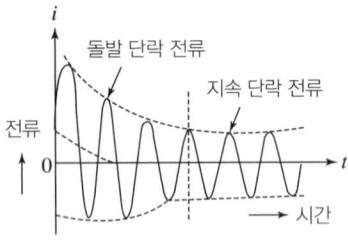

동기 발전기는 3상 단락 사고 시 처음에는 매우 큰 전류가 흐르고 이후 점점 단락 전류가 감소하는 특성이 있다.

06

정현파형의 회전 자계 중에 정류자가 있는 회전자를 놓으면 각 정류자편 사이에 연결되어 있는 회전자 권선에는 크기가 같고 위상이 다른 전압이 유기된다. 정류자 편수를 K라 하면 정류자편 사이의 위상차는?

① $\dfrac{\pi}{K}$
② $\dfrac{2\pi}{K}$
③ $\dfrac{K}{\pi}$
④ $\dfrac{K}{2\pi}$

해설
일반적으로 정류자의 모양은 원통형이므로 정류자 편수가 K인 정류자편 사이의 위상차는 $\dfrac{2\pi}{K}$ 이다.

07

스텝각이 $2°$, 스테핑 주파수(Pulse rate)가 $1,800[\text{pps}]$인 스테핑 모터의 축속도$[\text{rps}]$는?

① 8
② 10
③ 12
④ 14

해설
- 1초당 회전 각도
  : $2° \times 1,800 = 3,600°$
- 스테핑 전동기의 회전 속도 $n = \dfrac{3,600°}{360°} = 10[\text{rps}]$
  (∵ 1회전 시 360°의 각도를 이동하기 때문에 360°로 나누어 준다.)

관련개념
스텝 모터(스테핑 전동기)의 회전각, 속도는 펄스 수에 비례한다.

08

변압기의 무부하 시험, 단락 시험에서 구할 수 없는 것은?

① 철손
② 동손
③ 절연 내력
④ 전압 변동률

해설 변압기 시험
- 무부하(개방) 시험: 무부하 전류, 철손(히스테리시스손, 와전류손), 여자 어드미턴스를 알 수 있다.
- 단락 시험: 동손(임피던스 와트), 임피던스 전압(전압 변동)을 알 수 있다.

| 정답 | 05 ② 06 ② 07 ② 08 ③

09

반발 기동형 단상 유도 전동기의 회전 방향을 변경하려면?

① 전원의 2선을 바꾼다.
② 주권선의 2선을 바꾼다.
③ 브러시의 접속선을 바꾼다.
④ 브러시의 위치를 조정한다.

해설

반발 기동형 단상 유도 전동기
- 기동 시 반발 전동기로 동작시키고 일정 속도에 이르면 유도 전동기로 동작하는 전동기이다.
- 브러시 이동만으로 기동, 정지, 속도 제어, 회전 방향 변경 등이 가능한 장점이 있다.

10

동기 조상기에 대한 설명 중 옳지 않은 것은?

① 무부하로 운전되는 동기 전동기로 역률을 개선한다.
② 전압 조정이 연속적이다.
③ 중부하 시에는 과여자로 운전하여 뒤진 전류를 취한다.
④ 진상, 지상 무효 전력을 모두 얻을 수 있다.

해설

중부하 시에는 지상 성분이 많아 과여자(콘덴서)로 작용하여 진상(앞선) 전류를 취한다.

11

단상 유도 전압 조정기와 3상 유도 전압 조정기의 비교 설명으로 옳지 않은 것은?

① 모두 회전자와 고정자가 있으며, 한 편에 1차 권선을, 다른 편에 2차 권선을 둔다.
② 모두 입력 전압과 이에 대응한 출력 전압 사이에 위상차가 있다.
③ 단상 유도 전압 조정기에는 단락 코일이 필요하나 3상에서는 필요 없다.
④ 모두 회전자의 회전각에 따라 조정된다.

해설

구분	단상 유도 전압 조정기	3상 유도 전압 조정기
회전자	교번 자계 이용	회전 자계 이용
위상차	없음	있음
단락 코일	필요함	필요 없음

12

2대의 동기 발전기가 병렬 운전하고 있을 때 동기화 전류가 흐르는 경우는?

① 기전력의 크기에 차가 있을 때
② 기전력의 위상에 차가 있을 때
③ 기전력의 파형에 차가 있을 때
④ 부하 분담에 차가 있을 때

해설 동기 발전기의 병렬 운전 조건

병렬 운전 조건	다를 경우 발생하는 전류
유기 기전력의 크기가 같을 것	무효 순환 전류
유기 기전력의 위상이 같을 것	동기화 전류
유기 기전력의 주파수가 같을 것	동기화 전류
유기 기전력의 파형이 같을 것	고조파 무효 순환 전류

| 정답 | 09 ④ 10 ③ 11 ② 12 ②

13

다음은 단상 직권 정류자 전동기의 개념도이다. C는 무엇인가?

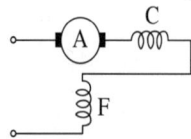

① 제어 권선 ② 보상 권선
③ 보극 권선 ④ 단층 권선

해설 단상 직권 정류자 전동기

단상 직권 정류자 전동기의 구성
- A : 전기자(Armature)
- C : 보상 권선(Compensating winding)
- F : 계자(Field)

14

정격 출력 $10[\text{kVA}]$, 철손 $120[\text{W}]$, 전부하 동손 $180[\text{W}]$의 단상 변압기를 정격 전압에서 역률 0.8, 부하 $\frac{3}{4}$을 걸었을 때의 효율은?

① 96.4[%] ② 95.4[%]
③ 97.4[%] ④ 98.4[%]

해설

$\frac{3}{4}$ 부하 시 효율 $\eta_{\frac{3}{4}} = \dfrac{\frac{3}{4} \times 10 \times 10^3 \times 0.8}{\frac{3}{4} \times 10 \times 10^3 \times 0.8 + 120 + \left(\frac{3}{4}\right)^2 \times 180} \times 100$

$= \dfrac{6,000}{6,221.25} \times 100[\%] = 96.4[\%]$

관련개념

$\frac{1}{m}$ 부하 시 효율 $\eta_{\frac{1}{m}} = \dfrac{\frac{1}{m}VI\cos\theta}{\frac{1}{m}VI\cos\theta + P_i + \left(\frac{1}{m}\right)^2 P_c} \times 100[\%]$

15

유도 전동기의 원선도에서 원의 지름은?(단, E는 1차 전압, r은 1차 환산 저항, x는 1차 환산 누설 리액턴스라고 한다.)

① rE에 비례 ② $\dfrac{r}{E}$에 비례
③ $\dfrac{E}{r}$에 비례 ④ $\dfrac{E}{x}$에 비례

해설 원선도

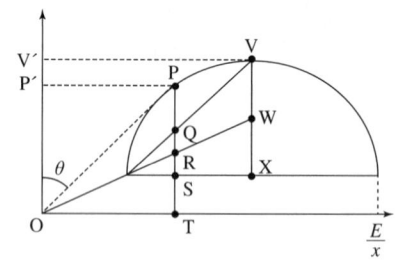

- 원선도의 지름은 $\dfrac{E}{x}$에 비례한다.
- 역률 $\cos\theta = \dfrac{\overline{OP'}}{\overline{OP}}$
- 2차 효율 $\eta_2 = \dfrac{\overline{PQ}}{\overline{PR}}$

16

극수가 24일 때 전기각 $180°$에 해당되는 기하각은?

① 7.5° ② 15°
③ 22.5° ④ 30°

해설

기하각 = 전기각 $\times \dfrac{2}{p} = 180° \times \dfrac{2}{24} = 15°$

| 정답 | 13 ② | 14 ① | 15 ④ | 16 ② |

17

3상 유도 전동기의 공급 전압이 일정하고, 주파수가 정격값보다 감소할 때 다음 현상 중 옳지 않은 것은?

① 동기 속도가 감소한다.
② 누설 리액턴스가 증가한다.
③ 철손이 약간 증가한다.
④ 역률이 나빠진다.

해설
주파수가 감소하면 2차 주파수도 감소하므로 누설 리액턴스는 감소한다.

선지분석
① $N_s = \dfrac{120f}{p}$ 이므로 주파수가 감소하면 동기 속도도 감소한다.
③ 공급 전압이 일정할 경우 철손은 주파수에 반비례하므로 주파수가 감소하면 철손은 증가한다.
④ 역률은 주파수에 비례하므로 주파수가 감소하면 역률이 나빠진다.

18

3상 유도 전동기에서 2차 저항을 증가하면 기동 토크는?

① 증가한다.
② 감소한다.
③ 제곱에 반비례한다.
④ 변하지 않는다.

해설
2차 저항 증가 시 변화
• 기동 전류는 감소하고, 기동 토크가 증가한다.
• 슬립이 증가한다.
• 전부하 효율이 낮아진다.
• 속도가 낮아진다.
• 최대 토크는 2차 저항과 관계없이 변하지 않는다.
• 최대 토크를 발생시키는 슬립은 저항에 따라 변한다.

19

다음 그림은 속도 특성 곡선 및 토크 특성 곡선을 나타낸다. 그림의 특성을 나타내는 전동기로 옳은 것은?

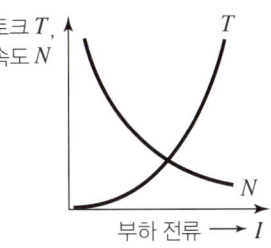

① 직류 분권 전동기
② 직류 직권 전동기
③ 직류 복권 전동기
④ 유도 전동기

해설
직권 전동기의 속도 - 토크 특성
• 속도 특성
$$N \propto \dfrac{V - I_a R_a}{\phi} \propto \dfrac{V - I_a R_a}{I_a}$$
전기자 저항 R_a는 일반적으로 작은 값이므로 회전 속도는 전기자 전류 I_a에 거의 반비례하는 특성을 가진다.
• 토크 특성
$$T \propto I_a^2 \propto \dfrac{1}{N^2}$$
전기자 전류 I_a는 부하 전류 I와 같으므로 토크 특성 곡선은 부하 전의 제곱에 비례하여 포물선 모양으로 증가하게 된다.

20

변압기의 부하 전류 및 전압이 일정하고, 주파수가 낮아 졌을 때의 현상으로 옳은 것은?

① 철손 감소
② 절손 증가
③ 동손 감소
④ 동손 증가

해설
히스테리시스손 $P_h \propto \dfrac{E^2}{f}$ 이므로 주파수가 감소하면 히스테리시스손이 증가하고 철손이 증가한다.

| 정답 | 17 ② | 18 ① | 19 ② | 20 ② |

2024년 2회

01

단상 직권 정류자 전동기에서 주자속의 최대치를 ϕ_m, 자극 수를 P, 전기자 병렬 회로 수를 a, 전기자 총 도체 수를 Z, 전기자의 속도를 N[rpm]이라 하면 속도 기전력의 실횻값 E_r[V]은?(단, 주자속은 정현파이다.)

① $E_r = \sqrt{2}\dfrac{P}{a}Z\dfrac{N}{60}\phi_m$

② $E_r = \dfrac{1}{\sqrt{2}}\dfrac{P}{a}ZN\phi_m$

③ $E_r = \dfrac{P}{a}Z\dfrac{N}{60}\phi_m$

④ $E_r = \dfrac{1}{\sqrt{2}}\dfrac{P}{a}Z\dfrac{N}{60}\phi_m$

해설

전동기의 기전력 $E_r = \dfrac{PZ\phi}{60a}N$[V]

여기서 자속 ϕ는 실횻값이며 주자속 ϕ_m은 정현파로 주어졌으므로 $\phi = \dfrac{\phi_m}{\sqrt{2}}$ 을 대입하면

기전력 실횻값 $E_r = \dfrac{1}{\sqrt{2}}\dfrac{PZ\phi}{60a}N = \dfrac{1}{\sqrt{2}}\dfrac{P}{a}Z\dfrac{N}{60}\phi_m$[V]

(단, P: 극수, Z: 총 도체 수, ϕ: 자속[Wb], N: 속도[rpm], a: 병렬 회로 수)

02

10[kVA], $2,000/100$[V] 변압기의 1차 환산 등가 임피던스가 $6+j8$[Ω]일 때 %리액턴스 강하는 몇 [%]인가?

① 1.5　　② 2
③ 5　　　④ 10

해설

$\%X = \dfrac{P_n X}{10 V^2} = \dfrac{10 \times 8}{10 \times 2^2} = 2[\%]$

(단, P_n: 기준 용량[kVA], V: 선간 전압[kV])

03

단상 유도 전동기의 기동 시 브러시를 필요로 하는 것은?

① 분상 기동형
② 반발 기동형
③ 콘덴서 분상 기동형
④ 셰이딩 코일 기동형

해설 반발 기동형 전동기의 회전자

- 기동 시 반발 전동기로 동작시키고 일정 속도에 이르면 유도 전동기로 동작하는 전동기이다.
- 브러시 이동만으로 기동, 정지, 속도 제어, 회전 방향 변경 등이 가능한 장점이 있다.

04

단상 50[kVA] 1차 $3,300$[V], 2차 210[V], 60[Hz], 1차 권 회수 550, 철심의 유효 단면적 150[cm^2]의 변압기 철심의 자속 밀도 [Wb/m^2]는 약 얼마인가?

① 2.0　　② 1.5
③ 1.2　　④ 1.0

해설

1차 권선수가 주어졌으므로 1차 기전력값을 이용하여 자속 밀도를 구한다.

자속 밀도 $B = \dfrac{E}{4.44 fSN}$

$= \dfrac{3,300}{4.44 \times 60 \times 150 \times 10^{-4} \times 550} = 1.5$[Wb/m^2]

(단, B_m: 자속 밀도[Wb/m^2], E: 기전력[V], f: 주파수[Hz], S: 철심의 단면적[m^2], N: 권선수)

관련개념

변압기의 기전력 실횻값

$E = 4.44 fN\phi = 4.44 fNBS$[V] (자속 $\phi = BS$[Wb])

| 정답 | 01 ④　02 ②　03 ②　04 ② |

05

동기기의 안정도를 증진시키는 방법이 아닌 것은?

① 단락비를 크게 할 것
② 속응 여자 방식을 채용할 것
③ 정상 리액턴스를 크게 할 것
④ 영상 및 역상 임피던스를 크게 할 것

해설 동기 발전기의 안정도 향상 대책
- 단락비를 크게 한다.
- 회전자에 플라이-휠을 설치하여 관성을 크게 한다.
- 속응 여자 방식을 채용한다.
- 조속기 동작을 신속히 한다.(전기식 조속기 채용)
- 동기 임피던스를 작게 한다.(정상 임피던스를 작게 한다.)
- 영상 임피던스와 역상 임피던스를 크게 한다.

06

제어 정류기 중 특정 고조파를 제거할 수 있는 방법은?

① 대칭각 제어기법
② 소호각 제어기법
③ 대칭 소호각 제어기법
④ 펄스폭 변조 제어기법

해설 펄스폭 변조 방식(PWM)
특정한 고조파를 제거하는데 탁월한 효과가 있다.

07

변압기에 있어서 부하와는 관계없이 자속만을 발생시키는 전류는?

① 1차 전류
② 자화 전류
③ 여자 전류
④ 철손 전류

해설 변압기의 자화 전류
- 자화 전류(I_ϕ): 자속을 유기(발생)시키는 전류
- 철손 전류(I_i): 철손을 발생시키는 전류
- 여자 전류 $I_o = \sqrt{I_i^2 + I_\phi^2}$ [A]

08

정격 용량 $10,000[\text{kVA}]$, 정격 전압 $6,000[\text{V}]$, 1상의 동기 임피던스가 $3[\Omega]$인 3상 동기 발전기가 있다. 이 발전기의 단락비는 약 얼마인가?

① 1.0
② 1.2
③ 1.4
④ 1.6

해설
- 단락 전류
$$I_s = \frac{E}{Z_s} = \frac{V}{\sqrt{3}\,Z_s}[\text{A}]$$
(단, I_s: 단락 전류[A], E: 상전압[V], Z_s: 동기 임피던스[Ω], V: 정격 전압[V])

- 정격 전류
$$I_n = \frac{P}{\sqrt{3}\,V}[\text{A}]$$
(단, I_n: 정격 전류[A], P: 용량[VA])

- 단락비
$$K_s = \frac{I_s}{I_n} = \frac{\frac{V}{\sqrt{3}\,Z_s}}{\frac{P}{\sqrt{3}\,V}} = \frac{V^2}{PZ_s}$$

$$\therefore K_s = \frac{V^2}{PZ_s} = \frac{6,000^2}{10,000 \times 10^3 \times 3} = 1.2$$

09
수은 정류기의 역호가 발생하는 가장 큰 원인은?

① 전원 전압의 상승
② 내부 저항의 저하
③ 전원 주파수의 저하
④ 전압과 전류의 과대

해설 수은 정류기

수은 정류기의 밸브 작용이 상실되어 역전류에서도 통전되는 현상을 '역호'라고 하고, 발생 원인은 다음과 같다.
- 과전압, 과전류
- 증기 밀도 과다
- 내부 잔존 가스 압력 상승
- 양극 재료 불량 및 불순물 부착

10
3상 교류발전기의 손실은 단자전압 및 역률이 일정할 때 $P = P_o + \alpha I + \beta I^2$으로 된다. 부하전류 I가 어떤 값일 때 발전기 효율이 최대가 되는가? (단, P_o는 무부하손이며, α, β는 계수이다.)

① $I = \dfrac{P_o}{\beta}$
② $I = \sqrt{\dfrac{P_o}{\beta}}$
③ $I = \dfrac{\alpha}{\beta}$
④ $I = \sqrt{\dfrac{\alpha}{\beta}}$

해설

손실 P의 구성요소는 다음과 같다.

P_o	무부하손(철손)
αI	표류부하손
βI^2	동손

발전기 효율이 최대가 되기 위해서 철손과 동손은 같아야 하므로 $P_o = \beta I^2$이다.

∴ $I^2 = \dfrac{P_o}{\beta} \rightarrow I = \sqrt{\dfrac{P_o}{\beta}}$ 일 때 발전기의 효율이 최대가 된다.

11
다음은 IGBT에 관한 설명이다. 잘못된 것은?

① Insulated Gate Bipolar Thyristor의 약자다.
② 트랜지스터와 MOSFET를 조합한 것이다.
③ 고속 스위칭이 가능하다.
④ 전력용 반도체 소자이다.

해설 IGBT의 특징
- Insulated Gate Bipolar Transistor의 약자이다.
- BJT(트랜지스터)와 MOSFET의 장점을 취한 전력용 반도체 소자이다.
- 게이트(G)와 에미터(E) 사이에 전압을 인가하여 구동한다.
- 스위칭 속도는 MOSFET과 BJT의 중간 정도로 비교적 빠른 편에 속한다. (고속 스위칭)

12
단상 전파 정류 회로의 정류 효율은?

① $\dfrac{4}{\pi^2} \times 100[\%]$
② $\dfrac{\pi^2}{4} \times 100[\%]$
③ $\dfrac{8}{\pi^2} \times 100[\%]$
④ $\dfrac{\pi^2}{8} \times 100[\%]$

해설

정류 효율 $\eta = \dfrac{P_{dc}}{P_{ac}} \times 100[\%] = \dfrac{\left(\dfrac{2I_m}{\pi}\right)^2 R}{\left(\dfrac{I_m}{\sqrt{2}}\right)^2 R} \times 100[\%] = \dfrac{8}{\pi^2} \times 100[\%]$

관련개념

단상 전파 정류 효율 $\eta = \dfrac{8}{\pi^2} \times 100[\%] = 81.1[\%]$

단상 반파 정류 효율 $\eta = \dfrac{4}{\pi^2} \times 100[\%] = 40.5[\%]$

정답 | 09 ④ 10 ② 11 ① 12 ③

13

풍력 발전기로 이용되는 유도 발전기의 단점이 아닌 것은?

① 병렬로 접속되는 동기기에서 여자 전류를 취해야 한다.
② 공극의 치수가 작기 때문에 운전 시 주의해야 한다.
③ 효율이 낮다.
④ 역률이 높다.

해설 유도 발전기의 특징

장점	단점
• 경제적이다. • 기동과 취급이 간단하고 고장이 적다. • 동기 발전기와 같이 동기화할 필요가 없다. • 난조 등의 이상 현상이 없다. • 동기기에 비해 단락 전류가 적고 지속 시간이 짧다.	• 효율과 역률이 낮다. • 병렬로 운전되는 동기기에서 여자 전류를 취해야 한다. • 공극의 치수가 작기 때문에 운전 시 주의해야 한다.

14

다음 중 서보 모터가 갖추어야 할 조건이 아닌 것은?

① 기동 토크가 클 것
② 토크-속도 곡선이 수하 특성을 가질 것
③ 회전자를 굵고 짧게 할 것
④ 전압이 0이 되었을 때 신속하게 정지할 것

해설 서보 모터의 조건
• 시동(기동) 토크가 클 것
• 토크-속도 곡선이 수하 특성을 가질 것
• 회전자를 가늘고 길게 할 것
• 전압이 0이 되었을 때 신속하게 정지할 것
• AC 서보 모터는 구조가 간단하고 DC 서보 모터에 비해 시동 토크가 작을 것

15

단상 직권 정류자 전동기에서 보상 권선과 저항 도선의 작용을 설명한 것으로 틀린 것은?

① 역률을 좋게 한다.
② 변압기 기전력을 크게 한다.
③ 전기자 반작용을 감소시킨다.
④ 저항 도선은 변압기 기전력에 의한 단락 전류를 적게 한다.

해설
보상 권선과 저항 도선은 변압기 기전력과 무관하다.
• 보상 권선: 역률을 개선시키고 전기자 반작용 보상 및 기전력 감소
• 저항 도선: 변압기 기전력에 의한 단락 전류를 억제

16

직류 복권 발전기를 병렬 운전할 때 반드시 필요한 것은?

① 과부하 계전기
② 균압선
③ 용량이 같을 것
④ 외부 특성 곡선이 일치할 것

해설 직권 발전기와 복권 발전기의 병렬 운전
두 발전기의 기전력과 전압 강하 등이 동일하지 않을 때 기전력이 큰 발전기가 모든 부하 분담을 가지게 된다. 이를 방지하기 위해 균압선을 반드시 설치하여야 병렬 운전을 안전하게 할 수 있다.

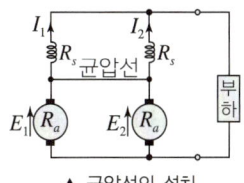

▲ 균압선의 설치

| 정답 | 13 ④ 14 ③ 15 ② 16 ②

17

유도 전동기의 부하를 증가시켰을 때 옳지 않은 것은?

① 속도는 감소한다.
② 1차 부하 전류는 감소한다.
③ 슬립은 증가한다.
④ 2차 유도 기전력은 증가한다.

해설 유도 전동기의 부하가 증가하는 경우
- 전체 전류에서 자화 전류(무부하 전류)가 차지하는 비율이 적어진다.
- 역률이 좋아진다.
- 속도는 감소하고, 슬립은 증가한다.
- 2차 유도 기전력이 증가한다.

18

3상 직권 정류자 전동기의 중간 변압기의 사용 목적은?

① 역회전의 방지
② 역회전을 위하여
③ 전동기의 특성을 조정
④ 직권 특성을 얻기 위하여

해설 중간 변압기 사용 목적
- 실효 권수비를 조정하여 전동기의 특성을 조정하고 정류 전압을 조정한다.
- 직권 특성이기 때문에 경부하 시 속도 상승이 우려되지만 중간 변압기를 사용하여 철심을 포화하면 속도 상승을 제한할 수 있다.

19

4극, 60[Hz]의 유도 전동기가 슬립 5[%]로 전부하 운전하고 있을 때, 2차 권선의 손실이 94.25[W]라고 하면 토크는 약 몇 [N·m]인가?

① 1.02
② 2.04
③ 10
④ 20

해설
- 동기 속도

$$N_s = \frac{120f}{p} = \frac{120 \times 60}{4} = 1,800 [\text{rpm}]$$

(단, f: 주파수[Hz], p: 극수)

- 2차 출력

$$P_2 = \frac{P_{c2}}{s} = \frac{94.25}{0.05} = 1,885 [\text{W}]$$

(단, P_{c2}: 2차 권선의 손실[W], s: 슬립)

- 토크

$$T = 9.55 \times \frac{P_2}{N_s} = 9.55 \times \frac{1,885}{1,800} = 10 [\text{N·m}]$$

20

사이리스터 2개를 사용한 단상 전파 정류 회로에서 직류 전압 100[V]를 얻으려면 PIV가 약 몇 [V]인 다이오드를 사용하면 되는가?

① 111
② 141
③ 222
④ 314

해설
- 단상 전파 정류 회로(중간탭)의 최대 역전압

$$PIV = 2\sqrt{2}\,E [\text{V}]$$

- 교류 실효 전압과 직류 전압의 관계

$$V_o = \frac{2\sqrt{2}}{\pi} E [\text{V}]$$

$$\therefore PIV = 2\sqrt{2} \times \frac{\pi}{2\sqrt{2}} V_o = \pi V_o = 314.16 ≒ 314 [\text{V}]$$

| 정답 | 17 ② | 18 ③ | 19 ③ | 20 ④ |

2024년 3회

01

스테핑 모터의 구조형이 아닌 것은?

① 영구 자석형
② PSC형
③ 하이브리드형
④ 가변 릴럭턴스형

해설 스테핑 모터의 구조
- 영구 자석형(PM형)
- 하이브리드형(복합형)
- 가변 릴럭턴스형(VR형)

02

주파수 50[Hz]로 설계된 3상 유도 전동기를 60[Hz]로 증가시켜 사용하는 경우 동기속도는 몇 배가 되는가?

① 0.98
② 0.8
③ 1
④ 1.2

해설

$N_s = \dfrac{120f}{p}$ 이므로 동기 속도 $N_s \propto f$ 이다.(단, f: 주파수[Hz], p: 극수)
따라서 주파수가 50[Hz]에서 60[Hz]로 1.2배 증가하면 동기 속도도 1.2배 증가한다.

03

60[Hz], 120[V] 정격인 단상 유도 전동기의 역률을 88[%]에서 97[%]로 개선하기 위한 병렬 콘덴서의 용량은 약 몇 [VA]인가?(단, 이 단상 유도 전동기의 출력은 2[HP], 효율은 92[%]이다.)

① 411
② 434
③ 445
④ 469

해설

1[HP] = 746[W] 이므로 2[HP] = 1,492[W] 이다.

효율 = $\dfrac{\text{출력}}{\text{입력}}$ → 입력 = $\dfrac{\text{출력}}{\text{효율}} = \dfrac{1,492}{0.92} = 1,621.74[W]$

콘덴서 용량 $Q = P(\tan\theta_1 - \tan\theta_2)$
$= 1,621.74\left(\dfrac{\sqrt{1-0.88^2}}{0.88} - \dfrac{\sqrt{1-0.97^2}}{0.97}\right)$
$= 468.88[VA]$

04

유도 전동기의 슬립 s의 범위는?

① $s < -1$
② $-1 < s < 0$
③ $0 < s < 1$
④ $1 < s$

해설 유도기의 슬립 범위

정지	전동기	발전기	제동기
$s = 1$	$0 < s < 1$	$s < 0$	$1 < s < 2$

| 정답 | 01 ② 02 ④ 03 ④ 04 ③

05

단상 단권 변압기 2대를 V 결선으로 해서 3상 전압 $3,000[V]$를 $3,300[V]$로 승압하고, $150[kVA]$를 송전하려고 한다. 이 경우 단상 변압기 1대분의 자기 용량$[kVA]$은 약 얼마인가?

① 15.74
② 13.62
③ 7.87
④ 4.54

해설 단권 변압기 3상 V 결선

$$\frac{\text{자기 용량}}{\text{부하 용량}} = \frac{2}{\sqrt{3}}\left(\frac{V_h - V_l}{V_h}\right)$$

자기 용량 $= \frac{2}{\sqrt{3}} \times \frac{3,300 - 3,000}{3,300} \times 150 = 15.75[kVA]$

∴ 단상 변압기 1대분 자기 용량 $= \frac{15.75}{2} ≒ 7.87[kVA]$

06

3상 반작용 전동기(Reaction motor)의 특성으로 가장 옳은 것은?

① 역률이 좋은 전동기
② 토크가 비교적 큰 전동기
③ 기동용 전동기가 필요한 전동기
④ 여자 권선 없이 동기 속도로 회전하는 전동기

해설
반작용 전동기는 여자 권선 없이 동기 속도로 회전하는 전동기이다.

07

직류 분권 발전기에 대한 설명으로 옳은 것은?

① 단자 전압이 강하하면 계자 전류가 증가한다.
② 부하에 의한 전압의 변동이 타여자 발전기에 비하여 크다.
③ 타여자 발전기의 경우보다 외부 특성 곡선이 상향으로 된다.
④ 분권 권선의 접속 방법에 관계없이 자기 여자로 전압을 올릴 수가 있다.

해설 직류 분권 발전기
- 단자 전압이 강하하면 계자 전류가 감소한다.
- 부하에 의한 전압의 변동이 타여자 발전기에 비하여 크다.
- 타여자 발전기의 경우보다 외부 특성 곡선이 하향으로 된다.
- 분권 권선의 접속 방법과 관계없이 자기 여자로 전압을 올릴 수가 없다.

08

SCR에 관한 설명으로 틀린 것은?

① 3단자 소자이다.
② 스위칭 소자이다.
③ 직류 전압만을 제어한다.
④ 적은 게이트 신호로 대전력을 제어한다.

해설 SCR(실리콘 제어 정류기)
- 정류 기능의 단일 방향성 3단자 소자이다.
- 동작 최고 온도가 가장 높다.
- 위상 제어, 인버터, 초퍼 등에 사용한다.
- 역방향 내전압이 크다.
- 교류, 직류 모두 제어할 수 있다.

| 정답 | 05 ③ 06 ④ 07 ② 08 ③

09

$10[\text{kVA}]$, $2{,}000/100[\text{V}]$ 변압기의 1차 환산 등가 임피던스가 $6+j8[\Omega]$일 때 %리액턴스 강하는 몇 [%]인가?

① 1.5
② 2
③ 5
④ 10

해설

- 1차 정격 전류

$$I_{1n} = \frac{P}{V_1} = \frac{10 \times 10^3}{2{,}000} = 5[\text{A}]$$

- %리액턴스

$$\%X = \frac{I_{1n}X}{V_{1n}} \times 100 = \frac{5 \times 8}{2{,}000} \times 100 = 2[\%]$$

10

회전자 동기 각속도 ω_0, 회전자 각속도 ω인 유도 전동기의 2차 효율은?

① $\dfrac{\omega_0 - \omega}{\omega}$
② $\dfrac{\omega_0 - \omega}{\omega_0}$
③ $\dfrac{\omega_0}{\omega}$
④ $\dfrac{\omega}{\omega_0}$

해설 유도 전동기의 2차 효율

$$\eta_2 = \frac{P_0}{P_2} = \frac{(1-s)P_2}{P_2} = \frac{N}{N_s} = \frac{\omega}{\omega_0}$$

(단, P_0: 회전자 출력(2차 출력), P_2: 회전자 입력(2차 입력), s: 슬립, N: 회전자 속도, N_s: 동기 속도)

11

단상 직권 정류자 전동기의 종류에 속하지 않는 것은?

① 직권형
② 보상 직권형
③ 보극 직권형
④ 유도 보상 직권형

해설 단상 직권 정류자 전동기의 종류

- 직권형
- 보상 직권형
- 유도 보상 직권형

12

직류 전동기의 규약 효율을 나타낸 식으로 옳은 것은?

① $\dfrac{출력}{입력} \times 100[\%]$
② $\dfrac{입력}{입력+손실} \times 100[\%]$
③ $\dfrac{출력}{출력+손실} \times 100[\%]$
④ $\dfrac{입력-손실}{입력} \times 100[\%]$

해설 규약 효율

- 발전기 효율 $\eta = \dfrac{출력}{출력+손실} \times 100[\%]$

  (발전기는 입력 토크를 측정하기 곤란하기 때문)

- 전동기 효율 $\eta = \dfrac{입력-손실}{입력} \times 100[\%]$

  (전동기는 출력 토크를 측정하기 곤란하기 때문)

정답 | 09 ② 10 ④ 11 ③ 12 ④

13

3상 직권 정류자 전동기에 중간(직렬) 변압기가 쓰이고 있는 이유가 아닌 것은?

① 정류자 전압 조정
② 회전자 상수 감소
③ 실효 권수비 선정 조정
④ 경부하 시 속도 이상 상승 방지

해설 중간 변압기의 역할
- 중간 변압기의 특성을 변경시켜 전동기의 특성을 조정할 수 있다.
- 전원 전압의 크기와 상관없이 회전자의 전압을 정류 작용에 맞는 값으로 정할 수 있다.
- 실효 권수비를 조정할 수 있다.
- 경부하 시 속도의 이상 상승 방지 역할도 한다.

14

그림과 같은 정류 회로에서 전류계의 지시값은 약 몇 [mA]인가?(단, 전류계는 가동 코일형이고 정류기 저항은 무시한다.)

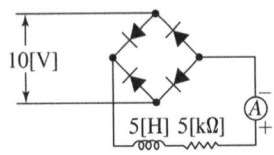

① 1.8
② 4.5
③ 6.4
④ 9.0

해설 단상 전파 정류 회로(브리지)
- 직류 전압

$$E_d = \frac{2\sqrt{2}}{\pi}E_a = \frac{2\sqrt{2}}{\pi} \times 10 \fallingdotseq 9[V]$$

- 직류 전류

$$I_d = \frac{E_d}{R} = \frac{9}{5 \times 10^3} = 1.8 \times 10^{-3}[A] = 1.8[mA]$$

관련개념 단상 전파 정류 회로에서 직류 전압

$$E_d = \frac{2\sqrt{2}}{\pi}E_a \fallingdotseq 0.9E_a$$

15

교류 분권 정류자 전동기는 어느 때에 가장 적당한 특성을 갖고 있는가?

① 부하 토크에 관계없이 완전 일정 속도를 요하는 경우
② 속도의 연속 가감과 정속도 운전을 아울러 요하는 경우
③ 무부하와 전부하의 속도 변화가 적고 거의 일정속도를 요하는 경우
④ 속도를 여러 단으로 변화시킬 수 있고 각 단에서 정속도 운전을 요하는 경우

해설 교류 분권 정류자 전동기
- 토크 변화에 대한 속도 변화가 작다.(정속도 특성)
- 정속도 전동기인 동시에 교류 가변 속도 전동기의 특성이 있다. (속도의 연속 가감)

16

$7.5[kW]$, 6극, $200[V]$용 3상 유도 전동기가 있다. 정격 전압으로 기동하면 기동 전류는 정격 전류의 $615[\%]$이고 기동 토크는 전부하 토크의 $225[\%]$이다. 지금 기동 토크를 전부하 토크의 1.5배로 하기 위하여 기동 전압을 약 몇 [V]로 하면 되는가?

① 133
② 143
③ 153
④ 163

해설

유도 전동기의 토크 $T \propto V^2$이므로

기동 전압 $V' = V \times \sqrt{\frac{T'}{T}} = 200 \times \sqrt{\frac{1.5}{2.25}} \fallingdotseq 163[V]$

| 정답 | 13 ② | 14 ① | 15 ② | 16 ④ |

17

직류 발전기의 유기 기전력이 230[V], 극수가 4, 정류자 편수가 162인 정류자 편간 평균 전압은 약 몇 [V]인가? (단, 권선법은 중권이다.)

① 5.68
② 6.28
③ 9.42
④ 10.2

해설

$e = \dfrac{pE}{k} = \dfrac{4 \times 230}{162} ≒ 5.68[V]$

(단, e: 정류자 편간 평균 전압[V], P: 극수, E: 유기 기전력[V], k: 정류자 편수)

18

일반적인 농형 유도 전동기에 비하여 2중 농형 유도 전동기의 특징으로 옳은 것은?

① 손실이 적다.
② 슬립이 크다.
③ 최대 토크가 크다.
④ 기동 토크가 크다.

해설 2중 농형 유도 전동기의 특징
- 기동 전류가 작고, 기동 토크가 크다.
- 기동용 권선: 저항이 크고 리액턴스가 작다.
- 운전용 권선: 저항이 작고 리액턴스가 크다.

19

다이오드를 사용하는 정류 회로에서 과대한 부하 전류로 인하여 다이오드가 소손될 우려가 있을 때 가장 적절한 조치는 어느 것인가?

① 다이오드를 병렬로 추가한다.
② 다이오드를 직렬로 추가한다.
③ 다이오드 양단에 적당한 값의 저항을 추가한다.
④ 다이오드 양단에 적당한 값의 콘덴서를 추가한다.

해설
- 다이오드 여러 개를 직렬연결 시 다이오드 여러 개에 걸리는 전압이 증가하여 전체 입력 전압을 크게 할 수 있다.
- 다이오드 여러 개를 병렬연결 시 다이오드 1개에 흐르는 전류를 작게 할 수 있어 전체 입력 전류를 크게 할 수 있다.

20

동기 발전기의 단자 부근에서 단락이 일어났다고 하면 단락 전류는 어떻게 되는가?

① 전류가 계속 증가한다.
② 큰 전류가 증가와 감소를 반복한다.
③ 처음에는 큰 전류이나 점차 감소한다.
④ 일정한 큰 전류가 지속적으로 흐른다.

해설 동기 발전기의 3상 단락 전류

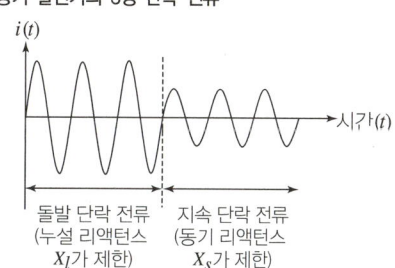

- 돌발 단락 전류(순간 단락 전류): X_l에 의한 전류

  $I_s = \dfrac{E}{X_l}[A]$ (단, E: 상전압[V])

- 지속 단락 전류(영구 단락 전류): X_s에 의한 전류

  $I_s = \dfrac{E}{X_s}[A]$

즉, 동기 발전기는 3상 단락 사고 시 처음에는 매우 큰 전류가 흐르고 이후 점점 단락 전류가 감소하는 특성이 있다.

| 정답 | 17 ① | 18 ④ | 19 ① | 20 ③ |

2023년 1회

01

유도 전동기에 게르게스 현상이 발생하는 슬립은 대략 얼마인가?

① 0.25
② 0.50
③ 0.70
④ 0.80

해설 게르게스 현상

권선형 유도 전동기에서 무부하 또는 경부하 운전 중 2차 측 3상 권선 중 1상이 결상되어도 전동기가 소손되지 않고 슬립이 $50[\%]$ 근처에서(정격 속도의 $\frac{1}{2}$ 배) 운전되며 그 이상 가속되지 않는 현상이다.

02

정전압 계통에 접속된 동기 발전기의 여자를 약하게 하면?

① 출력이 감소한다.
② 전압이 강하한다.
③ 앞선 무효 전류가 증가한다.
④ 뒤진 무효 전류가 증가한다.

해설

동기 발전기의 여자를 약하게 하면 그 발전기의 역률이 좋아져 90° 앞선 무효 전류가 증가한다.

03

비례 추이와 관계가 있는 전동기는?

① 동기 전동기
② 정류자 전동기
③ 3상 농형 유도 전동기
④ 3상 권선형 유도 전동기

해설 비례 추이

- 3상 권선형 유도 전동기는 회전자에도 권선이 감겨 있으므로 2차 회로에 저항을 연결할 수 있다.
- 회전자에 외부 저항을 접속시켜 전동기의 최대 토크가 낮은 속도 쪽으로 이동하는 것을 토크의 비례 추이라고 한다.

04

$200[kVA]$의 단상 변압기가 있다. 철손이 $1.6[kW]$이고 전부하 동손이 $2.5[kW]$이다. 이 변압기의 역률이 0.8일 때 전부하 시의 효율은 약 몇 $[\%]$인가?

① 96.5
② 97.0
③ 97.5
④ 98.0

해설 변압기의 전부하 효율

$$\eta = \frac{P_a\cos\theta}{P_a\cos\theta + P_i + P_c} \times 100$$

$$= \frac{200 \times 0.8}{200 \times 0.8 + 1.6 + 2.5} \times 100$$

$$= 97.5[\%]$$

| 정답 | 01 ② 02 ③ 03 ④ 04 ③

05

어떤 정류기의 부하 전압이 $2,000[V]$이고 맥동률이 $3[\%]$이면 교류분의 진폭$[V]$은?

① 20　　　　② 30
③ 50　　　　④ 60

해설

맥동률 = $\dfrac{\text{교류분}}{\text{직류분}}$ 이므로

∴ 교류분 = 맥동률 × 직류분 = $0.03 \times 2,000 = 60[V]$

06

12극의 3상 동기 발전기가 있다. 기계각 $15°$에 대응하는 전기각은?

① $30°$　　　　② $45°$
③ $60°$　　　　④ $90°$

해설

전기각 = $\dfrac{\text{극수}(p)}{2} \times \text{기계각(기하각)} = \dfrac{12}{2} \times 15° = 90°$

07

교류 정류자 전동기의 설명 중 틀린 것은?

① 정류 작용은 직류기와 같이 간단히 해결된다.
② 구조가 일반적으로 복잡하여 고장이 생기기 쉽다.
③ 기동 토크가 크고 기동 장치가 필요 없는 경우가 많다.
④ 역률이 높은 편이며 연속적인 속도 제어가 가능하다.

해설

교류 정류자 전동기
- 직류기와 같이 정류자가 있는 회전자와 유도기와 같은 고정자를 갖고 있다.
- 교류 정류자 전동기는 정류 작용 문제가 직류기보다 어려운 단점이 있다. 때문에, 출력에 제한을 받는다.

08

변압기의 전일 효율이 최대가 되는 조건은?

① 하루 중의 무부하손의 합 = 하루 중의 부하손의 합
② 하루 중의 무부하손의 합 < 하루 중의 부하손의 합
③ 하루 중의 무부하손의 합 > 하루 중의 부하손의 합
④ 하루 중의 무부하손의 합 = 2×하루 중의 부하손의 합

해설

철손(무부하손)과 동손(부하손)이 같을 때 변압기의 전일 효율이 최대가 된다.

| 정답 | 05 ④　06 ④　07 ①　08 ① |

09

단상 변압기에 정현파 유기 기전력을 유기하기 위한 여자 전류의 파형은?

① 정현파　　② 삼각파
③ 왜형파　　④ 구형파

해설
여자 전류는 무부하 시 자속 공급을 위한 전류로, 대부분 철손 전류와 자화 전류로 구성된다. 따라서 여자 전류에 많이 포함된 제3 고조파의 영향으로 여자 전류 파형은 왜형파가 된다.

10

직류 직권 전동기에서 토크 T와 회전수 N의 관계는?

① $T \propto N$　　② $T \propto N^2$
③ $T \propto \dfrac{1}{N}$　　④ $T \propto \dfrac{1}{N^2}$

해설
$T \propto I_a^2 \propto \dfrac{1}{N^2}$

토크는 회전수의 제곱(N^2)에 반비례하고, 회전수의 제곱의 역수 $\left(\dfrac{1}{N^2}\right)$에 비례한다.

11

$60[\text{Hz}]$, 4극 유도 전동기의 슬립이 $4[\%]$인 때의 회전수 $[\text{rpm}]$은?

① 1,728　　② 1,738
③ 1,748　　④ 1,758

해설
• 동기 속도
$$N_s = \frac{120f}{p} = \frac{120 \times 60}{4} = 1,800[\text{rpm}]$$
• 회전자 속도
$$N = (1-s)N_s = (1-0.04) \times 1,800 = 1,728[\text{rpm}]$$

12

교류기에서 유기 기전력의 특정 고조파분을 제거하고 또 권선을 절약하기 위하여 자주 사용되는 권선법은?

① 전절권　　② 분포권
③ 집중권　　④ 단절권

해설 단절권
• 고조파를 제거하여 기전력의 파형을 개선
• 권선단의 길이가 짧아져 기계 전체의 길이가 축소
• 동량이 적게 들어 동손 감소
• 전절권에 비해 유기 기전력이 감소

| 정답 | 09 ③　10 ④　11 ①　12 ④

13

동기기의 과도 안정도를 증가시키는 방법이 아닌 것은?

① 속응 여자 방식을 채용한다.
② 동기화 리액턴스를 크게 한다.
③ 동기 탈조 계전기를 사용한다.
④ 발전기의 조속기 동작을 신속히 한다.

해설 동기 발전기의 안정도 향상 대책
- 단락비를 크게 한다.
- 회전자에 플라이-휠을 설치하여 관성을 크게 한다.
- 속응 여자 방식을 채용한다.
- 조속기 동작을 신속히 한다.(전기식 조속기 채용)
- 동기 임피던스를 작게 한다.(정상 임피던스를 작게 한다.)
- 영상 임피던스와 역상 임피던스를 크게 한다.
- 동기 탈조 계전기를 사용한다.

14

변압기유 열화 방지 방법 중 틀린 것은?

① 밀봉 방식
② 흡착제 방식
③ 수소 봉입 방식
④ 개방형 콘서베이터

해설 변압기유 열화 방지 대책
- 개방형 콘서베이터를 사용하여 공기의 침입 방지
- 콘서베이터 내에 질소 및 흡착제 삽입
- 수소 봉입 방식은 열화 방지 대책과 거리가 멀다.

15

대칭 3상 권선에 평형 3상 교류가 흐르는 경우 회전 자계의 설명으로 틀린 것은?

① 발생 회전 자계 방향 변경 가능
② 발생 회전 자계는 전류와 같은 주기
③ 발생 회전 자계 속도는 동기 속도보다 늦음
④ 발생 회전 자계의 세기는 각 코일 최대 자계의 1.5배

해설 회전 자계의 특성
- 발생 회전 자계 방향 변경 가능
- 발생 회전 자계는 전류와 같은 주기
- 발생 회전 자계 속도는 동기 속도와 같은 속도
- 발생 회전 자계의 세기는 각 코일 최대 자계의 1.5배

16

4극 3상 유도 전동기가 있다. 전원 전압 $200[\text{V}]$로 전부하를 걸었을 때 전류는 $21.5[\text{A}]$이다. 이 전동기의 출력은 약 몇 $[\text{W}]$인가?(단, 전부하 역률 $86[\%]$, 효율 $85[\%]$이다.)

① 5,029
② 5,444
③ 5,820
④ 6,103

해설 3상 전동기의 출력
$P = \sqrt{3}\,VI\cos\theta\,\eta = \sqrt{3} \times 200 \times 21.5 \times 0.86 \times 0.85$
$\fallingdotseq 5,444[\text{W}]$

| 정답 | 13 ② | 14 ③ | 15 ③ | 16 ② |

17

변압비 3,000/100[V]인 단상 변압기 2대의 고압 측을 그림과 같이 직렬로 3,300[V] 전원에 연결하고 저압 측에 각각 5[Ω], 7[Ω]의 저항을 접속하였을 때 고압 측의 단자 전압 E_1은 약 몇 [V]인가?

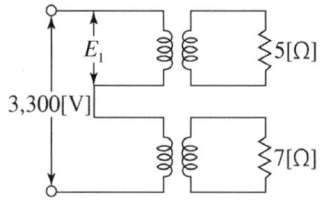

① 471[V] ② 660[V]
③ 1,375[V] ④ 1,925[V]

해설 전압 분배의 법칙

주어진 회로에 전압 분배의 법칙을 적용하여 풀이하면 다음과 같다.

$E_1 = \dfrac{R_1}{R_1+R_2}E = \dfrac{5}{5+7} \times 3,300 = 1,375[V]$

18

동기 발전기의 제동 권선의 주요 작용은?

① 제동 작용 ② 난조 방지 작용
③ 시동 권선 작용 ④ 자려작용(自勵作用)

해설 제동 권선의 역할

- 난조의 방지: 제동 권선은 기계적인 플라이-휠과 비슷한 작용을 전기적으로 작용한다.
- 일정 속도로 회전하고 있는 발전기가 특정 이유로 속도가 변할 때 제동 권선에 전류가 발생하고 이 전류에 의해 동력이 발생하여 속도 변화를 막아 준다.
- 불평형 부하 시 전류, 전압 파형을 개선시킨다.
- 송전선의 불평형 단락 시 이상 전압을 방지한다.
- 기동 토크 발생: 동기 전동기의 경우, 제동 권선은 유도기의 농형 권선과 같은 역할을 하며 기동 토크를 발생시킨다.

19

회전형 전동기와 선형 전동기(Linear Motor)를 비교한 설명 중 틀린 것은?

① 선형의 경우 회전형에 비해 공극의 크기가 작다.
② 선형의 경우 직접적으로 직선 운동을 얻을 수 있다.
③ 선형의 경우 회전형에 비해 부하 관성의 영향이 크다.
④ 선형의 경우 전원의 상 순서를 바꾸어 이동 방향을 변경한다.

해설 선형 전동기

- 회전자에서 발생하는 전자력을 직선의 기계 에너지로 변환하는 전동기이다.
- 회전형에 비해 부하 관성의 영향이 크다.
- 전원의 상 순서를 바꾸어 이동 방향을 변경할 수 있다.
- 큰 공극으로 인해 효율이 떨어진다.

20

3상 3,300[V], 100[kVA]의 동기 발전기의 정격 전류는 약 몇 [A]인가?

① 17.5 ② 25
③ 30.3 ④ 33.3

해설

$P = \sqrt{3}\, VI_n [VA]$(단, V: 정격 전압[V], I_n: 정격 전류[A])이므로

정격 전류 $I_n = \dfrac{P}{\sqrt{3}\,V} = \dfrac{100 \times 10^3}{\sqrt{3} \times 3,300} = 17.5[A]$이다.

| 정답 | 17 ③ 18 ② 19 ① 20 ①

2023년 2회

01

그림은 단상 직권 정류자 전동기의 개념도이다. C를 무엇이라고 하는가?

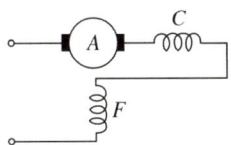

① 제어 권선 ② 보상 권선
③ 보극 권선 ④ 단층 권선

해설 단상 직권 정류자 전동기의 구성
- A : 전기자(Armature)
- C : 보상 권선(Compensator)
- F : 계자(Field)

02

동기 발전기의 단락 시험, 무부하 시험에서 구할 수 없는 것은?

① 철손 ② 단락비
③ 동기 리액턴스 ④ 전기자 반작용

해설
동기 발전기의 무부하 시험, 3상 단락 시험으로 다음과 같은 값을 알 수 있다.
- 무부하 시험: 철손, 기계손, 여자 전류
- 3상 단락 시험: 동기 임피던스, 임피던스 와트, 임피던스 전압, 단락비

03

단상 반발 유도 전동기에 대한 설명으로 옳은 것은?

① 역률은 반발 기동형보다 나쁘다.
② 기동 토크는 반발 기동형보다 크다.
③ 전부하 효율은 반발 기동형보다 좋다.
④ 속도의 변화는 반발 기동형보다 크다.

해설 반발 유도 전동기
- 효율은 떨어지지만 역률이 좋다.
- 반발 기동형보다 기동 시 토크는 작고 속도 변화가 크다.

04

상수 m, 매극 매상당 슬롯 수 q인 동기 발전기에서 n차 고조파분에 대한 분포 계수는?

① $\dfrac{q\sin\dfrac{n\pi}{mq}}{\sin\dfrac{n\pi}{m}}$　　② $\dfrac{\sin\dfrac{n\pi}{m}}{q\sin\dfrac{n\pi}{mq}}$

③ $\dfrac{\sin\dfrac{\pi}{2m}}{q\sin\dfrac{n\pi}{2mq}}$　　④ $\dfrac{\sin\dfrac{n\pi}{2m}}{q\sin\dfrac{n\pi}{2mq}}$

해설 n차 고조파분에 대한 분포권 계수

$$K_{d,\,n} = \dfrac{\sin\dfrac{n\pi}{2m}}{q\sin\dfrac{n\pi}{2mq}}$$

| 정답 | 01 ②　02 ④　03 ④　04 ④

05

3상 유도 전동기의 원선도 작성에 필요한 기본량이 아닌 것은?

① 저항 측정
② 슬립 측정
③ 구속 시험
④ 무부하 시험

해설 원선도 작성에 필요한 시험
- 권선의 저항 측정 시험
- 무부하 시험
- 구속 시험

06

VVVF(Variable Voltage Variable Frequency)는 어떤 전동기의 속도 제어에 사용되는가?

① 동기 전동기
② 유도 전동기
③ 직류 복권 전동기
④ 직류 타여자 전동기

해설 VVVF(가변 전압 가변 주파수 제어)
- 전압 제어로 주파수를 변화시키는 제어법으로 유도 전동기의 속도 제어에 주로 사용한다.
- 인버터를 이용한 PWM(Pulse Width Modulation) 제어를 한다.

07

PN 접합 구조로 되어 있고 제어는 불가능하나 교류를 직류로 변환하는 반도체 정류 소자는?

① IGBT
② 다이오드
③ MOSFET
④ 사이리스터

해설 다이오드
양극(애노드)에서 음극(캐소드) 측으로는 전류가 흐르고 역방향으로 전류가 차단되는 PN 접합 반도체의 특성을 이용하여 교류를 직류로 정류하는 데 쓰이는 소자이다.

08

비돌극형 동기 발전기의 단자 전압(1상)을 V, 유도 기전력(1상)을 E, 동기 리액턴스(1상)를 X_s, 부하각을 δ라 하면 1상의 출력을 나타내는 관계식은?

① $\dfrac{EV}{X_s}\sin\delta$
② $\dfrac{E^2 V}{X_s}\sin\delta$
③ $\dfrac{EV}{X_s}\cos\delta$
④ $\dfrac{EV^2}{X_s}\cos\delta$

해설 3상 동기 발전기 1상의 출력(비돌극형)
$P = \dfrac{EV}{X_s}\sin\delta\,[\text{W}]$

| 정답 | 05 ② 06 ② 07 ② 08 ① |

09

유도 전동기에서 공간적으로 본 고정자에 의한 회전 자계와 회전자에 의한 회전 자계는?

① 항상 동상으로 회전한다.
② 슬립만큼의 위상각을 가지고 회전한다.
③ 역률각만큼의 위상각을 가지고 회전한다.
④ 항상 180°만큼의 위상각을 가지고 회전한다.

해설
3상 유도 전동기에서 공간적으로 본 고정자의 자속이 대칭 3상 교류(정현파)에 의한 회전 자계라고 하면 이것에 의해 유기되는 회전자 전압의 분포도 대칭 3상 교류(정현파)가 되고 공간적으로 동상이다.

10

단권 변압기 2대를 V 결선하여 선로 전압 $3,000[\text{V}]$를 $3,300[\text{V}]$로 승압하여 $300[\text{kVA}]$의 부하에 전력을 공급하려고 한다. 단권 변압기 1대의 자기 용량은 몇 $[\text{kVA}]$인가?

① 9.09
② 15.74
③ 21.72
④ 31.50

해설 단권 변압기 3상 V 결선

$$\frac{\text{자기 용량}}{\text{부하 용량}} = \frac{2}{\sqrt{3}} \left(\frac{V_h - V_l}{V_h} \right)$$

자기 용량 $= \frac{2}{\sqrt{3}} \times \frac{3,300 - 3,000}{3,300} \times 300 = 31.49[\text{kVA}]$

∴ 단상 변압기 1대분 자기 용량 $= \frac{31.49}{2} = 15.74[\text{kVA}]$

11

직류 발전기의 병렬 운전에서 균압 모선을 필요로 하지 않는 것은?

① 분권 발전기
② 직권 발전기
③ 평복권 발전기
④ 과복권 발전기

해설 직권 발전기와 복권 발전기의 병렬 운전

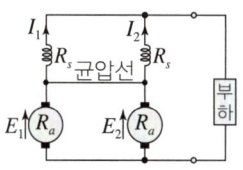

▲ 균압선의 설치

- 두 발전기의 기전력과 전압 강하 등이 동일하지 않을 때 기전력이 큰 발전기가 모든 부하 분담을 가지게 된다. 이를 방지하기 위해 균압선을 반드시 설치하여야 병렬 운전을 안전하게 할 수 있다.
- 분권 발전기는 균압선이 필요하지 않다.

12

변압기의 내부 고장에 대한 보호용으로 사용되는 계전기는 어느 것이 적당한가?

① 방향 계전기
② 온도 계전기
③ 접지 계전기
④ 비율 차동 계전기

해설 변압기 내부 고장 검출용 계전기
- 비율 차동 계전기
- 부흐홀츠 계전기
- 충격 압력 계전기
- 가스 검출 계전기

| 정답 | 09 ① 10 ② 11 ① 12 ④

13

슬롯수 36의 고정자 철심이 있다. 여기에 3상 4극의 2층권으로 권선할 때 매극 매상의 슬롯 수와 코일 수는?

① 3과 18
② 9와 36
③ 3과 36
④ 8과 18

해설

- 매극 매상당 슬롯 수 = $\dfrac{슬롯 수}{극수 \times 상수} = \dfrac{36}{4 \times 3} = 3$

- 총 코일 수 = $\dfrac{슬롯 수 \times 층수}{2} = \dfrac{36 \times 2}{2} = 36$

14

3상 반파 정류 회로에서 직류 전압의 파형은 전원 전압 주파수의 몇 배의 교류분을 포함하는가?

① 1
② 2
③ 3
④ 6

해설

종류	직류 출력 $E_d[V]$	$PIV[V]$	맥동 주파수	정류 효율	맥동률
단상 반파	$\dfrac{\sqrt{2}}{\pi}E$ $= 0.45E$	$\sqrt{2}E$	$f[Hz]$	$40.5[\%]$	$121[\%]$
단상 전파 (중간탭)	$\dfrac{2\sqrt{2}}{\pi}E$ $= 0.9E$	$2\sqrt{2}E$	$2f[Hz]$	$57.5[\%]$	$48[\%]$
단상 전파 (브릿지)	$\dfrac{2\sqrt{2}}{\pi}E$ $= 0.9E$	$\sqrt{2}E$	$2f[Hz]$	$81.1[\%]$	$48[\%]$
3상 반파	$\dfrac{3\sqrt{6}}{2\pi}E$ $= 1.17E$	$\sqrt{6}E$	$3f[Hz]$	$96.7[\%]$	$17[\%]$
3상 전파 (브릿지)	$\dfrac{3\sqrt{6}}{\pi}E$ $= 2.34E$ 또는 $1.35E_l$	$\sqrt{6}E$	$6f[Hz]$	$99.8[\%]$	$4[\%]$

15

어떤 변압기의 부하 역률이 60[%]일 때 전압 변동률이 최대라고 한다. 지금 이 변압기의 부하 역률이 100[%]일 때 전압 변동률을 측정했더니 3[%]였다. 이 변압기의 부하 역률이 80[%]일 때 전압 변동률은 몇 [%]인가?

① 2.4
② 3.6
③ 4.8
④ 5.0

해설

- $\cos\theta = 1$일 경우
  전압 변동률 $\varepsilon = p\cos\theta + q\sin\theta = p \times 1 + q \times 0 = p$
  ∴ $p = 3[\%]$

- $\cos\theta = 0.6$일 경우
  $\cos\theta = \dfrac{p}{\sqrt{p^2 + q^2}} = \dfrac{3}{\sqrt{3^2 + q^2}} = 0.6$
  ∴ $q = 4[\%]$

- $\cos\theta = 0.8$일 경우
  전압 변동률 $\varepsilon = p\cos\theta + q\sin\theta = 3 \times 0.8 + 4 \times 0.6 = 4.8[\%]$

16

6극 직류 발전기의 정류자 편수가 132, 유기 기전력이 210[V], 직렬 도체 수가 132개이고 중권이다. 정류자 편간 전압은 약 몇 [V]인가?

① 4
② 9.5
③ 12
④ 16

해설 정류자 편간 전압

$e_a = \dfrac{pE}{k} = \dfrac{6 \times 210}{132} = 9.5[V]$

| 정답 | 13 ③ 14 ③ 15 ③ 16 ②

17

1상의 유도 기전력이 $6,000[\text{V}]$인 동기 발전기에서 1분간 회전수를 $900[\text{rpm}]$에서 $1,800[\text{rpm}]$으로 하면 유도 기전력은 약 몇 $[\text{V}]$인가?

① 6,000
② 12,000
③ 24,000
④ 36,000

해설

- 동기 속도
  $N_s = \dfrac{120f}{p}[\text{rpm}]$이므로 $N_s \propto f$이다.
- 유도 기전력
  $E = 4.44K_w f\phi w[\text{V}] \propto f \propto N_s$
- 회전수 변경 후 유도 기전력
  $E' = E \times \dfrac{N_s'}{N_s} = 6,000 \times \dfrac{1,800}{900} = 12,000[\text{V}]$

18

3상 유도 전동기에서 고조파 회전 자계가 기본파 회전 방향과 역방향인 고조파는?

① 제3 고조파
② 제5 고조파
③ 제7 고조파
④ 제13 고조파

해설 고조파의 회전 자계 방향

구분	기본파와 같은 방향	기본파와 반대 방향	회전 자계 없음
고조파	$2mn+1$ (7, 13, …)	$2mn-1$ (5, 11, …)	$3n$ (3, 6, 9, …)
속도	$\dfrac{1}{2mn+1}$ 배 속도로 회전	$\dfrac{1}{2mn-1}$ 배 속도로 회전	—

(단, $m = 3$(상수), $n = 1, 2, 3, \cdots$)

따라서 제5 고조파의 경우 기자력의 회전 방향은 기본파와 역방향이고 $\dfrac{1}{5}$ 배의 속도이다.

19

$75[\text{W}]$ 이하의 소출력 단상 직권 정류자 전동기의 용도로 적합하지 않은 것은?

① 믹서
② 소형 공구
③ 공작기계
④ 치과 의료용

해설 단상 직권 정류자 전동기의 용도

기동 토크와 고속 회전수가 필요한 전기 청소기, 믹서, 재봉틀, 영사기, 소형 공구, 치과 의료용 기기 등에 사용된다.

20

직류 직권 전동기의 속도 제어에 사용되는 기기는?

① 초퍼
② 인버터
③ 듀얼 컨버터
④ 사이클로 컨버터

해설 초퍼

- 직류 직권 전동기의 속도 제어를 위해 초퍼를 사용한다.
- 초퍼는 On-Off 고속도 반복 스위칭이 가능하다.

| 정답 | 17 ② 18 ② 19 ③ 20 ①

2023년 3회

01

정격 150[kVA], 철손 1[kW], 전부하 동손이 4[kW]인 단상 변압기의 최대 효율[%]과 최대 효율 시의 부하[kVA]를 구하면?

① 96.8[%], 125[kVA]
② 97.4[%], 75[kVA]
③ 97[%], 50[kVA]
④ 97.2[%], 100[kVA]

해설
변압기의 최고 효율 조건은 $P_i = m^2 P_c$ 이므로
최대 효율일 때의 부하율 $m = \sqrt{\dfrac{P_i}{P_c}} = \sqrt{\dfrac{1}{4}} = 0.5 (50[\%])$
최대 효율 운전 용량 $p = 150 \times 0.5 = 75[\text{kVA}]$
최대 효율
$\eta_m = \dfrac{mP_a \cos\theta}{mP_a \cos\theta + P_i + m^2 P_c} = \dfrac{0.5 \times 150 \times 1}{0.5 \times 150 \times 1 + 1 + 0.5^2 \times 4}$
$= 0.974 (\therefore 97.4[\%])$

02

변압기 온도 시험을 하는 데 가장 좋은 방법은?

① 실부하법
② 반환 부하법
③ 단락 시험법
④ 내전압 시험법

해설 반환 부하법
중용량 이상에 사용하는 시험법으로 변압기에 철손과 동손만을 따로 공급하여 실부하 시험과 같은 효과를 내는 시험법이며, 변압기 온도 시험 시 가장 많이 사용한다.

03

단상 전파 정류에서 공급 전압이 E일 때 무부하 직류 전압의 평균값은?(단, 브리지 다이오드를 사용한 전파 정류 회로이다.)

① $0.90E$
② $0.45E$
③ $0.75E$
④ $1.17E$

해설 단상 전파 정류의 직류 전압
$E_d = \dfrac{2\sqrt{2}}{\pi} E = 0.9E[\text{V}]$

04

유도 전동기의 회전력 발생 요소 중 제곱에 비례하는 요소는?

① 슬립
② 2차 권선저항
③ 2차 임피던스
④ 2차 기전력

해설
토크(회전력) $T = k \dfrac{sE_2^2 r_2}{r_2^2 + (sx_2)^2} [\text{N} \cdot \text{m}]$ 에서
$T \propto E_2^2$ 이므로 토크는 2차 기전력의 제곱에 비례한다.

| 정답 | 01 ② | 02 ② | 03 ① | 04 ④ |

05

어떤 IGBT의 열용량은 $0.02[J/℃]$, 열저항은 $0.625[℃/W]$이다. 이 소자에 직류 $25[A]$가 흐를 때 전압강하는 $3[V]$이다. 몇 $[℃]$의 온도 상승이 발생하는가?

① 1.5
② 1.7
③ 47
④ 52

해설
열저항은 $1[W]$의 전력이 전달될 때 발생하는 온도 변화이다.
$P = 3 \times 25 = 75[W]$
$\therefore T = PR_\theta = 75 \times 0.625 = 46.88[℃]$ (단, R_θ: 열저항$[℃/W]$)

06

직류기에서 전류 용량이 크고 저전압 대전류에 가장 적합한 브러시 재료는?

① 탄소질
② 금속 탄소질
③ 금속 흑연질
④ 전기 흑연질

해설 직류기의 브러시 재료

종류	특징
탄소 브러시	큰 접촉 저항
흑연질 브러시	작은 접촉 저항
전기 흑연질 브러시	정류 능력이 높아 대부분의 전기기계에 사용
금속 흑연질 브러시	전기 분해 등의 저전압 대전류용 기기에 사용

07

동기기의 과도 안정도를 증가시키는 방법이 아닌 것은?

① 단락비를 크게 한다.
② 속응 여자 방식을 채용한다.
③ 회전부의 관성을 작게 한다.
④ 역상 및 영상 임피던스를 크게 한다.

해설 동기 발전기의 안정도 향상 대책
- 단락비를 크게 한다.
- 속응 여자 방식을 채용한다.
- 회전자에 플라이-휠을 설치하여 관성을 크게 한다.
- 영상 임피던스와 역상 임피던스를 크게 한다.
- 조속기 동작을 신속히 한다.(전기식 조속기 채용)
- 동기 임피던스를 작게 한다.(정상 임피던스를 작게 한다.)

08

12극과 8극인 2개의 유도 전동기를 종속법에 의한 직렬 접속법으로 속도 제어할 때 전원 주파수가 $60[Hz]$인 경우 무부하 속도 N_o는 몇 $[rps]$인가?

① 5
② 6
③ 200
④ 360

해설 종속법
- 직렬 종속: $N = \dfrac{120f}{p_1 + p_2}[rpm]$
- 차동 종속: $N = \dfrac{120f}{p_1 - p_2}[rpm]$
- 병렬 종속: $N = \dfrac{120f}{p_1 + p_2} \times 2[rpm]$

$\therefore N_o = \dfrac{120f}{p_1 + p_2} = \dfrac{120 \times 60}{12 + 8} = 360[rpm] = 6[rps]$

| 정답 | 05 ③ 06 ③ 07 ③ 08 ②

09

3상 동기 발전기에 평형 3상 전류가 흐를 때 반작용은 이 전류가 기전력에 대하여 (A) 때 감자 작용이 되고, (B) 때 증자 작용이 된다. A, B에 각각 들어갈 내용으로 옳은 것은?

① A: 90° 뒤질, B: 90° 앞설
② A: 90° 앞설, B: 90° 뒤질
③ A: 90° 뒤질, B: 동상일
④ A: 동상일, B: 90° 앞설

해설 동기 발전기의 전기자 반작용

- 교차 자화 작용(횡축 반작용): I_a와 E가 동상인 경우(R 부하) 교차 자화 작용이 생기며 편자 작용으로 인해 전동기의 기전력이 감소한다.
- 감자 작용: I_a가 E보다 $\frac{\pi}{2}$[rad]만큼 뒤진 지상 전류(L 부하)일 때 발생하며 기전력이 감소한다.
- 증자 작용: I_a가 E보다 $\frac{\pi}{2}$[rad]만큼 앞선 진상 전류(C 부하)일 때 발생하며 기전력이 증가한다.

기기 종류	R 부하(동상)	L 부하(지상)	C 부하(진상)
동기 발전기	교차 자화 작용	감자 작용	증자 작용
동기 전동기	교차 자화 작용	증자 작용	감자 작용

10

유도 전동기의 슬립 s의 범위는?

① $s < -1$
② $-1 < s < 0$
③ $0 < s < 1$
④ $1 < s$

해설 유도기의 슬립 범위

정지	전동기	발전기	제동기
$s = 1$	$0 < s < 1$	$s < 0$	$1 < s < 2$

11

1차 전압 6,900[V], 1차 권선 3,000회, 권수비 20의 변압기가 60[Hz]에 사용할 때 철심의 최대 자속[Wb]은?

① 0.76×10^{-4}
② 8.63×10^{-3}
③ 80×10^{-3}
④ 90×10^{-3}

해설
유기 기전력 $E_1 = 4.44 f \phi_m N_1$[V]

최대 자속 $\phi_m = \dfrac{E_1}{4.44 f N_1} = \dfrac{6,900}{4.44 \times 60 \times 3,000}$
$= 8.63 \times 10^{-3}$[Wb]

12

5[kVA], 3,000/200[V]의 변압기의 단락 시험에서 임피던스 전압 120[V], 동손 150[W]라 하면 %저항 강하는 몇 [%]인가?

① 2
② 3
③ 4
④ 5

해설
$\%R = \dfrac{P_c}{P_n} \times 100 = \dfrac{150}{5 \times 10^3} \times 100 = 3$[%]

| 정답 | 09 ① | 10 ③ | 11 ② | 12 ②

13

극수 p, 파권, 전기자 도체 수가 z인 직류 발전기를 $N[\text{rpm}]$의 회전 속도로 무부하 운전할 때 기전력이 $E[\text{V}]$이다. 1극당 주자속[Wb]은?

① $\dfrac{120E}{pzN}$ ② $\dfrac{120z}{pEN}$

③ $\dfrac{120zN}{pE}$ ④ $\dfrac{120pz}{EN}$

해설

유기 기전력 $E = \dfrac{pz\phi}{60a}N[\text{V}]$

자속 $\phi = E \times \dfrac{60a}{pzN} = \dfrac{60 \times 2 \times E}{pzN} = \dfrac{120E}{pzN}[\text{Wb}]$

($\because$ 파권이므로 $a = 2$)

14

권선형 유도 전동기의 2차 저항을 변화시켜 속도를 제어하는 경우 최대 토크는?

① 항상 일정하다.
② 2차 저항에만 비례한다.
③ 최대 토크 시 생기는 점의 슬립에 비례한다.
④ 최대 토크 시 생기는 점의 슬립에 반비례한다.

해설 2차 저항 증가 시 변화
- 최대 토크는 2차 저항과 관계없이 변하지 않는다.
- 기동 전류는 감소하고, 기동 토크가 증가한다.
- 슬립이 증가한다.
- 전부하 효율이 낮아진다.
- 속도가 낮아진다.
- 최대 토크를 발생시키는 슬립은 저항에 따라 변한다.

15

직류 분권 발전기의 브러시를 중성축에서 회전 방향 쪽으로 이동하면 전압은?

① 상승한다.
② 급격히 상승한다.
③ 변화하지 않는다.
④ 감소한다.

해설

브러시가 중성축에서 회전 방향 쪽으로 이동하면 코일에 단락 전류가 흘러서 불꽃이 발생하고, 전압 강하가 발생하여 기전력이 감소한다.

16

$15[\text{kVA}]$, $3,000/200[\text{V}]$ 변압기의 1차 측 환산 등가 임피던스가 $5.4 + j6[\Omega]$일 때 %저항 강하 p와 %리액턴스 강하 q는 각각 약 몇 [%]인가?

① $p = 0.9$, $q = 1$ ② $p = 0.7$, $q = 1.2$
③ $p = 1.2$, $q = 1$ ④ $p = 1.3$, $q = 0.9$

해설

1차 측 정격 전류 $I_{1n} = \dfrac{15,000}{3,000} = 5[\text{A}]$

$\%R = p = \dfrac{I_{1n} \times r_{21}}{V_{1n}} \times 100 = \dfrac{5 \times 5.4}{3,000} \times 100 = 0.9[\%]$

$\%X = q = \dfrac{I_{1n} \times x_{21}}{V_{1n}} \times 100 = \dfrac{5 \times 6}{3,000} \times 100 = 1[\%]$

| 정답 | 13 ① 14 ① 15 ④ 16 ①

17

동기기의 전기자 권선법으로 적합하지 않은 것은?

① 중권
② 2층권
③ 분포권
④ 환상권

해설
동기기 전기자 권선법: 2(이)층권, 중권, 분포권, 단절권

18

계자 권선이 전기자에 병렬로만 연결된 직류기는?

① 분권기
② 직권기
③ 복권기
④ 타여자기

해설 직류기의 종류
- 분권기: 계자 권선이 전기자에 병렬로 구성
- 직권기: 계자 권선이 전기자에 직렬로 구성
- 복권기: 계자 권선이 전기자에 직렬 및 병렬로 구성
- 타여자기: 독립된 직류 전원에 의해 여자

19

3,300/200[V], 50[kVA]인 단상 변압기의 %저항, %리액턴스를 각각 2.4[%], 1.6[%]라 하면 이때의 임피던스 전압은 약 몇 [V]인가?

① 95
② 100
③ 105
④ 110

해설
$\%Z = \sqrt{\%R^2 + \%X^2} = \sqrt{2.4^2 + 1.6^2} = 2.88[\%]$

임피던스 전압 $V_s = \dfrac{\%Z \times V_{1n}}{100} = \dfrac{2.88 \times 3{,}300}{100} = 95[V]$

20

주파수 60[Hz], 슬립 0.2인 경우 회전자 속도가 720[rpm]일 때 유도 전동기의 극수는?

① 4
② 6
③ 8
④ 12

해설
동기 속도 $N_s = \dfrac{N}{1-s} = \dfrac{720}{1-0.2} = 900[\text{rpm}]$

극수 $p = \dfrac{120f}{N_s} = \dfrac{120 \times 60}{900} = 8[극]$

| 정답 | 17 ④ 18 ① 19 ① 20 ③ |

2022년 1회

01

유도 전동기 1극의 자속 ϕ, 2차 유효 전류 $I_2\cos\theta_2$, 토크 τ의 관계로 옳은 것은?

① $\tau \propto \phi \times I_2\cos\theta_2$
② $\tau \propto \phi \times (I_2\cos\theta_2)^2$
③ $\tau \propto \dfrac{1}{\phi \times I_2\cos\theta_2}$
④ $\tau \propto \dfrac{1}{\phi \times (I_2\cos\theta_2)^2}$

해설

유도 전동기 토크 $\tau = k\phi I_2\cos\theta_2 [\text{N}\cdot\text{m}]$에서 토크($\tau$)는 1극의 자속($\phi$)과 2차 도체에 흐르는 유효 전류 $I_2\cos\theta_2$에 비례한다.

02

변압기의 등가 회로 구성에 필요한 시험이 아닌 것은?

① 단락 시험
② 부하 시험
③ 무부하 시험
④ 권선 저항 측정

해설 변압기 등가회로 작성 시 필요한 시험
- 단락 시험: 임피던스 와트(동손), 임피던스 전압, 내부 임피던스, 전압 변동률
- 무부하 시험: 여자 어드미턴스, 철손, 여자 전류, 철손 전류, 자화 전류
- 권선의 저항 측정

03

동기기의 권선법 중 기전력의 파형을 좋게 하는 권선법은?

① 전절권, 2층권
② 단절권, 집중권
③ 단절권, 분포권
④ 전절권, 집중권

해설

기전력의 파형을 개선하기 위해 쓰이는 권선법은 단절권과 분포권이다.
- 단절권: 코일 간격을 극 간격보다 짧게 하는 권선법
- 분포권: 매극 매상의 도체를 2개 이상의 슬롯에 분포시켜서 권선하는 방법

관련개념

교류 발전기의 파형 개선을 위해 단절권, 분포권 사용

04

직류 직권 전동기의 발생 토크는 전기자 전류를 변화시킬 때 어떻게 변하는가?(단, 자기포화는 무시한다.)

① 전류에 비례한다.
② 전류에 반비례한다.
③ 전류의 제곱에 비례한다.
④ 전류의 제곱에 반비례한다.

해설

직류 직권 전동기의 토크 $T = k\phi I_a [\text{N}\cdot\text{m}]$에서 자기포화를 무시하면 $\phi \propto I_a \propto I_f \propto I$가 되므로 $T \propto kI^2$으로 된다. 따라서 부하 토크는 전류의 제곱에 비례한다.

05

불꽃 없는 정류를 하기 위해 평균 리액턴스 전압(A)과 브러시 접촉면 전압 강하(B) 사이에 필요한 조건은?

① A > B
② A < B
③ A = B
④ A, B에 관계없다.

해설 양호한 정류를 얻는 조건

평균 리액턴스 전압(A)을 브러시 접촉면 전압 강하(B)보다 작게 한다.

관련개념

양호한 정류를 얻는 대표적인 조건은 리액턴스 전압을 낮추는 것이다.

| 정답 | 01 ① 02 ② 03 ③ 04 ③ 05 ②

06

동기 발전기의 병렬 운전 중 유도 기전력의 위상차로 인하여 발생하는 현상으로 옳은 것은?

① 무효 전력이 생긴다.
② 동기화 전류가 흐른다.
③ 고조파 무효 순환 전류가 흐른다.
④ 출력이 요동하고 권선이 가열된다.

해설
위상이 다르면 발전기 내부에 유효 순환 전류(동기화 전류)가 흘러 위상을 같게 만들지만, 발전기의 온도가 상승한다.

07

단상 직권 정류자 전동기에서 보상 권선과 저항 도선의 작용에 대한 설명으로 틀린 것은?

① 보상 권선은 역률을 좋게 한다.
② 보상 권선은 변압기의 기전력을 크게 한다.
③ 보상 권선은 전기자 반작용을 제거해준다.
④ 저항 도선은 변압기 기전력에 의한 단락 전류를 작게 한다.

해설
- 보상 권선: 전기자의 반작용을 상쇄하여 역률을 좋게 하고 변압기의 기전력을 작게 해 정류 작용을 개선한다.(누설 리액턴스 감소)
- 저항 도선: 변압기 기전력에 의한 단락 전류를 작게 해 정류 작용을 개선한다.

08

회전자가 슬립 s로 회전하고 있을 때 고정자와 회전자의 실효 권수비를 α라고 하면 고정자 기전력 E_1과 회전자 기전력 E_{2s}의 비는?

① $s\alpha$
② $(1-s)\alpha$
③ $\dfrac{\alpha}{s}$
④ $\dfrac{\alpha}{1-s}$

해설
고정자 기전력 $E_1 = 4.44fN\phi[\text{V}]$
회전자 기전력 $E_{2s} = 4.44f'N'\phi[\text{V}]$
(단, f': 회전자 주파수, N: 고정자 권수, N': 회전자 권수)
회전자 주파수 $f' = sf$이므로
$\dfrac{E_1}{E_{2s}} = \dfrac{4.44fN\phi}{4.44f'N'\phi} = \dfrac{fN}{f'N'} = \dfrac{f}{sf} \times \dfrac{N}{N'} = \dfrac{1}{s} \times \alpha = \dfrac{\alpha}{s}$

09

비돌극형 동기 발전기 한 상의 단자 전압 V, 유도 기전력 E, 동기 리액턴스 X_s, 부하각이 δ이고, 전기자 저항을 무시할 때 한 상의 최대 출력은?

① $\dfrac{EV}{X_s}$
② $\dfrac{3EV}{X_s}$
③ $\dfrac{E^2V}{X_s}$
④ $\dfrac{EV^2}{X_s}$

해설 비돌극형 발전기 한 상의 출력
$P = \dfrac{EV}{X_s}\sin\delta[\text{kW}]$

부하각 $\delta = 90°$에서 최대 출력이며 이때 출력값은 $\dfrac{EV}{X_s}[\text{kW}]$이다.

관련개념
3상 동기 발전기의 출력 $P = \dfrac{3EV}{X_s}\sin\delta[\text{kW}]$

| 정답 | 06 ② 07 ② 08 ③ 09 ①

10

권수비 $a = \dfrac{6,600}{220}$, 주파수 $60[\text{Hz}]$, 변압기의 철심 단면적 $0.02[\text{m}^2]$, 최대 자속 밀도 $1.2[\text{Wb/m}^2]$일 때 변압기의 1차 측 유도 기전력은 약 몇 $[\text{V}]$인가?

① 1,407
② 3,521
③ 42,198
④ 49,814

해설 1차 측 유도 기전력
$E = 4.44fN\phi = 4.44fNBS$
$\quad = 4.44 \times 60 \times 6,600 \times 1.2 \times 0.02 = 42,197.76[\text{V}]$

11

SCR를 이용한 단상 전파 위상 제어 정류 회로에서 전원 전압은 실횻값이 $220[\text{V}]$, $60[\text{Hz}]$인 정현파이며, 부하는 순저항으로 $10[\Omega]$이다. SCR의 점호각 α를 $60°$라고 할 때 출력 전류의 평균값$[\text{A}]$은?

① 7.54
② 9.73
③ 11.43
④ 14.86

해설 단상 전파 정류 제어 회로에서 직류 평균 전압
$E_d = \dfrac{\sqrt{2}\,V}{\pi}(1+\cos\alpha)[\text{V}]$
$\quad = \dfrac{220\sqrt{2}}{\pi}(1+\cos 60°) = \dfrac{330\sqrt{2}}{\pi}[\text{V}]$
부하 저항이 $10[\Omega]$이므로 출력 전류의 평균값은
$I = \dfrac{E_d}{R} = \dfrac{\frac{330\sqrt{2}}{\pi}}{10} = \dfrac{33\sqrt{2}}{\pi} ≒ 14.86[\text{A}]$

12

변압기에 임피던스 전압을 인가할 때의 입력은?

① 철손
② 와류손
③ 정격 용량
④ 임피던스 와트

해설 임피던스 와트
1차 정격 전류가 흐를 때의 변압기 내의 전압 강하를 임피던스 전압이라 한다. 임피던스 전압을 인가할 때의 입력을 임피던스 와트라고 한다.

13

직류 발전기가 $90[\%]$ 부하에서 최대 효율이 된다면 이 발전기의 전부하에 있어서 고정손과 부하손의 비는?

① 0.81
② 0.9
③ 1.0
④ 1.1

해설
변압기의 최대 효율 조건은 철손과 동손이 같을 때이다.$(P_i = m^2 P_c)$
$\therefore \dfrac{P_i}{P_c} = m^2 = (0.9)^2 = 0.81$

14

단권 변압기 2대를 V 결선하여 전압을 $2,000[\text{V}]$에서 $2,200[\text{V}]$로 승압한 후 $200[\text{kVA}]$의 3상 부하에 전력을 공급하려고 한다. 이때 단권 변압기 1대의 용량은 약 몇 $[\text{kVA}]$인가?

① 4.2
② 10.5
③ 18.2
④ 21

해설 단권 변압기 3상 V 결선
$\dfrac{\text{자기 용량}}{\text{부하 용량}} = \dfrac{2}{\sqrt{3}}\left(\dfrac{V_h - V_l}{V_h}\right)$
자기 용량 $= \dfrac{2}{\sqrt{3}} \times \dfrac{2,200 - 2,000}{2,200} \times 200 ≒ 21[\text{kVA}]$
$\therefore$ 단권 변압기 1대분 자기 용량 $= \dfrac{21}{2} = 10.5[\text{kVA}]$

15

3상 동기 발전기에서 그림과 같이 1상의 권선을 서로 똑같은 2조로 나누어 그 1조의 권선 전압을 $E[\text{V}]$, 각 권선의 전류를 $I[\text{A}]$라 하고 지그재그 Y형(Zigzag Star)으로 결선하는 경우 선간 전압[V], 선전류[A] 및 피상 전력[VA]은?

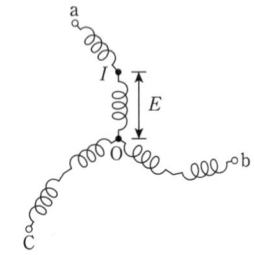

① $3E$, I, $\sqrt{3} \times 3E \times I = 5.2EI$
② $\sqrt{3}E$, $2I$, $\sqrt{3} \times \sqrt{3}E \times 2I = 6EI$
③ E, $2\sqrt{3}I$, $\sqrt{3} \times E \times 2\sqrt{3} = 6EI$
④ $\sqrt{3}E$, $\sqrt{3}I$, $\sqrt{3} \times \sqrt{3}E \times \sqrt{3}I = 5.2EI$

해설

지그재그 결선은 이중 Y 결선 형태로서, Y 결선의 특징이 2번 나타나므로 선간 전압은 $V_{2Y} = \sqrt{3} \times \sqrt{3}E = 3E[\text{V}]$
따라서 피상 전력은 $P_a = \sqrt{3}\,V_{2Y}I = \sqrt{3} \times 3EI ≒ 5.2EI[\text{VA}]$
(지그재그 Y 결선에서 선전류와 상전류는 같다.)

16

회전형 전동기와 선형 전동기(Linear Motor)를 비교한 설명으로 틀린 것은?

① 선형의 경우 회전형에 비해 공극의 크기가 작다.
② 선형의 경우 직접적으로 직선 운동을 얻을 수 있다.
③ 선형의 경우 회전형에 비해 부하 관성의 영향이 크다.
④ 선형의 경우 전원의 상 순서를 바꾸어 이동 방향을 변경한다.

해설 선형 전동기
- 회전형에 비해 공극이 커 역률과 효율이 나쁘다.
- 회전자에서 발생하는 전자력을 직선의 기계 에너지로 변환하는 전동기이다.
- 회전 운동을 직선 운동으로 바꾸어 주는 부품이 필요 없다.
- 회전형에 비해 부하 관성의 영향이 크다.
- 전원의 상 순서를 바꾸어 이동 방향을 변경할 수 있다.

17

단자 전압 $200[\text{V}]$, 계자 저항 $50[\Omega]$, 부하 전류 $50[\text{A}]$, 전기자 저항 $0.15[\Omega]$, 전기자 반작용에 의한 전압 강하 $3[\text{V}]$인 직류 분권 발전기가 정격 속도로 회전하고 있다. 이때 발전기의 유도 기전력은 약 몇 [V]인가?

① 211.1
② 215.1
③ 225.1
④ 230.1

해설
- 단자 전압
$V = E - I_a R_a - V'[\text{V}]$
(단, V': 전기자 반작용에 의한 전압 강하[V])
- 전기자 전류
$I_a = I + I_f = 50 + \dfrac{200}{50} = 54[\text{A}]$
(단, I_f: 계자 전류[A])
- 유도 기전력
$E = V + I_a R_a + V' = 200 + 54 \times 0.15 + 3 = 211.1[\text{V}]$

| 정답 | 15 ① | 16 ① | 17 ① |

18

3상 유도기의 기계적 출력(P_0)에 대한 변환식으로 옳은 것은?(단, 2차 입력은 P_2, 2차 동손은 P_{2c}, 동기 속도는 N_s, 회전자 속도는 N, 슬립은 s이다.)

① $P_0 = P_2 + P_{2c} = \dfrac{N}{N_s} P_2 = (2-s)P_2$

② $(1-s)P_2 = \dfrac{N}{N_s} P_2 = P_0 - P_{2c} = P_0 - sP_2$

③ $P_0 = P_2 - P_{2c} = P_2 - sP_2 = \dfrac{N}{N_s} P_2 = (1-s)P_2$

④ $P_0 = P_2 + P_{2c} = P_2 + sP_2 = \dfrac{N}{N_s} P_2 = (1+s)P_2$

해설

출력 $P_0 = P_2 - P_{2c} = P_2 - sP_2 = (1-s)P_2$

2차 효율 $\eta_2 = \dfrac{P_0}{P_2} = (1-s) = \dfrac{N}{N_s}$

따라서 출력은 아래와 같다.

$P_0 = P_2 - P_{2c} = P_2 - sP_2 = \dfrac{N}{N_s} P_2 = (1-s)P_2$

관련개념

$P_2 : P_{c2}(=P_{2c}) : P_0 = 1 : s : 1-s$

19

다음 중 비례 추이를 하는 전동기는?

① 동기 전동기
② 정류자 전동기
③ 단상 유도 전동기
④ 권선형 유도 전동기

해설

비례 추이는 2차 회로의 저항을 조정하여 전류와 토크의 크기를 제어할 수 있다는 의미로 권선형 유도 전동기에 해당한다. 3상 권선형 유도 전동기에서 2차 합성 저항에 비례하여 최대 토크가 발생하는 슬립이 변한다.

관련개념

비례 추이와 관계없이 최대 토크는 일정하다.

20

정류기의 직류 측 평균 전압이 $2,000[\text{V}]$이고 리플률이 $3[\%]$일 경우, 리플 전압의 실횻값[V]은?

① 20
② 30
③ 50
④ 60

해설

리플률(맥동률) $= \dfrac{\text{교류분}}{\text{직류분}} \times 100[\%]$

$\therefore$ 교류분(실횻값) $=$ 리플률$\times$직류분 $= \dfrac{3}{100} \times 2,000 = 60[\text{V}]$

| 정답 | 18 ③ 19 ④ 20 ④

2022년 2회

01

$380[V]$, $60[Hz]$, 4극, $10[kW]$인 3상 유도 전동기의 전부하 슬립이 $4[\%]$이다. 전원 전압을 $10[\%]$ 낮추는 경우 전부하 슬립은 약 몇 $[\%]$인가?

① 3.3
② 3.6
③ 4.4
④ 4.9

해설

유도 전동기의 슬립과 공급 전압의 관계는 $s \propto \dfrac{1}{V^2}$ 이다.

$\dfrac{s'}{s} = \left(\dfrac{V}{V'}\right)^2$

$\therefore\ s' = \left(\dfrac{V}{V'}\right)^2 \times s = \left(\dfrac{V}{(1-0.1)V}\right)^2 \times 4 = 4.94 \fallingdotseq 4.9[\%]$

02

3상 권선형 유도 전동기의 기동 시 2차 측 저항을 2배로 하면 최대 토크 값은 어떻게 되는가?

① 3배로 된다.
② 2배로 된다.
③ 1/2로 된다.
④ 변하지 않는다.

해설

3상 유도 전동기의 최대 토크

$T_m = k\dfrac{E_2^2}{2X_2}[kg \cdot m]$

최대 토크(T_m)는 2차 저항(r_2) 및 슬립(s)과 관계가 없으므로 일정하다.

03

일반적인 3상 유도 전동기에 대한 설명으로 틀린 것은?

① 불평형 전압으로 운전하는 경우 전류는 증가하나 토크는 감소한다.
② 원선도 작성을 위해서는 무부하 시험, 구속시험, 1차 권선 저항 측정을 하여야 한다.
③ 농형은 권선형에 비해 구조가 견고하며 권선형에 비해 대형 전동기로 널리 사용된다.
④ 권선형 회전자의 3선 중 1선이 단선되면 동기 속도의 $50[\%]$에서 더 이상 가속되지 못하는 현상을 게르게스 현상이라 한다.

해설

권선형에 비해 농형은 구조가 견고하지만 토크가 작기 때문에 소형 전동기로 널리 사용된다.

관련개념

농형 - 소형, 권선형 - 대형

04

슬립 s_t에서 최대 토크를 발생하는 3상 유도 전동기에 2차 측 한 상의 저항을 r_2라 하면 최대 토크로 기동하기 위한 2차 측 한 상에 외부로부터 가해 주어야 할 저항$[\Omega]$은?

① $\dfrac{1-s_t}{s_t}r_2$
② $\dfrac{1+s_t}{s_t}r_2$
③ $\dfrac{r_2}{1-s_t}$
④ $\dfrac{r_2}{s_t}$

해설

- 기동 시 슬립과 2차 저항을 각각 s_s, r_{2s}라고 하고 저항을 연결하지 않았을 때 슬립과 2차 저항을 각각 s_t, r_2라고 하면 $\dfrac{r_2}{s_t} = \dfrac{r_{2s}}{s_s}$ 이다.
- 기동 시 $s_s = 1$에서 전부하 토크를 발생시키는 데 필요한 외부 저항은 다음과 같다.

$\dfrac{r_2}{s_t} = \dfrac{r_2 + R_e}{1} \Rightarrow R_e = \dfrac{r_2}{s_t} - r_2 = \dfrac{1-s_t}{s_t}r_2[\Omega]$

| 정답 | 01 ④ 02 ④ 03 ③ 04 ①

05

직류기의 다중 중권 권선법에서 전기자 병렬 회로 수 a와 극수 p 사이의 관계로 옳은 것은?(단, m은 다중도이다.)

① $a = 2$
② $a = 2m$
③ $a = p$
④ $a = mp$

해설 다중도(m)를 고려한 파권과 중권의 비교

구분	파권	중권
병렬 회로 수(a)	$2m$	mp
브러시 수(b)	2	p

06

단상 직권 정류자 전동기의 전기자 권선과 계자 권선에 대한 설명으로 틀린 것은?

① 계자 권선의 권수를 적게 한다.
② 전기자 권선의 권수를 크게 한다.
③ 변압기 기전력을 적게 하여 역률 저하를 방지한다.
④ 브러시로 단락되는 코일 내의 단락 전류를 크게 한다.

해설 단상 직권 정류자 전동기(만능 전동기)
- 정의: 계자 권선과 전기자 권선이 직렬로 연결되어 직류, 교류 모두에서 사용할 수 있는 전동기이다.

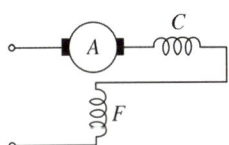

- 구조
 - 계자극에서 발생하는 철손을 줄이기 위해 성층 철심으로 한다.
 - 보상 권선 설치: 역률 개선, 전기자 반작용 억제, 누설 리액턴스 감소
 - 저항 도선 설치: 변압기 기전력에 의한 단락 전류 감소
 - 변압기 기전력
  직권 정류자 전동기의 브러시에 의해 단락되는 코일 내의 전압
  $e_t = 4.44f\phi N [\text{V}] (e_t \propto \phi \propto I)$
 - 회전 속도가 고속일수록 역률이 개선된다.(주로 고속도 운전)
 - 브러시로 단락되는 코일 내의 단락 전류를 크게 하면 정류가 불량하므로 단락 전류를 작게 하는 것이 좋다.
- 용도: 기동 토크와 고속 회전수가 필요한 미싱, 소형 공구, 치과 의료용 기기

07

3상 전원 전압 220[V]를 3상 반파 정류 회로의 각 상에 SCR를 사용하여 정류 제어할 때 위상각을 60°로 하면 순저항부하에서 얻을 수 있는 출력 전압 평균값은 약 몇 [V]인가?

① 74.3
② 148.55
③ 257.3
④ 297.1

해설 SCR 3상 반파 정류 회로의 직류 전압
$E_d = \dfrac{3\sqrt{6}}{2\pi} E \cos\alpha [\text{V}]$ (단, E: 상전압[V], α: 위상각[°])

3상 전원 전압 220[V]는 선간 전압을 뜻하므로
$E_d = \dfrac{3\sqrt{6}}{2\pi} \dfrac{V_l}{\sqrt{3}} \cos\alpha = 1.17 \times \dfrac{220}{\sqrt{3}} \times \dfrac{1}{2} = 74.3[\text{V}]$

※ 실제 시험에서는 보기 ①값이 128.65로 주어져 답이 없는 문제로 전항정답 처리되었습니다.

08

권수비가 a인 단상 변압기 3대가 있다. 이것을 1차에 Δ, 2차에 Y로 결선하여 3상 교류 평형 회로에 접속할 때 2차 측의 단자 전압을 $V[\text{V}]$, 전류를 $I[\text{A}]$라고 하면 1차 측 단자 전압 및 선전류는 얼마인가?(단, 변압기의 저항, 누설 리액턴스, 여자 전류는 무시한다.)

① $\dfrac{aV}{\sqrt{3}}[\text{V}]$, $\dfrac{\sqrt{3}I}{a}[\text{A}]$

② $\sqrt{3}\,aV[\text{V}]$, $\dfrac{I}{\sqrt{3}\,a}[\text{A}]$

③ $\dfrac{\sqrt{3}\,V}{a}[\text{V}]$, $\dfrac{aI}{\sqrt{3}}[\text{A}]$

④ $\dfrac{V}{\sqrt{3}\,a}[\text{V}]$, $\sqrt{3}\,aI[\text{A}]$

해설

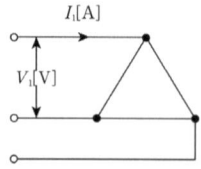 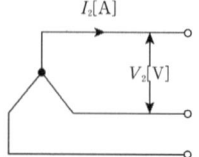

- 1차 측 단자 전압
  - 2차 측 상전압 $V_{p2} = \dfrac{V_2}{\sqrt{3}} = \dfrac{V}{\sqrt{3}}[\text{V}] (\because Y 결선)$
  - 1차 측 상전압 $V_{p1} = aV_{p2} = \dfrac{aV}{\sqrt{3}}[\text{V}]$
  - 1차 측 단자전압 $V_1 = V_{p1} = \dfrac{aV}{\sqrt{3}}[\text{V}] (\because \Delta 결선)$
- 1차 측 선전류
  - 2차 측 상전류 $I_{p2} = I_2 = I[\text{A}]$
  - 1차 측 상전류 $I_{p1} = \dfrac{I_2}{a} = \dfrac{I}{a}[\text{A}]$
  - 1차 측 선전류 $I_1 = \sqrt{3}\,I_{p1} = \dfrac{\sqrt{3}\,I}{a}[\text{A}]$

09

직류 분권 전동기에서 정출력 가변 속도의 용도에 적합한 속도 제어법은?

① 계자 제어
② 저항 제어
③ 전압 제어
④ 극수 제어

해설 직류 전동기 속도 제어

전압 제어	• 정토크 제어 • 효율이 양호 • 워드 레오나드 방식(광범위한 속도 제어 가능) • 일그너 방식(부하가 급변하는 곳, 플라이-휠 효과 이용, 제철용 압연기)
계자 제어	• 정출력 제어 • 세밀하고 안정한 속도 제어 가능 • 좁은 속도 제어 범위
저항 제어	• 좁은 속도 제어 범위 • 효율이 저하

10

전부하 시의 단자 전압이 무부하 시의 단자 전압보다 높은 직류 발전기는?

① 분권 발전기
② 평복권 발전기
③ 과복권 발전기
④ 차동 복권 발전기

해설

V_n을 전부하 시 단자 전압, V_o을 무부하 시 단자 전압이라 하였을 때 발전기별 외부 특성 곡선은 그림과 같다.

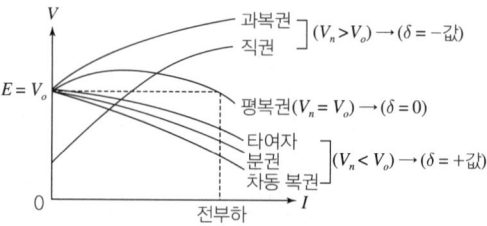

전부하 시의 단자 전압이 무부하 시의 단자 전압보다 높은 직류 발전기는 과복권 발전기와 직권 발전기이다.

| 정답 | 08 ① 09 ① 10 ③

11

3상 동기 발전기의 여자 전류 10[A]에 대한 단자 전압이 $1,000\sqrt{3}$[V], 3상 단락 전류가 50[A]인 경우 동기 임피던스는 몇 [Ω]인가?

① 5
② 11
③ 20
④ 34

해설

$I_s = \dfrac{E}{X_l + X_a} = \dfrac{E}{X_s}$[A]

$\therefore X_s = \dfrac{E}{I_s} = \dfrac{\frac{V}{\sqrt{3}}}{I_s} = \dfrac{1,000}{50} = 20[\Omega]$

(단, X_s: 동기 리액턴스($X_s = X_l + X_a$)[Ω]
　　X_l: 누설 리액턴스[Ω]
　　X_a: 전기자 반작용 리액턴스[Ω])

12

단상 변압기를 병렬 운전할 경우 부하 전류의 분담은?

① 용량에 비례하고 누설 임피던스에 비례
② 용량에 비례하고 누설 임피던스에 반비례
③ 용량에 반비례하고 누설 리액턴스에 비례
④ 용량에 반비례하고 누설 리액턴스의 제곱에 비례

해설

병렬 운전 시 부하 분담은 용량에 비례하고 %임피던스(%Z)에 반비례한다.

$\dfrac{A\ 변압기}{B\ 변압기} = \dfrac{P_A}{P_B} \times \dfrac{\%Z_B}{\%Z_A}$

관련개념

부하 분담은 용량에 비례, %Z에 반비례

13

동기 발전기에서 무부하 정격 전압일 때의 여자 전류를 I_{fo}, 정격 부하 정격 전압일 때의 여자 전류를 I_{f1}, 3상 단락 정격전류에 대한 여자 전류를 I_{fs}라 하면 정격 속도에서의 단락비 K는?

① $K = \dfrac{I_{fs}}{I_{fo}}$
② $K = \dfrac{I_{fo}}{I_{fs}}$
③ $K = \dfrac{I_{fs}}{I_{f1}}$
④ $K = \dfrac{I_{f1}}{I_{fs}}$

해설

단락비 $K = \dfrac{I_s}{I_n} = \dfrac{I_{fo}}{I_{fs}}$

(단, I_s: 단락 전류[A], I_n: 정격 전류[A],
　I_{fo}: 무부하 시 정격 전압을 유기하는 데 필요한 계자 전류[A],
　I_{fs}: 3상 단락 시 정격 전류와 같은 단락 전류를 흐르게 하는 계자 전류[A])

14

변압기의 습기를 제거하여 절연을 향상시키는 건조법이 아닌 것은?

① 열풍법
② 단락법
③ 진공법
④ 건식법

해설 변압기 건조법

- 열풍법: 전열기로 변압기에 열풍을 불어 넣어 건조하는 방법
- 단락법: 변압기의 한쪽 권선을 단락시켜 발생하는 줄열을 이용해 건조하는 방법
- 진공법: 변압기에 증기를 집어넣고 진공 펌프로 증기와 수분을 빼내는 방법

15

직류 분권 전동기의 전기자 전류가 10[A]일 때 5[N·m]의 토크가 발생하였다. 이 전동기의 계자가 자속이 80[%]로 감소되고, 전기자 전류가 12[A]로 되면 토크는 약 몇 [N·m]인가?

① 3.9
② 4.3
③ 4.8
④ 5.2

해설

토크 $T = k\phi I_a$[N·m]에서 $T \propto \phi I_a$이다.
전기자 전류가 12[A]인 분권 전동기의 토크를 T'이라 하면
$T' = k(\phi' I_a') = k(0.8\phi \times 1.2 I_a)$
$\quad = 0.96 k\phi I_a = 0.96 T = 0.96 \times 5 = 4.8$[N·m]

16

유도자형 동기 발전기의 설명으로 옳은 것은?

① 전기자만 고정되어 있다.
② 계자극만 고정되어 있다.
③ 회전자가 없는 특수 발전기이다.
④ 계자극과 전기자가 고정되어 있다.

해설 유도자형 고주파 발전기

- 계자와 전기자를 고정시키고 중앙에 유도자라는 회전자를 설치한 특수 동기 발전기이다.
- 주로 고주파 발전에 사용된다.
- 슬립 링이 필요 없다.

17

스텝 모터(Step Motor)의 장점으로 틀린 것은?

① 회전각과 속도는 펄스 수에 비례한다.
② 위치 제어를 할 때 각도 오차가 적고 누적된다.
③ 가속, 감속이 용이하며 정·역전 및 변속이 쉽다.
④ 피드백 없이 오픈 루프로 손쉽게 속도 및 위치 제어를 할 수 있다.

해설 스텝 모터(Step Motor)

- 회전각과 속도는 펄스 수에 비례하여 동작한다.
- 위치 제어를 할 때 각도 오차가 작고 누적되지 않는다.
- 가속, 감속이 용이하며 정·역전 및 변속이 쉽다.
- 피드백 없이 오픈 루프로 손쉽게 속도 및 위치 제어를 할 수 있다.
- 브러시가 필요 없어 기계적으로 견고하다.

18

단상 변압기의 무부하 상태에서 $V_1 = 200\sin(\omega t + 30°)$[V]의 전압이 인가되었을 때 $I_0 = 3\sin(\omega t + 60°) + 0.7\sin(3\omega t + 180°)$[A]의 전류가 흘렀다. 이때 무부하손은 약 몇 [W]인가?

① 150
② 259.8
③ 415.2
④ 512

해설

무부하손 $P_0 = V_1 I_0 \cos\theta$[W] (단, θ: 위상차)
전류는 비정현파로 주어졌으므로 고조파 차수가 일치하는 전압의 실횻값과 전류의 실횻값을 곱한다.
$\therefore P_0 = \dfrac{200}{\sqrt{2}} \times \dfrac{3}{\sqrt{2}} \times \cos(30° - 60°)$
$\quad = 300 \times \dfrac{\sqrt{3}}{2} \fallingdotseq 259.8$[W]

| 정답 | 15 ③ 16 ④ 17 ② 18 ②

19

극수 20, 주파수 60[Hz]인 3상 동기 발전기의 전기자 권선이 2층 중권, 전기자 전 슬롯 수 180, 각 슬롯 내의 도체 수 10 코일 피치 7 슬롯인 2중 성형 결선으로 되어 있다. 선간 전압 3,300[V]를 유도하는 데 필요한 기본파 유효 자속은 약 몇 [Wb]인가?(단, 코일 피치와 자극 피치의 비 $\beta = \dfrac{7}{9}$ 이다.)

① 0.004
② 0.062
③ 0.053
④ 0.07

해설

- 3상 동기 발전기 유도 기전력
  $E = 4.44 f w \phi K_w [\text{V}]$
- w는 한 상의 권선수이며 다음과 같이 구한다.
  $w = \dfrac{\text{총 도체 수}}{2 \times m(\text{상수})} = \dfrac{\text{슬롯 수} \times \text{슬롯 도체 수}}{2 \times m(\text{상수})}$
  $= \dfrac{180 \times 10}{2 \times 3} = 300$

  조건에서 2중 성형 결선이라 주어졌으므로 위에서 구한 300에 2를 나누어 주면 한 상의 권선수는 $w = 150$이 된다.

- K_w는 권선 계수이며 다음과 같이 구한다.
  $K_w = K_d(\text{분포권 계수}) \times K_p(\text{단절권 계수})$

  $K_d = \dfrac{\sin\dfrac{\pi}{2m}}{q\sin\dfrac{\pi}{2mq}} \left(q = \dfrac{\text{총 슬롯 수}}{\text{상수} \times \text{극수}} = \dfrac{180}{3 \times 20} = 3 \right)$

  $= \dfrac{\sin\dfrac{\pi}{2 \times 3}}{3 \times \sin\dfrac{\pi}{2 \times 3 \times 3}} = \dfrac{\sin\dfrac{\pi}{6}}{3\sin\dfrac{\pi}{18}} \fallingdotseq 0.9597$

  $K_p = \sin\dfrac{\beta\pi}{2} = \sin\dfrac{\dfrac{7}{9}\pi}{2} = \sin\dfrac{7\pi}{18} \fallingdotseq 0.9396$

  $\therefore K_w = 0.9597 \times 0.9396 \fallingdotseq 0.9017$

- 유효 자속
  $\phi = \dfrac{E}{4.44 f w K_w} = \dfrac{\dfrac{V_l}{\sqrt{3}}}{4.44 f w K_w}$

  $= \dfrac{\dfrac{3,300}{\sqrt{3}}}{4.44 \times 60 \times 150 \times 0.9017} \fallingdotseq 0.053[\text{Wb}]$

20

2방향성 3단자 사이리스터는 어느 것인가?

① SCR
② SSS
③ SCS
④ TRIAC

해설 사이리스터의 종류

구분	2단자	3단자	4단자
단방향	–	SCR, LASCR, GTO	SCS
쌍방향	DIAC, SSS	TRIAC	–

관련개념

2방향성 3단자: TRIAC

| 정답 | 19 ③ 20 ④

2022년 3회

01

다음 중 2방향성 3단자 사이리스터는 어느 것인가?

① SCR
② SSS
③ SCS
④ TRIAC

해설 사이리스터의 종류

구분	2단자	3단자	4단자
단방향	–	SCR, LASCR, GTO	SCS
쌍방향	DIAC, SSS	TRIAC	–

02

$15[\text{kVA}]$, $3,000/200[\text{V}]$ 변압기의 1차 측 환산 등가 임피던스가 $5.4+j6[\Omega]$ 일 때, %저항 강하 p와 %리액턴스 강하 q는 각각 약 몇 [%]인가?

① $p=0.9$, $q=1$
② $p=0.7$, $q=1.2$
③ $p=1.2$, $q=1$
④ $p=1.3$, $q=0.9$

해설
- 1차 측 정격 전류
$$I_{1n} = \frac{15 \times 10^3}{3,000} = 5[\text{A}]$$
- %저항 강하
$$\%R = p = \frac{I_{1n} \times r_1'}{V_{1n}} \times 100 = \frac{5 \times 5.4}{3,000} \times 100 = 0.9[\%]$$
- %리액턴스 강하
$$\%X = q = \frac{I_{1n} \times x_1'}{V_{1n}} \times 100 = \frac{5 \times 6}{3,000} \times 100 = 1[\%]$$

03

비돌극형 동기 발전기 한 상의 단자 전압을 V, 유기 기전력을 E, 동기 리액턴스를 X_s, 부하각이 δ이고, 전기자 저항을 무시할 때 1상의 최대 출력[W]은?

① $\dfrac{EV}{X_s}$
② $\dfrac{3EV}{X_s}$
③ $\dfrac{E^2V}{X_s}\sin\delta$
④ $\dfrac{EV^2}{X_s}\sin\delta$

해설
$P = \dfrac{EV}{X}\sin\delta[\text{W}]$에서 최대 출력은 부하각이 $\sin 90° = 1$일 때이다.
$$\therefore P_m = \frac{EV}{X_s}\sin 90° = \frac{EV}{X_s}[\text{W}]$$

04

보극이 없는 직류 발전기에서 부하의 증가에 따라 브러시의 위치를 어떻게 하여야 하는가?

① 그대로 둔다.
② 계자극의 중간에 놓는다.
③ 발전기의 회전 방향으로 이동시킨다.
④ 발전기의 회전 방향과 반대로 이동시킨다.

해설
보극이 없는 발전기의 부하 증가에 따라 정류 작용을 원활히 하기 위한 브러시 위치 조정 방법
- 발전기의 경우: 발전기의 회전 방향으로 브러시 이동
- 전동기의 경우: 전동기 회전 반대 방향으로 브러시 이동

| 정답 | 01 ④ 02 ① 03 ① 04 ③

05

그림은 단상 직권 정류자 전동기의 개념도이다. C를 무엇이라고 하는가?

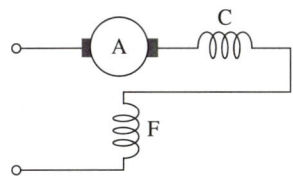

① 제어 권선
② 보상 권선
③ 보극 권선
④ 단층 권선

해설 단상 직권 정류자 전동기의 구성
- A : 전기자(Armature)
- F : 계자(Field)
- C : 보상 권선(Compensating winding)

06

동기 발전기의 단락비를 계산하는 데 필요한 시험은?

① 부하 시험과 돌발 단락 시험
② 단상 단락 시험과 3상 단락 시험
③ 무부하 포화 시험과 3상 단락 시험
④ 정상, 역상, 영상 리액턴스의 측정 시험

해설 단락비 계산 시 필요한 시험
- 무부하 포화 시험
- 3상 단락 시험

07

다음 중 반작용 전동기(반동 전동기)의 설명으로 옳은 것은?

① 전기자에 뒤진 전류가 흐르면 전기자 반작용은 증자 작용을 한다.
② 전기자에 앞선 전류가 흐르면 전기자 반작용은 증자 작용을 한다.
③ 전기자에 뒤진 전류가 흐르면 전기자 반작용은 감자 작용을 한다.
④ 전기자에 뒤진 전류가 흐르면 전기자 반작용은 교차 자화 작용을 한다.

해설 반작용 전동기(Reaction Motor)
- 직류 여자 코일이 없다.(돌극형 구조의 반작용 토크에 의해 회전)
- 전기자에 뒤진 전류가 흐르면 전기자 반작용은 증자작용을 한다.
- 전기자에 앞선 전류가 흐르면 전기자 반작용은 감자작용을 한다.

08

3상 유도 전동기의 회전자 입력이 P_2이고 슬립이 s일 때 2차 동손을 나타내는 식은?

① $(1-s)P_2$
② $\dfrac{P_2}{s}$
③ $\dfrac{(1-s)P_2}{s}$
④ sP_2

해설
- 2차 동손 $P_{c2} = sP_2[\text{W}]$
- 출력 $P = (1-s)P_2 = \dfrac{1-s}{s}P_{c2}$

| 정답 | 05 ② 06 ③ 07 ① 08 ④

09

3상 동기 발전기의 매극 매상의 슬롯 수를 3이라 하면 분포권 계수는?

① $\sin\dfrac{2}{3}\pi$
② $\sin\dfrac{3}{2}\pi$
③ $\dfrac{1}{6\sin\dfrac{\pi}{18}}$
④ $6\sin\dfrac{\pi}{18}$

해설

$$K_d = \dfrac{\sin\dfrac{n\pi}{2m}}{q\sin\dfrac{n\pi}{2mq}} = \dfrac{\sin\dfrac{1\times\pi}{2\times 3}}{3\times\sin\dfrac{1\times\pi}{2\times 3\times 3}}$$

$$= \dfrac{\sin\dfrac{\pi}{6}}{3\sin\dfrac{\pi}{18}} = \dfrac{\dfrac{1}{2}}{3\sin\dfrac{\pi}{18}} = \dfrac{1}{6\sin\dfrac{\pi}{18}}$$

(단, m: 상수, q: 매극 매상의 슬롯 수)

10

다음 중 3상 권선형 유도 전동기의 기동법은?

① 2차 저항법
② 전전압 기동법
③ 기동 보상기법
④ $Y-\Delta$ 기동법

해설

- 3상 권선형 유도 전동기 기동법: 2차 저항법, 게르게스법
- 2차 저항법: 비례추이 특성을 이용하여 기동 시 큰 기동 토크를 얻고, 기동전류는 억제하는 기동법

11

반파 정류 회로에서 순저항 부하에 걸리는 직류 전압의 크기가 $200[V]$이다. 다이오드에 걸리는 최대 역전압의 크기는 약 몇 [V]인가?

① 400
② 479
③ 512
④ 628

해설

최대 역전압 $PIV = \sqrt{2}E$

반파 정류에서 직류분 $E_d = \dfrac{\sqrt{2}}{\pi}E$ 이므로

$\therefore \pi E_d = \sqrt{2}E$

즉, $PIV = \sqrt{2}E = \pi E_d = 200\pi = 628[V]$

12

어떤 직류 전동기가 역기전력 $200[V]$, 매분 $1,200$회전으로 토크 $158.76[N\cdot m]$를 발생하고 있을 때의 전기자 전류는 약 몇 [A]인가?(단, 기계손 및 철손은 무시한다.)

① 90
② 95
③ 100
④ 105

해설

출력 $P = \omega T = EI_a[W] \rightarrow I_a = \dfrac{\omega T}{E} = \dfrac{\dfrac{2\pi}{60}NT}{E}[A]$

$\therefore I_a = \dfrac{\dfrac{2\pi}{60}\times 1,200\times 158.76}{200} = 99.75[A]$

| 정답 | 09 ③ 10 ① 11 ④ 12 ③

13

단자 전압 200[V], 계자 저항 50[Ω], 부하 전류 50[A], 전기자 저항 0.15[Ω], 전기자 반작용에 의한 전압 강하 3[V]인 직류 분권 발전기가 정격 속도로 회전하고 있다. 이때 발전기의 유도 기전력은 약 몇 [V]인가?

① 211.1
② 215.1
③ 225.1
④ 230.1

해설
계자 전류를 I_f, 계자 저항을 r_f라 하면
$I_f = \dfrac{V}{r_f} = \dfrac{200}{50} = 4[A]$
전기자 전류 $I_a = I + I_f = 50 + 4 = 54[A]$
유도 기전력 $E = V + I_a R_a + e_a$
$= 200 + 54 \times 0.15 + 3 = 211.1[V]$
(단, e_a: 전기자 반작용에 의한 전압 강하)

14

다음은 IGBT에 관한 설명이다. 잘못된 것은?

① Insulated Gate Bipolar Thyristor의 약자이다.
② 트랜지스터와 MOSFET를 조합한 것이다.
③ 고속 스위칭이 가능하다.
④ 전력용 반도체 소자이다.

해설
IGBT(Insulated Gate Bipolar Transistor)는 MOSFET의 장점과 BJT(트랜지스터)의 장점을 모두 가지고 있다.

15

동기 발전기의 돌발 단락 전류를 주로 제한하는 것은?

① 동기 리액턴스
② 권선저항
③ 누설 리액턴스
④ 동기 임피던스

해설 동기 발전기의 3상 단락 전류
- 돌발 단락 전류(순간 단락 전류)
$I_s = \dfrac{E}{X_l}[A]$ (단, E: 상전압[V], X_l: 누설 리액턴스[Ω])
- 지속 단락 전류(영구 단락 전류)
$I_s = \dfrac{E}{X_s}[A]$
(단, E: 상전압[V], X_s: 동기 리액턴스[Ω])

16

다음 (   ) 안에 알맞은 내용은?

> 직류기의 회전속도가 위험한 상태가 되지 않으려면 직권 전동기는 (㉠) 상태로, 분권 전동기는 (㉡) 상태가 되지 않도록 하여야 한다.

① ㉠ 무부하, ㉡ 무여자
② ㉠ 무여자, ㉡ 무부하
③ ㉠ 무여자, ㉡ 경부하
④ ㉠ 무부하, ㉡ 경부하

해설
- 직권 전동기: 정격 전압 상태에서 무부하 운전 시 위험 속도에 도달해 원심력에 의한 기계 파손의 우려가 있다.(벨트 운전 금지)
- 분권 전동기: 정격 전압 상태에서 무여자 운전 시 위험 속도에 도달해 원심력에 의한 기계 파손의 우려가 있다.(계자 권선에 퓨즈 설치 불가)

| 정답 | 13 ① 14 ① 15 ③ 16 ①

17

직류 발전기에서 회전속도가 빨라지면 정류가 힘들어지는 이유는?

① 정류 주기가 길어진다.
② 리액턴스 전압이 커진다.
③ 브러시 접촉 저항이 커진다.
④ 정류 자속이 감소한다.

해설

리액턴스 전압 $e_L = L \times \dfrac{2I_c}{T_c}[V]$ (즉, $e_L \propto \dfrac{1}{T_c}$)

정류 주기 $T_c = \dfrac{b-\delta}{v}$ 에서 회전 속도 v가 빨라지면 T_c가 작아진다. T_c가 작아지면 리액턴스 전압 e_L이 커지므로 정류가 힘들어진다.

18

3상 유도 전동기의 2차 측 저항을 2배로 하면 최대 토크는 몇 배로 되는가?

① 3배
② 2배
③ 변하지 않는다.
④ $\dfrac{1}{2}$배

해설 3상 유도 전동기의 최대 토크

$T_m = k\dfrac{E_2^2}{2X_2}[N \cdot m]$

최대 토크(T_m)는 2차 저항(r_2)과 관계가 없으므로 변하지 않는다.

19

변압기 결선 방식 중 3상에서 6상으로 변환할 수 없는 것은?

① 환상 결선
② 2중 3각 결선
③ 포크 결선
④ 우드 브리지 결선

해설

- 3상 입력에서 6상 출력을 내는 결선법
  - 포크 결선: 주로 수은 정류기에 사용
  - 환상 결선
  - 대각 결선
  - 2중 △ 결선
  - 2중 성형 결선
- 3상 입력에서 2상 출력을 내는 결선법
  - 우드 브리지 결선
  - 메이어 결선
  - 스코트 결선(T 결선): 2상 서보 모터 구동용으로 사용

20

변압기 단락 시험에서 변압기의 임피던스 전압이란?

① 여자 전류가 흐를 때의 2차 측 단자 전압
② 정격 전류가 흐를 때의 2차 측 단자 전압
③ 2차 단락 전류가 흐를 때의 변압기 내의 전압 강하
④ 정격 전류가 흐를 때의 변압기 내의 전압 강하

해설 변압기의 임피던스 전압

변압기 2차 측을 단락하고 1차 측에 저전압을 인가하여 1차 전류가 정격 전류와 같도록 조정했을 때의 1차 전압, 즉 정격 전류가 흐를 때 변압기 내 전압 강하이다.

| 정답 | 17 ② | 18 ③ | 19 ④ | 20 ④ |

2021년 1회

01

$3,300/220[\text{V}]$의 단상 변압기 3대를 $\Delta-Y$ 결선하고 2차측 선간에 $15[\text{kW}]$의 단상 전열기를 접속하여 사용하고 있다. 결선을 $\Delta-\Delta$로 변경하는 경우 이 전열기의 소비 전력은 몇 $[\text{kW}]$로 되는가?

① 5
② 12
③ 15
④ 21

해설

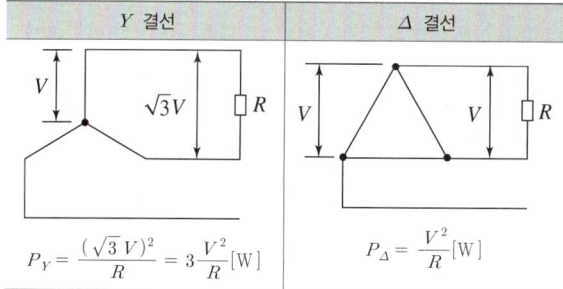

$$\therefore P_\Delta = \frac{1}{3}P_Y = \frac{1}{3} \times 15 = 5[\text{kW}]$$

02

히스테리시스 전동기에 대한 설명으로 틀린 것은?

① 유도 전동기와 거의 같은 고정자이다.
② 회전자 극은 고정자 극에 비하여 항상 가도 δ_h 만큼 앞선다.
③ 회전자가 부드러운 외면을 가지므로 소음이 적으며, 순조롭게 회전시킬 수 있다.
④ 구속 시부터 동기 속도만을 제외한 모든 속도 범위에서 일정한 히스테리시스 토크를 발생한다.

해설 히스테리시스 전동기
- 회전자는 강자성의 영구 자석 합금과 비자성체 지지물로 이루어진 매끄러운 원통형으로 구성된다.
- 회전자 극은 고정자 극에 비해 항상 각도 δ_h 만큼 뒤진다.
- 고정자는 유도 전동기의 고정자와 같은 구조이다.

03

직류기에서 계자 자속을 만들기 위하여 전자석의 권선에 전류를 흘리는 것을 무엇이라고 하는가?

① 보극
② 여자
③ 보상 권선
④ 자화 작용

해설
자속을 만들기 위해 전자석의 권선에 전류를 흘리는 것을 '여자'라고 한다.

04

사이클로 컨버터(Cyclo Converter)에 대한 설명으로 틀린 것은?

① DC - DC buck 컨버터와 동일한 구조이다.
② 출력 주파수가 낮은 영역에서 많은 장점이 있다.
③ 시멘트 공장의 분쇄기 등과 같이 대용량 저속 교류 전동기 구동에 주로 사용된다.
④ 교류를 교류로 직접 변환하면서 전압과 주파수를 동시에 가변하는 전력 변환기이다.

해설 사이클로 컨버터(Cyclo Converter)
- 출력 주파수가 낮은 영역에서 많은 장점이 있다.
- 시멘트 공장의 분쇄기 등과 같이 대용량 저속 교류 전동기 구동에 주로 사용된다.
- 교류를 교류로 직접 변환하면서 전압과 주파수를 동시에 가변하는 전력 변환기이다.

관련개념 변환기의 종류

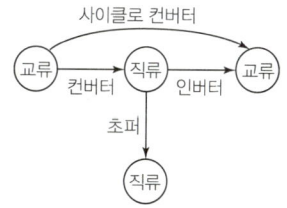

- 컨버터: 교류(AC)를 직류(DC)로 변환하는 장치
- 인버터: 직류(DC)를 교류(AC)로 변환하는 장치
- 초퍼: 직류(DC)를 직류(DC)로 직접 제어하는 장치
- 사이클로 컨버터: 교류(AC)를 교류(AC)로 주파수 변환하는 장치

| 정답 | 01 ① 02 ② 03 ② 04 ①

05

1차 전압이 3,300[V]이고 1차 측 무부하 전류는 0.15[A], 철손은 330[W]인 단상 변압기의 자화 전류는 약 몇 [A]인가?

① 0.112
② 0.145
③ 0.181
④ 0.231

해설

- 철손 전류 $I_i = \dfrac{P_i}{V_1} = \dfrac{330}{3,300} = 0.1[\text{A}]$
- 여자 전류(무부하 전류) $I_0 = \sqrt{I_i^2 + I_\phi^2}[\text{A}]$
- 자화 전류 $I_\phi = \sqrt{I_0^2 - I_i^2}[\text{A}]$
- $\therefore I_\phi = \sqrt{0.15^2 - 0.1^2} = 0.112[\text{A}]$

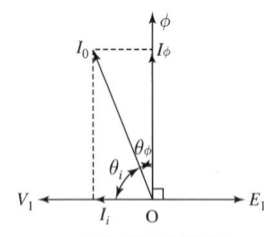

▲ 여자 전류의 벡터도

06

유도 전동기의 안정 운전 조건은?(단, T_m: 전동기 토크, T_L: 부하 토크, n: 회전수)

① $\dfrac{dT_m}{dn} < \dfrac{dT_L}{dn}$
② $\dfrac{dT_m}{dn} = \dfrac{dT_L^2}{dn}$
③ $\dfrac{dT_m}{dn} > \dfrac{dT_L}{dn}$
④ $\dfrac{dT_m}{dn} \neq \dfrac{dT_L^2}{dn}$

해설

유도 전동기는 회전수(n)에 대한 부하 토크(T_L) 변화량이 전동기 토크(T_m) 변화량보다 커야 일정한 토크로 수렴하며 안정 운전을 한다.

$\therefore \dfrac{dT_m}{dn} < \dfrac{dT_L}{dn}$

07

3상 권선형 유도 전동기 기동 시 2차 측에 외부 가변 저항을 넣는 이유는?

① 회전수 감소
② 기동 전류 증가
③ 기동 토크 감소
④ 기동 전류 감소와 기동 토크 증가

해설 비례 추이(권선형 유도 전동기)

- 3상 권선형 유도 전동기의 회전자에 외부 저항을 접속시켜 저항을 증가시키면 최대 토크가 발생하는 속도가 낮아지는 현상을 비례 추이라고 한다.
- 2차 저항을 변화시켜도 최대 토크는 항상 일정하다.
- 2차 저항이 커지면 기동 토크는 증가하고, 기동 전류는 감소한다.
- 비례 추이할 수 있는 것: 1차 전류, 1차 입력, 2차 전류, 역률, 토크
- 비례 추이할 수 없는 것: 출력, 2차 동손, 2차 효율, 동기 속도

08

극수 4이며 전기자 권선은 파권, 전기자 도체 수가 250인 직류 발전기가 있다. 이 발전기가 1,200[rpm]으로 회전할 때 600[V]의 기전력을 유기하려면 1극당 자속은 몇 [Wb]인가?

① 0.04
② 0.05
③ 0.06
④ 0.07

해설 직류 발전기 유기 기전력

$E = \dfrac{pZ}{60a}\phi N[\text{V}] \rightarrow \phi = E \times \dfrac{60a}{pZN}[\text{Wb}]$

전기자 권선이 파권이므로 $a = 2$

$\therefore \phi = 600 \times \dfrac{60 \times 2}{4 \times 250 \times 1,200} = 0.06[\text{Wb}]$

관련개념 유기 기전력

$E = \dfrac{pZ}{60a}\phi N[\text{V}]$

| 정답 | 05 ① | 06 ① | 07 ④ | 08 ③ |

09

발전기 회전자에 유도자를 주로 사용하는 발전기는?

① 수차 발전기 ② 엔진 발전기
③ 터빈 발전기 ④ 고주파 발전기

해설 고주파 발전기
- 고주파 발전기는 고주파(수백~수만[Hz]) 전력을 발생시키는 동기 발전기로 구조가 튼튼하고 극수를 많이 하기 쉬운 유도자형 동기기를 주로 사용한다.
- 전기자 권선과 계자 권선이 모두 고정되고, 그 중앙에 유도자라고 하는 권선이 없는 회전자를 갖춘 동기 발전기이다.

11

3상 유도 전동기에서 회전자가 슬립 s로 회전하고 있을 때 2차 유기 전압 E_{2s} 및 2차 주파수 f_{2s}와 s와의 관계는?(단, E_2는 회전자가 정지하고 있을 때 2차 유기 기전력이며, f_1은 1차 주파수이다.)

① $E_{2s} = sE_2$, $f_{2s} = sf_1$

② $E_{2s} = sE_2$, $f_{2s} = \dfrac{f_1}{s}$

③ $E_{2s} = \dfrac{E_2}{s}$, $f_{2s} = \dfrac{f_1}{s}$

④ $E_{2s} = (1-s)E_2$, $f_{2s} = (1-s)f_1$

해설 3상 유도 전동기
- 운전 시 유기 기전력 $E_{2s} = sE_2[\text{V}]$ (s는 슬립)
- 운전 시 주파수 $f_{2s} = sf_1[\text{Hz}]$
- 2차 저항손 $P_{c2} = sP_2[\text{W}]$ (P_2는 2차 입력)
- 기계적 출력
  $P_0 = P_2 - P_{c2} = P_2 - sP_2 = (1-s)P_2[\text{W}]$
- 2차 효율 $\eta_2 = \dfrac{P_0}{P_2} = \dfrac{(1-s)P_2}{P_2} = 1-s$

10

BJT에 대한 설명으로 틀린 것은?

① Bipolar Junction Thyristor의 약자이다.
② 베이스 전류로 컬렉터 전류를 제어하는 전류 제어 스위치이다.
③ MOSFET, IGBT 등의 전압 제어 스위치보다 훨씬 큰 구동 전력이 필요하다.
④ 회로 기호 B, E, C는 각각 베이스(Base), 에미터(Emitter), 컬렉터(Collector)이다.

해설 BJT(Bipolar Junction Transistor)
- BJT는 바이폴라 접합 트랜지스터로 NPN형과 PNP형이 있으며, 베이스 전류로 컬렉터 전류를 제어하는 전류제어 스위치이다.
- 에미터, 베이스, 컬렉터의 도핑 형태에 따라 NPN형과 PNP형으로 구분한다.
- 2개 PN 접합에 대한 바이어스 인가 형태에 따라 3개 동작 모드(활성 모드, 포화 모드, 차단 모드)로 구분한다.

12

전류계를 교체하기 위해 우선 변류기 2차 측을 단락시켜야 하는 이유는?

① 측정오차 방지
② 2차 측 절연 보호
③ 2차 측 과전류 보호
④ 1차 측 과전류 방지

해설 변류기 사용 시 주의 사항
변류기의 2차 측 개방 시 1차 측 부하 전류의 대부분이 여자 전류가 되어 변류기 2차 측에 유기되므로, 변류기 2차 권선 절연 파괴에 의한 소손이 발생할 수 있다.

관련개념
변류기: 2차 측 단락
계기용 변압기: 2차 측 개방

| 정답 | 09 ④ 10 ① 11 ① 12 ②

13

단자 전압 220[V], 부하 전류 50[A]인 분권 발전기의 유도 기전력은 몇 [V]인가?(단, 전기자 저항은 0.2[Ω]이며, 계자 전류 및 전기자 반작용은 무시한다.)

① 200
② 210
③ 220
④ 230

해설 분권 발전기

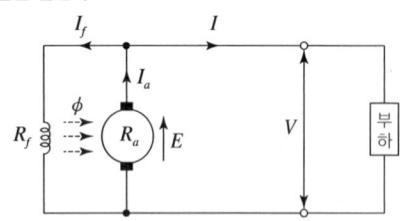

$I_a = I_f + I$ [A]에서 계자 전류를 무시하면 $I_a = I$ [A]
∴ $E = V + I_a R_a = 220 + 50 \times 0.2 = 230$ [V]

14

기전력(1상)이 E_0이고 동기 임피던스(1상)가 Z_s인 2대의 3상 동기 발전기를 무부하로 병렬 운전시킬 때 각 발전기의 기전력 사이에 δ_s의 위상차가 있으면 한쪽 발전기에서 다른 쪽 발전기로 공급되는 1상당의 전력[W]은?

① $\dfrac{E_0}{Z_s}\sin\delta_s$
② $\dfrac{E_0}{Z_s}\cos\delta_s$
③ $\dfrac{E_0^2}{2Z_s}\sin\delta_s$
④ $\dfrac{E_0^2}{2Z_s}\cos\delta_s$

해설
동기 발전기 병렬 운전 시 위상차가 발생하면 두 발전기의 위상이 같게 하려는 동기화 전류(유효 순환 전류)가 흐르며, 이때 서로 주고받는 전력인 수수 전력(P)이 발생한다.
$P = \dfrac{E_0^2}{2Z_s}\sin\delta_s$ [W]

15

전압이 일정한 모선에 접속되어 역률 1로 운전하고 있는 동기 전동기를 동기 조상기로 사용하는 경우 여자 전류를 증가시키면 이 전동기는 어떻게 되는가?

① 역률은 앞서고, 전기자 전류는 증가한다.
② 역률은 앞서고, 전기자 전류는 감소한다.
③ 역률은 뒤지고, 전기자 전류는 증가한다.
④ 역률은 뒤지고, 전기자 전류는 감소한다.

해설
동기 조상기에서 여자 전류(I_f)를 증가(과여자)시키면 진상 전류가 흐르므로 역률은 앞서고, 전기자 전류(I_a)는 증가한다.

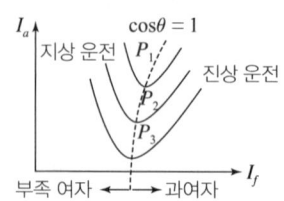

▲ 동기 조상기의 위상 특성 곡선(V 곡선)

16

직류 발전기의 전기자 반작용에 대한 설명으로 틀린 것은?

① 전기자 반작용으로 인하여 전기적 중성축을 이동시킨다.
② 정류자 편간 전압이 불균일하게 되어 섬락의 원인이 된다.
③ 전기자 반작용이 생기면 주자속이 왜곡되고 유기 기전력이 증가하게 된다.
④ 전기자 반작용이란, 전기자 전류에 의하여 생긴 자속이 계자에 의해 발생되는 주자속에 영향을 주는 현상을 말한다.

해설 직류 발전기 전기자 반작용
• 주자속이 감소하고 왜곡되어 유기 기전력이 감소한다.
• 전기적 중성축이 회전방향으로 이동한다.(전동기의 경우 회전 반대 방향으로 이동)
• 정류자 편간 전압이 국부적으로 상승하여 불꽃 섬락이 발생한다.

| 정답 | 13 ④ 14 ③ 15 ① 16 ③

17

단상 변압기 2대를 병렬 운전할 경우, 각 변압기의 부하 전류를 I_a, I_b, 1차 측으로 환산한 임피던스를 Z_a, Z_b, 백분율 임피던스 강하를 z_a, z_b, 정격 용량을 P_{an}, P_{bn}이라 한다. 이때 부하 분담에 대한 관계로 옳은 것은?

① $\dfrac{I_a}{I_b} = \dfrac{Z_a}{Z_b}$ ② $\dfrac{I_a}{I_b} = \dfrac{P_{bn}}{P_{an}}$

③ $\dfrac{I_a}{I_b} = \dfrac{z_b}{z_a} \times \dfrac{P_{an}}{P_{bn}}$ ④ $\dfrac{I_a}{I_b} = \dfrac{Z_a}{Z_b} \times \dfrac{P_{an}}{P_{bn}}$

해설
변압기 병렬 운전 시 분담 전류는 변압기 정격 용량에 비례하고 %임피던스에 반비례한다.

$\therefore \dfrac{I_a}{I_b} = \dfrac{z_b}{z_a} \times \dfrac{P_{an}}{P_{bn}}$

18

단상 유도 전압 조정기에서 단락 권선의 역할은?

① 철손 경감   ② 절연 보호
③ 전압 강하 경감   ④ 전압 조정 용이

해설 단상 유도 전압 조정기
단상 유도 전압 조정기의 경우 1차 권선인 분로 권선과 2차 권선인 직렬 권선이 분리되어 회전자의 위상각으로 전압의 크기를 조절하는 조정기이다. 이때 단락 권선은 분로 권선과 직각으로 설치하며, 직렬 권선의 누설 리액턴스를 감소시켜 전압 강하를 감소시킨다.

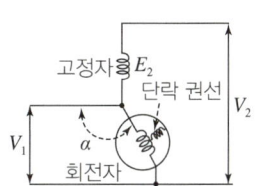

▲ 단상 유도 전압 조정기

19

동기 리액턴스 $X_s = 10[\Omega]$, 전기자 권선 저항 $r_a = 0.1[\Omega]$, 3상 중 1상의 유도 기전력 $E = 6,400[\text{V}]$, 단자 전압 $V = 4,000[\text{V}]$, 부하각 $\delta = 30°$이다. 비철극기인 3상 동기 발전기의 출력은 약 몇 $[\text{kW}]$인가?

① 1,280   ② 3,840
③ 5,560   ④ 6,650

해설
3상 동기 발전기 출력(비철극형)

$P = 3\dfrac{EV}{X_s}\sin\delta = 3 \times \dfrac{6,400 \times 4,000}{10} \times \sin 30° \times 10^{-3}$

$= 3,840[\text{kW}]$

관련개념
3상 동기 발전기 출력 $P = 3\dfrac{EV}{X_s}\sin\delta[\text{kW}]$

20

$60[\text{Hz}]$, 6극의 3상 권선형 유도 전동기가 있다. 이 전동기의 정격 부하 시 회전수는 $1,140[\text{rpm}]$이다. 이 전동기를 같은 공급전압에서 전부하 토크로 기동하기 위한 외부 저항은 몇 $[\Omega]$인가?(단, 회전자 권선은 Y 결선이며, 슬립 링 간의 저항은 $0.1[\Omega]$이다.)

① 0.5   ② 0.85
③ 0.95   ④ 1

해설
• 동기 속도 $N_s = \dfrac{120f}{p} = \dfrac{120 \times 60}{6} = 1,200[\text{rpm}]$

• 슬립 $s = \dfrac{N_s - N}{N_s} = \dfrac{1,200 - 1,140}{1,200} = 0.05$

• 2차 저항 $r_2 = \dfrac{0.1}{2} = 0.05[\Omega]$

 (∵ 슬립 링 간의 저항은 두 상을 직렬로 연결한 저항의 크기이므로 한 상의 저항은 슬립 링 간 저항의 $\dfrac{1}{2}$이다.)

• 외부 저항 $R = \dfrac{1-s}{s}r_2 = \dfrac{1-0.05}{0.05} \times 0.05 = 0.95[\Omega]$

| 정답 | 17 ③   18 ③   19 ②   20 ③

2021년 2회

01

부하 전류가 크지 않을 때 직류 직권 전동기 발생 토크는? (단, 자기 회로가 불포화인 경우이다.)

① 전류에 비례한다.
② 전류에 반비례한다.
③ 전류의 제곱에 비례한다.
④ 전류의 제곱에 반비례한다.

해설 직류 직권 전동기

직류 직권 전동기는 전기자 권선과 계자 권선이 직렬로 접속되어 있어 부하 전류(I), 전기자 전류(I_a), 계자 전류(I_f)가 모두 동일하므로 계자 자속 ϕ는 부하 전류(I)에 비례한다. 따라서 토크는 전류의 제곱에 비례한다.

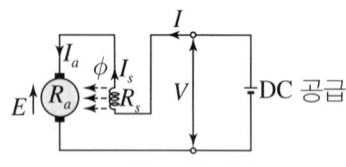

▲ 자여자 직권 전동기

$I = I_a = I_f [\text{A}]$, $\phi \propto I_f = I$
$\therefore T = K'\phi I_a [\text{N} \cdot \text{m}] \propto I^2$

02

동기 발전기의 병렬 운전 조건에서 같지 않아도 되는 것은?

① 기전력의 용량
② 기전력의 위상
③ 기전력의 크기
④ 기전력의 주파수

해설 동기 발전기 병렬 운전 조건

병렬 운전 조건	다를 경우 발생하는 전류
유기 기전력의 크기가 같을 것	무효 순환 전류
유기 기전력의 위상이 같을 것	동기화 전류
유기 기전력의 주파수가 같을 것	동기화 전류
유기 기전력의 파형이 같을 것	고조파 무효 순환 전류

동기 발전기의 병렬 운전 조건에서 용량, 출력과는 무관하다.

03

다이오드를 사용하는 정류 회로에서 과대한 부하 전류로 인하여 다이오드가 소손될 우려가 있을 때 가장 적절한 조치는 어느 것인가?

① 다이오드를 병렬로 추가한다.
② 다이오드를 직렬로 추가한다.
③ 다이오드 양단에 적당한 값의 저항을 추가한다.
④ 다이오드 양단에 적당한 값의 커패시터를 추가한다.

해설

다이오드 병렬 연결 시 전류가 분배되어 부하 전류가 감소한다.
• 과전류에 대한 조치: 다이오드 병렬연결(전류 분배)
• 과전압에 대한 조치: 다이오드 직렬연결(전압 분배)

04

변압기의 권수를 N이라고 할 때 누설 리액턴스는?

① N에 비례한다.
② N^2에 비례한다.
③ N에 반비례한다.
④ N^2에 반비례한다.

해설 변압기 누설 리액턴스

• 실제 변압기에서는 1차 측에서 발생한 자속 전체가 2차 측 코일에 쇄교하지 못하고 일부가 누설되는 현상이 발생하며, 이러한 자속의 감소를 누설 리액턴스(x_l)로 고려할 수 있다.
• 누설 리액턴스 $x_l = \omega L = 2\pi f \times \dfrac{\mu S N^2}{l} [\Omega] \propto N^2$

관련개념

$e = -L\dfrac{di}{dt} = -N\dfrac{d\phi}{dt} [\text{V}] \rightarrow LI = N\phi [\text{Wb}]$

기자력 $F = \phi R_m = NI [\text{AT}]$

자기 저항 $R_m = \dfrac{l}{\mu S} [\text{AT/Wb}]$

$\therefore \phi = \dfrac{NI}{R_m} = \dfrac{NI}{\dfrac{l}{\mu S}} = \dfrac{\mu S N I}{l} [\text{Wb}]$

$\therefore L = \dfrac{N\phi}{I} = \dfrac{N}{I} \times \dfrac{\mu S N I}{l} = \dfrac{\mu S N^2}{l} [\text{H}]$

| 정답 | 01 ③ 02 ① 03 ① 04 ②

05

$50[\text{Hz}]$, 12극의 3상 유도 전동기가 $10[\text{HP}]$의 정격출력을 내고 있을 때, 회전수는 약 몇 $[\text{rpm}]$인가?(단, 회전자 동손은 $350[\text{W}]$이고, 회전자 입력은 회전자 동손과 정격 출력의 합이다.)

① 468
② 478
③ 488
④ 500

해설

- 동기 속도 $N_s = \dfrac{120f}{p} = \dfrac{120 \times 50}{12} = 500[\text{rpm}]$
- 출력 $P_0 = 10[\text{HP}] = 10 \times 746 = 7,460[\text{W}]$
- 회전자 동손 $P_{c2} = sP_2 = s(P_{c2} + P_0)[\text{W}]$
- 슬립 $s = \dfrac{P_{c2}}{P_{c2} + P_0} = \dfrac{350}{350 + 7,460} ≒ 0.0448$
- 회전수
  $N = (1-s)N_s = (1-0.0448) \times 500 ≒ 478[\text{rpm}]$

관련개념

$1[\text{HP}] = 746[\text{W}]$

06

8극, $900[\text{rpm}]$ 동기 발전기와 병렬 운전하는 6극 동기 발전기의 회전수는 몇 $[\text{rpm}]$인가?

① 900
② 1,000
③ 1,200
④ 1,400

해설

두 동기 발전기를 병렬 운전 하려면 주파수가 서로 같아야 한다.
- 8극 동기 발전기
  $N_s = \dfrac{120f}{p}[\text{rpm}] \rightarrow f = \dfrac{N_s p}{120} = \dfrac{900 \times 8}{120} = 60[\text{Hz}]$
- 6극 동기 발전기
  $N_s = \dfrac{120f}{p} = \dfrac{120 \times 60}{6} = 1,200[\text{rpm}]$

관련개념

교류 발전기 병렬 운전 조건 = 주파수가 같을 것

07

극수가 4극이고 전기자 권선이 단중 중권인 직류 발전기의 전기자 전류가 $40[\text{A}]$이면 전기자 권선의 각 병렬 회로에 흐르는 전류$[\text{A}]$는?

① 4
② 6
③ 8
④ 10

해설

전기자 권선이 중권이므로 병렬 회로수 $a = p = 4$
∴ $I = \dfrac{I_a}{a} = \dfrac{40}{4} = 10[\text{A}]$

관련개념

중권 $a = p$
파권 $a = 2$

08

변압기에서 생기는 철손 중 와류손(Eddy Current Loss)은 철심의 규소강판 두께와 어떤 관계에 있는가?

① 두께에 비례
② 두께의 2승에 비례
③ 두께의 3승에 비례
④ 두께의 $\dfrac{1}{2}$승에 비례

해설

와류손 $P_e = k_e(tfB_m)^2[\text{W/m}^3] \propto t^2$
(단, t: 두께)

| 정답 | 05 ② 06 ③ 07 ④ 08 ②

09

2전동기설에 의하여 단상 유도 전동기의 가상적 2개의 회전자 중 정방향에 회전하는 회전자 슬립이 s이면 역방향에 회전하는 가상적 회전자의 슬립은 어떻게 표시되는가?

① $1+s$ ② $1-s$
③ $2-s$ ④ $3-s$

해설
• 정방향 슬립 s
$$s = \frac{N_s - N}{N_s} = 1 - \frac{N}{N_s} \to \frac{N}{N_s} = 1 - s$$
• 역방향 슬립 s'
$$s' = \frac{N_s - (-N)}{N_s} = 1 + \frac{N}{N_s} = 1 + (1-s) = 2-s$$

10

어떤 직류 전동기가 역기전력 $200[\text{V}]$, 매분 $1{,}200$회전으로 토크 $158.76[\text{N}\cdot\text{m}]$를 발생하고 있을 때의 전기자 전류는 약 몇 $[\text{A}]$인가?(단, 기계손 및 철손은 무시한다.)

① 90 ② 95
③ 100 ④ 105

해설
출력 $P = \omega T = EI_a[\text{W}] \to I_a = \frac{\omega T}{E} = \frac{2\pi \times \frac{N}{60} T}{E}[\text{A}]$

$\therefore I_a = \frac{2\pi \times \frac{1{,}200}{60} \times 158.76}{200} = 99.75 ≒ 100[\text{A}]$

11

와전류 손실을 패러데이 법칙으로 설명한 과정 중 틀린 것은?

① 와전류가 철심 내에 흘러 발열 발생
② 유도 기전력 발생으로 철심에 와전류가 흐름
③ 와전류 에너지 손실량은 전류 밀도에 반비례
④ 시변 자속으로 강자성체 철심에 유도 기전력 발생

해설 와류손
• 자속 밀도의 시간적 변화는 도체 내에서 회전하는 전계를 만들며, 이에 따라 유도 기전력이 발생하고 와전류(맴돌이 전류)가 흐르게 된다.
$$\nabla \times \dot{E} = -\frac{\partial \dot{B}}{\partial t} \text{ (패러데이 전자 유도 법칙)}$$
• 철심 내에 흐르는 와전류는 철심 저항에 의하여 열이 발생하는데, 이를 와류손(P_e)이라고 한다.
$$P_e = k_e(tfB_m)^2\,[\text{W/m}^3] \propto B_m^2$$

12

동기 발전기에서 동기 속도와 극수의 관계를 옳게 표시한 것은?(단, N: 동기 속도, P: 극수이다.)

①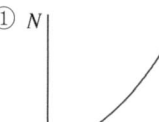
②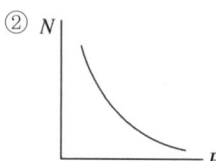
③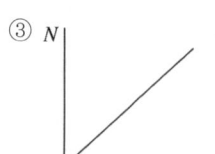
④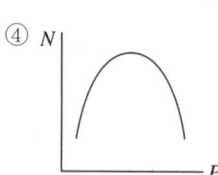

해설
동기 속도 $N_s = \frac{120f}{P}[\text{rpm}] \propto \frac{1}{P}$

$\therefore$ 동기 속도와 극수는 반비례한다.

13

일반적인 DC 서보 모터의 제어에 속하지 않는 것은?

① 역률 제어
② 토크 제어
③ 속도 제어
④ 위치 제어

해설 서보 모터
- 계속해서 변화하는 위치나 속도의 명령치에 신속하고 정확하게 추종할 수 있도록 설계되어 위치, 방향, 자세를 제어하기 위한 모터이다.
- 토크 제어, 속도 제어, 위치 제어 등에 사용된다.
- 기동, 정지, 역전의 동작이 신속하고 정확해야 한다.
- 신속히 평형 상태에 도달할 수 있도록 전동기의 응답 속도가 빨라야 한다.
- 기동 토크가 커야 한다.
- 관성 모멘트가 작아야 한다.

관련개념
서보 모터와 관련된 요소: 토크, 속도, 위치

14

변압기 단락 시험에서 변압기의 임피던스 전압이란?

① 1차 전류가 여자 전류에 도달했을 때의 2차 측 단자 전압
② 1차 전류가 정격 전류에 도달했을 때의 2차 측 단자 전압
③ 1차 전류가 정격 전류에 도달했을 때의 변압기 내의 전압 강하
④ 1차 전류가 2차 단락 전류에 도달했을 때의 변압기 내의 전압 강하

해설
변압기 2차 측을 단락하고 1차 측에 정격 전류가 흐를 때의 전압을 임피던스 전압이라고 한다. 이때의 전압은 매우 낮은 전압이므로 여자 전류가 거의 흐르지 않는다. 따라서 임피던스 전압은 1차 전류가 정격 전류에 도달했을 때의 변압기 내의 전압 강하이다.

15

변압기의 주요 시험 항목 중 전압 변동률 계산에 필요한 수치를 얻기 위한 필수적인 시험은?

① 단락 시험
② 내전압 시험
③ 변압비 시험
④ 온도 상승 시험

해설 변압기 시험

무부하 시험	단락 시험
• 여자 어드미턴스 • 철손 • 여자 전류 • 철손 전류 • 자화 전류	• 임피던스 와트(동손) • 임피던스 전압 • 내부 임피던스 • 전압 변동률

16

단상 정류자 전동기의 일종인 단상 반발 전동기에 해당되는 것은?

① 시라게 전동기
② 반발유도 전동기
③ 아트킨손형 전동기
④ 단상 직권 정류자 전동기

해설 단상 반발 전동기
- 종류: 아트킨손형, 톰슨형, 데리형
- 특성: 브러시의 위치를 변경하여 회전 방향, 회전 속도를 제어할 수 있다.

| 정답 | 13 ①   14 ③   15 ①   16 ③

17

3상 농형 유도 전동기의 전전압 기동 토크는 전부하 토크의 1.8배이다. 이 전동기에 기동 보상기를 사용하여 기동 전압을 전전압의 $\frac{2}{3}$로 낮추어 기동하면, 기동 토크는 전부하 토크 T와 어떤 관계인가?

① $3.0T$
② $0.8T$
③ $0.6T$
④ $0.3T$

해설

유도 전동기의 토크는 전압의 제곱에 비례한다.($T \propto V^2$)

$$\therefore \frac{T'}{1.8T} = \frac{\left(\frac{2}{3}V\right)^2}{V^2} \rightarrow T' = \left(\frac{2}{3}\right)^2 \times 1.8T = 0.8T$$

18

부스트(Boost) 컨버터의 입력 전압이 $45[\text{V}]$로 일정하고, 스위칭 주기가 $20[\text{kHz}]$, 듀티비(Duty Ratio)가 0.6, 부하 저항이 $10[\Omega]$일 때 출력 전압은 몇 $[\text{V}]$인가?(단, 인덕터에는 일정한 전류가 흐르고 커패시터 출력 전압의 리플 성분은 무시한다.)

① 27
② 67.5
③ 75
④ 112.5

해설

부스트 컨버터는 대표적인 DC-DC 승압 장치로서 출력 전압을 입력 전압보다 높이는 기능을 한다.
입력 전압을 V_i, 출력 전압을 V_o, 듀티비를 D라고 할 때
전압 전달비 $G_V = \frac{V_o}{V_i} = \frac{1}{1-D}$

$$\therefore V_o = \frac{V_i}{1-D} = \frac{45}{1-0.6} = 112.5[\text{V}]$$

19

동기 전동기에 대한 설명으로 틀린 것은?

① 동기 전동기는 주로 회전 계자형이다.
② 동기 전동기는 무효 전력을 공급할 수 있다.
③ 동기 전동기는 제동 권선을 이용한 기동법이 일반적으로 많이 사용된다.
④ 3상 동기 전동기의 회전 방향을 바꾸려면 계자 권선 전류의 방향을 반대로 한다.

해설

3상 동기 전동기의 회전 방향을 바꾸기 위해서는 3선 중 임의의 2선을 바꾸어 접속한다.

20

$10[\text{kW}]$, 3상, $380[\text{V}]$ 유도 전동기의 전부하 전류는 약 몇 $[\text{A}]$인가?(단, 전동기의 효율은 $85[\%]$, 역률은 $85[\%]$이다.)

① 15
② 21
③ 26
④ 36

해설

출력 $P = \sqrt{3}\,VI\cos\theta\,\eta[\text{W}] \rightarrow I = \frac{P}{\sqrt{3}\,V\cos\theta\,\eta}[\text{A}]$

$$\therefore I = \frac{10 \times 10^3}{\sqrt{3} \times 380 \times 0.85 \times 0.85} \fallingdotseq 21[\text{A}]$$

| 정답 | 17 ② | 18 ④ | 19 ④ | 20 ② |

2021년 3회

01

3상 변압기를 병렬 운전하는 조건으로 틀린 것은?

① 각 변압기의 극성이 같을 것
② 각 변압기의 %임피던스 강하가 같을 것
③ 각 변압기의 1차와 2차 정격 전압과 변압비가 같을 것
④ 각 변압기의 1차와 2차 선간 전압의 위상 변위가 다를 것

해설 변압기 병렬 운전 조건
- 각 변압기의 극성이 같을 것
- 각 변압기의 권수비 및 1차, 2차 정격 전압이 같을 것
- 각 변압기의 %임피던스 강하가 같을 것
- 각 변압기의 저항과 누설 리액턴스 비가 같을 것
- 상회전 방향과 위상 변위가 같을 것(3상 변압기)

02

직류 직권 전동기에서 분류 저항기를 직권 권선에 병렬로 접속해 여자 전류를 가감시켜 속도를 제어하는 방법은?

① 저항 제어
② 전압 제어
③ 계자 제어
④ 직·병렬 제어

해설 직류 직권 전동기의 속도 제어
- 계자 제어법: 계자 권선에 병렬로 저항기를 접속하여 여자 전류를 변화시켜 속도를 제어하는 방법
- 직렬 저항 제어법: 계자 권선과 직렬로 저항기를 접속하여 속도를 제어하는 방법
- 직·병렬 제어법: 정격이 동일한 전동기를 직·병렬로 접속하여 전동기에 인가되는 전압을 조정하여 속도를 제어하는 방법

03

직류 발전기의 특성 곡선에서 각 축에 해당하는 항목으로 틀린 것은?

① 외부 특성 곡선: 부하 전류와 단자 전압
② 부하 특성 곡선: 계자 전류와 단자 전압
③ 내부 특성 곡선: 무부하 전류와 단자 전압
④ 무부하 특성 곡선: 계자 전류와 유도 기전력

해설 직류 발전기 특성 곡선

구분	가로축	세로축
무부하 특성 곡선	계자 전류 I_f	유기 기전력 E (무부하 단자 전압 V)
부하 특성 곡선	계자 전류 I_f	단자 전압 V
외부 특성 곡선	부하 전류 I	단자 전압 V
내부 특성 곡선	부하 전류 I	유기 기전력 E

04

$60[Hz]$, $600[rpm]$의 동기 전동기에 직결된 기동용 유도 전동기의 극수는?

① 6
② 8
③ 10
④ 12

해설

$$p = \frac{120f}{N_s} = \frac{120 \times 60}{600} = 12극$$

유도 전동기는 동기 전동기보다 느리므로 기동용 유도 전동기의 극수는 동기 전동기 극수보다 보통 2극 적게 적용한다.
∴ $12 - 2 = 10극$

| 정답 | 01 ④   02 ③   03 ③   04 ③

05

다이오드를 사용한 정류 회로에서 다이오드 여러 개를 직렬로 연결하면 어떻게 되는가?

① 전력 공급의 증대
② 출력 전압의 맥동률 감소
③ 다이오드를 과전류로부터 보호
④ 다이오드를 과전압으로부터 보호

해설
다이오드를 직렬로 연결 시 전압이 분배되므로 다이오드를 과전압으로부터 보호할 수 있다.
• 과전압에 대한 조치: 다이오드 직렬 연결(전압 분배)
• 과전류에 대한 조치: 다이오드 병렬 연결(전류 분배)

06

4극, 60[Hz]인 3상 유도 전동기가 있다. 1,725[rpm]으로 회전하고 있을 때, 2차 기전력의 주파수[Hz]는?

① 2.5
② 5
③ 7.5
④ 10

해설
$N_s = \dfrac{120f_1}{p} = \dfrac{120 \times 60}{4} = 1,800[\text{rpm}]$

$s = \dfrac{N_s - N}{N_s} = \dfrac{1,800 - 1,725}{1,800} = 0.0417$

$f_{2s} = sf_1 = 0.0417 \times 60 = 2.50[\text{Hz}]$

07

직류 분권 전동기의 전압이 일정할 때 부하 토크가 2배로 증가하면 부하 전류는 약 몇 배가 되는가?

① 1
② 2
③ 3
④ 4

해설 직류 분권 전동기
일반적으로 계자 전류(I_f)는 매우 작으므로
$I = I_a + I_f \fallingdotseq I_a[\text{A}]$
$T = K'\phi I_a[\text{N} \cdot \text{m}] \propto I$
따라서 부하 토크가 2배로 증가하면 부하 전류도 2배가 된다.

08

유도 전동기의 슬립을 측정하려고 한다. 다음 중 슬립의 측정법이 아닌 것은?

① 수화기법
② 직류밀리볼트계법
③ 스트로보스코프법
④ 프로니브레이크법

해설 유도 전동기 슬립 측정 방법
• 직류밀리볼트계법
• 수화기법
• 스트로보스코프법

| 정답 | 05 ④ 06 ① 07 ② 08 ④

09

정격 출력 10,000[kVA], 정격 전압 6,600[V], 정격 역률 0.8인 3상 비돌극 동기 발전기가 있다. 여자를 정격 상태로 유지할 때 이 발전기의 최대 출력은 약 몇 [kW]인가?(단, 1상의 동기 리액턴스를 0.9[p.u]라 하고, 저항은 무시한다.)

① 17,089 ② 18,889
③ 21,259 ④ 23,619

해설

비돌극형 발전기의 출력은 $P = \dfrac{EV}{X_s}\sin\delta$[kW]이고, 여자가 일정하므로 최대 출력에 관계없이 정격 출력은 일정하다. p.u.법을 이용하여 구하면 유기 기전력은 다음과 같다.

$E = \sqrt{0.8^2 + (0.6+0.9)^2} = 1.70$[p.u.(단, X_s: 동기 리액턴스)]

$P_m = P_n \times \dfrac{EV}{X_s} = 10,000 \times \dfrac{1.70 \times 1.0}{0.9}$ (∵ $\sin\delta = 1$)

$\quad\quad = 18,889$[kW]

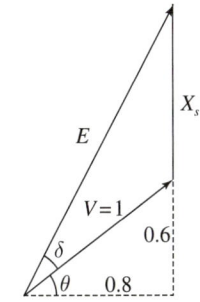

▲ 단위법을 이용한 벡터도

관련개념 p.u.법(단위법)

어떤 양을 표시할 때 기준값을 1로 두고 그 상대량으로 표시하는 방법
V: 단자 전압[p.u.]
E: 유기 기전력[p.u.]
$V = 1$[p.u.]일 때 $E = \sqrt{(역률률)^2 + (무효율율 + x_s)^2}$[p.u.]

10

단상 반파 정류 회로에서 직류 전압의 평균값 210[V]를 얻는 데 필요한 변압기 2차 전압의 실횻값은 약 몇 [V]인가? (단, 부하는 순 저항이고, 정류기의 전압 강하 평균값은 15[V]로 한다.)

① 400 ② 433
③ 500 ④ 566

해설 단상 반파 정류 회로

$E_d = \dfrac{\sqrt{2}}{\pi}E - e$ [V] → $E = \dfrac{E_d + e}{\dfrac{\sqrt{2}}{\pi}}$ [V]

∴ $E = \dfrac{210 + 15}{\dfrac{\sqrt{2}}{\pi}} = 500$ [V]

11

변압기유에 요구되는 특성으로 틀린 것은?

① 점도가 클 것
② 응고점이 낮을 것
③ 인화점이 높을 것
④ 절연 내력이 클 것

해설 변압기유 구비 조건
• 절연 내력이 클 것
• 인화점은 높고, 응고점은 낮을 것
• 점도가 작아 변압기 내 순환이 원활하고, 비열이 커 냉각효과가 클 것
• 고온에서 산화하지 않고 침전물이 생기지 않을 것

| 정답 | 09 ② 10 ③ 11 ①

12

$100[kVA]$, $2,300/115[V]$, 철손 $1[kW]$, 전부하 동손 $1.25[kW]$의 변압기가 있다. 이 변압기는 매일 무부하로 10시간, $\frac{1}{2}$정격 부하 역률 1에서 8시간, 전부하 역률 0.8(지상)에서 6시간 운전하고 있다면 전일 효율은 약 몇 $[\%]$인가?

① 93.3
② 94.3
③ 95.3
④ 96.3

해설

- 출력 전력량 $W_0 = \sum a P_a \cos\theta \times t$
  $\therefore W_0 = \frac{1}{2} \times 100 \times 1 \times 8 + 100 \times 0.8 \times 6 = 880[kWh]$
- 철손량 $W_i = 24 P_i$
  $\therefore W_i = 24 \times 1 = 24[kWh]$
- 동손량 $W_c = \sum a^2 P_c \times t$ (단, a: 부하율)
  $\therefore W_c = \left(\frac{1}{2}\right)^2 \times 1.25 \times 8 + 1^2 \times 1.25 \times 6 = 10[kWh]$
- 전일 효율 $\eta_d = \frac{W_0}{W_0 + W_i + W_c} \times 100[\%]$
  $= \frac{880}{880 + 24 + 10} \times 100 = 96.3[\%]$

13

3상 유도 전동기에서 고조파 회전 자계가 기본파 회전 방향과 역방향인 고조파는?

① 제3 고조파
② 제5 고조파
③ 제7 고조파
④ 제13 고조파

해설 고조파의 회전 자계 방향

구분	기본파와 같은 방향	기본파와 반대 방향
고조파 h	$h = 2mn + 1$ (7, 13, …)	$h = 2mn - 1$ (5, 11, …)
속도	$\frac{1}{h}$배 속도로 회전	$\frac{1}{h}$배 속도로 회전

(단, $m = 3$(상수), $n = 1, 2, 3, \cdots$)

14

직류 분권 전동기의 기동 시에 정격 전압을 공급하면 전기자 전류가 많이 흐르다가 회전 속도가 점점 증가함에 따라 전기자 전류가 감소하는 원인은?

① 전기자 반작용의 증가
② 전기자 권선의 저항 증가
③ 브러시의 접촉 저항 증가
④ 전동기의 역기전력 상승

해설

직류 분권 전동기 역기전력 $E = \frac{pZ}{60a}\phi N = V - I_a R_a [V]$에서 회전 속도가 증가할수록 역기전력($E$)이 증가하고, 이에 따라 전기자 전류($I_a$)는 감소하게 된다.

15

변압기의 전압 변동률에 대한 설명으로 틀린 것은?

① 일반적으로 부하 변동에 대하여 2차 단자 전압의 변동이 작을수록 좋다.
② 전부하 시와 무부하 시의 2차 단자 전압이 서로 다른 정도를 표시하는 것이다.
③ 인가 전압이 일정한 상태에서 무부하 2차 단자 전압에 반비례한다.
④ 전압 변동률은 전등의 광도, 수명, 전동기의 출력 등에 영향을 미친다.

해설

변압기의 전압 변동률은 $\delta = \frac{V_{20} - V_{2n}}{V_{2n}} \times 100[\%]$이므로 무부하 2차 단자 전압($V_{20}$)에 비례한다.

| 정답 | 12 ④　13 ②　14 ④　15 ③

16

1상의 유도 기전력이 $6,000[V]$인 동기 발전기에서 1분간 회전수를 $900[rpm]$에서 $1,800[rpm]$으로 하면 유도 기전력은 약 몇 $[V]$인가?

① 6,000
② 12,000
③ 24,000
④ 36,000

해설
- 동기 속도 $N_s = \dfrac{120f}{p}[rpm] \propto f$
- 유기 기전력 $E = 4.44K_w fW\phi[V] \propto f \propto N_s$

$\therefore \dfrac{E}{6,000} = \dfrac{1,800}{900} \to E = 12,000[V]$

17

변압기 내부 고장 검출을 위해 사용하는 계전기가 아닌 것은?

① 과전압 계전기
② 비율 차동 계전기
③ 부흐홀츠 계전기
④ 충격 압력 계전기

해설 변압기 내부 고장 검출용 계전기
- 비율 차동 계전기
- 부흐홀츠 계전기
- 충격 압력 계전기
- 가스검출 계전기

18

권선형 유도 전동기의 2차 여자법 중 2차 단자에서 나오는 전력을 동력으로 바꿔서 직류 전동기에 가하는 방식은?

① 회생 방식
② 크레머 방식
③ 플러깅 방식
④ 세르비우스 방식

해설 권선형 유도 전동기의 2차 여자법
외부에서 슬립 주파수 전압(E_c)을 권선형 회전자 슬립링에 가해 속도를 제어하는 방법으로 세르비우스 방식과 크레머 방식이 있다.
- 세르비우스 방식: 2차 저항 손실에 해당하는 전력을 전원에 반송하는 방식
- 크레머 방식: 2차 전력을 동력으로 하여 주전동기에 가하는 방식

19

동기 조상기의 구조상 특징으로 틀린 것은?

① 고정자는 수차 발전기와 같다.
② 안전 운전용 제동 권선이 설치된다.
③ 계자 코일이나 자극이 대단히 크다.
④ 전동기 축은 동력을 전달하는 관계로 비교적 굵다.

해설
동기 조상기는 무부하로 운전되는 동기 전동기이다. 계자 전류(I_f)를 조정하여 무효 전력(지상 또는 진상)을 제어하는 기기로, 동력을 전달하는 기기가 아니다.

20

$75[W]$ 이하의 소출력 단상 직권 정류자 전동기의 용도로 적합하지 않은 것은?

① 믹서
② 소형 공구
③ 공작기계
④ 치과 의료용

해설 단상 직권 정류자 전동기
- 계자 권선과 전기자 권선이 직렬로 연결되어 있어 직류와 교류 모두에서 사용할 수 있다.
- 기동 토크와 고속 회전수가 필요한 전기 청소기, 믹서, 재봉틀, 영사기, 소형 공구, 치과 의료용 기기 등에 사용된다.
- 자기 회로의 자속이 교번 자속이므로, 이로 인한 철손을 줄이기 위하여 전기자뿐만 아니라 계자의 철심에도 성층 철심을 사용한다.

| 정답 | 16 ② | 17 ① | 18 ② | 19 ④ | 20 ③ |

2020년 1, 2회

01

전원 전압이 $100[\text{V}]$인 단상 전파 정류 제어에서 점호각이 $30°$일 때 직류 평균 전압은 약 몇 $[\text{V}]$인가?

① 54
② 64
③ 84
④ 94

해설
단상 전파 제어 정류 회로에서 직류 평균 전압은
$$E_d = \frac{1}{\pi}\int_\alpha^\pi \sqrt{2}\,V\sin t\,dt = \frac{\sqrt{2}\,V}{\pi}(1+\cos\alpha)[\text{V}]\text{이다.}$$
$$\therefore E_d = \frac{100\sqrt{2}}{\pi}(1+\cos 30°) ≒ 84[\text{V}]$$

02

단상 유도 전동기의 기동 시 브러시를 필요로 하는 것은?

① 분상 기동형
② 반발 기동형
③ 콘덴서 분상 기동형
④ 셰이딩 코일 기동형

해설 반발 기동형 전동기
- 기동 시 회전자 권선을 브러시로 단락시켜 생기는 반발력으로 기동하는 방식이다.
- 기동 토크가 가장 크다.
- 브러시 이동만으로 기동, 역전 및 속도 제어를 할 수 있다.

03

3선 중 2선의 전원 단자를 서로 바꾸어서 결선하면 회전 방향이 바뀌는 기기가 아닌 것은?

① 회전 변류기
② 유도 전동기
③ 동기 전동기
④ 정류자형 주파수 변환기

해설 정류자형 주파수 변환기
- 정류자 위에는 1개의 자극마다 전기각으로 $\frac{2}{3}\pi$ 간격을 갖는 3조의 브러시를 설치한 구조이다.
- 용량이 큰 변환기는 보상 권선과 보극 권선을 고정자에 설치한다.(정류 작용을 양호하게 하기 위함)
- 3개의 슬립 링은 회전자 권선을 3등분한 점에 각각 접속시킨다.
- 전원 단자를 바꾸어 결선해도 회전 방향이 바뀌지 않는다.

04

단상 유도 전동기의 분상 기동형에 대한 설명으로 틀린 것은?

① 보조 권선은 높은 저항과 낮은 리액턴스를 갖는다.
② 주권선은 비교적 낮은 저항과 높은 리액턴스를 갖는다.
③ 높은 토크를 발생시키려면 보조 권선에 병렬로 저항을 삽입한다.
④ 전동기가 기동하여 속도가 어느 정도 상승하면 보조 권선을 전원에서 분리해야 한다.

해설 분상 기동형 단상 유도 전동기
- 기동 전류가 크고, 기동 회전력이 작다.
- 기동(보조) 권선을 개방하는 원심 개폐기가 기계적 약점이 되기도 한다.
- 더 큰 기동 토크를 발생시키려면 기동 권선 내에 직렬 저항을 접속하거나, 주권선 내에 직렬 리액턴스를 삽입한다.

| 정답 | 01 ③ 02 ② 03 ④ 04 ③

05

변압기의 %Z가 커지면 단락 전류는 어떻게 변화하는가?

① 커진다.
② 변동 없다.
③ 작아진다.
④ 무한대로 커진다.

해설 %임피던스

변압기 %Z와 단락 전류는 반비례한다.
$I_s = I_n \times \dfrac{100}{\%Z}$ [A]
(I_s: 단락 전류[A], I_n: 정격 전류[A])

06

정격 전압 6,600[V]인 3상 동기 발전기가 정격 출력(역률 =1)으로 운전할 때 전압 변동률이 12[%]이었다. 여자 전류와 회전수를 조정하지 않은 상태로 무부하 운전하는 경우 단자 전압[V]은?

① 6,433
② 6,943
③ 7,392
④ 7,842

해설

전압 변동률 $\delta = \dfrac{V_0 - V_n}{V_n} \times 100 [\%]$ 이므로

무부하 단자 전압 V_0[V]은

$V_0 = \left(1 + \dfrac{\delta}{100}\right) V_n = \left(1 + \dfrac{12}{100}\right) \times 6{,}600 = 7{,}392$ [V]

07

계자 권선이 전기자에 병렬로만 연결된 직류기는?

① 분권기
② 직권기
③ 복권기
④ 타여자기

해설 직류기의 종류

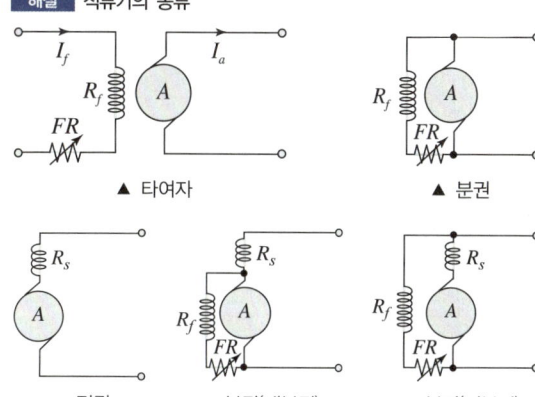

▲ 타여자   ▲ 분권
▲ 직권   ▲ 복권(내분권)   ▲ 복권(외분권)

08

3상 20,000[kVA]인 동기 발전기가 있다. 이 발전기는 60[Hz]일 때는 200[rpm], 50[Hz]일 때는 약 167[rpm]으로 회전한다. 이 동기 발전기의 극수는?

① 18극
② 36극
③ 54극
④ 72극

해설 동기 발전기의 극수

$p = \dfrac{120f}{N_s} = \dfrac{120 \times 60}{200} = 36$극

| 정답 | 05 ③ 06 ③ 07 ① 08 ②

09

1차 전압 6,600[V], 권수비 30인 단상 변압기로 전등 부하에 30[A]를 공급할 때의 입력[kW]은?(단, 변압기의 손실은 무시한다.)

① 4.4 ② 5.5
③ 6.6 ④ 7.7

해설

권수비 $a = \dfrac{N_1}{N_2} = \dfrac{V_1}{V_2} = \dfrac{I_2}{I_1}$ 에서

(단, N_1, N_2: 1, 2차 코일의 권수,
V_1, V_2: 입력, 출력 전압[V],
I_1, I_2: 1, 2차 전류[V])

$I_1 = \dfrac{I_2}{a} = \dfrac{30}{30} = 1[A]$

입력 전력 $P_1 = V_1 I_1 = 6,600 \times 1 = 6,600[W] = 6.6[kW]$

10

스텝 모터에 대한 설명으로 틀린 것은?

① 가속과 감속이 용이하다.
② 정·역 및 변속이 용이하다.
③ 위치 제어 시 각도 오차가 작다.
④ 브러시 등 부품 수가 많아 유지 보수 필요성이 크다.

해설 스텝 모터(Step Motor)
- 디지털 신호로 제어되는 전동기이다.
- 컴퓨터 등과 직접 연계하여 운전 제어가 쉽다.
- 속도 및 위치 제어가 쉽다.
- 회전각과 속도는 펄스 수에 비례하여 동작한다.
- 브러시가 필요 없어 기계적으로 견고하다.

11

출력이 20[kW]인 직류 발전기의 효율이 80[%]이면 전 손실은 약 몇 [kW]인가?

① 0.8 ② 1.25
③ 5   ④ 45

해설 발전기의 효율

$\eta = \dfrac{출력}{입력} \times 100[\%] = \dfrac{출력}{출력 + 손실} \times 100[\%]$ 이므로

$손실 = \dfrac{출력}{\eta} \times 100 - 출력$

$= \dfrac{20}{80} \times 100 - 20 = 5[kW]$

관련개념 전동기의 효율

전동기의 효율은 입력 기준이다.

$\eta_{전동기} = \dfrac{입력 - 손실}{입력} \times 100[\%]$

12

동기 전동기의 공급 전압과 부하를 일정하게 유지하면서 역률을 1로 운전하고 있는 상태에서 여자 전류를 증가시키면 전기자 전류는?

① 앞선 무효 전류가 증가
② 앞선 무효 전류가 감소
③ 뒤진 무효 전류가 증가
④ 뒤진 무효 전류가 감소

해설 위상 특성 곡선(V 곡선)

동기 전동기의 V 곡선(위상 특성 곡선)에서 여자 전류를 증가시키면 전기자의 앞선 무효 전류가 증가한다.

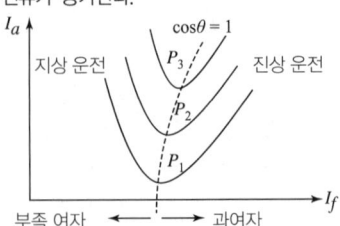

| 정답 | 09 ③ 10 ④ 11 ③ 12 ①

13

전압 변동률이 작은 동기 발전기의 특성으로 옳은 것은?

① 단락비가 크다.
② 속도 변동률이 크다.
③ 동기 리액턴스가 크다.
④ 전기자 반작용이 크다.

해설 단락비가 큰 발전기 특성
- 철기계로서, 발전기의 크기가 크고 중량이 무겁다.
- 전기자 반작용의 영향이 작다.
- 전압 변동률이 작다.
- 선로의 충전 용량이 크다.
- 안정도가 양호하다.
- 동기 임피던스가 작다.

14

직류 발전기에 $P[\text{N} \cdot \text{m/s}]$의 기계적 동력을 주면 전력은 몇 $[\text{W}]$로 변환되는가?(단, 손실은 없으며, i_a는 전기자 도체의 전류, e는 전기자 도체의 유도 기전력, Z는 총 도체 수이다.)

① $P = i_a e Z$
② $P = \dfrac{i_a e}{Z}$
③ $P = \dfrac{i_a Z}{e}$
④ $P = \dfrac{eZ}{i_a}$

해설
- 단자 전압 $E = e \times \dfrac{Z}{a}[\text{V}]$
- 전류 $I = a \times i_a [\text{A}]$
- 전력 $P = EI = e \times \dfrac{Z}{a} \times a \times i_a = i_a e Z [\text{W}]$

15

도통(on) 상태에 있는 SCR를 차단(off) 상태로 만들기 위해서는 어떻게 하여야 하는가?

① 게이트 펄스 전압을 가한다.
② 게이트 전류를 증가시킨다.
③ 게이트 전압이 부(-)가 되도록 한다.
④ 전원 전압의 극성이 반대가 되도록 한다.

해설 SCR 턴 오프(Turn-off) 조건
- SCR에 역전압을 인가하거나 유지 전류 이하가 되도록 한다.
- 애노드 전압을 (0) 또는 (-)로 한다.

16

직류 전동기의 워드-레오너드 속도 제어 방식으로 옳은 것은?

① 진입 제어
② 저항 제어
③ 계자 제어
④ 직병렬 제어

해설 전압 제어법
전압 제어법은 전기자에 가해지는 단자 전압을 변화시켜 속도를 제어하는 방법으로 주로 타여자 전동기에 이용하며, 워드 레오너드 방식과 일그너 방식이 있다.

| 정답 | 13 ① 14 ① 15 ④ 16 ①

17

단권 변압기의 설명으로 틀린 것은?

① 분로 권선과 직렬 권선으로 구분된다.
② 1차 권선과 2차 권선의 일부가 공통으로 사용된다.
③ 3상에는 사용할 수 없고 단상으로만 사용한다.
④ 분로 권선에서 누설 자속이 없기 때문에 전압 변동률이 작다.

해설 단권 변압기의 장점
- 전압 강하, 전압 변동률이 작다.
- 철손, 동손이 작아 효율이 좋다.
- 분로 권선은 입·출력 권선을 공유하므로 누설 자속이 없고, 기계 기구의 소형화가 가능하다.
- 단상 및 3상에 모두 사용할 수 있다.

18

유도 전동기를 정격 상태로 사용 중, 전압이 $10[\%]$ 상승할 때의 특성 변화로 틀린 것은?(단, 부하는 일정 토크라고 가정한다.)

① 슬립이 작아진다.
② 역률이 떨어진다.
③ 속도가 감소한다.
④ 히스테리시스손과 와류손이 증가한다.

해설 유도 전동기의 전압이 상승할 때의 특성
- 철손은 $P_h \propto \dfrac{E^2}{f}$ 에 의해 증가한다.
- 유효 전류 감소로 동손이 감소한다.
- 슬립은 $s \propto \dfrac{1}{V^2}$ 에 의해 감소한다.
- 효율 $\eta = \dfrac{P_0}{P_2} = \dfrac{(1-s)P_2}{P_2} = 1-s$ 에서 슬립이 감소하므로 효율이 증가한다.
- 속도 $N = (1-s)N_s$에서 슬립이 감소하면 속도는 증가한다.

19

단자 전압 110[V], 전기자 전류 15[A], 전기자 회로의 저항 2[Ω], 정격 속도 1,800[rpm]으로 전부하에서 운전하고 있는 직류 분권 전동기의 토크는 약 몇 [N·m]인가?

① 6.0
② 6.4
③ 10.08
④ 11.14

해설 직류 분권 전동기의 토크

$$T = \dfrac{P_0}{\omega} = \dfrac{EI_a}{2\pi\dfrac{N}{60}}$$

$$= 30\left(\dfrac{VI_a - I_a^2 R_a}{\pi N}\right) = 30 \times \left(\dfrac{110 \times 15 - 15^2 \times 2}{1,800\pi}\right) \fallingdotseq 6.4[\text{N}\cdot\text{m}]$$

20

용량 1[kVA], 3,000/200[V]의 단상 변압기를 단권 변압기로 결선해서 3,000/3,200[V]의 승압기로 사용할 때 그 부하 용량[kVA]은?

① $\dfrac{1}{16}$
② 1
③ 15
④ 16

해설 단권 변압기의 용량

$$\dfrac{\text{자기 용량}}{\text{부하 용량}} = \dfrac{V_h - V_l}{V_h}$$

∴ 부하 용량 $= \dfrac{V_h}{V_h - V_l} \times$ 자기 용량

$$= \dfrac{3,200}{3,200 - 3,000} \times 1 = 16[\text{kVA}]$$

| 정답 | 17 ③ 18 ③ 19 ② 20 ④

2020년 3회

01

정격 전압 120[V], 60[Hz]인 변압기의 무부하 입력 80[W], 무부하 전류 1.4[A]이다. 이 변압기의 여자 리액턴스는 약 몇 [Ω]인가?

① 97.6
② 103.7
③ 124.7
④ 180

해설

- 철손 전류
$P_i = V_1 I_i \quad \therefore I_i = \dfrac{P_i}{V_1} = \dfrac{80}{120} ≒ 0.67[A]$

- 자화 전류
$I_\phi = \sqrt{I_0^2 - I_i^2} = \sqrt{1.4^2 - 0.67^2} ≒ 1.23[A]$

- 여자 리액턴스
$x_0 = \dfrac{V_1}{I_\phi} = \dfrac{120}{1.23} = 97.6[\Omega]$

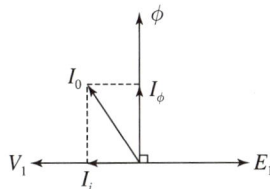

02

서보 모터의 특징에 대한 설명으로 틀린 것은?

① 발생 토크는 입력 신호에 비례하고, 그 비가 클 것
② 직류 서보 모터에 비하여 교류 서보 모터의 시동 토크가 매우 클 것
③ 시동 토크는 크나 회전부의 관성 모멘트가 작고, 전기적 시정수가 짧을 것
④ 빈번한 시동, 정지, 역전 등의 가혹한 상태에 견디도록 견고하고, 큰 돌입 전류에 견딜 것

해설

직류 서보 모터의 시동(기동) 토크는 교류 서보 모터보다 크다.

03

3상 변압기 2차 측의 E_W상만을 반대로 하고 $Y-Y$ 결선을 한 경우, 2차 상전압이 $E_U = 70[V]$, $E_V = 70[V]$, $E_W = 70[V]$라면 2차 선간 전압은 약 몇 [V]인가?

① $V_{U-V} = 121.2[V]$, $V_{V-W} = 70[V]$, $V_{W-U} = 70[V]$
② $V_{U-V} = 121.2[V]$, $V_{V-W} = 210[V]$, $V_{W-U} = 70[V]$
③ $V_{U-V} = 121.2[V]$, $V_{V-W} = 121.2[V]$, $V_{W-U} = 70[V]$
④ $V_{U-V} = 121.2[V]$, $V_{V-W} = 121.2[V]$, $V_{W-U} = 121.2[V]$

해설

E_W상이 반대이므로 2차 선간 전압을 구해 보면

- $V_{U-V} = E_U - E_V = 2 \times (E_U \cos 30°) = \sqrt{3} E_U ≒ 121.2[V]$
- $V_{V-W} = E_V - (-E_W) = E_V + E_W = -E_U = 70[V]$
- $V_{W-U} = -E_W - E_U = E_V = 70[V]$

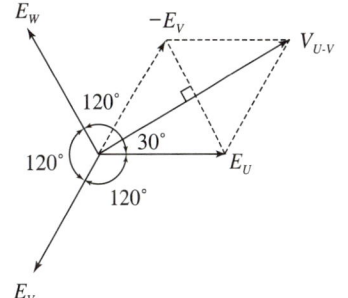

04

극수 8, 중권 직류기의 전기자 총 도체 수 690, 매극 자속 0.04[Wb], 회전수 400[rpm]이라면 유기 기전력은 몇 [V]인가?

① 256
② 327
③ 425
④ 625

해설 유기 기전력

$E = \dfrac{pZ}{60a}\phi N = \dfrac{8 \times 960}{60 \times 8} \times 0.04 \times 400 = 256[V]$

(∵ 중권이므로 $a = p = 8$)

| 정답 | 01 ① 02 ② 03 ① 04 ①

05

3상 유도 전동기에서 2차 측 저항을 2배로 하면 그 최대 토크는 어떻게 변하는가?

① 2배로 커진다. ② 3배로 커진다.
③ 변하지 않는다. ④ $\sqrt{2}$ 배로 커진다.

해설 3상 유도 전동기의 최대 토크

$$T_m = k\frac{E_2^2}{2X_2}[\text{N}\cdot\text{m}]$$

최대 토크(T_m)는 2차 저항(r_2) 및 슬립(s)과 관계가 없으므로 일정하다.

06

동기 전동기에 일정한 부하를 걸고 계자 전류를 0[A]에서부터 계속 증가시킬 때 관련 설명으로 옳은 것은?(단, I_a는 전기자 전류이다.)

① I_a는 증가하다가 감소한다.
② I_a가 최소일 때 역률이 1이다.
③ I_a가 감소 상태일 때 앞선 역률이다.
④ I_a가 증가 상태일 때 뒤진 역률이다.

해설 동기 전동기의 계자 전류를 증가시키면 전기자 전류는 뒤진 역률로 감소하다 역률이 1일 때 최소가 되며 다시 앞선 역률로 증가한다.

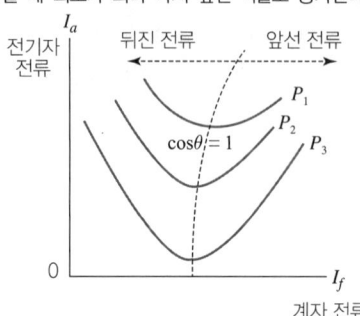

▲ 위상 특성 곡선

07

3[kVA], 3,000/200[V]인 변압기의 단락 시험에서 임피던스 전압 120[V], 동손 150[W]라 하면 %저항 강하는 몇 [%]인가?

① 1 ② 3
③ 5 ④ 7

해설

$$\%R = p = \frac{P_c}{P_n}\times 100 = \frac{150}{3\times 10^3}\times 100 = 5[\%]$$

08

정격 출력 50[kW], 4극 220[V], 60[Hz]인 3상 유도 전동기가 전부하 슬립 0.04, 효율 90[%]로 운전되고 있을 때 다음 중 틀린 것은?

① 2차 효율 = 92[%]
② 1차 입력 = 55.56[kW]
③ 회전자 동손 = 2.08[kW]
④ 회전자 입력 = 52.08[kW]

해설
- 2차 입력(회전자 입력)

$$P_2 = \frac{P_0}{1-s} = \frac{50}{1-0.04} \fallingdotseq 52.08[\text{kW}]$$

- 2차 효율

$$\eta_2 = \frac{2\text{차 출력}}{2\text{차 입력}} = \frac{50}{52} \fallingdotseq 0.96(\therefore 96[\%])$$

- 1차 입력

$$P_1 = \frac{\text{전부하 출력}}{\text{전부하 효율}} = \frac{50}{0.9} \fallingdotseq 55.56[\text{kW}]$$

- 2차 동손(회전자 동손)

$$P_{c2} = sP_2 = 0.04\times 52 \fallingdotseq 2.08[\text{kW}]$$

| 정답 | 05 ③ 06 ② 07 ③ 08 ①

09

단상 유도 전동기를 2전동기설로 설명하는 경우 정방향 회전 자계의 슬립이 0.2이면, 역방향 회전 자계의 슬립은 얼마인가?

① 0.2
② 0.8
③ 1.8
④ 2.0

해설

2전동기설이란 같은 회전자에 대하여 정방향 회전 자계와 역방향 회전 자계가 동시에 작용하는 것이다. 따라서 같은 축에 회전 방향이 서로 반대되는 2개의 전동기가 작용하고 있는 것이라면 두 회전 자계의 슬립의 합은 2가 된다.

∴ 역방향 회전 자계의 슬립 = 2 − 정방향 회전 자계의 슬립
= 2 − 0.2 = 1.8

10

직류 가동 복권 발전기를 전동기로 사용하면 어느 전동기가 되는가?

① 직류 직권 전동기
② 직류 분권 전동기
③ 직류 가동 복권 전동기
④ 직류 차동 복권 전동기

해설

직류 가동 복권 발전기를 전동기로 사용하면 분권 계자 전류의 방향은 변함이 없으나 직권 계자 전류의 방향이 반대가 되어 직류 차동 복권 전동기로 된다.

11

동기 발전기를 병렬 운전하는 데 필요하지 않은 조건은?

① 기전력의 용량이 같을 것
② 기전력의 파형이 같을 것
③ 기전력의 크기가 같을 것
④ 기전력의 주파수가 같을 것

해설 동기 발전기의 병렬 운전 조건
- 기전력의 파형이 같을 것
- 기전력의 크기가 같을 것
- 기전력의 위상이 같을 것
- 기전력의 주파수가 같을 것

12

IGBT(Insulated Gate Bipolar Transistor)에 대한 설명으로 틀린 것은?

① MOSFET와 같이 전압 제어 소자이다.
② GTO 사이리스터와 같이 역방향 전압 저지 특성을 갖는다.
③ 게이트와 에미터 사이의 입력 임피던스가 매우 낮아 BJT보다 구동하기 쉽다.
④ BJT처럼 on-drop이 전류에 관계없이 낮고 거의 일정하며, MOSFET보다 훨씬 큰 전류를 흘릴 수 있다.

해설 IGBT (절연 게이트 양극성 트랜지스터)
- IGBT는 BJT와 MOSFET의 특성을 결합한 것으로 게이트 핀이 에미터와 컬렉터 핀을 통과하는 전류를 제어한다.
- IGBT는 '선형' 디바이스가 아닌 스위치로만 사용되며, 동작이 느린 편이어서 사용은 최대 약 50[kHz]의 스위칭 주파수로 제한된다.
- 전력 처리 능력은 매우 우수(400[A] 이상 전류 및 5[kV] 이상 전압 지원)하여 트랙션, 그리드와 연결되는 인버터, 고전력 모터 제어와 같은 애플리케이션에 광범위하게 사용된다.
- MOSFET와 같이 입력 임피던스가 매우 높아 BJT보다 구동하기 쉽다.

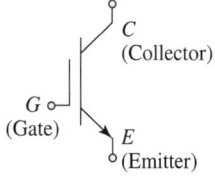

| 정답 | 09 ③ 10 ④ 11 ① 12 ③

13

유도 전동기에서 공급 전압의 크기가 일정하고 전원 주파수만 낮아질 때 일어나는 현상으로 옳은 것은?

① 철손이 감소한다.
② 온도 상승이 커진다.
③ 여자 전류가 감소한다.
④ 회전 속도가 증가한다.

해설
- 와전류손은 주파수와 무관하므로 일정하나, 히스테리시스손은 주파수에 반비례하므로 증가한다. 따라서 철손은 증가한다.(전압이 일정할 때)
- 철손이 증가하므로 온도 상승이 커진다.
- 주파수가 감소하면 여자 임피던스가 감소하여 여자 전류는 증가한다.
- 회전 속도는 주파수에 비례하여 감소한다.

14

용접용으로 사용되는 직류 발전기의 특성 중에서 가장 중요한 것은?

① 과부하에 견딜 것
② 전압 변동률이 적을 것
③ 경부하일 때 효율이 좋을 것
④ 전류에 대한 전압 특성이 수하 특성일 것

해설
용접용으로 사용하는 발전기는 복권 발전기로 부하 전류 증가에 따라 직권 계자 권선의 자속이 분권 계자 자속을 억제하여 유기 기전력을 낮추어 일정한 전류를 공급하게 되는 수하 특성을 지닌다.

15

동기 발전기에 설치된 제동 권선의 효과로 틀린 것은?

① 난조 방지
② 과부하 내량의 증대
③ 송전선의 불평형 단락 시 이상 전압 방지
④ 불평형 부하 시의 전류, 전압 파형의 개선

해설
- 제동 권선
  - 난조 방지 권선이라고도 하며, 동기 발전기의 난조를 방지하여 일정 회전을 하기 위한 권선이다.
  - 동기기 회전자 자극표면에 설치한 저항이 작은 단락 권선이다.
  - 즉, 발전기 회전자에 있는 단락환이 제동 권선이다.
- 제동 권선의 역할
  - 난조의 방지: 제동 권선은 기계적인 플라이-휠과 비슷한 작용을 전기적 작용을 이용한 것이다.
  - 일정 속도로 회전하고 있는 발전기가 특정 이유로 속도가 변할 때 제동 권선에 전류가 발생하고 이 전류에 의해 동력이 발생하여 속도 변화를 막아 준다.
  - 불평형 부하 시 전류, 전압 파형 개선
  - 송전선의 불평형 단락 시 이상 전압 방지

16

$3{,}300/220[\text{V}]$ 변압기 A, B의 정격 용량이 각각 $400[\text{kVA}]$, $300[\text{kVA}]$이고, %임피던스 강하가 각각 $2.4[\%]$와 $3.6[\%]$일 때 그 2대의 변압기에 걸 수 있는 합성 부하 용량은 몇 $[\text{kVA}]$인가?

① 550 ② 600
③ 650 ④ 700

해설
분담 용량이 $\dfrac{P_a}{P_b} = \dfrac{P_A}{P_B} \times \dfrac{\%Z_b}{\%Z_a} = \dfrac{400}{300} \times \dfrac{3.6}{2.4} = 2$이므로

임피던스가 작은 변압기 즉, $400[\text{kVA}]$가 큰 부하를 분담한다.

$\dfrac{P_a}{P_b} = 2$, $P_b = \dfrac{1}{2}P_a = \dfrac{1}{2} \times 400 = 200[\text{kVA}]$이므로

합성 부하 용량 $P_a + P_b = 600[\text{kVA}]$가 된다.

| 정답 | 13 ② 14 ④ 15 ② 16 ②

17

동작 모드가 그림과 같이 나타나는 혼합 브리지는?

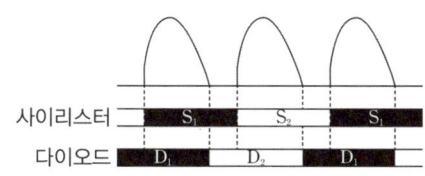

①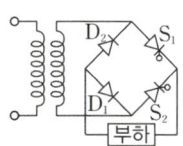
②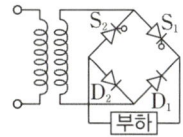
③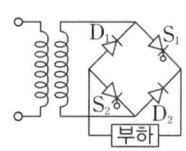
④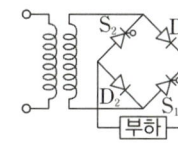

해설 혼합 브리지 동작 모드

$D_1 \rightarrow S_1 \rightarrow D_2 \rightarrow S_2 \rightarrow D_1 \rightarrow S_1$

18

동기기의 전기자 저항을 r, 전기자 반작용 리액턴스를 X_a, 누설 리액턴스를 X_ℓ라고 하면 동기 임피던스를 표시하는 식은?

① $\sqrt{r^2 + \left(\dfrac{X_a}{X_\ell}\right)^2}$
② $\sqrt{r^2 + X_\ell^2}$
③ $\sqrt{r^2 + X_a^2}$
④ $\sqrt{r^2 + (X_a + X_\ell)^2}$

해설
- 동기 임피던스
  $Z_s = r + j(X_a + X_\ell)[\Omega]$
- 동기 임피던스의 크기
  $|Z_s| = \sqrt{r^2 + (X_a + X_\ell)^2}\,[\Omega]$

19

단상 유도 전동기에 대한 설명으로 틀린 것은?

① 반발 기동형: 직류 전동기와 같이 정류자와 브러시를 이용하여 기동한다.
② 분상 기동형: 별도의 보조 권선을 사용하여 회전 자계를 발생시켜 기동한다.
③ 커패시터 기동형: 기동 전류에 비해 기동 토크가 크지만, 커패시터를 설치해야 한다.
④ 반발 유도형: 기동 시 농형 권선과 반발 전동기의 회전자 권선을 함께 이용하나 운전 중에는 농형 권선만을 이용한다.

해설 반발 기동형 단상 유도 전동기의 특징
- 기동 토크가 매우 크다.
- 회전자는 직류 전동기의 전기자와 거의 같은 권선과 정류자로 구성되어 있다.
- 기동 후 원심력 개폐기로 정류자를 자동으로 단락시켜 농형 회전자로 운전된다.

관련개념 반발 유도 전동기
- 회전자에 농형 권선과 반발 전동기의 회전자 권선을 갖는다.
- 운전 중에 두 권선을 모두 사용한다.

20

직류 전동기의 속도 제어법이 아닌 것은?

① 계자 제어법
② 전력 제어법
③ 전압 제어법
④ 저항 제어법

해설 직류 전동기의 속도 제어법
- 계자 제어법: 속도 제어 범위가 좁다.
- 전압 제어법: 제어 범위가 넓고 손실이 적어 효율이 좋다.
- 저항 제어법: 효율이 나쁘다.

| 정답 | 17 ① 18 ④ 19 ④ 20 ② |

2020년 4회

01

동기 발전기 단절권의 특징이 아닌 것은?

① 코일 간격이 극 간격보다 작다.
② 전절권에 비해 합성 유기 기전력이 증가한다.
③ 전절권에 비해 코일 단이 짧게 되므로 재료가 절약된다.
④ 고조파를 제거해서 전절권에 비해 기전력의 파형이 좋아진다.

해설 동기 발전기의 단절권 특징
- 코일 간격이 극 간격보다 작은 권선법이다.
- 고조파를 감소시켜 파형을 개선한다.
- 권선의 양이 절약된다.
- 전절권에 비하여 유기 기전력이 감소한다.
- 단절권 계수
  $K_p = \sin\dfrac{\beta\pi}{2}$

(단, $\beta = \dfrac{\text{코일 간격}}{\text{극 간격}} = \dfrac{\beta\pi}{\pi}$, 제5 고조파 제거 시 : $\beta = 0.8$)

02

3상 변압기의 병렬 운전 조건으로 틀린 것은?

① 각 군의 임피던스가 용량에 비례할 것
② 각 변압기의 백분율 임피던스 강하가 같을 것
③ 각 변압기의 권수비가 같고 1차와 2차의 정격 전압이 같을 것
④ 각 변압기의 상회전 방향 및 1차와 2차 선간 전압의 위상 변위가 같을 것

해설 3상 변압기의 병렬 운전 조건
- 극성이 같을 것
- 1차, 2차 정격 전압이 같고 권수비가 같을 것
- 백분율(%) 임피던스 강하가 같을 것(저항과 리액턴스 비가 같을 것)
- 상회전 방향과 각변위가 같을 것(3상 변압기의 경우)

03

210/105[V]의 변압기를 그림과 같이 결선하고 고압 측에 200[V]의 전압을 가하면 전압계의 지시는 몇 [V]인가?(단, 변압기는 가극성이다.)

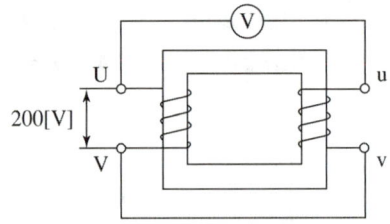

① 100   ② 200
③ 300   ④ 400

해설 가극성 변압기

권수비 $a = \dfrac{V_1}{V_2} = \dfrac{N_1}{N_2}$

$V = V_1 + V_2 = V_1 + \dfrac{1}{a}V_1 = 200 + \dfrac{105}{210} \times 200 = 300[V]$

관련개념

감극성인 경우: $V = V_1 - V_2 = V_1\left(1 - \dfrac{1}{a}\right)[V]$

04

직류기의 권선을 단중 파권으로 감으면 어떻게 되는가?

① 저압 대전류용 권선이다.
② 균압환을 연결해야 한다.
③ 내부 병렬 회로 수가 극수만큼 생긴다.
④ 전기자 병렬 회로 수가 극수에 관계없이 언제나 2이다.

해설 파권과 중권의 비교

구분	파권	중권
전기자 병렬 회로 수(a)	2개	극수(p)와 같다.
브러시 수(b)	2개 또는 극수(p)	극수(p)와 같다.
용도	고전압, 소전류용	저전압, 대전류용
균압환	필요 없다.	4극 이상

| 정답 | 01 ② 02 ① 03 ③ 04 ④

05

2상 교류 서보 모터를 구동하는 데 필요한 2상 전압을 얻는 방법으로 널리 쓰이는 방법은?

① 2상 전원을 직접 이용하는 방법
② 환상 결선 변압기를 이용하는 방법
③ 여자 권선에 리액터를 삽입하는 방법
④ 증폭기 내에서 위상을 조정하는 방법

해설
2상 교류 서보모터의 구동에 필요한 2상 전압을 얻는 방법
- 기준상에 대한 제어 신호의 시위상을 변화시키는 방법
- 기준 권선에 대한 제어 권선의 위치를 변화시켜 제어 신호의 공간 위상을 변화시키는 방법
- 제어 신호의 크기를 변화시키는 방법

06

4극, 중권, 총 도체 수 500, 극당 자속이 0.01[Wb]인 직류 발전기가 100[V]의 기전력을 발생시키는 데 필요한 회전수는 몇 [rpm]인가?

① 800 ② 1,000
③ 1,200 ④ 1,600

해설 기전력

$E = \dfrac{pZ\phi N}{60a}$ [V]

$\therefore N = \dfrac{60aE}{pZ\phi} = \dfrac{60 \times 4 \times 100}{4 \times 500 \times 0.01} = 1,200$ [rpm]

(∵ 중권이므로 $a = p = 4$)

관련개념
중권 $a = p$
파권 $a = 2$

07

3상 분권 정류자 전동기에 속하는 것은?

① 톰슨 전동기 ② 데리 전동기
③ 시라게 전동기 ④ 애트킨슨 전동기

해설 시라게(슈라게) 전동기(3상 분권 정류자 전동기)
- 정속도 전동기인 동시에 가변 속도 전동기로 널리 사용된다.
- 브러시의 이동으로 간단하게 속도를 제어할 수 있다.

관련개념
단상 반발 전동기: 톰슨 전동기, 데리 전동기, 애트킨슨 전동기

08

동기기의 안정도를 증진시키는 방법이 아닌 것은?

① 딘락비를 크게 할 것
② 속응 여자 방식을 채용할 것
③ 정상 리액턴스를 크게 할 것
④ 영상 및 역상 임피던스를 크게 할 것

해설 동기 발전기의 안정도 향상 대책
- 단락비를 크게 한다.
- 회전자에 플라이-휠을 설치하여 관성을 크게 한다.
- 속응 여자 방식을 채용한다.
- 조속기 동작을 신속히 한다.(전기식 조속기 채용)
- 동기 임피던스를 작게 한다.(정상 임피던스를 작게 한다.)
- 영상 및 역상 임피던스를 크게 한다.

| 정답 | 05 ④ 06 ③ 07 ③ 08 ③

09

3상 유도 전동기의 기계적 출력 P[kW], 회전수 N[rpm]인 전동기의 토크[N·m]는 약 얼마인가?

① $0.46\dfrac{P}{N}$
② $0.855\dfrac{P}{N}$
③ $975\dfrac{P}{N}$
④ $9,549.3\dfrac{P}{N}$

해설 토크

$T = \dfrac{P}{2\pi n} = \dfrac{60 \times 1,000 \times P}{2\pi N} = 9,549.3\dfrac{P}{N}$ [N·m]

(단, n[rps], N[rpm])

10

취급이 간단하고 기동 시간이 짧아서 섬과 같이 전력 계통에서 고립된 지역, 선박 등에 사용되는 소용량 전원용 발전기는?

① 터빈 발전기
② 엔진 발전기
③ 수차 발전기
④ 초전도 발전기

해설
소용량 전원용 발전기로는 엔진 발전기를 사용한다.

11

평형 6상 반파 정류 회로에서 297[V]의 직류 전압을 얻기 위한 입력 측 각 상전압은 약 몇 [V]인가?(단, 부하는 순수 저항 부하이다.)

① 110
② 220
③ 380
④ 440

해설 다상 정류(상수 m)

$E_d = \dfrac{\sqrt{2}\sin\dfrac{\pi}{m}}{\dfrac{\pi}{m}} E_a = \dfrac{\sqrt{2}\sin\dfrac{\pi}{6}}{\dfrac{\pi}{6}} E_a$ [V]

$\therefore E_d = 1.35 E_a \rightarrow E_a = \dfrac{E_d}{1.35} = \dfrac{297}{1.35} = 220$ [V]

12

단면적 10[cm²]인 철심에 200회의 권선을 감고, 이 권선에 60[Hz], 60[V]인 교류 전압을 인가하였을 때 철심의 최대 자속 밀도는 약 몇 [Wb/m²]인가?

① 1.126×10^{-3}
② 1.126
③ 2.252×10^{-3}
④ 2.252

해설
- 유기 기전력
$E = 4.44 f \phi_m N = 4.44 f B_m S N$ [V] ($\because \phi_m = B_m S$ [Wb])
- 철심의 최대 자속 밀도
$B_m = \dfrac{E}{4.44 fSN}$
$= \dfrac{60}{4.44 \times 60 \times 10 \times 10^{-4} \times 200} = 1.126$ [Wb/m²]

| 정답 | 09 ④ 10 ② 11 ② 12 ②

13

전력의 일부를 전원 측에 반환할 수 있는 유도 전동기의 속도 제어법은?

① 극수 변환법
② 크레머 방식
③ 2차 저항 가감법
④ 세르비우스 방식

해설 세르비우스 방식
세르비우스 방식은 권선형 유도 전동기의 속도 제어법으로 권선형 회전자 슬립 링에 외부에서 슬립 주파수 전압(E_c)을 인가시켜 속도를 제어하는 2차 여자법으로, 전력의 일부를 전원 측에 반환할 수 있다.

14

직류 발전기를 병렬 운전할 때 균압 모선이 필요한 직류기는?

① 직권 발전기, 분권 발전기
② 복권 발전기, 직권 발전기
③ 복권 발전기, 분권 발전기
④ 분권 발전기, 단극 발전기

해설
직권 발전기는 전류가 증가하면 전압이 상승하는 외부 특성으로 병렬 운전이 될 수 없다. 복권 발전기 또한 직권 계자 권선이 있으므로 균압 모선 없이는 안정된 병렬 운전이 될 수 없다.

15

전부하로 운전하고 있는 50[Hz], 4극의 권선형 유도 전동기가 있다. 전부하에서 속도를 1,440[rpm]에서 1,000[rpm]으로 변화시키자면 2차에 약 몇 [Ω]의 저항을 넣어야 하는가?(단, 2차 저항은 0.02[Ω]이다.)

① 0.147
② 0.18
③ 0.02
④ 0.024

해설
회전 자계의 속도
$$N_s = \frac{120f}{p} = \frac{120 \times 50}{4} = 1,500[\text{rpm}]$$
각각의 경우에 슬립을 구하면
$$s_1 = \frac{N_s - N_1}{N_s} = \frac{1,500 - 1,440}{1,500} = 0.04$$
$$s_2 = \frac{N_s - N_2}{N_s} = \frac{1,500 - 1,000}{1,500} ≒ 0.333$$
위 두 슬립을 권선형 전동기의 비례 추이 특성에 대입하면
$$\frac{r_2}{s_1} = \frac{r_2 + R}{s_2} \quad \therefore \frac{0.02}{0.04} = \frac{0.02 + R}{0.333}$$
$$\therefore R = 0.02 \times \left(\frac{0.333}{0.04} - 1\right) ≒ 0.147[\Omega]$$

16

권선형 유도 전동기 2대를 직렬 종속으로 운전하는 경우 그 동기 속도는 어떤 전동기의 속도와 같은가?

① 두 전동기 중 적은 극수를 갖는 전동기
② 두 전동기 중 많은 극수를 갖는 전동기
③ 두 전동기의 극수의 합과 같은 극수를 갖는 전동기
④ 두 전동기의 극수의 합의 평균과 같은 극수를 갖는 전동기

해설 권선형 유도 전동기의 종속 속도 제어법
- 직렬 종속법: $N = \frac{120f}{p_1 + p_2}[\text{rpm}]$
- 차동 종속법: $N = \frac{120f}{p_1 - p_2}[\text{rpm}]$
- 병렬 종속법: $N = \frac{120f}{p_1 + p_2} \times 2[\text{rpm}]$

17

GTO 사이리스터의 특징으로 틀린 것은?

① 각 단자의 명칭은 SCR 사이리스터와 같다.
② 온(On) 상태에서는 양방향 전류 특성을 보인다.
③ 온(On) 드롭(Drop)은 약 2~4[V]가 되어 SCR 사이리스터보다 약간 크다.
④ 오프(Off) 상태에서는 SCR 사이리스터처럼 양방향 전압 저지 능력을 갖고 있다.

해설 GTO(Gate Turn-off Thyristor)
- 역저지 3단자 소자이다.
- 게이트(Gate) 신호로 소자를 온/오프가 가능하다.
- 온(On) 상태에서는 SCR와 같이 단방향성이다.

관련개념 사이리스터의 종류
- 2단자 소자: DIAC, SSS, 다이오드
- 3단자 소자: SCR(단방향성), GTO(단방향성), TRIAC(쌍방향성)
- 4단자 소자: SCS

18

포화되지 않은 직류 발전기의 회전수가 4배로 증가되었을 때 기전력을 전과 같은 값으로 하려면 자속을 속도 변화 전에 비해 얼마로 하여야 하는가?

① $\frac{1}{2}$
② $\frac{1}{3}$
③ $\frac{1}{4}$
④ $\frac{1}{8}$

해설
직류 발전기의 유기 기전력은 $E = K\phi N[V]$이다. 위의 식에 따라 회전수 (N)가 4배로 증가하면 자속(ϕ)이 $\frac{1}{4}$배가 되어야 유기 기전력이 변하지 않고 일정해진다.

19

동기 발전기의 단자 부근에서 단락 시 단락 전류는?

① 서서히 증가하여 큰 전류가 흐른다.
② 처음부터 일정한 큰 전류가 흐른다.
③ 무시할 정도의 작은 전류가 흐른다.
④ 단락된 순간은 크나, 점차 감소한다.

해설 동기 발전기의 3상 단락 전류
- 돌발 단락 전류(순간 단락 전류)
  $I_s = \frac{E}{X_l}[A]$ (단, E: 상전압[V], X_l: 누설 리액턴스[Ω])
- 지속 단락 전류(영구 단락 전류)
  $I_s = \frac{E}{X_s}[A]$ (단, E: 상전압[V], X_s: 동기 리액턴스[Ω])

즉, 동기 발전기는 3상 단락 사고 시 처음에는 매우 큰 전류가 흐르고 이후 점차 전기자 반작용이 작용하기 시작하므로 점점 단락 전류가 감소하여 동기 리액턴스에 의해 제한되는 특성이 있다.

관련개념
$X_l + X_a = X_s$ (단, X_a: 전기자 반작용 리액턴스)

20

단권 변압기에서 1차 전압 $100[V]$, 2차 전압 $110[V]$인 단권 변압기의 자기 용량과 부하 용량의 비는?

① $\frac{1}{10}$
② $\frac{1}{11}$
③ 10
④ 11

해설
자기 용량 $= \frac{V_2 - V_1}{V_2} \times$ 부하 용량
$= \frac{110 - 100}{110} \times$ 부하 용량 $= \frac{1}{11} \times$ 부하 용량

∴ $\frac{\text{자기 용량}}{\text{부하 용량}} = \frac{1}{11}$

| 정답 | 17 ② 18 ③ 19 ④ 20 ②

2019년 1회

01

3상 비돌극형 동기 발전기가 있다. 정격 출력 5,000[kVA], 정격 전압 6,000[V], 정격 역률 0.8이다. 여자를 정격 상태로 유지할 때 이 발전기의 최대 출력은 약 몇 [kW]인가? (단, 1상의 동기 리액턴스는 0.8[p.u.]이며 저항은 무시한다.)

① 7,500
② 10,000
③ 11,500
④ 12,500

해설

비돌극형 동기 발전기의 출력은 $P = \dfrac{EV}{X_s}\sin\delta$[kW] 이고, 여자가 일정하므로 최대 출력에 관계없이 정격 출력은 일정하다. p.u법으로 구한 유기 기전력은 다음과 같다.

$E = \sqrt{(0.8)^2 + (0.6 + 0.8)^2} \fallingdotseq 1.6$[p.u]

$P_m = P_n \times \dfrac{1.6 \times 1}{0.8}\sin 90°$[kW] ($\because \delta = 90°$일 때의 값이 최대)

$\therefore P_m = 2 \times 5,000 = 10,000$[kW]

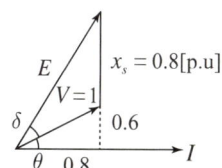

02

직류기의 손실 중에서 기계손으로 옳은 것은?

① 풍손
② 와류손
③ 표류 부하손
④ 브러시의 전기손

해설 기계손(Mechanical Loss)

기계적 마찰에 의하여 발생하는 열로서 마찰손과 풍손으로 나누어진다.

관련개념

기계손 = 풍손, 마찰손, 베어링손

03

다음 ( )에 알맞은 것은?

직류 발전기에서 계자 권선이 전기자에 병렬로 연결된 직류기는 (ⓐ) 발전기라 하며, 전기자 권선과 계자 권선이 직렬로 접속된 직류기는 (ⓑ) 발전기라 한다.

① ⓐ 분권, ⓑ 직권
② ⓐ 직권, ⓑ 분권
③ ⓐ 복권, ⓑ 분권
④ ⓐ 자여자, ⓑ 타여자

해설

• 분권 발전기: 계자 권선이 전기자에 병렬로 연결된 발전기

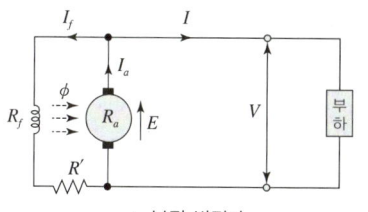

▲ 분권 발전기

• 직권 발전기: 전기자 권선과 계자 권선이 직렬로 접속된 발전기

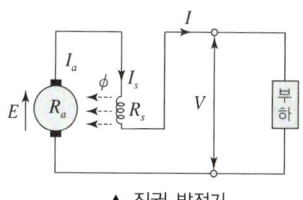

▲ 직권 발전기

| 정답 | 01 ② 02 ① 03 ①

04

1차 전압 $6,600[\text{V}]$, 2차 전압 $220[\text{V}]$, 주파수 $60[\text{Hz}]$, 1차 권수 $1,200$회인 경우 변압기의 최대 자속$[\text{Wb}]$은?

① 0.36　　　　② 0.63
③ 0.012　　　④ 0.021

해설
유기 기전력 $E_1 = 4.44 f \phi_m N_1 [\text{V}]$에서
최대 자속 $\phi_m = \dfrac{E_1}{4.44 f N_1} = \dfrac{6,600}{4.44 \times 60 \times 1,200}$
$\qquad\qquad\quad \fallingdotseq 0.021[\text{Wb}]$

05

직류 발전기의 정류 초기에 전류 변화가 크며 이때 발생되는 불꽃 정류로 옳은 것은?

① 과정류　　　② 직선 정류
③ 부족 정류　　④ 정현파 정류

해설 정류 곡선
① 직선 정류(가장 이상적인 정류 작용)
② 정현파 정류(양호한 정류 작용)
③ 부족 정류(브러시 말단 부분에서 불꽃 발생)
④ 과정류(브러시 앞단 부분에서 불꽃 발생)
과정류는 정류 초기에 전류 변화가 크다.

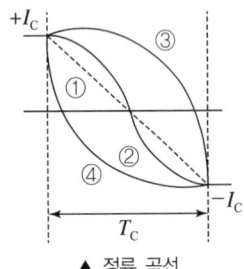
▲ 정류 곡선

06

3상 유도 전동기의 속도 제어법으로 틀린 것은?

① 1차 저항법　　② 극수 제어법
③ 전압 제어법　　④ 주파수 제어법

해설
• 3상 유도 전동기의 속도 제어법
　- 주파수 변환법
　- 극수 변환법
　- 전압 제어법
• 권선형 유도 전동기의 속도 제어법
　- 2차 저항법
　- 2차 여자법
　- 종속법

07

$60[\text{Hz}]$의 변압기에 $50[\text{Hz}]$의 동일 전압을 가했을 때의 자속 밀도는 $60[\text{Hz}]$ 때와 비교하였을 경우 어떻게 되는가?

① $\dfrac{5}{6}$로 감소

② $\dfrac{6}{5}$으로 증가

③ $\left(\dfrac{5}{6}\right)^{1.6}$으로 감소

④ $\left(\dfrac{6}{5}\right)^{2}$으로 증가

해설 1차 유기 기전력
$E_1 = 4.44 f B_m S N_1 [\text{V}]$에서 동일 전압을 가했을 때 주파수와 자속 밀도는 반비례한다. $50[\text{Hz}]$의 동일 전압을 가했을 때 자속 밀도 $B_m{}'$은
$\therefore B_m{}' = \dfrac{f}{f'} B_m = \dfrac{60}{50} B_m = \dfrac{6}{5} B_m [\text{Wb/m}^2]$

| 정답 | 04 ④　05 ①　06 ①　07 ②

08

2대의 변압기로 V 결선하여 3상 변압하는 경우 변압기 이용률은 약 몇 [%]인가?

① 57.8
② 66.6
③ 86.6
④ 100

해설 V 결선 이용률

$$이용률 = \frac{V \text{결선 실제 출력}}{V \text{결선 이론 출력}}$$

$$= \frac{\sqrt{3}P}{2P} = \frac{\sqrt{3}}{2} ≒ 0.866 (\therefore 86.6[\%])$$

09

3상 유도 전동기의 기동법 중 전전압 기동에 대한 설명으로 틀린 것은?

① 기동 시에 역률이 좋지 않다.
② 소용량으로 기동 시간이 길다.
③ 소용량 농형 전동기의 기동법이다.
④ 전동기 단자에 직접 정격 전압을 가한다.

해설 전전압 기동
- 소용량의 농형 유도 전동기에 정격 전압을 가하면 정격 전류의 4~6배에 이르는 기동 전류가 흐르나 용량이 적으므로 전류가 적어 이에 견디도록 설계되어 있어 배전 계통에 미치는 영향도 적다.
- 전동기 단자에 직접 정격 전압을 공급하여 기동하는 방법을 '전전압 기동' 또는 '직입 기동'이라 하며 기동 시간이 짧다.

10

동기 발전기의 전기자 권선법 중 집중권인 경우 매극 매상의 홈(Slot) 수는?

① 1개
② 2개
③ 3개
④ 4개

해설 동기 발전기의 전기자 권선법
매극 매상의 도체를 1개의 슬롯에 집중시켜서 권선하는 집중권 방식과 매극 매상의 도체를 2개 이상의 슬롯에 분포시켜서 권선하는 분포권 방식이 있다.

관련개념 동기 발전기의 종류

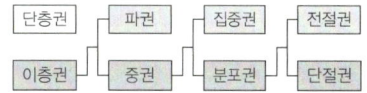

11

유도 전동기의 속도 제어를 인버터 방식으로 사용하는 경우 1차 주파수에 비례하여 1차 전압을 공급하는 이유는?

① 역률을 제어하기 위해
② 슬립을 증가시키기 위해
③ 자속을 일정하게 하기 위해
④ 발생 토크를 증가시키기 위해

해설
인버터에 의한 V/F 제어 방식은 주파수가 가변되면서 전압도 비례적으로 가변되어 출력되도록 설계된 방식이다. 주파수를 변화시킬 때 V/F비가 일정하면 유도 전동기의 자속이 일정하게 되므로 토크도 일정하다는 성질을 이용하여 주파수를 변화시킬 때 그에 상응하는 전압을 변화시켜 제어한다.

| 정답 | 08 ③ 09 ② 10 ① 11 ③

12

3상 유도 전압 조정기의 원리를 응용한 것은?

① 3상 변압기 ② 3상 유도 전동기
③ 3상 동기 발전기 ④ 3상 교류자 전동기

해설
유도 전압 조정기는 3상 회전 자계에 의한 전자 유도 작용이 발생한다. 이를 응용한 것이 3상 유도 전동기이다.

13

정류 회로에서 상의 수를 크게 했을 경우 옳은 것은?

① 맥동 주파수와 맥동률이 증가한다.
② 맥동률과 맥동 주파수가 감소한다.
③ 맥동 주파수는 증가하고 맥동률은 감소한다.
④ 맥동률과 주파수는 감소하나 출력이 증가한다.

해설 각 정류 회로의 맥동 주파수와 맥동률의 비교

종류	직류 출력[V]	PIV[V]	맥동 주파수	정류 효율	맥동률
단상 반파	$E_d = \frac{\sqrt{2}}{\pi}E$ $= 0.45E$	$\sqrt{2}E$	60[Hz]	40.5[%]	121[%]
단상 전파 (중간탭)	$E_d = \frac{2\sqrt{2}}{\pi}E$ $= 0.9E$	$2\sqrt{2}E$	120[Hz]	57.5[%]	48[%]
단상 전파 (브릿지)	$E_d = \frac{2\sqrt{2}}{\pi}E$ $= 0.9E$	$\sqrt{2}E$	120[Hz]	81.1[%]	48[%]
3상 반파	$E_d = \frac{3\sqrt{6}}{2\pi}E$ $= 1.17E$	$\sqrt{6}E$	180[Hz]	96.7[%]	17[%]
3상 전파 (브릿지)	$E_d = \frac{3\sqrt{6}}{\pi}E$ $= 2.34E$ 또는 $E_d = 1.35E_l$	$\sqrt{6}E$	360[Hz]	99.8[%]	4[%]

정류 회로에서 상의 수가 커지면 맥동 주파수는 증가하고 맥동률은 감소한다.

14

동기 전동기의 위상 특성 곡선(V 곡선)에 대한 설명으로 옳은 것은?

① 출력을 일정하게 유지할 때 부하 전류와 전기자 전류의 관계를 나타낸 곡선
② 역률을 일정하게 유지할 때 계자 전류와 전기자 전류의 관계를 나타낸 곡선
③ 계자 전류를 일정하게 유지할 때 전기자 전류와 출력 사이의 관계를 나타낸 곡선
④ 공급 전압 V와 부하가 일정할 때 계자 전류의 변화에 대한 전기자 전류의 변화를 나타낸 곡선

해설 동기 전동기의 위상 특성 곡선
• 공급 전압 V와 부하가 일정할 때 계자 전류의 변화에 대한 전기자 전류의 변화를 나타낸 곡선
• 과여자 운전: 콘덴서로 작용하여 계통에 진상 무효 전력을 공급
• 부족 여자 운전: 인덕터로 작용하여 계통에 지상 무효 전력을 공급

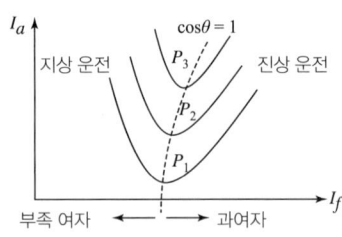

▲ 동기 조상기의 위상 특성 곡선(V 곡선)

15

유도 전동기의 기동 시 공급하는 전압을 단권 변압기에 의해서 일시 강하시켜서 기동 전류를 제한하는 기동 방법은?

① $Y-\Delta$ 기동
② 저항 기동
③ 직접 기동
④ 기동 보상기에 의한 기동

해설 기동 보상기법
• 기동 보상기로 3상 단권 변압기를 이용하여 기동 전압을 낮추는 방식(약 15[kW] 이상 전동기에 적용)
• 기동 전류를 약 0.5~0.8배만큼 저감

| 정답 | 12 ② | 13 ③ | 14 ④ | 15 ④ |

16

그림과 같은 회로에서 V(전원 전압의 실효치) $= 100[\text{V}]$, 점호각 $\alpha = 30°$인 때의 부하 시의 직류 전압 $E_{da}[\text{V}]$는 약 얼마인가?(단, 전류가 연속하는 경우이다.)

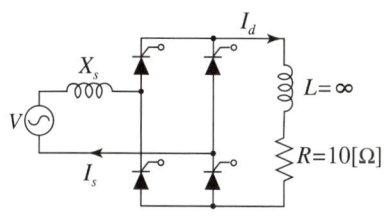

① 90
② 86
③ 77.9
④ 100

해설 단상 전파정류 직류 출력(전류 연속 조건)

그림의 회로에서 L부하는 매우 크고, 전류는 연속하는 조건이므로

$$E_{da} = \frac{2\sqrt{2}}{\pi}V\cos\alpha = \frac{2\sqrt{2}}{\pi} \times 100 \times \frac{\sqrt{3}}{2} \fallingdotseq 77.9[\text{V}]$$

(단, $V[\text{V}]$: 전원 전압의 실효치)

17

직류 분권 전동기가 전기자 전류 $100[\text{A}]$일 때 $50[\text{kg}\cdot\text{m}]$의 토크를 발생하고 있다. 부하가 증가하여 전기자 전류가 $120[\text{A}]$로 되었다면 발생 토크$[\text{kg}\cdot\text{m}]$는 얼마인가?

① 60
② 67
③ 88
④ 160

해설

직류 전동기의 토크는 자속 및 전기자 전류와 비례 관계이다.
$T = k\phi I_a$이므로 새로운 토크는 자속이 일정한 상태에서 전기자 전류만 변화하였으므로 다음과 같다.

$$T' = T \times \left(\frac{\phi'}{\phi}\right) \times \left(\frac{I_a'}{I_a}\right) = 50 \times \left(\frac{\phi}{\phi}\right) \times \left(\frac{120}{100}\right) = 60[\text{kg}\cdot\text{m}]$$

18

비례 추이와 관계 있는 전동기로 옳은 것은?

① 동기 전동기
② 농형 유도 전동기
③ 단상 정류자 전동기
④ 권선형 유도 전동기

해설

비례 추이는 2차 회로의 저항을 조정하여 전류와 토크의 크기를 제어할 수 있다는 의미로 권선형 유도 전동기에 해당한다. 3상 권선형 유도 전동기에서 2차 합성 저항에 비례하여 최대 토크가 발생하는 슬립이 변한다.

19

동기 발전기의 단락비가 적을 때의 설명으로 옳은 것은?

① 동기 임피던스가 크고 전기자 반작용이 작다.
② 동기 임피던스가 크고 전기자 반작용이 크다.
③ 동기 임피던스가 작고 전기자 반작용이 작다.
④ 동기 임피던스가 작고 전기자 반작용이 크다.

해설 단락비(K_s)가 작은 동기 발전기

- 동기계로서 중량이 가볍다.
- 전압 변동률, 동기 임피던스, 전기자 반작용이 크다.
- 안정도가 불량하다.

20

$\frac{3}{4}$ 부하에서 효율이 최대인 주상 변압기의 전부하 시 철손과 동손의 비는?

① 8 : 4
② 4 : 8
③ 9 : 16
④ 16 : 9

해설 변압기의 최대 효율 조건

P_i: 철손[W], P_c: 동손[W], m: 부하율일 때 최대 효율
$P_i = m^2 P_c$에서

$$m^2 = \frac{P_i}{P_c} = \left(\frac{3}{4}\right)^2 = \frac{9}{16}$$

즉, $P_i : P_c = 9 : 16$

정답 | 16 ③ 17 ① 18 ④ 19 ② 20 ③

2019년 2회

01

단상 변압기의 병렬 운전 시 요구 사항으로 틀린 것은?

① 극성이 같을 것
② 정격 출력이 같을 것
③ 정격 전압과 권수비가 같을 것
④ 저항과 리액턴스의 비가 같을 것

해설 변압기의 병렬 운전 조건
- 극성이 같을 것
- 1차, 2차 정격 전압이 같고 권수비가 같을 것
- %임피던스 강하가 같을 것(저항과 리액턴스의 비가 같을 것)
- 상회전 방향과 각변위가 같을 것(3상 변압기)

02

유도 전동기로 동기 전동기를 기동하는 경우, 유도 전동기의 극수는 동기 전동기의 극수보다 2극 적은 것을 사용하는 이유로 옳은 것은?(단, s는 슬립, N_s는 동기 속도이다.)

① 같은 극수의 유도 전동기는 동기 속도보다 sN_s만큼 늦으므로
② 같은 극수의 유도 전동기는 동기 속도보다 sN_s만큼 빠르므로
③ 같은 극수의 유도 전동기는 동기 속도보다 $(1-s)N_s$만큼 늦으므로
④ 같은 극수의 유도 전동기는 동기 속도보다 $(1-s)N_s$만큼 빠르므로

해설
유도기와 동기기는 회전 속도가 다르다.
- 동기기: N_s[rpm]
- 유도기: $N = (1-s)N_s = N_s - sN_s$[rpm]

같은 극수일 경우 유도기는 동기 속도보다 sN_s만큼 늦으므로 동기 전동기의 극수보다 2극 적은 것을 사용한다.

03

동기 발전기를 회전 계자형으로 사용하는 경우에 대한 이유로 틀린 것은?

① 기전력의 파형을 개선한다.
② 전기자가 고정자이므로 고압 대전류용에 좋고, 절연하기 쉽다.
③ 계자가 회전자이지만 저압 소용량의 직류이므로 구조가 간단하다.
④ 전기자보다 계자극을 회전자로 하는 것이 기계적으로 튼튼하다.

해설 동기 발전기를 회전 계자형으로 만드는 이유
- 계자 권선은 직류의 2선만 인출하면 된다.
- 전기자 권선은 최소한 4개의 선을 인출해야 하므로 회전 전기자형은 결선이 복잡하다.
- 계자 회로는 약전류 전선이므로 소요 전력이 적은 편이다.
- 회전자를 튼튼하게 만들 수 있다.
- 발전기의 안정도가 좋아진다.
- 종합적으로 발전기 제작이 경제적이다.
- 전기자가 고정자이므로 고압 대전류용으로 좋고, 절연하기 쉽다.

04

3상 동기 발전기의 매극 매상의 슬롯 수를 3이라 할 때 분포권 계수는?

① $6\sin\frac{\pi}{18}$
② $3\sin\frac{\pi}{36}$
③ $\dfrac{1}{6\sin\dfrac{\pi}{18}}$
④ $\dfrac{1}{12\sin\dfrac{\pi}{36}}$

해설 분포권 계수

$$K_d = \frac{\sin\dfrac{\pi}{2m}}{q\sin\dfrac{\pi}{2mq}} = \frac{\sin\dfrac{\pi}{2\times 3}}{3\times\sin\dfrac{\pi}{2\times 3\times 3}} = \frac{1}{6\sin\dfrac{\pi}{18}}$$

(단, m: 상수, q: 매극 매상당 슬롯 수)

| 정답 | 01 ② 02 ① 03 ① 04 ③

05

변압기의 누설 리액턴스를 나타낸 것은?(단, N은 권수이다.)

① N에 비례
② N^2에 반비례
③ N^2에 비례
④ N에 반비례

해설 변압기 코일의 자기 인덕턴스

$L = \dfrac{\mu S N^2}{l}$ [H]

따라서 누설 리액턴스는

$X_l = 2\pi f L = \dfrac{2\pi f \times \mu S N^2}{l}$ [Ω]으로 권수의 제곱(N^2)에 비례한다.

06

가정용 재봉틀, 소형 공구, 영사기, 치과 의료용, 엔진 등에 사용하고 있으며, 교류, 직류 양쪽 모두에 사용되는 만능 전동기는?

① 전기 동력계
② 3상 유도 전동기
③ 차동 복권 전동기
④ 단상 직권 정류자 전동기

해설 단상 직권 정류자 전동기는 계자 권선과 전기자 권선이 직렬로 연결되어 있어 직류, 교류 모두에서 사용할 수 있어 만능 전동기라 한다.

07

정격 전압 220[V], 무부하 단자 전압 230[V], 정격 출력이 40[kW]인 직류 분권 발전기의 계자 저항이 22[Ω], 전기자 반작용에 의한 전압 강하가 5[V]라면 전기자 회로의 저항[Ω]은 약 얼마인가?

① 0.026
② 0.028
③ 0.035
④ 0.042

해설

- 전기자 전류

$I_a = I + I_f = \dfrac{P}{V} + \dfrac{V}{R_f} = \dfrac{40 \times 10^3}{220} + \dfrac{220}{22} = 191.8$ [A]

- 무부하 단자 전압

$E = V + I_a R_a + e_a$ [V]

전기자 저항은 다음과 같다.

$R_a = \dfrac{E - V - e_a}{I_a} = \dfrac{230 - 220 - 5}{191.8} = 0.026$ [Ω]

08

전력용 변압기에서 1차에 정현파 전압을 인가하였을 때, 2차에 정현파 전압이 유기되기 위해서는 1차에 흘러들어가는 여자 전류는 기본파 전류 외에 주로 몇 고조파 전류가 포함되는가?

① 제2 고조파
② 제3 고조파
③ 제4 고조파
④ 제5 고조파

해설 변압기 여자 전류는 기본파와 제3 고조파 성분을 포함한다.

| 정답 | 05 ③ 06 ④ 07 ① 08 ②

09

스텝각이 2°, 스테핑 주파수(Pulse rate)가 1,800[pps]인 스테핑 모터의 축속도[rps]는?

① 8
② 10
③ 12
④ 14

해설
- 1초당 회전 각도
  $2° \times 1,800 = 3,600°$
- 스테핑 전동기의 회전 속도
  $n = \dfrac{3,600°}{360°} = 10\,[\text{rps}]$
  (∵ 1회전 시 360°의 각도를 이동하므로)

관련개념
스텝 모터(스테핑 전동기)의 회전각과 속도는 펄스 수에 비례한다.

10

변압기에서 사용되는 변압기유의 구비 조건으로 틀린 것은?

① 점도가 높을 것
② 응고점이 낮을 것
③ 인화점이 높을 것
④ 절연 내력이 클 것

해설 변압기 절연유
- 변압기 기름은 절연 및 냉각 매체의 역할을 하는 것으로 보통 광유(절연유)를 사용한다.
- 구비 조건
  - 절연 내력이 클 것
  - 비열이 커 냉각 효과가 크고, 점도가 작을 것
  - 인화점은 높고, 응고점은 낮을 것
  - 고온에서 산화되지 않고 석출물이 생기지 않을 것

11

동기 발전기의 병렬 운전 중 위상차가 생기면 어떤 현상이 발생하는가?

① 무효 횡류가 흐른다.
② 무효 전력이 생긴다.
③ 유효 횡류가 흐른다.
④ 출력이 요동하고 권선이 가열된다.

해설 동기 발전기의 병렬 운전
- 기전력 크기가 다를 경우: 무효 횡류(무효 순환 전류)가 흐른다.
- 기전력의 위상이 다를 경우: 동기화 전류가 흐른다.
  - 위상이 다르면 발전기 내부에서는 유효 횡류(동기화 전류)가 흘러 위상을 같게 만들지만 발전기의 온도 상승을 초래한다.
  - 대책: 원동기의 출력을 조절한다.(위상이 앞선 발전기에서 위상이 뒤진 발전기 측으로 동기 화력을 발생시켜 위상을 맞춘다.)

12

단상 유도 전동기의 토크에 대한 2차 저항을 어느 정도 이상으로 증가시킬 때 나타나는 현상으로 옳은 것은?(단, 2차 리액턴스는 일정하다고 한다.)

① 회전력 감소
② 최대 토크 일정
③ 기동 토크 증가
④ 토크는 항상 (+)

해설
단상 유도 전동기에서 2차 리액턴스(x_2)가 일정하면 2차 저항(r_2)이 커질수록 최대 회전력은 작아지고 슬립은 증가한다. 따라서 r_2를 어느 정도 이상으로 크게 하면 그림의 D 곡선과 같이 회전력이 부(−)가 되므로 전동기의 회전 방향과 반대로 작용하는 역회전력이 발생한다.

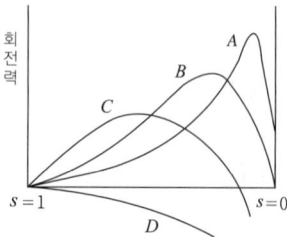

※ 출제오류로 인해 전항정답 처리된 문제로 보기와 조건의 일부를 변경하였습니다.

13

직류기에 관련된 사항으로 잘못 짝지어진 것은?

① 보극 – 리액턴스 전압 감소
② 보상 권선 – 전기자 반작용 감소
③ 전기자 반작용 – 직류 전동기 속도 감소
④ 정류 기간 – 전기자 코일이 단락되는 기간

해설

직류기에서 보극의 역할
- 전기자 전류에 의해 정류 전압을 얻는다.
- 리액턴스 전압을 상쇄시킬 수 있으므로 정류 작용이 잘 되게 해 준다.
- 중성축의 이동을 막는 역할도 한다.

보상 권선의 역할
- 전기자 전류의 기자력을 상쇄시켜 전기자 반작용의 영향을 감소시키는 권선이다.
- 전기자 권선과 직렬로 설치하며 전기자 전류 방향과 반대로 전류를 흘려 기자력을 상쇄시킨다.

전기자 반작용에 의한 악영향
- 자속(ϕ) 감소 → 기전력($E \propto \phi$) 감소 → 전동기 속도 증가(N) → 발전기 출력(P) 감소
- 전기적 중성축 이동
  - 발전기: 회전 방향으로 이동
  - 전동기: 회전 반대 방향으로 이동
- 정류자 편간 국부적인 섬락(불꽃) 발생으로 정류 불량 및 브러시 손상
- 발전기의 전체적인 효율 저하

14

그림은 전원 전압 및 주파수가 일정할 때의 다상 유도 전동기의 특성을 표시하는 곡선이다. 1차 전류를 나타내는 곡선은 몇 번 곡선인가?

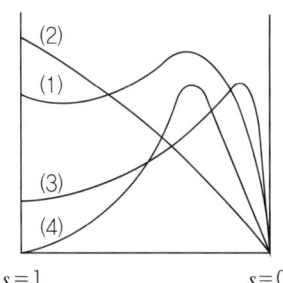

① (1)
② (2)
③ (3)
④ (4)

해설 속도 특성 곡선

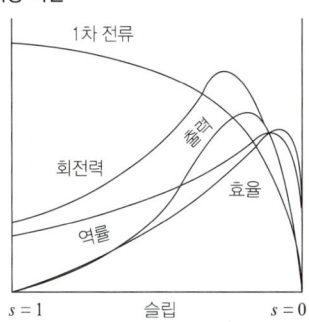

| 정답 | 13 ③ 14 ②

15

직류 발전기의 외부 특성 곡선에서 나타내는 관계로 옳은 것은?

① 계자 전류와 단자 전압
② 계자 전류와 부하 전류
③ 부하 전류와 단자 전압
④ 부하 전류와 유기 기전력

해설 외부 특성 곡선

정격 속도에서 직류 발전기에 부하를 걸었을 때 발전기의 종류에 따른 부하 전류 $I[A]$와 단자 전압 $V[V]$의 관계를 나타낸 곡선이다.
(V_0: 무부하 전압[V], V_n: 전부하 전압[V])

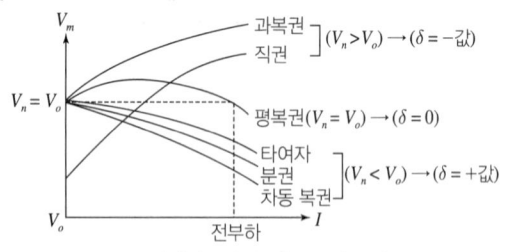

▲ 발전기 종류별 외부 특성 곡선

관련개념

외부 특성 곡선 = 부하 전류와 단자 전압 관계
내부 특성 곡선 = 부하 전류와 유기 기전력 관계

16

동기 전동기가 무부하 운전 중에 부하가 걸리면 동기 전동기의 속도는?

① 정지한다.
② 동기 속도와 같다.
③ 동기 속도보다 빨라진다.
④ 동기 속도 이하로 떨어진다.

해설 동기 전동기의 특징

• 효율과 역률 특성이 매우 좋다.
• 속도가 항상 일정하고, 불변이다.
• 필요 시 앞선 역률을 취할 수 있다.
• 난조 발생의 우려가 크다.
• 여자 장치 공급용 직류 전원이 별도로 필요하다.
• 기동 토크가 작다.

동기 전동기의 무부하 운전 중에 부하가 걸리면 동기 전동기의 속도는 동기 속도와 같아진다.

17

$100[V]$, $10[A]$, $1,500[rpm]$인 직류 분권 발전기의 정격 시의 계자 전류는 $2[A]$이다. 이때 계자 회로에는 $10[\Omega]$의 외부 저항이 삽입되어 있다. 계자 권선의 저항$[\Omega]$은?

① 20
② 40
③ 80
④ 100

해설

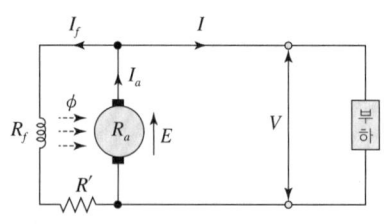

▲ 분권 발전기

계자 전류 $I_f = \dfrac{V}{R_f + R'}[A]$

$\therefore R_f = \dfrac{V}{I_f} - R' = \dfrac{100}{2} - 10 = 40[\Omega]$

| 정답 | 15 ③ 16 ② 17 ②

18

50[Hz]로 설계된 3상 유도 전동기를 60[Hz]에 사용하는 경우 단자 전압을 110[%]로 높일 때 일어나는 현상으로 틀린 것은?

① 철손 불변
② 여자 전류 감소
③ 온도 상승 증가
④ 출력이 일정하면 유효 전류 감소

해설

- 철손 $P_h = kfB_m^2$에서 자속 밀도 $B_m = \dfrac{E}{4.44fNS} \propto \dfrac{E}{f}$이므로

$$P_h' \propto f'\left(\dfrac{E'}{f'}\right)^2 = \dfrac{E'^2}{f'} = \dfrac{(1.1E)^2}{\dfrac{6}{5}f} \fallingdotseq \dfrac{E^2}{f}$$

즉, 해당 조건에서 철손은 불변

- 여자 전류 $I_0 = \dfrac{V}{x_l} = \dfrac{V}{2\pi fL}$ [A]에서

$$\dfrac{V'}{2\pi f'L} = \dfrac{1.1V}{2\pi \times \dfrac{6}{5}fL} = \dfrac{11}{12} \times \dfrac{V}{2\pi fL} = \dfrac{11}{12}I_0$$

즉, 여자 전류가 감소
- 철손이 불변이므로 온도도 불변
- 출력이 일정하면 전압 상승분에 반비례하여 유효 전류 감소

19

직류 발전기에서 양호한 정류를 얻는 조건으로 틀린 것은?

① 정류 주기를 크게 할 것
② 리액턴스 전압을 크게 할 것
③ 브러시의 접촉 저항을 크게 할 것
④ 전기자 코일의 인덕턴스를 작게 할 것

해설 직류 발전기에서 양호한 정류 대책

- 리액턴스 전압을 작게 한다.(브러시 접촉 전압 강하 > 리액턴스 전압)
- 적당한 위치에 보극을 설치한다.(전압 정류 효과)
- 탄소 브러시를 사용한다.(저항 정류 효과)
- 전기자 권선을 전절권 대신 단절권을 적용한다.
- 정류 주기를 길게 한다.(회전자 속도를 낮춘다.)

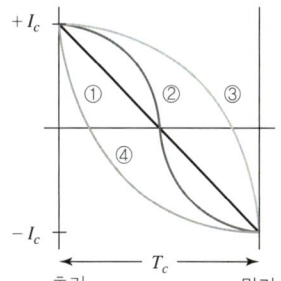

① 직선 정류 ⎤ 양호한 정류
② 정현파 정류 ⎦
③ 부족 정류 – 정류 말기 불량
④ 과정류 – 정류 초기 불량

평균 리액턴스 전압 $e_L = L\dfrac{2I_c}{T_c}$[V]

(단, L: 인덕턴스, I_c: 정류 전류, T_c: 정류 주기)

20

상전압 200[V]의 3상 반파 정류 회로의 각 상에 SCR를 사용하여 정류 제어를 할 때 위상각을 $\pi/6$로 하면 순 저항 부하에서 얻을 수 있는 직류 전압[V]은 약 얼마인가?

① 90
② 180
③ 203
④ 234

해설 SCR 3상 반파 정류 회로의 직류 전압

$$E_d = \dfrac{3\sqrt{6}}{2\pi}E\cos\alpha = 1.17 \times 200 \times \dfrac{\sqrt{3}}{2} \fallingdotseq 203[V]$$

(단, E: 상전압[V], α: 위상각[rad])

| 정답 | 18 ③ 19 ② 20 ③

2019년 3회

01

동기 발전기의 돌발 단락 시 발생되는 현상으로 틀린 것은?

① 큰 과도 전류가 흘러 권선 소손
② 단락 전류는 전기자 저항으로 제한
③ 코일 상호 간 큰 전자력에 의한 코일 파손
④ 큰 단락 전류 후 점차 감소하여 지속 단락 전류 유지

해설
동기 발전기의 돌발 단락 전류(순간 단락 전류)는
$I_s = \dfrac{E}{X_l}[A]$ (단, E: 상전압[V], X_l: 누설 리액턴스[Ω])
단락 사고 시 처음에는 전기자 반작용이 나타나지 않으므로 누설 리액턴스만 작용하여 매우 큰 전류가 흐르고 이후 동기 리액턴스에 의해 점차 단락 전류가 감소하는 특성이 있다.

02

SCR의 특징으로 틀린 것은?

① 과전압에 약하다.
② 열용량이 적어 고온에 약하다.
③ 전류가 흐르고 있을 때의 양극 전압 강하가 크다.
④ 게이트에 신호를 인가할 때부터 도통할 때까지의 시간이 짧다.

해설 SCR의 특징
• 아크가 생기지 않으므로 열 발생이 적다.
• 대전류용이고 동작 시간이 짧다.
• 작은 게이트 신호로 대전력을 제어한다.
• 교류, 직류 모두 제어할 수 있다.
• 역방향 내전압이 가장 크다.
• 과전압에 약하다.
• 전류가 흐를 때의 양극 전압 강하가 작다.

03

터빈 발전기의 냉각을 수소 냉각 방식으로 하는 이유로 틀린 것은?

① 풍손이 공기 냉각 시의 약 1/10로 줄어든다.
② 열전도율이 좋고 가스 냉각기의 크기가 작아진다.
③ 절연물의 산화 작용이 없으므로 절연 열화가 작아서 수명이 길다.
④ 반폐형으로 하기 때문에 이물질의 침입이 없고 소음이 감소한다.

해설
수소 냉각 방식은 수소 가스가 외부로 누설되는 것을 방지하기 위해 완전 밀폐(전폐형)한다.

04

단상 유도 전동기의 특징을 설명한 것으로 옳은 것은?

① 기동 토크가 없으므로 기동 장치가 필요하다.
② 기계손이 있어도 무부하 속도는 동기 속도보다 크다.
③ 권선형은 비례 추이가 불가능하며, 최대 토크는 불변이다.
④ 슬립은 $0 > s > -1$이고, 2보다 작고 0이 되기 전에 토크가 0이 된다.

해설 단상 유도 전동기의 특징
• 인가 전원이 단상이므로 회전 자계가 없다.(교번 자계에 의해 회전)
• 회전 자계가 없으므로 자기 기동하지 못한다.(별도 기동 장치 필요)
• 슬립이 0이 되기 전에 토크가 0이 된다.
• 최대 토크는 2차 저항, 슬립과 무관하므로 비례 추이할 수 없다.
• 2차 저항이 어느 정도의 값 이상이면 토크는 부(-)가 된다.

| 정답 | 01 ② 02 ③ 03 ④ 04 ①

05

몰드 변압기의 특징으로 틀린 것은?

① 자기 소화성이 우수하다.
② 소형 경량화가 가능하다.
③ 건식 변압기에 비해 소음이 적다.
④ 유입 변압기에 비해 절연레벨이 낮다.

해설 몰드 변압기

몰드 변압기는 절연물로 에폭시 수지를 사용한 건식 변압기이다.
- 장점
  - 난연성, 절연 신뢰성
  - 내진, 내습성
  - 소형, 경량
  - 낮은 전력 손실
  - 단시간 과부하에 유리
  - 반입, 반출 용이
- 단점
  - 고가
  - 자기발열에 의한 절연물 크랙
  - 내전압 성능이 낮으므로 VCB와 같은 고속도 차단기와 조합할 경우 서지 흡수기(Surge Absorber)를 채용해야 한다.

06

유도 전동기의 회전 속도를 N[rpm], 동기 속도를 N_s[rpm]이라 하고 순방향 회전 자계의 슬립을 s라 하면, 역방향 회전 자계에 대한 회전자 슬립은?

① $s-1$ ② $1-s$
③ $s-2$ ④ $2-s$

해설

순방향 회전 자계 슬립 s로부터

$$s = \frac{N_s - N}{N_s} = 1 - \frac{N}{N_s} \rightarrow \frac{N}{N_s} = 1 - s$$

역방향 회전 자계 슬립

$$s' = \frac{N_s - (-N)}{N_s} = 1 + \frac{N}{N_s} = 1 + (1-s) = 2-s$$

관련개념
- 유도 전동기: $0 < s < 1$
- 유도 제동기: $1 < s < 2$
- 유도 발전기: $s < 0$
- 역방향 회전 자계에 대한 회전자 슬립: $2-s$

07

직류 발전기에 직결한 3상 유도 전동기가 있다. 발전기의 부하 100[kW], 효율 90[%]이며 전동기 단자전압 3,300[V], 효율 90[%], 역률 90[%]이다. 전동기에 흘러들어가는 전류는 약 몇 [A]인가?

① 2.4   ② 4.8
③ 19   ④ 24

해설

- 발전기 입력

$$P_i = \frac{P_0}{\eta} = \frac{100 \times 10^3}{0.9}[\text{W}]$$

- 전동기 출력

$$P = P_i = \sqrt{3}\, VI\cos\theta \times \eta\,[\text{W}]$$

- 전동기 전류

$$I = \frac{P}{\sqrt{3}\, V\cos\theta\, \eta} = \frac{\frac{100 \times 10^3}{0.9}}{\sqrt{3} \times 3,300 \times 0.9 \times 0.9} = 24[\text{A}]$$

08

유도 발전기의 동작 특성에 관한 설명 중 틀린 것은?

① 병렬로 접속된 동기 발전기에서 여자를 취해야 한다.
② 효율과 역률이 낮으며 소출력의 자동 수력 발전기와 같은 용도에 사용된다.
③ 유도 발전기의 주파수를 증가하려면 회전 속도를 동기 속도 이상으로 회전시켜야 한다.
④ 선로에 단락이 생긴 경우에는 여자가 상실되므로 단락 전류는 동기 발전기에 비해 적고 지속 시간도 짧다.

해설 유도 발전기
- 구조가 간단해 가격이 싸다.
- 고장이 적다.
- 난조 현상이 없고 동기화가 필요 없다.
- 공극 치수가 적어 운전 시 주의해야 한다.
- 효율과 역률은 나쁘다.

주파수와 회전 속도는 관계가 없다.

| 정답 | 05 ④　06 ④　07 ④　08 ③

09

단상 변압기를 병렬 운전하는 경우 각 변압기의 부하 분담이 변압기의 용량에 비례하려면 각각의 변압기의 %임피던스는 어느 것에 해당되는가?

① 어떠한 값이라도 좋다.
② 변압기 용량에 비례하여야 한다.
③ 변압기 용량에 반비례하여야 한다.
④ 변압기 용량에 관계없이 같아야 한다.

해설 변압기의 병렬 운전 시 부하 분담

분담 용량
$$\frac{P_a}{P_b} = \frac{P_A}{P_B} \times \frac{\%Z_b}{\%Z_a}$$
(분담 용량은 용량에 비례, %임피던스에 반비례)

10

그림은 여러 직류 전동기의 속도 특성 곡선을 나타낸 것이다. 1부터 4까지 차례로 옳은 것은?

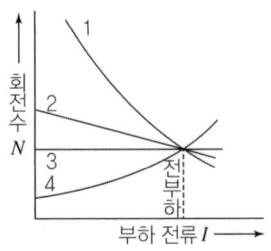

① 차동 복권, 분권, 가동 복권, 직권
② 직권, 가동 복권, 분권, 차동 복권
③ 가동 복권, 차동 복권, 직권, 분권
④ 분권, 직권, 가동 복권, 차동 복권

해설 직류 전동기의 속도 특성 곡선

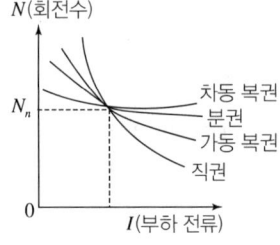

11

전력 변환 기기로 틀린 것은?

① 컨버터　② 정류기
③ 인버터　④ 유도 전동기

해설 전력 변환기의 종류
- 컨버터(정류기): 교류(AC)를 직류(DC)로 변환하는 장치
- 인버터: 직류(DC)를 교류(AC)로 변환하는 장치
- 초퍼: 직류(DC)를 직류(DC)로 직접 제어하는 장치
- 사이클로 컨버터: 교류(AC)를 교류(AC)로 주파수 변환하는 장치

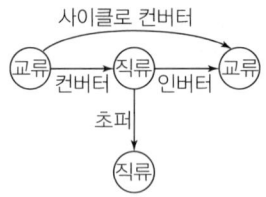

12

농형 유도 전동기에 주로 사용되는 속도 제어법은?

① 극수 변환법
② 종속 접속법
③ 2차 저항 제어법
④ 1차 여자 제어법

해설 농형 유도 전동기의 속도 제어법

$N = \dfrac{120f}{p}$ [rpm]

- 주파수 변환법: 인버터로서 교류 입력 주파수를 변환시켜 회전수를 제어하는 방법
- 극수 변환법: 연속적인 속도 제어가 아닌, 승강기와 같은 단계적인 속도 제어에 사용
- 전압 제어법: 유도 전동기의 토크가 전압의 제곱에 비례하는 특성을 이용한 것

| 정답 | 09 ③　10 ②　11 ④　12 ①

13

정격 전압 $100[\text{V}]$, 정격 전류 $50[\text{A}]$인 분권 발전기의 유기 기전력은 몇 $[\text{V}]$인가?(단, 전기자 저항 $0.2[\Omega]$, 계자 전류 및 전기자 반작용은 무시한다.)

① 110
② 120
③ 125
④ 127.5

해설 유기 기전력
$E = V + I_a R_a = 100 + 50 \times 0.2 = 110[\text{V}]$

14

그림과 같은 변압기 회로에서 부하 R_2에 공급되는 전력이 최대가 되는 변압기의 권수비 a는?

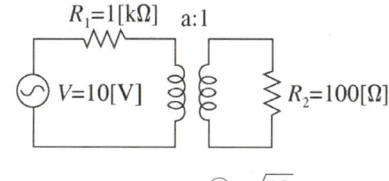

① $\sqrt{5}$
② $\sqrt{10}$
③ 5
④ 10

해설 공급 전력이 최대가 되는 조건
$R_1 = R_2' = a^2 R_2 \quad \therefore a = \sqrt{\dfrac{R_1}{R_2}} = \sqrt{\dfrac{1{,}000}{100}} = \sqrt{10}$

15

변압기의 백분율 저항 강하가 $3[\%]$, 백분율 리액턴스 강하가 $4[\%]$일 때 뒤진 역률 $80[\%]$인 경우의 전압 변동률$[\%]$은?

① 2.5
② 3.4
③ 4.8
④ -3.6

해설 전압 변동률
- $\delta = p\cos\theta + q\sin\theta [\%]$(지상 역률일 경우)
- $\delta = p\cos\theta - q\sin\theta [\%]$(진상 역률일 경우)

주어진 조건이 지상(뒤진) 역률이므로 전압 변동률은 다음과 같다.
$\delta = p\cos\theta + q\sin\theta = 3 \times 0.8 + 4 \times 0.6$
$\quad = 4.8[\%]$

16

정류자형 주파수 변환기의 회전자에 주파수 f_1의 교류를 가할 때 시계 방향으로 회전 자계가 발생하였다. 정류자 위의 브러시 사이에 나타나는 주파수 f_c를 설명한 것 중 틀린 것은?(단, n: 회전자의 속도, n_s: 회전 자계의 속도, s: 슬립이다.)

① 회전자를 정지시키면 $f_c = f_1$인 주파수가 된다.
② 회전자를 반시계 방향으로 $n = n_s$의 속도로 회전시키면 $f_c = 0[\text{Hz}]$가 된다.
③ 회전자를 반시계 방향으로 $n < n_s$의 속도로 회전시키면 $f_c = sf_1[\text{Hz}]$가 된다.
④ 회전자를 시계 방향으로 $n < n_s$의 속도로 회전시키면 $f_c < f_1$인 주파수가 된다.

해설
정류자형 주파수 변환기의 전기자 권선에 슬립 링(SR)을 통해 주파수 f_1의 교류 전압을 인가하고 회전자를 시계 방향으로 $n < n_s$로 회전시키면, 정류자 위의 브러시 사이에 발생하는 주파수 $f_c = sf_1$이 된다.

| 정답 | 13 ① 14 ② 15 ③ 16 ④

17

동기 발전기의 3상 단락 곡선에서 단락 전류가 계자 전류에 비례하여 거의 직선이 되는 이유로 가장 옳은 것은?

① 무부하 상태이므로
② 전기자 반작용으로
③ 자기 포화가 있으므로
④ 누설 리액턴스가 크므로

해설 무부하 포화 곡선과 3상 단락 곡선

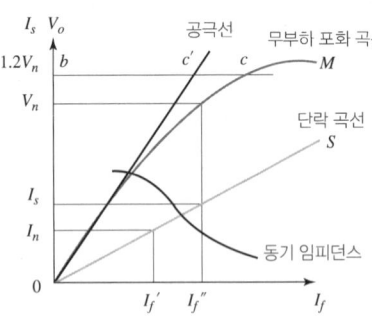

- 동기 임피던스 $Z_s = R_a + jX_s[\Omega]$
  (단, R_a: 전기자 저항$[\Omega]$, X_s: 동기 리액턴스($X_s = X_l + X_a$)$[\Omega]$, X_l: 누설 리액턴스$[\Omega]$, X_a: 전기자 반작용 리액턴스$[\Omega]$)
- 단락 전류 $I_s = \dfrac{E}{Z_s} ≒ \dfrac{E}{X_s} = \dfrac{E}{X_l + X_a}$[A]

3상 동기 발전기가 단락 상태일 때 $X_R < X_a$이므로 위상이 $90°$ 뒤진 전류가 발생해 감자 작용이 발생한다. 따라서 공극에 자속이 포화되지 못하고 계속 소모되면서 누설되므로 직선 특성을 갖는다.

18

1차 전압 V_1, 2차 전압 V_2인 단권 변압기를 Y 결선했을 때, 등가 용량과 부하 용량의 비는?(단, $V_1 > V_2$이다.)

① $\dfrac{V_1 - V_2}{\sqrt{3}\, V_1}$
② $\dfrac{V_1 - V_2}{V_1}$
③ $\dfrac{V_1^2 - V_2^2}{\sqrt{3}\, V_1 V_2}$
④ $\dfrac{\sqrt{3}\,(V_1 - V_2)}{2\, V_1}$

해설 Y 결선에서 자기 용량(등가 용량)과 부하 용량의 비

$\dfrac{\text{자기 용량}}{\text{부하 용량}} = \dfrac{V_1 - V_2}{V_1}$

19

변압기의 보호에 사용되지 않는 것은?

① 온도 계전기
② 과전류 계전기
③ 임피던스 계전기
④ 비율 차동 계전기

해설 변압기 보호 장치
- 비율 차동 계전기(PDR)
- 과전류 계전기(OCR)
- 부흐홀츠 계전기, 충격 압력 계전기
- 유면계, 방압 장치, 온도 계전기

20

E를 전압, r을 1차로 환산한 저항, x를 1차로 환산한 리액턴스라고 할 때 유도 전동기의 원선도에서 원의 지름을 나타내는 것은?

① $E \cdot r$
② $E \cdot x$
③ $\dfrac{E}{x}$
④ $\dfrac{E}{r}$

해설 원선도

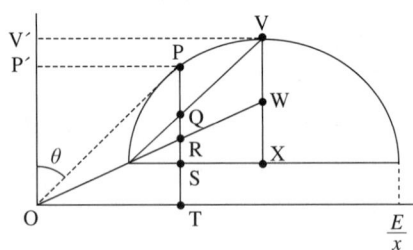

- 원선도의 특성
  - 원선도의 지름: $\dfrac{E}{x}$에 비례
  - 역률: $\cos\theta = \dfrac{\overline{OP'}}{\overline{OP}}$

| 정답 | 17 ② 18 ② 19 ③ 20 ③

전기설비기술기준

7개년 기출문제

2025년 1회

01
배선공사 중 전선이 반드시 절연전선이 아니더라도 상관없는 공사 방법은?

① 금속관공사 ② 합성수지관공사
③ 버스덕트공사 ④ 플로어덕트공사

해설 나전선의 사용 제한(한국전기설비규정 231.4)
옥내에 시설하는 저압 전선은 다음의 경우를 제외하고 나전선을 사용하여서는 아니 된다.(나전선 사용 가능 장소)
- 애자공사에 의하여 전개된 곳에 다음의 전선을 시설하는 경우
  - 전기로용 전선
  - 전선의 피복 절연물이 부식하는 장소에 시설하는 전선
  - 취급자 이외의 자가 출입할 수 없도록 설비한 장소에 시설하는 전선
- 버스덕트공사에 의하여 시설하는 경우
- 라이팅덕트공사에 의하여 시설하는 경우
- 접촉 전선을 시설하는 경우

02
주택 등 저압 수용장소에서 고정 전기설비에 TN-C-S 접지방식으로 접지공사 시 중성선 겸용 보호도체(PEN)를 알루미늄으로 사용할 경우 단면적은 몇 $[mm^2]$ 이상이어야 하는가?

① 2.5 ② 6
③ 10 ④ 16

해설 주택 등 저압수용장소 접지(한국전기설비규정142.4.2)
저압수용장소에서 계통접지가 TN-C-S 방식인 경우의 보호도체
- 중성선 겸용 보호도체(PEN)는 고정 전기설비에만 사용할 수 있고, 그 도체의 단면적이 구리는 10$[mm^2]$ 이상, 알루미늄은 16$[mm^2]$ 이상이어야 한다.

03
아크로부터 화재의 발생 우려가 없도록 제한되어 있는 35$[kV]$ 이하인 특고압용 차단기 등의 동작 시에 아크가 발생하는 기구는 목재의 벽 또는 천장 등 가연성 구조물 등으로부터 몇 $[m]$ 이상 이격하여 시설하여야 하는가?

① 1 ② 1.5
③ 2 ④ 2.5

해설 아크를 발생하는 기구의 시설(한국전기설비규정 341.7)
고압용 또는 특고압용의 개폐기·차단기·피뢰기 기타 이와 유사한 기구로서 동작 시에 아크가 생기는 것은 목재의 벽 또는 천장 기타의 가연성 물체로부터 표에서 정한 값 이상 이격하여 시설하여야 한다.

기구 등의 구분	간격
고압용의 것	1$[m]$ 이상
특고압용의 것	2$[m]$ 이상 (사용전압이 35$[kV]$ 이하의 특고압용의 기구 등으로서 동작할 때에 생기는 아크의 방향과 길이를 화재가 발생할 우려가 없도록 제한하는 경우에는 1$[m]$ 이상)

04
직류 전기철도 시스템이 매설 배관 또는 케이블과 인접할 경우 누설전류를 피하기 위해 최대한 이격시켜야 하며, 주행레일과 최소 몇 $[m]$ 이상 거리를 유지하여야 하는가?

① 5 ② 2
③ 1 ④ 0.5

해설 누설전류 간섭에 대한 방지(한국전기설비규정 461.5)
직류 전기철도 시스템이 매설 배관 또는 케이블과 인접할 경우 누설전류를 피하기 위해 최대한 이격시켜야 하며, 주행레일과 최소 1$[m]$ 이상의 거리를 유지하여야 한다.

정답 01 ③ 02 ④ 03 ① 04 ③

05

사용전압이 $22.9[kV]$인 특고압 가공전선과 그 지지물·완금류·지주 또는 지선 사이의 이격거리는 몇 $[cm]$ 이상이어야 하는가?

① 15
② 20
③ 25
④ 30

해설 특고압 가공전선과 지지물 등의 간격(한국전기설비규정 333.5)

사용전압	간격[m]
15[kV] 미만	0.15
15[kV] 이상 25[kV] 미만	0.2
25[kV] 이상 35[kV] 미만	0.25
35[kV] 이상 50[kV] 미만	0.3

※ 기술상 부득이한 경우에 위험의 우려가 없도록 시설한 때에는 표의 0.8배

06

주택의 전기저장장치의 축전지에 접속하는 부하 측 옥내전로에 지락이 생겼을 때 자동적으로 전로를 차단하는 장치를 시설한 경우에 주택의 옥내전로의 대지전압은 직류 몇 $[V]$까지 적용할 수 있는가?(단, 전로에 지락이 생겼을 때 자동적으로 전로를 차단하는 장치를 시설한 경우이다.)

① 150
② 300
③ 400
④ 600

해설 옥내전로의 대지전압 제한(한국전기설비규정 511.3)
주택의 전기저장장치의 축전지에 접속하는 부하 측 옥내배선을 다음에 따라 시설하는 경우에 주택의 옥내전로의 대지전압은 직류 600[V]까지 적용할 수 있다.
- 전로에 지락이 생겼을 때 자동적으로 전로를 차단하는 장치를 시설할 것
- 사람이 접촉할 우려가 없는 은폐된 장소에서 합성수지관공사, 금속관공사 및 케이블공사에 의하여 시설하거나, 사람이 접촉할 우려가 없도록 케이블공사에 의하여 시설하고 전선에 적당한 방호장치를 시설할 것

07

시가지에 시설하는 $154[kV]$ 가공전선로에 지락 또는 단락이 생겼을 때 몇 초 안에 자동적으로 이를 전로로부터 차단하는 장치를 시설하여야 하는가?

① 1
② 3
③ 5
④ 10

해설 시가지 등에서 특고압 가공전선로의 시설(한국전기설비규정 333.1)
사용전압이 170[kV] 이하인 전선로를 다음에 의하여 시설하는 경우 시가지 그 밖에 인가가 밀집한 지역에 시설할 수 있다.
- 사용전압이 100[kV]를 초과하는 특고압 가공전선에 지락 또는 단락이 생겼을 때에는 1초 이내에 자동적으로 이를 전로로부터 차단하는 장치를 시설할 것

08

전기철도에서 사용되는 용어 중 전기철도차량의 집전장치와 접촉하여 전력을 공급하기 위한 전선을 무엇이라고 하는가?

① 조가선
② 전차선
③ 급전선
④ 귀선

해설 전기철도의 용어 정의(한국전기설비규정 402)
- 조가선: 전차선이 레일면상 일정한 높이를 유지하도록 행어이어, 드로퍼 등을 이용하여 전차선 상부에서 조가하여 주는 전선을 말한다.
- 전차선: 전기철도차량의 집전장치와 접촉하여 전력을 공급하기 위한 전선을 말한다.
- 급전선: 전기철도차량에 사용할 전기를 변전소로부터 전차선에 공급하는 전선을 말한다.
- 귀선: 전기철도차량에 공급된 전력을 변전소로 되돌리기 위한 전선을 말한다.

| 정답 | 05 ② 06 ④ 07 ① 08 ②

09

한국전기설비규정에서 정하고 있는 합성수지관 공사에 의한 저압 옥내배선 시설방법에 대한 설명 중 틀린 것은?

① 절연전선을 사용하였다.
② 합성수지관 안에 접속점이 없도록 시설하였다.
③ 중량물의 압력 또는 현저한 기계적 충격을 받을 우려가 없도록 시설하였다.
④ 이중천정 안에 시설하였다.

해설 관공사(한국전기설비규정 232.11)
- 전선은 절연전선(옥외용 비닐절연전선을 제외한다)일 것.
- 전선은 연선일 것. 다만, 다음의 것은 적용하지 않는다.
  - 짧고 가는 합성수지관에 넣은 것.
  - 단면적 $10[mm^2]$(알루미늄선은 단면적 $16[mm^2]$) 이하의 것.
- 전선은 합성수지관 안에서 접속점이 없도록 할 것.
- 중량물의 압력 또는 현저한 기계적 충격을 받을 우려가 없도록 시설할 것.
- 이중천장(반자 속 포함) 내에는 시설할 수 없다.

10

고압 보안공사에서 지지물이 철탑인 경우 지지물의 경간은 몇 [m] 이하이어야 하는가?(단, 단주가 아닌 경우이다.)

① 100　　② 150
③ 400　　④ 600

해설 고압 보안공사(한국전기설비규정 332.10)

지지물의 종류	지지물 간 거리[m]
목주, A종 철주 또는 A종 철근 콘크리트주	100
B종 철주 또는 B종 철근 콘크리트주	150
철탑	400

11

가공전선로의 지지물에 하중이 가하여지는 경우에 그 하중을 받는 지지물의 기초 안전율은 얼마 이상이어야 하는가? (단, 이상 시 상정하중은 무관하다.)

① 1.5　　② 2.0
③ 2.5　　④ 3.0

해설 가공전선로 지지물의 기초의 안전율(한국전기설비규정 331.7)
가공전선로의 지지물에 하중이 가하여지는 경우에 그 하중을 받는 지지물의 기초의 안전율은 2 이상이어야 한다.

관련개념
가공전선로의 지지물의 기초 안전율: 2 이상

12

주택의 전기저장장치의 시설에 관한 사항으로 옳지 않은 것은?

① 주택의 옥내전로의 대지전압은 직류 600[V] 이하여야 한다.
② 충전부분은 노출되지 않도록 시설해야 한다.
③ 모든 부품은 충분한 내수성을 확보해야 한다.
④ 전선은 공칭단면적 $2.5[mm^2]$이상의 연동선을 사용한다.

해설 전기저장장치의 공통사항(한국전기설비규정 511)
- 주택의 옥내전로의 대지전압은 직류 600[V]까지 적용할 수 있다.
- 태양전지 모듈, 전선, 개폐기 및 기타 기구는 충전부분이 노출되지 않도록 시설하여야 한다.
- 전기저장장치의 모든 부품은 내열성을 확보해야 한다.
- 전선은 공칭단면적 $2.5[mm^2]$ 이상의 연동선 또는 이와 동등 이상의 세기 및 굵기의 것을 사용한다.

| 정답 | 09 ④　10 ③　11 ②　12 ③

13

진열장 내의 배선으로 사용전압 400[V] 이하에 사용하는 코드 또는 캡타이어케이블의 최소 단면적은 몇 [mm²]인가?

① 1.25
② 1.0
③ 0.75
④ 0.5

해설 진열장 또는 이와 유사한 것의 내부 배선(한국전기설비규정 234.8)
- 배선은 단면적 0.75[mm²] 이상의 코드 또는 캡타이어 케이블일 것
- 건조한 장소에 시설하고 또한 내부를 건조한 상태로 사용하는 진열장 또는 이와 유사한 것의 내부에 사용전압이 400[V] 이하의 배선을 외부에서 잘 보이는 장소에 한하여 코드 또는 캡타이어케이블로 직접 조영재에 밀착하여 배선할 수 있다.

14

과부하 보호장치는 분기점에 설치해야 하나, 단락의 위험과 화재 및 인체에 대한 위험성이 최소화되도록 시설된 경우, 분기회로의 보호장치는 분기회로의 분기점으로부터 몇 [m]까지 이동하여 설치할 수 있는가?

① 2
② 3
③ 4
④ 5

해설 과부하 보호장치의 설치 위치(한국전기설비규정 212.4.2)
과부하 보호장치는 분기점에 설치해야 하나, 단락의 위험과 화재 및 인체에 대한 위험성이 최소화되도록 시설된 경우, 분기회로의 보호장치는 분기회로의 분기점으로부터 3[m]까지 이동하여 설치할 수 있다.

15

사용전압이 60[kV] 이하인 경우 전화선로의 길이 12[km] 마다 유도전류는 몇 [μA]를 넘지 않도록 하여야 하는가?

① 1
② 2
③ 3
④ 5

해설 유도장해의 방지(한국전기설비규정 333.2)
- 사용전압이 60[kV] 이하인 경우에는 전화선로의 길이 12[km] 마다 유도전류가 2[μA]를 넘지 아니할 것
- 사용전압이 60[kV]를 넘는 경우에는 전화선로의 길이 40[km] 마다 유도전류가 3[μA]를 넘지 아니할 것

관련개념 유도전류
- 12[km] − 2[μA]
- 40[km] − 3[μA]

16

상주 감시를 하지 않는 변전소에서 수소냉각식 무효전력 보상장치(조상기)를 시설하는 경우, 무효전력 보상장치(조상기) 안의 수소의 순도가 몇 [%] 이하로 저하한 경우 경보장치를 설치해야 하는가?

① 70
② 80
③ 90
④ 95

해설 상주 감시를 하지 아니하는 변전소의 시설(한국전기설비규정 351.9)
다음의 경우에는 변전제어소 또는 기술원이 상주하는 장소에 경보장치를 시설할 것
- 운전조작에 필요한 차단기가 자동적으로 차단한 경우(차단기가 재연결(재폐로)한 경우 제외)
- 주요 변압기의 전원 측 전로가 무전압으로 된 경우
- 제어회로의 전압이 현저히 저하한 경우
- 옥내변전소에 화재가 발생한 경우
- 출력 3,000[kVA]를 초과하는 특고압용 변압기의 그 온도가 현저히 상승한 경우
- 특고압용 타냉식변압기는 그 냉각장치가 고장난 경우
- 무효전력 보상장치(조상기)는 내부에 고장이 생긴 경우
- 수소냉각식 무효전력 보상장치(조상기)는 그 무효전력 보상장치(조상기) 안의 수소의 순도가 90[%] 이하로 저하한 경우, 수소의 압력이 현저히 변동한 경우 또는 수소의 온도가 현저히 상승한 경우
- 가스절연기기(압력의 저하에 의하여 절연파괴 등이 생길 우려가 없는 경우 제외)의 절연가스의 압력이 현저히 저하한 경우

| 정답 | 13 ③ 14 ② 15 ② 16 ③

17

지중전선로를 직접 매설식에 의하여 시설하는 경우에는 매설깊이를 차량 기타 중량물의 압력을 받을 우려가 있는 장소에서는 몇 [cm] 이상으로 하면 되는가?

① 40
② 60
③ 80
④ 100

해설 지중전선로의 시설(한국전기설비규정 334.1)

매설 깊이
- 차량 기타 중량물의 압력을 받을 우려가 있는 장소: 1[m] 이상
- 기타 장소: 0.6[m] 이상

18

옥내에 시설하는 저압전선에 나전선을 사용할 수 있는 경우는?

① 버스덕트배선에 의하여 시설하는 경우
② 금속덕트배선에 의하여 시설하는 경우
③ 합성수지관배선에 의하여 시설하는 경우
④ 후강전선관배선에 의하여 시설하는 경우

해설 나전선의 사용 제한(한국전기설비규정 231.4)

옥내에 시설하는 저압전선에는 나전선을 사용하여서는 아니 된다. 다만, 다음 중 어느 하나에 해당하는 경우에는 그러하지 아니하다.
- 애자사용배선에 의하여 전개된 곳에 시설하는 경우
- 버스덕트배선에 의하여 시설하는 경우
- 라이팅덕트배선에 의하여 시설하는 경우

19

태양전지 발전소에 시설하는 태양전지 모듈, 전선 및 개폐기의 시설에 대한 설명으로 잘못된 것은?

① 태양전지 모듈에 접속하는 부하 측 전로에는 개폐기를 시설할 것
② 옥측에 시설하는 경우 금속관공사, 합성수지관공사, 애자공사로 배선할 것
③ 태양전지 모듈을 병렬로 접속하는 전로에 과전류차단기를 시설할 것
④ 전선은 공칭단면적 $2.5[\text{mm}^2]$ 이상의 연동선을 사용할 것

해설 태양광 발전설비의 시설규정(한국전기설비규정 521, 522)
- 태양전지 모듈에 접속하는 부하측의 태양전지 어레이에서 전력변환장치에 이르는 전로에는 그 접속점에 근접하여 개폐기 기타 이와 유사한 기구를 시설할 것
- 옥내, 옥측 또는 옥외에 시설할 경우 배선설비 공사는 합성수지관공사, 금속관공사, 금속제 가요전선관공사, 케이블공사로 시설할 것
- 모듈을 병렬로 접속하는 전로에는 그 전로에 단락전류가 발생할 경우에 전로를 보호하는 과전류차단기 또는 기타 기구를 시설할 것(전로가 단락전류에 견딜 수 있는 경우 제외)
- 전선은 공칭단면적 $2.5[\text{mm}^2]$ 이상의 연동선 또는 이와 동등 이상의 세기 및 굵기의 것을 사용할 것

20

저압전로에 사용하는 주택용 배선차단기의 경우 63[A]를 초과할 때 120분 내에 동작되는 전류의 배수로 알맞은 것은?

① 1.05
② 1.13
③ 1.3
④ 1.45

해설 주택용 배선차단기의 특성(한국전기설비규정 212)

정격전류의 구분	시간	주택용 정격전류의 배수 (모든 극에 통전)	
		부동작 전류	동작 전류
63[A] 이하	60분	1.13배	1.45배
63[A] 초과	120분	1.13배	1.45배

| 정답 | 17 ④ 18 ① 19 ② 20 ④

2025년 2회

01

저압전로의 보호도체 및 중성선의 접속방식에 따른 접지계통의 분류가 아닌 것은?

① IT 계통
② TN 계통
③ TT 계통
④ TC 계통

해설 계통접지 구성(한국전기설비규정 203.1)
저압전로의 보호도체 및 중성선의 접속방식에 따라 접지계통은 다음과 같이 분류한다.
• TN 계통
• TT 계통
• IT 계통

02

일반적으로 사용되며 일반인이 사용하는 콘센트는 정격전류 몇 [A] 이하일 때 누전차단기에 의한 추가적인 보호를 해야 하는가?

① 10
② 15
③ 20
④ 25

해설
전기용품안전기준 KC 60364-4-41에 의해, 일반적으로 사용되며 일반인이 사용하는 정격전류 20[A] 이하 콘센트는 누전차단기에 의한 추가적인 보호를 해야 한다.

03

임시 전선로의 시설에서 저압 방호구에 넣은 절연전선등을 사용하여 저압 가공 전선과 건조물의 상부 조영재 사이의 간격은 얼마인가?

① 위쪽: 0.3[m], 옆쪽 또는 아래쪽: 1[m]
② 위쪽: 1[m], 옆쪽 또는 아래쪽: 0.3[m]
③ 위쪽: 0.4[m], 옆쪽 또는 아래쪽: 1[m]
④ 위쪽: 1[m], 옆쪽 또는 아래쪽: 0.4[m]

해설 임시전선로의 시설(한국전기설비규정 335.10)
임시 전선로 시설(저압 방호구)의 간격

조영물	조영재의 구분	접근형태	간격[m]
건조물	상부 조영재	위쪽	1
		옆쪽 또는 아래쪽	0.4
	상부이외의 조영재		0.4
건조물 이외의 조영물	상부 조영재	위쪽	1
		옆쪽 또는 아래쪽	0.4 (저압 가공전선은 0.3)
	상부 조영재 이외의 조영재		0.4 (저압 가공전선은 0.3)

04

교통신호등 제어장치의 2차 측 배선의 최대 사용전압은 몇 [V] 이하이어야 하는가?

① 150
② 250
③ 300
④ 400

해설 교통신호등 사용전압(한국전기설비규정 234.15.1)
교통신호등 제어장치의 2차 측 배선의 최대 사용전압은 300[V] 이하이어야 한다.

| 정답 | 01 ④ 02 ③ 03 ④ 04 ③

05

귀선로에 대한 설명으로 틀린 것은?

① 나전선을 적용하여 가공식 가설을 원칙으로 한다.
② 사고 및 지락 시에도 충분한 허용전류용량을 갖도록 하여야 한다.
③ 비절연보호도체, 매설접지도체, 레일 등으로 구성하여 단권변압기 중성점과 공통접지에 접속한다.
④ 비절연보호도체의 위치는 통신유도장해 및 레일전위의 상승의 경감을 고려하여 결정하여야 한다.

해설 전차선로의 일반사항(한국전기설비규정 431)
- 귀선로는 비절연보호도체, 매설접지도체, 레일 등으로 구성하여 단권변압기 중성점과 공통접지에 접속한다.
- 비절연보호도체의 위치는 통신유도장해 및 레일전위의 상승의 경감을 고려하여 결정하여야 한다.
- 귀선로는 사고 및 지락 시에도 충분한 허용전류용량을 갖도록 하여야 한다.

06

고압 가공인입선이 케이블 이외의 것으로서 그 전선의 아래쪽에 위험표시를 하였다면 전선의 지표상 높이는 몇 [m]까지로 감할 수 있는가?

① 2.5
② 3.5
③ 4.5
④ 5.5

해설 고압 가공인입선의 시설(한국전기설비규정 331.12)
저압 가공인입선의 높이는 '기술상 부득이한 경우' 도로 횡단은 3[m] 이상, 일반 장소는 2.5[m] 이상으로, 고압 가공인입선의 높이는 '전선의 아래쪽에 위험 표시를 한 경우' 일반 장소에서만 3.5[m] 이상으로 감할 수 있다.

07

단상 교류 25,000[V]인 전기철도의 전차선로에서 건조물과 전차선, 급전선 및 집전장치의 충전부 비절연 부분 간의 공기 절연 이격거리는 비오염 지역의 정적일 때 몇 [mm]이상을 확보해야 하는가?

① 170
② 220
③ 270
④ 320

해설 전차선 및 급전선의 높이(한국전기설비규정 431)

시스템 종류	공칭전압[V]	동적[mm]	정적[mm]
직류	750	25	25
	1,500	100	150
단상교류	25,000	170	270

08

발전소, 변전소, 개폐소 또는 이에 준하는 곳에서 차단기에 사용하는 압축공기장치는 사용압력의 몇 배의 수압으로 몇 분간 연속하여 가했을 때 이에 견디고 새지 않아야 하는가?

① 1.25배, 15분
② 1.25배, 10분
③ 1.5배, 15분
④ 1.5배, 10분

해설 압축공기계통(한국전기설비규정 341.15)
발전소·변전소·개폐소 또는 이에 준하는 곳에서 개폐기 또는 차단기에 사용하는 압축공기장치는 최고 사용압력의 1.5배의 수압을 계속하여 10분간 가하여 시험을 한 경우에 이에 견디고 또한 새지 아니할 것

관련개념
압축공기계통의 시설은 자주 출제되는 문제이므로 1.5배, 10분을 암기하는 것이 좋다.

| 정답 | 05 ① 06 ② 07 ③ 08 ④

09

사용전압이 $22.9[\text{kV}]$인 가공전선이 철도를 횡단하는 경우, 전선의 레일면상의 높이는 몇 $[\text{m}]$ 이상인가?

① 5
② 5.5
③ 6
④ 6.5

해설 특고압 가공전선의 높이(한국전기설비규정 333.7)

사용전압의 구분	지표상의 높이
$35[\text{kV}]$ 이하	5[m](철도 또는 궤도를 횡단하는 경우에는 6.5[m], 도로를 횡단하는 경우에는 6[m], 횡단보도교의 위에 시설하는 경우로서 전선이 특고압 절연전선 또는 케이블인 경우에는 4[m]) 이상
$35[\text{kV}]$ 초과 $160[\text{kV}]$ 이하	6[m](철도 또는 궤도를 횡단하는 경우에는 6.5[m], 산지(山地) 등에서 사람이 쉽게 들어갈 수 없는 장소에 시설하는 경우에는 5[m], 횡단보도교의 위에 시설하는 경우 전선이 케이블인 때에는 5[m]) 이상
$160[\text{kV}]$ 초과	6[m](철도 또는 궤도를 횡단하는 경우에는 6.5[m], 산지 등에서 사람이 쉽게 들어갈 수 없는 장소를 시설하는 경우에는 5[m])에 160[kV]를 초과하는 10[kV] 또는 그 단수마다 0.12[m]를 더한 값 이상

관련개념
철도 횡단: 6.5[m]

10

전기저장장치를 전용건물에 시설하는 경우에 대한 설명이다. 다음 ( )에 들어갈 내용으로 옳은 것은?

> 전기저장장치 시설장소는 주변 시설(도로, 건물, 가연물질 등)로부터 (㉠)[m] 이상 이격하고 다른 건물의 출입구나 피난계단 등 이와 유사한 장소로부터는 (㉡)[m] 이상 이격하여야 한다.

① ㉠ 3 ㉡ 1
② ㉠ 2 ㉡ 1.5
③ ㉠ 1 ㉡ 2
④ ㉠ 1.5 ㉡ 3

해설 전용건물에 시설하는 경우(한국전기설비규정 512)

전기저장장치를 일반인이 출입하는 건물과 분리된 별도의 장소에 시설하는 경우에는 다음에 따라 시설하여야 한다.
- 바닥, 천장(지붕), 벽면 재료는 불연재료로 할 것. 단, 단열재는 준불연재료 또는 이와 동등 이상의 것을 사용할 수 있다.
- 지표면을 기준으로 높이 22[m] 이내로 하고 해당 장소의 출구가 있는 바닥면을 기준으로 깊이 9[m] 이내로 하여야 한다.
- 주변 시설(도로, 건물, 가연물질 등)로부터 1.5[m] 이상 이격하고 다른 건물의 출입구나 피난계단 등 이와 유사한 장소로부터는 3[m] 이상 이격하여야 한다.

11

풍력발전설비의 시설기준에 대한 설명으로 틀린 것은?

① 간선의 시설 시 단자의 접속은 기계적, 전기적 안전성을 확보하도록 하여야 한다.
② 나셀 등 풍력발전기 상부시설에 접근하기 위한 안전한 시설물을 강구하여야 한다.
③ 100[kW] 이상의 풍력터빈은 나셀 내부의 화재 발생 시, 이를 자동으로 소화할 수 있는 화재방호설비를 시설하여야 한다.
④ 풍력발전기에서 출력배선에 쓰이는 전선은 CV선 또는 TFR-CV선을 사용하거나 동등 이상의 성능을 가진 제품을 사용하여야 한다.

해설 풍력발전설비(한국전기설비규정 530)
- 나셀 등의 접근 시설: 나셀 등 풍력발전기 상부시설에 접근하기 위한 안전한 시설물을 강구하여야 한다.
- 간선의 시설 시 단자의 접속은 기계적, 전기적 안전성을 확보하도록 하여야 한다.
- 화재방호설비 시설: 500[kW] 이상의 풍력터빈은 나셀 내부의 화재 발생 시, 이를 자동으로 소화할 수 있는 화재방호설비를 시설하여야 한다.
- 간선의 시설기준: 풍력발전기에서 출력배선에 쓰이는 전선은 CV선 또는 TFR-CV선을 사용하거나 동등 이상의 성능을 가진 제품을 사용하여야 하며, 전선이 지면을 통과하는 경우에는 피복이 손상되지 않도록 별도의 조치를 취하여야 한다.

| 정답 | 09 ④ 10 ④ 11 ③

12

전기철도차량에 사용할 전기를 변전소로부터 전차선에 공급하는 전선을 무엇이라고 하는가?

① 전차선 ② 급전선
③ 조가선 ④ 궤전선

해설 전기철도의 용어 정의(한국전기설비규정 402)
- 전차선: 전기철도차량의 집전장치와 접촉하여 전력을 공급하기 위한 전선을 말한다.
- 급전선: 전기철도차량에 사용할 전기를 변전소로부터 전차선에 공급하는 전선을 말한다.
- 조가선: 전차선이 레일면상 일정한 높이를 유지하도록 행어이어, 드로퍼 등을 이용하여 전차선 상부에서 조가하여 주는 전선을 말한다.
- 궤전선: 발전소 또는 변전소로부터 다른 발전소 또는 변전소를 거치지 아니하고 전차선에 이르는 전선을 말한다.

13

전기욕기에 전기를 공급하기 위한 전원장치에 내장되어 있는 전원변압기의 2차 측 전로의 사용전압은 몇 [V] 이하인 것을 사용하여야 하는가?

① 5   ② 10
③ 20 ④ 30

해설 전기욕기 전원장치(한국전기설비규정 241.2)
- 전기욕기에 전기를 공급하기 위한 전기욕기용 전원장치의 전원변압기 2차 측 전로의 사용전압: 10[V] 이하

14

B종 철주 또는 B종 철근 콘크리트주를 사용하는 특고압 가공전선로의 지지물 간 거리(경간)는 몇 [m] 이하이어야 하는가?

① 150 ② 250
③ 400 ④ 600

해설 특고압 가공전선로의 지지물 간 거리 제한(한국전기설비규정 333.21)

특고압 가공전선로의 지지물 간 거리(경간)는 다음 표에서 정한 값 이하여야 한다.

지지물의 종류	지지물 간 거리[m]
목주·A종 철주 또는 A종 철근 콘크리트주	150
B종 철주 또는 B종 철근 콘크리트주	250
철탑	600 (단주인 경우에는 400)

15

사용전압이 22.9[kV]인 가공전선로를 시가지에 시설하는 경우 전선의 지표상 높이는 몇 [m] 이상인가?(단, 전선은 특고압 절연전선을 사용한다.)

① 6   ② 7
③ 8   ④ 10

해설 시가지 등에서 특고압 가공전선로의 시설(한국전기설비규정 333.1)

사용전압의 구분	지표상의 높이
35[kV] 이하	10[m](전선이 특고압 절연전선인 경우에는 8[m]) 이상
35[kV] 초과	10[m]에 35[kV]를 초과하는 10[kV] 또는 그 단수마다 0.12[m]를 더한 값 이상

| 정답 | 12 ② 13 ② 14 ② 15 ③

16

지중전선로를 직접 매설식에 의하여 시설할 때, 중량물의 압력을 받을 우려가 있는 장소에 저압 또는 고압의 지중전선을 견고한 트라프 기타 방호물에 넣지 않고도 부설할 수 있는 케이블은?

① PVC 외장케이블
② 콤바인덕트 케이블
③ 염화비닐 절연케이블
④ 폴리에틸렌 외장케이블

해설 지중전선로의 시설(한국전기설비규정 334.1)
저압 또는 고압의 지중전선에 콤바인덕트 케이블을 사용하여 시설하는 경우 지중전선을 견고한 트라프 기타 방호물에 넣지 아니하여도 된다.

17

과전류차단기로 시설하는 퓨즈 중 고압전로에 사용하는 비포장 퓨즈는 정격전류 2배 전류 시 몇 분 안에 용단되어야 하는가?

① 1분
② 2분
③ 5분
④ 10분

해설 고압 및 특고압 전로 중의 과전류차단기의 시설(한국전기설비규정 341.10)
과전류차단기로 시설하는 퓨즈 중 고압전로에 사용하는 비포장 퓨즈는 정격전류의 1.25배의 전류에 견디고 또한 2배의 전류로 2분 안에 용단되는 것이어야 한다.

18

저압 옥내배선을 금속덕트공사로 할 경우 금속덕트에 넣는 전선의 단면적(절연 피복의 단면적 포함)의 합계는 덕트 내부 단면적의 몇 [%]까지 할 수 있는가?

① 20
② 30
③ 40
④ 50

해설 금속덕트공사(한국전기설비규정 232.31)
전선은 절연전선(OW 제외)으로 금속덕트에 넣는 전선의 단면적(절연 피복 포함) 합계는 덕트 내부 단면적의 20[%](전광 표시 장치 기타 이와 유사한 장치 또는 제어회로용 배선만을 넣는 경우는 50[%]) 이하일 것

19

건축물 외부의 전기사용장소에서 그 전기사용장소에서의 전기사용을 목적으로 조영물에 고정시켜 시설하는 전선을 무엇이라고 하는가?

① 가섭선
② 옥내배선
③ 옥외배선
④ 옥측배선

해설 용어 정의(한국전기설비규정 112)
- 가섭선: 지지물에 가설되는 모든 선류를 말한다.
- 옥내배선: 건축물 내부의 전기사용장소에 고정시켜 시설하는 전선을 말한다.
- 옥외배선: 이란 건축물 외부의 전기사용장소에서 그 전기사용장소에서의 전기사용을 목적으로 고정시켜 시설하는 전선을 말한다.
- 옥측배선: 건축물 외부의 전기사용장소에서 그 전기사용장소에서의 전기사용을 목적으로 조영물에 고정시켜 시설하는 전선을 말한다.

20

다음에 해당하는 장소의 명칭은?

> 발전기 · 원동기 · 연료전지 · 태양전지 · 해양에너지발전설비 · 전기저장장치 그 밖의 기계기구[비상용 예비전원을 얻을 목적으로 시설하는 것 및 휴대용 발전기를 제외한다]를 시설하여 전기를 생산[원자력, 화력, 신재생에너지 등을 이용하여 전기를 발생시키는 것과 양수발전, 전기저장장치와 같이 전기를 다른 에너지로 변환하여 저장 후 전기를 공급하는 것]하는 곳을 말한다.

① 발전소
② 변전소
③ 개폐소
④ 급전소

해설 전기설비기술기준 제1장 제3조
- 발전소: 발전기 · 원동기 · 연료전지 · 태양전지 · 해양에너지발전설비 · 전기저장장치 그 밖의 기계기구[비상용 예비전원을 얻을 목적으로 시설하는 것 및 휴대용 발전기를 제외한다]를 시설하여 전기를 생산[원자력, 화력, 신재생에너지 등을 이용하여 전기를 발생시키는 것과 양수발전, 전기저장장치와 같이 전기를 다른 에너지로 변환하여 저장 후 전기를 공급하는 것]하는 곳을 말한다.
- 변전소: 변전소의 밖으로부터 전송받은 전기를 변전소 안에 시설한 변압기 · 전동발전기 · 회전변류기 · 정류기 그 밖의 기계기구에 의하여 변성하는 곳으로서 변성한 전기를 다시 변전소 밖으로 전송하는 곳을 말한다.
- 개폐소: 개폐소 안에 시설한 개폐기 및 기타 장치에 의하여 전로를 개폐하는 곳으로서 발전소 · 변전소 및 수용장소 이외의 곳을 말한다.
- 급전소: 전력계통의 운용에 관한 지시 및 급전조작을 하는 곳을 말한다.

| 정답 | 16 ② | 17 ② | 18 ① | 19 ④ | 20 ① |

2024년 1회

01

옥내 배선공사 중 반드시 절연전선을 사용하지 않아도 되는 공사방법은?(단, 옥외용 비닐절연전선은 제외한다.)

① 금속관공사 ② 버스덕트공사
③ 합성수지관공사 ④ 플로어덕트공사

해설 나전선의 사용 제한(한국전기설비규정 231.4)

옥내에 시설하는 저압 전선은 다음의 경우를 제외하고 나전선을 사용하여서는 아니 된다.
- 애자사용공사
- 버스덕트공사에 의하여 시설하는 경우
- 라이팅덕트공사에 의하여 시설하는 경우
- 접촉전선을 시설하는 경우

관련개념 나전선과 사용 가능

주요 키워드: 애자, 버스덕트, 라이팅덕트, 접촉전선

02

특고압 가공전선로의 지지물 양쪽의 지지물 간 거리(경간)의 차가 큰 곳에 사용되는 철탑은?

① 내장형 철탑 ② 인류형 철탑
③ 각도형 철탑 ④ 보강형 철탑

해설 특고압 가공전선로의 철주·철근 콘크리트주 또는 철탑의 종류(한국전기설비규정 333.11)

- 직선형: 전선로의 직선 부분(3° 이하의 수평각도를 이루는 곳 포함)에 사용되는 것. 다만, 내장형 및 보강형에 속하는 것은 제외한다.
- 각도형: 전선로 중 3°를 초과하는 수평각도를 이루는 곳에 사용하는 것
- 잡아당김형(인류형): 전가섭선을 잡아당기는(인류하는) 곳에 사용하는 것
- 내장형: 전선로의 지지물 양쪽의 지지물 간 거리(경간)의 차가 큰 곳에 사용하는 것
- 보강형: 전선로의 직선 부분에 그 보강을 위하여 사용하는 것

03

사용전압이 380[V]인 저압 보안공사에 사용되는 경동선은 그 지름이 최소 몇 [mm] 이상의 것을 사용하여야 하는가?

① 2.0 ② 2.6
③ 4 ④ 5

해설 저압 보안공사(한국전기설비규정 222.10)

저압(400[V] 이하)	인장강도 5.26[kN] 이상의 것 또는 지름 4[mm] 이상의 경동선
400[V] 초과~고압	인장강도 8.01[kN] 이상의 것 또는 지름 5[mm] 이상의 경동선

04

"제2차 접근상태"라 함은 가공전선이 다른 시설물과 접근하는 경우에 그 가공전선이 다른 시설물의 위쪽 또는 옆에서 수평거리로 몇 [m] 미만인 곳에 시설되는 상태를 말하는가?

① 1.2 ② 2
③ 2.5 ④ 3

해설 용어 정의(한국전기설비규정 112)

1차 접근 상태	지지물의 높이와 같은 거리
2차 접근 상태	지지물과 수평거리 3[m] 미만 거리(1차 접근 상태보다 더 위험함)

| 정답 | 01 ② 02 ① 03 ③ 04 ④

05

고압 가공전선의 높이는 철도 또는 궤도를 횡단하는 경우 레일면상 몇 [m] 이상이어야 하는가?

① 5
② 5.5
③ 6
④ 6.5

해설 고압 가공전선의 높이(한국전기설비규정 332.5)

전압의 범위	일반 장소	도로 횡단	철도 또는 궤도 횡단	횡단보도교의 위
저압	5[m] 이상	6[m] 이상	6.5[m] 이상	3.5[m] 이상 (절연전선 또는 케이블: 3[m])
고압	5[m] 이상	6[m] 이상	6.5[m] 이상	3.5[m] 이상

06

급전선에 대한 설명으로 틀린 것은?

① 급전선은 비절연보호도체, 매설접지도체, 레일 등으로 구성하여 단권변압기 중성점과 공통접지에 접속한다.
② 가공식은 전차선의 높이 이상으로 전차선로 지지물에 병가하며, 나전선의 접속은 직선접속을 원칙으로 한다.
③ 선상승강장, 인도교, 과선교 또는 교량 하부 등에 설치할 때에는 최소 절연이격거리 이상을 확보하여야 한다.
④ 신설 터널 내 급전선을 가공으로 설계할 경우 지지물의 취부는 C찬넬 또는 매입전을 이용하여 고정하여야 한다.

해설 급전선로(한국전기설비규정 431)
- 급전선은 나전선을 적용하여 가공식으로 가설을 원칙으로 한다.
- 가공식은 전차선의 높이 이상으로 전차선로 지지물에 병행 설치(병가)하며 나전선의 접속은 직선접속을 원칙으로 한다.
- 신설 터널 내 급전선을 가공으로 설계할 경우 지지물의 취부는 C찬넬 또는 매입전을 이용하여 고정하여야 한다.
- 선상승강장, 인도교, 과선교 또는 교량(다리) 하부 등에 설치할 때에는 최소 절연 간격(이격거리) 이상을 확보하여야 한다.

| 정답 | 05 ④ 06 ①

07

고압용의 개폐기·차단기·피뢰기 기타 이와 유사한 기구로서 동작 시에 아크가 생기는 것은 가연성 물체로부터 몇 [m] 이상 이격하여야 하는가?

① 0.5
② 1
③ 1.5
④ 2

해설 아크를 발생하는 기구의 시설(한국전기설비규정 341.7)

고압용 또는 특고압용의 개폐기·차단기·피뢰기 기타 이와 유사한 기구로서 동작 시에 아크가 생기는 것은 목재의 벽 또는 천장 기타의 가연성 물체로부터 표에서 정한 값 이상 이격하여 시설하여야 한다.

기구 등의 구분	간격
고압용의 것	1[m] 이상
특고압용의 것	2[m] 이상 (사용전압이 35[kV] 이하의 특고압용의 기구 등으로서 동작할 때에 생기는 아크의 방향과 길이를 화재가 발생할 우려가 없도록 제한하는 경우에는 1[m] 이상)

08

100[kV] 미만인 특고압 가공전선로를 인가가 밀집한 지역에 시설할 경우 전선로에 사용되는 전선의 단면적이 몇 [mm²] 이상의 경동연선이어야 하는가?

① 38
② 55
③ 100
④ 150

해설 시가지 등에서 특고압 가공전선로의 시설(한국전기설비규정 333.1)

사용전압의 구분	전선
100[kV] 미만	인장강도 21.67[kN] 이상의 연선 또는 단면적 55[mm²] 이상의 경동연선 또는 동등 이상의 인장강도를 갖는 알루미늄 전선이나 절연전선
100[kV] 이상	인장강도 58.84[kN] 이상의 연선 또는 단면적 150[mm²] 이상의 경동연선 또는 동등 이상의 인장강도를 갖는 알루미늄 전선이나 절연전선

09

중성선 다중접지식으로 전로에 지락이 생겼을 때에 2초 이내에 자동적으로 이를 전로로부터 차단하는 장치가 되어 있는 22.9[kV] 가공전선을 상부 조영재의 위쪽에서 접근 상태로 시설하는 경우, 가공전선과 건조물과의 최소 간격(이격거리)은 몇 [m]인가?(단, 전선으로는 나전선을 사용한다.)

① 1.2
② 2
③ 2.5
④ 3

해설 25[kV] 이하인 특고압 가공전선로의 시설(한국전기설비규정 333.32)

15[kV] 초과 25[kV] 이하 특고압	나전선	3[m] 이상	1.5[m] 이상
	특고압 절연전선	2.5[m] 이상	1.0[m] 이상
	케이블	1.2[m] 이상	0.5[m] 이상

| 정답 | 07 ② 08 ② 09 ④

10

고압 가공인입선이 케이블 이외의 것으로서 그 전선의 아래쪽에 위험표시를 하였다면 전선의 지표상 높이는 몇 [m]까지로 감할 수 있는가?

① 2.5
② 3.5
③ 4.5
④ 5.5

해설 고압 가공인입선의 시설(한국전기설비규정 331.12)
저압 가공인입선의 높이는 '기술상 부득이한 경우' 도로 횡단은 3[m] 이상, 일반 장소는 2.5[m] 이상으로, 고압 가공인입선의 높이는 '전선의 아래쪽에 위험 표시를 한 경우' 일반 장소에서만 3.5[m] 이상으로 감할 수 있다.

11

전차선로의 직류방식의 급전전압 종류와 각 전압별 직류(DC) 평균값에 대한 최고, 최저 전압 구분 중 틀린 것은?

① 최고 영구전압, 900, 1800
② 공칭 전압, 750, 1500
③ 장기 과전압, 950, 1950
④ 최저 영구전압, 500, 900

해설 전차선로의 전압(한국전기설비규정 411.2)

구분		최저 영구전압 [V]	공칭 전압 [V]	최고 영구전압 [V]	최고 비영구 전압[V]	장기 과전압 [V]
직류 (평균값)		500	750	900	950	1,269
		900	1,500	1,800	1,950	2,538

12

정격전류가 63[A]를 초과하는 주택용 배선차단기의 부동작 전류와 동작 전류는 정격전류의 몇 배인가?

① 부동작 전류: 1.05배, 동작 전류: 1.3배
② 부동작 전류: 1.13배, 동작 전류: 1.45배
③ 부동작 전류: 1.5배, 동작 전류: 2배
④ 부동작 전류: 1.25배, 동작 전류: 1.6배

해설 주택용 배선차단기의 특성(한국전기설비규정 212)

정격전류의 구분	시간	주택용 정격전류의 배수 (모든 극에 통전)	
		부동작 전류	동작 전류
63[A] 이하	60분	1.13배	1.45배
63[A] 초과	120분	1.13배	1.45배

13

전력보안통신설비의 무선용 안테나 등을 지지하는 철근 콘크리트주 또는 철탑의 기초 안전율은 얼마 이상이어야 하는가?

① 1.2
② 1.33
③ 1.5
④ 1.8

해설 무선용 안테나 등을 지지하는 철탑 등의 시설(한국전기설비규정 364.1)
- 목주는 풍압하중에 대한 안전율은 1.5 이상이어야 한다.
- 철주·철근 콘크리트주 또는 철탑의 기초 안전율은 1.5 이상이어야 한다.

| 정답 | 10 ② 11 ③ 12 ② 13 ③

14

최대 사용전압이 $22,900[\text{V}]$인 3상 4선식 중성선 다중접지식 전로와 대지 사이의 절연내력 시험전압은 몇 $[\text{V}]$인가?

① 32,510
② 28,752
③ 25,229
④ 21,068

해설 전로의 절연저항 및 절연내력(한국전기설비규정 132)

접지방식	최대 사용전압	시험전압 배율	최저 시험전압
비접지	7[kV] 이하	1.5	–
	7[kV] 초과 60[kV] 이하	1.25	10.5[kV]
	60[kV] 초과	1.25	–
중성점 접지	60[kV] 초과	1.1	75[kV]
중성점 직접접지	60[kV] 초과 170[kV] 이하	0.72	–
	170[kV] 초과	0.64	
중성점 다중접지	7[kV] 초과 25[kV] 이하	0.92	–

∴ $22,900 \times 0.92 = 21,068[\text{V}]$

15

풍력터빈의 피뢰설비 시설기준에 대한 설명으로 틀린 것은?

① 풍력터빈에 설치한 피뢰설비(리셉터, 인하도선 등)의 기능저하로 인해 다른 기능에 영향을 미치지 않을 것
② 풍력터빈의 내부의 계측 센서용 케이블은 금속관 또는 차폐 케이블 등을 사용하여 뇌유도과전압으로부터 보호할 것
③ 풍력터빈에 설치하는 인하도선은 쉽게 부식되지 않는 금속선으로서 뇌격전류를 안전하게 흘릴 수 있는 충분한 굵기여야 하며, 가능한 직선으로 시설할 것
④ 수뢰부를 풍력터빈 중앙부분에 배치하되 뇌격전류에 의한 발열에 용손(溶損)되지 않도록 재질, 크기, 두께 및 형상 등을 고려할 것

해설 풍력터빈의 피뢰설비(한국전기설비규정 532)
풍력터빈의 피뢰설비는 다음에 따라 시설하여야 한다.
- 풍력터빈에 설치한 피뢰설비(리셉터, 인하도선 등)의 기능저하로 인해 다른 기능에 영향을 미치지 않을 것
- 풍력터빈에 설치하는 인하도선은 쉽게 부식되지 않는 금속선으로서 뇌격전류를 안전하게 흘릴 수 있는 충분한 굵기여야 하며, 가능한 직선으로 시설할 것
- 풍력터빈의 내부의 계측 센서용 케이블은 금속관 또는 차폐 케이블 등을 사용하여 뇌유도과전압으로부터 보호할 것
- 수뢰부를 풍력터빈 선단부분 및 가장자리에 배치하되 뇌격전류에 의한 발열에 녹아서 손상(용손)되지 않도록 재질, 크기, 두께 및 형상 등을 고려할 것

| 정답 | 14 ④   15 ④

16

전기저장장치를 일반인이 출입하는 건물의 부속공간에 시설하는 경우 이차전지랙과 벽면 사이의 이격거리는 몇 [m] 이상인가?(단, 전면부인 경우이고, 예외조항은 고려하지 않는다.)

① 0.8[m]   ② 0.9[m]
③ 1.0[m]   ④ 1.2[m]

해설 전용건물 이외의 장소에 시설하는 경우(한국전기설비규정 512)
전기저장장치를 일반인이 출입하는 건물의 부속공간에 시설(옥상에는 설치할 수 없다)하는 경우에는 다음에 따라 시설하여야 한다.
• 이차전지랙과 랙 사이: 1[m] 이상
• 랙과 벽면 사이(전면부): 1[m] 이상
• 랙과 벽면 사이(측면, 후면부): 0.8[m] 이상

17

사무실 건물의 조명설비에 사용되는 백열전등 또는 방전등에 전기를 공급하는 옥내전로의 대지전압은 몇 [V] 이하인가?

① 250   ② 300
③ 350   ④ 400

해설 옥내전로의 대지 전압의 제한(한국전기설비규정 231.6)
백열전등(전기스탠드 등 제외) 또는 방전등에 전기를 공급하는 옥내 전로의 대지전압은 300[V] 이하이어야 한다.

18

교통신호등 회로의 사용전압은 몇 [V] 이하이어야 하는가?

① 110[V]   ② 220[V]
③ 300[V]   ④ 380[V]

해설 교통신호등(한국전기설비규정 234.15)
교통신호등 제어장치의 2차측 배선의 최대사용전압은 300[V] 이하이어야 한다.

19

직류 750[V]의 전차선과 차량 간의 최소 절연간격(이격거리)은 동적일 경우 몇 [mm]인가?

① 25   ② 100
③ 150 ④ 170

해설 전차선 및 급전선의 높이(한국전기설비규정 431)

시스템 종류	공칭전압[V]	동적[mm]	정적[mm]
직류	750	25	25
	1,500	100	150
단상교류	25,000	170	270

20

주택용 배선차단기의 B형 순시트립 범위로 알맞은 것은?

① $3I_n$ 초과~$5I_n$ 이하   ② $5I_n$ 초과~$10I_n$ 이하
③ $10I_n$ 초과~$20I_n$ 이하 ④ $5I_n$ 초과~$20I_n$ 이하

해설 순시트립에 따른 구분(주택용 배선차단기)(한국전기설비규정 212)

형	순시트립범위
B	$3I_n$ 초과~$5I_n$ 이하
C	$5I_n$ 초과~$10I_n$ 이하
D	$10I_n$ 초과~$20I_n$ 이하

I_n: 차단기 정격전류 [A]

| 정답 | 16 ③   17 ②   18 ③   19 ①   20 ①

2024년 2회

01

전기철도차량의 회생제동에 관한 내용으로 옳지 않은 것은?

① 전차선로 지락이 발생한 경우 회생제동의 사용을 중단해야 한다.
② 전차선로에서 전력을 받을 수 없는 경우 회생제동의 사용을 중단해야 한다.
③ 회생전력을 다른 전기장치에서 흡수할 수 없는 경우에는 전기철도차량은 다른 제동시스템으로 전환되어야 한다.
④ 전기철도 전력공급시스템은 비상제동이 상용제동으로 사용이 가능하고 다른 전기철도차량과 전력을 지속적으로 주고받을 수 있도록 설계되어야 한다.

해설 회생제동(한국전기설비규정 441.5)
전기철도 전력공급시스템은 회생제동이 상용제동으로 사용이 가능하고 다른 전기철도차량과 전력을 지속적으로 주고받을 수 있도록 설계되어야 한다.

02

그림은 전력선 반송 통신용 결합장치의 보안장치를 나타낸 것이다. S의 명칭으로 옳은 것은?

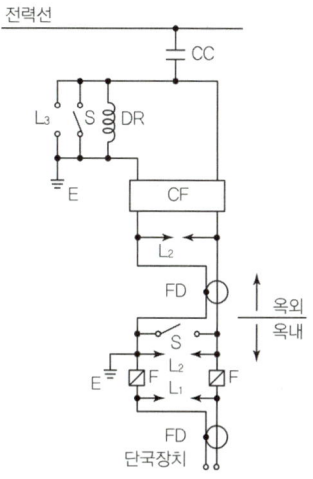

① 동축케이블
② 결합 콘덴서
③ 접지용 개폐기
④ 구상용 방전갭

해설 전력선 반송 통신용 결합장치의 보안장치(한국전기설비규정 362.11)

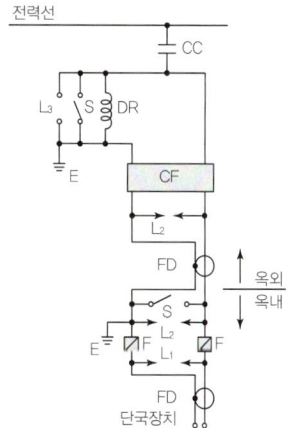

FD: 동축케이블
F: 정격전류 10[A] 이하의 포장 퓨즈
DR: 전류 용량 2[A] 이상의 배류 선륜
L_1: 교류 300[V] 이하에서 동작하는 피뢰기
L_2: 동작 전압이 교류 1,300[V]를 초과하고 1,600[V] 이하로 조정된 방전갭
L_3: 동작 전압이 교류 2[kV]를 초과하고 3[kV] 이하로 조정된 구상 방전갭
S: 접지용 개폐기 / CF: 결합 필터
CC: 결합 커패시터(결합 안테나를 포함한다)
E: 접지

| 정답 | 01 ④ 02 ③

03

가공전선과 첨가 통신선과의 시공방법으로 틀린 것은?

① 통신선은 가공전선의 아래에 시설할 것
② 통신선과 고압 가공전선 사이의 이격거리는 60[cm] 이상일 것
③ 통신선과 특고압 가공전선로의 다중 접지한 중성선 사이의 이격거리는 1.2[m] 이상일 것
④ 통신선은 특고압 가공전선로의 지지물에 시설하는 기계기구에 부속되는 전선과 접촉할 우려가 없도록 지지물 또는 완금류에 견고하게 시설할 것

해설 가공전선과 첨가 통신선과의 간격(한국전기설비규정 362.2)
통신선과 특고압 가공전선로의 다중 접지한 중성선 사이의 간격은 0.6[m] 이상이다.

04

가공전선로의 지지물에 시설하는 지선의 안전율은 일반적인 경우 얼마 이상이어야 하는가?

① 2.0
② 2.2
③ 2.5
④ 2.7

해설 지선의 시설(한국전기설비규정 331.11)
안전율: 2.5 이상, 최저 허용 인장하중: 4.31[kN]

05

전로의 중성점 접지의 접지도체를 연동선으로 할 경우 공칭단면적은 몇 $[mm^2]$ 이상인가?(단, 저압 전로의 중성점에 시설하는 것은 제외한다.)

① 6
② 10
③ 16
④ 25

해설 접지도체(한국전기설비규정 142.3.1)
중성점 접지용 접지도체는 공칭단면적 16$[mm^2]$ 이상의 연동선 또는 동등 이상의 단면적 및 세기를 가져야 한다. 다만, 7[kV] 이하의 전로 또는 사용전압이 25[kV] 이하(중성선 다중접지 방식의 것으로서 전로에 지락이 생겼을 때 2초 이내에 자동적으로 이를 전로로부터 차단하는 장치가 되어 있는 것)인 특고압 가공전선로의 경우 공칭단면적 6$[mm^2]$ 이상의 연동선 또는 동등 이상의 단면적 및 강도를 가져야 한다.

06

동일 지지물에 고압 가공전선과 저압 가공전선을 병행설치할 경우 일반적으로 양 전선 간의 이격거리는 몇 [cm] 이상인가?

① 50
② 60
③ 70
④ 80

해설 고압 가공전선 등의 병행설치(한국전기설비규정 332.8)

분류	간격
저·고압 병행설치	0.5[m] 이상(고압 측 케이블 사용: 0.3[m] 이상)

| 정답 | 03 ③ 04 ③ 05 ③ 06 ① |

07

배선공사 중 전선이 반드시 절연전선이 아니더라도 상관없는 공사 방법은?

① 금속관공사
② 합성수지관공사
③ 버스덕트공사
④ 플로어덕트공사

해설 나전선의 사용 제한(한국전기설비규정 231.4)

옥내에 시설하는 저압 전선은 다음의 경우를 제외하고 나전선을 사용하여서는 아니 된다.(나전선 사용 가능 장소)
- 애자공사에 의하여 전개된 곳에 다음의 전선을 시설하는 경우
  - 전기로용 전선
  - 전선의 피복 절연물이 부식하는 장소에 시설하는 전선
  - 취급자 이외의 자가 출입할 수 없도록 설비한 장소에 시설하는 전선
- 버스덕트공사에 의하여 시설하는 경우
- 라이팅덕트공사에 의하여 시설하는 경우
- 접촉 전선을 시설하는 경우

08

중앙급전 전원과 구분되는 것으로서 전력소비지역 부근에 분산하여 배치 가능한 신·재생에너지 발전설비 등의 전원으로 정의되는 용어는?

① 임시전력원
② 분전반전원
③ 분산형전원
④ 계통연계전원

해설 용어 정의(한국전기설비규정 112)

분산형전원이란 중앙급전 전원과 구분되는 것으로서 전력 소비지역 부근에 분산하여 배치 가능한 전원을 말하며, 신·재생에너지 발전설비, 전기저장장치 등을 포함한다.

09

건조한 곳에 시설하고 또한 내부를 건조한 상태로 사용하는 진열장 안의 저압 옥내배선 공사에 사용할 수 있는 전압은 몇 [V] 이하인가?

① 110
② 220
③ 400
④ 380

해설 진열장 또는 이와 유사한 것의 내부배선(한국전기설비규정 234.8)

건조한 장소에 시설하고 또한 내부를 건조한 상태로 사용하는 진열장 또는 이와 유사한 것의 내부에 사용전압이 400[V] 이하의 배선을 외부에서 잘 보이는 장소에 한하여 코드 또는 캡타이어케이블로 직접 조영재에 밀착하여 배선할 수 있다.

10

특고압의 기계기구·모선 등을 옥외에 시설하는 변전소의 구내에 취급자 이외의 자가 들어가지 못하도록 시설하는 울타리·담 등의 높이는 몇 [m] 이상으로 하여야 하는가?

① 2
② 2.2
③ 2.5
④ 3

해설 발전소 등의 울타리·담 등의 시설(한국전기설비규정 351.1)

울타리·담 등의 높이는 2[m] 이상으로 하고, 지표면과 울타리·담 등의 하단 사이 간격은 0.15[m] 이하로 할 것

| 정답 | 07 ③ 08 ③ 09 ③ 10 ①

11

고압 또는 특고압의 전로 중에서 기계기구 및 전선을 보호하기 위하여 필요한 곳에 시설하는 것은?

① 단로기
② 리액터
③ 전력용콘덴서
④ 과전류차단기

해설 고압 및 특고압 전로 중의 과전류차단기의 시설(한국전기설비규정 341.10)

고압 또는 특고압의 과전류차단기는 그 동작에 따라 그 개폐상태를 표시하는 장치가 되어있는 것이어야 한다. 다만, 그 개폐상태가 쉽게 확인될 수 있는 것은 적용하지 않는다.

12

금속관 공사에서 절연부싱을 사용하는 가장 주된 목적은?

① 관의 끝이 터지는 것을 방지
② 관내 해충 및 이물질 출입 방지
③ 관의 단구에서 조영재의 접촉 방지
④ 관의 단구에서 전선 피복의 손상 방지

해설 금속관 및 부속품의 시설(한국전기설비규정 232.12)

금속관공사	• 1본의 길이: 3.66[m] • 관의 두께 – 콘크리트 매입: 1.2[mm] 이상 – 콘크리트 외: 1[mm] 이상 – 이음매가 없는 길이 4[m] 이하인 것을 건조하고 전개된 곳에 시설: 0.5[mm] 이상 • 부식 피복 손상 방지 • 관에는 접지공사를 할 것(다만, 400[V] 이하로 관의 길이가 4[m] 이하인 것을 건조한 장소에 시설하는 경우는 제외)

13

유희용 전차의 시설에서 전차 안의 전로 및 전기공급설비의 시설방법 중 틀린 것은?

① 전로의 사용전압은 직류 60[V] 이하, 교류 40[V] 이하일 것
② 유희용 전차에 전기를 공급하는 전로에는 전용 개폐기를 시설할 것
③ 전로와 대지 절연저항은 사용전압에 대한 누설전류가 규정 전류의 2,000분의 1을 넘지 않을 것
④ 유희용 전차 안에 승압용 변압기를 시설하는 경우에는 그 변압기의 2차 전압은 150[V] 이하일 것

해설 놀이용 전차의 시설(한국전기설비규정 241.8)

놀이용 전차 안의 전로와 대지와의 절연저항은 사용전압에 대한 누설전류가 규정전류의 5,000분의 1을 넘지 않도록 할 것

14

발전소, 변전소, 개폐소 또는 이에 준하는 곳에서 차단기에 사용하는 압축공기장치는 사용압력의 몇 배의 수압으로 몇 분간 연속하여 가했을 때 이에 견디고 새지 않아야 하는가?

① 1.25배, 15분
② 1.25배, 10분
③ 1.5배, 15분
④ 1.5배, 10분

해설 압축공기계통(한국전기설비규정 341.15)

발전소·변전소·개폐소 또는 이에 준하는 곳에서 개폐기 또는 차단기에 사용하는 압축공기장치는 최고 사용압력의 1.5배의 수압을 계속하여 10분간 가하여 시험을 한 경우에 이에 견디고 또한 새지 아니할 것

관련개념

압축공기계통의 시설은 자주 출제되는 문제이므로 1.5배, 10분을 암기하는 것이 좋다.

| 정답 | 11 ④ 12 ④ 13 ③ 14 ④

15

철도 · 궤도 또는 자동차도 전용터널 안 전선로에 경동선을 저압 및 고압 전선으로 사용하는 경우 경동선의 지름은 몇 [mm]인가?

① 저압: 2.6[mm] 이상, 고압: 3.2[mm] 이상
② 저압: 2.6[mm] 이상, 고압: 4[mm] 이상
③ 저압: 3.2[mm] 이상, 고압: 4[mm] 이상
④ 저압: 3.2[mm] 이상, 고압: 4.5[mm] 이상

해설 터널 안 전선로의 시설(한국전기설비규정 335.1)

철도 · 궤도 또는 자동차도 전용터널 안의 전선로

저압	• 애자사용공사에 의하여 시설할 경우 - 전선: 인장강도 2.30[kN] 이상 또는 지름 2.6[mm] 이상 경동선의 절연전선 - 설치 높이: 레일면상 또는 노면상 2.5[m] 이상 • 합성수지관공사 · 금속관공사 · 금속제 가요전선관공사 · 케이블공사에 의해 시설
고압(애자사용 공사에 의하여 시설)	• 전선: 인장강도 5.26[kN] 이상 또는 지름 4[mm] 이상의 경동선의 고압 절연전선 또는 특고압 절연전선 사용 • 설치 높이: 레일면상 또는 노면상 3[m] 이상

16

그림에서 1, 2, 3, 4의 X표시 중 과전류차단기를 시설할 수 있는 장소로 틀린 것은?

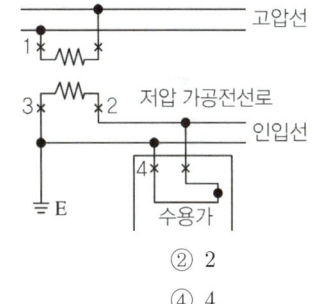

① 1
② 2
③ 3
④ 4

해설 과전류차단기의 시설 제한(한국전기설비규정 341.11)

제한 예외
• 다선식 전로의 중성선에 시설한 과전류차단기가 동작한 경우에 각 극이 동시에 차단될 때
• 저항기 · 리액터 등을 사용하여 접지공사를 한 때에 과전류차단기의 동작에 의하여 그 접지도체가 비접지 상태로 되지 아니할 때

17

직선형의 철탑을 사용한 특고압 가공전선로가 연속하여 10기 이상 사용하는 부분에는 몇 기 이하마다 내장 애자장치가 되어 있는 철탑 1기를 시설하여야 하는가?

① 5
② 10
③ 15
④ 20

해설 특고압 가공전선로의 내장형 등의 지지물 시설(한국전기설비규정 333.16)

특고압 가공전선로 중 지지물로 직선형의 철탑을 연속하여 10기 이상 사용하는 부분에는 10기 이하마다 내장 애자장치를 가지는 철탑 1기를 시설하여야 한다.

18

접지공사에 사용하는 접지도체를 사람이 접촉할 우려가 있는 곳에 시설하는 경우, 「전기용품 및 생활용품 안전관리법」을 적용받는 합성수지관(두께 2[mm] 미만의 합성수지제 전선관 및 난연성이 없는 콤바인덕트관을 제외)으로 덮어야 하는 범위로 옳은 것은?

① 접지도체의 지하 0.3[m]로부터 지표상 1[m]까지의 부분
② 접지도체의 지하 0.5[m]로부터 지표상 1.2[m]까지의 부분
③ 접지도체의 지하 0.6[m]로부터 지표상 1.8[m]까지의 부분
④ 접지도체의 지하 0.75[m]로부터 지표상 2[m]까지의 부분

해설 접지도체(한국전기설비규정 142.3.1)
접지도체는 지하 0.75[m]부터 지표상 2[m]까지 부분은 합성수지관(두께 2[mm] 미만의 합성수지제 전선관 및 가연성 콤바인덕트관은 제외한다) 또는 이와 동등 이상의 절연효과와 강도를 가지는 몰드로 덮어야 한다.

19

가요전선관 공사에 의한 저압 옥내배선으로 틀린 것은?

① 2종 금속제 가요전선관을 사용하였다.
② 전선으로 옥외용 비닐절연전선을 사용하였다.
③ 규격에 적당한 단면적 4[mm²]의 단선을 사용하였다.
④ 접지공사를 하였다.

해설 금속제 가요전선관 공사(한국전기설비규정 232.13)

금속제 가요전선관공사	• 2종 금속제 가요전선관일 것 • 1종 금속제 가요전선관에는 단면적 2.5[mm²] 이상의 나연동선을 전체 길이에 걸쳐 삽입 또는 첨가하여 그 나연동선과 1종 금속제가요전선관을 양쪽 끝에서 전기적으로 완전하게 접속할 것.다만, 관의 길이가 4[m] 이하인 것을 시설하는 경우에는 그러하지 아니하다.)

20

옥내에 시설하는 저압용 배선기구의 시설에 관한 설명으로 틀린 것은?

① 옥내에 시설하는 저압용 배선기구의 충전 부분은 노출되지 않도록 시설한다.
② 옥내에 시설하는 저압용 비포장 퓨즈는 불연성으로 제작한 함 내부에 시설하여야 한다.
③ 옥내에 시설하는 저압용의 배선기구에 전선을 접속하는 경우에는 나사로 고정해서는 안 된다.
④ 욕실 등 인체가 물에 젖어 있는 상태에서 전기를 사용하는 장소에서는 인체감전보호용 누전차단기가 부착된 콘센트를 시설하여야 한다.

해설 전기자동차 전원설비(한국전기설비규정 241.17)
• 전력계통으로부터 교류전원을 공급받아 전기자동차(이동식 전기자동차 충전기 포함)에 전원을 공급하기 위한 전기자동차 충전설비에 적용
• 충전 부분이 노출되지 아니하도록 시설
• 습기가 많은 곳 또는 물기가 있는 곳에 방습 장치를 할 것
• 전선을 접속하는 경우 나사로 고정시키거나 접속점에 장력이 가하여지지 아니할 것
• 옥내 저압용 비포장 퓨즈: 불연성으로 제작한 함 내부에 시설할 것

정답 | 18 ④   19 ②   20 ③

2024년 3회

01

저압 옥내배선을 금속덕트공사로 할 경우 금속덕트에 넣는 전선의 단면적(절연 피복의 단면적 포함)의 합계는 덕트 내부 단면적의 몇 [%]까지 할 수 있는가?

① 20
② 30
③ 40
④ 50

해설 금속덕트공사(한국전기설비규정 232.31)

금속덕트공사	• 덕트의 지지점 간의 거리: 3[m](수직: 6[m]) 이하 • 덕트 내부 전선의 단면적: 덕트의 내부 단면적의 20[%](전광표시 장치·제어회로 등의 배선만을 넣는 경우: 50[%]) 이하 • 폭 40[mm] 이상, 두께 1.2[mm] 이상

02

조상설비 내부고장, 과전류 또는 과전압이 생긴 경우 자동적으로 차단되는 장치를 해야 하는 전력용 커패시터의 최소 뱅크용량은 몇 [kVA]인가?

① 10,000
② 12,000
③ 13,000
④ 15,000

해설 조상설비의 보호장치(한국전기설비규정 351.5)

설비종별	뱅크용량의 구분	자동적으로 전로로부터 차단하는 장치
전력용 커패시터 및 분로리액터	500[kVA] 초과 15,000[kVA] 미만	• 내부에 고장이 생긴 경우 • 과전류가 생긴 경우
	15,000[kVA] 이상	• 내부에 고장이 생긴 경우 • 과전류가 생긴 경우 • 과전압이 생긴 경우
무효전력 보상장치	15,000[kVA] 이상	내부에 고장이 생긴 경우

03

저압 가공전선으로 사용할 수 없는 것은?

① 케이블
② 절연전선
③ 다심형 전선
④ 나동복 강선

해설 가공전선의 굵기 및 종류(한국전기설비규정 222.5)

저압 가공전선은 나전선(중성선 또는 다중접지된 접지측 전선으로 사용하는 전선에 한한다), 절연전선, 다심형 전선 또는 케이블을 사용하여야 한다.

04

급전선에 대한 설명으로 틀린 것은?

① 급전선은 비절연보호도체, 매설접지도체, 레일 등으로 구성하여 단권변압기 중성점과 공통접지에 접속한다.
② 가공식은 전차선의 높이 이상으로 전차선로 지지물에 병행 설치하며, 나전선의 접속은 직선접속을 원칙으로 한다.
③ 선상승강장, 인도교, 과선교 또는 교량 하부 등에 설치할 때에는 최소 절연이격거리 이상을 확보하여야 한다.
④ 신설 터널 내 급전선을 가공으로 설계할 경우 지지물의 취부는 C찬넬 또는 매입전을 이용하여 고정하여야 한다.

해설 전차선로의 일반사항(한국전기설비규정 431)

급전선
• 급전선은 나전선을 적용하여 가공식으로 가설을 원칙으로 한다.
• 가공식은 전차선의 높이 이상으로 전차선로 지지물에 병행 설치하며, 나전선의 접속은 직선접속을 원칙으로 한다.
• 신설 터널 내 급전선을 가공으로 설계할 경우 지지물의 취부는 C찬넬 또는 매입전을 이용하여 고정하여야 한다.
• 선상승강장, 인도교, 과선교 또는 교량 하부 등에 설치할 때에는 최소 절연간격 이상을 확보하여야 한다.

| 정답 | 01 ① 02 ④ 03 ④ 04 ①

05

철도 또는 궤도를 횡단하는 저·고압 가공전선의 높이는 레일면상 몇 [m] 이상인가?

① 5.5
② 6.5
③ 7.5
④ 8.5

해설 가공전선의 높이(한국전기설비규정 222.7, 332.5)

전압의 범위	일반 장소	도로 횡단	철도 또는 궤도 횡단	횡단보도교의 위
저압	5[m] 이상	6[m] 이상	6.5[m] 이상	3.5[m] 이상 (절연전선 또는 케이블: 3[m])
고압	5[m] 이상	6[m] 이상	6.5[m] 이상	3.5[m] 이상

06

특고압용 제2종 보안장치 또는 이에 준하는 보안장치 등이 되어 있지 않은 25[kV] 이하인 특고압 가공전선로의 지지물에 시설하는 통신선 또는 이에 직접 접속하는 통신선으로 사용할 수 있는 것은?

① 광섬유 케이블
② CN/CV 케이블
③ 캡타이어케이블
④ 지름 2.6[mm] 이상의 절연전선

해설 25[kV] 이하인 특고압 가공전선로 첨가 통신선의 시설에 관한 특례 (한국전기설비규정 362.6)

통신선은 광섬유 케이블일 것. 다만, 특고압용 제2종 보안장치 또는 이에 준하는 보안장치를 시설할 경우 그러하지 아니하다.

07

전동기 과부하 보호장치의 시설에서 전원 측 전로에 시설한 배선차단기의 정격전류가 몇 [A] 이하의 것이면 이 전로에 접속하는 단상 전동기에는 과부하 보호장치를 생략할 수 있는가?

① 16
② 20
③ 30
④ 50

해설 과전류에 대한 보호(한국전기설비규정 212)

다음에 해당하는 경우 과전류보호장치를 생략할 수 있다.
- 옥내에 시설하는 전동기로 정격출력이 0.2[kW] 이하인 것
- 전동기를 운전 중 상시 취급자가 감시할 수 있는 위치에 시설하는 경우
- 전동기의 구조나 부하의 성질로 보아 전동기가 소손할 수 있는 과전류가 생길 우려가 없는 경우
- 단상 전동기로서 그 전원 측 전로에 시설하는 과전류차단기의 정격전류가 16[A](배선용 차단기는 20[A]) 이하인 경우

관련개념 자주 출제되는 기출문제이므로 16[A], 20[A]는 꼭 암기할 것을 권한다.

08

가요전선관 공사에 대한 설명 중 틀린 것은?

① 가요전선관 안에서는 전선의 접속점이 없어야 한다.
② 가요전선관은 전개된 장소 또는 점검할 수 있는 은폐된 장소 이외에는 1종 가요전선관을 사용해야 한다.
③ 가요전선관 내에 수용되는 전선은 연선이어야 하며 단면적 10[mm²] 이하는 무방하다.
④ 가요전선관 내에 수용되는 전선은 옥외용 비닐절연전선을 제외하고는 절연전선이어야 한다.

해설 금속제 가요전선관공사(한국전기설비규정 232.13)
- 전선은 절연전선(옥외용 비닐절연전선 제외)일 것
- 전선은 연선일 것
- 단선을 사용할 경우: 단면적 10[mm²](알루미늄선은 단면적 16[mm²]) 이하의 것
- 관 안에서 접속점이 없도록 할 것
- 습기가 많은 장소 또는 물기가 있는 장소: 방습 장치를 할 것
- 관공사는 접지공사를 할 것

| 정답 | 05 ② 06 ① 07 ② 08 ②

09

공통접지공사 적용 시 선도체의 단면적이 $16[mm^2]$인 경우 보호도체(PE)에 적합한 단면적은?(단, 보호도체의 재질이 선도체와 같은 경우이다.)

① 4
② 6
③ 10
④ 16

해설 보호도체(한국전기설비규정 142.3.2)
선도체의 단면적이 $16[mm^2]$ 이하이고 보호도체의 재질이 선도체와 같을 때에는 보호도체의 최소 단면적을 선도체와 같게 한다.

10

가공전선로의 지지물에 시설하는 지선의 시방세목을 설명한 것 중 옳은 것은?

① 안전율은 1.2 이상일 것
② 허용 인장하중의 최저는 5.26[kN]으로 할 것
③ 소선의 지름 1.6[mm] 이상인 금속선을 사용할 것
④ 지선에 연선을 사용할 경우 소선 3가닥 이상의 연선일 것

해설 지선의 시설(한국전기설비규정 331.11)
- 안전율은 2.5 이상, 최저 인장하중은 4.31[kN]
- 연선일 경우 소선의 지름이 2.6[mm] 이상인 금속선 3가닥 이상을 꼬아서 사용
- 지중 및 지표상 0.3[m]까지의 부분은 아연도금을 한 철봉 등을 사용

11

"리플프리(Ripple-free)직류"란 교류를 직류로 변환할 때 리플성분의 실횻값이 몇 [%] 이하로 포함된 직류를 말하는가?

① 3
② 5
③ 10
④ 15

해설 용어 정의(한국전기설비규정 112)
리플프리(Ripple-free)직류란 교류를 직류로 변환할 때 리플성분의 실횻값이 10[%] 이하로 포함된 직류를 말한다.

12

가공전선로에 사용하는 지지물의 강도 계산 시 구성재의 수직 투영면적 $1[m^2]$에 대한 풍압을 기초로 적용하는 갑종 풍압하중 값의 기준으로 틀린 것은?

① 목주: 588[Pa]
② 원형 철주: 588[Pa]
③ 철근 콘크리트주: 1,117[Pa]
④ 강관으로 구성된 철탑(단주는 제외): 1,255[Pa]

해설 풍압하중의 종별과 적용(한국전기설비규정 331.6)

풍압을 받는 구분			풍압[Pa]
지지물	목주		588
	철주	원형의 것	588
		삼각형 또는 마름모형의 것	1,412
		강관에 의하여 구성되는 4각형의 것	1,117
		기타의 것으로 복재가 전후면에 겹치는 경우	1,627
		기타의 것으로 겹치지 않은 경우	1,784
	철근 콘크리트주	원형의 것	588
		기타의 것	882
	철탑	강관으로 구성되는 것 (단주 제외)	1,255
		기타의 것	2,157

13

애자공사를 습기가 많은 장소에 시설하는 경우 전선과 조영재 사이의 이격거리는 몇 [cm] 이상이어야 하는가?(단, 사용전압은 440[V]인 경우이다.)

① 2.0
② 2.5
③ 4.5
④ 6.0

해설 애자공사(한국전기설비규정 232.56)

구분	사용전압	
	400[V] 이하	400[V] 초과
전선 상호 간의 간격	0.06[m] 이상	
전선과 조영재 사이의 간격	25[mm] 이상	45[mm] 이상 (건조한 장소: 25[mm] 이상)
지지점 간의 거리	–	6[m] 이하
	조영재의 윗면 또는 옆면에 따라 붙일 경우: 2[m] 이하	

14

가공전선로의 지지물에 취급자가 오르고 내리는 데 사용하는 발판 볼트 등은 지표상 몇 [m] 미만에 시설하여서는 아니 되는가?

① 1.2
② 1.5
③ 1.8
④ 2.0

해설 가공전선로 지지물의 철탑오름 및 전주오름 방지(한국전기설비규정 331.4)

발판 볼트 등은 1.8[m] 미만에 시설하여서는 안 된다. 다만, 다음의 경우에는 그러지 아니하다.
- 발판 볼트를 내부에 넣을 수 있는 구조
- 지지물에 철탑오름 및 전주오름 방지장치를 시설한 경우
- 취급자 이외의 자가 출입할 수 없도록 울타리 담 등을 시설한 경우
- 산간 등에 있으며 사람이 쉽게 접근할 우려가 없는 곳

15

지중전선로는 기설 지중약전류전선로에 대하여 다음의 어느 것에 의하여 통신상의 장해를 주지 아니하도록 기설 약전류전선로로부터 충분히 이격시키는가?

① 충전전류 또는 표피작용
② 누설전류 또는 유도작용
③ 충전전류 또는 유도작용
④ 누설전류 또는 표피작용

해설 지중약전류전선의 유도장해 방지(한국전기설비규정 334.5)

지중전선로는 기설 지중약전류전선로에 대하여 누설전류 또는 유도작용에 의하여 통신상의 장해를 주지 않도록 기설 약전류전선로로부터 충분히 이격시키거나 기타 적당한 방법으로 시설하여야 한다.

16

옥내배선의 사용전압이 400[V] 이하일 때 전광표시 장치·기타 이와 유사한 장치 또는 제어회로 등의 배선에 다심케이블을 시설하는 경우 배선의 단면적은 몇 [mm²] 이상인가?

① 0.75
② 1.5
③ 1
④ 2.5

해설 저압 옥내배선의 사용전선(한국전기설비규정 231.3.1)

사용전압이 400[V] 이하인 경우(전광표시장치, 제어회로)
- 단면적 1.5[mm²] 이상의 연동선
- 단면적 0.75[mm²] 이상인 다심 케이블 또는 다심 캡타이어케이블 사용

| 정답 | 13 ③ 14 ③ 15 ② 16 ①

17

발전소, 변전소, 개폐소의 시설부지 조성을 위해 산지를 전용할 경우에 전용하고자 하는 산지의 평균 경사도는 몇 도 이하이어야 하는가?

① 10
② 15
③ 20
④ 25

해설 발전소 등의 부지 시설조건(기술기준 제21조의 2)
부지조성을 위해 산지를 전용할 경우에는 전용하고자 하는 산지의 평균 경사도가 25° 이하여야 하며, 산지전용면적 중 산지전용으로 발생되는 절·성토 경사면의 면적이 100분의 50을 초과해서는 아니 된다.

18

의료장소에서 인접하는 의료장소와의 바닥면적 합계가 몇 $[m^2]$ 이하인 경우 등전위본딩 바를 공용으로 사용할 수 있는가?

① 30
② 50
③ 80
④ 100

해설 의료장소(한국전기설비규정 242.10)
의료장소마다 그 내부 또는 근처에 등전위본딩 바를 설치할 것. 다만, 인접하는 의료장소와의 바닥면적 합계가 $50[m^2]$ 이하인 경우에는 등전위본딩 바를 공용할 수 있다.

19

태양광설비에 시설하여야 하는 계측기의 계측대상에 해당하는 것은?

① 전압과 전류
② 전력과 역률
③ 전류와 역률
④ 역률과 주파수

해설 태양광설비의 시설(한국전기설비규정 522)
태양광설비에는 전압과 전류 또는 전압과 전력을 계측하는 장치를 시설하여야 한다.

관련개념
계측 장치: 전압 + 전류, 전압 + 전력

20

가공약전류전선을 사용전압이 $22.9[kV]$인 특고압 가공전선과 동일 지지물에 공용설치하고자 할 때 가공전선으로 경동연선을 사용한다면 단면적이 몇 $[mm^2]$ 이상인가?

① 22
② 38
③ 50
④ 55

해설 가공전선 등의 공용설치(한국전기설비규정 333.19)
특고압 공용설치 규정
• $35[kV]$ 이하: 제2종 특고압 보안공사, 인장강도 $21.67[kN]$ 이상의 연선 또는 단면적이 $50[mm^2]$ 이상인 경동연선

| 정답 | 17 ④ | 18 ② | 19 ① | 20 ③ |

2023년 1회

01

전로를 대지로부터 반드시 절연하여야 하는 것은?

① 시험용 변압기
② 저압 가공전선로의 접지 측 전선
③ 전로의 중성점에 접지공사를 하는 경우의 접지점
④ 계기용 변성기의 2차 측 전로에 접지공사를 하는 경우의 접지점

해설 전로의 절연 원칙(한국전기설비규정 131)
전로는 다음의 경우를 제외하고 대지로부터 절연하여야 한다.
- 각 접지공사를 하는 경우의 접지점
- 전로의 중성점을 접지하는 경우의 접지점
- 계기용변성기의 2차 측 전로에 접지공사를 하는 경우의 접지점
- 25[kV] 이하로서 다중접지하는 경우의 접지점
- 시험용 변압기, 전력선 반송용 결합 리액터, 전기울타리용 전원장치, X선 발생장치, 전기방식용 양극, 단선식 전기 철도의 귀선 등 전로의 일부를 대지로부터 절연하지 아니하고 전기를 사용하는 것이 부득이한 것
- 전기욕기, 전기로, 전기보일러, 전해조 등 대지로부터 절연하는 것이 기술상 곤란한 것

02

정류기의 전로로 대지전압이 $220[V]$라고 한다. 이 전로의 절연저항 값으로 옳은 것은?

① $0.5[MΩ]$ 미만으로 유지하여야 한다.
② $1.0[MΩ]$ 미만으로 유지하여야 한다.
③ $0.5[MΩ]$ 이상으로 유지하여야 한다.
④ $1.0[MΩ]$ 이상으로 유지하여야 한다.

해설 저압전로의 절연성능(기술기준 제52조)

전로의 사용전압[V]	DC시험전압 [V]	절연저항 [MΩ]
SELV 및 PELV	250	0.5
FELV, 500[V] 이하	500	1.0
500[V] 초과	1,000	1.0

03

과전류 차단기로 시설하는 퓨즈 중 고압전로에 사용하는 포장퓨즈는 정격전류의 몇 배에 견디어야 하는가?(단, 퓨즈 이외의 과전류 차단기와 조합하여 하나의 과전류 차단기로 사용하는 것을 제외한다.)

① 1.1   ② 1.3
③ 1.5   ④ 1.7

해설 고압 및 특고압 전로 중의 과전류 차단기의 시설(한국전기설비규정 341.10)

종류	정격전류	용단 전류	용단 시간
비포장 퓨즈	1.25배에 견딤	2배의 전류에 용단	2분
포장 퓨즈	1.3배에 견딤	2배의 전류에 용단	120분

04

가공전선로의 지지물에 시설하는 지지선(지선)의 시설 기준으로 옳은 것은?

① 지지선(지선)의 안전율은 2.2 이상이어야 한다.
② 연선을 사용할 경우에는 소선(素線) 3가닥 이상이어야 한다.
③ 도로를 횡단하여 시설하는 지지선(지선)의 높이는 지표상 4[m] 이상으로 하여야 한다.
④ 지중부분 및 지표상 20[cm]까지의 부분에는 내식성이 있는 것 또는 아연도금을 한다.

해설 지지선의 시설(한국전기설비규정 331.11)
- 안전율: 2.5 이상, 최저 인장하중: 4.31[kN]
- 연선일 경우 소선의 지름 2.6[mm] 이상인 금속선을 3가닥 이상 꼬아서 사용
- 지중 및 지표상 0.3[m]까지의 부분은 아연도금 철봉 등을 사용
- 도로를 횡단하여 시설하는 지지선(지선)의 높이는 지표상 5[m] 이상, 교통에 지장을 초래할 우려가 없는 경우에는 지표상 4.5[m] 이상, 보도의 경우에는 2.5[m] 이상으로 할 수 있다.

| 정답 | 01 ② 02 ④ 03 ② 04 ②

05

고압 보안공사에서 지지물이 A종 철주인 경우 지지물 간 거리(경간)는 몇 [m] 이하인가?

① 100
② 150
③ 250
④ 400

해설 고압 보안공사(한국전기설비규정 332.10)

지지물의 종류	지지물 간 거리[m]
목주, A종 철주 또는 A종 철근 콘크리트주	100
B종 철주 또는 B종 철근 콘크리트주	150
철탑	400

06

사용전압이 25[kV] 이하인 특고압 가공전선이 상부 조영재의 위쪽에 시설되는 경우, 특고압 가공전선과 건조물의 조영재 사이의 간격(이격거리)은 몇 [m] 이상이어야 하는가?(단, 전선의 종류는 특고압 절연전선이라고 한다.)

① 0.5
② 1.2
③ 2.5
④ 3.0

해설 가공전선과 건조물의 조영재 사이의 간격(한국전기설비규정 333.32)

구분		위쪽	위쪽이 아닌 경우
35[kV] 이하 특고압	기타 전선	3[m] 이상	3[m] 이상
	특고압 절연전선	2.5[m] 이상	1.5[m] 이상
	케이블	1.2[m] 이상	0.5[m] 이상

07

지중전선로를 직접 매설식에 의하여 시설하는 경우에는 매설깊이를 차량 기타 중량물의 압력을 받을 우려가 있는 장소에서는 몇 [cm] 이상으로 하면 되는가?

① 40
② 60
③ 80
④ 100

해설 지중전선로의 시설(한국전기설비규정 334.1)

매설 깊이
- 차량 기타 중량물의 압력을 받을 우려가 있는 장소: 1[m] 이상
- 기타 장소: 0.6[m] 이상

08

이동형의 용접 전극을 사용하는 아크 용접장치의 시설기준으로 틀린 것은?

① 용접변압기는 절연변압기일 것
② 용접변압기의 1차 측 전로의 대지전압은 300[V] 이하일 것
③ 용접변압기의 2차 측 전로에는 용접변압기에 가까운 곳에 쉽게 개폐할 수 있는 개폐기를 시설할 것
④ 용접변압기의 2차 측 전로 중 용접변압기로부터 용접전극에 이르는 부분의 전로는 용접 시 흐르는 전류를 안전하게 통할 수 있는 것일 것

해설 아크 용접기(한국전기설비규정 241.10)
- 용접변압기는 절연변압기일 것
- 용접변압기의 1차 측 전로의 대지전압은 300[V] 이하일 것
- 용접변압기의 1차 측 전로에는 용접변압기에 가까운 곳에 쉽게 개폐할 수 있는 개폐기를 시설할 것
- 용접변압기의 2차 측 전로 중 용접변압기로부터 용접전극에 이르는 부분 및 용접변압기로부터 피용접재에 이르는 부분(전기기계기구 안의 전로를 제외한다)의 전로는 용접 시 흐르는 전류를 안전하게 통할 수 있는 것일 것

정답 05 ① 06 ③ 07 ④ 08 ③

09

발전기의 내부에 고장이 생긴 경우, 발전기를 자동적으로 전로로부터 차단하는 장치를 설치하여야 하는 발전기의 최소용량[kVA]은?

① 1,000
② 1,500
③ 10,000
④ 15,000

해설 발전기 등의 보호장치(한국전기설비규정 351.3)
발전기에는 다음의 경우에 자동적으로 이를 전로로부터 차단하는 장치를 시설하여야 한다.
- 발전기에 과전류나 과전압이 생긴 경우
- 용량이 500[kVA] 이상인 발전기를 구동하는 수차의 압유장치의 유압 또는 전동식 가이드밴 제어장치, 전동식 니이들 제어장치 또는 전동식 디플렉터 제어장치의 전원전압이 현저히 저하한 경우
- 용량이 100[kVA] 이상인 발전기를 구동하는 풍차(風車)의 압유장치의 유압, 압축공기장치의 공기압 또는 전동식 브레이드 제어장치의 전원전압이 현저히 저하한 경우
- 용량이 2,000[kVA] 이상인 수차 발전기의 스러스트 베어링의 온도가 현저히 상승한 경우
- 용량이 10,000[kVA] 이상인 발전기의 내부에 고장이 생긴 경우
- 정격출력이 10,000[kW]를 초과하는 증기터빈은 그 스러스트 베어링이 현저하게 마모되거나 그의 온도가 현저히 상승한 경우

10

뱅크용량이 몇 [kVA] 이상인 무효전력 보상장치(조상기)에는 그 내부에 고장이 생긴 경우에 자동적으로 이를 전로로부터 차단하는 보호장치를 하여야 하는가?

① 10,000
② 15,000
③ 20,000
④ 25,000

해설 조상설비의 보호장치(한국전기설비규정 351.5)

설비종별	뱅크용량의 구분	자동적으로 전로로부터 차단하는 장치
전력용 커패시터 및 분로리액터	500[kVA] 초과 15,000[kVA] 미만	• 내부에 고장이 생긴 경우 • 과전류가 생긴 경우
	15,000[kVA] 이상	• 내부에 고장이 생긴 경우 • 과전류가 생긴 경우 • 과전압이 생긴 경우
무효전력 보상장치	15,000[kVA] 이상	내부에 고장이 생긴 경우

11

무효전력 보상장치(조상기)를 시설하는 경우 계측하는 장치를 시설하여 계측하는 대상으로 틀린 것은?

① 무효전력 보상장치(조상기)의 전압
② 무효전력 보상장치(조상기)의 전력
③ 무효전력 보상장치(조상기)의 회전자의 온도
④ 무효전력 보상장치(조상기)의 베어링의 온도

해설 계측장치(한국전기설비규정 351.6)
무효전력 보상장치(조상기)를 시설하는 경우에는 다음의 사항을 계측하는 장치 및 동기검정장치를 시설하여야 한다.
- 무효전력 보상장치(조상기)의 전압 및 전류 또는 전력
- 무효전력 보상장치(조상기)의 베어링 및 고정자의 온도

12

발전소, 변전소, 개폐소 또는 이에 준하는 곳에서 차단기에 사용하는 압축공기장치는 사용압력의 몇 배의 수압으로 몇 분간 연속하여 가했을 때 이에 견디고 새지 않아야 하는가?

① 1.25배, 15분
② 1.25배, 10분
③ 1.5배, 15분
④ 1.5배, 10분

해설 압축공기계통(한국전기설비규정 341.15)
발전소·변전소·개폐소 또는 이에 준하는 곳에서 개폐기 또는 차단기에 사용하는 압축공기장치는 최고 사용압력의 1.5배의 수압을 계속하여 10분간 가하여 시험을 한 경우에 이에 견디고 또한 새지 아니할 것

| 정답 | 09 ③ 10 ② 11 ③ 12 ④

13

무선용 안테나 등을 지지하는 철탑의 기초 안전율은 얼마 이상이어야 하는가?

① 1.0
② 1.5
③ 2.0
④ 2.5

해설 무선용 안테나 등을 지지하는 철탑 등의 시설(한국전기설비규정 364.1)
- 목주는 풍압하중에 대한 안전율은 1.5 이상이어야 한다.
- 철주·철근 콘크리트주 또는 철탑의 기초 안전율은 1.5 이상이어야 한다.

14

옥내에 시설하는 저압전선에 나전선을 사용할 수 있는 경우는?

① 버스덕트공사에 의하여 시설하는 경우
② 금속덕트공사에 의하여 시설하는 경우
③ 합성수지관공사에 의하여 시설하는 경우
④ 후강전선관공사에 의하여 시설하는 경우

해설 나전선의 사용 제한(한국전기설비규정 231.4)
나전선 사용 가능 장소
- 애자사용공사에 의하여 전개된 곳에 다음의 전선을 시설하는 경우
  - 전기로용 전선
  - 전선의 피복 절연물이 부식하는 장소에 시설하는 전선
  - 취급자 이외의 자가 출입할 수 없도록 설비한 장소에 시설하는 전선
- 버스덕트공사에 의하여 시설하는 경우
- 라이팅덕트공사에 의하여 시설하는 경우
- 접촉 전선을 시설하는 경우

15

어느 유원지의 어린이 놀이기구인 놀이용(유희용) 전차에 전기를 공급하는 전로의 사용전압은 교류인 경우 몇 [V] 이하이어야 하는가?

① 20
② 40
③ 60
④ 100

해설 놀이용 전차(한국전기설비규정 241.8)
전기 공급 전원장치의 사용전압
- 직류: 60[V] 이하
- 교류: 40[V] 이하

16

가요전선관 공사에 대한 설명 중 틀린 것은?

① 가요전선관 안에서는 전선의 접속점이 없어야 한다.
② 가요전선관은 전개된 장소 또는 점검할 수 있는 은폐된 장소 이외에는 1종 가요전선관을 사용해야 한다.
③ 가요전선관 내에 수용되는 전선은 연선이어야 하며 단면적 10[mm²] 이하는 무방하다.
④ 가요전선관 내에 수용되는 전선은 옥외용 비닐절연전선을 제외하고는 절연전선이어야 한다.

해설 금속제 가요전선관공사(시설조건)(한국전기설비규정 232.13)
가요전선관 공사에 의한 저압 옥내배선의 시설
- 전선은 절연전선(옥외용 비닐절연전선을 제외한다)일 것
- 전선은 연선일 것. 다만, 단면적 10[mm²](알루미늄선은 단면적 16[mm²]) 이하인 것은 그러하지 아니하다.
- 가요전선관 안에는 전선에 접속점이 없도록 할 것
- 가요전선관은 2종 금속제 가요전선관일 것. 다만, 전개된 장소 또는 점검할 수 있는 은폐된 장소에는 1종 가요전선관을 사용할 수 있다.

| 정답 | 13 ② 14 ① 15 ② 16 ②

17

의료장소에서 인접하는 의료장소와의 바닥면적 합계가 몇 [m²] 이하인 경우 등전위본딩 바를 공용으로 사용할 수 있는가?

① 30
② 50
③ 80
④ 100

해설 의료장소 내의 접지 설비(한국전기설비규정 242.10)
의료장소마다 그 내부 또는 근처에 등전위본딩 바를 설치할 것. 다만, 인접하는 의료장소와의 바닥면적 합계가 50[m²] 이하인 경우에는 등전위본딩 바를 공용할 수 있다.

18

전주외등의 시설 시 사용하는 공사방법으로 틀린 것은?

① 애자공사
② 케이블공사
③ 금속관공사
④ 합성수지관공사

해설 전주외등 배선(한국전기설비규정 234.10)
배선: 단면적 2.5[mm²] 이상의 절연전선 또는 이와 동등 이상의 절연성능이 있는 것
• 공사방법: 케이블공사, 합성수지관공사, 금속관공사

19

전기부식(전식)방지대책에서 매설금속체 측의 누설전류에 의한 전기부식(전식)의 피해가 예상되는 곳에 고려하여야 하는 방법으로 틀린 것은?

① 절연코팅
② 배류장치 설치
③ 변전소 간 간격 축소
④ 저준위 금속체를 접속

해설 전기부식(전식)방지대책(한국전기설비규정 461.4)
매설금속체 측의 누설전류에 의한 전기부식(전식)의 피해가 예상되는 곳은 다음 방법을 고려하여야 한다.
• 배류장치 설치
• 절연코팅
• 매설금속체 접속부 절연
• 저준위 금속체를 접속
• 궤도와의 간격(이격거리) 증대
• 금속판 등의 도체로 차폐

20

주택의 전기저장장치의 축전지에 접속하는 부하 측 옥내전로에 지락이 생겼을 때 자동적으로 전로를 차단하는 장치를 시설한 경우에 주택의 옥내전로의 대지전압은 직류 몇 [V]까지 적용할 수 있는가?(단, 전로에 지락이 생겼을 때 자동적으로 전로를 차단하는 장치를 시설한 경우이다.)

① 150
② 300
③ 400
④ 600

해설 옥내전로의 대지전압 제한(한국전기설비규정 511.3)
주택의 전기저장장치의 축전지에 접속하는 부하 측 옥내배선을 다음에 따라 시설하는 경우에 주택의 옥내전로의 대지전압은 직류 600[V]까지 적용할 수 있다.
• 전로에 지락이 생겼을 때 자동적으로 전로를 차단하는 장치를 시설할 것
• 사람이 접촉할 우려가 없는 은폐된 장소에서 합성수지관공사, 금속관공사 및 케이블공사에 의하여 시설하거나, 사람이 접촉할 우려가 없도록 케이블공사에 의하여 시설하고 전선에 적당한 방호장치를 시설할 것

| 정답 | 17 ② | 18 ① | 19 ③ | 20 ④ |

2023년 2회

01

전압의 종별에서 교류 600[V]는 무엇으로 분류하는가?

① 저압
② 고압
③ 특고압
④ 초고압

해설 전압의 구분(한국전기설비규정 111.1)
- 저압: 교류는 1[kV] 이하, 직류는 1.5[kV] 이하인 것
- 고압: 교류는 1[kV]를, 직류는 1.5[kV]를 초과하고, 7[kV] 이하인 것
- 특고압: 7[kV]를 초과하는 것

02

하나 또는 복합하여 시설하여야 하는 접지극의 방법으로 틀린 것은?

① 지중 금속구조물
② 토양에 매설된 기초 접지극
③ 케이블의 금속외장 및 그 밖의 금속피복
④ 대지에 매설된 강화콘크리트의 용접된 금속 보강재

해설 접지극의 시설 및 접지저항(한국전기설비규정 142.2)
접지극의 시설
- 콘크리트에 매입된 기초 접지극
- 토양에 매설된 기초 접지극
- 토양에 수직 또는 수평으로 직접 매설된 금속전극(봉, 전선, 테이프, 배관, 판 등)
- 케이블의 금속외장 및 그 밖의 금속피복
- 지중 금속구조물(배관 등)
- 대지에 매설된 철근콘크리트의 용접된 금속 보강재(강화콘크리트 제외)

03

최대 사용전압이 220[V]인 전동기의 절연내력 시험을 하고자 할 때 시험전압은 몇 [V]인가?

① 300
② 330
③ 450
④ 500

해설 회전기 및 정류기의 절연내력(한국전기설비규정 133)

종류		시험전압	시험방법
회전기	발전기·전동기·무효전력 보상장치(조상기)·기타 회전기(회전변류기 제외)	최대 사용전압 7[kV] 이하	최대 사용전압의 1.5배의 전압 (500[V] 미만으로 되는 경우에는 500[V])	권선과 대지 사이에 연속하여 10분간 가한다.
		최대 사용전압 7[kV] 초과	최대 사용전압의 1.25배의 전압(10.5[kV] 미만으로 되는 경우에는 10.5[kV])	
	회전변류기		직류측의 최대 사용전압의 1배의 교류전압(500[V] 미만으로 되는 경우에는 500[V])	

∴ 시험전압 = $220 \times 1.5 = 330[V]$ 이나 최저 시험전압이 500[V]이므로 시험전압은 500[V]가 되어야 한다.

| 정답 | 01 ① 02 ④ 03 ④

04

옥내에 시설하는 전동기가 소손되는 것을 방지하기 위한 과부하 보호장치를 하지 않아도 되는 것은?

① 정격출력이 7.5[kW] 이상인 경우
② 정격출력이 0.2[kW] 이하인 경우
③ 정격출력이 2.5[kW]이며, 과전류 차단기가 없는 경우
④ 전동기 출력이 4[kW]이며, 취급자가 감시할 수 없는 경우

해설 과전류에 대한 보호(한국전기설비규정 212)
옥내에 시설하는 전동기의 과부하보호장치의 생략 조건
- 정격출력 0.2[kW] 이하
- 전동기를 운전 중 상시 취급자가 감시할 수 있는 위치에 시설하는 경우
- 전동기의 구조나 부하의 성질로 보아 전동기가 손상될 수 있는 과전류가 생길 우려가 없는 경우
- 단상 전동기로서 그 전원 측 전로에 시설하는 과전류 차단기의 정격전류가 16[A](배선용 차단기는 20[A]) 이하인 경우

05

피뢰기 설치기준으로 틀린 것은?

① 가공전선로와 특고압 전선로가 접속되는 곳
② 고압 및 특고압 가공전선로로부터 공급받는 수용장소의 인입구
③ 발전소 · 변전소 또는 이에 준하는 장소의 가공전선의 인입구 및 인출구
④ 가공전선로에 접속한 1차 측 전압이 35[kV] 이하인 배전용 변압기의 고압 측 및 특고압 측

해설 피뢰기의 시설(한국전기설비규정 341.13)
고압 및 특고압의 전로 중 다음에 열거하는 곳 또는 이에 근접한 곳에는 피뢰기를 시설하여야 한다.
- 발전소 · 변전소 또는 이에 준하는 장소의 가공전선 인입구 및 인출구
- 가공전선로에 접속하는 배전용 변압기의 고압 측 및 특고압 측
- 고압 및 특고압 가공전선로로부터 공급을 받는 수용장소의 인입구
- 가공전선로와 지중전선로가 접속되는 곳

06

고압 옥내배선의 공사방법으로 틀린 것은?

① 케이블공사
② 합성수지관공사
③ 케이블트레이공사
④ 애자사용공사(건조한 장소에 전개된 장소에 한한다.)

해설 고압 옥내배선 등의 시설(한국전기설비규정 342.1)
고압 옥내배선은 다음에 따라 시설하여야 한다.
- 애자사용공사(건조한 장소로서 전개된 장소에 한한다.)
- 케이블공사
- 케이블트레이공사

07

사용전압이 22.9[kV]인 가공전선로를 시가지에 시설하는 경우 전선의 지표상 높이는 몇 [m] 이상인가?(단, 전선은 특고압 절연전선을 사용한다.)

① 6
② 7
③ 8
④ 10

해설 시가지 등에서 특고압 가공전선로의 시설(한국전기설비규정 333.1)

사용전압의 구분	지표상의 높이
35[kV] 이하	10[m](전선이 특고압 절연전선인 경우에는 8[m]) 이상
35[kV] 초과	10[m]에 35[kV]를 초과하는 10[kV] 또는 그 단수마다 0.12[m]를 더한 값 이상

| 정답 | 04 ② 05 ① 06 ② 07 ③

08

옥외용 비닐절연전선을 사용한 저압 가공전선이 횡단보도교 위에 시설되는 경우에 그 전선의 노면상 높이는 몇 [m] 이상으로 하여야 하는가?

① 2.5
② 3.0
③ 3.5
④ 4.0

해설 저압 가공전선의 높이(한국전기설비규정 222.7)

설치장소	가공전선의 높이
일반 장소	지표상 5[m] 이상. 단, 절연전선 또는 케이블을 사용하여 교통에 지장이 없도록 하여 옥외조명용에 공급하는 경우 지표상 4[m]까지 감할 수 있다.
도로 횡단	지표상 6[m] 이상
철도 또는 궤도 횡단	레일면상 6.5[m] 이상
횡단보도교 위	노면상 3.5[m] 이상 단, 절연전선의 경우 3[m] 이상

09

농사용 저압 가공전선로의 지지점 간 거리는 몇 [m] 이하이어야 하는가?

① 30
② 50
③ 60
④ 100

해설 농사용 저압 가공전선로의 시설(한국전기설비규정 222.22)
- 저압 가공전선은 인장강도 1.38[kN] 이상의 것 또는 지름 2[mm] 이상의 경동선일 것
- 저압 가공전선의 지표상의 높이는 3.5[m] 이상일 것
  다만, 저압 가공전선을 사람이 쉽게 출입하지 아니하는 곳에 시설하는 경우에는 3[m]까지로 감할 수 있다.
- 전선로의 지지점 간 거리는 30[m] 이하일 것
- 목주의 굵기는 위쪽 끝(말구) 지름이 0.09[m] 이상일 것

10

특고압 가공전선이 건조물과 제1차 접근 상태로 시설되는 경우에 특고압 가공전선로는 어떤 보안공사를 하여야 하는가?

① 고압 보안공사
② 제1종 특고압 보안공사
③ 제2종 특고압 보안공사
④ 제3종 특고압 보안공사

해설 보안공사의 분류(한국전기설비규정 333.23)
- 특고압 가공전선이 건조물과 제1차 접근상태로 시설되는 경우: 제3종 특고압 보안공사
- 제2차 접근상태로 시설되는 경우
  - 35[kV] 이하인 경우: 제2종 특고압 보안공사
  - 35[kV] 초과 400[kV] 미만인 경우: 제1종 특고압 보안공사

11

고압 가공인입선이 케이블 이외의 것으로서 그 전선의 아래쪽에 위험표시를 하였다면 전선의 지표상 높이는 몇 [m]까지로 감할 수 있는가?

① 2.5
② 3.5
③ 4.5
④ 5.5

해설 고압 가공인입선의 시설(한국전기설비규정 331.12)
고압 가공인입선의 높이는 '전선의 아래쪽에 위험표시를 할 경우' 일반 장소에서만 3.5[m]까지 감할 수 있다.

정답 | 08 ② 09 ① 10 ④ 11 ②

12

변전소에 울타리·담 등을 시설할 때, 사용전압이 $345[kV]$ 이면 울타리·담 등의 높이와 울타리·담 등으로부터 충전부분까지의 거리의 합계는 몇 $[m]$ 이상으로 하여야 하는가?

① 8.16
② 8.28
③ 8.40
④ 9.72

해설 발전소 등의 울타리·담 등의 시설(한국전기설비규정 351.1)

사용전압의 구분	울타리·담 등의 높이와 울타리·담 등으로부터 충전부분까지의 거리의 합계
$35[kV]$ 이하	$5[m]$ 이상
$35[kV]$ 초과 $160[kV]$ 이하	$6[m]$ 이상
$160[kV]$ 초과	$6[m]$에 $160[kV]$를 초과하는 $10[kV]$ 또는 그 단수마다 $0.12[m]$를 더한 값 이상

단 수 $= \dfrac{345-160}{10} = 18.5 \rightarrow 19$단

$\therefore 6 + 19 \times 0.12 = 8.28[m]$

13

발전기를 전로로부터 자동적으로 차단하는 장치를 시설하여야 하는 경우에 해당되지 않는 것은?

① 발전기에 과전류가 생긴 경우
② 용량이 $5,000[kVA]$ 이상인 발전기의 내부에 고장이 생긴 경우
③ 용량이 $500[kVA]$ 이상의 발전기를 구동하는 수차의 압유장치의 유압이 현저히 저하한 경우
④ 용량이 $100[kVA]$ 이상의 발전기를 구동하는 풍차의 압유장치의 유압, 압축공기장치의 공기압이 현저히 저하한 경우

해설 발전기 등의 보호장치(한국전기설비규정 351.3)

발전기에는 다음의 경우에 자동적으로 이를 전로로부터 차단하는 장치를 시설하여야 한다.
- 발전기에 과전류나 과전압이 생긴 경우
- 용량이 500[kVA] 이상인 발전기를 구동하는 수차의 압유장치의 유압 또는 전동식 가이드밴 제어장치, 전동식 니이들 제어장치 또는 전동식 디플렉터 제어장치의 전원전압이 현저히 저하한 경우
- 용량이 100[kVA] 이상인 발전기를 구동하는 풍차(風車)의 압유장치의 유압, 압축공기장치의 공기압 또는 전동식 브레이드 제어장치의 전원전압이 현저히 저하한 경우
- 용량이 2,000[kVA] 이상인 수차 발전기의 스러스트 베어링의 온도가 현저히 상승한 경우
- 용량이 10,000[kVA] 이상인 발전기의 내부에 고장이 생긴 경우
- 정격출력이 10,000[kW]를 초과하는 증기터빈은 그 스러스트 베어링이 현저하게 마모되거나 그의 온도가 현저히 상승한 경우

| 정답 | 12 ② 13 ②

14

전력보안 가공통신선(광섬유 케이블은 제외)을 조가할 경우 조가선(조가용선)은?

① 금속으로 된 단선
② 강심 알루미늄 연선
③ 금속선으로 된 연선
④ 알루미늄으로 된 단선

해설 조가선 시설기준(한국전기설비규정 362.3)
조가선은 단면적 38[mm²] 이상의 아연도강연선을 사용할 것
※ 아연도강연선은 금속으로 된 연선이다.

15

저압 옥내배선의 사용전선으로 틀린 것은?

① 단면적 2.5[mm²] 이상의 연동선
② 사용전압이 400[V] 이하의 전광표시장치 배선 시 단면적 0.75[mm²] 이상의 다심 캡타이어케이블
③ 사용전압이 400[V] 이하의 선광표시장치 배선 시 단면적 1.5[mm²] 이상의 연동선
④ 사용전압이 400[V] 이하의 전광표시장치 배선 시 단면적 0.5[mm²] 이상의 다심 케이블

해설 저압 옥내배선의 사용전선(한국전기설비규정 231.3.1)
전선: 단면적 2.5[mm²] 이상의 연동선 또는 이와 동등 이상의 강도 및 굵기의 것
400[V] 이하인 경우(전광표시장치, 제어회로)
• 단면적 1.5[mm²] 이상의 연동선
• 단면적 0.75[mm²] 이상인 다심 케이블 또는 다심 캡타이어케이블

16

케이블트레이공사에 사용하는 케이블트레이의 시설기준으로 틀린 것은?

① 케이블트레이 안전율은 1.3 이상이어야 한다.
② 비금속제 케이블트레이는 난연성 재료의 것이어야 한다.
③ 전선의 피복 등을 손상시킬 돌기 등이 없이 매끈해야 한다.
④ 금속제 트레이는 접지공사를 하여야 한다.

해설 케이블트레이의 선정(한국전기설비규정 232.41)
• 케이블트레이의 안전율: 1.5 이상
• 전선의 피복 등을 손상시킬 수 있는 돌기 등이 없이 매끈할 것
• 금속재의 것은 방식처리를 한 것이나 내식성 재료의 것일 것
• 비금속제 케이블트레이는 난연성 재료의 것일 것
• 케이블트레이가 방화구획의 벽, 마루, 천장 등을 관통하는 경우에 관통부는 불연성의 물질로 충전할 것

17

전기욕기에 전기를 공급하기 위한 전원장치에 내장되어 있는 전원변압기의 2차 측 전로의 사용전압은 몇 [V] 이하인 것을 사용하여야 하는가?

① 5   ② 10
③ 20   ④ 30

해설 전기욕기 전원장치(한국전기설비규정 241.2)
• 전기욕기에 전기를 공급하기 위한 전기욕기용 전원장치의 전원변압기 2차 측 전로의 사용전압: 10[V] 이하

| 정답 | 14 ③ 15 ④ 16 ① 17 ②

18

사무실 건물의 조명설비에 사용되는 백열전등 또는 방전등에 전기를 공급하는 옥내전로의 대지전압은 몇 [V] 이하인가?

① 250
② 300
③ 350
④ 400

해설 옥내전로의 대지전압의 제한(한국전기설비규정 231.6)
백열전등(전기스탠드 등 제외) 또는 방전등에 전기를 공급하는 옥내 전로의 대지전압은 300[V] 이하이어야 한다.

19

다음 ( )의 ㉠, ㉡에 들어갈 내용으로 옳은 것은?

전기철도용 급전선이란 전기철도용 (㉠)(으)로부터 다른 전기철도용 (㉠) 또는 (㉡)에 이르는 전선을 말한다.

① ㉠: 급전소 ㉡: 개폐소
② ㉠: 궤전선 ㉡: 변전소
③ ㉠: 변전소 ㉡: 전차선
④ ㉠: 전차선 ㉡: 급전소

해설 용어 정의(한국전기설비규정 112)
전기철도용 급전선이란 전기철도용 변전소로부터 다른 전기철도용 변전소 또는 전차선에 이르는 전선을 말한다.

20

태양전지 모듈의 시설에 대한 설명으로 옳은 것은?

① 충전 부분은 노출하여 시설할 것
② 출력배선은 극성별로 확인 가능토록 표시할 것
③ 전선은 공칭단면적 1.5[mm²] 이상의 연동선을 사용할 것
④ 전선을 옥내에 시설할 경우에는 애자사용공사에 준하여 시설할 것

해설 태양광설비의 시설(전기배선)(한국전기설비규정 511.2, 522)
- 전선은 공칭단면적 2.5[mm²] 이상의 연동선 또는 이와 동등 이상의 세기 및 굵기의 것일 것
- 옥내에 시설할 경우에는 합성수지관공사, 금속관공사, 금속제 가요전선관 공사 또는 케이블공사로 시설할 것
- 모듈의 출력배선은 극성별로 확인 가능토록 표시할 것

| 정답 | 18 ② 19 ③ 20 ②

2023년 3회

01

다음은 특별저압 SELV와 PELV에 대한 설명이다. 빈칸에 들어갈 알맞은 것을 고르시오.

> 특별저압 계통의 전압한계는 KS C IEC 60449(건축전기설비의 전압밴드)에 의한 전압밴드 I의 상한 값인 교류 (㉠)[V] 이하, 직류 (㉡)[V] 이하이어야 한다.

① ㉠ 50 ㉡ 120
② ㉠ 50 ㉡ 100
③ ㉠ 100 ㉡ 120
④ ㉠ 100 ㉡ 200

해설 특별저압에 의한 보호(한국전기설비규정 211.5)
특별저압 계통의 전압한계는 KS C IEC 60449(건축전기설비의 전압밴드)에 의한 전압밴드 I의 상한 값인 교류 50[V] 이하, 직류 120[V] 이하이어야 한다.

02

전기저장장치에 자동으로 전로로부터 차단하는 장치를 시설하여야 하는 경우로 틀린 것은?

① 과저항이 발생한 경우
② 과전압이 발생한 경우
③ 제어장치에 이상이 발생한 경우
④ 이차전지 모듈의 내부 온도가 상승할 경우

해설 제어 및 보호장치의 시설(한국전기설비규정 511.2)
- 과전압, 저전압, 과전류가 발생한 경우
- 제어장치에 이상이 발생한 경우
- 이차전지 모듈의 내부 온도가 상승할 경우

03

분산형전원설비 사업자의 한 사업장의 설비 용량 합계가 몇 [kVA] 이상일 경우에는 송·배전계통과 연계지점의 연결 상태를 감시 또는 유효전력, 무효전력 및 전압을 측정할 수 있는 장치를 시설하여야 하는가?

① 100
② 150
③ 200
④ 250

해설 분산형 전원계통 연계설비(한국전기설비규정 503)
분산형전원설비 사업자의 한 사업장의 설비 용량 합계가 250[kVA] 이상일 경우에는 송·배전계통과 연계지점의 연결 상태를 감시 또는 유효전력, 무효전력 및 전압을 측정할 수 있는 장치를 시설할 것

04

가섭선에 의하여 시설하는 안테나가 있다. 이 안테나 주위에 경동연선을 사용한 고압 가공전선이 지나가고 있다면 수평 간격(이격거리)은 몇 [cm] 이상이어야 하는가?

① 40
② 60
③ 80
④ 100

해설 고압 가공전선과 안테나의 접근 또는 교차(한국전기설비규정 332.14)

사용전압		간격
저압	일반	0.6[m] 이상
	절연효력	0.3[m] 이상(가공약전류 전선 등이 절연효력이 있는 경우: 0.15[m] 이상)
고압		0.8[m] 이상(케이블인 경우 0.4[m] 이상)

| 정답 | 01 ① 02 ① 03 ④ 04 ③

05

전로에 대한 설명 중 옳은 것은?

① 통상의 사용상태에서 전기를 절연한 곳
② 통상의 사용상태에서 전기를 접지한 곳
③ 통상의 사용상태에서 전기가 통하고 있는 곳
④ 통상의 사용상태에서 전기가 통하고 있지 않는 곳

해설 정의(기술기준 제3조)
전로란 통상의 사용상태에서 전기가 통하고 있는 곳을 말한다.

06

목장에서 가축의 탈출을 방지하기 위하여 전기울타리를 시설하는 경우 전선은 인장강도가 몇 [kN] 이상의 것이어야 하는가?

① 1.38
② 2.78
③ 4.43
④ 5.93

해설 전기울타리(한국전기설비규정 241.1)
- 사람이 쉽게 출입하지 아니하는 곳에 시설
- 전선: 인장강도 1.38[kN] 이상의 것 또는 지름 2[mm] 이상의 경동선
- 전선과 이를 지지하는 기둥 사이의 간격: 25[mm] 이상
- 전선과 다른 시설물 또는 수목과의 간격: 0.3[m] 이상

07

어떤 공장에서 케이블을 사용하는 사용전압이 22[kV]인 가공전선을 건물 옆쪽에서 1차 접근상태로 시설하는 경우, 케이블과 건물의 조영재 간격(이격거리)은 몇 [cm] 이상이어야 하는가?

① 50
② 80
③ 100
④ 120

해설 가공전선과 건조물의 조영재 사이의 간격(한국전기설비규정 333.32)

구분		위쪽	위쪽이 아닌 경우
35[kV] 이하 특고압	기타 전선	3[m] 이상	3[m] 이상
	특고압 절연전선	2.5[m] 이상	1.5[m] 이상
	케이블	1.2[m] 이상	0.5[m] 이상

08

폭발성 또는 연소성의 가스가 침입할 우려가 있는 곳에 시설하는 지중함으로서 그 크기가 몇 [m³] 이상인 것에는 통풍장치 기타 가스를 방산시키기 위한 적당한 장치를 시설하여야 하는가?

① 0.5
② 0.75
③ 1
④ 2

해설 지중함의 시설(한국전기설비규정 334.2)
지중전선로에 사용하는 지중함은 다음에 따라 시설하여야 한다.
- 지중함은 견고하고 차량 기타 중량물의 압력에 견디는 구조일 것
- 지중함은 그 안의 고인물을 제거할 수 있는 구조로 되어 있을 것
- 폭발성 또는 연소성의 가스가 침입할 우려가 있는 것에 시설하는 지중함으로서 그 크기가 1[m³] 이상인 것에는 통풍장치 기타 가스를 방산시키기 위한 적당한 장치를 시설할 것

정답 | 05 ③ 06 ① 07 ① 08 ③

09

가공전선로에 사용하는 지지물의 강도계산에 적용하는 갑종 풍압하중을 계산할 때 구성재의 수직 투영면적 $1[m^2]$에 대한 풍압의 기준으로 틀린 것은?

① 목주: 588[Pa]
② 원형 철주: 588[Pa]
③ 원형 철근 콘크리트주: 882[Pa]
④ 강관으로 구성(단주는 제외)된 철탑: 1,255[Pa]

해설 풍압하중의 종별과 적용(한국전기설비규정 331.6)

풍압을 받는 구분		풍압[Pa]
목주		588
철주	원형의 것	588
	삼각형 또는 마름모형의 것	1,412
	강관에 의하여 구성되는 사각형의 것	1,117
	기타의 것으로 복재가 전후면에 겹치는 경우	1,627
	기타의 것으로 겹치지 않은 경우	1,784
철근 콘크리트주	원형의 것	588
	기타의 것	882
철탑	강관으로 구성되는 것(단주는 제외함)	1,255
	기타의 것	2,157

10

사용전압이 $400[V]$ 이하인 저압 옥측전선로를 애자공사에 의해 시설하는 경우 전선 상호 간의 간격은 몇 $[m]$ 이상이어야 하는가?(단, 비나 이슬에 젖지 않는 장소에 사람이 쉽게 접촉될 우려가 없도록 시설한 경우이다.)

① 0.025
② 0.045
③ 0.06
④ 0.12

해설 옥측전선로(한국전기설비규정 221.2)

시설 장소	선선 상호 간의 간격		전선과 조영재 사이의 간격	
	400[V] 이하	400[V] 초과	400[V] 이하	400[V] 초과
비나 이슬에 젖지 않는 장소	0.06[m]	0.06[m]	0.025[m]	0.025[m]
비나 이슬에 젖는 장소	0.06[m]	0.12[m]	0.025[m]	0.045[m]

11

계통 접지에서 누전차단기를 사용하지 않는 접지 방식은?

① TN-C
② TN-S
③ TT
④ IT

해설 TN계통(한국전기설비규정 211.2.5)
TN-C 계통에는 누전차단기를 사용해서는 아니 된다. TN-C-S 계통에 누전차단기를 설치하는 경우에는 누전차단기의 부하측에는 PEN 도체를 사용할 수 없다. 이러한 경우 PE도체는 누전차단기의 전원측에서 PEN 도체에 접속하여야 한다.

12

전개된 장소에서 저압 옥상전선로의 시설기준으로 적합하지 않은 것은?

① 전선은 절연전선을 사용하였다.
② 전선 지지점 간의 거리를 20[m]로 하였다.
③ 전선은 지름 2.6[mm]의 경동선을 사용하였다.
④ 저압 절연전선과 그 저압 옥상전선로를 시설하는 조영재와의 간격(이격거리)을 2[m]로 하였다.

해설 옥상전선로(한국전기설비규정 221.3)

구분	시설 기준
저압	• 전선은 인장강도 2.30[kN] 이상의 것 또는 지름 2.6[mm] 이상의 경동선일 것 • 전선은 절연전선(OW전선 포함) 또는 이와 동등 이상의 절연성능이 있는 것 • 지지점 간 간격: 15[m] 이하 • 조영재 사이의 간격: 2[m] 이상(전선이 고압 절연전선 특고압 절연전선 또는 케이블인 경우 1[m]) • 식물과의 간격: 상시 부는 바람 등에 의하여 식물에 접촉하지 말 것
고압	• 전선: 케이블(케이블공사) • 조영재 사이의 간격: 1.2[m] 이상(다른 시설물과 접근하거나 교차하는 경우 0.6[m] 이상) • 견고한 관 또는 트로프에 넣거나 사람이 접촉할 우려가 없도록 시설
특고압	시설 불가

| 정답 | 09 ③ 10 ③ 11 ① 12 ②

13

가공공동지선에 의한 접지공사에 있어 가공공동지선과 대지간의 합성 전기저항 값은 몇 [km]를 지름으로 하는 지역 안마다 규정하는 접지 저항값을 가지는 것으로 하여야 하는가?

① 0.4
② 0.6
③ 0.8
④ 1.0

해설 고압 또는 특고압과 저압의 혼촉에 의한 위험방지 시설(한국전기설비규정 322.1)

가공공동지선과 대지 사이의 합성 전기저항 값은 1[km]를 지름으로 하는 지역 안마다 규정하는 접지 저항값을 가지는 것
- 각 접지도체를 가공공동지선으로부터 분리하였을 경우의 각 접지도체와 대지 사이의 전기저항 값은 300[Ω] 이하로 할 것

14

고·저압 혼촉 시에 저압전로의 대지전압이 150[V]를 넘는 경우로서 1초를 넘고 2초 이내에 자동 차단장치가 되어 있는 고압전로의 1선 지락 전류가 30[A]인 경우, 이에 결합된 변압기 저압 측의 중성점 접지저항 값은 몇 [Ω] 이하로 유지하여야 하는가?

① 10
② 50
③ 100
④ 200

해설 변압기 중성점 접지(한국전기설비규정 142.5)

1초를 넘고 2초 이내에 자동 차단장치가 되어 있으므로

$R = \dfrac{300}{1\text{선 지락전류}} = \dfrac{300}{30} = 10[\Omega]$

따라서 중성점 접지저항 값은 10[Ω] 이하로 한다.

15

케이블트레이공사에 사용할 수 없는 케이블은?

① 연피 케이블
② 난연성 케이블
③ 캡타이어케이블
④ 알루미늄피 케이블

해설 케이블트레이공사(한국전기설비규정 232.41)

전선은 연피 케이블, 알루미늄피 케이블 등 난연성 케이블 또는 기타 케이블(적당한 간격으로 연소(延燒)방지 조치를 하여야 한다) 또는 금속관 혹은 합성수지관 등에 넣은 절연전선을 사용하여야 한다.

16

애자공사에 의한 저압 옥내배선 시설 중 틀린 것은?

① 전선은 인입용 비닐절연전선일 것
② 전선 상호 간의 간격은 6[cm] 이상일 것
③ 전선의 지지점 간의 거리는 전선을 조영재의 윗면에 따라 붙일 경우에는 2[m] 이하일 것
④ 전선과 조영재 사이의 간격(이격거리)은 사용전압이 400[V] 이하인 경우에는 2.5[cm] 이상일 것

해설 애자공사(한국전기설비규정 232.56)

- 전선의 종류: 절연전선. 단, 옥외용 비닐절연전선(OW) 및 인입용 비닐절연전선(DV)은 제외한다.

구분	사용전압	
	400[V] 이하	400[V] 초과
전선 상호 간의 간격	0.06[m] 이상	
전선과 조영재 사이의 간격	25[mm] 이상	45[mm] 이상 (건조한 장소: 25[mm] 이상)
지지점 간의 거리	–	6[m] 이하
	조영재의 윗면 또는 옆면에 따라 붙일 경우: 2[m] 이하	

| 정답 | 13 ④ 14 ① 15 ③ 16 ①

17

특고압용 타냉식 변압기의 냉각장치에 고장이 생긴 경우를 대비하여 어떤 보호장치를 하여야 하는가?

① 경보장치 ② 속도조정장치
③ 온도시험장치 ④ 냉매흐름장치

해설 특고압용 변압기의 보호장치(한국전기설비규정 351.4)

뱅크용량의 구분	동작조건	장치의 종류
5,000[kVA] 이상 10,000[kVA] 미만	변압기 내부 고장	자동차단장치 또는 경보장치
10,000[kVA] 이상	변압기 내부 고장	자동차단장치
타냉식 변압기(변압기의 권선 및 철심을 직접 냉각시키기 위하여 봉입한 냉매를 강제 순환시키는 냉각 방식을 말한다)	냉각장치에 고장이 생긴 경우 또는 변압기의 온도가 현저히 상승한 경우	경보장치

18

태양광설비에 시설하여야 하는 계측기의 계측대상에 해당하는 것은?

① 전압과 전류 ② 전력과 역률
③ 전류와 역률 ④ 역률과 주파수

해설 태양광설비의 시설(한국전기설비규정 522)
태양광설비에는 전압과 전류 또는 전압과 전력을 계측하는 장치를 시설하여야 한다.

19

가공전선로의 지지물에 시설하는 지지선(지선)에 관한 사항으로 옳은 것은?

① 소선은 지름 2.0[mm] 이상인 금속선을 사용한다.
② 도로를 횡단하여 시설하는 지지선(지선)의 높이는 지표상 6.0[m] 이상이다.
③ 지지선(지선)의 안전율은 1.2 이상이고 허용인장하중의 최저는 4.31[kN]으로 한다.
④ 지지선(지선)에 연선을 사용할 경우에는 소선은 3가닥 이상의 연선을 사용한다.

해설 지지선의 시설(한국전기설비규정 331.11)
- 안전율: 2.5 이상
- 최저 인장하중: 4.31[kN]
- 연선일 경우 소선의 지름이 2.6[mm] 이상인 금속선 3가닥 이상을 꼬아서 사용
- 지중 및 지표상 0.3[m]까지의 부분은 아연도금 철봉 등을 사용
- 도로를 횡단하여 시설하는 지지선(지선)의 높이는 지표상 5[m] 이상, 교통에 지장을 초래할 우려가 없는 경우에는 지표상 4.5[m] 이상, 보도의 경우에는 2.5[m] 이상으로 할 수 있다.
- 가공전선로의 지지물로 사용하는 철탑은 지지선(지선)을 사용하여 그 강도를 분담시켜서는 아니 된다.
- 지선근가는 지지선(지선)의 인장하중에 충분히 견디도록 시설할 것

20

일반주택 및 아파트 각 호실의 현관등은 몇 분 이내에 소등되는 타임스위치를 시설하여야 하는가?

① 1분 ② 3분
③ 5분 ④ 10분

해설 점멸기의 시설(한국전기설비규정 234.6)
- 「관광진흥법」과 「공중위생관리법」에 의한 관광숙박업 또는 숙박업(여인숙업을 제외한다)에 이용되는 객실의 입구등은 1분 이내에 소등되는 것
- 일반주택 및 아파트 각 호실의 현관등은 3분 이내에 소등되는 것

| 정답 | 17 ① 18 ① 19 ④ 20 ②

2022년 1회

01

애자공사에 의한 저압 옥측전선로는 사람이 쉽게 접촉될 우려가 없도록 시설하고, 전선의 지지점 간의 거리는 몇 [m] 이하이어야 하는가?

① 1
② 1.5
③ 2
④ 3

해설 저압 옥측전선로(한국전기설비규정 221.2)

공사 종류	시설 기준
애자공사	• 전개된 장소에 한함 • 4[mm²] 이상의 연동 절연전선(OW 및 DV 제외)일 것 • 지지점 간의 거리: 2[m] 이하 • 전선 상호 간의 간격 0.06[m] (단, 사용전압 400[V] 초과 전선을 비나 이슬에 젖는 장소에 설치할 경우 0.12[m])

02

특고압 가공전선로의 지지물 양측의 경간의 차가 큰 곳에 사용하는 철탑의 종류는?

① 내장형
② 보강형
③ 직선형
④ 인류형

해설 특고압 가공전선로의 철주·철근 콘크리트주 또는 철탑의 종류(한국전기설비규정 333.11)
- 각도형: 전선로 중 3°를 넘는 수평각도를 이루는 곳에 사용
- 인류형: 전가섭선을 인류하는 곳에 사용
- 내장형: 전선로의 지지물 양쪽의 경간의 차가 큰 곳에 사용
- 보강형: 전선로의 직선 부분에 그 보강을 위하여 사용

관련개념 내장형 철탑
주요 키워드: 양측의 경간 차이, 10기

03

전력보안통신설비인 무선통신용 안테나 등을 지지하는 철주의 기초 안전율은 얼마 이상이어야 하는가?(단, 무선용 안테나 등이 전선로의 주위상태를 감시할 목적으로 시설되는 것이 아닌 경우이다.)

① 1.3
② 1.5
③ 1.8
④ 2.0

해설 무선용 안테나 등을 지지하는 철탑 등의 시설(한국전기설비규정 364.1)
- 목주의 풍압하중에 대한 안전율: 1.5 이상
- 철주·철근 콘크리트주 또는 철탑의 기초 안전율: 1.5 이상

04

전기저장장치를 전용건물에 시설하는 경우에 대한 설명이다. 다음 ( )에 들어갈 내용으로 옳은 것은?

> 전기저장장치 시설장소는 주변 시설(도로, 건물, 가연물질 등)로부터 (㉠)[m] 이상 이격하고 다른 건물의 출입구나 피난계단 등 이와 유사한 장소로부터는 (㉡)[m] 이상 이격하여야 한다.

① ㉠ 3   ㉡ 1
② ㉠ 2   ㉡ 1.5
③ ㉠ 1   ㉡ 2
④ ㉠ 1.5 ㉡ 3

해설 전용건물에 시설하는 경우(한국전기설비규정 512)
전기저장장치를 일반인이 출입하는 건물과 분리된 별도의 장소에 시설하는 경우에는 다음에 따라 시설하여야 한다.
- 바닥, 천장(지붕), 벽면 재료는 불연재료로 할 것. 단, 단열재는 준불연재료 또는 이와 동등 이상의 것을 사용할 수 있다.
- 지표면을 기준으로 높이 22[m] 이내로 하고 해당 장소의 출구가 있는 바닥면을 기준으로 깊이 9[m] 이내로 하여야 한다.
- 주변 시설(도로, 건물, 가연물질 등)로부터 1.5[m] 이상 이격하고 다른 건물의 출입구나 피난계단 등 이와 유사한 장소로부터는 3[m] 이상 이격하여야 한다.

| 정답 | 01 ③   02 ①   03 ②   04 ④

05

지중전선로를 직접 매설식에 의하여 시설할 때, 차량 기타 중량물의 압력을 받을 우려가 있는 장소인 경우 매설 깊이는 몇 [m] 이상으로 시설하여야 하는가?

① 0.6
② 1.0
③ 1.2
④ 1.5

해설 지중전선로의 시설(한국전기설비규정 334.1)
지중전선로를 직접 매설식에 의하여 시설하는 경우에는 매설 깊이를 차량 기타 중량물의 압력을 받을 우려가 있는 장소에는 1.0[m] 이상, 기타 장소에는 0.6[m] 이상으로 하고 또한 지중 전선을 견고한 트라프 기타 방호물에 넣어 시설하여야 한다.

관련개념 지중전선로의 시설
주요 키워드: 1.0[m], 0.6[m], 직접 매설식, 암거식, 관로식

06

급전선에 대한 설명으로 틀린 것은?

① 급전선은 비절연보호도체, 매설접지도체, 레일 등으로 구성하여 단권변압기 중성점과 공통접지에 접속한다.
② 가공식은 전차선의 높이 이상으로 전차선로 지지물에 병가하며, 나전선의 접속은 직선접속을 원칙으로 한다.
③ 선상승강장, 인도교, 과선교 또는 교량 하부 등에 설치할 때에는 최소 절연이격거리 이상을 확보하여야 한다.
④ 신설 터널 내 급전선을 가공으로 설계할 경우 지지물의 취부는 C찬넬 또는 매입전을 이용하여 고정하여야 한다.

해설 전차선로의 일반사항(한국전기설비규정 431)
급전선로
- 급전선은 나전선을 적용하여 가공식으로 가설을 원칙으로 한다.
- 가공식은 전차선의 높이 이상으로 전차선로 지지물에 병가하며, 나전선의 접속은 직선접속을 원칙으로 한다.
- 신설 터널 내 급전선을 가공으로 설계할 경우 지지물의 취부는 C찬넬 또는 매입전을 이용하여 고정하여야 한다.
- 선상승강장, 인도교, 과선교 또는 교량 하부 등에 설치할 때에는 최소 절연간격(이격거리) 이상을 확보하여야 한다.

07

진열장 내의 배선으로 사용전압 400[V] 이하에 사용하는 코드 또는 캡타이어케이블의 최소 단면적은 몇 $[mm^2]$인가?

① 1.25
② 1.0
③ 0.75
④ 0.5

해설 진열장 또는 이와 유사한 것의 내부 배선(한국전기설비규정 234.8)
- 배선은 단면적 $0.75[mm^2]$ 이상의 코드 또는 캡타이어 케이블일 것
- 건조한 장소에 시설하고 또한 내부를 건조한 상태로 사용하는 진열장 또는 이와 유사한 것의 내부에 사용전압이 400[V] 이하의 배선을 외부에서 잘 보이는 장소에 한하여 코드 또는 캡타이어케이블로 직접 조영재에 밀착하여 배선할 수 있다.

08

조상기에 내부 고장이 생긴 경우, 조상기의 뱅크용량이 몇 [kVA] 이상일 때 전로로부터 자동 차단하는 장치를 시설하여야 하는가?

① 5,000
② 10,000
③ 15,000
④ 20,000

해설 조상설비의 보호장치(한국전기설비규정 351.5)

설비종별	뱅크용량의 구분	자동적으로 전로로부터 차단하는 장치
전력용 커패시터 및 분로리액터	500[kVA] 초과 15,000[kVA] 미만	• 내부에 고장이 생긴 경우 • 과전류가 생긴 경우
	15,000[kVA] 이상	• 내부에 고장이 생긴 경우 • 과전류가 생긴 경우 • 과전압이 생긴 경우
조상기	15,000[kVA] 이상	내부에 고장이 생긴 경우

| 정답 | 05 ② 06 ① 07 ③ 08 ③

09

고장보호에 대한 설명으로 틀린 것은?

① 고장보호는 일반적으로 직접접촉을 방지하는 것이다.
② 고장보호는 인축의 몸을 통해 고장전류가 흐르는 것을 방지하여야 한다.
③ 고장보호는 인축의 몸에 흐르는 고장전류를 위험하지 않는 값 이하로 제한하여야 한다.
④ 고장보호는 인축의 몸에 흐르는 고장전류의 지속시간을 위험하지 않은 시간까지로 제한하여야 한다.

해설 감전에 대한 보호(한국전기설비규정 113.2)
고장보호는 일반적으로 기본절연의 고장에 의한 간접접촉을 방지하는 것이다.
- 노출도전부에 인축이 접촉하여 일어날 수 있는 위험으로부터 보호되어야 한다.
- 고장보호는 다음 중 어느 하나에 적합하여야 한다.
  - 인축의 몸을 통해 고장전류가 흐르는 것을 방지
  - 인축의 몸에 흐르는 고장전류를 위험하지 않는 값 이하로 제한
  - 인축의 몸에 흐르는 고장전류의 지속시간을 위험하지 않은 시간까지로 제한

11

중앙급전 전원과 구분되는 것으로서 전력 소비지역 부근에 분산하여 배치 가능한 신·재생에너지 발전설비 등의 전원으로 정의되는 용어는?

① 임시전력원
② 분전반전원
③ 분산형전원
④ 계통연계전원

해설 용어 정의(한국전기설비규정 112)
분산형전원이란 중앙급전 전원과 구분되는 것으로서 전력 소비지역 부근에 분산하여 배치 가능한 전원을 말하며, 신·재생에너지 발전설비, 전기저장장치 등을 포함한다.

10

네온방전등의 관등회로의 전선을 애자공사에 의해 자기 또는 유리제 등의 애자로 견고하게 지지하여 조영재의 아랫면 또는 옆면에 부착한 경우 전선 상호 간의 이격거리는 몇 [mm] 이상이어야 하는가?

① 30
② 60
③ 80
④ 100

해설 네온방전등(한국전기설비규정 234.12)
- 전선은 조영재의 옆면 또는 아랫면에 붙일 것
- 전선의 지지점 간의 거리는 1[m] 이하로 할 것
- 전선 상호 간의 거리는 60[mm] 이상일 것

12

교류 전차선 등 충전부와 식물 사이의 이격거리는 몇 [m] 이상이어야 하는가?(단, 현장여건을 고려한 방호벽 등의 안전조치를 하지 않은 경우이다.)

① 1
② 3
③ 5
④ 10

해설 전차선로의 일반사항(한국전기설비규정 431)
교류전차선 등 충전부와 식물 사이의 간격은 5[m] 이상이어야 한다. 다만, 5[m] 이상 확보하기 곤란한 경우에는 현장여건을 고려하여 방호벽 등 안전조치를 하여야 한다.

| 정답 | 09 ① 10 ② 11 ③ 12 ③

13

수소냉각식 발전기에서 사용하는 수소 냉각 장치에 대한 시설기준으로 틀린 것은?

① 수소를 통하는 관으로 동관을 사용할 수 있다.
② 수소를 통하는 관은 이음매가 있는 강판이어야 한다.
③ 발전기 내부의 수소의 온도를 계측하는 장치를 시설하여야 한다.
④ 발전기 내부의 수소의 순도가 85[%] 이하로 저하한 경우에 이를 경보하는 장치를 시설하여야 한다.

해설 수소냉각식 발전기 등의 시설(한국전기설비규정 351.10)
- 발전기 또는 조상기는 기밀구조의 것이고 또한 수소가 대기압에서 폭발하는 경우에 생기는 압력에 견디는 강도를 가지는 것일 것
- 발전기축의 밀봉부에는 질소 가스를 봉입할 수 있는 장치 또는 발전기축의 밀봉부로부터 누설된 수소 가스를 안전하게 외부에 방출할 수 있는 장치를 설치할 것
- 발전기 안 또는 조상기 안의 수소의 순도가 85[%] 이하로 저하한 경우에 이를 경보하는 장치를 시설할 것
- 발전기 안 또는 조상기 안의 수소의 압력을 계측하는 장치 및 그 압력이 현저히 변동한 경우에 이를 경보하는 장치를 시설할 것
- 발전기 안 또는 조상기 안의 수소의 온도를 계측하는 장치를 시설할 것
- 수소를 통하는 관은 동관 또는 이음매가 없는 강판이어야 하며 또한 수소가 대기압에서 폭발하는 경우에 생기는 압력에 견디는 강도의 것일 것

14

사용전압이 22.9[kV]인 특고압 가공전선과 그 지지물·완금류·지주 또는 지선 사이의 이격거리는 몇 [cm] 이상이어야 하는가?

① 15   ② 20
③ 25   ④ 30

해설 특고압 가공전선과 지지물 등의 간격(한국전기설비규정 333.5)

사용전압	간격[m]
15[kV] 미만	0.15
15[kV] 이상 25[kV] 미만	0.2
25[kV] 이상 35[kV] 미만	0.25
35[kV] 이상 50[kV] 미만	0.3

※ 기술상 부득이한 경우에 위험의 우려가 없도록 시설한 때에는 표의 0.8배

15

플로어덕트공사에 의한 저압 옥내배선 공사 시 시설기준으로 틀린 것은?

① 덕트의 끝부분은 막을 것
② 옥외용 비닐절연전선을 사용할 것
③ 덕트 안에는 전선에 접속점이 없도록 할 것
④ 덕트 및 박스 기타의 부속품은 물이 고이는 부분이 없도록 시설하여야 한다.

해설 플로어덕트공사(한국전기설비규정 232.32)
- 전선은 절연전선(옥외용 비닐절연전선을 제외한다)일 것
- 전선은 연선일 것. 다만, 단면적 10[mm²](알루미늄선은 단면적 16[mm²]) 이하인 것은 그러하지 아니하다.
- 플로어덕트 안에는 전선에 접속점이 없도록 할 것 다만, 전선을 분기하는 경우에 접속점을 쉽게 점검할 수 있을 때에는 그러하지 아니하다.
- 덕트의 끝부분은 막을 것
- 덕트 및 박스 기타의 부속품은 물이 고이는 부분이 없도록 시설하여야 한다.
- 덕트 상호 간 및 덕트와 박스 및 인출구와는 견고하고 또한 전기적으로 완전하게 접속할 것

16

사무실 건물의 조명설비에 사용되는 백열전등 또는 방전등에 전기를 공급하는 옥내전로의 대지전압은 몇 [V] 이하인가?

① 250   ② 300
③ 350   ④ 400

해설 옥내전로의 대지전압의 제한(한국전기설비규정 231.6)
백열전등(전기스탠드 등 제외) 또는 방전등에 전기를 공급하는 옥내 전로의 대지전압은 300[V] 이하이어야 한다.

관련개념
특별한 경우를 제외하고 대지전압은 300[V] 이하

| 정답 | 13 ② | 14 ② | 15 ② | 16 ② |

17

고압 가공전선으로 사용한 경동선은 안전율이 얼마 이상인 이도로 시설하여야 하는가?

① 2.0
② 2.2
③ 2.5
④ 3.0

해설 고압 가공전선의 안전율(한국전기설비규정 332.4)
경동선 또는 내열 동합금선: 2.2 이상
그 밖의 전선: 2.5 이상

18

저압 가공전선이 안테나와 접근상태로 시설될 때 상호 간의 이격거리는 몇 [cm] 이상이어야 하는가?(단, 전선이 고압 절연전선, 특고압 절연전선 또는 케이블이 아닌 경우이다.)

① 60
② 80
③ 100
④ 120

해설 고압 가공전선과 안테나의 접근 또는 교차(한국전기설비규정 332.14)

	구분	저압	고압
안테나	일반적인 경우	0.6[m]	0.8[m]
	전선이 고압절연전선	0.3[m]	0.8[m]
	전선이 케이블인 경우	0.3[m]	0.4[m]

19

저압 가공전선로의 지지물이 목주인 경우 풍압하중의 몇 배의 하중에 견디는 강도를 가지는 것이어야 하는가?

① 1.2
② 1.5
③ 2
④ 3

해설 저압 가공전선로의 지지물의 강도(한국전기설비규정 222.8)
저압 가공전선로의 지지물은 목주인 경우에는 풍압하중의 1.2배의 하중, 기타의 경우에는 풍압하중에 견디는 강도를 가지는 것이어야 한다.

20

최대사용전압이 23,000[V]인 중성점 비접지식 전로의 절연내력 시험전압은 몇 [V]인가?

① 16,560
② 21,160
③ 25,300
④ 28,750

해설 변압기 전로의 절연내력(한국전기설비규정 135)

권선의 종류	시험전압	시험방법
최대 사용전압 7[kV] 초과 60[kV] 이하의 권선	최대 사용전압의 1.25배의 전압(최저 시험전압 10.5[kV])	전로와 대지 사이에 시험전압을 연속하여 10분간 가한다.

∴ 전로의 절연내력 시험전압
$23,000 \times 1.25 = 28,750[V]$

2022년 2회

01

최대 사용전압이 $10.5[kV]$를 초과하는 교류의 회전기 절연내력을 시험하고자 한다. 이때 시험전압은 최대 사용전압의 몇 배의 전압으로 하여야 하는가?(단, 회전 변류기는 제외한다.)

① 1
② 1.1
③ 1.25
④ 1.5

해설 회전기 및 정류기의 절연내력(한국전기설비규정 133)

종류		시험전압	시험방법
회전기	발전기·전동기·조상기·기타 회전기 (회전 변류기를 제외한다)	최대 사용전압 7[kV] 이하	최대 사용전압의 1.5배의 전압 (500[V] 미만으로 되는 경우에는 500[V])	권선과 대지 사이에 연속하여 10분간 가한다.
		최대 사용전압 7[kV] 초과	최대 사용전압의 1.25배의 전압(10.5[kV] 미만으로 되는 경우에는 10.5[kV])	
	회전 변류기		직류 측의 최대 사용전압의 1배의 교류전압(500[V] 미만으로 되는 경우에는 500[V])	
정류기		최대 사용전압이 60[kV] 이하	직류 측의 최대 사용전압의 1배의 교류전압(500[V] 미만으로 되는 경우에는 500[V])	충전부분과 외함 간에 연속하여 10분간 가한다.
		최대 사용전압 60[kV] 초과	교류 측의 최대 사용전압의 1.1배의 교류전압 또는 직류 측이 최대 사용전압의 1.1배의 직류전압	교류 측 및 직류고압 측 단자와 대지 사이에 연속하여 10분간 가한다.

7[kV]를 초과하는 회전기의 절연내력은 최대 사용전압의 1.25배의 전압에서 10분간 견디어야 한다.

02

강관으로 구성된 철탑의 갑종 풍압하중은 수직 투영면적 $1[m^2]$에 대한 풍압을 기초로 하여 계산한 값이 몇 $[Pa]$인가?(단, 단주는 제외한다.)

① 1,255
② 1,412
③ 1,627
④ 2,157

해설 풍압하중의 종별과 적용(한국전기설비규정 331.6)

풍압을 받는 구분		풍압[Pa]
지지물	목주	588
	원형의 것	588
	삼각형 또는 마름모	1,412
	강관에 의하여 구성되는 4각형의 것	1,117
	기타의 것으로 복재가 전후면에 겹치는 경우	1,627
	기타의 것으로 겹치지 않은 경우	1,784
	철근 콘크리트주 원형의 것	588
	철근 콘크리트주 기타의 것	882
	철탑 강관으로 구성되는 것(단주는 제외)	1,255
	철탑 기타의 것	2,157

정답 01 ③ 02 ①

03

가요전선관 및 부속품의 시설에 대한 내용이다. 다음 (　)에 들어갈 내용으로 옳은 것은?

> 1종 금속제 가요전선관에는 단면적 (　)[mm²] 이상의 나연동선을 전체 길이에 걸쳐 삽입 또는 첨가하여 그 나연동선과 1종 금속제 가요전선관을 양쪽 끝에서 전기적으로 완전하게 접속할 것. 다만, 관의 길이가 4[m] 이하인 것을 시설하는 경우에는 그러하지 아니하다.

① 0.75　　② 1.5
③ 2.5　　④ 4

해설 관공사(한국전기설비규정 232.13)

금속제 가요전선관 공사	• 2종 금속제 가요전선관일 것 • 1종 금속제 가요전선관에는 단면적 2.5[mm²] 이상의 나연동선을 전체 길이에 걸쳐 삽입 또는 첨가하여 그 나연동선과 1종 금속제가요전선관을 양쪽 끝에서 전기적으로 완전하게 접속할 것(다만, 관의 길이가 4[m] 이하인 것을 시설하는 경우에는 그러하지 아니하다.)

04

전압의 구분에 대한 설명으로 옳은 것은?

① 직류에서의 저압은 1,000[V] 이하의 전압을 말한다.
② 교류에서의 저압은 1,500[V] 이하의 전압을 말한다.
③ 직류에서의 고압은 3,500[V]를 초과하고 7,000[V] 이하인 전압을 말한다.
④ 특고압은 7,000[V]를 초과하는 전압을 말한다.

해설 전압의 종별 구분(한국전기설비규정 111.1)
이 규정에서 적용하는 전압의 구분은 다음과 같다.
• 저압: 교류는 1[kV] 이하, 직류는 1.5[kV] 이하인 것
• 고압: 교류는 1[kV]를, 직류는 1.5[kV]를 초과하고, 7[kV] 이하인 것
• 특고압: 7[kV]를 초과하는 것

05

한국전기설비규정에 따른 용어의 정의에서 감전에 대한 보호 등 안전을 위해 제공되는 도체를 말하는 것은?

① 접지도체　　② 보호도체
③ 수평도체　　④ 접지극도체

해설 용어 정의(한국전기설비규정 112)
보호도체란 감전에 대한 보호 등 안전을 위해 제공되는 도체를 말한다.

06

사용전압이 22.9[kV]인 가공전선이 철도를 횡단하는 경우, 전선의 레일면상의 높이는 몇 [m] 이상인가?

① 5　　② 5.5
③ 6　　④ 6.5

해설 특고압 가공전선의 높이(한국전기설비규정 333.7)

사용전압의 구분	지표상의 높이
35[kV] 이하	5[m](철도 또는 궤도를 횡단하는 경우에는 6.5[m], 도로를 횡단하는 경우에는 6[m], 횡단보도교의 위에 시설하는 경우로서 전선이 특고압 절연전선 또는 케이블인 경우에는 4[m]) 이상
35[kV] 초과 160[kV] 이하	6[m](철도 또는 궤도를 횡단하는 경우에는 6.5[m], 산지(山地) 등에서 사람이 쉽게 들어갈 수 없는 장소에 시설하는 경우에는 5[m], 횡단보도교의 위에 시설하는 경우 전선이 케이블인 때에는 5[m]) 이상
160[kV] 초과	6[m](철도 또는 궤도를 횡단하는 경우에는 6.5[m], 산지 등에서 사람이 쉽게 들어갈 수 없는 장소를 시설하는 경우에는 5[m])에 160[kV]를 초과하는 10[kV] 또는 그 단수마다 0.12[m]를 더한 값 이상

관련개념
철도 횡단: 6.5[m]

| 정답 | 03 ③　04 ④　05 ②　06 ④

07

사용전압이 $154[\text{kV}]$인 전선로를 제1종 특고압 보안공사로 시설할 경우, 여기에 사용되는 경동연선의 단면적은 몇 $[\text{mm}^2]$ 이상이어야 하는가?

① 100 ② 125
③ 150 ④ 200

해설 특고압 보안공사(한국전기설비규정 333.22)
제1종 특고압 보안공사 시 전선의 단면적은 다음 표에서 정한 값 이상이어야 한다.(단, 케이블인 경우는 제외한다.)

사용전압	전선
100[kV] 미만	인장강도 21.67[kN] 이상의 연선 또는 단면적 55[mm²] 이상의 경동연선 또는 동등 이상의 인장강도를 갖는 알루미늄 전선이나 절연전선
100[kV] 이상 300[kV] 미만	인장강도 58.84[kN] 이상의 연선 또는 단면적 150[mm²] 이상의 경동연선 또는 동등 이상의 인장강도를 갖는 알루미늄 전선이나 절연전선
300[kV] 이상	인장강도 77.47[kN] 이상의 연선 또는 단면적 200[mm²] 이상의 경동연선 또는 동등 이상의 인장강도를 갖는 알루미늄 전선이나 절연전선

관련개념 제1종 특고압 보안공사
주요 키워드: 55[mm²], 150[mm²], 200[mm²], 목주, A종

08

전력보안통신설비의 조가선은 단면적 몇 $[\text{mm}^2]$ 이상의 아연도강연선을 사용하여야 하는가?

① 16 ② 38
③ 50 ④ 55

해설 조가선 시설기준(한국전기설비규정 362.3)
조가선은 단면적 38[mm²] 이상의 아연도강연선을 사용하여야 한다.

09

통신상의 유도 장해방지 시설에 대한 설명이다. 다음 (   )에 들어갈 내용으로 옳은 것은?

> 교류식 전기철도용 전차선로는 기설가공약전류 전선로에 대하여 (   )에 의한 통신상의 장해가 생기지 않도록 시설하여야 한다.

① 정전작용 ② 유도작용
③ 가열작용 ④ 산화작용

해설 통신상의 유도 장해방지 시설(한국전기설비규정 461.7)
교류식 전기철도용 전차선로는 기설가공약전류 전선로에 대하여 유도작용에 의한 통신상의 장해가 생기지 않도록 시설하여야 한다.

10

풍력터빈의 피뢰설비 시설기준에 대한 설명으로 틀린 것은?

① 풍력터빈에 설치한 피뢰설비(리셉터, 인하도선 등)의 기능저하로 인해 다른 기능에 영향을 미치지 않을 것
② 풍력터빈의 내부의 계측 센서용 케이블은 금속관 또는 차폐 케이블 등을 사용하여 뇌유도과전압으로부터 보호할 것
③ 풍력터빈에 설치하는 인하도선은 쉽게 부식되지 않는 금속선으로서 뇌격전류를 안전하게 흘릴 수 있는 충분한 굵기여야 하며, 가능한 직선으로 시설할 것
④ 수뢰부를 풍력터빈 중앙부분에 배치하되 뇌격전류에 의한 발열에 용손(溶損)되지 않도록 재질, 크기, 두께 및 형상 등을 고려할 것

해설 풍력설비의 시설(한국전기설비규정 532)
풍력터빈의 피뢰설비
• 수뢰부를 풍력터빈 선단부분 및 가장자리에 배치하되 뇌격전류에 의한 발열에 용손(溶損)되지 않도록 재질, 크기, 두께 및 형상 등을 고려할 것
• 풍력터빈에 설치하는 인하도선은 쉽게 부식되지 않는 금속선으로서 뇌격전류를 안전하게 흘릴 수 있는 충분한 굵기여야 하며, 가능한 직선으로 시설할 것
• 풍력터빈의 내부의 계측 센서용 케이블은 금속관 또는 차폐 케이블 등을 사용하여 뇌유도과전압으로부터 보호할 것
• 풍력터빈에 설치한 피뢰설비(리셉터, 인하도선 등)의 기능저하로 인해 다른 기능에 영향을 미치지 않을 것

| 정답 | 07 ③ 08 ② 09 ② 10 ④

11

주택의 전기저장장치의 축전지에 접속하는 부하 측 옥내배선을 사람이 접촉할 우려가 없도록 케이블배선에 의하여 시설하고 전선에 적당한 방호장치를 시설한 경우 주택의 옥내전로의 대지전압은 직류 몇 [V]까지 적용할 수 있는가?(단, 전로에 지락이 생겼을 때 자동적으로 전로를 차단하는 장치를 시설한 경우이다.)

① 150
② 300
③ 400
④ 600

해설 옥내전로의 대지전압 제한(한국전기설비규정 511.3)
다음에 따라 시설하는 경우에 주택의 옥내전로의 대지전압은 직류 600[V]까지 적용할 수 있다.
- 전로에 지락이 생겼을 때 자동적으로 전로를 차단하는 장치를 시설할 것
- 사람이 접촉할 우려가 없는 은폐된 장소에서 합성수지관배선, 금속관배선 및 케이블배선에 의하여 시설하거나, 사람이 접촉할 우려가 없도록 케이블배선에 의하여 시설하고 전선에 적당한 방호장치를 시설할 것

12

과전류차단기로 전압전로에 사용하는 범용의 퓨즈(「전기용품 및 생활용품 안전관리법」에서 규정하는 것을 제외한다.)의 정격전류가 16[A]인 경우 용단전류는 정격전류의 몇 배인가?(단, 퓨즈(gG)인 경우이다.)

① 1.25
② 1.5
③ 1.6
④ 1.9

해설 과전류에 대한 보호(한국전기설비규정 212)
gG, gM 퓨즈의 용단특성

정격전류의 구분	시간	정격전류의 배수		적용
		불용단전류	용단전류	
4[A] 이하	60분	1.5배	2.1배	gG
4[A] 초과 16[A] 미만	60분	1.5배	1.9배	gG
16[A] 이상 63[A] 이하	60분	1.25배	1.6배	gG, gM
63[A] 초과 160[A] 이하	120분	1.25배	1.6배	gG, gM
160[A] 초과 400[A] 이하	180분	1.25배	1.6배	gG, gM
400[A] 초과	240분	1.25배	1.6배	gG, gM

13

특고압용 변압기의 내부에 고장이 생겼을 경우에 자동차단장치 또는 경보장치를 하여야 하는 최소 뱅크용량은 몇 [kVA]인가?

① 1,000
② 3,000
③ 5,000
④ 10,000

해설 특고압용 변압기의 보호장치(한국전기설비규정 351.4)

뱅크용량의 구분	동작조건	장치의 종류
5,000[kVA] 이상 10,000[kVA] 미만	변압기 내부 고장	자동차단장치 또는 경보장치
10,000[kVA] 이상	변압기 내부 고장	자동차단장치
타냉식 변압기	냉각장치에 고장이 생긴 경우 또는 변압기의 온도가 현저히 상승한 경우	경보장치

14

고압 가공전선로의 가공지선으로 나경동선을 사용할 때의 최소 굵기는 지름 몇 [mm] 이상인가?

① 3.2
② 3.5
③ 4.0
④ 5.0

해설 고압 가공전선로의 가공지선(한국전기설비규정 332.6)
고압 가공전선로에 사용하는 가공지선은 인장강도 5.26[kN] 이상의 것 또는 지름 4[mm] 이상의 나경동선을 사용하여야 한다.

| 정답 | 11 ④ 12 ③ 13 ③ 14 ③

15

합성수지관 및 부속품의 시설에 대한 설명으로 틀린 것은?

① 관의 지지점 간의 거리는 1.5[m] 이하로 할 것
② 합성수지제 가요전선관 상호 간은 직접 접속할 것
③ 접착제를 사용하여 관 상호 간을 삽입하는 깊이는 관의 바깥지름의 0.8배 이상으로 할 것
④ 접착제를 사용하지 않고 관 상호 간을 삽입하는 깊이는 관의 바깥지름의 1.2배 이상으로 할 것

해설 합성수지관공사(한국전기설비규정 232.11)

합성수지 관공사	・관 지지점 간의 거리: 1.5[m] 이하 ・1본의 길이: 4[m] ・관의 두께: 2[mm] 이상 ・관 상호 간 및 박스와의 관을 삽입하는 깊이 　- 관의 바깥지름의 1.2배(접착제를 사용하는 경우: 0.8배) 이상 ・이중천장(반자 속 포함) 내에는 시설할 수 없음 ・합성수지관 및 부속품의 시설 콤바인 덕트관은 직접 콘크리트에 매입하여 시설하거나 옥내 전개된 장소에 시설하는 경우 이외에는 KSF ISO 1182에 따른 불연성능이 있는 것의 내부, 전용의 불연성 관 또는 덕트에 넣어 시설할 것

16

지중전선로는 기설 지중약전류전선로에 대하여 통신상의 장해를 주지 않도록 기설 약전류전선로로부터 충분히 이격시키거나 기타 적당한 방법으로 시설하여야 한다. 이때 통신상의 장해가 발생하는 원인으로 옳은 것은?

① 충전전류 또는 표피작용
② 충전전류 또는 유도작용
③ 누설전류 또는 표피작용
④ 누설전류 또는 유도작용

해설 지중약전류전선의 유도장해 방지(한국전기설비규정 334.5)

지중전선로는 기설 지중약전류전선로에 대하여 누설전류 또는 유도작용에 의하여 통신상의 장해를 주지 아니하도록 기설 약전류전선로로부터 충분히 이격시키거나 기타 적당한 방법으로 시설하여야 한다.

17

샤워시설이 있는 욕실 등 인체가 물에 젖어있는 상태에서 전기를 사용하는 장소에 콘센트를 시설할 경우 인체감전보호용 누전차단기의 정격감도전류는 몇 [mA] 이하인가?

① 5
② 10
③ 15
④ 30

해설 콘센트의 시설(한국전기설비규정 234.5)

욕조나 샤워 시설이 있는 욕실 또는 화장실 등 인체가 물에 젖어있는 상태에서 전기를 사용하는 장소에 콘센트를 시설하는 경우에는 다음에 따라 시설하여야 한다.

- 「전기용품 및 생활용품 안전관리법」의 적용을 받는 인체감전보호용 누전차단기(정격감도전류 15[mA] 이하, 동작시간 0.03초 이하의 전류동작형의 것에 한한다) 또는 절연변압기(정격용량 3[kVA] 이하인 것에 한한다)로 보호된 전로에 접속하거나, 인체감전보호용 누전차단기가 부착된 콘센트를 시설하여야 한다.
- 콘센트는 접지극이 있는 방적형 콘센트를 사용하여 접지하여야 한다.

관련개념 인체감전보호용 누전차단기

주요 키워드: 15[mA], 0.03초

| 정답 | 15 ② 16 ④ 17 ③

18

가공전선로의 지지물에 시설하는 통신선 또는 이에 직접 접속하는 가공 통신선이 궤도를 횡단하는 경우 그 높이는 레일면상 몇 [m] 이상으로 하여야 하는가?

① 3
② 3.5
③ 5
④ 6.5

해설 전력보안통신선의 시설 높이와 간격(한국전기설비규정 362.2)

구분		가공통신선
철도 횡단		6.5[m] 이상
도로나 차도 위 또는 횡단	일반 경우	5[m] 이상
	교통 지장 ×	4.5[m] 이상
횡단보도교의 위		3[m] 이상
그 외		3.5[m] 이상

관련개념
철도 또는 궤도를 횡단하는 경우 특별한 경우를 제외하고는 6.5[m] 이상

19

사용전압이 400[V] 이하인 저압 옥측전선로를 애자공사에 의해 시설하는 경우 전선 상호 간의 간격은 몇 [m] 이상이어야 하는가?(단, 비나 이슬에 젖지 않는 장소에 사람이 쉽게 접촉될 우려가 없도록 시설한 경우이다.)

① 0.025
② 0.045
③ 0.06
④ 0.12

해설 저압 옥측전선로(한국전기설비규정 221.2)
저압 옥측전선로를 애자공사에 의해 시설하는 경우 전선 상호 간의 간격은 다음 표의 값 이상일 것

시설장소	전선 상호 간의 간격	
	사용전압이 400[V] 이하인 경우	사용전압이 400[V] 초과인 경우
비나 이슬에 젖지 않는 장소	0.06[m]	0.06[m]
비나 이슬에 젖는 장소	0.06[m]	0.12[m]

20

폭연성 분진 또는 화약류의 분말에 전기설비가 발화원이 되어 폭발할 우려가 있는 곳에 시설하는 저압 옥내배선의 공사방법으로 옳은 것은?(단, 사용전압이 400[V] 초과인 방전등을 제외한 경우이다.)

① 금속관공사
② 애자사용공사
③ 합성수지관공사
④ 캡타이어케이블공사

해설 폭연성 분진 위험장소(한국전기설비규정 242.2)
폭연성 분진 또는 화약류의 분말이 존재하는 곳에는 금속관공사 또는 케이블공사(캡타이블케이블을 사용하는 것은 제외)를 적용한다.

2022년 3회

01

다음은 특별저압 SELV와 PELV에 대한 설명이다. 빈칸에 들어갈 알맞은 것을 고르시오.

> 특별저압 계통의 전압한계는 KS C IEC 60449(건축전기설비의 전압밴드)에 의한 전압밴드 I의 상한 값인 교류 (㉠)[V] 이하, 직류 (㉡)[V] 이하이어야 한다.

① ㉠ 50 ㉡ 120
② ㉠ 50 ㉡ 100
③ ㉠ 100 ㉡ 120
④ ㉠ 100 ㉡ 200

해설 저압전로의 절연성능(기술기준 제52조)
특별저압(Extra Low Voltage : 2차 전압이 AC 50[V], DC 120[V] 이하)으로 SELV(비접지회로 구성) 및 PELV(접지회로 구성)는 1차와 2차가 전기적으로 절연된 회로, FELV는 1차와 2차가 전기적으로 절연되지 않은 회로

02

시가지 또는 그 밖에 인가가 밀집한 지역에 154[kV] 가공전선로의 전선을 케이블로 시설하고자 한다. 이때 가공전선을 지지하는 애자장치의 충격섬락전압 값이 그 전선의 근접한 다른 부분을 지지하는 애자장치 값의 몇 [%] 이상이어야 하는가?

① 75
② 100
③ 105
④ 110

해설 시가지 등에서 특고압 가공전선로의 시설(한국전기설비규정 333.1)
사용전압이 170[kV] 이하인 전선로의 특고압 가공전선을 지지하는 애자장치는 50[%] 충격섬락전압 값이 그 전선의 근접한 다른 부분을 지지하는 애자장치 값의 110[%](사용전압이 130[kV]를 초과하는 경우는 105[%]) 이상인 것

03

분산형전원설비 사업자의 한 사업장의 설비 용량 합계가 몇 [kVA] 이상일 경우에는 송·배전계통과 연계지점의 연결 상태를 감시 또는 유효전력, 무효전력 및 전압을 측정할 수 있는 장치를 시설하여야 하는가?

① 100
② 150
③ 200
④ 250

해설 분산형 전원계통 연계설비의 시설(한국전기설비규정 503)
분산형 전원설비 사업자의 한 사업장의 설비 용량 합계가 250[kVA] 이상일 경우에는 송·배전계통과 연계지점의 연결 상태를 감시 또는 유효전력, 무효전력 및 전압을 측정할 수 있는 장치를 시설할 것

04

시스템 종류는 단상교류이고, 전차선과 급전선이 동적일 경우 최소 높이는 몇 [mm] 이상이어야 하는가?

① 4,100
② 4,300
③ 4,500
④ 4,800

해설 전차선로의 일반사항(한국전기설비규정 431)
전차선 및 급전선의 최소 높이

시스템 종류	공칭전압[V]	동적[mm]	정적[mm]
직류	750	4,800	4,400
	1,500	4,800	4,400
단상교류	25,000	4,800	4,570

| 정답 | 01 ① 02 ③ 03 ④ 04 ④

05

전로에 대한 설명 중 옳은 것은?

① 통상의 사용상태에서 전기를 절연한 곳
② 통상의 사용상태에서 전기를 접지한 곳
③ 통상의 사용상태에서 전기가 통하고 있는 곳
④ 통상의 사용상태에서 전기가 통하고 있지 않는 곳

해설 정의(기술기준 제3조)
전로란 통상의 사용상태에서 전기가 통하고 있는 곳을 말한다.

06

저압으로 수전하는 경우 수용가 설비의 인입구로부터 조명까지의 전압강하는 몇 [%] 이하이어야 하는가?

① 3　　　　　　② 5
③ 8　　　　　　④ 6

해설 수용가 설비에서의 전압강하(한국전기설비규정 232.3.9)
수용가 설비의 인입구로부터 기기까지의 전압강하

설비의 유형	조명(%)	기타(%)
A - 저압으로 수전하는 경우	3 이하	5 이하
B - 고압 이상으로 수전하는 경우*	6 이하	8 이하

* 가능한 한 최종회로 내의 전압강하가 A 유형의 값을 넘지 않도록 하는 것이 바람직하다. 사용자의 배선설비가 100[m]를 넘는 부분의 전압강하는 미터당 0.005[%] 증가할 수 있으나 이러한 증가분은 0.5[%]를 넘지 않아야 한다.

07

고압 보안공사에서 지지물이 A종 철주인 경우 경간은 몇 [m] 이하 인가?

① 100　　　　　② 150
③ 250　　　　　④ 400

해설 고압 보안공사(한국전기설비규정 332.10)

지지물의 종류	경간[m]
목주, A종 철주 또는 A종 철근 콘크리트주	100
B종 철주 또는 B종 철근 콘크리트주	150
철탑	400

08

폭발성 또는 연소성의 가스가 침입할 우려가 있는 곳에 시설하는 지중함으로서 그 크기가 몇 $[m^3]$ 이상인 것에는 통풍장치 기타 가스를 방산시키기 위한 적당한 장치를 시설하여야 하는가?

① 0.5　　　　　② 0.75
③ 1　　　　　　④ 2

해설 지중함의 시설(한국전기설비규정 334.2)
- 지중함은 견고하고 차량 기타 중량물의 압력에 견디는 구조일 것
- 지중함은 그 안의 고인 물을 제거할 수 있는 구조로 되어 있을 것
- 폭발성 또는 연소성의 가스가 침입할 우려가 있는 것에 시설하는 지중함으로서 그 크기가 $1[m^3]$ 이상인 것에는 통풍장치 기타 가스를 방산시키기 위한 적당한 장치를 시설할 것
- 지중함의 뚜껑은 시설자 이외의 자가 쉽게 열 수 없도록 시설할 것

관련개념
지중함 – $1[m^3]$

| 정답 | 05 ③　06 ①　07 ①　08 ③

09

전식방지대책에서 매설금속체 측의 누설전류에 의한 전식의 피해가 예상되는 곳에 고려하여야 하는 방법으로 틀린 것은?

① 절연코팅
② 배류장치 설치
③ 변전소 간 간격 축소
④ 저준위 금속체를 접속

해설 전기부식방지대책(한국전기설비규정 461.4)

매설금속체 측의 누설전류에 의한 전식의 피해가 예상되는 곳은 다음 방법을 고려하여야 한다.
- 배류장치 설치
- 절연코팅
- 매설금속체 접속부 절연
- 저준위 금속체를 접속
- 궤도와의 간격(이격거리) 증대
- 금속판 등의 도체로 차폐

10

사용전압이 400[V] 이하인 저압 옥측전선로를 애자공사에 의해 시설하는 경우 전선 상호 간의 간격은 몇 [m] 이상이어야 하는가?(단, 비나 이슬에 젖지 않는 장소에 사람이 쉽게 접촉될 우려가 없도록 시설한 경우이다.)

① 0.025
② 0.045
③ 0.06
④ 0.12

해설 옥측전선로(한국전기설비규정 221.2)

애자공사에 의한 저압 옥측전선로는 다음에 의하고 또한 사람이 쉽게 접촉될 우려가 없도록 시설할 것
- 전선은 공칭단면적 4[mm²] 이상의 연동 절연전선(옥외용 비닐절연전선 및 인입용 절연전선은 제외한다)일 것
- 전선 상호 간의 간격은 다음 표에서 정한 값 이상일 것

시설 장소	전선 상호 간의 간격	
	사용 전압이 400[V] 이하인 경우	사용 전압이 400[V] 초과인 경우
비나 이슬에 젖지 않는 장소	0.06[m]	0.06[m]
비나 이슬에 젖는 장소	0.06[m]	0.12[m]

11

저압 옥내배선을 금속덕트공사로 할 경우 금속덕트에 넣는 전선의 단면적(절연 피복의 단면적 포함)의 합계는 덕트 내부 단면적의 몇 [%]까지 할 수 있는가?

① 20
② 30
③ 40
④ 50

해설 금속덕트공사(한국전기설비규정 232.31)

전선은 절연전선(OW 제외)으로 금속덕트에 넣는 전선의 단면적(절연 피복 포함) 합계는 덕트 내부 단면적의 20[%](전광 표시 장치 기타 이와 유사한 장치 또는 제어회로용 배선만을 넣는 경우는 50[%]) 이하일 것

12

고압 가공전선로의 지지물에 시설하는 통신선의 높이는 도로를 횡단하는 경우 교통에 지장을 줄 우려가 없다면 지표상 몇 [m]까지 감할 수 있는가?

① 4
② 4.5
③ 5
④ 6

해설 전력보안 통신선의 시설높이와 간격(한국전기설비규정 362.2)

시설장소		가공 통신선	첨가 통신선	
			고·저압	특고압
노로 횡단	일반적인 경우	5[m]	6[m]	6[m]
	교통에 지장이 없는 경우	4.5[m]	5[m]	—
철도 횡단(레일면상)		6.5[m]	6.5[m]	6.5[m]
횡단보도교위 (노면상)	일반적인 경우	3[m]	3.5[m]	5[m]
	절연전선과 동등 이상의 절연효력이 있는 것(고·저압)이나 광섬유 케이블을 사용하는 것(특고압)	—	3[m]	4[m]
기타의 장소		3.5[m]	4[m]	5[m]

여기서, 첨가 통신선은 가공전선로의 지지물에 시설하는 통신선을 말한다.

| 정답 | 09 ③ 10 ③ 11 ① 12 ③

13

가공공동지선에 의한 접지공사에 있어 가공공동지선과 대지간의 합성 전기저항 값은 몇 [km]를 지름으로 하는 지역 안마다 규정하는 접지 저항값을 가지는 것으로 하여야 하는가?

① 0.4
② 0.6
③ 0.8
④ 1.0

해설 고압 또는 특고압과 저압의 혼촉에 의한 위험방지 시설(한국전기설비규정 322.1)

가공공동지선과 대지 사이의 합성 전기저항 값은 1[km]를 지름으로 하는 지역 안마다 중성점 접지저항 값을 가지는 것으로 하고 또한 각 접지도체를 가공공동지선으로부터 분리하였을 경우의 각 접지도체와 대지 사이의 전기저항 값은 300[Ω] 이하로 할 것

14

태양전지 모듈의 시설에 대한 설명으로 옳은 것은?

① 충전 부분은 노출하여 시설할 것
② 출력 배선은 극성별로 확인 가능토록 표시할 것
③ 전선은 공칭단면적 1.5[mm^2] 이상의 연동선을 사용할 것
④ 전선을 옥내에 시설할 경우에는 애자공사에 준하여 시설할 것

해설 태양광설비의 시설(한국전기설비규정 522)

- 전선은 공칭단면적 2.5[mm^2] 이상의 연동선 또는 이와 동등 이상의 세기 및 굵기의 것일 것
- 옥내에 시설할 경우에는 합성수지관공사, 금속관공사, 금속제 가요전선관공사 또는 케이블공사로 시설할 것
- 모듈의 출력 배선은 극성별로 확인 가능하도록 표시할 것
- 충전 부분은 노출되지 아니하도록 시설할 것

15

무대, 무대마루 밑, 오케스트라 박스, 영사실 기타 사람이나 무대 도구가 접촉할 우려가 있는 곳에 시설하는 저압 옥내배선, 전구선 또는 이동 전선은 사용전압이 몇 [V] 이하이어야 하는가?

① 60
② 110
③ 220
④ 400

해설 전시회, 쇼 및 공연장의 전기설비(한국전기설비규정 242.6)

무대, 무대마루 밑, 오케스트라 박스, 영사실 기타 사람이나 무대 도구가 접촉할 우려가 있는 곳에 시설하는 저압 옥내배선, 전구선 또는 이동전선은 사용전압이 400[V] 이하일 것

16

애자공사에 의한 저압 옥내배선 시설 중 틀린 것은?

① 전선은 인입용 비닐절연전선일 것
② 전선 상호 간의 간격은 0.06[m] 이상일 것
③ 전선의 지지점 간의 거리는 전선을 조영재의 윗면에 따라 붙일 경우에는 2[m] 이하일 것
④ 전선과 조영재 사이의 이격거리는 사용전압이 400[V] 이하인 경우에는 25[mm] 이상일 것

해설 애자공사(한국전기설비규정 232.56)

전선의 종류: 절연전선(옥외용 비닐절연전선 및 인입용 비닐절연전선은 제외)

구분	사용전압	
	400[V] 이하	400[V] 초과
전선 상호 간의 간격	0.06[m] 이상	
전선과 조영재 사이의 간격	25[mm] 이상	45[mm] 이상 (건조한 장소 25[mm] 이상)
지지점 간의 거리	–	6[m] 이하
	조영재의 윗면 또는 옆면에 따라 붙일 경우: 2[m] 이하	

| 정답 | 13 ④ 14 ② 15 ④ 16 ①

17

특고압용 타냉식 변압기의 냉각장치에 고장이 생긴 경우를 대비하여 어떤 보호장치를 하여야 하는가?

① 경보장치
② 속도조정장치
③ 온도시험장치
④ 냉매흐름장치

해설 특고압용 변압기의 보호장치(한국전기설비규정 351.4)

뱅크용량의 구분	동작조건	장치의 종류
5,000[kVA] 이상 10,000[kVA] 미만	변압기 내부 고장	자동차단장치 또는 경보장치
10,000[kVA] 이상	변압기 내부 고장	자동차단장치
타냉식 변압기 (변압기의 권선 및 철심을 직접 냉각시키기 위하여 봉입한 냉매를 강제 순환시키는 냉각방식을 말한다.)	냉각장치에 고장이 생긴 경우 또는 변압기의 온도가 현저히 상승한 경우	경보장치

18

조상기의 보호장치로서 내부 고장 시에 자동적으로 전로로부터 차단되는 장치를 설치하여야 하는 조상기 용량은 몇 [kVA] 이상인가?

① 5,000
② 7,500
③ 10,000
④ 15,000

해설 조상설비의 보호장치(한국전기설비규정 351.5)

설비종별	뱅크용량의 구분	자동적으로 전로로부터 차단하는 장치
전력용 커패시터 및 분로리액터	500[kVA] 초과 15,000[kVA] 미만	내부에 고장이 생긴 경우에 동작하는 장치 또는 과전류가 생긴 경우에 동작하는 장치
	15,000[kVA] 이상	내부에 고장이 생긴 경우에 동작하는 장치 및 과전류가 생긴 경우에 동작하는 장치 또는 과전압이 생긴 경우에 동작하는 장치
조상기	15,000[kVA] 이상	내부에 고장이 생긴 경우에 동작하는 장치

19

가공전선로의 지지물에 시설하는 지선에 관한 사항으로 옳은 것은?

① 소선은 지름 2.0[mm] 이상인 금속선을 사용한다.
② 도로를 횡단하여 시설하는 지선의 높이는 지표상 6.0[m] 이상이다.
③ 지선의 안전율은 1.2 이상이고 허용 인장하중의 최저는 4.31[kN]으로 한다.
④ 지선에 연선을 사용할 경우에는 소선은 3가닥 이상의 연선을 사용한다.

해설 지선의 시설(한국전기설비규정 331.11)
- 안전율: 2.5 이상
- 최저 인장하중: 4.31[kN]
- 연선일 경우 소선의 지름이 2.6[mm] 이상인 금속선 3가닥 이상을 꼬아서 사용
- 지중 및 지표상 0.3[m]까지의 부분은 아연도금 철봉 등을 사용
- 도로를 횡단하여 시설하는 지선의 높이는 지표상 5[m] 이상으로 할 것

20

무선용 안테나 등을 지지하는 철탑의 기초 안전율은 얼마 이상이어야 하는가?

① 1.0
② 1.5
③ 2.0
④ 2.5

해설 무선용 안테나 등을 지지하는 철탑 등의 시설(한국전기설비규정 364.1)

철주·철근 콘크리트주 또는 철탑의 기초 안전율은 1.5 이상이어야 한다.

정답 | 17 ① 18 ④ 19 ④ 20 ②

2021년 1회

01

사용전압이 22.9[kV]인 가공전선로의 다중접지한 중성선과 첨가 통신선의 이격거리는 몇 [cm] 이상이어야 하는가?(단, 특고압 가공전선로는 중성선 다중접지식의 것으로 전로에 지락이 생긴 경우 2초 이내에 자동적으로 이를 전로로부터 차단하는 장치가 되어 있는 것으로 한다.)

① 60
② 75
③ 100
④ 120

해설 전력보안통신선의 시설 높이와 간격(한국전기설비규정 362.2)
가공전선로의 지지물에 시설하는 통신선은 다음에 따른다.
- 통신선은 가공전선의 아래에 시설할 것
- 통신선과 저압 가공전선 또는 특고압 가공전선로의 다중접지를 한 중성선 사이의 간격(이격거리)은 0.6[m] 이상일 것
- 통신선과 고압 가공전선 사이의 간격(이격거리)은 0.6[m] 이상일 것
- 통신선은 고압 가공전선로 또는 특고압 가공전선로의 지지물에 시설하는 기계기구에 부속되는 전선과 접촉할 우려가 없도록 지지물 또는 완금류에 견고하게 시설할 것

첨가 통신선은 가공전선로의 지지물에 시설하는 통신선을 말한다.

02

다음 ( )에 들어갈 내용으로 옳은 것은?

> 지중전선로는 기설 지중약전류전선로에 대하여 (ⓐ) 또는 (ⓑ)에 의하여 통신상의 장해를 주지 않도록 기설 약전류전선로로부터 충분히 이격시키거나 기타 적당한 방법으로 시설하여야 한다.

① ⓐ 누설전류　ⓑ 유도작용
② ⓐ 단락전류　ⓑ 유도작용
③ ⓐ 단락전류　ⓑ 정전작용
④ ⓐ 누설전류　ⓑ 정전작용

해설 지중약전류전선의 유도장해 방지(한국전기설비규정 334.5)
지중전선로는 기설 지중약전류전선로에 대하여 누설전류 또는 유도작용에 의하여 통신상의 장해를 주지 아니하도록 기설 약전류전선로로부터 충분히 이격시키거나 기타 적당한 방법으로 시설하여야 한다.

관련개념
통신선 – 유도장해(세트 암기)

03

전격살충기의 전격격자는 지표 또는 바닥에서 몇 [m] 이상의 높은 곳에 시설하여야 하는가?

① 1.5
② 2
③ 2.8
④ 3.5

해설 전격살충기(한국전기설비규정 241.7)
- 설치 높이: 지표 또는 바닥에서 3.5[m] 이상 높은 곳에 시설(자동 차단 보호장치: 1.8[m] 이상)
- 전격격자와 다른 시설물 또는 식물 사이의 간격: 0.3[m] 이상
- 위험표시를 할 것

| 정답 | 01 ① 　02 ① 　03 ④

04

사용전압이 $154[kV]$인 모선에 접속되는 전력용 커패시터에 울타리를 시설하는 경우 울타리의 높이와 울타리로부터 충전부분까지 거리의 합계는 몇 $[m]$ 이상 되어야 하는가?

① 2 ② 3
③ 5 ④ 6

해설 발전소 등의 울타리·담 등의 시설(한국전기설비규정 351.1)

사용전압의 구분	울타리·담 등의 높이와 울타리·담 등으로부터 충전 부분까지의 거리의 합계
35[kV] 이하	5[m] 이상
35[kV] 초과 160[kV] 이하	6[m] 이상
160[kV] 초과	6[m]에 160[kV]를 초과하는 10[kV] 또는 그 단수마다 0.12[m]를 더한 값 이상

05

사용전압이 $22.9[kV]$인 가공전선이 삭도와 제1차 접근상태로 시설되는 경우, 가공전선과 삭도 또는 삭도용 지주 사이의 이격거리는 몇 $[m]$ 이상으로 하여야 하는가?(단, 전선으로는 특고압 절연전선을 사용한다.)

① 0.5 ② 1
③ 2   ④ 2.12

해설 특고압 가공전선과 삭도의 접근 또는 교차(한국전기설비규정 333.25)

특고압 가공전선이 삭도와 제1차 접근상태로 시설되는 경우, 특고압 가공전선과 삭도 또는 삭도용 지주 사이의 간격은 다음 표에서 정한 값 이상일 것

사용전압의 구분	간격
35[kV] 이하	2[m](전선이 특고압 절연전선인 경우는 1[m], 케이블인 경우는 0.5[m])
35[kV] 초과 60[kV] 이하	2[m]
60[kV] 초과	2[m]에 사용전압이 60[kV]를 초과하는 10[kV] 또는 그 단수마다 0.12[m]을 더한 값

06

사용전압이 $22.9[kV]$인 가공전선로를 시가지에 시설하는 경우 전선의 지표상 높이는 몇 $[m]$ 이상인가?(단, 전선은 특고압 절연전선을 사용한다.)

① 6   ② 7
③ 8   ④ 10

해설 시가지 등에서 특고압 가공전선로의 시설(한국전기설비규정 333.1)

사용전압의 구분	지표상의 높이
35[kV] 이하	10[m] (전선이 특고압 절연전선인 경우에는 8[m]) 이상
35[kV] 초과	10[m]에 35[kV]를 초과하는 10[kV] 또는 그 단수마다 0.12[m]를 더한 값 이상

07

저압 옥내배선에 사용하는 연동선의 최소 굵기는 몇 $[mm^2]$인가?

① 1.5 ② 2.5
③ 4.0 ④ 6.0

해설 저압 옥내배선의 사용전선(한국전기설비규정 231.3.1)

전선 : 단면적 2.5$[mm^2]$ 이상의 연동선 또는 이와 동등 이상의 강도 및 굵기의 것

| 정답 | 04 ④ 05 ② 06 ③ 07 ②

08

"리플프리(Ripple-free)직류"란 교류를 직류로 변환할 때 리플성분의 실횻값이 몇 [%] 이하로 포함된 직류를 말하는가?

① 3
② 5
③ 10
④ 15

해설 용어 정의(한국전기설비규정 112)
리플프리(Ripple-free)직류란 교류를 직류로 변환할 때 리플성분의 실횻값이 10[%] 이하로 포함된 직류를 말한다.

09

저압 전로에서 정전이 어려운 경우 등 절연저항 측정이 곤란한 경우 저항성분의 누설전류가 몇 [mA] 이하이면 그 전로의 절연성능은 적합한 것으로 보는가?

① 1
② 2
③ 3
④ 4

해설 전로의 절연저항 및 절연내력(한국전기설비규정 132)
절연저항 측정이 곤란한 경우, 저항 성분의 누설전류가 1[mA] 이하이면 그 전로의 절연성능은 적합한 것으로 본다.

10

수소냉각식 발전기 및 이에 부속하는 수소냉각장치에 대한 시설기준으로 틀린 것은?

① 발전기 내부의 수소의 온도를 계측하는 장치를 시설할 것
② 발전기 내부의 수소의 순도가 70[%] 이하로 저하한 경우에 경보를 하는 장치를 시설할 것
③ 발전기는 기밀구조의 것이고 또한 수소가 대기압에서 폭발하는 경우에 생기는 압력에 견디는 강도를 가지는 것일 것
④ 발전기 내부의 수소의 압력을 계측하는 장치 및 그 압력이 현저히 변동한 경우에 이를 경보하는 장치를 시설할 것

해설 수소냉각식 발전기 등의 시설(한국전기설비규정 351.10)
- 발전기 또는 조상기는 기밀구조의 것이고 또한 수소가 대기압에서 폭발하는 경우에 생기는 압력에 견디는 강도를 가지는 것일 것
- 발전기축의 밀봉부에는 질소 가스를 봉입할 수 있는 장치 또는 발전기축의 밀봉부로부터 누설된 수소 가스를 안전하게 외부에 방출할 수 있는 장치를 설치할 것
- 발전기 안 또는 조상기 안의 수소의 순도가 85[%] 이하로 저하한 경우에 이를 경보하는 장치를 시설할 것
- 발전기 안 또는 조상기 안의 수소의 압력을 계측하는 장치 및 그 압력이 현저히 변동한 경우에 이를 경보하는 장치를 시설할 것
- 발전기 안 또는 조상기 안의 수소의 온도를 계측하는 장치를 시설할 것
- 발전기 안 또는 조상기 안으로 수소를 안전하게 도입할 수 있는 장치 및 발전기 안 또는 조상기 안의 수소를 안전하게 외부로 방출할 수 있는 장치를 시설할 것
- 수소를 통하는 관은 동관 또는 이음매 없는 강판이어야 하며 또한 수소가 대기압에서 폭발하는 경우에 생기는 압력에 견디는 강도의 것일 것
- 수소를 통하는 관·밸브 등은 수소가 새지 아니하는 구조로 되어 있을 것
- 발전기 또는 조상기에 붙인 유리제의 점검 창 등은 쉽게 파손되지 아니하는 구조로 되어 있을 것

| 정답 | 08 ③ 09 ① 10 ②

11 KEC 적용에 따라 삭제되었습니다.

12

전기철도차량에 전력을 공급하는 전차선의 가선방식에 포함되지 않는 것은?

① 가공방식　　② 강체방식
③ 제3레일방식　④ 지중조가선방식

해설 전기철도의 용어 정의(한국전기설비규정 402)
가선방식: 전기철도차량에 전력을 공급하는 전차선의 가선방식으로 가공방식, 강체방식, 제3레일방식으로 분류한다.

13

금속제 가요전선관공사에 의한 저압 옥내배선의 시설기준으로 틀린 것은?

① 가요전선관 안에는 전선에 접속점이 없도록 한다.
② 옥외용 비닐절연전선을 제외한 절연전선을 사용한다.
③ 점검할 수 없는 은폐된 장소에는 1종 가요전선관을 사용할 수 있다.
④ 2종 금속제 가요전선관을 사용하는 경우에 습기 많은 장소에 시설하는 때에는 비닐피복 2종 가요전선관으로 한다.

해설 금속제 가요전선관공사 시설조건(한국전기설비규정 232.13)
가요전선관공사에 의한 저압 옥내배선의 시설
- 전선은 절연전선(옥외용 비닐절연전선을 제외)일 것
- 전선은 연선일 것. 다만, 단면적 10[mm²](알루미늄선은 단면적 16[mm²]) 이하인 것은 그러하지 아니하다.

금속제 가요전선관공사	・2종 금속제 가요전선관일 것 ・1종 금속제 가요전선관에는 단면적 2.5[mm²] 이상의 나연동선을 전체 길이에 걸쳐 삽입 또는 첨가하여 그 나연동선과 1종 금속제가요전선관을 양쪽 끝에서 전기적으로 완전하게 접속할 것(다만, 관의 길이가 4[m] 이하인 것을 시설하는 경우에는 그러하지 아니하다.)

| 정답 | 12 ④　13 ③

14

터널 안의 전선로의 저압전선이 그 터널 안의 다른 저압전선(관등회로의 배선은 제외한다.)·약전류전선 등 또는 수관·가스관이나 이와 유사한 것과 접근하거나 교차하는 경우, 저압전선을 애자공사에 의하여 시설하는 때에는 이격거리가 몇 [cm] 이상이어야 하는가?(단, 전선이 나전선이 아닌 경우이다.)

① 10
② 15
③ 20
④ 25

해설 터널 안 전선로의 전선과 약전류전선 등 또는 관 사이의 간격(한국전기설비규정 335.2)

터널 안의 전선로의 저압전선이 그 터널 안의 다른 저압전선(관등회로의 배선은 제외한다.)·약전류전선 등 또는 수관·가스관이나 이와 유사한 것과 접근하거나 교차하는 경우, 저압전선을 애자공사에 의하여 시설하는 때에는 간격이 0.1[m](전선이 나전선인 경우에 0.3[m]) 이상이어야 한다.

15

전기철도의 설비를 보호하기 위해 시설하는 피뢰기의 시설기준으로 틀린 것은?

① 피뢰기는 변전소 인입 측 및 급전선 인출 측에 설치하여야 한다.
② 피뢰기는 가능한 한 보호하는 기기와 가깝게 시설하되, 누설전류 측정이 용이하도록 지지대와 절연하여 설치한다.
③ 피뢰기는 개방형을 사용하고 유효 보호거리를 증가시키기 위하여 방전개시전압 및 제한전압이 낮은 것을 사용한다.
④ 피뢰기는 가공전선과 직접 접속하는 지중케이블에서 낙뢰에 의해 절연파괴의 우려가 있는 케이블 단말에 설치하여야 한다.

해설 피뢰기 설치장소(한국전기설비규정 451.3)

• 다음의 장소에 피뢰기를 설치하여야 한다.
– 변전소 인입 측 및 급전선 인출 측
– 가공전선과 직접 접속하는 지중케이블에서 낙뢰에 의해 절연파괴의 우려가 있는 케이블 단말
• 피뢰기는 가능한 한 보호하는 기기와 가깝게 시설하되 누설전류 측정이 용이하도록 지지대와 절연하여 설치한다.

피뢰기의 선정(한국전기설비규정 451.4)
피뢰기는 다음의 조건을 고려하여 선정한다.

• 피뢰기는 밀봉형을 사용하고 유효 보호거리를 증가시키기 위하여 방전개시전압 및 제한전압이 낮은 것을 사용한다.
• 유도뢰서지에 대하여 2선 또는 3선의 피뢰기 동시동작이 우려되는 변전소 근처의 단락 전류가 큰 장소에는 속류차단 능력이 크고 또한 차단성능이 회로조건의 영향을 받을 우려가 적은 것을 사용한다.

16

전선의 단면적이 $38[mm^2]$인 경동연선을 사용하고 지지물로는 B종 철주 또는 B종 철근 콘크리트주를 사용하는 특고압 가공전선로를 제3종 특고압 보안공사에 의하여 시설하는 경우 경간은 몇 [m] 이하이어야 하는가?

① 100
② 150
③ 200
④ 250

해설 특고압 보안공사(한국전기설비규정 333.22)

제3종 특고압 보안공사는 다음에 따라야 한다.
• 특고압 가공전선은 연선일 것
• 경간은 다음 표에서 정한 값 이하일 것

지지물 종류	경간
목주·A종 철주 또는 A종 철근 콘크리트주	100[m]
B종 철주 또는 B종 철근 콘크리트주	200[m]
철탑	400[m]

| 정답 | 14 ① | 15 ③ | 16 ③ |

17

태양광설비에 시설하여야 하는 계측기의 계측대상에 해당하는 것은?

① 전압과 전류
② 전력과 역률
③ 전류와 역률
④ 역률과 주파수

해설 태양광설비의 시설(한국전기설비규정 522)

태양광설비에는 전압과 전류 또는 전압과 전력을 계측하는 장치를 시설하여야 한다.

관련개념

계측 장치: 전압 + 전류, 전압 + 전력

18

교통신호등 회로의 사용전압이 몇 [V]를 넘는 경우는 전로에 지락이 생겼을 경우 자동적으로 전로를 차단하는 누전차단기를 시설하는가?

① 60
② 150
③ 300
④ 450

해설 교통신호등(한국전기설비규정 234.15)

교통신호등 회로의 사용전압이 150[V]를 넘는 경우는 전로에 지락이 생겼을 경우 자동적으로 전로를 차단하는 누전차단기를 시설할 것

19

가공전선로의 지지물에 시설하는 지선으로 연선을 사용할 경우, 소선(素線)은 몇 가닥 이상이어야 하는가?

① 2
② 3
③ 5
④ 9

해설 지선의 시설(한국전기설비규정 331.11)

- 안전율: 2.5 이상
- 최저 인장하중: 4.31[kN]
- 연선일 경우 소선의 지름이 2.6[mm] 이상인 금속선 3가닥 이상을 꼬아서 사용
- 지중 및 지표상 0.3[m]까지의 부분은 아연도금 철봉 등을 사용
- 도로를 횡단하여 시설하는 지선의 높이는 지표상 5[m] 이상, 교통에 지장을 초래할 우려가 없는 경우에는 지표상 4.5[m] 이상, 보도의 경우에는 2.5[m] 이상으로 할 수 있다.
- 가공전선로의 지지물로 사용하는 철탑은 지선을 사용하여 그 강도를 분담시켜서는 아니된다.
- 지선근가는 지선의 인장하중에 충분히 견디도록 시설할 것

20

저압전로의 보호도체 및 중성선의 접속방식에 따른 접지계통의 분류가 아닌 것은?

① IT 계통
② TN 계통
③ TT 계통
④ TC 계통

해설 계통접지 구성(한국전기설비규정 203.1)

저압전로의 보호도체 및 중성선의 접속방식에 따라 접지계통은 다음과 같이 분류한다.
- TN 계통
- TT 계통
- IT 계통

| 정답 | 17 ① 18 ② 19 ② 20 ④

2021년 2회

01

플로어덕트공사에 의한 저압 옥내배선에서 연선을 사용하지 않아도 되는 전선(동선)의 단면적은 최대 몇 $[\mathrm{mm}^2]$인가?

① 2
② 4
③ 6
④ 10

해설 플로어덕트공사 시설조건(한국전기설비규정 232.32)
- 전선은 절연전선(옥외용 비닐절연전선을 제외한다)일 것
- 전선은 연선일 것. 다만, 단면적 10[mm^2](알루미늄선은 단면적 16[mm^2]) 이하인 것은 그러하지 아니하다.
- 플로어덕트 안에는 전선에 접속점이 없도록 할 것. 다만, 전선을 분기하는 경우에 접속점을 쉽게 점검할 수 있을 때에는 그러하지 아니하다.

02

전기설비기술기준에서 정하는 안전원칙에 대한 내용으로 틀린 것은?

① 전기설비는 감전, 화재 그 밖에 사람에게 위해를 주거나 물건에 손상을 줄 우려가 없도록 시설하여야 한다.
② 전기설비는 다른 전기설비, 그 밖의 물건의 기능에 전기적 또는 자기적인 장해를 주지 않도록 시설하여야 한다.
③ 전기설비는 경쟁과 새로운 기술 및 사업의 도입을 촉진함으로써 전기사업의 건전한 발전을 도모하도록 시설하여야 한다.
④ 전기설비는 사용목적에 적절하고 안전하게 작동하여야 하며, 그 손상으로 인하여 전기 공급에 지장을 주지 않도록 시설하여야 한다.

해설 안전원칙(기술기준 제2조)
- 전기설비는 감전, 화재 그 밖에 사람에게 위해(危害)를 주거나 물건에 손상을 줄 우려가 없도록 시설하여야 한다.
- 전기설비는 사용목적에 적절하고 안전하게 작동하여야 하며, 그 손상으로 인하여 전기 공급에 지장을 주지 않도록 시설하여야 한다.
- 전기설비는 다른 전기설비, 그 밖의 물건의 기능에 전기적 또는 자기적인 장해를 주지 않도록 시설하여야 한다.

03

아파트 세대 욕실에 "비데용 콘센트"를 시설하고자 한다. 다음의 시설방법 중 적합하지 않은 것은?

① 콘센트는 접지극이 없는 것을 사용한다.
② 습기가 많은 장소에 시설하는 콘센트는 방습장치를 하여야 한다.
③ 콘센트를 시설하는 경우에는 절연변압기(정격용량 3[kVA] 이하인 것에 한한다)로 보호된 전로에 접속하여야 한다.
④ 콘센트를 시설하는 경우에는 인체감전보호용 누전차단기(정격감도전류 15[mA] 이하, 동작시간 0.03초 이하의 전류동작형의 것에 한한다)로 보호된 전로에 접속하여야 한다.

해설 콘센트의 시설(한국전기설비규정 234.5)
욕조나 샤워시설이 있는 욕실 또는 화장실 등 인체가 물에 젖어있는 상태에서 전기를 사용하는 장소에 콘센트를 시설하는 경우에는 다음에 따라 시설하여야 한다.
- 「전기용품 및 생활용품 안전관리법」의 적용을 받는 인체감전보호용 누전차단기(정격감도전류 15[mA] 이하, 동작시간 0.03초 이하의 전류동작형의 것에 한한다) 또는 절연변압기(정격용량 3[kVA] 이하인 것에 한한다)로 보호된 전로에 접속하거나, 인체감전보호용 누전차단기가 부착된 콘센트를 시설하여야 한다.
- 콘센트는 접지극이 있는 방적형 콘센트를 사용하여 접지하여야 한다.
- 습기가 많은 장소 또는 수분이 있는 장소에 시설하는 콘센트 및 기계기구용 콘센트는 접지용 단자가 있는 것을 사용하여 접지하고 방습 장치를 하여야 한다.

관련개념
콘센트 – 접지극이 있는 것으로 접지를 한다.

| 정답 | 01 ④ 02 ③ 03 ①

04

특고압용 타냉식 변압기의 냉각장치에 고장이 생긴 경우를 대비하여 어떤 보호장치를 하여야 하는가?

① 경보장치
② 속도조정장치
③ 온도시험장치
④ 냉매흐름장치

해설 특고압용 변압기의 보호장치(한국전기설비규정 351.4)

뱅크용량의 구분	동작조건	장치의 종류
5,000[kVA] 이상 10,000[kVA] 미만	변압기 내부 고장	자동차단장치 또는 경보장치
10,000[kVA] 이상	변압기 내부 고장	자동차단장치
타냉식변압기(변압기의 권선 및 철심을 직접 냉각시키기 위하여 봉입한 냉매를 강제 순환시키는 냉각 방식을 말한다.)	냉각장치에 고장이 생긴 경우 또는 변압기의 온도가 현저히 상승하는 경우	경보장치

05

하나 또는 복합하여 시설하여야 하는 접지극의 방법으로 틀린 것은?

① 지중 금속구조물
② 토양에 매설된 기초 접지극
③ 케이블의 금속외장 및 그 밖의 금속피복
④ 대지에 매설된 강화콘크리트의 용접된 금속 보강재

해설 접지극의 시설 및 접지저항(한국전기설비규정 142.2)

접지극은 다음의 방법 중 하나 또는 복합하여 시설해야 한다.
• 콘크리트에 매입된 기초 접지극
• 토양에 매설된 기초 접지극
• 토양에 수직 또는 수평으로 직접 매설된 금속전극(봉, 전선, 테이프, 배관, 판 등)
• 케이블의 금속외장 및 그 밖의 금속피복
• 지중 금속구조물(배관 등)
• 대지에 매설된 철근콘크리트의 용접된 금속 보강재(강화콘크리트 제외)

06

옥내 배선공사 중 반드시 절연전선을 사용하지 않아도 되는 공사방법은?(단, 옥외용 비닐절연전선은 제외한다.)

① 금속관공사
② 버스덕트공사
③ 합성수지관공사
④ 플로어덕트공사

해설 나전선의 사용 제한(한국전기설비규정 231.4)

옥내에 시설하는 저압 전선은 다음의 경우를 제외하고 나전선을 사용하여서는 아니 된다.
• 애자사용공사
• 버스덕트공사에 의하여 시설하는 경우
• 라이팅덕트공사에 의하여 시설하는 경우
• 접촉전선을 시설하는 경우

관련개념 나전선과 사용 가능

주요 키워드: 애자, 버스덕트, 라이팅덕트, 접촉전선

07

지중전선로를 직접 매설식에 의하여 차량 기타 중량물의 압력을 받을 우려가 있는 장소에 시설하는 경우 매설 깊이는 몇 [m] 이상으로 하여야 하는가?

① 0.6
② 1
③ 1.5
④ 2

해설 지중전선로의 시설(한국전기설비규정 334.1)
• 차량 기타 중량물의 압력을 받을 우려가 있는 장소: 1.0[m] 이상
• 기타 장소: 0.6[m] 이상

| 정답 | 04 ① 05 ④ 06 ② 07 ②

08

돌침, 수평도체, 메시도체의 요소 중에 한 가지 또는 이를 조합한 형식으로 시설하는 것은?

① 접지극시스템
② 수뢰부시스템
③ 내부피뢰시스템
④ 인하도선시스템

해설 용어 정의(한국전기설비규정 112)
수뢰부시스템(Air-termination System)이란 낙뢰를 포착할 목적으로 돌침, 수평도체, 메시도체 등과 같은 금속 물체를 이용한 외부피뢰시스템의 일부를 말한다.

09

변전소의 주요 변압기에 계측장치를 시설하여 측정하여야 하는 것이 아닌 것은?

① 역률
② 전압
③ 전력
④ 전류

해설 계측장치(한국전기설비규정 351.6)
변전소 또는 이에 준하는 곳의 계측장치
• 주요 변압기의 전압 및 전류 또는 전력
• 특고압용 변압기의 온도

10

풍력터빈에 설비의 손상을 방지하기 위하여 시설하는 운전상태를 계측하는 계측장치로 틀린 것은?

① 조도계
② 압력계
③ 온도계
④ 풍속계

해설 풍력설비의 시설(한국전기설비규정 532)
계측장치의 시설
• 회전속도계
• 나셀(nacelle) 내의 진동을 감시하기 위한 진동계
• 풍속계
• 압력계
• 온도계

11

일반 주택의 저압 옥내배선을 점검하였더니 다음과 같이 시설되어 있었을 경우 시설기준에 적합하지 않은 것은?

① 합성수지관의 지지점 간의 거리를 2[m]로 하였다.
② 합성수지관 안에서 전선의 접속점이 없도록 하였다.
③ 금속관공사에 옥외용 비닐절연전선을 제외한 절연전선을 사용하였다.
④ 인입구에 가까운 곳으로서 쉽게 개폐할 수 있는 곳에 개폐기를 각 극에 시설하였다.

해설 관공사(한국전기설비규정 232.11)
합성수지관의 지지점 간의 거리는 1.5[m] 이하로 하고, 또한 그 지지점은 관의 끝, 관과 박스의 접속점 및 관 상호 간의 접속점 등에 가까운 곳에 시설할 것

| 정답 | 08 ② 09 ① 10 ① 11 ①

12

사용전압이 170[kV] 이하의 변압기를 시설하는 변전소로서 기술원이 상주하여 감시하지는 않으나 수시로 순회하는 경우, 기술원이 상주하는 장소에 경보장치를 시설하지 않아도 되는 경우는?

① 옥내변전소에 화재가 발생한 경우
② 제어회로의 전압이 현저히 저하한 경우
③ 운전조작에 필요한 차단기가 자동적으로 차단한 후 재폐로한 경우
④ 수소냉각식 조상기는 그 조상기 안의 수소의 순도가 90[%] 이하로 저하한 경우

해설 상주 감시를 하지 아니하는 변전소의 시설(한국전기설비규정 351.9)

변전소의 기술원이 그 변전소에 상주하여 감시를 하지 아니하는 변전소 중 사용전압이 170 [kV] 이하의 변압기를 시설하는 변전소로서 기술원이 수시로 순회하거나 변전제어소에서 상시 감시하는 경우는 다음에 따라 시설하여야 한다.

- 다음의 경우에는 변전제어소 또는 기술원이 상주하는 장소에 경보장치를 시설할 것
  - 운전조작에 필요한 차단기가 자동적으로 차단한 경우(차단기가 재폐로한 경우를 제외한다)
  - 주요 변압기의 전원 측 전로가 무전압으로 된 경우
  - 제어 회로의 전압이 현저히 저하한 경우
  - 옥내변전소에 화재가 발생한 경우
  - 출력 3,000[kVA]를 초과하는 특고압용 변압기는 그 온도가 현저히 상승한 경우
  - 특고압용 타냉식변압기는 그 냉각장치가 고장난 경우
  - 조상기는 내부에 고장이 생긴 경우
  - 수소냉각식조상기는 그 조상기 안의 수소의 순도가 90[%] 이하로 저하한 경우, 수소의 압력이 현저히 변동한 경우 또는 수소의 온도가 현저히 상승한 경우
  - 가스절연기기(압력의 저하에 의하여 절연파괴 등이 생길 우려가 없는 경우를 제외한다)의 절연가스의 압력이 현저히 저하한 경우
- 전기철도용 변전소는 주요 변성기기에 고장이 생긴 경우 또는 전원 측 선로의 전압이 현저히 저하한 경우에 그 변성기기를 자동적으로 전로로부터 차단하는 장치를 할 것. 다만, 경미한 고장이 생긴 경우에 기술원주재소에 경보하는 장치를 하는 때에는 그 고장이 생긴 경우에 자동적으로 전로로부터 차단하는 장치의 시설을 하지 아니하여도 된다.

13

특고압 가공전선로의 지지물로 사용하는 B종 철주, B종 철근 콘크리트주 또는 철탑의 종류에서 전선로의 지지물 양쪽의 경간의 차가 큰 곳에 사용하는 것은?

① 각도형
② 인류형
③ 내장형
④ 보강형

해설 특고압 가공전선로의 철주·철근 콘크리트주 또는 철탑의 종류(한국전기설비규정 333.11)

- 각도형: 전선로 중 3°를 넘는 수평각도를 이루는 곳에 사용
- 인류형: 전가섭선을 인류하는 곳에 사용
- 내장형: 전선로의 지지물 양쪽의 경간의 차가 큰 곳에 사용
- 보강형: 전선로의 직선 부분에 그 보강을 위하여 사용

관련개념 내장형 철탑

주요 키워드: 양측의 경간 차이가 큰 곳, 10기

14

전식방지대책에서 매설금속체 측의 누설전류에 의한 전식의 피해가 예상되는 곳에 고려하여야 하는 방법으로 틀린 것은?

① 절연코팅
② 배류장치 설치
③ 변전소 간 간격 축소
④ 저준위 금속체를 접속

해설

전식방지대책(한국전기설비규정 461.4)

매설금속체 측의 누설전류에 의한 전식의 피해가 예상되는 곳은 다음 방법을 고려하여야 한다.
- 배류장치 설치
- 절연코팅
- 매설금속체 접속부 절연
- 저준위 금속체를 접속
- 궤도와의 간격 증대
- 금속판 등의 도체로 차폐

| 정답 | 12 ③ | 13 ③ | 14 ③ |

15

시가지에 시설하는 사용전압 170[kV] 이하인 특고압 가공전선로의 지지물이 철탑이고 전선이 수평으로 2 이상 있는 경우에 전선 상호 간의 간격이 4[m] 미만인 때에는 특고압 가공전선로의 경간은 몇 [m] 이하이어야 하는가?

① 100
② 150
③ 200
④ 250

해설 시가지 등에서 특고압 가공전선로의 시설(한국전기설비규정 333.1)
사용전압이 170[kV] 이하인 전선로를 시설하는 경우
특고압 가공전선로의 경간은 다음 표에서 정한 값 이하일 것

지지물의 종류	경간
A종 철주 또는 A종 철근 콘크리트주	75[m]
B종 철주 또는 B종 철근 콘크리트주	150[m]
철탑	400[m](단주인 경우에는 300[m]) 다만, 전선이 수평으로 2 이상 있는 경우에 전선 상호 간의 간격이 4[m] 미만인 때에는 250[m]

16

전압의 종별에서 교류 600[V]는 무엇으로 분류하는가?

① 저압
② 고압
③ 특고압
④ 초고압

해설 적용범위(한국전기설비규정 111.1)
이 규정에서 적용하는 전압의 구분은 다음과 같다.
• 저압: 교류는 1[kV] 이하, 직류는 1.5[kV] 이하인 것
• 고압: 교류는 1[kV]를, 직류는 1.5[kV]를 초과하고, 7[kV] 이하인 것
• 특고압: 7[kV]를 초과하는 것

17

다음 (   )에 들어갈 내용으로 옳은 것은?

> 동일 지지물에 저압 가공전선(다중접지된 중성선은 제외한다.)과 고압 가공전선을 시설하는 경우 고압 가공전선을 저압 가공전선의 (㉠)로 하고, 별개의 완금류에 시설해야 하며, 고압 가공전선과 저압 가공전선 사이의 이격거리는 (㉡)[m] 이상으로 한다.

① ㉠ 아래 ㉡ 0.5
② ㉠ 아래 ㉡ 1
③ ㉠ 위   ㉡ 0.5
④ ㉠ 위   ㉡ 1

해설 고압 가공전선 등의 병행설치(한국전기설비규정 332.8)
• 전력선과 전력선을 별개의 완금류에 시설할 것(아래쪽: 저압 측 가공전선)

저·고압 병행설치	0.5[m] 이상(고압 측 케이블 사용: 0.3[m] 이상)

| 정답 | 15 ④ 16 ① 17 ③

18

사용전압이 $154[kV]$인 전선로를 제1종 특고압 보안공사로 시설할 때 경동연선의 굵기는 몇 $[mm^2]$ 이상이어야 하는가?

① 55
② 100
③ 150
④ 200

해설 특고압 보안공사(한국전기설비규정 333.22)

사용전압	전선
100[kV] 미만	인장강도 21.67[kN] 이상의 연선 또는 단면적 55[mm²] 이상의 경동연선 또는 동등 이상의 인장강도를 갖는 알루미늄 전선이나 절연전선
100[kV] 이상 300[kV] 미만	인장강도 58.84[kN] 이상의 연선 또는 단면적 150[mm²] 이상의 경동연선 또는 동등 이상의 인장강도를 갖는 알루미늄 전선이나 절연전선
300[kV] 이상	인장강도 77.47[kN] 이상의 연선 또는 단면적 200[mm²] 이상의 경동연선 또는 동등 이상의 인장강도를 갖는 알루미늄 전선이나 절연전선

관련개념 제1종 특고압 보안공사
주요 키워드: 55[mm²], 150[mm²], 200[mm²], 목주, A종

19

지중전선로에 사용하는 지중함의 시설기준으로 틀린 것은?

① 조명 및 세척이 가능한 장치를 하도록 할 것
② 견고하고 차량 기타 중량물의 압력에 견디는 구조일 것
③ 그 안의 고인물을 제거할 수 있는 구조로 되어 있을 것
④ 뚜껑은 시설자 이외의 자가 쉽게 열 수 없도록 시설할 것

해설 지중함의 시설(한국전기설비규정 334.2)
- 지중함은 견고하고 차량 기타 중량물의 압력에 견디는 구조일 것
- 지중함은 그 안의 고인 물을 제거할 수 있는 구조로 되어있을 것
- 폭발성 또는 연소성의 가스가 침입할 우려가 있는 것에 시설하는 지중함으로서 그 크기가 1[m³] 이상인 것에는 통풍장치 기타 가스를 방산시키기 위한 적당한 장치를 시설할 것
- 지중함의 뚜껑은 시설자 이외의 자가 쉽게 열 수 없도록 시설할 것

20

고압 가공전선로의 가공지선에 나경동선을 사용하려면 지름 몇 $[mm]$ 이상의 것을 사용하여야 하는가?

① 2.0
② 3.0
③ 4.0
④ 5.0

해설 고압 가공전선로의 가공지선(한국전기설비규정 332.6)
고압: 인장강도 5.26[kN] 이상의 것 또는 지름 4[mm] 이상의 나경동선을 사용

| 정답 | 18 ③ 19 ① 20 ③

2021년 3회

01

저압 옥상전선로의 시설기준으로 틀린 것은?

① 전개된 장소에 위험의 우려가 없도록 시설할 것
② 전선은 지름 2.6[mm] 이상의 경동선을 사용할 것
③ 전선은 절연전선(옥외용 비닐절연전선은 제외)을 사용할 것
④ 전선은 상시 부는 바람 등에 의하여 식물에 접촉하지 아니하도록 시설하여야 한다.

해설 옥상전선로(한국전기설비규정 221.3)
- 저압 옥상전선로의 전선은 상시 부는 바람 등에 의하여 식물에 접촉하지 아니하도록 시설하여야 한다.
- 전선은 인장강도 2.30[kN] 이상의 것 또는 지름 2.6[mm] 이상의 경동선을 사용할 것
- 전선은 절연전선(OW전선을 포함한다) 또는 이와 동등 이상의 절연성능이 있는 것을 사용할 것
- 전선은 조영재에 견고하게 붙인 지지주 또는 지지대에 절연성·난연성 및 내수성이 있는 애자를 사용하여 지지하고 또한 그 지지점 간의 거리는 15[m] 이하일 것
- 조영재와의 간격은 2[m](전선이 고압절연전선, 특고압 절연전선 또는 케이블인 경우에는 1[m]) 이상일 것

02

이동형의 용접 전극을 사용하는 아크 용접장치의 시설기준으로 틀린 것은?

① 용접변압기는 절연변압기일 것
② 용접변압기의 1차 측 전로의 대지전압은 300[V] 이하일 것
③ 용접변압기의 2차 측 전로에는 용접변압기에 가까운 곳에 쉽게 개폐할 수 있는 개폐기를 시설할 것
④ 용접변압기의 2차 측 전로 중 용접변압기로부터 용접 전극에 이르는 부분의 전로는 용접 시 흐르는 전류를 안전하게 통할 수 있는 것일 것

해설 아크 용접기(한국전기설비규정 241.10)
- 용접변압기는 절연변압기일 것
- 용접변압기의 1차 측 전로의 대지전압은 300[V] 이하일 것
- 용접변압기의 1차 측 전로에는 용접변압기에 가까운 곳에 쉽게 개폐할 수 있는 개폐기를 시설할 것
- 용접변압기의 2차 측 전로 중 용접변압기로부터 용접전극에 이르는 부분 및 용접변압기로부터 피용접재에 이르는 부분(전기기계기구 안의 전로를 제외)의 전로는 용접 시 흐르는 전류를 안전하게 통할 수 있는 것일 것

03

사용전압이 15[kV] 초과 25[kV] 이하인 특고압 가공전선로가 상호 간 접근 또는 교차하는 경우 사용전선이 양쪽 모두 나전선이라면 이격거리는 몇 [m] 이상이어야 하는가? (단, 중성선 다중접지 방식의 것으로서 전로에 지락이 생겼을 때에 2초 이내에 자동적으로 이를 전로로부터 차단하는 장치가 되어 있다.)

① 1.0
② 1.2
③ 1.5
④ 1.75

해설 가공전선과 건조물의 조영재 사이의 간격(한국전기설비규정 333.32)
15[kV] 초과 20[kV] 이하의 특고압

구분	위쪽	위쪽이 아닌 경우
나전선	3[m] 이상	1.5[m] 이상
특고압 절연전선	2.5[m] 이상	1.0[m] 이상
케이블	1.2[m] 이상	0.5[m] 이상

| 정답 | 01 ③ 02 ③ 03 ③

04

최대 사용전압이 1차 22,000[V], 2차 6,600[V]의 권선으로서 중성점 비접지식 전로에 접속하는 변압기의 특고압 측 절연내력 시험전압은?

① 24,000[V] ② 27,500[V]
③ 33,000[V] ④ 44,000[V]

해설 변압기 전로의 절연내력(한국전기설비규정 135)

권선의 종류	시험전압	시험방법
최대 사용전압 7[kV] 초과 60[kV] 이하의 권선	최대 사용전압의 1.25배의 전압 (최저 시험전압 10.5[kV])	전로와 대지 사이에 시험전압을 연속하여 10분간 가한다.
최대 사용전압이 60[kV]를 초과하는 권선으로서 중성점 비접지식 전로에 접속하는 것	최대 사용전압의 1.25배의 전압	

∴ 전로의 절연내력 시험전압
 $22,000 \times 1.25 = 27,500[V]$

05

가공전선로의 지지물로 볼 수 없는 것은?

① 철주   ② 지선
③ 철탑   ④ 철근 콘크리트주

해설
지선은 지지물의 강도를 보강하고자 할 때 사용하는 것으로서 전선로의 지지물이 아니다. 가공전선로의 지지물에는 목주, 철주, 철탑, 철근 콘크리트주가 있다.

06

점멸기의 시설에서 센서등(타임스위치 포함)을 시설하여야 하는 곳은?

① 공장   ② 상점
③ 사무실   ④ 아파트 현관

해설 점멸기의 시설(한국전기설비규정 234.6)
다음의 경우에는 센서등(타임스위치 포함)을 시설하여야 한다.
• 「관광진흥법」과 「공중위생관리법」에 의한 관광숙박업 또는 숙박업(여인숙업을 제외한다)에 이용되는 객실의 입구등은 1분 이내에 소등되는 것
• 일반주택 및 아파트 각 호실의 현관등은 3분 이내에 소등되는 것

07

순시조건(t≤0.5초)에서 교류 전기철도 급전시스템에서의 레일 전위의 최대 허용 접촉전압(실횻값)으로 옳은 것은?

① 60[V]   ② 65[V]
③ 440[V]   ④ 670[V]

해설 레일 전위의 위험에 대한 보호(한국전기설비규정 461.2)

시간 조건	최대 허용 접촉전압(실횻값)	
	교류(실횻값)	직류
순시 조건($t \leq 0.5$초)	670	535
일시적 조건(0.5초 < $t \leq 300$초)	65	150
영구적 조건($t > 300$초)	60	120
작업장 및 이와 유사한 장소	25	60

| 정답 | 04 ② 05 ② 06 ④ 07 ④

08

전기저장장치의 이차전지에 자동으로 전로로부터 차단하는 장치를 시설하여야 하는 경우로 틀린 것은?

① 과저항이 발생한 경우
② 과전압이 발생한 경우
③ 제어장치에 이상이 발생한 경우
④ 이차전지 모듈의 내부 온도가 급격히 상승할 경우

해설 이차전지 용량 및 종류에 따른 시설(한국전기설비규정 512)
전기저장장치의 이차전지는 다음에 따라 자동으로 전로로부터 차단하는 장치를 시설하여야 한다.
• 과전압 또는 과전류가 발생한 경우
• 제어장치에 이상이 발생한 경우
• 이차전지 모듈의 내부 온도가 급격히 상승할 경우

09

뱅크용량이 몇 [kVA] 이상인 조상기에는 그 내부에 고장이 생긴 경우에 자동적으로 이를 전로로부터 차단하는 보호장치를 하여야 하는가?

① 10,000
② 15,000
③ 20,000
④ 25,000

해설 조상설비의 보호장치(한국전기설비규정 351.5)
조상설비에는 그 내부에 고장이 생긴 경우에 보호하는 장치를 다음 표와 같이 시설하여야 한다.

설비종별	뱅크용량의 구분	자동적으로 전로로부터 차단하는 장치
전력용 커패시터 및 분로리액터	500[kVA] 초과 15,000[kVA] 미만	• 내부에 고장이 생긴 경우 • 과전류가 생긴 경우
	15,000[kVA] 이상	• 내부에 고장이 생긴 경우 • 과전류가 생긴 경우 • 과전압이 생긴 경우
조상기	15,000[kVA] 이상	내부에 고장이 생긴 경우

관련개념
조상기 - 15,000[kVA]

10

전주외등의 시설 시 사용하는 공사방법으로 틀린 것은?

① 애자공사
② 케이블공사
③ 금속관공사
④ 합성수지관공사

해설 전주외등(한국전기설비규정 234.10)
배선은 단면적 2.5[mm^2] 이상의 절연전선 또는 이와 동등 이상의 절연성능이 있는 것을 사용하고 다음 공사방법 중에서 시설하여야 한다.
• 케이블공사
• 합성수지관공사
• 금속관공사

11

농사용 저압 가공전선로의 지지점 간 거리는 몇 [m] 이하이어야 하는가?

① 30
② 50
③ 60
④ 100

해설 농사용 저압 가공전선로의 시설(한국전기설비규정 222.22)
• 저압 가공전선은 인장강도 1.38[kN] 이상의 것 또는 지름 2[mm] 이상의 경동선일 것
• 저압 가공전선의 지표상의 높이는 3.5[m] 이상일 것. 다만, 저압 가공전선을 사람이 쉽게 출입하지 아니하는 곳에 시설하는 경우에는 3[m]까지
• 전선로의 지지점 간 거리는 30[m] 이하일 것
• 목주의 굵기는 말구 지름이 0.09[m] 이상일 것

12

특고압 가공전선로에서 발생하는 극저주파 전계는 지표상 1[m]에서 몇 [kV/m] 이하이어야 하는가?

① 2.0
② 2.5
③ 3.0
④ 3.5

해설 유도장해 방지(기술기준 제17조)
교류 특고압 가공전선로에서 발생하는 극저주파 전자계는 지표상 에서 전계가 3.5[kV/m] 이하, 자계가 83.3[μT] 이하가 되도록 시설한다.

| 정답 | 08 ① 09 ② 10 ① 11 ① 12 ④

13

단면적 55[mm²]인 경동연선을 사용하는 특고압 가공전선로의 지지물로 장력에 견디는 형태의 B종 철근 콘크리트주를 사용하는 경우, 허용 최대 경간은 몇 [m]인가?

① 150 ② 250
③ 300 ④ 500

해설 특고압 가공전선로의 경간 제한(한국전기설비규정 333.21)
특고압 가공전선로의 전선에 인장강도 21.67[kN] 이상의 것 또는 단면적이 50[mm²] 이상인 경동연선을 사용하는 경우

구분		목주·A종	B종	철탑
지지물 간 거리 제한	고압	150(300)	250(500)	600
	특고압	150(300)	250(500)	600(단주: 400)

14

저압 옥측전선로에서 목조의 조영물에 시설할 수 있는 공사방법은?

① 금속관공사
② 버스덕트공사
③ 합성수지관공사
④ 케이블공사(무기물절연(MI) 케이블을 사용하는 경우)

해설 저압 옥측전선로(한국전기설비규정 221.2)
- 애자공사(전개된 장소에 한한다.)
- 합성수지관공사
- 금속관공사(목조 이외의 조영물에 시설하는 경우에 한한다.)
- 버스덕트공사[목조 이외의 조영물(점검할 수 없는 은폐된 장소는 제외)에 시설하는 경우에 한한다.]
- 케이블공사(연피 케이블, 알루미늄피 케이블 또는 무기물절연(MI) 케이블을 사용하는 경우에는 목조 이외의 조영물에 시설하는 경우에 한한다.)

보기 중 ①, ②, ④는 목조 이외의 조영물에 시설하는 경우이다.

15

시가지에 시설하는 154[kV] 가공전선로를 도로와 제1차 접근상태로 시설하는 경우, 전선과 도로와의 이격거리는 몇 [m] 이상이어야 하는가?

① 4.4 ② 4.8
③ 5.2 ④ 5.6

해설 특고압 가공전선과 도로 등의 접근 또는 교차(한국전기설비규정 333.24)
제1차 접근 상태로 시설되는 경우
- 특고압 가공전선로는 제3종 특고압 보안공사에 의할 것
- 특고압 가공전선과 도로 등 사이의 간격(노면상 또는 레일면상의 이격거리를 제외한다)은 아래 표에서 정한 값 이상일 것. 다만, 특고압 절연전선을 사용하는 사용전압이 35[kV] 이하의 특고압 가공전선과 도로 등 사이의 수평 간격이 1.2[m] 이상인 경우에는 그러하지 아니하다.

사용전압의 구분	간격(이격거리)
35[kV] 이하	3[m]
35[kV] 초과	3[m]에 사용전압이 35[kV]를 초과하는 10[kV] 또는 그 단수마다 0.15[m]를 더한 값

단수: $\frac{154-35}{10} = 11.9 \rightarrow 12$단

∴ $3 + 12 \times 0.15 = 4.8$[m]

16

귀선로에 대한 설명으로 틀린 것은?

① 나전선을 적용하여 가공식 가설을 원칙으로 한다.
② 사고 및 지락 시에도 충분한 허용전류용량을 갖도록 하여야 한다.
③ 비절연보호도체, 매설접지도체, 레일 등으로 구성하여 단권변압기 중성점과 공통접지에 접속한다.
④ 비절연보호도체의 위치는 통신유도장해 및 레일전위의 상승의 경감을 고려하여 결정하여야 한다.

해설 전차선로의 일반사항(한국전기설비규정 431)
- 귀선로는 비절연보호도체, 매설접지도체, 레일 등으로 구성하여 단권변압기 중성점과 공통접지에 접속한다.
- 비절연보호도체의 위치는 통신유도장해 및 레일전위의 상승의 경감을 고려하여 결정하여야 한다.
- 귀선로는 사고 및 지락 시에도 충분한 허용전류용량을 갖도록 하여야 한다.

| 정답 | 13 ④ 14 ③ 15 ② 16 ①

17

변전소에 울타리·담 등을 시설할 때, 사용전압이 $345[kV]$ 이면 울타리·담 등의 높이와 울타리·담 등으로부터 충전부분까지의 거리의 합계는 몇 $[m]$ 이상으로 하여야 하는가?

① 8.16
② 8.28
③ 8.40
④ 9.72

해설 발전소 등의 울타리·담 등의 시설(한국전기설비규정 351.1)

고압 또는 특고압의 기계기구·모선 등을 옥외에 시설하는 발전소·변전소·개폐소 또는 이에 준하는 곳에는 구내에 취급자 이외의 사람이 들어가지 아니하도록 시설하여야 한다.

사용전압의 구분	울타리·담 등의 높이와 울타리·담 등으로부터 충전부분까지의 거리의 합계
35[kV] 이하	5[m] 이상
35[kV] 초과 160[kV] 이하	6[m] 이상
160[kV] 초과	6[m]에 160[kV]를 초과하는 10[kV] 또는 그 단수마다 0.12[m]를 더한 값 이상

단수: $\dfrac{345-160}{10} = 18.5 \rightarrow 19$단

∴ $6 + 19 \times 0.12 = 8.28[m]$

18

큰 고장전류가 구리 소재의 접지도체를 통하여 흐르지 않을 경우 접지도체의 최소 단면적은 몇 $[mm^2]$ 이상이어야 하는가?(단, 접지도체에 피뢰시스템이 접속되지 않는 경우이다.)

① 0.75
② 2.5
③ 6
④ 16

해설 접지도체·보호도체(한국전기설비규정 142.3)

접지도체의 단면적
- 큰 고장전류가 접지도체를 통하여 흐르지 않을 경우: $6[mm^2]$ 이상의 구리 혹은 $50[mm^2]$ 이상의 철제
- 접지도체에 피뢰시스템이 접속되는 경우: $16[mm^2]$ 이상의 구리 혹은 $50[mm^2]$ 이상의 철

19

전력보안 가공통신선을 횡단보도교 위에 시설하는 경우 그 노면상 높이는 몇 $[m]$ 이상인가?(단, 가공전선로의 지지물에 시설하는 통신선 또는 이에 직접 접속하는 가공통신선은 제외한다.)

① 3
② 4
③ 5
④ 6

해설 전력보안통신선의 시설 높이와 간격(한국전기설비규정 362.2)

전력보안 가공통신선을 횡단보도교 위에 시설하는 경우: $3[m]$ 이상

20

케이블트레이공사에 사용할 수 없는 케이블은?

① 연피 케이블
② 난연성 케이블
③ 캡타이어 케이블
④ 알루미늄피 케이블

해설 케이블트레이공사(한국전기설비규정 232.41)

전선은 연피 케이블, 알루미늄피 케이블 등 난연성 케이블 또는 기타 케이블(적당한 간격으로 연소(延燒)방지 조치를 하여야 한다) 또는 금속관 혹은 합성수지관 등에 넣은 절연전선을 사용하여야 한다.

| 정답 | 17 ② 18 ③ 19 ① 20 ③

2020년 1, 2회

01

백열전등 또는 방전등에 전기를 공급하는 옥내 전로의 대지전압은 몇 [V] 이하이어야 하는가?(단, 백열전등 또는 방전등 및 이에 부속하는 전선은 사람이 접촉할 우려가 없도록 시설한 경우이다.)

① 60
② 110
③ 220
④ 300

해설 옥내전로의 대지 전압의 제한(한국전기설비규정 231.6)
백열전등 또는 방전등에 전기를 공급하는 옥내 전로의 대지전압은 300[V] 이하여야 한다.

관련개념
대지전압 대부분은 300[V] 이하

02

연료전지 및 태양전지 모듈의 절연내력시험을 하는 경우 충전 부분과 대지 사이에 인가하는 시험전압은 얼마인가? (단, 연속하여 10분간 가하여 견디는 것이어야 한다.)

① 최대 사용전압의 1.25배의 직류전압 또는 1배의 교류전압(500[V] 미만으로 되는 경우에는 500[V])
② 최대 사용전압이 1.25배의 직류전압 또는 1.25배의 교류전압(500[V] 미만으로 되는 경우에는 500[V])
③ 최대 사용전압의 1.5배의 직류전압 또는 1배의 교류전압(500[V] 미만으로 되는 경우에는 500[V])
④ 최대 사용전압의 1.5배의 직류전압 또는 1.25배의 교류전압(500[V] 미만으로 되는 경우에는 500[V])

해설 연료전지 및 태양전지 모듈의 절연내력(한국전기설비규정 134)
연료전지 및 태양전지 모듈은 최대 사용전압의 1.5배의 직류전압 또는 1배의 교류전압(최저 시험전압 500[V])을 충전 부분과 대지 사이에 연속하여 10분간 가하여 절연내력을 시험하였을 때에 이에 견디는 것이어야 한다.

03

저압 수상전선로에 사용되는 전선은?

① 옥외 비닐 케이블
② 600[V] 비닐절연전선
③ 600[V] 고무절연전선
④ 클로로프렌 캡타이어 케이블

해설 수상전선로의 시설(한국전기설비규정 335.3)
전선
• 저압: 클로로프렌 캡타이어 케이블
• 고압: 캡타이어 케이블

04 KEC 적용에 따라 삭제되었습니다.

05 KEC 적용에 따라 삭제되었습니다.

| 정답 | 01 ④ 02 ③ 03 ④

06

수소냉각식 발전기 등의 시설기준으로 틀린 것은?

① 발전기 안 또는 조상기 안의 수소의 온도를 계측하는 장치를 시설할 것
② 발전기 축의 밀봉부로부터 수소가 누설될 때 누설된 수소를 외부로 방출하지 않을 것
③ 발전기 안 또는 조상기 안의 수소의 순도가 85[%] 이하로 저하한 경우에 이를 경보하는 장치를 시설할 것
④ 발전기 또는 조상기는 수소가 대기압에서 폭발하는 경우에 생기는 압력에 견디는 강도를 가지는 것일 것

해설 수소냉각식 발전기 등의 시설(한국전기설비규정 351.10)
수소냉각식의 발전기·조상기 또는 이에 부속하는 수소 냉각 장치는 다음에 따라 시설하여야 한다.
- 발전기 내부 또는 조상기 내부의 수소의 압력 및 온도를 계측하는 장치 및 그 압력 및 온도가 현저히 변동한 경우에 이를 경보하는 장치를 시설할 것
- 발전기 축의 밀봉부에는 질소 가스를 봉입할 수 있는 장치 또는 발전기 축의 밀봉부로부터 누설된 수소 가스를 안전하게 외부에 방출할 수 있는 장치를 시설할 것
- 발전기 내부 또는 조상기 내부의 수소의 순도가 85[%] 이하로 저하한 경우에 이를 경보하는 장치를 시설할 것
- 발전기 또는 조상기는 기밀구조의 것이고 또한 수소가 대기압에서 폭발하는 경우에 생기는 압력에 견디는 강도를 가지는 것일 것

07

전개된 장소에서 저압 옥상전선로의 시설기준으로 적합하지 않은 것은?

① 전선은 절연전선을 사용하였다.
② 전선 지지점 간의 거리를 20[m]로 하였다.
③ 전선은 지름 2.6[mm]의 경동선을 사용하였다.
④ 저압 절연전선과 그 저압 옥상전선로를 시설하는 조영재와의 이격거리를 2[m]로 하였다.

해설 옥상전선로(한국전기설비규정 221.3)
저압 옥상전선로
- 전선은 인장강도 2.30[kN] 이상의 것 또는 지름 2.6[mm] 이상의 경동선을 사용할 것
- 전선은 절연전선(OW전선을 포함한다) 또는 이와 동등 이상의 절연성능이 있는 것을 사용할 것
- 지지점 간의 거리: 15[m] 이하
- 전선과 그 저압 옥상전선로를 시설하는 조영재와의 간격은 2[m](전선이 고압절연전선, 특고압 절연전선 또는 케이블인 경우에는 1[m]) 이상일 것

| 정답 | 06 ② 07 ②

08

케이블트레이공사에 사용하는 케이블트레이에 적합하지 않은 것은?

① 비금속제 케이블트레이는 난연성 재료가 아니어도 된다.
② 금속재의 것은 적절한 방식처리를 한 것이거나 내식성 재료의 것이어야 한다.
③ 금속제 케이블트레이 계통은 기계적 및 전기적으로 완전하게 접속하여야 한다.
④ 케이블트레이가 방화구획의 벽 등을 관통하는 경우에 관통부는 불연성의 물질로 충전하여야 한다.

해설 케이블트레이의 선정(한국전기설비규정 232.41)
- 금속재의 것은 적절한 방식처리를 한 것이거나 내식성 재료의 것이어야 한다.
- 비금속제 케이블트레이는 난연성 재료의 것이어야 한다.
- 금속제 케이블트레이 시스템은 기계적 및 전기적으로 완전하게 접속하여야 한다.
- 케이블트레이가 방화구획의 벽, 마루, 천장 등을 관통하는 경우에 관통부는 불연성의 물질로 충전하여야 한다.

09

가공전선로의 지지물의 강도계산에 적용하는 풍압하중은 빙설이 많은 지방 이외의 지방에서 저온계절에는 어떤 풍압하중을 적용하는가?(단, 인가가 연접되어 있지 않다고 한다.)

① 갑종 풍압하중
② 을종 풍압하중
③ 병종 풍압하중
④ 을종과 병종 풍압하중을 혼용

해설 풍압하중의 종별과 적용(한국전기설비규정 331.6)
빙설이 많은 지방 이외의 지방에서는 고온계절에는 갑종 풍압하중, 저온계절에는 병종 풍압하중을 적용한다.

10

KEC 적용에 따라 삭제되었습니다.

11

가공전선로의 지지물에 시설하는 지선으로 연선을 사용할 경우 소선은 최소 몇 가닥 이상이어야 하는가?

① 3   ② 5
③ 7   ④ 9

해설 지선의 시설(한국전기설비규정 331.11)
지선에 연선을 사용할 경우에는 다음에 의할 것
- 소선 3가닥 이상의 연선일 것
- 소선의 지름이 2.6[mm] 이상의 금속선을 사용한 것일 것

12

440[V] 옥내 배선에 연결된 전동기 회로의 절연저항 최솟값은 몇 [MΩ]인가?

① 0.3   ② 0.5
③ 1.0   ④ 1.5

해설 저압전로의 절연성능(기술기준 제52조)

전로의 사용전압[V]	DC시험전압[V]	절연저항[MΩ]
SELV 및 PELV	250	0.5 이상
FELV, 500[V] 이하	500	1.0 이상
500[V] 초과	1,000	1.0 이상

※ 특별저압(Extra Low Voltage : 2차 전압이 AC 50[V], DC 120[V] 이하)으로 SELV(비접지회로 구성) 및 PELV(접지회로 구성)은 1차와 2차가 전기적으로 절연된 회로, FELV는 1차와 2차가 전기적으로 절연되지 않은 회로

| 정답 | 08 ① 09 ③ 11 ① 12 ③

13

태양전지 발전소에 시설하는 태양전지 모듈, 전선 및 개폐기 기타 기구의 시설기준에 대한 내용으로 틀린 것은?

① 충전부분은 노출되지 않도록 시설할 것
② 옥내에 시설하는 경우에는 전선을 케이블공사로 시설할 수 있다.
③ 태양전지 모듈의 프레임은 지지물과 전기적으로 완전하게 접속하여야 한다.
④ 태양전지 모듈을 병렬로 접속하는 전로에는 과전류차단기를 시설하지 않아도 된다.

해설 태양광발전설비의 일반사항(한국전기설비규정 521)
- 태양전지 모듈, 전선, 개폐기 및 기타 기구는 충전부분이 노출되지 않도록 시설하여야 한다.
- 배선설비공사는 옥내에 시설할 경우에는 합성수지관공사, 금속관공사, 금속제 가요전선관공사, 케이블공사에 준하여 시설하여야 한다.
- 태양전지 모듈의 프레임은 지지물과 전기적으로 완전하게 접속하여야 한다.
- 모듈을 병렬로 접속하는 전로에는 그 전로에 단락전류가 발생할 경우에 전로를 보호하는 과전류차단기 또는 기타 기구를 시설하여야 한다. 단, 그 전로가 단락전류에 견딜 수 있는 경우에는 그러하지 아니한다.

14

지중전선로를 직접 매설식에 의하여 시설할 때, 중량물의 압력을 받을 우려가 있는 장소에 저압 또는 고압의 지중전선을 견고한 트라프 기타 방호물에 넣지 않고도 부설할 수 있는 케이블은?

① PVC 외장케이블
② 콤바인덕트 케이블
③ 염화비닐 절연케이블
④ 폴리에틸렌 외장케이블

해설 지중전선로의 시설(한국전기설비규정 334.1)
저압 또는 고압의 지중전선에 콤바인덕트 케이블을 사용하여 시설하는 경우 지중전선을 견고한 트라프 기타 방호물에 넣지 아니하여도 된다.

15

중성점 직접접지식 전로에 접속되는 최대 사용전압 $161[kV]$인 3상 변압기 권선(성형결선)의 절연내력시험을 할 때 접지시켜서는 안 되는 것은?

① 철심 및 외함
② 시험되는 변압기의 부싱
③ 시험되는 권선의 중성점 단자
④ 시험되지 않는 각 권선(다른 권선이 2개 이상 있는 경우에는 각 권선의 임의의 1단자)

해설 변압기 전로의 절연내력(한국전기설비규정 135)
변압기 전로의 시험전압 시험방법: 시험되는 권선의 중성점 단자, 다른 권선(다른 권선이 2개 이상 있는 경우에는 각 권선)의 임의의 1단자, 철심 및 외함을 접지하고 시험되는 권선의 중성점 단자 이외의 임의의 1단자와 대지 사이에 시험전압을 연속하여 10분간 가한다.

16

저압 가공전선로 또는 고압 가공전선로와 기설 가공약전류 전선로가 병행하는 경우에는 유도작용에 의한 통신상의 장해가 생기지 않도록 전선과 기설 약전류전선 간의 이격거리는 몇 $[m]$ 이상이어야 하는가?(단, 전기철도용 급전선로는 제외한다.)

① 2
② 4
③ 6
④ 8

해설 가공약전류 전선로의 유도장해 방지(한국전기설비규정 332.1)
전선과 기설 약전류전선 간의 이격: 2[m] 이상

| 정답 | 13 ④ | 14 ② | 15 ② | 16 ① |

17
KEC 적용에 따라 삭제되었습니다.

19

어느 유원지의 어린이 놀이기구인 유희용 전차에 전기를 공급하는 전로의 사용전압은 교류인 경우 몇 [V] 이하이어야 하는가?

① 20　　② 40
③ 60　　④ 100

해설　놀이용 전차(전원장치)(한국전기설비규정 241.8)
전기 공급 전원장치의 사용전압
- 직류: 60[V] 이하
- 교류: 40[V] 이하

18

특고압 가공전선로의 지지물에 첨가하는 통신선 보안장치에 사용되는 피뢰기의 동작전압은 교류 몇 [V] 이하인가?

① 300　　② 600
③ 1,000　　④ 1,500

해설　특고압 가공전선로 첨가설치 통신선의 시가지 인입 제한(한국전기설비규정 362.5)

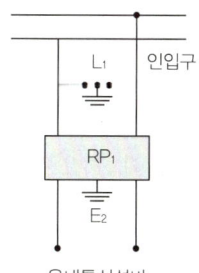

▲ 급전전용통신선용 보안장치

- RP₁: 교류 300[V] 이하에서 동작하고, 최소 감도전류가 3[A] 이하로서 최소 감도전류 때의 응동시간이 1사이클 이하이고 또한 전류 용량이 50[A], 20[초] 이상인 자복성이 있는 릴레이 보안기
- L₁: 교류 1[kV] 이하에서 동작하는 피뢰기

20
KEC 적용에 따라 삭제되었습니다.

| 정답 | 18 ③　19 ②

2020년 3회

01

345[kV] 송전선을 사람이 쉽게 들어가지 않는 산지에 시설할 때 전선의 지표상 높이는 몇 [m] 이상으로 하여야 하는가?

① 7.28
② 7.56
③ 8.28
④ 8.56

해설 특고압 가공전선의 높이(한국전기설비규정 333.7)

전압의 범위	일반 장소	도로 횡단	철도 또는 궤도 횡단	횡단보도교의 위
35[kV] 이하 특고압	5[m] 이상	6[m] 이상	6.5[m] 이상	5[m] 이상 (특고압 절연전선 또는 케이블: 4[m])
35[kV] 초과 160[kV] 이하 특고압	6[m] 이상	6[m] 이상	6.5[m] 이상	6[m] 이상 (케이블: 5[m])
	산지 등에서 사람이 쉽게 들어갈 수 없는 장소: 5[m] 이상			
160[kV] 초과 특고압	일반 장소	6[m]에 사용전압이 160[kV]를 초과하는 10[kV] 또는 그 단수마다 0.12[m]를 더한 값 이상		
	철도 또는 궤도 횡단	6.5[m]에 사용전압이 160[kV]를 초과하는 10[kV] 또는 그 단수마다 0.12[m]를 더한 값 이상		
	산지	5[m]에 사용전압이 160[kV]를 초과하는 10[kV] 또는 그 단수마다 0.12[m]를 더한 값 이상		

$\frac{345-160}{10} = 18.5 \rightarrow$ 단수 19

∴ 산지 등에서 사람이 쉽게 들어갈 수 없는 장소이므로
지표상 높이 $= 5 + (19 \times 0.12) = 7.28[m]$

02

변전소에서 오접속을 방지하기 위하여 특고압 전로의 보기 쉬운 곳에 반드시 표시해야 하는 것은?

① 상별 표시
② 위험 표시
③ 최대 전류
④ 정격 전압

해설 특고압 전로의 상 및 접속 상태의 표시(한국전기설비규정 351.2)
발전소 · 변전소 또는 이에 준하는 곳의 특고압 전로에는 그의 보기 쉬운 곳에 상별 표시를 하여야 한다.

03

전력보안 가공통신선의 시설 높이에 대한 기준으로 옳은 것은?

① 철도의 궤도를 횡단하는 경우에는 레일면상 5[m] 이상
② 횡단보도교 위에 시설하는 경우에는 그 노면상 3[m] 이상
③ 도로(차도와 도로의 구별이 있는 도로는 차도) 위에 시설하는 경우에는 지표상 2[m] 이상
④ 교통에 지장을 줄 우려가 없도록 도로(차도와 도로의 구별이 있는 도로는 차도) 위에 시설하는 경우에는 지표상 2[m]까지로 감할 수 있다.

해설 전력보안통신선의 시설 높이와 간격(한국전기설비규정 362.2)

구분		가공통신선
철도 횡단		6.5[m] 이상
도로나 차도 위 또는 횡단	일반 경우	5[m] 이상
	교통 지장 ×	4.5[m] 이상
횡단보도교의 위		3[m] 이상
그 외		3.5[m] 이상

| 정답 | 01 ① 02 ① 03 ②

04

이동형의 용접전극을 사용하는 아크 용접장치의 용접변압기의 1차 측 전로의 대지전압은 몇 [V] 이하이어야 하는가?

① 60
② 150
③ 300
④ 400

해설 아크 용접기(한국전기설비규정 241.10)
- 용접변압기는 절연변압기일 것
- 용접변압기의 1차 측 전로의 대지전압은 300[V] 이하일 것
- 용접변압기의 1차 측 전로에는 용접 변압기에 가까운 곳에 쉽게 개폐할 수 있는 개폐기를 시설할 것

05

전기온상용 발열선은 그 온도가 몇 [℃]를 넘지 않도록 시설하여야 하는가?

① 50
② 60
③ 80
④ 100

해설 전기온상 등(한국전기설비규정 241.5)
전기온상의 발열선의 시설은 다음에 의하여 시설하여야 한다.
- 전기온상 등에 전기를 공급하는 전로의 대지전압은 300[V] 이하일 것
- 발열선은 그 온도가 80[℃]를 넘지 아니하도록 시설할 것
- 발열선이나 발열선에 직접 접속하는 전선의 피복에 사용하는 금속체 또는 방호장치의 금속제 부분에는 접지공사를 할 것

06

사용전압이 154[kV]인 가공전선로를 제1종 특고압 보안공사로 시설할 때 사용되는 경동연선의 단면적은 몇 [mm²] 이상이어야 하는가?

① 52
② 100
③ 150
④ 200

해설 특고압 보안공사(한국전기설비규정 333.22)

사용전압	전선
100[kV] 미만	인장강도 21.67[kN] 이상의 연선 또는 단면적 55[mm²] 이상의 경동연선 또는 동등 이상의 인장강도를 갖는 알루미늄 전선이나 절연전선
100[kV] 이상 300[kV] 미만	인장강도 58.84[kN] 이상의 연선 또는 단면적 150[mm²] 이상의 경동연선 또는 동등 이상의 인장강도를 갖는 알루미늄 전선이나 절연전선
300[kV] 이상	인장강도 77.47[kN] 이상의 연선 또는 단면적 200[mm²] 이상의 경동연선 또는 동등 이상의 인장강도를 갖는 알루미늄 전선이나 절연전선

07

고압용 기계기구를 시가지에 시설할 때 지표상 몇 [m] 이상의 높이에 시설하고, 또한 사람이 쉽게 접촉할 우려가 없도록 하여야 하는가?

① 4.0
② 4.5
③ 5.0
④ 5.5

해설 고압용 기계기구의 시설(한국전기설비규정 341.8)
기계기구(이에 부속하는 전선에 케이블 또는 고압 인하용 절연전선을 사용하는 것에 한한다)를 지표상 4.5[m](시가지 외에는 4[m]) 이상의 높이에 시설하고 또한 사람이 쉽게 접촉할 우려가 없도록 시설해야 한다.

| 정답 | 04 ③ 05 ③ 06 ③ 07 ②

08

발전기, 전동기, 조상기, 기타 회전기(회전변류기 제외)의 절연내력 시험전압은 어느 곳에 가하는가?

① 권선과 대지 사이
② 외함과 권선 사이
③ 외함과 대지 사이
④ 회전자와 고정자 사이

해설 회전기 및 정류기의 절연내력(한국전기설비규정 133)
발전기, 전동기, 조상기, 기타 회전기(회전변류기 제외)의 절연내력 시험은 권선과 대지 사이에 시험전압을 연속하여 10분간 가한다.

09

특고압 지중전선이 지중약전류전선 등과 접근하거나 교차하는 경우에 상호 간의 이격거리가 몇 [cm] 이하인 때에만 두 전선이 직접 접촉하지 아니하도록 하여야 하는가?

① 15
② 20
③ 30
④ 60

해설 지중전선과 지중약전류전선 등 또는 관과의 접근 또는 교차(한국전기설비규정 334.6)
지중전선이 지중약전류전선 등과 접근 또는 교차하는 경우 간격
- 저압 또는 고압의 지중전선: 0.3[m] 이하
- 특고압 지중전선: 0.6[m] 이하

10

고압 옥내배선의 공사방법으로 틀린 것은?

① 케이블배선
② 합성수지관배선
③ 케이블트레이배선
④ 애자사용배선(건조한 장소에 전개된 장소에 한한다.)

해설 고압 옥내배선 등의 시설(한국전기설비규정 342.1)
고압 옥내배선은 다음에 따라 시설하여야 한다.
- 애자사용배선(건조한 장소로서 전개된 장소에 한한다.)
- 케이블배선
- 케이블트레이배선

11

조상설비 내부고장, 과전류 또는 과전압이 생긴 경우 자동적으로 차단되는 장치를 해야 하는 전력용 커패시터의 최소 뱅크용량은 몇 [kVA]인가?

① 10,000
② 12,000
③ 13,000
④ 15,000

해설 조상설비의 보호장치(한국전기설비규정 351.5)

설비종별	뱅크용량의 구분	자동적으로 전로로부터 차단하는 장치
전력용 커패시터 및 분로리액터	500[kVA] 초과 15,000[kVA] 미만	내부에 고장이 생긴 경우에 동작하는 장치 또는 과전류가 생긴 경우에 동작하는 장치
	15,000[kVA] 이상	내부에 고장이 생긴 경우에 동작하는 장치 및 과전류가 생긴 경우에 동작하는 장치 또는 과전압이 생긴 경우에 동작하는 장치
조상기	15,000[kVA] 이상	내부에 고장이 생긴 경우에 동작하는 장치

정답 | 08 ① 09 ④ 10 ② 11 ④

12

사용전압이 440[V]인 이동기중기용 접촉전선을 애자공사에 의하여 옥내의 전개된 장소에 시설하는 경우 사용하는 전선으로 옳은 것은?

① 인장강도가 3.44[kN] 이상인 것 또는 지름 2.6[mm]의 경동선으로 단면적이 8[mm²] 이상인 것
② 인장강도가 3.44[kN] 이상인 것 또는 지름 3.2[mm]의 경동선으로 단면적이 18[mm²] 이상인 것
③ 인장강도가 11.2[kN] 이상인 것 또는 지름 6[mm]의 경동선으로 단면적이 28[mm²] 이상인 것
④ 인장강도가 11.2[kN] 이상인 것 또는 지름 8[mm]의 경동선으로 단면적이 18[mm²] 이상인 것

해설 옥내에 시설하는 저압 접촉전선 배선(한국전기설비규정 232.81)
전선은 인장강도 11.2[kN] 이상의 것 또는 지름 6[mm]의 경동선으로 단면적이 28[mm²] 이상인 것일 것. 다만, 사용전압이 400[V] 이하인 경우에는 인장강도 3.44[kN] 이상의 것 또는 지름 3.2[mm] 이상의 경동선으로 단면적이 8[mm²] 이상인 것을 사용할 수 있다.

13

옥내에 시설하는 사용 전압이 400[V] 초과, 1,000[V] 이하인 전개된 장소로서 건조한 장소가 아닌 기타의 장소의 관등회로 배선공사로서 적합한 것은?

① 애자공사
② 금속몰드공사
③ 금속덕트공사
④ 합성수지몰드공사

해설 1[kV] 이하 방전등(한국전기설비규정 234.11)
관등회로의 사용전압이 400[V] 초과이고, 1[kV] 이하인 전개된 장소로서 건조한 장소가 아닌 기타의 장소의 관등회로는 애자공사를 하여야 한다.

14

KEC 적용에 따라 삭제되었습니다.

15

저압 가공전선으로 사용할 수 없는 것은?

① 케이블
② 절연전선
③ 다심형 전선
④ 나동복 강선

해설 저압 가공전선의 굵기 및 종류(한국전기설비규정 222.5)
저압 가공전선은 나전선, 절연전선, 다심형 전선 또는 케이블을 사용하여야 한다.

16

가공전선로의 지지물에 시설하는 지선의 시설기준으로 틀린 것은?

① 지선의 안전율을 2.5 이상으로 할 것
② 소선은 최소 5가닥 이상의 강심 알루미늄연선을 사용할 것
③ 도로를 횡단하여 시설하는 지선의 높이는 지표상 5[m] 이상으로 할 것
④ 지중 부분 및 지표상 30[cm]까지의 부분에는 내식성이 있는 것을 사용할 것

해설 지지선의 시설(한국전기설비규정 331.11)
가공전선로의 지지물에 시설하는 지선은 다음에 따라야 한다.
• 지선의 안전율은 2.5 이상일 것
• 소선 3가닥 이상의 연선일 것
• 지중 부분 및 지표상 0.3[m]까지의 부분에는 내식성이 있는 것 또는 아연도금을 한 철봉을 사용하고 쉽게 부식되지 않는 근가에 견고하게 붙일 것
• 도로를 횡단하여 시설하는 지선의 높이는 지표상 5[m] 이상으로 할 것

| 정답 | 12 ③　13 ①　15 ④　16 ②

17

특고압 가공전선로 중 지지물로서 직선형의 철탑을 연속하여 10기 이상 사용하는 부분에는 몇 기 이하마다 내장 애자장치가 되어 있는 철탑 또는 이와 동등 이상의 강도를 가지는 철탑 1기를 시설하여야 하는가?

① 3
② 5
③ 7
④ 10

해설 특고압 가공전선로의 내장형 등의 지지물 시설(한국전기설비규정 333.16)

특고압 가공전선로 중 지지물로서 직선형의 철탑을 연속하여 10기 이상 사용하는 부분에는 10기 이하마다 장력에 견디는 애자장치가 되어 있는 철탑 또는 이와 동등 이상의 강도를 가지는 철탑 1기를 시설하여야 한다.

18

접지공사에 사용하는 접지도체를 사람이 접촉할 우려가 있는 곳에 시설하는 경우, 「전기용품 및 생활용품 안전관리법」을 적용받는 합성수지관(두께 2[mm] 미만의 합성수지제 전선관 및 난연성이 없는 콤바인덕트관을 제외)으로 덮어야 하는 범위로 옳은 것은?

① 접지도체의 지하 0.3[m]로부터 지표상 1[m]까지의 부분
② 접지도체의 지하 0.5[m]로부터 지표상 1.2[m]까지의 부분
③ 접지도체의 지하 0.6[m]로부터 지표상 1.8[m]까지의 부분
④ 접지도체의 지하 0.75[m]로부터 지표상 2[m]까지의 부분

해설 접지도체(한국전기설비규정 142.3.1)

접지도체는 지하 0.75[m]부터 지표상 2[m]까지 부분은 합성수지관(두께 2[mm] 미만의 합성수지제 전선관 및 가연성 콤바인덕트관은 제외한다) 또는 이와 동등 이상의 절연효과와 강도를 가지는 몰드로 덮어야 한다.

19

사용전압이 400[V] 이하인 저압 가공전선은 케이블인 경우를 제외하고는 지름이 몇 [mm] 이상이어야 하는가?(단, 절연전선은 제외한다.)

① 3.2
② 3.6
③ 4.0
④ 5.0

해설 저압 가공전선의 굵기 및 종류(한국전기설비규정 222.5)

사용전압이 400[V] 이하인 저압 가공전선은 케이블인 경우를 제외하고는 인장강도 3.43[kN] 이상의 것 또는 지름 3.2[mm](절연전선인 경우는 인장강도 2.3[kN] 이상의 것 또는 지름 2.6[mm] 이상의 경동선) 이상의 것이어야 한다.

20

KEC 적용에 따라 삭제되었습니다.

| 정답 | 17 ④ 18 ④ 19 ①

2020년 4회

01

다음 ( )에 들어갈 내용으로 옳은 것은?

> 전차선로는 무선설비의 기능에 계속적이고 또한 중대한 장해를 주는 ( )이(가) 생길 우려가 있는 경우에는 이를 방지하도록 시설하여야 한다.

① 전파 ② 혼촉
③ 단락 ④ 정전기

해설 전파장해의 방지(한국전기설비규정 331.1)
가공전선로는 무선설비의 기능에 계속적이고 또한 중대한 장해를 주는 전파를 발생할 우려가 있는 경우에는 이를 방지하도록 시설하여야 한다.

02

옥내에 시설하는 저압전선에 나전선을 사용할 수 있는 경우는?

① 버스덕트배선에 의하여 시설하는 경우
② 금속덕트배선에 의하여 시설하는 경우
③ 합성수지관배선에 의하여 시설하는 경우
④ 후강전선관배선에 의하여 시설하는 경우

해설 나전선의 사용 제한(한국전기설비규정 231.4)
옥내에 시설하는 저압전선에는 나전선을 사용하여서는 아니 된다. 다만, 다음 중 어느 하나에 해당하는 경우에는 그러하지 아니하다.
• 애자사용배선에 의하여 전개된 곳에 시설하는 경우
• 버스덕트배선에 의하여 시설하는 경우
• 라이팅덕트배선에 의하여 시설하는 경우

03

사람이 상시 통행하는 터널 안의 배선(전기기계기구 안의 배선, 관등회로의 배선, 소세력 회로의 전선 및 출퇴표시등 회로의 전선은 제외)의 시설기준에 적합하지 않은 것은? (단, 사용전압이 저압의 것에 한한다.)

① 애자공사로 시설하였다.
② 공칭단면적 2.5[mm^2]의 연동선을 사용하였다.
③ 애자공사 시 전선의 높이는 노면상 2[m]로 시설하였다.
④ 전로에는 터널의 입구 가까운 곳에 전용 개폐기를 시설하였다.

해설 사람이 상시 통행하는 터널 안의 배선의 시설(한국전기설비규정 242.7.1)
• 전선: 공칭단면적 2.5[mm^2] 이상의 연동선
• 설치 높이: 노면상 2.5[m] 이상
• 애자공사에 의해 시설하고, 전로에는 터널의 입구에 가까운 곳에 전용 개폐기를 시설할 것

04

그림은 전력선 반송 통신용 결합장치의 보안장치이다. 여기에서 CC는 어떤 커패시터인가?

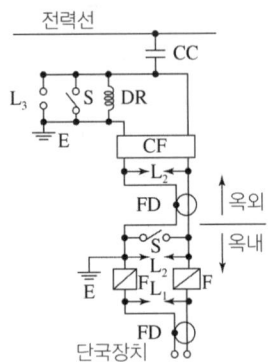

① 결합 커패시터
② 전력용 커패시터
③ 정류용 커패시터
④ 축전용 커패시터

해설 전력선 반송 통신용 결합장치의 보안장치(한국전기설비규정 362.11)

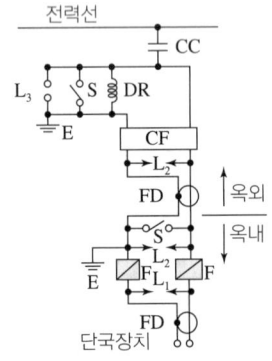

- FD: 동축케이블
- F: 정격전류 10[A] 이하의 포장 퓨즈
- DR: 전류 용량 2[A] 이상의 배류 선륜
- L_1: 교류 300[V] 이하에서 동작하는 피뢰기
- L_2: 동작 전압이 교류 1.3[kV]를 초과하고 1.6[kV] 이하로 조정된 방전갭
- L_3: 동작 전압이 교류 2[kV]를 초과하고 3[kV] 이하로 조정된 구상 방전갭
- S: 접지용 개폐기
- CF: 결합 필터
- CC: 결합 커패시터(결합 안테나를 포함한다)
- E: 접지

05

케이블트레이공사에 사용하는 케이블트레이에 대한 기준으로 틀린 것은?

① 안전율은 1.5 이상으로 하여야 한다.
② 비금속제 케이블트레이는 수밀성 재료의 것이어야 한다.
③ 금속제 케이블트레이계통은 기계적 및 전기적으로 완전하게 접속하여야 한다.
④ 전선의 피복 등을 손상시킬 돌기 등이 없이 매끈하여야 한다.

해설 케이블트레이의 선정(한국전기설비규정 232.41)
- 케이블트레이의 안전율은 1.5 이상으로 하여야 한다.
- 비금속제 케이블트레이는 난연성 재료의 것이어야 한다.
- 금속제 케이블트레이시스템은 기계적 및 전기적으로 완전하게 접속하여야 하며 금속제 트레이는 접지공사를 하여야 한다.
- 전선의 피복 등을 손상시킬 돌기 등이 없이 매끈하여야 한다.

관련개념 케이블트레이
주요 키워드: 안전율 1.5, 난연성, 완전하게 접속

| 정답 | 04 ① 05 ② |

06

지중전선로에 사용하는 지중함의 시설기준으로 틀린 것은?

① 지중함은 견고하고 차량 기타 중량물의 압력에 견디는 구조일 것
② 지중함은 그 안의 고인물을 제거할 수 있는 구조로 되어 있을 것
③ 지중함의 뚜껑은 시설자 이외의 자가 쉽게 열 수 없도록 시설할 것
④ 폭발성의 가스가 침입할 우려가 있는 곳에 시설하는 지중함으로서 그 크기가 0.5[m³] 이상인 것에는 통풍장치 기타 가스를 방산시키기 위한 적당한 장치를 시설할 것

해설 지중함의 시설(한국전기설비규정 334.2)
폭발성 또는 연소성의 가스가 침입할 우려가 있는 곳에 시설하는 지중함으로서 그 크기가 1[m³] 이상인 것에는 통풍장치 기타 가스를 방산시키기 위한 적당한 장치를 시설할 것

관련개념
지중함 - 1[m³]

07

교량의 윗면에 시설하는 고압 전선로는 전선의 높이를 교량의 노면상 몇 [m] 이상으로 하여야 하는가?

① 3 ② 4
③ 5 ④ 6

해설 교량에 시설하는 전선로(한국전기설비규정 335.6)
교량의 윗면에 시설하는 것은 전선의 높이를 교량의 노면상 5[m] 이상으로 하여 시설할 것

08

목장에서 가축의 탈출을 방지하기 위하여 전기울타리를 시설하는 경우 전선은 인장강도가 몇 [kN] 이상의 것이어야 하는가?

① 1.38 ② 2.78
③ 4.43 ④ 5.93

해설 전기울타리(한국전기설비규정 241.1)
- 전기울타리는 사람이 쉽게 출입하지 아니하는 곳에 시설할 것
- 전선은 인장강도 1.38[kN] 이상의 것 또는 지름 2[mm] 이상의 경동선일 것
- 전선과 이를 지지하는 기둥 사이의 간격은 25[mm] 이상일 것
- 전선과 다른 시설물(가공전선을 제외한다) 또는 수목과의 간격은 0.3[m] 이상일 것

09

저압의 전선로 중 절연 부분의 전선과 대지 간의 절연저항은 사용전압에 대한 누설전류가 최대 공급전류의 얼마를 넘지 않도록 유지하여야 하는가?

① 1/1,000 ② 1/2,000
③ 1/3,000 ④ 1/4,000

해설 전선로의 전선 및 절연성능(기술기준 제27조)
저압 전선로 중 절연 부분의 전선과 대지 사이 및 전선의 심선 상호 간의 절연저항은 사용전압에 대한 누설전류가 최대 공급전류의 1/2,000을 넘지 않도록 하여야 한다.

| 정답 | 06 ④ 07 ③ 08 ① 09 ②

10

가공전선로의 지지물에 하중이 가하여지는 경우에 그 하중을 받는 지지물의 기초 안전율은 얼마 이상이어야 하는가? (단, 이상 시 상정하중은 무관하다.)

① 1.5
② 2.0
③ 2.5
④ 3.0

해설 가공전선로 지지물의 기초의 안전율(한국전기설비규정 331.7)
가공전선로의 지지물에 하중이 가하여지는 경우에 그 하중을 받는 지지물의 기초의 안전율은 2 이상이어야 한다.

관련개념
가공전선로의 지지물의 기초 안전율: 2 이상

11

사용전압이 $35,000[V]$ 이하인 특고압 가공전선과 가공약전류전선을 동일 지지물에 시설하는 경우, 특고압 가공전선로의 보안공사로 적합한 것은?

① 고압 보안공사
② 제1종 특고압 보안공사
③ 제2종 특고압 보안공사
④ 제3종 특고압 보안공사

해설 특고압 가공전선과 가공약전류전선 등의 공용설치(한국전기설비규정 333.19)
사용전압이 35[kV] 이하인 특고압 가공전선과 가공약전류전선 등을 동일 지지물에 시설하는 경우에는 다음에 따라야 한다.
• 특고압 가공전선로는 제2종 특고압 보안공사에 의할 것
• 특고압 가공전선은 가공약전류전선 등의 위로하고 별개의 완금류에 시설할 것

12

발전소에서 계측하는 장치를 시설하여야 하는 사항에 해당하지 않는 것은?

① 특고압용 변압기의 온도
② 발전기의 회전수 및 주파수
③ 발전기의 전압 및 전류 또는 전력
④ 발전기의 베어링(수중 메탈을 제외한다) 및 고정자의 온도

해설 계측장치(한국전기설비규정 351.6)
발전소에서는 다음의 사항을 계측하는 장치를 시설하여야 한다.
• 발전기·연료전지 또는 태양전지 모듈의 전압 및 전류 또는 전력
• 발전기의 베어링(수중 메탈을 제외한다) 및 고정자의 온도
• 주요 변압기의 전압 및 전류 또는 전력
• 특고압용 변압기의 온도

13

금속제 외함을 가진 저압의 기계기구로서 사람이 쉽게 접촉될 우려가 있는 곳에 시설하는 경우, 전기를 공급받는 전로에 지락이 생겼을 때 자동적으로 전로를 차단하는 장치를 설치하여야 하는 기계기구의 사용전압이 몇 $[V]$를 초과하는 경우인가?

① 30
② 50
③ 100
④ 150

해설 감전에 대한 보호(한국전기설비규정 211)
누전차단기의 시설
• 금속제 외함을 가지는 사용전압이 50[V]를 초과하는 저압의 기계기구로서 사람이 쉽게 접촉할 우려가 있는 곳에 시설하는 데에 전기를 공급하는 전로에는 보호대책으로 누전차단기를 시설해야 한다.

| 정답 | 10 ② 11 ③ 12 ② 13 ②

14

제2종 특고압 보안공사 시 지지물로 사용하는 철탑의 경간을 $400[m]$ 초과로 하려면 몇 $[mm^2]$ 이상의 경동연선을 사용하여야 하는가?

① 38
② 55
③ 82
④ 95

해설 특고압 보안공사(한국전기설비규정 333.22)

특고압 보안공사 시 경간 제한

구분	목주·A종	B종	철탑
저·고압	100	150	400
1종 특고압	×	150	400(단주: 300)
2·3종 특고압	100	200	400(단주: 300)

15

과전류차단기로 시설하는 퓨즈 중 고압전로에 사용하는 비포장 퓨즈는 정격전류 2배 전류 시 몇 분 안에 용단되어야 하는가?

① 1분
② 2분
③ 5분
④ 10분

해설 고압 및 특고압 전로 중의 과전류차단기의 시설(한국전기설비규정 341.10)

과전류차단기로 시설하는 퓨즈 중 고압전로에 사용하는 비포장 퓨즈는 정격전류의 1.25배의 전류에 견디고 또한 2배의 전류로 2분 안에 용단되는 것이어야 한다.

16

최대 사용전압이 $7[kV]$를 초과하는 회전기의 절연내력 시험은 최대 사용전압의 몇 배의 전압($10.5[kV]$ 미만으로 되는 경우에는 $10.5[kV]$)에서 10분간 견디어야 하는가?

① 0.92
② 1
③ 1.1
④ 1.25

해설 회전기 및 정류기의 절연내력(한국전기설비규정 133)

종류		시험전압	시험방법
회전기	발전기·전동기·조상기·기타 회전기 (회전변류기를 제외한다) 최대 사용전압 $7[kV]$ 이하	최대 사용전압의 1.5배의 전압(500[V] 미만으로 되는 경우에는 500[V])	권선과 대지 사이에 연속하여 10분간 가한다.
	발전기·전동기·조상기·기타 회전기 (회전변류기를 제외한다) 최대 사용전압 $7[kV]$ 초과	최대 사용전압의 1.25배의 전압(10.5[kV] 미만으로 되는 경우에는 10.5[kV])	
	회전 변류기	직류 측의 최대 사용전압의 1배의 교류전압(500[V] 미만으로 되는 경우에는 500[V])	
정류기	최대 사용전압이 $60[kV]$ 이하	직류 측의 최대 사용전압의 1배의 교류전압(500[V] 미만으로 되는 경우에는 500[V])	충전부분과 외함 간에 연속하여 10분간 가한다.
	최대 사용전압 $60[kV]$ 초과	교류 측의 최대 사용전압의 1.1배의 교류전압 또는 직류 측의 최대 사용전압의 1.1배의 직류전압	교류 측 및 직류 고전압 측 단자와 대지 사이에 연속하여 10분간 가한다.

$7[kV]$를 초과하는 회전기의 절연내력은 최대 사용전압의 1.25배의 전압에서 10분간 견디어야 한다.

정답 14 ④ 15 ② 16 ④

17

버스덕트공사에 의한 저압 옥내배선 시설공사에 대한 설명으로 틀린 것은?

① 덕트(환기형의 것을 제외)의 끝부분은 막지 말 것
② 덕트 상호 간 및 전선 상호 간은 견고하고 또한 전기적으로 완전하게 접속할 것
③ 덕트(환기형의 것을 제외)의 내부에 먼지가 침입하지 아니하도록 할 것
④ 덕트를 조영재에 붙이는 경우에는 덕트의 지지점 간의 거리를 3[m] 이하로 하고 또한 견고하게 붙일 것

해설 버스덕트공사(시설조건)(한국전기설비규정 232.61)
- 덕트 상호 간 및 전선 상호 간은 견고하고 또한 전기적으로 완전하게 접속할 것
- 덕트를 조영재에 붙이는 경우에는 덕트의 지지점 간의 거리를 3[m] 이하로 하고 또한 견고하게 붙일 것
- 덕트의 끝부분은 막을 것
- 덕트의 내부에 먼지가 침입하지 아니하도록 할 것
- 덕트는 접지공사를 할 것

18

수소냉각식 발전기 및 이에 부속하는 수소냉각장치의 시설에 대한 설명으로 틀린 것은?

① 발전기 안의 수소의 밀도를 계측하는 장치를 시설할 것
② 발전기 안의 수소의 순도가 85[%] 이하로 저하한 경우에 이를 경보하는 장치를 시설할 것
③ 발전기 안의 수소의 압력을 계측하는 장치 및 그 압력이 현저히 변동한 경우에 이를 경보하는 장치를 시설할 것
④ 발전기는 기밀구조의 것이고 또한 수소가 대기압에서 폭발하는 경우에 생기는 압력에 견디는 강도를 가지는 것일 것

해설 수소냉각식 발전기 등의 시설(한국전기설비규정 351.10)
- 발전기 내부 또는 조상기 내부의 수소의 순도가 85[%] 이하로 저하한 경우에 이를 경보하는 장치를 시설할 것
- 발전기 내부 또는 조상기 내부의 수소의 압력을 계측하는 장치 및 그 압력이 현저히 변동한 경우에 이를 경보하는 장치를 시설할 것
- 발전기 또는 조상기는 기밀구조의 것이고 또한 수소가 대기압에서 폭발하는 경우에 생기는 압력에 견디는 강도를 가지는 것일 것
- 발전기 내부의 수소의 온도를 계측하는 장치를 시설할 것

19

고압 가공전선로에 사용하는 가공지선은 지름 몇 [mm] 이상의 나경동선을 사용하여야 하는가?

① 2.6   ② 3.0
③ 4.0   ④ 5.0

해설 고압 가공전선로의 가공지선(한국전기설비규정 332.6)
고압 가공전선로에 사용하는 가공지선은 인장강도 5.26[kN] 이상의 것 또는 지름 4[mm] 이상의 나경동선을 사용한다.

20

KEC 적용에 따라 삭제되었습니다.

| 정답 | 17 ① | 18 ① | 19 ③

2019년 1회

01

지중전선로의 매설방법이 아닌 것은?

① 관로식
② 인입식
③ 암거식
④ 직접 매설식

해설 지중전선로의 시설(한국전기설비규정 334.1)
지중전선로는 전선에 케이블을 사용하고 또한 관로식·암거식(暗渠式) 또는 직접 매설식에 의하여 시설하여야 한다.

02

특고압용 변압기로서 그 내부에 고장이 생긴 경우에 반드시 자동 차단되어야 하는 변압기의 뱅크용량은 몇 [kVA] 이상인가?

① 5,000
② 10,000
③ 50,000
④ 100,000

해설 특고압용 변압기의 보호장치(한국전기설비규정 351.4)

뱅크용량의 구분	동작조건	장치의 종류
5,000[kVA] 이상 10,000[kVA] 미만	변압기 내부 고장	자동차단장치 또는 경보장치
10,000[kVA] 이상	변압기 내부 고장	자동차단장치
타냉식 변압기	냉각장치에 고장이 생긴 경우 또는 변압기의 온도가 현저히 상승한 경우	경보장치

변압기의 내부 고장 시 자동차단장치 시설기준
10,000[kVA] 이상

03 KEC 적용에 따라 삭제되었습니다.

04

전력보안 가공통신선(광섬유 케이블은 제외)을 조가할 경우 조가용선은?

① 금속으로 된 단선
② 강심 알루미늄 연선
③ 금속선으로 된 연선
④ 알루미늄으로 된 단선

해설 조가선 시설기준(한국전기설비규정 362.3)
조가선은 단면적 38[mm²] 이상의 아연도 강연선을 사용할 것

05 KEC 적용에 따라 삭제되었습니다.

06

저고압 가공전선과 가공약전류 전선 등을 동일 지지물에 시설하는 기준으로 틀린 것은?

① 가공전선을 가공약전류 전선 등의 위로 하고 별개의 완금류에 시설할 것
② 전선로의 지지물로서 사용하는 목주의 풍압하중에 대한 안전율은 1.5 이상일 것
③ 가공전선과 가공약전류 전선 등 사이의 이격거리는 저압과 고압 모두 75[cm] 이상일 것
④ 가공전선이 가공약전류 전선에 대하여 유도작용에 의한 통신상의 장해를 줄 우려가 있는 경우에는 가공전선을 적당한 거리에서 연가할 것

해설 가공전선 등의 공용설치(한국전기설비규정 332.21, 222.21)
• 가공전선과 가공약전류 전선 등 사이의 간격은 가공선선에 서압(다중접지된 중성선을 제외한다)은 0.75[m] 이상, 고압은 1.5[m] 이상일 것
• 전선로의 지지물로서 사용하는 목주의 풍압하중에 대한 안전율은 1.5 이상일 것
• 가공전선을 가공약전류전선 등의 위로 하고 별개의 완금류에 시설할 것
• 가공전선이 가공약전류전선에 대하여 유도작용에 의한 통신상의 장해를 줄 우려가 있는 경우 가공전선을 적당한 거리에서 연가할 것

| 정답 | 01 ② 02 ② 04 ③ 06 ③

07

수중조명등에 사용되는 절연 변압기의 2차 측 전로의 사용전압이 몇 [V]를 초과하는 경우에는 그 전로에 지락이 생겼을 때 자동적으로 전로를 차단하는 장치를 하여야 하는가?

① 30
② 60
③ 150
④ 300

해설 수중조명등(한국전기설비규정 234.14)
수중조명등의 절연변압기의 2차 측 전로의 사용전압이 30[V]를 초과하는 경우에는 그 전로에 지락이 생겼을 때 자동적으로 전로를 차단하는 정격감도전류 30[mA] 이하의 누전차단기를 시설할 것

08

석유류를 저장하는 장소의 전등배선에 사용하지 않는 공사방법은?

① 케이블 공사
② 금속관공사
③ 애자공사
④ 합성수지관공사

해설 위험장소에서의 시설(한국전기설비규정 242.4)
위험물(셀룰로이드 · 성냥 · 석유류 기타 타기 쉬운 위험한 물질): 금속관공사, 케이블 공사 및 합성수지관공사

09

사용전압이 154[kV]인 가공송전선의 시설에서 전선과 식물과의 이격거리는 일반적인 경우에 몇 [m] 이상으로 하여야 하는가?

① 2.8
② 3.2
③ 3.6
④ 4.2

해설 특고압 가공전선과 식물의 간격(한국전기설비규정 333.30)

사용전압	간격
60[kV] 이하	2[m] 이상
60[kV] 초과	2[m]에 사용전압이 60[kV]를 초과하는 10[kV] 또는 그 단수마다 0.12[m]를 더한 값 이상

단수: $\frac{154-60}{10} = 9.4 \rightarrow$ 10단
∴ $2 + 10 \times 0.12 = 3.2[m]$

10

KEC 적용에 따라 삭제되었습니다.

11

농사용 저압 가공전선로의 시설기준으로 틀린 것은?

① 사용전압이 저압일 것
② 전선로의 경간은 40[m] 이하일 것
③ 저압 가공전선의 인장강도는 1.38[kN] 이상일 것
④ 저압 가공전선의 지표상 높이는 3.5[m] 이상일 것

해설 농사용 저압 가공전선로의 시설(한국전기설비규정 222.22)
저압 가공전선로는 농사용 및 구내도로에 시설될 때 지지물 간의 경간은 30[m] 이하일 것

12

고압 가공전선로에 시설하는 피뢰기의 접지 도체가 접지공사 전용의 것인 경우에 접지저항 값은 몇 [Ω]까지 허용되는가?

① 20
② 30
③ 50
④ 75

해설 피뢰기의 접지(한국전기설비규정 341.14)
고압 및 특고압의 전로에 시설하는 피뢰기 접지저항 값은 10[Ω] 이하로 하여야 한다. 다만, 고압 가공전선로에 시설하는 피뢰기를 접지 공사를 한 변압기에 근접하여 시설하는 경우로서, 고압 가공전선로에 시설하는 피뢰기의 접지도체가 그 접지공사 전용의 것인 경우에 그 접지 공사의 접지저항 값이 30[Ω] 이하까지 허용된다.

| 정답 | 07 ① 08 ③ 09 ② 11 ② 12 ②

13

고압 옥측전선로에 사용할 수 있는 전선은?

① 케이블 ② 나경동선
③ 절연전선 ④ 다심형 전선

해설 옥측전선로(한국전기설비규정 331.13)
고압 옥측전선로의 전선은 케이블이어야 한다.

14

발전기를 전로로부터 자동적으로 차단하는 장치를 시설하여야 하는 경우에 해당되지 않는 것은?

① 발전기에 과전류가 생긴 경우
② 용량이 5,000[kVA] 이상인 발전기의 내부에 고장이 생긴 경우
③ 용량이 500[kVA] 이상의 발전기를 구동하는 수차의 압유장치의 유압이 현저히 저하한 경우
④ 용량이 100[kVA] 이상의 발전기를 구동하는 풍차의 압유장치의 유압, 압축공기장치의 공기압이 현저히 저하한 경우

해설 발전기 등의 보호장치(한국전기설비규정 351.3)
발전기에는 다음의 경우에 자동적으로 이를 전로로부터 차단하는 장치를 시설하여야 한다.
- 발전기에 과전류나 과전압이 생긴 경우
- 용량이 500[kVA] 이상의 발전기를 구동하는 수차의 압유장치의 유압 또는 전동식 가이드밴 제어장치, 전동식 니이들 제어장치 또는 전동식 디플렉터 제어장치의 전원전압이 현저히 저하한 경우
- 용량 100[kVA] 이상의 발전기를 구동하는 풍차(風車)의 압유장치의 유압, 압축공기장치의 공기압 또는 전동식 브레이드 제어장치의 전원전압이 현저히 저하한 경우
- 용량이 2,000[kVA] 이상인 수차 발전기의 스러스트 베어링의 온도가 현저히 상승한 경우
- 용량이 10,000[kVA] 이상인 발전기의 내부에 고장이 생긴 경우
- 정격출력이 10,000[kW]를 초과하는 증기터빈은 그 스러스트 베어링이 현저하게 마모되거나 그의 온도가 현저히 상승한 경우

15

고압 옥내배선이 수관과 접근하여 시설되는 경우에는 몇 [cm] 이상 이격시켜야 하는가?

① 15 ② 30
③ 45 ④ 60

해설 고압 옥내배선 등의 시설(한국전기설비규정 342.1)
고압 옥내배선이 다른 고압 옥내배선·저압 옥내전선·관등회로의 배선·약전류 전선 등 또는 수관·가스관이나 이와 유사한 것과 접근하거나 교차하는 경우에는 고압 옥내배선과 다른 고압 옥내배선·저압 옥내전선·관등회로의 배선·약전류 전선 등 또는 수관·가스관이나 이와 유사한 것 사이의 간격은 0.15[m](애자사용 배선에 의하여 시설하는 저압 옥내전선이 나전선인 경우에는 0.3[m], 가스계량기 및 가스관의 이음부와 전력량계 및 개폐기와는 0.6[m]) 이상이어야 한다.

16

최대사용전압이 22,900[V]인 3상 4선식 중성선 다중접지식 전로와 대지 사이의 절연내력 시험전압은 몇 [V]인가?

① 32,510 ② 28,752
③ 25,229 ④ 21,068

해설 전로의 절연저항 및 절연내력(한국전기설비규정 132)

접지방식	구분	배율
중성점 다중접지식	7[kV] 초과 25[kV] 이하	0.92

$22,900 \times 0.92 = 21,068[V]$

관련개념 절연내력 시험전압
'다'중접지 - 0.'92'

| 정답 | 13 ① 14 ② 15 ① 16 ④

17

라이팅덕트공사에 의한 저압 옥내배선 공사 시설기준으로 틀린 것은?

① 덕트의 끝부분은 막을 것
② 덕트는 조영재에 견고하게 붙일 것
③ 덕트는 조영재를 관통하여 시설할 것
④ 덕트의 지지점 간의 거리는 2[m] 이하로 할 것

해설 라이팅덕트공사(한국전기설비규정 232.71)
- 덕트 상호 간 및 전선 상호 간은 견고하게 또한 전기적으로 완전히 접속할 것
- 덕트는 조영재에 견고하게 붙일 것
- 덕트의 지지점 간의 거리는 2[m] 이하로 할 것
- 덕트의 끝부분은 막을 것
- 덕트는 조영재를 관통하여 시설하지 아니할 것

18

금속덕트공사에 의한 저압 옥내배선에서, 금속덕트에 넣은 전선의 단면적의 합계는 일반적으로 덕트 내부 단면적의 몇 [%] 이하이어야 하는가?(단, 전광표시장치 기타 이와 유사한 장치 또는 제어회로 등의 배선만을 넣는 경우에는 50[%])

① 20　　② 30
③ 40　　④ 50

해설 금속덕트공사(한국전기설비규정 232.31)
금속덕트에 넣은 전선의 단면적(절연피복의 단면적을 포함한다)의 합계는 덕트의 내부 단면적의 20[%](전광표시장치 기타 이와 유사한 장치 또는 제어회로 등의 배선만을 넣는 경우에는 50[%]) 이하일 것

19

지중전선로에 사용하는 지중함의 시설기준으로 틀린 것은?

① 조명 및 세척이 가능한 적당한 장치를 시설할 것
② 견고하고 차량 기타 중량물의 압력에 견디는 구조일 것
③ 그 안의 고인 물을 제거할 수 있는 구조로 되어 있을 것
④ 뚜껑은 시설자 이외의 자가 쉽게 열 수 없도록 시설할 것

해설 지중함의 시설(한국전기설비규정 334.2)
- 지중함은 견고하고 차량 기타 중량물의 압력에 견디는 구조일 것
- 지중함은 그 안의 고인 물을 제거할 수 있는 구조로 되어 있을 것
- 폭발성 또는 연소성의 가스가 침입할 우려가 있는 것에 시설하는 지중함으로서 그 크기가 1[m^3] 이상인 것에는 통풍장치 기타 가스를 방산시키기 위한 적당한 장치를 시설할 것
- 지중함의 뚜껑은 시설자 이외의 자가 쉽게 열 수 없도록 시설할 것

20

철탑의 강도 계산에 사용하는 이상 시 상정하중을 계산하는 데 사용되는 것은?

① 미진에 의한 요동과 철구조물의 인장하중
② 뇌가 철탑에 가하여졌을 경우의 충격하중
③ 이상전압이 전선로에 내습하였을 때 생기는 충격하중
④ 풍압이 전선로에 직각 방향으로 가하여지는 경우의 하중

해설 이상 시 상정하중(한국전기설비규정 333.14)
이상 시 상정하중은 풍압이 전선로에 직각 방향으로 가하여지는 경우 다음과 같다.
- 수직하중
- 수평 횡하중
- 수평 종하중

| 정답 | 17 ③　18 ①　19 ①　20 ④

2019년 2회

01 KEC 적용에 따라 삭제되었습니다.

02 고압용 기계기구를 시설하여서는 안 되는 경우는?

① 시가지 외로서 지표상 3[m]인 경우
② 발전소, 변전소, 개폐소 또는 이에 준하는 곳에 시설하는 경우
③ 옥내에 설치한 기계기구를 취급자 이외의 사람이 출입할 수 없도록 설치한 곳에 시설하는 경우
④ 공장 등의 구내에서 기계기구의 주위에 사람이 쉽게 접촉할 우려가 없도록 적당한 울타리를 설치하는 경우

해설 고압용 기계기구의 시설(한국전기설비규정 341.8)
기계기구(이에 부속하는 전선에 케이블 또는 고압 인하용 절연전선을 사용하는 것에 한한다)를 지표상 4.5[m](시가지 외에는 4[m]) 이상의 높이에 시설한다.

03 KEC 적용에 따라 삭제되었습니다.

04 어떤 공장에서 케이블을 사용하는 사용전압이 22[kV]인 가공전선을 건물 옆쪽에서 1차 접근상태로 시설하는 경우, 케이블과 건물의 조영재 이격거리는 몇 [cm] 이상이어야 하는가?

① 50
② 80
③ 100
④ 120

해설 가공전선과 건조물의 조영재 사이의 간격(한국전기설비규정 333.32)

구분	접근 형태	전선의 종류	간격
15[kV] 초과 25[kV] 이하 특고압	위쪽	나전선	3.0[m]
		특고압 절연전선	2.5[m]
		케이블	1.2[m]
	옆쪽 또는 아래쪽	나전선	1.5[m]
		특고압 절연전선	1.0[m]
		케이블	0.5[m]

05 옥내에 시설하는 전동기가 소손되는 것을 방지하기 위한 과부하 보호장치를 하지 않아도 되는 것은?

① 정격출력이 7.5[kW] 이상인 경우
② 정격출력이 0.2[kW] 이하인 경우
③ 정격출력이 2.5[kW]이며, 과전류 차단기가 없는 경우
④ 전동기 출력이 4[kW]이며, 취급자가 감시할 수 없는 경우

해설 과전류에 대한 보호(한국전기설비규정 212)
옥내에 시설하는 전동기의 과부하 보호장치의 생략 조건
- 정격출력이 0.2[kW] 이하
- 전동기를 운전 중 상시 취급자가 감시할 수 있는 위치에 시설하는 경우
- 전동기의 구조나 부하의 성질로 보아 전동기가 손상될 수 있는 과전류가 생길 우려가 없는 경우
- 단상 전동기로서 그 전원 측 전로에 시설하는 과전류 차단기의 정격전류가 16[A](배선 차단기는 20[A]) 이하인 경우

| 정답 | 02 ① 04 ① 05 ②

06

사용전압 66[kV]의 가공전선로를 시가지에 시설할 경우 전선의 지표상 최소 높이는 몇 [m]인가?

① 6.48
② 8.36
③ 10.48
④ 12.36

해설 시가지 등에서 특고압 가공전선로의 시설(한국전기설비규정 333.1)

사용전압의 구분	지표상의 높이
35[kV] 이하	10[m](전선이 특고압 절연전선인 경우에는 8[m]) 이상
35[kV] 초과	10[m]에 35[kV]를 초과하는 10[kV] 또는 그 단수마다 0.12[m]를 더한 값 이상

단수: $\frac{66-35}{10} = 3.1 \rightarrow 4$단

∴ $10 + 4 \times 0.12 = 10.48$[m]

07

차량 기타 중량물의 압력을 받을 우려가 있는 장소에 지중전선로를 직접 매설식으로 시설하는 경우 매설깊이는 몇 [m] 이상이어야 하는가?

① 0.8
② 1.0
③ 1.2
④ 1.5

해설 지중전선로의 시설(한국전기설비규정 334.1)

지중전선로를 직접 매설식에 의하여 시설하는 경우에는 매설깊이를 차량 기타 중량물의 압력을 받을 우려가 있는 장소에는 1.0[m] 이상, 기타 장소에는 0.6[m] 이상으로 해야 한다.

08

KEC 적용에 따라 삭제되었습니다.

09

KEC 적용에 따라 삭제되었습니다.

10

저압 옥상전선로의 시설에 대한 설명으로 틀린 것은?

① 전선은 절연전선을 사용한다.
② 전선은 지름 2.6[mm] 이상의 경동선을 사용한다.
③ 전선은 상시 부는 바람 등에 의하여 식물에 접촉하지 않도록 시설한다.
④ 전선과 옥상전선로를 시설하는 조영재와의 이격거리를 0.5[m]로 한다.

해설 옥상전선로(한국전기설비규정 221.3)

전선과 그 저압 옥상 전선로를 시설하는 조영재와의 간격(이격거리)은 2[m](전선이 고압 절연전선, 특고압 절연전선 또는 케이블인 경우에는 1[m]) 이상이어야 한다.

11

가공전선로의 지지물에 취급자가 오르고 내리는 데 사용하는 발판 볼트 등은 지표상 몇 [m] 미만에 시설하여서는 아니 되는가?

① 1.2
② 1.8
③ 2.2
④ 2.5

해설 가공전선로 지지물의 철탑오름 및 전주오름 방지(한국전기설비규정 331.4)

가공전선로의 지지물에 취급자가 오르고 내리는 데 사용하는 발판 볼트 등을 지표상 1.8[m] 미만에 시설하여서는 아니 된다.

| 정답 | 06 ③ 07 ② 10 ④ 11 ②

12
KEC 적용에 따라 삭제되었습니다.

13
KEC 적용에 따라 삭제되었습니다.

14
고압 가공전선로에 사용하는 가공지선으로 나경동선을 사용할 때의 최소 굵기[mm]는?

① 3.2 ② 3.5
③ 4.0 ④ 5.0

해설 고압 가공전선로의 가공지선(한국전기설비규정 332.6)
고압 가공전선로에 사용하는 가공지선은 인장강도 5.26[kN] 이상의 것 또는 지름 4[mm] 이상의 나경동선을 사용한다.

15
특고압용 변압기의 보호장치인 냉각장치에 고장이 생긴 경우 변압기의 온도가 현저하게 상승한 경우에 이를 경보하는 장치를 반드시 하지 않아도 되는 경우는?

① 유입 풍냉식 ② 유입 자냉식
③ 송유 풍냉식 ④ 송유 수냉식

해설 특고압용 변압기의 보호장치(한국전기설비규정 351.4)

뱅크용량의 구분	동작조건	장치의 종류
타냉식변압기(변압기의 권선 및 철심을 직접 냉각시키기 위하여 봉입한 냉매를 강제 순환시키는 냉각 방식을 말한다)	냉각장치에 고장이 생긴 경우 또는 변압기의 온도가 현저히 상승한 경우	경보장치

관련개념 냉각방식에 따른 변압기의 분류

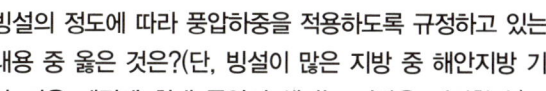

냉각방식	표시기호	주변의 냉각매체	
		종류	순환방식
유입 풍냉식	ONAF	공기	강제
유입 자냉식	ONAN	공기	자연
송유 풍냉식	OFAF	공기	강제
송유 수냉식	OFWF	물	강제

16
빙설의 정도에 따라 풍압하중을 적용하도록 규정하고 있는 내용 중 옳은 것은?(단, 빙설이 많은 지방 중 해안지방 기타 저온 계절에 최대 풍압이 생기는 지방은 제외한다.)

① 빙설이 많은 지방에서는 고온계절에는 갑종 풍압하중, 저온계절에는 을종 풍압하중을 적용한다.
② 빙설이 많은 지방에서는 고온계절에는 을종 풍압하중, 저온계절에는 갑종 풍압 하중을 적용한다.
③ 빙설이 적은 지방에서는 고온계절에는 갑종 풍압하중, 저온계절에는 을종 풍압하중을 적용한다.
④ 빙설이 적은 지방에서는 고온계절에는 을종 풍압하중, 저온계절에는 갑종 풍압하중을 적용한다.

해설 풍압하중의 종별과 적용(한국전기설비규정 331.6)
- 빙설이 많은 지방 이외의 지방에서는 고온계절에는 갑종 풍압하중, 저온계절에는 병종 풍압하중
- 빙설이 많은 지방에서는 고온계절에는 갑종 풍압하중, 저온계절에는 을종 풍압하중
- 빙설이 많은 지방 중 해안지방 기타 저온계절에 최대풍압이 생기는 지방에서는 고온계절에는 갑종 풍압하중, 저온계절에는 갑종 풍압하중과 을종 풍압하중 중 큰 것

정답 14 ③ 15 ② 16 ①

17

가공전선로의 지지물에 시설하는 지선의 시설 기준으로 옳은 것은?

① 지선의 안전율은 2.2 이상이어야 한다.
② 연선을 사용할 경우에는 소선(素線) 3가닥 이상이어야 한다.
③ 도로를 횡단하여 시설하는 지선의 높이는 지표상 4[m] 이상으로 하여야 한다.
④ 지중 부분 및 지표상 20[cm]까지의 부분에는 내식성이 있는 것 또는 아연도금을 한다.

해설 지선의 시설(한국전기설비규정 331.11)
- 지선의 안전율은 2.5 이상일 것. 이 경우에 허용 인장하중의 최저는 4.31[kN]으로 한다.
- 지선에 연선을 사용할 경우에는 다음에 의할 것
  - 소선(素線) 3가닥 이상의 연선일 것
  - 소선의 지름이 2.6[mm] 이상의 금속선을 사용한 것일 것
- 도로를 횡단하여 시설하는 지선의 높이는 지표상 5[m] 이상으로 하여야 한다.
- 지중 부분 및 지표상 0.3[m]까지의 부분에는 내식성이 있는 것 또는 아연도금을 한 철봉을 사용한다.

18

무선용 안테나 등을 지지하는 철탑의 기초 안전율은 얼마 이상이어야 하는가?

① 1.0   ② 1.5
③ 2.0   ④ 2.5

해설 무선용 안테나 등을 지지하는 철탑 등의 시설(한국전기설비규정 364.1)
철주·철근 콘크리트주 또는 철탑의 기초 안전율은 1.5 이상이어야 한다.

19

조상설비의 조상기(調相機) 내부에 고장이 생긴 경우에 자동적으로 전로로부터 차단하는 장치를 시설해야 하는 뱅크 용량[kVA]으로 옳은 것은?

① 1,000   ② 1,500
③ 10,000 ④ 15,000

해설 조상설비의 보호장치(한국전기설비규정 351.5)

설비 종별	뱅크용량의 구분	자동적으로 전로로부터 차단하는 장치
전력용 커패시터 및 분로 리액터	500[kVA] 초과 15,000[kVA] 미만	내부에 고장이 생긴 경우에 동작하는 장치 또는 과전류가 생긴 경우에 동작하는 장치
	15,000[kVA] 이상	내부에 고장이 생긴 경우에 동작하는 장치 및 과전류가 생긴 경우에 동작하는 장치 또는 과전압이 생긴 경우에 동작하는 장치
조상기	15,000[kVA] 이상	내부에 고장이 생긴 경우에 동작하는 장치

[관련개념]
조상기 - 15,000[kVA]

20

특고압 가공전선로의 지지물로 사용하는 B종 철주에서 각도형은 전선로 중 몇 도를 넘는 수평 각도를 이루는 곳에 사용되는가?

① 1   ② 2
③ 3   ④ 5

해설 특고압 가공전선로의 철주·철근 콘크리트주 또는 철탑의 종류(한국전기설비규정 333.11)
- 직선형: 전선로의 직선 부분(3° 이하인 수평각도를 이루는 곳을 포함한다)에 사용하는 것
- 각도형: 전선로 중 3°를 초과하는 수평각도를 이루는 곳에 사용하는 것

| 정답 | 17 ② 18 ② 19 ④ 20 ③

2019년 3회

01

고압 가공전선로의 지지물로 철탑을 사용한 경우 최대 경간은 몇 [m] 이하이어야 하는가?

① 300
② 400
③ 500
④ 600

해설 고압 가공전선로 경간의 제한(한국전기설비규정 332.9)
고압 가공전선로의 경간은 다음 표에서 정한 값 이하이어야 한다.

지지물의 종류	경간[m]
목주·A종 철주 또는 A종 철근 콘크리트주	150
B종 철주 또는 B종 철근 콘크리트주	250
철탑	600

02

폭발성 또는 연소성의 가스가 침입할 우려가 있는 것에 시설하는 지중함으로서 그 크기가 몇 [m³] 이상의 것은 통풍장치 기타 가스를 방산시키기 위한 적당한 장치를 시설하여야 하는가?

① 0.9
② 1.0
③ 1.5
④ 2.0

해설 지중함의 시설(한국전기설비규정 334.2)
- 지중함은 견고하고 차량 기타 중량물의 압력에 견디는 구조일 것
- 지중함은 그 안의 고인 물을 제거할 수 있는 구조로 되어 있을 것
- 폭발성 또는 연소성의 가스가 침입할 우려가 있는 것에 시설하는 지중함으로서 그 크기가 1[m³] 이상인 것에는 통풍장치 기타 가스를 방산시키기 위한 적당한 장치를 시설할 것
- 지중함의 뚜껑은 시설자 이외의 자가 쉽게 열 수 없도록 시설할 것

관련개념
지중함 – 1[m³]

03

사용전압 35,000[V]인 기계기구를 옥외에 시설하는 개폐소의 구내에 취급자 이외의 자가 들어가지 않도록 울타리를 설치할 때 울타리와 특고압의 충전 부분이 접근하는 경우에는 울타리의 높이와 울타리로부터 충전 부분까지 거리의 합은 최소 몇 [m] 이상이어야 하는가?

① 4
② 5
③ 6
④ 7

해설 특고압용 기계기구의 시설(한국전기설비규정 341.4)

사용전압의 구분	울타리의 높이와 울타리로부터 충전 부분까지 거리의 합계 또는 지표상의 높이
35[kV] 이하	5[m] 이상
35[kV] 초과 160[kV] 이하	6[m] 이상
160[kV] 초과	6[m]에 160[kV]를 초과하는 10[kV] 또는 그 단수마다 0.12[m]를 더한 값 이상

04

다음의 ⓐ, ⓑ에 들어갈 내용으로 옳은 것은?

> 과전류 차단기로 시설하는 퓨즈 중 고압 전로에 사용하는 비포장퓨즈는 정격전류의 (ⓐ)배의 전류에 견디고 또한 2배의 전류로 (ⓑ)분 안에 용단되는 것이어야 한다.

① ⓐ 1.1 ⓑ 1
② ⓐ 1.2 ⓑ 1
③ ⓐ 1.25 ⓑ 2
④ ⓐ 1.3 ⓑ 2

해설 고압 및 특고압 전로 중의 과전류 차단기의 시설(한국전기설비규정 341.10)

종류	불용단전류	용단전류	용단시간
비포장퓨즈	1.25배	2배	2분
포장퓨즈	1.3배	2배	120분

| 정답 | 01 ④ 02 ② 03 ② 04 ③

05

지중전선로를 직접 매설식에 의하여 시설하는 경우에는 매설깊이를 차량 기타 중량물의 압력을 받을 우려가 있는 장소에서는 몇 [cm] 이상으로 하면 되는가?

① 40
② 60
③ 80
④ 100

해설 지중전선로의 시설(한국전기설비규정 334.1)
- 차량 기타 중량물의 압력을 받을 우려가 있는 장소 : 1[m] 이상
- 기타 장소 : 0.6[m] 이상

06

저압 가공전선이 건조물의 상부 조영재 옆쪽으로 접근하는 경우 저압 가공전선과 건조물의 조영재 사이의 이격거리는 몇 [m] 이상이어야 하는가?(단, 전선에 사람이 쉽게 접촉할 우려가 없도록 시설한 경우와 전선이 고압 절연전선, 특고압 절연전선 또는 케이블인 경우는 제외한다.)

① 0.6
② 0.8
③ 1.2
④ 2.0

해설 가공전선과 건조물의 접근(한국전기설비규정 332.11)

구분		위쪽	위쪽이 아닌 경우
저압	나전선	2[m] 이상	1.2[m] 이상
	나전선 이외	1[m] 이상	0.4[m] 이상
	사람이 접촉될 우려가 없을 경우	–	0.8[m] 이상

07

변압기의 고압 측 전로와의 혼촉에 의하여 저압 측 전로의 대지전압이 150[V]를 넘는 경우에 2초 이내에 고압 전로를 자동차단하는 장치가 되어 있는 6,600/220[V] 배전선로에 있어서 1선 지락전류가 2[A]이면 변압기 중성점 접지저항값의 최대는 몇 [Ω]인가?

① 50
② 75
③ 150
④ 300

해설 변압기 중성점 접지(한국전기설비규정 142.5)
변압기의 중성점 접지저항값
- 일반적으로 변압기의 고압·특고압 측 전로 1선 지락 전류로 150을 나눈 값과 같은 저항값 이하
- 1초 초과 2초 이내에 고압·특고압 전로를 자동으로 차단하는 장치를 설치할 때는 300을 나눈 값 이하

$$\therefore R = \frac{300}{I_g} = \frac{300}{2} = 150[\Omega]$$

08

KEC 적용에 따라 삭제되었습니다.

09

KEC 적용에 따라 삭제되었습니다.

| 정답 | 05 ④ 06 ③ 07 ③

10

폭연성 분진 또는 화약류의 분말이 존재하는 곳의 저압 옥내배선은 어느 공사에 의하는가?

① 금속관공사
② 애자공사
③ 합성수지관공사
④ 캡타이어케이블공사

해설 폭연성 분진 위험장소에서의 시설(한국전기설비규정 242.2.1)
폭연성 분진 또는 화약류의 분말이 존재하는 곳에는 금속관공사 및 케이블공사(캡타이블케이블을 사용하는 것은 제외)를 적용한다.

11

KEC 적용에 따라 삭제되었습니다.

12

저압 옥내전로의 인입구에 가까운 곳으로서 쉽게 개폐할 수 있는 곳에 개폐기를 시설하여야 한다. 그러나 사용전압이 400[V] 이하인 옥내전로로서 다른 옥내전로에 접속하는 길이가 몇 [m] 이하인 경우는 개폐기를 생략할 수 있는가?(단, 정격전류가 16[A]이하인 과전류 차단기 또는 정격전류가 16[A]를 초과하고 20[A] 이하인 배선용 차단기로 보호되고 있는 것에 한한다.)

① 15
② 20
③ 25
④ 30

해설 저압 옥내전로 인입구에서의 개폐기의 시설(한국전기설비규정 212.6.2)
사용전압이 400[V] 이하인 옥내전로로서 다른 옥내전로(정격전류가 16[A] 이하인 과전류 차단기 또는 정격전류가 16[A]를 초과하고 20[A] 이하인 배선용 차단기로 보호되고 있는 것에 한한다)에 접속하는 길이 15[m] 이하의 전로에서 전기의 공급을 받을 때 개폐기를 생략할 수 있다.

13

지중전선로는 기설 지중약전류 전선로에 대하여 다음의 어느 것에 의하여 통신상의 장해를 주지 아니하도록 기설 약전류 전선로로부터 충분히 이격시키는가?

① 충전전류 또는 표피작용
② 충전전류 또는 유도작용
③ 누설전류 또는 표피작용
④ 누설전류 또는 유도작용

해설 지중약전류전선의 유도장해 방지(한국전기설비규정 334.5)
지중전선로는 기설 지중약전류 전선로에 대하여 누설전류 또는 유도작용에 의하여 통신상의 장해를 주지 아니하도록 기설 약전류 전선로로부터 충분히 이격시키거나 기타 적당한 방법으로 시설하여야 한다.

14

KEC 적용에 따라 삭제되었습니다.

15

일반 주택 및 아파트 각 호실의 현관등은 몇 분 이내에 소등되는 타임스위치를 시설하여야 하는가?

① 1분
② 3분
③ 5분
④ 10분

해설 점멸기의 시설(한국전기설비규정 234.6)
- 「관광진흥법」과 「공중위생관리법」에 의한 관광숙박업 또는 숙박업(여인숙업을 제외한다)에 이용되는 객실의 입구등은 1분 이내에 소등되는 것
- 일반 주택 및 아파트 각 호실의 현관등은 3분 이내에 소등되는 것

관련개념 타임스위치
- 숙박업 – 1분
- 주택 및 아파트 – 3분

| 정답 | 10 ① | 12 ① | 13 ④ | 15 ② |

16

발전소에서 장치를 시설하여 계측하지 않아도 되는 것은?

① 발전기의 회전자 온도
② 특고압용 변압기의 온도
③ 발전기의 전압 및 전류 또는 전력
④ 주요 변압기의 전압 및 전류 또는 전력

해설 계측장치(한국전기설비규정 351.6)
- 발전기 · 연료전지 또는 태양전지 모듈(복수의 태양전지 모듈을 설치하는 경우에는 그 집합체)의 전압 및 전류 또는 전력
- 발전기의 베어링(수중 메탈을 제외한다) 및 고정자(固定子)의 온도
- 정격출력이 10,000[kW]를 초과하는 증기터빈에 접속하는 발전기의 진동의 진폭(정격출력이 400,000[kW] 이상의 증기터빈에 접속하는 발전기는 이를 자동적으로 기록하는 것에 한한다)
- 주요 변압기의 전압 및 전류 또는 전력
- 특고압용 변압기의 온도

17

백열전등 또는 방전등에 전기를 공급하는 옥내전로의 대지전압은 몇 [V] 이하이어야 하는가?

① 440
② 380
③ 300
④ 100

해설 옥내전로의 대지전압의 제한(한국전기설비규정 231.6)
백열전등 또는 방전등에 전기를 공급하는 옥내의 대지전압은 300[V] 이하로 하여야 한다.

18

66,000[V] 가공전선과 6,000[V] 가공전선을 동일 지지물에 병행설치하는 경우, 특고압 가공전선으로 사용하는 경동연선의 굵기는 몇 [mm²] 이상이어야 하는가?

① 22
② 38
③ 50
④ 100

해설 특고압 가공전선과 저고압 가공전선 등의 병행설치(한국전기설비규정 333.17)
특고압 가공전선은 케이블인 경우를 제외하고는 인장강도 21.67[kN] 이상의 연선 또는 단면적이 50[mm²] 이상인 경동연선이어야 한다.

19

저압 또는 고압의 가공전선로와 기설 가공약전류 전선로가 병행할 때 유도작용에 의한 통신상의 장해가 생기지 않도록 전선과 기설 약전류 전선 간의 이격거리는 몇 [m] 이상이어야 하는가?(단, 전기 철도용 급전선로는 제외한다.)

① 2
② 3
③ 4
④ 6

해설 유도장해의 방지(한국전기설비규정 332.1)
전선과 기설 약전류 전선 간의 간격: 2[m] 이상

20

가공전선로의 지지물에 하중이 가하여지는 경우에 그 하중을 받는 지지물의 기초 안전율은 특별한 경우를 제외하고 최소 얼마 이상인가?

① 1.5
② 2
③ 2.5
④ 3

해설 가공전선로 지지물의 기초의 안전율(한국전기설비규정 331.7)
지지물의 기초의 안전율: 2 이상, 이상 시 상정하중에 대한 철탑의 기초의 안전율: 1.33 이상

| 정답 | 16 ① 17 ③ 18 ③ 19 ① 20 ②

에듀윌이
너를
지지할게
ENERGY

내가 꿈을 이루면
나는 누군가의 꿈이 된다.

— 이도준

여러분의 작은 소리
에듀윌은 크게 듣겠습니다.

본 교재에 대한 여러분의 목소리를 들려주세요.
공부하시면서 어려웠던 점, 궁금한 점,
칭찬하고 싶은 점, 개선할 점, 어떤 것이라도 좋습니다.

에듀윌은 여러분께서 나누어 주신 의견을
통해 끊임없이 발전하고 있습니다.

에듀윌 도서몰 book.eduwill.net
- 부가학습자료 및 정오표: 에듀윌 도서몰 → 도서자료실
- 교재 문의: 에듀윌 도서몰 → 문의하기 → 교재(내용, 출간) / 주문 및 배송